Frontiers in Number Theory, Physics, and Geometry II

Pierre Cartier Bernard Julia
Pierre Moussa Pierre Vanhove (Eds.)

Frontiers in Number Theory, Physics, and Geometry II

On Conformal Field Theories, Discrete Groups and Renormalization

Springer

Pierre Cartier
I.H.E.S.
35 route de Chartres
F-91440 Bures-sur-Yvette
France
e-mail: *cartier@ihes.fr*

Pierre Moussa
Service de Physique Théorique
CEA/Saclay
F-91191 Gif-sur-Yvette
France
e-mail: *moussa@spht.saclay.cea.fr*

Bernard Julia
LPTENS
24 rue Lhomond
F-75005 Paris
France
e-mail: *Bernard.Julia@lpt.ens.fr*

Pierre Vanhove
Service de Physique Théorique
CEA/Saclay
F-91191 Gif-sur-Yvette
France
e-mail: *pierre.vanhove@cern.ch*

Cover photos:
Richard Feynman (courtesy of AIP Emilio Segre Visual Archives, Weber Collection);
John von Neumann

Library of Congress Control Number: 2005936349

Mathematics Subject Classification (2000): 11F03, 11F06, 11G55, 11M06, 15A90, 16W30, 57T05, 58B34, 81R60, 81T16, 81T17, 81T30, 81T40, 81T75, 81R05

ISBN-10 3-540-30307-3 Springer Berlin Heidelberg New York
ISBN-13 978-3-540-30307-7 Springer Berlin Heidelberg New York

Springer is a part of Springer Science+Business Media
springer.com

Typesetting: by the authors and techbooks using a Springer LaTeX macro package
Cover design: Erich Kirchner, Heidelberg

Printed on acid-free paper SPIN: 11320760 41/techbooks 5 4 3 2 1 0

Preface

The present book collects most of the courses and seminars delivered at the meeting entitled " Frontiers in Number Theory, Physics and Geometry", which took place at the Centre de Physique des Houches in the French Alps, March 9-21, 2003. It is divided into two volumes. Volume I contains the contributions on three broad topics: Random matrices, Zeta functions and Dynamical systems. The present volume contains sixteen contributions on three themes: Conformal field theories for strings and branes, Discrete groups and automorphic forms and finally, Hopf algebras and renormalization.

The relation between Mathematics and Physics has a long history. Let us mention only ordinary differential equations and mechanics, partial differential equations in solid and fluid mechanics or electrodynamics, group theory is essential in crystallography, elasticity or quantum mechanics ...

The role of number theory and of more abstract parts of mathematics such as topological, differential and algebraic geometry in physics has become prominent more recently. Diverse instances of this trend appear in the works of such scientists as V. Arnold, M. Atiyah, M. Berry, F. Dyson, L. Faddeev, D. Hejhal, C. Itzykson, V. Kac, Y. Manin, J. Moser, W. Nahm, A. Polyakov, D. Ruelle, A. Selberg, C. Siegel, S. Smale, E. Witten and many others.

In 1989 a first meeting took place at the Centre de Physique des Houches. The triggering idea was due at that time to the late Claude Itzykson (1938-1995). The meeting gathered physicists and mathematicians, and was the occasion of long and passionate discussions.

The seminars were published in a book entitled "Number Theory and Physics", J.-M. Luck, P. Moussa, and M. Waldschmidt editors, Springer Proceedings in Physics, Vol. 47, 1990. The lectures were published as a second book entitled "From Number Theory to Physics", with C. Itzykson joining the editorial team (Springer, 2nd edition 1995).

Ten years later the evolution of the interface between theoretical physics and mathematics prompted M. Waldschmidt, P. Cartier and B. Julia to renew the experience. However the emphasis was somewhat shifted to include in particular selected chapters at the interface of physics and geometry, random matrices or various zeta- and L- functions. Once the project of the new meeting entitled "Frontiers in Number Theory, Physics and Geometry" received support from the European Union this "High Level Scientific Conference" was organized in Les Houches.

The Scientific Committee for the meeting "Frontiers in Number Theory, Physics and Geometry", was composed of the following scientists: Frits Beukers, Jean-Benoît Bost, Pierre Cartier, Predrag Cvitanovic, Michel Duflo, Giovanni Gallavotti, Patricio Leboeuf, Werner Nahm, Ivan Todorov, Claire Voisin, Michel Waldschmidt, Jean-Christophe Yoccoz, and Jean-Bernard Zuber.

The Organizing Committee included:
Bernard Julia (LPTENS, Paris scientific coordinator),
Pierre Moussa (SPhT CEA-Saclay), and
Pierre Vanhove (CERN and SPhT CEA-Saclay).

During two weeks, five lectures or seminars were given every day to about seventy-five participants. The topics belonged to three main domains:

1. Dynamical Systems, Number theory, and Random matrices,
with lectures by E. Bogomolny on Quantum and arithmetical chaos, J. Conrey on L-functions and random matrix theory, J.-C. Yoccoz on Interval exchange maps, and A. Zorich on Flat surfaces;

2. Polylogarithms and Perturbative Physics,
with lectures by P. Cartier on Polylogarithms and motivic aspects, W. Nahm on Physics and dilogarithms, and D. Zagier on Polylogarithms;

3. Symmetries and Non-perturbative Physics,
with lectures by A. Connes on Galoisian symmetries, zeta function and renormalization, R. Dijkgraaf on String duality and automorphic forms, P. Di Vecchia on Gauge theory and D-branes, E. Frenkel on Vertex algebras, algebraic curves and Langlands program, G. Moore on String theory and number theory, C. Soulé on Arithmetic groups.

In addition seminars were given by participants many of whom could have given full sets of lectures had time been available. They were: Z. Bern, A. Bondal, P. Candelas, J. Conway, P. Cvitanovic, H. Gangl, G. Gentile, D. Kreimer, J. Lagarias, M. Marcolli, J. Marklof, S. Marmi, J. McKay, B. Pioline, M. Pollicott, H. Then, E. Vasserot, A. Vershik, D. Voiculescu, A. Voros, S. Weinzierl, K. Wendland and A. Zabrodin.

We have chosen to reorganize the written contributions in two halves according to their subject. This naturally led to two different volumes. The present one is the second volume, let us now briefly describe its contents.

This volume is itself composed of three parts including each lectures and seminars covering one theme. In the first part, we present the contributions on the theme "Conformal Field Theories (CFT's) for Strings and Branes". They begin with two intertwined sets of lectures by Don Zagier and by Werner Nahm who have had a long personal interaction at the modular border between Mathematics and Physics.

The presentation by Don Zagier starts with a review of the properties of Euler's dilogarithm and of its associated real Bloch-Wigner function. These functions have generalizations to polylogarithms and to some real functions defined by Ramakrishnan respectively. Their importance in Hyperbolic 3-geometry, in Algebraic K_{2m-1}-theory (Bloch group) and their relation to values of Dedekind zeta functions (see volume I) at argument m are explained. On the other hand the modular group appears to be mysteriously related to the Bloch-Wigner function and its first Ramakrishnan generalization. The second chapter of these lectures introduces yet more variants, in particular the Rogers dilogarithm and the enhanced dilogarithm which appear in W. Nahm's lectures, the quantum dilogarithm as well as the multiple (poly)logarithms which depend on more than one argument. Their properties are reviewed, in particular functional equations, relations with modular forms (see also the next contribution), special values and again (higher) K-theory.

In his lectures on "CFT's and torsion elements of the Bloch group" Werner Nahm expresses the conformal dimensions of operators in the (discrete) series of rational two dimensional (2d) Conformal Field Theories as the imaginary part of the Rogers dilogarithm of torsion elements from algebraic K-theory of the complex number field. The lectures begin with a general introduction to conformally invariant quantum field theories or more precisely with a physicist's conceptual presentation of Vertex operator algebras. The "rational" theories form a rare subset in the moduli space of CFT's but one may consider perturbations thereof within the set of totally integrable quantum field theories. The following step is to present a bird's eye view of totally integrable two dimensional quantum field theories and to relate in simple cases the scattering matrix to Cartan matrices of finite dimensional Lie algebras, in particular integrality of the coefficients follows from Bose statistics and positivity from the assumed convergence of partition functions, there are natural extensions to arbitrary statistics.

Then Nahm conjectures and illustrates on many examples that the "modular" invariance of the chiral characters of a rational CFT admitting a totally integrable perturbation implies that all solutions to the integrability conditions (Bethe equations) define pure torsion elements in the (extended) Bloch group of the complex field. The perturbations that can be analyzed are defined by pairs of Cartan matrices of A D E or T type. In fact Nahm gives the general solution of the torsion equation for deformations of (A_m, A_n) type with arbitrary ranks. These conjectures were analyzed mathematically at the end of Zagier's lectures.

After this background comes the seminar by Predrag Cvitanovic on invariant theory and a magic triangle of Lie groups he discovered in his studies of perturbative quantum gauge theories. This structure has been discussed since by Deligne, Landsberg and Manivel ... It is different from and does not seem related to similar magic triangles of dualities that contain also the magic square of Tits and Freudenthal in specific real forms and which appear in supergravity and superstring models.

The third series of lectures: "Gauge theories from D-branes", were delivered by Paolo Di Vecchia and written up with Antonella Liccardo. They provide an introduction to string models and the associated D(irichlet)-branes on which open strings may end and they explain the emergence of Yang-Mills gauge theories on these extended objects. They bridge the gap between 2d CFT's and physical models in higher dimensions. Perturbative string theories are particular conformal field theories on the string worldsheet. Most nonperturbative effects in string theory necessitate the inclusion of extended objects of arbitrary spatial dimension p: the p-branes and in particular the Dirichlet D_p branes. Branes allow the computation of the entropy of black holes and permit new dualities between gauge and gravitational theories. For instance the celebrated AdS/CFT duality relates a closed string theory on the product manifold $S^5 \times AdS_5$ to an open string theory ending on a D_3 brane. These lectures start from the worldsheet description of perturbative superstring theory with its BRST invariant (string creation) vertex operators and proceed to describe the "boundary state formalism" that describes the coupling of closed strings to D branes. Then the authors use the latter to compute the interaction between two D-branes, they discuss so-called BPS configurations whose interactions vanish and relate the low energy effective Born-Infeld interactions of massless strings to their couplings to D branes.

One seminar by Katrin Wendland concludes this part: "Superconformal field theories associated to very attractive quartics". The terminology "attractive" was introduced by Greg Moore (see his lectures below) for those Calabi-Yau two-folds whose Picard group is of maximal rank, very attractive is a further restriction on the transcendental lattice. This is a review on the geometrical realization of orbifold models on quartic surfaces and provides some motivation for reading the following chapters.

In the second part: "Discrete groups and automorphic forms", the theme is arithmetic groups and some of their applications. Christophe Soulé 's lectures "Introduction to arithmetic groups" set the stage in a more general context than was considered in the lectures by E. Bogomolny in volume I of this book. They begin with the classical reduction theory of linear groups of matrices with integral coefficients and the normal parameterization of quadratic forms. Then follows the general (and intrinsic) theory of algebraic Lie groups over the rationals and of their arithmetic subgroups; the finite covolume property in the semi-simple case at real points is derived, it may be familiar in the physics of chaos. The second chapter deals with presentations and finite or torsion free and finite index subgroups. The third chapter deals with rigidity: the congruence subgroup property in rank higher than one, Kazhdan's property T about invariant vectors and results of Margulis in particular the proof of the Selberg conjecture that arithmeticity follows from finite covolume for most simple non-compact Lie groups. Automorphic forms are complex valued functions defined over symmetric domains and invariant under arithmetic groups, they arise abundantly in string theory.

Boris Pioline expanded his seminar with Andrew Waldron to give a physicists' introduction to "Automorphic forms and Theta series". It starts with the group theoretical and adelic expression of non holomorphic Eisenstein series like $E_{3/2}$ which has been extensively studied by M.B. Green and his collaborators and also theta series. From there one studies examples of applications of the orbit method and of parabolic induction. Among recent applications and beyond the discrete U-duality groups already considered in the previous lectures they discuss the minimal representation of SO(4,4) which arises also in string theory, the E_6 exceptional theta series expected to control the supermembrane interactions after compactification from 11 to 8 dimensions on a torus, new symmetries of chaotic cosmology and last but not least work in progress on the description of black hole degeneracies and entropy computations. M-theory is the name of the unifying, hypothetical and polymorphic theory that admits limits either in a flat classical background 11-dimensional spacetime with membranes as fundamental excitations, in 10 dimensions with strings and branes as building blocks etc...

Gregory Moore wrote up two of his seminars on "Strings and arithmetic" (the third one on the topological aspects of the M-theory 3-form still leads to active research and new developments). The first topics he covers is the Black hole's Farey tail, namely an illustration of the $AdS_3 \times S^3 \times K3$ duality with a two dimensional CFT on the boundary of three dimensional anti-de-Sitter space. One can compute the elliptic genus of that CFT as a Poincaré series that is interpretable on the AdS (i.e. gravity or string) side as a sum of particle states and black hole contributions. This can serve as a concrete introduction to many important ideas on Jacobi modular forms, Rademacher expansion and quantum corrections to the entropy of black holes.

The second chapter of Moore's lectures deals with the so called attractor mechanism of supergravity. After compactification on a Calabi-Yau 3-fold X one knows that its complex structure moduli flow to a fixed point if one approaches the horizon of a black hole solution. This attractor depends on the charges of the black hole which reach there a particular Hodge decomposition. In the special case of $X = K3 \times T^2$ one obtains the notion of attractive $K3$ already mentioned. The main point here is that the attractors turn out to be arithmetic varieties defined over number fields, their periods are in fact valued in quadratic imaginary fields. Finally two more instances of the importance of attractive varieties are presented. Firstly the 12 dimensional so-called "F-theory" compactified on a K3 surface is argued to be dual (equivalent) to heterotic string theory compactified modulo a two-dimensional CFT also down to 8 dimensions. It is striking that this CFT is rational if and only the K3 surface is attractive. Secondly string theory compactification with fluxes turns out to be related to attractive Calabi-Yau 4-folds.

The next contribution is a seminar talk by Matilde Marcolli on chaotic (mixmaster model) cosmology in which she relates a geodesics on the modular curve for the congruence subgroup $\Gamma_0(2)$ to a succession of Kasner four dimensional spacetimes. The moduli space of such universes is highly singular and amenable to description by noncommutative geometry and $\mathbb{C}^*$ algebras.

John McKay and Abdellah Sebbar introduce the concept and six possible applications of "Replicable functions". These are generalizations of the elliptic modular j function that transform under their Faber polynomials as generalized Hecke sums involving their "replicas". In any case they encompass also the monstrous moonshine functions and are deeply related to the Schwarzian derivative which appears in the central generator of the Virasoro algebra.

Finally part II ends with the lectures by Edward Frenkel "On the Langlands program and Conformal field theory". As summarized by the author himself they have two purposes, first of all they should present primarily to physicists the Langlands program and especially its "geometric" part but on the other hand they should show how two-dimensional Conformal Field Theories are relevant to the Langlands program. This is becoming an important activity in Physics with the recognition that mathematical (Langlands-)duality is deeply related to physical string theoretic S-duality in the recent works of A. Kapustin and E. Witten, following results on magnetic monopoles from the middle seventies and the powerful tool of topological twists of supersymmetric theories which help to connect N $=$ 4 super Yang-Mills theory in 4 dimensions to virtually everything else. The present work is actually about mirror symmetry (T-duality) of related 2d supersigma models.

Specifically the lectures begin with the original Langlands program and correspondences in the cases of number fields and of function fields. The Taniyama-Shimura-Weil (modular) conjecture (actually a theorem now) is discussed there. The geometric Langlands program is presented next in the abelian case first and then for an arbitrary reductive group G. The goal is to generalize T duality or Fourier-Mukai duality to the non abelian situation. Finally the conformal blocks are introduced for CFT's, some theories of affine Kac-Moody modules are introduced; at the negative critical level of the Kac-Moody central charge the induced conformal symmetry degenerates and these models lead to the Hecke eigensheaves expected from the geometric Langlands correspondence.

The third and last theme of this volume is "Hopf algebras and renormalization". It leads to promising results on renormalization of Quantum Field Theories that can be illustrated by concrete perturbative diagrammatic computations but it also leads to the much more abstract and conceptual idea of motives like a wonderful rainbow between the ground and the sky. In the first set of lectures Pierre Cartier reviews the historical emergence of Hopf algebras from topology and their structure theorems. He then proceeds to Hopf algebras defined from Lie groups or Lie algebras and the inverse structure theorems. He finally turns to combinatorics instances of Hopf algebras and some applications, (quasi)-symmetric functions, multiple zeta values and finally multiple polylogarithms. This long and pedagogical introduction could have continued into motives so we may be heading towards a third les Houches school in this series.

Then comes the series of lectures by Alain Connes; they were written up in collaboration with Matilde Marcolli. The lectures contain the most up-to date research work by the authors, including a lot of original material as well as the basic material in this exciting subject. They have been divided into two parts. Chapter one appeared in the first volume and covered: "Quantum statistical mechanics of $\mathbb{Q}$-lattices" in dimensions 1 and 2. The important dilation operator (scaling operator) that determined the dynamics there reappears naturally as the renormalization group flow in their second chapter contained in this volume with the title: "Renormalization, the Riemann-Hilbert correspondence and motivic Galois theory". It starts with a detailed review of the results of Connes and Kreimer on perturbative renormalization in quantum field theory viewed as a Riemann-Hilbert problem and presents the Hopf algebra of Feynman graphs which corresponds by the Milnor-Moore theorem to a graded Lie algebra spanned by 1PI graphs. Singular cases lead to formal series and the convergence aspects are briefly discussed towards the end.

The whole program is reformulated using the language of categories, algebraic groups and differential Galois theory. Possible connections to mixed Tate motives are discussed. The equivariance under the renormalization group is reformulated in this language. Finally various tantalizing developments are proposed.

Dirk Kreimer discusses then the problem of "Factorization in quantum field theory: an exercise in Hopf algebras and local singularities". He actually treats a toy model of decorated rooted trees which captures the essence of the resolution of overlapping divergences. One learns first how the Hochschild cohomology of the Hopf algebra permits the renormalization program with "locality". Dyson-Schwinger equations are then defined irrespective of any action and should lead to a combinatorial factorization into primitives of the corresponding Hopf algebra.

Stefan Weinzierl in his seminar notes explains some properties of multiple polylogarithms and of their finite truncations (nested sums called Z-sums) that occur in Feynman loop integrals: "Algebraic algorithms in perturbative calculations" and their impact on searches for new physics. Emphasis is on analytical computability of some Feynman diagrams and on algebraic structures on Z-sums. They have a Hopf algebra structure as well as a conjugation and a convolution product, furthermore the multiple polylogarithms do have a second Hopf algebra structure of their own with a shuffle product.

Finally this collection ends with a pedagogical exposition by Herbert Gangl, Alexander B. Goncharov and Andrey Levin on "Multiple logarithms, algebraic cycles and trees". This work has been extended to multiple polylogarithms and to the world of motives by the same authors. Here they relate the three topics of their title among themselves, the last two are associated to differential graded algebras of algebraic cycles and of decorated rooted trees whereas the first one arises as an integral on hybrid cycles as a generalization of the mixed Tate motives of Bloch and Kriz in the case of the (one-variable) (poly-)logarithms.

We acknowledge most gratefully for their generous financial support to the meeting the following institutions:

Département Sciences Physiques et Mathématiques and the Service de Formation permanente of the Centre National de la Recherche Scientifique; École Normale Supérieure de Paris; Département des Sciences de la matière du Commissariat à l'Énergie Atomique; Institut des Hautes Etudes Scientifiques; National Science Foundation; Ministère de la Recherche et de la Technologie and Ministère des Affaires Étrangères; The International Association of Mathematics and Physics and most especially the Commission of the European Communities.

Three European excellence networks helped also in various ways. Let us start with the most closely involved "Mathematical aspects of Quantum chaos", but the other two were "Superstrings" and "Quantum structure of spacetime and the geometric nature of fundamental interactions".

On the practical side we thank CERN Theory division for allowing us to use their computers for the webpage and registration process. We are also grateful to Marcelle Martin, Thierry Paul and the staff of les Houches for their patient help. We had the privilege to have two distinguished participants: Cécile de Witt-Morette (founder of the Les Houches School) and the late Bryce de Witt whose communicative and critical enthusiasm were greatly appreciated.

Paris
July 2006

B. Julia
P. Cartier
P. Moussa
P. Vanhove

Préface aux deux volumes du livre "Frontières entre Théorie des Nombres, Physique et Géométrie"

Ce livre rassemble la plupart des cours et séminaires présentés pendant un Institut de printemps sur les: "Frontières entre Théorie des Nombres, Physique et Géométrie" qui s'est tenu au Centre de Physique des Houches dans les Alpes françaises du 9 au 31 Mars 2003. Il comprend deux volumes. Le premier volume contient quinze contributions dans trois grands domaines: Matrices aléatoires, Fonctions zêta puis Systèmes dynamiques. Ce second volume contient, quant à lui, seize contributions réparties également en trois thèmes: Théories conformes pour les Cordes et les Branes, Groupes discrets et Formes automorphes et enfin Algèbres de Hopf et Renormalisation.

Les relations entre Mathématiques et Physique ont une longue histoire. Il suffit de rappeler la mécanique et les équations différentielles ordinaires, les équations aux dérivées partielles en mécanique des solides et des fluides ou en électromagnétisme, la théorie des groupes qui est essentielle en cristallographie, en élasticité ou en mécanique quantique ...

La prééminence de la théorie des nombres et de parties plus abstraites des mathématiques comme les géométries topologique, différentielle et algébrique s'est imposée plus récemment. On en trouve des exemples divers dans les travaux de scientifiques tels que: V. Arnold, M. Atiyah, M. Berry, F. Dyson, L. Faddeev, D. Hejhal, C. Itzykson, V. Kac, Y. Manin, J. Moser, W. Nahm, A. Polyakov, D. Ruelle, A. Selberg, C. Siegel, S. Smale, E. Witten et beaucoup d'autres.

Une première conférence de ce type se tint en 1989 au Centre de Physique des Houches. L'idée en était venue alors à Claude Itzykson (1938-1995). Cette rencontre qui rassembla mathématiciens et physiciens théoriciens donna lieu à des discussions longues et passionnées.

Les séminaires parurent dans un volume intitulé "Théorie des nombres et Physique" édité par J.-M. Luck, P. Moussa et M. Waldschmidt, Springer Proceedings in Physics, Vol. 47, 1990. Quant aux cours, ils furent publiés dans un volume séparé intitulé, lui, "De la Théorie des nombres à la Physique" C. Itzykson ayant alors rejoint l'équipe éditoriale, Springer (2ème édition 1995).

Dix ans après, l'évolution de l'interface entre physique théorique et mathématiques poussa M. Waldschmidt, P. Cartier et B. Julia à renouveler l'expérience. Le choix des sujets changea donc quelque peu pour inclure cette fois-ci des liens de la physique avec la géométrie, la théorie des matrices aléatoires ou des fonctions L et zêta variées.

Une fois acquis le soutien de la Communauté européenne l'organisation de cette "High Level Scientific Conference" aux Houches fut lancée.

Le Comité Scientifique de la conférence "Frontières entre Théorie des Nombres, Physique et Géométrie" était composé des scientifiques suivants: Frits Beukers, Jean-Benoît Bost, Pierre Cartier, Predrag Cvitanovic, Michel Duflo, Giovanni Gallavotti, Patricio Leboeuf, Werner Nahm, Ivan Todorov, Claire Voisin, Michel Waldschmidt, Jean-Christophe Yoccoz, et Jean-Bernard Zuber.

Le Comité d'Organisation comprenait:
Bernard Julia (LPTENS, Paris - coordinateur scientifique),
Pierre Moussa (SPhT CEA-Saclay), et
Pierre Vanhove (CERN et SPhT CEA-Saclay).

Pendant deux semaines, cinq cours ou séminaires furent présentés chaque jour à environ soixante-quinze participants. Les sujets avaient été initialement ordonnés en trois groupes successifs avec comme préoccupation essentielle de coupler autant que faire se pouvait les cours de mathématiques et ceux de physique:

1. Systèmes Dynamiques, Théorie des Nombres et Matrices aléatoires,
avec des cours de E. Bogomolny sur le Chaos quantique arithmétique, de B. Conrey sur les fonctions L et la Théorie des matrices aléatoires, de J.-C. Yoccoz sur les Echanges d'intervalles et de A. Zorich sur les Surfaces plates;

2. Polylogarithmes et Physique perturbative,
avec des cours de P. Cartier sur les Polylogarithmes et leurs aspects motiviques, de W. Nahm sur la Physique et les Dilogarithmes, et de D. Zagier sur les Polylogarithmes;

3. Symétries et Physique non-perturbative,
avec des cours de A. Connes sur les Symétries Galoisiennes, Fonction zêta et Renormalisation, R. Dijkgraaf, Dualité en théorie des cordes et Formes automorphes, P. Di Vecchia, Théories de jauge et D-branes, E. Frenkel, Algèbres de vertex, Courbes algébriques et Programme de Langlands, G. Moore, Théorie des cordes et Théorie des nombres, C. Soulé, Groupes arithmétiques.

Nombreux sont les participants qui ont donné des séminaires et qui auraient pu donner des cours si le temps n'avait manqué. Ont donc parlé: Z. Bern, A. Bondal, P. Candelas, J. Conway, P. Cvitanovic, H. Gangl, G. Gentile, D. Kreimer, J. Lagarias, M. Marcolli, J. Marklof, S. Marmi, J. McKay, B. Pioline, M. Pollicott, H. Then, E. Vasserot, A. Vershik, D. Voiculescu, A. Voros, S. Weinzierl, K. Wendland et A. Zabrodin.

Nous avons décidé de réarranger les contributions écrites à ces Actes en deux volumes dont voici le contenu.

Le premier volume rassemble quinze contributions et se compose de trois parties regroupant chacune les cours et les séminaires relatifs à un thème. Dans la première partie nous présentons les contributions sur les: "Matrices aléatoires: de la Physique à la Théorie des nombres". Elle commence par le cours d'Eugène Bogomolny qui passe en revue trois aspects du chaos quantique, à savoir les formules de trace avec ou sans chaos, la fonction de corrélation spectrale à deux points des zéros de la fonction zêta de Riemann et enfin les fonctions de corrélation spectrales de l'opérateur de Laplace-Beltrami pour des domaines modulaires sujets au chaos arithmétique. Ces exposés forment une introduction informelle aux méthodes mathématiques du chaos quantique. Une introduction plus générale aux groupes arithmétiques est proposée par Christophe Soulé dans le deuxième volume. Suivent les leçons de Brian Conrey qui analyse les relations entre la théorie des matrices aléatoires et les familles de fonctions L (essentiellement en caractéristique zéro), donc des séries de Dirichlet qui obéissent à une équation fonctionnelle similaire à celle que satisfait la fonction zêta de Riemann. Les fonctions L considérées sont celles qui sont associées à des formes paraboliques. Les moments des fonctions L sont reliés aux fonctions de corrélation des valeurs propres de matrices aléatoires.

Nous avons rassemblé ensuite les textes de plusieurs séminaires: celui de Jens Marklof reliant la statistique de certains niveaux d'énergie à des fonctions "presque modulaires"; celui de Holger Then sur le chaos quantique arithmétique dans un certain domaine hyperbolique à trois dimensions et son lien avec des formes de Maass; puis Paul Wiegmann et Anton Zabrodin étudient le développement pour N grand d'ensembles de matrices complexes normales; Dan Voiculescu passe en revue les symétries des modèles de Probabilités libres; finalement Anatoly Vershik présente des graphes et des espaces métriques aléatoires (universels).

Le thème de la deuxième partie est: "'Fonctions Zêta et applications". Les exposés d'Alain Connes ont été distribués en deux chapitres, un par volume. Ils ont été rédigés avec Matilde Marcolli. Ils contiennent les derniers résultats de recherche des deux auteurs, de nombreux résultats originaux mais aussi les bases de ce sujet excitant. On trouve dans le volume II leur deuxième chapitre sur la Renormalisation des théories quantiques des champs. Dans le premier chapitre A. Connes et M. Marcolli introduisent l'espace non commutatif des classes de commensurabilité des $\mathbb{Q}$-réseaux et les propriétés arithmétiques des états KMS dans le système de Mécanique statistique quantique correspondant. Pour les réseaux de dimension un cela conduit à une réalisation spectrale des zéros de fonctions zêta. Dans le cas de dimension deux on peut décrire les multiples transitions de phase et la brisure spontanée de la symétrie arithmétique. A température nulle le système tombe sur une variété classique (i.e. commutative) de Shimura qui paramétrise ses états d'équilibre. L'espace non commutatif a une structure arithmétique qui provient d'une sous-algèbre rationnelle étroitement reliée à l'algèbre modulaire de Hecke; à température non nulle on exprime l'action du groupe de symétrie en utilisant le formalisme des secteurs de supersélection et le système devient non commutatif. Le groupe agit sur les valeurs des états fondamentaux aux éléments rationnels par le groupe de Galois du corps modulaire.

On trouvera dans cette partie le séminaire d'André Voros sur des fonctions zêta construites à l'aide des zéros de la fonction zêta de Riemann, celui de Jeffrey Lagarias sur les espaces de Hilbert de fonctions entières attachés aux fonctions L de Dirichlet. Cette partie s'achève avec l'exposé de Mark Pollicott sur les fonctions zêta dynamiques et les orbites fermées des flots géodésiques et hyperboliques.

La troisième partie s'intitule "Systèmes dynamiques: Echanges d'intervalles, Surfaces plates et Petits diviseurs". Les leçons d"Anton Zorich donnent une introduction détaillée à la géométrie des surfaces plates, celle-ci permet de décrire les flots sur les surfaces de Riemann compactes de genre quelconque sans demander de connaissances préalables. Le cours de Jean-Christophe Yoccoz analyse les applications échangeant des intervalles, par exemple, les applications de premier retour de ces flots. Les propriétés d'ergodicité des flots et des applications sont reliées. Ceci conduit à étendre au cas de genre quelconque les flots irrationnels du tore bidimensionnel. Il faut commencer par généraliser dans cette situation un algorithme comme celui des fractions continues pour espérer étendre au genre quelconque les techniques de petits diviseurs.

Enfin nous concluons ce volume par le séminaire de Guido Gentile sur les Nombres de Brjuno et les systèmes dynamiques et celui de Marmi et al. sur les Fonctions réelle et complexe de Brjuno. Dans ces deux exposés on perturbe les paramètres des rotations irrationnelles ou des applications de "twist", on étudie alors les conditions de stabilité des trajectoires qui sont données par des conditions arithmétiques subtiles (condition et nombres de Brjuno) ainsi que la taille des domaines de stabilité dans l'espace des paramètres (fonctions de Brjuno).

Le second volume contient, quant à lui, seize contributions réparties également en trois thèmes: Théories conformes pour les Cordes et les Branes, Groupes discrets et Formes automorphes et enfin Algèbres de Hopf et Renormalisation. Il commence par le thème "Théories conformes (CFT) pour les Cordes et les Branes" qui est introduit par les cours jumelés de Don Zagier et de Werner Nahm. Ces deux auteurs ont eu justement une longue interaction scientifique à la frontière modulaire entre Mathématiques et Physique. La présentation de Don Zagier commence par une revue des propriétés du dilogarithme d'Euler et de sa fonction associée réelle de Bloch-Wigner. Ces fonctions se généralisent respectivement aux polylogarithmes et à des fonctions réelles définies par Ramakrishnan. Zagier explique leur importance pour la géométrie hyperbolique à trois dimensions, la K_{2m-1}-théorie algébrique et leur relation avec les valeurs de fonctions zêta de Dedekind (voir le volume I) pour l'argument m. Par ailleurs le groupe modulaire semble être relié mystérieusement à la fonction de Bloch-Wigner et à sa première généralisation de Ramakrishnan. Dans le deuxième chapitre de ce cours Zagier introduit encore d'autres variantes en particulier le dilogarithme de Rogers et le dilogarithme "augmenté" qui apparaissent dans le cours de Nahm, le dilogarithme quantique et aussi les généralisations à plusieurs arguments: les (poly)logarithmes "multiples". Suit une étude de leurs principales propriétés: équations fonctionnelles, relation avec les formes modulaires (voir aussi la contribution de Nahm qui suit), valeurs spéciales et, de nouveau, K-théorie algébrique supérieure.

Dans son cours sur les théories conformes et éléments de torsion du groupe de Bloch Werner Nahm exprime les dimensions conformes des opérateurs de certaines théories des champs conformes bidimensionnelles "rationnelles" d'une série discrète (les théories minimales) comme partie imaginaire du dilogarithme de Rogers d'éléments de torsion de la K-théorie algébrique du corps des nombres complexes. La présentation commence par une introduction générale aux théories quantiques des champs invariantes conformes (CFT), plus précisément un exposé physique et conceptuel des algèbres d'opérateurs de vertex. Les théories rationnelles sont exceptionnelles dans l'espace des modules des CFT mais on peut considérer leurs perturbations (déformations) qui restent totalement intégrables. L'étape suivante est un survol des théories quantiques bidimensionnelles totalement intégrables et l'étude d'une relation dans certains modèles simples entre la matrice S de diffusion et une matrice de Cartan d'une algèbre de Lie de dimension finie; en particulier le fait que les coefficients de cette matrice soient entiers est lié à la statistique de Bose et sa positivité à la convergence de la fonction de partition (cela peut se généraliser au cas de statistiques quelconques). Puis Nahm conjecture en s'appuyant sur de nombreux exemples que l'invariance "modulaire" des caractères chiraux d'une CFT rationnelle qui admet une perturbation totalement intégrable implique que toutes les solutions des conditions d'intégrabilité (équations de Bethe) définissent des éléments de pure torsion du groupe de Bloch (étendu) du corps des complexes. Les perturbations qui sont ainsi analysables sont définies par des paires de matrices de Cartan de type A, D, E ou T. Nahm donne enfin la solution générale des équations de torsion pour des déformations de type (A_m, A_n) pour des rangs m et n arbitraires. Ces conjectures sont analysées mathématiquement par Zagier à la fin de son texte.

Après cette préparation vient le séminaire de Predrag Cvitanovic sur la théorie des invariants et un triangle magique de groupes de Lie qu'il a découvert lors de calculs perturbatifs pour des théories de jauge quantiques. Cette structure a été discutée depuis par Deligne, Landsberg et Manivel... Elle est différente et ne semble pas reliée aux triangles magiques de groupes de dualité qui contiennent aussi le carré magique de Tits et Freudenthal dans des formes réelles bien choisies et qui sont bien connus en théorie de supergravité et dans les modèles de supercordes.

La troisième série de cours: Des D-branes aux théories de jauge, fut donnée par Paolo Di Vecchia et rédigée avec Antonella Liccardo. On y trouve une introduction aux modèles de cordes et aux D(irichlet)-branes associées sur lesquelles les extrémités des cordes ouvertes peuvent se déplacer, ils expliquent aussi comment des D-branes multiples engendrent sur leur surface (volume...) des théories de jauge de Yang-Mills. Ceci sert de pont entre les CFT bidimensionnelles et des modèles physiques en dimension plus grande. Les théories de cordes perturbatives admettent une description bidimensionnelle comme CFT, c'est l'espace cible qui peut éventuellement avoir quatre dimensions . Mais la plupart des effets non perturbatifs traduisent la présence d'objets de dimension spatiale quelconque p: ce sont les p-branes et en particulier les D_p-branes. Les branes permettent de calculer l'entropie des trous noirs et sont à l'origine de nouvelles équivalences (dualités) entre théories de jauge et théories de gravitation. Par exemple la fameuse dualité AdS/CFT relie une théorie des cordes fermées sur la variété produit $S^5 \times AdS_5$ et une théorie des cordes ouvertes se terminant sur une D_3-brane. L'exposé part de la description CFT de la théorie des supercordes perturbatives avec ses opérateurs de vertex de création de cordes invariants BRST pour arriver à leur description par le formalisme "des états de bord" qui décrit le couplage des cordes fermées aux D-branes. Ceci permet de calculer ensuite l'interaction entre D-branes, on distingue le cas particulier BPS pour lequel les interactions se compensent. Di Vecchia relie ensuite les interactions effectives à basse énergie de type Born-Infeld des cordes de masse nulle à leurs couplages aux D-branes.

Cette première partie se termine par un séminaire de Katrin Wendland: Théories des champs superconformes associées aux quartiques très attractives. Le terme attractives fut introduit par Greg Moore (cf son cours ci-dessous) pour les variétés de Calabi-Yau à deux dimensions dont le groupe de Picard est de rang maximum, très attractives correspond à une restriction supplémentaire sur le réseau transcendant. Il s'agit donc d'une revue des réalisations géométriques des orbifolds sur des surfaces quartiques et donnera sans doute envie de lire les chapitres suivants.

Le thème de la deuxième partie "Groupes discrets et Formes automorphes" est la théorie des groupes arithmétiques et certaines de leurs applications. Le décor est planté par le cours de Christophe Soulé d'Introduction aux groupes arithmétiques, qui est plus général que celui de Bogomolny au volume I. Le cours commence par la théorie classique de la réduction des groupes linéaires de matrices à coefficients entiers et des formes normales des formes quadratiques. Elle est suivie de la théorie générale (et intrinsèque) des groupes de Lie algébriques sur les rationnels et de leurs sous-groupes arithmétiques; la propriété de covolume fini aux points réels dans le cas semi-simple est démontrée, elle est familière aux physiciens du chaos. Le deuxième chapitre de ce cours traite des présentations de ces groupes et de leurs sous-groupes finis ou bien sans torsion et d'indice fini. Le troisième chapitre s'occupe de "rigidité": la propriété du sous-groupe de congruence en rang plus grand que un, la propriété T de Kazhdan sur les vecteurs invariants et les résultats de Margulis, en particulier la démonstration de la conjecture de Selberg que l'arithméticité résulte de la propriété de covolume fini pour la plupart des groupes de Lie simples non compacts.

Les formes automorphes sont des fonctions complexes définies sur des domaines symétriques et invariantes par des groupes arithmétiques, elles apparaissent fréquemment en théorie des cordes. Boris Pioline a développé son séminaire avec la collaboration d'Andrew Waldron et propose ici une introduction aux Formes automorphes et aux séries Thêta par des physiciens. Elle commence par l'expression adèlique des séries non holomorphes d'Eisenstein issue de la théorie des groupes; $E_{3/2}$ a par exemple été étudiée en détail par le physicien M.B. Green et ses collaborateurs. Après avoir introduit également les séries thêta on arrive à des applications de la méthode des orbites et de l'induction parabolique. Parmi les résultats récents et au-delà des groupes de U-dualité discrets considérés plus haut (voir le cours précédent par exemple), Pioline et Waldron discutent la représentation minimale de $SO(4,4)$ que l'on rencontre en théorie des cordes, la série thêta exceptionnelle E_6 qui est supposée décrire les interactions des supermembranes (2-branes) après compactification torique de 11 à 8 dimensions, de nouvelles symétries des cosmologies chaotiques et enfin des travaux en cours sur la description des multiplicités d'états des trous noirs dont on veut calculer l'entropie.

La théorie M est le nom d'une théorie d'unification, hypothétique et polymorphe qui admet diverses limites, soit dans un espace ambiant à 11 dimensions avec des membranes comme excitations fondamentales soit à 10 dimensions comme des théories de supercordes avec des branes variées... Gregory Moore a rédigé deux de ses séminaires sous le titre Cordes et Arithmétique (le troisième sur les aspects topologiques de la 3-forme de la théorie M donne encore lieu à des recherches actives et des développements nouveaux). Le premier sujet qu'il traite est intraduisible: "A black hole's Farey tail", il s'agit d'une illustration de la dualité $AdS_3 \times S^3 \times K3$ avec une CFT bidimensionnelle sur la frontière de l'espace anti de Sitter à 3 dimensions. On peut calculer le genre elliptique de cette CFT comme une série de Poincaré qui s'interprète du côté AdS (i.e. côté gravité ou cordes) comme une somme de contributions des états particulaires et des états de cordes. Ceci peut servir d'introduction concrète à de nombreuses idées sur les formes modulaires de Jacobi, au développement de Rademacher et aux corrections quantiques à l'entropie des trous noirs. Le deuxième chapitre de Moore porte sur le mécanisme des attracteurs en supergravité. Après compactification sur un espace de Calabi-Yau à trois dimensions X on sait que les modules de la structure complexe de X tendent vers un point fixe lorsque l'on approche l'horizon d'une solution trou noir. Cet attracteur dépend des charges du trou noir qui y admettent une décomposition de Hodge spéciale. Dans le cas particulier $X = K3 \times T^2$ on obtient la notion de surface $K3$ attractive mentionnée ci-dessus. Le fait essentiel ici est que les attracteurs semblent devoir être des variétés arithmétiques définies sur des corps de nombres, les périodes prennent en fait leurs valeurs dans des corps quadratiques imaginaires. Le cours se termine par deux autres exemples de l'importance des variétés attractives. Tout d'abord la "théorie F" à 12 dimensions compactifiée sur une surface $K3$ doit être duale de (i.e. équivalente à) la théorie des cordes hétérotique effectivement à 8 dimensions après "compactification" par une CFT bidimensionnelle; il est frappant de constater que cette CFT est rationnelle si et seulement si la surface $K3$ est attractive. Le deuxième exemple est le lien entre compactifications avec flux des théories de cordes et variétés de Calabi-Yau attractives à 4 dimensions.

La contribution suivante est un séminaire de Matilde Marcolli sur la cosmologie chaotique (modèle mixmaster) dans lequel elle fait correspondre à une géodésique sur la courbe modulaire du groupe de congruence $\Gamma_0(2)$ une succession d'espaces-temps de Kasner à quatre dimensions. L'espace des modules de ces univers est très singulier et doit être décrit par la géométrie non commutative et les $\mathbb{C}^*$-algèbres.

John McKay et Abdellah Sebbar introduisent le concept et six applications possibles des fonctions "répliquables". Ce sont des généralisations de la fonction modulaire j qui se transforment par leurs polynômes de Faber comme des sommes de Hecke généralisées faisant intervenir leurs répliques. Disons simplement qu'elles comprennent les fonctions du "Monstrous moonshine" et qu'elles sont intrinsèquement reliées à la dérivée de Schwarz qui appara^comme générateur de la charge centrale de l'algèbre de Virasoro.

Enfin cette partie II se termine par les cours d'Edward Frenkel sur le programme de Langlands et les CFT. Les deux buts de l'auteur étaient d'une part de présenter aux physiciens le programme de Langlands et en particulier sa partie "géométrique" et d'autre part de montrer l'importance des théories conformes pour cette dernière. Cette activité se développe en Physique avec la réalisation que la dualité mathématique de Langlands est fondamentalement reliée à la S-dualité de la physique des cordes. Les travaux récents de A. Kapustin et E. Witten font suite à des résultats du milieu des années 70 sur les monopoles magnétiques, l'outil surprenant des twists topologiques qu'ils utilisent semble pouvoir relier la théorie de super-Yang-Mills N=4 à 4 dimensions à de nombreux problèmes essentiels. En l'occurence c'est la symétrie miroir (dualité T) de modèles sigma bidimensionnels qui se déduisent de la théorie à quatre dimensions qui réalise cette dualité.

Frenkel commence par le programme original de Langlands et les correspondances pour les corps de nombres et les corps de fonctions. Il présente la conjecture (modulaire) de Taniyama-Shimura-Weil (qui est maintenant un théorème). Puis il explique le programme de Langlands géométrique, d'abord dans le cas abélien puis pour un groupe réductif quelconque G. Le but est de généraliser la dualité T ou la dualité de Fourier-Mukai au cas non-abélien. Finalement il introduit les blocs conformes pour les CFT et des modèles associés à des modules des algèbres de Kac-Moody affines. Pour la valeur critique (négative) du niveau de la charge centrale de Kac-Moody, la symétrie conforme induite dégénère et ces modèles conduisent aux faisceaux invariants de Hecke prédits par la correpondance de Langlands géométrique.

Le troisième et dernier thème de ce volume et donc des Actes est intitulé "Algèbres de Hopf et renormalisation". Il conduit à des résultats prometteurs sur la renormalisation des théories quantiques des champs qui peuvent être illustrés par des calculs diagrammatiques perturbatifs et concrets mais cela nous mène également comme un arc en ciel étrange entre ciel et terre au concept abstrait de “motifs”. La première série de cours de cette partie est une revue historique par Pierre Cartier de l'apparition du concept d'algèbre de Hopf à partir de la Topologie. Il passe ensuite à des exemples venant de la théorie des groupes et algèbres de Lie, décrit leur structure et donne des théorèmes de structure généraux inverses. Il termine par des exemples d'algèbres de Hopf et de leurs applications en Combinatoire: les fonctions (quasi)-symétriques, les valeurs de fonctions zêta multiples et enfin les polylogarithmes. Cette introduction longue et pédagogique aurait pu continuer dans le monde des motifs, est-ce le signe précurseur d'une troisième école des Houches sur ce sujet? Vient ensuite le deuxième chapitre d'Alain Connes et de Matilde Marcolli. Leur premier chapitre sur la mécanique statistique quantique des $\mathbb{Q}$-réseaux se trouve dans le premier volume. L'opérateur de dilatation qui y décrivait la dynamique réapparaît ici comme le flot du groupe de renormalisation. Ce texte sur Renormalisation, correspondance de Riemann-Hilbert et théorie de Galois motivique commence par une revue détaillée des résultats de Connes et Kreimer sur la renormalisation perturbative en théorie quantique des champs vue comme un problème de Riemann-Hilbert. On y trouve une présentation de l'algèbre de Hopf des graphes de Feynman qui correspond par le théorème de Milnor-Moore (voir le cours précédent) à une algèbre de Lie graduée engendrée par les diagrammes 1PI. Les cas singuliers conduisent à des séries formelles mais les problèmes de convergence sont brièvement discutés vers la fin. L'ensemble du programme est reformulé dans le language des catégories, des groupes algébriques et de la théorie de Galois différentielle. Des liens possibles avec les motifs de Tate mixtes sont envisagés. L'équivariance sous le groupe de renormalisation est reformulée dans ce language et des développements fascinants sont proposés.

Trois séminaires correspondants concluent l'entreprise: Dirk Kreimer discute le problème de la factorisation en théorie quantique des champs comme exercice sur les algèbres de Hopf et les singularités locales. Il analyse en fait un modèle simplifié d'arbres “enracinés” et décorés qui illustre la solution du problème des diagrammes divergents qui se recouvrent. On apprend d'abord comment la cohomologie de Hochschild des algèbres de Hopf permet un programme de renormalisation “local”. Puis des équations de Dyson-Schwinger sont définies sans utiliser d'action, elles devraient permettre une factorisation combinatoire avec des facteurs primitifs de l'algèbre de Hopf correspondante.

Stefan Weinzierl explique dans son rapport quelques propriétés des polylogarithmes multiples et de leurs troncations (des sommes emboîtées appelées sommes Z) que l'on rencontre dans les diagrammes de boucles de Feynman. Il parle des algorithmes algébriques dans les calculs perturbatifs et de leur impact sur la recherche de physique (expérimentale) nouvelle. Il met l'accent sur la calculabilité analytique de certains diagrammes de Feynman et sur les structures algébriques des sommes Z. Celles-ci ont une structure d'algèbre de Hopf mais aussi une conjugaison complexe et un produit de convolution. Ceci entraîne que les polylogarithmes ont une deuxième structure de Hopf et un produit "shuffle".

Le dernier séminaire est un exposé pédagogique de Herbert Gangl, Alexander B. Goncharov et Andrey Levin sur les logarithmes multiples, les cycles algébriques et les arbres. Ce travail a été étendu depuis aux polylogarithmes multiples et au monde des motifs par les mêmes auteurs. Ils relient ici les trois parties de leur titre: les deux dernières sont associées à des algèbres différentielles graduées de cycles algébriques et d'arbres décorés enracinés; la troisième partie du titre exprime la relation entre les polylogarithmes multiples et des intégrales sur des cycles hybrides ce qui généralise les motifs de Tate mixtes de Bloch et Kriz dans le cas des (poly-)logarithmes ordinaires.

C'est un plaisir de remercier ici pour leur soutien financier généreux à cette conférence les institutions suivantes:

Département Sciences Physiques et Mathématiques et Service de Formation permanente du Centre National de la Recherche Scientifique; École Normale Supérieure de Paris; Département des Sciences de la matière du Commissariat à l'Énergie Atomique; Institut des Hautes Etudes Scientifiques; National Science Foundation; Ministère de la Recherche et de la Technologie et Ministère des Affaires Etrangères; International Association of Mathematics and Physics et tout particulièrement la Commission des Communautés Européennes.

Trois réseaux européens d'excellence nous ont aussi aidé de diverses manières. Le réseau "Aspects mathématiques du chaos quantique" fut le plus impliqué, mais nous n'oublions pas les deux autres: "Supercordes" et "Structure quantique de l'espace-temps et nature géométrique des interactions fondamentales".

En ce qui concerne les aspects matériels nous remercions la Division Théorie du CERN pour nous avoir permis d'utiliser leurs ordinateurs pour le site web et l'enregistrement des inscriptions. Nous tenons à remercier aussi Marcelle Martin, Thierry Paul et le secrétariat des Houches pour leur patient travail. Nous eûmes le privilège d'accueillir deux participants de marque: Cécile de Witt-Morette (fondatrice de l'Ecole des Houches) et son mari Bryce de Witt dont l'enthousiasme critique mais communicatif fut grandement apprécié.

Paris
Juillet 2006

B. Julia
P. Cartier
P. Moussa
P. Vanhove

List of Contributors

List of Authors: (following the order of appearance of the contributions)

- D. Zagier, *Max-Planck-Institut für Mathematik, Gottfried-Claren-Strape 26, 0-5300 Bonn, Germany*
  Department of Mathematics, University of Maryland, College Park, Maryland 20742, USA
- W. Nahm, *Dublin Institute for Advanced Studies, Ireland*
- P. Cvitanovic, *School of Physics, Georgia Institute of Technology, Atlanta, GA 30332-0430, USA*
- P. di Vecchia, *NORDITA, Blegdamsvej 17, DK-2100 Copenhagen Ø, Denmark*
  Antonella Liccardo, *Dipartimento di Scienze Fisiche, Università di Napoli Complesso Universitario Monte S. Angelo, Via Cintia, I-80126 Napoli, Italy*
- K. Wendland, *University of Warwick, Gibbet Hill, Coventry CV4-7AL, England*
- Ch. Soulé, *I.H.E.S., 35 Route de Chartres, F-91440 Bures sur Yvette, France*
- B. Pioline, *LPTHE, Universités Paris VI et VII, 4 pl Jussieu, 75252 Paris cedex 05, France*
  A. Waldron, *Department of Mathematics, One Shields Avenue, University of California, Davis, CA 95616, USA*
- G. Moore, *Department of Physics, Rutgers University Piscataway, NJ 08854-8019, USA*
- M. Marcolli, *Max–Planck Institut für Mathematik, Vivatsgasse 7, D-53111 Bonn, Germany*
- J. McKay, *Department of Mathematics and CICMA Concordia University 1455 de Maisonneuve Blvd. West, Montreal, Quebec H3G 1M8, Canada*
  Abdellah Sebbar, *Department of Mathematics and Statistics, University of Ottawa, Ottawa, ON K1N 6N5, Canada*
- E. Frenkel, *University of California, Berkeley, USA*

- P. Cartier, *I.H.E.S. 35 route de Chartres F-91440 Bures-sur-Yvette, France*
- A. Connes, *Collège de France, 3, rue Ulm, F-75005 Paris, France*
  I.H.E.S. 35 route de Chartres F-91440 Bures-sur-Yvette, France
  M. Marcolli, *Max–Planck Institut für Mathematik, Vivatsgasse 7, D-53111 Bonn, Germany*
- D. Kreimer, *I.H.E.S. 35 route de Chartres, F-91440 Bures-sur-Yvette, France*
- S. Weinzierl, *Institut für Physik (ThEP) Universitat Mainz, D - 55099 Mainz, Germany*
- H. Gangl, *MPI für Mathematik, Vivatsgasse 7, D-53111 Bonn, Germany*
  A.B. Goncharov, *Brown University, Box 1917, Providence, RI 02912, USA*
  A. Levin, *Institute of Oceanology, Moscow, Russia*

Editors:

- Bernard Julia, *LPTENS, 24 rue Lhomond 75005 Paris, France*
- Pierre Cartier, *I.H.E.S. 35 route de Chartres F-91440 Bures-sur-Yvette, France*
- Pierre Moussa, *Service de Physique Théorique, CEA/Saclay, F-91191 Gif-sur-Yvette, France*
- Pierre Vanhove, *Service de Physique Théorique, CEA/Saclay, F-91191 Gif-sur-Yvette, France*

Contents

Table of Contents of Volume I

Part II Zeta functions

Part III Dynamical Systems: interval exchange, flat surfaces, and small divisors

Part I

Conformal Field Theories for Strings and Branes

The Dilogarithm Function

Don Zagier

Max-Planck-Institut für Mathematik, Vivatsgasse 7, D-53111 Bonn, Germany
and Collège de France, 3 rue d'Ulm, F-75005 Paris, France
zagier@mpim-bonn.mpg.de

The dilogarithm function, defined in the first sentence of Chapter I, is a function which has been known for more than 250 years, but which for a long time was familiar only to a few enthusiasts. In recent years it has become much better known, due to its appearance in hyperbolic geometry and in algebraic K-theory on the one hand and in mathematical physics (in particular, in conformal field theory) on the other. I was therefore asked to give two lectures at the Les Houches meeting introducing this function and explaining some of its most important properties and applications, and to write up these lectures for the Proceedings.

The first task was relatively straightforward, but the second posed a problem since I had already written and published an expository article on the dilogarithm some 15 years earlier. (In fact, that paper, originally written as a lecture in honor of Friedrich Hirzebruch's 60th birthday, had appeared in two different Indian publications during the Ramanujan centennial year—see footnote to Chapter I). It seemed to make little sense to try to repeat in different words the contents of that earlier article. On the other hand, just reprinting the original article would mean omitting several topics which were either developed since it was written or which were omitted then but are of more interest now in the context of the appearances of the dilogarithm in mathematical physics.

The solution I finally decided on was to write a text consisting of two chapters of different natures. The first is simply an unchanged copy of the 1988 article, with its original title, footnotes, and bibliography, reprinted by permission from the book *Number Theory and Related Topics* (Tata Institute of Fundamental Research, Bombay, January 1988). In this chapter we define the dilogarithm function and describe some of its more striking properties: its known special values which can be expressed in terms of ordinary logarithms, its many functional equations, its connection with the volumes of ideal tetrahedra in hyperbolic 3-space and with the special values at $s = 2$ of the Dedekind zeta functions of algebraic number fields, and its appearance in algebraic K-theory; the higher polylogarithms are also treated briefly. The second, new, chapter gives further information as well as some more recent developments of the theory. Four main topics are discussed here. Three of them—functional equations, modifications of the dilogarithm function, and higher polylogarithms—are continuations of themes which were already begun in Chapter I. The fourth topic, Nahm's conjectural connection between (torsion in) the Bloch group and modular functions, is new and especially fascinating. We discuss only some elementary aspects concerning the asymptotic properties of Nahm's q-expansions, referring the reader for the deeper parts of the theory, concerning the (in general conjectural) interpretation of these q-series as characters of rational conformal field theories, to the beautiful article by Nahm in this volume.

As well as the two original footnotes to Chapter I, which are indicated by numbers in the text and placed at the bottom of the page in the traditional manner, there are also some further footnotes, indicated by boxed capital letters in the margin and placed at the end of the chapter, which give updates or comments on the text of the older article or else refer the reader to the sections of Chapter II where the topic in question is developed further. Each of the two chapters has its own bibliography, that of Chapter I being a reprint of the original one and that of Chapter II giving some references to more recent literature. I apologize to the reader for this somewhat artificial construction, but hope that the two parts of the paper can still be read without too much confusion and perhaps even with some enjoyment. My own enthusiasm for this marvelous function as expressed in the 1988 paper has certainly not lessened in the intervening years, and I hope that the reader will be able to share at least some of it.

The reader interested in knowing more about dilogarithms should also consult the long article [22] of A.N. Kirillov, which is both a survey paper treating most or all of the topics discussed here and also contains many new results of interest from the point of view of both mathematics and physics.

Chapter I. The dilogarithm function in geometry and number theory[1]

The dilogarithm function is the function defined by the power series

$$\mathrm{Li}_2(z) = \sum_{n=1}^{\infty} \frac{z^n}{n^2} \qquad \text{for } |z| < 1\,.$$

The definition and the name, of course, come from the analogy with the Taylor series of the ordinary logarithm around 1,

$$-\log(1-z) = \sum_{n=1}^{\infty} \frac{z^n}{n} \qquad \text{for } |z| < 1\,,$$

which leads similarly to the definition of the *polylogarithm*

$$\mathrm{Li}_m(z) = \sum_{n=1}^{\infty} \frac{z^n}{n^m} \qquad \text{for} \quad |z| < 1, \quad m = 1, 2, \dots\,.$$

The relation

$$\frac{d}{dz}\mathrm{Li}_m(z) = \frac{1}{z}\,\mathrm{Li}_{m-1}(z) \qquad (m \geq 2)$$

is obvious and leads by induction to the extension of the domain of definition of Li_m to the cut plane $\mathbb{C} \smallsetminus [1,\infty)$; in particular, the analytic continuation of the dilogarithm is given by

$$\mathrm{Li}_2(z) = -\int_0^z \log(1-u)\,\frac{du}{u} \qquad \text{for} \quad z \in \mathbb{C} \smallsetminus [1,\infty)\,.$$

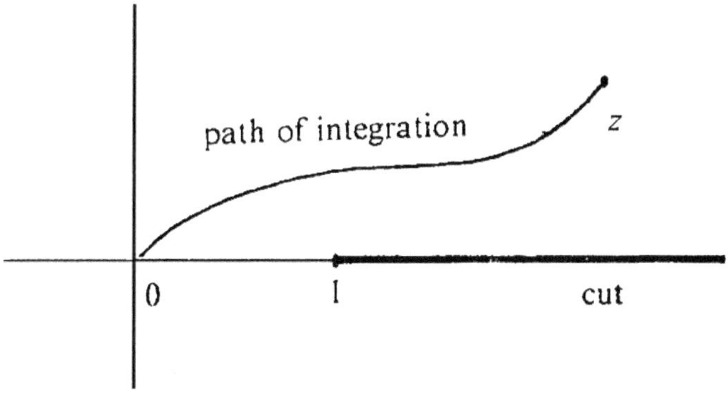

[1] This paper is a revised version of a lecture which was given in Bonn on the occasion of F. Hirzebruch's 60th birthday (October 1987) and has also appeared under the title "The remarkable dilogarithm" in the Journal of Mathematical and Physical Sciences, 22 (1988).

Thus the dilogarithm is one of the simplest non-elementary functions one can imagine. It is also one of the strangest. It occurs not quite often enough, and in not quite an important enough way, to be included in the Valhalla of the great transcendental functions—the gamma function, Bessel and Legendre- functions, hypergeometric series, or Riemann's zeta function. And yet it occurs too often, and in far too varied contexts, to be dismissed as a mere curiosity. First defined by Euler, it has been studied by some of the great mathematicians of the past—Abel, Lobachevsky, Kummer, and Ramanujan, to name just a few—and there is a whole book devoted to it [4]. Almost all of its appearances in mathematics, and almost all the formulas relating to it, have something of the fantastical in them, as if this function alone among all others possessed a sense of humor. In this paper we wish to discuss some of
A these appearances and some of these formulas, to give at least an idea of this remarkable and too little-known function.

1 Special values

Let us start with the question of special values. Most functions have either no exactly computable special values (Bessel functions, for instance) or else a countable, easily describable set of them; thus, for the gamma function

$$\Gamma(n) = (n-1)!\,, \qquad \Gamma\bigl(n+\tfrac{1}{2}\bigr) = \frac{(2n)!}{4^n n!}\sqrt{\pi}\,,$$

and for the Riemann zeta function

$$\begin{aligned}
\zeta(2) &= \frac{\pi^2}{6}, \qquad & \zeta(4) &= \frac{\pi^4}{90}, \qquad & \zeta(6) &= \frac{\pi^6}{945}, \qquad & \ldots\,, \\
\zeta(0) &= -\frac{1}{2}, & \zeta(-2) &= 0, & \zeta(-4) &= 0, & \ldots\,, \\
\zeta(-1) &= -\frac{1}{12}, & \zeta(-3) &= \frac{1}{120}, & \zeta(-5) &= -\frac{1}{252}, & \ldots\,.
\end{aligned}$$

B Not so the dilogarithm. As far as anyone knows, there are exactly eight values of z for which z and $\mathrm{Li}_2(z)$ can both be given in closed form:

$$\begin{aligned}
\mathrm{Li}_2(0) &= 0, \\
\mathrm{Li}_2(1) &= \frac{\pi^2}{6}, \\
\mathrm{Li}_2(-1) &= -\frac{\pi^2}{12}, \\
\mathrm{Li}_2\left(\frac{1}{2}\right) &= \frac{\pi^2}{12} - \frac{1}{2}\log^2(2),
\end{aligned}$$

$$\mathrm{Li}_2\left(\frac{3-\sqrt{5}}{2}\right) = \frac{\pi^2}{15} - \log^2\left(\frac{1+\sqrt{5}}{2}\right),$$

$$\mathrm{Li}_2\left(\frac{-1+\sqrt{5}}{2}\right) = \frac{\pi^2}{10} - \log^2\left(\frac{1+\sqrt{5}}{2}\right),$$

$$\mathrm{Li}_2\left(\frac{1-\sqrt{5}}{2}\right) = -\frac{\pi^2}{15} + \frac{1}{2}\log^2\left(\frac{1+\sqrt{5}}{2}\right),$$

$$\mathrm{Li}_2\left(\frac{-1-\sqrt{5}}{2}\right) = -\frac{\pi^2}{10} + \frac{1}{2}\log^2\left(\frac{1+\sqrt{5}}{2}\right).$$

Let me describe a recent experience where these special values figured, and which admirably illustrates what I said about the bizarreness of the occurrences of the dilogarithm in mathematics. From Bruce Berndt via Henri Cohen I learned of a still unproved assertion in the Notebooks of Srinivasa Ramanujan (Vol. 2, p. 289, formula (3.3)): Ramanujan says that, for q and x between 0 and 1,

$$\cfrac{q}{x + \cfrac{q^4}{x + \cfrac{q^8}{x + \cfrac{q^{12}}{x + \cdots}}}} = 1 - \cfrac{qx}{1 + \cfrac{q^2}{1 - \cfrac{q^3 x}{1 + \cfrac{q^4}{1 - \cfrac{q^5 x}{1 + \cdots}}}}}$$

"very nearly." He does not explain what this means, but a little experimentation shows that what is meant is that the two expressions are numerically very close when q is near 1; thus for $q = 0.9$ and $x = 0.5$ one has

$$\mathrm{LHS} = 0.7767340194\cdots, \qquad \mathrm{RHS} = 0.7767340180\cdots,$$

A graphical illustration of this is also shown.

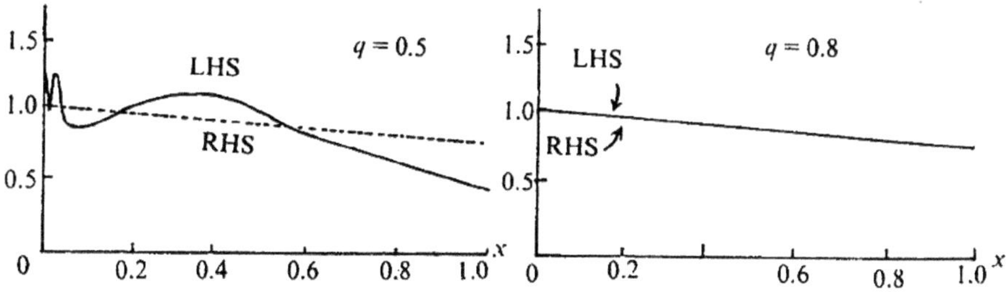

The quantitative interpretation turned out as follows [9]: The difference between the left and right sides of Ramanujan's equation is $O\bigl(\exp(\frac{\pi^2/5}{\log q})\bigr)$ for $x=1$, $q\to 1$. (The proof of this used the identities

$$\cfrac{1}{1+\cfrac{q}{1+\cfrac{q^2}{1+\cfrac{q^3}{1+\cdots}}}} \;=\; \prod_{n=1}^{\infty}(1-q^n)^{\left(\frac{n}{5}\right)} \;=\; \frac{\sum(-1)^r q^{\frac{5r^2+3r}{2}}}{\sum(-1)^r q^{\frac{5r^2+r}{2}}}\,,$$

which are consequences of the Rogers-Ramanujan identities and are surely among the most beautiful formulas in mathematics.) For $x\to 0$ and $q\to 1$ the difference in question is $O\bigl(\exp(\frac{\pi^2/4}{\log q})\bigr)$, and for $0<x<1$ and $q\to 1$ it is $O\bigl(\exp(\frac{c(x)}{\log q})\bigr)$ where $c'(x)=-\frac{1}{x}\operatorname{arg\,sinh}\frac{x}{2}=-\frac{1}{x}\log\bigl(\sqrt{1+x^2/4}+x/2\bigr)$. For these three formulas to be compatible, one needs

$$\int_0^1 \frac{1}{x}\log(\sqrt{1+x^2/4}+x/2)\,dx = c(0)-c(1) = \frac{\pi^2}{4}-\frac{\pi^2}{5}=\frac{\pi^2}{20}\,.$$

Using integration by parts and formula A.3.1 (6) of [4] one finds

$$\int \frac{1}{x}\log\bigl(\sqrt{1+x^2/4}+x/2\bigr)\,dx = -\frac{1}{2}\operatorname{Li}_2\bigl((\sqrt{1+x^2/4}\;-\;x/2)^2\bigr)$$
$$-\frac{1}{2}\log^2(\sqrt{1+x^2/4}+x/2)+(\log x)\log(\sqrt{1+x^2/4}+x/2)+C\,,$$

so

$$\int_0^1 \frac{1}{x}\log(\sqrt{1+x^2/4}+x/2)\,dx = \frac{1}{2}\operatorname{Li}_2(1)-\frac{1}{2}\Bigl(\operatorname{Li}_2\bigl(\frac{3-\sqrt5}{2}\bigr)+\log^2\bigl(\frac{1+\sqrt5}{2}\bigr)\Bigr)$$
$$=\frac{\pi^2}{12}-\frac{\pi^2}{30}=\frac{\pi^2}{20}\;!$$

2 Functional equations

In contrast to the paucity of special values, the dilogarithm function satisfies a plethora of functional equations. To begin with, there are the two reflection properties

$$\operatorname{Li}_2\bigl(\frac{1}{z}\bigr) \;=\; -\operatorname{Li}_2(z)\;-\;\frac{\pi^2}{6}\;-\;\frac{1}{2}\log^2(-z)\,,$$
$$\operatorname{Li}_2(1-z) \;=\; -\operatorname{Li}_2(z)\;+\;\frac{\pi^2}{6}\;-\;\log(z)\log(1-z)\,.$$

Together they say that the six functions

$$\mathrm{Li}_2(z),\ \mathrm{Li}_2\Big(\frac{1}{1-z}\Big),\ \mathrm{Li}_2\Big(\frac{z-1}{z}\Big),\ -\mathrm{Li}_2\Big(\frac{1}{z}\Big),\ -\mathrm{Li}_2(1-z),\ -\mathrm{Li}_2\Big(\frac{z}{z-1}\Big)$$

are equal modulo elementary functions, Then there is the duplication formula

$$\mathrm{Li}_2(z^2) = 2\left(\mathrm{Li}_2(z) + \mathrm{Li}_2(-z)\right)$$

and more generally the "distribution property"

$$\mathrm{Li}_2(x) = n \sum_{z^n = x} \mathrm{Li}_2(z) \qquad (n = 1,\, 2,\, 3, \dots).$$

Next, there is the two-variable, five-term relation

$$\mathrm{Li}_2(x) + \mathrm{Li}_2(y) + \mathrm{Li}_2\left(\frac{1-x}{1-xy}\right) + \mathrm{Li}_2\left(1-xy\right) + \mathrm{Li}_2\left(\frac{1-y}{1-xy}\right)$$
$$= \frac{\pi^2}{6} - \log(x)\log(1-x) - \log(y)\log(1-y) + \log\left(\frac{1-x}{1-xy}\right)\log\left(\frac{1-y}{1-xy}\right)$$

which (in this or one of the many equivalent forms obtained by applying the symmetry properties given above) was discovered and rediscovered by Spence (1809), Abel (1827), Hill (1828), Kummer (1840), Schaeffer (1846), and doubtless others. (Despite appearances, this relation is symmetric in the five arguments: if these are numbered cyclically as z_n with $n \in \mathbb{Z}/5\mathbb{Z}$, then $1 - z_n = \left(z_{n-1}^{-1} - 1\right)\left(z_{n+1}^{-1} - 1\right) = z_{n-2} z_{n+2}$.) There is also the six-term relation

$$\frac{1}{x} + \frac{1}{y} + \frac{1}{z} = 1 \quad \Rightarrow \quad \mathrm{Li}_2(x) + \mathrm{Li}_2(y) + \mathrm{Li}_2(z)$$
$$= \frac{1}{2}\left[\mathrm{Li}_2\Big(-\frac{xy}{z}\Big) + \mathrm{Li}_2\Big(-\frac{yz}{x}\Big) + \mathrm{Li}_2\Big(-\frac{zx}{y}\Big)\right]$$

discovered by Kummer (1840) and Newman (1892). Finally, there is the strange many-variable equation

$$\mathrm{Li}_2(z) = \sum_{\substack{f(x)=z \\ f(a)=1}} \mathrm{Li}_2\left(\frac{x}{a}\right) + C(f)\,, \qquad (1)$$

where $f(x)$ is any polynomial without constant term and $C(f)$ a (complicated) constant depending on f. For f quadratic, this reduces to the five-term relation, while for f of degree n it involves $n^2 + 1$ values of the dilogarithm.

All of the functional equations of Li_2 are easily proved by differentiation, **C**
while the special values given in the previous section are obtained by combining suitable functional equations. See [4].

3 The Bloch-Wigner function $D(z)$ and its generalizations

D

The function $\mathrm{Li}_2(z)$, extended as above to $\mathbb{C} \smallsetminus [1,\infty)$, jumps by $2\pi i \log|z|$ as z crosses the cut. Thus the function $\mathrm{Li}_2(z) + i\arg(1-z)\log|z|$, where arg denotes the branch of the argument lying between $-\pi$ and π, is continuous. Surprisingly, its imaginary part

$$D(z) \;=\; \Im(\mathrm{Li}_2(z)) \;+\; \arg(1-z)\log|z|$$

is not only continuous, but satisfies

(I) $D(z)$ is real analytic on $\mathbb{C}$ except at the two points 0 and 1, where it is continuous but not differentiable (it has singularities of type $r\log r$ there).

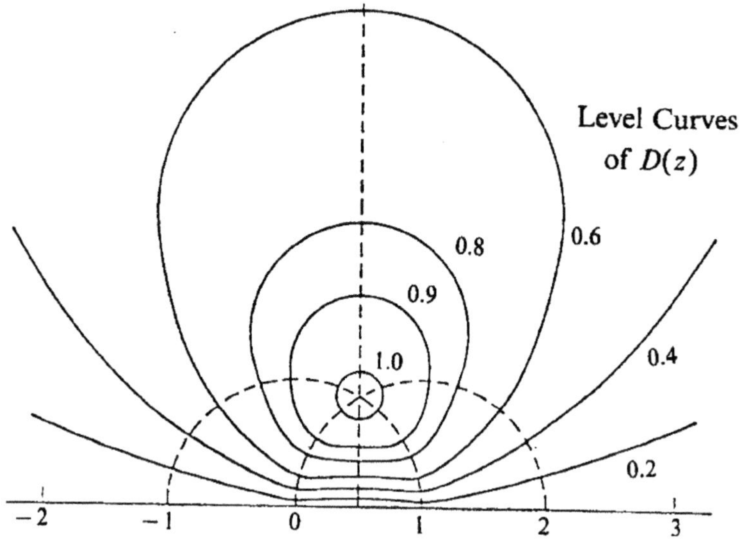

The above graph shows the behaviour of $D(z)$. We have plotted the level curves $D(z) = 0, 0.2, 0.4, 0.6, 0.8, 0.9, 1.0$ in the upper half-plane. The values in the lower half-plane are obtained from $D(\bar{z}) = -D(z)$. The maximum of D is $1.0149\ldots$, attained at the point $(1+i\sqrt{3})/2$.

The function $D(z)$, which was discovered by D. Wigner and S. Bloch (cf. [1]), has many other beautiful properties. In particular:

(II) $D(z)$, which is a real-valued function on $\mathbb{C}$, can be expressed in terms of a function of a single real variable, namely

$$D(z) = \frac{1}{2}\left[D\left(\frac{z}{\bar{z}}\right) + D\left(\frac{1-1/z}{1-1/\bar{z}}\right) + D\left(\frac{1/(1-z)}{1/(1-\bar{z})}\right)\right] \qquad (2)$$

which expresses $D(z)$ for arbitrary complex z in terms of the function

$$D(e^{i\theta}) = \Im[\mathrm{Li}_2(e^{i\theta})] = \sum_{n=1}^{\infty} \frac{\sin n\theta}{n^2} .$$

(Note that the real part of Li_2 on the unit circle is elementary: $\sum_{n=1}^{\infty} \frac{\cos n\theta}{n^2} = \frac{\pi^2}{6} - \frac{\theta(2\pi - \theta)}{4}$ for $0 \le \theta \le 2\pi$.) Formula (2) is due to Kummer.

(III) All of the functional equations satisfied by $\mathrm{Li}_2(z)$ lose the elementary correction terms (constants and products of logarithms) when expressed in terms of $D(z)$. In particular, one has the 6-fold symmetry

$$\begin{aligned} D(z) &= D\left(1 - \frac{1}{z}\right) = D\left(\frac{1}{1-z}\right) \\ &= -D\left(\frac{1}{z}\right) = -D(1-z) = -D\left(\frac{-z}{1-z}\right) \end{aligned} \tag{3}$$

and the five-term relation

$$D(x) + D(y) + D\left(\frac{1-x}{1-xy}\right) + D(1-xy) + D\left(\frac{1-y}{1-xy}\right) = 0, \tag{4}$$

while replacing Li_2 by D in the many-term relation (1) makes the constant $C(f)$ disappear.

The functional equations become even cleaner if we think of D as being a function not of a single complex number but of the cross-ratio of four such numbers, i.e., if we define

$$\widetilde{D}(z_0, z_1, z_2, z_3) = D\left(\frac{z_0 - z_2}{z_0 - z_3}\,\frac{z_1 - z_3}{z_1 - z_2}\right) \quad (z_0, z_1, z_2, z_3 \in \mathbb{C}). \tag{5}$$

Then the symmetry properties (3) say that $\widetilde{D}$ is invariant under even and anti-invariant under odd permutations of its four variables, the five-term relation (4) takes on the attractive form

$$\sum_{i=0}^{4} (-1)^i\, \widetilde{D}(z_0, \ldots, \widehat{z_i}, \ldots, z_4) = 0 \quad (z_0, \ldots, z_4 \in \mathbb{P}^1(\mathbb{C})) \tag{6}$$

(we will see the geometric interpretation of this later), and the multi-variable formula (1) generalizes to the following beautiful formula:

$$\sum_{\substack{z_1 \in f^{-1}(a_1) \\ z_2 \in f^{-1}(a_2) \\ z_3 \in f^{-1}(a_3)}} \widetilde{D}(z_0, z_1, z_2, z_3) \;=\; n\,\widetilde{D}(a_0, a_1, a_2, a_3) \quad (z_0, a_1, a_2, a_3 \in \mathbb{P}^1(\mathbb{C})),$$

where $f : \mathbb{P}^1(\mathbb{C}) \to \mathbb{P}^1(\mathbb{C})$ is a function of degree n and $a_0 = f(z_0)$. (Equation (1) is the special case when f is a polynomial, so $f^{-1}(\infty)$ is ∞ with multiplicity n.)

Finally, we mention that a real-analytic function on $\mathbb{P}^1(\mathbb{C}) \smallsetminus \{0, 1, \infty\}$, built up out of the polylogarithms in the same way as $D(z)$ was constructed from the dilogarithm, has been defined by Ramakrishnan [6]. His function (slightly modified) is given by

$$D_m(z) = \Re\left(i^{m+1}\left[\sum_{k=1}^{m}\frac{(-\log|z|)^{m-k}}{(m-k)!}\mathrm{Li}_k(z) - \frac{(-\log|z|)^m}{2m!}\right]\right)$$

(so $D_1(z) = \log|z^{1/2} - z^{-1/2}|$, $D_2(z) = D(z)$) and satisfies

$$\begin{aligned} D_m\left(\frac{1}{z}\right) &= (-1)^{m-1} D_m(z)\,, \\ \frac{\partial}{\partial z} D_m(z) &= \frac{i}{2z}\left(D_{m-1}(z) + \frac{i}{2}\frac{(-i\log|z|)^{m-1}}{(m-1)!}\frac{1+z}{1-z}\right). \end{aligned}$$

However, it does not seem to have analogues of the properties (II) and (III): for example, it is apparently impossible to express $D_3(z)$ for arbitrary complex z in terms of only the function $D_3(e^{i\theta}) = \sum_{n=1}^{\infty}(\cos n\theta)/n^3$, and passing from Li_3 to D_3 removes many but not all of the numerous lower-order terms in the various functional equations of the trilogarithm, e.g.:

$$\begin{aligned} &D_3(x) + D_3(1-x) + D_3\left(\frac{x}{x-1}\right) \\ &\qquad = D_3(1) + \frac{1}{12}\log|x(1-x)|\,\log\left|\frac{x}{(1-x)^2}\right|\,\log\left|\frac{x^2}{1-x}\right|, \\ &D_3\left(\frac{x(1-y)^2}{y(1-x)^2}\right) + D_3(xy) + D_3\left(\frac{x}{y}\right) - 2D_3\left(\frac{x(1-y)}{y(1-x)}\right) - 2D_3\left(\frac{1-y}{1-x}\right) \\ &\quad -2D_3\left(\frac{x(1-y)}{x-1}\right) - 2D_3\left(\frac{y(1-x)}{y-1}\right) - 2D_3(x) - 2D_3(y) \\ &\qquad = 2D_3(1) - \frac{1}{4}\log|xy|\,\log\left|\frac{x}{y}\right|\,\log\left|\frac{x(1-y)^2}{y(1-x)^2}\right|. \end{aligned}$$

Nevertheless, these higher Bloch-Wigner functions do occur. In studying the so-called "Heegner points" on modular curves, B. Gross and I had to study for $n = 2, 3, \ldots$ "higher weight Green's functions" for $\mathfrak{H}/\Gamma$ ($\mathfrak{H}$ = complex upper half-plane, $\Gamma = SL_2(\mathbb{Z})$ or a congruence subgroup). These are functions $G_n(z_1, z_2) = G_n^{\mathfrak{H}/\Gamma}(z_1, z_2)$ defined on $\mathfrak{H}/\Gamma \times \mathfrak{H}/\Gamma$, real analytic in both variables except for a logarithmic singularity along the diagonal $z_1 = z_2$, and satisfying $\Delta_{z_1} G_n = \Delta_{z_2} G_n = n(n-1)G_n$, where $\Delta_z = y^2(\partial^2/\partial x^2 + \partial^2/\partial y^2)$ is the hyperbolic Laplace operator with respect to $z = x + iy \in \mathfrak{H}$. They are obtained as

$$G_n^{\mathfrak{H}/\Gamma}(z_1,z_2)=\sum_{\gamma\in\Gamma}G_n^{\mathfrak{H}}(z_1,\gamma z_2)$$

where $G_n^{\mathfrak{H}}$ is defined analogously to $G_n^{\mathfrak{H}/\Gamma}$ but with $\mathfrak{H}/\Gamma$ replaced by $\mathfrak{H}$. The functions $G_n^{\mathfrak{H}}$ $(n=2,3,\dots)$ are elementary, e.g.,

$$G_2^{\mathfrak{H}}(z_1,z_2)=\left(1+\frac{|z_1-z_2|^2}{2y_1y_2}\right)\log\frac{|z_1-z_2|^2}{|z_1-\bar{z}_2|^2}+2\,.$$

In between $G_n^{\mathfrak{H}}$ and $G_n^{\mathfrak{H}/\Gamma}$ are the functions $G_n^{\mathfrak{H}/\mathbb{Z}}=\sum_{r\in\mathbb{Z}}G_n^{\mathfrak{H}}(z_1,z_2+r)$. It turns out [10] that they are expressible in terms of the D_m $(m=1,3,\dots,2n-1)$, e.g.,

$$\begin{aligned}G_2^{\mathfrak{H}/\mathbb{Z}}(z_1,z_2)=&\frac{1}{4\pi^2y_1y_2}\left(D_3(e^{2\pi i(z_1-z_2)})+D_3(e^{2\pi i(z_1-\bar{z}_2)})\right)\\&+\frac{y_1^2+y_2^2}{2y_1y_2}\left(D_1(e^{2\pi i(z_1-z_2)})+D_1(e^{2\pi i(z_1-\bar{z}_2)})\right).\end{aligned}$$

I do not know the reason for this connection.

4 Volumes of hyperbolic 3-manifolds ...

The dilogarithm occurs in connection with measurement of volumes in euclidean, spherical, and hyperbolic geometry. We will be concerned with the last of these. Let $\mathfrak{H}_3$ be the Lobachevsky space (space of non-euclidean solid geometry). We will use the half-space model, in which $\mathfrak{H}_3$ is represented by $\mathbb{C}\times\mathbb{R}_+$ with the standard hyperbolic metric in which the geodesics are either vertical lines or semicircles in vertical planes with endpoints in $\mathbb{C}\times\{0\}$ and the geodesic planes are either vertical planes or else hemispheres with boundary in $\mathbb{C}\times\{0\}$. An *ideal tetrahedron* is a tetrahedron whose vertices are all in $\partial\mathfrak{H}_3=\mathbb{C}\cup\{\infty\}=\mathbb{P}^1(\mathbb{C})$. Let Δ be such a tetrahedron. Although the vertices are at infinity, the (hyperbolic) volume is finite. It is given by

$$\mathrm{Vol}(\Delta)=\widetilde{D}(z_0,z_1,z_2,z_3),\tag{7}$$

where $z_0,\dots,z_3\in\mathbb{C}$ are the vertices of Δ and $\widetilde{D}$ is the function defined in (5). In the special case that three of the vertices of Δ are ∞, 0, and 1, equation (7) reduces to the formula (due essentially to Lobachevsky)

$$\mathrm{Vol}(\Delta)=D(z).\tag{8}$$

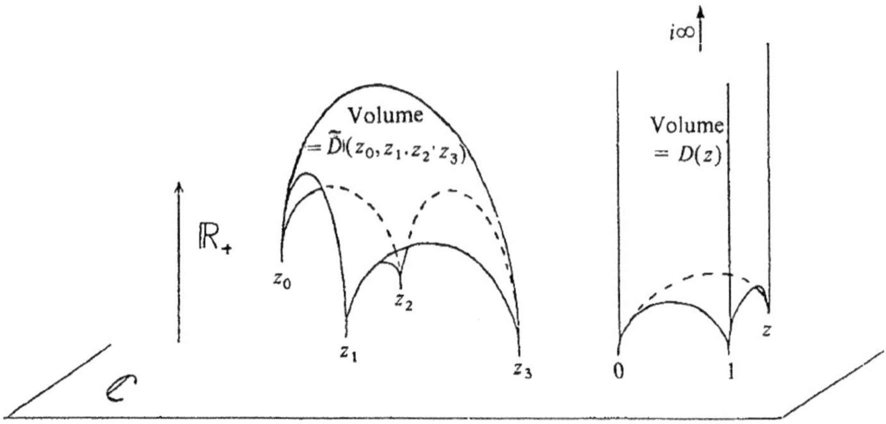

In fact, equations (7) and (8) are equivalent, since any 4-tuple of points $z_0, \ldots, z_3$ can be brought into the form $\{\infty, 0, 1, z\}$ by the action of some element of $SL_2(\mathbb{C})$ on $\mathbb{P}^1(\mathbb{C})$, and the group $SL_2(\mathbb{C})$ acts on $\mathfrak{H}_3$ by isometries.

The (anti-)symmetry properties of $\widetilde{D}$ under permutations of the z_i are obvious from the geometric interpretation (7), since renumbering the vertices leaves Δ unchanged but may reverse its orientation. Formula (6) is also an immediate consequence of (7), since the five tetrahedra spanned by four at a time of $z_0, \ldots, z_4 \in \mathbb{P}^1(\mathbb{C})$, counted positively or negatively as in (6), add up algebraically to the zero 3-cycle.

The reason that we are interested in hyperbolic tetrahedra is that these are the building blocks of hyperbolic 3-manifolds, which in turn (according to Thurston) are the key objects for understanding three-dimensional geometry and topology. A hyperbolic 3-manifold is a 3-dimensional riemannian manifold M which is locally modelled on (i.e., isometric to portions of) hyperbolic 3-space $\mathfrak{H}_3$; equivalently, it has constant negative curvature -1. We are interested in complete oriented hyperbolic 3-manifolds that have finite volume (they are then either compact or have finitely many "cusps" diffeomorphic to $S^1 \times S^1 \times \mathbb{R}_+$). Such a manifold can obviously be triangulated into small geodesic simplices which will be hyperbolic tetrahedra. Less obvious is that (possibly after removing from M a finite number of closed geodesics) there is always a triangulation into *ideal* tetrahedra (the part of such a tetrahedron going out towards a vertex at infinity will then either tend to a cusp of M or else spiral in around one of the deleted curves). Let these tetrahedra be numbered $\Delta_1, \ldots, \Delta_n$ and assume (after an isometry of $\mathfrak{H}_3$ if necessary) that the vertices of Δ_ν are at ∞, 0, 1 and z_ν. Then

$$\mathrm{Vol}(M) = \sum_{\nu=1}^{n} \mathrm{Vol}(\Delta_\nu) = \sum_{\nu=1}^{n} D(z_\nu). \tag{9}$$

Of course, the numbers z_ν are not uniquely determined by Δ_ν since they depend on the order in which the vertices were sent to $\{\infty, 0, 1, z_\nu\}$, but the non-uniqueness consists (since everything is oriented) only in replacing z_ν by $1 - 1/z_\nu$ or $1/(1-z_\nu)$ and hence does not affect the value of $D(z_\nu)$.

One of the objects of interest in the study of hyperbolic 3-manifolds is the "volume spectrum"

$$\mathbf{Vol} = \{\mathrm{Vol}(M) \mid M \text{ a hyperbolic 3-manifold}\} \subset \mathbb{R}_+ .$$

From the work of Jørgensen and Thurston one knows that **Vol** is a countable and well-ordered subset of $\mathbb{R}_+$ (i.e., every subset has a smallest element), and its exact nature is of considerable interest both in topology and number theory. Equation (9) as it stands says nothing about this set since any real number can be written as a finite sum of values $D(z)$, $z \in \mathbb{C}$. However, the parameters z_ν of the tetrahedra triangulating a complete hyperbolic 3-manifold satisfy an extra relation, namely

$$\sum_{\nu=1}^{n} z_\nu \wedge (1 - z_\nu) = 0, \tag{10}$$

where the sum is taken in the abelian group $\Lambda^2\mathbb{C}^\times$ (the set of all formal linear combinations $x \wedge y$, $x, y \in \mathbb{C}^\times$, subject to the relations $x \wedge x = 0$ and $(x_1x_2) \wedge y = x_1 \wedge y + x_2 \wedge y$). (This follows from assertions in [3] or from Corollary 2.4 of [5] applied to suitable x and y.) Now (9) *does* give information about **Vol** because the set of numbers $\sum_{\nu=1}^{n} D(z_\nu)$ with z_ν satisfying (10) is countable. This fact was proved by Bloch [1]. To make a more precise statement, we introduce the *Bloch group*. Consider the abelian group of formal sums $[z_1] + \cdots + [z_n]$ with $z_1, \ldots, z_n \in \mathbb{C}^\times \smallsetminus \{1\}$ satisfying (10). As one easily checks, it contains the elements

$$[x] + [\frac{1}{x}], \quad [x] + [1-x], \quad [x] + [y] + [\frac{1-x}{1-xy}] + [1-xy] + [\frac{1-y}{1-xy}] \tag{11}$$

for all x and y in $\mathbb{C}^\times - \{1\}$ with $xy \neq 1$, corresponding to the symmetry properties and five-term relation satisfied by $D(\,\cdot\,)$. The Bloch group is defined as

$$\mathcal{B}_\mathbb{C} = \{[z_1] + \cdots + [z_n] \text{ satisfying (10)}\}/(\text{subgroup generated by the elements (11)}) \tag{12}$$

(this is slightly different from the usual definition). The definition of the Bloch group in terms of the relations satisfied by $D(\,\cdot\,)$ makes it obvious that D extends to a linear map $D : \mathcal{B}_\mathbb{C} \to \mathbb{R}$ by $[z_1] + \cdots + [z_n] \mapsto D(z_1) + \cdots + D(z_n)$, and Bloch's result (related to Mostow rigidity) says that the set $D(\mathcal{B}_\mathbb{C})$ coincides with $D(\mathcal{B}_{\overline{\mathbb{Q}}})$, where $\mathcal{B}_{\overline{\mathbb{Q}}}$ is defined by (12) but with the z_ν lying in $\overline{\mathbb{Q}}^\times \smallsetminus \{1\}$. Thus $D(\mathcal{B}_\mathbb{C})$ is countable, and (9) and (10) imply that **Vol** is contained in this countable set. The structure of $\mathcal{B}_{\overline{\mathbb{Q}}}$, which is very subtle, will be discussed below.

We give an example of a non-trivial element of the Bloch group. For convenience, set $\alpha = \dfrac{1-\sqrt{-7}}{2}$, $\beta = \dfrac{-1-\sqrt{-7}}{2}$. Then

$$2 \cdot \Bigl(\frac{1+\sqrt{-7}}{2}\Bigr) \wedge \Bigl(\frac{1-\sqrt{-7}}{2}\Bigr) + \Bigl(\frac{-1+\sqrt{-7}}{4}\Bigr) \wedge \Bigl(\frac{5-\sqrt{-7}}{4}\Bigr)$$
$$= 2 \cdot (-\beta) \wedge \alpha + \Bigl(\frac{1}{\beta}\Bigr) \wedge \Bigl(\frac{\alpha^2}{\beta}\Bigr) = \beta^2 \wedge \alpha - \beta \wedge \alpha^2 = 2 \cdot \beta \wedge \alpha - 2 \cdot \beta \wedge \alpha = 0\,,$$

so

$$2\,\Bigl[\frac{1+\sqrt{-7}}{2}\Bigr] + \Bigl[\frac{-1+\sqrt{-7}}{4}\Bigr] \;\in\; \mathcal{B}_{\mathbb{C}}\,. \tag{13}$$

This example should make it clear why non-trivial elements of $\mathcal{B}_{\mathbb{C}}$ can only arise from algebraic numbers: the key relations $1+\beta = \alpha$ and $1-\beta^{-1} = \alpha^2/\beta$ in the calculation above forced α and β to be algebraic.

5 ... and values of Dedekind zeta functions

Let F be an algebraic number field, say of degree N over $\mathbb{Q}$. Among its most important invariants are the discriminant d, the numbers r_1 and r_2 of real and imaginary archimedean valuations, and the Dedekind zeta-function $\zeta_F(s)$. For the non-number-theorist we recall the (approximate) definitions. The field F can be represented as $\mathbb{Q}(\alpha)$ where α is a root of an irreducible monic polynomial $f \in \mathbb{Z}[x]$ of degree N. The discriminant of f is an integer d_f and d is given by $c^{-2}d_f$ for some natural number c with $c^2 \mid d_f$. The polynomial f, which is irreducible over $\mathbb{Q}$, in general becomes reducible over $\mathbb{R}$, where it splits into r_1 linear and r_2 quadratic factors (thus $r_1 \ge 0$, $r_2 \ge 0$, $r_1 + 2r_2 = N$). It also in general becomes reducible when it is reduced modulo a prime p, but if $p \nmid d_f$ then its irreducible factors modulo p are all distinct, say $r_{1,p}$ linear factors, $r_{2,p}$ quadratic ones, etc. (so $r_{1,p} + 2r_{2,p} + \cdots = N$). Then $\zeta_F(s)$ is the Dirichlet series given by an Euler product $\prod_p Z_p(p^{-s})^{-1}$ where $Z_p(t)$ for $p \nmid d_f$ is the monic polynomial $(1-t)^{r_{1,p}}(1-t^2)^{r_{2,p}} \cdots$ of degree N and $Z_p(t)$ for $p \mid d_f$ is a certain monic polynomial of degree $\le N$. Thus (r_1, r_2) and $\zeta_F(s)$ encode the information about the behaviour of f (and hence F) over the real and p-adic numbers, respectively.

As an example, let F be an imaginary quadratic field $\mathbb{Q}(\sqrt{-a})$ with $a \ge 1$ squarefree. Here $N = 2$, $d = -a$ or $-4a$, $r_1 = 0$, $r_2 = 1$. The Dedekind zeta function has the form $\sum_{n \ge 1} r(n) n^{-s}$ where $r(n)$ counts representations of n by certain quadratic forms of discriminant d; it can also be represented as the product of the Riemann zeta function $\zeta(s) = \zeta_{\mathbb{Q}}(s)$ with an L-series $L(s) = \sum_{n \ge 1} \bigl(\frac{d}{n}\bigr)\, n^{-s}$ where $\bigl(\frac{d}{n}\bigr)$ is a symbol taking the values ± 1 or 0 and which is periodic of period $|d|$ in n. Thus for $a = 7$

$$\zeta_{\mathbb{Q}(\sqrt{-7})}(s) = \frac{1}{2} \sum_{(x,y)\neq(0,0)} \frac{1}{(x^2+xy+2y^2)^s}$$
$$= \Bigl(\sum_{n=1}^{\infty} n^{-s}\Bigr) \Bigl(\sum_{n=1}^{\infty} \bigl(\frac{-7}{n}\bigr) n^{-s}\Bigr)$$

where $(\frac{-7}{n})$ is $+1$ for $n \equiv 1, 2, 4 \pmod 7$, -1 for $n \equiv 3, 5, 6 \pmod 7$, and 0 for $n \equiv 0 \pmod 7$.

One of the questions of interest is the evaluation of the Dedekind zeta function at suitable integer arguments. For the Riemann zeta function we have the special values cited at the beginning of this paper. More generally, if F is totally real (i.e., $r_1 = N$, $r_2 = 0$), then a theorem of Siegel and Klingen implies that $\zeta_F(m)$ for $m = 2, 4, \ldots$ equals $\pi^{mN}/\sqrt{|d|}$ times a rational number. If $r_2 > 0$, then no such simple result holds. However, in the case $F = \mathbb{Q}(\sqrt{-a})$, by using the representation $\zeta_F(s) = \zeta(s)L(s)$ and the formula $\zeta(2) = \pi^2/6$ and writing the periodic function $(\frac{d}{n})$ as a finite linear combination of terms $e^{2\pi ikn/|d|}$ we obtain

$$\zeta_F(2) = \frac{\pi^2}{6\sqrt{|d|}} \sum_{n=1}^{|d|-1} \bigl(\frac{d}{n}\bigr) D(e^{2\pi in/|d|}) \qquad (F \text{ imaginary quadratic}),$$

e.g.,

$$\zeta_{\mathbb{Q}(\sqrt{-7})}(2) = \frac{\pi^2}{3\sqrt{7}} \Bigl(D(e^{2\pi i/7}) + D(e^{4\pi i/7}) - D(e^{6\pi i/7})\Bigr) .$$

Thus the values of $\zeta_F(2)$ for imaginary quadratic fields can be expressed in closed form in terms of values of the Bloch-Wigner function $D(z)$ at algebraic arguments z.

By using the ideas of the last section we can prove a much stronger statement. Let $\mathcal{O}$ denote the ring of integers of F (this is the $\mathbb{Z}$-lattice in $\mathbb{C}$ spanned by 1 and $\sqrt{-a}$ or $(1+\sqrt{-a})/2$, depending whether $d = -4a$ or $d = -a$). Then the group $\Gamma = SL_2(\mathcal{O})$ is a discrete subgroup of $SL_2(\mathbb{C})$ and therefore acts on hyperbolic space $\mathfrak{H}_3$ by isometries. A classical result of Humbert gives the volume of the quotient space $\mathfrak{H}_3/\Gamma$ as $|d|^{3/2}\,\zeta_F(2)/4\pi^2$. On the other hand, $\mathfrak{H}_3/\Gamma$ (or, more precisely, a certain covering of it of low degree) can be triangulated into ideal tetrahedra with vertices belonging to $\mathbb{P}^1(F) \subset \mathbb{P}^1(\mathbb{C})$, and this leads to a representation

$$\zeta_F(2) = \frac{\pi^2}{3|d|^{3/2}} \sum_{\nu} n_\nu\, D(z_\nu)$$

with n_ν in $\mathbb{Z}$ and z_ν *in F itself* rather than in the much larger field $\mathbb{Q}(e^{2\pi in/|d|})$ ([8], Theorem 3). For instance, in our example $F = \mathbb{Q}(\sqrt{-7})$ we find

$$\zeta_F(2) = \frac{4\pi^2}{21\sqrt{7}} \Bigl(2D\bigl(\frac{1+\sqrt{-7}}{2}\bigr) + D\bigl(\frac{-1+\sqrt{-7}}{4}\bigr)\Bigr) .$$

This equation together with the fact that $\zeta_F(2) = 1.89484144897\cdots \neq 0$ implies that the element (13) has infinite order in $\mathcal{B}_{\mathbb{C}}$.

In [8], it was pointed out that the same kind of argument works for all number fields, not just imaginary quadratic ones. If $r_2 = 1$ but $N > 2$ then one can again associate to F (in many different ways) a discrete subgroup $\Gamma \subset SL_2(\mathbb{C})$ such that $\mathrm{Vol}(\mathfrak{H}_3/\Gamma)$ is a rational multiple of $|d|^{1/2}\zeta_F(2)/\pi^{2N-2}$. This manifold $\mathfrak{H}_3/\Gamma$ is now compact, so the decomposition into ideal tetrahedra is a little less obvious than in the case of imaginary quadratic F, but by decomposing into non-ideal tetrahedra (tetrahedra with vertices in the interior of $\mathfrak{H}_3$) and writing these as differences of ideal ones, it was shown that the volume is an integral linear combination of values of $D(z)$ with z of degree at most 4 over F. For F completely arbitrary there is still a similar statement, except that now one gets discrete groups Γ acting on $\mathfrak{H}_3^{r_2}$; the final result ([8], Theorem 1) is that $|d|^{1/2} \times \zeta_F(2)/\pi^{2(r_1+r_2)}$ is a rational linear combination of r_2-fold products $D(z^{(1)})\cdots D(z^{(r_2)})$ with each $z^{(i)}$ of degree ≤ 4 over F (more precisely, over the ith complex embedding $F^{(i)}$ of F, i.e. over the subfield $\mathbb{Q}(\alpha^{(i)})$ of $\mathbb{C}$, where $\alpha^{(i)}$ is one of the two roots of the ith quadratic factor of $f(x)$ over $\mathbb{R}$).

But in fact much more is true: the $z^{(i)}$ can be chosen in $F^{(i)}$ itself (rather than of degree 4 over this field), and the phrase "rational linear combination of r_2-fold products" can be replaced by "rational multiple of an $r_2 \times r_2$ determinant." We will not attempt to give more than a very sketchy account of why this is true, lumping together work of Wigner, Bloch, Dupont, Sah, Levine, Merkuriev, Suslin, ... for the purpose (references are [1], [3], and the survey paper [7]). This work connects the Bloch group defined in the last section with the algebraic K-theory of the underlying field; specifically, the group[2] $\mathcal{B}_F$ is equal, at least after tensoring it with $\mathbb{Q}$, to a certain quotient $K_3^{\mathrm{ind}}(F)$ of $K_3(F)$. The exact definition of $K_3^{\mathrm{ind}}(F)$ is not relevant here. What is relevant is that this group has been studied by Borel [2], who showed that it is isomorphic (modulo torsion) to $\mathbb{Z}^{r_2}$ and that there is a canonical homomorphism, the "regulator mapping," from it into $\mathbb{R}^{r_2}$ such that the co-volume of the image is a non-zero rational multiple of $|d|^{1/2}\zeta_F(2)/\pi^{2r_1+2r_2}$; moreover, it is known that under the identification of $K_3^{\mathrm{ind}}(F)$ with $\mathcal{B}_F$ this mapping corresponds to the composition $\mathcal{B}_F \to (\mathcal{B}_{\mathbb{C}})^{r_2} \xrightarrow{D} \mathbb{R}^{r_2}$, where the first arrow comes from using the r_2 embeddings $F \subset \mathbb{C}$ ($\alpha \mapsto \alpha^{(i)}$). Putting all this together gives the following beautiful picture. The group $\mathcal{B}_F/\{\text{torsion}\}$ is isomorphic to $\mathbb{Z}^{r_2}$. Let $\xi_1, \ldots, \xi_{r_2}$ be any r_2 linearly independent elements of it, and form the matrix with entries $D(\xi_j^{(i)})$, $(i, j = 1, \ldots, r_2)$. Then the determinant of this matrix is a non-zero rational multiple of $|d|^{1/2}\zeta_F(2)/\pi^{2r_1+2r_2}$. If instead of taking any r_2 linearly independent elements we choose the ξ_j to

[2] It should be mentioned that the definition of $\mathcal{B}_F$ which we gave for $F = \mathbb{C}$ or $\overline{\mathbb{Q}}$ must be modified slightly when F is a number field because $F^\times$ is no longer divisible; however, this is a minor point, affecting only the torsion in the Bloch group, and will be ignored here.

be a basis of $\mathcal{B}_F/\{\text{torsion}\}$, then this rational multiple (chosen positively) is an invariant of F, independent of the choice of ξ_j. This rational multiple is then conjecturally related to the quotient of the order of $K_3(F)_{\text{torsion}}$ by the order of the finite group $K_2(\mathcal{O}_F)$, where $\mathcal{O}_F$ denotes the ring of integers of F (Lichtenbaum conjectures).

This all sounds very abstract, but is in fact not. There is a reasonably efficient algorithm to produce many elements in $\mathcal{B}_F$ for any number field F. If we do this, for instance, for F an imaginary quadratic field, and compute $D(\xi)$ for each element $\xi \in \mathcal{B}_F$ which we find, then after a while we are at least morally certain of having identified the lattice $D(\mathcal{B}_F) \subset \mathbb{R}$ exactly (after finding k elements at random, we have only about one chance in 2^k of having landed in the same non-trivial sublattice each time). By the results just quoted, this lattice is generated by a number of the form $\kappa|d|^{3/2}\zeta_F(2)/\pi^2$ with κ rational, and the conjecture referred to above says that κ should have the form $3/2T$ where T is the order of the finite group $K_2(\mathcal{O}_F)$, at least for $d < -4$ (in this case the order of $K_3(F)_{\text{torsion}}$ is always 24). Calculations done by H. Gangl in Bonn for several hundred imaginary quadratic fields support this; the κ he found all have the form $3/2T$ for some integer T and this integer agrees with the order of $K_2(\mathcal{O}_F)$ in the few cases where the latter is known. **E** Here is a small excerpt from his tables:

$\|d\|$	7	8	11	15	19	20	23	24	31	35	39	40	$\cdots$	303	472	479	491	555	583
T	2	1	1	2	1	1	2	1	2	2	6	1	$\cdots$	22	5	14	13	28	34

(the omitted values contain only the primes 2 and 3; 3 occurs whenever $d \equiv 3$ mod 9 and there is also some regularity in the powers of 2 occurring). Thus one of the many virtues of the mysterious dilogarithm is that it gives, at least conjecturally, an effective way of calculating the orders of certain groups in algebraic K-theory!

To conclude, we mention that Borel's work connects not only $K_3^{\text{ind}}(F)$ and $\zeta_F(2)$ but more generally $K_{2m-1}^{\text{ind}}(F)$ and $\zeta_F(m)$ for any integer $m > 1$. No elementary description of the higher K-groups analogous to the description of K_3 in terms of $\mathcal{B}$ is known, but one can at least speculate that these groups and their regulator mappings may be related to the higher polylogarithms and that, more specifically, the value of $\zeta_F(m)$ is always a simple multiple of a determinant ($r_2 \times r_2$ or $(r_1+r_2) \times (r_1+r_2)$ depending whether m is even or odd) whose entries are linear combinations of values of the Bloch-Wigner-Ramakrishnan function $D_m(z)$ with arguments $z \in F$. As the simplest case, one can guess that for a *real* quadratic field F the value of $\zeta_F(3)/\zeta(3)$ ($= L(3)$, where $L(s)$ is the Dirichlet L-function of a real quadratic character of period d) is equal to $d^{5/2}$ times a simple rational linear combination of differences $D_3(x) - D_3(x')$ with $x \in F$, where x' denotes the conjugate of x over $\mathbb{Q}$. Here is one (numerical) example of this:

$$2^{-5}5^{5/2}\zeta_{\mathbb{Q}(\sqrt{5})}(3)/\zeta(3) = D_3\left(\frac{1+\sqrt{5}}{2}\right) - D_3\left(\frac{1-\sqrt{5}}{2}\right) - \frac{1}{3}\left[D_3(2+\sqrt{5}) - D_3(2-\sqrt{5})\right]$$

(both sides are equal approximately to 1.493317411778544726). I have found
F many other examples, but the general picture is not yet clear.

References

[1] S. BLOCH: Applications of the dilogarithm function in algebraic K-theory and algebraic geometry, in: *Proc. of the International Symp. on Alg. Geometry*, Kinokuniya, Tokyo, 1978.

[2] A. BOREL: Commensurability classes and volumes of hyperbolic 3-manifolds, *Ann. Sc. Norm. Sup. Pisa*, 8 (1981), 1–33.

[3] J. L. DUPONT and C. H. SAH: Scissors congruences II, *J. Pure and Applied Algebra*, 25 (1982), 159–195.

[4] L. LEWIN: Polylogarithms and associated functions (title of original 1958 edition: *Dilogarithms and associated functions*). North Holland, New York, 1981.

[5] W. NEUMANN and D. ZAGIER: Volumes of hyperbolic 3-manifolds, *Topology*, 24 (1985), 307–332.

[6] D. RAMAKRISHNAN: Analogs of the Bloch-Wigner function for higher polylogarithms, *Contemp. Math.*, 55 (1986), 371–376.

[7] A. A. SUSLIN: Algebraic K-theory of fields, in: *Proceedings of the ICM Berkeley* 1986, AMS (1987), 222–244.

[8] D. ZAGIER: Hyperbolic manifolds and special values of Dedekind zeta-functions, *Invent. Math.*, 83 (1986), 285–301.

[9] D. ZAGIER: On an approximate identity of Ramanujan, *Proc. Ind. Acad. Sci. (Ramanujan Centenary Volume)* 97 (1987), 313–324.

[10] D. ZAGIER: Green's functions of quotients of the upper half-plane (in
G preparation).

Notes on Chapter I.

A The comment about "too little-known" is now no longer applicable, since the dilogarithm has become very popular in both mathematics and mathematical physics, due to its appearance in algebraic K-theory on the one hand and in conformal field theory on the other. Today one needs no apology for devoting a paper to this function.

B From the point of view of the modern theory, the arguments of the dilogarithm occurring in these eight formulas are easy to recognize: they are the totally real algebraic numbers x (off the cut) for which x and $1 - x$, if non-zero, belong to the same rank 1 subgroup of $\overline{\mathbb{Q}}^\times$, or equivalently, for which $[x]$ is a torsion element of the Bloch group. The same values reappear in connection with Nahm's conjecture in the case of rank 1 (see §3 of Chapter II).

C Wojtkowiak proved the general theorem that any functional equation of the form $\sum_{j=1}^{J} c_j \mathrm{Li}_2(\phi_j(z)) = C$ with constants $c_1, \dots, c_J$ and C and rational flunctions $\phi_1(z), \dots, \phi_J(z)$ is a consequence of the five-term equation. (It is not known whether this is true with "rational" replaced by "algebraic".) The proof is given in §2 of Chapter II.

D As well as the Bloch-Wigner function treated in this section, there are several other modifications of the "naked" dilogarithm $\mathrm{Li}_2(z)$ which have nice properties. These are discussed in §1 of Chapter II.

E Now much more information about the actual order of $K_2(\mathcal{O}_F)$ is available, thanks to the work of Browkin, Gangl, Belabas and others. Cf. [7], [3] of the bibliography to Chapter II.

F The statement "the general picture is not yet clear" no longer holds, since after writing it I found hundreds of further numerical examples of identities between special values of polylogarithms and of Dedekind zeta functions and was able to formulate a fairly precise conjecture describing when such identities occur. A statement of this conjecture and a description of the known results can be found in §4 of Chapter II and in the literature cited there.

G This paper is still in preparation!

Chapter II. Further aspects of the dilogarithm

As explained in the preface to this paper, in this chapter we give a more detailed discussion of some of the topics treated in Chapter I and describe some of the developments of the intervening seventeen years. In Section 1 we discuss six further functions which are related to the classical dilogarithm Li_2 and the Bloch-Wigner function D: the Rogers dilogarithm, the "enhanced" dilogarithm, the double logarithm, the quantum dilogarithm, the p-adic dilogarith, and the finite dilogarithm. Section 2 treats the functional equations of the dilogarithm function in more detail than was done in Chapter I and describes a general method for producing such functional equations, as well as presenting Wojtkowiak's proof of the fact that all functional equations of the dilogarithm whose arguments are rational functions of one variable are consequences of the 5-term relation. In §3 we discuss Nahm's conjecture relating certain theta-series-like q-series with modular properties to torsion elements in the Bloch group (as explained in more detail in his paper in this volume) and show how to get some information about this conjecture by using the asymptotic properties of these q-series. The last section contains a brief description of the (mostly conjectural) theory of the relationships between special values of higher polylogarithm functions and special values of Dedekind zeta functions of fields, a topic which was brought up at the very end of Chapter I but which had not been fully developed at the time when that chapter was written.

1 Variants of the dilogarithm function

As explained in Chapter I, one of the disadvantages of the classical dilogarithm function $\mathrm{Li}_2(z)$ is that, although it has a holomorphic extension beyond the region of convergence $|z| < 1$ of the defining power series $\sum_{n=1}^{\infty} z^n/n^2$, this extension is many-valued. This complicates all aspects of the analysis of the dilogarithm function. One way to circumvent the difficulty, discussed in detail in §§3–4 of Chapter I, is to introduce the Bloch-Wigner dilogarithm function $D(z) = \Im\bigl[\mathrm{Li}_2(z) - \log|z|\,\mathrm{Li}_1(z)\bigr]$, which extends from the original region of definition $0 < |z| < 1$ to a continuous function $D : \mathbb{P}^1(\mathbb{C}) \to \mathbb{R}$ which is (real-) analytic on $\mathbb{P}^1(\mathbb{C}) \smallsetminus \{0, 1, \infty\}$; this function has an appealing interpretation as the volume of an ideal hyperbolic tetrahedron and satisfies "clean" functional equations which do not involve products of ordinary logarithms.

It turns out, however, that there are other natural dilogarithm functions besides Li_2 and D which have interesting properties. In this section we shall discuss six of these: the Rogers dilogarithm L, which is similar to D but is defined on $\mathbb{P}^1(\mathbb{R})$ (where D vanishes); the "enhanced" dilogarithm $\widehat{D}$, which takes values in $\mathbb{C}/\pi^2\mathbb{Q}$ and is in some sense a combination of the Rogers and Bloch-Wigner dilogarithms, but is only defined on the Bloch group of

$\mathbb{C}$ rather than for individual complex arguments; the double logarithm $\mathrm{Li}_{1,1}$, the simplest of the multiple polylogarithms, which has two arguments but can be expressed in terms of ordinary dilogarithms; the quantum dilogarithm of Faddeev and Kashaev, which will play a role in the discussion of Nahm's conjecture in §3; and, very briefly, the p-adic and the modulo p analogues of the dilogarithm.

A. The Rogers dilogarithm. This function is defined in the interval $(0,1)$ by

$$L(x) = \mathrm{Li}_2(x) + \frac{1}{2}\log(x)\log(1-x) \qquad \text{if } 0 < x < 1$$

and then extended to the rest of $\mathbb{R}$ by setting $L(0) = 0$, $L(1) = \pi^2/6$, and

$$L(x) = \begin{cases} 2\,L(1) - L(1/x) & \text{if } x > 1, \\ -\,L(x/(x-1)) & \text{if } x < 0. \end{cases}$$

The resulting function is then a monotone increasing continuous real-valued function on $\mathbb{R}$ and is (real-)analytic except at 0 and 1, where its derivative becomes infinite. At infinity it is not continuous, since one has

$$\lim_{x\to+\infty} L(x) = 2L(1) = \frac{\pi^2}{3}, \qquad \lim_{x\to-\infty} L(x) = -L(1) = -\frac{\pi^2}{6},$$

but it *is* continuous if we consider it modulo $\pi^2/2$. Moreover, the new function $\overline{L}(x) := L(x) \pmod{\pi^2/2}$ from $\mathbb{P}^1(\mathbb{R})$ to $\mathbb{R}/\frac{\pi^2}{2}\mathbb{Z}$, just like its complex analogue $D(z)$, satisfies "clean" functional equations with no logarithm terms, in particular the reflection properties

$$\overline{L}(x) + \overline{L}(1-x) = \overline{L}(1), \qquad \overline{L}(x) + \overline{L}(1/x) = -\overline{L}(1)$$

and the 5-term functional equation

$$\overline{L}(x) + \overline{L}(y) + \overline{L}\Big(\frac{1-x}{1-xy}\Big) + \overline{L}(1-xy) + \overline{L}\Big(\frac{1-y}{1-xy}\Big) = 0.$$

If we replace $\overline{L}$ by L in the left-hand sides of these three equations, then their right-hand sides must be replaced by piecewise continuous functions whose values depend on the positions of the arguments: $L(1)$ in the first equation, $2L(1)$ for $x > 0$ or $-L(1)$ for $x < 0$ in the second, and $-3L(1)$ for x, $y < 0$, $xy > 1$ and $+3L(1)$ otherwise in the third. The proofs of these and all other functional equations result from the elementary formula

$$L'(x) = -\frac{1}{2x}\log(1-x) - \frac{1}{2(1-x)}\log(x)\,.$$

The special values of the dilogarithm function listed in §1 of Chapter I become simpler when expressed in terms of the Rogers dilogarithm (e.g. one has simply $L(1/2) = \pi^2/12$, $L((3-\sqrt{5})/2) = \pi^2/15$ instead of the previous expressions involving $\log^2(2)$ and $\log^2((1+\sqrt{5})/2))$ and the same holds also for more complicated identities involving several values of the dilogarithm at algebraic arguments. Such identities, of which several will be discussed in §2, reflect the fact that the corresponding linear combination of arguments represents a torsion element in the Bloch group of $\overline{\mathbb{Q}}$. They play a role in quantum field theory, where the constants appearing on the right-hand sides of the identities, renormalized by dividing by $L(1)$, occur as central charges of certain rational conformal field theories.

B. The enhanced dilogarithm. The Bloch-Wigner dilogarithm is the imaginary part of $\mathrm{Li}_2(z)$ (corrected by a multiple of $\log|z|\,\mathrm{Li}_1(z)$ to make its analytic properties better) and hence vanishes on $\mathbb{P}^1(\mathbb{R})$, while the Rogers dilogarithm is the restriction of $\mathrm{Li}_2(z)$ (corrected by a multiple of $\log|z|\,\mathrm{Li}_1(z)$ to make its analytic properties better) to $\mathbb{P}^1(\mathbb{R})$ and takes its values most naturally in the circle group $\mathbb{R}/(\pi^2/2)\mathbb{Z}$. It is reasonable to ask whether there is then a function $\widehat{D}(z)$ with values in $\mathbb{C}/(\pi^2/2)\mathbb{Z}$ or at least $\mathbb{C}/\pi^2\mathbb{Q}$ whose imaginary part is $D(z)$ and whose restriction to $\mathbb{P}^1(\mathbb{R})$ is $L(z)$. In fact such a function does not exist if we demand that the argument belongs to $\mathbb{P}^1(\mathbb{C})$, but it *does* exist if we either pass to a suitable infinite covering of $\mathbb{P}^1(\mathbb{C})\smallsetminus\{0,1,\infty\}$ or else consider only combinations $\sum n_j \widehat{D}(z_j)$ where $\sum n_j[z_j]$ belongs to the Bloch group $\mathcal{B}_{\mathbb{C}}$ defined in §4 of Chapter I. This extended function, which following [47] we call the "enhanced dilogarithm," plays an important role in W. Nahm's article in this volume and is discussed in some detail there, so we will be relatively brief here.

We begin with the extension of Li_2 and D to covers of punctured projective space. Let $X = \mathbb{P}^1(\mathbb{C}) \smallsetminus \{0,1,\infty\}$. Its fundamental group is the free group on two generators and its universal cover $\widetilde{X}$ is isomorphic to the complex upper half-plane $\mathfrak{H}$ (with covering map given by the classical Legendre modular function $\lambda : \mathfrak{H}/\Gamma(2) \to X$), and naturally Li_2 becomes a single-valued holomorphic function on this universal cover, but we do not have to go this far if we only want the values of $\mathrm{Li}_2(z)$ modulo $\pi^2\mathbb{Q}$. Instead, it suffices to take the universal abelian cover $\widehat{X}$: the abelianization of $\pi_1(X)$ is $\mathbb{Z}\oplus\mathbb{Z}$, with generators corresponding to the monodromy around 0 and 1 and hence to the multi-valuedness of $\log(z)$ and $\log(1-z)$, so $\widehat{X}$ is given by choosing branches of these two logarithms, i.e.,

$$\widehat{X} \;=\; \bigl\{(u,v)\in\mathbb{C}^2 \mid e^u + e^v = 1\bigr\},$$

with covering map $\pi : \widehat{X} \to X$ given by $(u,v) \mapsto z = e^u = 1 - e^v$. It is on this space that we will define $\widehat{D}$.

Actually, to get a $\mathbb{C}/4\pi^2\mathbb{Z}$-valued version of Li_2, we do not even need to pass to $\widehat{X}$, but only to the smaller abelian cover corresponding to choosing a branch of $\log(1-z)$ only, i.e., the cover $X' = \mathbb{C} - 2\pi i\mathbb{Z}$, with covering map

$X' \to X$ given by $v \mapsto 1 - e^v$. Indeed, from the formula $\mathrm{Li}_2'(z) = \frac{1}{z}\log\frac{1}{1-z}$ we see that the function

$$F(v) = \mathrm{Li}_2(1 - e^v) \qquad (v \in X')$$

has derivative given by $F'(v) = \dfrac{-v}{1 - e^{-v}}$, which is a one-valued meromorphic function on $\mathbb{C}$ with simple poles at $v \in 2\pi i\mathbb{Z}$ whose residues all belong to $2\pi i\mathbb{Z}$. It follows that F itself is a single-valued function on X' with values in $\mathbb{C}/(2\pi i)^2\mathbb{Z}$. This function satisfies $F(v + 2\pi is) = F(v) - 2\pi is\log(1 - e^v)$. We now define $\widehat{D}$ on $\widehat{X}$ by

$$\widehat{D}(\hat{z}) \;=\; F(v) + \frac{uv}{2} \qquad \text{for } \hat{z} = (u, v) \in \widehat{X}\,.$$

This is a holomorphic function from $\widehat{X}$ to $\mathbb{C}/(2\pi i)^2\mathbb{Z}$ whose behavior under the covering transformations of $\widehat{X} \to X$ is given by

$$\widehat{D}((u + 2\pi ir,\, v + 2\pi is)) \;=\; \widehat{D}((u, v)) \,+\, \pi i(rv - su) \,+\, 2\pi^2 rs \qquad (r,\, s \in \mathbb{Z})$$

and whose relation to the Bloch-Wigner function $D(z)$ is given by

$$\Im(\widehat{D}(\hat{z})) \;=\; D(z) + \frac{1}{2}\,\Im(\bar{u}v) \qquad (\hat{z} = (u, v), \quad \pi(\hat{z}) = z). \tag{1}$$

(For more details, see [47], pp. 578–579, where the definition of $\widehat{D}$ is given somewhat differently.)

Now let $\xi = \sum n_j[z_j]$ be an element of the Bloch group $\mathcal{B}_{\mathbb{C}}$. This means, first of all, that the numbers $z_j \in X$ and $n_j \in \mathbb{Z}$ satisfy $\sum n_j(z_j)\wedge(1 - z_j) = 0$ in $\Lambda^2(\mathbb{C}^*)$ and, secondly, that ξ is considered only up to the addition of five-term relations $[x] + [y] + \left[\frac{1-x}{1-xy}\right] + [1 - xy] + \left[\frac{1-y}{1-xy}\right]$ with $x,\, y \in X$, $xy \neq 1$. If we lift each z_j to some $\hat{z}_j = (u_j, v_j)$ in $\widehat{X}$, then the relation $\sum n_j(z_j)\wedge(1 - z_j) = 0$ in $\Lambda^2(\mathbb{C}^*)$ says that the sum $\sum n_j\,(u_j) \wedge (v_j) \in \Lambda^2(\mathbb{C})$ has the form $2\pi i \wedge A$ for some $A \in \mathbb{C}$ depending on the liftings $\hat{z}_j = (u_j, v_j)$. If we change these lifts to $\hat{z}_j' = (u_j', v_j')$ with $u_j' = u_j + 2\pi ir_j$, $v_j' = v_j + 2\pi is_j$ with r_j and s_j in $\mathbb{Z}$, then A changes to $A' = A + \sum n_j(r_jv_j - s_ju_j + 2\pi ir_js_j)$, so the formula given above for the behavior of $\widehat{D}$ under covering transformations of $\widehat{X}$ implies that the expression ("enhanced dilogarithm")

$$D^{\mathrm{enh}}(\xi) \;=\; \sum_j n_j\,\widehat{D}(\hat{z}_j) \;-\; \pi iA \;\in\; \mathbb{C}/\pi^2\mathbb{Q}$$

is independent of the choice of lifts $\hat{z}_j$. (This independence is true only modulo $\pi^2\mathbb{Q}$, and not in general modulo $2\pi^2\mathbb{Z}$, as asserted in [47], because the group generated by the z_j and $1 - z_j$ may contain torsion of arbitrary order.) Any 5-term relation is in the kernel of D^{enh}, so D^{enh} does indeed give a well-defined map from the Bloch group $\mathcal{B}_{\mathbb{C}}$ to $\mathbb{C}/\pi^2\mathbb{Q}$. (The treatment in [30] is more precise since Nahm works with an extension $\widehat{\mathcal{B}}_{\mathbb{C}}$ of $\mathcal{B}_{\mathbb{C}}$ on which the value of D^{enh} makes sense modulo $2\pi^2\mathbb{Z}$.) Furthermore, the relation $\sum n_j(z_j)\wedge(1-z_j)=0$ implies that $\sum\Im(\bar{u}_j v_j)$ belongs to $\pi^2\mathbb{Q}$, so formula (1) implies that $\Im D^{\mathrm{enh}}(\xi)=D(\xi)$ for any $\xi\in\mathcal{B}_{\mathbb{C}}$.

In §4 of Chapter I we explained the relation of D to hyperbolic volumes. In particular, if M is any oriented compact hyperbolic 3-manifold (or complete hyperbolic 3-manifold with cusps), and if we triangulate M into oriented ideal hyperbolic tetrahedra Δ_j, then the expression $\xi_M=\sum[z_j]$, where z_j is the cross-ratio of the vertices of Δ_j, lies in $\mathcal{B}_{\mathbb{C}}$ and the interpretation of $D(z_j)$ as $\mathrm{Vol}(\Delta_j)$ implies that the imaginary part of $D^{\mathrm{enh}}(\xi_M)$ is the hyperbolic volume of M. The corresponding interpretation of the real part $\Re D^{\mathrm{enh}}(\xi_M)\in\mathbb{R}/\pi^2\mathbb{Q}$ is that it is equal (up to a normalizing factor) to the Chern-Simons invariant of M. For further discussion of this, see Neumann [33] as well as [32] and [42].

We refer the reader to §7 of [47] for an interesting number-theoretic application of the enhanced dilogarithm related to a conjectural formula which is both a generalization of the classical Kronecker limit formula and a refinement of (a special case of) the Gross-Stark conjecture on special values of Artin L-functions. Very roughly, if $\mathcal{A}$ is an ideal class of an imaginary quadratic field $K=\mathbb{Q}(\sqrt{d})$, $d<0$, then the value at $s=2$ of the partial zeta function $\zeta_{K,\mathcal{A}}(s)=\sum_{\mathfrak{a}\in\mathcal{A}}N(\mathfrak{a})^{-s}$ is known by results of Deninger [13] and Levin [25] to be of the form $\pi^2 d^{-3/2}D(\xi_{K,\mathcal{A}})$ for some $\xi_{K,\mathcal{A}}\in\mathcal{B}_{\overline{\mathbb{Q}}}$, and in [47] an "enhanced" partial zeta value $\zeta^{\mathrm{enh}}_{K,\mathcal{A}}(2)\in\mathbb{C}/\pi^2 d^{1/2}\mathbb{Q}$ is defined for which the formula $\zeta^{\mathrm{enh}}_{K,\mathcal{A}}(2)=\pi^2 d^{-3/2}D^{\mathrm{enh}}(\xi_{K,\mathcal{A}})$ can be conjectured and tested numerically in many examples.

C. The double logarithm. In recent years there has been a resurgence of interest in the "multiple zeta values"

$$\zeta(k_1,\dots,k_m) \;=\; \sum_{\substack{n_1,\dots,n_m\in\mathbb{Z}\\ 0<n_1<\dots<n_m}} \frac{1}{n_1^{k_1}\cdots n_m^{k_m}}$$

originally defined (for $m=2$) by Euler; these numbers turn up in particular in connection with quantum invariants of knots and with the calculation of certain Feynman diagram integrals. The multiple zeta values are simply the specializations to $x_1=\dots=x_m=1$ of the multiple polylogarithm functions

$$\mathrm{Li}_{k_1,\dots,k_m}(x_1,\dots,x_m) \;=\; \sum_{\substack{n_1,\dots,n_m\in\mathbb{Z}\\ 0<n_1<\dots<n_m}} \frac{x_1^{n_1}\cdots x_m^{n_m}}{n_1^{k_1}\cdots n_m^{k_m}}$$

which for $m=1$ is the ordinary polylogarithm function.

In the hierarchy of multiple polylogarithm functions, the key invariant is the total weight $k_1+\dots+k_m$. The only multiple polylogarithm of weight 1 is the ordinary logarithm $\mathrm{Li}_1(x)=-\log(1-x)$, but there are two multiple polylogarithms of weight 2, the dilogarithm function $\mathrm{Li}_2(x)$ and the *double logarithm function* [21]

$$\mathrm{Li}_{1,1}(x,y) \;=\; \sum_{0<m<n} \frac{x^m y^n}{m\,n} \qquad (x,\,y\in\mathbb{C},\;\;|y|<1,\;\;|xy|<1).$$

The remarkable fact here is that the function $\mathrm{Li}_{1,1}$, which has two arguments and hence is a priori a more complicated type of object than the one-argument function Li_2, can in fact be expressed in terms only of the latter:

Proposition 1. *For $x,\,y\in\mathbb{C}$ with $|xy|<1$, $|y|<1$ we have*

$$\mathrm{Li}_{1,1}(x,y) \;=\; \mathrm{Li}_2\Big(\frac{xy-y}{1-y}\Big) \;-\; \mathrm{Li}_2\Big(\frac{-y}{1-y}\Big) \;-\; \mathrm{Li}_2(xy)\,. \tag{2}$$

Before proving this identity, we mention some equivalent formulas and consequences. First of all, the double logarithm function satisfies the identity—the simplest case of the "shuffle relations" satisfied by all multiple zeta values and multiple polylogarithms—

$$\mathrm{Li}_{1,1}(x,y)+\mathrm{Li}_{1,1}(y,x)+\mathrm{Li}_2(xy) \;=\; \mathrm{Li}_1(x)\,\mathrm{Li}_1(y)\,, \tag{3}$$

which is an immediate consequence of the fact that any pair of positive integers (m,n) must satisfy exactly one of the three conditions $0<m<n$, $0<n<m$, or $0<m=n$. Combining this with (2) and interchanging the roles of x and y, we can rewrite (2) in the equivalent form

$$\mathrm{Li}_{1,1}(x,y) \;=\; \mathrm{Li}_1(x)\,\mathrm{Li}_1(y) \;+\; \mathrm{Li}_2\Big(\frac{-x}{1-x}\Big) \;-\; \mathrm{Li}_2\Big(\frac{xy-x}{1-x}\Big)\,, \tag{4}$$

which is slightly less pretty than (2) in that it involves products of logarithms as well as dilogarithms, but has the advantage of containing only two rather than three dilogarithms. And if we use (4) to express both $\mathrm{Li}_{1,1}(x,y)$ and $\mathrm{Li}_{1,1}(y,x)$ in (3) in terms of dilogarithms, we obtain what is perhaps the most natural proof of the five-term relation.

We now give the proof of Proposition 1 (in the form (4) or (2)). In fact, just for fun we give *three* proofs.

(i) We have

$$\begin{aligned}\frac{\partial}{\partial y}\,\mathrm{Li}_{1,1}(x,y) \;&=\; \sum_{0<m<n} \frac{x^m}{m}\,y^{n-1} \;=\; \sum_{m=1}^{\infty} \frac{x^m}{m}\,\frac{y^m}{1-y}\\ &=\; \frac{1}{1-y}\,\log\frac{1}{1-xy}\,.\end{aligned}$$

The derivative with respect to y of the right-hand side of (4) (or of (2)) has the same value and both sides of (4) (or of (2)) vanish at $y=0$.

(ii) We have

$$\begin{aligned}\frac{\partial}{\partial x}\,\mathrm{Li}_{1,1}(x,y) \;&=\; \sum_{0<m<n} x^{m-1}\,\frac{y^n}{n} \;=\; \sum_{n=1}^{\infty} \frac{1-x^{n-1}}{1-x}\,\frac{y^n}{n}\\ &=\; \frac{1}{1-x}\,\log\frac{1}{1-y} \;-\; \frac{1}{x(1-x)}\,\log\frac{1}{1-xy}\,.\end{aligned}$$

The derivative with respect to x of the right-hand side of (4) (or of (2)) has the same value and both sides of (4) (or of (2)) vanish at $x=0$.

(iii) Write the right-hand side of (4) as

$$\sum_{m,\,n\geq 1} \frac{x^m}{m}\frac{y^n}{n} \;+\; \sum_{k=1}^{\infty}\left(\frac{-x}{1-x}\right)^k \frac{1-(1-y)^k}{k^2}$$

$$= \sum_{m,\,n\geq 1} x^m y^n \left[\frac{1}{mn} - \sum_{n\leq k\leq m} \frac{(-1)^{k-1}}{k^2}\binom{m-1}{k-1}\binom{k}{n}\right]$$

and then verify as an elementary combinatorial exercise that the expression in square brackets, which clearly equals $\dfrac{1}{mn}$ if $m<n$, vanishes if $m\geq n$.

It seems very surprising that the beautiful identities (2) and (4) are not better known.

D. The quantum dilogarithm The "quantum dilogarithm," studied by Faddeev-Kashaev [15], Kirillov [22] and other authors, is the function of two variables defined by the series

$$\mathrm{Li}_2(x;q) \;=\; \sum_{n=1}^{\infty} \frac{x^n}{n\,(1-q^n)}\,. \tag{5}$$

It is a q-deformation of the ordinary dilogarithm in the sense that

$$\lim_{\varepsilon\to 0}\left(\varepsilon\,\mathrm{Li}_2(x;e^{-\varepsilon})\right) \;=\; \mathrm{Li}_2(x) \qquad (|x|<1)\,; \tag{6}$$

indeed, using the expansion $\frac{1}{1-e^{-t}} \;=\; \frac{1}{t}+\frac{1}{2}+\frac{t}{12}-\frac{t^3}{720}+\cdots$ we obtain a complete asymptotic expansion

$$\mathrm{Li}_2(x;e^{-\varepsilon}) \;=\; \mathrm{Li}_2(x)\,\varepsilon^{-1}+\frac{1}{2}\log\left(\frac{1}{1-x}\right)+\frac{x}{1-x}\,\frac{\varepsilon}{12}-\frac{x+x^2}{(1-x)^3}\,\frac{\varepsilon^3}{720}+\cdots$$

as $\varepsilon\to 0$ with x fixed, $|x|<1$.

The function (5) belongs to the world of "q-series." These series, about which there is a very extensive literature—with the letter "q" having been the traditional choice long before it was realized that there was any connection with the "q" of "quantum"—are functions of a formal (or small complex) variable q which are given by convergent infinite series whose terms are rational functions of q with rational coefficients. For instance, the q-hypergeometric functions, a very important subclass which includes some classical modular forms and related functions like Ramanujan's "mock theta functions" (which have occurred in connection with quantum invariants of 3-manifolds [24]) are given by series whose nth term has the form $\prod_{i=1}^{n} R(q,q^i)$ for some rational function $R(x,y)$ of two variables. The classical aspects of q-series are those having to do with the behavior as q tends to 0 and typically are concerned with proving identities $F(q) = G(q)$ between two given q-series considered as elements of $\mathbb{Q}[[q]]$. This is usually done either by purely combinatorial arguments (such as interpreting the coefficients of q^n in $F(q)$ and $G(q)$ as the numbers of partitions of n of two different types and then giving a bijection between these) or else via algebraic tricks such as introducing an extra parameter x and showing that both $F(x,q)$ and $G(x,q)$ satisfy the same functional equations under $x \mapsto qx$ (as in the proof of Proposition 2 below). The quantum aspects, on the other hand, are the ones that emerge when one studies the asymptotic behavior of the q-series as q tends to 1 (or more generally to a root of unity) rather than to 0, an example being the asymptotic expansion of $\mathrm{Li}_2(x;e^{-\varepsilon})$ as $\varepsilon \to 0$ given above.

In the study of q-hypergeometric functions and other q-series, an important role is played by the q-analogues

$$(q)_n := \prod_{m=1}^{n} (1-q^m), \qquad (x;q)_n := \prod_{i=0}^{n-1} (1-q^i x)$$

of the classical factorial function and Pochhammer symbol, respectively. One can also allow $n = \infty$ and set

$$(q)_\infty := \prod_{m=1}^{\infty} (1-q^m), \qquad (x;q)_\infty := \prod_{i=0}^{\infty} (1-q^i x),$$

the q-analogues of the classical gamma function; the function $(q)_\infty$ is up to a factor $q^{1/24}$ the modular form $\eta(\tau)$ (Dedekind eta-function), where $q = e^{2\pi i\tau}$. Observe that the finite products can be expressed in terms of the infinite ones by $(q)_n = (q)_\infty/(q^{n+1};q)_\infty$ and $(x;q)_n = (x;q)_\infty/(q^n x;q)_\infty$. Following a much-practised abuse of notation we will consider q as given and omit it from the notations, writing simply $(x)_n$ and $(x)_\infty$ instead of $(x;q)_n$ and $(x;q)_\infty$. This causes no confusion with the notations $(q)_n$ and $(q)_\infty$ since $(q)_n = (q;q)_n$ and $(q)_\infty = (q;q)_\infty$, but is an abuse of notation because, for instance, $(q)_2$ means $(1-q)(1-q^2)$ but $(x)_2$ means $(1-x)(1-qx)$ rather than $(1-x)(1-x^2)$.

The first surprise is now that the quantum dilogarithm $\mathrm{Li}_2(x;q)$ is essentially equivalent to the q-gamma function $(x)_\infty$! This is the third part of the following simple (and well-known) result which gives the expansions of the functions $(x)_\infty$, $1/(x)_\infty$ and $\log(x)_\infty$ as power series in x. All three formulas will play a role in §3 in connection with Nahm's conjecture.

Proposition 2. *For $x, q \in \mathbb{C}$ with $|x| < 1$, $|q| < 1$ we have the power series expansions*

$$(x;q)_\infty = \sum_{n=0}^{\infty} \frac{(-1)^n q^{\binom{n}{2}}}{(q)_n} x^n\,, \tag{7}$$

$$\frac{1}{(x;q)_\infty} = \sum_{n=0}^{\infty} \frac{x^n}{(q)_n}\,, \tag{8}$$

$$-\log(x;q)_\infty = \mathrm{Li}_2(x;q)\,. \tag{9}$$

Proof. All three of these identities can be proved in essentially the same way. To emphasize this, we present the three proofs simultaneously. Since $(x)_\infty$ is obviously a power series in x with constant term 1, we can write

$$(x)_\infty = \sum_{n=0}^{\infty} a_n\, x^n\,, \quad \frac{1}{(x)_\infty} = \sum_{n=0}^{\infty} b_n\, x^n\,, \quad -\log(x)_\infty = \sum_{n=1}^{\infty} c_n\, x^n$$

for some coefficients a_n, b_n and c_n depending on q, $a_0 = b_0 = 1$. Combining each of these expansions with the functional equation $(x)_\infty = (1-x)\,(qx)_\infty$ and comparing the coefficients of x^n on both sides, we find

$$(1-q^n)\,a_n = -q^{n-1}\,a_{n-1}\,, \quad (1-q^n)\,b_n = b_{n-1}\,, \quad (1-q^n)\,c_n = \frac{1}{n}\,,$$

from which the desired formulas

$$a_n = \frac{(-1)^n\, q^{\binom{n}{2}}}{(q)_n}\,, \qquad b_n = \frac{1}{(q)_n} \qquad c_n = \frac{1}{n}\cdot\frac{1}{1-q^n} \tag{10}$$

follow immediately or by induction. Note that the third identity of the proposition can also be proved directly, without using the functional equation of $(x)_\infty$, by the calculation

$$-\log(x)_\infty \;=\; \sum_{i=0}^{\infty} -\log(1-q^i x) \;=\; \sum_{i=0}^{\infty}\sum_{n=1}^{\infty}\frac{1}{n}\,q^{in}\,x^n \;=\; \sum_{n=1}^{\infty}\frac{x^n}{n\,(1-q^n)}\,,$$

i.e., $\mathrm{Li}_2(x;q) = \sum_{i=0}^{\infty} \mathrm{Li}_1(q^i x)$.

The second surprise is the discovery by Faddeev and Kashaev [15] that the q-dilogarithm satisfies a non-commutative 5-term functional equation which degenerates in the limit $q \to 1$ to the classical 5-term functional equation of the classical dilogarithm. We content ourselves with stating and proving the first statement only, referring the reader for the second statement (which involves the use of the Baker-Campbell-Hausdorff formula) to the original paper, or to the more recent survey paper by Zudilin [48].

Proposition 3 ([38], [15], [22]). *Let u and v be non-commuting variables satisfying the commutation relation*

$$u\,v \;=\; q\,v\,u\,. \tag{11}$$

Then

$$(v)_\infty\,(u)_\infty \;=\; (u)_\infty\,(-vu)_\infty\,(v)_\infty\,. \tag{12}$$

Proof. Expanding each factor $(x)_\infty$ in (12) by equation (7) and observing that $v^n u^m = q^{-mn} u^m v^n$ and $(vu)^s = q^{-\binom{s+1}{2}} u^s v^s$, we find that (12) is equivalent to the generating series identity

$$\sum_{m,\,n\geq 0} q^{-mn}\,a_m\,a_n\,u^m\,v^n \;=\; \sum_{r,\,s,\,t\geq 0} (-1)^s q^{-\binom{s+1}{2}}\,a_r\,a_s\,a_t\,u^{r+s}\,v^{s+t}$$

with a_n as in (10) or, comparing coefficients of like monomials, to the combinatorial identity

$$\sum_{\substack{r,\,s,\,t\geq 0\\ r+s=m,\ s+t=n}} \frac{q^{rt}}{(q)_r\,(q)_s\,(q)_t} \;=\; \frac{1}{(q)_m\,(q)_n} \qquad (m,\,n\geq 0)\,. \tag{13}$$

(Amusingly, if we write (12) in the equivalent form $(v)_\infty^{-1}(-vu)_\infty^{-1}(u)_\infty^{-1} = (u)_\infty^{-1}(v)_\infty^{-1}$ and expand each term $(x)_\infty^{-1}$ using (8) instead of (7), then the combinatorial identity to be proved turns out to exactly the same formula (13), but with q replaced by q^{-1}.) Identity (13) can be proved either using generating functions (now commutative!) by multiplying both sides by $x^m y^n$, summing over $m,\, n\geq 0$, and applying (8) and the easy identity $\sum_{r=0}^{\infty}\frac{(y)_r}{(q)_r}x^r = \frac{(xy)_\infty}{(x)_\infty}$, or else by using the standard recursion property $\left[{m+1\atop s}\right] = q^s\left[{m\atop s}\right] + \left[{m\atop s-1}\right]$ of the q-binomial coefficient $\left[{m\atop s}\right] = \frac{(q)_m}{(q)_s(q)_{m-s}}$ to show that the numbers $C_{m,n} := \sum_s \left[{m\atop s}\right] q^{(m-s)(n-s)}\frac{(q)_n}{(q)_{n-s}}$ satisfy $C_{m+1,n} = q^n C_{m,n} + (1-q^n)C_{m,n-1}$ and hence by induction $C_{m,n} = 1$ for all $m,\, n\geq 0$.

E. The p-adic dilogarithm and the dianalog. The next dilogarithm variant we mention is the p-adic dilogarithm, studied by R. Coleman and other authors. We fix a prime number p and define

$$\mathrm{Li}_2^{(p)}(x) \;=\; \sum_{n>0,\ p\nmid n} \frac{x^n}{n^2}\,. \tag{14}$$

This function can be written as $\mathrm{Li}_2(x) - p^{-2}\mathrm{Li}_2(x^p)$, so in the complex domain it is simply a combination of ordinary dilogarithms and of no independent interest, but because we have omitted the terms in (14) with p's in the denominator, the power series converges p-adically for all p-adic numbers x with valuation $|x|_p < 1$. The function $\mathrm{Li}_2^{(p)}(x)$, and the corresponding higher p-adic polylogarithms $\mathrm{Li}_m^{(p)}(x)$, have good properties of analytic continuation and are related to p-adic L-functions [11]. Furthermore, the p-adic dilogarithm and p-adic polylogarithms have modified versions analogous to the Bloch-Wigner dilogarithm and Bloch-Wigner-Ramakrishnan polylogarithms which satisfy the same "clean" functional equations as their complex counterparts [41].

Finally, instead of working over the p-adic numbers we can work over the finite field $\mathbb{F}_p$ and consider the finite sum

$$\pounds_2(x) \;=\; \pounds_2^{(p)}(x) \;=\; \sum_{0<n<p} \frac{x^n}{n^2}\,, \tag{15}$$

a polynomial with coefficients in $\mathbb{F}_p$. The corresponding analogue $\pounds_1(x) = \sum_{n=1}^{p-1} x^n/n$ of the 1-logarithm was first proposed (under the name "The $1\frac{1}{2}$-logarithm") by M. Kontsevich in a note in the informal Festschrift prepared on the occasion of F. Hirzebruch's retirement as director of the Max Planck Institute for Mathematics in Bonn [23]. Kontsevich showed that this function, as a function from $\mathbb{F}_p$ to $\mathbb{F}_p$, satisfies the 4-term functional equation

$$\pounds_1(x+y) \;=\; \pounds_1(y) \,+\, (1-y)\pounds_1\Big(\frac{x}{1-y}\Big) \,+\, y\,\pounds_1\Big(-\frac{x}{y}\Big) \tag{16}$$

(the mod p analogue of the "fundamental equation of information theory" satisfied by the classical entropy function $-x\log x - (1-x)\log(1-x)$), midway between the 3-term functional equation of $\log(xy) - \log(x) - \log(y) = 0$ of the classical logarithm function and the 5-term functional equation of the classical dilogarithm, and also that $\pounds_1$ is characterized uniquely by this functional equation together with the two one-variable functional equations $\pounds_1(x) = \pounds_1(1-x)$ and $x\pounds_1(1/x) = -\pounds_1(x)$. Kontsevich's question whether the higher polylogarithm analogues $\pounds_m(x) = \sum_{n=1}^{p-1} x^n/n^m$ satisfied similar equations was taken up and answered positively by Ph. Elbaz-Vincent and H. Gangl [14]. They called these functions "polyanalogs", an amalgam of the words "analogue," "polylog," and "pollyanna" (an American term suggesting exaggerated or unwarranted optimism). Presumably the correct term for the case $m = 2$ would then be "dianalog", which has a pleasing British flavo(u)r.

The main property of the dianalog and its higher-order generalizations, generalizing the identities found by Kontsevich for $m = 1$, is that if we consider them as functions from $\mathbb{F}_p$ to $\mathbb{F}_p$ (rather than as polynomials with coefficients in $\mathbb{F}_p$) they satisfy functional equations which are reminiscent of, but of a somewhat different type than, the functional equations of the classical polylogarithms. In particular, Elbaz-Vincent and Gangl proved that the dianalog function satisfies several functional equations: the easy symmetry property $\pounds_2(x) = x\pounds_2(1/x)$, the somewhat less obvious three-term relation $\pounds_2(1-x) - \pounds_2(x) + x\pounds_2(1-1/x) = 0$, and the "Kummer-Spence analogue"

$$\begin{aligned}
&\pounds_2(xy) \,+\, y\,\pounds_2\Big(\frac{x}{y}\Big) \,-\, (1+y)\,\pounds_2(x) \,-\, (1+x)\,\pounds_2(y) \\
&\quad -(1-y)\left[\pounds_2\left(\frac{y(x-1)}{1-y}\right) - \pounds_2\left(\frac{1-x}{1-y}\right)\right] \\
&\quad -x(1-y)\left[\pounds_2\left(\frac{y(1-x)}{x(1-y)}\right) - \pounds_2\left(\frac{x-1}{x(1-y)}\right)\right] \;=\; 0\,,
\end{aligned}$$

each of which is the analogue of a classical functional equation of the trilogarithm. There is also a 22-term functional equation based on Cathelineau's differential version of the trilogarithm. Moreover, in each of the functional equations for $\pounds_1$ and $\pounds_2$, if one replaces the polynomial factors preceding the polyanalogs (for instance, the factors $1-y$ and y preceding $\pounds_1(x/(1-y))$ and $\pounds_1(-x/y)$ in (16)) by their pth powers, then the functional equation becomes true as an identity between polynomials in $\mathbb{F}_p[x,y]$ and not merely as an equality between functions from $\mathbb{F}_p \times \mathbb{F}_p$ to $\mathbb{F}_p$. Finally, by passing via the p-adics and using a recent result of Besser [4] expressing the polyanalogs (now again considered as functions rather than polynomials) as the mod p reductions of certain derivatives of modified p-adic polylogarithm functions, the authors show how functional equations of the mth classical complex polylogarithm induce by a process of differentiation corresponding functional equations of the $(m-1)$-st polyanalog. The whole story is intimately related to Cathelineau's theory of infinitesimal polylogarithms (infinitesimal or Lie version of the Bloch group), which is yet another and even more subtle manifestation of the world of polylogarithms.

We do not give any further details, referring the reader to the original papers [8] and [14].

2 Dilogarithm identities

In Chapter I of this paper we discussed both functional equations of the dilogarithm function and numerical identities involving the values of dilogarithms at algebraic arguments. Here we discuss both topics in more detail. In subsection **A** we give the algebraic characterization of arbitrary functional equations of the dilogarithm and prove Wojtkowiak's theorem that all functional equations whose arguments are rational functions of one variable are consequences of the five-term functional equation. In subsections **B** and **C** we discuss specific examples of identities of the form $\sum D(\alpha_i) = 0$ or $\sum L(\alpha_i) \in \mathbb{Q}\pi^2$, where the α_i are complex or real algebraic numbers, respectively, and describe a general method for producing such examples.

A key role in all these considerations is played by the five-term relation. We recall its statement from Chapter I. A sequence of $\{x_i\}_{i\in\mathbb{Z}}$ of real or complex numbers such that $1 - x_i = x_{i-1}x_{i+1}$ for all i automatically satisfies $x_{i+5} = x_i$. By a *5-cycle* we mean any (cyclically ordered) 5-tuple of numbers obtained in this way. Equivalently, a 5-cycle can be defined as the set of cross-ratios of the five (appropriately ordered) sub-4-tuples of a set of 5 distinct points in the projective line, or—in a different ordering—simply as any set of the form $\bigl(x,\, y,\, \frac{1-x}{1-xy},\, 1-xy,\, \frac{1-y}{1-xy}\bigr)$ with $x,\, y \notin \{0,1,\infty\}$, $xy \neq 1$. The five-term equation in its various guises says that the sum of the values of the Bloch-Wigner dilogarithm D at arguments belonging to a 5-cycle of complex numbers, or of the Rogers dilogarithm L (mod $\pi^2/2$) at the numbers of a real 5-cycle, vanishes. This fact and related algebraic properties of 5-cycles turn up in a surprising number of contexts in quite different parts of mathematics: in the theory of webs (Bol's counterexample and correction to a theorem of Blaschke, later generalized by Chern and Griffiths [9]), in the study of the torsion in the group of birational transformations (Cremona transformations) of $\mathbb{P}^2(\mathbb{C})$ [1], in the study of the 1-dimensional Schrödinger equation for the potential $|x|^3$ [39], and in the study of the symmetry properties of the Apéry-Beukers-type integrals leading to the best currently known irrationality measures for π^2 [34]. However, we will not discuss these connections here, restricting ourselves only to the aspects directly related to the dilogarithm.

A. Functional equations of the dilogarithm. By a "functional equation of the dilogarithm" we mean any collection of integers n_i and rational or algebraic functions $x_i(t)$ of one or several variables such that $\sum n_i \mathrm{Li}_2(x_i(t))$ is a finite combination of products of two logarithms, or such that $\sum n_i D(x_i(t))$ (resp. $\sum n_i L(x_i(t))$ if all the $x_i(t)$ are real) is constant (resp. locally constant). A number of examples were given in Section 2 of Chapter I, with only the statement "All of the functional equations of Li_2 are easily proved by differentiation" by way of proof. That is a true, but somewhat ad hoc, statement, since it does not give an algebraic way to recognize or characterize functional equations of the dilogarithm. It is, however, easy to give such a criterion ([45], Prop. 1 of §7): it is necessary and sufficient that $\sum n_i(x_i(t)) \wedge (1 - x_i(t))$ be independent of t, i.e., that the element $\xi = \sum n_i[x_i(t)]$ of the group ring of the function field in which the x_i lie be in the kernel of the boundary map $\partial : [x] \mapsto (x) \wedge (1-x)$ used to define the Bloch group (cf. §4 of Chapter I or §4 below). For convenience, we ignore 2-torsion.

Let us check this criterion for each of the functional equations given in §2 of Chapter I. For the one-variable functional equations corresponding to $\xi = [x] + [1-x]$ or $\xi = [x] + [1/x]$ the statement $\partial(\xi) = 0$ is trivial. For the five-term equation we can either verify directly that the 5-term expression

$$V(x,y) \;=\; [x] + [y] + \Big[\frac{1-x}{1-xy}\Big] + [1-xy] + \Big[\frac{1-y}{1-xy}\Big] \tag{17}$$

is annihilated by ∂ or else use the more symmetric description of the five-term relation as $\xi = \sum_{i \pmod 5} [x_i]$ with $1 - x_i = x_{i-1}x_{i+1}$ and then calculate

$$\partial(\xi) \;=\; \sum_i (x_i) \wedge (x_{i-1}x_{i+1}) \;=\; \sum_i \big((x_i) \wedge (x_{i-1}) \;-\; (x_{i+1}) \wedge (x_i)\big) \;=\; 0\,.$$

Similarly, the six-term relation of Kummer and Newman corresponds to

$$\xi \;=\; 2\sum_i [x_i] \;-\; \sum_i [-x_{i-1}x_{i+1}/x_i]\,,$$

where $\{x_i\}_{i \in \mathbb{Z}/3\mathbb{Z}}$ is a cyclically numbered triple of numbers with $\sum x_i^{-1} = 1$, and here we find

$$\begin{aligned}\partial(\xi) \;&=\; \sum_i \big(2\,(x_i) \wedge (1-x_i) \;-\; (-x_{i-1}x_{i+1}/x_i) \wedge ((1-x_{i-1})(1-x_{i+1}))\big) \\ &=\; \sum_j \big(2(x_j) - (-x_j x_{j-1}/x_{j+1}) - (-x_{j+1}x_j/x_{j-1})\big) \wedge (1-x_j) \;=\; 0\,.\end{aligned}$$

Finally, the "strange many-variable equation" given in eq. (1) of Chapter I corresponds to the expression

$$\xi = [z] - \sum_{i=1}^{n}\sum_{j=1}^{n}[x_i/a_j]\,,$$

where $x_1, \ldots, x_n$ and $a_1, \ldots, a_n$ are the roots (counted with multiplicity) of $f(x) = z$ and $f(a) = 1$, respectively, for some polynomial f of degree n without constant term. Then from the two identities $C\prod_i(t-x_i) = f(t) - z$ and $C\prod_j(t-a_j) = f(t) - 1$, where $C \neq 0$ is the coefficient of t^n in $f(t)$, we find (modulo 2-torsion)

$$\begin{aligned}
\partial(\xi) &= (z)\wedge(1-z) - \sum_{i=1}^{n}(x_i)\wedge\left(\prod_{j=1}^{n}\frac{a_j-x_i}{a_j}\right) + \sum_{j=1}^{n}(a_j)\wedge\left(\prod_{i=1}^{n}(a_j-x_i)\right)\\
&= (z)\wedge(1-z) - \sum_{i=1}^{n}(x_i)\wedge(1-z) + \sum_{j=1}^{n}(a_j)\wedge(\frac{1-z}{C})\\
&= (z)\wedge(1-z) - \left(\frac{(-1)^{n-1}z}{C}\right)\wedge(1-z) + \left(\frac{(-1)^{n-1}}{C}\right)\wedge(\frac{1-z}{C})\\
&= 0\,.
\end{aligned}$$

The corresponding calculation for the yet more general functional equation given in the first line after equation (6) of Chapter I is left to the reader.

As already mentioned, the criterion $\sum n_i\big(x_i(t)\big)\wedge\big(1-x_i(t)\big) = 0$ for a functional equation of the dilogarithm can be reformulated as saying that the element $\xi = \sum n_i[x_i(t)]$ belongs to the Bloch group of the corresponding function field. It is then reasonable to ask whether it in fact must be zero in this Bloch group, i.e., whether ξ is necessarily equal (modulo $\mathbb{Z}[\mathbb{C}]$) to a linear combination of five-term relations. This is conjectured, but not known to be true, when the $x_i(t)$ are allowed to be algebraic functions or rational functions of more than one variable. But in the case of rational functions of one variable, an elementary proof was found by Wojtkowiak. We reproduce his argument here in a slightly modified form.

Proposition 4 [40]. *(i) Any rational function of one variable is equivalent modulo the five-term relation to a linear combination of linear functions.*
(ii) Any functional equation of the dilogarithm with rational functions of one variable as arguments is a consequence of the five-term relation.
(Part (ii) is to be interpreted up to constants, i.e. the five-term relation suffices to give all relations $\sum_i D(x_i(t)) = C$ but not necessarily to determine C.)

Proof. (i) Let $f(t)$ be an element of the field $\mathbb{C}(t)$ of rational functions in one variable. We want to show that the element $[f] \in \mathbb{Z}[\mathbb{C}(t)]$ is equivalent modulo five-term relations to a $\mathbb{Z}$-linear combination of elements of the form $[a_it+b_i]$. We do this by induction on the degree. Write $f(t)$ as $A(t)/B(t)$, where $A(t)$ and

$B(t)$ are polynomials of degree $\le n$, not both constant. Since we are working modulo the five-term relation, we can replace f by $1/f$ or $1/(1-f)$ if necessary to ensure that both $A(t)$ and $C(t) := B(t) - A(t)$ are non-constant. Choose a root a of $A(t)$ and a root c of $C(t)$ and set $g(t) = \dfrac{c-a}{t-a}$, $A^*(t) = g(t)A(t)$ and $D(t) = B(t) - A^*(t)$, so that $\deg(A^*) \le n-1$, $\deg(D) \le n$, and $D(c) = 0$. Then modulo the five-term relation, we have

$$\begin{aligned}[f] &\equiv -[g] + [fg] - [\frac{1-f}{1-fg}] + [1 - \frac{1-g}{1-fg}] \\ &\equiv -\left[\frac{c-a}{t-a}\right] + \left[\frac{A^*(t)}{B(t)}\right] - \left[\frac{C(t)/(t-c)}{D(t)/(t-c)}\right] + \left[\frac{(c-a)C(t)/(t-c)}{(t-a)D(t)/(t-c)}\right].\end{aligned}$$

Here each rational function appearing on the right has a numerator of degree $\le n-1$ and a denominator of degree $\le n$. Moreover, if B has degree $\le n-1$, then all terms on the right have both numerator and denominator of degree $\le n-1$. Therefore we have reduced any rational function with numerator and denominator of degrees $\le (n,n)$ to a combination of rational functions with numerator and denominator of degrees $\le (n-1,n)$, and any rational function with numerator and denominator of degrees $\le (n-1,n)$ to a combination of rational functions with numerator and denominator of degrees $\le (n-1,n-1)$. Iterating this procedure, we can keep reducing the degrees until we get to (0,1), i.e. (after inversion), until only linear functions appear. (Note that the number of applications of the five-term relation needed to reduce a rational function to a linear combination of linear ones grows exponentially with the degree n; more precisely, it is at most $(1+\sqrt{2})^{2n}/4$.)

(ii) By what we have just proved, any element $\xi = \xi(t) \in \mathbb{Z}[\mathbb{C}(t)]$ can be written modulo the 5-term relation as $\xi_0 + \sum n_i[\ell_i(t)]$, where $\xi_0 \in \mathbb{Z}[\mathbb{C}]$, $n_i \in \mathbb{Z}$ and the ℓ_i are non-constant linear functions of t. We can write each $\ell_i(t)$ as $(t-c_i)/(c_i'-c_i)$ with c_i, $c_i' \in \mathbb{C}$ distinct and (since we may replace $[\ell_i(t)]$ by $-[1-\ell_i(t)]$ modulo the five-term relation) $0 \le \arg(c_i'-c_i) < \pi$. The derivative of $D(\ell_i(t))$ is proportional to $(t-c_i)^{-1}\log|t-c_i'| - (t-c_i')^{-1}\log|t-c_i|$, and since these functions are linearly dependent for different i (as one sees by looking at their singularities), we deduce that $D(\xi(t))$ is constant if and only if $n_i = 0$ for all i, i.e., if $\xi(t) \equiv \xi_0$ modulo the five-term relation, as claimed. This proof also shows that every element of $\mathbb{Z}[\mathbb{C}(t)]/(5\text{-term relation})$ has a *unique* representative of the form $\xi_0 + \sum n_i[a_i t + b_i]$ with $0 \le \arg(a_i) < \pi$.

B. Relations among special values of the dilogarithm. Relations among values of $D(\alpha)$, or among values of $L(\alpha)$ modulo π^2, correspond to torsion in the Bloch group. (More precisely, an element of $\mathcal{B}[\overline{\mathbb{Q}}]$ is torsion if and only if its Bloch-Wigner dilogarithm in all complex embeddings vanishes, in which case its Rogers dilogarithm in all real embeddings is a rational multiple of π^2.) Such relations are of interest in various contexts in combinatorics (asymptotics of certain q-hypergeometric series, like mock theta functions at roots of unity) [24], [49] and mathematical physics (models in rational conformal field theory, where the value of the Rogers dilogarithm divided by π^2 corresponds to the central charge) [17], [30]. If one has found a conjectural relation of this sort (which can be done empirically, e.g. by computing lots of values of the Bloch-Wigner or Rogers dilogarithm at algebraic arguments and searching for $\mathbb{Z}$-relations among them by the LLL algorithm), then one can always verify its correctness by finding an explicit expression of some multiple of it as a linear combination of five-term relations. We will describe a few examples and a general construction.

(a) Recall that the five-term relation is $\sum[x_i]$, where $\{x_i\}$ is a cyclically ordered 5-tuple of numbers satisfying $1-x_i = x_{i-1}x_{i+1}$. The simplest example is when $x_i = \alpha$ for all i, where α is one of the two roots of the quadratic equation $1-\alpha = \alpha^2$, i.e., $\alpha = (-1 \pm \sqrt{5})/2$. It follows that the element $[\alpha]$ of $\mathbb{Z}[\mathbb{Q}(\sqrt{5})]$ is killed by 5 in the Bloch group for each of these two numbers. That they are really 5-torsion and not trivial follows from the fact that the corresponding values $L((-1 \pm \sqrt{5})/2) = \pm\pi^2/10$ of the Rogers dilogarithm have the denominator 5 when divided by $\pi^2/6$.

(b) We give a less trivial example which will be used in §3 in connection with Nahm's conjecture. Set $\varepsilon = \sqrt{\alpha}$, with $\alpha = (-1+\sqrt{5})/2$ the inverse golden ratio as in Example (a). The field $F = \mathbb{Q}(\varepsilon)$ has two real and two (conjugate) complex embeddings. Define $\xi \in \mathbb{Z}[F]$ by

$$Q_1 = \varepsilon, \qquad Q_2 = \frac{1}{1+\varepsilon}, \qquad \xi = [Q_1] + [Q_2]. \tag{18}$$

From the identities

$$1 - Q_1 = Q_1^4 Q_2, \qquad 1 - Q_2 = Q_1 Q_2 \tag{19}$$

we obtain

$$\partial(\xi) = (Q_1) \wedge (4(Q_1) + (Q_2)) + (Q_2) \wedge ((Q_1) + (Q_2)) = 0, \tag{20}$$

so ξ belongs to the Bloch group of F. To see that it is torsion, we use the relation (17) with $x = y = \varepsilon$:

$$V(\varepsilon, \varepsilon) = 2[\varepsilon] + 2\left[\frac{1-\varepsilon}{1-\varepsilon^2}\right] + \left[1-\varepsilon^2\right] = 2\xi + [1-\alpha], \tag{21}$$

and since we have already seen in (a) that $[\alpha]$ and hence $[1-\alpha]$ are 5-torsion elements, this shows that $10\xi = 0$ in the Bloch group. To see that it really has this denominator, we calculate that $L(\xi)/L(1) = 13/10$ (numerically, but then exactly since we have just shown that $10\,L(\xi)/L(1)$ must be an integer).

(c) In example (a), the torsion element in the Bloch group had the form $[x]$ for a single number $x = (-1 \pm \sqrt{5})/2$. Another such example, even more obvious, is given by $x = 1/2$, for which $x \wedge (1-x) = x \wedge x = 0$ and $L(x) = \pi^2/12$. We claim that the only torsion elements of the Bloch group of $\mathbb{C}$ of the form $[x]$ with $x \in \mathbb{C} \setminus \{0,1\}$ are these examples and the ones deduced from them using $[1/x] \equiv -[x]$ and $[1-x] \equiv -[x]$, i.e., the nine numbers $x = 1/2$, -1, 2, $(\pm 1 \pm \sqrt{5})/2$ and $(3 \pm \sqrt{5})/2$. (Compare this list with the special values of the dilogarithm given in §1 of Chapter I.) Indeed, for the element $[x]$ to belong to the Bloch group of $\mathbb{C}$ after tensoring with $\mathbb{Q}$), we must have that $x \wedge (1-x) = 0$ up to torsion, i.e. $x = \alpha t^p$, $1 - x = \beta t^q$ for some non-zero complex number t, integers p and q, and roots of unity α and β. Moreover, x must be totally real if $[x]$ is to be torsion in $\mathcal{B}_{\mathbb{C}}$, since this condition implies that $D(x^\sigma) = 0$ for all conjugates x^σ and D is non-zero for non-real arguments (cf. the picture in §3 of Chapter I), so we must in fact have $x = \pm t$, $1-x = \pm t^q$ with t totally real. Replacing x by one of the six numbers x, $1-x$, $1/x$, $1-1/x$, $1/(1-x)$ or $x/(x-1)$, we may assume that $0 < 1-x \le x < 1$ and hence that $x = t^p$, $1-x = t^q$ with $0 < t < 1$ and $q \ge p \ge 1$. But it is easily checked that the only equations of the form $t^p + t^q = 1$ with $q \ge p \ge 1$ which have only real roots are $t + t = 1$ and $t + t^2 = 1$, corresponding to $x = 1/2$ and $x = (\sqrt{5}-1)/2$, as claimed.

Remark about torsion. In examples (a) and (b), we showed that the elements ξ under consideration were torsion in the Bloch group by writing some multiple of them as a combination of five-term relations, and that they were non-trivial by computing the Rogers dilogarithm $L(\xi)$ and checking that $L(\xi)/L(1)$ had a non-trivial denominator. This method would not work if ξ belonged to a number field F having no real embeddings, but in that case we could use instead the enhanced dilogarithm of §1**B** (with respect to a fixed embedding of F into $\mathbb{C}$) and check numerically that its value was torsion but not zero. This would also work, of course, for a field having both real and non-real embeddings , e.g. for example (b) and the embedding given by $\varepsilon = \sqrt{(-1-\sqrt{5})/2}$. Note, however, that in contrast to the real case, the statement that a torsion element of the Bloch group is non-trivial is not absolute, but depends on the number field, because it can happen that an element which is non-trivial torsion in the Bloch group of one number field becomes trivial in the Bloch group of a larger field containing more roots of unity. A simple example where this happens is given by $\xi = [-1] \in \mathcal{B}_{\mathbb{Q}}$, which is non-trivial in $\mathcal{B}_{\mathbb{R}}$ because the number $L(-1)/L(1) = -1/2$ is non-integral, but which is trivial in $\mathcal{B}_{\mathbb{Q}(i)}$ because applying the duplication relation $[x^2] \equiv 2[x] + 2[-x]$ (an easy consequence of the five-term relation) to $x = i$ gives $[-1] \equiv 2[i] + 2[1/i] \equiv 0$. As a less trivial example, we saw in example (a) that the inverse golden ratio α is 10-torsion in $\mathcal{B}_F$ for $F = \mathbb{Q}(\sqrt{5})$, but if we pass to the field $F = \mathbb{Q}(\zeta)$, where ζ is a 5th root of unity, then it becomes zero because modulo the relations $[x] \equiv -[1-x]$ and $[x] \equiv -[x/(x-1)]$ we have

$$V(-\zeta,\, 1+\zeta) = [-\zeta] + [1+\zeta] + [-\zeta^2] + [-\zeta^2/(-\zeta^2-1)] + [\zeta^3+\zeta^2+1] \equiv [1/\alpha]\,.$$

In fact, a theorem of Merkur'ev and Suslin [27] implies that this phenomenon *always* happens: every torsion element in the Bloch group of a number field becomes trivial in the Bloch group of a larger number field containing sufficiently many roots of unity.

C. Dilogarithm identities from triangulated 3-manifolds. Finally, we describe a simple method for producing examples of torsion elements in Bloch groups, using combinatorial triangulated 3-manifolds. (See also [18].) For this purpose, it is convenient to think of L or D as functions of real or complex oriented 3-simplices. By an *oriented n-simplex* in $\mathbb{P}^1(\mathbb{C})$ we mean an $(n+1)$-tuple of points in $\mathbb{P}^1(\mathbb{C})$ together with an ordering up to even permutations; more precisely, such a simplex has the form $[x_0,\ldots,x_n]$ with $x_j\in\mathbb{P}^1(\mathbb{C})$ and with the convention that $[x_{\pi(0)},\ldots,x_{\pi(n)}]=\operatorname{sgn}(\pi)\,[x_0,\ldots,x_n]$ for $\pi\in\mathfrak{S}_{n+1}$. Let $\mathfrak{C}_n$ denote the free abelian group on oriented n-simplices. There are boundary maps $\partial:\mathfrak{C}_n\to\mathfrak{C}_{n-1}$ defined by the usual formula $\partial([x_0,\ldots,x_n])=\sum_{i=0}^n(-1)^i[x_0,\ldots,\widehat{x_i},\ldots,x_n]$, and the sequence (with $\varepsilon([x])=1$)

$$\cdots\longrightarrow\mathfrak{C}_4\xrightarrow{\partial}\mathfrak{C}_3\xrightarrow{\partial}\mathfrak{C}_2\xrightarrow{\partial}\mathfrak{C}_1\xrightarrow{\partial}\mathfrak{C}_0\xrightarrow{\varepsilon}\mathbb{Z}\longrightarrow 0 \qquad (22)$$

is exact. The function $D:\mathbb{C}\to\mathbb{R}$ defines a function $\widetilde{D}:\mathfrak{C}_3\to\mathbb{R}$ which associates to a 3-simplex in $\mathbb{P}^1(\mathbb{C})$ the value of D on the cross-ratio of its vertices, $\widetilde{D}([a,b,c,d])=D\big(\frac{a-d}{a-c}\frac{b-c}{b-d}\big)$, as in Chapter I. This is well-defined (i.e., transforms under the action of $\pi\in\mathfrak{S}_4$ by $\operatorname{sgn}(\pi)$) and is 0 on $\partial(\mathfrak{C}_4)$ by the five-term relation, since the element $V(x,y)$ in (17) is simply the boundary of the 4-simplex $[\infty,0,x,1,y^{-1}]$ and any 4-simplex is equivalent to such a one under the action of $PGL_2(\mathbb{C})$ on $\mathfrak{C}_3$. (Notice that $\widetilde{D}$ is invariant under the action of $PGL_2(\mathbb{C})$ on $\mathfrak{C}_3$, since the cross-ratio is.) Because of the exactness of (22), we can say equivalently that $\widetilde{D}$ vanishes on $\operatorname{Ker}(\mathfrak{C}_3\xrightarrow{\partial}\mathfrak{C}_2)$ or that it factors through ∂: if we define a map $\approx{D}:\mathfrak{C}_2\to\mathbb{R}$ by $\overset{\approx}{D}([a,b,c])=-\widetilde{D}([a,b,c,\infty])$ (here "∞" could be replaced by any other fixed base-point $x_0\in\mathbb{P}^1(\mathbb{C})$), then for every oriented 3-simplex $[a,b,c,d]\in\mathfrak{C}_3$ we have

$$\begin{aligned}\overset{\approx}{D}(\partial([a,b,c,d])) &= \overset{\approx}{D}(-[a,b,c]+[a,b,d]-[a,c,d]+[b,c,d])\\ &= \widetilde{D}([a,b,c,\infty]-[a,b,d,\infty]+[a,c,d,\infty]-[b,c,d,\infty])\\ &= \widetilde{D}([a,b,c,d]\;-\;\partial([a,b,c,d,\infty]))\\ &= \widetilde{D}([a,b,c,d])\end{aligned}$$

and hence $\widetilde{D}=\overset{\approx}{D}\circ\partial$.

We can think of an element ξ of $\operatorname{Ker}(\mathfrak{C}_3\xrightarrow{\partial}\mathfrak{C}_2)$ as a closed, triangulated, oriented near-3-manifold M, smooth except possibly at its vertices (it is a union of oriented tetrahedra glued to each other along their faces, and is hence automatically smooth on the interior of its 3-, 2- or 1-simplices, while at a vertex its topology is that of a cone on some compact oriented surface), together with a map ϕ from the vertices of M to $\mathbb{P}^1(\mathbb{C})$. Any such element $\xi=$

$\sum[\sigma_i]$ gives an identity $\widetilde{D}(M,\phi) := \sum \widetilde{D}(\sigma_i) = 0$ among values of the Bloch-Wigner dilogarithm. This identity can be written explicitly as a combination of five-term equations by the calculation above (just replace each simplex $\sigma = [a,b,c,d]$ of M by $[\sigma,\infty] := [a,b,c,d,\infty]$). We can also perform the same construction over $\mathbb{R}$, starting from a triangulated near-3-manifold M and a map ϕ from its 0-skeleton to $\mathbb{P}^1(\mathbb{R})$; then the element $\widetilde{L}(M,\phi)$ defined as the sum over the 3-simplices σ of M of the value of L at the cross-ratio of the images of the vertices of σ under ϕ will be an integral multiple of $\pi^2/2$ by virtue of the functional equation of the Rogers dilogarithm.

Here is an example. Let M be the join of an m-gon and an n-gon, where m and n are two positive integers. If we write these two polygons as $\{x_j\}_{j \pmod m}$ and $\{y_k\}_{k \pmod n}$, then this means that M is the union of 3-simplices $[x_j, x_{j+1}, y_k, y_{k+1}]$ ($j \in \mathbb{Z}/m\mathbb{Z}$, $k \in \mathbb{Z}/n\mathbb{Z}$). Then

$$\partial(M) = \sum_{j,k}\bigl([x_{j+1},y_k,y_{k+1}] - [x_j,y_k,y_{k+1}] + [x_j,x_{j+1},y_{k+1}] - [x_j,x_{j+1},y_k]\bigr)$$

vanishes because the first two terms in the parentheses cancel when we sum over all j with k fixed and the last two when we sum over all k with j fixed. If we map the $m+n$ vertices of M to points x_j, $y_k \in \mathbb{C}$ (which we simply denote by the same letters, omitting the map ϕ), then we get a functional equation

$$\sum_{j \pmod m,\ k \pmod n} D\left(\frac{y_k - y_{k+1}}{y_k - x_j}\,\frac{x_j - x_{j+1}}{y_{k+1} - x_{j+1}}\right) = 0\,,$$

valid for any complex numbers x_j, y_k. Specializing to $x_j = e^{2iX_j}$, $y_k = e^{2iY_k}$ with X_j, $Y_k \in \mathbb{R}$ gives real cross-ratios and a Rogers dilogarithm identity

$$\frac{2}{\pi^2}\sum_{j \pmod m,\ k \pmod n} L\left(\frac{\sin(Y_k - Y_{k+1})}{\sin(Y_k - X_j)}\,\frac{\sin(X_j - X_{j+1})}{\sin(Y_{k+1} - X_{j+1})}\right) \in \mathbb{Z}\,,$$

where the value of the resulting integer depends on the ordering of the points X_j and Y_k on the circle $\mathbb{R}/\pi\mathbb{Z}$. In particular, if they are equally spaced we find

$$\frac{1}{\pi^2}\sum_{\substack{j \pmod m\\ k \pmod n}} L\left(\frac{\sin(\frac{\pi}{n})\,\sin(\frac{\pi}{m})}{\sin\bigl(\frac{k\pi}{n} - \frac{j\pi}{m} + t\bigr)\sin\bigl(\frac{(k+1)\pi}{n} - \frac{(j+1)\pi}{m} + t\bigr)}\right)$$
$$= \min(m,n) - 1.$$

If also $m = n$, then each term occurs n times, so the equation reduces to

$$\frac{1}{\pi^2}\sum_{k \pmod n} L\left(\frac{\sin^2(\frac{\pi}{n})}{\sin^2(\frac{k\pi}{n} + t)}\right) = 1 - \frac{1}{n} \qquad (n \in \mathbb{N},\ t \in \mathbb{R})\,.$$

Finally, specializing a fourth time to $t = 0$ and using $L(+\infty) = \pi^2/3 = 2L(1)$, we find

$$L(1)^{-1} \sum_{0<k<n} L\left(\frac{\sin^2(\pi/n)}{\sin^2(k\pi/n)}\right) = 4 - \frac{6}{n},$$

an equation well known in the physics literature.

3 Dilogarithms and modular functions

A fascinating and almost completely unsolved problem is to understand the overlap between the classes of q-hypergeometric functions and modular forms or functions, the prototypical case being given by the famous Rogers-Ramanujan identities. Nahm's conjecture gives us a first glimpse of an answer, which surprisingly involves dilogarithms and the Bloch group. In subsections **A** and **B** we describe the conjecture and some of the examples which motivate it, while subsection **C** contains an asymptotic analysis of the q-series involved and the proof that the conjecture is true in the simplest case.

A. q-hypergeometric series and Nahm's conjecture. Consider the two power series $G(q)$ and $H(q)$ by

$$G(q) = \sum_{n=0}^{\infty} \frac{q^{n^2}}{(q)_n}, \qquad H(q) = \sum_{n=0}^{\infty} \frac{q^{n^2+n}}{(q)_n} \qquad (|q| < 1),$$

where $(q)_n$ as in §1 denotes the product $(1-q)(1-q^2)\cdots(1-q^n)$. The classical Rogers-Ramanujan identities—discovered by Rogers in 1897, rediscovered by Ramanujan in 1915 and then given a third proof by both authors jointly and many further proofs in subsequent years—says that these two series have product developments

$$G(q) = \prod_{n\equiv\pm1 \pmod 5} \frac{1}{1-q^n}, \qquad H(q) = \prod_{n\equiv\pm2 \pmod 5} \frac{1}{1-q^n}.$$

The important thing here is not so much that these functions have product expansions as that, up to rational powers of q, they are both modular functions. Indeed, by the Jacobi triple product formula, we can rewrite the identities as

$$G(q) = \frac{1}{(q)_\infty} \sum_{n\in\mathbb{Z}} (-1)^n q^{(5n^2+n)/2}, \quad H(q) = \frac{1}{(q)_\infty} \sum_{n\in\mathbb{Z}} (-1)^n q^{(5n^2+3n)/2}$$

or, even more intelligently, as

$$q^{-1/60}\, G(q) = \frac{\theta_{5,1}(z)}{\eta(z)}, \qquad q^{11/60}\, H(q) = \frac{\theta_{5,2}(z)}{\eta(z)}, \tag{23}$$

where $q = e^{2\pi i z}$ with $z \in \mathfrak{H}$ (upper half-plane) and

$$\eta(z) = q^{1/24} \prod_{n=1}^{\infty} (1 - q^n), \quad \theta_{5,j}(z) = \sum_{n \equiv 2j-1 \ (\mathrm{mod}\ 10)} (-1)^{[n/10]} \, q^{n^2/40} .$$

The point is that $\eta(z)$, $\theta_{5,1}(z)$ and $\theta_{5,2}(z)$ are all modular forms of weight 1/2 and therefore that the functions on the right-hand side of (23) are modular functions, i.e., they are invariant under $z \mapsto \frac{az+b}{cz+d}$ for all $\left(\begin{smallmatrix} a & b \\ c & d \end{smallmatrix}\right)$ belonging to some subgroup of finite index of $SL(2, \mathbb{Z})$. Indeed, if we combine them into a single vector-valued function

$$g(z) = \begin{pmatrix} q^{-1/60} G(q) \\ q^{11/60} H(q) \end{pmatrix} \qquad \left(z \in \mathfrak{H}, \ q^{\alpha} := e^{2\pi i \alpha z}\right),$$

then we have transformation formulas with respect to the full modular group:

$$g(z+1) = \begin{pmatrix} \zeta_{60}^{-1} & 0 \\ 0 & \zeta_{60}^{11} \end{pmatrix} g(z), \quad g\Bigl(-\frac{1}{z}\Bigr) = \frac{2}{\sqrt{5}} \begin{pmatrix} \sin \frac{2\pi}{5} & \sin \frac{\pi}{5} \\ \sin \frac{\pi}{5} & -\sin \frac{2\pi}{5} \end{pmatrix} g(z) \qquad (24)$$

(with $\zeta_N := e^{2\pi i/N}$) and hence $g(\gamma(z)) = \rho(\gamma) g(z)$ for all $\gamma \in SL(2, \mathbb{Z})$ and some representation $\rho : SL(2, \mathbb{Z}) \to GL(2, \mathbb{C})$.

The functions $G(q)$ and $H(q)$ are special examples of what are called *q-hypergeometric series*, i.e., series of the form $\sum_{n=0}^{\infty} A_n(q)$ where $A_0(q)$ is a rational function and $A_n(q) = R(q, q^n) A_{n-1}(q)$ for all $n \geq 1$ for some rational function $R(x, y)$ with $\lim\limits_{x \to 0} \lim\limits_{y \to 0} R(x, y) = 0$. (For G and H one has $A_0 = 1$ and $R(x, y) = x^{-1} y^2 / (1 - y)$ or $y^2 / (1 - y)$, respectively.) There are only a handful of examples known of q-hypergeometric series which are also modular, and, as already mentioned in the introduction to this section, the problem of describing when this happens in general is an important and fascinating question, but totally out of reach for the moment. A remarkable conjecture of Werner Nahm, discussed in more detail in his paper [30] in this volume as well as in his earlier articles [28], [29], relates the answer to this question in a very special case to dilogarithms and Bloch groups on the one hand and to rational conformal field theory on the other.

Nahm's conjecture actually concerns certain r-fold hypergeometric series (defined as above but with n running over $(\mathbb{Z}_{\geq 0})^r$ rather than just $\mathbb{Z}_{\geq 0}$). Let A be a positive definite symmetric $r \times r$ matrix, B a vector of length r, and C a scalar, all three with rational coefficients. We define a function $f_{A,B,C}(z)$ by the r-fold q-hypergeometric series

$$f_{A,B,C}(z) = \sum_{n = (n_1, \ldots, n_r) \in (\mathbb{Z}_{\geq 0})^r} \frac{q^{\frac{1}{2} n^t A n + B^t n + C}}{(q)_{n_1} \cdots (q)_{n_r}} \qquad (z \in \mathfrak{H})$$

and ask when $f_{A,B,C}$ is a modular function. Nahm's conjecture does not answer this question completely, but predicts which A can occur. If $A = (a_{ij})$

is any positive definite symmetric $r \times r$ matrix with rational entries, we can consider the system

$$1 - Q_i = \prod_{j=1}^{r} Q_j^{a_{ij}} \qquad (i = 1, \ldots, r) \tag{25}$$

of r equations in r unknowns, which we can write in abbreviated notation as $1 - Q = Q^A$, $Q = (Q_1, \ldots, Q_r)$. We suppose first that A has integral coefficients, so that the equations in (25) are polynomial. Since there are as many equations as unknowns, we expect that the solutions form a 0-dimensional variety, i.e., there are only finitely many solutions and (hence) all lie in $\overline{\mathbb{Q}}$, but in any case, the system certainly has solutions in $\overline{\mathbb{Q}}^r$. For any such a solution $Q = (Q_1, \ldots, Q_r)$ we can consider the element

$$\xi_Q = [Q_1] + \cdots + [Q_r] \in \mathbb{Z}[F],$$

where F is the number field $\mathbb{Q}(Q_1, \ldots, Q_r)$. Then in $\Lambda^2(F^\times)$ we find

$$\begin{aligned} \partial(\xi_Q) &= \sum_{i=1}^{r} (Q_i) \wedge (1 - Q_i) = \sum_{i=1}^{r} (Q_i) \wedge \Big(\prod_{j=1}^{r} Q_j^{a_{ij}}\Big) \\ &= \sum_{i=1}^{r} (Q_i) \wedge \Big(\sum_{j=1}^{r} a_{ij}(Q_j)\Big) = \sum_{i=1}^{r} \sum_{j=1}^{r} a_{ij}\,(Q_i) \wedge (Q_j), \end{aligned}$$

and this is 0 since a_{ij} is symmetric and $(Q_i) \wedge (Q_j)$ antisymmetric in i and j. Hence ξ_A belongs to the Bloch group of F. If A is not integral, then we have to be careful about the choice of determinations of the rational powers $Q_j^{a_{ij}}$ in (25). We require them to be consistent, i.e., we must have $Q_i = e^{u_i}$, $1 - Q_i = e^{v_i}$ for some vectors $u, v \in \mathbb{C}^r$ such that $v = Au$. This defines the minimal number field F in which the equations (25) make sense. For instance, if $A = \left(\begin{smallmatrix} 8/3 & 1/3 \\ 1/3 & 2/3 \end{smallmatrix}\right)$, we set $(Q_1, Q_2) = (\alpha, \alpha\beta^3)$ where α, $\beta \in \overline{\mathbb{Q}}$ are solutions of the system $1-\alpha = \alpha^3\beta$, $1-\alpha\beta^3 = \alpha\beta^2$; then $F = \mathbb{Q}(\alpha, \beta)$, and $\xi_Q = [\alpha]+[\alpha\beta^3]$ is an element of $\mathcal{B}(F)$. Nahm's conjecture is then

Conjecture. Let A be a positive definite symmetric $r \times r$ matrix with rational coefficients. Then the following are equivalent:

(i) The element ξ_Q is a torsion element of $\mathcal{B}(F)$ for every solution Q of (25).
(ii) There exist $B \in \mathbb{Q}^r$ and $C \in \mathbb{Q}$ such that $f_{A,B,C}(z)$ is a modular function.

The main motivation for this conjecture comes from physics, and in fact one expects that all the modular functions $f_{A,B,C}$ which are obtained this way are characters of rational conformal field theories. (We will not discuss these aspects at all, referring the reader for this to Nahm's paper.) A further expectation, again predicted by the physics, is that if a matrix A satisfies the conditions of the conjecture, then the collection of modular functions occurring in statement (ii) span a vector space which is invariant under the action of

$SL(2,\mathbb{Z})$ (bosonic case) or at least $\Gamma(2)$ (fermionic case), even though the individual functions $f_{A,B,C}$ will in general have level greater than 2. For instance, in the Rogers-Ramanujan identities given above, each of the two functions (23) is modular (up to multiplication by a root of unity) only on the modular group $\Gamma_0(5)$ of level 5 (and on a yet much smaller group if we do not allow scalar multiples), but the vector space which they span is invariant under all of $SL(2,\mathbb{Z})$ by eq. (24). From a purely mathematical point of view, the motivation for the conjecture comes from the asymptotic analysis, discussed in subsection **B**, and from the known examples, some of which we now describe.

B. Examples and discussion. In this subsection we describe a number of examples which give numerical support for Nahm's conjecture and which show that two plausible alternative versions of the conjecture—one with a stronger and one with a weaker hypothesis on the matrix A—are not tenable.

(a) *Rank one examples.* If $r = 1$, then the parameters A, B and C are simply rational numbers and exactly seven cases are known where $f_{A,B,C}(z)$ is a modular function, given by the following table:

Table 1. The modular functions $f_{A,B,C}$ for $r = 1$

A	B	C	$f_{A,B,C}(z)$
2	0	$-1/60$	$\theta_{5,1}(z)/\eta(z)$
	1	$11/60$	$\theta_{5,2}(z)/\eta(z)$
1	0	$-1/48$	$\eta(z)^2/\eta(z/2)\eta(2z)$
	$1/2$	$1/24$	$\eta(2z)/\eta(z)$
	$-1/2$	$1/24$	$2\eta(2z)/\eta(z)$
$1/2$	0	$-1/40$	$\theta_{5,1}(z/4)/\theta_8(z)$
	$1/2$	$1/40$	$\theta_{5,2}(z/4)/\theta_8(z)$

with $\theta_{5,j}(z)$ and $\eta(z)$ as in (23) and $\theta_8(z) = \sum_{n>0}\left(\frac{8}{n}\right)q^{n^2/8} = \eta(z)\eta(4z)/\eta(2z)$. The first two entries in this table are just the Rogers-Ramanujan identities with which we began the discussion, and the product $\eta(z)f_{A,B,C}(z)$ in all seven cases is a unary theta series (i.e., a function $\sum \varepsilon(n)q^{\lambda n^2}$ with $\varepsilon(n)$ an even periodic function and λ a positive rational number). We will see in subsection **B** that these are the only triples $(A,B,C) \in \mathbb{Q}_+ \times \mathbb{Q}^2$ for which $f_{A,B,C}$ is modular. On the other hand, the element ξ_A when $r = 1$ consists of a single element $[Q_1]$, where $1 - Q_1 = Q_1^A$, so by the discussion in example (c) of §2**B** we know that the only values of $A > 0$ for which condition (i) of the conjecture is satisfied are $A = 1/2$, 1 or 2 (corresponding to $Q_1 = (-1+\sqrt{5})/2$, $1/2$ and $(3-\sqrt{5})/2$, respectively). Thus Nahm's conjecture holds for $r = 1$.

(b) *Totally real, or torsion in the Bloch group?* In the above examples, the element Q_1 was a totally real algebraic number. It is reasonable to ask whether the requirement for modularity is really condition (i) of the conjecture or merely the more elementary (but stronger) condition that equation (25) has only real solutions. To see that (i) really is the right condition, we consider the matrix $A = \left(\begin{smallmatrix} 4 & 1 \\ 1 & 1 \end{smallmatrix}\right)$. In this case (25) specializes to the system of equations (19) studied in example (b) of §2**B**, and by the discussion given there we know that the corresponding element $\xi_A \in \mathcal{B}(\mathbb{Q}(\xi_A))$ is torsion (of order 10) but is not totally real. So if (i) rather than total reality is the correct condition in the conjecture, then there should be pairs $(B, C) \in \mathbb{Q}^2 \times \mathbb{Q}$ for which $f_{A,B,C}$ is modular. After some experimentation, using a method which will be explained briefly at the end of subsection **C**, we find that there are indeed at least two such pairs, the corresponding identities being

$$f_{\left(\begin{smallmatrix} 4 & 1 \\ 1 & 1 \end{smallmatrix}\right), \left(\begin{smallmatrix} 0 \\ 1/2 \end{smallmatrix}\right), \frac{1}{120}}(z) = \frac{\theta_{5,1}(2z)}{\eta(z)}, \quad f_{\left(\begin{smallmatrix} 4 & 1 \\ 1 & 1 \end{smallmatrix}\right), \left(\begin{smallmatrix} 2 \\ 1/2 \end{smallmatrix}\right), \frac{49}{120}}(z) = \frac{\theta_{5,2}(2z)}{\eta(z)},$$

where $\theta_{5,1}(z)$ and $\theta_{5,2}(z)$ are the same theta series as those occurring in (23). (These equations were not proved, but only verified to a high order in the power series in q.)

(c) *Must all solutions be torsion?* If A is any positive definite matrix, even with real coefficients, then the system of equations (25) has exactly one solution with all Q_i real and between 0 and 1. (To see this, one shows by induction on r the more general assertion that the system $1 - Q_i = \lambda_i \prod_j Q_j^{a_{ij}}$ has a unique solution in $(0,1)^r$ for any real numbers $\lambda_1, \ldots, \lambda_r > 0$.) Denote this solution by $Q^0 = (Q_1^0, \ldots, Q_r^0)$. If the coefficients of A are rational, the Q_i^0 are real algebraic numbers (though not necessarily totally real—see (b)) and we obtain a specific element $\xi_A = \xi_{Q^0} \in \mathcal{B}(\overline{\mathbb{Q}} \cap \mathbb{R})$. If condition (i) of the conjecture is satisfied, then this must be a torsion element and hence the corresponding Rogers dilogarithm value $L(\xi_A) = \sum L(Q_i^0)$ must be a rational multiple of π^2. This criterion is numerically effective (one can find Q^0 numerically to high precision by an iterative procedure and then test $L(\xi_A)/\pi^2$ for rationality) and is the one used for the computer searches described in (d) and (e) below. One can reasonably ask whether it is in fact sufficient, i.e., whether it is sufficient in (i) to assume only that ξ_A is torsion. An example showing that this is not the case—we will see many others in (d) and (e)—is given by the matrix $A = \left(\begin{smallmatrix} 8 & 5 \\ 5 & 4 \end{smallmatrix}\right)$. Here Q^0 is equal to $\left(\phi^{-1}\psi,\ \phi^4 - \phi^3\psi\right)$, with $\phi = (\sqrt{5}+1)/2$ and $\psi = (1 + \sqrt{2\sqrt{5}-1})/2$, and this is torsion, as we can see numerically from the dilogarithm values ($L(\xi) = \frac{8}{5} L(1)$ for both ξ_{Q^0} and its real conjugate and $D(\xi) = 0$ for both non-real conjugates of ξ_{Q^0}) and could verify algebraically as in section 2**B**. But the equations $1 - Q_1 = Q_1^8 Q_2^5$, $1 - Q_2 = Q_1^5 Q_2^4$ have another Galois orbit of four solutions where (Q_1, Q_2) belong to a different quartic field and where $D(\xi) \neq 0$, so condition (i) of the conjecture is not satisfied. Here a computer search finds no B and C making $f_{A,B,C}$ modular.

(d) *Rank two examples.* An extensive search for positive definite matrices $A \in M_2(\mathbb{Q})$ for which $L(\xi_A)/L(1) \in \mathbb{Q}$ (specifically, a search over $A = \frac{1}{m}\left(\begin{smallmatrix} a & b \\ b & c \end{smallmatrix}\right)$ with integers a, b, c, m less than or equal to 100) found three infinite families

$$A = \begin{pmatrix} \lambda\alpha & 1-\alpha \\ 1-\alpha & \lambda^{-1}\alpha \end{pmatrix}, \quad \xi_A = (x,\, x^\lambda = 1-x), \quad L(\xi_A) = L(1),$$

$$A = \begin{pmatrix} \alpha & 2-\alpha \\ 2-\alpha & \alpha \end{pmatrix}, \quad \xi_A = \left(\tfrac{\sqrt{5}-1}{2},\, \tfrac{\sqrt{5}-1}{2}\right), \quad L(\xi_A) = \tfrac{6}{5}\,L(1),$$

$$A = \begin{pmatrix} \alpha & \frac{1}{2}-\alpha \\ \frac{1}{2}-\alpha & \alpha \end{pmatrix}, \quad \xi_A = \left(\tfrac{3-\sqrt{5}}{2},\, \tfrac{3-\sqrt{5}}{2}\right), \quad L(\xi_A) = \tfrac{4}{5}\,L(1),$$

and 22 individual solutions (excluding split ones), namely the matrices

A	$\left(\begin{smallmatrix} 2 & 1 \\ 1 & 1 \end{smallmatrix}\right)$	$\left(\begin{smallmatrix} 4 & 1 \\ 1 & 1 \end{smallmatrix}\right)$	$\left(\begin{smallmatrix} 4 & 2 \\ 2 & 2 \end{smallmatrix}\right)$	$\left(\begin{smallmatrix} 4 & 3 \\ 3 & 3 \end{smallmatrix}\right)$	$\left(\begin{smallmatrix} 8 & 3 \\ 3 & 2 \end{smallmatrix}\right)$	$\left(\begin{smallmatrix} 8 & 5 \\ 5 & 4 \end{smallmatrix}\right)$
$L(\xi_A)/L(1)$	5/4	13/10	10/7	3/2	3/2	8/5

A	$\left(\begin{smallmatrix} 11 & 9 \\ 9 & 8 \end{smallmatrix}\right)$	$\left(\begin{smallmatrix} 24 & 19 \\ 19 & 16 \end{smallmatrix}\right)$	$\left(\begin{smallmatrix} 2 & 1 \\ 1 & 3/2 \end{smallmatrix}\right)$	$\left(\begin{smallmatrix} 5/2 & 2 \\ 2 & 2 \end{smallmatrix}\right)$	$\left(\begin{smallmatrix} 8/3 & 1/3 \\ 1/3 & 2/3 \end{smallmatrix}\right)$
$L(\xi_A)/L(1)$	17/10	9/5	9/7	7/5	8/7

and their inverses with $L(\xi_{A^{-1}})/L(1) = 2 - L(\xi_A)/L(1)$. (All of these examples except for $\left(\begin{smallmatrix} 24 & 19 \\ 19 & 16 \end{smallmatrix}\right)$ were already given in 1995 by Nahm's student M. Terhoeven in his thesis ([37], pp. 48–49), based on a search in the smaller domain with "100" replaced by "11".) Of these, the only ones that satisfy the stronger condition that all solutions of (25) are torsion are

$$\begin{pmatrix} \alpha & 1-\alpha \\ 1-\alpha & \alpha \end{pmatrix}, \quad \begin{pmatrix} 2 & 1 \\ 1 & 1 \end{pmatrix}, \quad \begin{pmatrix} 4 & 1 \\ 1 & 1 \end{pmatrix}, \quad \begin{pmatrix} 4 & 2 \\ 2 & 2 \end{pmatrix}, \quad \begin{pmatrix} 2 & 1 \\ 1 & 3/2 \end{pmatrix}, \quad \begin{pmatrix} 4/3 & 2/3 \\ 2/3 & 4/3 \end{pmatrix}$$

and their inverses, and indeed for each of these we find several values of B, C for which the function $f_{A,B,C}$ is (or appears to be) modular, while for the others we never find any. The list of these values is given in Table 2. The formulas for the corresponding modular forms for $A = \left(\begin{smallmatrix} 4 & 1 \\ 1 & 1 \end{smallmatrix}\right)$ were given in (b), and the ones for $A = \left(\begin{smallmatrix} \alpha & 1-\alpha \\ 1-\alpha & \alpha \end{smallmatrix}\right)$ are given by the formula

$$f_{\left(\begin{smallmatrix} \alpha & 1-\alpha \\ 1-\alpha & \alpha \end{smallmatrix}\right), \left(\begin{smallmatrix} \alpha\nu \\ -\alpha\nu \end{smallmatrix}\right), \frac{\alpha}{2}\nu^2 - \frac{1}{24}}(z) = \frac{1}{\eta(z)} \sum_{n \in \mathbb{Z}+\nu} q^{\alpha n^2/2} \qquad (\forall \nu \in \mathbb{Q}), \tag{26}$$

which is easily proved using the identity

$$\sum_{\substack{m,n \geq 0 \\ m-n=r}} \frac{q^{mn}}{(q)_m (q)_n} = \frac{1}{(q)_\infty} \qquad \text{for any } r \in \mathbb{Z} \tag{27}$$

(itself an easy consequence of eq. (7) and the Jacobi triple product formula). For reasons of space we do not give the other modular forms explicitly in Table 2, but only the numbers $c = c(A)$ and $K = K(A, B)$ defined—if $f_{A,B,C}$ is modular—by

$$f_{A,B,C}\left(e^{-\varepsilon}\right) = K\, e^{c\pi^2/6\varepsilon} + \mathrm{O}\left(e^{c'\pi^2/6\varepsilon}\right) \qquad (\varepsilon \to 0,\ c' < c). \tag{28}$$

Table 2. Rank 2 examples for Nahm's conjecture. Here $\alpha_k = \sin(\pi k/8)$, $\beta_k = 2/\sqrt{5}\sin(\pi k/5)$ and $\gamma_k = 2/\sqrt{7}\sin(\pi k/7)$.

A	$\begin{pmatrix}\alpha & 1-\alpha\\ 1-\alpha & \alpha\end{pmatrix},\ c=1$	$\begin{pmatrix}2 & 1\\ 1 & 1\end{pmatrix},\ c=\frac{3}{4}$					$\begin{pmatrix}1 & -1\\ -1 & 2\end{pmatrix},\ c=\frac{5}{4}$				
B	$\begin{pmatrix}\alpha\nu\\ -\alpha\nu\end{pmatrix}$ $(\nu\in\mathbb{Q})$	$\begin{pmatrix}-1\\ 1/2\end{pmatrix}$	$\begin{pmatrix}0\\ 0\end{pmatrix}$	$\begin{pmatrix}0\\ 1/2\end{pmatrix}$	$\begin{pmatrix}1\\ 1/2\end{pmatrix}$	$\begin{pmatrix}1\\ 1\end{pmatrix}$	$\begin{pmatrix}-3/2\\ 2\end{pmatrix}$	$\begin{pmatrix}0\\ 0\end{pmatrix}$	$\begin{pmatrix}-1/2\\ 1\end{pmatrix}$	$\begin{pmatrix}1/2\\ 0\end{pmatrix}$	$\begin{pmatrix}0\\ 1\end{pmatrix}$
C	$\alpha\nu^2/2 - 1/24$	1/8	−1/32	0	1/8	7/32	25/24	−5/96	1/6	1/24	19/24
K	$1/\sqrt{\alpha}$	1	α_3	$1/\sqrt{2}$	1/2	α_1	1	α_3	$1/\sqrt{2}$	1/2	α_1

A	$\begin{pmatrix}4 & 1\\ 1 & 1\end{pmatrix},\ c=\frac{7}{10}$		$\begin{pmatrix}1/3 & -1/3\\ -1/3 & 4/3\end{pmatrix},\ c=\frac{13}{10}$		$\begin{pmatrix}4 & 2\\ 2 & 2\end{pmatrix},\ c=\frac{4}{7}$			$\begin{pmatrix}1/2 & -1/2\\ -1/2 & 1\end{pmatrix},\ c=\frac{10}{7}$		
B	$\begin{pmatrix}0\\ 1/2\end{pmatrix}$	$\begin{pmatrix}2\\ 1/2\end{pmatrix}$	$\begin{pmatrix}-1/6\\ 2/3\end{pmatrix}$	$\begin{pmatrix}1/2\\ 0\end{pmatrix}$	$\begin{pmatrix}0\\ 0\end{pmatrix}$	$\begin{pmatrix}1\\ 0\end{pmatrix}$	$\begin{pmatrix}2\\ 1\end{pmatrix}$	$\begin{pmatrix}0\\ 0\end{pmatrix}$	$\begin{pmatrix}1/2\\ -1/2\end{pmatrix}$	$\begin{pmatrix}1/2\\ 0\end{pmatrix}$
C	1/120	49/120	3/40	1/120	−1/42	5/42	17/42	−5/84	1/21	1/84
K	$\beta_1/\sqrt{2}$	$\beta_2/\sqrt{2}$	$\beta_1\sqrt{3/2}$	$\beta_2\sqrt{3/2}$	γ_3	γ_2	γ_1	$2\gamma_3$	$2\gamma_2$	$2\gamma_1$

A	$\begin{pmatrix}3/2 & 1\\ 1 & 2\end{pmatrix},\ c=\frac{5}{7}$			$\begin{pmatrix}1 & -1/2\\ -1/2 & 3/4\end{pmatrix},\ c=\frac{9}{7}$			$\begin{pmatrix}4/3 & 2/3\\ 2/3 & 4/3\end{pmatrix},\ c=\frac{4}{5}$			$\begin{pmatrix}1 & -1/2\\ -1/2 & 1\end{pmatrix},\ c=\frac{6}{5}$		
B	$\begin{pmatrix}-1/2\\ 0\end{pmatrix}$	$\begin{pmatrix}0\\ 0\end{pmatrix}$	$\begin{pmatrix}1/2\\ 1\end{pmatrix}$	$\begin{pmatrix}-1/2\\ 1/4\end{pmatrix}$	$\begin{pmatrix}0\\ 0\end{pmatrix}$	$\begin{pmatrix}0\\ 1/2\end{pmatrix}$	$\begin{pmatrix}-2/3\\ -1/3\end{pmatrix}$	$\begin{pmatrix}-1/3\\ -2/3\end{pmatrix}$	$\begin{pmatrix}0\\ 0\end{pmatrix}$	$\begin{pmatrix}-1/2\\ 0\end{pmatrix}$	$\begin{pmatrix}0\\ -1/2\end{pmatrix}$	$\begin{pmatrix}0\\ 0\end{pmatrix}$
C	1/168	−5/168	25/168	1/28	−3/56	1/56	1/30	1/30	−1/30	1/20	1/20	−1/20
K	$\gamma_3\sqrt{2}$	$\gamma_2\sqrt{2}$	$\gamma_1\sqrt{2}$	$2\gamma_3$	$2\gamma_2$	$2\gamma_1$	$\beta_1\sqrt{3}$	$\beta_1\sqrt{3}$	$\beta_2\sqrt{3}$	$2\beta_1$	$2\beta_1$	$2\beta_2$

According to the analysis in **C** below, these numbers—of which c corresponds in conformal field theory to the effective central charge—are given by

$$c = \sum_{i=1}^{r}\left(1 - \frac{L(Q_i^0)}{L(1)}\right) = r - \frac{L(\xi_A)}{L(1)}, \quad K = \frac{1}{\sqrt{\det \widetilde{A}}} \prod_{i=1}^{r} \frac{(Q_i^0)^{b_i}}{\sqrt{1-Q_i^0}}, \tag{29}$$

where $Q^0 = (Q_1^0, \ldots, Q_r^0) \in (0,1)^r$ as above, $B = (b_1, \ldots, b_r)$, and

$$\widetilde{A} \;=\; A + \operatorname{diag}\left(\frac{Q_1^0}{1-Q_1^0}, \ldots, \frac{Q_r^0}{1-Q_r^0}\right). \tag{30}$$

(e) *Rank three examples.* We conducted similar experiments for 3×3 matrices, restricting the search to matrices with coefficients which are integral and ≤ 10. In this range we found over 100 matrices A satisfying $L(\xi_A)/L(1) \in \mathbb{Q}$, of which about one-third satisfied the stronger condition (i) of the conjecture. These consisted of members of a three-parameter infinite family

$$A = \alpha \begin{pmatrix} h^2 & h & -h \\ h & 1 & -1 \\ -h & -1 & 1 \end{pmatrix} + \begin{pmatrix} A_1 & 0 & 0 \\ 0 & 0 & 1 \\ 0 & 1 & 0 \end{pmatrix} \qquad (\alpha \in \mathbb{Q},\ h \in \mathbb{Z},\ A_1 \in \{\tfrac12, 1, 2\}) \tag{31}$$

together with eight sporadic solutions, and in all cases the computer found pairs (B,C) making $f_{A,B,C}$ apparently modular. The pairs found for the eight sporadic solutions (and for one member of the family (31) which had extra solutions) are given in Table 3, while those for the family (31) are given by

$$B = \alpha\nu \begin{pmatrix} h \\ 1 \\ -1 \end{pmatrix} + \begin{pmatrix} B_1 \\ 0 \\ 0 \end{pmatrix}, \qquad C = \frac{\alpha\nu^2}{2} - \frac{1}{24} + C_1 \tag{32}$$

where $\nu \in \mathbb{Q}$ and (A_1, B_1, C_1) is one of the 7 rank one solutions given in Table 1. Let us check that the matrices A in (31) indeed satisfy Nahm's criterion (i) and that the functions $f_{A,B,C)}$ for (B,C) as in (32) are indeed modular. For the first, we note that for this A Nahm's equations (25) take the form $1-Q_1 = Q_1^{A_1}R^h$, $1-Q_2 = Q_3R$, $1-Q_3 = Q_2R^{-1}$ with $R = (Q_1^hQ_2/Q_3)^\alpha$. The last two give $(1-Q_2)(1-Q_3) = Q_2Q_3$ or $Q_2+Q_3 = 1$, which implies first of all that $[Q_2]+[Q_3]$ is torsion in the Bloch group and secondly that $R=1$ and hence (since h is integral!) that $1-Q_1 = Q_1^{A_1}$, which because of the choice of A_1 implies that $[Q_1]$ is also torsion. For the modularity, we note that $f_{A,B,C}$ for (A,B,C) as in (31) and (32) is equal to $\sum q^{Q(l,m,n)}/(q)_l(q)_m(q)_n$ where the sum is over all l, m, $n \ge 0$ and $Q(l,m,n)$ is the quadratic form

$$Q(l,m,n) \;=\; \frac{\alpha}{2}\,(hl+m-n-\nu)^2 + mn + \frac{A_1}{2}\,l^2 + B_1l + C_1 - \frac{1}{24}.$$

The identity (27) then gives

Table 3. Rank 3 examples for Nahm's conjecture. In the first line α and ν are rational and h is integral. In the third line ν is rational.

A	$\begin{pmatrix} \alpha h^2+1 & \alpha h & -\alpha h \\ \alpha h & \alpha & 1-\alpha \\ -\alpha h & 1-\alpha & \alpha \end{pmatrix}, \quad c=\frac{3}{2}$		
B	$\begin{pmatrix} \alpha\nu h \\ \alpha\nu \\ -\alpha\nu \end{pmatrix}$	$\begin{pmatrix} \alpha\nu h+1/2 \\ \alpha\nu \\ -\alpha\nu \end{pmatrix}$	$\begin{pmatrix} \alpha\nu h-1/2 \\ \alpha\nu \\ -\alpha\nu \end{pmatrix}$
C	$\alpha\nu^2/2-1/16$	$\alpha\nu^2/2$	$\alpha\nu^2/2$

A	$\begin{pmatrix} \alpha h^2+2 & \alpha h & -\alpha h \\ \alpha h & \alpha & 1-\alpha \\ -\alpha h & 1-\alpha & \alpha \end{pmatrix}, \quad c=\frac{7}{5}$	
B	$\begin{pmatrix} \alpha\nu h \\ \alpha\nu \\ -\alpha\nu \end{pmatrix}$	$\begin{pmatrix} \alpha\nu h+1 \\ \alpha\nu \\ -\alpha\nu \end{pmatrix}$
C	$\alpha\nu^2/2-7/120$	$\alpha\nu^2/2+17/20$

A	$\begin{pmatrix} \alpha h^2+1/2 & \alpha h & -\alpha h \\ \alpha h & \alpha & 1-\alpha \\ -\alpha h & 1-\alpha & \alpha \end{pmatrix}, \quad c=\frac{8}{5}$	
B	$\begin{pmatrix} \alpha\nu h \\ \alpha\nu \\ -\alpha\nu \end{pmatrix}$	$\begin{pmatrix} \alpha\nu h+1/2 \\ \alpha\nu \\ -\alpha\nu \end{pmatrix}$
C	$\alpha\nu^2/2-1/15$	$\alpha\nu^2/2-1/60$

A	$\begin{pmatrix} 2 & 1 & -1 \\ 1 & 1 & 0 \\ -1 & 0 & 1 \end{pmatrix}, \quad c=\frac{3}{2}$				
B	$\begin{pmatrix} 0 \\ -\frac{1}{2} \\ -\frac{1}{2} \end{pmatrix}$	$\begin{pmatrix} 0 \\ 0 \\ \frac{1}{2} \end{pmatrix}$	$\begin{pmatrix} 0 \\ \frac{1}{2} \\ 0 \end{pmatrix}$	$\begin{pmatrix} 1 \\ \frac{1}{2} \\ 0 \end{pmatrix}$	$\begin{pmatrix} 1 \\ 1 \\ -\frac{1}{2} \end{pmatrix}$
C	1/8	1/48	−1/24	1/8	3/16

A	$\begin{pmatrix} 2 & 1 & 1 \\ 1 & 1 & 0 \\ 1 & 0 & 1 \end{pmatrix}, \quad c=\frac{8}{7}$					
B	$\begin{pmatrix} 0 \\ 0 \\ 1/2 \end{pmatrix}$	$\begin{pmatrix} 0 \\ 1/2 \\ 0 \end{pmatrix}$	$\begin{pmatrix} 1 \\ 0 \\ 1/2 \end{pmatrix}$	$\begin{pmatrix} 1 \\ 1/2 \\ 0 \end{pmatrix}$	$\begin{pmatrix} 1 \\ 1/2 \\ 1 \end{pmatrix}$	$\begin{pmatrix} 1 \\ 1 \\ 1/2 \end{pmatrix}$
C	−1/84	−1/84	5/ 84	5/ 84	17/ 84	17/ 84

A	$\begin{pmatrix} 3 & 2 & 1 \\ 2 & 2 & 1 \\ 1 & 1 & 1 \end{pmatrix}, \quad c=\frac{9}{10}$					
B	$\begin{pmatrix} -1/2 \\ 0 \\ -1/2 \end{pmatrix}$	$\begin{pmatrix} 0 \\ 0 \\ 0 \end{pmatrix}$	$\begin{pmatrix} 1/2 \\ 0 \\ 1/2 \end{pmatrix}$	$\begin{pmatrix} 1/2 \\ 1 \\ 1/2 \end{pmatrix}$	$\begin{pmatrix} 1 \\ 1 \\ 0 \end{pmatrix}$	$\begin{pmatrix} 3/2 \\ 1 \\ 1/2 \end{pmatrix}$
C	1/40	−3/80	1/40	9/40	13/80	9/40

A	$\begin{pmatrix} 2 & 1 & 1 \\ 1 & 2 & 0 \\ 1 & 0 & 2 \end{pmatrix}, \quad c=1$						
B	$\begin{pmatrix} 0 \\ 2\nu \\ -2\nu \end{pmatrix}$	$\begin{pmatrix} 1/2 \\ 0 \\ 1 \end{pmatrix}$	$\begin{pmatrix} 1/2 \\ 1 \\ 0 \end{pmatrix}$	$\begin{pmatrix} 1 \\ 0 \\ 1 \end{pmatrix}$	$\begin{pmatrix} 1 \\ 1 \\ 0 \end{pmatrix}$	$\begin{pmatrix} -1/2 \\ 0 \\ 0 \end{pmatrix}$	$\begin{pmatrix} -1 \\ -1/2 \\ -1/2 \end{pmatrix}$
C	$\nu^2-1/24$	7/48	7/48	5/24	5/24	−1/48	1/48

A	$\begin{pmatrix} 4 & 2 & 1 \\ 2 & 2 & 0 \\ 1 & 0 & 1 \end{pmatrix}, \quad c=1$					
B	$\begin{pmatrix} -1 \\ -1 \\ 1/2 \end{pmatrix}$	$\begin{pmatrix} 0 \\ -1/2 \\ 1/2 \end{pmatrix}$	$\begin{pmatrix} 0 \\ 0 \\ 0 \end{pmatrix}$	$\begin{pmatrix} 0 \\ 0 \\ 1/2 \end{pmatrix}$	$\begin{pmatrix} 2 \\ 1 \\ 1/2 \end{pmatrix}$	$\begin{pmatrix} 2 \\ 1 \\ 1 \end{pmatrix}$
C	1/12	1/48	−1/24	0	1/3	11/24

A	$\begin{pmatrix} 6 & 4 & 2 \\ 4 & 4 & 2 \\ 2 & 2 & 2 \end{pmatrix}, \quad c=\frac{2}{3}$		
B	$\begin{pmatrix} 0 \\ 0 \\ 0 \end{pmatrix}$	$\begin{pmatrix} 1 \\ 0 \\ 0 \end{pmatrix}$	$\begin{pmatrix} 2 \\ 1 \\ 0 \end{pmatrix}$
C	−1/30	1/12	11/36

A	$\begin{pmatrix} 4 & 2 & 2 \\ 2 & 2 & 1 \\ 2 & 1 & 2 \end{pmatrix}, \quad c=\frac{4}{5}$							
B	$\begin{pmatrix} 0 \\ -1/2 \\ 0 \end{pmatrix}$	$\begin{pmatrix} 0 \\ 0 \\ -1/2 \end{pmatrix}$	$\begin{pmatrix} 0 \\ 0 \\ 0 \end{pmatrix}$	$\begin{pmatrix} 1 \\ 0 \\ 1/2 \end{pmatrix}$	$\begin{pmatrix} 1 \\ 0 \\ 1 \end{pmatrix}$	$\begin{pmatrix} 1 \\ 1/2 \\ 0 \end{pmatrix}$	$\begin{pmatrix} 1 \\ 1 \\ 0 \end{pmatrix}$	$\begin{pmatrix} 2 \\ 1 \\ 1 \end{pmatrix}$
C	0	0	−1/30	11/120	1/6	11/120	1/6	11/30

A	$\begin{pmatrix} 4 & 2 & -1 \\ 2 & 2 & -1 \\ -1 & -1 & 1 \end{pmatrix}, \quad c=\frac{3}{2}$				
B	$\begin{pmatrix} 0 \\ 0 \\ 0 \end{pmatrix}$	$\begin{pmatrix} 0 \\ 0 \\ 1/2 \end{pmatrix}$	$\begin{pmatrix} 1 \\ 0 \\ 0 \end{pmatrix}$	$\begin{pmatrix} 2 \\ 1 \\ -1/2 \end{pmatrix}$	$\begin{pmatrix} 2 \\ 1 \\ 0 \end{pmatrix}$
C	−1/16	1/24	5/48	3/8	7/16

A	$\begin{pmatrix} 8 & 4 & 1 \\ 4 & 3 & 0 \\ 1 & 0 & 1 \end{pmatrix}, \quad c=\frac{9}{10}$	
B	$\begin{pmatrix} 0 \\ -1/2 \\ 1/2 \end{pmatrix}$	$\begin{pmatrix} 2 \\ 1/2 \\ 1/2 \end{pmatrix}$
C	1/40	9/40

$$f_{A,B,C}(z) = \frac{1}{\eta(z)} \sum_{l\ge 0} \Bigl(\sum_{r\in\mathbb{Z}} q^{\alpha(r+hl-\nu)^2/2} \Bigr) q^{A_1 l^2/2+B_1 l+C_1},$$

and (since h is integral!) we can now shift r by $-hl$ in the inner sum to see that $f_{A,B,C}$ is the product of f_{A_1,B_1,C_1} and the function (26). We also remark that one of the eight sporadic values of A also has an infinite family of (B, C) making $f_{A,B,C}$ modular (checked only numerically):

$$f_{\left(\begin{smallmatrix}2&1&1\\1&2&0\\1&0&2\end{smallmatrix}\right),\left(\begin{smallmatrix}0\\2\nu\\-2\nu\end{smallmatrix}\right),\nu^2-\frac{1}{24}}(z) = \frac{1}{\eta(z)} \sum_{n\in\mathbb{Z}+\nu} q^{n^2} \qquad (\forall\nu\in\mathbb{Q}). \tag{33}$$

(f) *Duality.* Finally, we remark that the conditions on A in the conjecture are invariant under $A \mapsto A^{-1}$. For (i) this is clear, since if Q is a solution of (25) for some A then the vector $Q^\star = (1-Q_1,\dots,1-Q_r)$ is a solution for $A^\star = A^{-1}$ and $\xi_{Q^\star}$ equals $-\xi_Q$ modulo torsion in $\mathcal{B}(\overline{\mathbb{Q}})$. On the modular side, the analysis in **C** (specifically, eq. (38) below) suggests, though it does not prove, that if $f_{A,B,C}$ is modular then $f_{A^\star,B^\star,C^\star}$ is also modular and has an asymptotic expression as in (28) with (c, K) replaced by $(c^\star, K^\star)$, where

$$(A^\star, B^\star, C^\star, c^\star, K^\star) = \bigl(A^{-1},\, A^{-1}B,\, \tfrac{1}{2}B^t A^{-1} B - \tfrac{r}{24} - C,\, r-c,\, K\sqrt{\det A}\bigr).$$

These formulas, which one can verify in the examples in Table 2, were given by Nahm in [28], p. 663–4 and [29], p. 164. On the conformal field theory side, the involution $A \leftrightarrow A^{-1}$ is related to a duality found by Goddard-Kent-Olive [19] and to the so-called level-rank duality.

C. Asymptotic calculations. In this subsection we study the asymptotic behavior of $f_{A,B,C}(z)$ as $z \to 0$ $(q \to 1)$, concentrating for simplicity on the case $r = 1$, and use it to verify that the table of rank one solutions given in (a) of subsection **B** is complete. The analysis could in principle be carried out for larger values of r, but this would require a considerable effort and it is not clear whether one could use the method to complete the classification even in the next case $r = 2$.

We consider real variables $A > 0$, B and C and write $F_{A,B,C}(q)$ instead of $f_{A,B,C}(z)$, so that the definition (for $r = 1$) becomes

$$F_{A,B,C}(q) = \sum_{n=0}^{\infty} \frac{q^{\frac{1}{2}An^2+Bn+C}}{(q)_n} \qquad (A,\, B,\, C \in \mathbb{R},\ \ A > 0). \tag{34}$$

Since $F_{A,B,C}(q) = q^C F_{A,B,0}(q)$, it is enough to study the case $C = 0$, in which case we omit the index C from the notation.

Proposition 5. *For any A, $B \in \mathbb{R}$, $A > 0$, we have the asymptotic expansion*

$$\log F_{A,B}(e^{-\varepsilon}) \sim \sum_{j=-1}^{\infty} c_j(A,B)\,\varepsilon^j \qquad (\varepsilon \searrow 0), \tag{35}$$

with coefficients $c_j(A,B) \in \mathbb{R}$. *The first two coefficients are given by*

$$c_{-1}(A,B) \;=\; L(1) - L(Q)\,, \qquad c_0(A,B) \;=\; B\log Q \;-\; \tfrac{1}{2}\log\Delta\,, \tag{36}$$

where Q *is the unique positive solution of* $Q + Q^A = 1$, $L(x)$ *is the Rogers dilogarithm, and* $\Delta = A + Q - AQ$, *while* $c_j(A,B)$ *for* $j \ge 1$ *is a polynomial of degree* $j+1$ *in* B *with coefficients in* $\mathbb{Q}[Q,\,A,\,\Delta^{-1}]$, *e.g.*

$$\begin{aligned} c_1(A,B) \;&=\; \frac{1-Q}{2\Delta}\,B^2 \;-\; \frac{Q(1-Q)(1-A)}{2\Delta^2}\,B \\ &\quad -\frac{(1-Q)((1-Q^2)A^3 - 3QA^2 + 3Q(1+Q)A - 2Q^2)}{24\Delta^3}\,. \end{aligned}$$

Before proving the proposition, we say a little bit more about the coefficients c_j. The polynomial $c_j = c_j(A,B)$ belongs to $\Delta^{-3j}\mathbb{Q}[A,Q,B\Delta]$. Its leading term is $\alpha_j B^{j+1}/(j+1)$ where $\sum \alpha_j x^j$ is the Taylor expansion of $\log Q(x)$, $Q(x) + e^{-x}Q(x)^A = 1$, e.g.

$$c_2 = -\frac{Q(1-Q)}{6\Delta^3}\,B^3 + \cdots\,, \qquad c_3 = \frac{Q(1-Q)(3Q-(1+Q)\Delta)}{24\Delta^5}\,B^4 + \cdots\,.$$

We omit the other coefficients, giving only the constant term of c_2:

$$\begin{aligned} c_2(A,0) \;&=\; \frac{Q(1-Q)(A-1)}{48\,\Delta^6}\,\bigl[-4A(A+1)(A-1)^2Q^3 \\ &\quad + 3A(A-1)(A-2)(2A+1)Q^2 \;+\; 2A^2(5A-4)Q \;-\; A^3(2A-1)\bigr]\,. \end{aligned}$$

We will describe three different approaches for obtaining the asymptotics of $\log F_{A,B}(e^{-\varepsilon})$ as $\varepsilon \to 0$. The first, based on a functional equation for $F_{A,B}$, is short and elementary, but gives the coefficients $c_j(A,B)$ only up to a term depending on A. The second is also elementary—essentially based on the Euler-Maclaurin summation formula—and gives the entire asymptotic expansion, but requires more work. The third, which is the one used by Nahm and his collaborators, is based on Cauchy's theorem together with formula (8) for the quantum dilogarithm, and also leads to a full expansion; this method also has a variant, using (7) rather than (8) for the quantum dilogarithm, which has apparently not been noticed before. It seemed worth presenting all three approaches, at least briefly, since the information they give is somewhat different and since each of them is applicable (at least in principle) to the general case of Nahm's conjecture and to many other problems of this type.

(a) For the first approach we set

$$\frac{F_{A,B}\bigl(e^{-\varepsilon}\bigr)}{F_{A,0}\bigl(e^{-\varepsilon}\bigr)} \;=\; Q^B\,H_{A,B}(\varepsilon)$$

where $H_{A,B}(\varepsilon) = \sum_{n=0}^{\infty} h_n(A,B)\,\varepsilon^n$ is a power series in ε satisfying $H_{A,B}(0) \equiv 1$, $H_{A,0}(\varepsilon) \equiv 1$. Knowing $H_{A,B}(\varepsilon)$ is tantamount to knowing $c_j(A,B) - c_j(A,0)$ for all $j \geq 1$. The functional equation

$$F_{A,B}(q) \;-\; F_{A,B+1}(q) \;=\; \sum_{n=1}^{\infty} \frac{q^{\frac{1}{2}An^2+Bn}}{(q)_{n-1}} \;=\; q^{\frac{1}{2}A+B}\, F_{A,B+A}(q) \qquad (37)$$

of $F_{A,B}(q)$ gives a functional equation

$$H_{A,B}(\varepsilon) \;=\; Q\, H_{A,B+1}(\varepsilon) \;+\; (1-Q)\, e^{-(\frac{1}{2}A+B)\varepsilon}\, H_{A,B+A}(\varepsilon)$$

for $H_{A,B}(\varepsilon)$. Write $H_{A,B}(\varepsilon) = \sum_{n=0}^{\infty} h_n(A,B)\,\varepsilon^n$ where $h_0 \equiv 1$ and $h_n(A,B)$ is a polynomial of degree $2n$ in B without constant term for $n \geq 1$. Substituting this into the functional equation and replacing B by $B-A$, we obtain

$$h_n(A,B-A) \;=\; Q\, h_n(A,B+1-A) \;+\; (1-Q) \sum_{s=0}^{n} \frac{(A/2-B)^s}{s!}\, h_{n-s}(A,B)\,,$$

and this equation gives the coefficient $h_{n,m}$ of B^m in $h_n(A,B)$ recursively in terms of earlier coefficients $h_{n',m'}$ with $n' < n$ or with $n' = n$, $m' < m$.

Remark. The functional equation (37) remains true formally if one replaces $F_{A,B}(q)$ by $F^{\star}_{A,B}(q) = q^{B^2/2A} F_{1/A,B/A}(q^{-1})$, so the formal power series $H_{A,B}(\varepsilon)$ satisfies a second functional equation $H_{1/A,B/A}(-\varepsilon) = e^{\varepsilon B^2/2A}\, H_{A,B}(\varepsilon)$. (Note that the change $(A,B) \mapsto (1/A, B/A)$ changes Q to $1-Q = Q^A$ and does not change B^2/A or Q^A.) It follows that the coefficients $c_j(A,B)$ in (35) satisfy the functional equations

$$c_j(A,B) \;-\; (-1)^j\, c_j(1/A, B/A) \;=\; \gamma_j(A) \;+\; \begin{cases} B^2/2A & \text{if } j=1, \\ 0 & \text{otherwise} \end{cases}$$

for some constants $\gamma_j = \gamma_j(A)$ independent of B. Using the explicit formulas for c_j which will be computed below, we find that $\gamma_{-1} = L(1)$, $\gamma_0 = -\frac{1}{2}\log A$, $\gamma_1 = -\frac{1}{24}$, $\gamma_2 = \gamma_3 = \gamma_4 = 0$. This suggests the **conjecture** that $\gamma_j = 0$ for all $j \geq 2$. Assuming this, we have the formal functional equation

$$F^{\star}_{A,B}(e^{-\varepsilon}) \;=\; \sqrt{A}\, \exp\!\left(-\frac{\pi^2}{6\varepsilon} + \frac{\varepsilon}{24} + \mathrm{O}(\varepsilon^N)\right) F_{A,B}(e^{-\varepsilon}) \qquad (\forall N > 0). \quad (38)$$

(b) The second method is based on the asymptotics of the individual terms in the series (34). Denote the nth term in this series by u_n. Then the ratio $u_n/u_{n-1} = q^{An+B-A/2}/(1-q^n)$ is small for q small and large for q very near 1, and becomes equal to 1 when q^n is near to the unique root $Q \in (0,1)$ of the equation $Q + Q^A = 1$. The terms that contribute are therefore those of the form $q^n = Qq^{-\nu}$ with $\nu \in \nu_0 + \mathbb{Z}$ of order much less than n, where ν_0 denotes the fractional part of $-\log(Q)/\log(q)$. To know the size of u_n in this range we first have to know the behavior of $(q)_n$ as $q \to 1$ and $n \to \infty$ with q^n tending to a fixed number Q. It is given by:

Lemma. *For fixed $Q \in (0,1)$ and $q = e^{-\varepsilon} \to 1$ with $q^n = Qq^{-\nu}$ with $n \to \infty$, $\nu = o(n)$, we have*

$$\log\Bigl(\frac{1}{(q)_n}\Bigr) \sim \Bigl[\frac{\pi^2}{6} - \mathrm{Li}_2(Q)\Bigr]\varepsilon^{-1} - \Bigl[(\nu - \frac{1}{2})\log(\frac{1}{1-Q}) + \frac{1}{2}\log(\frac{2\pi}{\varepsilon})\Bigr]$$
$$-\Bigl[\frac{1}{24} + \frac{1}{2}(\nu^2 - \nu + \frac{1}{6})\frac{Q}{1-Q}\Bigr]\varepsilon - \sum_{r=3}^{\infty} B_r(\nu)\,\mathrm{Li}_{2-r}(Q)\,\frac{\varepsilon^{r-1}}{r!}$$

as $\varepsilon \to 0$, where $B_r(\nu)$ denotes the rth Bernoulli polynomial and $\mathrm{Li}_{-j}(Q)$ is the negative-index polylogarithm $\mathrm{Li}_{-j}(Q) = \sum_{m=1}^{\infty} m^j Q^m = (Q\frac{d}{dQ})^j \frac{1}{1-Q}$.

Proof. The Euler-Maclaurin formula or the modularity of $\eta(z)$ gives

$$\log\Bigl(\frac{1}{(q)_\infty}\Bigr) = \frac{\pi^2}{6\varepsilon} - \frac{1}{2}\log(\frac{2\pi}{\varepsilon}) - \frac{\varepsilon}{24} + \mathrm{O}(\varepsilon^N)$$

for all N as $\varepsilon \to 0$. On the other hand, we have

$$\log\Bigl(\frac{(q)_n}{(q)_\infty}\Bigr) = \sum_{s=1}^{\infty}\log\Bigl(\frac{1}{1-q^{n+s}}\Bigr) = \sum_{s=1}^{\infty}\log\Bigl(\frac{1}{1-Qq^{s-\nu}}\Bigr)$$
$$= \sum_{s=1}^{\infty}\sum_{k=1}^{\infty}\frac{Q^k}{k}q^{k(s-\nu)} = \sum_{k=1}^{\infty}\frac{Q^k}{k}\frac{e^{\nu k\varepsilon}}{e^{k\varepsilon}-1}$$
$$= \sum_{k=1}^{\infty}\frac{Q^k}{k}\sum_{r=0}^{\infty}\frac{B_r(\nu)}{r!}(k\varepsilon)^{r-1} = \sum_{r=0}^{\infty}\frac{B_r(\nu)}{r!}\mathrm{Li}_{2-r}(Q)\,\varepsilon^{r-1}\,.$$

Subtracting these two formulas gives the desired result. □

With the same conventions ($q = e^{-\varepsilon}$, $q^n = Qq^{-\nu}$), we also have

$$\log\left(q^{\frac{1}{2}An^2+Bn+C}\right) = -\frac{A\varepsilon}{2}\left(\frac{\log(1/Q)}{\varepsilon} - \nu\right)^2 - B\varepsilon\left(\frac{\log(1/Q)}{\varepsilon} - \nu\right)$$
$$= -\frac{\log(Q)\log(1-Q)}{2\varepsilon} + (B - \nu A)\log Q + (-\frac{A\nu^2}{2} + B\nu)\,\varepsilon\,,$$

where we have used $A\log(Q) = \log(1-Q)$. Together with the lemma this gives

$$\log\Bigl(\frac{q^{\frac{1}{2}An^2+Bn+C}}{(q)_n}\Bigr) = \frac{L(1) - L(Q)}{\varepsilon} - \frac{1}{2}\log\frac{2\pi}{\varepsilon} + \log\frac{Q^B}{\sqrt{1-Q}}$$
$$-\Bigl(\frac{\Delta}{1-Q}\frac{\nu^2}{2} - (B + \frac{1}{2}\frac{Q}{1-Q})\nu + \frac{1}{24}\frac{1+Q}{1-Q}\Bigr)\varepsilon - \sum_{r=3}^{\infty}B_r(\nu)\,\mathrm{Li}_{2-r}(Q)\,\frac{\varepsilon^{r-1}}{r!}$$

with $\Delta = A + Q - AQ$ as before. If we write this as $\log\varphi(\nu)$ where φ is a smooth function of rapid decay, then $F_{A,B}(q)$ equals $\sum_{\nu\equiv\nu_0 \pmod 1}\varphi(\nu)$, which by the Poisson summation formula can be written as $\sum_{r\in\mathbb{Z}}\widetilde{\varphi}(r)e^{2\pi i r\nu_0}$ where $\widetilde{\varphi}$ is the Fourier transform of φ. The smoothness of φ implies that all terms except $r = 0$ give contributions which are $\mathrm{O}(\varepsilon^N)$ for all $N > 0$ as $\varepsilon \to 0$. We therefore obtain the asymptotic expansion

$$F_{A,B}(e^{-\varepsilon}) = \frac{Q^B}{\sqrt{\Delta}}\cdot\exp\biggl(\frac{L(1)-L(Q)}{\varepsilon} - \frac{1+Q}{1-Q}\frac{\varepsilon}{24}\biggr)$$
$$\cdot\mathbf{I}\biggl[\exp\biggl(\Bigl(B+\frac{1}{2}\frac{Q}{1-Q}\Bigr)u\varepsilon - \sum_{r=3}^{\infty}B_r(u)\,\mathrm{Li}_{2-r}(Q)\,\frac{\varepsilon^{r-1}}{r!}\biggr)\biggr]\Bigl(\frac{1-Q}{\Delta\varepsilon}\Bigr),$$

where $\mathbf{I}[\;]$ is the functional defined formally by the integral transform

$$\mathbf{I}\bigl[H(u)\bigr](t) = \frac{1}{\sqrt{2\pi t}}\int_{-\infty}^{\infty}e^{-u^2/2t}\,H(u)\,du\,, \tag{39}$$

and explicitly at the level of power series by

$$\mathbf{I}\biggl[\sum_{n=0}^{\infty}c_n\,u^n\biggr](t) \sim \sum_{n=0}^{\infty}(2n-1)!!\,c_{2n}\,t^n\,, \tag{40}$$

where $(2n-1)!! = (2n)!/2^n n!$ as usual. It is not immediately obvious why this expansion makes sense, since the argument of the functional grows like $1/\varepsilon$ as $\varepsilon \to 0$, but the power series to which it is applied has the property that the coefficient of u^n is $\mathrm{O}(\varepsilon^{2n/3})$ for every $n \ge 0$, and since the functional $\mathbf{I}[\;]$ has the scaling property $\mathbf{I}\bigl[H(\lambda u)\bigr](t) = \mathbf{I}\bigl[H(u)\bigr](\lambda^2 t)$, the final expression does indeed involve only positive powers of ε. (Choose $\lambda = \varepsilon^c$ with $\frac{1}{2} < c < \frac{2}{3}$.)

(c) The third method, which is based on a clever application of Cauchy's theorem going back originally to an old paper of Meinardus [26], was first used in this context by Nahm, Recknagel and Terhoeven [31] and is also the one used in Nahm's paper [30] in this volume, so that we will only indicate the main idea of the method here. We write $F_{a,b}(q)$ as

$$F_{A,B}(q) = \mathcal{C}_{x^0}\biggl[\biggl(\sum_{n=-\infty}^{\infty}q^{\frac{1}{2}An^2+Bn}\,x^{-n}\biggr)\biggl(\sum_{n=0}^{\infty}\frac{1}{(q)_n}\,x^n\biggr)\biggr]$$

where $\mathcal{C}_{x^0}[\,\cdot\,]$ denotes the constant term of a Laurent series. The first factor is a theta series with a well-understood asymptotic behavior as $q \to 1$ and the second equals $(x;q)_\infty^{-1}$ by equation (8) and hence also has known asymptotics. Specifically, the Poisson summation formula (or the Jacobi transformation formula for theta series) shows that

$$\theta_{A,B}(z,u) := \sum_{n=-\infty}^{\infty}q^{\frac{1}{2}An^2+Bn}\,x^{-n} = \sqrt{\frac{i}{Az}}\sum_{n=-\infty}^{\infty}\mathbf{e}\Bigl(-\frac{(u-Bz+n)^2}{2Az}\Bigr),$$

where $q = \mathbf{e}(z) := e^{2\pi i z}$, $x = \mathbf{e}(u)$. Hence we find, for any $u_0 \in \mathbb{C}$,

$$\begin{aligned} F_{A,B}(q) &= \int_{u_0}^{u_0+1} \theta_{A,B}(z,u)\, \big(\mathbf{e}(u);\, q\big)_\infty^{-1}\, du \\ &= \sqrt{\frac{i}{Az}} \int_{\Im(u)=\Im(u_0)} \mathbf{e}\Big(-\frac{(u-Bz)^2}{2Az}\Big)\, \big(\mathbf{e}(u);\, q\big)_\infty^{-1}\, du \\ &= \frac{1}{\sqrt{2\pi A\varepsilon}} \int_{\Im(t)=\mathrm{const}} \exp\Big(-\frac{t^2}{2A\varepsilon} + \mathrm{Li}_2(q^B e^{it};\, q)\Big)\, dt\,. \end{aligned}$$

where in the last line we have substituted $u = Bz + t/2\pi$. The derivative with respect to t of the argument of exp equals $[A\log(1-e^{it}) - it]/iA\varepsilon + \mathrm{O}(1)$, which vanishes at $it = \log(1-Q) + \mathrm{O}(\varepsilon)$, where Q is the solution between 0 and 1 (or, of course, any other solution) of Nahm's equation $1-Q = Q^A$. Now moving the path of integration to a neighbourhood of this point and applying the method of stationary phase (saddle point method), we obtain the desired asymptotic expansion for $F_{A,B}(e^{-\varepsilon})$. This method has the further advantage, as explained in Nahm's paper, that the contributions from the further saddle points could in principle be used to describe all the terms of the q-expansion of $f_{A,B,C}(-1/z)$ in the cases when $f_{A,B,C}$ is a modular function.

As already mentioned, one can also do an almost exactly similar calculation using the power series expansion (7) rather than (8), at least if $A > 1$: we now write

$$\begin{aligned} F_{A,B}(q) &= \mathbf{C}_{x^0}\Bigg[\Big(\sum_{n=-\infty}^{\infty} (-1)^n\, q^{\frac{A-1}{2}n^2 + (B+\frac12)n}\, x^{-n}\Big)\Big(\sum_{n=0}^{\infty} \frac{(-1)^n\, q^{\frac{n^2-n}{2}}}{(q)_n}\, x^n\Big)\Bigg] \\ &= \int_{u_0}^{u_0+1} \sqrt{\frac{i}{(A-1)z}} \sum_{n\in\mathbb{Z}} \mathbf{e}\Big(\frac{(u-(B+\frac12)z+n+\frac12)^2}{2(A-1)z}\Big)\, \big(\mathbf{e}(u);q\big)_\infty\, du \\ &= \frac{1}{\sqrt{2\pi(A-1)\varepsilon}} \int_{\Im(t)=\mathrm{const}} \exp\Big(-\frac{t^2}{2(A-1)\varepsilon} - \mathrm{Li}_2(-q^{B+\frac12}e^{it};\, q)\Big)\, dt\,, \end{aligned}$$

and again an asymptotic expansion could now be obtained by the saddle point method. I have not carried out the details.

This completes our discussion and proof of Proposition 5. We remark that each of the methods described applies also to $r > 1$, and we again find an expansion of $\log F_{A,B}(q)$ of the form (35), with leading coefficient given by

$$c_{-1}(A,B) = \sum_{i=1}^{r}\big(L(1) - L(Q_i)\big) = rL(1) - L(\xi_A) = c(A)L(1)\,.$$

In particular, the modularity of $f_{A,B,C}(z)$ for any $B \in \mathbb{Q}^r$ and $C \in \mathbb{Q}$ requires that $L(\xi_A)$ be a rational multiple of π^2 and hence suggests very strongly that ξ_A has to be a torsion element of $\mathcal{B}(\mathbb{Q}(\xi_A))$, as required by Nahm's conjecture.

The higher coefficients are given by a formula essentially the same as in the case $r = 1$, except that the previous expression of the form $\mathbf{I}\big[H(u)\big]\big(\frac{1-Q}{\Delta\varepsilon}\big)$ with $\mathbf{I}[\ ]$ defined by equation (30) or (31) must now be replaced by its multi-dimensional generalization

$$\frac{\sqrt{\det\widetilde{A}}}{(2\pi)^{r/2}}\int_{\mathbb{R}^r}\exp\big(-\frac{\varepsilon}{2}u\widetilde{A}u^t\big)\,H(u)\,du \quad\sim\quad \sum_{n=0}^{\infty}\frac{(2\varepsilon)^{-n}}{n!}\,\Delta_{\widetilde{A}}^n H(0),$$

where $\widetilde{A}$ is given by (30) and $\Delta_{\widetilde{A}}$ denotes the Laplacian with respect to the quadratic form $u\widetilde{A}u^t$.

We now use the proposition to classify the modular $f_{A,B,C}$ when $r = 1$.

Theorem. *The only $(A,B,C)\in\mathbb{Q}_+\times\mathbb{Q}\times\mathbb{Q}$ for which $f_{A,B,C}(z)$ is a modular form are those given in Table 1.*

The basic idea of the proof is that, if $f(z) = F(q)$ is a modular form of weight k on some group Γ, then the function $g(z) = z^{-k}f(-1/z)$ is also a modular form (on the group $S\Gamma S$, where $S = \big(\begin{smallmatrix}0&-1\\1&0\end{smallmatrix}\big)$) and hence has an expansion as $z\to 0$ of the form $a_0q^{n_0}+a_1q^{n_1}+\cdots$ for some rational exponents $n_0 < n_1 < \cdots$ and non-zero algebraic coefficients $a_0, a_1, \ldots$. In particular we have $F\big(e^{-\varepsilon}\big) = f(i\varepsilon/2\pi) = (2\pi i/\varepsilon)^k\,a_0\,e^{-4\pi^2n_0/\varepsilon} + \mathrm{O}\big(\varepsilon^{-k}e^{-4\pi^2n_1/\varepsilon}\big)$ and hence $\log F\big(e^{-\varepsilon}\big) = -4\pi^2n_0\varepsilon^{-1} - k\log\varepsilon + c + \mathrm{O}(\varepsilon^N)$ for all $N > 0$ as ε tends to 0, where $c = \log((2\pi i)^k a_0)$. Comparing this with the expansion of $\log F_{A,B,C}\big(e^{-\varepsilon}\big) = \log F_{A,B}\big(e^{-\varepsilon}\big) - C\varepsilon$ as given in equation (35), we see that if $f_{A,B,C}(z)$ is a modular form of weight k then

(i) the weight k must be 0 (i.e. $f_{A,B,C}(z)$ must be a modular *function*);
(ii) the number $c_{-1}(A,B)$ must be π^2 times a rational number;
(iii) the number $c_0(A,B)$ must be the logarithm of an algebraic number;
(iv) the number $c_1(A,B)$ must be a rational number (namely, C); and
(v) the numbers $c_j(A,B)$ must vanish for all $j\ge 2$.

The conditions (ii)–(iv) are useless for numerical work, since the rationals lie dense in $\mathbb{R}$, but condition (v) gives infinitely many constraints on the two real numbers A and B and can be used to determine their possible values. This approach was already used by Terhoeven in 1994 to prove a weaker version of the theorem, namely, that the only values of $A\in\mathbb{Q}^+$ for which $f_{A,0,C}$ is modular for some $C\in\mathbb{Q}$ are 1/2, 1 and 2. (See [36], where, however, the details of the calculation are not given.) To do this, Terhoeven computed $c_j(A,B)$ up to $j = 2$ using the method (c) above, as developed in his earlier joint paper [31]. If $f_{A,0,C}$ is to be modular for some C, then the number $c_2(A,0)$ must vanish. We have $c_2(A,0) = P(A,Q)/(A+Q-AQ)^6$ for a certain polynomial $P(A,Q)$ with rational coefficients (given after Proposition 5), where Q is the root of $Q + Q^A = 1$ in (0,1). By looking at the graph of the function $\Phi(Q) = P\big(\frac{\log(1-Q)}{\log Q}, Q\big)$ on the interval (0,1), we find numerically that it has a simple zero at $Q_1 = (3-\sqrt{5})/2$, a double zero at $Q_2 = 1/2$, a simple zero at $Q_3 =$

$(\sqrt{5}-1)/2$, and no other zeros. Since $P(Q_1, \frac{1}{2}) = P(Q_2, 1) = P(Q_3, 2) = 0$ and since $\Phi(Q) = \Phi(1-Q)$, we know that there really are zeros of the specified multiplicities at Q_1, Q_2 and Q_3. It follows that they are the only zeros in this interval and hence that $f_{A,0,C}$ can only be modular for the three values given in Table 1.

To prove the full theorem we proceed in the same way, but since we now have two variables A and B to determine we must use at least two coefficients $c_j(A, B)$. The functions $c_2(A, B)$ and $c_3(A, B)$ are polynomials in B of degree 3 and 4, respectively, whose coefficients are known elements of $\mathbb{Q}(A, Q)$. For fixed $A \in \mathbb{R}^+$ the condition that the two polynomials $c_2(A, \cdot)$ and $c_3(A, \cdot)$ have a common zero is that their resultant vanishes. From the explicit formulas for c_2 and c_3 we find that this resultant has the form $R(A, Q)/(A+Q-AQ)^{39}$ where $R(A, Q)$ is a (very complicated) polynomial in A and Q with rational coefficients. Now a graphical representation of the function $\Psi(Q) = R(\frac{\log(1-Q)}{\log Q}, Q)$ on the interval (0,1) (which we can unfortunately not show here since this function varies by many orders of magnitude in this range and hence has to be looked at at several different scales on appropriate subintervals) shows that it has *nine* zeros (counting multiplicities), namely:

$$\begin{aligned}
\text{a simple zero at } Q_0 &= 0.19600353454518444708574616009357 7\cdots \\
\text{a double zero at } Q_1 &= 0.3819660\cdots = (3-\sqrt{5})/2 \\
\text{a triple zero at } Q_2 &= 0.5000000\cdots = 1/2 \\
\text{a double zero at } Q_3 &= 0.6180339\cdots = (\sqrt{5}-1)/2 \\
\text{a simple zero at } Q_4 &= 0.8039964654548155529142 53\cdots = 1-Q_0
\end{aligned}$$

and no other zeros. Since $\Psi(1-Q) = -\Psi(Q)$ and since we know from Table 1 that $\Psi(Q)$ has to have *at least* a double zero at $Q = Q_1$ and at $Q = Q_3$ and a triple one at $Q = Q_2$, we deduce that the numerically found zeros at these places are really there and correspond to the known cases of modularity. As to the new value Q_0 and $Q_4 = 1 - Q_0$ and the corresponding A-values $A_0 = 0.1338717368167616096950604067073 85\cdots$ and $A_4 = A_0^{-1}$, we find that indeed $c_2(A_0, B)$ and $c_3(A_0, B)$ have a (simple) common root at $B = B_0 = -0.397053221675466369\ldots$, as they must since their resultant vanishes. But for the pair (A_0, B_0) we find numerically

$$c_{-1}(A_0, B_0)/\pi^2 = 0.1277279468293881629887898\cdots$$

which is (apparently) not a rational number,

$$\exp(c_0(A_0, B_0)) = 3.4660299497719132664077586\cdots$$

which is (apparently) not algebraic,

$$c_1(A_0, B_0) = 0.4917635587907976876492549\cdots$$

which is (apparently) not rational, and finally

$$c_4(A_0, B_0) = 0.0175273497972616555765902\cdots$$

which is (definitely) not zero. It follows that the function $f_{A_0,B_0,c_1(A_0,B_0)}(z)$ is not modular and thus that the list given in Table 1 is complete. □

This analysis was quite tedious and would become prohibitively so for $r \geq 2$ (although the method applies in principle) because we would need explicit formulas for many more of the coefficients $c_j(A,B)$. An alternative approach might be to refine Proposition 5 by showing that

$$\log F_{A,B}\bigl(\zeta\, e^{-\varepsilon}\bigr) \;\sim\; \sum_{j=-1}^{\infty} c_{j,\zeta}(A,B)\,\varepsilon^j \qquad (\varepsilon \searrow 0)$$

for every root of unity ζ. If $f_{A,B,C}(z)$ is modular for some $C \in \mathbb{Q}$, then the logarithm of $F_{A,B,C}\bigl(\zeta\, e^{-\varepsilon}\bigr) = \zeta^C e^{-C\varepsilon} F_{A,B}\bigl(\zeta\, e^{-\varepsilon}\bigr)$ has vanishing coefficient of ε^j in its expansion at $\varepsilon = 0$ for every $j \geq 1$. In particular we must have $c_{1,\zeta}(A,B) = C$ for all roots of unity ζ with the *same* constant C, so we get infinitely many constraints on A and B without having to calculate any of the Taylor expansions further than their $\mathrm{O}(\varepsilon)$ term. I have not yet tried to carry this out, but it seems to hold out good prospects for an easier proof of the $r = 1$ case and perhaps a reasonable attack on the higher rank cases of the conjecture as well.

Finally, we remark that Proposition 5 (or its generalization to $r > 1$) can be used to search efficiently for values of B for a given A for which $f_{A,B,C}$ may be modular for some C. Indeed, since the function $\phi(\varepsilon) = \log(F_{A,B}(e^{-\varepsilon})$ must have a terminating asymptotic expansion of the form $c_{-1}\varepsilon^{-1} + c_0 + c_1\varepsilon$ with an error term that is exponentially small in $1/\varepsilon$, we can simply check whether four successive values of $n\phi(\alpha/n)$ (say, those with $\alpha = 1$ and $n = 20, 21, 22, 23$) are approximated to high precision by a quadratic polynomial in n (i.e., whether the third difference of this 4-tuple is extremely small). In fact, since we know c_{-1} by (30), we can look instead at three sucessive values of $n\phi(\alpha/n) - c_{-1}n^2/\alpha$ and check whether they lie on a line (i.e., whether their second difference vanishes) to high precision. This can be done very rapidly and therefore we can search through a large collection of candidate vectors $B \in \mathbb{Q}^r$ for those which can correspond to some modular $f_{A,B,C}$. This is the method which was used to find the modular solutions for $r = 2$ amd 3 given in (d) and (e) of subsection **B**.

4 Higher polylogarithms

In Chapter I we already introduced the higher polylogarithm functions $\mathrm{Li}_m(z)$, their one-valued modifications $D_m(z)$, and the idea that there might be relations among special values of Dedekind zeta functions at integral arguments and the values of polylogarithms at algebraic arguments, analogous to those existing for the dilogarithm. But at the time when that text was written, I knew only a few sporadic results, and the chapter ends with the sentence "the general picture is not yet clear." After it was written I did a lot of numerical calculations with special values of higher polylogarithm functions and was able to formulate a general conjecture which has now been proved in a small number and numerically verified in a large number of cases. Since there are already several expositions of these conjectures ([45], [46], Chapter 1 of [47]), I give only a sketch here, the more so because higher polylogarithms seem so far to play much less of a role in mathematical physics than the dilogarithm. (See, however, [35].) Nevertheless, the higher polylogarithm story is very pretty and it seemed a pity to omit it entirely.

We describe the conjectures in Section A and some supporting examples in Section B. It turns out that the theory works better if one replaces the function $D_m(z)$ defined in Chapter I by the slightly different function

$$\mathcal{L}_m(z) \;=\; \Re_m\biggl(\sum_{k=0}^{m-1} B_k\,\frac{(\log|z|^2)^k}{k!}\,\mathrm{Li}_{m-k}(z)\biggr)\,,$$

where $\Re_m$ denotes $\Re$ for m odd and $\Im$ for m even and B_k is the kth Bernoulli number. Thus $\mathcal{L}_2(z) = D_2(z) = D(z)$, but $\mathcal{L}_3(z) = D_3(z)+\frac{1}{6}\log^2|z|\,\log\bigl|\frac{1-z}{\sqrt{z}}\bigr|$. Like D_m, $\mathcal{L}_m$ is a single-valued real-analytic function on $\mathbb{P}^1(\mathbb{C}) \smallsetminus \{0,1,\infty\}$, but it is has the advantages of being continuous at the three singular points, of having clean functional equations (for instance, the logarithmic terms in the two functional equations for D_3 given in §3 of Chapter I are absent when these are written in terms of $\mathcal{L}_3$), and of leading to a simpler formulation of the conjectures relating the polylogarithms to zeta values and to algebraic K-theory.

A. Higher Bloch groups and higher K-groups. In Chapter I we defined the Bloch group $\mathcal{B}(F)$ of a field F (where we have changed the notation from the previous $\mathcal{B}_F$, because we will have higher Bloch groups $\mathcal{B}_m(F)$ as well) as $\mathcal{A}(F)/\mathcal{C}(F)$, where $\mathcal{A}(F)$ is the set of all elements $\xi = \sum n_i[x_i] \in \mathbb{Z}[F]$ satisfying $\partial(\xi) := \sum n_i(x_i)\wedge(1-x_i) = 0$ and $\mathcal{C}(F)$ the subgroup generated by the five-term relations $V(x,y)$ and by its degenerations $[x]+[1/x]$ and $[x]+[1-x]$. Because the elements of $\mathcal{C}(\mathbb{C})$ are in the kernel of the Bloch-Wigner dilogarithm D we have a map $D:\mathcal{B}(\mathbb{C})\to\mathbb{R}$. The key statement is that for a number field F of degree r_1+2r_2 over $\mathbb{Q}$ (r_1 real and $2r_2$ complex embeddings), the group $\mathcal{B}(F)$ has rank r_2 and the map $\mathcal{L}_F:\mathcal{B}(F)/(\text{torsion})\to\mathbb{R}^{r_2}$ induced by the values of D on the various conjugates of $\xi\in\mathcal{B}(F)$ (there are only r_2 essentially different such values because $D(\bar{x}) = -D(x)$) is an isomorphism onto a lattice whose covolume is essentially equal to $\zeta_F(2)$.

The conjectural picture for the mth polylogarithm, $m\ge 3$, is that we can introduce similarly defined higher Bloch groups $\mathcal{B}_m(F) = \mathcal{A}_m(F)/\mathcal{C}_m(F)$, where $\mathcal{A}_m(F)$ is a suitably defined subgroup of $\mathbb{Z}[F]$ and $\mathcal{C}_m(F)\subseteq\mathcal{A}_m(F)$ is the subgroup corresponding to the functional equations of the higher polylogarithm function $\mathcal{L}_m$, in such a way that the rank of $\mathcal{B}_m(F)$ is equal to r_2 or r_1+r_2 (depending whether m is even or odd) and that the map $\mathcal{L}_{m,F}:\mathcal{B}_m(F)/(\text{torsion})\to\mathbb{R}^{(r_1+)r_2}$ induced by the values of $\mathcal{L}_m$ on the various conjugates of $\xi\in\mathbb{Z}[F]$ is an isomorphism onto a lattice of finite covolume. (Note that $\mathcal{L}_m(\bar{x}) = (-1)^{m-1}\mathcal{L}_m(x)$, which is why there are only r_2 essentially different values of $\mathcal{L}_m$ if m is even, but r_1+r_2 if m is odd.) Again, this implies the existence of numerous $\mathbb{Q}$-linear relations among the values of

$\mathcal{L}_m(x)$, $x \in F$. Moreover, the covolume of the lattice $\mathrm{Im}(\mathcal{L}_{m,F})$ is supposed to be a simple multiple of $\zeta_F(m)$, so that one also obtains (conjectural) formulas for the values of the Dedekind zeta functions of arbitrary number fields at $s = m$ in terms of the mth polylogarithm function with algebraic arguments.

Furthermore, the whole picture is supposed to correspond to the higher K-groups of F, as already mentioned at the end of Chapter I. For each $i \geq 0$ one has K-groups $K_i(F)$ and $K_i(\mathcal{O}_F)$ which for $i \geq 2$ become isomorphic after tensoring with $\mathbb{Q}$. The group $K_i(\mathcal{O}_F)$ is finitely generated and its rank was determined by Borel [5]: it is 0 for i even and is r_2 or $r_1 + r_2$ (depending as before whether m is even or odd) if $i = 2m - 1$, $m \geq 2$. Moreover, Borel showed that there is a natural "regulator" map $R_{m,F} : K_{2m-1}(F) \to \mathbb{R}^{(r_1+)r_2}$ which gives an isomorphism of $K_{2m-1}(F)/(\text{torsion})$ onto a sublattice whose covolume is a simple multiple of $\zeta_F(m)$. The motivation for the polylogarithm conjectures as stated above is that we expect there to be an isomorphism (at least after tensoring with $\mathbb{Q}$) between $K_{2m-1}(F)$ and $\mathcal{B}_m(F)$ such that the Borel regulator map $R_{m,F}$ and the polylogarithm map $\mathcal{L}_{m,F}$ correspond. This is not known at all in general, but de Jeu [12] and Beilinson–Deligne [2] defined a map compatible with $R_{m,F}$ and $\mathcal{L}_{m,F}$ from (a version of) $\mathcal{B}_m(F)$ to $K_{2m-1}(F)$, and for $m = 3$ Goncharov [20] proved the surjectivity of this map, establishing in this special case my conjecture that $\zeta_F(3)$ for any number field F can be expressed in terms of polylogarithms.

In the rest of this subsection, we describe the inductive definition of the groups $\mathcal{B}_m(F)$ in a way which is algorithmically workable, though theoretically unfounded.

The first case is $m = 3$. A first candidate for $\mathcal{A}_3(F)$ is $\mathrm{Ker}(\partial_3)$, where $\partial_3 : \mathbb{Z}[F] \to F^\times \otimes \Lambda^2 F^\times$ is the map sending $[x]$ to $(x) \otimes ((x) \wedge (1-x))$ if $x \neq 0, 1$ (and to 0 if $x = 0$ or 1). If this definition and the above hypothetical statements are correct, we deduce—even without knowing the definitions of $\mathcal{C}_3(F)$ and $\mathcal{B}_3(F)$—that any $r_1 + r_2 + 1$ values $\mathcal{L}_3(\sigma(x))$, where $\sigma : F \to \mathbb{C}$ is a fixed embedding and x ranges over values in F, should be $\mathbb{Q}$-linearly dependent. Numerical evidence supported this for totally real fields. For instance, if $F = \mathbb{Q}(\sqrt{5})$ then the three one-term elements $[1]$, $[(1+\sqrt{5})/2]$ and $[(1-\sqrt{5})/2]$ belong to $\mathrm{Ker}(\partial_3)$ and we find (numerically, but here provably) that $\mathcal{L}_3\bigl(\frac{1+\sqrt{5}}{2}\bigr) + \mathcal{L}_3\bigl(\frac{1-\sqrt{5}}{2}\bigr) = \frac{4}{5}\mathcal{L}_3(1)$. For $r_2 > 0$, however, the correct $\mathcal{A}_3(F)$ turns out to be a subgroup of $\mathrm{Ker}(\partial_3)$, as we now explain.

Let ϕ be any homomorphism from $F^\times$ to $\mathbb{Z}$. If $\xi = \sum n_i[x_i]$ belongs to $\mathrm{Ker}(\partial_3)$, then the element $\iota_\phi(\xi) = \sum n_i \phi(x_i)[x_i]$ of $\mathbb{Z}[F]$ belongs to $\mathrm{Ker}(\partial)$, as is easily checked, so $\iota_\phi(\xi) \in \mathcal{A}_2(F)$. The additional requirement for ξ to belong to $\mathcal{A}_3(F)$ is then that $\iota_\phi(\xi)$, for every ϕ, should belong to the subgroup $\mathcal{C}_2(F) = \mathcal{C}(F)$ of $\mathcal{A}_2(F) = \mathcal{A}(F)$. Since we know that elements of the quotient $\mathcal{B}_2(F) = \mathcal{A}_2(F)/\mathcal{C}_2(F)$ are detected (up to torsion) by the values of D on the various conjugates, we can check this condition numerically by calculating $D(\sigma(\iota_\phi(\xi)))$ for all embeddings $\sigma : F \to \mathbb{C}$. This gives at least an algorithmic way to get $\mathcal{A}_3(F)$.

The construction of $\mathcal{C}_3(F)$, and of the higher $\mathcal{A}_m$ and $\mathcal{C}_m$ groups, now proceeds by induction on m, assuming at each stage that the conjectural picture as described above holds. We would like to define each $\mathcal{C}_m(F)$ as the free abelian group generated by the specialization to F of all functional equations of $\mathcal{L}_m$, but we cannot do this because these functional equations are not known except for $m = 2$. (Goncharov [20] has given a functional equation for $m = 3$ which is conjectured, but not known, to be generic, and Gangl [16] has given isolated functional equations up to $m = 7$, but for higher m nothing is known.) Instead we proceed as follows. We define $\mathcal{A}_3(F)$ as above and let $\mathcal{L}_{3,F} : \mathcal{A}_3(F) \to \mathbb{R}^{r_1+r_2}$ be the map sending $\sum n_i[x_i]$ to $\left\{\sum n_i\mathcal{L}_3(\sigma(x_i))\right\}_\sigma$. If the conjectures are correct, then the image of this map should be a lattice of full rank $r_1 + r_2$ and the kernel (at least up to torsion) should be $\mathcal{C}_3(F)$. The first statement can be checked empirically by computing $\mathcal{L}_{3,F}(\xi)$ numerically for a large number of elements ξ of $\mathcal{A}_3(F)$. If all is well—and in practice it is—we soon find that these vectors, to high precision, are all elements of a certain lattice (of full rank) $\mathbb{L}_3 \subset \mathbb{R}^{r_1+r_2}$. This confirms the conjecture and at the same time allows us to define $\mathcal{C}_3(F)$ as the set of $\xi \in \mathcal{A}_3(F)$ whose image under $\mathcal{L}_{3,F}$ is the zero vector of $\mathbb{L}_3$, something which can be verified numerically because $\mathbb{L}_3 \subset \mathbb{R}^{r_1+r_2}$ is discrete. The definition of the higher groups $\mathcal{A}_m(F)$ and $\mathcal{C}_m(F)$ now proceeds the same way. Once we know $\mathcal{C}_{m-1}(F)$, we define $\mathcal{A}_m(F)$ as the set of $\xi \in \mathbb{Z}[F]$ for which $\iota_\phi(\xi)$ belongs to $\mathcal{C}_{m-1}(F)$ for every homomorphism $\phi : F^\times \to \mathbb{Z}$. (This is automatically a subgroup of $\mathrm{Ker}(\partial_m)$, where $\partial_m : \mathbb{Z}[F] \to \mathrm{Sym}^{m-2}(F^\times)\otimes\Lambda^2(F^\times)$ takes $[x]$ to $(x)^{m-1}\otimes((x)\wedge(1-x))$, so in practise we start by finding elements of $\mathrm{Ker}(\partial_m)$ and only check the condition $\iota_\phi(\xi) \in \mathcal{C}_{m-1}(F)$ for these. Note also that for a given $\xi = \sum n_i[x_i]$ the condition on $\iota_\phi(\xi)$ only has to be checked for finitely many maps ϕ, namely for a basis of the dual group of the group generated by the x_i.) We then define $\mathcal{L}_{m,F} : \mathcal{A}_m(F) \to \mathbb{R}^{(r_1+)r_2}$ as before and compute the images of many elements of $\mathcal{A}_m(F)$ under $\mathcal{L}_{m,F}$ to high precision. If the image vectors do not lie in some lattice $\mathbb{L}_m \subset \mathbb{R}^{(r_1+)r_2}$ within the precision of the calculation, then the conjectural picture is wrong and we stop. If they do—and in practise this always happens—then we define $\mathcal{C}_m(F)$ as the kernel of the map $\mathcal{L}_{m,F}$ from $\mathcal{A}_m(F)$ to the discrete group $\mathbb{L}_m \approx \mathbb{Z}^{(r_1+)r_2}$, and the mth Bloch group $\mathcal{B}_m(F)$ as the quotient $\mathcal{A}_m(F)/\mathcal{C}_m(F)$.

B. Examples. We start with a numerical example for $m = 3$ showing that the condition $\partial_3(\xi) = 0$ is not enough to ensure $\xi \in \mathcal{A}_3(F)$ when F is not totally real. Let θ be the real root of $\theta^3-\theta-1 = 0$. The field $F = \mathbb{Q}(\theta)$ has $r_1 = r_2 = 1$. The six numbers $x_0 = 1$, $x_1 = \theta$, $x_2 = -\theta$, $x_3 = \theta^3$, $x_4 = -\theta^4$ and $x_5 = \theta^5$ have the property that x_i and $1-x_i$ belong to the group generated by -1 and θ. (So does θ^2, but its polylogarithms of all orders are related to those of θ and $-\theta$ by the "distribution" property of polylogarithms, so we have omitted it.) Hence $\partial_3(x_i) = 0$ (up to torsion) for each i, but numerically we find that 3 of the 6 vectors $\mathcal{L}_{3,F}(x_i) = (\mathcal{L}_3(x_i), \mathcal{L}_3(x_i')) \in \mathbb{R}^2$ (where $'$ denotes one of the non-real embeddings of F into $\mathbb{C}$) are linearly independent, rather than only $r_1 + r_2 =$

2. If we observe that $D(x_i') = \ell_i D(\theta')$ with $(\ell_0,\ldots,\ell_5) = (0,1,-1,2,1,-1)$ and that the values of $\phi(x_i)$ for any $\phi : F^\times \to \mathbb{Z}$ are proportional to the integers $(m_0,\ldots,m_5) = (0,1,1,3,4,5)$, then we find that the condition for an integral linear combination $\xi = \sum n_i[x_i]$ of the $[x_i]$'s to belong to $\mathcal{A}_3(F)$ is that $\sum_i \ell_i m_i n_i = 0$. These elements form an abelian group of rank 5 whose image in $\mathbb{R}^2$ under the map $\mathcal{L}_{3,F} : [x] \mapsto (\mathcal{L}_3(x), \mathcal{L}_3(x'))$ now does turn out numerically to be a lattice $\mathbb{L}_3$ of rank 2, as predicted, with the covolume of $\mathbb{L}_3$ being related to $\zeta_F(3)$ in the expected way. Moreover, since we now have a rank 3 group of elements mapping to 0 in $\mathbb{L}_3$, and since the space of relevant maps ϕ is only 1-dimensional, we can continue the inductive process for two more steps with the same elements x_i, obtaining finally two elements $[x_0]$ and $[x_5] - 5([x_4] - [x_3] + 46[x_2] + 57[x_1] + [x_0])$ whose images under the map $\mathcal{L}_{5,F} : [x] \mapsto (\mathcal{L}_5(x), \mathcal{L}_5(x'))$ from $\mathbb{Z}[F]$ to $\mathbb{R}^2$ are $\zeta(5)\binom{1}{1}$ and (to high precision) $2^{-7}\pi^{-5}23^{9/2}\zeta_F(5)\zeta(5)^{-1}\binom{-2}{1}$, respectively.

In general, in order to construct elements in the higher Bloch groups of a number field F, we have to find as many elements x_i of F as possible such that all of the numbers x_i and $1 - x_i$ belong to a subgroup $G \subset F^\times$ of small rank. For instance, if we start with $F = \mathbb{Q}$ and let G be the rank 2 subgroup of $\mathbb{Q}^\times$ generated by -1, 2 and 3, then there are exactly 18 elements $x \in \mathbb{Q}$ for which both x and $1 - x$ belong to G, namely the numbers 2, 3, 4 and 9 and their images under the group of order 6 generated by $x \mapsto 1/x$ and $x \mapsto 1 - x$. If we want to make elements of the 3rd Bloch group, we need only find combinations $\xi = \sum n_i[x_i]$ for which $\sum n_i(x_i) \otimes ((x_i) \wedge (1 - x_i))$ vanishes: there is no further condition of vanishing in the previous Bloch group $\mathcal{B}_2(\mathbb{Q})$ because it is zero (up to torsion). If all x_i belong to the set of 18 elements described above, then each element $(x_i) \otimes ((x_i) \wedge (1 - x_i))$ is a linear combination of only two elements $(2)\otimes((2)\wedge(3))$ and $(3)\otimes((2)\wedge(3))$ of $\mathbb{Q}^\times \otimes \Lambda^2(\mathbb{Q}^\times)$. We therefore get many non-trivial elements of $\mathcal{B}_3(\mathbb{Q})$, a typical one being $[8/9] - 3[3/4] - 6[2/3]$, and since $\mathcal{B}_3(\mathbb{Q})$ is supposed to be of rank 1, each of them should map under $\mathcal{L}_3$ to a rational multiple of $\zeta(3)$, something that can be checked numerically. (For the element just given, for instance, we find $\mathcal{L}_3(8/9) - 3\mathcal{L}_3(3/4) - 6\mathcal{L}_3(2/3) = -\frac{91}{12}\zeta(3)$.) To get interesting examples for $F = \mathbb{Q}$ and higher values of m, we have to allow more prime factors in x_i and $1 - x_i$. On p. 386 of [46] one can find a numerical relation over $\mathbb{Z}$ (conjecturally the only one, and with very large coefficients) among 29 values $\mathcal{L}_7(x_i)$ where $x_i \in \mathbb{Q}$ has only the prime factors 2 and 3 and $1 - x_i$ only the prime factors 2, 3, 5 and 7.

To get examples for even higher values of m, it is advantageous to go to higher number fields and choose all x_i to belong to a group $\langle -1, \alpha\rangle$ of rank 1, where α is chosen to be an algebraic number of very small height, so that there are as many multiplicative relations as possible among the numbers $1 \pm \alpha^n$ ("ladder"). The algebraic number of conjecturally smallest positive height (according to the famous Lehmer conjecture) is the root of the 10th degree equation $\alpha^{10}+\alpha^9-\alpha^7-\alpha^6-\alpha^5-\alpha^4-\alpha^3+\alpha+1 = 0$. This example was studied in [10], where 71 multiplicatively independent multiplicative relations were found among the numbers α and $1-\alpha^n$ ($n \in \mathbb{N}$), the largest n occurring in such a relation being 360, and these were used to detect numerical polylogarithm relations up to $m = 16$. Subsequently, Bailey and Broadhurst [6] noticed that there was one further multiplicative relation (this one with $n = 630$), and used it to find a relation among values of polylogarithms of order 17, the present world record.

References

[1] Beauville, A.; Blanc, J.: On Cremona transformations of prime order. *C. R. Math. Acad. Sci. Paris* **339** (2004) 257–259.

[2] Beilinson, A. and Deligne, P.: Motivic polylogarithm and Zagier conjecture. Preprint (1992).

[3] Belabas, K. and Gangl, H.: Generators and relations for $K_2\mathcal{O}_F$. *K-Theory* **31** (2004) 195–231.

[4] Besser, A.: Finite and p-adic polylogarithms. *Compositio Math.* **130** (2002) 215–223.

[5] Borel, A.: Cohomologie de SL_n et valeurs de fonctions zêta aux points entiers. *Ann. Scuola Norm. Sup. Pisa Cl. Sci.* **4** (1977) 613–636.

[6] Bailey, D. and Broadhurst, D.: A seventeenth-order polylogarithm ladder. arxiv:math.CA/9906134.

[7] Browkin, J.: Computing the tame kernel of quadratic imaginary fields. With an appendix by Karim Belabas and Herbert Gangl. *Math. Comp.* **69** (2000) 1667–1683.

[8] Cathelineau, J.-L.: Remarques sur les différentielles des polylogarithmes uniformes. *Ann. Inst. Fourier Grenoble* **46** (1996), 1327–1347.

[9] Chern, S.-S. and Griffiths, P.: Abel's theorem and webs. *Jahresber. Deutsch. Math.-Verein.* **80** (1978) 13–110.

[10] Cohen, H., Lewin L. and Zagier, D.: A sixteenth-order polylogarithm ladder. *Experimental Math.* **1** (1992) 25–34.

[11] Coleman, R.: Dilogarithms, regulators and p-adic L-functions. *Invent. Math.* **69** (1982), 171–208.

[12] de Jeu, R.: Zagier's conjecture and wedge complexes in algebraic K-theory. *Compositio Math.* **96** (1995) 197–247.

[13] Deninger, C.: Higher regulators and Hecke L-series of imaginary quadratic fields. I. *Invent. Math.* **96** (1989) 1–69.

[14] Elbaz-Vincent, Ph. and Gangl, H.: On Poly(ana)logs I, *Compositio Math.* **130** (2002) 161–210.

[15] Faddeev, L.D. and Kashaev, R.M.: Quantum dilogarithm. *Modern Phys. Lett. A* **9** (1994) 427–434.

[16] Gangl, H.: Functional equations for higher logarithms. *Selecta Math.* **9** (2003) 361–377.

[17] Gliozzi, F.; Tateo, R.: ADE functional dilogarithm identities and integrable models. *Phys. Lett. B* **348** (1995) 84–88.

[18] Gliozzi, F.; Tateo, R.: Thermodynamic Bethe ansatz and three-fold triangulations. *Internat. J. Modern Phys. A* **11** (1996) 4051–4064.
[19] Goddard, P., Kent, A. and Olive, D.: Unitary representations of the Virasoro and supervirasoro algebras. *Commun. Math. Phys.* **103** (1986) 105–119.
[20] Goncharov, A. B.: Geometry of configurations, polylogarithms, and motivic cohomology. *Adv. Math.* **114** (1995) 197–318.
[21] Goncharov, A. B.: The double logarithm and Manin's complex for modular curves. *Math. Res. Lett.* **4** (1997) 617–636.
[22] Kirillov, A.N.: Dilogarithm identities. In *Quantum field theory, integrable models and beyond, Kyoto 1994. Progress of Theoretical Physics Supplement* **118** (1995) 61–142.
[23] Kontsevich, M.: The $1\frac{1}{2}$-logarithm. *Compositio Math.* **130** (2002) 211–214. (= Appendix to [14].)
[24] Lawrence, R. and Zagier, D.: Modular forms and quantum invariants of 3-manifolds. *Asian J. of Math.* **3** (1999) 93–108.
[25] Levin, A.: Kronecker double series and the dilogarithm. In *Number theory and algebraic geometry*, London Math. Soc. Lecture Note Ser. **303**, Cambridge Univ. Press (2003) 177–201.
[26] Meinardus G.: Über Partitionen mit Differenzenbedingungen. *Math. Z.* **1** (1954) 289–302.
[27] Merkur'ev, A. S. and Suslin, A.: The group K_3 for a field. *Izv. Akad. Nauk SSSR* **54** (1990) 522–545; *Math. USSR-Izv.* **36** (1991) 541–565.
[28] Nahm, W.: Conformal field theory and the dilogarithm. In *11th International Conference on Mathematical Physics (ICMP-11) (Satellite colloquia: New Problems in the General Theory of Fields and Particles)*, Paris (1994) 662–667.
[29] Nahm, W.: Conformal Field Theory, Dilogarithms, and Three Dimensional Manifold. In *Interface between physics and mathematics (Proceedings, Conference in Hangzhou, P.R. China, September 1993)*, eds. W. Nahm and J.-M. Shen, World Scientific, Singapore (1994) 154–165.
[30] Nahm, W.: Conformal field theory and torsion elements of the Bloch group. *Frontiers in Number Theory, Physics, and Geometry II*, 67–132.
[31] Nahm, W., Recknagel, A. and Terhoeven, M.. Dilogarithm identities in conformal field theory. *Mod. Phys. Lett.* **A8** (1993) 1835–1847.
[32] Neumann, W. and Zagier, D.: Volumes of hyperbolic three-manifolds. *Topology* **24** (1985) 307–332.
[33] Neumann, W.: Extended Bloch group and the Cheeger-Chern-Simons class. *Geom. Topol.* **8** (2004) 413–474.
[34] Rhin, G. and Viola, C.: On a permutation group related to $\zeta(2)$. *Acta Arith.* **77** (1996) 23–56.
[35] Sachdev, S.: Polylogarithm identities in a conformal field theory in three-dimensions. *Phys. Lett.* **B309** (1993) 285–288.

[36] Terhoeven, M.: Dilogarithm identities, fusion rules and structure constants of CFTs. *Mod. Phys. Lett.* **A9** (1994) 133–142.

[37] Terhoeven, M.: Rationale konforme Feldtheorien, der Dilogarithmus und Invarianten von 3-Mannigfaltigkeiten. Thesis, Bonn University, 1995. http://www.th.physik.uni-bonn.de/th/Database/Doktor/terhoeven.ps.gz .

[38] Volkov, A. Y. and Faddeev, L. D.: Yang-Baxterization of a quantum dilogarithm. *Zap. Nauchn. Sem. S.-Peterburg* **224** (1995) 146–154; *J. Math. Sci.* **88** (1998) 202–207.

[39] Voros, A.: Airy function—exact WKB results for potentials of odd degree. *J. Phys. A* **32** (1999) 1301–1311.

[40] Wojtkowiak, Z.: Functional equations of iterated integrals with regular singularities. *Nagoya Math. J.* **142** (1996) 145–159.

[41] Wojtkowiak, Z.: A note on functional equations of the p-adic polylogarithms. *Bull. Soc. Math. France* **119** (1991), 343–370.

[42] Yoshida, T.: On ideal points of deformation curves of hyperbolic 3-manifolds with one cusp. *Topology* **30** (1991) 155–170.

[43] Zagier, D.: The remarkable dilogarithm. *J. Math. and Phys. Sciences* **22** (1988) 131–145; also appeared as: "The dilogarithm function in geometry and number theory" in *Number Theory and Related Topics, papers presented at the Ramanujan Colloquium, Bombay 1988*, Tata and Oxford (1989) 231–249.

[44] Zagier, D.: The Bloch–Wigner–Ramakrishnan polylogarithm function. *Math. Annalen* **286** (1990) 613–624.

[45] Zagier, D.: Polylogarithms, Dedekind zeta functions, and the algebraic K-theory of fields. In *Arithmetic Algebraic Geometry* (G. v.d. Geer, F. Oort, J. Steenbrink, eds.), Prog. in Math. **89**, Birkhäuser, Boston (1990) 391–430.

[46] Zagier, D.: Special values and functional equations of polylogarithms. In *The Structural Properties of Polylogarithms*, ed. L. Lewin, Mathematical Surveys and Monographs **37**, AMS, Providence (1991) 377–400.

[47] Zagier, D and Gangl, H.: Classical and elliptic polylogarithms and special values of L-series. In *The Arithmetic and Geometry of Algebraic Cycles*, Proceedings, 1998 CRM Summer School, Nato Science Series C, Vol. **548**, Kluwer, Dordrecht-Boston-London (2000) 561–615.

[48] Zudilin, W.: Quantum dilogarithm. Preprint, Bonn and Moscow (2006), 8 pages.

[49] Zwegers, S.: Mock theta functions. Thesis, Universiteit Utrecht, 2002.

Conformal Field Theory and Torsion Elements of the Bloch Group

Werner Nahm

Dublin Institute for Advanced Studies
wnahm@stp.dias.ie

Summary. We argue that rational conformally invariant quantum field theories in two dimensions are closely related to torsion elements of the algebraic K-theory group $K_3(\mathbb{C})$. If such a field theory has an integrable perturbation with purely elastic scattering matrix, then its partition function has a canonical sum representation. The corresponding asymptotic behaviour of the density of states is given in terms of the solutions of an algebraic equation which can be read off from the scattering matrix. These solutions yield torsion elements of an extension of the Bloch group which seems to be equal to $K_3(\mathbb{C})$. The algebraic equations are solved for integrable models given by arbitrary pairs of A-type Cartan matrices. The paper should be readable by mathematicians.

1 Introduction

We will study a relation between certain integrable quantum field theories in two dimensions and the algebraic K-theory of the complex numbers. As was acknowledged in the first publication [NRT93], discussions with A. Goncharov, A.N. Kirillov and D. Zagier were essential, and the results appear to be well worth of the common attention of physicists and mathematicians. The mathematical context is treated in the companion paper by Zagier [Z03], which gives a clearer view with a complementary perspective. Unfortunately, the present paper is less enjoyable to read than his. As far as the lack of jokes is concerned, an apology might be due, but in the obscure no-man's land between physics and mathematics a lack of clarity is difficult to avoid.

For a long time few mathematicians attempted to cope with the obscurities of quantum field theory, but this has started to change. In particular, the much studied vertex operator algebras capture many features of the conformally invariant quantum field theories (CFTs) in two dimensions. The present investigation will take us a small step farther, since we have to consider integrable massive perturbations of these CFTs. On the other hand, only rational CFTs will be investigated. For theories with continuous parameters, only special points in their moduli space can be rational, but those points may allow a more complete understanding than generic ones and can serve to explore a neighbourhood in CFT moduli space by perturbation theory.

Physicists have a tradition of openness to all kind of mathematics, but algebraic K-theory has not been very popular, in part because its definition is very abstract. Much of it is captured by the Bloch group, however, which is easy to work with. The Bloch group $B(K)$ of a field K is an abelian group given by the group cohomology of $SL(2,K)$. It is a subquotient of the group $\mathbb{Z}[K^\times]$ (the free abelian group which has one generator $[x]$ for each non-zero $x \in K$). Thus the elements of $B(K)$ can be labelled by elements of $\mathbb{Z}[K^\times]$, though not in a unique way. The torsion subgroup of an abelian group is the subgroup consisting of the elements of finite order. The torsion subgroup of $\mathbb{Z}[K^\times]$ is trivial, but in the Bloch groups relations like $[1/2] + [1/2] = 0$ may introduce non-trivial torsion. We shall study a map from finite order elements to the central charges and scaling dimensions of conformal field theories. The mapping is provided by the dilogarithm, which is a function known for unexpected appearances in diverse fields in mathematics and physics, notably perturbative quantum field theory (see Weinzierl's talk [W03]), the classification of hyperbolic three-manifolds, and algebraic K-theory. In perturbation theory and algebraic K-theory, higher polylogarithms appear, too, but it is not known if there is a connection.

Integrable quantum field theories have been treated by the thermodynamic Bethe ansatz, and in this context the dilogarithm formulas were discovered [Z91], at first for real argument. For extensions to complex arguments, see [M91; N93; DT98]. The original derivation of the formulas was cumbersome and fairly well justified. Ours is easy, but it is not yet clear why it works. In any case we do not need any thermodynamics. The argument is presented in the second half of section three. Specialists may start to read there, since the preceding part of the article concerns well known facts and is quite elementary.

Indeed, much of this article is aimed at mathematicians who want to see quantum field theory in an understandable language and for young physicists who do not want to learn it as an exclusive art. Thus the next section is a pedagogical introduction into the most elementary aspects of quantum field theory. No history of the ideas is given, all results are standard, and almost all calculations should be easily reproducible by the reader. Functional integrals are irrelevant. The language of vertex operator algebras will only be mentioned in this introduction, since I think that it is a bit far from God's book of optimal proofs and since the standard physics formulation is far better suited for the discussion of perturbations which break conformal invariance. Physically, vertex operator algebras describe the operator product expansions of holomorphic and anti-holomorphic fields, which will of course be central to the later discussions. Free fermions and the simplest minimal models will be considered in enough detail to obtain a first concrete understanding of the relations between some quantum field theories and algebraic K-theory. Hopefully, the newcomer who works through this material will find it helpful for the study of more complex cases.

A rational conformal field theory (CFT) has a holomorphic and an anti-holomorphic vertex operator algebra. They have finite sets $I, \bar{I}$ of irreducible representations, with characters χ_i, $i \in I$ and $\bar{\chi}_j$, $j \in \bar{I}$, resp. The χ_i are holomorphic functions of the complex upper half plane and have the form

$$\chi_i(\tau) = q^{h'_i} \sum_{n \in \mathbb{N}} a_{in} q^n, \tag{1}$$

with $q = \exp(2\pi i \tau)$, $h'_i \in \mathbb{Q}$, $a_{in} \in \mathbb{N}$, and $a_{i0} > 0$ (in our dialect, $\mathbb{N} = 0, 1, \dots$). The effective central charge c_{eff} of the CFT is given by

$$-\frac{c_{\text{eff}}}{24} = \min\{h'_i \mid i \in I\}.$$

It is always positive and measures the complexity of the theory. Theories with $c_{\text{eff}} < 1$ are called minimal. The smallest possible values of $c_{\text{eff}} < 1$ are $\frac{2}{5}, \frac{1}{2}, \frac{4}{7}, \frac{3}{5}, \frac{2}{3}, \dots$. We only will consider the two simplest cases in any detail.

Later we will introduce the central charge and the conformal dimensions of a CFT from the point of view of representation theory. Here we just state, how they can be read off from the characters. For each pair i, j the ratios a_{in}/a_{jn} have a limit at large n. There is a distinguished vacuum representation, which will be labeled by $0 \in I$, such that the so-called quantum dimensions

$$D_i = \lim_{n \to \infty} \frac{a_{in}}{a_{0n}}$$

satisfy $D_i \geq 1$. One has $h'_0 = \min\{h'_i \mid i \in I,\ D_i = 1\}$. The holomorphic central charge c of the CFT satisfies $h'_0 = -\frac{c}{24}$. When one writes $h'_i = h_i - \frac{c}{24}$, the holomorphic conformal dimensions of the CFT are the numbers $h_i + n$ for which $a_{in} \neq 0$. For the vacuum character χ_0 one has $a_{00} = 1$ and of course $h_0 = 0$. In unitary theories $h_i > 0$ for $i \neq 0$, such that $c_{\text{eff}} = c$.

All representations of the holomorphic vertex operator algebra of a rational CFT are given by direct sums of the irreducible ones. In the corresponding category one has a tensor product, called the fusion product. The vacuum representation is the identity in the fusion ring. The quantum dimensions D_i satisfy the Verlinde algebra equations

$$D_i D_j = \sum_{k \in I} n_{ij}^k D_k,$$

where n_{ij}^k is the multiplicity of representation k in the fusion product of representations i, j. In particular, the D_i are algebraic numbers. If $D_i = 1$, fusion with i just yields a permutation of I, such that $D_j = D_k$, if j, k lie in the same orbit. When one sums over orbits one obtains the characters of an extended vertex operator algebra. The vacuum character of the maximally extended vertex operator algebra is the sum over all those χ_i for which $D_i = 1$. In the original vacuum character, all conformal dimensions are integral, but in the extended one certain fractions appear. An important special case concerns superalgebras, for which the conformal dimensions can be integral or half-integral.

After complex conjugation, the properties of the $\bar{\chi}_j$ are analogous, and in many cases these characters are indeed the complex conjugates of the χ_i, with $\bar{I} = I$. In this case the holomorphic and anti-holomorphic central charges $c, \bar{c}$ are of course equal. We are interested in massive perturbations without holomorphic or anti-holomorphic fields, which requires $c = \bar{c}$ in any case.

The partition function of a rational CFT with non-extended characters has the form

$$Z = \sum_{i,j} m_{ij} \chi_i \bar{\chi}_j, \tag{2}$$

where $m_{00} = 1$ and all m_{ij} are nonnegative integers. As a consequence of conformal invariance, the partition function Z is invariant under the modular group $SL(2, \mathbb{Z})$, the elements $\binom{AB}{CD}$ of which act on τ in the form $\tau \mapsto (A\tau + B)/(C\tau + D)$. Consequently, the χ_i form a vector valued representation of the modular group, such that they transform into a linear combinations of each other, with constant coefficients. Functions which generate a finite dimensional vector space under $SL(2, \mathbb{Z})$ transformations will be called modular. The terminology is not quite the standard one, but this shouldn't matter, since the individual χ_i are also expected to be invariant under a congruence subgroup of $SL(2, \mathbb{Z})$. We will not need this property, however.

The property which is essential for us is the behaviour under the particular modular transformation $\tau \mapsto -1/\tau$, namely the fact that the χ_i can be written in the form

$$\chi_i(\tau) = \sum_k \tilde{a}_{ik} \tilde{q}^k, \tag{3}$$

with $\tilde{q} = \exp(-2\pi i/\tau)$, where the sum goes over rational numbers of the form $k = h_j - c/24 + n$, $j \in I$, $n \in \mathbb{N}$. For small τ the dominating exponent is $k_0 = -c_{\text{eff}}/24$, and the corresponding coefficient $\tilde{a}_{ik_0}$ is real and positive for all i. The quantum dimensions can be calculated by $D_i = \tilde{a}_{ik_0}/\tilde{a}_{0k_0}$. All coefficients $\tilde{a}_{ik}$ turn out to be algebraic numbers, more precisely elements of the field $\mathbb{Q}_{ab}$ generated by the roots of unity [CG94]. In the companion paper by Zagier [Z03] it is shown how to calculate the a_{ik_0} for the characters of interest to us.

Apart from the factor $q^{h_i - c/24}$ the χ_i also can be described in a combinatorial way, sometimes in terms of very classical combinatorics. We shall see in the next sections how this comes about. For the moment let us just list some of the relevant functions. The partitions of natural numbers into n distinct summands have the generating function

$$\frac{q^{(n^2+n)/2}}{(q)_n},$$

where $(q)_n = (1-q)(1-q^2)\cdots(1-q^n)$. Thus

$$\sum_{n\in\mathbb{N}} \frac{q^{(n^2+n)/2}}{(q)_n} = \prod_{n=1}^{\infty}(1+q^n).$$

Analogously, the partitions into distinct odd summands yield

$$\sum_{n\in\mathbb{N}} \frac{q^{n^2}}{(q^2)_n} = \prod_{n=1}^{\infty}(1+q^{2n+1}).$$

Up to factors $q^{1/24}$ and $q^{-1/24}$, resp., these are modular functions. Another example of equalities between such sums and products is provided by the Rogers-Ramanujan identities

$$\sum_{n\in\mathbb{N}} \frac{q^{n^2+n}}{(q)_n} = \prod_{n\equiv 2,3 \bmod 5} (1-q^n)^{-1}$$

$$\sum_{n\in\mathbb{N}} \frac{q^{n^2}}{(q)_n} = \prod_{n\equiv 1,4 \bmod 5} (1-q^n)^{-1}. \tag{4}$$

Again these are modular functions, up to factors $q^{11/60}$ and $q^{-1/60}$, resp. A first generalization is provided by the Andrews-Gordon identities [A76].

A more surprising example concerns the partitions of the natural numbers into distinct half-integral summands, for which one obtains [KM93]

$$\sum_{n\in\mathbb{N}} \frac{q^{2n^2}}{(q)_{2n}} = \sum_{m\in\mathbb{N}^8} \frac{q^{mCm}}{(q)_m}. \tag{5}$$

Here $m = (m_1, \ldots, m_8)$, $(q)_m = (q)_{m_1}\cdots(q)_{m_8}$, and

$$C = \begin{pmatrix} 2 & 3 & 4 & 5 & 6 & 4 & 3 & 2 \\ 3 & 6 & 8 & 10 & 12 & 8 & 6 & 4 \\ 4 & 8 & 12 & 15 & 18 & 12 & 9 & 6 \\ 5 & 10 & 15 & 20 & 24 & 16 & 12 & 8 \\ 6 & 12 & 18 & 24 & 30 & 20 & 15 & 10 \\ 4 & 8 & 12 & 16 & 20 & 14 & 10 & 7 \\ 3 & 6 & 9 & 12 & 15 & 10 & 8 & 5 \\ 2 & 4 & 6 & 8 & 10 & 7 & 5 & 4 \end{pmatrix}$$

is the inverse of the Cartan matrix of the exceptional Lie algebra E_8 . For a proof of (5) see [WP94]. Much work has been done on the combinatorial side, see e.g. [BM98], [ABD03]. The present article can only give a few hints in this direction. Combinatorial proofs often give limited insights into deeper reasons, but sometimes the combinatorial structures have deep roots in quantum field theory, In section 3 we shall obtain the form

$$\chi_i(\tau) = \sum_m \frac{q^{Q_i(m)}}{(q)_m} \tag{6}$$

with

$$Q_i(m) = mAm/2 + b_i m + h_i - c/24$$

for characters of certain CFTs with integrable deformations. Note that the matrix A is the same for all characters χ_i. As we shall see, it has a simple physical interpretation in terms of the scattering matrix of the integrable quantum field theory obtained by the deformation. When $mAm/2+b_0m$ takes one fractional values, the corresponding character has to be understood as the vacuum character of an extended vertex operator algebra.

In section 4 we consider general sums of the form $\sum_m q^{Q(m)}/(q)_m$, where $Q(m) = mAm/2 + bm + h$ has rational coefficients. We shall see that such a function can only be modular when all solutions of the system of equations

$$\sum_j A_{ij} \log(x_j) = \log(1 - x_i) \tag{7}$$

yield elements $\sum_i [x_i]$ of finite order in the Bloch group of the algebraic numbers, or more precisely in a certain extension of it which takes into account the multivaluedness of the logarithm. The argument is incomplete, but it should not be too difficult to make it rigorous.

Note that exponentiation of eq. (7) yields algebraic equations for x_i, with a finite number of solutions. In important special cases the x_i are real and positive. In this case the multivaluedness of the logarithm is irrelevant and one can work with the Bloch group $B(\bar{\mathbb{Q}}^+)$ of the field $\bar{\mathbb{Q}}^+$ of all real algebraic numbers or equivalently with $B(\mathbb{R}) = B(\bar{\mathbb{Q}}^+)$. This group has a torsion subgroup isomorphic to $\mathbb{Q}/\mathbb{Z}$, which naturally encodes conformal dimensions h_i modulo the integers. It is not really necessary to consider the fields $\mathbb{R}$ and $\mathbb{C}$ instead of their algebraic subfields, but for physicists it certainly is natural.

In general it may seem natural to work with the Bloch group $B(\mathbb{C}) = B(\bar{\mathbb{Q}})$, where $\bar{\mathbb{Q}}$ is the field of all algebraic numbers, but here it is inappropriate to forget about the multivaluedness of the logarithm, since the torsion subgroup of $B(\mathbb{C})$ is trivial [S86; S89]. Our quantum field theory context leads to an extension $\hat{B}(\mathbb{C})$ of $B(\mathbb{C})$, however, in which $\mathbb{C}$ is replaced by a cover $\hat{\mathbb{C}}$ of $\mathbb{C} - \{0, 1\}$ on which $\log(x)$ and $\log(1 - x)$ are single-valued. The usual Bloch group $B(\mathbb{C})$ is just the quotient of $\hat{B}(\mathbb{C})$ by its torsion subgroup. The group

$\hat{B}(\mathbb{C})$ is a very natural object in algebraic K-theory and emerged in the study of hyperbolic three-manifolds in the context of Thurston's program [NZ85; GZ00; N03].

In Thurston's program, hyperbolic three-manifolds are described by triangulations into tetrahedra in the standard hyperbolic space $\mathbb{H}^3$. Every triangulation represents an element of $\hat{B}(\mathbb{C})$, and a change of the triangulation gives another $\mathbb{Z}[\hat{\mathbb{C}}]$ representation of the same element. Moreover, there is a map $D : B(\mathbb{C}) \to \mathbb{R}$ which yields the volume of the manifold when the curvature of $\mathbb{H}^3$ is normalized to -1, and this volume is an invariant of the three-manifold. Now D is essentially the imaginary part of the Rogers dilogarithm L, which provides a natural group homomorphism $L : \hat{B}(\mathbb{C}) \to \mathbb{C}/\mathbb{Z}(2)$, as discussed in [Z03]. The real part of L yields the Chern-Simons invariant of the manifold. The symbol $\mathbb{Z}(N)$ stands for $(2\pi i)^N\mathbb{Z}$ and indicates that the right context for both the classification of three-manifolds and of our CFTs should be the theory of motives.

In the quantum field theoretical situation, we deal with the torsion subgroup of $\hat{B}(\mathbb{C})$, for which $(2\pi i)^{-2}L$ takes values in $\mathbb{Q}/\mathbb{Z}$. These values yield the conformal dimensions of the fields of the theory (more precisely the exponents $h_i - c/24$). The fact that they are only obtained modulo the integers is natural, since each χ_i yields a whole family $h_i + n$ of conformal dimensions. Nevertheless, $h_i \in \mathbb{Q}$ is the smallest one among them, and a refinement of the K-theory should yield this number. Similarly, in the study of three-manifolds it should be possible to remove the ambiguity of the Chern-Simons invariant.

The geometrical ideas just mentioned have been used to derive dilogarithm identities in conformal field theory [GT96], but the construction of a more direct link between three-manifolds in the context of Thurston's program [NZ85; GZ00; N03] and conformal field theory may be another task for the future. It is tempting to relate the conformal field theories in two dimensions to topological ones in three dimensions and to use the latter for calculating invariants of the three-manifolds.

Here we will be concerned by more elementary issues, however. In section 5 we will take a closer look at eqs. (7). One knows many matrices A for which these equations yield torsion elements of the extended Bloch group. The best known examples are related to Cartan matrices, or equivalently to Dynkin diagrams. For Dynkin diagrams of A type, we will find all solutions of the equations, whereas so far only one solution was known [K87; KR87], up to the action of the Galois group. It turns out that x_i are rational linear combinations of roots of unity, and we expect that this holds more generally.

For each Dynkin diagram of ADET type, the analysis of eq. (7) uses a family of polynomials which are linked by linear and quadratic recursion relations. For A_1 one finds the Chebysheff polynomials. To study the general case one needs the representation theory of simple Lie groups and their quantum group deformations. Relations to quivers and Ocneanu's essential paths on the Dynkin diagrams [O99] are likely, but will not be explored here. Many different mathematical themes appear, from the elementary ones central to this article up to rather advanced issues. The explanations will take the mathematical reader straight into quantum field theory and the physicist into some interesting areas of algebra. For both, parts of the article will be too well known to merit much attention, but when one addresses a mixed audience this is unavoidable. More serious is the fact that most of the obvious questions will remain open – the end of this article is dictated by the present status of research and of my understanding, not by any intrinsic logic. I hope that some readers will do better.

Acknowledgments

I wish to thank Edward Frenkel, Herbert Gangl and Don Zagier for extensive and helpful discussions which were essential for this article.

2 Free and conformally invariant quantum field theories

The only quantum field theories which are easily understood from a mathematical point of view are the free ones and (some of) the conformally invariant ones. The intersection of these two families yields the theory of massless fermions in two dimensions, which we will study as our basic example. Mathematically this CFT is very simple, but it allows to understand many general features of quantum field theory, in particular the operator product expansion. The theory of free massive fermions can be considered as a perturbation, and we will use it to consider basic features of perturbation theory.

We first show how to quantize arbitrary theories of free fermions. Aspects of conformal invariance will be introduced later. Free means linear, and all one needs is a slight generalization of the quantization of the harmonic oscillator. Recall that the phase space V of a classical harmonic oscillator is a finite dimensional vector space with a non-degenerate anti-symmetric bilinear form. For definiteness one should consider a two-dimensional V with coordinates x, p and a bilinear form obtained from $\{x, p\} = 1$, but the step to quantum field theory is easier when one uses a more abstract language.

The abelian group V acts on the phase space (on itself) by translation, and one still wants to have such an action on a space of states after quantization. Thus one constructs a Hilbert space H on which V is projectively represented. More precisely, H carries a representation of an extension of V by the complex numbers of modulus one, and this extension is given by the bilinear form.

In a more physical way the same procedure can be described as follows. The linear functions on V are observables of the classical theory. One wants them to become observables of the quantized theory, too. The commutators of these observables yield the Heisenberg Lie algebra which is given by the bilinear form, up to a factor of i. More precisely the vector space of this Lie algebra is $\mathbb{C} \oplus V^*_{\mathbb{C}}$, where V^* is the dual of V and $V^*_{\mathbb{C}}$ its complexification. This is just the infinitesimal version of the previous description, since the linear functions on V generate translations in the Hamilton formalism and the non-degenerate bilinear form yields a natural isomorphism between V and V^*. In the standard two-dimensional example the observables satisfy the Heisenberg Lie algebra given by $[x,p] = i$, translations of x by a are given by $\exp(-iap)$ and translations of p by $\exp(iax)$. The extra i in $[x,p] = i$ compared to $\{x,p\} = 1$ is necessary, since hermitian x, p yield anti-hermitian $[x,p]$. In the fermionic case it is unnecessary, which saves us some trouble.

For fermionic theories nothing much changes, the vector space V just has a symmetric bilinear from instead of an anti-symmetric one. Thus one works with a super-Lie analogue of the Heisenberg algebra. Moreover only the even polynomials in V correspond to observables, so one has to introduce a $\mathbb{Z}_2$ grading.

Now we can start to construct the simplest quantum field theory. We will need some care and elementary distribution theory to handle an infinite dimensional V, but the main steps are just as before. Let V be a real vector space with non-degenerate symmetric bilinear form $\{,\}$. We regard V as the odd part of a $\mathbb{Z}_2$-graded vector space $\mathbb{R} \oplus V$. The form defines a super-Lie algebra on $\mathbb{R} \oplus V$, with center $\mathbb{R}$, and also on the complexification $\mathbb{C} \oplus V_{\mathbb{C}}$ of $\mathbb{R} \oplus V$. We are interested in representations of this super-Lie algebra for which $1 \in \mathbb{R}$ is represented by the identity.

Let $V_{\mathbb{C}} = V_+ \oplus V_-$ be a decomposition of the complexification of V into isotropic, complex conjugate subspaces. Then we have a natural super-Lie algebra representation $\hat{\psi} : V_{\mathbb{C}} \to End(H)$ with

$$H = \Lambda V_- = \oplus_n \Lambda^n V_-,$$

such that $\hat{\psi}(v_+)$ annihilates $\Lambda^0 V_- = \mathbb{C}$ for $v_+ \in V_+$, whereas for $v_- \in V_-$, $w \in H$ one has

$$\hat{\psi}(v_-)w = v_- \wedge w.$$

One finds that V_+ acts as a super-derivation, induced by

$$\hat{\psi}(v_+)v_- = \{v_+, v_-\}.$$

The induced hermitian from on H is not necessarily positive definite, but in our context we do not need H to be a Hilbert space, since only direct sums of finite dimensional spaces will occur. Theories with a positive definite form are called unitary.

Let $\mathbb{R} \oplus V^1$, $\mathbb{R} \oplus V^2$ be two superalgebras of the type just discussed, with representations on H^i, $i = 1, 2$. When $V = V^1 \oplus V^2$ and $\{v^1, v^2\} = 0$ for $v^i \in V^i$, then $\mathbb{R} \oplus V$ has a natural representation on $H^1 \otimes H^2$. For representations obtained from isotropic subspaces V_-^i there is indeed a natural isomorphism $\Lambda(V_-^1 \oplus V_-^2) \simeq \Lambda V_-^1 \otimes \Lambda V_-^1$.

The enveloping algebra of $\mathbb{R} \oplus V$ is the Clifford algebra given by V and $\{,\}$. When the dimension of V is finite, our construction demands that it is even, since $\dim(V) = 2\dim(V_+)$. In this case it is well known that all irreducible representations are isomorphic. When $\dim(V)$ is odd, recall that we want a $\mathbb{Z}_2$ graded representation. Let the $\mathbb{Z}_2$ grading of H be given by $H = H_b \oplus H_f$ with an operator $\mathfrak{F}$ which acts as $+1$ on H_b and as -1 on H_f. Thus we want a representation of $\mathbb{R} \oplus V \oplus \langle \mathfrak{F} \rangle$, which brings us back to the even case.

But let us return to $V_\mathbb{C} = V_+ \oplus V_-$. Let $1^* \in H^*$ be the projection to $\Lambda^0 V_- = \mathbb{C}$. The vectors $1 \in H$ and $1^* \in H^*$ are called vacuum vectors, and the vacuum expectation value of an operator $O \in End(H)$ is denoted by $\langle O \rangle = 1^* O\, 1$. For odd n and $v_i \in V$ we have $\langle \hat\psi(v_1)\hat\psi(v_2)\dots\hat\psi(v_n)\rangle = 0$, since $\hat\psi(v_i)\Lambda^n V_- \subset \Lambda^{n-1}V_- \oplus \Lambda^{n+1}V_-$. For even n we have

$$\langle \hat\psi(v_1)\hat\psi(v_2)\dots\hat\psi(v_n)\rangle = Pf(M), \tag{8}$$

where Pf is the Pfaffian and the anti-symmetric $n \times n$ matrix M has entries $M_{ij} = \langle \hat\psi(v_i)\hat\psi(v_j)\rangle$ for $i \neq j$ (Wick's theorem). We have

$$\langle \hat\psi(v_i)\hat\psi(v_j)\rangle = \{v_i v_j^-\}, \tag{9}$$

where v_j^- is the projection of v_j to V^-.

For the harmonic oscillator, phase space can be considered as the space of initial conditions for the equations of motion, or more invariantly as the space of solutions of these equations. The latter are linear ordinary differential equations. In free quantum field theory, V is the solution space of some linear partial differential equations. We shall work in two dimensions, with time coordinate $t \in \mathbb{R}$ and space coordinate x. Often one considers $x \in \mathbb{R}$, but we shall concentrate on the case of the unit circle S^1 with angle x.

We study the two-dimensional Dirac equation for a real two-component spinor $\psi = (\psi_R, \psi_L)$,

$$\begin{aligned}(\partial_x - \partial_t)\psi_R(x,t) &= \mu\psi_L(x,t)\\ (\partial_x + \partial_t)\psi_L(x,t) &= \mu\psi_R(x,t),\end{aligned} \tag{10}$$

with the symmetric bilinear form

$$(\psi^1, \psi^2) = \int_{t=t_0} (\psi_R^1\psi_R^2 + \psi_L^1\psi_L^2)dx.$$

Note that this form is independent of the choice of t_0. When the mass μ is different from zero it introduces a length scale, but for $\mu = 0$ the equations are invariant under the conformal transformations

$$(x - t, x + t) \mapsto (f(x - t), g(x + t)),$$

where f, g are orientation preserving diffeomorphisms of S^1. Later we will come back to the case $\mu \neq 0$, but in this section we will consider the conformally invariant theory.

For $\mu = 0$ the equations for ψ_R and ψ_L decouple and can be treated separately. Moreover, they can be solved trivially in terms of the value of ψ at fixed time. Thus we can forget about differential equations and regard the case where V is the vector space of square integrable functions on S^1, with the standard bilinear form given by the measure dx. The spectrum of the rotation generator allows to decompose $V_{\mathbb{C}}$ into a positive part V_+ spanned by $\exp(imx)$ with $m > 0$, a negative part V_- with $m < 0$, and the constants, or zero modes, which form a one-dimensional vector space V_0. This is the R case considered by Ramond. Since the bilinear form is invariant under rotations, V_+ and V_- are isotropic. The constants are orthogonal to V_+, V_-, such that $\mathbb{R} \oplus V$ has representations on $\Lambda^n V_- \otimes H_0$, where H_0 is the standard two-dimensional representation space of the quaternion algebra given by $\mathbb{R} \oplus V_0 \oplus \langle \mathcal{J} \rangle$. A basis of $\Lambda^n V_-$ or equivalently of $\Lambda^n V_+$ corresponds to the partitions of natural numbers into n distinct summands $m > 0$, which yields one of the partition functions mentioned in the introduction.

The complications with the zero modes can be avoided when one considers the anti-periodic functions on the double cover of S^1 instead, in other words the sections of the Möbius bundle. This is the NS case considered by Neveu and Schwarz. All fermionic CFTs have NS and R sectors, so it is useful to introduce them together. In the NS case, V_+ is spanned by $\exp(irx)$, where $r = \frac{1}{2}, \frac{3}{2}, \ldots$. A basis of $\Lambda^n V_+$ corresponds to the partitions of natural numbers into n distinct odd summands $2r$.

The NS case arises naturally when we take into account conformal invariance. The scalar product $\int f(x)g(x)dx$ of two functions is no longer natural, since the differential dx on S^1 changes under diffeomorphisms. Instead we have to factorize

$$\psi^1(x)\psi^2(x)dx = \left(\psi^1(x)\sqrt{dx}\right)\left(\psi^2(x)\sqrt{dx}\right).$$

Thus V should be regarded as a vector space of half-differentials, in other words of sections of a squareroot of the cotangent bundle. Two different squareroots exist, which correspond to the NS and R cases. Considering S^1 as the boundary of the complex unit disc we write $z = \exp(ix)$. The cotangent bundle on the disc has a unique squareroot with a section $\sqrt{dz}$. On the boundary it reduces to the complexification of the Moebius bundle with section $\sqrt{dz} = \exp(ix/2)\sqrt{idx}$. Since $\exp(ix/2)$ is anti-periodic, the NS case is in a sense more basic than the R case.

Anticipating some future simplifications we write

$$\hat{\psi}\sqrt{2\pi i dx} = \psi\sqrt{dz}.$$

This is just a change of normalization by $\exp(ix/2)/\sqrt{2\pi}$.

The mathematical reader may wonder what all of this has to do with quantum field theory, since it is just very conventional mathematics, but now comes the essential step. We can consider ψ as an operator valued distribution, which to a function v on S^1 associates the operator $\psi(v)$ on H. Note that

$\psi(v)\psi(v') = -\psi(v')\psi(v)$ when the supports of v, v' have empty intersection. In physics terminology, such operator valued distributions are called fermionic local fields on S^1. In general a local field theory on S^1 provides a $\mathbb{Z}_2$-graded vector space of fields $F = F_b \oplus F_f$, with degree $\eta(\phi) = 0$ for $\phi \in F_b$ and $\eta(\phi) = 1$ for $\phi \in F_f$ such that

$$\phi(v)\chi(v') = (-)^{\eta(\phi)\eta(\chi)}\chi(v')\phi(v)$$

when the test functions $v, v' : S^1 \to \mathbb{C}$ have non-intersecting support. The space F_b contains the bosonic fields and F_f the fermionic ones.

In this section we only need fields on S^1, but let us indicate what happens in more general contexts. The functions v, v' become test functions on a space-time with causal structure and the equation $\phi(v)\chi(v') = \pm\chi(v')\phi(v)$ applies, with appropriate sign, when the supports of v, v' are causally independent.

The simple case we consider is called the quantum field theory of a free fermion and the distribution ψ is a free fermion field. The vector $1 \in H$ is called the vacuum, and the vacuum expectation value $\langle\psi(v_1)\psi(v_2)\ldots\psi(v_n)\rangle$ can be considered as the value of a distribution on the n-fold Cartesian product of the circle, evaluated at $v_1 \otimes \ldots \otimes v_n$. This distribution is written $\langle\psi\ldots\psi\rangle$. By Wick's theorem (8), it is sufficient to calculate $\langle\psi\psi\rangle$. By eq. (9) we have

$$\langle\hat{\psi}(v)\hat{\psi}(v')\rangle = \int v(x)v'_-(x)dx$$

where

$$v'_-(x) = \sum_{r>0} \exp(-irx) \int v'(y)\exp(iry)\,\frac{dy}{2\pi}.$$

Thus the distribution $\langle\hat{\psi}\hat{\psi}\rangle$ is the $\epsilon \to +0$ limit of the function

$$\frac{1}{2\pi}\sum_{r>0} \exp(-irx)\exp(iry) = \frac{1}{2\pi}\exp(ix/2)\exp(iy/2)\,\frac{1}{\exp(ix) - \exp(iy)}$$

where $\Im x = 0$, $\Im y = \epsilon$, such that the absolute value of $\exp(iy)$ approaches the one of $\exp(ix)$ from below. In terms of $\psi = \sqrt{2\pi}\exp(-ix/2)\hat{\psi}$, we see that the distribution $\langle\psi\psi\rangle$ is the limiting value of the function

$$\langle\psi\psi\rangle(z, w) = (z - w)^{-1}$$

where $z = \exp(ix)$, $w = \exp(iy)$, and $|z|$ approaches $|w|$ from above. More generally, for even n the distribution $\langle\psi\ldots\psi\rangle$ on the n-fold Cartesian product of the circle is a limiting value of a function on $\mathbb{C}^n$ given by

$$\langle\psi\ldots\psi\rangle(z_1, \ldots, z_n) = Pf(M)$$

with $M_{ij} = (z_i - z_j)^{-1}$ off the diagonal. Such functions are called n-point functions. By convention, they are written in the form $\langle\psi(z_1)\ldots\psi(z_n)\rangle$. In the distributional limit the $|z_k|$ all tend to 1 and the limit is taken along a path such that $|z_i| > |z_j|$ for $i < j$. The only singularities of the n-point function occur at the partial diagonals $z_i = z_j$. For fermionic fields, as in the present case, the n-point functions are anti-symmetric in all variables, which we express in the form $\psi(z)\psi(w) = -\psi(w)\psi(z)$.

In general, quantum field theories can be formulated either in terms of operator valued distributions or of n-point functions. We mainly will use the latter formulation, which is called euclidean quantum field theory. So far we considered a single field ψ, but in general one needs bosonic and fermionic fields in a vector space $F = F_b \oplus F_f$. A rather trivial but important element is the identity field $I \in F_b$ which does not depend on z and satisfies

$$\langle I\phi^1(z_1)\ldots\phi^n(z_n)\rangle = \langle\phi^1(z_1)\ldots\phi^n(z_n)\rangle$$

for all $\phi^k \in F$. Let $T(F) = \oplus_n T^n(F)$ be the tensor algebra over F. Then the n-point functions map $T^n(F)$ to the space of functions on $\mathbb{C}^n$ minus the partial diagonals, and the map factors through the projection from $T(F)$ to $SF_b \otimes \Lambda F_f$.

For N quantum field theories with field spaces F^k, $k = 1,\ldots,N$, one has a natural tensor product with field space $\otimes F^k$. The n-point functions of the product theory are the products of the n-point functions of the factors. There is a natural embedding $F^i \to \otimes F^k$, $i = 1,\ldots,N$, since one can identify $I \otimes \phi$ with ϕ. For N free fermion theories the product has fields ψ^k, $k = 1,\ldots,N$, with n-point functions

$$\langle\psi^{k_1}(z_1)\ldots\psi^{k_n}(z_n)\rangle = Pf(M), \tag{11}$$

for even n, where now

$$M_{ij} = \delta_{k_i,k_j}(z_i - z_j)^{-1}.$$

Equivalently we could generalize our simplest example such that V is given by maps from S^1 to $\mathbb{R}^N$, with standard bilinear form. Then every element $a \in \mathbb{R}^N$ yields one local quantum field $\psi_a \in F_f$ which maps functions $f : S^1 \to \mathbb{R}$ to $\psi_a(f) = \psi(fa)$. The ψ^k correspond to the standard basis of $\mathbb{R}^N$.

We abstract certain features from our examples, which will be valid in general. There is a vector $1 \in H$ and a vector 1^* in its dual such that the n-point functions $\langle\phi^1(z_1)\ldots\phi^n(z_n)\rangle = 1^*\phi^1(z_1)\ldots\phi^n(z_n)1$ are translationally invariant,

$$\langle\phi^1(z_1+z_0)\ldots\phi^n(z_n+z_0)\rangle = \langle\phi^1(z_1)\ldots\phi^n(z_n)\rangle.$$

These functions are real analytic away from the partial diagonals. When all n-point functions involving $\phi \in F$ vanish, then $\phi = 0$. Thus fields can be determined by their n-point functions.

A field ϕ is called holomorphic when all n-point functions $\langle\phi(z)\ldots\rangle$ depend meromorphically on z, as in our basic example. For each pair of fields

ϕ, ϕ^1 with holomorphic ϕ we construct a family of fields $N_m(\phi, \phi^1)$ whose n-point functions are given by the Laurent expansion of $(n+1)$-point functions involving ϕ, ϕ^1, i.e.

$$\langle \phi(z)\phi^1(z_1)\dots\phi^n(z_n)\rangle = \sum_m (z-z_1)^m \langle N_m(\phi,\phi^1)(z_1)\phi^2(z_2)\dots\phi^n(z_n)\rangle \tag{12}$$

in the sense of a Laurent expansion in z around the possible pole at $z = z_1$. Note that this equation is assumed to be valid for all choices of the ϕ^k. Symbolically it is written in the form

$$\phi(z)\phi^1(w) = \sum_m (z-w)^m N_m(\phi,\phi^1)(w).$$

This is the simplest case of the operator product expansion (OPE) of local fields. The field $N_0(\phi, \phi^1)$ is called the normal ordered product of ϕ, ϕ^1. The OPE also can be defined when ϕ is not holomorphic, but then the functions $(z-w)^m$ are replaced by non-universal sets of real analytic functions.

The OPE is compatible with the $\mathbb{Z}_2$-grading. In particular, for $\phi, \phi^1 \in F_f$ one has $N_m(\phi, \phi^1) \in F_b$ for all m. For the free fermion, $N_{-1}(\psi, \psi) = I$.

In our basic example the n-point functions are homogeneous with respect to linear transformations of $\mathbb{C}$. More generally, conformal invariance yields a grading h of the vector space of holomorphic fields, such that their n-point functions satisfy

$$\langle \phi^1(az_1)\dots\phi^n(az_n)\rangle = a^{-h_\Sigma}\langle \phi^1(z_1)\dots\phi^n(z_n)\rangle, \tag{13}$$

where

$$h_\Sigma = \sum_{k=1}^n h(\phi^k).$$

One easily sees that

$$h\left(N_m(\phi^1,\phi^2)\right) = m + h(\phi^1) + h(\phi^2). \tag{14}$$

In particular, $h(I) = 0$, and $h(\psi) = 1/2$ for free fermion fields. More generally, bosonic holomorphic fields have integral and fermionic ones half-integral conformal dimension. When one lets a vary over the unit circle, one sees that n-point functions involving an odd number of fermionic fields have to vanish.

Now we can define holomorphic field theories. There is a vector space F with a grading $F = \sum_{h\in\mathbb{N}/2} F(h)$ such that $F(0) = \mathbb{C}$. Let $\oplus_{h\in\mathbb{N}} F(h) = F_b$ and $\oplus_{h\in\mathbb{N}+1/2} F(h) = F_f$. There is an n-point function map from $SF_b \otimes \Lambda F_f$ to the meromorphic functions which are holomorphic away from the partial diagonals, such that these functions are translationally invariant and satisfy the scaling relation (13). With respect to these functions, F must be closed under the OPE. No field must have identically vanishing n-point functions. Finally, for sufficiently large N and all h

$$\dim F(h) \leq \dim F^N(h),$$

where F^N is the field space of the theory of N free fermions.

A large class of such theories can be constructed by taking the OPE closure of some subspace of F^N and factoring out those fields which have identically vanishing n-point functions. One example is F_b^N, but we will consider several others. Some further constructions will be considered below.

Scale invariant non-holomorphic theories can be defined in the same way. First let us construct examples. Take a holomorphic theory with field space F_{hol}, and the complex conjugate of the n-point functions. This is a theory of anti-holomorphic fields, with a field space $F_{\overline{hol}}$ anti-linearly isomorphic to F_{hol}. The tensor product of the two theories has a field space $F_{hol} \otimes F_{\overline{hol}}$. There are subspaces F_{hol} and $F_{\overline{hol}}$, but all the remaining fields are neither holomorphic nor anti-holomorphic.

Let us generalize this example. There must be a double grading $(h, \bar{h})$ of F, such that

$$\langle \phi^1(az_1) \ldots \phi^n(az_n) \rangle = a^{-h_\Sigma} \bar{a}^{-\bar{h}_\Sigma} \langle \phi^1(z_1) \ldots \phi^n(z_n) \rangle, \tag{15}$$

where

$$h_\Sigma = \sum_{k=1}^{n} h(\phi^k)$$
$$\bar{h}_\Sigma = \sum_{k=1}^{n} \bar{h}(\phi^k).$$

The sum $h(\phi) + \bar{h}(\phi)$ is called the scaling dimension of ϕ, and $h(\phi) - \bar{h}(\phi)$ is called its conformal spin. For holomorphic ϕ one has $\bar{h}(\phi) = 0$. When we rewrite

$$a^{h_\Sigma} \bar{a}^{\bar{h}_\Sigma} = |a|^{h_\Sigma + \bar{h}_\Sigma} (a/|a|)^{h_\Sigma - \bar{h}_\Sigma}$$

in eq. (15), we see that one can admit arbitrary real scaling dimensions, as long as the conformal spins are integral for bosonic fields and half-integral for fermionic ones. For non-holomorphic fields, the conformal dimensions $(h, \bar{h})$ may be negative. One even could admit complex scaling dimensions, but we will avoid that.

One demands that the n-point functions are real analytic away from the partial diagonals, and that F is closed under the OPE. The latter is slightly more complicated to define than in the holomorphic case. One best works with function germs, but we will not need the details. To control the growth of the dimensions, one works with the filtered subspaces $\oplus_{h+\bar{h} \leq d} F(h, \bar{h})$ and demands that for some N and sufficiently large d the dimension of these spaces is smaller than for the theory $F^N \otimes \bar{F}^N$ of N holomorphic and N anti-holomorphic free fermions.

In many cases, F has a real structure such that the n-point functions for real fields at real z^i take real values. For example, our free fermion fields ψ are real. The complex conjugate theory of such a theory has a real structure, too. Often the anti-holomorphic free fermion field is called $\bar{\psi}$. This may be confusing, since both fields are real and linearly independent. The OPE of real fields yields real fields.

Using the OPE to deduce properties of the n-point functions from those of the 2-point function, one can read off from the scaling behaviour of the latter that for $z \to \infty$

$$|\langle \phi(z) \dots \rangle| = O\left(|z|^{-h(\phi)-\bar{h}(\phi)-\tilde{d}(\phi)}\right), \tag{16}$$

where $\tilde{d}(\phi)$ is the minimal scaling dimension $h(\tilde{\phi}) + \bar{h}(\tilde{\phi})$ of all fields $\tilde{\phi}$ for which $\langle \phi\tilde{\phi} \rangle \neq 0$. Thus n-point functions have good behaviour at infinity.

Consider a holomorphic field theory for which F is the OPE closure of $F(1)$. Let $F(1)$ be spanned by the fields J_a, a in some finite index set. Their OPE must have the form

$$J_a(z)J_b(w) = \frac{d_{ab}}{(z-w)^2} + \sum_c \frac{f_{abc}}{z-w} J_c(w) + \quad \text{regular terms.} \tag{17}$$

Given the structure constants d_{ab} and f_{abc}, this is sufficient to calculate all n-point functions of the theory, since by induction one knows all singular terms of these meromorphic functions, and also their behaviour at infinity. Using the OPE for the four-point functions in the various possible ways, one sees that the f_{abc} must be the structure constants of a Lie algebra, and d_{ab} must yield a non-degenerate invariant bilinear form. The J_a are called currents of this Lie algebra. When the latter is semi-simple, we shall see that the Fourier components of its currents generate the corresponding affine Kac-Moody algebra.

As an example, consider the theory of N free fermions, with n-point functions given by eq. (11). Here $F(1)$ is spanned by the fields

$$J_{ij} = N_0(\psi^i \psi^j), \tag{18}$$

$i, j = 1, \dots, N$, $i < j$. One easily calculates that their OPE has the form (17) where a, b, c stand for pairs (ij), the invariant bilinear form is given by $d_{ab} = \delta_{ab}$, and the f_{abc} are the standard structure constants of the Lie algebra $so(N)$.

More generally, we are particularly interested in the eq. (17) when the f_{abc} are the normalised structure constants of a simple Lie algebra X and

$$d_{ab} = k\delta_{ab} \tag{19}$$

for $k = 1, 2, \ldots$. We call the corresponding space of fields F_X^k. We just saw that $F^1_{so(N)} \subset F^N$, where F^N is the field space for N free fermions. One even can show that

$$F^1_{so(N)} = F_b^N.$$

For fixed fields ϕ^i, $i = 1, \ldots, n$ and z_i away from the partial diagonals and 0, the n-point function values

$$\langle \phi^1(z_1) \ldots \phi^n(z_n) \phi(0) \rangle$$

can be interpreted as a linear form acting on $\phi \in F$. In physics it is traditional to distinguish the space H spanned by the $\phi(0)1$ from F and to call the map $\phi \mapsto \phi(0)1$ field-state identity. Indeed, in the free fermion case we first constructed H and then F. It is easy to show that one has an isomorphism, since the n-point functions of ϕ must not vanish identically and are translationally invariant. Sometimes one wants to be H a completion of F, but we do not need that. If you want, put $H = F$.

For holomorphic ϕ the maps $N_m(\phi, .) : F \to F$ yield operators on H. These are the Fourier components ϕ_{m+h} of ϕ. They increase the degree of a vector by $m + h$, where $h = h(\phi)$. In the literature the sign of the index often is inverted, such that this operator is denoted by ϕ_{-m-h}, but this seems unnecessarily confusing. In any case one obtains this operator by evaluating the field ϕ on z^{-m}, with respect to the measure $dx/(2\pi) = dz/(2\pi i z)$. In our convention, the field-state identity is given by $\phi \mapsto \phi_{h(\phi)} 1$.

For holomorphic fields we now can move from the language of euclidean field theory to the one of operator valued distributions and back. In euclidean field theory everything is commutative, but the singularities of an n-point function yield non-vanishing commutators for the limiting distribution $\langle \phi^1 \ldots \phi^n \rangle$ on the n-th Cartesian power of the unit circle. Recall that the limit to $|z^k| = 1$ for $k = 1, \ldots, n$ has to be taken from the domain with $|z_1| > \ldots > |z_n|$. Evaluating the distribution on monomials in the z_i yields the matrix elements

$$\langle \phi^1_{k_1} \cdots \phi^n_{k_n} \rangle = \langle \phi^1 \ldots \phi^n \rangle \left(\prod_i z_i^{-k_i + h_i} \right),$$

where $h_i = h(\phi^i)$. By Cauchy's theorem this expression can be evaluated before the limit is taken, by integrating along circles with ordered radii $|z_1|, \ldots, |z_n|$. Thus one obtains the Laurent expansion of the n-point function in the domain $|z_1| > \ldots > |z_n|$ by inserting

$$\phi^i(z) = \sum_m \phi^i_m z^{m - h_i},$$

keeping the order of the fields. When one changes the order of the operators ϕ^k_m, the vacuum expectation value is given by integrating the same n-point function along differently ordered circles. By Cauchy's theorem, the difference of the two expressions only depends on the singularities of the function, in other words on the singular part of the OPE.

In a holomorphic tensor product theory with $F = F^1 \otimes F^2$ let $\phi^i \in F^i$, $i = 1, 2$. The OPE for $\phi^1(z)\phi^2(w)$ has no singularities, such that $[\phi^1_m, \phi^2_n] = 0$ for all m, n. Given an OPE closed subspace $G \subset F$ of an arbitrary holomorphic theory, one can find a maximal complement $G' \subset F$, such that one has an embedding $G \otimes G' \subset F$. Note the G' is closed under the OPE and yields a new holomorphic field theory. A field χ belongs to G', iff its OPE with arbitrary fields in F is non-singular, or equivalently, iff the Fourier components commute. This procedure is very important for the construction of new theories and will be used later.

For currents J_a with an OPE (17) Cauchy's theorem yields

$$[J_{am} J_{bn}] = n d_{ab} \delta_{m+n,0} + f_{abc} J_{c,m+n}.$$

Obviously the J_{a0} span a finite dimensional Lie algebra with structure constants f_{abc}. When this Lie algebra is simple, the J_{an} and 1 span the corresponding affine Kac-Moody Lie algebra. We shall use some properties of this algebra without derivation. A standard reference is [VK90].

In the case of the tensor product F^N of N free fermion theories, the $so(N)^{(1)}$ Kac-Moody algebra is represented on H_{NS} and H_R. The $\mathbb{Z}_2$ grading of H_{NS} given by $F^N = F^N_b \oplus F^N_f$ yields a decomposition into two subrepresentations, which turn out to be irreducible. The representation on H_R will be considered in more detail below. The $\mathbb{Z}_2$ grading again yields two irreducible subrepresentations, which are isomorphic for odd N. In any case one obtains all irreducible level 1 representations of $so(N)^{(1)}$.

We now had a glimpse of the interesting applications of the operator product expansion and more will come later. I think that the OPE is one of the major contributions of 20th century physics to mathematics, but still one of the major stumbling blocks when mathematicians try to learn quantum field theory. Indeed on first sight it is hard to believe that it makes sense. Take a small vector space F and write any set of candidates for its n-point functions. Then take the OPE closure. On first sight it is hard to believe that this can yield a manageable space of local fields. For holomorphic theories this is now well understood, but that it happens in many more interesting examples is one of the miracles of quantum field theory.

The particular OPE for $\phi(z)I$ yields derivative fields. For holomorphic ϕ one has $\partial^m \phi = N_m(\phi, I)/m!$, such that

$$\langle (\partial\phi)(z)\chi(w)\rangle = \partial_z \langle \phi(z)\chi(w)\rangle.$$

Note that $h(\partial\phi) = h(\phi) + 1$. The generalization to arbitrary fields and anti-holomorphic derivatives is immediate. Eq. (12) yields

$$\partial N_m(\phi, \chi) = N_m(\partial\phi, \chi) + N_m(\phi, \partial\chi).$$

In conformally invariant theories one demands the existence of Virasoro fields. They are defined by

$$N_{-1}(T,\phi) = \partial\phi$$

for all $\phi \in F$. Obviously one needs $h(T) = 2$, $\bar{h}(T) = 0$. To check that the definition makes sense, let $N_{-1}(T,\phi_i) = \partial\phi_i$ for $i = 1, 2$, and let ϕ_1 be holomorphic. By acting with $\oint T(z)dz$ on the OPE and applying Cauchy's theorem one finds indeed that $N_{-1}(T,\phi) = \partial\phi$ for $\phi = N_m(\phi_1,\phi_2)$ and any m. The map $\phi \mapsto N_{-2}(T,\phi)$ is grade preserving. In all examples considered here it is diagonalizable and coincides with the grading,

$$N_{-2}(T,\phi) = h(\phi)\phi.$$

Indeed, by acting with $\oint zT(z)dz$ on the OPE and use of Cauchy's theorem, we see that $N_{-2}(T,\phi_i) = h_i\phi_i$ for $i = 1, 2$ implies $N_{-2}(T,\phi) = (m+h_1+h_2)\phi$ for $\phi = N_m(\phi_1,\phi_2)$ and any m.

For historical reasons, the Fourier components of T are called L_m. Thus the grading operator is L_0. One always assumes that the spectrum of L_0 is bounded from below. In physical terminology, one considers highest weight representations, though 'lowest weight' would make more sense. States of lowest degree are often called ground states.

In a CFT with non-holomorphic fields we also have an anti-holomorphic Virasoro field $\bar{T}$ with Fourier components $\bar{L}_m$, such that $\bar{L}_0\phi = \bar{h}(\phi)\phi$. The scaling dimension is the eigenvalue of $L_0 + \bar{L}_0$. It describes the behaviour of the n-point functions under the transformations $z \mapsto az$ with real positive a. This corresponds to time translations of the theory on $S^1 \times \mathbb{R}$, up to an additive constant $-c/24$, which will be explained later. The eigenvalues of $L_0 - \bar{L}_0$ have to be integral and describe the effect of transformations $z \mapsto az$ with $|a| = 1$. The latter correspond to rotations of S^1, i.e. to translations of the angle x.

For the free fermion field ψ one finds

$$\psi(z)\psi(w) = (z-w)^{-1}I + 2(z-w)T(w) + O((z-w)^3).$$

Equivalently, $T = N_1(\psi,\psi)/2 = N_0(\partial\psi,\psi)/2$. For the OPE of T one obtains

$$T(z)T(w) = \frac{1}{4}(z-w)^{-4}I + 2(z-w)^{-2}T(w) + (z-w)^{-1}\partial T(w) + O(1)$$

or more suggestively

$$T(z)T(w) = \frac{1}{4}(z-w)^{-4}I + (z-w)^{-2}(T(z)+T(w)) + O(1).$$

If we write the Virasoro OPE in this symmetric way, no odd powers of $z-w$ can occur. The term proportional to $(z-w)^{-2}$ is fixed by $N_{-2}(T,T) = 2T$. The term proportional to $(z-w)^{-4}$ has conformal dimension 0, thus must be a constant. Thus the OPE of any Virasoro field has the form

$$T(z)T(w) = \frac{c}{2}(z-w)^{-4}I + (z-w)^{-2}(T(z)+T(w)) + O(1)$$

where c is a constant, called the central charge of the theory. For the free fermion we just found $c = 1/2$.

The tensor product of two CFTs with Virasoro fields T^1, T^2 is a CFT with Virasoro field $T^1 + T^2$. The central charges add up. When F is a holomorphic theory with Virasoro field T and $G \subset F$ a theory with Virasoro field T^1, then the complementary sub-theory G' has a Virasoro field $T - T^1$.

Consider now the holomorphic field theory F_X^k defined by eqs. (17) and (19). Recall that $F(1)$ is spanned by the currents J_a and that X itself is given by the commutators of the J_{a0}. The space $F(2)$ of fields with conformal dimension 2 is spanned by the derivatives ∂J_a and the bilinears $N_0(J_a, J_b)$. Only a one-dimensional subspace of $F(2)$ is invariant under X, namely the multiples of $\sum_a N_0(J_a, J_a)$. A particular multiple is a Virasoro field, with central charge related to the Coxeter number $h(X)$ by

$$c(X,k) = \frac{k \dim(X)}{k + h(X)}.$$

The calculation is straightforward, but somewhat lengthy and we will no consider it here. In the case of ADE algebras X of rank $r(X)$ we have

$$\dim(X) - r(X) = r(X)h(X),$$

such that $c(X,1) = r(X)$. This is the only case we will consider in this article.

Let J_a with $a = 1, \ldots, r(X)$ generate a maximal abelian subalgebra of X. The OPE completion of their span has a Virasoro field

$$T = \sum_{a=1}^{r(X)} \frac{1}{2} N_0(J_a, J_a)$$

with central charge $r(X)$. This is the same as $c(X,1)$, and one obtains the surprising result that the Virasoro field of this sub-theory is identical to the Virasoro field of F_X^1, and independent of the choice of the maximal abelian subalgebra. This is an important special feature of the ADE cases. One can express it in the form that the complement of the sub-theory is trivial. The calculation which yields central charge $r(X)$ is an easy and instructive exercise.

Now consider k copies of F_X^1 and the product theory on $(F_X^1)^{\otimes k}$. Let J_a^i, $i = 1, \ldots, k$ be the currents of the factor theories. There is a natural embedding $F_X^k \to (F_X^1)^{\otimes k}$, where the image of $F_X^k(1)$ is spanned by the currents

$$\hat{J}_a = \sum_{i=1}^{k} J_a^i.$$

Let $\tilde{F}_X^k$ be the complement of this sub-theory. For its central charge one obtains immediately

$$\tilde{c}(X,k) = \frac{k(k-1)r(X)}{k + h(X)}. \tag{20}$$

Let F_{ab} (with ab for abelian) be the sub-theory generated by the $\hat{J}_a$ for $a = 1, \dots, r(X)$. Its central charge is $r(X)$ and the central charge of its complement F'_{ab} in $(F^1_X)^{\otimes k}$ is $(k-1)r(X)$. The complement $\check{F}^k_X$ of $\tilde{F}^k_X$ in F'_{ab} has central charge

$$\check{c}(X,k) = \frac{h(X)(k-1)r(X)}{k+h(X)}. \tag{21}$$

The $\check{F}^k_X$ theory also can be described as the complement of F_{ab} in F^k_X.

We now have constructed most of the examples of CFTs which we will need to illustrate the relations to algebraic K-theory. The remaining examples are minimal models. These are rational CFTs which are the OPE closures of their respective Virasoro fields. In such a theory one has $F(1) = 0$ and $F(2) = \langle T \rangle$.

Taking Fourier components and using Cauchy's theorem for the Virasoro OPE yields the Virasoro algebra

$$[L_m L_n] = (n-m)L_{m+n} + \frac{c}{12}(n^3 - n)\delta_{m+n,0}.$$

Minimal models can be described by the representation theory of this algebra, but we shall follow the euclidean formulation, which provides instructive exercises for newcomers in quantum field theory. Because of their OPE, the residues of the n-point function for n Virasoro fields are given by the $(n-1)$-point function. Moreover, the functions vanish at infinity, so they can be calculated inductively. For the two-point function one finds

$$\langle T(z)T(w)\rangle = \frac{c}{2}(z-w)^{-4}$$

for the three-point function

$$\langle T(z)T(w)T(u)\rangle = c((z-w)(w-u)(u-z))^{-2}$$

and for the four point functions

$$\begin{aligned}\langle T(z)T(w)T(u)T(v)\rangle = \; & F(z,w,u,v) + F(z,u,w,v) + F(z,v,w,u) \\ & + G(z,w,u,v) + G(z,u,w,v) + G(z,w,v,u)\end{aligned}$$

where

$$F(z,w,u,v) = \langle T(z)T(w)\rangle\langle T(u)T(v)\rangle$$

and

$$G(z,w,u,v) = c((z-w)(w-u)(u-v)(v-z))^{-2}.$$

For a rapid calculation involving normal ordered products, let

$$T(z)T(w) = \frac{c}{2}(z-w)^{-4}I + (z-w)^{-2}\left(T(z)+T(w)\right) + \Phi(w) + O\left((z-w)^2\right).$$

This yields

$$\langle T(z)\Phi(w)\rangle = -2c(z-w)^{-6}$$

and

$$\langle \Phi(w)T(u)T(v)\rangle = \frac{c(c+2)}{2}\left((w-u)(w-v)\right)^{-4} - 4c(w-u)^{-3}(w-v)^{-3}(u-v)^{-2}.$$

Note that $\Phi = N_0(T,T) - \partial^2 T/2$. With

$$U = N_0(T,T) - \frac{3}{10}\partial^2 T \tag{22}$$

one finds $\langle T(z)U(w)\rangle = 0$ and

$$\langle U(w)T(u)T(v)\rangle = \frac{c}{2}\left(c+\frac{22}{5}\right)\left((w-u)(w-v)\right)^{-4}.$$

Field theories which are generated by a Virasoro field alone are called minimal models. In a minimal model the space of fields of degree at most 5 is spanned by I, T, ∂T, $\partial^2 T$, $\partial^3 T$, U and ∂U. These are the fields which can occur in the singular part of the OPE for $T(w)U(z)$. For $c = -22/5$ the preceding formulas show, however, that this singular part cannot involve I, T or its derivatives. Thus the singular terms in the Laurent expansion of $\langle U(z)T(w_1)\cdots T(w_n)\rangle$ around $z = w_n$ are given by $\langle U(z)T(w_1)\cdots T(w_{n-1}\rangle$. Since these functions go to zero for large z, they vanish by induction in n. Thus in the minimal model with $c = -22/5$ any n-point function involving U vanishes and we conclude that $U = 0$. In a sense, this means that $c = -22/5$ yields the simplest minimal model.

The value $-22/5$ looks a bit strange, so let us explain the pattern of central charges in minimal models. Minimal models are classified by pairs $p, q \in \mathbb{N}$ such that $1 < p < q$, and p, q have no common divisor. Their central charge is $c = 1 - 6(p-q)^2/pq$. The pair $(2,3)$ yields a trivial theory with $c = 0$ and $H = \mathbb{C}$. The pair $(2,5)$ yields $c = -22/5$, whereas the pair $(3,4)$ yields the bosonic part of the free fermion theory and $c = 1/2$.

For perturbation theory we will need more complicated non-holomorphic fields than those considered so far, but for the purpose of this article we need little more to know about them than their conformal dimensions. These are constrained by the algebra of the holomorphic fields in a way which is best discussed in terms of representation theory. According to the field-state correspondence, all fields should correspond to vectors $v \in H$. For arbitrary homogeneous vectors $v_1 \in H^*$, $v_2 \in H$ and holomorphic fields ϕ^k we can study the generalized n-point functions $\langle v_1|\phi^1(z_1)\ldots\phi^n(z_n)|v_n\rangle$. The Laurent expansions around the partial diagonals are given by the OPE of the holomorphic fields, which can be read off from the ordinary n-point functions, as discussed above. When all fields ϕ^k are bosonic or when v_1, v_2 belong to the NS sector, the generalized n-point functions have the same analytic properties as the ordinary ones, except for the fact that poles also occur at $z_i = 0$ and

$z_i = \infty$. The order of the pole at $z_i = 0$ is bounded by $h(\phi^i) + c_2$, where c_2 is a constant given by the holomorphic degree of v_2 and independent of n and of the choice of fields. Similarly, the pole order at ∞ is bounded by $h(\phi^i) + c_1$, with an analogous constant c_1.

When v_1, v_2 belong to the R sector and $\psi \in F_f$, then $\langle v_1|\psi(z)\ldots\rangle$ changes sign when z moves around the origin. To recover the standard analytic behaviour of the generalized n-point functions we have to multiply $\langle v_1|\phi^1(z_1)\ldots\phi^n(z_n)|v_n\rangle$ by the product of all $\sqrt{z_k}$ for which $\psi_k \in F_f$. When v_1 belongs to the NS sector and v_2 to the R sector, the functions have to vanish.

Given an OPE of holomorphic fields F, we can constrain the vectors $v \in H$, or rather the vectors $v_1 \otimes v_2 \in H^* \otimes H$ by abstracting from these properties. Let $\mathcal{F}(n)$ be the space of meromorphic functions on $\mathbb{C}^n$ with poles only on the partial diagonals, 0 and infinity. A NS state on the OPE is a map from the tensor algebra $T(F)$ to $\oplus_n \mathcal{F}(n)$ such that the Laurent expansions around the partial diagonals are given by the OPE and such that the order of the poles at 0 and ∞ obeys the restrictions mentioned above. Such a map will be interpreted as a system of generalized n-point functions $\langle v_1|\phi^1(z_1)\ldots\phi^n(z_n)|v_2\rangle$. The R states on the OPE are defined analogously. Of course the distinction between NS and R representations only makes sense for $F_f \neq 0$. In this case, the basic representation on F itself is a NS representation.

The Laurent expansions around $z = 0$ and $z = \infty$ of the $(n + 1)$-point functions $\langle v_1|\phi(z)\phi^1(z_1)\ldots\phi^n(z_n)|v_2\rangle$ yield states $v_1 \otimes (\phi_m v_2)$ and $(v_1\phi_m)\otimes v_2$ on the OPE. Thus every state generates a vector space of states with right and left actions of the Fourier components of the holomorphic fields. This vector space of states will be called a representation of the OPE. The space can be graded by the constants c_1, c_2 introduced above. For rational theories, its homogeneous subspaces have finite dimensions. The definition of direct sums and of irreducible representations is the standard one. For irreducible representations, the vector space of states can be written as $H_i^* \otimes H_i$, and as usual we identify H_i with the representation space. When one works harder, one can define tensor products of representations, but we will not need them.

In general a holomorphic OPE has various irreducible representations. A simple example is given by the basic representation of any theory with $F_f \neq 0$. By the field-state identity $H \simeq F_b \oplus F_f$. When we restrict F to F_b, the representation on $F_b \oplus F_f$ decomposes into irreducible representations on F_b and on F_f. The first one is the new basic representation, since $I \in F_b$. The representations cannot be isomorphic, since F_b is graded by the integers, whereas the eigenvalues of L_0 in F_f are half-integral.

For a vector v of lowest degree h in any representation one has $L_m v = 0$ for $m < 0$, since there are no vectors of degree $m + h$. With $L_0 v = hv$ one finds for normalised v

$$\langle v|T(z)|v\rangle = hz^{-2}$$

and

$$\langle v|T(z)T(w)|v\rangle = \frac{c}{2}(z-w)^{-4} + 2h(zw)^{-1}(z-w)^{-2} + h^2(zw)^{-2}.$$

The calculation of $\langle v|U(z)|v\rangle$ from this formula and eq. (22) is easy and left to the reader. Using $U = 0$ in the $(2,5)$ minimal model yields $h(h+1/5) = 0$. Indeed one can construct two representations of the OPE of this model, the basic representation with $h = 0$ and another one with $h = -1/5$. Irreducible representations of minimal models are determined up to isomorphism by the lowest eigenvalue of L_0, but this will not be shown here.

The free fermion theory has a unique irreducible Ramond representation. Recall that $\sqrt{zw}\langle v_1|\psi(z)\psi(w)|v_2\rangle$ is meromorphic, and $\langle v_1|\psi(z)\psi(w)|v_2\rangle$ has a single pole at $z = w$ of residue $\langle v_1 \mid v_2\rangle$. Taking into account the antisymmetry under exchange of z, w this yields for a normalised Ramond groundstates $v = v_1, v_2$

$$\sqrt{zw}\langle v|\psi(z)\psi(w)|v\rangle = \frac{z+w}{2(z-w)}.$$

For the Virasoro field T one obtains

$$\langle v|T(z)|v\rangle = (4z)^{-2}$$

thus

$$L_0 v = \frac{1}{16}v. \tag{23}$$

The bosonic part F_b of the free fermion theory yields the $(3,4)$ minimal model with $c = 1/2$. In the NS case, H decomposes into a direct sum of the basic representation F_b with $h = 0$ and F_f with $h = 1/2$. We just have seen that the R case yields a representation with $h = 1/16$. Using similar arguments as for $c = -22/5$ one can show that these are the only irreducible representations.

When one has N free fermions, the R ground states have $h = N/16$ and form the spin representation of the $so(N)$ Lie algebra obtained above. For even N the dimension of this space is 2^N and the $\mathbb{Z}_2$-decomposition $H_R = H_R^0 \oplus H_R^1$ yields half-spinor representations on the ground states of H_R^0 and H_R^1. Similarly, one has the $\mathbb{Z}_2$-decomposition $H_{NS} = H_{NS}^0 \oplus H_{NS}^1$ given by $F^N = F_b^N \oplus F_f^N$. For $N = 16$, the fields corresponding to the R groundstates have $h = 1$, and one can find a new holomorphic theory with $F \simeq H_{NS}^0 \oplus H_R^0$. One has

$$\dim\, F(1) = 120 + 2^7,$$

so it is not hard to guess that this is the theory of E_8 currents with OPE (17) and $d_{ab} = \delta_{ab}$. The Virasoro field of this theory lies in H_{NS}^0 and restricts to the Virasoro field of the $so(16)$ theory, with $c = 8$.

When one takes two copies of this theory, the sums of the currents generate a sub-theory, and by eq. (20) the complementary theory has $\tilde{c}(E_8, 2) = 1/2$. Indeed it is isomorphic to the $(3, 4)$ minimal model. Thus there is a close link between this minimal model and E_8. This should make eq. (5) somewhat less miraculous.

An important property of conformally invariant quantum field theories is the possibility to transfer them to arbitrary compact Riemann surfaces. This is possible since operator product expansions are local and can be rewritten in terms of conformally equivalent local coordinates. In particulars one can find a new Virasoro field $\tilde{T}$ adapted to the changed coordinates. Let us put $z = f(x)$, $w = f(y)$ and evaluate $\tilde{T}$ with respect to x. One has

$$\begin{aligned}(z-w)^2 &= f'(x)f'(y)(x-y)^2 \\ &\quad -\frac{1}{24}\left(2f'(x)f'''(x) - 3f''(x)^2 + 2f'(y)f'''(y) - 3f''(y)^2\right)(x-y)^4 \\ &\quad + O\left((x-y)^6\right).\end{aligned}$$

By insertion in the OPE of T , one easily confirms that

$$\tilde{T}(x) = T(z)(dz/dx)^2 + \frac{c}{12}S(f)$$

where $S(f) = (f'f''' - 3(f'')^2/2)(f')^{-2}$ is the Schwarzian derivative. For $z = \exp(ix)$ we have $S(f) = 1/2$, which shows that the holomorphic part of the generator of time translations on $S^1 \times \mathbb{R}$ is given by

$$-\int \tilde{T}(x)\,\frac{dx}{2\pi} = L_0 - c/24.$$

In particular, the 1-point function (vacuum expectation value) of $\tilde{T}(x)$ does not vanish. In general, the vacuum is something global, so vacuum expectation values are not determined by the local physics, in contrast to the OPE. One just can use the latter to calculate n-point functions on arbitrary compact Riemann surfaces in terms of the 1-point functions.

The transfer of a CFT to a Riemann surface may be obstructed. A simple example is provided by free fermions on a torus. When no other fields are added, they exist only for odd spin structures, since on a torus with even spin structure and holomorphic differential dz the 2-point function $\langle\psi(z)\psi(w)\rangle$ would have to be a doubly periodic function of z with a single pole at $z = w$, and such functions do not exist.

For OPEs with a single irreducible representation on the Riemann sphere, the transfer to other Riemann surfaces exists and is unique, however. For example, one a torus with periods $(2\pi, 2\pi\tau)$ and $q = \exp(2\pi i\tau)$ the 1-point functions have the form

$$\langle\phi\rangle_\tau = Tr\left(q^{L_0 - c/24}\,\bar{q}^{\bar{L}_0 - \bar{c}/24}\,\phi(x)\right),$$

and are independent of x. For $\phi = I$ one obtains the partition function $Z(\tau) = \langle I \rangle_\tau$. By conformal invariance, Z only depends on the ratio τ of the torus periods. By choosing a different set of generators of the torus periods, this ratio can be changed to $(A\tau + B)/(C\tau + D)$, where $\binom{AB}{CD} \in SL(2,\mathbb{Z})$. This explains the modular invariance of the partition functions of bosonic CFTs. In the fermionic case the spin structures of the torus have to be taken into account, but some extent things can be reduced to the bosonic case, since the n-point functions of a field $\psi \in F^f$ are square roots of n-point functions of $\psi^1\psi^2 \in F_1^f \otimes F_2^f \subset (F_1 \otimes F_2)^b$, where F_1, F_2 are isomorphic to F.

For rational CFTs there are finite sets of irreducible representations for the OPEs of the holomorphic and the anti-holomorphic fields. Let the corresponding representation spaces be labelled by V_i, $\bar{V}_j$, where V_0, $\bar{V}_0$ are the basic representations to which the vacuum belongs. Let $V_i \otimes \bar{V}_j$ occur with multiplicity n_{ij} in H. Then

$$Z = \sum_{i,j} n_{ij} \chi_i \bar{\chi}_j,$$

where

$$\chi_i(\tau) = Tr_{V_i}\, q^{L_0 - c/24}$$

and analogously for $\bar{\chi}_j$. This explains eqs. (1), (2).

For the free fermion OPE, we had found a NS representation on a space V_{NS} and a R representation on a space $H_0 \otimes V_R$ where V_{NS}, V_R are spanned by vectors of the form $e_{k_1} \wedge e_{k_2} \wedge \cdots e_{k_n}$ with $k_1 > k_2 > \cdots k_n > 0$ and $e_k = \exp(-ikx)$, with half-integral and integral k, resp. The $\mathbb{Z}_2$ degree of such a vector is 0 for even n and 1 for odd n. The two-dimensional space H_0 has degree 0 and one-dimensional even and odd subspaces. This yields characters

$$\chi_{NS}^{(3,4)} = q^{-1/48} \prod_{r=1/2,3/2,\ldots} (1 + q^r)$$

$$\chi_R^{(3,4)} = 2q^{1/24} \prod_{n=1}^{\infty} (1 + q^n),$$

where we used $c = 1/2$ and in the Ramond case the fact that L_0 has eigenvalue $1/16$ on the ground state. The factor of 2 in $\chi_R^{(3,4)}$ comes from the $\mathbb{Z}_2$ grading.

When we restrict the OPE algebra of the holomorphic free fermion theory to its bosonic part, one obtains the OPE of the $(3,4)$ minimal model. The decomposition of the free fermion characters into irreducible $(3,4)$ characters is given by

$$\chi_{NS}^{(3,4)} = \chi_0^{(3,4)} + \chi_2^{(3,4)}$$

$$\chi_R^{(3,4)} = 2\chi_1^{(3,4)},$$

where

$$\chi_0^{(3,4)} - \chi_2^{(3,4)} = q^{-1/48} \prod_{r=1/2,3/2,\ldots} (1-q^r).$$

The corresponding quantum dimensions are $D_0^{(3,4)} = D_2^{(3,4)} = 1$ and $D_1^{(3,4)} = \sqrt{2}$. If one starts from the bosonic theory, the possibility of a fermionic extension arises, because there is another representation with quantum dimension 1 besides the vacuum representation. The corresponding extended OPE is just the one of the free fermion theory.

Up to phases, the $\chi_i^{(3,4)}$, $i = 0, 1, 2$, are invariant under the subgroup $\Gamma_0(2)$ of the modular group which is given by matrices $\binom{AB}{CD} \in SL(2,\mathbb{Z})$ with even C. When one combines holomorphic and anti-holomorphic parts of the full minimal $(3,4)$ CFT one obtains a torus partition function

$$Z^{3,4} = |\chi_0^{(3,4)}|^2 + |\chi_1^{(3,4)}|^2 + |\chi_2^{(3,4)}|^2 \tag{24}$$

which is invariant under the full modular group.

Apart from their product formulas, $\chi_{NS}^{(3,4)}$ and $\chi_R^{(3,4)}$ also can be written as sums, and this is more important for our present purpose. The spaces V_{NS} and V_R are direct sums of subspaces $V_{NS}(n)$ and $V_R(n)$ spanned by vectors of the form $e_{k_1} \wedge e_{k_2} \wedge \cdots e_{k_n}$ with fixed n. We can put $k_m = k_{m+1} + 1 + s_m$, where $k_{n+1} = b - 1/2$ and $b = 0$ in the NS and $b = 1/2$ in the R case. Then

$$\sum_{m=1}^{n} k_m = n^2/2 + bn + \sum_{m=1}^{n} m s_m.$$

The s_m are independent and take values from 0 to ∞. Thus

$$Tr_{V_R(n)}\, q^{L_0 - 1/16} = \frac{q^{n(n+1)/2}}{(q)_n}$$

and

$$Tr_{V_{NS}(n)}\, q^{L_0} = \frac{q^{n^2/2}}{(q)_n}.$$

Here $(q)_n = (1-q)(1-q^2)\cdots(1-q^n)$ is the so-called q-deformed factorial. For small τ it behaves like $(-2\pi i\tau)^n n!$, which explains the name.

For the (2,5) minimal model, one also finds characters with nice representations as sums and products. The space of all holomorphic fields is spanned by expressions of the form

$$\partial^{m_n} T \ldots \partial^{m_2} T\, \partial^{m_1} T$$

where $m_n \geq \ldots \geq m_1$ and the normal ordering is suppressed. By eq. (22) and $U = 0$ we have

$$T(z)T(w) = -\frac{3}{10}\partial^2 T(w) + O(z-w).$$

Taking derivatives $(\partial_z + \partial_w)^{2n}$ and $(\partial_z + \partial_w)^{2n-1}$ of this equation, one sees that the normal ordered products $N_0(\partial^n T, \partial^n T)$ and $N_0(\partial^n T, \partial^{n-1} T)$ are linear combinations of terms which are simpler in a suitable lexicographical order. One can show that no further linear dependencies exist. Thus the character in the vacuum sector is given by the sum over all expressions of the form

$$q^{2+m_n} \dots q^{2+m_2} q^{2+m_1}$$

where $m_k \geq m_{k-1} + 1$ and $m_1 \geq 0$. Together with the factor $q^{-c/24}$ this yields

$$\chi_0^{(2,5)} = q^{11/60} \sum_{n \in \mathbb{N}} \frac{q^{n(n+1)}}{(q)_n}.$$

In the sector with ground state v and $L_0 v = -v/5$ one finds an analogous formula. Here $L_1 v$ does not vanish, but again terms with $L_n L_n$ and $L_n L_{n-1}$ are linear combinations of simpler terms. Thus the character in this sector is given by the sum over all expressions of the form

$$q^{1+m_n} \dots q^{1+m_1} q^{1+m_1},$$

where $m_k \geq m_{k-1} + 1$ and $m_1 \geq 0$. Together with the factor $q^{-c/24-1/5}$ this yields

$$\chi_1^{(2,5)} = q^{-1/60} \sum_{n \in \mathbb{N}} \frac{q^{n^2}}{(q)_n}.$$

Since the work of Rogers and Ramanujan it is well known that $\chi_0^{(2,5)}$ and $\chi_1^{(2,5)}$ are modular and have the product expansions (4). The partition function

$$Z^{2,5} = |\chi_0^{(2,5)}|^2 + |\chi_1^{(2,5)}|^2 \qquad (25)$$

is invariant under all modular transformations.

The sum forms of the (2,5) characters look very similar to the the free fermion ones. Can they be generalized? In both cases one has expressions

$$\sum_{n \in \mathbb{N}} \frac{q^{an^2/2+bn+h}}{(q)_n},$$

where a characterizes the CFT, and b, h change according to the sector of the theory. When the tensor product of r models is formed, one obtains the product of the corresponding characters, thus

$$\chi = \sum_{n \in \mathbb{N}^r} q^{nAn/2+bn+h}/(q)_n,$$

where now A is a diagonal $r \times r$ matrix, $b \in \mathbb{Q}^r$ and bn is to be understood as scalar product in $\mathbb{Q}^r$. Finally

$$(q)_{n_1,\dots,n_r} = \prod_{i=1}^{r} (q)_{n_i} .$$

As has been mentioned in the introduction, one can find other characters of conformally invariant quantum field of the form (6), but with a non-diagonal matrix A. For the $(2,q)$ minimal models one obtains the Andrews-Gordon generalization of the Rogers-Ramanujan identities, and for $A = 2\mathcal{C}(E_8)^{-1}$ and $\mathcal{C}(E_8)$ the Cartan matrix of E_8 one obtains (5) as an equation for $\chi_0^{(3,4)}$.

To see how the matrices A arise from a given conformal field theory, we have to look at its massive perturbations. This is done in the next section. It needs more physics and leads somewhat beyond the domain of present-day rigorous mathematics. A reader who prefers to accept equation (6) without physical motivation can skip the next section.

3 Integrable Perturbations

To explain the form (6) of characters, the corresponding CFTs have to be understood as limits of more general integrable quantum field theories. The latter are still local, but no longer conformally invariant. They are not under complete mathematical control, though integrability helps a lot. Their partition functions and some properties of their n-point functions are calculable, but the calculations depend on assumptions which are plausible but not proved.

We shall proceed as follows. First we shall discuss the theory of free massive fermions as a perturbation of a conformally invariant theory of massless fermions. Since the theory is free, everything can be calculated exactly with little effort. We shall see that the (3,4) minimal models has perturbations with two parameters, one given by the fermion mass just mentioned, the other one related to E_8. If only the latter one is used, the theory remains integrable, due to the existence of suitable higher conservation laws. Then we sketch the description of the state space of massive theories, the scattering matrices of integrable theories and the Bethe ansatz. The form of the characters (6) will follow and we shall see how the integrable perturbation determines the matrix A, at least in principle. Much more could be done, since the mathematical structure of the integrable theories is very beautiful. Its relations to algebraic K-theory have not been explored yet, however.

Nevertheless, the physical arguments explained in this section can be used as a guide for future mathematical research. Mathematicians who want to follow this lead will have to learn to read some physics textbooks. Thus this section is less self-contained than the others and uses some elementary physics background and terminology, for example from relativistic mechanics.

For free massive fermions the quantization procedure discussed at the beginning of section 2 can be used. The Dirac equation (10) couples ψ_L and ψ_R, so both have to be considered together. Let us first do that in the massless case. We identify the holomorphic field ψ used above with ψ_L. Recall that we use a splitting $V = V_+ \oplus V_-$ of the vector space to be quantized. The space V_- corresponds to the negative Fourier components with respect to time translation, and a correct description of time demands that this is done consistently for all fields. Now for right- and left-movers a given time translation corresponds to opposite space translations. We described the distribution $\langle \psi_L(x)\psi_L(y)\rangle$ as the $\epsilon \to +0$ limit of a function $\langle \psi_L(x)\psi_L(y+i\epsilon)\rangle$, with holomorphic dependence on $y+i\epsilon$. Thus $\langle \psi_R(x)\psi_R(y)\rangle$ is the limit of a function $\langle \psi_R(x)\psi_R(y+i\epsilon)\rangle$ which depends holomorphically on $(-y+i\epsilon)$ or anti-holomorphically on $y+i\epsilon$. The latter description allows us to obtain all distributions $\langle \phi^1(x_1,t_1)\dots\phi^n(x_n,t_n)\rangle$ by analytic continuation of a euclidean n-point function with purely imaginary time components t_k. The limit is taken such that $\Im t_1 < \dots < \Im t_n$.

For the n-point functions we still can use Wick's theorem (8), with $\langle \psi_L\psi_R\rangle = 0$ and

$$\langle \psi_R(z)\psi_R(w)\rangle = (\bar z - \bar w)^{-1}.$$

Since ψ_R is anti-holomorphic in the euclidean description, one usually uses the notation $\psi_R = \bar\psi$. We will follow this notation, though it is somewhat misleading, since ψ_L and ψ_R are independent fields which are both real with respect to the standard anti-involution of F.

Now we consider deformations of a given quantum field theory. We assume that the deformed theories are translationally invariant and have a unique vacuum vector $1 \in H$. We assume that we have euclidean n-point functions which are real analytic, apart from singularities along the partial diagonals. From the latter we read off the operator product expansion. It has the form

$$\phi_i(z)\phi_j(w) = \sum_k f_{ijk}(z-w)\phi_k(w),$$

with real analytic functions $f_{ijk}(z-w)$. We assume rotational invariance, such that every field ϕ_i has a conformal spin s_i analogous to $h_i - \bar h_i$. This means that

$$(z-w)^{s_i+s_j-s_k} f_{ijk}(z-w)$$

only depends on the radial distance $|z-w|$. The dependence on this distance is far more complicated than in the conformally invariant case, however. In particular, the space F of local fields is no longer graded by a conformal dimension $d = h + \bar h$. Nevertheless we assume that at short distance the breaking of conformal invariance is weak. This means that F is filtered by a scaling dimension d, such that

$$|f_{ijk}(z-w)| = o\left(|z-w|^{d_k-d_i-d_j+\epsilon}\right)$$

for all $\epsilon > 0$.

In this way one gets close to an axiomatic definition of general quantum field theories, but one is very far from calculability. Efficient calculations are possible, when a quantum field theory depends differentially on some parameter λ, such that for $\lambda = 0$ all n-point functions are calculable. The deformation away from $\lambda = 0$ is performed by perturbation theory. In our case, the unperturbed theory will be conformally invariant.

In general, the structure of quantum field theories is so restricted that the perturbations of a given theory can be described by points in a low dimensional moduli space. We consider a single parameter λ for ease of notation. The space of fields F should be locally trivializable over the parameter space such that the n-point functions of the deformed theory depend real analytically on λ. The n-point functions are constrained by the requirement that expansions around the diagonals of $\mathbb{C}^n$ does not lead to additional fields.

We have an OPE

$$\phi_i(z)\phi_j(w) = \sum_k f_{ijk}(z-w,\lambda)\phi_k(w).$$

At the conformally invariant point $\lambda = 0$, eq. (15) yields

$$f_{ijk}(z-w,0) = C_{ijk}(z-w)^{h_k-h_i-h_j}(\bar{z}-\bar{w})^{\bar{h}_k-\bar{h}_i-\bar{h}_j},$$

with constant coefficients C_{ijk}. In a first order expansion around $\lambda = 0$ this yields equations

$$\begin{aligned}\partial_\lambda\langle\phi_i(z)\phi_j(w)\dots\rangle = &\sum_k C_{ijk}(z-w)^{h_k-h_i-h_j}(\bar{z}-\bar{w})^{\bar{h}_k-\bar{h}_i-\bar{h}_j}\partial_\lambda\langle\phi_k(w)\dots\rangle\\ &+\sum_k\langle\phi_k(w)\dots\rangle\partial_\lambda f_{ijk}(z-w,0). \qquad (26)\end{aligned}$$

These are consistency equations for the λ-derivatives of the n-point functions and of the OPE functions f_{ijk} at $\lambda = 0$. By eq. (15), the coefficients of these λ-derivatives are homogeneous under scaling, thus one also has a basis of solutions of the consistency equations which is homogeneous under scaling. In other words, we can assume that λ itself has well defined scaling dimension $\delta, \bar{\delta}$. Since the conformal spins $h(\phi) - \bar{h}(\phi)$ are integral and cannot change, one needs $\delta = \bar{\delta}$. We assume $\delta \geq 0$, for a reason which will be explained below.

Now we consider the free massless fermion with components $\psi, \bar{\psi}$ and show that the massive Dirac equation (10) is the only possible deformation. Note that we demand that the deformed theory still has fields $\psi, \bar{\psi}$ which generate all of F by normal ordered products. For non-zero λ the local field $\bar{\partial}\psi$ no longer will vanish, but a priori one will have

$$\bar{\partial}\psi = \lambda\chi^1 + \lambda^2\chi^2 + \dots$$

Comparing scaling dimensions h one finds $1/2 = k\delta + h(\chi^k)$, $1 = k\delta + \bar{h}(\chi^k)$. The only possible solution is $\delta = 1/2$,

$$\bar{\partial}\psi = -i\lambda\bar{\psi},$$

and analogously for $\partial\bar{\psi}$, up to a constant. The reason for the imaginary unit will soon become clear. Note that higher powers of λ cannot occur, since there are no fields χ^k with appropriate dimensions. With a suitable rescaling of the fields the constant can be chosen to be 1 or -1. Since euclidean n-point functions have to go to zero at infinity only the plus sign in $\partial\bar{\partial}\psi = \pm\lambda^2\psi$ is allowed, such that

$$\partial\bar{\psi} = i\lambda\psi.$$

In this way we recover the theory of a free fermion on $S^1\times\mathbb{R}$ which satisfies the Dirac equation (10) with non-vanishing mass $\mu = \lambda$. It can be quantized by the same method as the massless case. The theory is manifestly invariant under space and time translations, thus the 2-point function of the fermion field depends on two variables x, y. It is easily obtainable from the Green's function of $\partial_x^2+\partial_y^2-\mu^2$. On $\mathbb{R}^2$ this is a Bessel function depending on $\mu|z-w|$. More details can be found in any textbook of quantum field theory and will not be given here. Note, however, that the short distance behaviour $z-w\to 0$ is equivalent to the massless limit $\mu\to 0$. If one considers the theory on $S^1\times\mathbb{R}$ instead of $\mathbb{R}^2$, the leading short distance singularities do not changer. This can be understood as a consequence of the locality of the theory.

For general deformations with $\delta\neq 0$, the two-point function will depend real analytically on $\lambda|z-w|^{2\delta}$. For negative δ, the short distance behaviour would be more singular than for the unperturbed theory, and an infinite Taylor expansion in δ would introduce short distance singularities which are stronger than any negative power of $|z-w|$. Presumably this is inconsistent, and in any case it could not be handled by available methods, so we exclude $\delta < 0$. The case $\delta = 0$ includes the deformations within the moduli spaces of the conformally invariant theories themselves. It is particularly important, but not in our context and will not be considered here.

We now need to answer two important questions: How does one classify perturbations with $\delta > 0$ and which of them are integrable? Both questions turn out to be related to the study of derivatives. When a derivative $\bar{\partial}\phi$ is non-zero, one can choose the trivialization of F over the moduli space of the perturbed theory such that relations like $\bar{\partial}\phi = \chi$ between $\phi,\chi\in F$ remain true when λ is varied. When $\bar{\partial}\phi = 0$ for $\lambda = 0$, things are more interesting, however, since holomorphic fields ϕ need not remain holomorphic for $\lambda\neq 0$, as we have seen. Since dimensions are bounded from below, $\bar{\partial}\phi$ is a polynomial in λ. Let us assume that this polynomial is linear, as it was the case for the free fermion fields. In particular this is enforced if the theory is unitary and $\delta > 1/2$. Let $F(h,\bar{h})$ be the space of fields with conformal dimensions $h,\bar{h}$. We define a map

$$\vartheta:\ F(h,0)\to F(h-\delta, 1-\delta)$$

by

$$\bar{\partial}\phi = \lambda\,\vartheta\phi.$$

A particularly important case concerns the energy momentum tensor $T, \bar{T}$. Energy and momentum must be conserved to insure translation invariance in time and space. In the coordinates x, t conservation laws have the form $\partial_t \phi = \partial_x \chi$, since this implies that $\int \phi dx$ is independent of t. Thus one expects

$$\bar{\partial} T = \lambda \partial \Phi$$
$$\partial \bar{T} = \lambda \bar{\partial} \bar{\Phi}.$$

Scaling yields $h(\Phi) = \bar{h}(\Phi) = 1-\delta$ and $h(\Phi) = h(\bar{\Phi})$. The change of momentum is given by $\int (\Phi - \bar{\Phi}) dx$. Since the momentum on S^1 is quantized, this has to vanish, so $\Phi - \bar{\Phi}$ can be written as a derivative with respect to x. For dimensional reasons, this cannot be realized in a non-trivial way, so we need $\Phi = \bar{\Phi}$. The field Φ uniquely characterizes the deformation and each real field Φ with $h(\Phi) = \bar{h}(\Phi) < 1$ generates a possible perturbation with one parameter λ. Thus we have classified the massive deformations of a CFT. For the perturbation of the free fermion theory considered above one finds $\Phi = N_0(\psi\bar{\psi})/2$, as we shall see.

Integrable theories are characterized by conserved quantities, so we are interested in more holomorphic fields which behave like T. In other words, we want to find fields for which the image of the map ϑ lies in $\partial F(h-1-\delta, 1-\delta)$. In particular, this is true for the fields of the form $\partial \phi$ with $\phi \in F(h-1, 0)$, but these fields yield no conserved quantities, since $\int \partial_x \phi \, dx = 0$. Conversely, every field with vanishing integral over S^1 is of this form.

Put $D(h, \bar{h}) = \dim F(h, \bar{h})$ and

$$\Delta(h) = (D(h,0) - D(h-1,0)) - (D(h-\delta, 1-\delta) - D(h-1-\delta, 1-\delta)).$$

When $\Delta(h) > 0$, the subspace of $F(h,0)/\partial F(h-1,0)$ for which the image of ϑ lies in $\partial F(h-1-\delta, 1-\delta)/\partial \vartheta F(h-1,0)$ has at least dimension $\Delta(h)$. We have seen that this subspace yields conserved quantities in the perturbed theory. This is Zamolodchikov's counting argument.

In the $(3,4)$ minimal model with partition function (24) there are two fields with $h = \bar{h} < 1$, namely $\psi\bar{\psi}$ and a field with conformal dimensions $(1/16, 1/16)$. The latter can be used for a perturbation with $\delta = 15/16$. The $D(h, \bar{h})$ are known from eq. (24) and one finds conserved quantities corresponding to holomorphic fields of dimensions $h_i = 2, 8, 12, 14, 18, 20$. For $h_i = 2$ this is just the energy-momentum, but the higher conserved quantities yield an integrable theory. The relation to the Coxeter exponents $1, 7, 11, 13, 17, 19, 23, 29$ for E_8 is obvious, and there are strong arguments for the existence of conservation laws for fields of conformal spin $m_i + 30n + 1$, where m_i is an E_8 Coxeter exponent and $n \in \mathbb{N}$ [Z89; Z91]. Note that 30 is the Coxeter number of E_8.

The conservation laws of the theory of free massive fermions follow the same pattern. In this case Zamolodchikov's counting argument does not apply.

Since μ has dimensions $(1/2, 1/2)$ and the perturbation of a conservation law $\bar{\partial}\phi = 0$ yields

$$\bar{\partial}\phi = \mu\chi^1 + \mu^2\chi^2,$$

with $h(\chi^2) = h(\phi) - 1$ and $\bar{h}(\chi^2) = 0$. Thus it is not sufficient that χ^1 is a derivative field. Instead, one can use the fact that the theory is free to find explicit conservation laws. One writes the relevant cases of the OPE in the form

$$\partial^m\psi(z)\partial^n\psi(w) = \langle\partial^m\psi(z)\partial^n\psi(w)\rangle\, I + :\partial^m\psi\partial^n\psi:(w) + o(|z-w|^0),$$

and analogously for $\bar{\psi}$. In the limit $\mu = 0$, the normal ordering by :: coincides with N_0. Since $\partial^n\psi \in F_f$ one has $:\partial^n\psi\partial^n\psi := 0$ and consequently for $n \geq 1$

$$\bar{\partial} : \partial^n\psi\partial^{n+1}\psi := \mu^2 : \partial^{n-1}\psi\partial^{n+1}\psi := \mu^2\partial : \partial^{n-1}\psi\partial^n\psi : .$$

For $n = 0$ one finds

$$\bar{\partial} : \psi\partial\psi := -i\lambda\partial : \bar{\psi}\psi :,$$

that is $\bar{\partial}T = \lambda\Phi$, where

$$\Phi = \frac{i}{2} : \bar{\psi}\psi : .$$

Thus we have conserved quantities for fields of conformal spin $m + 2n + 1$, where $n \in \mathbb{N}$, $m = 1$ is the unique Coxeter exponent of A_1 and 2 is the Coxeter number of A_1. Thus the pattern of conserved quantities is analogous to the E_8 perturbation. For arbitrary ADE Lie algebras X one expects such a pattern for a perturbation of the theory with field space $\tilde{F}^2_X$ discussed in the previous section.

We now could go on to the description of the Bethe ansatz for calculations in integrable massive theories, but let us digress briefly to see how perturbed n-point functions are calculated. The main purpose of the digression is to convince mathematicians that quantum field theory may be difficult, but is certainly no black art. The eqs. (26) form a huge system, but conjecturally all solutions are known. There is a big space of trivial solutions, which just comes from the possibility to relabel the fields by acting with some λ-dependent elements of $GL(F)$. Surprisingly, this will turn out to be important, but of course we are only interested in solutions modulo the trivial ones. The interesting solutions are the ones obtained from the fields Φ considered above. Not much details will be given, but the reader can check the result for the free massive fermion, (by Wick's theorem, the n-point functions of $\psi, \bar{\psi}$ are determinants of two-point functions, so it is sufficient to study the latter).

One would like to put

$$\partial_\lambda\langle\phi_1(x_1)\cdots\phi_n(x_n)\rangle = \int dx\langle\Phi(x)\phi_1(x_1)\cdots\phi_n(x_n)\rangle, \tag{27}$$

since one needs an expression which is linear in Φ and preserves translational invariance and locality. In general, however, the integral on the right hand side is divergent at the partial diagonals $x = x_i$, $i = 1, \ldots, n$, and at infinity. Divergences at infinity are global effects and indicate that the 1-point functions do not depend real analytically on λ. A simple case is given by free fermions, where Green's function of $\partial_x^2 + \partial_y^2 - \mu^2$ on $\mathbb{R}^2$ depends logarithmically on μ. The problem disappears, when $\mathbb{R}^2$ is replaced by a cylinder or a torus. In principle, one can take the cylinder radius to infinity to recover $\mathbb{R}^2$, after a suitable rewriting of the perturbation series.

To handle the other divergences, we exclude some ϵ-neighbourhood of the partial diagonals the domain of integration and denote the integral over the complement of this domain by $\int_\epsilon$. For finite ϵ, locality is broken, so a limit $\epsilon \to 0$ is necessary, but to achieve convergence we need renormalisation.

To formulate perturbation theory in the presence of regularisations, we have to give a differential structure to the space of quantum field theories with a given vector space of fields F. Let $\mathbb{C}_n$ be the space $\mathbb{C}^n$ minus its partial diagonals. Let $\mathfrak{F}_n$ be the space of functions $\mathbb{C}_n \times F^n \to \mathbb{C}$ which are linear in F^n, real analytic in $\mathbb{C}_n$ and have sufficiently good behaviour close to the partial diagonals and at infinity. A quantum field theory defines an element in $\mathfrak{F} = \oplus_n \mathfrak{F}_n$. Suppose that the quantum field theory depends on some parameter space Π and that the map $\Pi \to \mathfrak{F}$ is differentiable. Perturbation theory is supposed to give the map $T\Pi \to T\mathfrak{F}$ and its generalization to higher order jets.

This description is not quite right yet. The elements of $GL(F)$ act on $\mathfrak{F}$ in a natural way. This does not lead to new quantum field theories, just to a reparametrisation of one and the same theory. Let $T_0\mathfrak{F}$ be the subspace of $T\mathfrak{F}$ given by the $GL(F)$ action. Then in general we only can expect that the map $T\Pi \to T\mathfrak{F}/T_0\mathfrak{F}$ is natural.

In the example of massive fermions, Π is the positive real axis with parameter μ, and the one-dimensional vector space $T\Pi$ is generated by $\Phi =: \bar{\psi}\psi : /2$. More generally, it should be possible to identify $T\Pi$ with the real fields for which $h = \bar{h} \leq 1$. For a field Φ of this kind, we denote the corresponding element of $T\mathfrak{F}$ at $f \in \mathfrak{F}$ by $\partial_\Phi f$.

Let P be the projection of $T\mathfrak{F}$ to $T\mathfrak{F}/T_0\mathfrak{F}$. Then

$$P\,\partial_\Phi \partial\langle\phi_1(x_1)\cdots\phi_n(x_n)\rangle = \lim_{\epsilon\to 0} P\int_\epsilon dx\langle\Phi(x)\phi_1(x_1)\cdots\phi_n(x_n)\rangle$$

yields a natural candidate for a map $TL \to T\mathfrak{F}/T_0\mathfrak{F}$. Due to the OPE expansions for $\Phi\phi_k$ the right hand side is well defined. Indeed, the problems with convergence come from the most singular terms of the OPE, and the latter can be subtracted without changing the projection. In other words, one can find $\gamma(\epsilon) \in End(F)$ such that

$$\lim_{\epsilon \to 0} \int_\epsilon dx \ \Big(\langle \Phi(x)\phi_1(x_1)\cdots\phi_n(x_n)\rangle \\ -\langle (\gamma(\epsilon)\phi_1)(x_1)\cdots\phi_n(x_n)\rangle - \ldots \\ -\langle \phi_1(x_1)\cdots(\gamma(\epsilon)\phi_n)(x_n)\rangle \Big)$$

converges. The renormalisation just introduced is called wave function renormalisation. It only is sufficient for first order perturbation. For higher orders one has to take into account that the perturbing field Φ has to be renormalised itself. Higher order perturbation is non-unique, since one can perturb along arbitrary curves in Π. When we choose a flat connection on $T\Pi$, we can identify Π itself with a subspace of F, at least locally, such that one can perturb along straight lines. Such a connection is called a renormalisation scheme.

End of the digression, we now come to the Bethe ansatz. First we have to introduce the scattering matrices of integrable quantum field theories. The discussion will be very brief, a good pedagogical account is [D98]. In our treatment of conformally invariant theories in two space-time dimensions we first considered systems on a circle with circumference L. Because of scaling invariance, all values of L are equivalent, so we put $L = 2\pi$. When a perturbation introduces a mass parameter μ, the physics depends on the product μL. We are particularly interested in the scale invariant limit $\mu \to 0$ or equivalently $L \to 0$. Nevertheless, we also have to study the opposite limit $L \to \infty$, for which the space-time becomes $\mathbb{R}^2$. In this limit our systems is invariant under Lorentz transformations, which greatly simplifies the analysis. The scattering matrix is defined in this situation, which we will consider now.

The symmetry group of $\mathbb{R}^2$ with metric $dt^2 - dx^2$ is the Poincaré group. The massive Dirac equation and the corresponding free field theory are invariant under this group, and we require invariance for all quantum field theories on $\mathbb{R}^2$. We have to consider the translations and the group of Lorentz transformations $SO(1,1)$, which is isomorphic to the additive group $\mathbb{R}$. The eigenvalues of the time and space translations are energy and momentum, which we denote by (ω, k). On irreducible representations of the Poincaré group, $\omega^2 - k^2$ is constant. Because of locality, we do not want velocities k/ω which are greater than 1 (the velocity of light). Thus we need $\omega^2 - k^2 = m^2 \geq 0$. We introduce a mass gap $\mu > 0$, such that $m \geq \mu$ for all states occurring in the theory, apart from the vacuum. This is in contrast to CFTs which have many states with $m = 0$. In our case we can parametrize energy-momentum as

$$(\omega, k) = m(\cosh\theta, \sinh\theta).$$

Lorentz transformations act additively on θ, such that the irreducible Poincaré representations are naturally isomorphic to the space of square integrable functions on the real line with parameter θ. They are called one-particle spaces and interpreted as state spaces of a particle with mass m. When one has a conserved field ϕ with conformal spin s such that $\bar\partial\phi = \partial\chi$, the action of the corresponding conserved quantity on the state space is given by

$$f(\theta) \to a \exp((s-1)\theta) f(\theta),$$

where the quantum number a depends on the particle type. For the component T of the energy-momentum tensor one has $s = 2$ and a conserved quantity $\omega + k$, for $\bar{T}$ the conserved quantity is $\omega - k$. Thus one of the quantum number arising from conservations laws is the particle mass.

Since matter with non-zero mass cannot move at the velocity of light, and velocity now has a purely continuous spectrum, we expect that after a sufficiently long time any state of finite energy will separate into particles which move at different velocities. Thus at large times one can count the number of particles and determine their types. We assume that there is a finite number r of particle types and index them by a set I. For each $i \in I$ we have a mass m_i and a corresponding one-particle space H_i^1, with a natural isomorphism to $\mathcal{L}^2(\mathbb{R})$ described above.

Let

$$H^1 = \oplus_{i \in I} H_i^1 .$$

At large times, particles will be ordered according to their rapidities. Accordingly, let $T_>(H^1)$ be the subspace of the tensor algebra $T(H^1)$ for which the order of the rapidities corresponds to the order in the tensor products. It is more conventional to use symmetric and exterior products, depending on the statistics of the particles. For interacting particles in one space dimension the use of Bose or Fermi statistics is less natural than for interacting ones, however. One cannot exchange two particles without moving one through the other, so it is difficult to disentangle effects of statistics and interaction. Indeed, we will have to consider more general cases than Bose and Fermi statistics. In our context, statistics does not matter, since the partial diagonals of velocity space have measure 0 and ΛH_i^1 and SH_i^1 are isomorphic to $T_>(H^1)$.

In our description, the behaviour at large negative and large positive times yields isomorphisms

$$H \simeq \otimes_{i \in I} T_>(H^1).$$

Combining the two isomorphisms yields a unitary transformation

$$S : \otimes_{i \in I} T_>(H^1) \to \otimes_{i \in I} T_>(H^1),$$

called the scattering matrix. States with 0 and 1 particles are invariant under S, so S transforms multiparticle states to multiparticle states. In general, the scattering of two particles can produce arbitrarily many particles. Suppose, however, that one has a conserved field with conformal spin s. On states with momenta θ_n and particle types $i_n \in$ i the eigenvalue of the corresponding conserved quantity is

$$\sum_n a(i_n) \exp((s-1)\theta_n)$$

and does not change by the scattering. Correspondingly, in integrable theories the number of particles, the rapidities θ_n and the quantum numbers $a(i_n)$ do not change in the scattering process.

In more than one space dimension integrable theories have to be free. Indeed, consider a situation where two particles pass each other at a large distance. Either they do not influence each other at all, in which case the theory is free, or one will see a small change in the direction of motion. When there is a single space dimension (i.e. two spacetime dimensions), many non-free integrable models are known.

If two particle types i, j of an integrable theory have identical quantum numbers $a(i) = a(j)$, in particular equal masses, scattering processes may transform one into the other. Theories of this kind are very interesting, but will not be considered here. We will assume that the conserved quantum numbers uniquely specify the particle type.

In any quantum field theory, n-particle scattering will approximately factorize into a product of 2-particle scatterings, when at any given time at most two particles get close. In integrable theories this factorization is exact and remains true for all elements of H. Indeed, the symmetry operations given by the higher conserved quantities can be used to translate the particles by arbitrary distances. Thus the scattering matrix of an integrable theory with non-degenerate masses is determined by its restriction to

$$S_{ij} : \; H_i^1 \otimes H_j^1 \to H_j^1 \otimes H_i^1 ,$$

more precisely to the subspace with $\theta_1 > \theta_2$. When the one-particle spaces are identified with $\mathfrak{L}^2(\mathbb{R})$, the action of S_{ij} is diagonal and given by a function $S_{ij}(\theta_{12})$, with $\theta_{12} = \theta_1 - \theta_2$. By unitarity, $|S_{ij}(\theta_{12})| = 1$. Instead of θ_{12}, another natural variable is $\cosh(\theta_{12})$, since $m_1 m_2 \cosh(\theta_{12}) = \omega_1\omega_2 - k_1 k_2$.

In terms of a Schrödinger wave function, a state with two particles of types i, j with momenta k_1, k_2 and rapidities $\theta_1 > \theta_2$ is described by

$$\Psi(x_1, x_2) = \exp(ik_1x_1)\exp(ik_2x_2)$$

for $x_1 \ll x_2$ and by

$$\Psi(x_1, x_2) = \exp(i\delta_{ij}(\theta_{12})\exp(ik_1x_1)\exp(ik_2x_2)$$

for $x_1 \gg x_2$. Exchanging the particle labeling yields

$$\delta_{ij}(\theta) = -\delta_{ji}(-\theta) \mod 2\pi\mathbb{Z}, \tag{28}$$

at least for bosonic particles. For $\theta_1 > \theta_2$ one has

$$S_{ij}(\theta_{12}) = \exp\left(i\delta_{ij}(\theta_{12}\right),$$

since the region $x_1 \ll x_2$ dominates for large negative and the region $x_1 \gg x_2$ for large positive times. At finite time there is no singularity for $\theta_1 = \theta_2$, so we expect δ_{ij} to be real analytic functions for all $\theta \in \mathbb{R}$. At fixed θ, the value of δ_{ij} is only determined up to a multiple of 2π, but differences $\delta_{ij}(\theta) - \delta_{ij}(\theta')$ are uniquely defined real numbers, since δ_{ij} is continuous. We can fix δ_{ij} by a normalisation at infinite rapidity. Scattering at large rapidity difference probes the short distance behaviour of the interaction. At short distance, our $\delta > 0$ perturbations become CFTs, for which there is no scattering. Thus we can put $\delta_{ij}(+\infty) = 0$. Then eq. (28) yields

$$\delta_{ij}(\theta) + \delta_{ji}(-\theta) + 2\pi A_{ij} = 0, \tag{29}$$

where A is a symmetric $r \times r$ matrix with $A_{ij} = -\delta_{ij}(-\infty)/(2\pi)$. From the preceding argument one expects $A_{ij} \in \mathbb{Z}$, but one can incorporate exotic statistics by admitting non-integral values.

For a given integrable theory, we can assume the particle spectrum and the scattering matrix to be known. In particular, the derivatives of the δ_{ij} are rational functions of $\cosh(\theta)$. In integrable theories which are invariant under space reflections, the scattering matrix elements have the form

$$S_{ij}(\theta) = \prod_{x \in Q_{ij}} \frac{\sinh((\theta + i\pi x)/2)}{\sinh((\theta - i\pi x)/2)},$$

with finite set $Q_{ij} \subset \mathbb{R}$. When the theory tends to a rational CFT at short distance, one even hast $Q_{ij} \subset \mathbb{Q}$. We will see that these Q_{ij} determine in a direct way the matrix A in (6) and thus the central object of our study. In principle the converse should be true, too. Indeed A should characterize a CFT and an integrable perturbation which reproduces the Q_{ij}. It would be nice to find an algorithm which gives the result in a more direct way.

For integrable theories, systems of particles on a circle of circumference L can be described by the Bethe ansatz. One extends the previous description of the Schrödinger wave function to small distances and looks at its phase change when one follows one particle position around the circle. Let us consider particles of types $i(1), i(2), \ldots$ with momenta $k_1, k_2, \ldots$. When the particles do not interact, each one can be described by a wave function $\exp(ik_m x)$. The k_m are quantized in a simple way, since kL must be an integral multiple of 2π, or a half-integral multiple for fermions in the NS case. When the phase changes are taken into account one finds

$$k_m L + \sum_{n \neq m} \delta_{i(m)i(n)}(\theta_{mn}) = 2\pi N_m,$$

where in the bosonic case the N_m must be integral. By eq. (29) the quantization of the total momentum is not affected by the interaction, as long as the A_{ij} are integral. The Bethe ansatz is supposed to become exact for $L \to \infty$, up to terms of order $\exp(-\mu L)$. Leading corrections can be calculated. We shall use the ansatz for $L \to 0$. At least in particular models, the Bethe ansatz yields the correct scattering matrix in this limit, too [LM91, p. 676], for reasons which are not well understood. But if we work with this assumption, things become very easy.

For small L, the rapidities of right and left movers are of the order $\pm \log(2\pi |N_m|/L)$, respectively. Thus for scattering processes between a left and a right mover the rapidity difference becomes infinite for $L \to 0$, whereas for two right- or two left-movers it becomes independent of L. Thus right movers and left movers decouple, except for statistical effects. For example, one may need a total fermion number which is even, or the right and left NS and R sectors may be coupled, as in the partition function (24).

We have seen that in one space dimension, bosons and fermions cannot be distinguished in the usual way, but a dynamical distinction is possible. For single NS fermion states, the momentum should be a half-integral multiple of $2\pi/L$. In this sense, one even can interpolated between bosonic and fermionic behaviour, by demanding that for a particle of type $i(m)$ one has

$$N_m \equiv b_i \bmod \mathbb{Z},$$

with arbitrary b_i. Values of b_i which are neither integral nor half-integral imply exotic statistics. If such particles occur, one needs a balance between left and right to obtain integral total momentum (up to a factor $2\pi/L$). To obtain a rational CFT in the $L \to 0$ limit, one needs of course $b_i \in \mathbb{Q}$. Similar remarks apply to A_{ij}.

It seems that for a given set of N_m, the θ_i are fixed uniquely. Nevertheless, the Bethe ansatz is incomplete, since the range of the N_m is not specified. Let us assume that for particles of type i all values $N \geq b_i$ are allowed. Then we can evaluate the partition function and its split into holomorphic and antiholomorphic characters in the CFT limit $L \to 0$. In this limit the interaction between left and right movers should vanish, since the rapidity difference for any pair of right and left movers is of order $-\log(\mu L)$. Among right movers, energy and momentum can be identified, so after rescaling the energy is given by $\sum_m k_m L/2\pi$, where the sum only extends over positive k_m. Thus the energy shift due to the interaction is given by

$$-\sum_{n \neq m} \delta_{i(m),i(n)}(\theta_{mn})/2\pi = \frac{1}{2}\sum_{ij} n_i A_{ij} n_j$$

when there are n_i particles of type i. Summing over the possibilities for the N_m yields the form (6) for the corresponding character, up to a shift $h - c/24$ of the ground state energy.

When we have Fermi statistics for particles of type i, such that N_m, N_k have to be different when $m \neq k$ but $i = i(m) = i(k)$, a term $n_i(n_i - 1)/2$ is added to the energy, which can be absorbed by a redefinition of A, b.

The matrix A is given by the local interaction behaviour, but b is a global quantity which can be different in different sectors of the theory. When $A_{ij} \notin \mathbb{Z}$ for some i, j or $b_i - A_{ii}/2 \notin \mathbb{Z}$ for some i, one gets a character which does not transform homogeneously under $\tau \mapsto \tau + 2\pi$. Nevertheless, in many cases one finds acceptable partition functions by averaging sums $\sum_{ij} n_{ij}\chi_i\bar{\chi}_j$ over the translations $\tau \mapsto \tau + 2\pi n$, $n \in \mathbb{Z}$. This averaging projects out states with exotic values of the total momentum. Thus eq. (6) has been explained, at least in an intuitive way.

4 The connection to algebraic K-theory

The preceding discussions indicate that the search for modular functions of the form

$$\chi = \sum_{n\in\mathbb{N}^r} \frac{q^{nAn/2+bn+h-c/24}}{(q)_n}$$

with a rational symmetric $r \times r$ matrix A, $h \in \mathbb{Q}$ and $b \in \mathbb{Q}^r$ will be very interesting. To assure convergence, we will assume that A is positive.

The requirement that χ is modular imposes strong restrictions on A, b, h. In this article we will not consider the restrictions on b. In any case, the CFTs under consideration have a unique A, whereas different representations of the OPE of F_{hol} yield sectors with different b, h.

Recall that $q = \exp(2\pi i/\tau)$ and $\tilde{q} = \exp(-2\pi i/\tau)$. According to eq. (3), a modular character can be written as a sum over terms $\tilde{q}^k$, with real and rational k. Let us check how χ behaves at small τ, where the dominant contribution should come from $k = -c_{\text{eff}}/24$.

For ease of notation we first consider the case $r = 1$, but generalisation to arbitrary r will be immediate. We have

$$\chi = \oint_C \sum_{n\in Z} q^{nAn/2+bn+h}\, x^{-n} \sum_{m\in\mathbb{N}^r} \frac{x^m}{(q)_m} \frac{dx}{2\pi i x}$$

where the path C is a small circle around the origin. The first factor of the integrand can be evaluated by Poisson summation,

$$\begin{aligned}
&\sum_n q^{nAn/2+bn+h}\, x^{-n} \\
&\quad = \sum_m \int_n \exp\left(2\pi i\left(\tau(nAn/2+bn+h) - n(u-2\pi i m)\right)\right) dn \\
&\quad = (i\tau A)^{-1/2} \sum_m \exp\left(-\frac{(u-2\pi i m)A^{-1}(u-2\pi i m)}{4\pi i\tau} + O(\tau^0)\right),
\end{aligned}$$

where $u = \log x$. The integral over x and the sum over m can be combined into an integral over the simply connected cover of C, which yields an integral over u along a parallel of the imaginary axis.

For the second factor one we have the explicit form

$$\sum_{m\in\mathbb{N}} \frac{x^m}{(q)_m} = \prod_{n\in\mathbb{N}} (1-xq^n)^{-1}.$$

When q is close to 1, we can approximate the products over n by integrals:

$$\log \prod_{n\in\mathbb{N}} (1-xq^n)^{-1} \sim -\int_0^\infty dn \log(1-xq^n) = -Li_2(x)/2\pi i\tau.$$

The integral over u can be evaluated by the saddle point approximation. Vanishing of the derivative of

$$\frac{uA^{-1}u}{2} + Li_2(x_i)$$

yields

$$A^{-1}u = v$$

where $v = \log(1-x)$. Exponentiation yields [1]

$$x = (1-x)^A. \tag{30}$$

Since A is positive, the right hand side of this equation equals 1 for $x = 0$ and 0 for $x = 1$. The left hand side behaves in the opposite way, such that the equation has a real solution with $0 < x < 1$. Moreover, x is algebraic and the corresponding Rogers dilogarithm $L(x)$ is demanded to be rational.

Altogether we obtain

$$Z \sim \tilde{q}^{-k},$$

where $k = L(x)/(4\pi^2)$ and

$$L(x) = \frac{uv}{2} + Li_2(x)$$

is the Rogers dilogarithm. Since $k = c_{\text{eff}}/24$ we have

$$c_{\text{eff}} = \frac{L(x)}{L(1)}.$$

Now x is algebraic and k must be rational. As explained in Zagier's talk, this happens for three cases only, namely $A = 1$, $A = 2$ or $A = 1/2$. They correspond to $c_{\text{eff}} = \frac{1}{2}, \frac{2}{5}, \frac{3}{5}$, resp. All of them turn out to be realized in minimal models. Recall that $c = 1 - 6(p-q)^2/pq$ for the (p,q) model. The formula for c_{eff} is similar, one has $c_{\text{eff}} = 1 - 6/pq$. The models with $q - p = 1$ are unitary. The cases $A = 1$ and $A = 2$ correspond to the free fermion and the $(2,5)$ minimal model and have been discussed in detail in section 2. The case $A = 1/2$ yields the $(3,5)$ minimal model with $c_{\text{eff}} = 3/5$.

Now let us consider higher r. We have

$$\chi = \oint_C \sum_{n\in Z} q^{nAn/2+bn+h} X^{-n} \sum_{m\in\mathbb{N}^r} \frac{X^m}{(q)_m} \prod_{i=1}^{r} \frac{dx_i}{2\pi i x_i},$$

where the path C now is a Cartesian product of small circles around the origin. We use the notation $X^m = \prod_i x_i^{m_i}$ and analogously for X^{-n}. As before, Poisson summation of the first factor yields

[1] In [Z03] this is equation (25), with $Q_i = 1 - x_i$.

$$\chi \sim \int \exp\left(-\frac{UA^{-1}U/2 + \sum_i Li_2(x_i)}{2\pi i\tau}\right) \prod_{i=1}^{r} du_i \,,$$

where $U = (u_1, \ldots, u_r)$ and $x_i = \exp(u_i)$.

When we apply the saddle point method, vanishing of the derivatives of $UA^{-1}U/2 + \sum_i Li_2(x_i)$ yields

$$A^{-1}U = V,$$

where $V = (v_1, \ldots, v_r)$ and $\exp(v_i) + \exp(u_i) = 1$.

The Riemann surface

$$\hat{\mathbb{C}} = \{(u, v) \in \mathbb{C} \mid \exp(u) + \exp(v) = 1\}$$

already appeared in Zagier's talk. We complete $\hat{\mathbb{C}}$ at $u = 0$ and $v = 0$ by adjoining the points $(0, \infty)$ and , which will be useful for bookkeeping. Values of functions at these points will be assigned when the functions have a unique limit.

When the integration path for Z is deformed, several saddle points may appear. They all have to satisfy the equation $U = AV$, $(U, V) \in \mathbb{C}^r$. The corresponding contribution to Z is proportional to $\tilde{q}^{-k}$, where up to an integral summand

$$k = \sum_{i=1}^{r} L(u_i, v_i)/(4\pi^2).$$

Here the function

$$L : S \to \mathbb{C}/\mathbb{Z}(2)$$

is the analytic continuation of Rogers dilogarithm discussed by Zagier. It can be characterized by $L(\infty, 0) = 0$ and

$$dL = (udv - vdu)/2.$$

and has the properties

$$\begin{aligned} L(0, \infty) &= \frac{\pi^2}{6} \\ L(u + 2\pi i, v) &= L(u, v) + \pi i v \\ L(u, v + 2\pi i u) &= L(u, v) - \pi i u. \end{aligned}$$

The multivaluedness of L arises from the residues of $d(L + uv/2) = udv$. Since $dv = du/(\exp(u) - 1)$, these residues are multiples of $2\pi i$. The notation $\mathbb{Z}(2)$ stands for $(2\pi i)^2\mathbb{Z}$ and serves as a reminder the the proper context should be the theory of motives.

Let $[\hat{\mathbb{C}}]$ be the free abelian group with basis $[(u, v)]$ for $(u, v) \in \hat{\mathbb{C}}$. We extend L to a linear function on $[\hat{\mathbb{C}}]$. Elements of $[\hat{\mathbb{C}}]$ will be denoted by

(U, V). The effective central charge given by the solutions of out equation $U = AV$ is

$$c_{\text{eff}} = \frac{6}{\pi^2} L(U, V) \mod 24\mathbb{Z}$$

for the dominant saddle point (U, V), whereas the other saddle points yield

$$c - 24h_i = \frac{6}{\pi^2} L(U, V) \mod 24\mathbb{Z}$$

for other conformal weights h_i of the CFT.

There is an infinite number of solutions of $U = AV$, and we have to consider the corresponding values of $L(U, V)$. After exponentiating the equation we obtain the algebraic equations

$$x_i = \prod_{j=1}^{r} (1 - x_j)^{A_{ij}}.$$

As long as these equations are independent, they only yield a finite number of solutions. Solutions of $U = AV$ which yield the same x_i are related by

$$U' = U + 2\pi i m$$
$$V' = V + 2\pi i n,$$

$m, n \in \mathbb{Z}^r$, where $m = An$. We have

$$L(U', V') = L(U, V) + \pi i(mV - nU) + 2\pi^2 mn.$$

Since A is symmetric, $mV - nU = nA^t V - nAV = 0$. We call A even whenever $m = An$, $m, n \in \mathbb{Z}^r$ implies that mn is even. In this case

$$L(U', V') = L(U, V) \mod Z(2).$$

In general we have $2L(U', V') = 2L(U, V) \mod Z(2)$.

Now we will introduce the extended Bloch group $\hat{B}(\mathbb{C})$ as subquotient of $[\hat{\mathbb{C}}]$ [N93; N03]. On the latter group we have a natural linear map $\sigma : [\hat{\mathbb{C}}] \to \mathbb{C} \otimes_{\mathbb{Z}} \mathbb{C}$ induced by

$$\sigma(u, v) = u \otimes_{\mathbb{Z}} v \; - \; v \otimes_{\mathbb{Z}} u,$$

$\sigma(0, \infty) = \sigma(\infty, 0) = 0$. Let $\mathcal{P}$ be the kernel of this map. We define

$$\hat{B}(\mathbb{C}) = \mathcal{P}/\mathcal{P}_0,$$

where the subgroup $\mathcal{P}_0$ of $\mathcal{P}$ is generated by all elements of the forms

$$(u, v) + (v, u) - (0, \infty)$$
$$(u - 2\pi i, v) + 2(u - v - \pi i, -v) + (u, v)$$
$$\sum_{i=1}^{5} (u_i, v_i) - 2(0, \infty),$$

where in the last line

$$u_i = v_{i-1} + v_{i+1} \quad \text{for} \quad i = 1, \dots 5$$

and $v_0 = v_5, v_1 = v_6$ for cyclic symmetry. The first two lines correspond to $[x]+[1-x]=0$ and $2[1-x]+2[1-x^{-1}]=0$ in $B(\mathbb{C})$, the last to the five-term relation. The elements in $\mathcal{P}_0$ are all annihilated by L, as one can prove easily by differentiation. In particular, the five-term identity asserts

$$\sum_{i=1}^{5} L(u_i, v_i) = \frac{\pi^2}{3}. \tag{31}$$

Thus we can consider L as a map $L : \hat{B}(\mathbb{C}) \to Z/Z(2)$. Note that the obvious involution of $\mathcal{P}$ which is induced by $(u,v) \mapsto (v,u)$ is not an involution of $\mathcal{P}_0$. Instead we have $L(u,v) = L(0,\infty) - L(v,u)$.

The Bloch group is of relevance for us, since due to the symmetry of A all solutions of $U = AV$ yield elements $(U,V) \in \mathcal{P}$. Since $\hat{B}(\mathbb{C})$ is less well understood that $B(\mathbb{C})$ we want to relate it to the latter group. We have seen that there is a map $\hat{B}(\mathbb{C}) \to B(\mathbb{C})$ given by $(U,V) \mapsto \sum_i [x_i]$, where $U = (u_1, u_2, \dots)$ and $x_i = \exp(u_i)$. We will see that this map is surjective up to torsion, i.e. the cokernel of the map contains only elements of finite order.

Let $\sum_i [x_i] \in B(\mathbb{C})$ and $y_i = 1 - x_i$. Then the element $\sum_i x_i \times y_i \in [\mathbb{C}^* \times \mathbb{C}^*]$ must lie in the subgroup generated by elements of the form $[z_m \times z_n] + [z_n \times z_m]$ and $\sum_m r_m [z_m \times z_n]$, where $\prod_m z_m^{r_m} = 1$. Thus

$$\sum_i [x_i \times y_i] = \sum_{m,n} C_{mn} [z_m \times z_n],$$

where

$$C_{mn} = R_{mk} F_{kn} + G_{mn},$$

R, F, G are integral matrices, G is even and for all k

$$\prod_m z_m^{R_{mk}} = 1.$$

Note that the x_i, y_i must be among the z_m. Now we choose logarithms w_m of the z_m, including u_i for x_i and v_i for y_i. Thus

$$\sum_m R_{mk} w_m = 2\pi i q_k$$

for all k and integral q_k. By choosing different logarithms, we can change the vectors (q_k) by integral linear combinations of the (R_{mk}), $m = 1, 2, \dots$. We have

$$N \sum_i \sigma[u_i \times v_i] = \sum_{kn} N q_k F_{kn} \sigma[2\pi i \times w_n],$$

for $N \in \mathbb{N}$. After choosing N such that (Nq_k) is a linear combinations of the (R_{mk}), one can change the choice of the logarithms, in general in different ways for the N copies, such that the r.h.s. vanishes. Thus $N[x_i]$ lies in the image of $\hat{B}(\mathbb{C})$ in $B(\mathbb{C})$.

The linear map on $[\hat{\mathbb{C}}]$ induced by $(u,v) \mapsto (u\bar{v} - v\bar{u})$ factors through the wedge product. Thus $\mathcal{P}$ is contained in its kernel. The value $D(\exp(u))$ of the Bloch-Wigner function D discussed in Zagier's talk is the imaginary part of $L(u,v) - (u\bar{v} - v\bar{u})/4$. Thus on $\hat{B}(\mathbb{C})$ the imaginary part of L coincides with D, but the real part yields new information. When $\Im L(U,V) \neq 0$, then $L(U,V)$ and consequently (U,V) have infinite order. For $B(\mathbb{C})$ there is a converse to this statement. Since $B(\mathbb{C}) = B(\bar{Q})$ we can restrict ourselves to algebraic numbers. When $\sum_i n_i[x_i] \in B(K)$ for some algebraic number field K and D yields 0 for this element and all its Galois conjugates, then the element is of finite order, see [DZ91], section 2. Presumably this also is true for preimages of such elements in $\hat{B}(\mathbb{C})$.

Now we consider our saddle points (U,V) with $U = AV$. Since A is symmetric, we have $\sum_k u_k \wedge v_k = 0$, such that $(U,V) \in \mathcal{P}$. Moreover, the modular character χ must be a sum rational powers of $\tilde{q} = \exp(-2\pi i/\tau)$. In particular this means that $L(U,V)/(4\pi^2)$ is rational or equivalently that $L(U,V)$ is an element of finite order in $\mathbb{Q}/\mathbb{Z}(2)$. This is true for all solutions of $U = AV$, including those obtained by Galois conjugation of the solutions of the corresponding exponentiated equation. Thus we know that (U,V) maps to 0 in $B(\mathbb{C})$, and we expect that it is an element of finite order in $\hat{B}(\mathbb{C})$. Obviously, the argument is incomplete, but one can certainly expect to find a real proof along these lines.

Over the real numbers it is known that the any torsion element of the Bloch group lies in $B(\mathbb{Q}^+_{\mathrm{ab}})$ [FS93]. Here $\mathbb{Q}^+_{\mathrm{ab}}$ is the field consisting of the real and rational linear combinations of roots of unity, with abelian Galois group. Over the complex numbers there are many torsion elements which do not lie in $\hat{B}(\mathbb{Q}_{\mathrm{ab}})$. One example is given by the matrix

$$A_0 = \begin{pmatrix} 4 & 1 \\ 1 & 1 \end{pmatrix}$$

discussed in [Z03], where the Galois group is dihedral of order 8.

Nevertheless, in some sense rational CFTs require solutions which are close to roots of unity, for the following reason. As explained in [Z03], the modular transformation $\tau \to -1/\tau$ of a character χ_i of the form (6) yields coefficients

$$\tilde{a}_{ik_0} = \frac{\exp \sum_{k=1}^r b_{ik} u_k}{\det M^{1/2}}$$

where $M = A + X - AX$ and $X = \mathrm{diag}\{\exp u_k\}$, with a solution $U = AV$ for which the u_k are real and negative. Now the $\tilde{a}_{ik_0}$ and in particular the quantum dimensions

$$D_i = \exp \sum_{k=1}^{r} (b_{ik} - b_{0k}) u_k$$

have to lie in $\mathbb{Q}_{ab}$, as discussed in the introduction. If there are at least r linearly independent vectors $b_i - b_0$, this implies that suitable powers of the $\exp u_k$ lie in $\mathbb{Q}_{ab}$. Thus all solutions of $U = AV$ can be obtained by taking roots, in other words the corresponding Galois group must be solvable.

The searches discussed in [Z03] indicate that a stronger result is true: Let A be a symmetric invertible matrix such that at least one solution of $U = AV$ yields a torsion element of the Bloch group. Then the algebraic number field generated by all solutions has a solvable Galois group. In other words, it seems possible that all torsion elements can be expressed by roots and all solutions of the corresponding equations $U = AV$ inherit this property. It would be nice to check this idea with more examples. In any case the commutator group of the Galois group is an interesting invariant for classifying the relevant matrices A. In most known cases it is the unit group, but for A_0 it has order 2.

Work on statistical models and related integrable theories has produced a specific, though in part still conjectural list of matrices A such that all solutions of $U = AV$ yield torsion elemens, namely matrices which are related to the Dynkin diagrams of type ADET. These diagrams A_r, D_r, E_r, T_r have r vertices, with $r \geq 4$ for D_r and $r = 6, 7, 8$ for E_r. Recall that r is called the rank of X_r and that the corresponding Cartan matrix $\mathcal{C}(X_r)$ has off-diagonal entries $\mathcal{C}(X_r)_{ij}$ which are equal to -1 when the vertices i, j are linked by an edge of the diagram and equal to 0 when they are not. Since the ADE diagrams have no loops, one has $\mathcal{C}(X_r)_{ii} = 2$ for $i = 1, \ldots, r$. The Dynkin diagrams of type A are just rows of vertices with linked neighbours, such that $\mathcal{C}(X_r)_{ij} = -1$ for $|i - j| = 1$ and $\mathcal{C}(X_r)_{ij} = 0$ for $|i - j| > 1$. The tadpole diagram T_r is obtained by folding A_{2r} diagrams in the middle, such that one gets a pairwise identification of the vertices. One has $\mathcal{C}(T_r)_{rr} = 1$, otherwise the matrix elements of $\mathcal{C}(T_r)$ and $\mathcal{C}(A_r)$ are the same. Note that $\mathcal{C}(A_1) = (2)$ and $\mathcal{C}(T_1) = (1)$. We need positive definite Cartan matrices, which excludes E_r for $r > 8$. Indeed, $\det(A_r) = r + 1$, $det(D_r) = 4$, $\det(E_r) = 9 - r$ and $\det(T_r) = 1$. We also need the Coxeter numbers for these diagrams, which are $h(A_r) = r + 1$, $h(D_r) = 2r - 2$, $h(E_6) = 12$, $h(E_7) = 18$, $h(E_8) = 30$, $h(T_r) = h(A_{2r}) = 2r + 1$.

¿From pairs of ADET Dynkin diagrams X, Y one obtains the matrices

$$A(X, Y) = \mathcal{C}(X) \otimes \mathcal{C}(Y)^{-1}. \tag{32}$$

When $U = A(X, Y)V$ it is known or conjectured that (U, V) is a torsion element of $\hat{B}(\mathbb{C})$. Let us check this in the simplest examples. For rank 1 we have the pairs (A_1, A_1), (T_1, T_1), (A_1, T_1) and (T_1, A_1). The yield $A = (1), (2), (1/2)$ in agreement with our examples from minimal models. The general formula for the effective central charge is known or conjectured to be

$$c_{\text{eff}}(X, Y) = \frac{r(X)r(Y)h(X)}{h(X) + h(Y)}.$$

This agrees with the previous results for the rank 1 cases. Indeed, for $A = 1$, the equation $x = (1 - x)^A$ yields $x = 1/2$. Since $[x] + [1 - x] = 0$ in $B(\mathbb{C})$, we have $2[1/2] = 0$. In $\hat{B}(\mathbb{C})$ we can impose $u = v$, $\exp(u) = 1/2$, which yields $(u,u) + (u,u) = (0,\infty)$ and $L(u,u) = \pi^2/12$. For $A = 2$ the equation $x = (1-x)^A$ yields the golden ratio. With $u = 2v$ we obtain $5(u,v) = 2(0,\infty)$ in $\hat{B}(\mathbb{C})$ and $L(u,v) = \pi^2/15$.

For $A = 1/2$ we consider more generally $A(X,Y) = A(Y,X)^{-1}$. In special cases this corresponds to level-rank duality. More generally, replacement of A by A^{-1} just yields an exchange of U and V in the solutions of $U = AV$, which is the involution mentioned above. Note that for an even matrix A its inverse is even, too. Moreover $L(u,v) + L(v,u) = L(0,\infty)$ yields $L(U,V) + L(V,U) = rank(A)L(0,\infty)$, which agrees with

$$c_{\text{eff}}(X,Y) + c_{\text{eff}}(Y,X) = r(X)r(Y).$$

For $X = A_{k-1}$ and Y of ADE type, comparison of eq. (32) yields with eqs. (20) and (21) yields

$$c_{\text{eff}}(A_{k-1},Y) = \tilde{c}(Y,k)$$
$$c_{\text{eff}}(Y,A_{k-1}) = \check{c}(Y,k).$$

The theories with field spaces $\tilde{F}^k_Y$ and $\check{F}^k_Y$ are unitary, so this is an equality between two effective central charges. For the special case $k = 1$, $Y = A_1$ one knows that the theory has characters of the form (6) with $A = A(A_1,A_1) = 1$ and for many other cases there is good numerical or analytical evidence that it is true, too [K87; KN92; KM93], so it probably is true in general. This would yield equalities relating the dilogarithms of the corresponding solutions of $U = AV$ with the conformal dimensions of these theories, and conversely these equalities would provide good evidence for the conjecture. In the following section we shall make a first step by finding all solutions of $U = AV$ for $A = A(A_m,A_n)$ and general m,n.

There is a way to prove that $A(X,Y)$ yields torsion elements for any specified pair X,Y, though it has to be applied separately for each such pair and does not give a general proof [Z91; GT95]. We give a slightly modified version of the method. First note that $U = AV$ is equivalent to

$$(\mathcal{C}(Y) \otimes I)U = (I \otimes \mathcal{C}(X))V.$$

Let C be the Cartan matrix of $A^{(1)}_{2(h(X)+h(Y))}$, the Dynkin diagram of which is a regular polygon. Consider the equation

$$(\mathcal{C}(Y) \otimes I \otimes I - I \otimes I \otimes C)U' = (I \otimes \mathcal{C}(X) \otimes I - I \otimes I \otimes C)V',$$

with

$$U', V' \in \mathbb{C}^{r(Y)} \otimes \mathbb{C}^{r(X)} \otimes \mathbb{C}^P$$

and $P = 2(h(X) + h(Y))$. With respect to the last factor we write $U' = (U^1, \ldots, U^P)$ and analogously for V'. One easily sees that Zamolodchikov's equation determines U^{n+1} in terms of U^{n-1}, U^n. Zamolodchikov now claims that U^1, U^2 can be chosen arbitrarily. In other words, the pair U^{P-1}, U^P yields U^1 again, such that the solution is periodic in n with period P. For the half period $P/2$ one has

$$U_{ij}^{n+P/2} = U_{\sigma(i)\sigma(j)}^n,$$

where σ acts as the involutive diagram symmetry on the vertices of A_r, D_{2r+1}, E_6, and trivially for the other ADET diagrams. This claim is true for every pair X, Y checked so far, but a general proof is lacking. Whenever it is true one obtains continuous families of elements $(U', V') \in \hat{B}(\mathbb{C})$ and no component needs to have an algebraic exponential. This implies $(U', V') = 0$. On the other hand we have a special solution

$$(U', V') = (\underbrace{U, \ldots U}_{P\ times}, \underbrace{V, \ldots, V}_{P\ times}),$$

whenever $U = AV$. Thus $(U', V') = P(U, V)$ and (U, V) is an element of finite order in $\hat{B}(\mathbb{C})$, with an order dividing P. When σ acts trivially on X and Y, the order is even a factor of $P/2$. In particular, the products Pc_{eff} and $24P(h(X) + h(Y))h_i$ should be even integers when σ acts trivially, and integral in any case.

5 Solving the algebraic equations in special cases

Let us consider the equation $U = AV$ for special cases of $A = A(X, Y)$. We will be able to find all solutions for $X = A_1$ and also for $A(A_m, A_n)$, with arbitrary m, n. Finding the solutions needs methods from Lie algebra theory, but we shall try first, how far one can get by elementary algebra alone. This will be sufficient for $X = A_1$, and it will make some of the later developments easier to understand.

We first rewrite $U = AV$ as $\mathcal{C}(Y)U = \mathcal{C}(X)V$. In order have a chance to find logarithms of algebraic integers we put $U = -\mathcal{C}(X)W$. With $Z = \exp(W)$ we obtain

$$Z^{2-\mathcal{C}(X)} + Z^{2-\mathcal{C}(Y)} = Z^2.$$

In this form all exponents are positive integers and all coefficients are 1, so we have a good chance to find algebraic integers. This equation has many solutions for which some components of Z vanish. Those will be called non-admissible, since they do not yield solutions of $U = AV$. When one treats the equations by elementary algebra it may be useful to find them first, however, since this reduces the degree of the Z equations. Many of the following considerations can be regarded as a systematic procedure to eliminate the non-admissible solutions.

In general Z has components z_{ij}, where i labels the vertices of the Dynkin diagram of X and j those of Y. We first consider the case $X = A_1$ where the first index is superfluous. Thus for $Y = A_n$ we have variables $Z = (z_1, \dots, z_n)$. One equation links z_1, z_2, the next ones link z_1, z_2, z_3, then z_2, z_3, z_4 and so on. To find a uniform solution we use the semi-infinite $n \to \infty$ limit of A_n and an infinite series of variables $Z = (z_1, z_2, \dots)$. Generically every equation determines z_n in terms of the preceding z_k, thus eventually in terms of z_1. To reduce to the case $Y = A_n$ we just have to take the first n equations and to put $z_{n+1} = 1$. The D and E cases can be handled similarly, though the branching needs extra attention. For the resulting values of c_{eff} see [KM90]. take the first n equations and to put $z_{n+1} = 1$. The D and E cases can be handled similarly, though the branching needs extra attention.

For the A series the equation are

$$1 + z_{i-1}z_{i+1} = z_i^2,$$

$i = 1, 2, \dots$, where we put $z_0 = 1$. The equations are invariant under sign change of the z_i. When $z_m = 0$, the equations for z_k with $k < m$ and $k > m$ decouple from each other. We have $z_{m-1} = 1$ and $z_{m+1} = 1$, both up to a sign. But let us concentrate on the admissible case where no z_i vanishes. Then a priori the z_i become rational functions of z_1.

The reader who does not know this recursion will find it somewhat miraculous that the z_i turn out to be polynomials in z_1 with integer coefficients. Indeed $z_i = p_i(z)$, where the p_i are the standard Chebysheff polynomials and we have put $z_1 = z$. These polynomials are defined by a linear recursion, namely

$$p_{i+1}(z) + p_{i-1}(z) = zp_i(z) \tag{33}$$

with $p_0(z) = 1$ and $p_1(z) = z$. By they satisfy the quadratic recursion required for the z_i. Indeed

$$\begin{aligned} 1 + p_{i-1}p_{i+1} &= 1 + (zp_i - p_{i-1})p_{i-1} = \\ 1 - p_{i-1}^2 &+ p_{i-2}p_i + (zp_{i-1} - p_{i-2})p_i = p_i^2. \end{aligned}$$

For $z = \omega + \omega^{-1}$ one easily obtains by induction from (33)

$$p_i(z) = \omega^i + \omega^{i-2} + \dots + \omega^{-i}$$

thus

$$p_i(z) = \frac{\omega^{i+1} - \omega^{-i-1}}{\omega - \omega^{-1}}$$

for $\omega \neq 1, -1$.

For later use we will define polynomials $p_i(z)$ for negative i by extending the linear recursion relation to such negative values. This is easy, since the recursion relation is invariant under a sign change of i. We obtain $p_{-1}(z) = 0$, $p_{-2}(z) = -1$ and more generally $p_{-i}(z) = -p_{i-2}(z)$. Note that 2 is the Coxeter number of A_1.

The solution of $U = AV$ for $A(A_1, A_n)$ can be obtained by specializing the previous result to $p_{n+1}(z) = 1$. This yields $p_n(z)p_{n+2}(z) = 0$. The case $p_n(z) = 0$ is not admissible. Thus we obtain

$$\omega^{2(n+3)} = 1,$$

excluding $\omega^2 = 1$. This is the expected result, since

$$h(A_1) + h(A_n) = n + 3.$$

Let us denote the resulting value of $p_i(z)$ by z_i. Since $z_{n+1} = 1$ and $z_{n+2} = 0$, the linear recursion yields $z_{n+3} = -1$ and more generally $z_{i+n+3} = -z_i$. Thus we have an anti-periodic behaviour with period $n+3$, which is the sum of the Coxeter numbers of A_1 and A_n. This behaviour generalizes to all ADET Lie algebras. Together with $p_{-i}(z) = -p_{i-2}(z)$ it yields $z_i = z_{n+1-i}$.

Now consider $A(A_1, D_{n+2})$. We write $Z = (z_1, z_2, \ldots, z_n, z', z'')$, where z', z'' are the variables for the vertices on the short arms of the Dynkin diagram of D_{n+2}. One obtains the equations

$$\begin{aligned} 1 + z_{i-1}z_{i+1} &= z_i^2 \quad \text{for} \quad i = 1, 2, \ldots, n-1 \\ 1 + z_{n-1}z'z'' &= z_n^2 \\ z'^2 = z''^2 &= 1 + z_n \end{aligned}$$

This yields $z_k = p_k(z)$, $z'z'' = p_{n+1}(z)$ and $z'' = \pm z'$. The equations $1 + p_n(z) = \pm p_{n+1}(z)$ are of degree $n+1$ and all solutions are found easily when we put $z = \omega + \omega^{-1}$ as before. Solutions are obtained from $\omega = \pm 1$ or $\omega^{n+1} = \pm 1$ or $\omega^{n+2} = 1$. The latter two possibilities are not admissible, however, since they lead to $z_n = 0$ or to $z' = z'' = 0$. For $\omega = \pm 1$ the choice of sign is irrelevant. One obtains

$$\exp(u_k) = (k+1)^{-2}$$

for $k = 1, \ldots, n$ and $\exp(u') = \exp(u'') = (n+2)^{-1}$.

The corresponding central charge is $c_{\text{eff}} = 1$, independently of n. This follows easily by induction in n and insertion of $2u = u_k$ in the doubling formula

$$2L(u, v) = 2L(u - v', v') + L(2u, v + v')$$

valid for $\exp(v') = \exp(u) + 1$. The doubling formula is obtained from eq. (31) by the identification $v_2 = v_4 = u$ and use of $L(u, v) + L(v, u) = \pi^2/6$.

The case $A(A_1, E_{n+3})$ is a bit more complicated. We use variables $z_1, \ldots, z_n$ for the longest branch, plus u_1, u_2, t for the short branches. We put $u = u_1$, $z = z_1$. The variable t is determined by $t^2 = 1 + z_n$. When none of the variables vanishes, we have $z_k = p_k(z)$, but also $p_3(u) = u^3 - 2u = p_n(z)$ and

$$tu_2 = t(u^2 - 1) = p_{n+1}(z).$$

Eliminating t, u is now easy. The resulting polynomial equation for z has many unacceptable solutions for which some $p_k(z)$, $k = 1, \ldots, n+1$ vanishes. The remaining solutions are given for $n = 3$ by

$$z^3 - 2z^2 - z + 1 = 0$$

thus $z = \omega + \omega^{-1} + 1$ with $\omega^7 = 1$, for $n = 4$ by

$$(z^2 - 3)^2 = 5$$

thus $z = \sqrt{2}(\sqrt{5} + 1)/2$ up to sign choices, and for $n = 5$ by

$$(z - 1)^2 = 2.$$

As next case let us consider $A = A(T_1, A_\infty)$, with A_∞ as before. This time we obtain the recursion relation

$$z_i + z_{i-1}z_{i+1} = z_i^2.$$

We put $z_k = q_k(z)$. The miracle repeats, with new polynomials. They satisfy the recursion relation

$$q_{i+1}(z) = zq_i(z) - q_i(z) - q_{i-1}(z) + 1.$$

With $z = \omega + 1 + \omega^{-1}$ we find

$$z_i = \frac{(\omega^{(i+2)/2} - \omega^{-(i+2)/2})(\omega^{(i+1)/2} - \omega^{-(i+1)/2})}{(\omega - \omega^{-1})(\omega^{1/2} - \omega^{-1/2})},$$

where a limit has to be taken for $\omega^2 = 1$. For $A = A(T_1, A_n)$ we have to impose $z_{n+1} = 1$, $z_{n+2} = 0$ as before. This yields

$$\omega^{n+4} = 1.$$

Moreover, only primitive $(n+4)$-th roots of unity are admissible, since otherwise $z_i = 0$ for some $i \leq n$.

Now let us consider $A = A(A_2, A_\infty)$. We write $z_{1i} = x_i$, $z_{2i} = y_i$ and obtain the equations

$$x_i^2 = y_i + x_{i-1}x_{i+1}$$
$$y_i^2 = x_i + y_{i-1}y_{i+1}$$

for $i = 0, 1, \dots$, with $x_0 = y_0 = 1$ and $x_i = y_i = 0$ for $i < 0$. The miracle repeats and we find

$$x_{i+1} = xx_i - yx_{i-1} + x_{i-2}$$
$$y_{i+1} = yy_i - xy_{i-1} + y_{i-2}$$

for $i = 0, 1, \dots$, with $x = x_1$, $y = y_1$.

For $x_i = y_i$ the equations reduce to the case $A(T_1, A_\infty)$. To prove the result in general we use the additive recursion as definition of the x_i, y_i and prove the quadratic recursion formula. The latter is true for $i = -1, 0, 1$. For $i \geq 1$ we have

$$\begin{aligned} x_{i+1}^2 - x_i x_{i+2} &= x_{i+1}(x x_i - y x_{i-1} + x_{i-2}) - x_i(x x_{i+1} - y x_i + x_{i-1}) \\ &= y(x_i^2 - x_{i-1}x_{i+1}) - x_i x_{i-1} + x_{i+1}x_{i-2} \\ &= y y_i - x(x_{i-1}^2 - x_i x_{i-2}) + x_{i-2}^2 - x_{i-3}x_{i-1} \\ &= y y_i - x y_{i-1} + y_{i-2} = y_{i+1}. \end{aligned}$$

Interchange of x, y, i.e. the symmetry of A_2 yields the other quadratic recursion formula.

We can use the linear recursion relation to define x_i, y_i for negative values of i. We have

$$x_{i-2} = y x_{i-1} - x x_i + x_{i+1}$$

This yields $x_i = y_i = 0$ for $i = -1, -2$ and $x_{-i} = y_{i-3}$. When $x_{n+1} = y_{n+1} = 1$ and $x_{n+2} = y_{n+2} = 0$ as required for $U = AV$ and $A = A(A_2, A_n)$ we obtain in addition $x_{n+4+i} = x_i$, $y_{n+4+i} = y_i$. Again, $n + 4$ is the sum of the Coxeter number of A_2 and A_n. The result also applies to the special case $A(T_1, A_n)$, since $h(T_1) = h(A_2)$.

So far, we always obtained real values for the solutions of our algebraic equations. Now let us apply the previous equations to the case $A(A_2, A_3)$. We write all x_i, y_i as polynomials in x, y and have to impose the algebraic conditions $x_4 = y_4 = 1$. This yields $x_3 x_5 = y_3 y_5 = 0$, thus $x_5 = y_5 = 0$ by admissibility. Let us first remark that explicit solvability in terms of roots of unity can only be expected in the admissible case. When $y = 0$, but no other component vanishes, we obtain $x^5 + x^3 + 2x^2 - x + 1 = 0$, an equation which does not seem to have magical properties.

We can assume that $x \neq y$ since otherwise we are in the $A(T_1, A_3)$ case which has been treated above. The polynomials $(x_4 - y_4)/(x - y)$, $x_4 + y_4 - 2$, $(x_5 - y_5)/(x - y)$ are symmetric under interchange of x, y and can be expressed in the variables xy and $z = x + y$. This yields $z^3 - z + 2 - xy(2z + 3) = 0$, $(xy)^2 - xy(z^2 + 1) + z^2 - 1 = 0$, $(xy)^2 - xy(3z^2 + 4z + 3) + z^4 + 3z + 2 = 0$. By elimination of xy it is easy to see that the only common solution is $z = -1$, $xy = 2$. This yields $(2x, 2y) = (-1 + i\sqrt{7}, -1 - i\sqrt{7})$, up to complex conjugation.

Logarithms can be taken such that the relation $U = AV$ is satisfied. For example one may take

$$\begin{aligned} \log(x_1) &= \frac{\log(2) - (\pi + \alpha)i}{2} \\ \log(x_2) &= -\pi i \\ \log(x_3) &= \frac{\log(2) + (\pi + \alpha)i}{2} - 2\pi i \end{aligned}$$

and $log(y_i) = log(x_{4-i})$. Applying Roger's dilogarithm to the resulting torsion element $\sum_i (u_i, v_i)$ of the Bloch group one finds

$$2\,\mathbb{R}e\, L\left(\frac{3+i\sqrt{7}}{8}\right) = \pi\left(\arg\left(\frac{3+i\sqrt{7}}{8}\right) + \arg\left(\frac{5+i\sqrt{7}}{8}\right)\right) + \pi^2/4.$$

The phases arise, because it is not possible to choose $\log(x)$ complex conjugate to $\log(y)$.

As last example before the introduction of some Lie algebra theory let us consider the case $A = A(A_3, A_\infty)$. For aesthetic reasons we label the variables as $z_{1i} = x_i$, $z_{2i} = y_i$, $z_{3i} = z_i$ without worrying about the previous use of z_i. The equations are

$$\begin{aligned} x_i^2 &= y_i + x_{i-1}x_{i+1} \\ y_i^2 &= x_i z_i + y_{i-1}y_{i+1} \\ z_i^2 &= y_i + z_{i-1}z_{i+1} \end{aligned}$$

with $x_0 = y_0 = z_0 = 1$. We put $x = x_1$, $y = y_1$, $z = z_1$. We will see that in the admissible case

$$x_{i+1} = x x_i - y x_{i-1} + z x_{i-2} - x_{i-3}$$

for $i = 1, 2, \ldots$, with $x_i = 0$ for $i < 0$. Of course x, z can be interchanged by the symmetry of A_3. The recursion for y_i is more complicated. One obtains

$$\begin{aligned} y_{i+1} = {} & y y_i + xz y_{i-1} - y y_{i-2} + y_{i-3} \\ & + (x^2 + z^2)(y_{i-2} + y_{i-4} + y_{i-6} + \ldots) \\ & - 2xz(y_{i-1} + y_{i-3} + y_{i-5} + \ldots) \end{aligned}$$

We show by induction that these additive recursion formulas imply the multiplicative ones, assuming the latter for $j \le i$. The proof is somewhat tedious to follow. As before, one has to substitute the additive recursion formulas for the x_i at many places of the equations. To indicate where the substitutions happen we write $\xi = x$ at the relevant positions. One has

$$\begin{aligned} x_{i+1}^2 - x_i x_{i+2} &= x_{i+1}(x x_i - y x_{i-1} + z x_{i-2} - x_{i-3}) \\ &\quad - x_i(x x_{i+1} - y x_i + z x_{i-1} - x_{i-2}) \\ &= y(x_i^2 - x_{i-1}x_{i+1}) + z(\xi_{i+1}x_{i-2} - \xi_i x_{i-1}) \\ &\quad - \xi_{i+1}x_{i-3} + \xi_i x_{i-2} \\ &= y y_i - xz y_{i-1} + z^2 y_{i-2} + z(x_{i-4}x_{i-1} - x_{i-3}x_{i-2}) \\ &\quad - x(x_i x_{i-3} - x_{i-1}x_{i-2}) - y y_{i-2} + y_{i-3}. \end{aligned}$$

To prove that the last expression is equal to y_{i+1} one has to show

$$z\,(x_{i-1}x_{i-4} - x_{i-2}x_{i-3}) - x(x_i x_{i-3} - x_{i-1}x_{i-2}) =$$
$$x^2(y_{i-2} + y_{i-4} + y_{i-6} + \ldots) - 2xz(y_{i-3} + y_{i-5} + \ldots)$$
$$+z^2(y_{i-4} + y_{i-6} + \ldots)$$

The brackets on the left hand side have identical structures, except for a shift of the indices by 1. Thus it is sufficient to calculate one of them. One finds

$$\begin{aligned}\xi_i x_{i-3} - \xi_{i-1}x_{i-2} &= -xy_{i-2} + zy_{i-3} + (\xi_{i-2}x_{i-5} - \xi_{i-3}x_{i-4}) \\ &= -x(y_{i-2} + y_{i-4} + \ldots) + z(y_{i-3} + y_{i-5} + \ldots)\end{aligned}$$

where an obvious induction has been used in the last step. This finishes the proof of the formula for x_{i+1}^2. Interchange of x, z yields the one for z_{i+1}^2. For y_{i+1}^2 a somewhat different approach is easier. We use the equality $x_i^2 = y_i + x_{i-1}x_{i+1}$ to express y_i in terms of the x_j. This yields

$$y_i^2 - y_{i-1}y_{i+1} = x_i P_i$$

where

$$P_i = x_i^3 - 2x_{i-1}x_i x_{i+1} + x_{i-1}^2 x_{i+2} + x_{i-2}x_{i+1}^2 - x_{i-2}x_i x_{i+2}.$$

Thus it suffices to show $P_i = z_i$ by induction. Now

$$\begin{aligned}P_{i+1} &= \xi_{i+3}(x_i^2 - x_{i-1}x_{i+1}) + \xi_{i+2}(x_{i-1}x_{i+2} - x_i x_{i+1}) \\ &\quad +\xi_{i+1}(x_{i+1}^2 - x_i x_{i+2}) \\ &= zP_i + \xi_{i+2}(x_i x_{i-3} - x_{i-1}x_{i-2}) + \xi_{i+1}(x_{i-1})^2 - x_{i+1}x_{i-3}) \\ &\quad +\xi_i(x_{i-2}x_{i+1} - x_i x_{i+2}) \\ &= zz_i - yP_{i-1} + \xi_{i+1}(x_{i-3}^2 - x_{i-2}x_{i-4}) + \xi_i(x_{i-1}x_{i-4} - x_{i-2}x_{i-3}) \\ &\quad +\xi_{i-1}(x_{i-2}^2 - x_{i-1}x_{i-3}) \\ &= zz_i - yz_{i-1} + xz_{i-2} - z_{i-3} = z_{i+1}\end{aligned}$$

which finishes the proof.

Applying the linear recursion relation to negative values we obtain $x_{-i} = -z_{i-4}$ and $y_{-i} = -y_{i-4}$. For solutions of $U = AV$ with $A = A(A_3, A_n)$ we also find the periodicity $x_{i+n+5} = x_i$ and analogously for y, z.

At this stage the reader should be convinced that elementary algebra is not entirely satisfactory for an understanding of what is going on. The generalisation of the linear recursion for x_i to $A(A_m, A_\infty)$ is easy to guess. One even can formulate it in a way which suggests a generalisation to other Lie algebras. When one looks at the coefficients, one gets a path through the Dynkin diagram of A_m which starts at one side and ends at the other. This is one of Ocneanu's essential paths [O99], namely the one which starts at the x-vertex. For the y_i terms in $A(A_3, A_\infty)$ we first go from y to x, z and then back to y. Again this agrees with Ocneanu's essential path starting at the y-vertex.

Another approach starts with the observation that the $A(A_m, A_\infty)$ equations are essentially the Hirota-Miwa equations [H61; M82]. For generalisations to other Lie algebras one needs analogous equations and Yangian symmetries. This would take us too far into the theory of integrable systems, however, thus we will present an elementary solution which uses only the representation theory of the A_m Lie algebra. The restriction is rather arbitrary, so conclusions come a bit out of the blue, but everything works [K87; KR87]. We need another interpretation of the algebraic equations which gives a new meaning to the solutions. Since the latter are sums of roots of unity with integral coefficients, one can expect that these integers count something. For the Chebysheff polynomials we have $p_i(2) = i + 1$, numbers which will be interpreted as the dimensions of the irreducible representations of A_1. Dimensions can be obtained as character values at the unit element, and more generally the algebraic integers will be given as character values at elements of finite order. Apart from some general remarks, we shall only consider the case $A(A_m, A_n)$, where it suffices to work with Lie groups instead of quantum groups. In this case the argumentation will be quite self-contained, apart from the fact that the reader is supposed to know or look up the Littlewood-Richardson rules. On the other hand, we briefly recall most of the relevant facts of representation theory. The Weyl character formula is mentioned to provide some context, but its relevant special cases are discussed without reference to the general theory. We will work over the complex numbers and in the context of algebraic groups, which avoids many unnecessary complications.

Let us first consider the irreducible finite dimensional representations of $GL(n)$. In particular, the subgroup of diagonal matrices, with elements $g = diag(a_1, \dots, a_n)$ will be represented. Its irreducible representations are one-dimensional and map g to $\prod_{k=1}^{n} a_k^{i_k}$, with integral i_k. Such a representation is called a weight and notated as a sequence $I = (i_1, \dots, i_n)$. One-dimensional representations can be multiplied and inverted. In terms of the sequences I this group structure is additive - the weights form a lattice. When restricted to the diagonal elements, the representations ρ of $GL(n)$ decompose into a finite number of weights. The diagonal matrices $g = diag(a, \dots, a)$ form the center of $GL(n)$. They are represented by $a^{|I|}$, where $|I| = i_1 + \dots + i_n$. When ρ is irreducible, the center is represented by multiples of the identity matrix, such that $|I|$ takes the same value for all weights occurring in ρ.

Let the $GL(n)$ representations ρ, ρ' of dimensions d, d' decompose into weights I_r, $r = 1, \dots, d$ and I'_s, $s = 1, \dots, d'$. Then the tensor product $\rho \otimes \rho'$ decomposes into weights $I_r + I'_s$. The symmetric power $S^k\rho$ decomposes into weights $I_{r_1} + \dots + I_{r_k}$ with $r_1 \geq \dots \geq r_k$ and the external power $\Lambda^k\rho$ decomposes into weights $I_{r_1} + \dots + I_{r_k}$ with $r_1 > \dots > r_k$.

The character $\chi : GL(n) \to \mathbb{C}$ of a representation ρ of dimension d is given by $\chi(g) = Tr\rho(g)$. It has the form

$$\chi(g) = \sum_I \prod_{k=1}^{n} a_k^{i_k},$$

where the sum goes over the d weights occurring in ρ. With a sequence $I = (i_1, \ldots, i_n)$ all its permutations appear, too, since permutations of the entries of g can be achieved by conjugation in $GL(n)$. When one gives the standard lexicographic order to the $(i_1, \ldots, i_n)$, any irreducible representation of $GL(n)$ has a unique highest weight. Since any sequences $(i_1, \ldots, i_n)$ can be permuted to a decreasing one, such a highest weight is given by a decreasing sequence of n integers. One can show that all such sequences can occur as highest weights. This yields a complete classification of the isomorphism classes of irreducible $GL(n)$ representations. We write the corresponding representation as ρ_I, its character as χ_I.

The character of the defining representation of $GL(n)$ maps g to $Tr(g) = \sum_{i=1}^{n} a_n$. Thus its weights are $(1, 0, \ldots, 0)$ and its permutations, and its highest weight is $(1, 0, \ldots, 0)$. The k-th symmetric product of this representation is irreducible and has highest weight $(k, 0, \ldots, 0)$. Its k-th exterior product is irreducible and has highest weight $(\underbrace{1, \ldots, 1}_{k\ terms}, 0, \ldots, 0)$. For $k > n$ the exterior product is 0, for $k = n$ it yields the one-dimensional determinant representation, with unique weight $(1, \ldots, 1)$. For $I = (\underbrace{i, \ldots, i}_{k\ terms}, 0, \ldots, 0)$ we write $\rho_I = \rho_i^k$ and $\chi_I = \chi_i^k$.

The character of the irreducible $GL(n)$ representation with highest weight $I = (i_1, \ldots, i_n)$ is given by

$$\chi_I(g) = D_I(g)/D_0(g),$$

where $D_I(g) = \det(M^I)$ and the matrix M^I has entries

$$M^I_{lr} = a_r^{i_l + n - l},$$

$l, r = 1, \ldots, n$. This is a special case of the Weyl character formula. For $I = (\underbrace{i, \ldots, i}_{k\ terms}, 0, \ldots, 0)$ we often write $\rho_I = \rho_i^k$ and analogously for χ_I and M^I.

Since ρ_i^1 is the i-th symmetric product of ρ_1^1, one has

$$\chi_i^1(g) = \sum_{\substack{m_1, \ldots, m_n \in \mathbb{N} \\ m_1 + \ldots m_n = i}} \prod_{r=1}^{n} a_r^{m_r}.$$

To check the Weyl character formula in this case, one first notes that D_0 is a Vandermonde determinant, such that

$$D_0(g) = \prod_{r<s} (a_r - a_s).$$

In our case the matrix M^I agrees with M^0 apart from the first row, which has entries a_r^{i+n-1}. Its determinant can be developed in terms of minors with respect to the first row. Up to a sign, the minor multiplying a_r^{i+n-1} is $D_0(g_r)$, where the g_r are diagonal matrices in $GL(n-1)$ and arise from g by suppressing a_r. One can that this development agrees with $D_0(g)\chi_i^1(g)$. Indeed

$$(a_1 - a_2)\chi_i^1(g) = \chi_{i+1}^1(g_2) - \chi_{i+1}^1(g_1).$$

By induction one sees immediately that

$$\prod_{r=2}^{s}(a_1 - a_r)\chi_i^1(g) = \chi_{i+s-1}^1(g^s) + R_s,$$

where the g^s are diagonal matrices in $GL(n-s+1)$ which arise from g by suppressing $a_2, \dots, a_s$ and the a_1 degree of R_s is at most $s-2$. Using this result for $s = n$, where $\chi^{i+n-1}(a_1) = a_1^{i+n-1}$, one sees that $D_0(g)\chi_i^1(g) - D_i^1(g)$ has degree at most $n-2$ in a_1 and by permutation symmetry in all a_r. When one looks at the developments in first row minors of $D_i^1(g)$ and $D_0(g)$, one sees that such terms cannot occur, such that $D_0(g)\chi_i^1(g) - D_i^1(g) = 0$.

When one restricts $GL(n)$ to $SL(n)$, the determinant representation becomes trivial. Thus weights $(i_1, \dots, i_n)$ and $(i_1 + j, \dots, i_n + j)$, $j \in \mathbb{Z}$, become equivalent, and one can regard the sequences $\lambda = (i_1 - i_2, \dots, i_{n-1} - i_n)$ as the weights of $SL(n)$. All such integral can occur, since each irreducible representation of $SL(n)$ can be lifted to $GL(n)$. For the highest weights of $SL(n)$ representations, all entries are non-negative. These highest weights form a semi-group which is generated by the $n-1$ fundamental weights $(1, 0, \dots, 0)$, $(0, 1, 0, \dots, 0)$, $\dots$ $(, 0, \dots, 1)$. The corresponding representations are just the exterior products of the defining representation mentioned above, with $k = 1, \dots, n-1$. These are the fundamental representations of $SL(n)$. The Dynkin diagram of $SL(n)$ is an ordered chain of $n-1$ vertices, which can be labelled by $k = 1, \dots, n-1$. Thus each of them corresponds to one of the fundamental representations, and each irreducible representation of $SL(n)$ can be classified up to isomorphism by associating natural numbers $i_k - i_{k+1}$ to the corresponding vertices.

The Dynkin diagram A_{n-1} of $SL(n)$ has an obvious reflection symmetry. In terms of the characters this yields in particular

$$\chi_i^k(g^{-1}) = \chi_i^{n-k}(g).$$

Instead of the Lie groups $GL(n)$ and $SL(n)$ one can consider their Lie algebras. In both cases, the Lie algebra of the subgroup of diagonal matrices forms a maximal abelian subalgebra. The classification of the irreducible representations of the Lie algebras is the same as for the Lie groups.

The procedure generalizes to the other simple Lie algebras X and their finite dimensional representations. As for $GL(n)$ and $SL(n)$ one chooses a Cartan subalgebra, i.e. a maximal abelian subalgebra of X. Its irreducible representations are called weights and form a lattice Λ isomorphic to $\mathbb{Z}^r$, where r is the rank of X. The vertices of the Dynkin diagram of X correspond to a basis of the dual lattice of Λ, such that weights yield an integer for each vertex. The Cartan matrix corresponding to the Dynkin diagram yields a metric on the dual of Λ and therefore on Λ itself.

The weight lattice can be ordered in some lexicographic way. The irreducible representations of X have highest weights, which give a natural number (possibly zero) for each vertex of the Dynkin diagram. This yields a classification of the isomorphism classes of these representations. In particular, they form a semi-group. Choosing zero for each vertex yields the trivial one-dimensional representation, the zero of this semigroup. Choosing one for some vertex k and zero for the others yields the fundamental representations with highest weights λ^k.

The tensor product $\rho \otimes \rho'$ of two irreducible representations ρ, ρ' decomposes into a direct sum of irreducible representations. Among their weights one is the highest, and given by the sum of the highest weights of ρ and ρ'. For a representation ρ the corresponding character $\chi : X \to \mathbb{C}$ is given by $\chi(x) = Tr\rho(x)$. We also use χ for the Lie group representations obtained by exponentiating the $\rho(x)$. The character of $\rho \otimes \rho'$ is the ordinary product $\chi\chi'$. The dimension of ρ is equal to $\chi(1)$.

After this extensive recall of Lie algebra theory we can come back to our algebraic equations. For $X = A_1$ the Dynkin diagram has one vertex only, so the irreducible representations ρ_i are classified by a single natural number $i = 0, 1, 2, \ldots$. The dimension of ρ_i turns out to be $i + 1$. We have $\chi_i = p_i(\chi_1)$, where the p_i are the Chebysheff polynomials. A check can be made by evaluating this relation at $g = 1$, where one indeed has $i + 1 = p_i(2)$, which is the correct dimension. To prove the formula one can use the well-known tensor product relation

$$\rho_1 \otimes \rho_i = \rho_{i-1} \oplus \rho_{i+1}$$

for $i > 0$, which yields

$$\chi_1\chi_i = \chi_{i-1} + \chi_{i+1}.$$

This agrees with the recursion relation for the $p_i(x)$. Since also $p_0(\chi_1) = \chi_0 = 1$ and $p_1(\chi_1) = \chi_1$, it is clear that $\chi_i = p_i(\chi_1)$. The multiplicative recursion relation for the p_i can be explained in the same way, since $\rho_i \otimes \rho_i = \rho_0 \oplus \rho_2 \oplus \cdots \oplus \rho_{2i}$ and $\rho_{i-1} \otimes \rho_{i+1} = \rho_2 \oplus \cdots \oplus \rho_{2i}$.

For $X = A_m$, let us consider the $GL(m+1)$ representations ρ_i^k introduced above. Like all irreducible representation of $GL(m + 1)$, they stay irreducible when the representation is restricted to $SL(m + 1)$ or its Lie algebra A_m. Indeed, the elements of $GL(m + 1)$ are products of $SL(m + 1)$ elements and a elements in the center, and in irreducible representations the latter are represented by multiples of the identity operator. The χ_i^k can be written as polynomials in the χ_1^k. It turns out that these polynomials coincide with the ones we obtained for $A(A_m, A_\infty)$. Moreover we can write $z_{ki} = \chi_i^k(g)$, where $g \in SL(m + 1)$ is determined up to conjugation by $z_{k1} = \chi_1^k(g)$.

To prove this result we must to show that for $i = 1, \ldots, m$ and $k = 1, 2, \ldots$ one has

$$\rho_i^k \otimes \rho_i^k = \left(\rho_{i+1}^k \otimes \rho_{i-1}^k\right) \oplus \left(\rho_i^{k+1} \otimes \rho_i^{k-1}\right).$$

Here the ρ_0^k and the ρ_i^0 are trivially one-dimensional representations. The ρ_i^{m+1} are the i-th powers of the determinant representation, which becomes trivial for $g \in SL(m+1)$.

The formula follows immediately from the Littlewood-Richardson rules for tensor products of irreducible representations of $GL(m+1)$, but here only a brief sketch of the derivation will be given. As we have seen, these representations are classified by decreasing sequences $I = (j_1, \dots, j_{m+1})$ of integers. The one-dimensional determinant representation is given by $(1, \dots, 1)$ and its tensor product with the representation of highest weight $(j_1, \dots, j_{m+1})$ yields the highest weight $(j_1 + 1, \dots, j_{m+1} + 1)$.

We are only interested in representations with $j_{m+1} \geq 0$. For notational convenience we represent the corresponding highest weights as infinite sequences $I = (j_1, \dots, j_{m+1}, 0, 0, \dots)$. We define the length $l(I)$ of I as the number of its non-zero terms and we let all sequences with length $l(I) > m+1$ correspond to the 0 representation. Then the ρ_i^k $(\underbrace{i, \dots, i}_{k\ times}, 0, \dots)$. The Littlewood-Richardson rules imply that $\rho_i^k \otimes \rho_i^k$ is the direct sum of the representations given by $(i + j_1, \dots, i + j_k, i - j_k, \dots, i - j_1, 0, \dots)$, where $(i, j_1, \dots, j_k, 0)$ is a decreasing integral sequence. Similarly $\rho_{i+1}^k \otimes \rho_{i-1}^i$ corresponds to the direct sum of the subset of these representations for which $j_k = 0$ and $(\rho_i^{k+1} \otimes \rho_i^{k-1}$ corresponds to the complementary subset. This proves our equality.

The linear recursion relations for the ρ_i^1 are easy to prove, too. According to the Littlewood-Richardson relations the tensor product of ρ_i^1 with ρ_1^k is given by the sum of two irreducible representations with highest weights $(i+1, \underbrace{1, \dots, 1}_{k-1\ times})$ and $(i, \underbrace{1, \dots, 1}_{k\ times})$. This immediately yields

$$\begin{aligned}\left(\rho_i^1 \otimes \rho_1^1\right) \oplus \left(\rho_{i-2}^1 \otimes \rho_1^3\right) \oplus \left(\rho_{i-4}^1 \otimes \rho_1^5\right) \oplus \dots = \\ \rho_{i+1}^1 \oplus \left(\rho_{i-1}^1 \otimes \rho_1^2\right) \oplus \left(\rho_{i-3}^1 \otimes \rho_1^4\right) \oplus \dots\end{aligned}$$

which in turn yields for $i \geq m$.

$$\chi_{i+1}^1 = \chi_1^1 \chi_i^1 - \chi_1^2 \chi_{i-1}^1 + \dots + (-)^m \chi_1^{m+1} \chi_{i-m}^1.$$

This formula can be interpreted as a recursion relation for the χ_i^1. It stays true for $i = 0, \dots, m-1$, if one puts $\rho_i^1 = 0$ for $i = -1, -2, \dots, -m$. This result agrees with what one obtains from a continuation of the Weyl character formula for χ_i^1 to negative values of i. Indeed the matrices M_i^1 have two equal rows for $i = -1, -2, \dots, -m$, such that their determinants vanish.

We have seen that for $g \in SL(m+1)$ the multiplicative recursion relations for the $\chi_i^k(g)$ agree with those of the z_{ki}. For admissible solutions of the algebraic equations, the z_{ki} are uniquely determined by the z_{k1}. Thus it remains to show that every choice of the z_{k1} can be parametrised in the form $z_{k1} = \chi_1^k(g)$. Since the $\chi_1^k(g)$ are just the elementary symmetric polynomials of the $a_1, \ldots, a_{m+1}$ this is indeed possible. When one leaves $z_{m+1,1}$ free one has a bijection between the z_{k1} and the $a_1, \ldots, a_{m+1}$, the latter taken over $\mathbb{C}$ and up to permutations. The condition $z_{m+1,1} = 1$ restricts $\mathrm{diag}(a_1, \ldots, a_{m+1})$ to $SL(m+1)$.

To find admissible solutions of our algebraic equations for $A(A_m, A_n)$ we need $\chi^k_{n+1}(g) = 1$, $\chi^k_{n+2}(g) = 0$ for $k = 1, \ldots, m$. We first will show that this implies $\chi^k_{n+1+l}(g) = 0$ for $l = 1, \ldots, m$.

More generally, for such l we will show $\chi_I(g) = 0$, if $j_1 > n+1$, $j_1 + l(I) = n + l + 2$, $|I| \geq l + l(I)(n+1)$. Here χ_I is the character of the representation with highest weight $I = (j_1, j_2, \ldots)$. Recall that $|I|$ is the sum of the j_k. Note that the inequalities imply $l(I) \leq m$.

The proof works by induction in l, j_1, in lexicographic order. For the smallest allowed value $j_1 = n+2$ we have $l(I) = l$. This yields $|I| \leq l(n+2)$, since I is a decreasing sequence. On the other hand $|I| \geq l + l(I)(n+1) = l(I)(n+2)$. Thus the inequalities are saturated and

$$I = (\underbrace{n+2, \ldots, n+2}_{l\ terms}, 0, \ldots).$$

Thus $\chi_I = \chi^l_{n+2}$ and we have nothing to prove.

In general, let I be strictly decreasing after exactly r terms, such that $j_r = j_1$, $j_{r+1} < j_1$. For $r = l$ we have $l(I) = l$ and $j_1 = n+2$, so we are in the previous case. Thus we may assume $r < l$. By assumption, this implies $j_1 > n+2$.

Now the Littlewood-Richardson rules yield

$$\begin{aligned} \rho_I \otimes\ & \rho^1_{n+1} \\ &= (\rho_{I-\alpha_1} \otimes \rho^1_{n+2}) \oplus -(\rho_{I-\alpha_2} \otimes \rho^1_{n+3}) \oplus \ldots \oplus (-)^{r+1}(\rho_{I-\alpha_r} \otimes \rho^1_{n+1+r}) \\ & \bigoplus_{I'} (\pm)\rho_{I'} \end{aligned}$$

where minus signs are interpreted in the form $\rho - \rho = 0$, the α_k have the form

$$\alpha_k = (\underbrace{0, \ldots, 0}_{r-k\ terms}, \underbrace{1, \ldots, 1}_{k\ terms}, 0, \ldots)$$

and the highest weights I' satisfy $j'_1 = j_1 - 1$, $l(I') \leq l(I) + 1$, $|I'| = |I| + n + 1$. In particular $j'_1 > n+1$, $j'_1 + l(I') \leq n + l + 2$, $|I'| \geq l + l(I')(n+1)$, such that we can use the induction hypothesis $\chi_{I'}(g) = 0$. By the induction hypothesis we also have $\chi^1_{n+k+1}(g) = 0$ for $k = 1, \ldots, r$. Together with $\chi^1_{n+1}(g) = 1$ this yields $\chi_I(g) = 0$, and the proof is finished.

Next we will show that the algebraic equations imply that $D_0(g) \neq 0$, such that the eigenvalues a_r of g must all be different. We assume $n \geq m$, otherwise we exchange A_m and A_n. We have

$$a_{n+1}\chi^1_{n+2}(g) - \chi^1_{n+3}(g) = \chi^1_{n+3}(g_{n+1}),$$

where ($g_{n+1} \in GL(n)$ is given by $g = \mathrm{diag}(a_1, \dots, a_n)$. By iteration we find that $\chi^1_{n+m+1}((a_1, a_2))$ is a linear combination of $\chi_{n+1+l}(g)$, $l = 1, \dots, m$ and thus has to vanish. On the other hand

$$\chi^1_{n+m+1}((a_1, a_2)) = a_1^{n+m+1} + a_1^{n+m} a_2 + \dots + a_2^{n+m+1}$$

and the right hand side cannot vanish for $a_1 = a_2$, unless $a_1 = 0$, which is not permitted by $g \in GL(n)$. By permutation symmetry, all a_r have to be different.

Use of the linear recursion relation for the χ^1_i allows to express χ^1_{n+m+2} in terms of χ^1_{n+1+l} with $l = 0, \dots, m$. This yields $\chi^1_{n+m+2}(g) = (-)^m$ for the solutions of our algebraic equations, thus $D^1_{n+m+2}(g) = (-)^m D^1_0(g)$. More generally,

$$D^1_{i+n+m+2}(g) = (-)^m D^1_i(g)$$

for $i = -m, \dots, 0$, since both sides vanish for $i = -m, \dots, 1$. Rows 2 to $m+1$ of the M^1_i are given by the same Vandermonde matrix. The first row has entries a_k^{m+i}. Developing the determinants D^1_i into minors with respect to the first row yields a system of $m+1$ linear equations for the a_k^{m+n+2}, $k = 1, \dots, m+1$. The determinant of this system is a product of Vandermonde matrices, thus non-zero. This yields the unique solution $a_k^{m+n+2} = 1$ for all k.

These conditions are necessary for admissible solutions of our algebraic equations. To show that they actually solve the equations we just have to notice that they imply

$$D^k_{i+n+m+2}(g) = (-)^m D^k_i(g)$$

for all k. For $i = -m-1$ and $D_0(g) \neq 0$ this yields $\chi^k_{n+1}(g) = 1$, such that the equations are satisfied. Admissibility has to be investigated separately, but this will not be done here.

We can formulate our result in the following way. Admissible solutions of our algebraic equations for $A(A_m, A_n)$ can be written as $\chi^k_i(g)$, where g is an element of $SU(m+1)$ which satisfies

$$g^{m+n+2} = (-)^m$$

and all of whose eigenvalues are different. Note that $m+n+2$ must be the smallest power of g which is equal to 1 or -1, since for a small power $m+k+2$ with this property one finds $\chi_i^{k+2}(g) = 0$. The reader is encouraged to recover the solutions for the special cases $A(A_1, A_m)$ and $A(A_2, A_3)$ discussed above from our general result for $A(A_m, A_n)$.

Before we leave this case, we consider two symmetry properties of our solutions. Applying the symmetry of the A_m or A_n diagram to any solution yields another solution. We shall see that simultaneous application of these two operations leaves any solution invariant.

By the symmetry of the A_m diagram, we have the same linear recursion relation for the χ^m_i, except that the coefficients χ^k_1 are replaced by χ_1^{m+1-k}.

For the solutions of our algebraic equations this means that they obey linear recursion relations which are invariant under simultaneous application of the symmetries of A_m and A_n. In the special cases $A = A(A_m, A_n)$, $m = 1, 2, 3$ considered above we have found the same symmetry in all admissible solutions themselves. We will prove that this remains true for all m. The coefficients of the linear recursion relation for the $\chi_i^1(g)$ are the $\chi_1^k(g)$, $k = 1, \ldots .m$. When one reads the relations in the opposite sense, as relations among the $\chi_{-i}^1(g)$, the coefficients become $\chi_1^{m+1-k}(g) = \chi_1^k(g^{-1})$. Use of the A_m symmetry yields linear recursion relations for the $\chi_{-i}^m(g)$, but now with the original coefficients $\chi_1^k(g)$.

The linear recursion relations allow us to express $\chi_{i+m+1}^1(g)$ in terms of $\chi_{i+l}^1(g)$ with $l = 0, \ldots, m$ and analogously $\chi_{i-m-1}^m(g)$ in terms of $\chi_{i-l}^m(g)$, with the same coefficients. Now for admissible solutions of our algebraic equations we have found $\chi_i^1(g) = \chi_{n+1-i}^m(g)$ for $i = -m, \ldots, 0$. By induction, the linear recursion relations yield the same equality for all values of i, in particular the values $i = 1, \ldots, m$ we need for the solutions of our algebraic equations. Moreover, the $\chi_i^1(g)$ or $\chi_i^m(g)$ determined all $\chi_i^k(g)$, such that

$$z_{ki} = z_{m+1-k,n+1-i}$$

for all k, i.

Finally one expects a duality between $A(A_n, A_m)$ and $A(A_m, A_n)$. Indeed consider $g = diag(a_1, \ldots, a_{m+1})$ with $g^{m+n+2} = (-)^m$ and no coinciding eigenvalues. The a_i form $n + 1$ of the $(m + n + 2)$-th roots of $(-)^m$. Let $(a_{m+2}, \ldots, a_{m+n+2})$ be the remaining roots. Then $h = diag(a_{m+2}, \ldots, a_{m+n+2})$ satisfies $h \in SL(n + 1)$ and $h^{m+n+2} = (-)^m$, as one can check easily. In this way one can lift the restriction $m \leq n$ we used to conclude that g had no degenerate eigenvalues.

The calculations we made for $A(A_m, A_n)$ can be extended to $A(D_m, A_n)$ and $A(E_m, A_n)$, but one has to go beyond Lie algebras into the domain of quantum groups, as shown in [K87; KR87]. Quantum groups have a co-algebra structure, which allows to define tensor products of representations as in the Lie algebra case. For each simple Lie algebra X_m there is a quantum group $Y(X_m)$, called the Yangian of X_m, which contains the enveloping algebra $U(X_m)$ of X_m. Recall that the representations of $U(X_m)$ are given in a natural way by the representations of X_m itself.

For the special case $X_m = A_m$ there is a map from A_m to $Y(A_m)$ which reduces a crucial part of the representation theory of $Y(A_m)$ to that of A_m, since every irreducible representation of A_m can be extended to an irreducible representation of $Y(A_m)$ on the same vector space. For D_m and E_m this is no longer true. Nevertheless the representations of $Y(X_m)$ can still be decomposed into weights of X_m and finite dimensional irreducible representations have a unique highest weight. Tensor products correspond to the addition of weights as for X_m itself. To solve the algebraic equations of $A(X_m, A_\infty)$ one can use representations ρ_i^k of $Y(X_m)$ with highest weight $i\lambda^k$, where k runs over the vertices of the Dynkin diagram of X_m. As before, the $z_{ki} = \chi_k^i(g)$ can be written as polynomials of the z_{k1} and satisfy the algebraic equations of $A(X_m, A_\infty)$. Imposing $\chi_{n+1}^i(g) = 1$, $\chi_{n+2}^i(g) = 0$ should allow to solve the algebraic equations for $A(X_m, A_n)$. Indeed the special real solution relevant for calculating the central charge c is known and given by

$$g = \exp\left(-\frac{2\pi i\rho}{h(X_m) + n + 1}\right),$$

where ρ is the sum of all λ^k. Thus $g_0 = g^{h(X)+n+1}$ lies in the center of the simply connected compact Lie group corresponding to X and satisfies

$$\rho_j^k(g_0) = \exp(-2\pi i j(\lambda_k, \rho),$$

where we have used the natural scalar product on Λ. Other solutions of the algebraic equations arise in this way, too, but the precise conditions on g will be investigated elsewhere.

6 Conclusions

Of the unsolved problems mentioned in this article many are of a purely mathematical nature and seem to be quite accessible. Much more challenging is the development of a mathematically satisfactory theory of integrable quantum field theories in two dimensions. The physics literature provides a wealth or ideas and results, and perhaps it is time that mathematicians get interested. Those theories which arise from perturbations of rational conformal field theories may be the easiest ones to study.

References

[ABD03] E. Ardonne, P. Bouwknegt, and P. Dawson, *K-matrices for 2D conformal field theories*, Nucl.Phys. **B660** (2003), 473-531

[A76] G.E. Andrews, *The theory of partitions*, in: Encyclopedia of Mathematics and its Applications, Vol. 2, Addison Wesley, 1976

[BM98] A. Berkovich, B.M. McCoy, *The universal chiral partition function for exclusion statistics*, `hep-th/9808013`

[D98] P. Dorey, *Exact S-matrices*, `hep-th/9810026`

[CG94] . A. Coste, T. Gannon, *Remarks on Galois symmetry in rational conformal field theories*, Phys.Lett. **B323** (1994), 316-321

[DT98] P. Dorey, R. Tateo, *Excited states in some simple perturbed conformal field theories*, Nucl.Phys. **B515** (1998), 575-623

[FS93] E. Frenkel, A. Szenes, *Crystal bases, dilogarithm identities and torsion in algebraic K-groups*, J. Amer. Math. Soc. **8** (1995), 629-664, `hep-th/9304118`

[FS95] E. Frenkel, A. Szenes, *Thermodynamic Bethe Ansatz and Dilogarithm Identities I*, Math. Res. Lett. **2** (1995), 677-693, hep-th/9506215

[GZ00] H. Gangl, D. Zagier, *Classical and Elliptic Polylogarithms and Special Values of L-Series*, in: B.B. Gordon et al. eds., The Arithmetic and Geometry of Algebraic Cycles, 2000

[GT96] F. Gliozzi, R. Tateo, *Thermodynamic Bethe Ansatz and Three-fold Triangulations*, Int.J.Mod.Phys. **A11** (1996), 4051-4064

[GT95] F. Gliozzi, R. Tateo, *ADE functional dilogarithm identities and integrable models*, Phys.Lett. **B348** (1995), 84-88

[H61] R. Hirota, *Discrete analogue of a generalized Toda equation*, J.Phys. Soc. Jpn. **50** (1981) 3785-3791

[KM93] R. Kedem, T.R. Klassen, B.M. McCoy, E. Melzer, *Fermionic Quasiparticle Representations for Characters of* $\frac{G_1^{(1)}\times G_1^{(1)}}{G_2^{(1)}}$, Phys.Lett. **B304** (1993), 263-270

[K87] A.N. Kirillov, *Identities for the Rogers Dilogarithm Function Connected with Simple Lie Algebras*, J. Soviet Mathematics **47** (1989), 2450-2459

[KR87] A.N. Kirillov, N.Yu. Reshetikhin, *Representations of Yangians and Multiplicities of Occurrence of the Irreducible Components of the Tensor Product of Representations of Simple Lie Algebras*, J. Soviet Mathematics **52** (1990), 3156-3164

[KM90] T. Klassen, E. Melzer, *Purely Elastic Scattering Theories And Their Ultraviolet Limits*, Nucl.Phys. **B338** (1990), 485-528

[KN92] A. Kuniba, T. Nakanishi, *Spectra in Conformal Field Theories from the Rogers Dilogarithm*, Mod.Phys.Lett. **A7** (1992), 3487-3494

[KNS93] A. Kuniba, T. Nakanishi, J. Suzuki, *Characters in Conformal Field Theories from Thermodynamic Bethe Ansatz*, Mod.Phys.Lett. **A8** (1993), 1649-1660

[LM91] M. Lässig, M.J. Martins, *Finite-Size Effects in Theories with Factorizable S-Matrices*, Nucl.Phys. **B354** (1991), 666-688

[M82] T. Miwa, *On Hirota's difference equations*, Proc. Japan Acad. **A58** (1982) 9-12.

[M91] M.J. Martins, *Complex Excitations in the Thermodynamic Bethe Ansatz*, Phys.Rev.Lett. **67** (1991), 419-421

[N93] W. Nahm, *Conformal Field Theory, Dilogarithms, and Three Dimensional Manifolds*, in: Interface between physics and mathematics, Proceedings, Hangzhou 1993, W. Nahm and J.M. Shen eds., World Scientific

[NRT93] W. Nahm, A. Recknagel, and M. Terhoeven, *Dilogarithm Identities in Conformal Field Theory*, Mod.Phys.Lett. **A8** (1993), 1835-1848

[N03] W.D. NEUMANN, *Extended Bloch Group and the Cheeger-Chern-Simons Class*, math.GT/0307092

[NZ85] W.D. NEUMANN, D. ZAGIER, *Volumes of hyperbolic 3-manifolds*, Topology 24 (1985), 307-332

[O99] A. OCNEANU, *Paths on Coxeter Diagrams: From Platonic Solids and Singularities to Minimal Models and Subfactors*, AMS Fields Institute Monographs no. **13**, (1999), B.V. Rajarama Bhat, G,A, Elliott, P.A. Fillmore eds., vol. 'Lectures on Operator Theory'

[VK90] V. KAC, *Infinite Dimensional Lie Algebras*, Third edition, Cambridge University Press, Cambridge 1990

[S86] A.A. SUSLIN, *Algebraic K-theory of fields*, ICM, Berkeley, I (1986) 222-244

[S89] C.H. SAH, *Homology of Classical Lie Groups made Discrete, III*, J. Pure Appl. Algebra 56 (1989) 313-318

[WP94] S.O. WARNAAR AND P.A. PEARCE, *Exceptional structure of the dilute A_3 model: E_8 and E_7 Rogers-Ramanujan identities* J.Phys. **A27** (1994) L891-L898.

[W03] S. WEINZIERL, *Algebraic Algorithms in Perturbative Calculations*, hep-th/0305260, this volume

[DZ91] D. ZAGIER, *Polylogarithms, Dedekind zeta functions and the algebraic K-theory of fields*, in: Progr. Math. 89 (1991), Birkhäuser Boston, Boston MA, 391-430

[Z89] A.B. ZAMOLODCHIKOV, *Integrable field theory from conformal field theory*, Adv. Stud. in Pure Math. **19** (1989), 641

[Z91] A.B. ZAMOLODCHIKOV, *On The Thermodynamic Bethe Ansatz Equations For Reflectionless Ade Scattering Theories*, Phys.Lett. **B253** (1991), 391-394.

[Z03] D. ZAGIER, *The Dilogarithm Function*, this volume

Tracks, Lie's, and Exceptional Magic

Predrag Cvitanović

School of Physics, Georgia Institute of Technology, Atlanta, GA 30332-0430, USA
predrag.cvitanovic@physics.gatech.edu

1 Introduction

Sometimes a solution to a mathematical problem is so beautiful that it can impede further progress for a whole century. So is the case with the Killing-Cartan classification of semi-simple Lie algebras [Killing 1888; Cartan 1952]. It is elegant, it is beautiful, and it says that the 3 classical families and 5 exceptional algebras are all there is, but what does that mean?

The construction of all Lie algebras outlined here (for a more detailed presentation, consult [Cvitanović 2004]) is an attempt to answer to this question. It is not a satisfactory answer – as a classification of semi-simple Lie groups it is incomplete – but it does offer a different perspective on the exceptional Lie algebras. The question that started the whole odyssey is: What is the group theoretic weight for Quantum Chromodynamic diagram

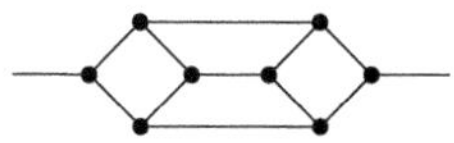
$= ?$ (1.1)

A quantum-field theorist cares about such diagrams because they arise in calculations related to questions such as asymptotic freedom. The answer turns out to require quite a bit of group theory, and the result is better understood as the answer to a different question: Suppose someone came into your office and asked

> "On planet **Z**, mesons consist of quarks and antiquarks, but baryons contain 3 quarks in a *symmetric* color combination. What is the color group?"

If you find the particle physics jargon distracting, here is another way to posing the same question: "Classical Lie groups preserve bilinear vector norms. What Lie groups preserve trilinear, quadrilinear, and higher order invariants?"

The answer easily fills a book [Cvitanović 2004]. It relies on a new notation: invariant tensors ↔ "Feynman" diagrams, and a new computational method, diagrammatic from start to finish. It leads to surprising new relations: all exceptional Lie groups emerge together, in one family, and groups such as E_7 and $SO(4)$ are related to each other as "negative dimensional" partners.

Here we offer a telegraphic version of the "invariance groups" program. We start with a review of basic group-theoretic notions, in a somewhat unorthodox notation suited to the purpose at hand. A reader might want to skip directly to the interesting part, starting with sect. 3.

The big item on the "to do" list: *prove* that the resulting classification (primitive invariants → *all* semi-simple Lie algebras) is exhaustive, and *prove* the existence of F_4, E_6, E_7 and E_8 within this approach.

2 Lie groups, a review

Here we review some basic group theory: linear transformations, invariance groups, diagrammatic notation, primitive invariants, reduction of multiparticle states, Lie algebras.

2.1 Linear transformations

Consider an n-dimensional vector space $V \in \mathbb{C}$, and a group $\mathcal{G}$ acting linearly on V (consult any introduction to linear algebra [Gel′fand 1961; Lang 1971; Nomizu 1979]). A *basis* $\{\mathbf{e}^1, \cdots, \mathbf{e}^n\}$ is any linearly independent subset of V whose span is V. n, the number of basis elements is called the *dimension* of the vector space V. In calculations to be undertaken a vector $\mathbf{x} \in V$ is often specified by the n-tuple $(x_1, \cdots, x_n)^t$ in $\mathbb{C}^n$, its coordinates $\mathbf{x} = \sum \mathbf{e}^a x_a$ in a given basis. We rarely, if ever, actually fix an explicit basis, but thinking this way makes it easier to manipulate tensorial objects. Under a general linear transformation in $GL(n, \mathbb{C}) = \{G : \mathbb{C}^n \to \mathbb{C}^n \mid \det(G) \neq 0\}$ a basis set of V is mapped into another basis set by multiplication with a $[n \times n]$ matrix G with entries in $\mathbb{C}$, the *standard rep* of $GL(n, \mathbb{C})$,

$$\mathbf{e}'^{\,a} = \mathbf{e}^b (G^{-1})_b{}^a\,, \qquad x'_a = G_a{}^b x_b\,.$$

The space of all n-tuples $(x_1, x_2, \ldots, x_n)^t$, $x_i \in \mathbb{C}$ on which these matrices act is the *standard representation space* V.

Under left multiplication the column (row transposed) of basis vectors transforms as $\mathbf{e}'^t = G^\dagger \mathbf{e}^t$, where the *dual rep* $G^\dagger = (G^{-1})^t$ is the transpose of the inverse of G. This observation motivates introduction of a *dual* representation space $\bar{V}$, is the set of all linear forms on V over the field $\mathbb{C}$. This is also an n-dimensional vector space, a space on which $GL(n, \mathbb{C})$ acts via the dual rep $G^\dagger$.

If $\{\mathbf{e}^1, \cdots, \mathbf{e}^n\}$ is a basis of V, then $\bar{V}$ is spanned by the *dual basis* $\{\mathbf{f}_1, \cdots, \mathbf{f}_n\}$, the set of n linear forms $\mathbf{f}_a$ such that

$$\mathbf{f}_a(\mathbf{e}^b) = \delta_a^b\,,$$

where δ_a^b is the Kronecker symbol, $\delta_a^b = 1$ if $a = b$, and zero otherwise. The dual representation space coordinates, distinguished here by upper indices, $(y^1, y^2, \ldots, y^n)$, transform under $GL(n, \mathbb{C})$ as

$$y'^a = G^a{}_b y^b\,. \tag{2.1}$$

In the index notation $G^\dagger$ is represented by $G^a{}_b$, and G by $G_b{}^a$. For $GL(n, \mathbb{C})$ no complex conjugation is implied by the † notation; that interpretation applies only to unitary subgroups of $GL(n, \mathbb{C})$. In what follows we shall need the following notions:

The *defining rep* of group $\mathcal{G}$:

$$G : V \to V\,, \qquad [n \times n] \text{ matrices } G_a{}^b \in \mathcal{G}\,.$$

The *defining multiplet:* a "1-particle wave function" $q \in V$ transforms as

$$q'_a = G_a{}^b q_b\,, \qquad a, b = 1, 2, \dots, n\,.$$

The *dual multiplet:* "antiparticle" wave function $\bar{q} \in \bar{V}$ transforms as

$$q'^a = G^a{}_b q^b\,.$$

Tensors: multi-particle states transform as $V^p \otimes \bar{V}^q \to V^p \otimes \bar{V}^q$, for example

$$p'_a q'_b r'^c = G_a{}^f G_b{}^e G^c{}_d p_f q_e r^d\,.$$

Unless explicitly stated otherwise, repeated upper/lower index pairs are always summed over

$$G_a{}^b x_b \equiv \sum_{b=1}^{n} G_a{}^b x_b\,.$$

2.2 Invariants

A multinomial

$$H(\bar{q}, \bar{r}, \dots, s) = h_{ab\dots}{}^{\dots c}\, q^a r^b \dots s_c$$

is an *invariant* of the group $\mathcal{G}$ if for all $G \in \mathcal{G}$ and any set of vectors $q, r, s, \dots$ it satisfies

$$\textit{invariance condition:} \qquad H(G^\dagger \bar{q}, G^\dagger \bar{r}, \dots Gs) = H(\bar{q}, \bar{r}, \dots, s)\,.$$

Take a finite list of *primitive invariants*:

$$\mathbf{P} = \{p_1, p_2, \dots, p_k\}\,.$$

(As it is difficult to state what a *primitive invariant* is before explaining what it is not, the definition is postponed to sect. 2.5.)

Definition. An *invariance group* $\mathcal{G}$ is the set of all linear transformations which satisfy a finite number of *invariance conditions* (*ie*, preserve all primitive invariants $\in \mathbf{P}$)

$$p_1(x, \bar{y}) = p_1(Gx, G^\dagger \bar{y})\,, \qquad p_2(x, y, z, \dots) = p_2(Gx, Gy, Gz \dots)\,, \qquad \dots\,.$$

No other primitive invariants exist.

Example: *orthogonal group $O(3)$*

Defining space: 3-dimensional Euclidean space of 3-component real vectors

$$x, y, \cdots \in V = \mathbb{R}^3\,, \qquad V = \bar{V}$$

Primitive invariants:

$$\text{length} \qquad L(x,x) = \delta_{ij} x_i x_j$$

$$\text{volume} \qquad V(x,y,z) = \epsilon_{ijk} x_i y_j z_k$$

Invariant tensors:

$\delta_{ij} = i$  $j\,,$ $\qquad \epsilon_{ijk} =$ 

. (2.2)

Example: *unitary group $U(n)$*

Defining space: n-dimensional vector space of n-component complex vectors

$$x_a \in V = \mathbb{C}^n$$

Dual space: space of n-component complex vectors $x^a \in \bar{V} = \mathbb{C}^n$ transforming under $G \in \mathcal{G}$ as

$$x'^a = G^a{}_b x^b$$

Primitive invariants: a single primitive invariant, norm of a complex vector

$$N(\bar{x}, x) = |x|^2 = \delta^a_b x^b x_a = \sum_{a=1}^{n} x^*_a x_a\,.$$

The Kronecker $\delta^a_b = b$  a is the *only* primitive invariant tensor. The invariance group $\mathcal{G}$ is the *unitary group* $U(n)$ whose elements satisfy $G^\dagger G = 1$:

$$x'^a y'_a = x^b (G^\dagger G)_b{}^c y_c = x^a y_a\,,$$

All invariance groups considered here will be subgroups of $U(n)$, *ie* have δ^a_b as one of their primitive invariant tensors.

2.3 Diagrammatic notation

Depending on the context, we shall employ either the *tensorial index notation*

$$p'_a q'_b r'^c = G_{ab}{}^c{}_{,d}{}^{ef} p_f q_e r^d\,, \qquad G_{ab}{}^c{}_{,d}{}^{ef} = G_a{}^f G_b{}^e G^c{}_d\,,$$

or the *collective indices notation*

$$q'_\alpha = G_\alpha{}^\beta q_\beta \qquad \alpha = \left\{ {}_{ab}{}^{c} \right\}, \quad \beta = \left\{ {}_{d}{}^{ef} \right\},$$

or the *diagrammatic notation*

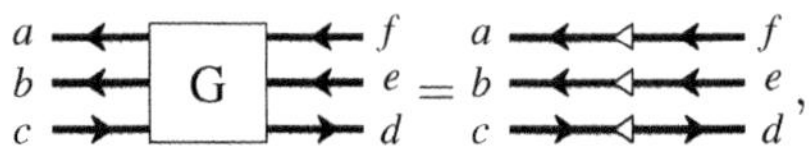

whichever is most convenient for the purpose at hand.

We shall refer to diagrams representing agglomerations of invariant tensors as *birdtracks*, a group-theoretical version of Feynman diagrams, with invariant tensors corresponding to *vertices* (blobs with external legs)

$$X_\alpha = X^{abc}_{de} =$$

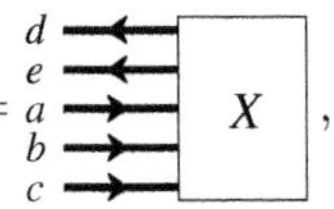

$$h^{cd}_{ab} =$$

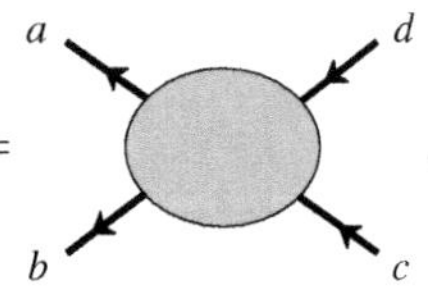

and index contractions corresponding to *propagators* (Kronecker deltas)

$$\delta^a_b = b$$  a.

Rules

(1) Direct arrows *from upper* indices "downward" *toward the lower* indices:

$$h^{cd}_{ab} =$$

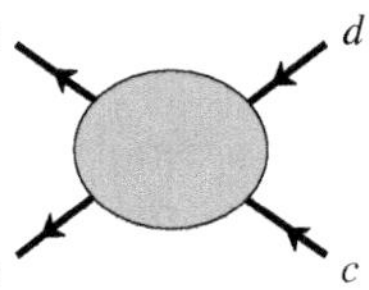

(2) Indicate which in (out) arrow corresponds to the *first* upper (lower) index:

$$R^{e}_{abcd} =$$

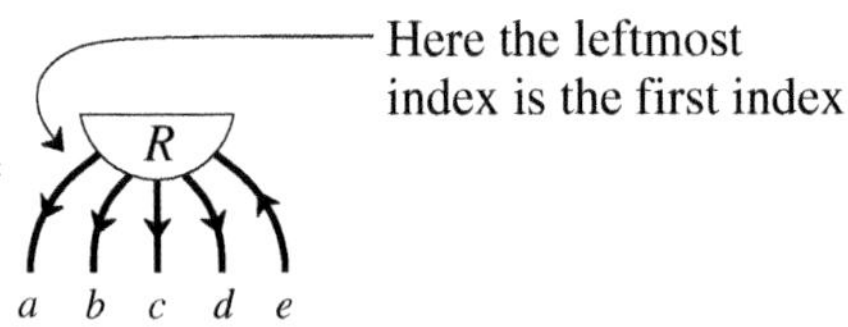

(3) Read indices in the *counterclockwise* order around the vertex:

$$x^{bce}_{ad} =$$

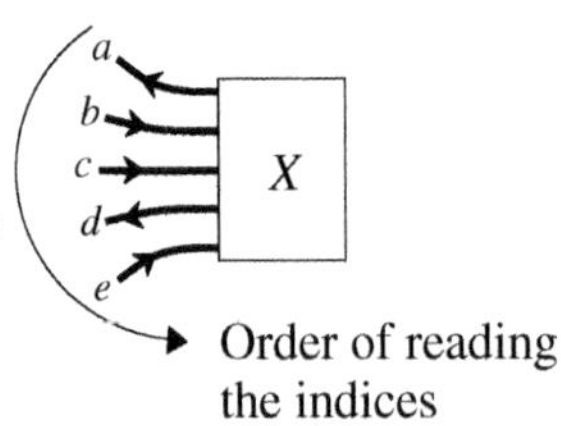

2.4 Composed invariants, tree invariants

Which rep is *"defining"?* The defining rep of group $\mathcal{G}$ is the $[n \times n]$ matrix rep acting on the defining vector space V. The defining space V *need not* carry the lowest dimensional rep of $\mathcal{G}$.

Definition. A *composed invariant tensor* is a product and/or contraction of invariant tensors.

Example: *$SO(3)$ composed invariant tensors*

$$\delta_{ij}\epsilon_{klm} =$$

$$\epsilon_{ijm}\delta_{mn}\epsilon_{nkl} =$$

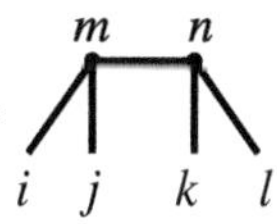

(2.3)

Corresponding invariants:

$$\textit{product } L(x,y)V(z,r,s)\,; \qquad \text{index } \textit{contraction } V(x,y,\frac{d}{dz})\,V(z,r,s)\,.$$

Definition. A *tree invariant* involves no loops of index contractions.

Example: *a tensor with an internal loop*

Tensors drawn in (2.3) are tree invariants. The tensor

$$h_{ijkl} = \epsilon_{ims}\epsilon_{jnm}\epsilon_{krn}\epsilon_{\ell sr} =$$

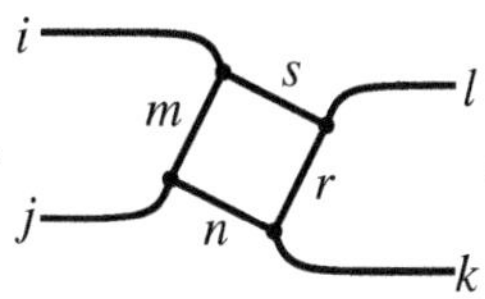

with internal loop indices m, n, r, s summed over, is *not* a tree invariant.

2.5 Primitive invariants

Definition. An invariant tensor is *primitive* if it cannot be expressed as a linear combination of tree invariants composed of other primitive invariant tensors.

Example: *$SO(3)$ invariant tensors*

The Kronecker delta and the Levi-Civita tensor (2.2) are the primitive invariant tensors of our 3-dimensional space:

$$\mathbf{P} = \Big\{$$

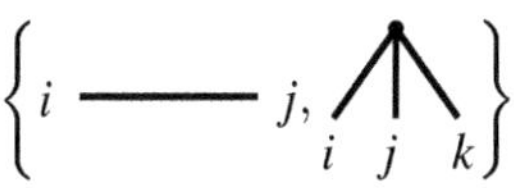

$$\Big\}\,.$$

4-vertex loop is *not* a primitive, because the Levi-Civita relation

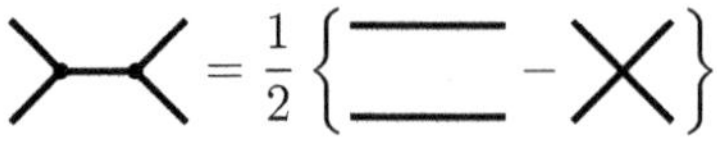

reduces it to a sum of tree contractions:

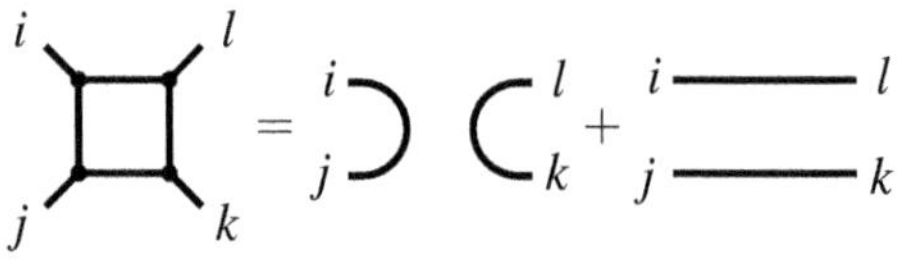

Let $T = \{\mathbf{t}_0, \mathbf{t}_1 \dots \mathbf{t}_r\}$ = a maximal set of r linearly independent tree invariants $\mathbf{t}_\alpha \in V^p \otimes \bar{V}^q$.

Primitiveness assumption. Any invariant tensor $h \in V^p \otimes \bar{V}^q$ can be expressed as a linear sum over the basis set T.

$$h = \sum_{\alpha=0}^{r} h^\alpha \mathbf{t}_\alpha \,.$$

Example: *invariant tensor basis sets*

Given primitives $P = \{\delta_{ij}, f_{ijk}\}$, any invariant tensor $h \in V^p$ (here denoted by a blob) is expressible as

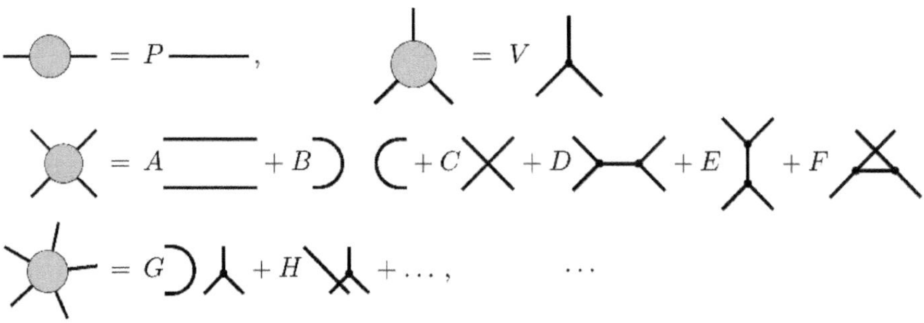

2.6 Reduction of tensor reps: Projection operators

Dual of a tensor $T \to T^\dagger$ is obtained by

(a) exchanging the upper and the lower indices, *ie. reversing arrows*
(b) reversing the order of the indices, *ie. transposing* a diagram into its mirror image.

Example: *A tensor and its dual*

$$X_\alpha = X_{de}^{abc} =$$ 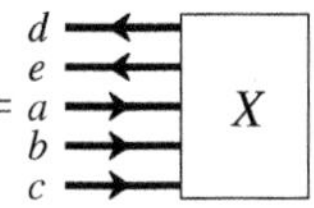 $$, \qquad X^\alpha = X^{ed}_{cba} =$$ 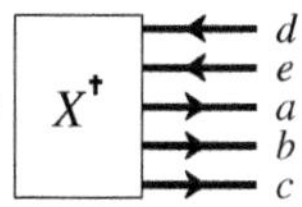 $$.$$

Contraction of tensors $X^\dagger$ and Y

$$X^\alpha Y_\alpha = X^{b_p \ldots b_1}_{a_q \ldots a_2 a_1} Y^{a_1 a_2 \ldots a_q}_{b_1 \ldots b_p} =$$ 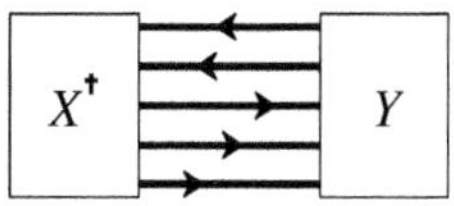 $$.$$

Motivation for drawing a dual tensor as a flip of the initial diagram: contraction $X^\dagger X = |X|^2$ can be drawn in a plane.

For a defining space $V = \bar{V} = \mathbb{R}^n$ defined on reals there is no distinction between up and down indices, and lines carry no arrows

$$\delta_i^j = \delta_{ij} = i \,\text{———}\, j \,.$$

Invariant tensor $M \in V^{p+q} \otimes \bar{V}^{p+q}$ is a *self-dual*

$$M : V^p \otimes \bar{V}^q \to V^p \otimes \bar{V}^q$$

if it is invariant under transposition and arrow reversal.

Example: *symmetric cubic invariant*

Given the 3 *primitive invariant tensors*:

$$\delta_a^b = a \longrightarrow b \,, \quad d_{abc} =$$ 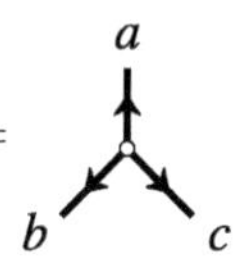 $$, \quad d^{abc} =$$ 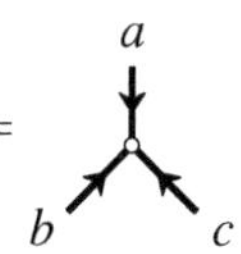 $$.$$

(d_{abc} fully symmetric) one can construct only 3 *self-dual* tensors $M : V \otimes \bar{V} \to V \;\; \bar{V}$

$$\delta_b^a \delta_d^c =$$ 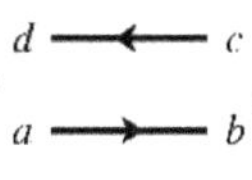 $$, \quad \delta_d^a \delta_b^c =$$  $$, \quad d^{ace} d_{ebd} =$$ 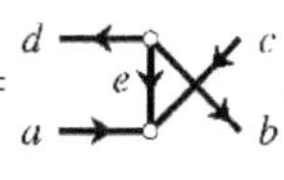 $$,$$

all three self-dual under transposition and arrow reversal.

A Hermitian matrix M is diagonalizable by a unitary transformation C

$$CMC^\dagger = \begin{pmatrix} \lambda_1 & 0 & 0 & & \cdots \\ 0 & \lambda_1 & 0 & & \\ 0 & 0 & \lambda_1 & & \\ & & & \lambda_2 & \\ \vdots & & & & \ddots \end{pmatrix} .$$

Removing a factor $(M-\lambda_j \mathbf{1})$ from the characteristic equation $\prod(M-\lambda_i \mathbf{1})=0$ yields a *projection operator:*

$$P_i = \prod_{j\neq i} \frac{M-\lambda_j \mathbf{1}}{\lambda_i - \lambda_j} = C^\dagger \begin{pmatrix} 0 & & & & & & \\ & \ddots & & & & 0 & \\ & & 0 & & & & \\ & & & \begin{pmatrix} 1 & 0 & \dots & 0 \\ 0 & 1 & & \\ \vdots & & \ddots & \vdots \\ 0 & & \dots & 1 \end{pmatrix} & & & \\ & & & & 0 & & \\ & 0 & & & & \ddots & \\ & & & & & & 0 \end{pmatrix} C$$

for each distinct eigenvalue of M.

Example: *$U(n)$ invariant matrices*

$U(n)$ is the invariance group of the norm of a complex vector $|x|^2 = \delta^a_b x^b x_a$,

only *primitive invariant tensor*: $\delta^a_b = a$  b

Can construct 2 *invariant hermitian matrices* $M \in V^2 \otimes \bar{V}^2$:

identity : $\mathbf{1}^{a\,c}_{d,b} = \delta^a_b \delta^c_d =$ 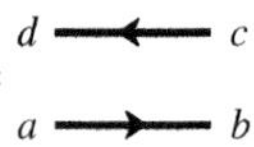

, trace : $T^{a\,c}_{d,b} = \delta^a_d \delta^c_b =$ 

.

The *characteristic equation* for T in tensor, birdtrack, matrix notation:

$$T^{a\,f}_{d,e} T^{e\,c}_{f,b} = \delta^a_d \delta^f_e \delta^e_f \delta^c_b = n\, T^{a\,c}_{d,b} \,,$$

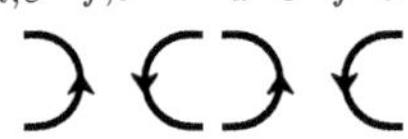 $= n$ 

$$T^2 = nT \,.$$

where $\delta^e_e = n =$ the dimension of the defining vector space V. The roots of the characteristic equation $T^2 = nT$ are $\lambda_1 = 0$, $\lambda_2 = n$. The corresponding *projection operators* decompose $U(n) \to SU(n) \oplus U(1)$:

$SU(n)$ adjoint rep: $P_1 = \frac{T - n\mathbf{1}}{0-n} = \mathbf{1} - \frac{1}{n} T$

 $=$ 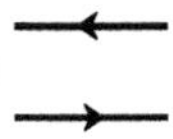 $- \frac{1}{n}$ 

$U(n)$ singlet: $P_2 = \frac{T - 0\cdot\mathbf{1}}{n-1} = \frac{1}{n} T$

$= \frac{1}{n}$ 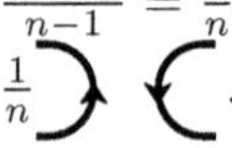.

2.7 Infinitesimal transformations

Infinitesimal unitary transformation, its action on the dual space:

$$G_a{}^b = \delta_a^b + i\epsilon_j (T_j)_a{}^b\,, \qquad G^a{}_b = \delta_b^a - i\epsilon_j (T_j)_b^a\,, \qquad |\epsilon_j| \ll 1\,.$$

is parametrized by

$$N = \textit{dimension} \text{ of the group (Lie algebra, adjoint rep)} \le n^2$$

real parameters ϵ_j. The adjoint representation matrices $\{T_1, T_2, \cdots, T_N\}$ are *generators* of infinitesimal transformations, drawn as

$$\frac{1}{\sqrt{a}}(T_i)_b^a = i$$

$$a, b = 1, 2, \dots, n\,, \quad i = 1, 2, \dots, N\,,$$

where a is an (arbitrary) overall normalization. The adjoint representation Kronecker delta will be drawn as a thin straight line

$$\delta_{ij} = i \;\text{———}\; j\,, \qquad i, j = 1, 2, \dots, N\,.$$

The decomposition of $V \otimes \bar{V}$ into (ir)reducible subspaces always contains the adjoint subspace:

$$\mathbf{1} = \frac{1}{n}T + P_A + \sum_{\lambda \neq A} P_\lambda$$

$$\delta_d^a \delta_b^c = \frac{1}{n}\delta_b^a \delta_d^c + (P_A)_b^a{}_d^c + \sum_{\lambda \neq A} (P_\lambda)_b^a{}_d^c$$

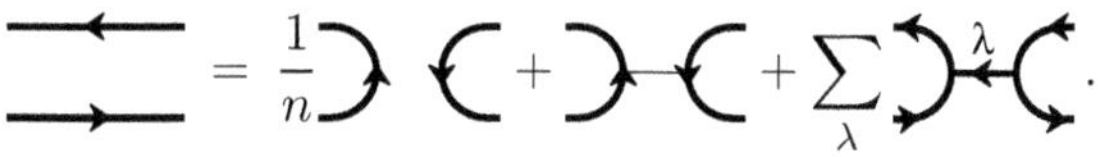

where the adjoint rep projection operators is drawn in terms of the generators:

$$(P_A)_b^a{}_d^c = \frac{1}{a}(T_i)_b^a (T_i)_d^c = \frac{1}{a}$$

The arbitrary normalization a cancels out in the projection operator orthogonality condition

$$\mathrm{tr}\,(T_i T_j) = a\,\delta_{ij}$$

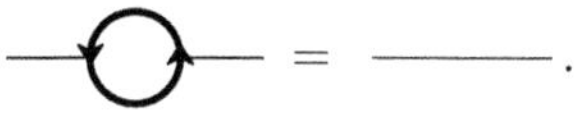

2.8 Invariance under infinitesimal transformations

By definition, an invariant tensor h is unchanged under an infinitesimal transformation

$$G_\alpha{}^\beta h_\beta = (\delta_\alpha{}^\beta + \epsilon_j (T_j)_\alpha{}^\beta) h_\beta + O(\epsilon^2) = h_\alpha\,,$$

so the generators of infinitesimal transformations *annihilate* invariant tensors

$$T_i h = 0\,.$$

The *tensorial index notation* is cumbersome:

$$p'_a q'_b r'^c = G_a{}^f G_b{}^e G^c{}_d p_f q_e r^d$$

$$G_a{}^f G_b{}^e G^c{}_d = \delta_a^f \delta_b^e \delta_d^c + \epsilon_j ((T_j)_a^f \delta_b^e \delta_d^c + \delta_a^f (T_j)_b^e \delta_d^c - \delta_a^f \delta_b^e (T_j)_d^c) + O(\epsilon^2)\,,$$

but diagrammatically the *invariance condition* is easy to grasp. The sum

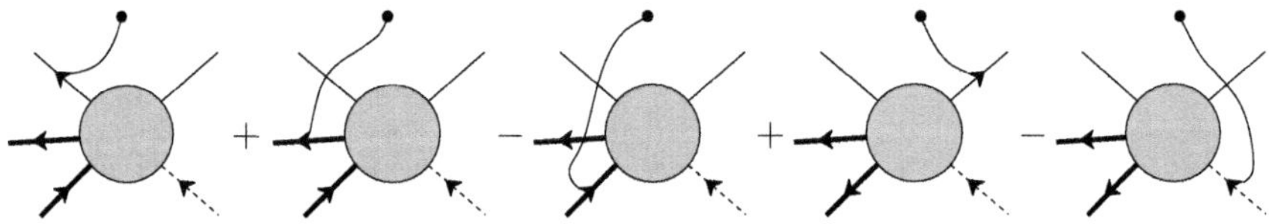

vanishes, *i.e.* the group acts as a derivative.

2.9 Lie algebra

The generators T_i are themselves invariant tensors, so they also must satisfy the invariance condition,

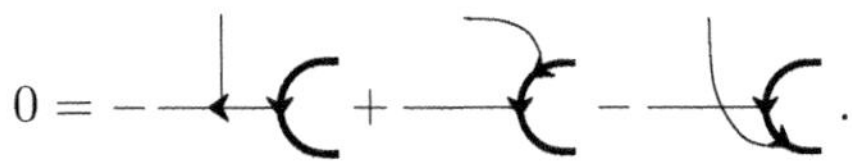

Redraw, replace the adjoint rep generators by the structure constants: and you have the *Lie algebra* commutation relation

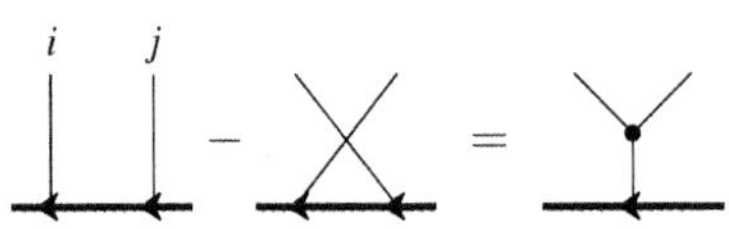

$$T_i T_j \quad - \quad T_j T_i \quad = \quad i C_{ijk} T_k\,. \tag{2.4}$$

For a generator of an infinitesimal transformation acting on the adjoint rep, $A \to A$, it is convenient to replace the arrow by a full dot

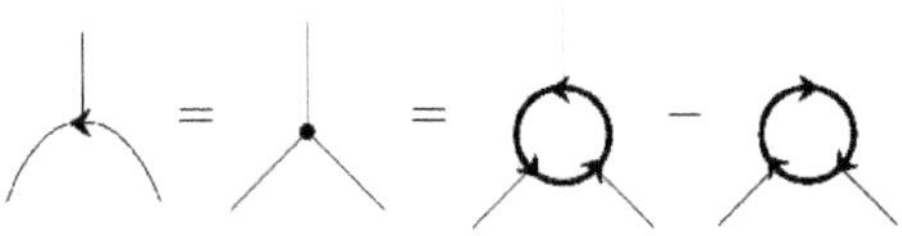

$$(T_i)_{jk} \equiv -iC_{ijk} \quad = \quad -\mathrm{tr}\,[T_i, T_j] T_k\,,$$

where the dot stands for a fully antisymmetric structure constant iC_{ijk}. Keep track of the overall signs by always reading indices *counterclockwise* around a vertex

$-iC_{ijk} =$ 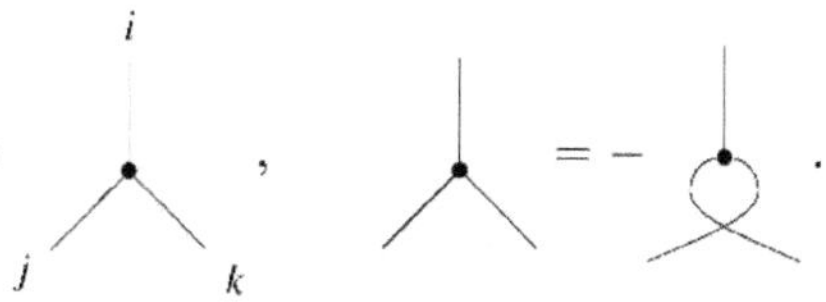 (2.5)

The invariance condition for structure constants C_{ijk} is

$0 =$ 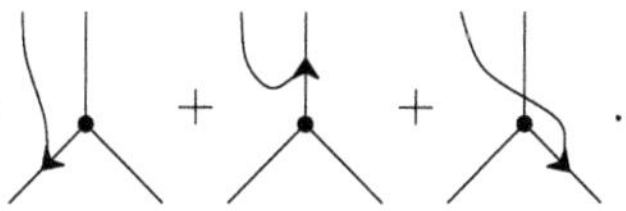

Redraw with the dot-vertex to obtain the *Jacobi relation*

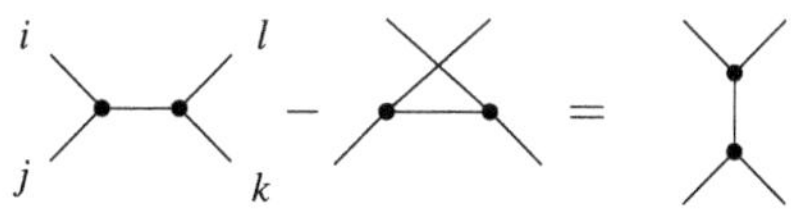

$$C_{ijm}C_{mkl} - C_{ljm}C_{mki} = C_{iml}C_{jkm} \,. \tag{2.6}$$

Example: *Evaluation of any SU(n) graph*

Remember (1.1),

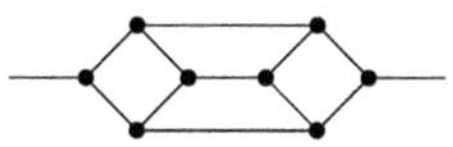 $= ?,$

the one graph that launched this whole odyssey?

We saw that the adjoint rep projection operator for the invariance group of the norm of a complex vector $|x|^2 = \delta^a_b x^b x_a$ is

$SU(n)$: 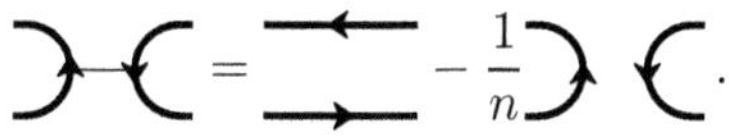

Eliminate C_{ijk} 3-vertices using

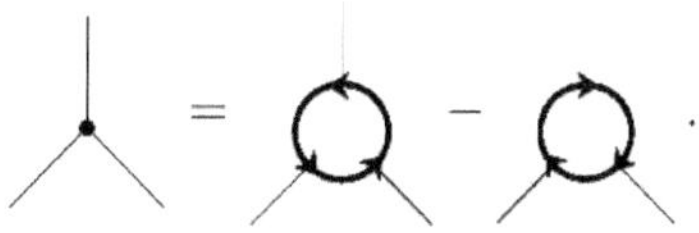

Evaluation is performed by a recursive substitution, the algorithm easily automated

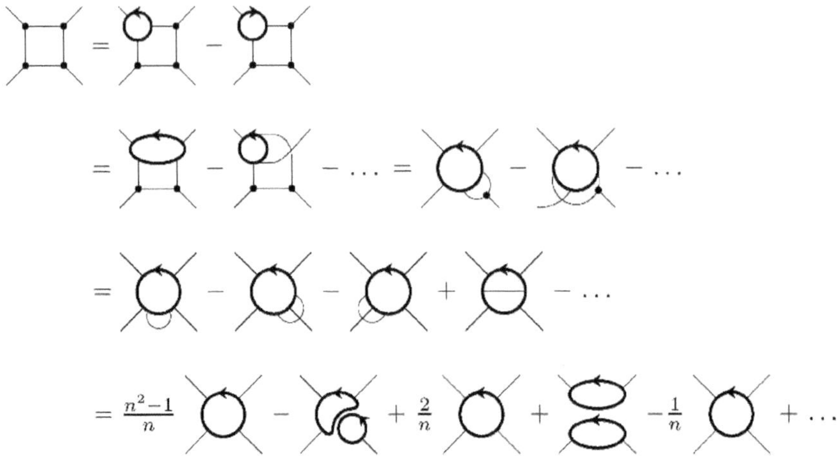

arriving at

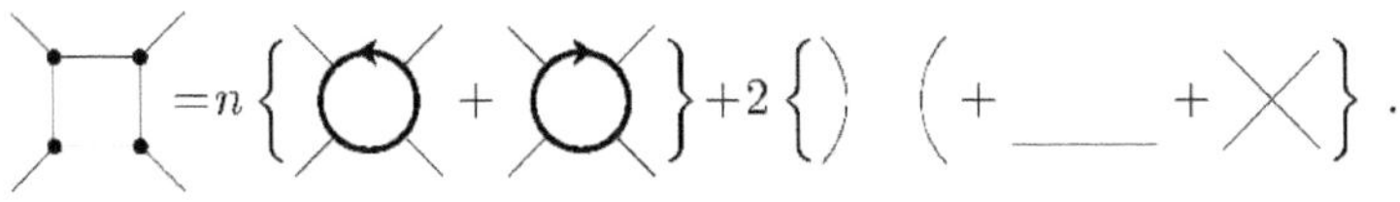

Collecting everything together, we finally obtain

$SU(n)$: 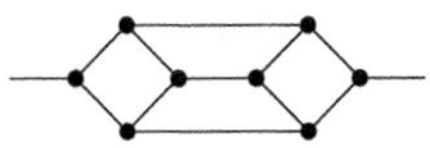 $= 2n^2(n^2+12)$ ——— .

Any $SU(n)$ graph, no matter how complicated, is eventually reduced to a polynomial in traces of $\delta^a_a = n$, the dimension of the defining rep.

2.10 A brief history of birdtracks

Semi-simple Lie groups are here presented in an unconventional way, as "birdtracks". This notation has two lineages; a group-theoretical lineage, and a quantum field theory lineage:

Group-theoretical lineage

1930: Wigner [Wigner 1959]: all group theory weights in atomic, nuclear, and particle physics can be reduced to $3n$-j coefficients.
1956: I. B. Levinson [Levinson 1956]: presents the Wigner $3n$-j coefficients in graphical form, appears to be the first paper to introduce diagrammatic notation for any group-theoretical problem. See Yutsis, Levinson and Vanagas [Yutsis et al. 1964] for a full exposition. For the most recent survey, see G. E. Stedman [Stedman 1990].

Quantum field-theoretic lineage

1949: R. P. Feynman [Feynman 1949]: beautiful sketches of the very first "Feynman diagrams" .
1971: R. Penrose's [Penrose 1971a; Penrose 1971b] drawings of symmetrizers and antisymmetrizers.
1974: G. 't Hooft ['t Hooft 1974] double-line notation for $U(n)$ gluons.
1976: P. Cvitanović [Cvitanović 1976; Cvitanović 1977b] birdtracks for classical and exceptional Lie groups.

In the quantum groups literature graphs composed of 3-vertices are called trivalent. The Jacobi relation (2.6) in diagrammatic form [Cvitanović 1976] appears in literature for the first time in 1976. This set of diagrams has since been given moniker IHX [Bar-Natan 1995]. who refers to the full antisymmetry of structure constants (2.5) as the "AS relation", and to the Lie algebra commutator (2.4) as the "STU relation", by analogy to the Mandelstam's scattering cross-channel variables (s, t, u).

A reader might ask: "These are Feynman diagrams. Why rename them birdtracks?" In quantum field theory Feynman diagrams are a *mnemonic device*, an aid in writing down an integral, which then has to be evaluated by other means. *"Birdtracks"* are a *calculational method*: all calculations are carried out in terms of diagrams, from start to finish. Left behind are blackboards and pages of squiggles of kind that made my colleague Bernice Durand exclaim: "What are these birdtracks!?" and thus give them the name.

3 Lie groups as invariance groups

We proceed to classify groups that leave trilinear or higher invariants. The strategy:

i) define an invariance group by specifying a list of *primitive invariants*
ii) *primitiveness* and *invariance* conditions → algebraic relations between primitive invariants
iii) construct *invariant matrices* acting on tensor product spaces,
iv) construct *projection operators* for reduced rep from characteristic equations for invariant matrices.
v) determine allowed realizations from *Diophantine conditions* on representation dimensions.

When the next invariant is added, the group of invariance transformations of the previous invariants splits into two subsets; those transformations which preserve the new invariant, and those which do not. Such successive decompositions yield Diophantine conditions on rep dimensions, so constraining that they limit the possibilities to a few which can be easily identified.

The logic of this construction schematically indicated by the chains of subgroups

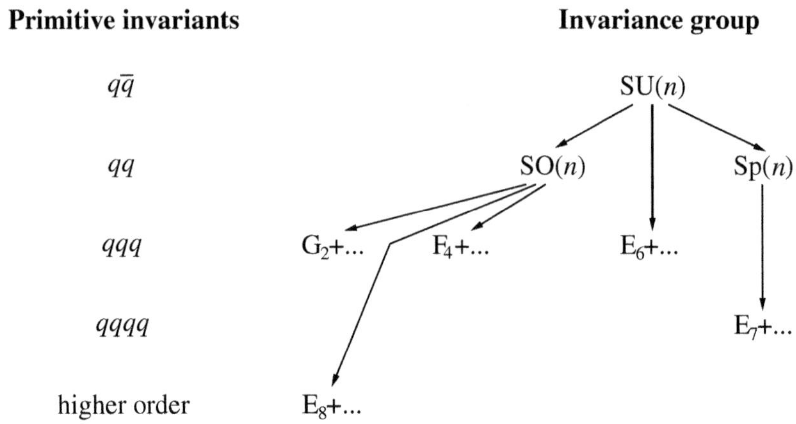

The arrows indicate the primitive invariants which characterize a particular group.

As a warm-up, we derive the "E_6 family" as a family of groups that preserve a symmetric cubic invariant.

3.1 E_6 primitives

What invariance group preserves norms of complex vectors, as well as a symmetric cubic invariant

$$D(p,q,r) = D(q,p,r) = D(p,r,q) = d^{abc} p_a q_b r_c \ ?$$

i) *primitive invariant tensors*:

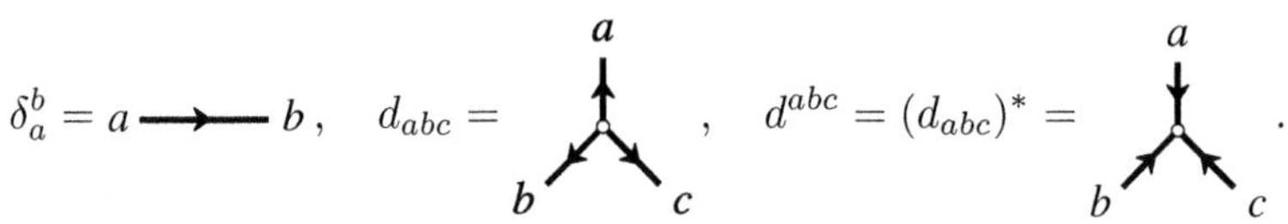

ii) *primitiveness*: $d_{aef} d^{efb}$ is proportional to δ_b^a, the only primitive 2-index tensor. This can be used to fix the d_{abc}'s normalization:

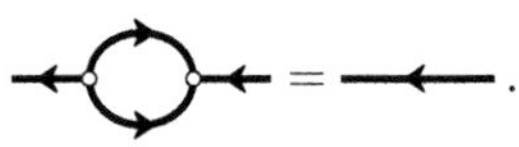

invariance condition:

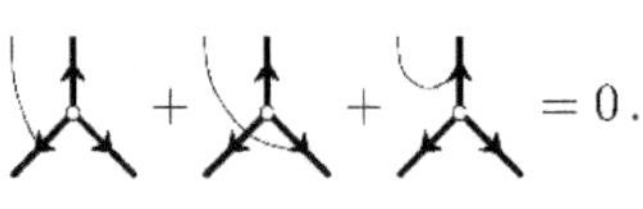

iii) *all invariant self-dual matrices* in $V \otimes \bar{V} \to V \otimes \bar{V}$:

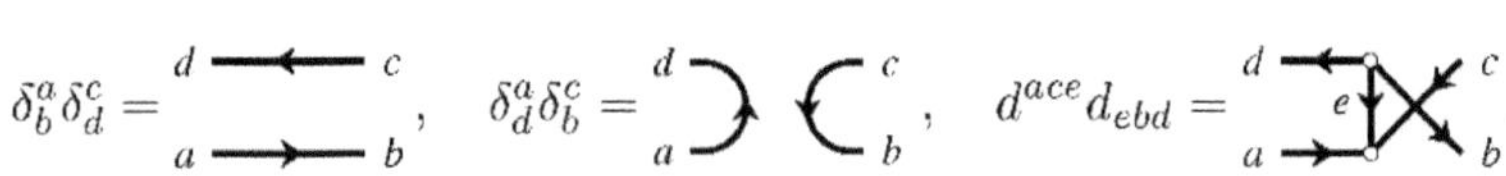

Contract the invariance condition with d^{abc}:

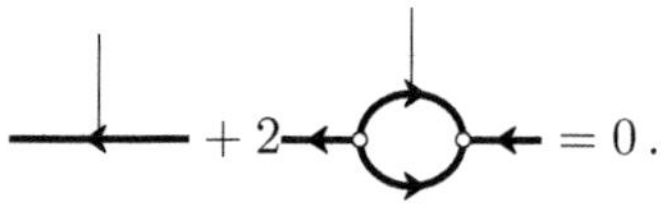

Contract with $(T_i)_a^b$ to get an invariance condition on the adjoint projection operator P_A:

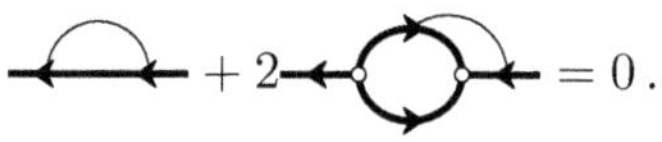

Adjoint projection operator in the invariant tensor basis (A, B, C to be fixed):

$$(T_i)^a_b(T_i)^d_c = A(\delta^a_c\delta^d_b + B\delta^a_b\delta^d_c + Cd^{ade}d_{bce})$$

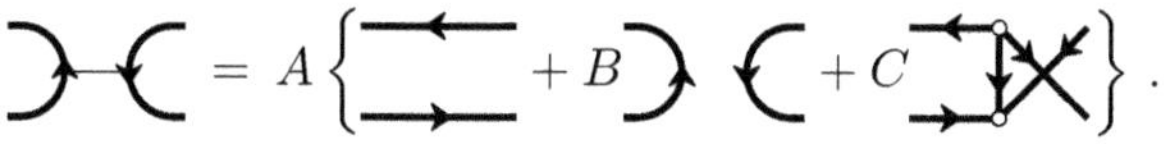

Substituting P_A

$$0 = B + C + \frac{n+2}{3}\,.$$

iv) *projection operators* are orthonormal: P_A is orthogonal to the singlet projection operator P_1, $0 = P_A P_1$.

This yields the second relation on the coefficients:

Normalization fixed by $P_A P_A = P_A$:

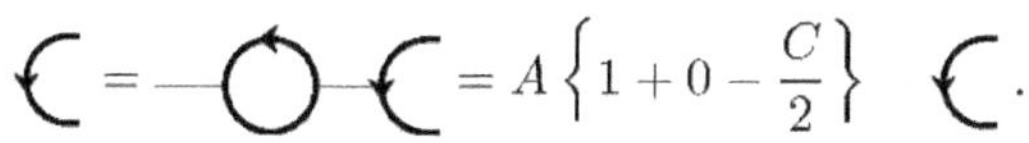

The three relations yield the adjoint projection operator for the E_6 *family*:

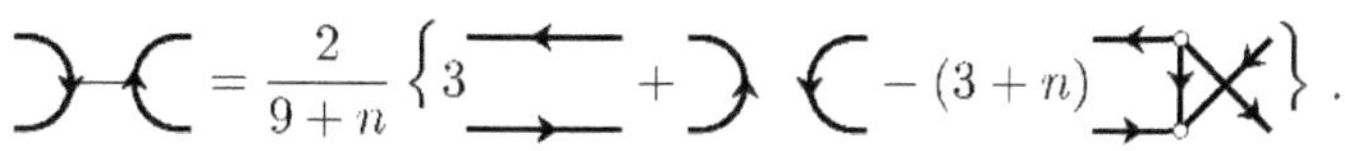

The dimension of the adjoint rep is given by:

$N = \delta_{ii} =$ 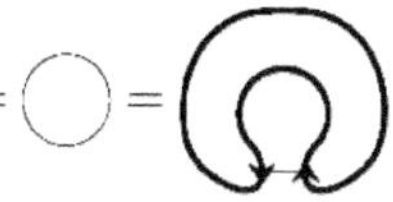 $= nA(n + B + C) = \dfrac{4n(n-1)}{n+9}\,.$

As the defining and adjoint rep dimensions n and N are integers, this formula is a *Diophantine condition*, satisfied by a small family of invariance groups, the E_6 row in the Magic Triangle of fig. 1, with E_6 corresponding to $n = 27$ and $N = 78$.

4 G_2 and E_8 families of invariance groups

We classify next all groups that leave invariant a symmetric quadratic invariant and an antisymmetric cubic invariant

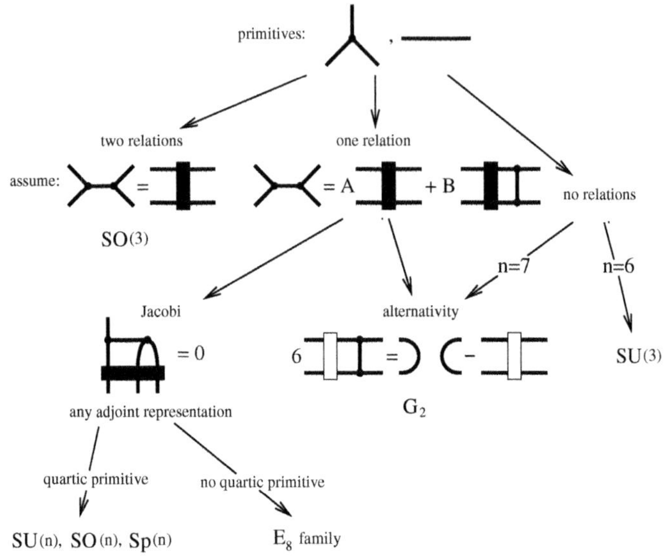

Assumption of no relation between the three 4-index invariant tree tensors constructed by the 3 distinct ways of contracting two f_{abc} tensors leads to the G_2 *family of invariance groups* [Cvitanović 2004], interesting its own right, but omitted here for brevity. If there is a relation between the three such tensors, symmetries this relation is necessarily the Jacobi relation.

The E_8 *family of invariance groups* follows if the primitive invariants are *symmetric* quadratic, *antisymmetric cubic*

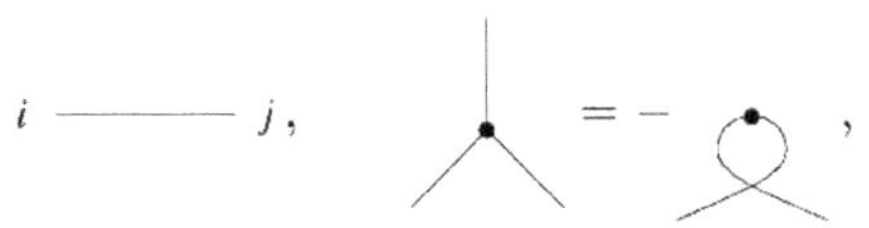

(4.1)

and the Jacobi relation is satisfied:

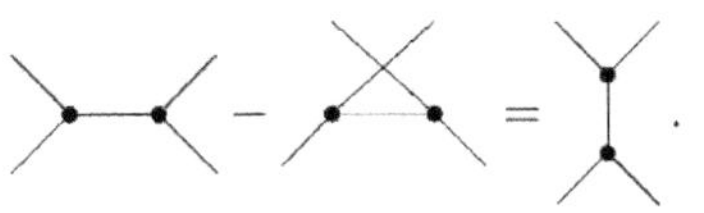

(4.2)

The task the we face is:

(i) enumerate *all Lie groups that leave these primitives invariant.*
(ii) demonstrate that we can reduce all loops

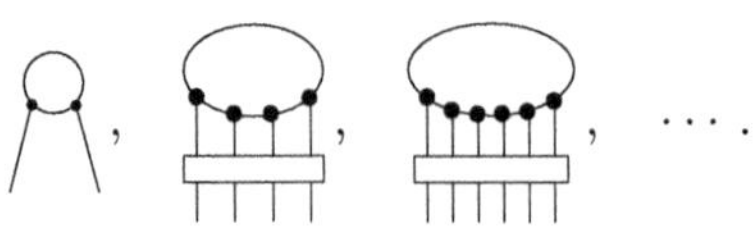

(4.3)

Accomplished so far: The Diophantine conditions yield all of the E_8 family Lie algebras, and no stragglers.

"To do":

(i) so far *no proof* that there exist no further Diophantine conditions.
(ii) The projection operators for E_8 family enable us to evaluate diagrams with internal loops of *length 5 or smaller*, but we have *no proof* that *any* vacuum bubble can be so evaluated.

4.1 Two-index tensors

Remember

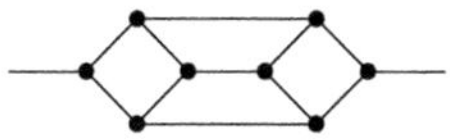 $= ?,$

the graph that launched this whole odyssey?

A loop with four structure constants is reduced by reducing the $A \otimes A \to A \otimes A$ space. By the Jacobi relation there are only two linearly independent tree invariants in A^4 constructed from the cubic invariant:

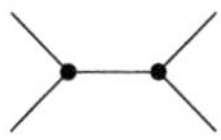 and 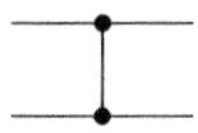

 induces a decomposition of $\wedge^2 A$ antisymmetric tensors:

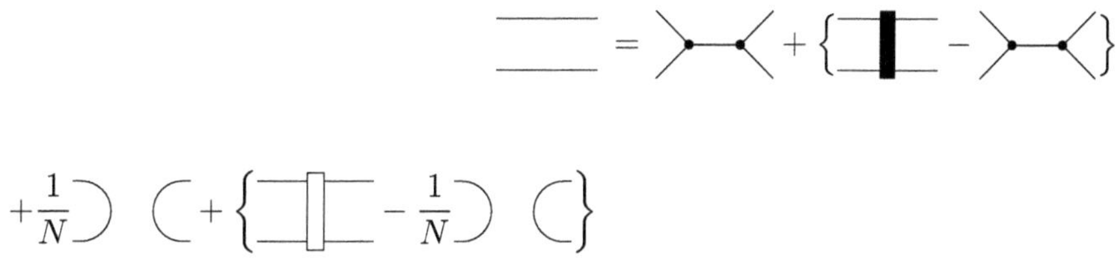

$$\mathbf{1} = \mathbf{P}_{\square} + \mathbf{P}_{\begin{smallmatrix}\square\\\square\end{smallmatrix}} + \mathbf{P}_{\bullet} + \mathbf{P}_{s} .\nu \qquad (4.4)$$

The $A \otimes A \to A \otimes A$ matrix

$\mathbf{Q}_{ij,kl} =$ 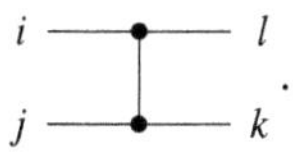.

can decompose only the symmetric subspace $\mathrm{Sym}^2 A$.

What next? The key is the *primitiveness assumption*: any invariant tensor is a linear sum over the tree invariants constructed from the quadratic and the cubic invariants, *i.e. no quartic* primitive invariant exists in the adjoint rep.

4.2 Primitiveness assumption

By the primitiveness assumption, the 4-index loop invariant $\mathbf{Q}^2$ is expressible in terms of $\mathbf{Q}_{ij,k\ell}$, $C_{ijm}C_{mk\ell}$ and δ_{ij}, hence on the traceless symmetric subspace

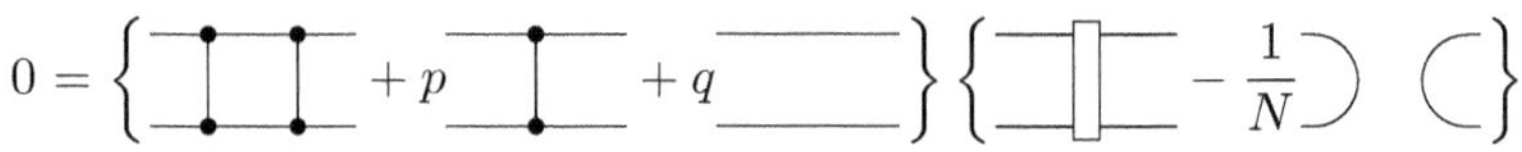

$$0 = (\mathbf{Q}^2 + p\mathbf{Q} + q\mathbf{1})\mathbf{P}_s\,.$$

The assumption that there exists no primitive quartic invariant is the *defining relation* for the E_8 family.

Coefficients p, q follow from symmetry and the Jacobi relation, yielding the characteristic equation for $\mathbf{Q}$

$$\left(\mathbf{Q}^2 - \frac{1}{6}\mathbf{Q} - \frac{5}{3(N+2)}\mathbf{1}\right)\mathbf{P}_s = (\mathbf{Q} - \lambda\mathbf{1})(\mathbf{Q} - \lambda^*\mathbf{1})\mathbf{P}_s = 0\,.$$

Rewrite the condition on an eigenvalue of $\mathbf{Q}$,

$$\lambda^2 - \frac{1}{6}\lambda - \frac{5}{3(N+2)} = 0\,,$$

as formula for N:

$$N + 2 = \frac{5}{3\lambda(\lambda - 1/6)} = 60\left(\frac{6-\lambda^{-1}}{6} - 2 + \frac{6}{6-\lambda^{-1}}\right).$$

As we shall seek for values of λ such that the adjoint rep dimension N is an integer, it is convenient to re-parametrize the two eigenvalues as

$$\lambda = \frac{1}{6}\frac{1}{1-m/6} = -\frac{1}{m-6}\,, \qquad \lambda^* = \frac{1}{6}\frac{1}{1-6/m} = \frac{1}{6}\frac{m}{m-6}\,.$$

In terms of the parameter m, the dimension of the adjoint representation is given by

$$N = -122 + 10m + 360/m\,. \tag{4.5}$$

As N is an integer, allowed m are rationals $m = P/Q$, P and Q relative primes. It turns out that we need to check only a handful of rationals $m > 6$.

4.3 Further Diophantine conditions

The associated projection operators:

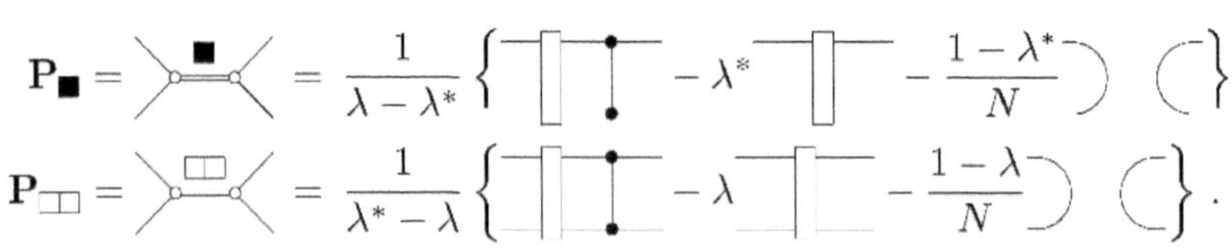

reduce the $A \otimes A$ space into irreps of dimensions:

$$d_{\square\square} = \operatorname{tr} \mathbf{P}_{\square\square} = \frac{(N+2)(1/\lambda + N - 1)}{2(1-\lambda^*/\lambda)}$$
$$= \frac{5(m-6)^2(5m-36)(2m-9)}{m(m+6)}, \qquad (4.6)$$

$$d_{\blacksquare} = \frac{270(m-6)^2(m-5)(m-8)}{m^2(m+6)}. \qquad (4.7)$$

To summarize: $A \otimes A$ decomposes into 5 irreducible reps

$$\mathbf{1} = \mathbf{P}_{\square} + \mathbf{P}_{\genfrac{}{}{0pt}{}{\square}{\square}} + \mathbf{P}_{\bullet} + \mathbf{P}_{\square\square} + \mathbf{P}_{\blacksquare}.$$

The decomposition is parametrized by a rational m and is possible only if dimensions N and $d_{\square\square}$ are integers. From the decomposition of the $\mathrm{Sym}^3 A$ if follows, by the same line of reasoning, that there is a rep of dimension

$$d_{\square} = \frac{5(m-5)(m-8)(m-6)^2(2m-15)(5m-36)}{m^3(3+m)(6+m)}(36-m). \qquad (4.8)$$

Table 1. All solutions of the Diophantine conditions (4.5), (4.6), (4.7) and (4.8): the $m = 30$ solution still survives this set of conditions.

m	5	8	9	10	12	15	18	24	30	36
N	0	3	8	14	28	52	78	133	190	248
d_5	0	0	1	7	56	273	650	1,463	1,520	0
$d_{\square}$	0	-3	0	64	700	4,096	11,648	40,755	87,040	147,250
$d_{\square\blacksquare}$	0	0	27	189	1,701	10,829	34,749	152,152	392,445	779,247

Our homework problem is done: the reduction of the adjoint rep 4-vertex loops for *all* exceptional Lie groups. The main result of all this heavy birdtracking is, however, much more interesting than the problem we set out to solve:

The solutions of $A \otimes A \to A \otimes A$ Diophantine conditions yield *all* exceptional Lie algebras, see table 1. $N > 248$ is excluded by the positivity of $d_{\square}$, $N = 248$ is special, as $\mathbf{P}_{\square} = 0$ implies existence of a tensorial identity on the $\mathrm{Sym}^3 A$ subspace. I eliminate *(somewhat indirectly)* the $m = 30$ case by the semi-simplicity condition; Landsberg and Manivel [Landsberg and Manivel 2002c] identify the $m = 30$ solution as a non-reductive Lie algebra.

5 Exceptional magic

After "some algebra" F_4 and E_7 families emerge in a similar fashion. A closer scrutiny of the solutions to all $V \otimes \bar{V} \to V \otimes \bar{V}$ Diophantine conditions appropriately re-parametrized

m	8	9	10	12	15	18	20	24	30	36	40	···	360
F_4			0	0	3	8	.	21	.	52	.	···	.
E_6		0	0	2	8	16	.	35	36	78	.	···	.
E_7	0	1	3	9	21	35	.	66	99	133	.	···	.
E_8	3	8	14	28	52	78	.	133	190	248	.	···	.

leads to a surprise: all of them are the one and the same condition

$$N = \frac{(\ell - 6)(m - 6)}{3} - 72 + \frac{360}{\ell} + \frac{360}{m}$$

which magically arranges all exceptional families into the *Magic Triangle*. The triangle is called "magic", because it contains the Magic Square [Vinberg 1994; Freudenthal 1964a].

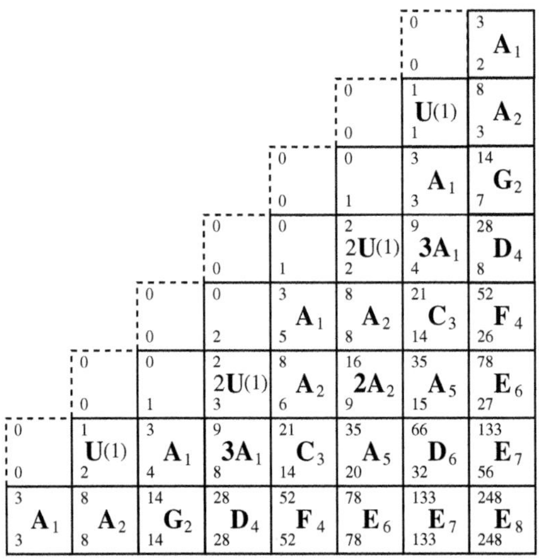

Fig. 1. All solutions of the Diophantine conditions place the defining and adjoint reps exceptional Lie groups into a triangular array. Within each entry: the number in the upper left corner is N, the dimension of the corresponding Lie algebra, and the number in the lower left corner is n, the dimension of the defining rep. The expressions for n for the top four rows are guesses.

5.1 A brief history of exceptional magic

There are many different strands woven into "exceptional magic" described only in small part in this monograph. I will try to summarize few of the steps along the way, the ones that seem important to me – with apologies to anyone whose work I have overseen.

1894: in his thesis Cartan [Cartan 1914] identifies G_2 as the group of octonion isomorphisms, and notes that E_7 has a skew-symmetric quadratic and a symmetric quartic invariant.
1907: Dickinson characterizes E_6 as a 27-dimensional group with a cubic invariant.
1934: Jordan, von Neumann and Wigner [Jordan et al. 1934] introduce octonions and Jordan algebras into physics, in a failed attempt at formulating a new quantum mechanics which would explain the neutron, discovered in 1932.
1954–66: First noted by Rosenfeld [Rosenfeld 1956], the *Magic Square* was rediscovered by Freudenthal, and made rigorous by Freudenthal and Tits [Freudenthal 1954 ; Tits 1966]. A mathematician's history of the octonion underpinning of exceptional Lie groups is given in a delightful review by Freudenthal [Freudenthal 1964b].
1976: Gürsey and collaborators [Gürsey and Sikivie 1976] take up octonionic formulations in a failed attempt of formulating a quantum mechanics of quark confinement.
1975–77: *Primitive invariants* construction of all semi-simple Lie algebras [Cvitanović 1976] and the Magic Triangle [Cvitanović 1977b], except for the E_8 family.
1979: E_8 *family* primitiveness assumption (*no quartic primitive* invariant), inspired by *Okubo*'s observation [Okubo 1979] that the quartic Dynkin index vanishes for the exceptional Lie algebras.
1979: E_7 *symmetry in extended supergravities* discovered by Cremmer and Julia [Cremmer and Julia 1979].
1981: *Magic Triangle*, the E_7 family and its $SO(4)$-family of "negative dimensional" relatives published [Cvitanović 1981a]. The total number of citations in the next 20 years: *3 (three)*.
1981: *Magic Triangle in extended supergravities* constructed by Julia [Julia 1981]. Appears unrelated to the Magic Triangle described here.
1987–2001: *Angelopoulos* [Angelopoulos 2001] classifies Lie algebras by the spectrum of the Casimir operator acting on $A\otimes A$, and, *inter alia*, obtains the same E_8 family.
1995 : *Vogel* [Vogel 1995] notes that for the exceptional groups the dimensions and casimirs of the $A\otimes A$ adjoint rep tensor product decomposition $\mathbf{P}_{\square}+\mathbf{P}_{\substack{\square\\\square}}+\mathbf{P}_{\bullet}+\mathbf{P}_{\square\square}+\mathbf{P}_{\blacksquare}$ are rational functions of the quadratic Casimir a (related to my parameter m by $a = 1/m - 6$).
1996: *Deligne* [Deligne 1996] conjectures that for A_1, A_2, G_2, F_4, E_6, E_7 and E_8 the dimensions of higher tensor reps $\otimes A^k$ could likewise be expressed as rational functions of parameter a.

1996: *Cohen and de Man* [Cohen and de Man 1996] verify by computer algebra the Deligne conjecture for all reps up to $\otimes A^4$. They note that "*miraculously* for all these rational functions both numerator and denominator factor in $Q[a]$ as a product of linear factors". This is immediate in the derivation outlined above.
1999: *Cohen* and *de Man* [Cohen and de Man 1999] derive the projection operators and dimension formulas of sect. 4 for the E_8 family by the same birdtrack computations (they cite [Cvitanović 2004], not noticing that the calculation was already in the current draft of the webbook).
2001–2003: *J. M. Landsberg and L. Manivel* [Landsberg and Manivel 2002c; Landsberg and Manivel 2001; Landsberg and Manivel 2002b; Landsberg and Manivel 2002a] utilize projective geometry and triality to interpret the Magic Triangle, recover the known dimension and decomposition formulas, and derive an infinity of higher-dimensional rep formulas.
2002: *Deligne* and *Gross* [Deligne and Gross 2002] derive the Magic Triangle by a method different from the derivation outlined here.

6 Epilogue

"Why did you do this?" you might well ask.

Here is an answer.

It has to do with a conjecture of finiteness of gauge theories, which, by its own twisted logic, led to this sidetrack, birdtracks and exceptional magic:

> *If gauge invariance of QED guarantees that all UV and IR divergences cancel, why not also the finite parts?*

And indeed; when electron magnetic moment diagrams are grouped into gauge invariant subsets, a rather surprising thing happens [Cvitanović 1977a]; while the finite part of each Feynman diagram is of order of 10 to 100, every subset computed so far adds up to approximately

$$\pm\frac{1}{2}\left(\frac{\alpha}{\pi}\right)^n .$$

If you take this numerical observation seriously, the "zeroth" order approximation to the electron magnetic moment is given by

$$\frac{1}{2}(g-2) = \frac{1}{2}\frac{\alpha}{\pi}\frac{1}{\left(1-\left(\frac{\alpha}{\pi}\right)^2\right)^2} + \text{"corrections"}.$$

Now, this is a great heresy - my colleagues will tell you that Dyson [Dyson 1952] has shown that the perturbation expansion is an asymptotic series, in the sense that the nth order contribution should be exploding combinatorially

$$\frac{1}{2}(g-2) \approx \cdots + n^n \left(\frac{\alpha}{\pi}\right)^n + \cdots ,$$

and not growing slowly like my estimate

$$\frac{1}{2}(g-2) \approx \cdots + n \left(\frac{\alpha}{\pi}\right)^n + \cdots .$$

I kept looking for a simpler gauge theory in which I could compute many orders in perturbation theory and check the conjecture. We learned how to count Feynman diagrams. I formulated a planar field theory whose perturbation expansion is convergent [Cvitanović 1981b]. I learned how to compute the group weights of Feynman diagrams in non-Abelian gauge theories [Cvitanović 1976]. By marrying Poincaré to Feynman we found a new perturbative expansion more compact than the standard Feynman diagram expansions [Cvitanović et al. 1999]. No dice. To this day I still do not know how to prove or disprove the conjecture.

QCD quarks are supposed to come in three colors. This requires evaluation of SU(3) group theoretic factors, something anyone can do. In the spirit of Teutonic completeness, I wanted to check all possible cases; what would happen if the nucleon consisted of 4 quarks, doodling

 $= n(n^2-1)$,

and so on, and so forth. In no time, and totally unexpectedly, all exceptional Lie groups arose, not from conditions on Cartan lattices, but on the same geometrical footing as the classical invariance groups of quadratic norms, $SO(n)$, $SU(n)$ and $Sp(n)$.

6.1 Magic ahead

For many years nobody, truly nobody, showed a glimmer of interest in the exceptional Lie algebra parts of my construction, so there was no pressure to publish it before completing it:

By completing it I mean finding the algorithms that would reduce any bubble diagram to a number, for any semi-simple Lie algebra. The task is accomplished for G_2, but for F_4, E_6, E_7 and E_8 it is still an open problem. This, perhaps, is only matter of algebra (all of my computations were done by hand, mostly on trains and in airports), but the truly frustrating unanswered question is:

Where does the Magic Triangle come from? Why is it symmetric across the diagonal? Some of the other approaches explain the symmetry, but my derivation misses it. Most likely the starting idea - to classify all simple Lie groups from the primitiveness assumption - is flawed. Is there a mother of all Lie algebras, some analytic function (just as the *Gamma* function extends combinatorics on n objects into complex plane) which yields the Magic Triangle for a set of integer parameter values?

And then there is a practical issue of unorthodox notation: transferring birdtracks from hand drawings to LaTeX took another 21 years. In this I was rescued by Anders Johansen who undertook drawing some 4,000 birdtracks needed to complete [Cvitanović 2004], of elegance far outstripping that of the old masters.

References

[Angelopoulos 2001] E. Angelopoulos. Classification of simple Lie algebras. *Panamerican Math. Jour.*, 2:65–79, 2001.

[Bar-Natan 1995] D. Bar-Natan. On the Vassiliev knot invariants. *Topology*, 34:423–472, 1995.

[Cartan 1914] E. Cartan. *Ann. Sci. Ecole Norm. Sup. Paris*, 31:263, 1914.

[Cartan 1952] E. Cartan. *Oeuvres Completes.* Gauthier-Villars, Paris, 1952.

[Cohen and de Man 1996] A. M. Cohen and R. de Man. Computational evidence for Deligne's conjecture regarding exceptional Lie groups. *C. R. Acad. Sci. Paris Sér. I Math.*, 322(5):427–432, 1996.

[Cohen and de Man 1999] A. M. Cohen and R. de Man. On a tensor category for the exceptional groups. In P. Drexler, G. O. Michler, and C. M. Ringel, editors, *Computational methods for representations of groups and algebras, Euroconf. Proceedings*, volume 173 of *Progress in Math.*, pages 121–138, Basel, 1999. Birkhäuser.

[Cremmer and Julia 1979] E. Cremmer and B. L. Julia. The SO(8) supergravity. *Nucl. Phys. B*, 159:141, 1979.

[Cvitanović 1976] P. Cvitanović. Group theory for Feynman diagrams in non-Abelian gauge theories. *Phys. Rev. D*, 14:1536, 1976.

[Cvitanović 1977a] P. Cvitanović. Asymptotic estimates and gauge invariance. *Nucl. Phys. B*, 127:176, 1977a.

[Cvitanović 1977b] P. Cvitanović. Classical and exceptional Lie algebras as invariance algebras, 1977b. URL `www.nbi.dk/GroupTheory`. (Oxford University preprint 40/77, unpublished).

[Cvitanović 1981a] P. Cvitanović. Negative dimensions and E_7 symmetry. *Nucl. Phys. B*, 188:373, 1981a.

[Cvitanović 1981b] P. Cvitanović. Planar perturbation expansion. *Phys. Lett. B*, 99:49, 1981b.

[Cvitanović 2004] P. Cvitanović. *Group Theory.* Princeton University Press, Princeton, NJ, 2004. URL `www.nbi.dk/GroupTheory`.

[Cvitanović et al. 1999] P. Cvitanović, C. Dettmann, R. Mainieri, and G. Vattay. Trace formulas for stochastic evolution operators: Smooth conjugation method. *Nonlinearity*, 12:939–953, 1999. chao-dyn/9811003.

[Deligne 1996] P. Deligne. La série exceptionnelle de groupes de Lie. *C. R. Acad. Sci. Paris Sér. I Math.*, 322(4):321–326, 1996.

[Deligne and Gross 2002] P. Deligne and B. H. Gross. On the exceptional series, and its descendents. *C. R. Acad. Sci. Paris Sér. I Math.*, 335: 877–881, 2002.

[Dyson 1952] F. J. Dyson. Divergence of perturbation theory in Quantum Electrodynamics. *Phys. Rev.*, 85:631–632, 1952.

[Feynman 1949] R. P. Feynman. Theory of positrons. *Phys. Rev.*, 76:749, 1949.

[Freudenthal 1954] H. Freudenthal. Beziehungen der E_7 und E_8 zur oktavenebene, i, ii. *Indag. Math.*, 16:218, 1954.

[Freudenthal 1964a] H. Freudenthal. Lie groups in the foundations of geometry. *Advances in Math.*, 1:145–190 (1964), 1964a.

[Freudenthal 1964b] H. Freudenthal. Lie groups in the foundations of geometry. *Adv. Math.*, 1:145, 1964b.

[Gel′fand 1961] I. M. Gel′fand. *Lectures on Linear Algebra.* Dover, New York, 1961.

[Gürsey and Sikivie 1976] F. Gürsey and P. Sikivie. E(7) as a universal gauge group. *Phys. Rev. Lett.*, 36:775, 1976.

[Jordan et al. 1934] P. Jordan, J. von Neumann, and E. Wigner. On an algebraic generalization of the quantum mechanical formalism. *Ann. Math.*, 35:29, 1934.

[Julia 1981] B. L. Julia. Group disintegrations. In S. Hawking and M. Rocek, editors, *Superspace and Supergravity*, Cambridge, 1981. Cambridge Univ. Press.

[Killing 1888] W. Killing. *Math. Ann.*, 252:31, 1888.

[Landsberg and Manivel 2001] J. M. Landsberg and L. Manivel. The projective geometry of Freudenthal's magic square. *J. of Algebra*, 239:477–512, 2001.

[Landsberg and Manivel 2002a] J. M. Landsberg and L. Manivel. Representation theory and projective geometry. arXiv:math.AG/0203260, 2002a.

[Landsberg and Manivel 2002b] J. M. Landsberg and L. Manivel. Series of Lie groups. arXiv:math.AG/0203241, 2002b.

[Landsberg and Manivel 2002c] J. M. Landsberg and L. Manivel. Triality, exceptional Lie algebras and Deligne dimension formulas. *Advances in Math.*, 171:59–85, 2002c. arXiv:math.AG/0107032.

[Lang 1971] S. Lang. *Linear algebra.* Addison-Wesley, Reading, Mass., 1971.

[Levinson 1956] I. B. Levinson. Sums of Wigner coefficients and their graphical representation. *Proceed. Physical-Technical Inst. Acad. Sci. Lithuanian SSR*, 2:17–30, 1956. URL `www.nbi.dk/GroupTheory`.

[Nomizu 1979] K. Nomizu. *Fundamentals of linear algebra.* Chelsea Pub., New York, 1979.

[Okubo 1979] S. Okubo. Quartic trace identity for exceptional Lie algebras. *J. Math. Phys.*, 20:586, 1979.

[Penrose 1971a] R. Penrose. Angular momentum: An approach to combinatorial space-time. In T. Bastin, editor, *Quantum Theory and Beyond*, Cambridge, 1971a. Cambridge U. Press.

[Penrose 1971b] R. Penrose. Applications of negative dimensional tensors. In D. J. A. Welsh, editor, *Combinatorial Mathematics and Its Applications*, pages 221–244, New York, 1971b. Academic Press.

[Rosenfeld 1956] B. A. Rosenfeld. Geometrical interpretation of the compact simple Lie groups of the class. *Dokl. Akad. Nauk SSSR*, 106:600, 1956. in Russian.

[Stedman 1990] G. E. Stedman. *Diagram Techniques in Group Theory.* Cambridge U. Press, Cambridge, 1990.

['t Hooft 1974] G. 't Hooft. A planar diagram theory for strong interactions. *Nucl. Phys. B*, 72:461, 1974.

[Tits 1966] J. Tits. Algébres alternatives, algébres de Jordan et algébres de Lie exceptionnelles. *Indag. Math.*, 28:223–237, 1966.

[Vinberg 1994] È. B. Vinberg, editor. *Lie groups and Lie algebras, III*, volume 41 of *Encyclopaedia of Mathematical Sciences.* Springer-Verlag, Berlin, 1994. Structure of Lie groups and Lie algebras, A translation of *Current problems in mathematics. Fundamental directions. Vol. 41.*

[Vogel 1995] P. Vogel. Algebraic structures on modules of diagrams. URL `www.math.jussieu.fr/~vogel` (unpublished preprint), 1995.

[Wigner 1959] E. P. Wigner. *Group Theory and Its Application to the Quantum Mechanics of Atomic Spectra.* Academic Press, New York, 1959.

[Yutsis et al. 1964] A. P. Yutsis, I. B. Levinson, and V. V. Vanagas. *The Theory of Angular Momentum.* Gordon and Breach, New York, 1964.

Gauge Theories from D Branes

Paolo Di Vecchia[1] and Antonella Liccardo[2]

[1] NORDITA, Blegdamsvej 17, DK-2100 Copenhagen Ø, Denmark
e-mail:divecchi@alf.nbi.dk
[2] Dipartimento di Scienze Fisiche, Università di Napoli Complesso Universitario Monte S. Angelo, Via Cintia, I-80126 Napoli, Italy
liccardo@na.infn.it

Summary. In these lectures we start with a pedagogical introduction of the properties of open and closed superstrings and then, using the open/closed string duality, we construct the boundary state that provides the description of the maximally supersymmetric Dp branes in terms of the perturbative string formalism. We then use it for deriving the corresponding supergravity solution and the Born-Infeld action and for studying the properties of the maximally supersymmetric gauge theories living on their worldvolume. In the last section of these lectures we extend these results to less supersymmetric and non-conformal gauge theories by considering fractional branes of orbifolds and wrapped branes.

Acknowledgements: This work was partially supported by the European Commission RTN programme HPRN-CT-2000-00131.

1 Introduction

The discovery that superstring theories contain not only strings but also other non-perturbative p-dimensional objects, called p branes, has been a source of major progress not only in order to arrive at the formulation of M theory, but also for studying perturbative and non-perturbative properties of the gauge theories living on the brane world-volume. In fact the so-called Dirichlet branes (Dp branes) of type II theories admit two distinct descriptions. On the one hand they are classical solutions of the low-energy string effective action and therefore may be described in terms of closed strings. On the other hand their dynamics is determined by the degrees of freedom of the open strings with endpoints attached to their world-volume, satisfying Dirichlet boundary conditions along the directions transverse to the branes. Thus they may be described in terms of open strings, as well. This twofold description of the Dp branes was at the basis of the Maldacena conjecture [1] providing the equivalence between a closed string theory, as the type IIB on $AdS_5 \times S^5$, and $\mathcal{N} = 4$ super Yang-Mills whose degrees of freedom correspond to the massless excitations of the open strings having their endpoints attached to a D3 brane. It is also at the basis of recent studies of the perturbative and non-perturbative properties of the gauge theories living on less supersymmetric and non-conformal branes by means of classical solutions of the supergravity equations of motion that we will present in the last section of this lectures.

The fact that a Dp brane admits two distinct but equivalent descriptions in the open and closed string channel goes in the literature under the name of gauge-gravity correspondence. This correspondence is a direct consequence of the open/closed string duality that states that the one-loop annulus diagram of open strings can be equivalently written as a tree diagram of closed strings. This equivalence is known since the early days of string theory and was subsequently developed later [3]. It is in fact the open/closed string duality that allows to construct the boundary state that is the basic tool for describing the Dp branes in the framework of string theory. In these lectures we show how both the open and closed string properties of Dp branes can be conveniently studied using the formalism of the boundary state and how from it one can reach a non trivial understanding of the properties of the gauge theory living on their world-volume. This will be done first for maximally supersymmetric theories, as for instance $\mathcal{N} = 4$ super Yang-Mills that lives on a D3 brane, and will be extended in the last section to less supersymmetric and non-conformal gauge theories [4].

The lectures are organized as follows. After a self-consistent review of the main properties of perturbative open and closed superstring theories done in sect. 2, we present the description of Dp branes in terms of closed strings in sect. 3 and the one in terms of open strings in sect. 4. Sections 5 and 6 are

[3] For a set of relevant references on this subject see for instance Ref. [2].

[4] Recent reviews on this subject can be found in Refs. [3; 4].

devoted to the construction of the boundary state and to the calculation of brane interaction by means of the one-loop annulus diagram. In sect. 7 we derive from the boundary state the large distance behavior of the corresponding classical supergravity solution and the Born-Infeld action and we show that the gauge theory living on the maximally supersymmetric Dp branes is the dimensional reduction of $\mathcal{N}=1$ super Yang-Mills in ten dimensions to $(p+1)$ dimensions. Finally in sect. 8 we extend this procedure to less supersymmetric and non-conformal gauge theories by considering fractional and wrapped branes.

2 Perturbative String Theory

The action that describes the space-time propagation of a supersymmetric string in the superconformal gauge is given by

$$S = -\frac{T}{2}\int_M d\tau d\sigma \left(\eta^{\alpha\beta}\partial_\alpha X^\mu \partial_\beta X_\mu - i\bar{\psi}^\mu \rho^\alpha \partial_\alpha \psi_\mu\right), \tag{2.1}$$

where T is the string tension related to the Regge slope by $T = (2\pi\alpha')^{-1}$, M is the world-sheet of the string described by the coordinate $\xi^\alpha \equiv (\tau, \sigma)$, ψ is a world-sheet Majorana spinor and the matrices ρ^α provide a representation of the Clifford algebra $\{\rho^\alpha, \rho^\beta\} = -2\eta^{\alpha\beta}$ in two dimensions.

The previous action is invariant under the following supersymmetry transformations

$$\delta X^\mu = \bar{\alpha}\psi^\mu \quad , \quad \delta\psi^\mu = -i\rho^\alpha \partial_\alpha X^\mu \alpha \quad , \quad \delta\bar{\psi}^\mu = i\bar{\alpha}\rho^\alpha \partial_\alpha X^\mu \quad , \tag{2.2}$$

where α is a Majorana spinor that satisfies the equation:

$$\rho^\beta \rho^\alpha \partial_\beta \alpha = 0 \tag{2.3}$$

The equation of motion and boundary conditions for the string coordinate X^μ following from the action in Eq. (2.1) are

$$(\partial_\sigma^2 - \partial_\tau^2) X^\mu = 0 \quad , \quad \mu = 0, \ldots, d-1, \tag{2.4}$$

$$\partial_\sigma X \cdot \delta X|_{\sigma=\pi} - \partial_\sigma X \cdot \delta X|_{\sigma=0} = 0, \tag{2.5}$$

where $\sigma \in [0, \pi]$. Eq. (2.5) can be satisfied either by imposing the periodicity condition

$$X^\mu(\tau, 0) = X^\mu(\tau, \pi), \tag{2.6}$$

which leads to a theory of closed strings, or by requiring

$$\partial_\sigma X_\mu \delta X^\mu|_{0,\pi} = 0, \tag{2.7}$$

separately at both $\sigma = 0$ and $\sigma = \pi$ obtaining a theory of open strings. In the latter case Eq. (2.7) can be satisfied in either of the two ways

$$\begin{cases} \partial_\sigma X_\mu|_{0,\pi} = 0 \rightarrow \text{Neumann boundary conditions} \\ \delta X^\mu|_{0,\pi} = 0 \rightarrow \text{Dirichlet boundary conditions.} \end{cases} \tag{2.8}$$

If the open string satisfies Neumann boundary conditions at both its endpoints (NN boundary conditions) the general solution of the Eq.s (2.4) and (2.5) is equal to

$$X^\mu(\tau,\sigma) = q^\mu + 2\alpha' p^\mu \tau + i\sqrt{2\alpha'} \sum_{n\neq 0} \left(\frac{\alpha_n^\mu}{n} e^{-in\tau} \cos n\sigma \right), \tag{2.9}$$

where n is an integer. For DD boundary conditions we have instead

$$X^\mu(\tau,\sigma) = \frac{c^\mu(\pi-\sigma) + d^\mu \sigma}{\pi} - \sqrt{2\alpha'} \sum_{n\neq 0} \left(\frac{\alpha_n^\mu}{n} e^{-in\tau} \sin n\sigma \right). \tag{2.10}$$

One can also have mixed boundary conditions. The expression of the string coordinates in this case can be found in Ref. [2].

For a closed string the most general solution of the Eq.s of motion and of the periodicity condition in Eq. (2.6) can be written as follows

$$X^\mu(\tau,\sigma) = q^\mu + 2\alpha' p^\mu \tau + i\sqrt{\frac{\alpha'}{2}} \sum_{n\neq 0} \left(\frac{\alpha_n^\mu}{n} e^{-2in(\tau-\sigma)} + \frac{\tilde{\alpha}_n^\mu}{n} e^{-2in(\tau+\sigma)} \right), \tag{2.11}$$

In order to discuss the fermionic degrees of freedom, it is useful to introduce light cone coordinates

$$\xi_+ = \tau + \sigma \quad ; \quad \xi_- = \tau - \sigma \quad , \quad \partial_\pm \equiv \frac{\partial}{\partial \xi_\pm}, \tag{2.12}$$

In terms of them the Eq. of motion for ψ becomes

$$\partial_+ \psi_-^\mu = 0 \quad ; \quad \partial_- \psi_+^\mu = 0, \tag{2.13}$$

where

$$\psi_\pm^\mu = \frac{1 \mp \rho^3}{2} \psi^\mu \quad ; \quad \rho^3 \equiv \rho^0 \rho^1. \tag{2.14}$$

The boundary conditions following from Eq. (2.1) are

$$(\psi_+ \delta\psi_+ - \psi_- \delta\psi_-)|_{\sigma=0}^{\sigma=\pi} = 0. \tag{2.15}$$

which, in the case of an open string are satisfied if

$$\begin{cases} \psi_-(0,\tau) = \eta_1 \psi_+(0,\tau) \\ \psi_-(\pi,\tau) = \eta_2 \psi_+(\pi,\tau) \end{cases}, \tag{2.16}$$

where η_1 and η_2 can take the values ± 1. In particular if $\eta_1 = \eta_2$ we get what is called the Ramond (R) sector of the open string, while if $\eta_1 = -\eta_2$ we get the Neveu-Schwarz (NS) sector. In the case of a closed string the fermionic coordinates $\psi_\pm$ are independent from each other and they can be either periodic or anti-periodic. This amounts to impose the following conditions:

$$\psi_-^\mu(0,\tau) = \eta_3 \psi_-^\mu(\pi,\tau) \qquad \psi_+^\mu(0,\tau) = \eta_4 \psi_+^\mu(\pi,\tau), \tag{2.17}$$

that satisfy the boundary conditions in Eq. (2.15). In this case we have four different sectors according to the two values that η_3 and η_4 take

$$\begin{cases} \eta_3 = \eta_4 = 1 \Rightarrow (\mathrm{R} - \mathrm{R}) \\ \eta_3 = \eta_4 = -1 \Rightarrow (\mathrm{NS} - \mathrm{NS}) \\ \eta_3 = -\eta_4 = 1 \Rightarrow (\mathrm{R} - \mathrm{NS}) \\ \eta_3 = -\eta_4 = -1 \Rightarrow (\mathrm{NS} - \mathrm{R}) \end{cases}. \tag{2.18}$$

The general solution of Eq. (2.13) satisfying the boundary conditions in Eq.s (2.16) is given by

$$\psi_\mp^\mu \sim \sum_t \psi_t^\mu e^{-it(\tau\mp\sigma)} \qquad \text{where} \qquad \begin{cases} t \in Z + \frac{1}{2} \to \text{NS sector} \\ t \in Z \to \text{R sector} \end{cases}, \tag{2.19}$$

while the ones satisfying the boundary conditions in Eq. (2.17) are given by

$$\psi_-^\mu \sim \sum_t \psi_t^\mu e^{-2it(\tau-\sigma)} \qquad \text{where} \qquad \begin{cases} t \in Z + \frac{1}{2} \to \text{NS sector} \\ t \in Z \to \text{R sector} \end{cases}, \tag{2.20}$$

$$\psi_+^\mu \sim \sum_t \widetilde{\psi}_t^\mu e^{-2it(\tau+\sigma)} \qquad \text{where} \qquad \begin{cases} t \in Z + \frac{1}{2} \to \widetilde{\text{NS}} \text{ sector} \\ t \in Z \to \widetilde{\text{R}} \text{ sector} \end{cases}. \tag{2.21}$$

In the quantum string theory the oscillators α_n and $\widetilde{\alpha}_n$ play the role of creation and annihilation operators acting on a Fock space and satisfying the commutation relations

$$[\alpha_m^\mu, \alpha_n^\nu] = [\widetilde{\alpha}_m^\mu, \widetilde{\alpha}_n^\nu] = m\delta_{m+n,0}\eta^{\mu\nu} \quad ; \quad [\hat{q}^\mu, \hat{p}^\nu] = i\eta^{\mu\nu}, \tag{2.22}$$

$$[\alpha_m^\mu, \widetilde{\alpha}_n^\nu] = [\hat{q}^\mu, \hat{q}^\nu] = [\hat{p}^\mu, \hat{p}^\nu] = 0 . \tag{2.23}$$

which can be obtained by imposing the standard equal time commutators between the bosonic string coordinates. Analogously the fermionic oscillators satisfy the anticommutation relations

$$\{\psi_t^\mu, \psi_v^\nu\} = \{\tilde{\psi}_t^\mu, \tilde{\psi}_v^\nu\} = \eta^{\mu\nu}\delta_{v+t,0} \qquad \{\psi_t^\mu, \tilde{\psi}_v^\nu\} = 0 \tag{2.24}$$

following from the canonical anticommutation relations between the fermionic coordinates. The closed string vacuum state $|0\rangle|\tilde{0}\rangle|p\rangle$ with momentum p is defined by the conditions

$$\alpha_n^\mu|0\rangle|\tilde{0}\rangle|p\rangle = \tilde{\alpha}_n^\mu|0\rangle|\tilde{0}\rangle|p\rangle = 0 \quad \forall n > 0 \quad ,$$

$$\psi_t^\mu|0\rangle|\tilde{0}\rangle|p\rangle = \tilde{\psi}_t^\mu|0\rangle|\tilde{0}\rangle|p\rangle = 0 \ \text{ with } \quad \begin{cases} t \geq \frac{1}{2} \to \text{NS sector} \\ t \geq 1 \to \text{R sector} \end{cases} ,$$

$$\hat{p}^\mu|0\rangle|\tilde{0}\rangle|p\rangle = p^\mu|0\rangle|\tilde{0}\rangle|p\rangle \ . \tag{2.25}$$

For open strings the vacuum state is $|0\rangle|p\rangle$, and its definition involves only one kind of oscillators.

Notice that in the R sector there are fermionic zero modes satisfying the Dirac algebra that follows from Eq. (2.24) for $t, v = 0$:

$$\{\psi_0^\mu, \psi_0^\nu\} = \eta^{\mu\nu} \tag{2.26}$$

and therefore they can be represented as Dirac Γ-matrices. This implies that the ground state of the Ramond sector transforms as a Dirac spinor and we can label it with a spinor index A. It is annihilated by all annihilation operators ψ_t^μ with $t > 0$. The action of ψ_0 on the open string vacuum is given by

$$\psi_0^\mu \, |A\rangle = \frac{1}{\sqrt{2}} \, (\Gamma^\mu)^A_{\ C} \, |C\rangle \quad , \tag{2.27}$$

while that on the closed string ground state is given by

$$\begin{aligned} \psi_0^\mu \, |A\rangle|\widetilde{B}\rangle &= \frac{1}{\sqrt{2}} \, (\Gamma^\mu)^A_{\ C} \, (\mathbb{1})^B_{\ D} \, |C\rangle \, |\widetilde{D}\rangle \\ \widetilde{\psi}_0^\mu \, |A\rangle|\widetilde{B}\rangle &= \frac{1}{\sqrt{2}} \, (\Gamma_{11})^A_{\ C} \, (\Gamma^\mu)^B_{\ D} \, |C\rangle|\widetilde{D}\rangle \end{aligned} \tag{2.28}$$

Because of the Lorentz metric the Fock space defined by the relations in Eq.s (2.22) - (2.24) contains states with negative norm. To select only physical states one has to introduce the energy momentum tensor and the supercurrent and to look at the action that these two operators have on the states. The energy-momentum tensor, in the light cone coordinates, has two non zero components

$$T_{++} = \partial_+ X \cdot \partial_+ X + \frac{i}{2}\psi_+ \cdot \partial_+ \psi_+ \quad ; \quad T_{--} = \partial_- X \cdot \partial_- X + \frac{i}{2}\psi_- \cdot \partial_- \psi_- \quad , \tag{2.29}$$

while the supercurrent, which is the Nöther current associated to the supersymmetry transformation in Eq. (2.2), is

$$J_{-} = \psi_{-} \cdot \partial_{-} X \quad ; \quad J_{+} = \psi_{+} \cdot \partial_{+} X \ . \tag{2.30}$$

The Fourier components of T_{--} and T_{++} are called Virasoro generators and are given by

$$L_n = \frac{1}{2} \sum_{m \in Z} \alpha_{-m} \cdot \alpha_{n+m} + \frac{1}{2} \sum_{t} \left(\frac{n}{2} + t \right) \psi_{-t} \cdot \psi_{t+n}, \quad \forall n > 0 \tag{2.31}$$

with an analogous expression for $\tilde{L}_m$ in the closed string case, while

$$L_0 = \alpha' \hat{p}^2 + \sum_{n=1}^{\infty} \alpha_{-n} \cdot \alpha_n + \sum_{t>0} t \psi_{-t} \cdot \psi_t . \tag{2.32}$$

in the open string case and

$$\begin{aligned} L_0 &= \frac{\alpha'}{4} \hat{p}^2 + \sum_{n=1}^{\infty} \alpha_{-n} \cdot \alpha_n + \sum_{t>0} t \psi_{-t} \cdot \psi_t \ , \\ \tilde{L}_0 &= \frac{\alpha'}{4} \hat{p}^2 + \sum_{n=1}^{\infty} \tilde{\alpha}_{-n} \cdot \tilde{\alpha}_n + \sum_{t>0} t \tilde{\psi}_{-t} \cdot \tilde{\psi}_t \end{aligned} \tag{2.33}$$

for a closed string. The conditions which select the physical states involve also the Fourier components of the supercurrent, denoted with G_t (and $\widetilde{G}_t$ for closed strings). The operator G_t is given by

$$G_t = \sum_{n=-\infty}^{\infty} \alpha_{-n} \cdot \psi_{t+n} \quad ; \tag{2.34}$$

with an analogous expression for $\widetilde{G}_t$ in the closed string case.

The physical states are those satisfying the conditions

$$\begin{cases} L_m |\psi_{\text{phys}}\rangle = 0 & m > 0 \\ (L_0 - a_0)|\psi_{\text{phys}}\rangle = 0 & \\ G_t |\psi_{\text{phys}}\rangle = 0 & \forall t \geq 0 \end{cases} , \tag{2.35}$$

where $a_0 = \frac{1}{2}$ for the NS sector and $a_0 = 0$ for the R sector. In the closed string case one must also impose analogous conditions involving $\tilde{L}_m$ and $\tilde{G}_t$.

The spectrum of the theory is given in the open string case by

$$M^2 = \frac{1}{\alpha'} \left(\sum_{n=1}^{\infty} \alpha_{-n} \cdot \alpha_n + \sum_{t>0} t \psi_{-t} \cdot \psi_t - a_0 \right) \tag{2.36}$$

while in the closed case by

$$M^2 = \frac{1}{2} \left(M_+^2 + M_-^2 \right) \ , \tag{2.37}$$

where

$$M_-^2 = \frac{4}{\alpha'}\left(\sum_{n=1}^{\infty} \alpha_{-n}\cdot\alpha_n + \sum_t t\psi_{-t}\cdot\psi_t - a_0\right),$$
$$M_+^2 = \frac{4}{\alpha'}\left(\sum_{n=1}^{\infty} \tilde{\alpha}_{-n}\cdot\tilde{\alpha}_n + \sum_t t\tilde{\psi}_{-t}\cdot\tilde{\psi}_t - \tilde{a}_0\right). \tag{2.38}$$

For closed strings we should also add the level matching condition

$$(L_0 - \tilde{L}_0 - a_0 + \tilde{a}_0)|\psi_{\text{phys}}\rangle = 0. \tag{2.39}$$

Let us now concentrate on the massless spectrum of superstring theories. Imposing the physical states conditions given in Eq. (2.35) for open strings, we get in the NS sector the following massless state:

$$\epsilon_\mu(k)\psi^\mu_{-1/2}|0,k\rangle \qquad k\cdot\epsilon = 0 \qquad ; \qquad k^2 = 0 \tag{2.40}$$

that corresponds to a gauge vector field, with transverse polarization, while in the R sector the massless state is given by:

$$u_A(k)|A,k\rangle \qquad ; \qquad u_A(k\cdot\Gamma)^A{}_B = 0 \qquad k^2 = 0 \tag{2.41}$$

that in general corresponds to a spinor field in d dimensions. A necessary condition for having space-time supersymmetry is that the number of physical bosonic degrees of freedom be equal to that of physical fermionic degrees of freedom. In the NS sector we have found a vector field, which in 10 dimensions has 8 degrees of freedom (i.e. $(d-2)$). In the R sector instead we got a spinor field. The number of degrees of freedom of a spinor in d dimension is $2^{d/2}$, if it is a Dirac spinor, $2^{d/2}/2$ if it is a Majorana or Weyl spinor and $2^{d/2}/4$ in the case of Majorana-Weyl spinor (for d even). In $d = 10$ the only spinor having the same number of degrees of freedom of a vector is the Majorana-Weyl (with 8 d.o.f.) . Thus in order to have supersymmetry we must impose the ground state of the Ramond sector to be a Majorana-Weyl spinor. Since the fermionic coordinates ψ^μ are real we expect the spinor to be Majorana. In order to get also a Weyl ground state we must impose an additional condition that goes under the name of GSO projection. In the Ramond sector the GSO projection implies that we must restrict ourselves to the states that are not annihilated by one of the two following operators (for instance the one with the sign +):

$$P_R = \frac{1 \pm \psi_{11}(-1)^{F_R}}{2} \quad \text{where} \quad F_R = \sum_{n=1}^{\infty} \psi_{-n}\cdot\psi_n \qquad \psi_{11} \equiv 2^5\psi_0^0\psi_0^1\ldots\psi_0^9 \tag{2.42}$$

On the other hand, in order to eliminate the states with half-integer squared mass in units of α' that are present in the spectrum of the NS but not in the R sector, we must perform a similar projection also in the NS sector introducing the operator

$$P_{NS} = \frac{1+(-1)^{F_{NS}}}{2} \qquad \text{where} \qquad F_{NS} = \sum_{t=1/2}^{\infty} \psi_{-t}\cdot\psi_t - 1 \tag{2.43}$$

Because of the previous projections, the tachyon with mass $M^2 = -1/(2\alpha')$, appearing in the NS-sector of the spectrum is projected out and the ground state fermion is a Majorana-Weyl spinor in ten dimensions with only 8 physical degrees of freedom.

In the closed string case we have four different sectors and we have to perform the GSO projection in each sector. Then one needs to define analogous quantities $\widetilde{F}_{NS}, \widetilde{F}_R, \widetilde{P}_{NS}$ and $\widetilde{P}_R$ in terms of the right handed oscillators. In so doing one can choose $\widetilde{P}_R$ to have the same or the opposite sign ($\pm$) with respect to the one appearing in the definition of P_R. Then if P_R and $\widetilde{P}_R$ are defined with the same sign (+ or $-$) the two Majorana-Weyl spinors u_A and $\widetilde{u}_A$ of the left and right sectors have the same chirality (+ or $-$). Choosing instead the opposite sign they have opposite chirality. These two situations corresponds to two different superstring models. Indeed the first case corresponds to the type IIB (chiral) theory and the second case to the type IIA (non chiral) theory. In the NS-NS sector the massless states are given by:

$$\psi^{\mu}_{-1/2}\widetilde{\psi}^{\nu}_{-1/2}|0\rangle|\widetilde{0}\rangle|k\rangle \qquad k^2 = 0 \tag{2.44}$$

Those corresponding to a graviton are obtained by saturating the state in the previous equation with the symmetric and traceless tensor:

$$\epsilon^{(h)}_{\mu\nu} = \epsilon^{(h)}_{\nu\mu} \qquad \epsilon^{(h)}_{\mu\nu}\eta^{\mu\nu} = 0 \tag{2.45}$$

Those corresponding to an antisymmetric 2-form tensor are obtained by saturating the state in Eq. (2.44) with an antisymmetric polarization tensor:

$$\epsilon^{(A)}_{\mu\nu} = -\epsilon^{(A)}_{\nu\mu} \tag{2.46}$$

Finally the dilaton is obtained by saturating the state in Eq. (2.44) with the following tensor:

$$\epsilon^{(\phi)}_{\mu\nu} = \frac{1}{\sqrt{8}}\left[\eta_{\mu\nu} - k_\mu \ell_\nu - k_\nu \ell_\mu\right] \tag{2.47}$$

where $\ell^2 = k^2 = 0$ and $\ell\cdot k = 1$. The physical conditions imply that the polarization tensors for both the graviton and the antisymmetric tensor satisfy the condition:

$$k^{\mu}\epsilon^{(h)}_{\mu\nu} = 0 \qquad k^{\nu}\epsilon^{(A)}_{\mu\nu} = 0 \tag{2.48}$$

Then we have a R-NS sector whose massless state is given by:

$$u_A(k)|A, k/2\rangle \ \epsilon_\mu(k)\psi^\mu_{-1/2}\widetilde{|0, k/2\rangle} \tag{2.49}$$

By introducing a spinorial quantity with a vector index $\chi^\mu(k) \equiv u(k)\epsilon^\mu(k)$ it is easy to check that the physical conditions imply that χ satisfies the two equations:

$$(\chi)_B(\Gamma^\mu)^B{}_A k_\mu = 0 \qquad\qquad k\cdot\chi = 0 \tag{2.50}$$

The vector spinor is reducible under the action of the Lorentz group. It can be decomposed in the following way:

$$(\hat{\chi}_\mu)^A = \left[(\hat{\chi}_\mu)^A - \frac{1}{D}\Gamma_\mu(\Gamma^\nu\hat{\chi}_\nu)^A\right] + \frac{1}{D}\Gamma_\mu(\Gamma^\nu\hat{\chi}_\nu)^A \tag{2.51}$$

The first term corresponds to a gravitino with spin 3/2, while the second one to the dilatino with spin 1/2. They have opposite chirality. The same considerations apply also to the R-NS sector that provides also a gravitino and a dilatino as in the case of the NS-R sector. In both these sectors one gets space-time fermions.

Finally we have the R-R sector that as the NS-NS sector contains bosonic states. The massless states of the R-R sector are given by:

$$u_A(k)\tilde{u}_B(k)|A\rangle\widetilde{|B\rangle}|k\rangle \tag{2.52}$$

They are physical states (annihilated by G_0 and $\tilde{G}_0$) if u and $\tilde{u}$ satisfy the Dirac equation:

$$u_A(k)(k\cdot\Gamma)^A{}_B = \tilde{u}_A(k)(k\cdot\Gamma)^A{}_B = 0 \tag{2.53}$$

In order to investigate further aspects of the R-R spectrum and also for discussing vertex operators that are needed to write scattering amplitudes among string states, it is useful to use the conformal properties of string theory. Indeed string theory in the conformal gauge is a two-dimensional conformal field theory. Thus, instead of the operatorial analysis that we have discussed until now, one could give an equivalent description by using the language of conformal field theory in which one works with OPEs rather then commutators or anticommutators. We are not going to discuss here this alternative description in detail (for a careful discussion see [5],[2]), but we will limit our conformal discussion only to those string aspects that get an easier formulation in terms of conformal field theory.

In the conformal formulation one introduces the variables z and $\bar{z}$ that are related to the world sheet variables τ and σ through the conformal transformation:

$$z = e^{2i(\tau-\sigma)} \qquad ; \qquad \bar{z} = e^{2i(\tau+\sigma)} \ , \tag{2.54}$$

in the closed string case and

$$z = e^{i(\tau-\sigma)} \quad ; \quad \bar{z} = e^{i(\tau+\sigma)} \tag{2.55}$$

in the open string case and then express the bosonic and fermionic coordinates, given in Eq.s (2.9), (2.10) and (2.19) for open strings and in Eq.s (2.11), (2.20) and (2.21) for closed strings, in terms of z and $\bar{z}$.

Using the conformal language the R-R vacuum state $|A\rangle|\tilde{B}\rangle$ can be written in terms of the NS-NS vacuum by introducing the spin fields $S^A(z), \tilde{S}^B(\bar{z})$ satisfying the equation:

$$\lim_{z\to 0} S^A(z)\tilde{S}^B(\bar{z})|0\rangle|\tilde{0}\rangle = |A\rangle|\tilde{B}\rangle \ , \tag{2.56}$$

where $|0\rangle$ is the NS vacuum. Inserting this equation in Eq. (2.52) one can expand it as follows

$$\lim_{z\to 0} u_A(k)S^A(z)\tilde{u}_B\tilde{S}^B(\bar{z})|0\rangle|\tilde{0}\rangle =$$

$$= \sum_{n=0}^{10} \frac{(-1)^{n+1}}{2^5\, n!} u_A(k)(\Gamma_{\mu_1\ldots\mu_n}C^{-1})^{AB}\tilde{u}_B \lim_{z\to 0} S^C(z)(C\Gamma^{\mu_1\ldots\mu_n})_{CD}\tilde{S}^D(\bar{z})|0\rangle|\tilde{0}\rangle \tag{2.57}$$

where $\Gamma_{\mu_1\ldots\mu_n}$ is the completely antisymmetrized product of n Γ-matrices.

Also in this case the two spinors can be taken with the same or opposite chirality. Let us assume that they have the same chirality corresponding to IIB superstring theory. In this case they both satisfy the two following Eq.s

$$u_A\left(\frac{1+\Gamma_{11}}{2}\right)^A_{\ B} = 0 \quad ; \quad \left(\frac{1-\Gamma_{11}}{2}\right)^A_{\ B}(C^{-1})^{BC}\tilde{u}_C = 0 \tag{2.58}$$

where the second is obtained from the first by using that $\Gamma_{11}^T = -C\Gamma_{11}C^{-1}$. With the help of the two previous Eq.s it is straightforward to show that:

$$u_A(\Gamma_{\mu_1\ldots\mu_n}C^{-1})^{AB}\tilde{u}_B = (-1)^{n+1}u_A(\Gamma_{\mu_1\ldots\mu_n}C^{-1})^{AB}\tilde{u}_B \tag{2.59}$$

This means that only the terms with n odd contribute in the sum in Eq. (2.57). If we had spinors with opposite chirality then only the terms with n even will be contributing. It remains to show that the even or the odd values of n are actually not independent. In fact the first Eq. in (2.58) implies that

$$u_E\left(\frac{1+\Gamma_{11}}{2}\right)^E_{\ F}(\Gamma_{\mu_1\ldots\mu_n}C^{-1})^{FG}\tilde{u}_G = 0 \tag{2.60}$$

But, by using that

$$\Gamma_{11}\Gamma_{\mu_1\ldots\mu_n} = \frac{(-1)^{(n+2)(n-1)/2}}{(10-n)!}\epsilon_{\mu_1\ldots\mu_n\mu_{n+1}\ldots\mu_{10}}\Gamma^{\mu_{n+1}\ldots\mu_{10}} \tag{2.61}$$

in Eq. (2.60) we get

$$u\Gamma_{\mu_1\ldots\mu_n}C^{-1}\tilde{u} + \frac{(-1)^{(n+2)(n-1)/2}}{(10-n)!}\epsilon_{\mu_1\ldots\mu_n\mu_{n+1}\ldots\mu_{10}}u\Gamma^{\mu_{n+1}\ldots\mu_{10}}C^{-1}\tilde{u} = 0 \tag{2.62}$$

that shows that the terms with $n > 5$ are related to those with $n < 5$. For $n = 5$ we get the following self-duality relation:

$$u\Gamma_{\mu_1\ldots\mu_5}C^{-1}\tilde{u} + \frac{1}{5!}\epsilon_{\mu_1\ldots\mu_{10}}u\Gamma^{\mu_6\ldots\mu_{10}}C^{-1}\tilde{u} = 0 \tag{2.63}$$

This means that in type IIB we can limit ourselves to $n = 1, 3, 5$, while in type IIA to $n = 2, 4$, being the other values related to those.

It can also be shown that the quantities in Eq. (2.62) correspond to field strengths and not to potentials:

$$F_{\mu_1\ldots\mu_n} \equiv u\Gamma_{\mu_1\ldots\mu_n}C^{-1}\tilde{u} \tag{2.64}$$

This follows from the fact that $F_{\mu_1\ldots\mu_n}$ satisfies both the Eq. of motion and the Bianchi identity that in form notation are given by:

$$dF_n = d({}^*F)_{10-n} = 0 \tag{2.65}$$

They can be obtained from Eq. (2.64) remembering that the two spinors appearing in it, in order to be physical, must satisfy the Dirac equation given in Eq. (2.53). Therefore we have the following R-R potentials

$$C_0\ , C_2\ C_4 \qquad\qquad \text{in type IIB} \tag{2.66}$$

$$C_1\ , C_3 \qquad\qquad \text{in type IIA} \tag{2.67}$$

where the subindex indicates the rank of the form.

In conclusion the bosonic spectrum of the two closed superstring IIA and IIB consists of a graviton $G_{\mu\nu}$, a dilaton ϕ and a two-form potential B_2 in the NS-NS sector and of the R-R fields given in Eq. (2.66) for the type IIB and in Eq. (2.67) for the type IIA theory. The number of physical degrees of freedom of the previous fields is given in Table 1. We have assumed that d is even. If d is odd the fermionic degrees of freedom are given by $2^{(d-1)/2}$ instead of $2^{d/2}$. By counting the number of physical degrees of freedom for both type II theories it is easy to check that the number of bosonic degrees of freedom (128) equals that of fermionic ones (128) as expected in a supersymmetric theory. It turns out that the actions describing the low-energy degrees of freedom in the two closed superstring theories are the type IIB and type IIA supergravities that we will write down in the next section.

Until now we have analyzed the string spectrum in the operatorial framework, in which the physical states are constructed by acting with the oscillators α and ψ on the vacuum state. However, in order to compute string

Table 1. Degrees of Freedom

STATE	d-dims	10-dims
$G_{\mu\nu}$	(d-2)(d-1)/2 -1	35
ϕ	1	1
B_2	(d-2)(d-3)/2	28
C_0	1	1
C_1	d-2	8
C_2	(d-2)(d-3)/2	28
C_3	(d-2)(d-3)(d-4)/6	56
C_4	$(d-2)(d-3)(d-4)(d-5)/(2{\cdot}4!)$	35
χ_μ^A	$(d-3)2^{d/2}/4$	56
ψ^A	$2^{d/2}/4$	8

scattering amplitudes, the conformal description of string theory is much more suitable than the operatorial one. Indeed in the conformal framework one defines a vertex operator for each string state and then express a scattering amplitude among string states in terms of a correlator between the corresponding vertex operators.

In a conformal field theory one introduces the concept of conformal or primary field $\mathcal{V}(z)$ of dimension h as an object that satisfies the following OPE with the energy momentum tensor $T(z)$:

$$T(z)\mathcal{V}(w) = \frac{\partial_w \mathcal{V}(w)}{z-w} + \frac{h\mathcal{V}(w)}{(z-w)^2} + \cdots \quad . \tag{2.68}$$

where the dots indicate non singular terms when $z \rightarrow w$. In order to perform a covariant quantization of string theory we have to consider also the ghost and superghost degrees of freedom that we have completely disregarded until now. They arise from the exponentiation of the Faddev-Popov determinant that is obtained when the string is quantized through the path-integral quantization. In particular choosing the conformal gauge, one gets the following action [5]

$$S_{\text{gh-sgh}} \sim \int d^2z[(b\bar{\partial}c + \text{c.c.}) + (\beta\bar{\partial}\gamma + c.c)] \quad , \tag{2.69}$$

where b and c are fermionic fields with conformal dimension equal respectively to 2 and -1 while β and γ are bosonic fields with conformal dimensions equal respectively to $3/2$ and $-1/2$.

With the introduction of ghosts the string action in the conformal gauge becomes invariant under the BRST transformations and the physical states are characterized by the fact that they are annihilated by the BRST charge that is given by

$$Q \equiv \oint dz J_{BRST}(z) = Q_0 + Q_1 + Q_2 \quad , \tag{2.70}$$

where

$$Q_0 = \oint \frac{dz}{2\pi i} c(z) \left[T(z) + T^{\beta\gamma}(z) + \partial c(z) b(z)\right] \tag{2.71}$$

and

$$Q_1 = \frac{1}{2} \oint \frac{dz}{2\pi i} \gamma(z) \psi(z) \cdot \partial X(z) \quad ; \quad Q_2 = -\frac{1}{4} \oint \frac{dz}{2\pi i} \gamma^2(z) b(z) \tag{2.72}$$

where

$$T^{bc}(z) = [-2b\partial c - \partial b c] : \qquad T^{\beta\gamma}(z) = [-\frac{3}{2}\beta\partial\gamma - \frac{1}{2}\partial\beta\gamma] \tag{2.73}$$

It is convenient to use the bosonized variables:

$$\gamma(z) = \mathrm{e}^{\varphi(z)} \eta(z) \quad , \quad \beta(z) = \partial\xi(z) \mathrm{e}^{-\varphi(z)} \tag{2.74}$$

In terms of them Q_1 and Q_2 become:

$$Q_1 = \frac{1}{2} \oint \frac{dz}{2\pi i} \mathrm{e}^{\varphi(z)} \eta(z) \psi(z) \cdot \partial X(z) \quad ; \quad Q_2 = \frac{1}{4} \oint \frac{dz}{2\pi i} b(z) \eta(z) \partial\eta(z) \mathrm{e}^{2\varphi(z)} \tag{2.75}$$

A vertex operator corresponding to a physical state must be BRST invariant, i.e.

$$[Q, \mathcal{W}(z)]_\eta = 0 \tag{2.76}$$

where $[,]_\eta$ means commutator $(\eta = -1)$ [anticommutator $(\eta = 1)$] when the vertex operator is a bosonic [fermionic] quantity.

In the massless NS sector of open strings the correct BRST invariant vertex operator with the inclusion of the ghosts and superghosts contribution turns out to be

$$\mathcal{W}_{-1}(z) = c(z) e^{-\varphi(z)} \epsilon \cdot \psi(z) e^{i\sqrt{2\alpha'} k \cdot X(z)} \tag{2.77}$$

Here and in the following we use dimensionless string fields X and ψ, and also the momentum k always appears in the dimensionless combination $\sqrt{2\alpha'}k$. The previous vertex is BRST invariant if $k^2 = \epsilon \cdot k = 0$. This can be shown in the following way. Let us define for convenience:

$$\mathcal{W}_{-1}(z) \equiv c(z) F(z) \tag{2.78}$$

and let us compute:

$$\begin{aligned} [Q_0, \mathcal{W}_{-1}(w)] &= \oint \frac{dz}{2\pi i} c(z) \left[T(z) + T^{\beta\gamma}(z) + \partial c(z) b(z)\right] \mathcal{W}_{-1}(w) = \\ &= \oint \frac{dz}{2\pi i} \left\{ c(z) c(w) \left[\frac{\partial_w F(w)}{z-w} + \frac{F(w)}{(z-w)^2}\right] + \frac{(c\partial c F)(w)}{z-w} \right\} \end{aligned} \tag{2.79}$$

where we have used the fact that $F(w)$ is a conformal field with dimension equal to 1, which implies that the four-momentum of the vertex must be light-like $k^2 = 0$. Expanding around the point $z = w$ and keeping only the terms that are singular i.e. the only ones that give a non-vanishing contribution in the previous equation we get:

$$\oint \frac{dz}{2\pi i} \left\{ [c(w) + (z-w)\partial c(w)] \left[\frac{c(w)\partial F(w)}{z-w} + \frac{\mathcal{W}_{-1}(w)}{(z-w)^2} \right] - \frac{\partial c(w)\mathcal{W}_{-1}(w)}{(z-w)} \right\} = 0 \tag{2.80}$$

because the term $c(w)$ in the square bracket gives no contribution ($c^2 = 0$) and the other singular terms just trivially cancel. Following the same procedure it can also be checked that

$$[Q_1, \mathcal{W}_{-1}(w)] = [Q_2, \mathcal{W}_{-1}(w)] = 0 \tag{2.81}$$

The second equation is valid in general, while the first one is only valid if $\epsilon{\cdot}k = 0$. In conclusion we have seen that the vertex operator in Eq. (2.77) is BRST invariant if $k^2 = \epsilon{\cdot}k = 0$.

We can proceed in an analogous way in the R sector and obtain the following BRST invariant vertex operator for the massless fermionic state of open superstring [5]:

$$\mathcal{W}_{-1/2}(z) = u_A(k)c(z)S^A(z)e^{-\frac{1}{2}\varphi(z)}e^{i\sqrt{2\alpha'}k\cdot X(z)} \tag{2.82}$$

It is BRST invariant if $k^2 = 0$ and $u_A \left(\Gamma^\mu\right)^A_{\ B} k_\mu = 0$. Both vertices in Eq.s (2.77) and (2.82) have conformal dimension equal to zero.

Moreover in superstring for each physical state we can construct an infinite tower of equivalent physical vertex operators all (anti)commuting with the BRST charge and characterized according to their superghost picture P that is equal to the total ghost number of the scalar field φ and of the $\eta\xi$ system that appear in the "bosonization" of the $\beta\gamma$ system according to Eq. (2.74) (for more details see [2]):

$$P = \oint \frac{dz}{2\pi i} \left(-\partial\varphi + \xi\eta\right) \tag{2.83}$$

For example the vertex in Eq. (2.77), which does not contain the fields η and ξ but only the field φ appearing in the exponent with a factor -1, is in the picture -1. Analogously the vertex in Eq. (2.82) is in the picture $-1/2$. Vertex operators in different pictures are related through the picture changing procedure that we are now going to describe shortly. Starting from a BRST invariant vertex $\mathcal{W}_t$ in the picture t (characterized by a value of P equal to t), where t is integer (half-integer) in the NS (R) sector, one can construct another BRST invariant vertex operator $\mathcal{W}_{t+1}$ in the picture $t+1$ through the following operation [5]

$$\mathcal{W}_{t+1}(w) = [Q, 2\xi(w)\mathcal{W}_t(w)]_\eta = \oint_w \frac{dz}{2\pi i} J_{BRST}(z)\, 2\xi(w)\mathcal{W}_t(w) \quad . \tag{2.84}$$

Using the Jacobi identity and the fact that $Q^2 = 0$ one can easily show that the vertex $\mathcal{W}_{t+1}(w)$ is BRST invariant:

$$[Q, \mathcal{W}_{t+1}]_\eta = 0 \tag{2.85}$$

On the other hand the vertex $\mathcal{W}_{t+1}(w)$ obtained through the construction in Eq. (2.84) is not BRST trivial because the corresponding state contains the zero mode ξ_0 that is not contained in the Hilbert space of the $\beta\gamma$-system as it can be seen by looking at the expressions of β and γ in terms of ξ given in Eq. (2.74).

In conclusion all the vertices constructed through the procedure given in Eq. (2.84) are BRST invariant and non trivial in the sense that all give a non-vanishing result when inserted for instance in a tree-diagram correlator provided that the total picture number is equal to -2 (see [2]for more details). Using the picture changing procedure from the vertex operator in Eq. (2.77) we can construct the vertex operator in the 0 superghost picture which is given by [6]

$$\mathcal{W}_0(z) = c(z)\mathcal{V}_1(z) - \frac{1}{2}\gamma(z)\mathcal{V}_0(z) \quad . \tag{2.86}$$

with

$$\mathcal{V}_0(z) = \epsilon{\cdot}\psi(z)e^{i\sqrt{2\alpha'}k\cdot X(z)} \text{ and } \mathcal{V}_1(z) = (\epsilon{\cdot}\partial X(z) + i\sqrt{2\alpha'}k{\cdot}\psi\epsilon{\cdot}\psi)e^{i\sqrt{2\alpha'}k\cdot X(z)} \, . \tag{2.87}$$

Analogously starting from the massless vertex in the R sector in Eq. (2.82) one can construct the corresponding vertex in an arbitrary superghost picture t.

In the closed string case the vertex operators are given by the product of two vertex operators of the open string. Thus for the massless NS-NS sector in the superghost picture $(-1,-1)$ we have

$$\mathcal{W}_{(-1,-1)} = \epsilon_{\mu\nu}\mathcal{V}^\mu_{-1}(k/2, z)\widetilde{\mathcal{V}}^\nu_{-1}(k/2, \bar{z}) \quad , \tag{2.88}$$

where $\mathcal{V}^\mu_{-1}(k/2, z) = c(z)\psi^\mu(z)e^{-\varphi(z)}e^{i\frac{\sqrt{2\alpha'}k}{2}\cdot X(z)}$ and $\widetilde{\mathcal{V}}^\nu_{-1}$ is equal to an analogous expression in terms of the tilded modes. This vertex is BRST invariant if $k^2 = 0$ and $\epsilon_{\mu\nu}k^\nu = k^\mu\epsilon_{\mu\nu} = 0$.

In the R-R sector the vertex operator for massless states in the $(-\frac{1}{2}, -\frac{1}{2})$ superghost picture is

$$\mathcal{W}_{(-1/2,-1/2)} = \frac{(C\Gamma^{\mu_1\cdots\mu_{m+1}})_{AB}\, F_{\mu_1\cdots\mu_{m+1}}}{2\sqrt{2}(m+1)!}\mathcal{V}^A_{-1/2}(k/2, z)\widetilde{\mathcal{V}}^B_{-1/2}(k/2, \bar{z}) \tag{2.89}$$

where $\mathcal{V}^A_{-1/2}(k/2,z) = c(z)S^A(z)e^{-\frac{1}{2}\varphi(z)}e^{i\frac{\sqrt{2\alpha'}k}{2}\cdot X(z)}$ and

$$F_{\mu_1\cdots\mu_{m+1}} = \frac{(-1)^{m+1}}{2^5} u_D(k)(\Gamma_{\mu_1\cdots\mu_{m+1}}C^{-1})^{DE}\widetilde{u}_E(k) \ . \tag{2.90}$$

It is BRST invariant if $k^2 = 0$ and $F_{\mu_1\cdots\mu_m}$ is a field strength satisfying both the Maxwell equation ($dF = 0$) and the Bianchi identity ($d\,{}^*F = 0$).

For future purposes it is useful to give also the vertex operator of a physical R-R state in the asymmetric picture $(-1/2,-3/2)$. Indicating with $A_{\mu_1\cdots\mu_m}$ the gauge potential corresponding to the field strength $F_{\mu_1\cdots\mu_{m+1}}$, this vertex is given by [7]:

$$\mathcal{W}_{(-1/2,-3/2)} = \sum_{M=0}^{\infty} \frac{a_M}{2\sqrt{2}} \left(C\mathcal{A}^{(m)}\Pi_M\right)_{AB} \mathcal{V}^A_{-1/2+M}(k/2,z)\widetilde{\mathcal{V}}^B_{-3/2-M}(k/2,\bar{z}) \tag{2.91}$$

where

$$\left(C\mathcal{A}^{(m)}\right)_{AB} = \frac{(C\Gamma^{\mu_1\cdots\mu_m})}{m!}A_{\mu_1\cdots\mu_m} \quad , \quad \Pi_q = \frac{1+(-1)^q\Gamma_{11}}{2} \tag{2.92}$$

and

$$\mathcal{V}^A_{-1/2+M}(k/2,z) = \partial^{M-1}\eta(z)\cdots\eta(z)c(z)S^A(z)e^{(-\frac{1}{2}+M)\varphi(z)}e^{i\frac{\sqrt{2\alpha'}k}{2}\cdot X(z)} \tag{2.93}$$

$$\widetilde{\mathcal{V}}^B_{-3/2-M}(k/2,\bar{z}) = \bar{\partial}^M\widetilde{\xi}(\bar{z})\cdots\bar{\partial}\widetilde{\xi}(\bar{z})\widetilde{c}(\bar{z})\widetilde{S}^A(\bar{z})e^{(-\frac{3}{2}-M)\widetilde{\varphi}(\bar{z})}e^{i\frac{\sqrt{2\alpha'}k}{2}\cdot\widetilde{X}(\bar{z})} \tag{2.94}$$

It can be shown that the vertex operator in Eq. (2.91) is BRST invariant if $k^2 = 0$ and the following two conditions are satisfied

$$a_M = \frac{(-1)^{M(M+1)}}{[M!(M-1)!\cdots 1]^2} \quad , \quad d^*A^{(m)} = 0 \ . \tag{2.95}$$

By acting with the picture changing operator on the vertex in Eq. (2.91) it can be shown that one obtains the vertex in the symmetric picture in Eq. (2.89). In particular one can show that only the first term in the sum in Eq. (2.91) reproduces the symmetric vertex, while all the other terms give BRST trivial contributions. Notice that by changing the superghost picture of the vertex operator one also changes the physical content of the specific vertex. Indeed while the vertex operator in the symmetric picture is proportional to the field strength, the one in the asymmetric picture depends on the potential. Obviously the picture changing procedure does not affect the amplitudes, which always depend on the field strength.

Having constructed the BRST invariant vertex operators we can use them to compute scattering amplitudes between string states. In order to get a non-vanishing result, we must use three BRST-invariant vertices of the form $c(z)V(z)$ ($V(z)$ is a primary field with conformal dimension equal to 1 that does not contain the ghosts b and c) corresponding to the states for which we fix the corresponding Koba-Nielsen variables to $0, 1$ and ∞ and $(N-3)$ vertices without the factor $c(z)$. The last ones are also BRST-invariant because we integrate over the corresponding Koba-Nielsen variable. In this way the product of the N vertices has ghost number equal to 3 and when it is taken between the BRST and projective-invariant vacuum characterized by ghost number $q = 0$ we get a non-zero result. Moreover one must also require the product of the N vertex operator to have superghost number equal to -2.

As an example let us calculate the amplitude among three gluon states with momentum k_i and polarization ϵ_i at tree level in perturbation theory. This is given by [8]

$$A^0(\epsilon_1, k_1; \epsilon_2, k_2; \epsilon_3, k_3) = C_0(iN_{\text{op}})^3 \text{Tr}(\lambda^{a_1}\lambda^{a_2}\lambda^{a_3})\langle W_{-1}(z_1)W_{-1}(z_2)W_0(z_3)\rangle \tag{2.96}$$

where the normalization of the tree level amplitude and of the states in d dimensions are

$$C_0 = \frac{1}{g_{\text{op}}^2(2\alpha')^{\frac{d}{2}}} \qquad N_{\text{op}} = 2g_{\text{op}}(2\alpha')^{\frac{d-2}{4}} , \tag{2.97}$$

the matrices λ are the generators of the gauge group $SU(N)$ in the fundamental representation, normalized as

$$\text{Tr}(\lambda^a\lambda^b) = \frac{\delta^{ab}}{2} \tag{2.98}$$

and finally W_{-1} is the gluon vertex in the superghost picture -1 given in Eq. (2.77) and W_0 is the one in the picture 0 defined in Eq. (2.86). Let us evaluate the correlator

$$\begin{aligned}\langle W_{-1}(z_1)W_{-1}(z_2)W_0(z_3)\rangle &= \epsilon^1_\mu\epsilon^2_\nu\epsilon^3_\rho\langle c(z_1)c(z_2)c(z_3)\rangle\langle e^{-\phi(z_1)}e^{-\phi(z_2)}\rangle \\ &\times \Bigg[\langle\psi^\mu(z_1)\psi^\nu(z_2)\rangle\langle\prod_{i=1}^3 e^{ik_i\cdot X(z_i)}\partial X^\rho(z_3)\rangle \\ &+ \langle\prod_{i=1}^3 e^{ik_i\cdot X(z_i)}\rangle\langle\psi^\mu(z_1)\psi^\nu(z_2)i\sqrt{2\alpha'}k_3\cdot\psi(z_3)\psi^\rho(z_3)\rangle\Bigg]\end{aligned} \tag{2.99}$$

Using the correlators [5]

$$\langle e^{i\sqrt{2\alpha'}k_i\cdot X(z_i)}e^{i\sqrt{2\alpha'}k_j\cdot X(z_j)}\rangle = (z_{ij})^{2\alpha' k_i\cdot k_j} \tag{2.100}$$

$$\langle e^{i\sqrt{2\alpha'}k_i\cdot X(z_i)}\partial X^\mu(z_j)\rangle = \frac{i\sqrt{2\alpha'}k_i^\mu}{z_{ij}} \qquad \langle\psi^\mu(z_i)\psi^\nu(z_j)\rangle = -\frac{\eta^{\mu\nu}}{z_{ij}} \quad (2.101)$$

$$\langle c(z_i)c(z_j)c(z_k)\rangle = z_{ij}z_{ik}z_{jk} \ , \qquad \langle e^{a\phi(z_i)}e^{b\phi(z_j)}\rangle = \frac{1}{(z_{ij})^{ab}} \quad (2.102)$$

with $z_{ij} = (z_i - z_j)$, Eq. (2.99) becomes

$$\langle W_{-1}(z_1)W_{-1}(z_2)W_0(z_3)\rangle =$$
$$\sqrt{2\alpha'}\epsilon^1_\mu\epsilon^2_\nu\epsilon^3_\rho z_{23}z_{13}\left\{-\frac{\eta^{\mu\nu}}{z_{12}}\left[\frac{k_1^\rho}{z_{13}}+\frac{k_2^\rho}{z_{23}}\right]+\frac{k_3^\nu\eta^{\mu\rho}-k_3^\mu\eta^{\nu\rho}}{z_{13}z_{23}}\right\} \quad (2.103)$$

where we have used the on-shell condition to eliminate the factors $(z_{ij})^{2\alpha' k_i\cdot k_j}$. Substituting Eq.s (2.97) and (2.103) in Eq. (2.96), using momentum conservation and transversality one gets:

$$A^0(\epsilon_1,k_1;\epsilon_2,k_2;\epsilon_3,k_3) =$$
$$8g_{\mathrm{op}}(2\alpha')^{\frac{d-4}{4}}\,\mathrm{Tr}(\lambda^{a_1}\lambda^{a_2}\lambda^{a_3})(\epsilon_1\cdot\epsilon_2 k_1\cdot\epsilon_3+\epsilon_3\cdot\epsilon_1 k_3\cdot\epsilon_2+\epsilon_2\cdot\epsilon_3 k_2\cdot\epsilon_1) \quad (2.104)$$

In order to compare this result with the field theory 3-gluon amplitude we need to add to the previous expression corresponding to the permutation $(1,2,3)$ also the contribution of the anticyclic permutation $(3,2,1)$ that can be easily obtained from Eq. (2.104). In so doing one gets

$$A^0(\epsilon_1,k_1;\epsilon_2,k_2;\epsilon_3,k_3) =$$
$$4ig_{\mathrm{op}}(2\alpha')^{\frac{d-4}{4}}\,\mathrm{f}^{\mathrm{a}_1\mathrm{a}_2\mathrm{a}_3}(\epsilon_1\cdot\epsilon_2 k_1\cdot\epsilon_3+\epsilon_3\cdot\epsilon_1 k_3\cdot\epsilon_2+\epsilon_2\cdot\epsilon_3 k_2\cdot\epsilon_1) \quad (2.105)$$

where we have used that $\mathrm{Tr}([\lambda^{a_1}\lambda^{a_2}]\lambda^{a_3}) = \frac{i}{2}\mathrm{f}^{\mathrm{a}_1\mathrm{a}_2\mathrm{a}_3}$. Comparing Eq. (2.105) with the 3-gluon scattering amplitude in d dimension, we get the following relation between the d-dimensional gauge coupling constant and the string parameters g_{op} and α'

$$g_d = 2g_{\mathrm{op}}(2\alpha')^{\frac{d-4}{4}} \quad (2.106)$$

3 Classical p-brane: the closed string perspective

At semiclassical level, in addition to strings, closed string theories naturally contain other extended objects that are called p branes which are solutions of the low energy string effective action. They act as sources of the massless R-R closed string fields and saturate the BPS bound between mass and charge. In order to see how they appear in the theory, let us briefly discuss the low energy limit of string theory. The low energy effective action of type IIB string theory is given by the so-called type IIB supergravity. Its bosonic part in the

Einstein frame is given by: [5]

$$S_{\rm IIB} = \frac{1}{2\kappa^2}\left\{ \int d^{10}x \,\sqrt{-\det G}\; R - \frac{1}{2}\int \Big[d\phi \wedge {}^*d\phi \,+\, \mathrm{e}^{-\phi} H_3 \wedge {}^*H_3 \right.$$

$$\left. +\, \mathrm{e}^{2\phi}\, F_1 \wedge {}^*F_1 \,+\, \mathrm{e}^{\phi}\, \widetilde{F}_3 \wedge {}^*\widetilde{F}_3 \,+\, \frac{1}{2}\,\widetilde{F}_5 \wedge {}^*\widetilde{F}_5 \,-\, C_4 \wedge H_3 \wedge F_3 \Big] \right\} \quad (3.1)$$

where

$$H_3 = dB_2 \quad , \quad F_1 = dC_0 \quad , \quad F_3 = dC_2 \quad , \quad F_5 = dC_4 \qquad (3.2)$$

are, respectively, the field strengths of the NS-NS 2-form and of the 0-, 2- and 4-form potentials of the R-R sector and

$$\widetilde{F}_3 = F_3 + C_0 \wedge H_3 \quad , \quad \widetilde{F}_5 = F_5 + C_2 \wedge H_3 \ . \qquad (3.3)$$

Moreover, $2\kappa^2 \equiv 16\pi G_N^{10} = (2\pi)^7\, g_s^2\, \alpha'^4$ where g_s is the string coupling constant, and the self-duality constraint ${}^*\widetilde{F}_5 = \widetilde{F}_5$ has to be implemented on shell.

The low energy type IIA string effective action, corresponding to type IIA supergravity has, in our conventions, the following expression:

$$S_{IIA} = \frac{1}{2\kappa^2}\left\{ \int d^{10}x\sqrt{-G}\, R - \frac{1}{2} d\phi \wedge {}^*d\phi + e^{-\phi} H_3 \wedge {}^*H_3 \ + \right.$$

$$\left. -\frac{1}{2}\int \Big(- e^{3\phi/2} F_2 \wedge {}^*F_2 - e^{\phi/2} \tilde{F}_4 \wedge {}^*\tilde{F}_4 + B_2 \wedge F_4 \wedge F_4 \Big) \right\} , \qquad (3.4)$$

where we have considered only the bosonic degrees of freedom. The field strengths appearing in the last equation are given by:

$$H_3 = dB_2\,, \qquad F_2 = dC_1\,, \qquad F_4 = dC_3\,, \qquad \tilde{F}_4 = F_4 - C_1 \wedge H_3\,, \quad (3.5)$$

and $2\kappa^2 = (2\pi)^7 g_s^2 \alpha'^4$.

The previous supergravity actions have been written in the so-called Einstein frame. It is also useful to give their expression in a different frame which is called the string frame, the two being related by the following rescaling of the metric:

$$g_{\mu\nu} = e^{(\phi-\phi_0)/2} G_{\mu\nu} \quad ,\text{with} \quad e^{\phi_0} = g_s \qquad (3.6)$$

[5] Our conventions for curved indices and forms are the following: $\varepsilon^{0\dots 9} = +1$; signature $(-,+^9)$; $\mu,\nu = 0,\dots,9$; $\alpha,\beta = 0,\dots,3$; $i,j = 4,5$; $\ell,m = 6,\dots,9$; $\omega_{(n)} = \frac{1}{n!}\,\omega_{\mu_1\dots\mu_n} dx^{\mu_1} \wedge\dots\wedge dx^{\mu_n}$, and $*\omega_{(n)} = \frac{\sqrt{-\det G}}{n!\,(10-n)!}\,\varepsilon_{\nu_1\dots\nu_{10-n}\mu_1\dots\mu_n}\,\omega^{\mu_1\dots\mu_n} dx^{\nu_1} \wedge \dots \wedge dx^{\nu_{10-n}}$.

where with $g_{\mu\nu}$ we have indicated the string frame metric. In general under a rescaling of the metric

$$\hat{g}_{\mu\nu} = e^{-2s\gamma(x)} g_{\mu\nu} \tag{3.7}$$

the various terms that appear in the supergravity Lagrangian are modified as follows:

$$\sqrt{-\hat{g}} = e^{-sd\gamma(x)} \sqrt{-g} \tag{3.8}$$

$$\begin{aligned} \hat{R} = e^{2s\gamma(x)} \Big[& R + 2s(d-1)\frac{1}{\sqrt{-g}}\partial_\mu \left(\sqrt{-g} g^{\mu\nu}\partial_\nu \gamma(x)\right) \\ & - s^2(d-1)(d-2) g^{\mu\nu}\partial_\mu\gamma(x)\partial_\nu\gamma(x)\Big] \end{aligned} \tag{3.9}$$

$$\begin{aligned} e^{-2a\gamma(x)}\sqrt{-\hat{g}}\left[\hat{R} - b\hat{g}^{\mu\nu}\partial_\mu\gamma\partial_\nu\gamma\right] = e^{-[2a+s(d-2)]\gamma(x)} \times \\ \times \sqrt{-g}\left\{R + \left[s^2(d-1)(d-2) + 4as(d-1) - b\right] g^{\mu\nu}\partial_\mu\gamma\partial_\nu\gamma\right\} \end{aligned} \tag{3.10}$$

$$\begin{aligned} -\frac{\sqrt{-\hat{g}}}{2n!} e^{a_n\gamma(x)} \hat{g}^{\mu_1\nu_1}\dots\hat{g}^{\mu_n\nu_n} H_{\mu_1\dots\mu_n} H_{\nu_1\dots\nu_n} = \\ = -\frac{\sqrt{-g}}{2n!} e^{[a_n-(d-2n)s]\gamma(x)} g^{\mu_1\nu_1}\dots g^{\mu_n\nu_n} H_{\mu_1\dots\mu_n} H_{\nu_1\dots\nu_n} \end{aligned} \tag{3.11}$$

where for the sake of generality we have kept the dimension of the space-time d arbitrary.

Applying the previous formulas in Eq. (3.1) we get the purely bosonic part of the IIB supergravity action in the string frame:

$$\begin{aligned} S_{IIB} = \frac{1}{2\kappa^2}\Bigg\{ \int d^{10}x\sqrt{-g}e^{-2(\phi-\phi_0)}\left[R + 4g^{\mu\nu}\partial_\mu\phi\partial_\nu\phi - \frac{1}{12}H_{\mu\nu\rho}H^{\mu\nu\rho}\right] + \\ -\frac{1}{2}\int\left[\widetilde{F}_3\wedge{}^*\widetilde{F}_3 + F_1{}^*\wedge F_1 + \frac{1}{2}\widetilde{F}_5\wedge{}^*\widetilde{F}_5 - C_4\wedge H_3\wedge F_3\right]\Bigg\} \end{aligned} \tag{3.12}$$

while for the type IIA effective action in the string frame one gets:

$$\begin{aligned} S_{IIA} = \frac{1}{2\kappa^2}\Bigg\{ \int d^{10}x\sqrt{-g}e^{-2(\phi-\phi_0)}\left[R + 4g^{\mu\nu}\partial_\mu\phi\partial_\nu\phi - \frac{1}{12}H_{\mu\nu\rho}H^{\mu\nu\rho}\right] + \\ -\frac{1}{12}\int\left[\widetilde{F}_4\wedge{}^*\widetilde{F}_4 + F_2{}^*\wedge F_2 + - B_2\wedge F_4\wedge F_4\right]\Bigg\} \end{aligned} \tag{3.13}$$

The classical equations of motion derived from the previous low-energy actions admit solutions corresponding to p-dimensional objects called p-brane. In the following we want just to remind their main properties. The starting point is either Eq. (3.1) or (3.4) in which we neglect the NS-NS two-form potential and we keep only one R-R field, namely:

$$S = \frac{1}{2\kappa^2} \int d^d x \sqrt{-g} \left[R - \frac{1}{2} (\nabla \phi)^2 - \frac{1}{2(n+1)!} \mathrm{e}^{-a\phi} (F_{p+1})^2 \right] \quad , \tag{3.14}$$

where we have indicated with d the space-time dimension. The p brane solution is obtained by making the following ansatz for the metric:

$$ds^2 = [H(r)]^{2A} \left(\eta_{\alpha\beta} dx^\alpha dx^\beta \right) + [H(r)]^{2B} \left(\delta_{ij} dx^i dx^j \right) \quad , \tag{3.15}$$

with $\alpha, \beta \in \{0, \ldots p\}$, $i, j \in \{p+1, \ldots d-1\}$, and the ansatz

$$\mathrm{e}^{-\phi(x)} = [H(r)]^\tau \quad , \quad \mathcal{C}_{01\cdots p}(x) = \pm [H(r)]^{-1} \quad , \tag{3.16}$$

for the dilaton ϕ and for the R-R $(p+1)$-form potential $\mathcal{C}$ respectively. $H(r)$ is assumed to be only a function of the square of the transverse coordinates $r^2 = x_\perp^2 = x_i x^i$. If the parameters are chosen as

$$A = -\frac{d-p-3}{2(d-2)} \quad , \quad B = \frac{p+1}{2(d-2)} \quad , \quad \tau = \frac{a}{2} \quad , \quad , \tag{3.17}$$

with a obeying the equation

$$\frac{2(p+1)(d-p-3)}{d-2} + a^2 = 4 \quad , \tag{3.18}$$

then the function $H(r)$ satisfies the flat space Laplace equation. A BPS solution corresponding to a p dimensional extended object, namely an extremal p-brane solution, is constructed by introducing in the right hand side of the Eq.s of motion, following from the action (3.14), a δ-function source term in the transverse directions which can be obtained from the following boundary action:

$$S_{bound} = -\tau_p \int d^{p+1}\xi e^{a\phi/2} \sqrt{-\det G_{\alpha\beta}} + \tau_p \int C_{p+1} \tag{3.19}$$

where the constant a in $d = 10$ is given by:

$$a = \frac{p-3}{2} \tag{3.20}$$

If we restrict ourselves to the simplest case of just one p-brane, we obtain for $H(r)$

$$H(r) = 1 + 2\kappa T_p G(r) \quad , \tag{3.21}$$

where

$$G(r) = \begin{cases} \left[(d-p-3)r^{(d-p-3)}\Omega_{d-p-2}\right]^{-1} & p < d-3 \ , \\ -\frac{1}{2\pi}\log r & p = d-3 \ , \end{cases} \tag{3.22}$$

with

$$\Omega_q = 2\pi^{(q+1)/2}/\Gamma\Big((q+1)/2\Big) \tag{3.23}$$

being the area of a unit q-dimensional sphere S_q. For future use it is convenient to introduce the quantity:

$$Q_p = \mu_p \frac{\sqrt{2}\,\kappa}{(d-p-3)\,\Omega_{d-p-2}} \ ; \ \mu_p \equiv \sqrt{2}T_p \ ; \ \tau_p = \frac{\mu_p}{\sqrt{2}\kappa}. \tag{3.24}$$

and (if $p < d-3$) to rewrite $H(r)$ in Eq. (3.21) as follows:

$$H(x) = 1 + \frac{Q_p}{r^{d-3-p}} \ , \tag{3.25}$$

The classical solution has a mass per unit p-volume, M_p and an electric charge with respect to the R-R field, μ_p, given respectively by

$$M_p = \frac{T_p}{\kappa} \ , \qquad \mu_p = \pm\sqrt{2}T_p \ . \tag{3.26}$$

4 Dp branes: the open string perspective

The p-branes solutions of the low-energy string effective actions discussed in the previous section have a complementary description, in the open string framework, as Dp branes that is as hyperplanes on which open strings attach their endpoints. The existence of such hyperplanes is required by the extension of T-duality, which is a symmetry of (bosonic) closed string theory, to the open string case. The fundamental observation made by Polchinski [9] has been to identify the Dp branes appearing in open string theory with the p-branes solutions of the supergravity Eq.s of motion. Let us briefly review how T-duality enforces the existence of Dp branes (for a detailed discussion see [2]). T-duality is the transformation that interchanges the winding states with the Kaluza-Klein states appearing in the closed string spectrum when the theory is compactified on a torus. It turns out that the bosonic closed string theory is invariant under T-duality, while in the supersymmetric case, this transformation is in general not a symmetry but brings from a certain string theory to another string theory.

Let us first discuss the bosonic case. When one space coordinate is compactified on a circle of radius R, the bosonic closed string mass operator acquires the following form

$$M^2 = \frac{2}{\alpha'}\left[\sum_{n=1}^{\infty}(\alpha_{-n}\cdot\alpha_n + \tilde{\alpha}_{-n}\cdot\tilde{\alpha}_n) - 2\right] + \left(\frac{n}{R}\right)^2 + \left(\frac{wR}{\alpha'}\right)^2 . \tag{4.1}$$

from which we see that the spectrum of the closed string has been enriched with respect to the non-compact case by the appearance of two kinds of particles: the usual K-K modes - coming from the standard quantization of the momentum conjugate to the compact direction - which contribute to the energy as $\frac{n}{R}$, together with some new excitations that are called winding modes because they can be thought of as generated by the winding of the closed string around the compact direction, which in fact contributes to the energy of the system as

$$T\ 2\pi R w = \frac{wR}{\alpha'} , \tag{4.2}$$

where $T = 1/(2\pi\alpha')$ is the string tension. All previous formulas can be trivially generalized to the case of a toroidal compactified theory in which a number of coordinates X^ℓ are compactified on circles with radii $R^{(\ell)}$.

From Eq. (4.1) we see that the spectrum of the theory is invariant under the exchange of KK modes with winding modes together with an inversion of the radius of compactification:

$$w \leftrightarrow n \qquad ; \qquad R \leftrightarrow \hat{R} \equiv \frac{\alpha'}{R} . \tag{4.3}$$

This is called a T-duality transformation and $\hat{R}$ is the compactification radius of the T-dual theory. It can also be shown that both the partition function and the correlators are invariant under T-duality. This means that T-duality is a symmetry of the bosonic closed string theory. As a consequence, whenever we have to consider compactified theories, we can limit ourselves to the case $R \geq \sqrt{\alpha'}$. That is the reason why $\sqrt{\alpha'}$ is often called the minimal length of string theory.

Consistently with Eq. (4.1) one can also define the action of T-duality on the string coordinate X as follows (see [2] for details)

$$X_- \to X_- \qquad X_+ \to -X_+ \tag{4.4}$$

where we have written

$$X = \frac{1}{2}(X_- + X_+) , \tag{4.5}$$

with

$$X_- = q + 2\sqrt{2\alpha'}(\tau - \sigma)\alpha_0 + i\sqrt{2\alpha'}\sum_{n\neq 0}\frac{\alpha_n}{n}\,e^{-2in(\tau-\sigma)} , \tag{4.6}$$

and

$$X_+ = q + 2\sqrt{2\alpha'}(\tau+\sigma)\tilde{\alpha}_0 + i\sqrt{2\alpha'}\sum_{n\neq 0}\frac{\tilde{\alpha}_n}{n}\, e^{-2in(\tau+\sigma)} \quad , \tag{4.7}$$

Therefore the T-duality transformation acts on the right sector as a parity operator changing sign of the right moving coordinate X_+ and leaving unchanged the left moving one X_-.

In an open string theory, even in its compactified version, there are only K-K modes, while the winding modes are absent. This could suggest that T-duality is not a symmetry of the open string theory. Such a conclusion, however, is not satisfactory because theories with open strings also contain closed strings! Therefore if $d-p-1$ directions are compactified on circles with radii R^ℓ, performing the limits $R^\ell \to 0$ one would end with open strings living in a $p+1$-dimensional subspace of the entire space-time, and closed strings in the entire d-dimensional target space. Indeed in that limit the open string sector would keep no trace of the compact dimensions, losing effectively $d-p-1$ directions, because all the K-K modes become infinitely massive and decouple from the spectrum. Instead in the closed sector, even if the K-K modes decouple, the winding modes would not disappear giving a continuum of states and, through a T-duality transformation, one could completely restore all the d space-time dimensions, as a consequence of the fact that in the limit $R^\ell \to 0$ the T-dual radii go to infinity. This mismatch can be solved by requiring that, in the T-dual picture, open string still can oscillate in d dimensions, while their endpoints are fixed on a $p+1$-dimensional hyperplane that we call Dp brane. In this scenario open strings satisfy Dirichlet boundary conditions in the $d-p-1$ transverse directions. These are allowed boundary conditions, as we have already seen in Eq. (2.8), although they destroy the Poincaré invariance of the theory. In conclusion, in order to avoid a different behavior between the closed and the open sector of string theory, we must require the action of T-duality on an open string theory to be that of transforming Neumann boundary conditions into Dirichlet ones. This can, in fact, be very naturally obtained if we extend the definition of the T-dual coordinate given in Eq. (4.4) to the open string case. In this way we obtain the following T-dual open string coordinate:

$$\hat{X}^\ell = \frac{1}{2}\left[X_-^\ell - X_+^\ell\right] \quad , \tag{4.8}$$

where now the left and right movers contain the same set of oscillators

$$X_-^\ell = q^\ell + c^\ell + \sqrt{2\alpha'}(\tau-\sigma)\alpha_0^\ell + i\sqrt{2\alpha'}\sum_{n\neq 0}\frac{\alpha_n^\ell}{n}\, e^{-in(\tau-\sigma)} \quad , \tag{4.9}$$

and

$$X_+^\ell = q^\ell - c^\ell + \sqrt{2\alpha'}(\tau+\sigma)\alpha_0^\ell + i\sqrt{2\alpha'}\sum_{n\neq 0}\frac{\alpha_n^\ell}{n}\, e^{-in(\tau+\sigma)} \quad , \tag{4.10}$$

From Eq.s (4.8), (4.9) and (4.10) one can immediately see that T-duality has transformed a string coordinate satisfying Neumann boundary conditions and given by $1/2\left[X_-^\ell + X_+^\ell\right]$ into a T-dual one satisfying Dirichlet boundary conditions and given by Eq. (4.8).

In superstring theory the effect of T-duality on the bosonic coordinates is exactly the same as discussed for the bosonic string, namely T-duality acts as a parity transformation over the tilded sector, while for the fermionic coordinates the transformations under T-duality can be fixed by requiring the superconformal invariance of the theory which imposes

$$\psi_+ \to -\psi_+ \quad ; \quad \psi_- \to \psi_- \ , \tag{4.11}$$

or in terms of the oscillators

$$\widetilde{\psi}_t \to -\widetilde{\psi}_t \quad ; \quad \psi_t \to \psi_t \ , \tag{4.12}$$

We end this section by giving the spectrum of open superstrings having their end-points attached to a Dp-brane. This is given by the following formula:

$$\alpha' k_{||}^2 + \sum_{n=1}^{\infty} n a_n^\dagger \cdot a_n + \sum_t t \psi_t^\dagger \cdot \psi_t - a = 0 \tag{4.13}$$

where $a = \frac{1}{2}[0]$ in the NS [R] sector and $k_{||}$ is the momentum of the string parallel to the brane. In particular the massless states in the NS sector are given by $(\psi^\alpha_{-1/2}, \psi^i_{-1/2})|0, k\rangle$ corresponding to a gauge boson A_α and to $(9-p)$ Higgs scalars Φ^i related to the translational modes of the brane along the directions transverse to its world-volume. These gauge and scalar fields living on the world-volume of a Dp-brane become non-abelian transforming all of them according to the adjoint representation of the gauge group if instead of a single Dp-brane we have a bunch of N coincident Dp-branes. In this case in fact we get N^2 massless states corresponding to the fact that the open strings can have their end-points on each of the N branes.

5 Boundary State

The interaction between two Dp branes is given by the vacuum fluctuation of an open string stretching between them. This is similar to what happens in the Casimir effect, where the interaction between two superconducting plates is obtained by computing the vacuum fluctuation of the electromagnetic field, due to the presence of the boundary plates. Thus Dp brane interaction is simply given by the one-loop open string "free-energy" which is usually represented by the annulus. Furthermore the same interaction admits a complementary description in the closed string language. Indeed, by exchanging the variables σ and τ, the one-loop open string amplitude can also be viewed as a tree diagram of a closed string created from the vacuum, propagating for a while and then annihilating again into the vacuum. These two equivalent descriptions of the same diagram are called respectively the 'open-channel' and the 'closed-channel' and the relation between the two description is called open/closed string duality. We want to stress that the physical content of the two descriptions is a priori completely different. In the first case we describe the interaction between two Dp branes as a one-loop amplitude of open strings, which is the amplitude of a quantum theory of open strings, while in the second case we describe the same interaction as a tree-level amplitude of closed strings, which is instead a classical amplitude in a theory of closed strings. The fact that these two descriptions are equivalent is a consequence of the conformal symmetry of string theory that allows one to connect the two apriori different descriptions.

To show that, let us consider a one-loop diagram with an open string circulating in it and stretching between two parallel Dp branes with coordinates respectively $(y^{p+1}, \ldots, y^{d-1})$ and $(w^{p+1}, \ldots, w^{d-1})$. The open string satisfies Neumann boundary conditions along the directions longitudinal to the branes both at $\sigma = 0$ and $\sigma = \pi$

$$\partial_\sigma X^\alpha|_{\sigma=0,\pi} = 0 \qquad\qquad \alpha = 0, 1, \cdots, p \ , \tag{5.1}$$

while along the transverse directions one has

$$X^i|_{\sigma=0} = y^i \qquad\qquad X^i|_{\sigma=\pi} = w^i \qquad i = p+1, \ldots, d-1 \ , \tag{5.2}$$

where we take σ and τ in the two intervals $\sigma \in [0, \pi]$ and $\tau \in [0, T]$. There is a conformal transformation acting on the previous open string boundary conditions which transforms them into the boundary conditions for a closed string propagating between the two Dp branes. In terms of the complex coordinate $\zeta \equiv \sigma + i\tau$, this transformation reads

$$\zeta = \sigma + i\tau \to -i\zeta = \tau - i\sigma \ , \tag{5.3}$$

or equivalently

$$(\sigma, \tau) \to (\tau, -\sigma) \ . \tag{5.4}$$

In order to have the closed string variables σ and τ to vary in the intervals $\sigma \in [0, \pi]$ and $\tau \in [0, \hat{T}]$ one can exploit conformal invariance, once more, performing the following rescaling

$$\sigma \to \frac{\pi}{T}\sigma \qquad\qquad \tau \to \frac{\pi}{T}\tau \ , \tag{5.5}$$

where we have defined

$$\hat{T} = -\pi^2/T \ . \tag{5.6}$$

From the previous equations it follows that *a loop of an open string propagating through the proper time T is conformally equivalent to a tree-level amplitude of a closed string which propagates through the proper time $\hat{T} \sim 1/T$.*

In the closed string channel we need to construct the two boundary states $|B_X\rangle$ that describe the two Dp branes respectively at $\tau = 0$ and $\tau = \hat{T}$. The equations that characterize these states are obtained by applying the conformal transformation previously constructed to the boundary conditions for the open string given in Eq.s (5.1) and (5.2). At $\tau = 0$ we get the following conditions:

$$\partial_\tau X^\alpha|_{\tau=0}|B_X\rangle = 0 \qquad \alpha = 0, \ldots, p \;, \tag{5.7}$$

$$X^i|_{\tau=0}|B_X\rangle = y^i \qquad i = p+1, \ldots, d-1 \;. \tag{5.8}$$

Analogous conditions can be obtained for the Dp brane at $\tau = \hat{T}$.

The previous equations can be easily written in terms of the closed string oscillators by making use of the expansion in Eq. (2.11), obtaining

$$(\alpha_n^\alpha + \widetilde{\alpha}_{-n}^\alpha)|B_X\rangle = 0 \;\; ; \;\; (\alpha_n^i - \widetilde{\alpha}_{-n}^i)|B_X\rangle = 0 \;\; \forall n \neq 0$$
$$\hat{p}^\alpha|B_X\rangle = 0 \qquad (\hat{q}^i - y^i)|B_X\rangle = 0 \;. \tag{5.9}$$

Introducing the matrix

$$S^{\mu\nu} = (\eta^{\alpha\beta}, -\delta^{ij}) \;, \tag{5.10}$$

it is easy to see that the state satisfying the previous equations is

$$|B_X\rangle = \frac{T_p}{2}\delta^{d-p-1}(\hat{q}^i - y^i)\left(\prod_{n=1}^{\infty} e^{-\frac{1}{n}\alpha_{-n}S\cdot\widetilde{\alpha}_{-n}}\right)|0\rangle_\alpha|0\rangle_{\widetilde{\alpha}}|p=0\rangle \;, \tag{5.11}$$

where

$$T_p = \frac{\sqrt{\pi}}{2^{\frac{d-10}{4}}}(2\pi\sqrt{\alpha'})^{\frac{d}{2}-2-p} \;. \tag{5.12}$$

The normalization of the boundary state $T_p/2$ can be fixed by computing the interaction between two parallel Dp branes both in the open and in the closed string channel and comparing the two results. See Ref. [2] for details.

In the superstring case, together with the bosonic boundary state $|B_X\rangle$ one also has a fermionic component $|B_\psi\rangle$ which can be constructed by performing the conformal transformation, which brings from the open to the closed channel, on the boundary conditions for an open superstring stretching between two Dp branes .

In Eq. (2.16) we have given the fermionic boundary conditions of an open superstring corresponding to the case in which the bosonic degrees of freedom satisfy Neumann boundary conditions in all directions. If the bosonic coordinate satisfies Dirichlet boundary conditions in some of the directions, those boundary conditions are changed as follows:

$$\begin{cases} \psi_-^\mu(0,\tau) = \eta_1 S^\mu{}_\nu \psi_+{}^\nu(0,\tau) \\ \psi_-^\mu(\pi,\tau) = \eta_2 S^\mu{}_\nu \psi_+{}^\nu(\pi,\tau) \end{cases} \tag{5.13}$$

where the matrix S has been defined in Eq. (5.10). This can be easily understood using T-duality. Indeed T-duality transforms Neumann into Dirichlet boundary conditions for the bosonic coordinate and, as discussed in sect. 4, changes the sign of the fermionic coordinate in the right sector leaving that of the left sector unchanged. Moreover we must also give the periodicity or anti periodicity conditions for the fermionic degrees of freedom in going around the loop. These are chosen to be

$$\begin{cases} \psi_-(\sigma,0) = \eta_3 \psi_-(\sigma,T) \\ \psi_+(\sigma,0) = \eta_4 \psi_+(\sigma,T) \end{cases} \tag{5.14}$$

where η_3 and η_4 can take the values ± 1. From the boundary conditions in Eq.s (5.13) and (5.14) we get

$$\psi_-^\mu(0,0) = \eta_1 S^\mu{}_\nu \psi_+^\nu(0,0) = \eta_1\eta_4 S^\mu{}_\nu \psi_+{}^\nu(0,T) \tag{5.15}$$

and

$$\psi_-^\mu(0,0) = \eta_3 \psi_-^\mu(0,T) = \eta_3\eta_1 S^\mu{}_\nu \psi_+{}^\nu(0,T) \tag{5.16}$$

The two set of boundary conditions in Eq.s (5.13) and (5.14) must be consistent with each other, thus $\eta_3 = \eta_4$.

In order to pass to the closed string channel, one has to take into account that the right and left fermionic coordinates ψ_- and ψ_+ are two-dimensional conformal fields with conformal weight $h = \frac{1}{2}$ with respect to the variables ζ and $\bar{\zeta}$ respectively and then, under the conformal transformation (5.3), they transform as

$$\psi_-(\zeta) \to \psi'_-(\zeta) = (-i)^{\frac{1}{2}} \psi_-(f(\zeta)) \tag{5.17}$$

and

$$\psi_+(\bar{\zeta}) \to \psi'_+(\bar{\zeta}) = (i)^{\frac{1}{2}} \psi_+(\bar{f}(\bar{\zeta})) \tag{5.18}$$

This implies that, performing the previous transformation on Eq. (5.13), there is a relative factor i appearing between the right and left modes, which transforms the boundary conditions (5.13) and (5.14) in

$$\begin{cases} \psi_-^\mu(0,\sigma) = i\eta_1 S^\mu{}_\nu \psi_+^\nu(0,\sigma) \\ \psi_-^\mu(\hat{T},\sigma) = i\eta_2 S^\mu{}_\nu \psi_+^\nu(\hat{T},\sigma) \end{cases} \tag{5.19}$$

and

$$\begin{cases} \psi_-^\mu(0,\tau) = \eta_3 \psi_-^\mu(\pi,\tau) \\ \psi_+^\mu(0,\tau) = \eta_3 \psi_+^\mu(\pi,\tau) \end{cases} \tag{5.20}$$

where we have explicitly put $\eta_4 = \eta_3$. The identity between η_3 and η_4, implies that the fermionic boundary state has only the R-R and the NS-NS sectors. From the first equation in (5.19), one can derive the overlap Eq.s for the fermionic boundary state:

$$(\psi_-^\mu(0,\sigma) - i\eta S^\mu{}_\nu \psi_+^\nu(0,\sigma))|B_\psi, \eta\rangle = 0 \tag{5.21}$$

where $\eta = \pm 1$, which, in the case of the NS-NS-sector, are satisfied by

$$|B_\psi, \eta\rangle = -i \prod_{t=1/2}^{\infty} \left(e^{i\eta \psi_{-t}\cdot S \cdot \widetilde{\psi}_{-t}} \right) |0\rangle \tag{5.22}$$

In the R-R sector the boundary state has the same form as in the NS-NS sector for what the non-zero modes is concerned, but with integer instead of half-integer modes. We get therefore [6]

$$|B_\psi, \eta\rangle = -\prod_{t=1}^{\infty} e^{i\eta \psi_{-t}\cdot S \cdot \widetilde{\psi}_{-t}} |B_\psi, \eta\rangle^{(0)} \tag{5.23}$$

where the zero mode contribution $|B_\psi, \eta\rangle^{(0)}$ is given by

$$|B_\psi, \eta\rangle^{(0)} = \mathcal{M}_{AB}|A\rangle|\widetilde{B}\rangle \tag{5.24}$$

with

$$\mathcal{M}_{AB} = \left(C\Gamma^0 \cdots \Gamma^p \frac{1 + i\eta\Gamma^{11}}{1 + i\eta} \right)_{AB} \tag{5.25}$$

C is the charge conjugation matrix and Γ^μ are the Dirac Γ matrices in the 10-dimensional space (see Ref. [10] for some detail about the derivation of Eq.s (5.24) and (5.25)).

The boundary state discussed until now describes only the degrees of freedom corresponding to the string coordinate X and ψ. In order to have a BRST invariant object we have to supplement it with a component describing the ghost and superghosts degrees of freedom. The complete boundary state for both the NS-NS and R-R sectors is given by:

$$|B, \eta\rangle_{R,NS} = |B_{mat}, \eta\rangle |B_g, \eta\rangle \tag{5.26}$$

where

$$|B_{mat}\rangle = |B_X\rangle|B_\psi, \eta\rangle \quad ; \quad |B_g\rangle = |B_{gh}\rangle|B_{sgh}, \eta\rangle \tag{5.27}$$

[6] The unusual phases introduced in Eq.s (5.22) and (5.23) will turn out to be convenient to study the couplings of the massless closed string states with a D-brane and to find the correspondence with the classical D-brane solutions obtained from supergravity. Note that these phases are instead irrelevant when one computes the interactions between two D-branes.

The matter part of the boundary state consists of the bosonic component given in Eq. (5.11) and of the fermionic one given in Eq. (5.22) for the NS-NS sector and in Eq. (5.23) for the R-R sector. The ghost part $|B_g\rangle$ contains the boundary state corresponding to the ghosts (b, c) and the one corresponding to the superghosts (β, γ). BRST invariance requires that the total boundary state satisfies the equation

$$(Q + \widetilde{Q})|B, \eta\rangle = 0 \ , \tag{5.28}$$

where the BRST charge has been given in Eq.s (2.70)-(2.75). With some algebra one can show that the ghosts and superghosts boundary states satisfying Eq. (5.28) arc

$$|B_{gh}\rangle = e^{\sum_{n=1}^{\infty}(c_{-n}\widetilde{b}_{-n} - b_{-n}\widetilde{c}_{-n})} \left(\frac{c_0 + \widetilde{c}_0}{2}\right) |q = 1\rangle|\widetilde{q = 1}\rangle \tag{5.29}$$

where $|q = 1\rangle$ is the state that is annihilated by the following oscillators

$$c_n|q = 1\rangle = 0 \quad \forall n \geq 1; \quad ; \quad b_m|q = 1\rangle = 0 \quad \forall m \geq 0 \ . \tag{5.30}$$

and

$$|B_{\rm sgh}, \eta\rangle_{\rm NS} = \exp\left[i\eta \sum_{t=1/2}^{\infty} (\gamma_{-t}\tilde{\beta}_{-t} - \beta_{-t}\tilde{\gamma}_{-t})\right] |P = -1\rangle\, |\tilde{P} = -1\rangle \ , \tag{5.31}$$

in the NS sector in the picture $(-1, -1)$ and

$$|B_{\rm sgh}, \eta\rangle_{\rm R} = \exp\left[i\eta \sum_{t=1}^{\infty}(\gamma_{-t}\tilde{\beta}_{-t} - \beta_{-t}\tilde{\gamma}_{-t})\right] |B_{\rm sgh}, \eta\rangle_{\rm R}^{(0)} \ , \tag{5.32}$$

in the R sector in the $(-1/2, -3/2)$ picture. The superscript $^{(0)}$ denotes the zero-mode contribution that, if $|P = -1/2\rangle\, |\tilde{P} = -3/2\rangle$ denotes the superghost vacuum that is annihilated by β_0 and $\tilde{\gamma}_0$, and is given by [11]

$$|B_{\rm sgh}, \eta\rangle_{\rm R}^{(0)} = \exp\left[i\eta\gamma_0\tilde{\beta}_0\right] |P = -1/2\rangle\, |\tilde{P} = -3/2\rangle \ . \tag{5.33}$$

We would like to stress that the boundary states $|B\rangle_{\rm NS,R}$ are written in a definite picture $(P, \tilde{P})$ of the superghost system, where P is given in Eq. (2.83) and $\tilde{P} = -2 - P$ in order to soak up the anomaly in the superghost number. In particular we have chosen $P = -1$ in the NS sector and $P = -1/2$ in the R sector, even if other choices would have been in principle possible [11]. Since P is half-integer in the R sector, the boundary state $|B\rangle_{\rm R}$ has always $P \neq \tilde{P}$, and thus it can couple only to R-R states in the asymmetric picture $(P, \tilde{P})$. Notice that, as we have seen in section 2 the massless R-R states in the $(-1/2, -3/2)$ picture contain a part that is proportional to the R-R *potentials* [12; 7], as opposed to the standard massless R-R states in the symmetric picture $(-1/2,-1/2)$ that are always proportional to the R-R field strengths. This implies that the coupling of the boundary state with the R-R fields is expressed in terms of the potentials.

The boundary state in Eq. (5.26) depends on the value of η. Actually the GSO projection selects a specific combination of the two values of $\eta=\pm 1$. In the NS-NS sector the GSO projected boundary state is

$$|B\rangle_{\rm NS} \equiv \frac{1+(-1)^{F+G}}{2}\,\frac{1+(-1)^{\widetilde{F}+\widetilde{G}}}{2}\,|B,+\rangle_{\rm NS} \ , \tag{5.34}$$

where F and G are the fermion and superghost number operators

$$F=\sum_{m=1/2}^{\infty}\psi_{-m}\cdot\psi_m - 1 \ , \quad G=-\sum_{m=1/2}^{\infty}\left(\gamma_{-m}\beta_m+\beta_{-m}\gamma_m\right) \ . \tag{5.35}$$

Their action on the boundary state corresponding to the fermionic coordinate ψ and to the superghosts can easily be computed and one gets:

$$(-1)^F|B_\psi,\eta\rangle = -|B_\psi,-\eta\rangle \quad ; \quad (-1)^{\widetilde{F}}|B_\psi,\eta\rangle = -|B_\psi,-\eta\rangle \tag{5.36}$$

$$(-1)^G|B_{sgh},\eta\rangle = |B_{sgh},-\eta\rangle \quad ; \quad (-1)^{\widetilde{G}}|B_{sgh},\eta\rangle = |B_{sgh},-\eta\rangle \tag{5.37}$$

Using the previous expressions after some simple algebra we get

$$|B\rangle_{\rm NS} = \frac{1}{2}\Big(|B,+\rangle_{\rm NS} - |B,-\rangle_{\rm NS}\Big) \tag{5.38}$$

Passing to the R-R sector the GSO projected boundary state is

$$|B\rangle_{\rm R} \equiv \frac{1+(-1)^p(-1)^{F+G}}{2}\,\frac{1-(-1)^{\widetilde{F}+\widetilde{G}}}{2}\,|B,+\rangle_{\rm R} \ . \tag{5.39}$$

where p is even for Type IIA and odd for Type IIB, and

$$(-1)^F=\psi_{11}(-1)^{\sum_{m=1}^{\infty}\psi_{-m}\cdot\psi_m} \ , \quad G=-\gamma_0\beta_0-\sum_{m=1}^{\infty}\left[\gamma_{-m}\beta_m+\beta_{-m}\gamma_m\right] \ . \tag{5.40}$$

From the previous expressions it is easy to see after some calculation that the action of the fermion number operators is given by:

$$(-1)^F|B_\psi,\eta\rangle = (-1)^p|B_\psi,-\eta\rangle \quad ; \quad (-1)^{\widetilde{F}}|B_\psi,\eta\rangle = |B_\psi,-\eta\rangle \tag{5.41}$$

and

$$(-1)^G|B_{sgh},\eta\rangle = |B_{sgh},-\eta\rangle \quad ; \quad (-1)^{\widetilde{G}}|B_{sgh},\eta\rangle = -|B_{sgh},-\eta\rangle \tag{5.42}$$

Using the previous expressions after some straightforward manipulations, one gets

$$|B\rangle_{\rm R} = \frac{1}{2}\Big(|B,+\rangle_{\rm R} + |B,-\rangle_{\rm R}\Big) \ . \tag{5.43}$$

6 Interaction Between Dp branes

In this section we study the static interaction between two Dp branes located at a distance y from each other. Then we will generalize it to the interaction between a Dp and a Dp' brane, with $NN \equiv \min\{p, p'\} + 1$ directions common to the brane world-volumes, $DD \equiv \min\{d-p-1, d-p'-1\}$ directions transverse to both, and $\nu = (d - NN - DD)$ directions of mixed type. We will not consider instantonic D-branes, hence also $NN \geq 1$. The two D-branes simply interact via tree-level exchange of closed strings with propagator

$$D = \frac{\alpha'}{4\pi} \int d^2 z z^{L_0 - a} \bar{z}^{\tilde{L}_0 - a} \tag{6.1}$$

where $a = 1/2$ (0) in the NS-NS (R-R) sector. Introducing the two boundary states $|B_1\rangle$ and $|B_2\rangle$ describing the two D-branes, the static amplitude is given by

$$A = \langle B_1 | \, D \, | B_2 \rangle = \frac{T_p^2}{4} \frac{\alpha'}{4\pi} \int_{|z|\langle 1} \frac{d^2 z}{|z|^2} \mathcal{A} \, \mathcal{A}^{(0)} \quad , \tag{6.2}$$

where we have indicated with $\mathcal{A}$ and $\mathcal{A}^{(0)}$ respectively the non zero mode and the zero mode contribution in which the previous amplitude can be factorized. Starting from the non-zero modes we have to evaluate amplitudes of the form

$$\langle 0 | \langle \tilde{0} | \prod_{m=1}^{\infty} \left(e^{-\frac{1}{m} \alpha_m \cdot S \cdot \widetilde{\alpha}_m} \right) z^{N_\alpha} \bar{z}^{\widetilde{N}_\alpha} \prod_{n=1}^{\infty} \left(e^{-\frac{1}{n} \alpha_{-n} \cdot S \cdot \widetilde{\alpha}_{-n}} \right) |0\rangle |\tilde{0}\rangle =$$

with

$$N_\alpha \equiv \sum_{n=1}^{\infty} \alpha_{-n} \cdot \alpha_n \quad ; \quad \widetilde{N}_\alpha \equiv \sum_{n=1}^{\infty} \widetilde{\alpha}_{-n} \cdot \widetilde{\alpha}_n \ , \tag{6.3}$$

for the bosonic degrees of freedom and

$$\langle 0 | \langle \tilde{0} | \prod_t \left(e^{i\eta_1 \psi_t \cdot S \cdot \widetilde{\psi}_t} \right) z^{N_\psi} \bar{z}^{\widetilde{N}_\psi} \prod_t \left(e^{-i\eta_2 \psi_{-t} \cdot S \cdot \widetilde{\psi}_{-t}} \right) |0\rangle |\tilde{0}\rangle$$

with

$$N_\psi \equiv \sum_t t \psi_{-t} \cdot \psi_t \quad ; \quad \widetilde{N}_\psi \equiv \sum_t t \widetilde{\psi}_{-t} \cdot \widetilde{\psi}_t \ , \tag{6.4}$$

for the fermionic ones, where $t \geq 1/2$ (1) in the NS-NS (R-R) sector. Using that

$$z^{N_\alpha} e^{\alpha_{-n}} z^{-N_\alpha} = e^{\alpha_{-n} z^n} \quad \text{and} \quad \bar{z}^{N_\alpha} e^{\alpha_{-n}} \bar{z}^{-N_\alpha} = e^{\alpha_{-n} \bar{z}^n} \quad \forall n \neq 0 \ . \tag{6.5}$$

and analogous expressions involving fermionic operators, one can explicitly evaluate the contractions among the oscillators getting the following contributions (for $d = 10$)

$$\text{bosons} \longrightarrow \prod_{n=1}^{\infty} \left(\frac{1}{1 - q^{2n}} \right)^8 \tag{6.6}$$

$$\text{fermions} \longrightarrow \prod_{n=1}^{\infty} \left(1 + \eta_1 \eta_2 q^{2n-1}\right)^8 \ . \tag{6.7}$$

with $q = |z| = e^{-\pi t}$. Introducing the functions f_i defined as

$$f_1 \equiv q^{\frac{1}{12}} \prod_{n=1}^{\infty} (1 - q^{2n}) \quad ; \quad f_2 \equiv \sqrt{2} q^{\frac{1}{12}} \prod_{n=1}^{\infty} (1 + q^{2n}) \ ; \tag{6.8}$$

$$f_3 \equiv q^{-\frac{1}{24}} \prod_{n=1}^{\infty} (1 + q^{2n-1}) \quad ; \quad f_4 \equiv q^{-\frac{1}{24}} \prod_{n=1}^{\infty} (1 - q^{2n-1}) \ , \tag{6.9}$$

which under the modular transformation $t \to 1/t$ transform as

$$f_1(e^{-\frac{\pi}{t}}) = \sqrt{t} f_1(e^{-\pi t}) \ ; \ f_2(e^{-\frac{\pi}{t}}) = f_4(e^{-\pi t}) \ ; f_3(e^{-\pi t}) = f_3(e^{-\frac{\pi}{t}}) \ , \tag{6.10}$$

the GSO projected NS-NS amplitude turns out to be

$$\mathcal{A}_{\text{NS-NS}} = \frac{1}{2} \left[\left(\frac{f_3}{f_1} \right)^8 - \left(\frac{f_4}{f_1} \right)^8 \right] \ , \tag{6.11}$$

while in the R-R sector, before the GSO projection, we get

$$\mathcal{A}_{\text{R-R}}(\eta_1, \eta_2) = \left[\frac{1}{16} \left(\frac{f_2}{f_1} \right)^8 \delta_{\eta_1 \eta_2, 1} + \delta_{\eta_1 \eta_2, -1} \right] \ , \tag{6.12}$$

Let us discuss now the zero modes contribution. In the NS-NS sector there are zero modes only in the bosonic sector and they contribute as follows:

$$\langle p = 0 | \delta^{d_\perp}(\hat{q}_i) |z|^{\frac{\alpha'}{2} \hat{p}^2} \delta^{d_\perp}(\hat{q}_i - y_i) | p = 0 \rangle = V_{p+1} \int \frac{d^{d_\perp} Q}{(2\pi)^{d_\perp}} |z|^{\frac{\alpha'}{2} Q^2} e^{iQ \cdot y} \ , \tag{6.13}$$

where the normalization for the momentum has been chosen as

$$\langle k | k' \rangle = 2\pi \delta(k - k') \ , \qquad \text{with} \qquad (2\pi)^d \delta^d(0) \equiv V_d \ . \tag{6.14}$$

Performing the gaussian integral, Eq. (6.13) becomes

$$V_{p+1} e^{-y^2/(2\pi\alpha' t)} \left(2\pi^2 t\alpha'\right)^{-d_\perp/2} \quad . \tag{6.15}$$

Inserting it, together with Eq.s (6.11) in Eq. (6.2) we get the total NS-NS contribution to the interaction between two Dp branes

$$A_{\mathrm{NS-NS}} = \frac{V_{p+1}}{2} (8\pi^2\alpha')^{-\frac{(p+1)}{2}} \int_0^\infty \frac{dt}{t^{\frac{(9-p)}{2}}} \, \mathrm{e}^{-y^2/(2\alpha'\pi t)} \left[\left(\frac{f_3}{f_1}\right)^8 - \left(\frac{f_4}{f_1}\right)^8 \right] , \tag{6.16}$$

The evaluation of the zero mode contribution in the R-R sector requires more care due to the presence of zero modes both in the fermionic matter fields and the bosonic superghosts. Inserting Eq. (6.12) into Eq. (6.2) we can write the total R-R contribution as

$$A_{\mathrm{R-R}}(\eta_1, \eta_2) = V_{p+1} (8\pi^2\alpha')^{-\frac{(p+1)}{2}} \int_0^\infty dt \left(\frac{1}{t}\right)^{\frac{(9-p)}{2}} \mathrm{e}^{-y^2/(2\pi\alpha' t)}$$

$$\times \left[\frac{1}{16} \left(\frac{f_2}{f_1}\right)^8 \delta_{\eta_1\eta_2,+1} + \delta_{\eta_1\eta_2,-1} \right] {}_{\mathrm{R}}^{(0)}\langle B^1, \eta_1 | B^2, \eta_2 \rangle_{\mathrm{R}}^{(0)} \quad , \tag{6.17}$$

where

$$|B, \eta\rangle_{\mathrm{R}}^{(0)} = |B_\psi, \eta\rangle_{\mathrm{R}}^{(0)} \, |B_{\mathrm{sgh}}, \eta\rangle_{\mathrm{R}}^{(0)} \quad . \tag{6.18}$$

Notice that in Eq. (6.17) it is essential *not* to separate the matter and the superghost zero-modes. In fact, a naïve evaluation of ${}_{\mathrm{R}}^{(0)}\langle B^1, \eta_1 | B^2, \eta_2 \rangle_{\mathrm{R}}^{(0)}$ would lead to a divergent or ill defined result: after expanding the exponentials in ${}_{\mathrm{R}}^{(0)}\langle B^1_{\mathrm{sgh}}, \eta_1 | B^2_{\mathrm{sgh}}, \eta_2 \rangle_{\mathrm{R}}^{(0)}$, all the infinite terms with any superghost number contribute, and yield the divergent sum $1 + 1 + 1 + \cdots$ if $\eta_1\eta_2 = -1$, or the alternating sum $1 - 1 + 1 - \cdots$ if $\eta_1\eta_2 = 1$. This problem has been addressed in Ref. [11] and solved by introducing a regularization scheme for the pure Neumann case ($NN = 10$). This method has then been extended to the most general case with D-branes in Ref. [7]. Here, we give the final result for the fermionic zero mode part of the R-R sector:

$${}_{\mathrm{R}}^{(0)}\langle B^1, \eta_1 | B^2, \eta_2 \rangle_{\mathrm{R}}^{(0)} = -16\delta_{\eta_1\eta_2,1} \tag{6.19}$$

which generalizes to the case of $\nu \neq 0$ as follows

$${}_{\mathrm{R}}^{(0)}\langle B^1, \eta_1 | B^2, \eta_2 \rangle_{\mathrm{R}}^{(0)} = -16\,\delta_{\nu,0}\,\delta_{\eta_1\eta_2,1} + 16\,\delta_{\nu,8}\,\delta_{\eta_1\eta_2,-1} \quad . \tag{6.20}$$

Then we get the following expression for the R-R contribution

$$A_{\mathrm{R-R}} = V_{p+1}(8\pi^2\alpha')^{-\frac{(p+1)}{2}} \cdot \int_0^\infty dt \left(\frac{1}{t}\right)^{\frac{(9-p)}{2}} \mathrm{e}^{-y^2/(2\pi\alpha' t)} \, \frac{1}{2}\left[-\left(\frac{f_2}{f_1}\right)^8\right] . \tag{6.21}$$

Finally the previous amplitudes can be generalized to the interaction between a Dp and a Dp' brane as follows (details on this generalization can be found in Ref. [7])

$$A_{\mathrm{NS-NS}} = V_{NN}\,(8\pi^2\alpha')^{-\frac{NN}{2}} \int_0^\infty dt \left(\frac{1}{t}\right)^{\frac{DD}{2}} \mathrm{e}^{-y^2/(2\alpha'\pi t)}$$
$$\times \frac{1}{2}\left[\left(\frac{f_3}{f_1}\right)^{8-\nu}\left(\frac{f_4}{f_2}\right)^{\nu} - \left(\frac{f_4}{f_1}\right)^{8-\nu}\left(\frac{f_3}{f_2}\right)^{\nu}\right] , \tag{6.22}$$

for the NS-NS sector and

$$A_{\mathrm{R-R}} = V_{NN}(8\pi^2\alpha')^{-\frac{NN}{2}} \cdot \int_0^\infty dt \left(\frac{1}{t}\right)^{\frac{DD}{2}} \mathrm{e}^{-y^2/(2\pi\alpha' t)} \, \frac{1}{2}$$
$$\times \left[-\left(\frac{f_2}{f_1}\right)^8 \delta_{\nu,0} + \delta_{\nu,8}\right] . \tag{6.23}$$

for the R-R sector, where V_{NN} is the common world-volume of the two D-branes.

Due to the "abstruse identity", the total D-brane amplitude

$$A = A_{\mathrm{NS-NS}} + A_{\mathrm{R-R}} \tag{6.24}$$

vanishes if $\nu = 0, 4, 8$; these are precisely the configurations of two D-branes which break half of the supersymmetries of the Type II theory and satisfy the BPS no-force condition.

As we said before, open/closed string duality allows to evaluate the interaction between Dp branes either in the closed, as we have done before, or in the open channel. The expressions are of course equal, as one can check performing the modular transformation $t \to \tau = \frac{1}{t}$ which brings from one channel to the other. In this duality it is particularly interesting to understand the spin structure correspondence between the two computations. Indeed for each spin structure of, for instance, the open string channel one can find a correspondent spin structure in the closed string one that gives exactly the same contribution to the free energy. In the open string language the free energy corresponding to the various spin structures is given by:

$$F_i = \int_0^\infty \frac{d\tau}{\tau} Tr_i \left[e^{-2\pi\tau(L_0 - a)}\right] \tag{6.25}$$

where $a = 1/2 (a = 0)$ in the NS(R) sector, the index i runs over the four open string spin structures:

$$i = NS, NS(-1)^F, R, R(-1)^F \tag{6.26}$$

and the factor $(-1)^F$ comes from the open string GSO projectors defined in Eq.s (2.42) and (2.43) for the R and NS sectors respectively, which must be inserted in the trace in Eq. (6.25). On the other hand the various spin structures in the closed string channel are given by:

$$F_{\eta\eta'} = \langle B, \eta | D | B, \eta' \rangle_{NS-NS,R-R} \tag{6.27}$$

where $\eta, \eta' = \pm 1$.

By explicit calculation one gets the contribution of the four spin structures in the open string channel to be given by:

$$\int_0^\infty \frac{d\tau}{\tau} Tr_{NS}\left[e^{-2\pi\tau L_0}\right]$$
$$= \frac{V_{NN}}{(8\pi^2\alpha')^{\frac{NN}{2}}} \int_0^\infty \frac{d\tau}{\tau} \tau^{-\frac{NN}{2}} e^{\frac{b^2\tau}{2\pi\alpha'}} \left(\frac{f_2(k}{f_4(k)}\right)^\nu \left(\frac{f_3(k)}{f_1(k)}\right)^{8-\nu} \tag{6.28}$$

$$\int_0^\infty \frac{d\tau}{\tau} Tr_R\left[e^{-2\pi\tau L_0}\right]$$
$$= \frac{V_{NN}}{(8\pi^2\alpha')^{\frac{NN}{2}}} \int_0^\infty \frac{d\tau}{\tau} \tau^{-\frac{NN}{2}} e^{\frac{b^2\tau}{2\pi\alpha'}} \left(\frac{f_3(k)}{f_4(k)}\right)^\nu \left(\frac{f_2(k)}{f_1(k)}\right)^{8-\nu} \tag{6.29}$$

$$\int_0^\infty \frac{d\tau}{\tau} Tr_{NS}\left[e^{-2\pi\tau L_0}(-1)^F\right]$$
$$= -\frac{V_{NN}}{(8\pi^2\alpha')^{\frac{NN}{2}}} \int_0^\infty \frac{d\tau}{\tau} \tau^{-\frac{NN}{2}} e^{-\frac{b^2\tau}{2\pi\alpha'}} \left(\frac{f_4(k)}{f_1(k)}\right)^8 \delta_{\nu 0} \tag{6.30}$$

$$\int_0^\infty \frac{d\tau}{\tau} Tr_R\left[e^{-2\pi\tau L_0}(-1)^F\right]$$
$$= -\frac{V_{NN}}{(8\pi^2\alpha')^{\frac{NN}{2}}} \int_0^\infty \frac{d\tau}{\tau} \tau^{-\frac{NN}{2}} e^{-\frac{b^2\tau}{2\pi\alpha'}} \delta_{\nu 8} \tag{6.31}$$

where

$$k = e^{-\pi\tau} \tag{6.32}$$

On the other hand in the closed channel we get

$$\langle B, \eta | D | B, \eta \rangle_{NS-NS}$$
$$= \frac{V_{NN}}{(8\pi^2\alpha')^{\frac{NN}{2}}} \int_0^\infty \frac{dt}{t} t^{1-\frac{DD}{2}} e^{-\frac{b^2}{2\pi\alpha' t}} \left(\frac{f_4(q)}{f_2(q)}\right)^\nu \left(\frac{f_3(q)}{f_1(q)}\right)^{8-\nu} \tag{6.33}$$

$$\langle B,\eta|D|B,-\eta\rangle_{NS-NS} = \frac{V_{NN}}{(8\pi^2\alpha')^{\frac{NN}{2}}}\int_0^\infty \frac{dt}{t} t^{1-\frac{DD}{2}} e^{-\frac{b^2}{2\pi\alpha' t}} \left(\frac{f_3(q)}{f_2(q)}\right)^{\nu} \left(\frac{f_4(q)}{f_1(q)}\right)^{8-\nu} \quad (6.34)$$

$$\langle B,\eta|D|B,\eta\rangle_{R-R} = -\frac{V_{NN}}{(8\pi^2\alpha')^{\frac{NN}{2}}}\int_0^\infty \frac{dt}{t} t^{1-\frac{DD}{2}} e^{-\frac{b^2}{2\pi\alpha' t}} \left(\frac{f_2(q)}{f_1(q)}\right)^{8} \delta_{\nu 0} \quad (6.35)$$

$$\langle B,\eta|D|B,-\eta\rangle_{R-R} = \frac{V_{NN}}{(8\pi^2\alpha')^{\frac{NN}{2}}}\int_0^\infty \frac{dt}{t} t^{1-\frac{DD}{2}} e^{-\frac{b^2}{2\pi\alpha' t}} \delta_{\nu 8} \quad (6.36)$$

By introducing the variable $t = 1/\tau$ and using the transformations properties of the functions f_i, it is easy to show that Eq.s (6.28)-(6.31) are respectively equal to Eq.s (6.33)-(6.36) and specifically the various spin structures in the open and in the closed string channel are related as follows

$$\langle B,\eta|D|B,\eta\rangle_{NS-NS} = \int_0^\infty \frac{d\tau}{\tau} Tr_{NS}\left[e^{-2\pi\tau L_0}\right] \quad (6.37)$$

$$\langle B,\eta|D|B,-\eta\rangle_{NS-NS} = \int_0^\infty \frac{d\tau}{\tau} Tr_{R}\left[e^{-2\pi\tau L_0}\right] \quad (6.38)$$

$$\langle B,\eta|D|B,\eta\rangle_{R-R} = \int_0^\infty \frac{d\tau}{\tau} Tr_{NS}\left[e^{-2\pi\tau L_0}(-1)^F\right] \quad (6.39)$$

$$\langle B,\eta|D|B,-\eta\rangle_{R-R} = -\int_0^\infty \frac{d\tau}{\tau} Tr_{R}\left[e^{-2\pi\tau L_0}(-1)^F\right] \quad (6.40)$$

The GSO projection in the closed string channel is performed by taking the following combination:

$$|B\rangle_{NS-NS} = \frac{1}{2}\left[|B,+\rangle_{NS-NS} - |B,-\rangle_{NS-NS}\right] \quad (6.41)$$

in the NS-NS sector and by

$$|B\rangle_{R-R} = \frac{1}{2}\left[|B,+\rangle_{R-R} + |B,-\rangle_{R-R}\right] \quad (6.42)$$

in the R-R sector. Using the previous Eq.s one can easily show that the following identities are satisfied

$$ {}_{NS-NS}\langle B|D|B\rangle_{NS-NS} = \frac{1}{2}\int_0^\infty \frac{d\tau}{\tau}\left\{Tr_{NS}\left[e^{-2\pi\tau L_0}\right] - Tr_R\left[e^{-2\pi\tau L_0}\right]\right\} \tag{6.43} $$

and

$$ {}_{R-R}\langle B|D|B\rangle_{R-R} $$
$$ = \frac{1}{2}\int_0^\infty \frac{d\tau}{\tau}\left\{Tr_{NS}\left[e^{-2\pi\tau L_0}(-1)^F\right] - Tr_R\left[e^{-2\pi\tau L_0}(-1)^F\right]\right\} \tag{6.44} $$

7 Classical Solutions and Born-Infeld Action From Boundary State

In this section we want to use the boundary state introduced in Sect. (5) and describing Dp branes in string theory in order to obtain the classical solutions of the low-energy string effective action discussed in Sect. (3). In particular we will show that the large distance behavior of the graviton, dilaton and R-R $p+1$-form fields that one obtains from the boundary state exactly agrees with that obtained from the classical solution in sect. 3. Afterwards we will use the boundary state for computing the one-point couplings of the Dp branes with the massless closed string states and show that they agree with those obtained from the Born-Infeld action.

To understand how to use the boundary state in order to determine the long distance behavior of the classical massless fields generated by a Dp brane, we compare the boundary state description of the interaction between two Dp branes with its field theory counterpart. In the boundary state language two Dp branes interact via the exchange of a closed string propagator as $\langle B_1|D|B_2\rangle$ where D is the closed string propagator which propagates *all* the closed string states. But, if the distance between the two branes is big enough, the dominant contribution to this interaction comes from the exchange of the massless closed string states. Thus at large distance we can factorize the previous amplitude as follows

$$ \langle B_1|D|B_2\rangle \sim \sum_{\Psi}\langle B_1|P_\Psi\rangle\langle P_\Psi|D|B_2\rangle \tag{7.1} $$

where P_Ψ runs only over the projectors of the closed superstring massless states.

In the field theory language the interaction between two branes can be expressed as the coupling of the field generated by one brane with the corresponding current generated by the other brane or equivalently as the coupling of two current terms, one for each brane, through the appropriate propagator, summed over all the states Ψ propagating between them:

$$ \sum_{\Psi} J^1_\Psi\cdot\Phi^2_\Psi \sim \sum_{\Psi}\int J^1_\Psi\cdot D_\Psi\cdot J^2_\Psi \tag{7.2} $$

where $\Phi^2_\Psi = \int D_\Psi \cdot J^2_\Psi$ is the field corresponding to the state Ψ and generated by the brane 2, D_Ψ is its propagator and J^1_Ψ is the current of the brane 1 which is coupled to the field Φ^2_Ψ. In the field theory language $\langle B^i | P_\Psi \rangle$ gives exactly the currents J^i_Ψ, as we will discuss later. Thus comparing Eq. (7.1) with Eq. (7.2) we deduce that the long distance behavior of the classical massless fields generated by a Dp brane, that we have called Φ_Ψ, can be determined by computing the projection of the boundary state along the various fields Ψ after having inserted a closed string propagator as

$$\Phi_\Psi = \langle P_\Psi | D | B \rangle \tag{7.3}$$

Let us apply this procedure for computing the expression for the generic NS-NS massless field which is given by

$$J^{\mu\nu} \equiv {}_{-1}\langle \widetilde{0} | {}_{-1}\langle 0 | \psi^\nu_{1/2} \, \widetilde{\psi}^\mu_{1/2} | D | B \rangle_{NS} = -\frac{T_p}{2k_\perp^2} V_{p+1} S^{\nu\mu} \tag{7.4}$$

Specifying the different polarizations corresponding to the various fields (see Refs. [10; 13] for details) we get

$$\delta\varphi = \frac{1}{\sqrt{d-2}} \left(\eta^{\mu\nu} - k^\mu \ell^\nu - k^\nu \ell^\mu \right) J_{\mu\nu} = \frac{d-2p-4}{2\sqrt{2(d-2)}} \, \mu_p \, \frac{V_{p+1}}{k_\perp^2} \tag{7.5}$$

for the dilaton,

$$\delta\tilde{h}_{\mu\nu}(k) = \frac{1}{2}\Big(J_{\mu\nu} + J_{\nu\mu} \Big) - \frac{\delta\varphi}{\sqrt{d-2}} \, \eta_{\mu\nu} =$$

$$= \sqrt{2}\mu_p \frac{V_{p+1}}{k_\perp^2} \, \mathrm{diag}\left(-A, A \ldots A, B \ldots B\right) \quad , \tag{7.6}$$

for the graviton, where A and B are given in Eq. (3.17) and

$$\delta\mathcal{B}_{\mu\nu}(k) = \frac{1}{\sqrt{2}}\Big(J_{\mu\nu} - J_{\nu\mu} \Big) = 0 \tag{7.7}$$

for the antisymmetric tensor. In the R-R sector we get instead

$$\delta\mathcal{C}_{01\ldots p}(k) \equiv \langle P^{(C)}_{01\cdot sp} | \, D \, | B \rangle_{\mathrm{R}} = \mp \mu_p \frac{V_{p+1}}{k_\perp^2} \quad . \tag{7.8}$$

Expressing the previous fields in configuration space using the following Fourier transform valid for $p < d-3$

$$\int d^{(p+1)}x \, d^{(d-p-1)}x \frac{\mathrm{e}^{ik_\perp \cdot x_\perp}}{(d-p-3)\, r^{d-p-3} \, \Omega_{d-p-2}} = \frac{V_{p+1}}{k_\perp^2} \quad , \tag{7.9}$$

remembering the expression Q_p defined in Eq. (3.24) and rescaling the fields according to

$$\phi = \sqrt{2}\kappa\varphi \quad , \quad h_{\mu\nu} = 2\kappa\tilde{h}_{\mu\nu} \quad , \quad C_{01\cdots p} = \sqrt{2}\kappa\mathcal{C}_{01\cdots p} \ , \tag{7.10}$$

we get the following large distance behavior

$$\delta\phi(r) = \frac{d-2p-4}{2\sqrt{2(d-2)}}\frac{Q_p}{r^{d-p-3}} \tag{7.11}$$

for the dilaton,

$$\delta h_{\mu\nu}(r) = 2\frac{Q_p}{r^{d-p-3}}\,\mathrm{diag}\,(-A,\ldots A, B\ldots B) \ , \tag{7.12}$$

for the graviton and

$$\delta C_{01\cdots p}(r) = \mp\frac{Q_p}{r^{d-p-3}} \tag{7.13}$$

for the R-R form potential.

The previous equations reproduce exactly the behavior for $r \to \infty$ of the metric in Eq. (3.15) and of the R-R potential given in Eq. (3.16). In fact at large distance their fluctuations around the background values are exactly equal to $\delta h_{\mu\nu}$ and $\delta C_{01\cdots p}$. In the case of the dilaton, in order to find agreement between the boundary state and the classical solution, we have to take $d = 10$, consistently with the fact that this is the critical dimension for superstrings.

Let us now discuss how to derive the Born-Infeld action, which describes the low-energy dynamics of a Dp brane from the boundary state. First we evaluate the couplings of a Dp brane with the closed string massless states showing that the structure of those couplings is the same as that obtained from the Born-Infeld action and actually the comparison with what comes from the Born-Infeld action allows us to fix the brane tension and charge in terms of the string parameters α' and g_s.

The coupling of a Dp brane with a specific massless field Ψ can be computed by saturating the boundary state with the corresponding field $\langle\Psi|$ ($\langle\Psi|$ can be $\langle\Psi_h|, \langle\Psi_B|, \langle\Psi_\varphi|$ corresponding respectively to the graviton, antisymmetric tensor and dilaton or $\langle\mathcal{C}_{(n)}|$ corresponding to a R-R state). By proceeding in this way we get the following couplings:

$$\mathcal{T}_\varphi \equiv \frac{1}{2\sqrt{2}}J^{\mu\nu}\left(\eta_{\mu\nu} - k_\mu\ell_\nu - k_\nu\ell_\mu\right)\varphi = \frac{1}{2\sqrt{2}}V_{p+1}\,T_p\,\frac{d-2p-4}{2}\varphi \ ; \tag{7.14}$$

for the dilaton,

$$\mathcal{T}_h \equiv J^{\mu\nu}\,\tilde{h}_{\mu\nu} = -V_{p+1}\,T_p\,\eta^{\alpha\beta}\tilde{h}_{\beta\alpha} \tag{7.15}$$

for the graviton,

$$\mathcal{T}_{\mathcal{B}} \equiv \frac{1}{\sqrt{2}}J^{\mu\nu}\,\mathcal{B}_{\mu\nu} = 0 \tag{7.16}$$

for the NS-NS 2-form potential and

$$\mathcal{T}_{\tilde{C}_n} \equiv \langle \tilde{C}_{(n)} | B \rangle_R = - \frac{\tilde{C}_{\mu_1 \ldots \mu_n}}{16\sqrt{2}(n)!} V_{p+1} \frac{T_p}{2} 2Tr \left(\Gamma^{\mu_n \ldots \mu_1} \Gamma^0 \ldots \Gamma^p \right) \tag{7.17}$$

for the R-R states. Computing the trace one gets

$$\mathcal{T}_{\mathcal{C}_{(p+1)}} = \frac{\sqrt{2}\, T_p}{(p+1)!} V_{p+1}\, \mathcal{C}_{\alpha_0 \ldots \alpha_p}\, \varepsilon^{\alpha_0 \ldots \alpha_p} \tag{7.18}$$

where we have used the fact that for $d = 10$ the Γ matrices are 32×32 dimensional matrices, and thus $Tr(\,\mathbb{1}) = 32$. Here $\varepsilon^{\alpha_0 \ldots \alpha_p}$ indicates the completely antisymmetric tensor on the D brane world-volume [7]. It can be checked that the previous couplings can be obtained by extracting the terms linear in the massless closed string states from the following action:

$$S_{DBI} = -\tau_p \int d^{p+1}\xi \; \mathrm{e}^{-\kappa\varphi(3-p)/(2\sqrt{2})} \sqrt{-\det \left[g_{\alpha\beta} + \sqrt{2}\kappa \tilde{B}_{\alpha\beta} e)^{-\kappa\phi/\sqrt{2}} \right]}$$
$$+ \mu_p \int_{V_{p+1}} \tilde{C}_{p+1} \;\; . \tag{7.19}$$

provided that the brane tension and charge are given by

$$\tau_p = \frac{T_p}{\kappa} = \frac{(2\pi\sqrt{\alpha'})^{1-p}}{2\pi g_s \alpha'} \quad , \quad \mu_p = \sqrt{2} T_p = \sqrt{2\pi} (2\pi\sqrt{\alpha'})^{3-p} \quad , \tag{7.20}$$

where T_p is given in Eq. (5.12) for $d = 10$.

In the previous action the closed string fields are canonically normalized while in the supergravity actions in Eq.s (3.1) and (3.4) they are not. In order to have in the Born-Infeld action the massless closed string fields normalized as in Eq.s (3.1) and (3.4) we need to introduce the following fields:

$$\sqrt{2}\kappa\varphi = \phi \quad , \quad \sqrt{2}\kappa\mathcal{C} = C \quad , \quad \sqrt{2}\kappa\mathcal{B} = B \tag{7.21}$$

In terms of these new fields the Born-Infeld action becomes:

$$S_{BI} = -\tau_p \int d^{p+1}x \; \mathrm{e}^{-(3-p)\phi/4} \times \sqrt{-\det \left[G_{\alpha\beta} + \mathrm{e}^{-\phi/2} \left(B_{\alpha\beta} + 2\pi\alpha' F_{\alpha\beta} \right) \right]} \; +$$
$$+ \tau_p \int_{V_{p+1}} \sum_n C_n \mathrm{e}^{(2\pi\alpha' F + B)} \tag{7.22}$$

which has been generalized in order to include also the brane coupling with open string fields. Actually the dependence of the Born-Infeld action on the open string fields can be explicitly obtained by constructing the boundary state having a gauge field on it and repeating the calculation just done (see

[7] Our convention is that $\varepsilon^{0 \ldots p} = -\varepsilon_{0 \ldots p} = 1$.

Refs. [2; 13] for details). It is important at this point to stress that the Born-Infeld action in Eq. (7.22) contains two kinds of very different fields. The first ones are the massless closed string excitations of the NS-NS and R-R sectors that live in the entire ten-dimensional space and that enter in the Born-Infeld action through their pullback into the world-volume of the Dp brane defined by

$$G_{\alpha\beta} = G_{\mu\nu}\partial_\alpha x^\mu \partial_\beta x^\nu \quad , \quad B_{\alpha\beta} = B_{\mu\nu}\partial_\alpha x^\mu \partial_\beta x^\nu \tag{7.23}$$

with a similar expression for the R-R fields. The second ones are instead the fields corresponding to the massless open-string states discussed at the end of Sect. 4, that live on the world-volume of the brane and that are the gauge field A_α with field strength $F_{\alpha\beta}$ and the Higgs fields Φ^i related to the transverse brane coordinates x^i by the relation $x^i \equiv 2\pi\alpha'\Phi^i$. They play the role of longitudinal and transverse coordinates of the brane. This is consistent with the fact that the dynamics of the brane is determined by the open strings having their end-points on the brane. In the case of a system of N coincident branes the Born-Infeld action gets modified by the fact that the coordinates of the branes become non-abelian fields. The complete expression of the non-abelian Born-Infeld action is not known. But for our purpose it is sufficient to consider the non-abelian extension given in Ref. [14] where the symmetrized trace is introduced. Moreover it can be shown that a system of N coincident Dp branes is a BPS state preserving 1/2 supersymmetry (corresponding to 16 preserved supersymmetries) and as a consequence they are not interacting. This can be easily seen by plugging the classical solution given in Eq.s (3.15) and (3.16) with $d = 10$ in the Born-Infeld action in Eq. (7.22) obtaining the interaction term of the Lagrangian. In fact if we do that neglecting the coordinates of the brane we get

$$\tau_p \int d^{p+1}x \left\{ -H^{[(p-7)(p+1)-(p-3)^2]/16} + \frac{1}{H} - 1 \right\} = -\tau_p \int d^{p+1}x \tag{7.24}$$

that is independent on the distance r between the brane probe described by the Born-Infeld action and the system of N coincident branes described by the classical solution.

A system of N Dp branes has a $U(N)$ gauge theory living on its world-volume with 16 supersymmetries corresponding, in the case of $p = 3$, to $\mathcal{N} = 4$ super Yang-Mills in four dimensions that is a conformal invariant theory with vanishing β-function. Its Lagrangian can be obtained by expanding the first term of the Born-Infeld action up to the quadratic order in the gauge fields living on the brane. Neglecting the term independent from the gauge fields that we have already computed in Eq. (7.24) we get the following Lagrangian:

$$L = \frac{1}{g_{YM}^2} \left[-\frac{1}{4} F_{\alpha\beta} F^{\alpha\beta} + \frac{1}{2} \partial_\alpha \Phi^i \partial^\alpha \Phi^i \right] + \ldots \tag{7.25}$$

where the gauge coupling constant is indeed a constant given by:

$$g_{YM}^2 = \frac{2}{\tau_p (2\pi\alpha')^2} = \frac{2g_s \sqrt{\alpha'}(2\pi\sqrt{\alpha'})^p}{(2\pi\alpha')^2} \tag{7.26}$$

where the extra factor 2 in the second term comes from the fact that we have normalized the generators of the $SU(N)$ gauge group according to Eq. (2.98).

In particular for $p = 3$ we get $g_{YM}^2 = 4\pi g_s$. The action in Eq. (7.25) corresponds to the dimensional reduction of the $\mathcal{N} = 1$ super Yang-Mills in ten dimensions to $(p+1)$ dimensions.

The previous considerations imply that the low-energy dynamics of branes can be used to determine the properties of gauge theories and viceversa.

8 Non conformal Branes

8.1 Generalities and general formulae

In the previous sections we have seen that a D brane has the twofold property of being a solution of the low-energy string effective action and of having a gauge theory living on its world-volume. These complementary descriptions of a D brane open the way to study the quantum properties of the world-volume gauge theory from the classical dynamics of the brane and viceversa. This goes under the name of gauge/gravity correspondence. At the end of the previous section we have already used this correspondence to derive the gauge coupling constant of the $\mathcal{N} = 4$ super Yang-Mills from the supergravity solution. In particular, we have seen that the gauge coupling constant is not running consistently with the fact that the $\mathcal{N} = 4$ world-volume theory is a conformal invariant theory. In this section we want to extend these results to more realistic theories that are less supersymmetric and non conformal. Two kinds of branes have been used to study those gauge theories, namely fractional branes of some simple orbifold and branes wrapped on some nontrivial two-cycle of a Calabi-Yau space. As we have done for the D branes previously discussed, we will first construct the classical solution corresponding to a system of fractional and wrapped D branes and then insert it in the expressions for the gauge coupling constant and the vacuum angle θ_{YM} of the gauge theory living on their world-volume, expressed in terms of the supergravity fields.

It may at first sight look puzzling that the supergravity solution involving the massless closed string fields can provide perturbative information on the gauge theory living in the world-volume of a D brane. In fact, by computing for instance the one-loop annulus diagram in the full string theory we expect that the perturbative information on the gauge theory living on a D brane be given by the contribution of the massless open string states that is in general totally different from that of the massless closed string fields. It turns out, however, as shown explicitly in Ref. [15] for the case of fractional branes, that in certain cases the contribution of the massless open string states to the annulus diagram transform under open/closed string duality exactly into that of the massless closed string states without any mixing with the massive states.

This procedure shows that in the case of fractional branes the gauge/gravity correspondence follows from open/closed string duality.

Let us now briefly illustrate how to derive these gauge-gravity relations for the gauge theory living on fractional D3 and wrapped D5 branes using supergravity calculations. Since also the fractional D3 branes are D5 branes wrapped on a vanishing two-cycle corresponding to a fixed point of an orbifold we can start from the Born-Infeld action of a D5 brane that in the string frame is given by:

$$S = -\tau_5 \int d^6\xi e^{-(\phi-\phi_0)} \sqrt{-\det(G_{ab} + B_{ab} + 2\pi\alpha' F_{ab})} \ , \qquad (8.1)$$

$$\tau_5 = \frac{1}{g_s\sqrt{\alpha'}(2\pi\sqrt{\alpha'})^5}$$

We divide the 6-dimensional world-volume into four flat directions on which the gauge theory lives and 2 directions on which the brane is wrapped. Let us denote them with the indices $a, b = (\alpha, \beta; A, B)$ where α and β denote the flat four-dimensional ones, while A and B the wrapped ones. Let us assume that the determinant in Eq. (8.1) factorizes into a product of two determinants; one corresponding to the four-dimensional flat directions where the gauge theory lives and the other corresponding to the wrapped ones where we only have the metric and the NS-NS two-form field. By expanding the first determinant and keeping only the quadratic term in the gauge field we obtain:

$$-\tau_5 \cdot \frac{(2\pi\alpha')^2}{8} \int d^6\xi e^{-(\phi-\phi_0)} \sqrt{-\det G_{\alpha\beta}} G^{\alpha\gamma} G^{\beta\delta} F_{\alpha\beta} F_{\gamma\delta} \sqrt{\det\left(G_{AB} + B_{AB}\right)} \qquad (8.2)$$

We assume that along the flat four-dimensional directions the metric has only the warp factor, while along the wrapped ones, in addition to the warp factor, there is also a nontrivial metric. This means that the longitudinal part of the metric can be written as

$$ds^2 = H^{-1/2}\left(dx^2_{3,1} + ds^2_2\right) \quad , \quad e^{(\phi-\phi_0)} = H^{-1/2} \qquad (8.3)$$

where we have also written the dilaton dependence on the warp factor. Inserting this metric in Eq. (8.2) we see that the warp factor cancels in the Yang-Mills action and from it we can then extract the gauge coupling constant as the coefficient of $-\frac{1}{4}F_{\mu\nu}F^{\mu\nu}$:

$$\frac{1}{g^2_{YM}} = \tau_5 \frac{(2\pi\alpha')^2}{2} \int d^2\xi e^{-(\phi-\phi_0)} \sqrt{\det\left(G_{AB} + B_{AB}\right)} \qquad (8.4)$$

This formula is valid for both wrapped and fractional branes of the orbifold C^2/Z_2 and can be rewritten as:

$$\frac{4\pi}{g^2_{YM}} = \frac{1}{g_s(2\pi\sqrt{\alpha'})^2} \int d^2\xi e^{-(\phi-\phi_0)} \sqrt{\det\left(G_{AB} + B_{AB}\right)} \qquad (8.5)$$

The θ angle in the case of both fractional D3 branes and wrapped D5 branes can be obtained extracting the coefficient of $\frac{1}{32\pi^2} F_{\mu\nu} \tilde{F}^{\mu\nu}$ from the Wess-Zumino-Witten part of the Born-Infeld action and is given by:

$$\theta_{YM} = \tau_5 (2\pi\alpha')^2 (2\pi)^2 \int_{\mathcal{C}_2} (C_2 + C_0 B_2) = \frac{1}{2\pi\alpha' g_s} \int_{\mathcal{C}_2} (C_2 + C_0 B_2) \quad (8.6)$$

In the following subsections we will consider solutions of the classical equations of ten-dimensional IIB supergravity and we will insert them in the previously derived expressions for the gauge couplings obtaining perturbative and non-perturbative information on the gauge theory living on the world-volume of these branes.

8.2 Fractional branes

In this subsection we will consider fractional D3 and D7 branes of the orbifolds C^2/Z_2 and $C^3/(Z_2 \times Z_2)$ in order to study the properties of respectively $\mathcal{N} = 2$ and $\mathcal{N} = 1$ supersymmetric gauge theories. We group the coordinates of the directions $x^4, \ldots x^9$ transverse to the world-volume of the D3 brane where the gauge theory lives, into three complex quantities:

$$z_1 = x^4 + ix^5 \quad , \quad z_2 = x^6 + ix^7 \quad , \quad z_3 = x^8 + ix^9 \quad (8.7)$$

In the case of the first orbifold the nontrivial generator h of Z_2 acts as

$$z_2 \to -z_2 \quad , \quad z_3 \to -z_3 \quad (8.8)$$

while in the case of the second orbifold the three nontrivial generators act as follows on the transverse coordinates:

$$\begin{aligned} h_1 \equiv h \times 1 \Rightarrow \; & z_1 \to z_1 \;,\; z_2 \to -z_2, \;\; z_3 \to -z_3 \\ h_2 \equiv 1 \times h \Rightarrow \; & z_1 \to -z_1 \;,\; z_2 \to z_2, \;\; z_3 \to -z_3 \\ h_3 \equiv h \times h \Rightarrow \; & z_1 \to -z_1 \;,\; z_2 \to -z_2, \; z_3 \to z_3 \end{aligned} \quad (8.9)$$

They are both non compact orbifolds with respectively one and three fixed points at the origin corresponding to the point $z_2, z_3 = 0$ and to the three points $z_1, z_2 = 0$, $z_1, z_3 = 0$ and $z_2, z_3 = 0$. Each fixed point corresponds to a vanishing 2-cycle. Fractional D3 branes are D5 branes wrapped on the vanishing two-cycle and therefore are, unlike bulk branes, stuck at the orbifold fixed point. By considering N fractional D3 and M ($2M$) fractional D7 branes of the orbifold C^2/Z_2 ($C^3/(Z_2 \times Z_2)$) we are able to study $\mathcal{N} = 2$ ($\mathcal{N} = 1$) super QCD with M hypermultiplets. In order to do that we need to determine the classical solution corresponding to the previous brane configuration. For the case of the orbifold C^2/Z_2 the complete classical solution has been found in Ref. [16] [8]. In the following we write it explicitly for a system of N fractional

[8] See also Refs. [17; 18; 19; 20; 21] and Ref. [22] for a review on fractional branes.

D3 branes with world-volume along the directions x^0, x^1, x^2, and x^3 and M D7 fractional branes containing the D3 branes in their world-volume and having the remaining four world-volume directions along the orbifolded ones. The metric, the 5-form field strength, the axion and the dilaton are given by [9]:

$$ds^2 = H^{-1/2}\,\eta_{\alpha\beta}\,dx^\alpha dx^\beta + H^{1/2}\left(\delta_{\ell m}\,dx^\ell dx^m + \mathrm{e}^{-\phi}\delta_{ij}dx^i dx^j\right), \quad (8.10)$$

$$\widetilde{F}_{(5)} = d\left(H^{-1}\,dx^0 \wedge \cdots \wedge dx^3\right) + {}^*d\left(H^{-1}\,dx^0 \wedge \cdots \wedge dx^3\right), \quad (8.11)$$

$$\tau \equiv C_0 + i\mathrm{e}^{-\phi} = \mathrm{i}\left(1 - \frac{Mg_s}{2\pi}\log\frac{z}{\epsilon}\right) \quad , \quad z \equiv x^4 + ix^5 = \rho \mathrm{e}^{i\theta} \quad (8.12)$$

where the warp factor H is a function of all coordinates that are transverse to the D3 brane $(x^4, \ldots x^9)$. The twisted fields are instead given by $B_2 = \omega_2 b$, $C_2 = \omega_2 c$ where ω_2 is the volume form corresponding to the vanishing 2-cycle and

$$b\mathrm{e}^{-\phi} = \frac{(2\pi\sqrt{\alpha'})^2}{2}\left[1 + \frac{2N - M}{\pi}g_s\log\frac{\rho}{\epsilon}\right] \quad , \quad c + C_0 b = -2\pi\alpha'\theta g_s(2N - M) \quad (8.13)$$

It can be seen that the previous solution has a naked singularity of the repulson type at short distances. But, on the other hand, if we probe it with a brane probe approaching the stack of branes corresponding to the classical solution from infinity, it can also be seen that the tension of the probe vanishes at a certain distance from the stack of branes that is larger than that of the naked singularity. The point where the probe brane becomes tensionless is called in the literature enhançon [23] and at this point the classical solution cannot be used anymore to describe the stack of fractional branes.

Now let us exploit the gauge/gravity correspondence to determine the coupling constants of the world-volume theory from the supergravity solution. In the case of fractional D3 branes of the orbifold C^2/Z_2 having only one single vanishing two cycle Eq. (8.5) becomes:

$$\frac{1}{g^2_{YM}} = \frac{\tau_5(2\pi\alpha')^2}{2}\int_{\mathcal{C}_2} e^{-\phi}B_2 = \frac{1}{4\pi g_s(2\pi\sqrt{\alpha'})^2}\int_{\mathcal{C}_2} e^{-\phi}B_2 \quad (8.14)$$

Inserting in Eq.s (8.14) and (8.6) the classical solution we get the following expression for the gauge coupling constant and the θ angle [16] :

$$\frac{1}{g^2_{YM}} = \frac{1}{8\pi g_s} + \frac{2N - M}{8\pi^2}\log\frac{\rho}{\epsilon} \quad , \quad \theta_{YM} = -\theta(2N - M) \quad (8.15)$$

[9] We denote with α and β the four directions corresponding to the world-volume of the fractional D3 brane, with ℓ and m those along the four orbifolded directions x^6, x^7, x^8 and x^9 and with i and j the directions x^4 and x^5 that are transverse to both the D3 and the D7 branes.

In the case of an $\mathcal{N}=2$ supersymmetric theory there is also a complex scalar field Ψ in the gauge multiplet that we expect to find when deriving the Yang-Mills action from the Born-Infeld one. In fact in this derivation we get a contribution from the kinetic term of the brane coordinates x^4 and x^5 that are transverse to the ones on which the branes live and to the orbifolded ones. This implies that the complex scalar field of the gauge supermultiplet is related to the coordinate z of supergravity through the following gauge-gravity relation $\Psi \sim \frac{z}{2\pi\alpha'}$. This is a relation between a quantity of the gauge theory living on the fractional D3 branes and the coordinate z of supergravity. Such an identification allows one to obtain the gauge theory anomalies from the supergravity background. In fact, since we know how the anomalous scale and $U(1)$ transformations act on Ψ, from the previous gauge-gravity relation we can deduce how they act on z, namely

$$\Psi \rightarrow s e^{2i\alpha}\Psi \Longleftrightarrow z \rightarrow s e^{2i\alpha} z \Longrightarrow \rho \rightarrow s\rho \quad , \quad \theta \rightarrow \theta + 2\alpha \tag{8.16}$$

Those transformations do not leave invariant the supergravity background in Eq.s (8.13) and when we plug it in Eq.s (8.14) and (8.6), they generate the anomalies of the gauge theory living on the fractional D3 branes. In fact acting with those transformations on Eq.s (8.15) we get:

$$\frac{1}{g_{YM}^2} \rightarrow \frac{1}{g_{YM}^2} + \frac{2N-M}{8\pi^2}\log s \quad , \quad \theta_{YM} \rightarrow \theta_{YM} - 2\alpha(2N-M) \tag{8.17}$$

The first equation implies that the β-function of $\mathcal{N}=2$ super QCD with M hypermultiplets is given by:

$$\beta(g_{YM}) = -\frac{2N-M}{16\pi^2} g_{YM}^3 \tag{8.18}$$

while the second one reproduces the chiral $U(1)$ anomaly [24; 25]. In particular, if we choose $\alpha = \frac{2\pi}{2(2N-M)}$, then θ_{YM} is shifted by a multiple of 2π. But since θ_{YM} is periodic of 2π, this means that the subgroup $Z_{2(2N-M)}$ is not anomalous in perfect agreement with gauge theory results.

From Eq.s (8.15) it is easy to compute the combination:

$$\tau_{YM} \equiv \frac{\theta_{YM}}{2\pi} + i\frac{4\pi}{g_{YM}^2} = i\frac{2N-M}{2\pi}\log\frac{z}{\rho_e} \quad , \quad \rho_e = \epsilon e^{-\pi/(2N-M)g_s} \tag{8.19}$$

where ρ_ϵ is called in the literature the enhançon radius and corresponds in the gauge theory to the dimensional scale Λ generated by dimensional transmutation. Eq. (8.19) reproduces the perturbative moduli space of $\mathcal{N}=2$ super QCD, but not the instanton corrections. This corresponds to the fact that the classical solution is reliable for large distances in supergravity corresponding to short distances in the gauge theory, while it cannot be used below the enhançon radius where non-perturbative physics is expected to show up.

Indeed in that corner of the moduli space the effective theory will receive instanton corrections proportional to powers of the one-instanton action

$$\exp\left(-\frac{8\pi^2}{g^2}+i\theta_{YM}\right)=\exp\left(2\pi i\tau_{YM}\right)=\left(\frac{\rho_e}{z}\right)^{2N-M} . \tag{8.20}$$

Thus the instantonic contributions become quite suddenly important near the enhançon radius $|z|=\rho_e$. This means that in order to study non-perturbative effects in the gauge theory we need to find a classical solution free from enhançons and naked singularities. In the next section we will see that this can be done for $\mathcal{N}=1$ super Yang-Mills that lives in the world-volume of a wrapped D5 brane described by the Maldacena-Nuñez solution. Before passing to this solution let us first extend the previous results to $\mathcal{N}=1$ super QCD that can be obtained as a particular case of the general one studied in Ref. [26]. In this case only the asymptotic behavior for large distances of the classical solution has been explicitly obtained and this is sufficient for computing the gauge coupling constant and the θ angle of $\mathcal{N}=1$ super QCD. As explained in Ref. [26], together with N fractional D3 branes of the same type, one must also consider two kinds of M fractional D7 branes in order to avoid gauge anomalies

In the case of the orbifold $C^3/(Z_2\times Z_2)$ the gauge coupling constant is related to the supergravity solution as follows:

$$\frac{1}{g^2_{YM}}=\tau_5\frac{(2\pi\alpha')^2}{4}\left[\sum_{i=1}^{3}\int_{\mathcal{C}_2^{(i)}}e^{-\phi}B_2-(2\pi\sqrt{\alpha'})^2\right] \tag{8.21}$$

while the θ_{YM} is given by:

$$\theta_{YM}=\tau_5\frac{(2\pi\alpha')^2}{2}(2\pi)^2\sum_{i=1}^{3}\int_{\mathcal{C}_2^{(i)}}(C_2+C_0B_2) \tag{8.22}$$

Notice that Eq.s (8.21) and (8.22) differ respectively from Eq.s (8.14) and (8.6) by a factor 1/2 in the normalization. This is due to the fact that the projector of this orbifold - which is $P=\frac{1+h_1+h_2+h_3}{4}$ - has an additional factor 1/2 with respect to the one of the orbifold C_2/Z_2 (which is $P=\frac{1+h}{2}$). Using the explicit supergravity solution one gets the following expressions for the gauge coupling constant and the θ angle ($z_i=\rho_i e^{i\theta_i}$) [25; 27; 26]:

$$\frac{1}{g^2_{YM}}=\frac{1}{16\pi g_s}+\frac{1}{8\pi^2}\left(N\sum_{i=1}^{3}\log\frac{\rho_i}{\epsilon}-M\log\frac{\rho_1}{\epsilon}\right) , \quad \theta_{YM}=-N\sum_{i=1}^{3}\theta_i+M\theta_1 \tag{8.23}$$

As explained in Ref. [25; 27] the anomalous scale and $U(1)$ transformations act on z_i as $z_i\rightarrow se^{i2\alpha/3}z_i$. This implies that the gauge parameters are transformed as follows:

$$\frac{1}{g^2_{YM}}\rightarrow\frac{1}{g^2_{YM}}+\frac{3N-M}{8\pi^2}\log s , \quad \theta_{YM}\rightarrow\theta_{YM}-2\alpha\left(N-\frac{M}{3}\right) \tag{8.24}$$

that reproduce the anomalies of $\mathcal{N} = 1$ super QCD. The difference between the anomalies in the $\mathcal{N} = 2$ (Eq. (8.17)) and $\mathcal{N} = 1$ (Eq. (8.24)) super QCD can be easily understood in terms of the different structure of the two orbifolds considered. If we consider the two gauge coupling constants there is a factor $\frac{3}{2}$ between the contributions coming from the pure gauge part, while the contribution of the matter is the same. The factor 3 follows from the fact that the orbifold $C^3/(Z_2 \times Z_2)$ has three vanishing two-cycles instead of just one, while the factor $\frac{1}{2}$ from the additional factor $\frac{1}{2}$ in the orbifold projection for the orbifold $C^3/(Z_2 \times Z_2)$ with respect to the orbifold C^2/Z_2. This explains the factor $\frac{3}{2}$ in the gauge field contribution to the β-function. The matter part is the same because in the orbifold C^2/Z_2 we have only one kind of fractional branes, while in the other orbifold, in order to cancel the gauge anomaly [26], we need two kinds of fractional branes. This factor 2 cancels the factor $\frac{1}{2}$ coming from the orbifold projection. Similar considerations can also be used to relate the two chiral anomalies.

In conclusion, by using the fractional branes we have reproduced the one-loop perturbative behavior of both $\mathcal{N} = 1$ and $\mathcal{N} = 2$ super QCD, but, because of the enhançon and naked singularities, we are not able to enter the non-perturbative region in the gauge theory corresponding to short distances in supergravity. In order to do this we must find a classical solution free of singularities. That is why in the next section we turn to wrapped branes.

8.3 Wrapped branes and topological twist

In this section we consider D5 branes wrapped on some nontrivial cycle of a Calabi-Yau space and by means of the topological twist we construct the Maldacena-Nuñez solution. The topological twist acts also on the gauge theory living on the world-volume of the wrapped branes by reducing, in the case of the Maldacena-Nuñez solution, the original $\mathcal{N} = 4$ to an $\mathcal{N} = 1$ supersymmetry. We show that the gauge theory living on the world-volume of the branes described by the Maldacena-Nuñez solution is $\mathcal{N} = 1$ super Yang-Mills.

If we consider a D5 brane wrapped on some nontrivial cycle of a Calabi-Yau space in general we break completely supersymmetry because the Killing spinor equation:

$$D_M \epsilon = (\partial_M + \omega_M)\epsilon = 0 \tag{8.25}$$

does not in general admit any non trivial solution. This means that it is not an easy task to find a classical solution corresponding to a wrapped D5 brane and preserving some supersymmetry starting directly from the action of 10-dimensional IIB supergravity. As suggested in Ref. [28] it is much more convenient to start from the action of the 7-dimensional gauged supergravity that corresponds to the 10-dimensional IIB supergravity on $R^{1,6} \times S^3$. In this way one has an action that also contains the gauge fields of $SO(4)$, that is the isometry group of S^3, and the condition in Eq. (8.25) becomes:

$$D_M \epsilon = (\partial_M + \omega_M + A_M)\epsilon = 0 \tag{8.26}$$

In this case it is not difficult to keep some supersymmetry with a constant spinor ϵ by requiring an identification of the spin connection of the two-cycle S^2 around which we wrap the D5 brane with a subgroup $U(1)$ of the gauge group $SO(4)$. This identification is called the topological twist. In particular, if we write $SO(4) = SU(2)_{L'} \times SU(2)_{R'}$, it is possible to see that one can preserve four supersymmetries corresponding to an $\mathcal{N} = 1$ supersymmetric gauge theory if we identify the spin connection with a $U(1)$ subgroup of $SU(2)_{L'}$.

The topological twist acts also on the gauge theory living in the world-volume of the wrapped brane reducing the states of $\mathcal{N} = 4$ super Yang-Mills to those of a gauge theory with less supersymmetry. In particular, let us consider a D5 brane wrapped on S^2 that breaks the ten-dimensional Minkowski symmetry into:

$$SO(1,9) \to SO(1,5) \times SO(4)_R = SO(1,5) \times SU(2)_{L'} \times SU(2)_{R'} \tag{8.27}$$

According to this decomposition the vector and the four scalar fields corresponding to the transverse coordinates of the brane, transform as

$$A_\mu \to (6;1,1) \quad , \quad \Phi \to (1;2,2) \tag{8.28}$$

while the fermions transform as follows

$$\Psi \to (4+;2,1) + (4-;1,2) \tag{8.29}$$

where the index $\pm$ refers to the six-dimensional chirality. Remember that, because of the GSO projection, the spinor Ψ has a definite (for instance negative) ten-dimensional chirality. This is consistent with the assignment in Eq. (8.29) because the state $(2,1)[(1,2)]$ has negative (positive) four-dimensional chirality and the product of the four- and six-dimensional chirality is equal to the ten-dimensional one. When the brane is wrapped on S^2 there is a further breaking:

$$SO(1,9) \to SU(2)_L \times SU(2)_R \times SO(2)_{S^2} \times SU(2)_{L'} \times SU(2)_{R'} \tag{8.30}$$

This means that the vector and scalar fields transform as follows:

$$A_\mu \to (2,2;1;1,1) + (1,1;2;1,1) \quad , \quad \Phi \to (1,1;1;2,2) \tag{8.31}$$

and the fermions as follows

$$\Psi \to (2,1;+;2,1) + (1,2;+;1,2) + (1,2;-;2,1) + (2,1;-;1,2) \tag{8.32}$$

where now $\pm$ is the chirality in the two-dimensional space spanned by S^2. Notice that the product of the four- and of two-dimensional chirality gives the six-dimensional one.

Let us consider the case in which one of the two $SU(2)$ of the R-symmetry group is broken into $SO(2)$ and then this $SO(2)$ is identified with $SO(2)_{S^2}$. This means that:

$$SU(2)_{L'} \times SU(2)_{R'} \rightarrow SO(2)_{L'} \times SU(2)_{R'} \tag{8.33}$$

that gives rise to the following decomposition:

$$(2,2) \rightarrow (+,2) + (-,2) \quad , \quad (2,1) \rightarrow (+,1) + (-,1) \tag{8.34}$$

Since the massless states are singlets under the simultaneous action of $SO(2)_{L'}$ and $SO(2)_{S^2}$ it is easy to see that we are left only with the following states:

$$(2,2;1;1,1) \quad , \quad (2,1;+;-,1) \quad , \quad (1,2;-;+,1) \tag{8.35}$$

The first one corresponds to a four-dimensional gauge field, while the other two correspond to a Majorana spinor. This is the field content of $\mathcal{N}=1$ super Yang-Mills.

The gauged supergravity action containing only the fields that are turned on is given in Eq.(2.33) of Ref. [29] and the classical solution is obtained by introducing in the equations of motion that follow from the gauged supergravity action, the following ansatz for the metric:

$$ds_7^2 = e^{2f(r)} \left(dx_{1,3}^2 + dr^2 \right) + \frac{1}{\lambda^2} e^{2g(r)} \, d\Omega_2^2 \tag{8.36}$$

where $dx_{1,3}^2$ is the Minkowski metric on $\mathbb{R}_{1,3}$, r is the transverse coordinate to the domain-wall, and $d\Omega_2^2 = d\widetilde{\theta}^2 + \sin^2\widetilde{\theta}\, d\widetilde{\varphi}^2$ (with $0 \le \widetilde{\theta} \le \pi$ and $0 \le \widetilde{\varphi} \le 2\pi$) is the metric of a unit 2-sphere [10]. We also add the following ansatz for the gauge fields of $SU(2)_{L'}$:

$$A^1 = -\frac{1}{2\lambda} a(r)\, d\widetilde{\theta} \quad , \quad A^2 = \frac{1}{2\lambda} a(r) \sin\widetilde{\theta}\, d\widetilde{\varphi} \quad , \quad A^3 = -\frac{1}{2\lambda} \cos\widetilde{\theta}\, d\widetilde{\varphi} \ . \tag{8.37}$$

The functions $a(r), f(r)$ and $g(r)$ are determined by the classical equations of motion. Actually we have not turned on only a $U(1)$ gauge field but all three gauge fields of $SU(2)_{L'}$ in order to have a solution free from naked singularities at short distances. Having found a classical solution in 7-dimensional gauged supergravity one can use known formulas [30] that uplift it to a ten-dimensional solution of IIB supergravity. In this way one gets the following ten-dimensional (string frame) metric [28; 31]:

$$ds_{10}^2 = e^{\Phi} \left[dx_{1,3}^2 + \frac{e^{2h}}{\lambda^2} \left(d\widetilde{\theta}^2 + \sin^2\widetilde{\theta}\, d\widetilde{\varphi}^2 \right) \right] + \frac{e^{\Phi}}{\lambda^2} \left[d\rho^2 + \sum_{a=1}^{3} (\sigma^a - \lambda A^a)^2 \right] \ , \tag{8.38}$$

[10] Notice that the factor of λ^{-2} in (8.36) is necessary for dimensional reasons and it turns out to be equal to $\lambda^{-2} = N g_s \alpha'$.

a ten-dimensional dilaton

$$e^{2\Phi} = \frac{\sinh 2\rho}{2\, e^{h}} \quad , \tag{8.39}$$

and the field strength corresponding to a R-R 2-form given by:

$$F^{(3)} = \frac{2}{\lambda^2}\left(\sigma^1 - \lambda A^1\right) \wedge \left(\sigma^2 - \lambda A^2\right) \wedge \left(\sigma^3 - \lambda A^3\right) - \frac{1}{\lambda}\sum_{a=1}^{3} F^a \wedge \sigma^a \quad . \tag{8.40}$$

where

$$e^{2h} = \rho \coth 2\rho - \frac{\rho^2}{\sinh^2 2\rho} - \frac{1}{4} \quad , \tag{8.41}$$

$$e^{2k} = e^{h}\,\frac{\sinh 2\rho}{2} \quad , \tag{8.42}$$

$$a = \frac{2\rho}{\sinh 2\rho} \tag{8.43}$$

with $\rho \equiv \lambda r$, $h \equiv g - f$ and $k \equiv \frac{3}{2} f + g$. The left-invariant 1-forms of S^3 are

$$\sigma^1 = \frac{1}{2}\Big[\cos\psi\, d\theta' + \sin\theta' \sin\psi\, d\phi\Big] \quad , \quad \sigma^2 = -\frac{1}{2}\Big[\sin\psi\, d\theta' - \sin\theta' \cos\psi\, d\phi\Big] \quad ,$$

$$\sigma^3 = \frac{1}{2}\Big[d\psi + \cos\theta'\, d\phi\Big] \quad , \tag{8.44}$$

with $0 \le \theta' \le \pi$, $0 \le \phi \le 2\pi$ and $0 \le \psi \le 4\pi$. Using the following formulas:

$$F^a = dA^a + \lambda \epsilon^{abc} A^b \wedge A^c \quad , \quad d\sigma^a = -\epsilon^{abc} \sigma^b \wedge \sigma^c \tag{8.45}$$

it is possible to rewrite Eq. (8.40) as follows

$$F^{(3)} = \frac{1}{\lambda^2}\left[2\sigma^1 \wedge \sigma^2 \wedge \sigma^3 + d\left(\sum_{a=1}^{3} \sigma^a \wedge \lambda A^a\right)\right] \tag{8.46}$$

and from it we can extract C_2

$$C_2 = \frac{1}{4\lambda^2}\left[\psi \sin\theta' d\theta' \wedge d\phi + 4\sum_{a=1}^{3} \sigma^a \wedge \lambda A^a\right] + constant \tag{8.47}$$

that is equal to

$$C^{(2)} = \frac{1}{4\lambda^2}\Big[\psi\left(\sin\theta'\, d\theta' \wedge d\phi - \sin\widetilde{\theta}\, d\widetilde{\theta} \wedge d\widetilde{\varphi}\right) - \cos\theta' \cos\widetilde{\theta}\, d\phi \wedge d\widetilde{\varphi}\Big]$$
$$+ \frac{a}{2\lambda^2}\Big[d\widetilde{\theta} \wedge \sigma^1 - \sin\widetilde{\theta}\, d\widetilde{\varphi} \wedge \sigma^2\Big] + constant \tag{8.48}$$

when we insert in it the three gauge fields given in Eq. (8.37). In the next section we will use the Maldacena-Nuñez solution for studying the properties of $\mathcal{N} = 1$ super Yang-Mills.

8.4 Gauge couplings from MN solution

In Eq.s (8.5) and (8.6) we wrote the expression of the gauge couplings in terms of the supergravity fields both for fractional and wrapped branes. In the case of wrapped branes having $B = 0$ we see that the warp factor in Eq. (8.5) cancels giving:

$$\frac{4\pi}{g^2_{YM}} = \frac{1}{g_s(2\pi\sqrt{\alpha'})^2} \int d^2\xi \sqrt{\det \hat{G}_{AB}} \tag{8.49}$$

where with $\hat{G}$ we have denoted the metric tensor in the wrapped directions without the warp factor.

In order to get explicitly the gauge quantities from the supergravity solution we have to identify the two-cycle. It is clear that in the 7-dimensional gauged supergravity the two-cycle is the one specified by the coordinates $\tilde{\theta}$ and $\tilde{\varphi}$ keeping the other variables fixed. But when we lift the solution up to ten dimensions there is the topological twist that mixes $(\tilde{\theta}, \tilde{\varphi})$ with the variables (θ', ϕ, ψ) that describe S^3. In the literature two choices for the two-cycle have been done. They are specified by:

1. $(\tilde{\theta}, \tilde{\varphi})$ keeping the other variables fixed
2. $\tilde{\theta} = \pm\theta'$ and $\tilde{\varphi} = -\phi$ keeping ρ and ψ fixed

In Ref. [29] the first choice for the two-cycle was made and one found the following expression for the gauge coupling constant:

$$\frac{4\pi^2}{N g^2_{YM}} = \frac{Y(\rho)}{4} E\left(\sqrt{\frac{Y(\rho)-1}{Y(\rho)}}\right) \quad , \quad Y(\rho) = 4\rho \coth 2\rho - 1 \tag{8.50}$$

where

$$E(x) \equiv \int_0^{\pi/2} d\phi \, \sqrt{1 - x^2 \sin^2\phi} \ ; \tag{8.51}$$

is the complete elliptic integral of second kind. Using the properties of the elliptic integral, it is easy to see that

$$\frac{1}{g^2_{\rm YM}} \simeq \frac{N\rho}{4\pi^2} \qquad \text{for} \ \ \rho \to \infty \ , \tag{8.52}$$

$$\frac{1}{g^2_{\rm YM}} \simeq \frac{N}{32\pi} \qquad \text{for} \ \ \rho \to 0 \ . \tag{8.53}$$

implying that we get asymptotic freedom in the deep ultraviolet. Putting together the ultraviolet behavior in Eq. (8.52) together with the relation connecting the supergravity variable ρ with the renormalization group scale μ [11]

[11] The connection between the gaugino condensate and $a(\rho)$ was originally suggested in Ref. [32].

$$a(\rho) = \frac{2\rho}{\sinh 2\rho} = \frac{\Lambda^3}{\mu^3} \quad . \tag{8.54}$$

allowed the authors of Ref. [29] to get the running coupling constant of $\mathcal{N} = 1$ super Yang-Mills. In fact from Eq. (8.54) one can easily get:

$$\frac{\partial\rho}{\partial\log(\mu/\Lambda)} = \frac{3}{2}\left[\frac{1}{1-(2\rho)^{-1}+2\,\mathrm{e}^{-4\rho}\,(1-\mathrm{e}^{-4\rho})^{-1}}\right] \quad . \tag{8.55}$$

On the other hand from the ultraviolet behavior in Eq. (8.52) one gets

$$\frac{\partial\rho}{\partial\log(\mu/\Lambda)} = -\frac{8\pi^2}{Ng^3_{\mathrm{YM}}}\,\beta(g_{\mathrm{YM}}) \tag{8.56}$$

where $\beta(g_{\mathrm{YM}})$ is the β-function. Putting together Eq.s (8.55) and (8.56) we arrive at the following β-function:

$$\beta(g_{\mathrm{YM}}) = -\frac{3Ng^3_{\mathrm{YM}}}{16\pi^2}\left[1-\frac{Ng^2_{\mathrm{YM}}}{8\pi^2}+\frac{2\,\exp\left(-\frac{16\pi^2}{Ng^2_{\mathrm{YM}}}\right)}{1-\exp\left(-\frac{16\pi^2}{Ng^2_{\mathrm{YM}}}\right)}\right]^{-1} \quad . \tag{8.57}$$

This is precisely the complete perturbative NSVZ β-function of the pure $\mathcal{N} = 1$ SYM theory with gauge group $SU(N)$ in the Pauli-Villars regularization [33] with in addition non-perturbative corrections due to fractional instantons.

This result was questioned in Ref. [34] where it was shown that, if one also includes the first non leading logarithmic correction, one gets an extra contribution to the β-function that modifies the one derived in Ref. [33] already at two-loop level. Then, in order to recover the correct two-loop behavior, it was suggested in Ref. [34] to add in Eq. (8.54) an extra function $f(g_{YM})$ of the coupling constant that can be fixed by requiring agreement with the correct two-loop result. Of course it turns out that $f(g_{YM})$ must be singular at $g_{YM} \sim 0$ as the transformation that is needed in going from the holomorphic to the wilsonian β-function [35]. But in this way the construction of the NSVZ β-function becomes not so direct and actually rather involved.

Another problem that one encounters with the approach sketched so far is that one gets different physical properties if one uses a gauge rotated vector field of gauged supergravity in contradiction with the fact that a gauge transformation cannot change physical properties. This can be seen as follows. The $SU(2)$ gauge field of 7-dimensional gauged supergravity is not vanishing but becomes a pure gauge in the deep infrared at $\rho = 0$. One can, therefore, perform a $SU(2)$ gauge transformation that transforms it to zero at $\rho = 0$. In order to perform this gauge transformation it is convenient to rewrite the gauge field of the Maldacena-Nuñez solution as follows:

$$\begin{aligned} A_{MN} = \frac{1}{2\lambda}\Big\{ &(a-1)\left[\sigma^2\sin\tilde\theta d\tilde\varphi - \sigma^1 d\tilde\theta\right] \\ &+ \left[-\sigma^1 d\tilde\theta + \sigma^2\sin\tilde\theta d\tilde\varphi - \sigma^3\cos\tilde\theta d\tilde\varphi\right]\Big\} \end{aligned} \tag{8.58}$$

The first term in the right hand side of the previous equation is vanishing when $\rho = 0$ because in this limit $a(\rho)$ becomes equal to 1, while the second term can be written as:

$$A_{MN}(\rho = 0) = -\frac{i}{\lambda} dhh^{-1} \quad , \quad h = e^{-i\sigma^1 \frac{\tilde{\theta}}{2}} e^{-i\sigma^3 \frac{\tilde{\varphi}}{2}} \tag{8.59}$$

It is easy to see that the gauge field in Eq. (8.59) can be gauged to zero by performing the following gauge transformation:

$$A_{MN} \to A'_{MN} = h^{-1} A_{MN} h + i \frac{1}{\lambda} h^{-1} dh \tag{8.60}$$

where h is given in Eq. (8.59). On the other hand acting with the previous gauge transformation on the entire field in Eq. (8.58) one gets [36]:

$$A^1_{MN}{}' = \frac{1-a}{2\lambda} \left[d\tilde{\theta} \cos\tilde{\varphi} - \sin\tilde{\varphi} \sin\tilde{\theta} \cos\tilde{\theta} d\tilde{\varphi} \right] \tag{8.61}$$

$$A^2_{MN}{}' = -\frac{1-a}{2\lambda} \left[d\tilde{\theta} \sin\tilde{\varphi} + \cos\tilde{\varphi} \sin\tilde{\theta} \cos\tilde{\theta} d\tilde{\varphi} \right] \tag{8.62}$$

$$A^3_{MN}{}' = \frac{1-a}{2\lambda} \sin^2\tilde{\theta} d\tilde{\varphi} \tag{8.63}$$

that is manifestly equal to 0 at $\rho = 0$. We can now use these gauge fields instead of the ones in Eq. (8.37) in the 10-dimensional solution given in Eq.s (8.38) and (8.47) and we expect that the physical consequences are not modified. We will see that this is not the case. In fact the term in Eq. (8.38) for the metric that is important for determining the gauge coupling constant is equal to:

$$\sum_{i=1}^{3} (A^{i\prime})^2 = \frac{(a-1)^2}{4\lambda^2} \left[d\tilde{\theta}^2 + \sin^2\tilde{\theta} d\tilde{\varphi} \right] \tag{8.64}$$

This means that the part of the metric relevant for computing the gauge coupling constant is now given by:

$$ds^2_{10} = e^{\Phi} \left[dx^2_{1,3} + \frac{1}{4\lambda^2} \left(4e^{2h} + (a-1)^2\right) \left(d\tilde{\theta}^2 + \sin^2\tilde{\theta} d\tilde{\varphi}\right) \right] + \ldots \tag{8.65}$$

and from it one obtains the following gauge coupling constant [36]:

$$\frac{4\pi^2}{N g^2_{YM}} = 4e^{2h} + (a-1)^2 = \rho \tanh\rho \tag{8.66}$$

that is totally different from the one obtained in Eq. (8.50) although we have in the two cases used gauge fields that differ just by a gauge transformation.

It has the same ultraviolet behavior as the expression given in Eq. (8.50) but a totally different infrared behavior, namely

$$\frac{4\pi^2}{Ng_{YM}^2} \sim \rho \ . \ \rho \to \infty \quad ; \quad \frac{4\pi^2}{Ng_{YM}^2} \sim \rho^2 \ , \ \rho \to 0 \tag{8.67}$$

This means that now the gauge coupling constant is divergent for $\rho \to 0$ and the point $\rho = 0$ corresponds in the gauge theory to the Landau pole. One possible explanation of this mismatch is that a change of gauge for the gauge fields corresponds in the gauge theory living on the brane to a change of scheme of renormalization. Moreover this change of scheme must be singular when g_{YM} is small. But on the other hand, if we compute the vacuum angle θ_{YM} after the gauge transformation one obtains a result that is completely different from that found in Ref. [29]. Inserting in Eq. (8.47) the solution in the new gauge given in Eq.s (8.61), (8.62) and (8.63) we get

$$C_2 = \frac{1}{4\lambda^2}\Big\{\psi \sin\theta' d\theta' \wedge d\phi + 2(1-a)\Big[\sigma^1 \wedge \Big(d\tilde{\theta}\cos\tilde{\varphi} - \sin\tilde{\varphi}\sin\tilde{\theta}\cos\tilde{\theta}d\tilde{\varphi}\Big) +$$

$$-\sigma^2 \wedge \Big(d\tilde{\theta}\sin\tilde{\varphi} + \cos\tilde{\varphi}\sin\tilde{\theta}\cos\tilde{\theta}d\tilde{\varphi}\Big) + \sigma^3 \wedge \sin^2\tilde{\theta}d\tilde{\varphi}\Big]\Big\} + const. \tag{8.68}$$

Using this gauge transformed solution in Eq. (8.6) one gets that θ_{YM} is given by

$$\theta_{YM} = -N\psi_0 \tag{8.69}$$

instead of being proportional to ψ as found in Ref. [29]. Notice that in the previous equation we have taken the constant of integration in Eq. (8.68) to be such to give Eq. (8.69).

A natural and elegant way to solve the previous problems is presented in Ref.s [37; 38; 39] and is based on the observation that the correct cycle, i.e. the one that is topologically nontrivial is not the cycle chosen in Ref. [29], but the one corresponding to the choice 2 at the beginning of this section, namely the one specified by:

$$\tilde{\theta} = \pm\theta' \ . \ \tilde{\varphi} = -\phi \tag{8.70}$$

keeping ρ and ψ fixed. If we now compute the gauge couplings on the cycle specified in the previous equation we get [37; 38; 39]

$$\frac{4\pi^2}{Ng_{YM}^2} = \rho\coth 2\rho \pm \frac{1}{2}a(\rho)\cos\psi \tag{8.71}$$

and

$$\theta_{YM} = \frac{1}{2\pi g_s\alpha'}\int C_2 = -N\left(\psi \pm a(\rho)\sin\psi + \psi_0\right) \tag{8.72}$$

These two Eq.s must be considered together with the relation between ρ and the renormalization group scale given in Eq. (8.54), which in the following we are going to derive. The derivation of Eq. (8.54) is based on the fact that, as for the fractional branes, there is a correspondence between the symmetries of the classical supergravity solution and those of the gauge theory living on the brane described by the classical solution. If we look at the Maldacena-Nuñez solution it is easy to see that the metric in Eq. (8.38) is invariant under the following transformations:

$$\begin{cases} \psi \to \psi + 2\pi & if \;\; a \neq 0 \\ \psi \to \psi + 2\epsilon & if \;\; a = 0 \end{cases} \tag{8.73}$$

where ϵ is an arbitrary constant. On the other hand C_2 is not invariant under the previous transformations but its flux, that is exactly equal to θ_{YM} in Eq. (8.72), changes by an integer multiple of 2π. In fact one gets:

$$\theta_{YM} = \frac{1}{2\pi\alpha' g_s}\int_{\mathcal{C}_2} C_2 \to \theta_{YM} + \begin{cases} -2\pi N \;\; , & if \;\; a \neq 0 \\ -2N\epsilon \;\; , & if \;\; a = 0, \epsilon = \frac{\pi k}{N} \end{cases} \tag{8.74}$$

This changes θ_{YM} by a factor 2π times an integer. But since the physics is periodic in θ_{YM} under a transformation $\theta_{YM} \to \theta_{YM} + 2\pi$ this means that a change as in Eq. (8.74) is an invariance. Notice that also Eq. (8.71) for the gauge coupling constant, is invariant under the transformation in Eq. (8.73). This means that the classical solution and also the gauge couplings are invariant under the Z_2 transformation if $a \neq 0$, while this symmetry becomes Z_{2N} if a is taken to be zero. This implies that, since in the ultraviolet $a(\rho)$ is exponentially small, we can neglect it and we have a Z_{2N} symmetry, while in the infrared where we cannot neglect $a(\rho)$ anymore, we have only a Z_2 symmetry left. It is on the other hand well known that $\mathcal{N} = 1$ super Yang-Mills has a non zero gaugino condensate $< \lambda\lambda >$ that is responsible for the breaking of Z_{2N} into Z_2. Therefore it is natural to identify the gaugino condensate with the function $a(\rho)$ that appears in the supergravity solution:

$$< \lambda\lambda > \sim \Lambda^3 = \mu^3 a(\rho) \tag{8.75}$$

This gives the relation between the renormalization group scale μ and the supergravity space-time parameter ρ.

In the ultraviolet (large ρ) $a(\rho)$ is exponentially suppressed and in Eq.s (8.71) and (8.72) we can neglect it obtaining:

$$\frac{4\pi^2}{N g_{YM}^2} = \rho \coth 2\rho \quad , \quad \theta_{YM} = -N\left(\psi + \alpha\right) \tag{8.76}$$

The chiral anomaly can be obtained by performing the transformation $\psi \to \psi + 2\epsilon$ and getting:

$$\theta_{YM} \to \theta_{YM} - 2N\epsilon \tag{8.77}$$

This implies that the Z_{2N} transformations corresponding to $\epsilon = \frac{\pi k}{N}$ are symmetries because they shift θ_{YM} by multiples of 2π.

In general, however, Eq.s (8.71) and (8.72) are only invariant under the Z_2 subgroup of Z_{2N} corresponding to the transformation:

$$\psi \rightarrow \psi + 2\pi \tag{8.78}$$

that changes θ_{YM} in Eq. (8.72) as follows

$$\theta_{YM} \rightarrow \theta_{YM} - 2N\pi \tag{8.79}$$

leaving invariant the gaugino condensate:

$$< \lambda^2 >= \frac{\mu^3}{3Ng_{YM}^2} e^{-\frac{8\pi^2}{Ng_{YM}^2}} \; e^{i\theta_{YM}/N} \tag{8.80}$$

Therefore the chiral anomaly and the breaking of Z_{2N} to Z_2 are encoded in Eq.s (8.71) and (8.72). Actually there are N vacua characterized by the value of the phase of the gaugino condensate:

$$< \lambda^2 >\sim \Lambda^3 e^{2i\pi k/N} \; e^{i\theta_{YM}} \tag{8.81}$$

that are obtained by a shift of θ_{YM} by a factor $2\pi k$ as you can see in Eq. (8.80).

Let us turn now to the scale anomaly. It is easy to check that in the ultraviolet (neglecting $a(\rho)$) from Eq.s (8.76) and (8.75) one gets the NSVZ β-function. However, having neglected $a(\rho)$ we cannot trust the contribution of the fractional instanton. On the other hand, if we do not neglect $a(\rho)$ we get also a dependence on ψ for the gauge coupling constant and this is not satisfactory. The proposal formulated in Ref. [37] has been to take the cycle that has the minimal area. This forces ψ to be equal to $(2k+1)\pi$ or $2k\pi$ depending on the sign chosen in Eq. (8.70). In both cases Eq. (8.71) becomes:

$$\frac{4\pi^2}{Ng_{YM}^2} = \rho \coth 2\rho - \frac{1}{2}a(\rho) = \rho \tanh \rho \tag{8.82}$$

precisely as in Eq. (8.66). On the other hand if we insert in Eq. (8.72) the previous values of ψ that minimize the area of the two-cycle, we get again the result of Eq. (8.69) apart from an irrelevant additional integer multiple of 2π. This means that the choice of the correct cycle depends on the gauge chosen for the gauge field of the gauged supergravity [37]. In the gauge where the $SU(2)$ gauge field is vanishing at $\rho = 0$, there is no mixing between $\tilde{\theta}, \tilde{\varphi}$ and the variables describing S^3 and in this case the correct cycle to be chosen is the choice 1 at the beginning of this section, while in the other gauge the correct cycle is the one specified in Eq. (8.70).

This brings us to the two following equations that determine the running of the gauge coupling constant of $\mathcal{N} = 1$ super Yang-Mills as a function of the renormalization scale μ:

$$\frac{4\pi^2}{Ng_{YM}^2} = \rho \tanh \rho \quad ; \quad \frac{2\rho}{\sinh 2\rho} = \frac{\Lambda^3}{\mu^3} \tag{8.83}$$

It is easy to check that they imply the NSVZ β-function plus corrections due to fractional instantons. In fact from the previous two equations after some simple calculation one gets [12]:

$$\frac{\partial g_{YM}}{\partial \log \frac{\mu}{\Lambda}} \equiv \beta(g_{YM}) = -\frac{3Ng_{YM}^3}{16\pi^2} \frac{1 + \frac{2\rho}{\sinh 2\rho}}{1 - \frac{Ng_{YM}^2}{8\pi^2} + \frac{1}{2\sinh^2 \rho}} \tag{8.84}$$

This equation is exact and should be used together with the first equation in (8.83) in order to get the β-function as a function of g_{YM}. It does not seem possible, however, to trade ρ with g_{YM} in an analytic way. It can be done in the ultraviolet where, from the first equation in (8.83), it can be seen that ρ can be approximated with $\rho = \frac{4\pi^2}{Ng_{YM}^2} \coth \frac{4\pi^2}{Ng_{YM}^2}$ obtaining the following β-function:

$$\beta(g_{YM}) = -\frac{3Ng_{YM}^3}{16\pi^2} \frac{1 + \frac{4\pi^2}{Ng_{YM}^2} \sinh^{-2} \frac{4\pi^2}{Ng_{YM}^2}}{1 - \frac{Ng_{YM}^2}{8\pi^2} + \frac{1}{2} \sinh^{-2} \frac{4\pi^2}{Ng_{YM}^2}} \tag{8.85}$$

that is equal to the NSVZ β-function plus non-perturbative corrections due to fractional instantons.

References

[1] J. Maldacena, *The Large N Limit of Superconformal Field Theories and Supergravity*, Adv.Theor. Math. Phys. **2** (1998) 231, hep-th/9711200.

[2] P. Di Vecchia and A. Liccardo, *D branes in string theory I*, NATO Adv. Study Inst. Ser. C. Math. Phys. Sci.**556** (2000) 1, hep-th/9912161. P. Di Vecchia and A. Liccardo, *D branes in string theory II* Proceedings of the YITP workshop on Developments in Superstring and M-Theory, p. 7, hep-th/9912275

[3] M. Bertolini, *Four Lectures on The Gauge/Gravity Correspondence*, Int. J. Mod. Phys. **A18** (2003) 5647, hep-th/0303160.

[4] F. Bigazzi, A.L. Cotrone, M. Petrini and A. Zaffaroni, *Supergravity duals of supersymmetric four dimensional gauge theories*, Riv. Nuovo Cim. **25N12** (2002) 1, hep-th/0303191.

[5] D. Friedan, E. Martinec and S. Shenker, *Conformal invariance, supersymmetry and string theory*, Nucl. Phys. **B271** (1986) 93.

[6] R. Pettorino and F. Pezzella, *More about picture changed vertices in superstring theory*, Phys. Lett. **B269** (1991) 77.

[12] One of us (PdV) thanks M. Bertolini for pointing out a misprint in the previously published version [40] of this formula.

[7] M. Billó, P. Di Vecchia, M. Frau, A. Lerda, I. Pesando, R. Russo and S. Sciuto, *Microscopic string analysis of the D0-D8 brane system and dual R-R states*, Nucl. Phys. **B526** (1998) 199, hep-th/9802088.

[8] P. Di Vecchia, A. Lerda, L. Magnea, R. Marotta, R. Russo, *String techniques for the calculation of renormalization constants in field theory*, Nucl.Phys. **B469** (1996) 235, hep-th/9601143

[9] J. Polchinski, *Dirichlet-branes and Ramond-Ramond Charges*, Phys. Rev. Lett. **75** (1995) 4724, hep-th/9510017.

[10] P. Di Vecchia, M. Frau, I. Pesando, S. Sciuto, A. Lerda, R. Russo, *Classical p-branes from boundary state*, Nucl. Phys. **B507** (1997) 259, hep-th/9707068.

[11] S.A. Yost, *Bosonized superstring boundary state and partition functions*, Nucl. Phys. **B321** (1989) 629.

[12] M. Bianchi, G. Pradisi and A. Sagnotti, *Toroidal compactifications and symmetry breaking in open-string theories*, Nucl. Phys. **B376** (1992) 365.

[13] P. Di Vecchia, M. Frau, A. Lerda and A. Liccardo, *(F, Dp) bound states from the boundary state*, Nucl.Phys. **B565** (2000) 397, hep-th/9906214.

[14] A.A. Tseytlin, *On non-abelian generalization of Born-Infeld action in string theory*, Nucl. Phys. **B501** (1997) 41, hep-th/9701125.

[15] P. Di Vecchia, A. Liccardo, R.Marotta and F.Pezzella, *Gauge/Gravity Correspondence from Open/Closed String Duality*, JHEP **0306** (2003) 007, hep-th/0305061

[16] M. Bertolini, P. Di Vecchia, M. Frau, A. Lerda and R. Marotta, *N=2 gauge theories on systems of fractional D3/D7 branes*, Nucl. Phys. **B621** (2002) 157, hep-th/0107057.

[17] I.R. Klebanov and N. Nekrasov, *Gravity Duals of Fractional Branes and Logarithmic RG Flow*, Nucl. Phys. **B574** (2000) 263-274, hep-th/9911096.

[18] M. Bertolini, P. Di Vecchia, M. Frau, A. Lerda, R. Marotta and I. Pesando, *Fractional D-branes and their gauge duals*, JHEP **02** (2001) 014, hep-th/0011077.

[19] J. Polchinski, *$N = 2$ gauge-gravity duals*, Int. J. Mod. Phys. **A16** (2001) 707, hep-th/0011193.

[20] M. Graña and J. Polchinski, *Gauge/gravity duals with holomorphic dilaton*, Phys. Rev **D65** (2002) 126005, hep-th/0106014.

[21] M. Billò, L. Gallot and A. Liccardo, *Classical geometry and gauge duals for fractional branes on ALE spaces*, Nucl. Phys. **B614** (2001) 254, hep-th/0105258.

[22] M. Bertolini, P. Di Vecchia and R. Marotta, *N=2 four-dimensional gauge theories from fractional branes*, in "Multiple Facets of Quantization and Supersymmetry", Michael Marinov memorial volume, edited by M. Olshanetsky and A. Vainshtein, World Scientific, p. 730, hep-th/0112195.

[23] C.V. Johnson, A.W. Peet and J. Polchinski, *Gauge theory and the excision of repulson singularities*, Phys. Rev. **D61** (2000) 086001, hep-th/9911161.

[24] I.R. Klebanov, P. Ouyang and E. Witten, *A Gravity Dual of the Chiral Anomaly*, Phys.Rev. **D65** (2002) 105007, hep-th/0202056.
[25] M. Bertolini, P. Di Vecchia, M. Frau, A. Lerda and R. Marotta, *More anomalies from fractional branes*, Phys. Lett. **B540** (2002) 104, hep-th/0202195.
[26] R. Marotta, F. Nicodemi, R. Pettorino, F. Pezzella and F. Sannino, $\mathcal{N} = 1$ *Matter from Fractional Branes*, JHEP **0209** (2002) 010, hep-th/0208153.
[27] M. Bertolini, P. Di Vecchia, G. Ferretti and R. Marotta, *Fractional Branes and* $N = 1$ *Gauge Theories*, Nucl. Phys. **360** (2002) 222, hep-th/0112187.
[28] J. Maldacena and C. Nuñez, *Towards The Large N Limit Of N=1 Super Yang Mills*, Phys. Rev. Lett. **86** (2001) 588, hep-th/0008001.
[29] P. Di Vecchia, A. Lerda and P. Merlatti, $\mathcal{N} = 1$ *and* $\mathcal{N} = 2$ *super Yang-Mills theories from wrapped branes*, Nucl. Phys. **B646** (2002) 43, hep-th/0205204.
[30] M. Cvetic, H. Lu and C. N. Pope, *Consistent Kaluza-Klein Sphere Reduction*, Phys. Rev. **D62** (2000) 064028, hep-th/0003286.
[31] A. H. Chamseddine and M. S. Volkov, *Non-Abelian BPS Monopoles In* $\mathcal{N} = 4$ *Gauged Supergravity*, Phys. Rev. Lett. **79** (1997) 3343, hep-th/9707176; *Non-Abelian Solitons In* $\mathcal{N} = 4$ *Gauged Supergravity And Leading Order String Theory*, Phys. Rev. **D57** (1998) 6242, hep-th/9711181.
[32] R. Apreda, F. Bigazzi, A. L. Cotrone, M. Petrini and A. Zaffaroni, *Some Comments on* $\mathcal{N} = 1$ *Gauge Theories From Wrapped Branes*, Phys.Lett. **B536** (2002) 161, hep-th/0112236.
[33] V. Novikov, M. Shifman, A. Vainstein and V. Zakharov, *Exact Gell-Mann-Low Function Of Supersymmetric Yang-Mills Theories From Instanton Calculus*, Nucl. Phys. **B229** (1983) 381.
[34] P. Olesen and F. Sannino, $\mathcal{N} = 1$ *super Yang-Mills from supergravity: The UV-IR connection*, hep-th/0207039.
[35] M. A. Shifman and A. I. Vainshtein, *Solution Of The Anomaly Puzzle In Susy Gauge Theories And The Wilson Operator Expansion*, Nucl. Phys. **B277** (1986) 456 [Sov.Phys. JETP **64** (1986) 428].
[36] P. Olesen, private communication.
[37] M. Bertolini and P. Merlatti, *A note on the dual of* $\mathcal{N} = 1$ *super Yang-Mills theory*, Phys.Lett. **B556** (2003) 80, hep-th/0211142.
[38] P. Merlatti, $\mathcal{N} = 1$ *super Yang-Mills theory and wrapped branes*, Class. Quant. Grav. **20** (2003) S541, hep-th/0212203.
[39] W. Mück, *Perturbative and nonperturbative aspects of pure* $\mathcal{N} = 1$ *super Yang-Mills theory from wrapped branes*, JHEP **0302** (2003) 013, hep-th/0301171.
[40] P. Di Vecchia, *N*on conformal gauge theories from D branes, Fortschritte der Physik **51/7-8** (2003) 697, hep-th/0212162.

On Superconformal Field Theories Associated to Very Attractive Quartics

Katrin Wendland

University of Warwick, Gibbet Hill, Coventry CV4-7AL, England

UNC Chapel Hill, CB#3250 Phillips Hall, Chapel Hill, NC 27599-3250, USA

Institut fuer Mathematik, Lehrstuhl fuer Analysis und Geometrie, Universitaet Augsburg, D-86159 Augsburg, Germany

wendland@maths.warwick.ac.uk, Katrin.Wendland@Math.Uni-Augsburg.DE

Summary. We study $N = (4,4)$ superconformal field theories with left and right central charge $c = 6$ which allow geometric interpretations on specific quartic hypersurfaces in $\mathbb{CP}^3$. Namely, we recall the proof that the Gepner model $(2)^4$ admits a geometric interpretation on the Fermat quartic and give an independent cross-check of this result, providing a link to the "mirror moonshine phenomenon" on $K3$. We clarify the rôle of Shioda-Inose structures in our proof and thereby generalize it: We introduce VERY ATTRACTIVE QUARTICS and show how on each of them a superconformal field theory can be constructed explicitly.

Introduction

Since the discovery of mirror symmetry [LVW89; COGP91; GP90] the quintic hypersurface in $\mathbb{CP}^4$ has presumably become the most prominent Calabi-Yau manifold in theoretical physics. Its two-dimensional relative, the Fermat quartic in $\mathbb{CP}^3$, has somewhat eluded such fame. However, the study of two-dimensional Calabi-Yau manifolds seems rather promising from a conformal field theoretic point of view: On the one hand, the moduli space $\mathcal{M}_{SCFT}$ of superconformal field theories (SCFTs) associated to Calabi-Yau two-folds can be defined and studied on the level of abstract SCFTs, providing a sound basis for a mathematical analysis. On the other hand, the algebraic structure of $\mathcal{M}_{SCFT}$ is known explicitly, and its very description allows to draw links between geometry and SCFTs. Finally, to date only theories in fairly low dimensional subvarieties of $\mathcal{M}_{SCFT}$ have been constructed explicitly, rendering $\mathcal{M}_{SCFT}$ a non-trivial object to study.

In this note we investigate the Fermat quartic, and more generally so-called VERY ATTRACTIVE QUARTICS, from a SCFT point of view. The main ideas arise as applications of number theory and geometry to the study of SCFTs.

We start by giving an overview on the structure of the moduli space $\mathcal{M}_{SCFT}$ and its geometric predecessors. In particular, we discuss ATTRACTIVE and VERY ATTRACTIVE surfaces (Defs. 1, 2), providing a first link to arithmetic number theory. Along the way the "standard torus" T_0 and the Fermat quartic $X_0 \subset \mathbb{CP}^3$ serve as our favorite examples. To discuss SCFTs associated to X_0, in Sect. 2 we recall our proof [NW01, Thm.2.13, Cor.3.6] that the Gepner model $(2)^4$ admits a geometric interpretation on X_0, i.e. with the same complex structure as X_0. We explain how the so-called SHIODA-INOSE-STRUCTURES give a guideline for the proof and how orbifold constructions allow us to also determine the normalized Kähler class, the volume, and the B-field of that geometric interpretation. In Sect. 3 we give an independent cross-check of these results by a careful application of Witten's analysis of phases in supersymmetric gauge theories [Wit93] to the $K3$-case. We find that the FRICKE MODULAR GROUP $\Gamma_0(2)_+$ makes a natural appearance, providing a link to the arithmetic properties of the mirror map [NS95; LY96]. Sect. 4 is devoted to possible generalizations of our proof [NW01, Thm.2.13, Cor.3.6]. First, the rôle of Shioda-Inose structures is clarified. Then, for every very attractive quartic X we find an $N = (4,4)$ SCFT $\mathcal{C}_X$ with $c = 6$ which admits a geometric interpretation on X. In fact, $\mathcal{C}_X$ is a $\mathbb{Z}_4$ orbifold of a toroidal SCFT. As opposed to the known $\mathbb{Z}_2$ orbifold CFTs with geometric interpretation on X, we conjecture that $\mathcal{C}_X$ has a geometric interpretation with the full hyperkähler structure given by the natural one on $X \subset \mathbb{CP}^3$. We give evidence in favor of our conjecture, if (as implied by [Wit93]) it holds for $(2)^4$. We end with a discussion in Sect. 5 and state some open problems and implications, if in Sect. 4 we have indeed found "very attractive SCFTs", in general.

Acknowledgments

It is a pleasure to thank Paul Aspinwall, Gavin Brown, Gregory Moore, Werner Nahm, and Emanuel Scheidegger for helpful discussions. This note is a clarification and extension of ideas contained in our paper [NW01], and we wish to thank Werner Nahm for that collaboration.

1 Moduli spaces associated to Calabi-Yau two-folds

We are interested in unitary, two-dimensional SCFTs with central charge $c = 6$ which arise in string theory. These theories are expected to have nonlinear sigma model realizations on Calabi-Yau manifolds of complex dimension 2, i.e. either on a complex two-torus $T = Y^{\delta=0}$ or on a $K3$-surface $X = Y^{\delta=16}$. In this note, T, X, Y^δ ($\delta \in \{0, 16\}$) will always denote the respective diffeomorphism type of a real four-manifold, with all additional structure to be chosen later. Recall the signature τ and Euler characteristic χ of these surfaces,

$$-\tau(Y^{\delta=0} = T) - 0 = \delta,\ \ \chi(T) = 0, \quad -\tau(Y^{\delta=16} = X) = 16 = \delta,\ \ \chi(X) = 24,$$

and the respective cohomology groups. They are equipped with the metric

$$\alpha, \beta \in H^*(Y^\delta, \mathbb{R}): \quad \langle \alpha, \beta \rangle = \int_{Y^\delta} \alpha \wedge \beta,$$

which is induced by the intersection form on homology under Poincaré duality:

$$\delta \in \{0, 16\}: \quad \begin{cases} \mathbb{R}^{3,3+\delta} \cong H^2(Y^\delta, \mathbb{R}) \supset H^2(Y^\delta, \mathbb{Z}) \cong \Gamma^{3,3+\delta}, \\ \mathbb{R}^{4,4+\delta} \cong H^{even}(Y^\delta, \mathbb{R}) \supset H^{even}(Y^\delta, \mathbb{Z}) \cong \Gamma^{4,4+\delta}. \end{cases}$$

Here, $\Gamma^{p,q}$ denotes the standard even unimodular lattice of signature (p, q), and the choice of the above isomorphisms amounts to the choice of a marking.

Example 0. On our STANDARD TORUS $T_0 := \mathbb{R}^4/\mathbb{Z}^4$ we use real Cartesian coordinates $x_1, \ldots, x_4$. A complex structure is introduced by choosing complex coordinates,

$$T_0 := \mathbb{R}^4/\mathbb{Z}^4, \quad z_1 := x_1 + ix_2, \quad z_2 := x_3 + ix_4, \quad z_k \sim z_k + 1 \sim z_k + i. \tag{1.1}$$

Our STANDARD $K3$-SURFACE is the FERMAT QUARTIC

$$X_0: \qquad z_0^4 + z_1^4 + z_2^4 + z_3^4 = 0 \quad \text{in } \mathbb{CP}^3 \tag{1.2}$$

with the induced complex structure.

The pre-Hilbert space of a SCFT associated to a Calabi-Yau two-fold provides a representation of the $N = (4, 4)$ superconformal algebra at $c = 6$ which contains a left and a right handed Kac-Moody algebra $\mathfrak{su}(2)_l \oplus \overline{\mathfrak{su}(2)}_r$, such that all charges with respect to a Cartan subalgebra (i.e. all doubled spins) are integral. Although explicit constructions are known only for a small number of theories associated to $K3$, the moduli space of such SCFTs has been determined to a high degree of plausibility [Nar86; Sei88; AM94; NW01]. It should be compared to the known "classical" moduli spaces of geometric structures on Calabi-Yau two-folds. This section gives a summary of the relevant results, most of which can be found in [AM94; Asp97; NW01; Wen01; Wen02]. The mathematical background is beautifully explained in [BPdV84; Asp97].

1.1 Complex structures

The choice of a complex structure on a Calabi-Yau two-fold Y^δ is equivalent to the choice of a holomorphic volume form $\mu \in H^2(Y^\delta,\mathbb{C})$ with $\mu\wedge\mu=0$, $\mu\wedge\overline{\mu}>0$. The real and imaginary part $\Omega_1,\ \Omega_2\in H^2(Y^\delta,\mathbb{R})$ of μ hence span an oriented positive definite two-plane

$$\Omega := \mathrm{span}_{\mathbb{R}}\{\Omega_1,\ \Omega_2\}\subset H^2(Y^\delta,\mathbb{R})\cong\mathbb{R}^{3,3+\delta}.$$

In fact, by the Torelli theorem, there is a 1: 1 correspondence between such two-planes and points in the moduli space $\mathcal{M}^\delta_{cs}$ of complex structures on Y^δ. To describe $\mathcal{M}^\delta_{cs}$, we fix a marking $H^2(Y^\delta,\mathbb{Z})\cong\Gamma^{3,3+\delta}$ and express each two-plane Ω in terms of $H^2(Y^\delta,\mathbb{Z})$. This gives a parametrization by the Grassmannian*

$$\widetilde{\mathcal{M}}^\delta_{cs}=\mathrm{O}^+\big(H^2(Y^\delta,\mathbb{R})\big)\ /\ (\mathrm{O}(2)\times\mathrm{O}(1,3+\delta))^+ .$$

The dependence on the marking is eliminated by dividing out the appropriate discrete group:

$$\mathcal{M}^\delta_{cs}=\mathrm{O}^+\big(H^2(Y^\delta,\mathbb{Z})\big)\setminus\mathrm{O}^+\big(H^2(Y^\delta,\mathbb{R})\big)\ /\ (\mathrm{O}(2)\times\mathrm{O}(1,3+\delta))^+ . \qquad (1.3)$$

For the standard torus T_0 as in (1.1), the holomorphic volume form is $\mu_{T_0}=dz_1\wedge dz_2$, i.e.

$$\Omega_{T_0}=\mathrm{span}_{\mathbb{R}}\{\Omega_1=dx_1\wedge dx_3+dx_4\wedge dx_2,\ \Omega_2=dx_1\wedge dx_4+dx_2\wedge dx_3\},$$

such that Ω_{T_0} is generated by lattice vectors $\Omega_k\in H^2(T_0,\mathbb{Z})$. Hence in this specific example, the NÉRON-SEVERI GROUP $\mathrm{NS}(T_0)=\Omega_{T_0}^\perp\cap H^2(T_0,\mathbb{Z})$, which for Calabi-Yau two-folds agrees with the PICARD GROUP, has maximal rank $\rho(T_0)=6-2=4$. That is, T_0 is an ATTRACTIVE abelian variety:

Definition 1. *Let Y denote a Calabi-Yau two-fold with complex structure given by $\Omega_Y\subset H^2(Y,\mathbb{R})$ such that Y has maximal* PICARD NUMBER $\rho(Y):=\mathrm{rk}(\mathrm{Pic}(Y))$, $\mathrm{Pic}(Y)=\mathrm{NS}(Y)=\Omega_Y^\perp\cap H^2(Y,\mathbb{Z})$. *In other words, assume $\rho(Y)=\mathrm{rk}(H^2(Y,\mathbb{Z}))-2$. Then the complex surface Y (or its complex structure Ω_Y) is called an* ATTRACTIVE *surface***.

The following results make these surfaces so attractive for us:

Theorem 1.
1. [SM74] *To every attractive complex structure $\Omega_T\subset H^2(T,\mathbb{R})$ on a real four-torus T we associate the quadratic form Q_T of the* TRANSCENDENTAL LATTICE $\Omega_T\cap H^2(T,\mathbb{Z})$. *This gives a 1: 1 correspondence between attractive complex two-tori and $\mathrm{SL}_2(\mathbb{Z})$ equivalence classes of positive definite even integral quadratic forms.*

* For an inner product space W with signature (p,q), $\mathrm{O}^+(W)$ denotes the component of $\mathrm{O}(W)$ which contains $\mathrm{SO}(p)\times\mathrm{O}(q)$. For $G\subset\mathrm{O}(W)$, $G^+:=G\cap\mathrm{O}^+(W)$.

** The mathematical literature dubs such surfaces SINGULAR, which may easily cause confusion. We therefore rather borrow the terminology from [Mooa; Moob].

2. [SI77] *The same is true for attractive $K3$-surfaces.*

This means that in order to specify the complex structure of an attractive Calabi-Yau two-fold Y, it suffices to state the quadratic form Q_Y of the transcendental lattice. Thm. 1 establishes a deep connection between the geometry of Calabi-Yau two-folds and the classification of positive definite even integral quadratic forms, i.e. a connection between geometry and number theory, which we shall make continuous use of in this work.

Example 1. For the standard torus T_0 with complex structure (1.1) one checks $Q_{T_0} = \mathrm{diag}(2,2)$. For the Fermat quartic (1.2) we have

Theorem 2. [Ino76] *The Fermat quartic X_0 given by* (1.2) *is attractive, with quadratic form $Q_{X_0} = \mathrm{diag}(8,8)$ on the transcendental lattice.*

In fact, Thm. 2 shows that the Fermat quartic is VERY ATTRACTIVE:

Definition 2. *An attractive $K3$-surface X is* VERY ATTRACTIVE *if the associated quadratic form Q_X obeys*

$$Q_X = \begin{pmatrix} 8a & 4b \\ 4b & 8c \end{pmatrix}$$

for some $a,\ b,\ c \in \mathbb{Z}$.

1.2 Hyperkähler structures

Calabi-Yau manifolds are Kähler by definition. If Y^δ ($\delta \in \{0,16\}$) is equipped with a complex structure $\Omega \subset H^2(Y^\delta,\mathbb{R})$, then by the Calabi-Yau theorem there is a $1{:}\ 1$ correspondence between KÄHLER CLASSES $\omega \in \Omega^\perp \cap H^2(Y^\delta,\mathbb{R})$, $\langle\omega,\omega\rangle > 0$, and Kähler-Einstein metrics on Y^δ. The real Einstein metric underlying a pair (Ω,ω) as above is specified by the positive definite oriented three-plane $\Sigma := \mathrm{span}_{\mathbb{R}}(\Omega,\omega) \subset H^2(Y^\delta,\mathbb{R})$, up to the volume. Since by considering Σ instead of (Ω,ω) the quantity $\langle\omega,\omega\rangle$ becomes superfluous, we can use any positive multiple of ω, and we call it a NORMALIZED KÄHLER CLASS. Combining Calabi-Yau and Torelli theorem one has a $1{:}\ 1$ correspondence between positive definite oriented three-planes $\Sigma \subset H^2(Y^\delta,\mathbb{R})$ and real Einstein metrics on Y^δ (including orbifold limits), up to the volume. Given an Einstein metric g on Y^δ, the corresponding three-plane Σ_g specifies an $\mathbb{S}^2$ of compatible complex structures $\Omega \subset \Sigma_g$, i.e. a unique hyperkähler structure. In fact, the associated Hodge star operator $*_g$ acts as involution on $H^2(Y^\delta,\mathbb{R})$, and Σ_g can be obtained as the $*_g$-invariant part of $H^2(Y^\delta,\mathbb{R})$. It should be kept in mind that to date there is no direct method available which allows to reconstruct g from Σ_g.

The moduli space $\mathcal{M}^\delta_{hk}$ of hyperkähler structures on Y^δ is now obtained in complete analogy to the moduli space $\mathcal{M}^\delta_{cs}$ of complex structures, c.f. (1.3):

$$\mathcal{M}^\delta_{hk} = \mathrm{O}^+(H^2(Y^\delta,\mathbb{Z})) \setminus \mathrm{O}^+(H^2(Y^\delta,\mathbb{R})) \,/\, \mathrm{SO}(3) \times \mathrm{O}(3+\delta).$$

Example 2. The hyperkähler structure for our standard torus (1.1) is specified by $\Sigma_{T_0} = \text{span}_{\mathbb{R}}(\Omega_{T_0}, \omega_{T_0})$ with attractive Ω_{T_0} as in Ex. 1 and

$$i\,(dz_1 \wedge d\overline{z}_1 + dz_2 \wedge d\overline{z}_2) \quad \sim \quad dx_1 \wedge dx_2 + dx_3 \wedge dx_4 \;=:\; \omega_{T_0}.$$

Note that $\omega_{T_0} \in \Omega_{T_0}^{\perp} \cap H^2(T_0, \mathbb{Z})$ with $\langle \omega_{T_0}, \omega_{T_0} \rangle = 2$.

Similarly, we specify the hyperkähler structure Σ_{X_0} on the Fermat quartic (1.2) by choosing as normalized Kähler class the class ω_{FS} induced by the Fubini-Study metric on $\mathbb{CP}^3$. Then $\Sigma_{X_0} := \text{span}_{\mathbb{R}}(\Omega_{X_0}, \omega_{FS})$ with attractive Ω_{X_0} as in Thm. 2, and $\omega_{FS} \in \Omega_{X_0}^{\perp} \cap H^2(X_0, \mathbb{Z})$ with $\langle \omega_{FS}, \omega_{FS} \rangle = 4$.

1.3 $N = (4,4)$ Superconformal field theories

By the above, the specification of a hyperkähler structure on a Calabi-Yau two-fold Y^δ ($\delta \in \{0, 16\}$) by a three-plane $\Sigma \subset H^2(Y^\delta, \mathbb{R})$ is equivalent to the specification of a real Einstein metric g on Y^δ, up to the volume, where Σ is the $*_g$-invariant subspace of $H^2(Y^\delta, \mathbb{R})$. To incorporate the volume $V \in \mathbb{R}^+$, one may note that $*_g$ also acts as involution on $H^{even}(Y^\delta, \mathbb{R})$ and consider the $*_g$-invariant subspace, there. But not every positive definite oriented four-plane $x \subset H^{even}(Y^\delta, \mathbb{R})$ can be interpreted as $(+1)$-eigenspace of such a Hodge star operator. However, Aspinwall and Morrison [AM94] noticed that after the choice of a grading for $H^{even}(Y^\delta, \mathbb{R}) \cong \mathbb{R}^{4,4+\delta}$ into $H^{even} = H^0 \oplus H^2 \oplus H^4$ by selecting $\mathbb{Z}$-generators υ^0, υ of $H^0(Y^\delta, \mathbb{Z})$, $H^4(Y^\delta, \mathbb{Z})$, there exists a natural projection from the Grassmannian of all positive definite oriented four-planes in $H^{even}(Y^\delta, \mathbb{R})$,

$$\widetilde{\mathcal{M}}^\delta_{SCFT} := \mathrm{O}^+\big(H^{even}(Y^\delta, \mathbb{R})\big) \,/\, \mathrm{SO}(4) \times \mathrm{O}(4+\delta), \quad \delta \in \{0, 16\}, \tag{1.4}$$

to the parameter space of Einstein metrics on Y^δ: With $H^2(Y^\delta, \mathbb{R}) = (\upsilon^0)^\perp \cap \upsilon^\perp \cap H^{even}(Y^\delta, \mathbb{R})$,

$$\begin{aligned} \widetilde{\mathcal{M}}^\delta_{SCFT} &\longrightarrow \widetilde{\mathcal{M}}^\delta_{hk} \times \mathbb{R}^+ \times H^2(Y^\delta, \mathbb{R}), \\ x &\longmapsto \;\; (\Sigma \;,\; V \;,\; B), \\ & \qquad x = \text{span}_{\mathbb{R}} \left\{ \xi(\Sigma),\; \upsilon^0 + B + \left(V - \tfrac{1}{2}\langle B, B\rangle\right) \upsilon \right\}, \\ & \qquad\qquad \xi(\sigma) := \sigma - \langle \sigma, B\rangle \upsilon \;\text{ for }\; \sigma \in H^2(Y^\delta, \mathbb{R}). \end{aligned} \tag{1.5}$$

Here, υ^0, υ can be characterized by

$$\upsilon^0, \upsilon \in H^{even}(Y^\delta, \mathbb{Z}): \quad \langle \upsilon^0, \upsilon^0 \rangle = \langle \upsilon, \upsilon \rangle = 0, \;\; \langle \upsilon^0, \upsilon \rangle = 1. \tag{1.6}$$

Note that this gives $\widetilde{\mathcal{M}}^\delta_{SCFT}$ the structure of a bundle over the parameter space $\widetilde{\mathcal{M}}^\delta_{hk} \times \mathbb{R}^+$ of Einstein metrics on Y^δ. We interpret $V \in \mathbb{R}^+$ as parameter of volume, and the fiber coordinate $B \in H^2(Y^\delta, \mathbb{R})$ is known as the B-FIELD. In fact, the right hand side of (1.5) is the parameter space of nonlinear sigma models on Y^δ. On the other hand, using the representation theory of our $N=(4,4)$ superconformal algebra at $c=6$ and deformation theory of SCFTs, one shows that each component of the parameter space of $N=(4,4)$ SCFTs with $c=6$ is isomorphic to a Grassmannian (1.4), see [Nar86; Sei88; Cec91; AM94]. Finally, there is a natural warped product metric on the right hand side of (1.5) which allows to interpret that map as isometry between an irreducible component of the parameter space of $N=(4,4)$ SCFTs at $c=6$, equipped with the Zamolodchikov metric, and the parameter space of nonlinear sigma models on Y^δ. Thus this interpretation is compatible with the deformation theory both of SCFTs on the left hand side and of the geometric data on the right hand side of (1.5) [AM94].

As for $\mathcal{M}^\delta_{cs}$ and $\mathcal{M}^\delta_{hk}$, the moduli space is obtained from its smooth universal cover $\widetilde{\mathcal{M}}^\delta_{SCFT}$ by dividing out a discrete group of lattice automorphisms [Nar86; AM94; NW01]:

$$\mathcal{M}^\delta_{SCFT} = \mathrm{O}^+\big(H^{even}(Y^\delta,\mathbb{Z})\big) \setminus \mathrm{O}^+\big(H^{even}(Y^\delta,\mathbb{R})\big) \,/\, \mathrm{SO}(4)\times \mathrm{O}(4+\delta). \quad (1.7)$$

Summarizing, the moduli space of $N=(4,4)$ SCFTs at $c=6$ decomposes into two components*** $\mathcal{M}^\delta_{SCFT}$, $\delta\in\{0,16\}$, and every $N=(4,4)$ SCFT with $c=6$ can be associated either to $K3$ or to the torus, depending on the value of δ. Indeed, given an $N=(4,4)$ SCFT $\mathcal{C}$ with $c=6$ one can determine δ by calculating the conformal field theoretic elliptic genus of $\mathcal{C}$, which agrees with the geometric elliptic genus of Y^δ. The theories in $\widetilde{\mathcal{M}}^{tori}_{SCFT}=\widetilde{\mathcal{M}}^0_{SCFT}$ are called TOROIDAL SCFTs. Each component $\widetilde{\mathcal{M}}^\delta_{SCFT}$ of the parameter space is a natural extension of the parameter space of Einstein metrics on Y^δ, such that every oriented positive definite four-plane $x\subset H^{even}(Y^\delta,\mathbb{R})$ corresponds to a SCFT†. More precisely, (1.7) is a partial completion of the actual moduli space of SCFTs on $K3$, see [Wit95]:

$$\begin{aligned} &x\in \mathrm{O}^+(H^{even}(X,\mathbb{R}))\,/\,\mathrm{SO}(4)\times\mathrm{O}(4+\delta) \quad \text{corresponds to a SCFT} \quad (1.8)\\ &\Longleftrightarrow x\subset H^{even}(X,\mathbb{R}) \text{ s.th. } \big\{e\in x^\perp\cap H^{even}(X,\mathbb{Z}) \;\big|\; \langle e,e\rangle=-2\big\}=\emptyset. \end{aligned}$$

Each choice of generators υ^0, υ of $H^0(Y^\delta,\mathbb{Z})$, $H^4(Y^\delta,\mathbb{Z})$ with (1.6) specifies a GEOMETRIC INTERPRETATION (Σ,V,B) as in (1.5). The discrete group $\mathrm{O}^+\big(H^{even}(Y^\delta,\mathbb{Z})\big)$ acts transitively on all possible pairs (υ^0,υ) with (1.6). If a SCFT $\mathcal{C}$ in $\mathcal{M}^\delta_{SCFT}$ has geometric interpretation (Σ,V,B) such that $\Omega\subset\Sigma$ gives the complex structure of a surface Y^δ_0 as in Ex. 1, then we say that $\mathcal{C}$ ADMITS A GEOMETRIC INTERPRETATION ON Y^δ_0.

*** We can prove that the component $\mathcal{M}^0_{SCFT}$ is unique, but we cannot exclude the occurrence of multiple components $\mathcal{M}^{16}_{SCFT}$. However, to date no example of an $N=(4,4)$ SCFT with $c=6$ has been found to contradict uniqueness of $\mathcal{M}^{16}_{SCFT}$, and in the following we restrict attention to a single such component.

† By abuse of notation we generally denote a four-plane in $H^{even}(Y^\delta,\mathbb{R})$ and the corresponding $x\in\mathrm{O}^+\big(H^{even}(Y^\delta,\mathbb{R})\big)\,/\,\mathrm{SO}(4)\times\mathrm{O}(4+\delta)$ by the same symbol.

Example 3. It is easy to determine the location of every toroidal SCFT in $\mathcal{M}^{tori}_{SCFT} = \mathcal{M}^0_{SCFT}$ and to construct all theories in $\mathcal{M}^{tori}_{SCFT}$ explicitly, see [Nar86]. E.g., the torus (1.1) has volume $V_{T_0} = 1$, and setting the B-field to zero, $B_{T_0} := 0$, we can construct a SCFT $\mathcal{T}_0$ corresponding to

$$\mathcal{T}_0\colon \qquad x_{T_0} := \mathrm{span}_{\mathbb{R}}\left(\Omega_{T_0},\, \omega_{T_0},\, \upsilon^0 + \upsilon\right) \in \widetilde{\mathcal{M}}^{tori}_{SCFT}, \tag{1.9}$$

with Ω_{T_0}, ω_{T_0} as in Exs. 1, 2. On the other hand, it is not easy to determine the explicit location of an abstractly defined SCFT within $\mathcal{M}^{K3}_{SCFT}$. Similarly, only very few theories in $\mathcal{M}^{K3}_{SCFT}$ have been constructed explicitly, so far. As to the example of the Fermat quartic X_0, it has been conjectured [Gep87; Gep88] that the Gepner model $(2)^4$ should admit a geometric interpretation on X_0. Much evidence in favor of this conjecture has been collected, in particular [Wit93], and the following two sections are devoted to an explanation of its proof.

2 Geometric interpretation of the Gepner model $(2)^4$

In this section we give a summary of our proof [NW01, Cor.3.6] that the Gepner model $(2)^4$ admits a geometric interpretation on the Fermat quartic X_0. In fact, in [EOTY89] it was conjectured that $(2)^4$ agrees with the $\mathbb{Z}_4$ orbifold of our standard toroidal theory $\mathcal{T}_0$, see (1.9), since the respective partition functions agree. Orbifold constructions have been studied in detail in [NW01; Wen01; Wen02], and the interested reader is referred to these papers for further explanations. Here, only the following result from [NW01; Wen01] is needed:

Proposition 1. *Let $M \in \{2,3,4,6\}$, and let $T = \mathbb{R}^4/\Lambda$ denote a real four-torus with Einstein metric g which is $\mathbb{Z}_M$ symmetric. In other words, there are a complex structure and complex coordinates (z_1, z_2) which are compatible with g and such that g is invariant under*

$$\zeta_M\colon \quad (z_1, z_2) \longmapsto (e^{2\pi i/M} z_1, e^{-2\pi i/M} z_2), \quad \zeta_M \Lambda = \Lambda,$$

i.e. $\Sigma_g \subset H^2(T,\mathbb{R})^{\mathbb{Z}_M}$. Let $V_T \in \mathbb{R}^+$ denote the volume of T and $B_T \in H^2(T,\mathbb{R})^{\mathbb{Z}_M}$ a B-field, specifying a toroidal SCFT $\mathcal{T}$. Then the $\mathbb{Z}_M$-action ζ_M extends to a symmetry of $\mathcal{T}$, and the corresponding orbifold CFT, denoted $\mathcal{T}/\mathbb{Z}_M$, has a geometric interpretation (Σ, V, B) on the $\mathbb{Z}_M$ orbifold limit $X = \widetilde{T/\mathbb{Z}_M}$ of $K3$, which is obtained from $T/\mathbb{Z}_M$ by minimally resolving all orbifold singularities. Let $\pi\colon T \longrightarrow X = \widetilde{T/\mathbb{Z}_M}$ denote the rational map obtained from the minimal resolution, then

$$(\Sigma, V, B) = \left(\pi_*\Sigma_g, \tfrac{V_T}{M}, \tfrac{1}{M}\pi_* B_T + \tfrac{1}{M}\check{B}_M\right),$$

where $\check{B}_M \in H^2(X,\mathbb{Z}) \cap \left(\pi_* H^2(T,\mathbb{Z})^{\mathbb{Z}_M}\right)^\perp$ is a fixed primitive lattice vector with $\langle \check{B}_M, \check{B}_M\rangle = -2M^2$.

The following application of Prop. 1 is a helpful exercise, see Sect. 4:

Corollary 1. *Let* $a,\ b,\ c \in \mathbb{Z}$ *such that*

$$Q_{a,b,c} := \begin{pmatrix} 8a & 4b \\ 4b & 8c \end{pmatrix}$$

is positive definite. Then there is a toroidal SCFT $\mathcal{T}_{a,b,c}$ *with* $\mathbb{Z}_4$ *orbifold* $\mathcal{T}_{a,b,c}/\mathbb{Z}_4$ *in* $\mathcal{M}^{K3}_{SCFT}$ *corresponding to a four-plane* $x_{a,b,c} \subset H^{even}(X,\mathbb{R})$ *such that the following holds*‡: $x_{a,b,c} = \Omega^* \oplus \mho_{a,b,c}$*, where* Ω^*, $\mho_{a,b,c}$ *are two-planes in* $H^{even}(X,\mathbb{R})$*, such that* $\Omega^* \cap H^{even}(X,\mathbb{Z})$, $\mho_{a,b,c} \cap H^{even}(X,\mathbb{Z})$ *have rank 2 and quadratic forms* $Q_{\Omega^*} = \operatorname{diag}(2,2)$ *and* $Q_{\mho_{a,b,c}} = Q_{a,b,c}$*, respectively.*

Proof. Consider $T = \mathbb{R}^4/\Lambda = E_1 \times E_2$ with orthogonal real two-tori E_k at radii R_k, $k \in \{1,2\}$. That is, with respect to real Cartesian coordinates $x_1, \ldots, x_4$ and the basis $dx_1, \ldots, dx_4$ of $H^1(T,\mathbb{R})$, the $\mathbb{Z}$-dual $\Lambda^* \cong H^1(T,\mathbb{Z})$ of Λ is generated by $\mu_1, \ldots, \mu_4$ such that

$$\exists\, R_1,\, R_2 \in \mathbb{R}^+: \qquad (\mu_1, \ldots, \mu_4) = \operatorname{diag}(R_1, R_1, R_2, R_2)^{-1}.$$

We choose a complex structure by setting $z_1 := x_1 + ix_2$, $z_2 := x_3 + ix_4$, and a Kähler class $\omega_{R_2^2/R_1^2} \sim i(dz_1 \wedge d\overline{z}_1 + dz_2 \wedge d\overline{z}_2)$:

$$\begin{aligned}
dx_1 \wedge dx_3 + dx_4 \wedge dx_2 &\sim \mu_1 \wedge \mu_3 + \mu_4 \wedge \mu_2 =: \Omega_1, \\
dx_1 \wedge dx_4 + dx_2 \wedge dx_3 &\sim \mu_1 \wedge \mu_4 + \mu_2 \wedge \mu_3 =: \Omega_2, \\
dx_1 \wedge dx_2 + dx_3 \wedge dx_4 &\sim \mu_1 \wedge \mu_2 + \tfrac{R_2^2}{R_1^2} \mu_3 \wedge \mu_4 =: \omega_{R_2^2/R_1^2}.
\end{aligned}$$

Here, Λ and $\Sigma := \operatorname{span}_{\mathbb{R}}(\Omega_1, \Omega_2, \omega_{R_2^2/R_1^2})$ are invariant under $\zeta_4\colon (z_1, z_2) \longmapsto (iz_1, -iz_2)$, i.e. $\Sigma \subset H^2(T,\mathbb{R})^{\mathbb{Z}_4}$, and $V_T = R_1^2 R_2^2$ is the volume of T. For $a,\ b,\ c \in \mathbb{Z}$ as in the claim, $a > 0$, $4ac - b^2 > 0$, since $Q_{a,b,c}$ is positive definite. Let

$$\tfrac{R_2^2}{R_1^2} := a, \quad V_T = R_1^2 R_2^2 := c - \tfrac{b^2}{4a}, \quad B_T := -\tfrac{b}{2a}\omega_a.$$

These data specify a toroidal SCFT $\mathcal{T}_{a,b,c}$, and in terms of (1.5),

$$x_T = \operatorname{span}_{\mathbb{R}} \left\{ \Omega_1,\, \Omega_2,\, \omega_a - \langle \omega_a, B_T \rangle \upsilon,\, \upsilon^0 + B_T + \left(V_T - \tfrac{1}{2}\langle B_T, B_T \rangle \right) \upsilon \right\},$$

where $(\langle \Omega_i, \Omega_j \rangle)_{i,j} = \operatorname{diag}(2,2)$, $\langle \omega_a, \omega_a \rangle = 2a$. By Prop. 1, $\mathcal{T}_{a,b,c}/\mathbb{Z}_4$ is given by $x = \Omega^* \oplus \mho_{a,b,c} \subset H^{even}(X,\mathbb{R})$, where with respect to appropriate generators $\widehat{\upsilon}^0$, $\widehat{\upsilon}$ of $H^0(X,\mathbb{Z})$, $H^4(X,\mathbb{Z})$

$$\begin{aligned}
\Omega^* &= \operatorname{span}_{\mathbb{R}} \left\{ \pi_* \Omega_1,\, \pi_* \Omega_2 \right\}, \\
\mho_{a,b,c} &= \operatorname{span}_{\mathbb{R}} \left\{ \xi_1 := \widetilde{\omega}_a - \langle \widetilde{\omega}_a, \widetilde{B} \rangle \widehat{\upsilon},\, \xi_0 := \widehat{\upsilon}^0 + \widetilde{B} + \left(\tfrac{V_T}{4} - \tfrac{1}{2}\langle \widetilde{B}, \widetilde{B} \rangle \right) \widehat{\upsilon} \right\} \\
&\qquad \text{with } \widetilde{\omega}_a := \pi_* \omega_a, \quad \widetilde{B} := \tfrac{1}{4}\pi_* B_T + \tfrac{1}{4}\check{B}_4 = -\tfrac{b}{8a}\widetilde{\omega}_a + \tfrac{1}{4}\check{B}_4,
\end{aligned}$$

‡ To clear notations, we generally let $\oplus$ denote the orthogonal direct sum.

and $\langle \check{B}_4, \check{B}_4 \rangle = -32$. First, by the results of [SI77], $\Omega^* = \mathrm{span}_{\mathbb{R}} \left\{ \widetilde{\Omega}_1, \widetilde{\Omega}_2 \right\}$ with $\widetilde{\Omega}_k = \frac{1}{2}\pi_* \Omega_k \in H^2(X, \mathbb{Z})$. Since π has degree 4 by construction, $\left(\langle \widetilde{\Omega}_i, \widetilde{\Omega}_j \rangle \right)_{i,j} = \mathrm{diag}(2,2)$ and $\langle \widetilde{\omega}_a, \widetilde{\omega}_a \rangle = 4\langle \omega_a, \omega_a \rangle = 8a$, such that

$$\begin{aligned} &\mho_{a,b,c} \cap H^{even}(X,\mathbb{Z}) \\ &\quad = \mathrm{span}_{\mathbb{Z}} \left\{ \xi_1 = \widetilde{\omega}_a + b\,\widehat{\upsilon},\ \xi_2 := 4\xi_0 + \tfrac{b}{2a}\xi_1 = 4\widehat{\upsilon}^0 + \check{B}_4 + (c+4)\widehat{\upsilon} \right\} \end{aligned}$$

with $\left(\langle \xi_i, \xi_j \rangle \right)_{i,j} = Q_{a,b,c}$. This proves the claim. □

Instead of giving a direct proof for the claim $(2)^4 = \mathcal{T}_0/\mathbb{Z}_4$ of [EOTY89], we use the following result as a helpful guide, without applying it explicitly (see Sect. 4):

Theorem 3. [SI77] *Let X denote an attractive $K3$-surface, which by Thm. 1 is specified by its associated quadratic form Q_X. Then X allows a symplectic $\mathbb{Z}_2$-action ι (that is, ι induces a trivial action on $\Omega_X \subset H^2(X,\mathbb{R})$) such that $Y = \widetilde{X/\iota}$ is attractive with associated quadratic form $Q_Y = 2Q_X$. Moreover, $Y = \widetilde{X/\iota}$ gives the* Kummer surface *$\widetilde{T/\mathbb{Z}_2}$ of the attractive two-torus T (see Prop. 1) with associated quadratic form $Q_T = Q_X$.*

The triple[§] *$X \stackrel{2:1}{\longrightarrow} Y = \widetilde{T/\mathbb{Z}_2} \stackrel{2:1}{\longleftarrow} T$ is called a* Shioda-Inose-structure *(in short an* SI-structure*).*

Now note that $X = \widetilde{T_0/\mathbb{Z}_4}$ is an attractive $K3$-surface, which by the result of [SI77] mentioned in the proof of Cor. 1 has associated quadratic form $Q_X = \mathrm{diag}(2,2) = Q_{T_0}$. Hence by Thm. 3 there is an SI-structure $X = \widetilde{T_0/\mathbb{Z}_4} \stackrel{2:1}{\longrightarrow} \widetilde{T_0/\mathbb{Z}_2} \stackrel{2:1}{\longleftarrow} T_0$, and $Y = \widetilde{T_0/\mathbb{Z}_2}$ can be obtained from $X = \widetilde{T_0/\mathbb{Z}_4}$ by a $\mathbb{Z}_2$ orbifold construction. If $(2)^4 = \mathcal{T}_0/\mathbb{Z}_4$, and if all symplectic symmetries extend to symmetries of the corresponding SCFTs, then we can expect a $\mathbb{Z}_2$ orbifold of $(2)^4$ to agree with $\mathcal{T}_0/\mathbb{Z}_2$. Indeed:

Proposition 2. [NW01, Thm.3.3] *Let $\sigma := [2,2,0,0]$ denote the Gepner phase symmetry which acts as the parafermionic $\mathbb{Z}_2$ on each of the first two factors of $(2)^4$. Then $\widehat{(2)}^4 := (2)^4/\sigma$ agrees with $\mathcal{T}_0/\mathbb{Z}_2$.*

It is now easy to find a $\mathbb{Z}_2$-action η on $\widehat{(2)}^4$ such that $(2)^4 = \widehat{(2)}^4/\eta$. Moreover, the proof of Prop. 2 gives an explicit dictionary between CFT and geometric data of $\widehat{(2)}^4$ and $Y = \widetilde{T_0/\mathbb{Z}_2}$, respectively, which allows to show that η is induced by a symplectic $\mathbb{Z}_2$-action η on Y. One then checks that $\widetilde{Y/\eta} = \widetilde{T_0/\mathbb{Z}_4} = X$, which together with Prop. 1 proves

Proposition 3. [NW01, Thm.3.5] *The Gepner model $(2)^4$ has a geometric interpretation $(\pi_*\Sigma_{T_0}, V, B)$ on $X = \widetilde{T_0/\mathbb{Z}_4}$ with volume $V = \frac{1}{4}$ and B-field $B = \frac{1}{4}\check{B}_4$, where $\check{B}_4 \in H^2(X,\mathbb{Z}) \cap \left(\pi_* H^2(T_0,\mathbb{Z})^{\mathbb{Z}_4} \right)^\perp$ and $\langle \check{B}_4, \check{B}_4 \rangle = -32$.*

[§] Here and in the following, $\stackrel{n:1}{\longrightarrow}$ and $\stackrel{n:1}{\longleftarrow}$ denote rational maps of degree n.

By Sect. 1.3, we can now write the four-plane $x_{(2)^4} \in \widetilde{\mathcal{M}}^{K3}_{SCFT}$ that corresponds to $(2)^4$ in the form (1.5), using the data found in Prop. 3. Then we determine a new pair $(\upsilon^0_Q, \upsilon_Q)$ of null vectors with (1.6) to rewrite $x_{(2)^4}$:

$$x_{(2)^4} = \operatorname{span}_{\mathbb{R}} \left\{ \xi(\Sigma_Q),\, \upsilon^0_Q + B_Q + \left(V_Q - \tfrac{1}{2}\langle B_Q, B_Q\rangle\right) \upsilon_Q \right\}. \qquad (2.1)$$

If there is a two-plane $\Omega_Q \subset \Sigma_Q$ such that $\Omega_Q \cap H^2(X, \mathbb{Z})$ has rank 2 and quadratic form $Q_{X_0} = \operatorname{diag}(8,8)$, then Thms. 1, 2 show that $(2)^4$ admits a geometric interpretation on the Fermat quartic. The explicit form of (2.1) moreover allows us to determine the normalized Kähler class, the volume, and the B-field of this geometric interpretation. Indeed,

Proposition 4. [NW01, Thm.2.13, Cor.3.6] *The Gepner model $(2)^4$ admits a geometric interpretation on the Fermat quartic $X_0 \subset \mathbb{CP}^3$ with normalized Kähler class $\omega_Q \in H^2(X_0, \mathbb{Z})$, $\langle \omega_Q, \omega_Q \rangle = 4$, volume $V = \frac{1}{2}$, and B-field $B = -\frac{1}{2}\omega_Q$.*

Note that ω_Q may agree with the natural Kähler class ω_{FS} on $X_0 \subset \mathbb{CP}^3$, $\langle \omega_{FS}, \omega_{FS} \rangle = 4$, but the above methods do not prove this.

3 A cross-check from physics: Phases on $K3$

Let us take a closer look at the origin of the conjecture that $(2)^4$ should admit a geometric interpretation on the Fermat quartic. We use Witten's analysis of linear sigma models [Wit93] and the assumption that under the renormalization group flow each such theory flows to a (maybe degenerate) SCFT at the infrared fixed point. This in particular implies that for every quartic hypersurface $X \subset \mathbb{CP}^3$, there should exist a family $\mathcal{F}_X = \left(\mathcal{C}_w, w = e^{r+i\vartheta} \in \mathbb{C} \cup \{\infty\}\right)$ of $N = (4,4)$ SCFTs at $c = 6$ with geometric interpretation on X, normalized Kähler class ω_{FS} induced by the Fubini-Study metric on $\mathbb{CP}^3$, and B-field $B = \beta\omega_{FS}$, $\beta \in \mathbb{R}$. Moreover, the theory at $w = 1$ violates (1.8), hence is not well-defined, whereas $w = \infty$ corresponds to a large volume limit of X. The family has maximal unipotent monodromy around $w = \infty$, monodromy of order 2 around $w = 1$, and monodromy of order 4 around $w = 0$. In fact, for $X = X_0$, $w = 0$ should give the Gepner model $(2)^4$.

In the smooth universal covering space $\widetilde{\mathcal{M}}^{K3}_{SCFT}$ (see (1.4)), the lift of each family $\mathcal{F}_X$ can be described within a fixed geometric interpretation, i.e. we once and for all choose null vectors υ^0, υ that generate $H^0(X, \mathbb{Z})$, $H^4(X, \mathbb{Z})$ to use (1.5). Above, we have also specified a complex structure and a normalized Kähler class, or equivalently the three-plane Σ. We focus on the Fermat quartic X_0 in the following, so $\Sigma_{X_0} = \operatorname{span}_{\mathbb{R}}(\Omega_{X_0}, \omega_{FS})$ as in Ex. 2. Moreover, $B = \beta\omega_{FS}$, which allows us to cast all four-planes in our family into the following form:

$$\begin{aligned} x = \Omega_X \oplus \mho_{\beta,V} \quad &\text{where with} \quad \langle \omega_{FS}, \omega_{FS} \rangle = 4,\ \beta \in \mathbb{R},\ V \in \mathbb{R}^+: \\ \mho_{\beta,V} &= \operatorname{span}_{\mathbb{R}}\{\omega_{FS} - 4\beta\upsilon,\ \upsilon^0 + \beta\omega_{FS} + (V - 2\beta^2)\upsilon\}. \end{aligned} \qquad (3.1)$$

The parameters $(\beta, V) \in \mathbb{R} \times \mathbb{R}^+$ of the theories under investigation can be conveniently combined into a parameter τ on the upper half plane $\mathbb{H}$:

$$\tau := \beta + i\sqrt{\tfrac{V}{2}} \ \in \ \mathbb{H} = \left\{ z \in \mathbb{C} \mid \operatorname{Im}(z) > 0 \right\}.$$

To reproduce Witten's $\mathbb{S}^2 \simeq \mathbb{C} \cup \{\infty\}$ we now have to divide out all dualities that leave invariant the subvariety of $\widetilde{\mathcal{M}}^{K3}_{SCFT}$ given by the four-planes x as in (3.1), and then compactify in a natural way. Recall [AM94; NW01] that all dualities on $\widetilde{\mathcal{M}}^{K3}_{SCFT}$ are generated by the geometric symmetries, which identify equivalent Einstein metrics, the integral B-field shifts $B \mapsto B + \lambda$, $\lambda \in H^2(X, \mathbb{Z})$, and the Nahm-Fourier-Mukai transform $\upsilon \leftrightarrow \upsilon^0$. In our case the geometric symmetries are of no relevance, since we have fixed a specific Einstein metric. The B-field shifts are restricted to $B \mapsto B + n\,\omega_{FS}$, $n \in \mathbb{Z}$, by our constraint $B \sim \omega_{FS}$. The shift $B \mapsto B + \omega_{FS}$ induces the action¶

$$T: \quad \tau \longmapsto \tau + 1$$

on the parameter space $\mathbb{H}$. Finally, to study the Nahm-Fourier-Mukai transform note that with

$$\beta^* := -\frac{\beta}{V + 2\beta^2}, \qquad V^* := \frac{V}{(V + 2\beta^2)^2},$$

one has

$$\mho_{\beta,V} = \operatorname{span}_{\mathbb{R}} \left\{ \omega_{FS} - 4\beta^* \upsilon^0,\ \upsilon + \beta^* \omega_{FS} + (V^* - 2(\beta^*)^2)\upsilon^0 \right\}.$$

So under $\upsilon \leftrightarrow \upsilon^0$ the new parameters are (β^*, V^*). Hence the Nahm-Fourier-Mukai transform acts on the parameter space $\mathbb{H}$ as

$$S_2: \quad \tau = \beta + i\sqrt{\tfrac{V}{2}} \quad \longmapsto \quad \frac{-\beta + i\sqrt{V/2}}{V + 2\beta^2} = -\frac{1}{2\tau}.$$

Let

$$\Gamma_0(2)_* := \langle T,\ S_2 \rangle,$$

then Witten's $\mathbb{S}^2$ should be realized as a compactification of $\mathbb{H}/\Gamma_0(2)_*$. It is not hard to show that the fundamental domain of $\Gamma_0(2)_*$ is

$$D := \left\{ \tau \in \mathbb{H} \mid 2|\tau|^2 \geq 1, |\operatorname{Re}(\tau)| \leq \tfrac{1}{2} \right\} \tag{3.2}$$

and that $\Gamma_0(2)_*$ is the normalizer group $\Gamma_0(2)_+$ of $\Gamma_0(2)$ in $\mathrm{PSL}_2(\mathbb{R})$. T identifies the two boundaries of D at $|\operatorname{Re}(\tau)| = \frac{1}{2}$, and S_2 identifies τ with $-\overline{\tau}$ on the boundary given by the half circle $2|\tau|^2 = 1$.

¶ We cannot resist to use the notation T for the map $\tau \mapsto \tau + 1$ and trust that this will cause no confusion with the same notation T for the diffeomorphism type of a real four-torus in the rest of this note.

Our observation that $\Gamma_0(2)_+$ gives the automorphism group of the lattice generated by two null vectors υ^0, υ with $\langle \upsilon^0, \upsilon \rangle = 1$ and ω with $\langle \upsilon, \omega \rangle = \langle \upsilon^0, \omega \rangle = 0$, $\langle \omega, \omega \rangle = 4$ agrees with [Dol96, Th.7.1]: For $N \in \mathbb{N}$, $\mathbb{H}/\Gamma_0(N)_+$ is nothing but the moduli space of M_N polarized $K3$-surfaces, i.e. $K3$-surfaces X which possess a primitive $\omega \in \mathrm{Pic}(X)$ with $\langle \omega, \omega \rangle = 2N$.

From (3.2) it follows that $\mathbb{H}/\Gamma_0(2)_+$ can be naturally compactified by adding $\tau = i\infty$, such that

$$\mathbb{S}^2 \simeq \overline{\mathbb{H}/\Gamma_0(2)_+}\,.$$

Thus there are three special points in our $\mathbb{S}^2$, given by $\tau = i\infty$, $\tau = \frac{i}{\sqrt{2}}$, and $\tau = -\frac{1}{2} + \frac{i}{2}$. The monodromies are generated by T, S_2, and TS_2, respectively. Hence $\tau = i\infty$ is the point of maximal unipotent monodromy and should give the point $w = \infty$ in $\mathcal{F}_X$. Indeed, this is the point we have added to $\mathbb{H}/\Gamma_0(2)_+$ to compactify, and it corresponds to $V \to \infty$; (3.1) shows that our four-plane then degenerates to a plane spanned by Ω, ω_{FS}, and the null vector υ. In particular, the plane is independent of the value of β, as expected. At $\tau = \frac{i}{\sqrt{2}}$ the monodromy has order 2, i.e. gives a Weyl reflection on cohomology as expected around the point $w = 1$ in $\mathcal{F}_X$: Note the root $e := \upsilon - \upsilon^0$, $e \perp x$, which indeed violates (1.8). Finally, $\tau = -\frac{1}{2} + \frac{i}{2}$ must correspond to the Gepner point $w = 0$. Indeed, the values for volume and B-field in this point are $V = \frac{1}{2}$ and $B = -\frac{1}{2}\omega_{FS}$, in agreement with our explicit calculation leading to Prop. 4.

We find a 1: 1 map from our moduli space to Witten's $\mathbb{S}^2$ which maps the special points correctly by setting

$$r + i\vartheta := 2\pi \left(\ln\left(2V - 1\right) + i\beta \right), \quad w := e^{r + i\vartheta}.$$

The volume enters logarithmically, as expected from the description of the moduli space $\mathcal{M}^{K3}_{SCFT}$ [AM94; Dij99].

The above analysis gives an independent method to predict the full geometric interpretation of the Gepner model $(2)^4$ on the Fermat quartic. It does not use mirror symmetry. However, let us now discuss

Mirror Moonshine on $K3$

There is an interesting connection to arithmetic number theory which relates the above analysis to the results of [NS95; LY96], see also [VY00]. Our calculation is independent of the specific complex structure Ω_X as long as $X \subset \mathbb{CP}^3$. Hence our family $\mathcal{F}_X \simeq \mathbb{S}^2$ is the complexified Kähler moduli space of the family of all quartic hypersurfaces in $\mathbb{CP}^3$. By mirror symmetry it should agree with the complex structure moduli space of the mirror family, i.e. the family $(\mathcal{G}_z, z = (4\psi)^{-4} \in \mathbb{C} \cup \{\infty\})$ of $\mathbb{Z}_4^2$ orbifolds of the quartic hypersurfaces

$$z_0^4 + z_1^4 + z_2^4 + z_3^4 - 4\psi z_0 z_1 z_2 z_3 = 0 \quad \text{in} \quad \mathbb{CP}^3, \quad \psi \in \mathbb{C} \cup \{\infty\}, \qquad (3.3)$$

where $\mathbb{Z}_4^2$ is generated by

$$(z_0, z_1, z_2, z_3) \longmapsto (iz_0, -iz_1, z_2, z_3); \quad (z_0, z_1, z_2, z_3) \longmapsto (iz_0, z_1, -iz_2, z_3),$$

and in $\mathcal{G}_z$, all quotient singularities coming from fixed points of the $\mathbb{Z}_4^2$ action are minimally resolved. Here, $z = (4\psi)^{-4}$ is a true parameter of $\mathcal{G}_z$ since $z_0 \mapsto -iz_0$ identifies the surfaces at ψ and $i\psi$.

The quartic (3.3) with $\psi = 1$ has 16 nodes, i.e. is a Kummer surface whose singularities have not been blown up. Hence $\mathcal{G}_z$ has monodromy of order 2 around $z = 1/256$, which therefore corresponds to the point $\tau = \frac{i}{\sqrt{2}}$ in $\mathcal{F}_X$. By (3.1) this means that the $\mathbb{Z}_4^2$ orbifold of this Kummer quartic has transcendental lattice diag$(4, 2)$, which uniquely determines it by Thm. 1. The 16 nodes form a single orbit under the $\mathbb{Z}_4^2$-action, and hence in the $\mathbb{Z}_4^2$ orbifold give the unique root $e = \upsilon - \upsilon^0$ with $e \perp x$ at $\tau = \frac{i}{\sqrt{2}}$ $(w = 1)$ mentioned above. Similarly, around $z = \infty$, the family $\mathcal{G}_z$ has monodromy of order 4. Hence $z = \infty$ corresponds to the Gepner point $\tau = -\frac{1}{2} + \frac{i}{2}$ in $\mathcal{F}_X$, and we find that the mirror of $(\Sigma_{X_0}, V = \frac{1}{2}, B = -\frac{1}{2}\omega_{FS})$ has transcendental lattice diag$(2, 2)$, see (4.2).

The explicit mirror map for the family of quartics in $\mathbb{CP}^3$ has been calculated in [NS95]. There, the group $\Gamma_0(2)_+$ makes its appearance already, and the discussion of its fixed points on $\mathbb{H}$ precisely matches our observations above. In [LY96] these results are rediscovered and extended, and it is pointed out that with $q(\tau) := e^{2\pi i \tau}$, $z = z(q)$, the function $\tau \mapsto 1/z - 96$ is the Hauptmodul of $\Gamma_0(2)_+$. Given the rôle that $\Gamma_0(2)_+$ played in the above analysis, this of course is hardly a surprise.

The occurrence of Hauptmoduln in the mirror map has been entirely demystified by C. Doran [Dor00b; Dor00a]: By the Torelli theorem, the period domain of a one-parameter family of rank 19 lattice polarized $K3$-surfaces $p\colon \mathcal{X} \longrightarrow S$ lies on a non-degenerate quadric in $\mathbb{CP}^2$. Therefore, generalizing the j-function, one can define a functional invariant $\mathcal{H}_M\colon S \longrightarrow \mathbb{K}_M$, where $\mathbb{K}_M = \Gamma_M \backslash D_M$ denotes the coarse moduli space of M-polarized $K3$-surfaces, D_M its smooth universal covering space, and Γ_M an arithmetic group. $\mathcal{H}_M$ is the composition of the period morphism $S \longrightarrow D_M$ and the arithmetic quotient $D_M \longrightarrow \mathbb{K}_M$. Doran shows that the Picard-Fuchs equation for the family $\mathcal{X}$ is the symmetric square of a second order homogeneous linear Fuchsian ordinary differential equation. This perhaps is related to the existence of SI-structures as in [Pet86], see [VY00, 5.1]. The truncated projective period map gives the projective period ratio $z(q)$ of that square root equation. The latter is the uniformizing differential equation for S iff $\mathcal{H}_M$ is branched at most over the orbifold divisor in Pic$(\mathbb{K}_M)$. Now on the one hand, $z(q)$ gives the mirror map for $\mathcal{X}$, and on the other hand, by uniformization of orbifold Riemann surfaces, $z(q)$ will be an automorphic function for a finite index subgroup of a Fuchsian group of the first kind iff the base curve S is so uniformized. This result even generalizes directly to n-parameter families of rank $20 - n$ lattice polarized $K3$-surfaces [Dor00a].

Summarizing, the beautiful arithmetic properties of the mirror maps of families of $K3$-surfaces [LY96] are neither restricted to the genus zero case, nor to the one-parameter case, and they seem to be independent of moonshine.

4 An application of Shioda-Inose structures?

Recall the idea underlying our proof of Prop. 3: Since there is an SI-structure $X = \widetilde{T_0/\mathbb{Z}_4} \stackrel{2:1}{\longrightarrow} \widetilde{T_0/\mathbb{Z}_2} \stackrel{2:1}{\longleftarrow} T_0$, we predicted the existence of a $\mathbb{Z}_2$-type orbifold $\widehat{(2)}^4 = (2)^4/\sigma$ which could be identified with $\mathcal{T}_0/\mathbb{Z}_2$. However, having found $\sigma = [2,2,0,0]$, η with $\widehat{(2)}^4 = (2)^4/\sigma$ and $\widehat{(2)}/\eta = (2)^4$ does not mean that σ is induced by the symplectic orbifold $X = \widetilde{T_0/\mathbb{Z}_4} \stackrel{2:1}{\longrightarrow} \widetilde{T_0/\mathbb{Z}_2}$ from the SI-structure. In fact, in this section we will argue the contrary.

Assume that an SI-structure $X \stackrel{\text{mod } \iota}{\longrightarrow} Y \stackrel{\text{mod } \pi}{\longleftarrow} T$ as in Thm. 3 can be lifted to the level of SCFTs. This implies that X and T admit ι and π-invariant Einstein metrics specified by $\Sigma_X \subset H^2(X,\mathbb{R})^\iota$ and $\Sigma_T \subset H^2(T,\mathbb{R})^\pi$, respectively. Moreover, $\iota_*\Sigma_X = \pi_*\Sigma_T \subset H^2(Y,\mathbb{R})$. However, by the analysis of the NIKULIN INVOLUTION ι performed in [Mor93], $(\iota_*\Sigma_X)^\perp \cap H^2(Y,\mathbb{Z}) = N \oplus E_8(-1)$, where the lattice $E_8(-1)$ has intersection form the negative of the Cartan matrix of E_8, and N is generated by eight pairwise orthogonal roots $e_1, \ldots, e_8$ and $\frac{1}{2}\sum_{i=1}^8 e_i$. On the other hand, by classical results on Kummer surfaces, $(\pi_*\Sigma_T)^\perp \cap H^2(Y,\mathbb{Z}) = \Pi$ is the KUMMER LATTICE which is not isomorphic to $N \oplus E_8(-1)$. Hence $\iota_*\Sigma_X \neq \pi_*\Sigma_T$.

This observation can be confirmed by a direct calculation: In [SI77], the branch locus of $X \stackrel{\text{mod } \iota}{\longrightarrow} Y$ is described explicitly in terms of the lattice $\pi_*H^2(T,\mathbb{Z}) \oplus \Pi \subset H^2(Y,\mathbb{Z})$. In particular, the roots $e_1, \ldots, e_8 \in N$ are determined. They are the irreducible components in the exceptional divisor for the minimal resolution of all singularities in X/ι. Then the map $\widetilde{\eta}$ reversing the orbifold by ι should act as $\widetilde{\eta}_{|N} = -\text{id}$, $\widetilde{\eta}_{|N^\perp} = \text{id}$. Hence with the results of [SI77], $\widetilde{\eta}$ can be calculated explicitly. One checks that this map only leaves a subspace of signature $(2,3)$ of $\pi_*H^2(T,\mathbb{R})$ invariant, such that no Einstein metric $\Sigma_T \subset H^2(T,\mathbb{R})^\pi$ can be found with $\pi_*\Sigma_T \subset H^2(Y,\mathbb{R})^{\widetilde{\eta}}$. In other words, $\widetilde{\eta}$ does not extend to a symmetry of the $\mathbb{Z}_2$ orbifold $\mathcal{T}/\mathbb{Z}_2$ of any toroidal theory $\mathcal{T}$.

Summarizing, the symmetry $\sigma = [2,2,0,0]$ of $(2)^4$ which was used in Sect. 2 is not induced by the Nikulin involution ι of the SI-structure $\widetilde{T_0/\mathbb{Z}_4} \stackrel{\text{mod } \iota}{\longrightarrow} \widetilde{T_0/\mathbb{Z}_2} \stackrel{\text{mod } \pi}{\longleftarrow} T_0$. But recall that in Prop. 4 we proved that $(2)^4$ also has a geometric interpretation on the Fermat quartic X_0. Gepner had conjectured this [Gep87; Gep88] on the basis of a comparison between symmetries of $(2)^4$ and symplectic automorphisms of the quartic X_0. Witten's analysis [Wit93] extends these ideas and provides us with a cross-check for our results in Sect. 3. Under these identifications, $\sigma = [2,2,0,0]$ corresponds to the symplectic automorphism

$$\sigma: \quad (z_0, z_1, z_2, z_3) \longmapsto (-z_0, -z_1, z_2, z_3) \quad \text{in} \quad \mathbb{CP}^3.$$

Hence $\widehat{(2)}^4 = (2)^4/\sigma$ can be expected to admit a geometric interpretation on $\widetilde{X_0/\sigma}$. The following theorem implies that we have already proved this:

Theorem 4. [Ino76, Thms.1,2] *An attractive $K3$-surface X with associated quadratic form Q_X is biholomorphic to a quartic surface*

$$X(f_1, f_2): \quad f_1(z_0, z_1) + f_2(z_2, z_3) = 0 \quad in \quad \mathbb{CP}^3$$

iff X is very attractive, i.e. by Def. 2 iff $Q_X = 4Q_T$ for some even integral positive definite quadratic form Q_T. In that case, let $Y = \widetilde{X/\sigma}$. Then Y is an attractive $K3$-surface with associated quadratic form Q_Y such that $Q_X = 2Q_Y$. Moreover, Y is canonically biholomorphic to the Kummer surface $\widetilde{T/\mathbb{Z}_2}$ where $T = E_1 \times E_2$ with E_k: $z_2^2 = f_k(z_0, z_1)$ in $\mathbb{CP}^2_{(1,1,2)}$ is an attractive torus with associated quadratic form Q_T.

Indeed, since $Q_{X_0} = 4Q_{T_0}$, Thm. 4 implies that $\widetilde{X_0/\sigma} \simeq \widetilde{T_0/\mathbb{Z}_2}$, which by Prop. 2 extends to $\widehat{(2)}^4 = (2)^4/\sigma = \mathcal{T}_0/\mathbb{Z}_2$ on the level of SCFTs. In other words, our proof that $(2)^4 = \mathcal{T}_0/\mathbb{Z}_4$, which relied on the chain of orbifolds $(2)^4 \overset{\text{mod } \sigma}{\longrightarrow} \widehat{(2)}^4 \overset{\text{mod } \eta}{\longrightarrow} (2)^4$, geometrically translates into $Y = \widetilde{X_0/\sigma} \simeq \widetilde{T_0/\mathbb{Z}_2}$, $\widetilde{Y/\eta} \simeq \widetilde{T_0/\mathbb{Z}_4}$. On the level of attractive complex structures we observe that the associated quadratic forms transform as

$$Q_{X_0} = \text{diag}(8,8) \overset{\text{mod } \sigma}{\longrightarrow} Q_{\widetilde{T_0/\mathbb{Z}_2}} = \text{diag}(4,4) \overset{\text{mod } \eta}{\longrightarrow} Q_{\widetilde{T_0/\mathbb{Z}_4}} = \text{diag}(2,2). \tag{4.1}$$

Now recall from our discussion in Sect. 3 that $(2)^4$ should be given by a four-plane $x_{(2)^4} \in \mathcal{M}^{K3}_{SCFT}$ with $x_{(2)^4} = \Omega_{X_0} \oplus \mho_{-\frac{1}{2},\frac{1}{2}}$, where Ω_{X_0}, $\mho^* := \mho_{-\frac{1}{2},\frac{1}{2}}$ are generated by lattice vectors in $H^{even}(X, \mathbb{Z})$ such that by (3.1)

$$\mho^* = \text{span}_\mathbb{R}\left\{\omega_{FS} + 2\upsilon,\, \upsilon^0 - \tfrac{1}{2}\omega_{FS}\right\} = \text{span}_\mathbb{R}\left\{\omega_{FS} + \upsilon - \upsilon^0,\, \upsilon + \upsilon^0\right\}. \tag{4.2}$$

Hence the associated quadratic forms are $Q_{X_0} = \text{diag}(8,8)$ and $Q_{\mho^*} = \text{diag}(2,2)$, which are exchanged in our chain (4.1). Finally, observe that the four-plane $x_{\widehat{(2)}^4} \in \mathcal{M}^{K3}_{SCFT}$ corresponding to $\widehat{(2)}^4 = (2)^4/\sigma$ can be split into $x_{\widehat{(2)}^4} = \widehat{\Omega} \oplus \widehat{\mho}$, where $\widehat{\Omega}$, $\widehat{\mho}$ are generated by lattice vectors in $H^{even}(X, \mathbb{Z})$ such that the associated quadratic forms are $Q_{\widehat{\Omega}} = \text{diag}(4,4)$ and $Q_{\widehat{\mho}} = \text{diag}(4,4)$. Our identification $\widehat{(2)}^4 = (2)^4/\sigma = \mathcal{T}_0/\mathbb{Z}_2$ is blind towards an exchange $\widehat{\Omega} \leftrightarrow \widehat{\mho}$, so our chain (4.1) schematically corresponds to $\Omega_{X_0} \oplus \mho^* \to \widehat{\Omega} \oplus \widehat{\mho} \sim \widehat{\mho} \oplus \widehat{\Omega} \to \mho^* \oplus \Omega_{X_0}$.

The above implies a possible generalization of our construction: By Thms. 4, for a, b, $c \in \mathbb{Z}$ with $a > 0$ and $4ac - b^2 > 0$, there is a very attractive quartic $X_{a,b,c} \subset \mathbb{CP}^3$ with quadratic form on the transcendental lattice given by

$$Q_{a,b,c} = \begin{pmatrix} 8a & 4b \\ 4b & 8c \end{pmatrix}. \tag{4.3}$$

On the other hand, our discussion in Sect. 3 was independent of the specific complex structure $\Omega_{a,b,c} = \Omega_{1,0,1}$ on the quartic hypersurface in $\mathbb{CP}^3$ which we chose in order to investigate $(2)^4$. Hence for the family $\mathcal{F}_{X_{a,b,c}} \simeq \overline{\mathbb{H}/\Gamma_0(2)_+}$ of $N = (4,4)$ SCFTs on $X_{a,b,c}$, equipped with the normalized Kähler class ω_{FS} of the Fubini-Study metric and with B-field $B = \beta\omega_{FS}$, the discussion in Sect. 3 shows that there is a point with monodromy of order 4 at $\beta = -\frac{1}{2}$, $V = \frac{1}{2}$. This point corresponds to a SCFT with $x_{a,b,c} = \Omega_{a,b,c} \oplus \mho^* \in \mathcal{M}^{K3}_{SCFT}$ where $\Omega_{a,b,c}$, $\mho^*$ are generated by lattice vectors such that the associated quadratic forms are $Q_{a,b,c}$ and $Q_{\mho^*} = \mathrm{diag}(2,2)$. Now recall from Cor. 1 that up to $\Omega_{a,b,c} \leftrightarrow \mho^*$ these are the data that can be obtained from a $\mathbb{Z}_4$ orbifold construction. If $x_{a,b,c}$ gives the location of $\mathcal{T}_{a,b,c}/\mathbb{Z}_4$ in $\mathcal{M}^{K3}_{SCFT}$, a chain similar to (4.1) should exist. Indeed,

Proposition 5. *Let a, b, $c \in \mathbb{Z}$ such that $\mathcal{T}_{a,b,c}$ denotes the toroidal SCFT specified in Cor. 1. Namely, $\mathcal{C}_{a,b,c} = \mathcal{T}_{a,b,c}/\mathbb{Z}_4$ is given by $x_{a,b,c} = \Omega^* \oplus \mho_{a,b,c} \in \mathcal{M}^{K3}_{SCFT}$, where $\Omega^* \cap H^{even}(X,\mathbb{Z})$ and $\mho_{a,b,c} \cap H^{even}(X,\mathbb{Z})$ have rank 2 and associated quadratic forms $Q_{\Omega^*} = \mathrm{diag}(2,2)$ and $Q_{\mho_{a,b,c}} = Q_{a,b,c}$ as in (4.3), respectively. Then $\mathcal{C}_{a,b,c}$ admits a geometric interpretation on the very attractive $K3$-surface $X_{a,b,c}$ with associated quadratic form $Q_{a,b,c}$, normalized Kähler class $\omega_Q \in H^2(X_{a,b,c},\mathbb{Z})$ with $\langle\omega_Q,\omega_Q\rangle = 4$, volume $V = \frac{1}{2}$, and B-field $B = -\frac{1}{2}\omega_Q$.*

Proof. The proof is entirely analogous to the proof of Prop. 4. We use the notations and results of the proof of Cor. 1. Hence $x_{a,b,c} = \Omega^* \oplus \mho_{a,b,c}$ with

$$\begin{aligned} \Omega^* \cap H^{even}(X,\mathbb{Z}) &= \mathrm{span}_{\mathbb{Z}}\left\{\widetilde{\Omega}_1,\, \widetilde{\Omega}_2\right\}, \\ \mho_{a,b,c} \cap H^{even}(X,\mathbb{Z}) &= \mathrm{span}_{\mathbb{Z}}\left\{\xi_1 = \widetilde{\omega}_a + b\widehat{\upsilon},\, \xi_2 = 4\widehat{\upsilon}^0 + \check{B}_4 + (c+4)\widehat{\upsilon}\right\}. \end{aligned} \tag{4.4}$$

If $(\lambda_1,\dots,\lambda_4)$ denotes a $\mathbb{Z}$-basis of Λ for $T = \mathbb{R}^4/\Lambda$, which is dual to the basis $(\mu_1,\dots,\mu_4)$ of Λ^* used in the proof of Cor. 1, then the $\mathbb{Z}_4$-action ζ_4 on T has fixed points at each $\sum_k \frac{i_k}{2}\lambda_k$ with $i_k \in \{0,1\}$. By the results of [NW01], there are $e_{(i_1,i_2,i_3,i_4)} \in H^2(X,\mathbb{Z}) \cap \left(\pi_* H^2(X,\mathbb{Z})^{\mathbb{Z}_4}\right)^{\perp}$ with $\langle e_{(i_1,i_2,i_3,i_4)}, e_{(i_1,i_2,i_3,i_4)}\rangle = -2$ and $\langle e_{(i_1,i_2,i_3,i_4)}, \check{B}_4\rangle = 2$ (Poincaré dual to classes in the exceptional divisor of the blow up of $\sum_k \frac{i_k}{2}\lambda_k$) such that

$$\begin{aligned} \upsilon_Q^0 &:= \tfrac{1}{2}\left(\widetilde{\Omega}_1 + \widetilde{\Omega}_2\right) + \tfrac{1}{2}\left(e_{(0,1,0,1)} - e_{(0,1,1,0)}\right), \\ \upsilon_Q &:= \tfrac{1}{2}\left(\widetilde{\Omega}_1 - \widetilde{\Omega}_2\right) - \tfrac{1}{2}\left(e_{(0,1,0,1)} - e_{(0,1,1,0)}\right) \end{aligned}$$

are lattice vectors. One checks that $(\upsilon_Q^0, \upsilon_Q)$ obey (1.6); in fact, $(\upsilon_Q^0, \upsilon_Q)$ agree with the vectors used in the proof of Prop. 4, see [NW01, (2.18)]. To determine the decomposition (2.1), we observe that $\xi(\Sigma_Q) = \upsilon_Q^{\perp} \cap x_{a,b,c}$ is generated by

$\xi(\omega_Q) := \widetilde{\Omega}_1 + \widetilde{\Omega}_2$, ξ_1, ξ_2. Moreover, $\xi_k \perp \upsilon_Q^0$ for $k \in \{1,2\}$, and these vectors generate a two-plane $\Omega_Q \subset \Sigma_Q$ such that $\Omega_Q \cap H^{even}(X,\mathbb{Z})$ has quadratic form $Q_{a,b,c}$. By Thm. 4 this means that we obtain a geometric interpretation of $\mathcal{C}_{a,b,c} = \mathcal{T}_{a,b,c}/\mathbb{Z}_4$ on $X_{a,b,c}$. Finally,

$$\omega_Q = \xi(\omega_Q) - \langle \xi(\omega_Q), \upsilon_Q^0 \rangle \upsilon_Q = 2\widetilde{\Omega}_2 + e_{(0,1,0,1)} - e_{(0,1,1,0)} \in H^{even}(X,\mathbb{Z})$$

obeys $\langle \omega_Q, \omega_Q \rangle = 4$, and $\xi(\Sigma_Q)^\perp \cap x_{a,b,c}$ is generated by $\xi_4 = \frac{1}{2}(\widetilde{\Omega}_1 - \widetilde{\Omega}_2) = \upsilon_Q^0 - \frac{1}{2}\omega_Q$, as claimed. □

By results of [SI77] we know that each quartic is biholomorphic to a Kummer surface, if it is very attractive. Since all orbifolds of toroidal SCFTs can be constructed explicitly, this means that for every quartic $X \subset \mathbb{CP}^3$ we can find a $\mathbb{Z}_2$ orbifold CFT $\mathcal{T}'_X/\mathbb{Z}_2$ of a toroidal SCFT which admits a geometric interpretation on X, if X is very attractive. Prop. 5 states that we then can also find a $\mathbb{Z}_4$ orbifold CFT $\mathcal{T}_X/\mathbb{Z}_4$ which has geometric interpretation with the same complex structure, but in general will be different from $\mathcal{T}'_X/\mathbb{Z}_2$: The normalized Kähler classes, volumes, and B-fields will disagree. Note, e.g., that $(2)^4$ does not agree with any $\mathbb{Z}_2$ orbifold of a toroidal SCFT [NW01, Sect.2.4]. The arguments used in Sect. 3 as well as the result of Prop. 5 indicate that, as opposed to the $\mathbb{Z}_2$ orbifold model $\mathcal{T}'_X/\mathbb{Z}_2$, the $\mathbb{Z}_4$ orbifold $\mathcal{T}_X/\mathbb{Z}_4$ may give a model on the very attractive quartic X with the natural hyperkähler structure:

Conjecture 1. The two-plane Ω^* in Prop. 5 agrees with (4.2), i.e. we can find a geometric interpretation of $\mathcal{C}_{a,b,c}$ on $X_{a,b,c}$ with normalized Kähler class the class ω_{FS} of the Fubini-Study metric in $\mathbb{CP}^3$. In other words, we can construct an $N = (4,4)$ SCFT with $c = 6$ on every very attractive quartic, equipped with its natural hyperkähler structure.

To sustain Conj. 1 recall that the analysis of Sect. 3 predicts the model at $w = 0$ in $\mathcal{F}_{X_{a,b,c}}$ to have parameters $V = \frac{1}{2}$, $B = -\frac{1}{2}\omega_{FS}$. The monodromy around $w = 0$ has order 4, which is consistent with the model having a $\mathbb{Z}_4$ orbifold interpretation $\mathcal{T}_{a,b,c}/\mathbb{Z}_4$ as in Prop. 5. In fact, assume that $(2)^4$ has a geometric interpretation $\left(\Sigma_{X_0}, V = \frac{1}{2}, B = -\frac{1}{2}\omega_{FS}\right)$ as implied by [Wit93]. The Fermat quartic $X_0 \subset \mathbb{CP}^3$ possesses a group $G \cong (\mathbb{Z}_4^3 \rtimes \mathcal{S}_4)/\mathbb{Z}_4$ of symplectic automorphisms with Mukai number $\mu(G) = 5$ (see [Muk88; Asp95]), which also leaves ω_{FS} invariant. This means that $\dim\left(H^2(X_0,\mathbb{R})^G\right) = 3$ and hence $\Sigma_{X_0} = H^2(X_0,\mathbb{R})^G$, as argued in [Asp95]. On the other hand, Thms. 1, 2 and Prop. 5 imply $x_{(2)^4} = \Omega_{X_0} \oplus \mho$ with $\Omega_{X_0} = \mho_{1,0,1}$, hence $\mho = \Omega^*$. Although this does not mean that the geometric interpretation of $(2)^4$ in Props. 4, 5 agrees with the "true quartic" one, i.e. that $\upsilon^0 = \upsilon_Q^0$, $\upsilon = \upsilon_Q$ with υ^0, υ as in (4.2), our assumptions ensure that a "true quartic" interpretation by υ^0, υ exists. The analysis of [Wit93] also implies an identification of some of the deformations of the SCFT $(2)^4$ with polynomial deformations of the

Fermat quartic X_0 as in [Gep87]. Namely, identifying $\left(1 {}^{\pm 1\,0}_{\pm 1\,0}\right)$ in the $(j+1)^{\text{st}}$ component of $(2)^4$ with αz_j, $\alpha \in \mathbb{C}$,

$$V_\pm^{(1)} := \left(2 {}^{\pm 2\,0}_{\pm 2\,0}\right) \left(2 {}^{\pm 2\,0}_{\pm 2\,0}\right) \left(0 {}^{0\,0}_{0\,0}\right) \left(0 {}^{0\,0}_{0\,0}\right), \quad V_\pm^{(2)} := \left(0 {}^{0\,0}_{0\,0}\right) \left(0 {}^{0\,0}_{0\,0}\right) \left(2 {}^{\pm 2\,0}_{\pm 2\,0}\right) \left(2 {}^{\pm 2\,0}_{\pm 2\,0}\right)$$

correspond to deformations of X_0 as in (1.2) by $\alpha_1 z_0^2 z_1^2$, $\alpha_2 z_2^2 z_3^2$ with $\alpha_k \in \mathbb{C}$.

The $V_\pm^{(k)}$ are those $(\frac{1}{2}, \frac{1}{2})$-fields which $(2)^4$ shares with $(2)^2 \otimes (2)^2$ and one of its subtheories $(2)^2$. Since $(2)^2$ is the toroidal SCFT on $\mathbb{R}^2/\mathbb{Z}^2$ with vanishing B-field, we have $(2)^2 \otimes (2)^2 = \mathcal{T}_0$, and Prop. 3 implies $(2)^4 = (2)^2 \otimes (2)^2/\mathbb{Z}_4$. Hence $V_\pm^{(k)}$ give those $\mathbb{Z}_4$-invariant deformations in $\mathcal{T}_0$ which come from deformations of one of the subtheories $(2)^2$, i.e. deformations of the radii R_k of E_k, $k \in \{1, 2\}$, in Cor. 1, and B-field deformations in $\Omega_{T_0}^\perp \cap H^2(T_0, \mathbb{Z})^{\mathbb{Z}_4}$. In view of the four-plane $x_{(2)^4}$ with notations as in (4.4), the volume-deformation of T_0 corresponds to a deformation of ξ_2 by $\delta V := \widehat{\upsilon}$, and the deformation of R_2/R_1 corresponds to a deformation of ξ_1 by $\delta\widetilde{\omega} := \widetilde{\omega}_2 - \widetilde{\omega}_1$. Similarly, all $V_\pm^{(k)}$ give deformations of ξ_1, ξ_2 by δV, $\delta\widetilde{\omega}$, respectively.

To show that Conj. 1 holds in general if the above assumptions hold for $(2)^4$, first note that in Prop. 5 we use the same Ω^* for all a, b, c. We can maintain the "true quartic" geometric interpretation with υ^0, υ as in (4.2) for all a, b, c, if υ^0 and υ (with $\upsilon^0, \upsilon \perp \mho_{1,0,1}$) are orthogonal to all $\mho_{a,b,c}$, i.e. to $\widehat{\upsilon} = \delta V$ and $\delta\widetilde{\omega}$. But the latter follows from the fact that δV and $\delta\widetilde{\omega}$ give polynomial deformations of X_0 as in (1.2) by complex multiples of $z_0^2 z_1^2$, $z_2^2 z_3^2$, i.e. deformations of the complex structure in the quartic interpretation (4.2) of $(2)^4$. Note that these polynomial deformations are also compatible with the form $X(f_1, f_2)\colon\ f_1(z_0, z_1) + f_2(z_2, z_3) = 0$ in $\mathbb{CP}^3$ of every very attractive quartic as in Thm. 4.

5 Discussion

We hope to have convinced the reader that the investigation of SCFTs associated to $K3$ remains an interesting and challenging enterprize. The emphasis of this work lies on a utilization of results in number theory and geometry, specifically the SHIODA-INOSE-STRUCTURES [SM74; SI77; Ino76; Mor93]. That these structures should be useful in the context of string theory had already been noticed in [Mooa; Moob].

Another deep and interesting connection between number theory and SCFTs on $K3$ is the so-called MIRROR MOONSHINE PHENOMENON [LY96; VY00; Dor00a; Dor00b]. By a careful application of Witten's analysis of phases in supersymmetric gauge theories [Wit93] to the $K3$-case we confirm that the FRICKE MODULAR GROUP $\Gamma_0(2)_+$ makes a natural appearance in the study of the Fermat quartic $X_0 \subset \mathbb{CP}^3$. In particular, this gives a simple independent method to predict B-field and volume of the quartic interpretation of the Gepner model $(2)^4$. This method is also easily applied to the Gepner model $(4)^3$, which should admit a geometric interpretation on the Fermat hypersurface in

$\mathbb{CP}^3_{(1,1,1,3)}$. It would be interesting to extend these ideas to more-parameter cases. Since Doran's analysis of the mirror moonshine phenomenon allows such an extension, we hope that this will be possible.

Though the idea of inverting Shioda-Inose structures by appropriate orbifold constructions is the guiding principle for our proof [NW01, Thm.2.13] that the Gepner model $(2)^4$ agrees with a $\mathbb{Z}_4$ orbifold, $(2)^4 = \mathcal{T}_0/\mathbb{Z}_4$, we have not succeeded to perform such an inversion in general. In fact, we have shown that such an inversion is impossible, as long as one works with a fixed geometric interpretation, that is a fixed choice of grading in $H^{even}(X,\mathbb{R})$. Since Shioda-Inose structures exist as geometric constructions for arbitrary attractive $K3$-surfaces, the original idea suggested that a change of geometric interpretation should not be necessary. Whether a combination of orbifold constructions and T-dualities can be found which leads to an inversion of Shioda-Inose structures, thereby giving SCFTs associated to arbitrary attractive $K3$-surfaces, is left as an open problem for future work.

However, we have succeeded to generalize our method of proof for $(2)^4 = \mathcal{T}_0/\mathbb{Z}_4$ in a different direction. Namely, for every very attractive quartic X we find a $\mathbb{Z}_4$ orbifold CFT $\mathcal{T}_X/\mathbb{Z}_4$ which admits a geometric interpretation on X. We conjecture that it even allows a geometric interpretation that carries the natural hyperkähler structure which is induced by the Fubini-Study metric on $\mathbb{CP}^3$. In fact, we argue that if this conjecture is true for $(2)^4$ and the Fermat quartic, where it is generally believed, it should hold for all very attractive quartics. As a next step, our methods should imply that $\mathbb{Z}_4$ orbifolds can be used to construct SCFTs with geometric interpretation on non-attractive quartics $X(f_1, f_2)$ of the form $f_1(z_0, z_1) + f_2(z_2, z_3) = 0$ in $\mathbb{CP}^3$. The details are left for a future publication.

References

[AM94] P.S. Aspinwall and D.R. Morrison, *String theory on K3 surfaces*, in: Mirror symmetry, B. Greene and S.T. Yau, eds., vol. II, 1994, pp. 703–716; hep-th/9404151.

[Asp95] P.S. Aspinwall, *Enhanced gauge symmetries and K3-surfaces*, Phys. Lett. **B357** (1995), 329–334; hep-th/9507012.

[Asp97] ——, *K3-surfaces and string duality*, in: Fields, strings and duality (Boulder, CO, 1996), World Sci. Publishing, River Edge, NJ, 1997, pp. 421–540; hep-th/9611137.

[BPdV84] W. Barth, C. Peters, and A. Van de Ven, *Compact Complex Surfaces*, Springer-Verlag, Berlin Heidelberg New York Tokyo, 1984.

[Cec91] S. Cecotti, *N=2 Landau-Ginzburg vs. Calabi-Yau σ-models: Non–perturbative aspects*, Int. J. Mod. Phys. **A6** (1991), 1749–1813.

[COGP91] P. Candelas, X.C. De La Ossa, P.S. Green, and L. Parkes, *A pair of Calabi-Yau manifolds as an exactly soluble superconformal theory*, Nucl. Phys. **B359** (1991), 21–74.

[Dij99] R. Dijkgraaf, *Instanton strings and hyperkaehler geometry*, Nucl. Phys. **B543** (1999), 545–571; hep-th/9810210.

[Dol96] I.V. Dolgachev, *Mirror symmetry for lattice polarized K3 surfaces. Algebraic geometry, 4*, J. Math. Sci. **81** (1996), 2599–2630; alg- geom/9502005.

[Dor00a] C. Doran, *Picard-Fuchs uniformization and modularity of the mirror map*, Commun. Math. Phys. **212** (2000), no. 3, 625–647.

[Dor00b] ——, *Picard-Fuchs uniformization: modularity of the mirror map and mirror-moonshine*, in: The arithmetic and geometry of algebraic cycles (Banff, AB, 1998), vol. 24 of CRM Proc. Lecture Notes, Amer. Math. Soc., Providence, RI, 2000, pp. 257–281; math.ag/9812162.

[EOTY89] T. Eguchi, H. Ooguri, A. Taormina, and S.-K. Yang, *Superconformal algebras and string compactification on manifolds with SU(n) holonomy*, Nucl. Phys. **B315** (1989), 193–221.

[Gep87] D. Gepner, *Exactly solvable string compactifications on manifolds of $SU(N)$ holonomy*, Phys. Lett. **199B** (1987), 380–388.

[Gep88] ——, *Space-time supersymmetry in compactified string theory and superconformal models*, Nucl. Phys. **B296** (1988), 757–778.

[GP90] B.R. Greene and M.R. Plesser, *Duality in Calabi-Yau moduli space*, Nucl. Phys. **B338** (1990), 15–37.

[Ino76] H. Inose, *On certain Kummer surfaces which can be realized as non-singular quartic surfaces in* $\mathbb{P}^3$, J. Fac. Sci. Univ. Tokyo **Sec. IA 23** (1976), 545–560.

[LVW89] W. Lerche, C. Vafa, and N.P. Warner, *Chiral rings in $N = 2$ superconformal theories*, Nucl. Phys. **B324** (1989), 427–474.

[LY96] B.H. Lian and S.-T. Yau, *Arithmetic properties of mirror map and quantum coupling*, Commun. Math. Phys. **176** (1996), 163–192; hep- th/9411234.

[Mooa] G.W. Moore, *Arithmetic and attractors*; hep-th/9807087.

[Moob] ——, *Attractors and arithmetic*; hep-th/9807056.

[Mor93] D.R. Morrison, *Mirror symmetry and rational curves on quintic threefolds: a guide for mathematicians*, J. Amer. Math. Soc. **6** (1993), no. 1, 223–247; alg-geom/9202004.

[Muk88] S. Mukai, *Finite groups of automorphisms of K3 surfaces and the Mathieu group*, Invent. Math. **94** (1988), 183–221.

[Nar86] K.S. Narain, *New heterotic string theories in uncompactified dimensions* < 10, Phys. Lett. **169B** (1986), 41–46.

[NS95] M. Nagura and K. Sugiyama, *Mirror symmetry of K3 and torus*, Int. J. Mod. Phys. **A10** (1995), 233–252; hep-th/9312159.

[NW01] W. Nahm and K. Wendland, *A hiker's guide to K3 – Aspects of $N = (4,4)$ superconformal field theory with central charge $c = 6$*, Commun. Math. Phys. **216** (2001), 85–138; hep-th/9912067.

[Pet86] C. Peters, *Monodromy and Picard-Fuchs equations for families of K3-surfaces and elliptic curves*, Ann. Sci. École Norm. Sup. **19** (1986), no. 4, 583–607.

[Sei88] N. Seiberg, *Observations on the moduli space of superconformal field theories*, Nucl. Phys. **B303** (1988), 286–304.

[SI77] T. Shioda and H. Inose, *On singular K3 surfaces*, in: Complex Analysis and Algebraic Geometry, W.L. Bailey and T. Shioda, eds., Cambridge Univ. Press, 1977, pp. 119–136.

[SM74] T.J. Shioda and N. Mitani, *Singular abelian surfaces and binary quadratic forms*, in: Classification of Algebraic Varieties and Compact Complex Manifolds, A. Dold and B. Eckmann, eds., Lecture Notes in Math. 412, 1974, pp. 259–287.

[VY00] H. Verrill and N. Yui, *Thompson series, and the mirror maps of pencils of K3 surfaces*, in: The arithmetic and geometry of algebraic cycles (Banff, AB, 1998), Amer. Math. Soc., Providence, RI, 2000, pp. 399–432.

[Wen01] K. Wendland, *Consistency of orbifold conformal field theories on K3*, Adv. Theor. Math. Phys. **5** (2001), no. 3, 429–456; hep-th/0010281.

[Wen02] ——, *Orbifold constructions of K3: A link between conformal field theory and geometry*, in: Orbifolds in Mathematics and Physics, AMS series Contemporary Mathematics, Providence R.I., 2002, pp. 333–358; hep-th/0112006.

[Wit93] E. Witten, *Phases of $N = 2$ theories in two dimensions*, Nucl. Phys. **B403** (1993), 159–222; hep-th/9301042.

[Wit95] ——, *String theory dynamics in various dimensions*, Nucl. Phys. **B443** (1995), 85–126; hep-th/9503124.

Part II

Discrete Groups and Automorphic Forms

An Introduction to Arithmetic Groups

Christophe Soulé

CNRS and IHES, 35 Route de Chartres, 91440 Bures sur Yvette, France
soule@ihes.fr

Arithmetic groups are groups of matrices with integral coefficients. They first appeared in the work of Gauss, Minkowski and others on the arithmetic theory of quadratic forms. Their *reduction theory* consists in showing that, after a linear change of variables with integral coefficients, any quadratic form can be forced to satisfy an appropriate set of inequalities.

Around 1940, Siegel developed a general theory of arithmetic subgroups of classical groups, and the corresponding reduction theory. Later on, once Chevalley, Borel, Tits and others had developed the general theory of algebraic groups, one could speak of the arithmetic subgroups of any linear algebraic group over $\mathbb{Q}$. Borel et al. extended the work of Siegel to arbitrary arithmetic groups.

These groups play a fundamental role in number theory, and especially in the study of automorphic forms, which can be viewed as complex valued functions on a symmetric domain which are invariant under the action of an arithmetic group. In the last ten years, it appeared that some arithmetic groups are the symmetry groups of several string theories. This is probably why this survey fits into these proceedings.

In a first chapter we shall describe the classical reduction theory of quadratic forms. After describing the action of $\mathrm{SL}_2(\mathbb{Z})$ on the Poincaré upper half-plane (Theorem 1) we explain how Siegel defined a fundamental domain for the action of $\mathrm{GL}_N(\mathbb{Z})$ on real quadratic forms in N variables (Theorem 2). We then proceed with the general definition of linear algebraic groups over $\mathbb{Q}$ and their arithmetic subgroups (§ 3). An important example is a construction of Chevalley which defines an arithmetic group $G(\mathbb{Z})$ when given any root system Φ together with a lattice between the root lattice and the weight lattice of Φ (3.3). In 3.4 (and in the Appendix) we explain how the group $E_7(\mathbb{Z})$ of [10] is an example of this construction. We then describe the general construction of Siegel sets and the reduction theory of arithmetic groups (Theorem 4). In particular, it follows that any arithmetic subgroup of a semi-simple algebraic group over $\mathbb{Q}$ has finite covolume in its real points.

The second chapter deals with several algebraic properties of arithmetic groups. As a consequence of reduction theory, we show that these groups are finitely generated. In fact they admit a finite presentation (Theorem 6). We give some explicit presentations of $\mathrm{SL}_N(\mathbb{Z})$, $N \geq 2$, and of the Chevalley groups $G(\mathbb{Z})$ (5.6–5.8). We then show that, up to conjugation, arithmetic groups contain only finitely many finite subgroups (Theorem 7). Furthermore, they always contain a torsion free subgroup of finite index (Theorem 8). Following Minkowski, one can compute the least common multiple of the order of the finite subgroups of $\mathrm{GL}_N(\mathbb{Z})$ (6.3). Coming back to $N = 2$, we prove that any torsion free subgroup of $\mathrm{SL}_2(\mathbb{Z})$ is a free group (Theorem 10). We conclude this section with the open problem, raised by Nahm, of finding the minimal index of torsion free subgroups of $\mathrm{SL}_N(\mathbb{Z})$, $N \geq 3$.

One of the main properties of arithmetic groups is their "rigidity" inside the corresponding algebraic and Lie groups, at least when their rank is bigger than one. A lot of work has been accomplished on this theme. We start Chapter 3 with the congruence subgroup property, which states that any subgroup of finite index in Γ contains the group of elements congruent to the identity modulo some integer. This property holds for arithmetic subgroups of simple simply connected Chevalley groups of rank bigger than one (Theorem 13), but it is wrong for SL_2 (Corollary 18). When studying that problem, Bass, Milnor and Serre discovered that, under suitable hypotheses, any linear representation of Γ over $\mathbb{Q}$ coincides with an algebraic representation on some subgroup of finite index (Proposition 14). This important rigidity property has many consequences, including the fact that the abelianization of Γ is finite (Corollary 17).

Another approach to rigidity is Kazhdan's property (T), as explained in Theorems 19 and 20. Finally, we state the famous result of Margulis (Selberg's conjecture) that any discrete subgroup of finite covolume in a simple, non-compact, connected Lie group of rank bigger than one is "arithmetic" in a suitable sense (Theorem 21). This follows from a "superrigidity" theorem for representations of arithmetic groups (Theorem 22). Finally, we give another result of Margulis (Theorem 23), which states that arithmetic groups have rather few normal subgroups.

There are many results on arithmetic groups which are not covered by these notes. These include the different methods to compactify the quotient of a symmetric domain by the action of an arithmetic group (Baily-Borel-Satake, Borel-Serre...), the cohomology of arithmetic groups (Borel, Serre, Franke,...), and the ergodicity of their action on Lie groups (Margulis, Ratner,...).

I thank P. Cartier, B. Julia, W. Nahm, N. Nekrasov and J-P. Serre for helpful discussions.

I. Reduction theory

1 The reduction theory of quadratic forms

1.1

Groups of matrices with integral coefficients first appeared, in the work of Gauss, Hermite, Minkowski and others, as the symmetry groups for a specific diophantine problem: which integers can be represented by a given quadratic form?

Recall that any positive integer is the sum of four squares. More generally, consider a quadratic form in N variables

$$\varphi(x) = \sum_{1 \leq i,j \leq N} a_{ij}\, x_i\, x_j \tag{1.1}$$

where $a_{ij} = a_{ji}$. We assume that φ is positive definite: for any vector $x = (x_i) \in \mathbb{R}^N$, $\varphi(x) \geq 0$ and $\varphi(x) = 0$ iff $x = 0$. When all coefficients a_{ij} are integers, we say that a given integer $k \in \mathbb{N}$ is *represented by* φ if there exists $x \in \mathbb{Z}^N$ such that $\varphi(x) = k$.

Let now $\gamma \in \mathrm{GL}_N(\mathbb{Z})$ be an N by N square matrix with integral coefficients, the inverse of which has integral coefficients as well, i.e. such that $\det(\gamma) = \pm 1$. Let ${}^t\gamma$ be the transpose of the matrix γ. When we change the coordinates of x by ${}^t\gamma$, we get a new quadratic form $\gamma \cdot \varphi$:

$$(\gamma \cdot \varphi)(x) = \varphi\left({}^t\gamma(x)\right), \tag{1.2}$$

for all $x \in \mathbb{R}^N$. Since $\gamma_1(\gamma_2(\varphi)) = (\gamma_1\,\gamma_2)(\varphi)$, formula (1.2) defines an action of $\mathrm{GL}_N(\mathbb{Z})$ on positive definite quadratic forms. It follows from (1.2) that k is represented by φ iff k is represented by $\gamma \cdot \varphi$ for all $\gamma \in \mathrm{GL}_N(\mathbb{Z})$. Therefore, when studying the integral values of φ we may replace φ by any form equivalent to it.

The *reduction theory of quadratic forms* consists in studying the orbits of $\mathrm{GL}_N(\mathbb{Z})$ on quadratic forms, and finding a good set of representatives for this action. Let X be the set of positive definite quadratic forms

$$\varphi(x) = \sum_{1 \leq i,j \leq N} a_{ij}\, x_i\, x_j\,,$$

where $a_{ij} = a_{ji}$ are real numbers. We look for a "small" subset $D \subset X$ such that any point of X is the translate of a point in D by an element of Γ; in other words:

$$\Gamma \cdot D = X\,.$$

1.2

Consider first the case $N = 2$. Any positive definite binary form φ can be written uniquely

$$\varphi(x, y) = a(zx + y)(\bar{z}x + y) \tag{1.3}$$

where $a > 0$ and z is a complex number with positive imaginary part. The action of positive scalars on X commutes with $\mathrm{GL}_N(\mathbb{Z})$ (for any $N \geq 2$) and (1.3) tells us that, when $N = 2$, the quotient $X/\mathbb{R}_+^*$ is isomorphic to the Poincaré upper half plane

$$\mathcal{H} = \{z \in \mathbb{C} | \operatorname{Im}(z) > 0\} .$$

The action of $\gamma = \begin{pmatrix} a & b \\ c & d \end{pmatrix} \in \mathrm{SL}_2(\mathbb{Z})$ is given by

$$\gamma(z) = \frac{az + b}{cz + d} . \tag{1.4}$$

Theorem 1. *Let D be the set of $z \in \mathcal{H}$ such that $|z| \geq 1$ and $|\mathrm{Re}(z)| \leq 1/2$ (Figure 1). Then*

$$\mathcal{H} = \Gamma \cdot D .$$

Remark. If z lies in the interior of D and $\gamma(z) = z$, then $\gamma = \pm\mathrm{Id}$. Furthermore, if $|z| > 1$ $z \in D$, $\gamma(z) \in D$ and $\gamma(z) \neq z$, then $\mathrm{Re}(z) = \pm 1/2$ and $\gamma(z) = z + 1$ or $z - 1$.

Proof (see [24], VII, 1.2). Fix $z \in \mathcal{H}$. We have

$$\operatorname{Im}(\gamma(z)) = \frac{\operatorname{Im}(z)}{|cz + d|^2} ,$$

and, given $A > 0$, there exist only finitely many $(c, d) \in \mathbb{Z}^2$ such that $|cz+d|^2 \leq A$. Therefore we can choose γ such that $\operatorname{Im}(\gamma(z))$ is maximal. Let $T = \begin{pmatrix} 1 & 1 \\ 0 & 1 \end{pmatrix}$. Since $T(z) = z + 1$ we can choose $n \in \mathbb{Z}$ such that

$$|\mathrm{Re}\,(T^n\,\gamma(z))| \leq 1/2 .$$

We claim that $z' = T^n\,\gamma(z)$ lies in D, i.e. $|z'| \geq 1$. Indeed, if $S = \begin{pmatrix} 0 & -1 \\ 1 & 0 \end{pmatrix}$, we get $S(z') = -1/z'$, hence

$$\operatorname{Im}(S(z')) = \frac{\operatorname{Im}(z')}{|z'|^2} .$$

Since the imaginary part of z' is maximal, this implies $|z'| \geq 1$.

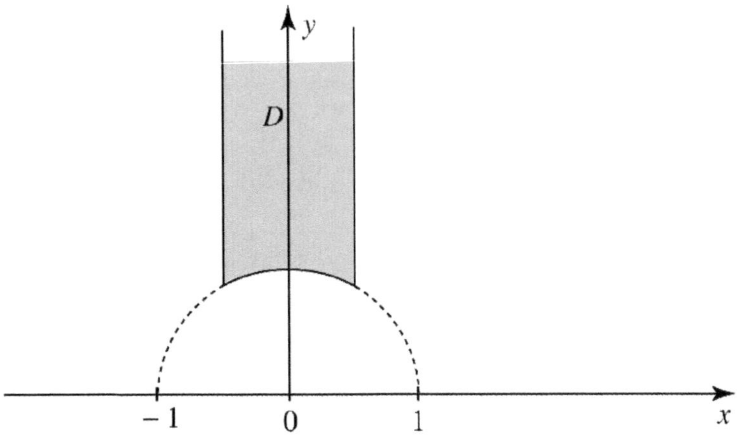

Fig. 1.

2 Siegel sets

More generally, when $N \geq 2$, any positive definite real quadratic form φ in N variables can be written uniquely in the following way:

$$\begin{aligned} \varphi(x) = {} & t_1(x_1 + u_{12}\,x_2 + u_{13}\,x_3 + \cdots + u_{1N}\,x_N)^2 \\ & + t_2(x_2 + u_{23}\,x_3 + \cdots + u_{2N}\,x_N)^2 \\ & + \cdots \\ & + t_N\,x_N^2\,, \end{aligned} \tag{2.1}$$

where $t_1, \ldots, t_N$ are positive real numbers and $u_{ij} \in \mathbb{R}$.

Theorem 2 ([3], Th. 1.4). *After replacing φ by $\gamma \cdot \varphi$ for some $\gamma \in \mathrm{GL}_N(\mathbb{Z})$, we can assume that*

$$|u_{ij}| \leq 1/2 \quad \textit{when} \quad 1 \leq i < j < N$$

and

$$t_i \leq \frac{4}{3}\,t_{i+1} \quad \textit{when} \quad 1 \leq i \leq N-1\,.$$

The subset $\mathfrak{S}$ of X defined by the inequalities of Theorem 2 is called a *Siegel set* (see (4.3) below for a general definition). When $N = 2$, $\mathfrak{S}$ is the shaded region in Figure 2 below, and Theorem 2 follows from Theorem 1.

3 Arithmetic groups

3.1

Let $N \geq 1$ be an integer and G a subgroup of $\mathrm{GL}_N(\mathbb{C})$. The group G is called *linear algebraic over* $\mathbb{Q}$ if there exist polynomials $P_1, \ldots, P_k$ with coefficients

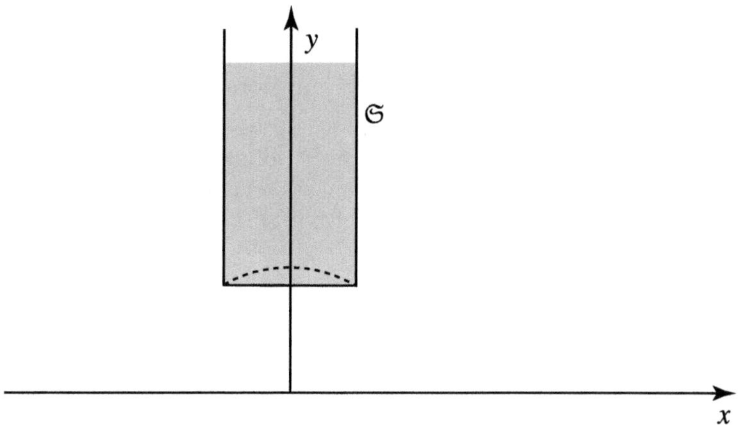

Fig. 2.

in $\mathbb{Q}$ in the variables x_{ij}, $1 \le i, j \le N$ and u such that G is the set of elements $g = (g_{ij}) \in \mathrm{GL}_N(\mathbb{C})$ such that

$$P_1(g_{ij}, \det(g)^{-1}) = P_2(g_{ij}, \det(g)^{-1}) = \cdots = P_k(g_{ij}, \det(g)^{-1}) = 0\,.$$

The group $G(\mathbb{Q}) = G \cap \mathrm{GL}_N(\mathbb{Q})$ is called the group of *rational points* of G.

Given Γ_1 and Γ_2 two subgroups of G, we say that Γ_1 and Γ_2 are *commensurable* when their intersection $\Gamma_1 \cap \Gamma_2$ has finite index in both Γ_1 and Γ_2.

Definition. *Given $N \ge 1$ and $G \subset \mathrm{GL}_N(\mathbb{C})$ a linear algebraic group over $\mathbb{Q}$, an* arithmetic subgroup *of G is a subgroup Γ of $G(\mathbb{Q})$ which is commensurable with $G \cap \mathrm{GL}_N(\mathbb{Z})$.*

3.2

A morphism $f : G \to G'$ of linear algebraic groups over $\mathbb{Q}$ is a group morphism defined by polynomials with coefficients in $\mathbb{Q}$ (note that f needs *not* extend to a morphism between the ambient linear groups).

Proposition 3 ([3] Cor. 7.13, (3)). *If $\Gamma \subset G(\mathbb{Q})$ is an arithmetic subgroup of G and $f : G \to G'$ a morphism of linear algebraic groups over $\mathbb{Q}$, the image $f(\Gamma)$ is contained in some arithmetic group $\Gamma' \subset G'(\mathbb{Q})$.*

Remarks. 1) If $G \subset \mathrm{GL}_N(\mathbb{C})$ is a linear algebraic group over $\mathbb{Q}$, we may consider its ring of rational functions

$$A = \mathbb{Q}\,[x_{ij}, u]/\langle P_1, \ldots, P_k\rangle\,.$$

This $\mathbb{Q}$-algebra is finitely generated over $\mathbb{Q}$ and carries a Hopf structure coming from the group structure of G. Therefore $G_{\mathbb{Q}} = \mathrm{Spec}(A)$ is an *affine group scheme* over $\mathbb{Q}$ [W]. The group G is the set of complex points $G = \mathrm{Hom}(\mathrm{Spec}(\mathbb{C}), G_{\mathbb{Q}})$ and $G(\mathbb{Q})$ is the set of rational points of $G_{\mathbb{Q}}$. Note that the definition of $G_{\mathbb{Q}}$ does not refer anymore (up to isomorphism) to a particular linear embedding.

2) When $f : G \to G'$ is an isomorphism, it follows from Proposition 3 that $f(\Gamma)$ is arithmetic. This proves that the class of arithmetic subgroups of G is intrinsic, i.e. it depends only on $G_{\mathbb{Q}}$ and not on the choice of the embedding $G \subset \mathrm{GL}_N(\mathbb{C})$.

3) Another consequence of Proposition 3 is that, for any lattice $\Lambda \subset \mathbb{Q}^N$ (i.e. a free $\mathbb{Z}$-module of rank N), the group Γ of elements $\gamma \in G(\mathbb{Q})$ such that $\gamma(\Lambda) = \Lambda$ is arithmetic.

3.3

The following general construction of arithmetic groups is due to Chevalley.

3.3.1

Let E be a finite dimensional real euclidean vector space, and $\Phi \subset E$ a *root system* ([11], 9.2). Let $L_0 \subset E$ be the lattice spanned by Φ (the *lattice of roots*) and L_1 the *lattice of weights*, i.e. those $\lambda \in E$ such that $\langle \lambda, \alpha \rangle \in \mathbb{Z}$ for all $\alpha \in \Phi$. The lattice L_0 is contained in L_1. Choose a lattice L such that

$$L_0 \subset L \subset L_1 \, .$$

Given Φ and L, Chevalley defines as follows a linear algebraic group G over $\mathbb{Q}$ ([7], [26], [11] Chapter VII) . Let $\mathcal{L}$ be a complex Lie algebra and $\mathcal{H} \subset \mathcal{L}$ a Cartan subalgebra such that Φ is the set of roots of $\mathcal{L}$ with respect to $\mathcal{H}$. If $\ell = \dim_{\mathbb{C}} \mathcal{H}$ and if $\Delta = \{\alpha_1, \ldots, \alpha_\ell\}$ is a basis of Φ, we can choose a *Chevalley basis* of $\mathcal{L}$, i.e. a basis $\{X_\alpha, \alpha \in \Phi;\ H_i, 1 \leq i \leq \ell\}$ such that $H_i \in \mathcal{H}$ and

$$[H_i, H_j] = 0$$

$$[H_i, X_\alpha] = \langle \alpha, \alpha_i \rangle \, X_\alpha$$

$$[X_\alpha, X_{-\alpha}] \in \bigoplus_{i=1}^{\ell} \mathbb{Z}\, H_i$$

$$[X_\alpha, X_\beta] = \begin{cases} N_{\alpha\beta}\, X_{\alpha+\beta} & \text{when } \alpha + \beta \in \Phi \\ 0 & \text{otherwise, } \alpha + \beta \neq 0 \, . \end{cases}$$

Here $N_{\alpha\beta} \in \mathbb{Z}$ and $N_{-\alpha,-\beta} = -N_{\alpha\beta}$. Consider a faithful (i.e. injective) representation

$$\rho : \mathcal{L} \to \mathrm{End}(V)$$

of $\mathcal{L}$ on a finite dimensional complex vector space V such that L is the set of weights of ρ ([11], Ex. 21.5). For any root $\alpha \in \Phi$, the endomorphism

$\rho(X_\alpha)^n = 0$ when n is big enough so it makes sense to define G as the group of endomorphisms of V generated by the exponentials

$$\exp(t\,\rho(X_\alpha)) = \sum_{n\geq 0} t^n \,\frac{\rho(X_\alpha)^n}{n!}$$

for all $t \in \mathbb{C}$ and $\alpha \in \Phi$.

One can choose a basis of V such that its $\mathbb{Z}$-span M is stable by the action of every endomorphism $\frac{\rho(X_\alpha)^n}{n!}$, $n \geq 1$, $\alpha \in \Phi$ (such a lattice is called *admissible*). If the embedding $G \subset \mathrm{GL}_r(\mathbb{C})$ is defined by such a basis ($r = \dim_{\mathbb{C}} V$), G is the set of zeroes of polynomials with $\mathbb{Q}$-coefficients ([26], § 5, Th. 6). It can be shown [7] [26] that, up to canonical isomorphism, the linear algebraic group G over $\mathbb{Q}$ depends only on Φ and L.

When $L = L_0$, the group G is called *adjoint*, and when $L = L_1$ it is called *simply connected* (or "universal").

3.3.2

Let Φ, L, ρ and M be as above. The group $G(\mathbb{Z}) = \{g \in G$ such that $g(M) = M\}$ is an arithmetic subgroup of G. Up to canonical isomorphism (defined by means of polynomials with integral coefficients, respecting the inclusion $G(\mathbb{Z}) \subset G(\mathbb{Q})$) it depends only on Φ and L. In fact, Chevalley proves in [7] that (Φ, L) defines an affine group scheme $G_{\mathbb{Z}}$ over $\mathbb{Z}$, and

$$G(\mathbb{Z}) = \mathrm{Hom}(\mathrm{Spec}(\mathbb{Z}), G_{\mathbb{Z}})$$

is its set of integral points.

3.4

The group of integral points of the simply connected Chevalley group scheme of type A_n (resp. B_n) is the group $\mathrm{SL}_n(\mathbb{Z})$ of integral matrices with determinant one (resp. the group $\mathrm{Sp}_{2n}(\mathbb{Z})$ of symplectic matrices in $\mathrm{SL}_{2n}(\mathbb{Z})$).

Another example is the simply connected Chevalley group scheme G of type E_7 over $\mathbb{Z}$ and its set $G(\mathbb{Z})$ of integral points. Consider the split Lie group $E_{7(+7)}$ of type E_7 and its fundamental representation $E_{7(+7)} \subset \mathrm{Sp}_{56}(\mathbb{R})$ of dimension 56, as described in [8], Appendix B. Let $E_7(\mathbb{Z}) = E_{7(+7)} \cap \mathrm{Sp}_{56}(\mathbb{Z})$ as in [10]. We shall prove in the Appendix that

$$E_7(\mathbb{Z}) = G(\mathbb{Z})\,. \tag{3.1}$$

3.5

Assume F is a number field (a finite extension of $\mathbb{Q}$). We can define linear algebraic groups G over F in the same way as when $F = \mathbb{Q}$, by choosing a complex embedding of F or more intrinsically as in 3.2 Remark 1). Matrices in G with coefficients in the integers of F are arithmetic groups.

However, these definitions do *not* enlarge the class of arithmetic groups. Indeed $G(F)$ can be viewed as the group of rational points $H(\mathbb{Q}) = G(F)$, where $H = \mathrm{Res}_{F/\mathbb{Q}}\, G$ is the *restriction of scalars* of G from F to $\mathbb{Q}$ ([3] 7.16, [21] Chapter 3, § 6.1).

For example, let $d > 0$ be a positive integer which is not a square. Consider the subgroup H of $\mathrm{GL}_2(\mathbb{C})$ made of matrices $g = (g_{ij})$ such that $g_{11} = g_{22}$, $g_{21} = d g_{12}$ and $\det(g) = 1$. In other words each $g \in H$ can be written

$$g = x \cdot 1 + y \cdot \sigma$$

where $\sigma = \begin{pmatrix} 0 & 1 \\ d & 0 \end{pmatrix}$. Note that $\sigma^2 = d \cdot 1$. The group H is the restriction of scalars $\mathrm{Res}_{F/\mathbb{Q}}\, \mathrm{GL}_1$ where $F = \mathbb{Q}(\sqrt{d})$. Note that $H(\mathbb{R})$ is isomorphic to $\mathbb{R}^*$ (map $x \cdot 1 + y \cdot \sigma$ to $x + y\sqrt{d}$) but H is not isomorphic to GL_1 over $\mathbb{Q}$. We have $H(\mathbb{Q}) = F^*$, and the group of units $\mathcal{O}_F^*$ is an arithmetic subgroup of H.

4 The reduction theory of arithmetic groups

4.1

Theorem 1 can be extended to all arithmetic subgroups of reductive groups. We first need some definitions. A linear algebraic group U is called *unipotent* (resp. *solvable*) when there exists a finite filtration $\cdots \subset U_i \subset U_{i+1} \subset \cdots \subset U$ of U by (Zariski) closed normal subgroups such that each quotient U_{i+1}/U_i is isomorphic (over $\mathbb{Q}$) to the additive group (resp. is abelian). If G is any linear algebraic group over $\mathbb{Q}$, the *unipotent radical* $R_u(G)$ (resp. the *radical* $R(G)$) is the maximal closed connected unipotent (resp. solvable) normal subgroup of G. Of course $R_u(G)$ is contained in $R(G)$. The group G is called *reductive* (resp. *semi-simple*) when $R_u(G) = \{1\}$ (resp. $R(G) = \{1\}$).

Let G be a reductive linear algebraic group over $\mathbb{Q}$, let G^0 be the connected component of the unit element $1 \in G$, and let P be a minimal *parabolic subgroup* of G^0 over $\mathbb{Q}$, i.e. a minimal closed connected subgroup $P \subset G^0$ such that the variety G/P^0 is projective. According to [3], Th. 11.4, i), one can write P as a product of subgroups

$$P = M \cdot S \cdot U\,, \tag{4.1}$$

where $U = R_u(P)$ and S is a maximal split $\mathbb{Q}$-torus of P (i.e. S is isomorphic over $\mathbb{Q}$ to a power of the multiplicative group). Let $X(Z(S))$ be the set of characters $\chi : Z(S) \to \mathrm{GL}_1$ over $\mathbb{Q}$ of the centralizer $Z(S)$ of S in G^0. Then M is defined as the connected component of 1 in the intersection $\cap \ker(\chi)$ of the kernels of all the characters $\chi \in X(Z(S))$.

Furthermore, if $G(\mathbb{R}) = G \cap \mathrm{GL}_N(\mathbb{R})$ is the group of real points of G and K a maximal compact subgroup of this Lie group $G(\mathbb{R})$, we may write, according to [3] 11.19,

$$G(\mathbb{R}) = P(\mathbb{R}) \cdot K = M^0 \cdot N \cdot A \cdot K \tag{4.2}$$

where M^0 (resp. A) is the (usual) connected component of 1 in $M(\mathbb{R})$ (resp. $S(\mathbb{R})$), and $N = U(\mathbb{R})$. The decomposition (4.2) generalizes the Iwasawa decomposition.

4.2

For example, when $G = \mathrm{GL}_N(\mathbb{C})$, we can choose for K the group $O_N(\mathbb{R})$ of orthogonal matrices, for P lower triangular matrices, for S diagonal ones, for N lower unipotent matrices and $M = \{1\}$. Define a map from $\mathrm{GL}_N(\mathbb{R})$ to the space X of real positive definite quadratic forms by the formula

$$\varphi(x) = \|{}^t g(x)\|^2 .$$

Using this map, we see that (4.2) follows from (2.1) in this case.

4.3

We come back to the notations of § 4.1. Let $X(S) = \mathrm{Hom}_S(S, \mathrm{GL}_1)$ be the set of characters of S over $\mathbb{Q}$, and let $\Phi \subset X(S)$ be the set of roots of G. The group U defines an ordering of Φ ([3], 11.6 (3)) and we let $\Delta \subset \Phi$ be the set of positive simple roots. For any real number $t > 0$ let

$$A_t = \{a \in A |\, \alpha(a) \leq t \text{ for all } \alpha \in \Delta\} .$$

If ω is any compact neighbourhood of 1 in $M^0 \cdot N$ we define

$$\mathfrak{S}_{t,\omega} = \omega \cdot A_t \cdot K , \tag{4.3}$$

a subset of $G(\mathbb{R})$ by (4.2). This set $\mathfrak{S}_{t,\omega}$ is called a *Siegel set.*

Theorem 4. *Let G be a reductive linear algebraic group over $\mathbb{Q}$ and Γ an arithmetic subgroup of G.*

i) ([3], Th. 1.3.1) *One can choose $t > 0$ and ω as above, and a finite subset C in $G(\mathbb{Q})$ such that*
$$G(\mathbb{R}) = \Gamma \cdot C \cdot \mathfrak{S}_{t,\omega} .$$
ii) ([3], Th. 15.4) *For any choice of t and ω, and any $g \in G(\mathbb{Q})$, the set of elements $\gamma \in \Gamma$ such that $g \cdot \mathfrak{S}_{t,\omega}$ meets $\gamma \cdot \mathfrak{S}t, \omega$ is* finite.
iii) ([3], Lemma 12.5) *The Haar measure of any Siegel set is finite iff the set of rational characters $X(G^0)$ is trivial.*

Corollary 5. *With the same hypotheses:*

i) *The quotient* $\Gamma\backslash G(\mathbb{R})$ *is compact iff* G *is* anisotropic *over* $\mathbb{Q}$ (i.e. $S = U = \{1\}$).
ii) *The (invariant) volume of* $\Gamma\backslash G(\mathbb{R})$ *is finite iff* G^0 *has no nontrivial character over* $\mathbb{Q}$ *(e.g. if* G *is semi-simple).*

II. Some algebraic properties of arithmetic groups

5 Presentations

5.1

Let S be a set. The *free group* $F(S)$ over S is defined by the following universal property: S is contained in $F(S)$ and, given any group G and any map of sets $\varphi : S \to G$, there exists a unique group morphism $\tilde{\varphi} : F(S) \to G$ which coincides with φ on S, i.e. such that the diagram

$$\begin{array}{ccc} F(S) & \xrightarrow{\tilde{\varphi}} & G \\ \nwarrow & & \nearrow_{\varphi} \\ & S & \end{array}$$

commutes.

Clearly $F(S)$ is unique up to unique isomorphism. A construction of $F(S)$ is given in [14] I, § 8, Prop. 7.

5.2

Given a group G, a *presentation* of G is a pair (S, R) where $S \subset G$ is a subset of G and $R \subset F(S)$ is a subset of the free group over S such that

i) S spans G, i.e. the canonical map $F(S) \to G$ is surjective;
ii) the kernel of the map $F(S) \to G$ is the smallest normal subgroup $\langle R \rangle$ of $F(S)$ containing R.

It follows from i) and ii) that G is isomorphic to $F(S)/\langle R \rangle$. We say that G is generated by S, with relations $r = 1$ for all $r \in R$.

When S and R are finite, (S, R) is a *finite presentation* of G.

5.3

For example, when $S = \{x, y\}$ consists of two elements and $R = \{x^2, y^2, (xy)^3\}$ the group $G = F(S)/\langle R \rangle$ is the group S_3 of permutations of three elements. This can be seen by mapping x (resp. y) to the permutation $(123) \to (213)$ (resp. $(123) \to (132)$).

5.4

Here are two finite presentations of $\mathrm{SL}_2(\mathbb{Z})$:

a) $\mathrm{SL}_2(\mathbb{Z})$ is generated by $x = \begin{pmatrix} 1 & 1 \\ 0 & 1 \end{pmatrix}$ and $y = \begin{pmatrix} 1 & 0 \\ 1 & 1 \end{pmatrix}$ with relations

$$(x^{-1}\, y\, x^{-1})^4 = 1 \qquad \text{and} \qquad x\, y^{-1}\, x = y^{-1}\, x\, y^{-1} .$$

b) $\mathrm{SL}_2(\mathbb{Z})$ is generated by $W = \begin{pmatrix} 0 & -1 \\ 1 & 0 \end{pmatrix}$ and $A = \begin{pmatrix} 1 & -1 \\ 1 & 0 \end{pmatrix}$ with relations $W^2 = A^3$ and $W^4 = 1$.

5.5

In general we have the following

Theorem 6 ([4], [23]). *Let Γ be an arithmetic subgroup of a linear algebraic group G over $\mathbb{Q}$. Then Γ is finitely presented.*

In other words, Γ admits a finite presentation. Let us indicate why Γ is finitely generated. Let K be a maximal compact subgroup of $G(\mathbb{R})$ and $X = G(\mathbb{R})/K$. We claim that we can find a closed subset $D \subset X$ such that

a) $\Gamma \cdot D = X$;
b) the subset $S \subset \Gamma$ of those γ such that $\gamma \cdot D \cap D \neq \emptyset$ is finite.

Indeed, when G is reductive we can take for D the union $\bigcup\limits_{g \in C} g \cdot \mathfrak{S}_{t,\omega}$ of finitely many translates of a (well chosen) Siegel set; see Theorem 4, i) and ii). When G is arbitrary, it is a semi-direct product

$$G = R_u(G) \cdot H, \tag{5.1}$$

where H is reductive over $\mathbb{Q}$ ([3] 7.15) and $R_u(G)$ is the unipotent radical of G. The quotient $(R_u(G) \cap \Gamma) \backslash R_u(G)$ is compact so we can choose a compact subset $\Omega \subset R_u(G)$ such that $R_u(G) = (R_u(G) \cap \Gamma) \cdot \Omega$. Let $D' \subset H(\mathbb{R})/K$ be such that a) and b) are true for D' and $\Gamma \cap H$ (note that $K \cap R_u(G)$ is trivial). Then one can check that $D = \Omega \cdot D'$ and Γ satisfy a) and b).

From this we derive that S spans Γ. Indeed, it follows from (4.2) and (5.1) that X is homeomorphic to a euclidean space and, in particular, it is path connected. Given $\gamma \in \Gamma$, choose a continuous path $c : [0,1] \to X$ such that $x = c(0)$ lies in D and $c(1) = \gamma \cdot x$. Since $c([0,1])$ is compact, there exists a finite sequence $\gamma_1, \dots, \gamma_k$ in Γ such that $\gamma_1 = 1$, $\gamma_i \cdot D \cap \gamma_{i+1} \cdot D \neq \emptyset$ when $i < k$, and $\gamma_k = \gamma$. Define $s_i = \gamma_i^{-1} \gamma_{i+1}$, $i < k$. Since $s_i \cdot D \cap D \neq \emptyset$, these elements lie in S. On the other hand,

$$\gamma = s_1 \dots s_{k-1} ,$$

therefore S spans Γ.

5.6

Theorem 6 gives us general information, but it is still of interest to have explicit presentations of arithmetic groups. For instance, consider the case of $\mathrm{SL}_N(\mathbb{Z})$, $N \geq 3$. For any pair of indices (i,j), $1 \leq i \neq j \leq N$, denote by $x_{ij} \in \mathrm{SL}_N(\mathbb{Z})$ the matrix which is equal to one on the diagonal and at the entry (i,j), and zero otherwise:

$$x_{ij} = \begin{pmatrix} 1 & 0 & & & j & \\ & 1 & 0 & & \vert & \\ & & 1 & & 1 & -i \\ & 0 & & \ddots & 0 & \\ & & 0 & & 1 & \\ & & & 0 & 1 & \\ & & & & & 1 \end{pmatrix} .$$

These matrices x_{ij}, $1 \leq i \neq j \leq N$, generate $\mathrm{SL}_N(\mathbb{Z})$, and the following relations give a presentation:

$$[x_{ij}, x_{k\ell}] = 1 \qquad \text{if } j \neq k \text{ and } i \neq \ell\,;$$

$$[x_{ij}, x_{jk}] = x_{ik} \qquad \text{if } i,j,k \text{ are distinct}\,;$$

$$(x_{12}\, x_{21}^{-1}\, x_{12})^4 = 1\,.$$

As usual, $[g,h]$ is the commutator $ghg^{-1}h^{-1}$. This fact is due to Magnus and Nielsen (see [20] Cor. 10.3).

Remark. When $N \geq 3$, there are known bounds for the number of elementary matrices x_{ij}^a, $a \in \mathbb{Z}$, needed to write any element of $\mathrm{SL}_N(\mathbb{Z})$ [6]. For instance, any element of $\mathrm{SL}_3(\mathbb{Z})$ is the product of at most 60 elementary matrices.

5.7

The group $\mathrm{SL}_N(\mathbb{Z})$ can be generated by two elements only, for instance x_{21} and the matrix (g_{ij}) where

$$g_{ij} = \begin{cases} 1 & \text{if } 1 \leq i \leq N-1 \text{ and } j = i+1 \\ (-1)^N & \text{if } (i,j) = (N,1) \\ 0 & \text{otherwise} \end{cases}$$

([9], p.83). For a (long) list of defining relations between these two matrices, see [9], p.85.

5.8

Let Φ be a root system and L a lattice such that $L_0 \subset L \subset L_1$ as in 3.3.1. Let $G(\mathbb{Z})$ be the associated arithmetic group (3.3.2).

Choose a faithful representation $\rho : \mathfrak{L} \to \mathrm{End}(V)$ with weight lattice L as in 3.3.1. The group $G(\mathbb{Z})$ is then generated by the endomorphisms

$$x_\alpha = \exp(\rho(X_\alpha)) \in \mathrm{End}(V)$$

([26], Th. 18, Cor. 3, Example).

Assume furthermore that Φ is irreducible, $\Phi \neq A_1$, and $L = L_1$ (so that the Chevalley group G is simple, simply connected and different from SL_2). The following relations define $G(\mathbb{Z})$ (and generalize 5.6) ([2], Satz 3.1):

$$[x_\alpha, x_\beta] = \prod_{i,j} x_{i\alpha+j\beta}^{N(\alpha,\beta;i,j)} \quad \text{when } \alpha+\beta \neq 0\,;$$

$$(x_\alpha^{-1}\, x_{-\alpha}\, x_\alpha^{-1})^4 = 1 \qquad \text{for any simple root } \alpha.$$

Here i and j run over positive integers and the integers $N(\alpha,\beta;i,j)$ are almost all zero ($N(\alpha,\beta;1,1) = N_{\alpha\beta}$ are the constants defining the Chevalley basis in 3.3.1).

6 Finite subgroups

6.1

Theorem 7 ([4] [23]). *Let Γ be an arithmetic subgroup of a linear algebraic group G over $\mathbb{Q}$. Up to conjugation, Γ contains only finitely many finite subgroups.*

Proof. Let $X = G(\mathbb{R})/K$ and $D \subset X$ be as in the proof of Theorem 6. Any finite subgroup $F \subset \Gamma$ is contained in a maximal compact subgroup K' of $G(\mathbb{R})$. Since $K' = g\,K\,g^{-1}$ is conjugate to K, the point $x = g\,K$ in X is fixed by all $\gamma \in F$.

Let $y \in D$ and $\gamma' \in \Gamma$ be such that $x = \gamma'(y)$. Then, for all $\gamma \in F$, we have

$$\gamma'^{-1}\,\gamma\,\gamma'(y) = y\,.$$

In particular $\gamma'^{-1}\,\gamma\,\gamma'(D)$ meets D and $\gamma'^{-1}\,\gamma\,\gamma'$ lies in the finite set S (Theorem 6, b)). This proves our assertion.

6.2

Theorem 8. *If Γ is an arithmetic subgroup of G, there exists a subgroup of finite index $\Gamma' \subset \Gamma$ which is torsion free.*

Proof. By definition (3.1), Γ is commensurable with $G \cap \mathrm{GL}_N(\mathbb{Z})$ for some embedding of G in $\mathrm{GL}_N(\mathbb{C})$. So it is enough to prove Theorem 8 for $\mathrm{GL}_N(\mathbb{Z})$.

It follows from the following lemma.

Lemma 9. *Let $p \geq 3$ be a prime integer and Γ the set of elements $\gamma \in \mathrm{GL}_N(\mathbb{Z})$ which are congruent to the identity modulo p. Then Γ is a torsion free subgroup of $\mathrm{GL}_N(\mathbb{Z})$.*

Proof. Clearly Γ is a subgroup of $\mathrm{GL}_N(\mathbb{Z})$. If it was not torsion free, it would contain an element of prime order, say $\ell > 1$, so there would exist a square matrix $m \in M_N(\mathbb{Z})$ not divisible by p and some integer $\alpha \geq 1$ such that

$$(1 + p^\alpha\, m)^\ell = 1\,. \tag{6.1}$$

From the binomial formula, we deduce from (6.1) that

$$\ell\, p^\alpha\, m = -\sum_{i=2}^{\ell} \binom{\ell}{i}\, p^{\alpha i}\, m^i\,. \tag{6.2}$$

When $\ell \neq p$, the exact power of p dividing $\ell\, p^\alpha\, m$ is p^α. But the right hand side of (6.2) is divisible by $p^{2\alpha}$, so we get a contradiction.

When $\ell = p$, $p^{\alpha+1}$ is the exact power of p dividing the left hand side of (6.2). When $2 \leq i < p$, p divides $\binom{p}{i}$, therefore $p^{2\alpha+1}$ divides $\binom{p}{i} p^{\alpha i}$. Finally, since $p \geq 3$, $p^{\alpha p}$ is also divisible by $p^{2\alpha+1}$. Therefore $p^{2\alpha+1}$ divides the right hand side of (6.2) and we get again a contradiction.

6.3

From Lemma 9, Minkowski got some information on the order of the finite subgroups of $\mathrm{GL}_N(\mathbb{Z})$ ([19] 212-218, [5] § 7, Exercises 5-8). Indeed, when $p \geq 3$, any finite subgroup $F \subset \mathrm{GL}_N(\mathbb{Z})$ maps injectively into the quotient group $\mathrm{GL}_N(\mathbb{Z}/p)$, the order of which is

$$a(N,p) = (p^N - 1)(p^N - p) \cdots (p^N - p^{N-1})\,.$$

If ℓ is an odd prime, and if the reduction of p modulo ℓ^2 is a generator of $(\mathbb{Z}/\ell^2\,\mathbb{Z})^*$, the power of ℓ dividing $a(N,p)$ is exactly $\ell^{r(\ell,N)}$ with

$$r(\ell,N) = \left[\frac{N}{\ell-1}\right] + \left[\frac{N}{\ell(\ell-1)}\right] + \left[\frac{N}{\ell^2(\ell-1)}\right] + \cdots\,,$$

where $[x]$ denotes the integral part of the real number x. Conversely, it can be shown (loc. cit.) that $\mathrm{GL}_N(\mathbb{Z})$ contains a finite subgroup of order $\ell^{r(\ell,N)}$.

The same results are true when $\ell = 2$ and

$$r(2,N) = N + \left[\frac{N}{2}\right] + \left[\frac{N}{4}\right] + \cdots .$$

If we denote by $m(N)$ the product over all primes ℓ of $\ell^{r(\ell,N)}$, we conclude that $m(N)$ is the least common multiple of the cardinality of the finite subgroups of $\mathrm{GL}_N(\mathbb{Z})$. For instance

$$m(2) = 24\,,\ m(3) = 48\,,\ m(4) = 5760, \ldots$$

6.4

Let us come back to $\mathrm{SL}_2(\mathbb{Z})$.

Theorem 10. *Let $\Gamma \subset \mathrm{SL}_2(\mathbb{Z})$ be any torsion free subgroup. Then Γ is a free group.*

Proof. Let $\mathcal{H}$ be the Poincaré upper half-plane. Recall from Theorem 1 that $\mathrm{SL}_2(\mathbb{Z})$ acts upon $\mathcal{H}$ with fundamental domain the set D of those $z \in \mathcal{G}$ such that $|z| \geq 1$ and $|\mathrm{Re}(z)| \leq 1/2$.

The stabilizer in $\mathrm{SL}_2(\mathbb{Z})$ of any $z \in \mathcal{H}$ is finite. Indeed $\mathcal{H} = \mathrm{SL}_2(\mathbb{R})/\mathrm{SO}_2(\mathbb{R})$ hence the stabilizer of z is the intersection of the discrete group $\mathrm{SL}_2(\mathbb{Z})$ with a conjugate of the compact group $\mathrm{SO}_2(\mathbb{R})$. Since Γ is torsion free, it acts freely on $\mathcal{H}$ (it has no fixed point).

Let $D_0 \subset D$ be the set of points $z \in \mathcal{H}$ such that $|z| = 1$ and $|\mathrm{Re}(z)| \leq 1/2$, and

$$Y = \mathrm{SL}_2(\mathbb{Z}) \cdot D_0$$

the union of the translates of D_0 under $\mathrm{SL}_2(\mathbb{Z})$:

Proposition 11 ([24]). *The set Y is (the topological realization of) a tree.*

Proof of Proposition 11. Clearly Y is a graph, and we want to show that Y can be contracted (deformed) to a point. Consider the retraction of D onto D_0 which maps $z \in D$ to the point $z' \in D_0$ with the same abcissa as z. When $z \in D - D_0$ and $\gamma(z) \in D$ we know that $\gamma(z) = z \pm 1$ (1.2, Remark). Therefore this retraction commutes with the action of $\mathrm{SL}_2(\mathbb{Z})$ on D, and it can be extended to a retraction of $\mathcal{H} = \mathrm{SL}_2(\mathbb{Z}) \cdot D$ onto $Y = \mathrm{SL}_2(\mathbb{Z}) \cdot D_0$. Since $\mathcal{H}$ is contractible to a point, the same is true for Y. q.e.d.

To end the proof of Theorem 10 note that Γ acts freely on the tree Y, so it can be identified with the fundamental group of the quotient:

$$\Gamma = \pi_1(\Gamma\backslash Y)\,.$$

This quotient $\Gamma\backslash Y$ is a connected graph and we have:

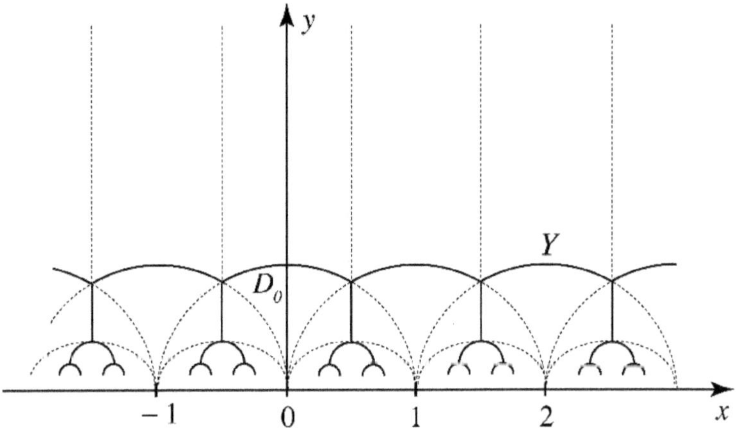

Fig. 3.

Proposition 12. *Let $\mathcal{X}$ be a connected graph. Then $\pi_1(\mathcal{X})$ is free.*

Proof. Choose a maximal tree $T \subset \mathcal{X}$. Clearly T contains all the vertices of $\mathcal{X}$. Therefore, after contracting T, $\mathcal{X}$ becomes a "bouquet" of circles B. We get

$$\pi_1(\mathcal{X}) = \pi_1(B) = F(S)\,,$$

where S is the set of circles in B.

6.5

Let $\Gamma \subset \mathrm{SL}_2(\mathbb{Z})$ be torsion free with finite index $e = [\mathrm{SL}_2(\mathbb{Z}) : \Gamma]$. It can be shown that 12 divides e (see 6.6 below) and that the number of generators of Γ is $1 + \frac{e}{12}$.

For instance, the subgroup of commutators

$$\Gamma = [\mathrm{SL}_2(\mathbb{Z}), \mathrm{SL}_2(\mathbb{Z})]$$

has index 12 in $\mathrm{SL}_2(\mathbb{Z})$. It is free on the two generators $\begin{bmatrix} 2 & 1 \\ 1 & 1 \end{bmatrix}$ and $\begin{bmatrix} 1 & 1 \\ 1 & 2 \end{bmatrix}$.

6.6

Let $N \geq 2$ and let $\Gamma \subset \mathrm{SL}_N(\mathbb{Z})$ be a torsion free normal subgroup of $\mathrm{SL}_N(\mathbb{Z})$. Any finite subgroup of $\mathrm{SL}_N(\mathbb{Z})$ maps injectively into the quotient $\mathrm{SL}_N(\mathbb{Z})/\Gamma$. Therefore the index $[\mathrm{SL}_N(\mathbb{Z}) : \Gamma]$ is divisible by $m(N)/2$, where $m(N)$ is as in 6.3. We have just seen that $\mathrm{SL}_2(\mathbb{Z})$ contains a torsion free subgroup of index $m(2)/2 = 12$. But, when $N \geq 3$, I do not know what the minimal index of a torsion free subgroup of $\mathrm{SL}_N(\mathbb{Z})$ is (a question raised by W. Nahm).

III. Rigidity

7 The congruence subgroup problem

7.1

Let $G \subset \mathrm{GL}_N(\mathbb{C})$ be a linear algebraic group over $\mathbb{Q}$ and $\Gamma \subset G(\mathbb{Q})$ an arithmetic subgroup. For any $a \geq 1$ we define a *congruence subgroup* $\Gamma(a)$ of Γ. It consists of those matrices in $\Gamma \cap \mathrm{GL}_N(\mathbb{Z})$ which are congruent to the identity modulo a. This is a subgroup of finite index in Γ.

Definition. *We say that G has property (CS) if any $\Gamma' \subset \Gamma$ of finite index contains a congruence subgroup $\Gamma(a)$.*

It can be shown that this property depends on G only and neither on the choice of Γ nor on the embedding $G \subset \mathrm{GL}_N(\mathbb{C})$.

Theorem 13.

i) ([1] [27] [18]) *If Φ is an irreducible root lattice different from A_1 and if $L = L_1$, the (simple and simply connected) Chevalley group G attached to Φ and L (see 3.3.1) has property (CS).*
ii) *The group SL_2 does not satisfy (CS) (see Corollary 18 below).*

7.2

Let us define *projective limits* of groups. Consider a partially ordered set I such that, for any i, j in I, there is some $k \in I$ with $k \geq i$ and $k \geq j$. Assume given a family of groups G_i, $i \in I$, and morphisms $\varphi_{ji} : G_j \to G_i$, when $j \geq i$, such that $\varphi_{ii} = \mathrm{id}$ and $\varphi_{ki} = \varphi_{ji} \circ \varphi_{kj}$ when $k \geq j \geq i$. By definition, the projective limit $\varprojlim_i G_i$ is the group consisting of families $(g_i)_{i \in I}$ such that $g_i \in G_i$ and $\varphi_{ji}(g_j) = g_i$ if $j \geq i$.

When $\Gamma \subset G(\mathbb{Q})$ is an arithmetic group, we can consider two projective limits. The first one is

$$\hat{\Gamma} = \varprojlim_N \Gamma/N \, ,$$

where N runs over all normal subgroups of finite index in Γ. We can also define

$$\tilde{\Gamma} = \varprojlim_a \Gamma/\Gamma(a) \, ,$$

where $\Gamma(a)$, $a \geq 1$, runs over all congruence subgroups of Γ. There is a surjective map

$$\hat{\Gamma} \to \tilde{\Gamma}$$

and we let $C(\Gamma)$ be the kernel of this map. The group $C(\Gamma)$ is trivial iff G has property (CS).

Note also that we have an inclusion

$$\tilde{\Gamma} \to \widetilde{\mathrm{GL}_N(\mathbb{Z})} = \mathrm{GL}_N(\mathbb{A}_f)\,,$$

where $\mathbb{A}_f = \varprojlim_a \mathbb{Z}/a\mathbb{Z}$ is the ring of finite adeles. In [1] (16.1), Bass, Milnor and Serre considered the following properties:

a) $C(\Gamma)$ is finite;
b) the image of $\hat{\Gamma} \to \mathrm{GL}_N(\mathbb{A}_f)$ contains a congruence subgroup of $\mathrm{GL}_N(\mathbb{Z})$.

They conjectured that a) and b) are true when G is simple and simply connected over $\mathbb{Q}$ (and not necessarily split). Under these assumptions, the assertion a) is known today in many cases: see [22] § 9.5, where G can also be defined over some number field. And the assertion b) is true when $G(\mathbb{R})$ is not compact, by the strong approximation theorem ([1] loc. cit., [22] Th. 7.12).

7.3

The interest of a) and b) is the following "rigidity" result ([1] Theorem 16.2):

Proposition 14. *Assume G is a semi-simple group which is simply connected (i.e. G does not have any nontrivial central extension), let $\Gamma \subset G(\mathbb{Q})$ be an arithmetic subgroup satisfying* a) *and* b) *in* 7.2, *and let*

$$\rho : \Gamma \to \mathrm{GL}_N(\mathbb{Q})$$

be any representation. Then there exists an algebraic group morphism

$$\varphi : G \to \mathrm{GL}_N$$

and a subgroup of finite index $\Gamma' \subset \Gamma$ such that the restrictions of ρ and φ to Γ' coincide.

Remark. Stronger results were obtained later by Margulis [18]; see below Theorem 22.

7.4

We derive from Proposition 14 several consequences.

Corollary 15. *Let G and Γ be as in Proposition* 14 *and let*

$$\Gamma \to \mathrm{Aut}(V)$$

be any representation of Γ on a finite dimensional $\mathbb{Q}$-vector space. Then V contains a lattice stable by Γ.

Proof. Let $\varphi : G \to \mathrm{Aut}(V)$ and $\Gamma' \subset \Gamma$ be chosen as in the proposition. Then $\varphi(\Gamma')$ is contained in an arithmetic subgroup of $\mathrm{Aut}(V)$ (see Proposition 3), hence there is a lattice Λ' in V stable by Γ' (or a finite index subgroup). Let $S \subset \Gamma$ be a set of representatives of Γ modulo Γ'. The lattice

$$\Lambda = \sum_{s \in S} s(\Lambda')$$

in V is stable by Γ.

Corollary 16. *Let G and Γ be as in Proposition* 14 *and let*

$$0 \to V' \to V \to V'' \to 0$$

be an exact sequence of finite dimensional representations of Γ over $\mathbb{Q}$. This sequence splits.

Proof. Choose $\Gamma' \subset \Gamma$ such that the restriction of the exact sequence to Γ' is induced by an exact sequence of algebraic representations of G. Since G is semi-simple, hence reductive, this sequence of representations is split by a section $\sigma' : V'' \to V$ which commutes with the action of G and Γ'. If S is a set of representatives of Γ modulo Γ', the formula

$$\sigma(x) = \frac{1}{\mathrm{Card}(S)} \sum_{s \in S} s\, \sigma'\, s^{-1}(x)\,,$$

$x \in V''$, defines a Γ-equivariant splitting of the exact sequence.

Corollary 17. *When G and Γ are as in Proposition* 14, *the abelian group $\Gamma/[\Gamma,\Gamma]$ is finite.*

Proof. The quotient $\Gamma/[\Gamma,\Gamma]$ of Γ by its commutator subgroup is abelian and finitely generated. If it was infinite there would exist a nontrivial morphism

$$\chi : \Gamma \to \mathbb{Z}\,.$$

Let $V = \mathbb{Q}^2$ be equipped with the Γ-action $\Gamma \to \mathrm{Aut}(V)$ which maps γ to $\begin{pmatrix} 1 & \chi(\gamma) \\ 0 & 1 \end{pmatrix}$. We get an exact sequence

$$0 \to V' \to V \to V'' \to 0$$

where Γ acts trivially on $V' \simeq V'' \simeq \mathbb{Q}$. Since χ is nontrivial, this sequence is not trivial, and this contradicts Corollary 16.

Corollary 18. *The group* SL_2 *does not satisfy (CS).*

Proof. Let $\Gamma \subset \mathrm{SL}_2(\mathbb{Z})$ be any arithmetic subgroup. We shall prove that $C(\Gamma)$ is infinite. If $\Gamma' \subset \Gamma$ is a torsion free subgroup of finite index, the morphism

$$C(\Gamma') \to C(\Gamma)$$

has finite kernel and cokernel, therefore we can assume $\Gamma' = \Gamma$. But then, by Theorem 10, Γ is free, therefore $\Gamma/[\Gamma,\Gamma]$ is a nontrivial free abelian group. The group SL_2 satisfies the strong approximation theorem, therefore b) in 7.2 is true. From Proposition 14 and Corollary 17, we conclude that a) is not true, *i.e.* $C(\Gamma)$ is infinite.

8 Kazhdan's property (T)

Let G be a topological group and π a unitary representation of G in a Hilbert space $\mathcal{H}$. We say that π *contains almost invariant vectors* when, for every $\varepsilon > 0$ and every compact subset $K \subset G$, there is a vector $v \in \mathcal{H}$, $v \neq 0$, such that

$$\|\pi(g)\, v - v\| < \varepsilon$$

for all $g \in K$.

The group G has *property (T)* when any unitary representation π which contains almost invariant vectors has an invariant vector (a $w \neq 0$ such that $\pi(g)\, w = w$ for all $g \in G$).

Theorem 19 ([13] [29]).

i) *Assume that G is locally compact and that $\Gamma \subset G$ is a closed subgroup such that the invariant volume of $\Gamma \backslash G$ is finite. Then G has property (T) iff Γ has property (T).*
ii) *Assume Γ is discrete and has property (T). Then Γ is finitely generated and $\Gamma/[\Gamma,\Gamma]$ is finite.*

Theorem 20 ([21] Theorem 3.9, p.19). *Let G be a simple connected Lie group. Then G has property (T) iff it is not locally isomorphic to* $\mathrm{SO}(n,1)$ *or* $\mathrm{SU}(n,1)$, $n \geq 2$.

(Recall that G is simple if it does not contain any proper nontrivial closed normal connected subgroup).

We can combine Theorem 19 i), Corollary 5 ii) and Theorem 20 to show that some arithmetic groups have property (T). For instance, $\mathrm{SL}_N(\mathbb{Z})$ has property (T) iff $N \geq 3$. For an "effective" version of that result, see [12].

9 Arithmeticity

9.1

When G is semi-simple over $\mathbb{Q}$, we know from Corollary 5 ii) that any arithmetic subgroup $\Gamma \subset G(\mathbb{Q})$ has finite covolume in $G(\mathbb{R})$. A famous conjecture of Selberg asked for a converse to this assertion. It was proved by Margulis [16]. We state his theorem for simple Lie groups.

Theorem 21 ([16]). *Let H be a connected simple non-compact Lie group of rank bigger than one, and $\Gamma \subset H$ a discrete subgroup of finite covolume. Then Γ is "arithmetic".*

We need to explain what being "arithmetic" means: there exists a linear algebraic group G over $\mathbb{Q}$, an arithmetic subgroup Γ' of G, a compact Lie group K and an isomorphism of Lie groups

$$G(\mathbb{R}) \simeq H \times K$$

such that the first projection of Γ' into H has finite index in Γ.

9.2

When $H = \mathrm{PSL}_2(\mathbb{R})$ (a case of rank one), Theorem 21 is not true anymore. Indeed, let M be a compact Riemann surface. Uniformization gives an embedding of $\Gamma = \pi_1(M)$ into $\mathrm{PSL}_2(\mathbb{R})$, and the quotient $\Gamma \backslash \mathrm{PSL}_2(\mathbb{R})$ is compact. But, in general, Γ is not arithmetic.

9.3

The proof of Theorem 21 uses the following "superrigidity" theorem, and its non-archimedean analogs (see [17], [21] Theorem 6.2.1 or [29] for a general statement):

Theorem 22. *Let $\Gamma \subset H$ be as in Theorem 21. Assume that G is a semi-simple algebraic group over $\mathbb{R}$ and $f : \Gamma \to G(\mathbb{R})$ is a group morphism such that $f(\Gamma)$ is Zariski dense. Then f is the restriction to Γ of a morphism of Lie groups $H \to G(\mathbb{R})$.*

9.4

Let us conclude this survey with another result of Margulis [15], concerning all normal subgroups of a given arithmetic group:

Theorem 23. *Assume G is a linear algebraic group over $\mathbb{R}$ such that $G(\mathbb{R})$ is connected, simple, not compact and of real rank bigger than one. If $\Gamma \subset G(\mathbb{R})$ is discrete with finite covolume, any normal subgroup $N \subset \Gamma$ has finite index in Γ or it is contained in the center of Γ.*

Appendix

Following E. Cartan, Cremmer and Julia give in [8] the following description of the simple complex Lie algebra of type E_7 and its fundamental representation of dimension 56.

Let $W = \mathbb{C}^8$, with basis e_i, $1 \leq i \leq 8$, and W^* its complex dual, with dual basis e_i^*, $1 \leq i \leq 8$. For any positive integer k, we let $\Lambda^k W$ be the k-th exterior power of W, i.e. the linear subspace of $W^{\otimes k}$ consisting of fully antisymmetric tensors. A basis of $\Lambda^k W$ consists of the vectors

$$e_{i_1} \wedge \ldots \wedge e_{i_k} = \sum_{\sigma \in \mathcal{S}_k} \varepsilon(\sigma)\, e_{i_{\sigma(1)}} \otimes \ldots \otimes e_{i_{\sigma(k)}},$$

with $1 \leq i_1 < i_2 < \ldots < i_k \leq 8$, where $\mathcal{S}_k$ is the permutation group on k letters and $\varepsilon(\sigma)$ is the signature of σ. The exterior product

$$\Lambda^k W \otimes \Lambda^\ell W \to \Lambda^{k+\ell} W$$

sends $(v_1 \wedge \ldots \wedge v_k) \otimes (w_1 \wedge \ldots \wedge w_\ell)$ to $v_1 \wedge \ldots \wedge v_k \wedge w_1 \wedge \ldots \wedge w_\ell$. The basis $e_1 \wedge \ldots \wedge e_8$ gives an identification $\Lambda^8 W = \mathbb{C}$ and, together with the exterior product, an isomorphism

$$(\Lambda^k W)^* = \Lambda^{8-k} W$$

for all $k \leq 8$.

On the other hand, we get a pairing

$$\Lambda^k W \otimes \Lambda^k (W^*) \to \mathbb{C}$$

by sending $(v_1 \wedge \ldots \wedge v_k) \otimes (\lambda_1 \wedge \ldots \wedge \lambda_k)$ to the determinant of the k by k matrix $(\lambda_j(v_i))_{1 \leq i,j \leq k}$. This pairing identifies $\Lambda^k(W^*)$ with $(\Lambda^k W)^*$.

Let now $V = \Lambda^2(W^*) \oplus \Lambda^2(W)$, a complex vector space of dimension 56. The complex Lie algebra $\Lambda = sl_8(\mathbb{C})$ acts upon W, hence on V.

Let $\Sigma = \Lambda^4 W$, so that $\dim_{\mathbb{C}}(\Sigma) = 70$. From the previous discussion, we get natural pairings

$$\Lambda^4 W \otimes \Lambda^2(W^*) \xrightarrow{\sim} (\Lambda^4 W)^* \otimes \Lambda^2(W^*) \to \Lambda^6(W^*) = \Lambda^2(W)$$

and

$$\Lambda^4 W \otimes \Lambda^2 W \to \Lambda^6 W = (\Lambda^2 W)^* = \Lambda^2(W^*).$$

Let

$$\Sigma \otimes V \to V$$

be the action of Σ on V obtained by taking the direct sum of these maps and multiplying the result by 2.

The action of

$$\mathcal{G} = \Lambda \oplus \Sigma$$

on V defines an embedding

$$\mathcal{G} \subset \mathrm{End}(V)\,,$$

which is the one given by formulae (B1) in [8] (the factor 2 above comes from the permutation of k and ℓ in the expression $\sum_{ijk\ell} x^{k\ell}$ of loc.cit.). The vector space $\mathcal{G}$ is stable under the Lie bracket, which is given by formulae (B2) in [8], and the action of $\mathcal{G}$ on V respects the canonical symplectic form on V coming from the pairing

$$\Lambda^2(W^*) \otimes \Lambda^2 W \to \mathbb{C}\,.$$

Therefore $\mathcal{G}$ is contained in $sp_{56}(\mathbb{C})$.

Let us now apply Chevalley's construction to this representation of $\mathcal{G}$ on V. A Cartan subalgebra of $\mathcal{G}$ is the diagonal subalgebra $\mathcal{H} \subset \Lambda$. We let

$$\varepsilon_i : \mathcal{H} \to \mathbb{C}\,, \quad 1 \leq i \leq 8\,,$$

be the character sending a diagonal matrix to its i-th entry. Note that $\varepsilon_1 + \varepsilon_2 + \ldots + \varepsilon_8 = 0$ on $\mathcal{H}$. The action of $\mathcal{H}$ on $\mathcal{G} = \Lambda \oplus \Sigma$ is the restriction of the action of $\Lambda = sl_8(\mathbb{C})$. Therefore the roots of $\mathcal{H}$ are of two types.

The roots of "type Λ" are those given by the action of $\mathcal{H}$ on Λ. These are $\alpha = \varepsilon_i - \varepsilon_j$, for all $i \neq j$, $1 \leq i, j \leq 8$. The corresponding eigenspace $\mathcal{G}_\alpha$ is spanned by $X_\alpha = X_{ij}$, the matrix having 1 as (i,j) entry, all others being zero. There are 63 roots of type Λ.

The roots of "type Σ" are those given by the action of $\mathcal{H}$ on $\Sigma = \Lambda^4 W$. Given four indices $1 \leq i_1 < i_2 < i_3 < i_4 \leq 8$ we get the root $\alpha = \varepsilon_{i_1} + \varepsilon_{i_2} + \varepsilon_{i_3} + e_{i_4}$, with $\mathcal{G}_\alpha$ spanned by

$$X_\alpha = \frac{1}{2}\, e_{i_1} \wedge e_{i_2} \wedge e_{i_3} \wedge e_{i_4}\,.$$

There are 70 roots of type Σ. Let Φ be the set of all roots.

We claim that the vectors X_α and $H_\alpha = [X_\alpha, X_{-\alpha}]$, $\alpha \in \Phi$, form a Chevalley basis of $\mathcal{G}$. According to [11], proof of Proposition 25.2, this will follow if we prove that the Cartan involution σ satisfies

$$\sigma(X_\alpha) = -X_{-\alpha} \tag{9.1}$$

and that the Killing form K is such that

$$K(X_\alpha, X_{-\alpha}) = 2/(\alpha,\alpha)\,, \tag{9.2}$$

for every root $\alpha \in \Phi$.

The Cartan involution σ on $\mathcal{G}$ is the restriction of the Cartan involution on $\mathrm{End}(V)$, so it is the standard one on $\Lambda = sl_8(\mathbb{C})$ and we get

$$\sigma(X_{ij}) = -X_{ji}\,.$$

On the other hand, the pairings of $Z = \Lambda^4 W$ with $\Lambda^2(W^*)$ and $\Lambda^2 W$ are dual to each other. Therefore, if $x \in Z$ we have $\sigma(x) = -x^*$, where x^* is the image of x by the isomorphism

$$\Lambda^4 W \xrightarrow{\sim} (\Lambda^4 W)^* = \Lambda^4(W^*)$$

followed by the identification of W and W^* coming from the chosen bases. This sends $e_1 \wedge e_2 \wedge e_3 \wedge e_4$ to $e_5^* \wedge e_6^* \wedge e_7^* \wedge e_8^*$, and then to $e_5 \wedge e_6 \wedge e_7 \wedge e_8$. We conclude that

$$\sigma(e_1 \wedge e_2 \wedge e_3 \wedge e_4) = -e_5 \wedge e_6 \wedge e_7 \wedge e_8\,.$$

The root corresponding to $e_5 \wedge e_6 \wedge e_7 \wedge e_8$ is

$$\varepsilon_5 + \varepsilon_6 + \varepsilon_7 + \varepsilon_8 = -(\varepsilon_1 + \varepsilon_2 + \varepsilon_3 + \varepsilon_4)\,.$$

This proves (9.1) for roots of type Σ.

Let us now check (9.2). According to the definitions in [11] 8.2 and 8.3, we have

$$(\alpha, \alpha) = K(T_\alpha, T_\alpha)$$

where $T_\alpha \in \mathcal{H}$ is defined by the equality

$$\alpha(h) = K(T_\alpha, H)$$

for all $H \in \mathcal{H}$. When $X, Y \in \Lambda$ are two 8×8 matrices of trace zero, we have, as indicated in [8] (B5),

$$K(X,Y) = 12\,\mathrm{tr}(XY)\,.$$

Let $\alpha = \varepsilon_i - \varepsilon_j$ be a root of type Λ and H_{ij} the diagonal matrix such that $\varepsilon_i(H_{ij}) = 1$, $\varepsilon_j(H_{ij}) = -1$ and $\varepsilon_k(H_{ij}) = 0$ if $k \notin \{i,j\}$. For any $H \in \mathcal{H}$ we have

$$\alpha(H) = \mathrm{tr}\,(H_{ij}\,H)\,,$$

therefore

$$T_\alpha = H_{ij}/12$$

and

$$(\alpha, \alpha) = \frac{1}{144}\,K(H_{ij}, H_{ij}) = \frac{24}{144} = \frac{1}{6}\,.$$

Since $K(X_\alpha, X_{-\alpha}) = 12$, the equality (9.2) holds true.

Assume now that $\alpha = \varepsilon_1 + \varepsilon_2 + \varepsilon_3 + \varepsilon_4$, $X_\alpha = \frac{1}{2}\, e_1 \wedge e_2 \wedge e_3 \wedge e_4$ and $X_{-\alpha} = \frac{1}{2}\, e_5 \wedge e_6 \wedge e_7 \wedge e_8$. According to (B5) in [8] we have

$$K(X_\alpha, X_{-\alpha}) = \frac{2}{24}\,\frac{1}{4}\,(4!)(4!) = 12\,.$$

Let H' be the diagonal matrix such that $\varepsilon_i(H') = 1/2$ when $1 \leq i \leq 4$ and $\varepsilon_i(H') = -1/2$ when $5 \leq i \leq 8$. Given any H in $\mathcal{H}$ we have

$$\operatorname{tr}(H'H) = \frac{1}{2}(\varepsilon_1 + \varepsilon_2 + \varepsilon_3 + \varepsilon_4 - \varepsilon_5 - \varepsilon_6 - \varepsilon_7 - \varepsilon_8)(H) = \alpha(H)\,.$$

Therefore $T_\alpha = H'/12$ and

$$(\alpha, \alpha) = \frac{1}{144}\, K(H', H') = \frac{12}{144} \times \frac{8}{4} = \frac{1}{6}\,.$$

Therefore (9.2) is true for α.

The Lie algebra $\mathcal{G}$ is simple of type E_7. Indeed, a basis of its root system Φ consist of $\alpha_1 = \varepsilon_1 - \varepsilon_2$, $\alpha_2 = \varepsilon_4 + \varepsilon_5 + \varepsilon_6 + \varepsilon_7$, $\alpha_3 = \varepsilon_2 - \varepsilon_3$, $\alpha_4 = \varepsilon_3 - \varepsilon_4$, $\alpha_5 = \varepsilon_4 - \varepsilon_5$, $\alpha_6 = \varepsilon_5 - \varepsilon_6$ and $\alpha_7 = \varepsilon_6 - \varepsilon_7$. Its Dynkin diagram is the one of E_7 ([11], 11.4).

Let us now consider the representation ρ of $\mathcal{G}$ on V. Its weight vectors are $e_i^* \wedge e_j^* \in \Lambda^2(W^*)$ and $e_i \wedge e_j \in \Lambda^2 W$, $1 \leq i < j \leq 8$, with corresponding weights $-\varepsilon_i - \varepsilon_j$ and $\varepsilon_i + \varepsilon_j$. The root lattice L_0 of E_7 has index 2 in its weight lattice L_1 ([11], 13.1). Since the weights of ρ are not in L_0 they must span the lattice L_1. Therefore, the Chevalley group G generated by the endomorphisms $\exp(t\rho(X_\alpha))$, $t \in \mathbb{C}$, $\alpha \in \Phi$, is the simply connected Chevalley group of type E_7. Its set of real points $G(\mathbb{R})$ is the real Lie group spanned by the endomorphisms $\exp(t\rho(X_\alpha))$, $t \in \mathbb{R}$, $\alpha \in \Phi$ ([26], § 5, Th. 7, Cor. 3), i.e. the split Lie group $E_{7(+7)}$.

Let $M \subset V$ be the standard lattice, with basis $e_i^* \wedge e_j^*$ and $e_i \wedge e_j$, $1 \leq i < j \leq 8$. The group $E_7(\mathbb{Z}) = E_{7(+7)} \cap \mathrm{Sp}_{56}(\mathbb{Z})$ is the stabilizer of M in G. So, according to [26], § 8, Th. 18, Cor. 3, to check that $E_7(\mathbb{Z}) = G(\mathbb{Z})$, all we need to prove is that the lattice M is admissible, i.e. stable by the endomorphisms $\rho(X_\alpha)^n/n!$ for all $n \geq 1$ and $\alpha \in \Phi$.

When $\alpha = \varepsilon_i - \varepsilon_j$ is of type Λ, $\rho(X_\alpha) = X_{ij}$ has square zero and stabilizes the standard lattice M. Assume finally that $\alpha = \varepsilon_1 + \varepsilon_2 + \varepsilon_3 + \varepsilon_4$, hence $X_\alpha = \frac{1}{2}\, e_1 \wedge e_2 \wedge e_3 \wedge e_4$. By definition of the action of Z on $V = \Lambda^2(W^*) \oplus \Lambda^2 W$, $\rho(X_\alpha)$ sends $e_i \wedge e_j$ to $\pm\, e_k^* \wedge e_\ell^*$ when $5 \leq i < j$, $k < \ell$ and $\{i, j, k, \ell\} = \{5, 6, 7, 8\}$. When $i < 5$, $\rho(X_\alpha)(e_i \wedge e_j) = 0$. Similarly, when $i < j \leq 4$, $\rho(X_\alpha)$ sends $e_i^* \wedge e_j^*$ to $\pm\, e_k \wedge e_\ell$ with $\{i, j, k, \ell\} = \{1, 2, 3, 4\}$, and $\rho(X_\alpha)(e_i^* \wedge e_j^*) = 0$ if $j > 4$. From this it follows that the endomorphism $\rho(X_\alpha)$ has square zero and stabilizes M. Therefore $E_7(\mathbb{Z}) = G(\mathbb{Z})$.

References

[1] H. Bass, J.W. Milnor, J.-P. Serre, Solution of the congruence subgroup problem for SL_n $(n \geq 3)$ and Sp_{2n} $(n \geq 2)$, *Publ. Math. Inst. Hautes Etud. Sci.* **33**, 59-137 (1967).

[2] H. Behr, Explizite Präsentation von Chevalleygruppen über $\mathbb{Z}$, *Math. Z.* **141**, 235-241 (1975).

[3] A. Borel, *Introduction aux groupes arithmétiques*, Paris, Hermann & Cie. 125 p. (1969).

[4] A. Borel, Arithmetic properties of linear algebraic groups, *Proc. Int. Congr. Math. 1962*, 10-22 (1963).

[5] N. Bourbaki, *Éléments de mathématique*, Fasc. XXXVII: Groupes et algèbres de Lie; Chap. II: Algèbres de Lie libres; Chap. III: Groupes de Lie; *Actualités scientifiques et industrielles* 1349, Paris, Hermann. 320 p. (1972).

[6] D. Carter, G. Keller, Bounded elementary generation of $\mathrm{SL}_n(\mathcal{O})$, *Am. J. Math.* **105**, 673-687 (1983).

[7] C. Chevalley, Certains schémas de groupes semi-simples, *Semin. Bourbaki* **13** (1960/61), No. 219 (1961).

[8] E. Cremmer, B. Julia., The $SO(8)$ supergravity. Nucl.Phys.B **159**,141-212 (1979).

[9] H.S.M. Coxeter, W.O.J. Moser, *Generators and relations for discrete groups*, 4th ed., Erg. der Math. und ihrer Grenzg. **14** Berlin-Heidelberg-New York, Springer-Verlag, IX, 169 p.

[10] C.M. Hull, P.K. Townsend, Unity of Superstrings Dualities, Nucl.Phys.B **438**, 109-137 (1995).

[11] J.E. Humphreys, *Introduction to Lie algebras and representation theory*, 3rd printing, Rev. Graduate Texts in Mathematics **9**. New York - Heidelberg - Berlin, Springer-Verlag, XII, 171 p.

[12] M. Kassabov, Kazhdan Constants for $\mathrm{SL}_n(\mathbb{Z})$, math.GR/0311487 (2003) 22 p.

[13] D.A. Kazhdan, Connection of the dual space of a group with the structure of its closed subgroups, *Funct. Anal. Appl.* **1**, 63-65 (1967); translation from *Funkts. Anal. Prilozh.* **1**, No.1, 71-74 (1967).

[14] S. Lang, *Algebra*, Reading, Mass., Addison-Wesley Publishing Company, Inc., XVIII, 508 p.

[15] G.A. Margulis, Finiteness of factor groups of discrete subgroups, *Funkts. Anal. Prilozh.* **13**, No.3, 28-39 (1979).

[16] G.A. Margulis, Arithmeticity of the irreducible lattices in the semisimple groups of rank greater than 1, *Invent. Math.* **76**, 93-120 (1984).

[17] Margulis, *Discrete subgroups of semisimple Lie groups*, Erg. Math. und ihrer Grenzg., 3. Folge, **17**, Berlin etc.: Springer-Verlag. ix, 388 p.

[18] H. Matsumoto, Sur les sous-groupes arithmétiques des groupes semisimples déployés, *Ann. Sci. Ec. Norm. Supér.*, IV, Sér. 2, 1-62 (1969).

[19] J.W. MILNOR, *Introduction to algebraic K-theory*, Annals of Mathematics Studies **72**, Princeton, N. J., Princeton University Press and University of Tokyo Press, XIII, 184 p.

[20] H. MINKOWSKI, Gesamm. Abh., Leipzig-Berlin, Teubner, 1911 (Bd I, S. 212-218).

[21] A.L. ONISHCHIK, (ed.); E.B. VINBERG, (ed.); R.V. GAMKRELIDZE, (ed.), Lie groups and Lie algebras II. Transl. from the Russian by John Danskin, *Encyclopaedia of Mathematical Sciences* **21**, Berlin, Springer, 223 p.

[22] V. PLATONOV, A. RAPINCHUK, *Algebraic groups and number theory*, Transl. from the Russian by Rachel Rowen, Pure and Applied Mathematics (New York), **139**, Boston, MA, Academic Press, xi, 614 p.

[23] M.S. RAGHUNATHAN, *Discrete subgroups of Lie groups*, *Erg. der Math. und ihrer Grenzg.* **68**, Berlin-Heidelberg-New York, Springer-Verlag, VIII, 227 p.

[24] J.-P. SERRE, *A course in arithmetic*, Translation of "Cours d'arithmétique", 2nd corr. print, Graduate Texts in Mathematics, **7**, New York, Heidelberg, Berlin, Springer-Verlag, IX, 115 p.

[25] J.-P. SERRE, *Trees*, Transl. from the French by John Stillwell, Corrected 2nd printing of the 1980 original, Springer Monographs in Mathematics, Berlin, Springer, ix, 142 p.

[26] R. STEINBERG, *Lectures on Chevalley groups*, Yale, 1967.

[27] L.N. VASERSTEIN, On the congruence problem for classical groups, *Funct. Anal. Appl.* **3**, 244-246 (1969).

[28] W.C. WATERHOUSE, *Introduction to affine group schemes*, Graduate Texts in Mathematics **66**, New York, Heidelberg, Berlin, Springer-Verlag, XI, 164 p.

[29] R.J. ZIMMER, *Ergodic theory and semisimple groups*, Monographs in Mathematics **81**, Boston-Basel-Stuttgart, Birkhäuser, X, 209 p.

Automorphic Forms: A Physicist's Survey

Boris Pioline[1] and Andrew Waldron[2]

[1] LPTHE, Universités Paris VI et VII, 4 pl Jussieu,
75252 Paris cedex 05, France
pioline@lpthe.jussieu.fr

[2] Department of Mathematics, One Shields Avenue,
University of California, Davis, CA 95616, USA
wally@math.ucdavis.edu

Summary. Motivated by issues in string theory and M-theory, we provide a pedestrian introduction to automorphic forms and theta series, emphasizing examples rather than generality.

Automorphic forms play an important rôle in physics, especially in the context of string and M-theory dualities. Notably, U-dualities, first discovered as symmetries of classical toroidal compactifications of 11-dimensional supergravity by Cremmer and Julia [1] and later on elevated to quantum postulates by Hull and Townsend [2], motivate the study of automorphic forms for exceptional arithmetic groups $E_n(\mathbb{Z})$ ($n = 6, 7, 8$, or their A_n and D_n analogues for $1 \leq n \leq 5$) – see *e.g.* [3] for a review of U-duality. These notes are a pedestrian introduction to these (seemingly abstract) mathematical objects, designed to offer a concrete footing for physicists[3]. The basic concepts are introduced via the simple $Sl(2)$ Eisenstein and theta series. The general construction of continuous representations and of their accompanying Eisenstein series is detailed for $Sl(3)$. Thereafter we present unipotent representations and their theta series for arbitrary simply-laced groups, based on our recent work with D. Kazhdan [5]. We include a (possibly new) geometrical interpretation of minimal representations, as actions on pure spinors or generalizations thereof. We close with some comments about the physical applications of automorphic forms which motivated our research.

1 Eisenstein and Jacobi Theta series disembodied

The general mechanism underlying automorphic forms is best illustrated by taking a representation-theoretic tour of two familiar $Sl(2,\mathbb{Z})$ examples:

1.1 $Sl(2,\mathbb{Z})$ Eisenstein series

Our first example is the non-holomorphic Eisenstein series

$$\mathcal{E}_s^{Sl(2)}(\tau) = \sum_{(m,n)\in\mathbb{Z}^2\backslash(0,0)} \left(\frac{\tau_2}{|m+n\tau|^2}\right)^s , \tag{1.1}$$

which, for $s = 3/2$, appears in string theory as the description of the complete, non-perturbative, four-graviton scattering amplitude at low energies [6]. It is a function of the complex modulus τ, taking values on the Poincaré upper half plane, or equivalently points in the symmetric space $\mathcal{M} = K\backslash G = SO(2)\backslash Sl(2,\mathbb{R})$ with coset representative

$$e = \frac{1}{\sqrt{\tau_2}} \begin{pmatrix} 1 & \tau_1 \\ 0 & \tau_2 \end{pmatrix} \in Sl(2,\mathbb{R}). \tag{1.2}$$

The Eisenstein series (1.1) is invariant under the modular transformation

$$\tau \to (a\tau + b)/(c\tau + d)\,, \tag{1.3}$$

which is the right action of $g \in Sl(2,\mathbb{Z})$ on $\mathcal{M}$. Invariance follows simply from that of the lattice $\mathbb{Z} \times \mathbb{Z}$. This set-up may be formalized by introducing:

[3] The more mathematically minded reader may consult the excellent review [4].

(i) The linear representation ρ of $Sl(2,\mathbb{R})$ in the space $\mathcal{H}$ of functions of two variables $f(x,y)$,

$$[\rho(g)\cdot f](x,y) = f(ax+by, cx+dy)\ , \quad g = \begin{pmatrix} a & b \\ c & d \end{pmatrix}\ , \quad ad-bc=1\ . \tag{1.4}$$

(ii) An $Sl(2,\mathbb{Z})$-invariant distribution

$$\delta_{\mathbb{Z}}(x,y) = \sum_{(m,n)\in\mathbb{Z}^2\backslash(0,0)} \delta(x-m)\delta(y-n) \tag{1.5}$$

in the dual space $\mathcal{H}^*$.

(iii) A vector

$$f_K(x,y) = (x^2+y^2)^{-s} \tag{1.6}$$

invariant under the maximal compact subgroup $K = SO(2) \subset G = Sl(2,\mathbb{R})$.

The Eisenstein series (1.1) may now be recast in a general notation for automorphic forms

$$\mathcal{E}_s^{Sl(2)}(e) = \langle \delta_{\mathbb{Z}}, \rho(e)\cdot f_K\rangle\ , \qquad e \in G\,. \tag{1.7}$$

The modular invariance of $\mathcal{E}_s^{Sl(2)}$ is now manifest: under the right action $e \to eg$ of $g \in Sl(2,\mathbb{Z})$, the vector $\rho(e)\cdot f_K$ transforms by $\rho(g)$, which in turn hits the $Sl(2,\mathbb{Z})$ invariant distribution $\delta_{\mathbb{Z}}$. Furthermore (1.7) is ensured to be a function of the *coset* $K\backslash G$ by invariance of the vector f_K under the maximal compact K. Such a distinguished vector is known as *spherical.* All the automorphic forms we shall encounter can be written in terms of a triplet $(\rho, \delta_{\mathbb{Z}}, f_K)$.

Clearly any other function of the $SO(2)$ invariant norm $|x,y|_\infty \equiv \sqrt{x^2+y^2}$ would be as good a candidate for f_K. This reflects the reducibility of the representation ρ in (1.4). However, its restriction to homogeneous, even functions of degree $2s$,

$$f(x,y) = \lambda^{2s} f(\lambda x, \lambda y) = y^{-2s} f\left(\frac{x}{y}, 1\right)\,, \tag{1.8}$$

is irreducible. The restriction of the representation ρ acts on the space of functions of a single variable $z = x/y$ by weight $2s$ conformal transformations $z \to (az+b)/(cz+d)$ and admits $f_K(z) = (1+z^2)^{-s}$ as its unique spherical vector. In these variables, the distribution $\delta_{\mathbb{Z}}$ is rather singular as its support is on all rational values $z \in \mathbb{Q}$. A related problem is that the behavior of $\mathcal{E}_s^{Sl(2)}(\tau)$ at the cusp $\tau \to i\infty$ is difficult to assess – yet of considerable interest to physicists being the limit relevant to non-perturbative instantons [6].

These two problems may be evaded by performing a Poisson resummation on the integer $m \to \tilde{m}$ in the sum (1.5), after first separating out terms with $n = 0$. The result may be rewritten as a sum over the single variable $N = \tilde{m}n$, except for two degenerate – or *"perturbative"* – contributions:

$$\mathcal{E}_s^{Sl(2)} = 2\,\zeta(2s)\,\tau_2^s + \frac{2\sqrt{\pi}\,\tau_2^{1-s}\,\Gamma(s-1/2)\,\zeta(2s-1)}{\Gamma(s)} + \frac{2\pi^s\sqrt{\tau_2}}{\Gamma(s)} \sum_{N\in\mathbb{Z}\backslash\{0\}} \mu_s(N)\,N^{s-1/2} K_{s-1/2}\,(2\pi\tau_2 N)\,e^{2\pi i\tau_1 N}\,. \tag{1.9}$$

In this expression, the summation measure

$$\mu_s(N) = \sum_{n|N} n^{-2s+1}\,, \tag{1.10}$$

is of prime physical interest, as it is connected to quantum fluctuations in an instanton background [7; 8; 9].

First focus on the non-degenerate terms in the second line. Analyzing the transformation properties under the Borel and Cartan $Sl(2)$ generators $\rho\begin{pmatrix}1 & t\\ 0 & 1\end{pmatrix} : \tau_1 \to \tau_1 + t$ and $\rho\begin{pmatrix}t^{-1} & 0\\ 0 & t\end{pmatrix} : \tau_2 \to t^2\tau_2$, we readily see that they fit into the framework (1.7), upon identifying

$$f_K(z) = z^{s-1/2} K_{s-1/2}(z)\,, \quad \delta_{\mathbb{Z}}(z) = \sum_{N\in\mathbb{Z}\backslash\{0\}} \mu_s(N)\,\delta(z-N)\,, \tag{1.11}$$

and the representation ρ as

$$E_+ = iz\,, \quad E_- = i(z\partial_z + 2 - 2s)\partial_z, \quad H = 2z\partial_z + 2 - 2s\,. \tag{1.12}$$

This is of course equivalent to the representation on homogeneous functions (1.8), upon Fourier transform in the variable z. The power-like degenerate terms in (1.9) may be viewed as regulating the singular value of the distribution δ at $z = 0$. They may, in principle, be recovered by performing a Weyl reflection on the regular part. It is also easy to check that the spherical vector condition, $K \cdot f_K(z) \equiv (E_+ - E_-) \cdot f_K(z) = 0$, is the modified Bessel equation whose unique decaying solution at $z \to \infty$ is the spherical vector in (1.11).

While the representation ρ and its spherical vector f_K are easily understood, the distribution $\delta_{\mathbb{Z}}$ requires additional technology. Remarkably, the summation measure (1.10) can be written as an infinite product

$$\mu_s(z) = \prod_{p \text{ prime}} f_p(z)\,, \qquad f_p(z) = \frac{1 - p^{-2s+1}|z|_p^{2s-1}}{1 - p^{-2s+1}}\gamma_p(z)\,. \tag{1.13}$$

(A simple trial computation of $\mu_s(2\cdot 3^2)$ will easily convince the reader of this equality.) Here $|z|_p$ is the p-adic[4] norm of z, *i.e.* $|z|_p = p^{-k}$ with k the largest integer such that p^k divides z. The function $\gamma_p(z)$ is unity if z is a p-adic integer ($|z|_p \leq 1$) and vanishes otherwise. Therefore $\mu(z)$ vanishes unless z is an integer N. Equation (1.7) can therefore be expressed as

$$\mathcal{E}_s^{Sl(2)}(e) = \sum_{z\in\mathbb{Q}} \prod_{p\,=\,\text{prime},\infty} f_p(z)\rho(e)\cdot f_K(z)\,, \qquad (1.14)$$

The key observation now is that f_p is in fact the spherical vector for the representation of $Sl(2,\mathbb{Q}_p)$, just as $f_\infty := f_K$ is the spherical vector of $Sl(2,\mathbb{R})$! In order to convince herself of this important fact, the reader may evaluate the p-adic Fourier transform of $f_p(y)$ on y, thereby reverting to the $Sl(2)$ representation on homogeneous functions (1.8): the result

$$\tilde{f}_p(x) = \int_{\mathbb{Q}_p} dz\, f_p(z) e^{ixz} = |1,x|_p^{-2s} \equiv \max(1,|x|_p)^{-2s}, \qquad (1.15)$$

is precisely the p-adic counterpart of the real spherical vector $f_K(x) = (1+x^2)^{-s} \equiv |1,x|_\infty^{-2s}$. The analogue of the decay condition is that f_p should have support over the p-adic integers only, which holds by virtue of the factor $\gamma_p(y)$ in (1.13). It is easy to check that the formula (1.14) in this representation reproduces the Eisenstein series (1.1).

Thus, the $Sl(2,\mathbb{Z})$-invariant distribution $\delta_\mathbb{Z}$ can be straightforwardly obtained by computing the spherical vector over all p-adic fields $\mathbb{Q}_p$. More conceptually, the Eisenstein series (1.1) may be written *adelically* (or *globally*) as

$$\mathcal{E}_s^{Sl(2)}(e) = \sum_{z\in\mathbb{Q}} \rho(e)\cdot f_\mathbb{A}(z)\,, \quad f_\mathbb{A}(z) = \prod_{p\,=\,\text{prime},\infty} f_p(z)\,, \qquad (1.16)$$

where the sum $z \in \mathbb{Q}$ is over principle adeles[5], and $f_\mathbb{A}$ is the spherical vector of $Sl(2,\mathbb{A})$, invariant under the maximal compact subgroup $K(\mathbb{A}) = \prod_p Sl(2,\mathbb{Z}_p) \times U(1)$ of $Sl(2,\mathbb{A})$. This relation between functions on $G(\mathbb{Z})\backslash G(\mathbb{R})/K(\mathbb{R})$ and functions on $G(\mathbb{Q})\backslash G(\mathbb{A})/K(\mathbb{A})$ is known as the Strong Approximation Theorem, and is a powerful tool in the study of automorphic forms (see e.g. [4] for a more detailed introduction to the adelic approach).

1.2 Jacobi theta series

Our next example, the Jacobi theta series, demonstrates the key rôle played by Fourier invariant Gaussian characters – *"the Fourier transform of the*

4 A useful physics introduction to p-adic and adelic fields is [10]. It is worth noting that a special function theory analogous to that over the complex numbers exists for the p-adics.

5 Adeles are infinite sequences $(z_p)_{p=\text{prime},\infty}$ where all but a finite set of z_p are p-adic integers. Principle adeles are constant sequences $z_p = z \in \mathbb{Q}$, isomorphic to $\mathbb{Q}$ itself.

Gaussian is the Gaussian". Our later generalizations will involve cubic type characters invariant under Fourier transform.

In contrast to the Eisenstein series, the Jacobi theta series

$$\theta(\tau) = \sum_{m\in\mathbb{Z}} e^{i\pi\tau m^2}\,, \tag{1.17}$$

is a modular form for a congruence subgroup $\Gamma_0(2)$ of $Sl(2,\mathbb{Z})$ with modular weight $1/2$ and a non-trivial multiplier system. It may, nevertheless, be cast in the framework (1.7), with a minor *caveat*. The representation ρ now acts on functions of a single variable x as

$$E_+ = i\pi\, x^2\,,\quad H = \frac{1}{2}\left(x\partial_x + \partial_x x\right),\quad E_- = \frac{i}{4\pi}\partial_x^2\,, \tag{1.18}$$

Here, the action of E_+ and H may be read off from the usual Borel and Cartan actions of $Sl(2)$ on τ while the generator E_- follows by noting that the Weyl reflection $S : \tau \to -1/\tau$ can be compensated by Fourier transform on the integer m. The invariance of the "comb" distribution $\delta_{\mathbb{Z}}(x) = \sum_{m\in\mathbb{Z}} \delta(x-m)$ under Fourier transform is just the Poisson resummation formula.

Finally (the *caveat*), the compact generator $K = E_+ - E_-$ is exactly the Hamiltonian of the harmonic oscillator, which notoriously does *not* admit a normalizable zero energy eigenstate, but rather the Fourier-invariant ground state $f_\infty(x) = e^{-\pi x^2}$ of eigenvalue $i/2$. This relaxation of the spherical vector condition is responsible for the non-trivial modular weight and multiplier system. Correspondingly, ρ does not represent the group $Sl(2,\mathbb{R})$, but rather its double cover, the metaplectic group.

Just as for the Eisenstein series, an adelic formula for the summation measure exists: note that the p-adic spherical vector must be invariant under the compact generator S which acts by Fourier transform. Remarkably, the function $f_p(x) = \gamma_p(x)$, imposing support on the integers only is Fourier invariant – it is the p-adic Gaussian! One therefore recovers the "comb" distribution with uniform measure. Note that the $Sl(2) = Sp(1)$ theta series generalizes to higher symplectic groups under the title of Siegel theta series, relying in the same way on Gaussian Poisson resummation.

2 Continuous representations and Eisenstein series

The two $Sl(2)$ examples demonstrate that the essential ingredients for automorphic forms with respect to an arithmetic group $G(\mathbb{Z})$ are (i) an irreducible representation ρ of G and (ii) corresponding spherical vectors over $\mathbb{R}$ and $\mathbb{Q}_p$. We now explain how to construct these representations by quantizing coadjoint orbits.

2.1 Coadjoint orbits, classical and quantum: $Sl(2)$

As emphasized by Kirillov, unitary representations are quite generally in correspondence with coadjoint orbits [11]. For simplicity, we restrict ourselves to finite, simple, Lie algebras $\mathfrak{g}$, where the Killing form $(\cdot,\cdot)$ identifies $\mathfrak{g}$ with its dual. Let $\mathcal{O}_j$ be the orbit of an element $j \in \mathfrak{g}$ under the action of G by the adjoint representation $j \to gjg^{-1} \equiv \tilde{j}$. Equivalently, $\mathcal{O}_j$ may be viewed as an homogeneous space $S\backslash G$, where S is the stabilizer (or commutant) of j.

The (co)adjoint orbit $\mathcal{O}_j$ admits a (canonical, up to a multiplicative constant) G-invariant Kirillov–Kostant symplectic form, defined on the tangent space at a point $\tilde{j}$ on the orbit by $\omega(x,y) = (\tilde{j},[x,y])$. Non-degeneracy of ω is manifest, since its kernel, the commutant $\tilde{S}$ of $\tilde{j}$, is gauged away in the quotient $S\backslash G$. Parameterizing $\mathcal{O}_j$ by an element e of $S\backslash G$, one may rewrite $\omega = d\theta$ where the "contact" one-form $\theta = (j, de\, e^{-1})$, making the closedness and G-invariance of ω manifest. The coadjoint orbit $\mathcal{O}_j = S\backslash G$ therefore yields a classical phase space with a G-invariant Poisson bracket and hence a set of canonical generators representing the action of G on functions of $\mathcal{O}_j$. The representation ρ associated to j follows by quantizing this classical action, *i.e.* by choosing a Lagrangian subspace $\mathcal{L}$ (a maximal commuting set of observables) and representing the generators of G as suitable differential operators on functions on $\mathcal{L}$.

This apparently abstract construction is simply illustrated for $Sl(2)$: consider the coadjoint orbit of the element

$$j = \begin{pmatrix} \frac{l}{2} & \\ & -\frac{l}{2} \end{pmatrix}, \tag{2.1}$$

with stabilizer $S = \exp(\mathbb{R}j)$. The quotient $S\backslash G$ may be parameterized as

$$e = \begin{pmatrix} 1 & \\ \gamma & 1 \end{pmatrix} \begin{pmatrix} 1 & \beta \\ & 1 \end{pmatrix}. \tag{2.2}$$

The contact one-form is

$$\theta = \mathrm{tr}\; j\, de\, e^{-1} = -l\gamma d\beta\,. \tag{2.3}$$

The group G acts by right multiplication on e, followed by a compensating left multiplication by S maintaining the choice of gauge slice (2.2). The resulting infinitesimal group action is expressed in terms of Hamiltonian vector fields

$$E_+ = i\partial_\beta, \quad H = 2i\beta\partial_\beta - 2\gamma\partial_\gamma, \quad E_- = -i\beta^2\partial_\beta + i(1+2\beta\gamma)\partial_\gamma\,. \tag{2.4}$$

We wish to express these transformations in terms of the Poisson bracket determined by the Kirillov–Kostant symplectic form

$$\omega = d\theta = l\; d\gamma \wedge d\beta\,, \tag{2.5}$$

namely

$$\{\gamma, \beta\}_{PB} = \frac{1}{l} \,. \tag{2.6}$$

Indeed, it is easily verified that the generators (2.4) can be represented canonically

$$E_+ = il\gamma \,, \quad H = 2il\beta\gamma \,, \quad E_- = -il\beta(1+\beta\gamma) \,, \tag{2.7}$$

with respect to the Poisson bracket (2.6). The next step is to quantize this classical mechanical system:

$$\gamma = \frac{z}{1} \,, \qquad \beta = \left(\frac{1}{i}\right) \frac{d}{dz} \,. \tag{2.8}$$

The quantized coadjoint orbit representation follows directly by substituting (2.8) in (2.7) and the result is precisely the Eisenstein series representation (1.12). The physicist reader will observe that the parameter s appearing there arises from quantum orderings of the operators β and γ.

The construction just outlined, based on the quantization of an element j in the *hyperbolic* conjugacy class of $Sl(2,\mathbb{R})$, leads to the continuous series representation of $Sl(2,\mathbb{R})$. Recall that conjugacy classes of $Sl(2)$ are classified by the value[6] of $C \equiv 2 \,\mathrm{tr} j^2$, with $C = l^2 > 0$ in the hyperbolic case (2.1). The elliptic case $C < 0$ with j conjugate to an antisymmetric matrix leads to discrete series representations and will not interest us in these Notes. However, the non-generic parabolic (or nilpotent) conjugacy class $C = 0$ is of considerable interest, being key to theta series for higher groups. There is only a single nilpotent conjugacy class with representative

$$j = \begin{pmatrix} & \\ 1 & \end{pmatrix} \,, \qquad j^2 = 0 \,. \tag{2.9}$$

The stabilizer $S \subset Sl(2,\mathbb{R})$ is the parabolic group of lower triangular matrices so the nilpotent orbit $S\backslash G$ may be parameterized as

$$e = \frac{1}{\sqrt{\gamma}} \begin{pmatrix} \gamma & \\ & 1 \end{pmatrix} \begin{pmatrix} 1 & \beta \\ & 1 \end{pmatrix} \,. \tag{2.10}$$

The contact and symplectic forms are now

$$\theta = \gamma d\beta \,, \qquad \omega = d\gamma \wedge d\beta \,, \tag{2.11}$$

and the action of $Sl(2)$ may be represented by the canonical generators

[6] The geometry of the three coadjoint orbits is exhibited by parameterizing the $sl(2)$ Lie algebra as $j = \begin{pmatrix} k_1 & k_2 + k_0 \\ k_2 - k_0 & -k_1 \end{pmatrix}$. The orbits are then seen to correspond to massive, lightlike and tachyonic $2+1$ dimensional mass-shells $k_\mu k^\mu = -k_0^2 + k_1^2 + k_2^2 = \frac{C}{4}$.

$$E_+ = i\gamma \ , \quad H = 2i\beta\gamma \ , \quad E_- = -i\beta^2\gamma \qquad (2.12)$$

accompanied by Poisson bracket $\{\gamma, \beta\}_{PB} = 1$. This representation also follows by the contraction $l \to 0$ holding $l\gamma$ fixed in (2.7). The relation to theta series is exhibited by performing a canonical transformation $\gamma = y^2$ and $\beta = \frac{1}{2}p/y$ which yields

$$E_+ = iy^2 \ , \quad H = ipy \ , \quad E_- = -\frac{i}{4}p^2 \, . \qquad (2.13)$$

Upon quantization, this is precisely the metaplectic representation in (1.18). In contrast to the continuous series, there is no quantum ordering parameter (although a peculiarity of $Sl(2)$ is that it appears as the $s = 1$ instance of the continuous series representation (1.12)).

2.2 Coadjoint orbits: general case

For general groups G, the orbit method predicts the Gelfand-Kirillov dimension[7] of the generic continuous irreducible representation to be $(\dim G - \mathrm{rank}\, G)/2$: a generic non-compact element may be conjugated into the Cartan algebra, whose stabilizer is the Cartan (split) torus. There are, therefore, rank G parameters corresponding to the eigenvalues in the Cartan subalgebra. Non-generic elements arise when eigenvalues collide, and lead to representations of smaller functional dimension. When all eigenvalues degenerate to zero, there are a finite set of conjugacy class of nilpotent elements with non-trivial Jordan patterns, hence a finite set of parameter-less representations usually called "unipotent". The nilpotent orbit of smallest dimension, namely the orbit of any root, leads to the *minimal* unipotent representation, which plays a distinguished rôle as the analog of the $Sl(2)$ (Jacobi theta series) metaplectic representation [12].

2.3 Quantization by induction: $Sl(3)$

Given a symplectic manifold with G-action, there is no *general* method to resolve the quantum ordering ambiguities while maintaining the $\mathfrak{g}$-algebra. However, (unitary) induction provides a standard procedure to extend a representation ρ_H of a subgroup $H \subset G$ to the whole of G. Let us illustrate the first non-trivial case: the generic orbit of $Sl(3)$.

Just as for $Sl(2)$ in (2.2), the coadjoint orbit of a generic $sl(3)$ Lie algebra element

$$j = \begin{pmatrix} l_1 & & \\ & l_2 & \\ & & l_3 \end{pmatrix} , \qquad (2.14)$$

[7] The Gel'fand–Kirillov, or functional dimension counts the number of variables – being unitary, all these representations of non-compact groups are of course infinite dimensional in the usual sense.

can be parameterized by the gauge-fixed $Sl(3)$ group element

$$e = \begin{pmatrix} 1 & & \\ y & 1 & \\ w+yu & u & 1 \end{pmatrix} \cdot \begin{pmatrix} 1 & x & v+xz \\ & 1 & z \\ & & 1 \end{pmatrix}, \tag{2.15}$$

whose six-dimensional phase space is equipped with the contact one-form

$$\theta = (l_2 - l_1) y dx + (l_3 - l_2) u dz + [(l_3 - l_1) w + (l_3 - l_2) yu](dv + x dz)\,. \tag{2.16}$$

(The canonical generators are easily calculated.) To quantize this orbit, a natural choice of Lagrangian submanifold is $w = y = u = 0$ so that $Sl(3)$ is realized on functions of three variables (x, z, v). These variables parameterize the coset $P\backslash G$, where $P = P_{1,1,1}$ is the (minimal) parabolic subgroup of lower triangular matrices (look at equation (2.15)). A set of one-dimensional representations of P are realized by the character

$$\chi(p) = \prod_{i=1}^{3} |a_{ii}|^{\rho_i} \mathrm{sgn}^{\epsilon_i}(a_{ii})\,, \quad p = \begin{pmatrix} a_{11} & & \\ a_{21} & a_{22} & \\ a_{31} & a_{32} & a_{33} \end{pmatrix} \in P\,, \tag{2.17}$$

where ρ_i are three constants (defined up to a common shift $\rho_i \to \rho_i + \sigma$) and $\epsilon_i \in \{0,1\}$ are three discrete parameters. The representation of G on functions of $P\backslash G$ induced from P and its character representation (2.17) acts by

$$g : f(e) \mapsto \chi(p) f(eg^{-1})\,, \tag{2.18}$$

where $eg^{-1} = pe'$ and $e' \in P\backslash G$ (coordinatized by $\{x, z, v\}$). It is straightforward to obtain the corresponding generators explicitly,

$$\begin{aligned}
E_\beta &= \partial_x - z\partial_v & E_{-\beta} &= x^2\partial_x + v\partial_z + (\rho_2 - \rho_1)x \\
E_\gamma &= \partial_z & E_{-\gamma} &= z^2\partial_z + vz\partial_v - (v+xz)\partial_x + (\rho_3 - \rho_2)z \\
E_\omega &= \partial_v & E_{-\omega} &= v^2\partial_v + vz\partial_z + x(v+xz)\partial_x + (\rho_3-\rho_1)v + (\rho_2-\rho_1)xz
\end{aligned}$$

$$H_\beta = 2x\partial_x + v\partial_v - z\partial_z + (\rho_2 - \rho_1) \quad H_\gamma = -x\partial_x + v\partial_v + 2z\partial_z + (\rho_3 - \rho_2)\,, \tag{2.19}$$

where $Sl(3)$ generators are defined by,

$$sl(3) \ni X = \begin{pmatrix} -\frac{2}{3}H_\beta - \frac{1}{3}H_\gamma & E_\beta & E_\omega \\ -E_{-\beta} & -\frac{1}{3}H_\gamma + \frac{1}{3}H_\beta & E_\gamma \\ -E_{-\omega} & -E_{-\gamma} & \frac{2}{3}H_\gamma + \frac{1}{3}H_\beta \end{pmatrix}. \tag{2.20}$$

For later use, we evaluate the action of the Weyl reflection A with respect to the root β which exchanges the first and second rows of e up to a compensating P transformation,

$$[A \cdot f](x, v, z) = x^{\rho_2 - \rho_1} f(-z, v, -1/x) \,. \tag{2.21}$$

The quadratic and cubic Casimir invariants $C_2 = \frac{1}{2}\mathrm{Tr}\, X^2$ and $C_3 = \frac{27}{2} \det X$,

$$C_2 = \frac{1}{6} \left[(\rho_1 - \rho_2)^2 + (\rho_2 - \rho_3)^2 + (\rho_3 - \rho_1)^2 \right] + (\rho_1 - \rho_3) \,, \tag{2.22}$$

$$C_3 = -\frac{1}{2} \left[\rho_1 + \rho_2 - 2\rho_3 + 3 \right] \left[\rho_2 + \rho_3 - 2\rho_1 - 3 \right] \left[\rho_3 + \rho_1 - 2\rho_2 \right] \,, \tag{2.23}$$

agree with those of the classical representation on the 6-dimensional phase space $\{x, y, z, u, v, w\}$, upon identifying $l_i = \rho_i$ and removing the subleading "quantum ordering terms".

The same procedure works in the case of a nilpotent coadjoint orbit. As an Exercise, the reader may show that the maximal nilpotent orbit of a single 3×3 Jordan block has dimension 6 and can be quantized by induction from the same minimal parabolic $P_{1,1,1}$. The nilpotent orbit corresponding to an $2+1$ block decomposition on the other hand has dimension 4, leading to a unitary, functional dimension 2, representation of $Sl(3)$ induced from the (maximal) parabolic $P_{2,1}$. This is the minimal representation of $Sl(3)$, or simpler, the $Sl(3)$ action on functions of projective $\mathbb{R}P^3$.

In fact, all irreducible unitary representations of $Sl(3, \mathbb{R})$ are classified as representations induced from (i) the maximal parabolic subgroup $P_{1,1,1}$ by the character $\chi(p)$ (with $\rho_i \in i\mathbb{C}$), or (ii) the parabolic subgroup $P_{1,2}$ by an irreducible unitary representation of $Sl(2)$ of the discrete, supplementary or degenerate series [13].

2.4 Spherical vector and Eisenstein series

The other main automorphic form ingredient, the spherical vector, turns out to be straightforwardly computable in the $Sl(n)$ representation unitarily induced from the parabolic subgroup P. We simply need a P-covariant, K-invariant function on G. For simplicity, consider again $Sl(3)$ and denote the three rows of the second matrix in (2.15) as e_1, e_2, e_3. Under left multiplication by a lower triangular matrix $p = (a_{i \leq j}) \in P$, $e_1 \mapsto a_{11} e_1$ and $e_2 \mapsto a_{21} e_1 + a_{22} e_2$. Therefore the norms of $|e_1|_\infty$ and $|e_1 \wedge e_2|_\infty$ are P-covariant and maximal compact $K = SO(3)$-invariant. The spherical vector over $\mathbb{R}$ is the product of these two norms raised to powers corresponding to the character χ in (2.17),

$$f_\infty = |1, x, v + xz|_\infty^{\rho_1 - \rho_2} \; |1, v, z|_\infty^{\rho_2 - \rho_3} \,. \tag{2.24}$$

(Recall that $|\cdot\cdot|_\infty$ is just the usual orthogonal Euclidean norm.) Similarly, the spherical vector over $\mathbb{Q}_p$ is the product of the p-adic norms,

$$f_p = |1, x, v + xz|_p^{\rho_1 - \rho_2} |1, v, z|_p^{\rho_2 - \rho_3} \,. \tag{2.25}$$

The $Sl(3, \mathbb{Z})$, continuous series representation, Eisenstein series follows by summing over principle adeles,

$$\mathcal{E}^{Sl(3)}_{\rho_i}(e) = \sum_{(x,z,v)\in\mathbb{Q}^3} \left[\prod_{p \text{ prime}} f_p\right] \rho(e)\cdot f_\infty\,. \tag{2.26}$$

Writing out the adelic product in more mundane terms,

$$\mathcal{E}^{Sl(3)}_{\rho_i}(e) = \sum_{\substack{(m^i,n^i)\in\mathbb{Z}^6,\\ m^{ij}\neq 0}} \left[(m^{ij})^2\right]^{\frac{\rho_1-\rho_2}{2}} \left[(m^i)^2\right]^{\frac{\rho_2-\rho_3}{2}}\,, \tag{2.27}$$

where $m^{ij} = m^i n^j - m^j n^i$. As usual, the sum is convergent for $\mathrm{Re}(\rho_i - \rho_j)$ sufficiently large and can be analytically continued to complex ρ_i using functional relations representing the Weyl reflections on the weights (ρ_i). The above procedure suffices to describe Eisenstein series for all finite Lie groups.

2.5 Close encounters of the cubic kind

Cubic characters are central to the construction of minimal representations and their theta functions for higher simply laced groups D_n and $E_{6,7,8}$. They can also be found in a particular realization of the $Sl(3)$ continuous series representation at $\rho_i = 0$ (which also turns out to arise by restriction of the minimal representation of G_2 [12]) : let us perform the following (mysterious) sequence of transformations: (i) Fourier transform over v, z, and call the conjugate variables $\partial_z = ix_0, \partial_v = iy$. (ii) Redefine $x = 1/(py^2) + x_0/y$. (iii) Fourier transform over p and redefine the conjugate variable[8] $p_p = x_1^3$. These operations yield generators,

$$E_\beta = y\partial_0 \qquad E_{-\beta} = -x_0\partial + i\frac{x_1^3}{y^2}$$

$$E_\gamma = ix_0 \qquad E_{-\gamma} = -i(y\partial + x_0\partial_0 + x_1\partial_1)\partial_0 + \frac{1}{27}y\partial_1^3 + \frac{4y\partial_1^2}{9x_1} + \frac{28y\partial_1}{27x_1^2} - 6i\partial_0$$

$$E_\omega = iy \qquad E_{-\omega} = -i(y\partial + x_0\partial_0 + x_1\partial_1)\partial - \frac{1}{27}x_0\partial_1^3 - \frac{4x_0}{x_1}\partial_1^2 - \frac{28x_0}{27x_1^2}\partial_1 - 6i\partial - \frac{x_1^3\partial_0}{y^2} - i\frac{10x_1}{3y}\partial_1 - i\frac{x_1^2}{3y}\partial_1^2 - 6\frac{i}{y}$$

$$H_\beta = -y\partial + x_0\partial_0 \qquad H_\gamma = -y\partial - 2x_0\partial_0 - x_1\partial_1 - 2 - 4s\,. \tag{2.28}$$

where $\partial \equiv \partial_y$ and $\partial_0 \equiv \partial_{x_0}$. The virtue of this presentation is that the positive root Heisenberg algebra $[E_\beta, E_\gamma] = E_\omega$ is canonically represented. In addition, the Weyl reflection with respect to the root β is now very simple,

$$[A\cdot f](y, x_0, x_1) = e^{i\frac{x_1^3}{x_0 y}} f(-x_0, y, x_1) \tag{2.29}$$

[8] This sequence of transformations also makes sense at $\rho_2 \neq \rho_3$ as long as $\rho_1 = \rho_2$.

and the phase is cubic! Notice that the same cubic term appears in the expression for $E_{-\beta}$. Indeed, the spherical vector condition for the compact generator $K_\beta = E_\beta + E_{-\beta}$ has solution

$$f_K(y, x_0, x_1) = \exp\Big[-\frac{ix_0x_1^3}{y(y^2+x_0^2)}\Big]\, g(y^2+x_0^2)\,, \tag{2.30}$$

which implies an automorphic theta series formula summing over cubic rather than Gaussian characters [14].

3 Unipotent representations and theta series

The above construction of $Sl(3)$ Eisenstein series based on continuous series representations extends easily to $Sl(n)$ and (modulo some extra work) any simple Lie group: they generalize the non-holomorphic $Sl(2)$ Eisenstein series (1.1). However, the Jacobi theta series (1.17) and its generalizations, without any dependence on free parameters, is often more suited to physical applications. Theta series can be obtained as residues of Eisenstein series at special points in their parameter space. Instead, here we wish to take a representation theoretic approach to theta series, based on automorphic forms coming from nilpotent orbits.

3.1 The minimal representation of (A)DE groups

The first step in gathering the various components of formula (1.7) is to construct the *minimal* representation ρ associated to a nilpotent orbit of simple Lie groups G other than A_n (there are many different constructions of the minimal representation in the literature, *e.g.* [15; 16; 17; 18; 19], see also [20] for a physicist's approach based on Jordan algebras; we shall follow [15]). We will always consider the maximally split real form of G. Minimality is ensured by selecting the nilpotent orbit of smallest dimension: the orbit of the longest root $E_{-\omega} = j$ is a canonical choice. This orbit can be described by grading the Lie algebra $\mathfrak{g}$ with the Cartan generator $H_\omega = [E_\omega, E_{-\omega}]$ (or equivalently studying the branching rule for the adjoint representation under the $Sl(2)$ subgroup generated by $\{E_\omega, H_\omega, E_{-\omega}\}$). The resulting 5-grading of $\mathfrak{g}$ is

$$\mathfrak{g} = \mathfrak{g}_{-2} \oplus \mathfrak{g}_{-1} \oplus \mathfrak{g}_0 \oplus \mathfrak{g}_1 \oplus \mathfrak{g}_2 \tag{3.1}$$

where the one-dimensional spaces $\mathfrak{g}_{\pm 2}$ are spanned by the highest and lowest roots $E_{\pm\omega}$. Therefore the space $\mathfrak{g}_1 \oplus \mathfrak{g}_2$ is a Heisenberg algebra of dimension $\dim \mathfrak{g}_1 + 1$ with central element E_ω. Furthermore, since $[\mathfrak{g}_0, \mathfrak{g}_{\pm 2}] = \mathfrak{g}_{\pm 2}$, we have $\mathfrak{g}_0 = \mathfrak{m} \oplus H_\omega$ where $[\mathfrak{m}, E_{\pm\omega}] = 0$. The Lie algebra $\mathfrak{m}$ generates the

Levi subgroup M of a parabolic group $P = MU$ with unipotent radical[9] $U = \exp \mathfrak{g}_1$. Hence the coadjoint orbit of $E_{-\omega}$ is parameterized by $H_\omega \oplus \mathfrak{g}_1 \oplus E_\omega$, the orthogonal complement of its stabilizer. Its dimension is twice the dimension d of the minimal representation obtained through its quantization and is listed in Table 1.

Table 1. Dimension of minimal representations, canonically realized Levi subgroup M, linearly realized subgroup L, representation of $\mathfrak{g}_1$ under L and cubic L-invariant I_3.

G	d	M	L	$\mathfrak{g}_1$	I_3
$Sl(n)$	$n-1$	$Sl(n-2)$	$Sl(n-3)$	$\mathbb{R}^{n-3}$	0
D_n	$2n-3$	$Sl(2) \times D_{n-2}$	D_{n-3}	$\mathbb{R} \oplus \mathbb{R}^{2n-6}$	$x_1(\sum x_{2i}x_{2i+1})$
E_6	11	$Sl(6)$	$Sl(3) \times Sl(3)$	$\mathbb{R}^3 \otimes \mathbb{R}^3$	det
E_7	17	$SO(6,6)$	$Sl(6)$	$\Lambda^2\mathbb{R}^6$	Pf
E_8	29	E_7	E_6	27	$27^{\otimes_s 3}\vert_1$

To quantize the minimal nilpotent orbit, note that the symplectic vector space $\mathfrak{g}_1$ admits a canonical polarization chosen by taking as momentum variables the positive root β_0 attached to the highest root ω on the extended Dynkin diagram, along with those positive roots $\beta_{i=1,\dots,d-2}$ with Killing inner products $(\beta_0, \beta_i) = 1$. The conjugate position variables are then $\gamma_{i=0,\dots,d-2} = \omega - \beta_i$. These generators are given by the Heisenberg representation ρ_H acting on functions of d variables,

$$E_\omega = iy\ , \qquad E_{\beta_i} = y\ \partial_{x_0}\ , \qquad E_{\gamma_i} = ix_0\ , \quad i = 0, \dots, d-2\ . \tag{3.2}$$

So far the generator y is central. By the Shale–Weil theorem [21], ρ_H extends to a representation of the double cover of the symplectic group $Sp(d-1)$. The latter contains the Levi M with trivial central extension of $Sp(2d)$ over M. In physics terms, the Levi M acts linearly on the positions and momenta by canonical transformations. In particular, the longest element S in the Weyl group of M is represented by Fourier transform,

$$[S \cdot f](y, x_0, \dots, x_{d-2}) = \int \left[\prod_{i=0}^{d-2} \frac{dp_i}{\sqrt{2\pi y}}\right] f(y, p_0, \dots, p_{d-2})\ e^{\frac{i}{y}\sum_{i=0}^{d-2} p_i x_i}\ . \tag{3.3}$$

The subgroup $L \subset M$ commuting with E_{β_0}, does not mix positions and momenta and therefore acts linearly on the variables $x_{i=1\dots d-2}$ while leaving

[9] Recall that a parabolic group P of upper block-triangular matrices (with a fixed given shape) decomposes as $P = MU$ where the unipotent radical U is the subgroup with unit matrices along the diagonal blocks while the Levi M is the block diagonal subgroup.

(y, x_0) invariant. The representation of the parabolic subgroup P can be extended to $P_0 = P \times \exp tH_{\beta_0}$ (where $\exp tH_{\beta_0}$ is the one-parameter subgroup generated by $H_{\beta_0} = [E_{\beta_0}, E_{-\beta_0}]$) by defining

$$H_{\beta_0} = -y\partial + x_0\partial_0 \,, \tag{3.4}$$

(here $\partial \equiv \partial_y$ and $\partial_i \equiv \partial_{x_i}$). Notice that the element y, which played the rôle of $\hbar$ before, is no longer central. To extend this representation to the whole of G, note that Weyl reflection with respect to the root β_0 acts just as in the $Sl(3)$ case (2.29),

$$[A \cdot f](y, x_0, x_1, \ldots, x_{d-2}) = e^{-\frac{iI_3}{x_0 y}} f(-x_0, y, x_1, \ldots, x_{d-2}) \,. \tag{3.5}$$

In this formula, $I_3(x_i)$ is the unique L-invariant (normalized) homogeneous, cubic, polynomial in the $x_{i=1,\ldots,d-2}$ (see Table 1). Remarkably, the Weyl group relation

$$(AS)^3 = (SA)^3 \tag{3.6}$$

holds, thanks to the invariance of the cubic character e^{-iI_3/x_0} under Fourier transform over $x_{i=0\ldots d-2}$ [22] (see also [23]). This is the analog of the Fourier invariance of the Gaussian character for the symplectic theta series. It underlies the minimal nilpotent representation and its theta series.

The remaining generators are obtained by applying the Weyl reflections A and S to the Heisenberg subalgebra (3.2). In particular, the negative root $E_{-\beta_0}$ takes the universal form,

$$E_{-\beta_0} = -x_0\partial + \frac{iI_3}{y^2} \tag{3.7}$$

which we first encountered in the $Sl(3)$ example (2.28).

It is useful to note that this construction can be cast in the language of Jordan algebras: L is in fact the reduced structure group of a cubic Jordan algebra J with norm I_3; M and G can then be understood as the "conformal" and "quasi-conformal" groups associated to J. The minimal representation arises from quantizing the quasi-conformal action – see [28] for more details on this approach, which generalizes to all semi-simple algebras including the non simply-laced cases.

3.2 D_4 minimal representation and strings on T^4

As illustration, we display the minimal representation of $SO(4,4)$ [24] (see [25] for an alternative construction). The extended Dynkin diagram is

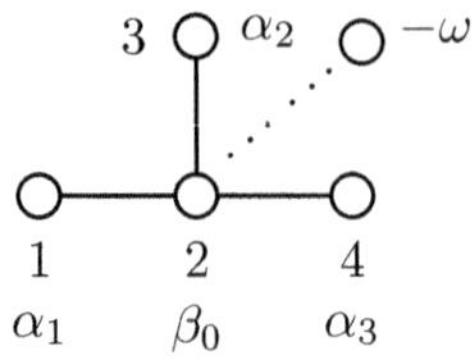

and the affine root $-\omega$ attaches to the root β_0. The grade-1 symplectic vector space $\mathfrak{g}_1$ is spanned by $4+4$ roots

$$\left.\begin{array}{cc} \beta_0 & \gamma_0 = \beta_0 + \alpha_1 + \alpha_2 + \alpha_3 \\ \beta_i = \beta_0 + \alpha_i & \gamma_i = \beta_0 + \alpha_j + \alpha_k \end{array}\right\} \quad \{i,j,k\} = \{1,2,3\} \,. \tag{3.8}$$

The positive roots are represented as in (3.2), while the negative roots read

$$\begin{aligned} E_{-\beta_0} &= -x_0 \partial + \frac{i x_1 x_2 x_3}{y^2} \\ E_{-\beta_1} &= x_1 \partial + \frac{x_1}{y} (1 + x_2 \partial_2 + x_3 \partial_3) - i x_0 \partial_2 \partial_3 \\ E_{-\gamma_0} &= 3i\partial_0 + iy\partial\partial_0 - y\partial_1\partial_2\partial_3 + i(x_0\partial_0 + x_1\partial_1 + x_2\partial_2 + x_3\partial_3)\,\partial_0 \\ E_{-\gamma_1} &= iy\partial_1\partial + i(2 + x_0\partial_0 + x_1\partial_1)\,\partial_1 - \frac{x_2 x_3}{y}\,\partial_0 \\ E_{-\omega} &= 3i\partial + iy\partial^2 + \frac{i}{y} + ix_0\partial_0\partial + \frac{x_1x_2x_3}{y^2}\,\partial_0 + x_0\partial_1\partial_2\partial_3 \\ &\quad + \frac{i}{y}\,(x_1x_2\partial_1\partial_2 + \text{cyclic}) + \; i(x_1\partial_1 + x_2\partial_2 + x_3\partial_3)\,(\partial + \frac{1}{y}) \,, \end{aligned} \tag{3.9}$$

as well as cyclic permutations of $\{1,2,3\}$. The Levi $M = [Sl(2)]^3$, obtained by removing β_0 from the extended Dynkin diagram, acts linearly on positions and momenta and has generators

$$E_{\alpha_i} = -x_0\partial_i - \frac{i x_j x_k}{y} \,, \qquad E_{-\alpha_i} = x_i\partial_0 + iy\partial_j\partial_k \,. \tag{3.10}$$

Finally, the Cartan generators are obtained from commutators $[E_\alpha, E_{-\alpha}]$,

$$H_{\beta_0} = -y\partial + x_0\partial_0 \tag{3.11}$$

$$H_{\alpha_i} = \quad - x_0\partial_0 + x_i\partial_i - x_j\partial_j - x_k\partial_k - 1 \,. \tag{3.12}$$

This representation also arises in a totally different context: the one-loop amplitude for closed strings compactified on a 4-torus! T-duality requires this amplitude to be an automorphic form of $SO(4,4,\mathbb{Z}) = D_4(\mathbb{Z})$. In fact, it may be written as an integral of a symplectic theta series over the fundamental domain of the genus-1 world-sheet moduli space,

$$\mathcal{A}(g_{ij}, B_{ij}) = \int_{SO(2)\backslash Sl(2,\mathbb{R})/Sl(2,\mathbb{Z})} \frac{d^2\tau}{\tau_2^2}\; \theta_{Sp(8,\mathbb{Z})}(\tau,\bar\tau; g_{ij}, B_{ij}) \,. \tag{3.13}$$

Here (g_{ij}, B_{ij}) are the metric and Neveu-Schwarz two-form on T^4 parameterizing the moduli space $[SO(4) \times SO(4)]\backslash SO(4,4,\mathbb{R})$. The symplectic theta series $\theta_{Sp(8,\mathbb{Z})}$ is the partition function of the $4+4$ string world-sheet winding modes m^i_a, $i = 1, \ldots, 4, a = 1, 2$ around T^4. Like any Gaussian theta series, it is invariant under the (double cover of the) symplectic group over integers, $Sp(8,\mathbb{Z})$ in this case. The modular group and T-duality group arise as a dual pair $Sl(2) \times SO(4,4)$ in $Sp(8)$ – in other words, each factor is the commutant of the other within $Sp(8)$. Therefore, after integrating over the $Sl(2)$ moduli space, an $SO(4,4,\mathbb{Z})$ automorphic form, based on the minimal representation remains. Dual pairs are a powerful technique for constructing new automorphic forms from old ones.

To see the minimal representation of D_4 emerge explicitly, note that $Sl(2)$-invariant functions of m^i_a must depend on the cross products,

$$m^{ij} = \epsilon^{ab} m^i_a m^j_b \,, \tag{3.14}$$

which obey the quadratic constraint

$$m^{[ij} m^{kl]} = 0 \,, \tag{3.15}$$

and therefore span a cone in $\mathbb{R}^6$. The 5 variables (y, x_0, x_i) are mapped to this 5-dimensional cone by diagonalizing the action of the maximal commuting set of six observables $\mathcal{C} = (E_{\alpha_3}, E_{\beta_3}, E_{\gamma_1}, E_{\gamma_2}, E_{\gamma_0}, E_\omega)$ whose eigenvalues may be identified with the constrained set of six coordinates on the cone $i(m^{43}, m^{24}, m^{14}, m^{23}, m^{13}, m^{12})$. The intertwiner between the two representations is a convolution with the common eigenvector of the generators $\mathcal{C}$ amounting to a Fourier transform over x_3. This intertwiner makes the hidden triality symmetry, which is crucial for heterotic/type II duality [26], of the $Sl(4)$-covariant string representation manifest.

An advantage of the covariant realization is that the spherical vector follows by directly computing the integral (3.13). The real spherical vector is read-off from worldsheet instanton contributions

$$f_\infty(m^{ij}) = \frac{e^{-2\pi\sqrt{(m^{ij})^2}}}{\sqrt{(m^{ij})^2}} \,, \tag{3.16}$$

while its p-adic counterpart follows from the instanton summation measure

$$f_p(m^{ij}) = \gamma_p(m_{ij}) \frac{1 - p\,|m_{ij}|_p}{1-p} \,. \tag{3.17}$$

Intertwining back to the triality invariant realization gives

$$f_\infty(y, x_0, x_i) = \frac{e^{-i\frac{x_0 x_1 x_2 x_3}{y(y^2+x_0^2)}}}{\sqrt{y^2+x_0^2}} K_0\left(\frac{\sqrt{\prod_{i=1}^3 (y^2 + x_0^2 + x_i^2)}}{y^2 + x_0^2}\right) . \tag{3.18}$$

This is the prototype for spherical vectors of all higher simple Lie groups.

3.3 Spherical vector, real and p-adic

To find the spherical vector for higher groups, one may either search for generalizations of the covariant string representation in which the result is a simple extension of the world-sheet instanton formula (3.16) – see Section 3.5, or try and solve by brute force the complicated set of partial differential equations $(E_\alpha + E_{-\alpha})f = 0$ demanded by K-invariance. Fortunately, knowing the exact solution (3.18) for D_4 gives enough inspiration to solve the general case [5].

To see this, note that the phase in (3.18) has precisely the right anomalous transformation under $(y, x_0) \to (-x_0, y)$ to cancel the cubic character of the Weyl generator (3.5), or equivalently the cubic term appearing in $E_{\beta_0} + E_{-\beta_0}$. The real part of the spherical vector therefore depends on (y, x_0) through their norm $R = \sqrt{y^2 + x_0^2} = |y, x_0|_\infty$. Moreover, invariance under the linearly acting maximal compact subgroup of L restricts the dependence on x_i to its quadratic I_2, cubic I_3 and quartic I_4 invariants. Choosing a frame where all but three of the x_i vanish, the remaining equations are then essentially the same as for the known D_4 case. The universal result is

$$f_\infty(X) = \frac{1}{R^{s+1}} \mathcal{K}_{s/2}\left(|X, \nabla_X[I_3/R]|_\infty\right) \exp\left(-i\frac{x_0 I_3}{yR^2}\right), \tag{3.19}$$

where $X \equiv (y, x_0, \dots x_{d-2})$ and I_3 is given in Table 1. Notice that the result depends on the pullback of the Euclidean norm to the Lagrangian subspace $(X, \nabla_X[I_3/R])$ of the coadjoint orbit. The function $\mathcal{K}_t(x)$ is related to the usual modified Bessel function by $\mathcal{K}_t(x) \equiv x^{-t} K_t(x)$, and the parameter $s = 0, 1, 2, 4$ for $G = D_4, E_6, E_7, E_8$, respectively[10].

The p-adic spherical vector computation is much harder since the generators cannot be expressed as differential operators. It was nevertheless completed in [27] by very different techniques, again inspired by the D_4 result (3.17), intertwined to the triality invariant representation. The result mirrors the real case, namely for $|y|_p < |x_0|_p$,

$$f_p(X) = \frac{1}{R^{s+1}} \mathcal{K}_{p,s/2}\left(X, \nabla_X[I_3/R]\right) \exp\left(-i\frac{I_3}{x_0 y}\right), \tag{3.20}$$

where $R = |y, x_0|_p = |x_0|_p$ is now the p-adic norm, and $\mathcal{K}_{p,t}$ is a p-adic analogue of the modified Bessel function,

$$\mathcal{K}_{p,t}(x) = \frac{1 - p^s |x|_p^{-s}}{1 - p^s} \gamma_p(x), \tag{3.21}$$

($\gamma_p(x)$ generalizes to a function of several arguments by $\gamma_p(X) = 0$ unless $|X|_p \leq 1$). The result for $|y|_p > |x_0|_p$ follows by the Weyl reflection A.

[10] For $D_{n>4}$ the result is slightly more complicated, see [5]. It is noteworthy that the ratio I_3/R is invariant under Legendre transform with respect to all entries in X, although the precise meaning of this observation is unclear.

3.4 Global theta series

Having obtained the real and p-adic spherical vectors for any p, one may now insert them in the adelic formula (1.14) to construct exceptional theta series. Equivalently, we may use the representation (1.7),

$$\theta_G(e) = \langle \delta_{G(\mathbb{Z})}, \rho_G(e) f_\infty \rangle \, , \qquad \delta(X) = \prod_{p \text{ prime}} f_p(X) \, . \tag{3.22}$$

Thanks to the factor $\gamma_p(X, \nabla_X[I_3/R])$, the summation measure $\delta_{G(\mathbb{Z})}(X)$ will have support on integers X such that $\nabla_X[I_3/R]$ is also an integer.

While this expression is fine for generic X, it ceases to make sense when $y = 0$, as the phase of the spherical vector (3.19) becomes singular. As shown in [27], the correct prescription for $y = 0$ is to remove the phase and set $y = 0$ in the rest of the spherical vector, thereby obtaining a new smooth vector

$$\overline{f}(\overline{X}) = \lim_{y \to 0} \left[\exp\left(i \frac{x_0 I_3}{y R^2} \right) f_\infty(y, x_0, x_i) \right] \, , \tag{3.23}$$

where $\overline{X} = (x_0, x_1, \ldots x_{d-2})$, with a similar expression in the p-adic case.

However, there still remains a further divergence when $y = x_0 = 0$. It can be shown that these terms may be regularized to give a sum of two terms, namely a constant plus a theta series based on the minimal representation of the Levi subgroup M. Altogether, the global formula for the theta series in the minimal representation of G reads [27]

$$\begin{aligned} \theta_G(e) = & \sum_{X \in [\mathbb{Z} \backslash \{0\}] \times \mathbb{Z}^{d-1}} \mu(X) \; \rho(e) \cdot f_\infty(X) \\ & + \sum_{\overline{X} \in [\mathbb{Z} \backslash \{0\}] \times \mathbb{Z}^{d-2}} \overline{\mu}(\overline{X}) \; \rho(e) \cdot \overline{f}_\infty(\overline{X}) + \alpha_1 + \alpha_2 \theta_M(e) \, . \end{aligned} \tag{3.24}$$

Notice that the degenerate contributions in the second line will mix with the non-degenerate ones under a general right action of $G(\mathbb{Z})$.

3.5 Pure spinors, tensors, 27-sors, ...

We end the mathematical discussion by returning to the $Sl(4)$-covariant presentation of the minimal representation of $SO(4,4)$ on functions of 6 variables m^{ij} with a quadratic constraint (3.14). The existence of this presentation may be traced to the 3-grading $28 = 6 \oplus (15+1) \oplus 6$ of the Lie algebra of $SO(4,4)$ under the Abelian factor in $Gl(4) \subset SO(4,4)$: the top space in this decomposition is an Abelian group, whose generators in the minimal representation of $SO(4,4)$ can be simultaneously diagonalized. The eigenvalues transform linearly under $Sl(4)$ as a two-form, but satisfy one constraint in accord with the functional dimension 5 of the minimal representation of $SO(4,4)$.

This phenomenon also occurs for higher groups: for D_n, the branching of $SO(n,n)$ into $Gl(n)$ leads to a dimension $n(n-1)/2$ Abelian subgroup, whose generators transform linearly as antisymmetric $n \times n$ matrices m^{ij}. Their simultaneous diagonalization in the minimal representation of D_n leads to the same constraints as in (3.14), solved by rank 2 matrices m^{ij}. The number of independent variables is thus $2n-3$, in accord with the functional dimension of the minimal representation. This is in fact the presentation obtained from the dual pair $SO(n,n) \times Sl(2) \subset Sp(2n)$, and just as in (3.16), the spherical vector is a Bessel function of the norm $\sqrt{(m^{ij})^2}$.

For E_6, the 3-grading $78 = 16 \oplus (45+1) \oplus 16$ from the branching into $SO(5,5) \times \mathbb{R}$ leads to a realization of the minimal representation of E_6 on a spinor Y of $SO(5,5)$, with 5 quadratic constraints $\overline{Y}\Gamma_\mu Y = 0$. The solutions to these constraints are in fact the pure spinors of Cartan and Chevalley. The spherical vector was computed in [5] by Fourier transforming over one column of the 3×3 matrix X appearing in the canonical polarization, and takes the remarkably simple form

$$f_\infty(Y) = \mathcal{K}_1\left(\sqrt{\overline{Y}Y}\right) . \tag{3.25}$$

Its p-adic counterpart, obtained by replacing orthogonal with p-adic norms, also simplifies accordingly. We thus conclude that functions of pure spinors of $SO(5,5)$ (as well as other real forms of D_5) carry an action of $E_{6(6)}(\mathbb{R})$[11]. Given that pure spinors of $SO(9,1)$ provide a convenient covariant reformulation of ten-dimensional super-Yang-Mills theory and string theory [29], it is interesting to ponder the physical consequences of this hidden E_6 symmetry.

For E_7, the 3-grading corresponding to the branching $133 = 27 \oplus (78+1) \oplus 27$ into $E_6 \times \mathbb{R}$, leads to a realization of the minimal representation of E_7 on a 27 representation of E_6, denoted Y, subject to the condition that the $\overline{27}$ part in the symmetric tensor product $27 \otimes_s 27$ vanishes – in other words, $\partial_Y I_3(Y) = 0$. This corresponds to 10 independent quadratic conditions, whose solutions may aptly be dubbed *pure 27-sors*. The spherical vector was computed in [5] by Fourier transforming over one column of the antisymmetric 6×6 matrix X in the canonical polarization, and is again extremely simple

$$f_\infty(Y) = \mathcal{K}_{3/2}\left(\sqrt{\overline{Y}Y}\right) . \tag{3.26}$$

Unfortunately, E_8 does not admit any 3-grading. However, the 5-grading $248 = 1 \otimes 56 \otimes (133+1) \otimes 56 \otimes 1$ from the branching into $E_7 \times Sl(2)$ leads to an action of E_8 on functions of "pure" 56-sors Y of E_7 together with an extra variable y. For the minimal representation of E_8, the appropriate notion of purity requires the quadratic equations $\partial_Y \otimes \partial_Y I_4(Y) = 0$, where I_4 is the quartic invariant of E_7. As explained in [18], less stringent purity

[11] In contrast to the conformal realization of E_6 on 21 variables discussed in [28], this representation is irreducible.

conditions lead to unipotent representations with larger dimension. This kind of construction based on a 5-grading is in fact available for all semi-simple groups in the quaternionic real form, and is equivalent to the "canonical" construction of the minimal representation in the simply-laced case [18].

4 Physical applications

Having completed our brief journey into the dense forest of unipotent representations and automorphic forms, we now return to a more familiar ground, and describe some physical applications of these mathematical constructions.

4.1 The automorphic membrane

The primary motivation behind our study of exceptional theta series was the conjecture of [31]: the exact four-graviton R^4 scattering amplitude, predicted by U-duality and supersymmetry, ought be derivable from the eleven-dimensional quantum supermembrane – an obvious candidate to describe fundamental M-theory excitations. For example, in eight dimensions, in analogy with the one-loop string amplitude, the partition function of supermembrane zero-modes should be a theta series of $E_6(\mathbb{Z})$, which subsumes both the U-duality group $Sl(3,\mathbb{Z}) \times Sl(2,\mathbb{Z})$, and the toroidal membrane modular group $Sl(3,\mathbb{Z})$. Integrating the partition function over world-volume moduli $\mathbb{R}^+ \times Sl(3)$, yields by construction a U-duality invariant result which should reproduce the exact four-graviton R^4 scattering amplitude for M-theory on a T^3, including membrane instantons, namely a sum of $Sl(3)$ and $Sl(2)$ Eisenstein series [30; 32].

Having constructed explicitly the E_6 theta series, we may now test this conjecture [34]. Recall that in the canonical realization, the E_6 minimal representation contains an $Sl(3)\times Sl(3)$ group acting linearly from the left and right on a 3×3 matrix of integers m^A_M, together with two singlets y, x_0. In addition, there is an extra $Sl(3)$ built from the non-linearly acting generators $E_{\beta_0,\gamma_0,\omega}$, which further decomposes into the $\mathbb{R}^+ \times Sl(2)$ factors mentioned above. The integers m^A_M are interpreted as winding numbers of a toroidal membrane wrapping the target-space T^3, $X^M = m^M_A \sigma^A$. The two extra integers y, x_0 do not appear in the standard membrane action but may be interpreted as a pair of world-volume 3-form fluxes – an interesting prediction of the hidden E_6 symmetry, recently confirmed from very different arguments [33].

The integration over the membrane world-volume $Sl(3)$ moduli amounts to decomposing the minimal representation with respect to the left acting $Sl(3)$ and keeping only invariant singlets. For a generic matrix m^A_M, the unique such invariant is its determinant, which we preemptively denote $x_1^3 = \det(M)$. This leaves a representation of the non-linear $Sl(3)$ acting on functions of three variables (y, x_0, x_1) (the right $Sl(3)$ acts trivially): this is precisely the representation studied in Section 2.5. In addition, non-generic matrices contribute further representations charged under both left and right $Sl(3)$s.

It remains to carry out the integration over the membrane world-volume factor $\mathbb{R}^+$ inside the non-linear $Sl(3)$. This integral is potentially divergent. Instead, a correct mathematical prescription is to look at the constant term with respect to a parabolic $P_{1,2} \subset Sl(3)_{NL}$: indeed we find that this produces the result predicted by the conjecture [34].

This is strong evidence that membranes are indeed the correct degrees of freedom of M-theory, although the construction only treats membrane zero-modes. It would be very interesting to see if the E_6 symmetry can be extended to fluctuations and in turn to lead to a quantization of the complete toroidal supermembrane.

4.2 Conformal quantum cosmology

The dynamics of spatially separated points decouple as a space-like singularity is approached. Only effective 0+1-dimensional quantum mechanical degrees of freedom remain at each point. Classically, these correspond to a particle on a hyperbolic billiard, whose chaotic motion translates into a sequence of Kasner flights and bounces of the spatial geometry [35]. Originally observed for 3+1-dimensional Einstein gravity, this chaotic behavior persists for 11-dimensional supergravity, whose the billiard is the Weyl chamber of a generalized E_{10} Kac-Moody group [36]. Upon accounting for off-diagonal metric and gauge degrees of freedom, the hyperbolic billiard can be unfolded onto the fundamental domain of the arithmetic group $E_{10}(\mathbb{Z})$. Automorphic forms for $E_{10}(\mathbb{Z})$ should therefore be relevant in to the wave function of the universe!

Automorphic forms for generalized Kac-Moody groups are out of our present reach. However, automorphic forms for finite Lie groups may still be useful in a cosmological context because their corresponding minimal representations can be viewed as conformal quantum mechanical systems of the type that arising near cosmological singularities [38]. Indeed, changing variables $y = \rho^2/2$, $x_i = \rho q_i/2$ in the canonical minimal representation, the generators of the grading $Sl(2)$ subalgebra become

$$E_\omega = \frac{1}{2}\rho^2 , \quad H_\omega = \rho p_\rho , \quad E_{-\omega} = \frac{1}{2}\left(p_\rho^2 + \frac{4\Delta}{\rho^2}\right) . \tag{4.1}$$

Here Δ is a quartic invariant of the coordinates and momenta $\{q_i, \pi_i\}$ corresponding (up to an additive constant) to the quadratic Casimir of the Levi M. Choosing $E_{-\omega}$ as the Hamiltonian, the resulting mechanical system has a dynamical, $d = 0 + 1$ conformal, $Sl(2) = SO(2,1)$ symmetry. In contrast to the one-dimensional conformal quantum mechanics of [37], the conformal symmetry $Sl(2)$ is enlarged to a much larger group G mixing the radial coordinate ρ with internal ones x_i. It can be shown that these conformal systems appear upon dimensional reduction of Einstein's equations near a space-like singularity [38].

4.3 Black hole micro-states

Finally, minimal representations and automorphic forms play an important rôle in understanding the microscopic origin of the Bekenstein-Hawking entropy of black holes. From thermodynamic arguments, these stationary, spherically symmetric classical solutions of Einstein-Maxwell gravity are expected to describe an exponentially large number of quantum micro-states (on the order of the exponential of the area of their horizon in Planck units). It is an important question to determine the exact degeneracy of micro-states for a given value of their charges – as always, U-duality is a powerful constraint on the result. An early conjecture in the framework of $N = 4$ supergravity relates the degeneracies to Fourier coefficient of a certain modular form of $Sp(4,\mathbb{Z})$ constructed by Igusa [39]. A more recent study suggests that the 3-dimensional U-duality group (manifest after timelike dimensional reduction of the 4-dimensional stationary solution) should play the rôle of a "spectrum generating symmetry" for the black hole degeneracies [40]. For M-theory compactified on T^7 or $K3 \times T^3$, the respective $E_8(\mathbb{Z})$ or $SO(8,24,\mathbb{Z})$ symmetry may be sufficiently powerful to determine these degeneracies, and there are strong indications that the minimal representation and theta series are the appropriate objects [40; 41; 42].

5 Conclusion

In this Lecture, we hope to have given a self-contained introduction to automorphic forms, based on string theory experience – rigor was jettisoned in favor of simplicity and utility. Our attempt will be rewarded if the reader is inspired to study further aspects of this rich field: non-minimal unipotent representations, non-simply laced groups, non-split real forms, reductive dual pairs, arithmetic subgroups, Fourier coefficients, L-functions... Alternatively, he or she may solve any of the homework problems outlined in Section 4.

Acknowledgments: We would like to thank our mathematical muse D. Kazhdan and his colleagues S. Miller, C. Moeglin, S. Polischchuk for educating us and the Max Planck Institute für Mathematik Bonn and Gravitationsphysik – Albert Einstein Institut – in Golm for hospitality during part of this work. B.P. is also grateful for the organizers of Les Houches Winter School on "Frontiers in Number Theory, Physics and Geometry" for a wonderful session, and the kind invitation to present this work. Research supported in part by NSF grant PHY01-40365.

References

[1] E. Cremmer and B. Julia, "The SO(8) Supergravity," Nucl. Phys. B **159** (1979) 141;

[2] C. M. Hull and P. K. Townsend, "Unity of superstring dualities," Nucl. Phys. B **438** (1995) 109 [arXiv:hep-th/9410167].
[3] N. A. Obers and B. Pioline, "U-duality and M-theory," *Phys. Rept.* **318** (1999) 113, hep-th/9809039; N. A. Obers and B. Pioline, "U-duality and M-theory, an algebraic approach," hep-th/9812139.
[4] S. Gelbart and S. Miller, "Riemann's zeta function and beyond", *Bull. Amer. Math. Soc.* **41** (2004) 59
[5] D. Kazhdan, B. Pioline and A. Waldron, "Minimal representations, spherical vectors, and exceptional theta series. I," Commun. Math. Phys. **226** (2002) 1 [arXiv:hep-th/0107222].
[6] M. B. Green and M. Gutperle, "Effects of D instantons," *Nucl. Phys.* **B498** (1997) 195–227, hep-th/9701093.
[7] M. B. Green and M. Gutperle, "D-particle bound states and the D-instanton measure," *JHEP* **9801** (1998) 005 hep-th/9711107.
[8] G. Moore, N. Nekrasov, and S. Shatashvili, "D-particle bound states and generalized instantons", *Commun. Math. Phys.* **209** (2000) 77 hep-th/9803265.
[9] F. Sugino and P. Vanhove, "U-duality from matrix membrane partition function," Phys. Lett. B **522** (2001) 145 [arXiv:hep-th/0107145].
[10] L. Brekke and P.G.O. Freund, "p-adic numbers in physics", Phys. Rep. **233** (1993) 1.
[11] A. A. Kirillov, "Merits and demerits of the orbit method", *Bull. Am. Math. Soc.* **36** (1999) 433.
[12] A. Joseph, "Minimal realizations and spectrum generating algebras," *Comm. Math. Phys.* **36** (1974) 325; "The minimal orbit in a simple Lie algebra and its associated maximal ideal," *Ann. Scient. Ecole Normale Sup.* 4ème série **9** (1976) 1-30.
[13] I. Vahutinskii, "Unitary representations of $Gl(3,\mathbb{R})$", *Soviet Math. Dokl.* **7** (1966) 1123.
[14] D. Bump and J. Hoffstein, "Cubic metaplectic forms on $Gl(3)$", *Invent. Math.* **84** (1986) 481.
[15] D. Kazhdan and G. Savin, "The smallest representation of simply laced groups," Israel Math. Conf. Proceedings, Piatetski-Shapiro Festschrift **2** (1990) 209-223.
[16] R. Brylinski and B. Kostant, "Minimal representations of E_6, E_7, and E_8 and the generalized Capelli identity", *Proc. Nat. Acad. Sci. U.S.A.* **91** (1994) 2469; "Minimal representations, geometric quantization, and unitarity", *Proc. Nat. Acad. Sci. U.S.A.* **91** (1994) 6026; "Lagrangian models of minimal representations of E_6, E_7 and E_8", in *Functional Analysis on the Eve of the 21st century*, Progress in Math., Birkhäuser (1995).
[17] S. Sahi, Siddhartha, "Explicit Hilbert spaces for certain unipotent representations", *Invent. Math.* **110** (1992), 409.
[18] B. H. Gross and N. R. Wallach, "On quaternionic discrete series representations, and their continuations", *J. Reine Angew. Math.* **481** (1996) 73.

[19] P. Torasso, "Méthode des orbites de Kirillov-Duflo et représentations minimales des groupes simples sur un corps local de caractéristique nulle", *Duke Math. J.* **90** (1997), 261.
[20] M. Gunaydin, K. Koepsell and H. Nicolai, Adv. Theor. Math. Phys. **5**, 923 (2002) [arXiv:hep-th/0109005]. M. Gunaydin and O. Pavlyk, "Generalized spacetimes defined by cubic forms and the minimal unitary realizations of their quasiconformal groups," JHEP **0508** (2005) 101 [arXiv:hep-th/0506010]; M. Gunaydin and O. Pavlyk, "Minimal unitary realizations of exceptional U-duality groups and their subgroups as quasiconformal groups," JHEP **0501** (2005) 019 [arXiv:hep-th/0409272];
[21] A. Weil, "Sur certains groupes d'opérateurs unitaires", Acta Math. **111** (1964) 143.
[22] P. Etingof, D. Kazhdan, and A. Polishchuk, "When is the Fourier transform of an elementary function elementary?", `math.AG/0003009`.
[23] B. Pioline, "Cubic free field theory", Proceedings of Cargese 2002 Summer School, arXiv:hep-th/0302043.
[24] D. Kazhdan, "The minimal representation of D_4", in Operator algebras, Unitary representations, enveloping algebras and invariant theories, A. Connes, M. Duflo, A. Joseph, R. Rentschler eds., Progress in Mathematics **92**, Birkhäuser Boston (1990) 125.
[25] B. Kostant, "The principle of triality and a distinguished unitary representation of $SO(4,4)$", in *Differential Geometrical Methods in Theoretical Physics*, K. Bleuler and M. Werner eds, Kluwer Academic Publishes 1988.
[26] E. Kiritsis, N. A. Obers and B. Pioline, "Heterotic/type II triality and instantons on K3," JHEP **0001**, 029 (2000), `hep-th/0001083`.
[27] D. Kazhdan and A. Polishchuk, "Minimal representations: spherical vectors and automorphic functionals" arXiv:math.RT/0209315.
[28] M. Gunaydin, K. Koepsell and H. Nicolai, "Conformal and quasiconformal realizations of exceptional Lie groups," Commun. Math. Phys. **221** (2001) 57 `hep-th/0008063`; M. Gunaydin, "Realizations of exceptional U-duality groups as conformal and quasiconformal groups and their minimal unitary representations," Comment. Phys. Math. Soc. Sci. Fenn. **166** (2004) 111 [arXiv:hep-th/0409263].
[29] N. Berkovits, "Super-Poincare covariant quantization of the superstring," JHEP **0004** (2000) 018 [arXiv:hep-th/0001035].
[30] E. Kiritsis and B. Pioline, "On R^4 threshold corrections in IIB string theory and (p,q) string instantons," *Nucl. Phys.* **B508** (1997) 509–534, `hep-th/9707018`; B. Pioline and E. Kiritsis, "U-duality and D-brane combinatorics," *Phys. Lett.* **B418** (1998) 61, `hep-th/9710078`.
[31] B. Pioline, H. Nicolai, J. Plefka and A. Waldron, "R^4 couplings, the fundamental membrane and exceptional theta correspondences," JHEP **0103**, 036 (2001), `hep-th/0102123`.
[32] N. A. Obers and B. Pioline, "Eisenstein series and string thresholds," *Commun. Math. Phys.* **209** (2000) 275, `hep-th/9903113`; N. A. Obers

and B. Pioline, "Eisenstein series in string theory," *Class. Quant. Grav.* **17** (2000) 1215, hep-th/9910115.

[33] V. Bengtsson, M. Cederwall, H. Larsson and B. E. W. Nilsson, "U-duality covariant membranes," JHEP **0502** (2005) 020 [arXiv:hep-th/0406223].

[34] B. Pioline and A. Waldron, "The automorphic membrane," JHEP **0406** (2004) 009 [arXiv:hep-th/0404018].

[35] V. A. Belinsky, I. M. Khalatnikov and E. M. Lifshitz, "A General Solution Of The Einstein Equations With A Time Singularity," Adv. Phys. **31**, 639 (1982); "Oscillatory Approach To A Singular Point In The Relativistic Cosmology," id, Adv. Phys. **19**, 525 (1970).

[36] T. Damour and M. Henneaux, "Chaos in superstring cosmology," Phys. Rev. Lett. **85**, 920 (2000) [arXiv:hep-th/0003139]. T. Damour and M. Henneaux, "E(10), BE(10) and arithmetical chaos in superstring cosmology," Phys. Rev. Lett. **86**, 4749 (2001) [arXiv:hep-th/0012172].

[37] V. de Alfaro, S. Fubini and G. Furlan, "Conformal Invariance In Quantum Mechanics," Nuovo Cim. A **34**, 569 (1976).

[38] B. Pioline and A. Waldron, "Quantum cosmology and conformal invariance," Phys. Rev. Lett. **90** (2003) 031302 [arXiv:hep-th/0209044].

[39] R. Dijkgraaf, E. P. Verlinde and H. L. Verlinde, "Counting dyons in N = 4 string theory," Nucl. Phys. B **484** (1997) 543 [arXiv:hep-th/9607026].

[40] B. Pioline, "BPS black hole degeneracies and minimal automorphic representations," JHEP **0508**, 071 (2005) [arXiv:hep-th/0506228].

[41] M. Gunaydin, "Unitary realizations of U-duality groups as conformal and quasiconformal groups and extremal black holes of supergravity theories," AIP Conf. Proc. **767** (2005) 268 [arXiv:hep-th/0502235].

[42] Gunaydin, Murat and Neitzke, Andrew and Pioline, Boris and Waldron, Andrew, "BPS black holes, quantum attractor flows and automorphic forms" Phys. Rev. D**73** (2006) 084019 [arXiv:hep-th/0512296]

Strings and Arithmetic

Gregory Moore

Department of Physics, Rutgers University
Piscataway, NJ 08854-8019, USA

Summary. These are lecturenotes for 2 lectures delivered at the Les Houches workshop. They review two examples of interesting interactions between number theory and string compactification, and raise some new questions and issues in the context of those examples. The first example concerns the role of the Rademacher expansion of coefficients of modular forms in the AdS/CFT correspondence. The second example concerns the role of the "attractor mechanism" of supergravity in selecting certain arithmetic Calabi-Yau's as distinguished compactifications.

1 Introduction

Several of the most interesting developments of modern string theory use some of the mathematical tools of modern number theory. One striking example of this is the importance of arithmetic groups in the theory of duality symmetries. Another example, somewhat related, is the occurance of automorphic forms for arithmetic groups in low energy effective supergravities. These examples are quite well-known.

In the following two lectures we explore two other less-well-known examples of curious roles of number theoretic techniques in string theory. The first concerns a technique of analytic number theory and its role in the AdS/CFT correspondence. The second is related to the "attractor equations." These are equations on Hodge structures of Calabi-Yau manifolds and have arisen in a number of contexts connected with string compactification. Another topic of possible interest to readers of this volume will appear elsewhere [1].

2 Potential Applications of the AdS/CFT Correspondence to Arithmetic

2.1 Summary

In this talk we are going to indicate how the "AdS/CFT correspondence" of string theory might have some interesting relations to analytic number theory. The main part of the talk reviews work done with R. Dijkgraaf, J. Maldacena, and E. Verlinde which appeared in [2]. Ideas similar in spirit, but, so far as I know, different in detail have appeared in [3].

2.2 Summary of the AdS/CFT correspondence

The standard reviews on the AdS/CFT correspondence are [4; 5; 6]. In this literature, "anti-deSitter space" comes in two signatures. The Euclidean version is simply hyperbolic space:

$$AdS_{n+1} = \mathbb{H}^{n+1} = SO(1, n+1)/SO(n+1) \tag{2.1}$$

while the Lorentzian version is

$$AdS_{1,n} = SO(2, n)/SO(1, n) \tag{2.2}$$

where on the right-hand side we should take the universal cover. These spacetimes are nice solutions to Einstein's equations with negative cosmological constant.

$$\mathcal{R}_{\mu\nu} - \frac{1}{2} g_{\mu\nu} \mathcal{R} + \Lambda g_{\mu\nu} = 0 \qquad \Lambda = -1 \tag{2.3}$$

In the context of string theory they arise very naturally in certain solutions to 10- and 11-dimensional supergravity associated with configurations of branes.

Some important examples (by no means all) of such solutions include

1. $AdS_2 \times S^2 \times M_6$ where M_6 is a Calabi-Yau 3-fold. The associated D-brane configurations are discussed in Lecture II below.
2. $AdS_3 \times S^3 \times M_4$ where M_4 is a $K3$ surface or a torus T^4, or $S^3 \times S^1$.
3. $AdS_5 \times S^5$. This is the geometry associated to a large collection of coincident $D3$ branes in 10-dimensional Minkowski space and is the subject of much of the research done in AdS/CFT duality.

At the level of slogans the AdS/CFT conjecture states that *10-dimensional string theory on*

$$AdS_{n+1} \times K \tag{2.4}$$

is "equivalent" to a super-conformal field theory – i.e., a QFT without gravity – on the conformal boundary

$$\partial AdS_{n+1}. \tag{2.5}$$

The "conformal boundary of AdS" means, operationally,

$$\partial AdS_{n+1} = S^n \qquad or \qquad S^{n-1} \times \mathbb{R} \tag{2.6}$$

More fundamentally it is the conformal boundary in the sense of Penrose.

Of course, the above slogan is extremely vague. One goal of this talk is to give an example where the statement can be made mathematically quite precise. We are explaining this example in the present volume because it involves some interesting analytic number theory. The hope is that a precise version of the AdS/CFT principle can eventually be turned into a useful tool in number theory, and the present example is adduced as evidence for this hope. At the end of the talk we will make some more speculative suggestions along these lines.

AdS/CFT made a little more precise

In order to explain our example it is necessary to make the statement of AdS/CFT a little more precise.

Consider 10D string theory on X which is a noncompact manifold which at infinity looks locally like

$$X \sim AdS_{n+1} \times K \tag{2.7}$$

Let us think of string theory as an infinite-component field theory on this spacetime. In particular the fields include the graviton $g_{\mu\nu}$, as well as (infinitely) many others. Let us denote the generic field by ϕ. We assume there is a well-defined notion of a partition function of string theory associated to this background. Schematically, it should be some kind of functional integral:

$$Z_{string} = \int [dg_{\mu\nu}][d\phi] \cdots e^{-\int \sqrt{g}\mathcal{R}(g)+(\nabla\phi)^2+\cdots} \tag{2.8}$$

Even at this schematic level we can see one crucial aspect of the functional integral: we must specify the boundary conditions of the fields at infinity.

Since spacetime has a factor which is locally AdS at infinity there is a second order pole in the metric at infinity. Let r denote a coordinate so that the conformal boundary is at $r \to \infty$ and such that the metric takes the asymptotic form

$$ds_X^2 \to \frac{dr^2}{r^2} + r^2 \hat{g}_{ij}(\theta) d\theta^i d\theta^j + ds_K^2 \tag{2.9}$$

where θ^i denote coordinates on S^n. In these coordinates we impose boundary conditions on the remaining fields:

$$\phi(r,\theta) \to r^h \phi_0(\theta) \tag{2.10}$$

The functional integral (2.8) is thus a function[1] of the boundary data:

$$Z_{string}(\hat{g}, \phi_0, \dots) \tag{2.11}$$

We can now state slightly more precise versions of AdS/CFT. There is a slightly different formulation for Euclidean and Lorentzian signature.

The Euclidean version of AdS/CFT states that there exists a CFT $\mathcal{C}$ defined on $\partial AdS_{n+1} = S^n$ such that the space $\mathcal{A}$ of local operators in $\mathcal{C}$ is dual to the string theory boundary conditions:

$$\phi_0 \to \Phi_{\phi_0} \in \mathcal{A} \tag{2.12}$$

such that

$$\left\langle e^{\int_{S^n} \Phi_{\phi_0}(\theta)} \right\rangle_{CFT} = Z_{string}(\hat{g}, \phi_0, \dots) \tag{2.13}$$

This statement of the AdS/CFT correspondence, while conceptually simple, is quite oversimplified. Both sides of the equation are infinite, must be regularized, etc. See the above cited reviews for a somewhat more careful discussion.

[1] In fact, it should be considered as a "wavefunction." In the closely related Chern-Simons gauge theory/RCFT duality this is literally true.

The Lorentzian version of AdS/CFT states that there is an isomorphism of Hilbert spaces between the gravity and CFT formulations that preserves certain operator algebras. These are $\mathcal{H}_{\mathcal{C}}$, the Hilbert space of the CFT $\mathcal{C}$ on $S^{n-1} \times \mathbb{R}$, and $\mathcal{H}_{string}$, the Hilbert space of string (or M) theory on $AdS_{n+1} \times K$. This is already a nontrivial statement when one considers both sides as representations of the superconformal group. An approximation to $\mathcal{H}_{string}$ is given by particles in the supergravity approximation, and corresponding states in the CFT have been found. See [4]. Whether or not the isomorphism truly holds for the entire Hilbert space is problematic because of multi-particle states and because of the role of black holes. Indeed, it is clear that one *must* include quantum states in $\mathcal{H}_{string}$ associated both to black holes and to strings and D-branes in order to avoid contradictions.

2.3 A particular example

In the remainder of this talk we will focus on the example of type IIB string theory on $AdS_3 \times S^3 \times K3$. In this case the dual CFT on ∂AdS_3 is a two-dimensional CFT $\mathcal{C}$.

From symmetry considerations it is clear that the dual CFT has $(4,4)$ supersymmetry. It is thought that $\mathcal{C}$ admits marginal deformations to a supersymmetric σ-model whose target space X is a hyperkahler resolution

$$X \to (K3)^k / S_k = \mathrm{Sym}^k(K3). \tag{2.14}$$

In comparing the gravity and CFT side we make the identification

$$k = \ell/4G \tag{2.15}$$

where ℓ is the radius of S^3 (which in turn is the curvature radius of AdS_3), while G is the Newton constant in 3 dimensions. The quantization of $\ell/4G$ can be seen intrinsically on the gravity side from the existence of certain Chern-Simons couplings for $SU(2)$ gauge fields with coefficient k.

The "proof" of the correspondence proceeds by studying the near horizon geometry of solutions of the supergravity equations representing Q_1 D1 branes and Q_5 D5 branes wrapping $K3 \times S^1$. One studies the low energy excitations of the "string" wrapping the S^1 factor. The dynamics of these excitations are are described by a supersymmetric nonlinear sigma model with target space (2.14) for $k = Q_1 Q_5 + 1$. The moduli space of supergravity solutions, as well as the moduli space of the supersymmetric sigma model are both the space

$$\Gamma \backslash SO(4,21)/SO(4) \times SO(21) \tag{2.16}$$

where Γ is an arithmetic subgroup of $SO(4,21;\mathbb{Z})$. See [17; 7; 8; 9; 10] for some explanation of the details of this.

The correlation function whose equivalence in AdS and CFT formulations we wish to present is a certain parititon function which, on the CFT side is the *elliptic genus* of the conformal field theory. The reason we focus on this quantity is that the dual CFT is very subtle. The elliptic genus is a "correlation function" of the CFT $\mathcal{C}$ which is invariant under many perturbations of the CFT, and is therefore robust and computable. Nevertheless, the resulting function is also still nontrivial and contains much useful information.

Our strategy will be to write the elliptic genus in a form that makes the connection to quantum gravity on AdS_3 clear. The form in which we can make this connection is a Poincaré series for the elliptic genus.

2.4 Review of Elliptic Genera

For some background on the elliptic genus, see [23; 22; 21; 13; 15; 16; 25; 20; 19; 18; 24].

Let $\mathcal{C}$ be a CFT with $(2,2)$ supersymmetry. This means the Hilbert space $\mathcal{H}$ is a representation of superconformal $Vir_{left}^{\mathcal{N}=2} \oplus Vir_{right}^{\mathcal{N}=2}$, where the subscript refers to the usual separation of conformal fields into left- and right-moving components.

Let us recall that the $\mathcal{N}=2$ superconformal algebra is generated by Virasoro operators L_n, and $U(1)$ current algebra J_n, with $n \in \mathbb{Z}$, and superconformal generators $G_r^{\pm}$ with $r \in \mathbb{Z} + \frac{1}{2}$ for the NS algebra and $r \in \mathbb{Z}$ for the R algebra. The commutation relations are:

$$[L_n, L_m] = (n-m)L_{n+m} + \frac{c}{12}(n^3 - n)\delta_{n+m,0} \tag{2.17}$$

$$[G_r^{\pm}, G_s^{\mp}] = 2L_{r+s} + (r-s)J_{r+s} + \frac{c}{12}(4r^2 - 1)\delta_{r+s,0} \tag{2.18}$$

$$[J_n, J_m] = \frac{c}{3} n \delta_{n+m,0} \tag{2.19}$$

$$[L_n, G_r^{\pm}] = (\frac{1}{2}n - r)G_{n+r}^{\pm} \tag{2.20}$$

$$[J_n, G_r^{\pm}] = \pm G_{n+r}^{\pm} \tag{2.21}$$

$$[L_n, J_m] = -mJ_{n+m} \tag{2.22}$$

Right-moving generators are denoted $\tilde{L}_n, \tilde{J}_n, \tilde{G}_r^{\pm}$.

The elliptic genus is

$$\chi(\tau, z) := \mathrm{Tr}_{RR} e^{2\pi i\tau(L_0 - c/24)} e^{2\pi i\tilde{\tau}(\tilde{L}_0 - c/24)} e^{2\pi i z J_0} (-1)^F \tag{2.23}$$

where the trace is in the Ramond-Ramond sector and $(-1)^F = e^{i\pi(J_0 - \tilde{J}_0)}$.

In a unitary (2, 2) superconformal field theory the operators $L_0, \tilde{L}_0, J_0, \tilde{J}_0$ may be simultaneously diagonalized. In a unitary theory the spectrum satisfies $L_0 - c/24 \geq 0$ in the Ramond sector (and similarly for the right-movers). States with $\tilde{L}_0 = c/24$ are called *right-BPS*. It follows straightforwardly from the commutation relations (2.18) that only right-BPS states make a nonzero contribution to the trace (2.23) and hence $\chi(\tau, z)$ has Fourier expansion

$$\sum_{n\geq 0,r} c(n,r)q^n y^r \tag{2.24}$$

where $q = e^{2\pi i\tau}$ and $y = e^{2\pi i z}$.

In this paper we will be considering superconformal theories with (4, 4) supersymmetry. These are special cases of the (2, 2) theories, but have extra structure: For each chirality, left and right, the $U(1)$ current algebra (2.19) is enhanced to a level k affine $SU(2)$ current algebra T_n^a. In addition, for each chirality, there is a global $SU(2)$ symmetry $\hat{T}^a$ and the four supercharges transform in the $(\frac{1}{2}, \frac{1}{2})$ representation of the global $SU(2) \times SU(2)$. The Virasoro central charge is given by $c = 6k$.

Properties of the Elliptic Genus

The elliptic genus satisfies two key properties: modular invariance and spectral flow invariance. The modular invariance follows from the fact that $\chi(\tau, z)$ can be regarded as a path integral of $\mathcal{C}$ on a two-dimensional torus $S^1 \times S^1$ with odd spin structure for the fermions.

Under modular transformations

$$\chi\left(\frac{a\tau + b}{c\tau + d}, \frac{z}{c\tau + d}\right) = e^{2\pi i k \frac{cz^2}{c\tau+d}} \chi(\tau, z) \tag{2.25}$$

In order to prove this from the path integral viewpoint note that including the parameter z involves adding a term $\sim \int \bar{A} \wedge J$ to the worldsheet action. From the singular ope of J with itself one needs to include a subtraction term. After making a modular transformation this subtraction term must change, the difference is finite and accounts for the exponential prefactor in (2.25).

The $\mathcal{N} = 2$ algebra has a well-known spectral flow isomorphism [11]

$$\begin{aligned} G^{\pm}_{n\pm a} &\to G^{\pm}_{n\pm(a+\theta)} \\ L_0 &\to L_0 + \theta J_0 + \theta^2 k \\ J_0 &\to J_0 + 2\theta k \end{aligned} \tag{2.26}$$

which implies that

$$\chi(\tau, z + \ell\tau + m) = e^{-2\pi i k(\ell^2\tau + 2\ell z)} \chi(\tau, z) \qquad \ell, m \in \mathbb{Z} \tag{2.27}$$

The identities (2.25) and (2.27) above are summarized in the mathematical definition [12]:

Definition A *weak Jacobi form* $\phi(\tau, z)$ of weight w and index k satisfies the identities:

$$\phi\left(\frac{a\tau+b}{c\tau+d}, \frac{z}{c\tau+d}\right) = (c\tau+d)^w e^{2\pi i k \frac{cz^2}{c\tau+d}} \phi(\tau, z) \tag{2.28}$$

$$\phi(\tau, z+\ell\tau+m) = e^{-2\pi i k(\ell^2\tau+2\ell z)}\phi(\tau, z) \qquad \ell, m \in \mathbb{Z} \tag{2.29}$$

and has a Fourier expansion with $c(n,r) = 0$ unless $n \geq 0$.

Thus, the elliptic genus of a unitary $(4,4)$ superconformal field theory is a weak Jacobi form of weight 0 and level k. Much useful information on Jacobi forms can be found in [12].

Two useful properties of the elliptic genus are, firstly, the expansion coefficients (2.24) are in fact functions of a single variable:

$$c(n,\ell) = c(4kn - \ell^2) \tag{2.30}$$

This follows from the spectral flow isomorphism. Secondly, by bosonizing the $U(1)$ current $J(z)$ we can write the z-dependence explicitly:

$$\chi(\tau, z) = \sum_{\mu=-k+1}^{k} h_\mu(\tau)\Theta_{\mu,k}(z,\tau) \tag{2.31}$$

Here $\Theta_{\mu,k}(z,\tau)$ are level k theta functions

$$\begin{aligned}\Theta_{\mu,k}(z,\tau) &:= \sum_{\ell\in\mathbb{Z}, \ell=\mu \bmod 2k} q^{\ell^2/(4k)} y^\ell \\ &= \sum_{n\in\mathbb{Z}} q^{k(n+\mu/(2k))^2} y^{(\mu+2kn)}\end{aligned} \tag{2.32}$$

We denote the combinations even and odd in z by $\Theta^\pm_{\mu,k}$.

Our goal now is to write the elliptic genus for the conformal field theory appearing in the AdS/CFT correspondence in a fashion suitable for interpretation via AdS/CFT. This fashion will simply be a Poincaré series. Before doing this in section 2.5 we make a small digression.

Digression 1: Elliptic Genera for Symmetric Products

If the conformal field theory $\mathcal{C}$ is a sigma model with target space X, denoted $\mathcal{C} = \sigma(X)$, then the elliptic genus of the conformal field theory only depends on the topology of X and hence we can speak of $\chi(\tau, z; X)$ In this case $\chi(\tau, z; X)$ can be interpreted as an equivariant index of the Dirac operator $\not{D}$ on the loop space LX. The parameter q accounts for rigid rotations of a loop, while z accounts for rotations in the holomorphic tangent space $T^{1,0}X$ of the target.

We will be considering the elliptic genus for the case $X = \mathrm{Sym}^k(K3)$. The elliptic genus for such X is expressed in terms of the elliptic genus of $K3$ itself. For any conformal field theory with Hilbert space $\mathcal{H}$ we can consider the symmetric group orbifold of $\mathcal{H}^{\otimes k}$. Denote the Hilbert space of the orbifold theory by $\mathrm{Sym}^k(\mathcal{H})$. This has a decomposition into twisted sectors given by

$$\mathcal{H}(\mathrm{Sym}^k(\mathcal{H})) = \oplus_{\{k_r\}} \otimes_{r>0} \mathrm{Sym}^{k_r}(\mathcal{H}_r) \tag{2.33}$$

where the sum is over partitions of k:

$$\sum r k_r = k \tag{2.34}$$

The space $\mathcal{H}_r$ is isomorphic to the space $\mathcal{H}$. It corresponds to "strings of length $2\pi r$ " where we scale the usual parameter $\sigma \sim \sigma + 2\pi$ by a factor of r. Thus configurations in the symmetric product orbifold theory may be visualized as in Fig. 1.

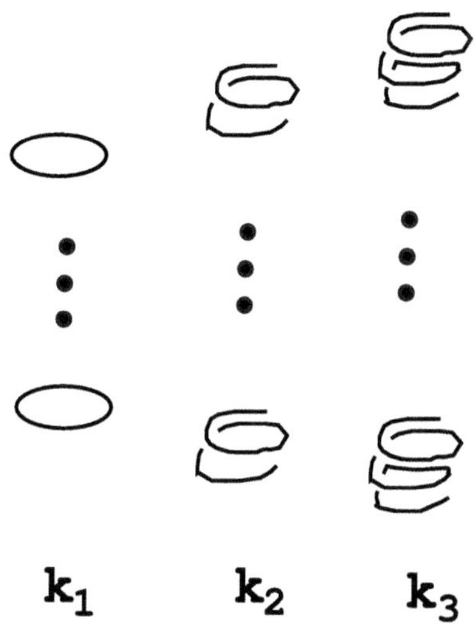

Fig. 1. A configuration of strings in the symmetric product conformal field theory.

Now, if $\mathcal{H}$ is a conformal field theory based on a sigma model with target space M then (2.33) implies an identity on the orbifold elliptic genus for $\mathrm{Sym}^k(M)$. To be specific, if

$$\chi(\tau, z; M) = \sum c(n, \ell) q^n y^\ell \tag{2.35}$$

then [26]

$$\sum_{k=0}^{\infty} p^k \chi(\mathrm{Sym}^k M; q, y) = \prod_{n>0, m\geq 0, r} \frac{1}{(1 - p^n q^m y^r)^{c(nm,r)}} \tag{2.36}$$

In the AdS/CFT correspondence we apply this to $M = K3$. The elliptic genus of $K3$ can be computed (say, from orbifold limits or Gepner models) and is

$$\chi(q,y;K3) = 8\Big(\big(\frac{\vartheta_2(z|\tau)}{\vartheta_2(0|\tau)}\big)^2 + \big(\frac{\vartheta_3(z|\tau)}{\vartheta_3(0|\tau)}\big)^2 + \big(\frac{\vartheta_4(z|\tau)}{\vartheta_4(0|\tau)}\big)^2 \Big) \tag{2.37}$$

and therefore, $\chi(\tau, z; \mathrm{Sym}^k(K3))$ is explicitly known. Many other interesting aspects of the elliptic genus of $K3$ and its symmetric products, including relations to automorphic infinite products can be found in [27].

2.5 Expressing the elliptic genus as a Poincaré Series

Returning to our main theme, we will explain the basic formula first in a simplified situation. Then we state without proof the analogous result for weak Jacobi forms. The proof may be found in [2].

Let $f \in M_w^*$ be a weak modular form for $SL(2,\mathbb{Z})$ of weight $w \le 0$. The adjective "weak" means that f is allowed to have a pole of finite order at the cusp at infinity, but no other singularities in the upper half plane. Thus, the Fourier expansion of f takes the form:

$$f(\tau) = \sum_{n\ge 0} D(n) q^{n+\Delta} \tag{2.38}$$

We refer to the *finite* sum

$$f^-(\tau) = \sum_{n+\Delta<0} D(n) q^{n+\Delta} \tag{2.39}$$

as the *polar part.*

In the physical context, $\Delta = -c/24$, for a unitary CFT, where c is the central charge of the Virasoro algebra. Moreover, $w = -d/2$, where d is the number of noncompact bosons in the CFT. Unfortunately, the letters c, d are quite standard in the theory of modular forms so there is a clash of conventional notations. We will try to avoid the use of c, d for central charge and noncompact dimensions in what follows and use Δ, w instead.

It turns out to be essential to introduce a map

$$M_w^* \to M_{2-w}^* \tag{2.40}$$

The explicit map is

$$f(\tau) \to \mathcal{Z}_f(\tau) := \big(q\frac{\partial}{\partial q}\big)^{1-w} f \tag{2.41}$$

The fact that the right hand side of (2.41) is a modular form is sometimes called Bol's identity. Note that in terms of the Fourier expansion we have:

$$\mathcal{Z}_f = \sum_{n \geq 0} \tilde{D}(n) q^{n+\Delta} \tag{2.42}$$

where

$$\tilde{D}(n) = (n + \Delta)^{1-w} D(n). \tag{2.43}$$

Given a polynomial $\wp$ in q^{-1} one can construct by hand a modular form of weight w by averaging over the modular group to produce a Poincaré series

$$\sum_{\Gamma_\infty \backslash \Gamma} (c\tau + d)^{-w} \wp(\frac{a\tau + b}{c\tau + d}) \tag{2.44}$$

Note that we must sum over cosets of the stabilizer of $i\infty$, that is, we sum over $\Gamma_\infty \backslash \Gamma$ where

$$\Gamma_\infty := \{ \begin{pmatrix} 1 & \ell \\ 0 & 1 \end{pmatrix} | \ell \in \mathbb{Z} \} \tag{2.45}$$

The resulting sum is convergent for $w > 2$.

In general, weak modular forms of positive weight $w > 0$ are not uniquely determined by their polar parts. If the space of modular forms M_w is nonzero one can always add an nonzero element to (2.44) to produce another form with the same polar part. However, if a form is in the image of the map (2.41) then it is in fact completely determined by its polar part. To see this, first note that $\mathcal{Z}_f$ has no constant term. Next we use a pairing between weak modular forms and cusp forms which was quite useful in [28]. If $f \in M_w^*$ and $g \in S_w$ is a cusp form then we can extend the Petersson inner product by

$$(f, g) := \lim_{\Lambda \to \infty} \int_{\mathcal{F}_\Lambda} \frac{dxdy}{y^2} y^w f(x + iy) \overline{g(x + iy)} \tag{2.46}$$

Here $\mathcal{F}_\Lambda$ is the intersection of the standard fundamental domain of $PSL(2, \mathbf{C})$ with the set of $\tau = x + iy$ with $y \leq \Lambda$. Using integration by parts we can see that $\mathcal{Z}_f$ is orthogonal to the space of cusp forms S_{2-w}, and hence it is determined by its polar part.

Let us summarize: We can reconstruct $\mathcal{Z}_f$ from the polar part

$$\mathcal{Z}_f^- = \mathcal{Z}_{f^-} = \sum_{n+\Delta<0} \tilde{D}(n) q^{n+\Delta} \tag{2.47}$$

(which is a *finite* sum) via

$$\mathcal{Z}_f(\tau) = \sum_{\Gamma_\infty \backslash \Gamma} (c\tau + d)^{w-2} \mathcal{Z}_f^- (\frac{a\tau + b}{c\tau + d}) \tag{2.48}$$

This is the kind of formula we are going to interpret in terms of AdS/CFT.

Digression 2: Rademacher's formula

In the next two subsections we pause to make two more small digressions concerning some related issues: Rademacher's formula, Cardy's formula, and the applications to black hole entropy.

The Rademacher formula is a formula for the Fourier coefficients of $f(\tau)$ which is particularly useful for questions about the asymptotic nature of the Fourier coefficients. The formula is easily derived from (2.48) by taking a Fourier transform. On the left hand side we have:

$$\int_{\tau_0}^{\tau_0+1} e^{-2\pi i(\ell+\Delta)\tau} \mathcal{Z}_f(\tau) d\tau = \tilde{D}(\ell) \tag{2.49}$$

on the right hand side, after a little manipulation we have a sum of integrals of the form:

$$\int (c\tau+d)^{w-2} e^{-2\pi i(\ell+\Delta)\tau} e^{2\pi i(n+\Delta)\frac{a\tau+b}{c\tau+d}} d\tau \tag{2.50}$$

which can be expressed in terms of Bessel functions. The precise relation we find is

$$D(\ell) = 2\pi \sum_{n+\Delta<0} \left(\frac{\ell+\Delta}{|n+\Delta|}\right)^{(w-1)/2} D(n) \cdot \\ \cdot \sum_{c=1}^{\infty} \frac{1}{c} Kl(\ell+\Delta, n+\Delta; c) I_{1-w}\left(\frac{4\pi}{c}\sqrt{|n+\Delta|(\ell+\Delta)}\right). \tag{2.51}$$

where $I_\nu(x)$ is the Bessel function growing exponentially at ∞

$$I_w(x) \sim \frac{1}{\sqrt{2\pi x}} e^x \qquad \Re(x) \to +\infty \tag{2.52}$$

while

$$Kl(n,m;c) := \sum_{d\in(\mathbb{Z}/c\mathbb{Z})^*} \exp\left[2\pi i(d\frac{n}{c} + d^{-1}\frac{m}{c})\right] \tag{2.53}$$

is a Kloosterman sum.

While (2.51) is a terribly complicated formula, it is in fact also very useful since it gives the asymptotics of Fourier coefficients of modular forms for large ℓ. In fact, it can be a very efficient way to compute the Fourier coefficients exactly if they are known, for example, to be integral.

In the physics literature the leading term,

$$D(\ell) \sim \frac{D(0)}{\sqrt{2}} \left(\frac{(\ell+\Delta)^{\frac{1}{2}w-\frac{3}{4}}}{|\Delta|^{\frac{1}{2}w-\frac{1}{4}}}\right) \exp\left[4\pi\sqrt{|\Delta|(\ell+\Delta)}\right] \tag{2.54}$$

is known as "Cardy's formula." It gives the "entropy of states at level ℓ"

The subleading exponential corrections are organized in a beautiful way by Farey sequences. See [29; 30; 31] or [2], appendix B for details.

Digression 3: Black hole entropy

One very striking application of Cardy's formula in the string literature is to the statistical accounting for the entropy of certain special black holes. This was first proposed in a famous paper of A. Strominger and C. Vafa [32].

As we have mentioned, the spacetime $AdS_3 \times S^3 \times K3$ is obtained as a near-horizon geometry from a limit of a system of Q_1 $D1$-branes and Q_5 $D5$-branes wrapping $S^1 \times K3$. The "BPS states" of this system of branes correspond to special black hole solutions of 5-dimensional supergravity. The black hole solution is characterized by three charges Q_1, Q_5, N. In the D-brane system, Q_1, Q_5, N specify quantum numbers of BPS states; there is a $\mathbb{Z}_2$-graded *vector space* of such states: $\mathcal{H}_\gamma^{BPS}$, with charges $\gamma = (Q_1, Q_5, N)$. The elliptic genus counts the super-dimension of these vector spaces of BPS states:

$$\chi(q, \mathrm{Sym}^k K3) = \sum q^N \mathrm{sdim}\mathcal{H}^{BPS}_{\gamma=(Q_1,Q_5,N)} \tag{2.55}$$

The Cardy formula then gives:

$$I \sim \exp\left(2\pi\sqrt{Q_1 Q_5 N}\right) \tag{2.56}$$

and confirms the supergravity computation of the Beckenstein-Hawking entropy [32].[2]

The Rademacher formula gives an infinite series of subleading corrections

$$\sim \exp\left(\frac{2\pi}{c}\sqrt{Q_1 Q_5 N}\right) \qquad c = 2, 3, 4, \ldots \tag{2.57}$$

organized by terms in the Farey sequences. In section 2.6 we will discuss the physical interpretation of these subleading corrections.

Poincaré Series for the Elliptic Genus

Finally, let us return to the main task of this section: Expressing the elliptic genus as a Poincaré series in a form suitable to interpretation within the AdS/CFT correspondence.

The manipulations of section 2.5 above have analogs for Jacobi forms. Let $J_{w,k}$ denote the space of weak Jacobi forms of weight w and index k. The analog of Serre duality (2.40),(2.41) is a map

$$J_{w,k} \to J_{3-w,k} \tag{2.58}$$

[2] It is important to bear in mind that this is actually counting with signs. It is counting vectormultiplets minus hypermultiplets, and can lead to cancellations, and hence it can underestimate the entropy. In the case examined in [32] it gives the "right" answer, i.e. the answer that coincides with supergravity.

given explicitly by

$$\phi = \sum c(n,\ell) q^n y^\ell \to Z_\phi = \sum \tilde{c}(n,\ell) q^n y^\ell \tag{2.59}$$

with

$$\tilde{c}(n,\ell) = (n - \ell^2/4k)^{3/2-w} c(n,\ell) \tag{2.60}$$

The analog of the polar part (2.39) is the sum over Fourier coefficients with

$$4kn - \ell^2 < 0. \tag{2.61}$$

Applied to the elliptic genus the relevant Poincaré series becomes:

$$\mathcal{Z}_\chi(\tau,z) = 2\pi \sum_{\Gamma_\infty\backslash\Gamma} \sum\nolimits'_{m,\mu} \tilde{c}\big(4km - \mu^2; \mathrm{Sym}^k(K3)\big) \tag{2.62}$$

$$\exp[-2\pi i k \tfrac{cz^2}{c\tau+d}] \Theta^+_{\mu,k}\big(\tfrac{z}{c\tau+d}, \tfrac{a\tau+b}{c\tau+d}\big) \tag{2.63}$$

$$\big(c\tau+d\big)^{-3} \exp\left[2\pi i \big(m - \tfrac{\mu^2}{4k}\big)\tfrac{a\tau+b}{c\tau+d}\right] \tag{2.64}$$

where $\sum'_{m,\mu}$ is a finite sum over (m,μ) with $4km - \mu^2 < 0$, and $\Theta^+_{\mu,k}$ was defined in (2.32). In the next section we are going to sketch how this sum can be interpreted as a sum over solutions to 10D supergravity.

2.6 AdS/CFT Interpretation of the Poincaré Series

In the previous section we wrote down the Poincaré series (2.62) for the elliptic genus. This is a mathematical fact, and we are regarding this exact result as a precious piece of "experimental data" to tell us how to formulate the string theory side of the AdS/CFT correspondence. As we will see, the precise formulation of string theory on $AdS_3 \times S^3 \times K3$ is full of interesting subtleties. We will now proceed to interpret the various factors in (2.62) in physical terms.

Average over $\Gamma_\infty\backslash\Gamma$ and BTZ black holes

We are going to describe the AdS dual to a conformal field theory computation of a partition function. Therefore, the conformal boundary of the AdS_3 should be a torus. Therefore, we will be looking at 3-dimensional geometries filling in $S^1_\phi \times S^1_t$. The metric will accordingly have boundary conditions:

$$ds^2 \to r^2|d\phi + idt|^2 + \frac{dr^2}{r^2} \tag{2.65}$$

for $r \to \infty$. Here $(\phi + it) \sim (\phi + it) + 2\pi(n + m\tau)$, $n, m \in \mathbb{Z}$, and τ determines the conformal structure of the torus at infinity.

The only smooth complete hyperbolic geometry satisfying these conditions has the topology of a solid torus. One way to realize this geometry is to take a quotient of the upper half plane $\mathbb{H} = \mathbf{C} \times \mathbb{R}^+$ by the group $\mathbb{Z}$ acting as $(z, y) \to (q^n z, |q^n| y)$. We can compactify the space by adding the boundary at infinity $\mathbf{C}^*$. We must omit $0, \infty \in \hat{\mathbf{C}}$ to get a properly discontinuous group action. Topologically, the resulting space is a solid torus.

While the hyperbolic geometry is unique, in order to do physics we need to make a choice of what is called "space" and what is called "time" in the torus at infinity. This choice will affect computations of action, entropy etc. It is this choice which accounts for the sum over $\Gamma_\infty \backslash \Gamma$, that is, over relatively prime integers (c, d) in (2.62). Geometrically, (c, d) describes the unique primitive homology cycle which becomes contractible upon filling in the torus with a solid torus.

For example, let us choose coordinates (ϕ, t) on $S^1 \times S^1$. If we choose the term $(c = 0, d = 1)$ then it is the "spatial" ϕ-circle which is filled in. In this case the geometry has the interpretation of an "AdS gas" – that is, we analytically continue the time in Lorentzian AdS and identify it with $t_E \sim t_E + \beta$.

On the other hand, in the term corresponding to $(c = 1, d = 0)$ it is Euclidean "time" - the t-circle - which is filled in. In this case we have the Euclidean "BTZ black hole." Note that the spatial circle is noncontractible: There is a hole in space, and it is in fact correctly interpreted as a true black hole solution of gravity, as shown in great detail in [33; 34].

The general solution is labelled by a point in

$$\Gamma_\infty \backslash \Gamma \cong \mathbb{Q} \tag{2.66}$$

and is labelled by the homology class of the primitive cycle which is contractible. This family of black holes is the proper interpretation of what Maldacena and Strominger termed an "$SL(2, Z)$ family of black holes" in [35]. Thus, the first, and most basic aspect of (2.62) is that it is a sum over this family of black holes (including the AdS gas $(c = 0, d = 1)$).[3]

Low energy Chern-Simons theory

Now, we would like to compute the contribution of the string theory path integral to each term in the sum over pairs (c, d) in (2.62). A crucial point is that the elliptic genus is unchanged under deformation of parameters. This allows us to focus on the low energy and long-distance limit of the reduction of 10d supergravity on $AdS_3 \times S^3 \times K3$. In this limit, the dominant term in the supergravity action is that of a Chern-Simons theory. The Chern-Simons supergroup is [36]

$$SU(2|1,1) \times SU(2|1,1) \tag{2.67}$$

[3] An heuristic version of this sum was first written down in [35].

and the explicit action is

$$\frac{k}{4\pi}\int \mathrm{Tr}(\mathcal{A}d\mathcal{A}+\frac{2}{3}\mathcal{A}^3)-\mathrm{Tr}(\mathcal{B}d\mathcal{B}+\frac{2}{3}\mathcal{B}^3) \tag{2.68}$$

The $SU(1,1)\times SU(1,1)$ connections are derived from the negative curvature metric via $A_\pm \sim w \pm e$ where w is the spin connection and e is the dreibrein [37; 34]. The $SU(2)\times SU(2)$ gauge fields arise from Kaluza-Klein reduction on S^3. For a detailed derivation of these terms in the action see [38; 39; 40].

We must choose boundary conditions for the Chern-Simons gauge fields. The boundary values of the connections for $SU(2|1,1)_L$, and $SU(2|1,1)_R$ couple to CFT left- and right-movers, respectively. The boundary conditions (2.65) determine boundary conditions on the $SU(1,1)$ gauge fields. In addition: The $SU(2)$ gauge fields become *flat* at infinity and the proper boundary conditions are:

$$A_u du \to \frac{\pi}{2\mathrm{Im}\tau} z\sigma^3 du \tag{2.69}$$

where $u = i(\phi+it)/(c\tau+d)$

Because of our choice of fermion spin structures the boundary conditions of the right-moving $SU(2)$ gauge fields should drop out. This point deserves to be understood more fully.

Spinning in 6-dimensions

Actually, we have not yet fully enumerated the distinct types of geometry that we must sum over. When we include the z-dependence in the elliptic genus it is necessary to consider *six-dimensional geometries.* This leads to an interpretation of the sum on μ in (2.62).

The BTZ black holes have natural generalizations to quotients of the form

$$\mathbb{Z}\backslash(\mathbb{H}^3\times S^3) \tag{2.70}$$

with $\mathbb{Z}$ acting on $S^3 = SU(2)$ by

$$U \to \tilde{U} = e^{-i\frac{\mu}{2k}(t+\phi)\sigma^3} U \tag{2.71}$$

These correspond to solutions spinning in six dimensions with $2j_L = \mu$. Such solutions have been nicely described in detail in [41]. Closely related smooth solutions associated with BPS states have been described in [42].

In the effective $SU(2)$ Chern-Simons theory these solutions correspond to the insertion of a Wilson line in the center of the solid torus as in Fig. 2. Since the $SU(2)$ theory is governed by a Chern-Simons theory we expect to see the wavefunction associated to such theories in the partition function. It is well-known that these wavefunctions are given by the affine Lie algebra characters of $SU(2)$ level k current algebra for spin j. Another basis of wavefunctions count states at definite values of J_0^3. These are given by level k theta functions:

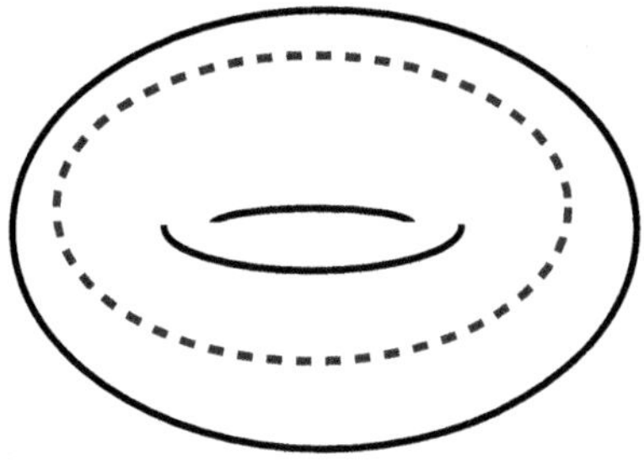

Fig. 2. A black hole spinning in 6 dimensions is effectively equivalent to the partition function on a solid torus with a Wilson line insertion.

$$\exp\left[-2\pi i k \frac{cz^2}{c\tau + d}\right] \Theta^+_{\mu,k}\left(\frac{z}{c\tau + d}, \frac{a\tau + b}{c\tau + d}\right). \tag{2.72}$$

To summarize, we can interpret the contribution of (c, d) and μ as a BTZ black hole with homology class (c, d) contractible and with Wilson lines inserted so that the Chern-Simons wavefunction has definite values of μ modulo k, as in Fig. 2.

The light particles of supergravity

Let us now interpret the sum over the polar part in (2.62),

$$\sum_{m:4km-\mu^2<0} \tilde{c}(4km - \mu^2; \mathrm{Sym}^k(K3)) \tag{2.73}$$

In order to do this we must address some aspects of the Lorentzian version of the AdS/CFT correspondence.

In the Lorentzian version, there is an isomorphism of Hilbert spaces between the Hilbert space of the boundary conformal field theory and some much more mysterious Hilbert space of quantum gravity (string theory) on some interior space. The Hilbert space of the conformal field theory is rather well-understood. We will view it as a Hilbert space graded by the values of (L_0, J_0). In the elliptic genus, the left-moving Ramond sector states have quantum numbers (m, μ) which we identify as the eigenvalues

$$(m, \mu) = (L_0 - c/24, J_0)$$

Now, we expect such states to correspond to states in the quantum gravity Hilbert space. Symmetry principles (i.e. matching of superconformal symmetries) show us that we must interpret L_0 as the 2+1 dimensional energy + spin, while J_0 should be viewed as the J^3 eigenvalue for spin in the S^3 directions.

From the point of view of quantum gravity, there is an important distinction between states which are small perturbations on an AdS background -

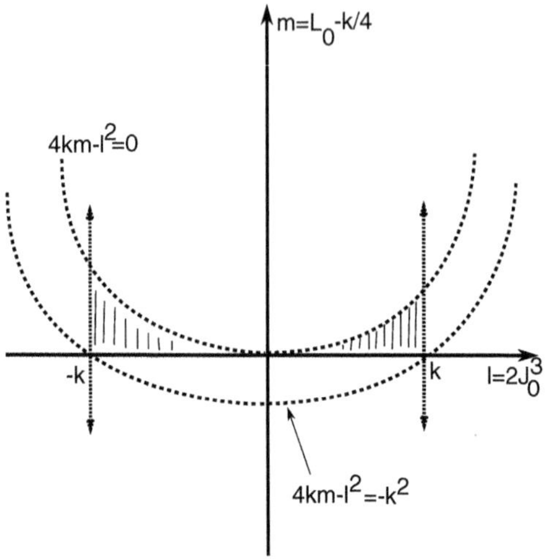

Fig. 3. The states in the shaded region are not sufficiently energetic to form black holes. These states have quantum numbers corresponding to the polar part of the elliptic genus. Note that quantum numbers not on the $\ell = 2J_0^3$ axis are *not* BPS states. The discussion above pertains to states which are *right*-BPS.

we will refer to these as "particle states" - and states which form black holes. The distinction is governed by the "cosmic censorship bound" [43; 44; 41]. Black holes correspond to semiclassical states in $\mathcal{H}_{\text{string}}$. The corresponding states in $\mathcal{H}_{CFT}$ have L_0 in the Ramond sector related to the mass M of the black hole by $M = L_0 - c/24$ [45]. On the other hand, the condition for a black hole to have a nonsingular horizon is $4kM - J_0^2 \geq 0$ [43; 44; 41]. Such states therefore have $4km - J_0^2 \geq 0$. Thus the unitarity region in the $(m, \mu) = (L_0 - k/4, J_0)$ plane is divided into two regions: Supergravity states with $-k^2 \leq 4km - \mu^2 < 0$ are not sufficiently massive to form black holes, corresponding to the shaded region in Fig. 3, while states with $4km - \mu^2 \geq 0$ will form black holes. Thus, *the states which do not form black holes correspond precisely to the to the polar part of the Jacobi form!* Moreover, the degeneracy $c(4km - \mu^2; \mathrm{Sym}^k(K3))$ is precisely that of right-BPS supergravity particles from Kaluza-Klein reduction of $(2,0)$ supergravity on $AdS_3 \times S^3$ [36].

Gravitational action and final factor

According to our interpretation, the final factors

$$(c\tau + d)^{-3} \exp\left[2\pi i \left(m - \frac{\mu^2}{4k}\right) \frac{a\tau + b}{c\tau + d}\right] \tag{2.74}$$

should arise from a careful evaluation of an analytic continuation of $SU(1,1) \times SU(1,1)$ Chern-Simons theory to Euclidean signature.

Thus one is naturally let to attempt a careful evaluation of the gravitational action for the spinning extremal black holes. The Einstein action is

$$\frac{1}{16\pi G}\int\sqrt{g}(\mathcal{R}-\Lambda)+\frac{1}{8\pi G}\int K \tag{2.75}$$

where K is the second fundamental form of the boundary. Since the Einstein action on AdS is infinite it must be regularized. The standard way to do this is to introduce a boundary, thus necessitating the second term. The difference of such actions between two geometries in the family (2.66) can be evaluated in a well-defined way and gives:

$$\pi k\left(\mathrm{Im}\tau-\mathrm{Im}(\frac{a\tau+b}{c\tau+d})\right) \tag{2.76}$$

Moreover, the computations of [41] produce such an entropy factor weighted by $m-\mu^2/4k$ in the six-dimensional case.

Upon taking a $\bar{\tau}\to\infty$ limit the expression (2.76) closely resembles (2.74), but, so far as we know, there is no honest and convincing derivation of (2.74) in the literature starting from the Chern-Simons approach.

2.7 Summary: Lessons & Enigmas

We have presented some evidence to suggest that the full AdS-interpretation of the elliptic genus of the boundary conformal field theory can be expressed in the form

$$Z_{\chi}=\sum\Psi^{CS}_{SU(2|1,1)} \tag{2.77}$$

where $\Psi^{CS}_{SU(2|1,1)}$ is a wavefunction for a Chern-Simons theory and where the sum is over Euclidean solutions of supergravity of spinning black holes with supergravity particles in $AdS_3\times S^3$. It should be clear to the reader that there are gaps and enigmas in this story. For examples,

1. Why do we need to take the Serre dual to get a reasonable formula?
2. What is the origin of the factor
$$1/(c\tau+d)^3 \tag{2.78}$$
from the string partition function? Note that this factor is crucial for the convergence of the sum over (c,d). It also has the pleasant property that $Z_{\chi}dz\wedge d\tau$ is a well-defined half-density on the universal elliptic curve.
3. Is it sufficient to focus purely on the Chern-Simons sector to evaluate the path integral or must one take into account the full tower of string fields? (We have been assuming the latter contribute a trivial factor to Z_{χ}, because of its topological nature.)

4. Perhaps the most important enigma is the origin of the sum over the polar part in (2.62). This is probably saying something significant about the Hilbert space of quantum gravity. It indicates that the nature of the isomorphism between the CFT Hilbert space and the string theory Hilbert space is qualitatively different for the infinite set of conformal field theory states above the cosmic censorship bound. What replaces a sum over states in the Euclidean quantum gravity Hilbert space is a sum over a special set of geometries. Note in particular that the $(m = 0, \ell = 0)$ term does *not* contribute. These are the unique quantum numbers (the so-called "$M = 0$ BTZ" black hole) of states which are simultaneously topological and black holes. It is possible that this structure is related to the phenomenon of "asymptotic darkness" that has been advocated by T. Banks [46; 47].

2.8 Applications

Whether or not one believes the physical interpretation advocated in the previous section, the formula (2.62) is true, and has some some nice applications.

One application is to the thermodynamics of string theory on Euclidean $AdS_3 \times S^3 \times K3$. One discovers a 3-dimensional version of the deconfining phase transition of large N $\mathcal{N} = 4$ Yang-Mills theory discussed by Witten [48]. In the AdS_3 case one studies the partition function as a function of

$$\tau = \Omega + i\beta \tag{2.79}$$

where Ω is the spin fugacity and β is the inverse temperature. In the large k limit Z_χ becomes a piecewise analytic function of τ. It is simplest to study the partition function in the (NS, R) sector (by setting $z = -\tau/2$). As $k \to \infty$ at fixed τ the dominant geometry is characterized by the pair (c, d) which maximizes

$$\frac{\mathrm{Im}\tau}{|c\tau + d|^2} \tag{2.80}$$

This geometry contributes a term of order

$$\frac{1}{|c\tau + d|^3} |\tilde{c}(-k^2)| \exp\left[\frac{\pi k}{2} \frac{\mathrm{Im}\tau}{|c\tau + d|^2}\right] \tag{2.81}$$

The standard keyhole region fundamental domain $\mathcal{F}$ for $SL(2, \mathbb{Z})$ has the property that the modular image of any point $\tau \in \mathcal{F}$ has an imaginary part $\mathrm{Im}\tau' \leq \mathrm{Im}\tau$. Therefore, the phase domains are given by $\cup_{n \in \mathbb{Z}} T^n \cdot \mathcal{F} = \Gamma_\infty \cdot \mathcal{F}$ and its modular images.

As a second application we note that a computation similar in spirit to what we have discussed was performed by Maldacena to resolve a sharp version of the "black hole information paradox" for eternal AdS black holes. See [49].

2.9 Speculations on future applications of AdS/CFT to number theory

In this section we present some speculations on ways in which the AdS/CFT correspondence might have some interesting interactions with number theory. Our speculations are based on ongoing discussions with A. Strominger, and have at times involved B. Mazur, and S. Gukov. For some related ideas see [3]. (Some overlapping remarks were made recently in [50; 51].)

Quotients of AdS/CFT

Suppose string theory on $AdS_{n+1} \times K$ is dual to a conformal field theory $\mathcal{C}$. Suppose

$$\Gamma \subset SO(1, n+1) \qquad or \qquad \Gamma \subset SO(2, n) \tag{2.82}$$

is an infinite discrete group. Since Γ acts as a group of isometries in the bulk theory, we can consider string theory on

$$\Gamma \backslash (AdS \times K) \tag{2.83}$$

It is natural to ask if string theory on (2.83) makes sense, and if so, whether it is dual to some kind of "quotient" of the conformal field theory $\mathcal{C}$ by Γ. Note that such a quotient, if it even exists, is very different from an orbifold of a conformal field theory, for Γ acts by conformal transformations on the "worldsheet" rather than the "target space" of $\mathcal{C}$.

Such a duality, if it were to make sense, would have very interesting implications in at least two ways. First, there would be important applications to questions of cosmology and time dependence in string theory. Second – and more central to the theme of these lectures – there would be interesting applications to number theory. In the following sections we will sketch some of the possible applications.

The reader should be warned at the outset that there are nontrivial difficulties with the idea that AdS/CFT duality can survive general quotients by such groups Γ. The difficulties stem from the fact that the "interesting" groups we wish to consider act on the conformal boundary at infinity, $\partial \mathbb{H}^n$, but the action is sometimes ergodic. More precisely, the boundary is divided into a disjoint union of two regions:

$$\partial \mathbb{H}^n = \Omega_\Gamma \cup \Lambda_\Gamma \tag{2.84}$$

The first region Ω_Γ is the domain of discontinuity. Here the group acts propertly discontinuously and the quotient Ω_Γ / Γ is, for $n = 2$, a Riemann surface. Note that this Riemann surface can have cusps and several connected components. The complementary region Λ_Γ is called the limit set. It is the closure of the set of accumulation points of Γ, and the action on Λ_Γ is ergodic.

This means that any "quotient" of the boundary conformal field theory is going to have strange behavior on Λ_Γ. To take an extreme example, there are groups Γ with no domain of discontinuity. Then the classical quotient $\mathbb{H}^n/\Gamma$ is a *compact* hyperbolic manifold. So the "boundary theory," if it exists, must surely be something truly unusual.

In fact, the quotient by Γ can produce strange causal structure in the Lorentzian case, a fact which probably indicates large backreaction in the context of supergravity. A related point is that the distance between image points $d(x, \gamma \cdot x)$ can get small, again indicating breakdown of the sugra approximation. Indeed, the existence of a boundary theory for groups Γ with nontrivial limit set has been argued against by Martinec and McElgin [52; 53].

Nevertheless, a successful outcome would undoubtedly lead to many very fascinating things, so let us suppose that a dual boundary theory does exist and briefly ask what it might be good for.

String Cosmology

A few years ago, in [54], interesting cosmologies with singularities were considered based on spacetimes of the form (2.83).

More recently, string theory with time-dependent singularities in "soluble" string models has come under some scrutiny. Amongst the many investigations in this area is the work in [55; 56; 57; 58] which studies the $\mathbb{Z}$-orbifold of $\mathbb{R}^{1,2}$ defined by the action

$$X := \begin{pmatrix} x^+ \\ x \\ x^- \end{pmatrix} \quad \longrightarrow \quad g_0^n \cdot X = \begin{pmatrix} x^+ \\ x + nvx^+ \\ x^- + nvx + \frac{1}{2}n^2v^2x^+ \end{pmatrix} \tag{2.85}$$

where (x^+, x, x^-) are light-cone coordinates. It turns out that string perturbation theory in such backgrounds is highly problematic. The difficulties are expected to be a generic feature of strings in cosmological singularities. Moreover, nonperturbative effects involving black holes are expected to be important [59]. This is relevant to the present discussion for the following reason. Recall that $AdS_{1,2}$ is the universal covering space $\widetilde{SL(2,R)}$. The Lie algebra $sl(2, \mathbb{R}) = \mathbb{R}^{1,2}$ is Minkowski space. Consider the action on $AdS_{1,2}$ by $\mathbb{Z}$ with

$$g \rightarrow g_0 g g_0^{-1}, \tag{2.86}$$

where g_0 is a parabolic element. In the scaling region of $g = 1$ these look like the cosmological models (2.85) On the other hand, since there is a boundary theory summarizing all the nonperturbative physics, it is reasonable to think, *provided the AdS/CFT correspondence survives the quotient construction*, that the boundary theory contains some clue as to the resolution of the cosmological singularity. Some investigations along these lines were carried out in [60], but there is much more to understand.

Potential Applications to Number Theory: Euclidean version

One of the possible applications of these ideas to number theory concerns the theory of modular symbols.

Let us recall (in caricature) the *AdS/CFT* computation of the 2-point function of spinless primary fields. In AdS the tree-level 2-point function of scalar fields ϕ is the Green's function:

$$(\Delta_1 + m^2)G(P_1, P_2) = \delta(P_1, P_2) \tag{2.87}$$

In $\mathbb{H}^3$ we have the simple explicit formula:

$$G(P_1, P_2) = \frac{1}{2\pi} \frac{e^{-2hd(1,2)}}{1 - e^{-d(1,2)}} \tag{2.88}$$

where

$$\cosh d(1,2) = 1 + \frac{|z_1 - z_2|^2 + (y_1 - y_2)^2}{2y_1 y_2} \qquad m^2 = 2h(2h-2) \tag{2.89}$$

One extracts the 2point correlator from the boundary behavior of the Green's function:

$$G(1,2) \to y_1^{2h} y_2^{2h} \langle \Phi_\phi(z_1) \Phi_\phi(z_2) \rangle \tag{2.90}$$

as $y_1, y_2 \to 0$. This leads to the familiar result:

$$\langle \Phi_\phi(z_1) \Phi_\phi(z_2) \rangle = \frac{1}{|(z_1 - z_2)^{2h}|^2} \tag{2.91}$$

where Φ_ϕ is the dual operator of (2.12).

Now, let $\Gamma \subset PSL(2, \mathbf{C})$ be discrete and suppose AdS/CFT "commutes with orbifolding." In the tree-level approximation, the Green's function on $\Gamma \backslash \mathbb{H}^3$ is obtained by the method of images. Therefore, according to (2.90) the boundary CFT correlator should be obtained from the method of images. For a primary field (with spin) of weights $(h, 0)$ this would lead to

$$\langle \Phi(z_1) \Phi(z_2) \rangle_{\Gamma \backslash \Omega_\Gamma} = \sum_\Gamma \frac{1}{(z_1 - \gamma \cdot z_2)^{2h}} \frac{1}{(cz_1 + d)^{2h}}. \tag{2.92}$$

We would like to stress that in general in CFT it is *not* true that the conformal correlators on Riemann surfaces $\Gamma \backslash \Omega_\Gamma$ are obtained by the method of images. While it is true that the Green's function of a scalar field is obtained by summing over images, in the presence of interactions there are further correlations between a source and its image point.[4] Therefore, at best (2.92) can apply in the large k approximation (which justifies the tree-level supergravity). Even

[4] As a simple example, if ϕ is a free massless scalar field then $\langle \phi(1)\phi(2) \rangle$ is a sum of images, and therefore $\langle e^{ip\phi}(1) e^{-ip\phi}(2) \rangle$ is a *product* over images!

there, AdS/CFT is making a highly nontrivial prediction for the boundary CFT correlators.

Nevertheless, let us accept (2.92). Now suppose there is a flat gauge field in the low energy supergravity coupling to charged scalars $\phi^{\pm}$. Then the boundary correlator becomes:

$$\langle \Phi^{+}(z_1)\Phi^{-}(z_2)\rangle_{\Gamma\backslash\Omega_\Gamma} = \sum_{\Gamma} \frac{e^{iq\oint_\gamma A}}{(z_1-\gamma\cdot z_2)^{2h}} \frac{1}{(cz_1+d)^{2h}} \tag{2.93}$$

For example, we could take $\Gamma = \Gamma_0(N)$ and $A = f(z)dz$, for $f \in S_2(\Gamma_0(N))$, a cusp form of weight 2. In this way we obtain generating functions for modular symbols. Curiously, functions very closely related to (2.93) have recently been studied in attempts to understand the distribution of modular symbols [61]. In view of this, it is interesting to ask if AdS/CFT could give new insights into questions involving modular symbols.

It is also natural to ask about nonabelian generalizations of (2.93). These can be written down. Recalling the relation between boundary CFT and the Chern-Simons-Witten theory, one is lead to a new interpretation of the Verlinde operators of that theory in terms of what might be called "quantum nonabelian modular symbols." We hope to describe this in detail elsewhere.

Potential Applications to Number Theory: Lorentzian version

As a second illustration of how applications to number theory might arise, let us suppose the Lorentzian AdS/CFT correspondence commutes with orbifolding for $\Gamma \subset SL(2,\mathbb{R})_L \times SL(2,\mathbb{R})_R$. Let us focus on the special case of a Hecke congruence subgroup

$$\Gamma = \Gamma_0(N) \subset SL(2,\mathbb{Z}) \subset SL(2,\mathbb{R})_L \tag{2.94}$$

so we are considering the spacetime

$$\Gamma\backslash\widetilde{SL(2,\mathbb{R})} \tag{2.95}$$

which may be pictured as a modular curve, evolving in time. The cusps of the modular curve trace out null lines at infinity.

Some of the on-shell scalar fields of supergravity are constructed from $L^2(\Gamma\backslash\widetilde{SL(2,\mathbb{R})})$. The boundary asymptotics of these forms are, of course, well-studied in number theory, and in this way the the "scattering matrix" for Eisenstein series [64], finds an interpretation in AdS/CFT.

3 Lecture II: Arithmetic and Attractors

3.1 Introduction

Modular forms, congruence subgroups, elliptic curves, are all mathematical objects of central concern both to number theorists and to some physicists. A nice illustration of the common interests physicists and mathematicians share in this area is the excellent predecessor to the present proceedings [62]. In this lecture, we will be discussing the possibility that there are interesting arithmetical issues connected with the theory of string compactification. We will mostly be reviewing [63; 65], although we will make several new points along the way.

While there are many common tools and mathematical objects in string compactification and in number theory, one often finds that the detailed questions of the number theorists and the string theorists are quite different. As an illustration of this point, in string perturbation theory we encounter the elliptic curve

$$E_\tau := \mathbf{C}/(\mathbb{Z} + \tau\mathbb{Z}) \tag{3.1}$$

but in string perturbation theory there isn't any compelling reason to restrict attention to elliptic curves defined over $\mathbb{Q}$ (or any other number field). Moreover, one can argue that compactification on arithmetic varieties cannot be special. Firstly, physical quantities such as masses, scattering amplitudes, etc. change continuously with the moduli of compactification varieties. Secondly, different arithmetic models for the same variety over $\mathbf{C}$ have different number-theoretic properties. For example, the elliptic curves $y^2 = x^3 + n$ for $n \in \mathbb{Z}$ are in general inequivalent over $\mathbb{Q}$, although they are of course equivalent over $\mathbf{C}$.

In spite of the above discouraging remarks, in this lecture we'll present a little evidence for the contrary viewpoint. We begin by describing the "attractor mechanism." This is a mechanism that distinguishes certain complex structure moduli as being special. The point of this talk is that the "attractor mechanism" for susy black holes provides a framework which naturally isolates certain arithmetic varieties. At the level of slogans, one can say that *supersymmetric black holes for IIB string theory on CY 3-folds select arithmetic varieties.* Whether this is really true for arbitrary Calabi-Yau 3-folds, and whether the arithmetic of these varieties has physical significance is still an open problem. We will indicate some ways in which the physics and arithmetic are related.

Some closely related works, which we will not review here, include [66; 67; 68; 69].

3.2 The "attractor equations"

The "attractor equations" are conditions on the Hodge structure of Calabi-Yau manifolds. They were introduced in the context of studies of black holes in Calabi-Yau compactification of string theory, for reasons we will explain in the next sections, by S. Ferrara, R. Kallosh, and A. Strominger in [70; 71].

Let X be a compact Calabi-Yau 3-fold, and let $\widetilde{\mathcal{M}}$ be the Teichmuller space of complex structures on X. Consider an integral vector $\gamma \in H^3(X, \mathbb{Z})$. Given a complex structure $t \in \widetilde{\mathcal{M}}$ we have a Hodge decomposition:

$$\gamma = \gamma^{3,0} + \gamma^{2,1} + \gamma^{1,2} + \gamma^{0,3} \tag{3.2}$$

Definition: The *attractor equations* on the complex structure determined by γ are the equations

$$\boxed{\gamma = \gamma^{3,0} + \gamma^{0,3}} \tag{3.3}$$

Equivalently, since $h^{3,0} = 1$, we can choose a generator Ω for $H^{3,0}(X)$ and write instead:

$$2\text{Im}(\mathcal{C}\Omega) = \gamma \in H^3(X;\mathbb{Z}) \tag{3.4}$$

for some constant $\mathcal{C}$. In order to make contact with the literature let us write these equations yet another way. Choose a symplectic basis α^I, β_I for H_3. Define "flat coordinates": $X^I = \int_{\alpha^I} \Omega, F_I = \int_{\beta_I} \Omega$. Then the attractor equations become:

$$\begin{aligned} \bar{\mathcal{C}}X^I - \mathcal{C}\bar{X}^I &= ip^I \\ \bar{\mathcal{C}}F_I - \mathcal{C}\bar{F}_I &= iq_I \end{aligned} \tag{3.5}$$

In the remainder of the lectures we will discuss three different ways in which these equations show up in string compactification.

3.3 First avatar: BPS states and black holes in IIB strings on $M_4 \times X$

Compactification of IIB string theory on $M_4 \times X$

In order to set some notation let us consider briefly some aspects of compactification of type IIB string theory on $M_4 \times X$, where M_4 is a Lorentzian 4-manifold, such as $\mathbb{R}^{1,3}$, or a spacetime asymptotic to $\mathbb{R}^{1,3}$. If X has generic $SU(3)$ holonomy then there is a unique covariantly constant spinor, up to scale and hence the 32-real dimensional space of supercharges is reduced to an 8-real dimensional space. That is, the low energy supergravity has $\mathcal{N} = 2$ supersymmetry.

$d = 4$, $\mathcal{N} = 2$ supergravities are highly constrained physical systems [72; 73]. For our purposes we only need to know that there are a collection of complex scalar fields in a nonlinear sigma model of maps $t : M_4 \to \widetilde{\mathcal{M}}$. (These are the "vectormultiplet scalars.") In addition there is an abelian gauge theory with gauge algebra $u(1)^{b_3/2}$, where b_3 is the Betti number of X. These vector fields arise from the self-dual 5-form of IIB supergravity in 10-dimensions and hence the theory is naturally presented without making a choice of electric/magnetic duality frame. The total electric-magnetic fieldstrength:

$$\mathcal{F} \in \Omega^2(M_4;\mathbb{R}) \otimes H^3(X;\mathbb{R}) \tag{3.6}$$

satisfies a self-duality constraint.

$$\mathcal{F} = *\mathcal{F} \tag{3.7}$$

in ten dimensions. The constraint (3.7) can be usefully expressed in terms of the self-dual and anti-self-dual projections of the two-form on Lorentzian spacetime as:

$$\mathcal{F} = \mathcal{F}^- + \mathcal{F}^+ \qquad \mathcal{F}^- \in \Omega^{2,-}(M_4; \mathbf{C}) \otimes \Big(H^{3,0}(X) \oplus H^{1,2}(X) \Big) \tag{3.8}$$

Here we have assumed $b_1(X) = 0$ for simplicity. Otherwise we need to decompose the cohomology of X into its primitive parts.

While there are many other fields in the supergravity, for our purposes we need only worry about the fields described above together with the metric $g_{\mu\nu}$ on M_4. These three fields are governed by the action

$$I_{\text{boson}} = \int_{M_4} \sqrt{g} R + \parallel \nabla t \parallel^2 + \frac{1}{8\pi} \text{Im}(\mathcal{F}^-, \mathcal{F}^-)_{H^3} \tag{3.9}$$

where we use the natural Weil-Peterson (a.k.a. Zamolodchikov) metric on $\widetilde{\mathcal{M}}$ and $(\gamma_1, \gamma_2)_{H^3} = \int_X \gamma_1 * \gamma_2$.

Superselection sectors

Consider Hamiltonian quantization of the theory described in the previous section, say, on $\mathbb{R}^3 \times time$. There will be a Hilbert space of states decomposing into superselection sectors described by absolutely conserved charges. The charge group is $K^1(X)$, but for our purposes, we will focus on $H^3(X, \mathbb{Z})$. We will interpret the vector $\gamma \in H^3(X, \mathbb{Z})$ in the attractor equations as specifying a superselection sector. Semiclassically we put a boundary condition at spatial infinity on the electromagnetic flux:

$$\int_{S^2_\infty} \mathcal{F} = \gamma \in H^3(X, \mathbb{Z}) \tag{3.10}$$

Thus, we split the Hilbert space into superselection sectors:

$$\mathcal{H} = \oplus_\gamma \mathcal{H}_\gamma \tag{3.11}$$

and interpret γ as a vector of electric *and* magnetic charges for the $\frac{1}{2}b_3(X)$ $U(1)$ gauge fields.

The $\mathcal{N} = 2$ supersymmetry algebra acts on the Hilbert spaces $\mathcal{H}_\gamma$ and has a nonzero "central charge" in each of these sectors. That is, the algebra is realized as

$$\{Q_{\dot{\alpha}i}, Q_{\beta j}\} = \delta_{ij} \gamma^\mu_{\dot{\alpha}\beta} P_\mu \qquad \{Q_{\alpha i}, Q_{\beta j}\} = \epsilon_{\alpha\beta} \epsilon_{ij} Z \tag{3.12}$$

where the central charge Z depends on the value of the scalar fields $t(\infty)$ and the charge vector γ.

Definition/Proposition: For $\gamma \in H^3(X;\mathbb{Z}), t(\infty) \in \widetilde{\mathcal{M}}$, the central charge is:

$$Z(t;\gamma) := e^{K/2} \int \Omega \wedge \gamma \qquad e^{-K} := i \int_X \Omega \wedge \bar{\Omega} > 0 \tag{3.13}$$

This is a result of a direct computation when one expresses the supercharges $Q_{\alpha i}$ in terms of the fields and computes the relevant Poisson brackets. However, for the mathematical reader one can simply take it as a definition of $Z(t;\gamma)$.

Attractor points minimize BPS mass

Now we finally meet the attractor equations when we ask about properties of "BPS states." Let us first explain this term. A simple consequence of the algebra (3.12) is that in the sector $\mathcal{H}_\gamma$ the Hamiltonian is bounded below

$$H \geq |Z(t;\gamma)| \tag{3.14}$$

Definition: A *BPS state* is a state $\Psi \in \mathcal{H}_\gamma$ which saturates the bound (3.14).

BPS states have proven to be extremely useful in investigations of nonperturbative physics because the associated representations of the supersymmetry algebra have rigidity properties, and are hence unchanged, under variation of parameters such as coupling constants. Examples of BPS states in the present context are provided by D3 branes wrapped on calibrated 3-cycles in X. The mirror of such states are associated with certain elements of the derived category of coherent sheaves on the mirror of X.

Because of their importance we are interested in the behavior (and existence) of BPS states as a function of moduli. It is here that the attractor equations enter the picture. One useful diagonostic of the existence of such states is associated with the behavior of $|Z(t;\gamma)|^2$ as a function on $\widetilde{\mathcal{M}}$. The first key result, due to [70; 71; 74; 75] is

Theorem If $|Z(t;\gamma)|^2$ has a stationary point in $t \in \widetilde{\mathcal{M}}$, i.e., $d|Z(t;\gamma)|^2 = 0$, then, a.) If $Z(t;\gamma) = 0$, then $\gamma \in H^{2,1} \oplus H^{1,2}$, $t \in \mathcal{D}_\gamma \in Div(\widetilde{\mathcal{M}})$.

b.) If $Z(t;\gamma) \neq 0$, then $\gamma \in H^{3,0} \oplus H^{0,3}$, $t = t_*$ is an isolated minimum.

The proof is extremely simple, so let us include it here. Choose $\Omega(s)$ to vary holomorphically with $s \in \widetilde{\mathcal{M}}$ a local holomorphic parameter. Then, if $\hat{\gamma}$ is Poincaré dual to γ,

$$\partial_s |Z(\gamma)|^2 = \int_{\hat{\gamma}} \left(\partial_s \Omega - \frac{\langle \partial_s \Omega, \bar{\Omega} \rangle}{\langle \Omega, \bar{\Omega} \rangle} \Omega \right) \cdot \frac{\int_{\hat{\gamma}} \bar{\Omega}}{i \int_X \Omega \wedge \bar{\Omega}} \tag{3.15}$$

Now, γ has a Hodge decomposition:

$$\gamma = \gamma^{3,0} + \gamma^{2,1} + \gamma^{1,2} + \gamma^{0,3} \tag{3.16}$$

Stationarity of $|Z(t;\gamma)|^2$ implies that $Z = 0$ or, $Z \neq 0$ and, using $T^{1,0}\mathcal{M} \cong H^{2,1}(X_3)$, $\gamma^{2,1} = 0$. Since γ is real this in turn implies $\gamma = \gamma^{3,0} + \gamma^{0,3}$.

In case (b) we have a local minimum. To see this we compute

$$\begin{aligned} \partial_i \partial_j |Z|^2 &= 0 \\ \partial_i \bar{\partial}_{\bar{j}} \log[|Z(\gamma)|^2] &= -\partial_i \bar{\partial}_{\bar{j}} \log[i \int_X \Omega \wedge \bar{\Omega}] = g_{i\bar{j}} \end{aligned} \tag{3.17}$$

so the stationary point is a nondegenerate minimum if the Weil-Peterson metric is nonsingular. That is, if the attractor point is at a regular point in $\widetilde{\mathcal{M}}$. (We call such a point a "regular attractor point.")

Attractive fixed points and Black Holes

Let us now consider the relation to black holes. Black holes are certain solutions to (super-)gravity with special causality properties implied by a horizon. The black holes we will consider are "extremal." They have a maximal amount of allowed charge for a given mass, and do not radiate. Semiclassically, they correspond to states in the Hilbert space $\mathcal{H}_\gamma$ described in section 3.3.2. Semiclassically, we describe these states as field configurations satisfying the equations of motion of supergravity.

We are going to focus on static, spherically symmetric, black holes of charge γ.[5] Moreover, we will want to consider "supersymmetric black holes." These conditions force the ansatz for the fields:

$$\begin{aligned} ds^2 &= -e^{2U(r)} dt^2 + e^{-2U(r)} (dr^2 + r^2 d\theta^2 + r^2 \sin^2\theta d\phi^2) \\ \mathbf{E} &= e^{2U(r)} \frac{\hat{r}}{r^2} \otimes Im(\gamma^{2,1} + \gamma^{0,3}) \\ \mathbf{B} &= \frac{\hat{r}}{r^2} \otimes Re(\gamma^{2,1} + \gamma^{0,3}) \\ t^a &= t^a(r) \end{aligned} \tag{3.18}$$

Here we have chosen a time direction and $\mathbf{E}_i dx^i = \mathcal{F}_{0i} dt dx^i$ while $\mathbf{B}_i dx^i = *_3 \frac{1}{2} \mathcal{F}_{jk} dx^j dx^k$.

The adjective "supersymmetric black holes" means in this context that the supersymmetric variation of the fermionic fields vanishes. This imposes

[5] The seemingly innocent restriction to spherical symmetry introduces important limitations, as described briefly in the next subsection.

nontrivial differential equations on the bosonic fields. The supersymmetry variations have the schematic form:

$$\text{gravitino} \qquad \delta\psi \sim \nabla\epsilon + \Pi^{0,3}(\mathcal{F}^-)\cdot\epsilon \tag{3.19}$$

$$\text{gaugino} \qquad \delta\lambda \sim \partial\!\!\!/ t\cdot\epsilon + \Pi^{2,1}(\mathcal{F}^-)\cdot\epsilon \tag{3.20}$$

where ϵ is a spinor for the supersymmetry variation, ∇ is a spinor covariant derivative, $\partial\!\!\!/$ is a Dirac operator, and $\Pi^{0,3}, \Pi^{2,1}$ are the corresponding projection operators to the indicated Hodge type.

Substitution of the ansatz (3.18) into the equations $\delta\psi = \delta\lambda = 0$ yields a system of first order ordinary differential equations in the radial variable r. These equations can in turn be interpreted as defining a dynamical system on the Teichmuller space $\widetilde{\mathcal{M}}$ as follows. Let $\rho := 1/r$, and define $\mu := e^{-U(r)}$. Then

$$\delta\psi = 0 \qquad \rightarrow \qquad \frac{d\mu}{d\rho} = |Z(t(r);\gamma)| \tag{3.21}$$

implies μ is monotonically increasing as $r \rightarrow 0$. We can therefore use it as a flow parameter. Now the equation

$$\delta\lambda = 0 \qquad \rightarrow \qquad \mu\frac{dt^a}{d\mu} = -g^{a\bar{b}}\partial_{\bar{b}}\log|Z|^2 \tag{3.22}$$

implies that we have gradient flow in $\widetilde{\mathcal{M}}$ to the minimum of $|Z|^2$. The horizon of the black hole appears when there is a zero in the coefficient of g_{00}. This happens when $e^{2U(r)} \rightarrow 0$, hence at $\mu \rightarrow \infty$.

The attractor equations are the fixed point equations for the flow (3.22)

$$t(r) \rightarrow t_*(\gamma) \qquad \textit{such that} \qquad \gamma = \gamma^{3,0} + \gamma^{0,3} \tag{3.23}$$

this easily follows since

$$\hat{\gamma}^{2,1} = 0 \rightarrow t(r) = t_*(\gamma) \tag{3.24}$$

At this fixed point

$$e^{-U_*} = 1 + Z_*/r \tag{3.25}$$

where $Z_* := Z(t_*(\gamma);\gamma)$, and hence the near horizon geometry is $AdS_2 \times S^2$:

$$ds^2 = -\frac{r^2}{Z_*^2}dt^2 + Z_*^2\frac{dr^2}{r^2} + Z_*^2(d\theta^2 + \sin^2\theta d\phi^2) \tag{3.26}$$

Note that the horizon area is

$$\frac{\text{Horizon Area}}{4\pi} = |Z(t_*(\gamma);\gamma)|^2 := Z_*^2 \tag{3.27}$$

Summary & Cautionary Remarks

In summary, at the horizon of a susy black hole, the complex structure moduli of the Calabi-Yau X is fixed at an isolated point $t_*(\gamma)$ such that $\gamma = \gamma^{3,0} + \gamma^{0,3}$. This is also the point at which the mass of states in $\mathcal{H}_\gamma^{BPS}$ is minimized.

A remarkable prediction of this picture, in the spirit of the Strominger-Vafa computation is that

$$\log \dim \mathcal{H}_\gamma^{BPS} \sim \pi |Z(t_*(\gamma); \gamma)|^2 \tag{3.28}$$

for large charges γ.[6] However, it is important to remark at this point that we have oversimplified things somewhat. In fact, the dynamical system can have several basins of attraction [63]. The multiple-basin phenomenon has been explored in some depth in the papers of F. Denef and collaborators [76; 77; 78; 79]. In particular, Denef et. al.'s investigations have shown that when enumerating BPS states, and accounting for entropy it is quite important not to restrict attention to the spherically symmetric black holes. This leads to the fascinating subject of "split attractor flows," which clarify considerably the existence of the multiple basins of attraction. Regrettably, all this is outside the scope of these lectures.

3.4 Attractor points for $X = K3 \times T^2$

Now that we have described the significance of the attractor equations for black holes and BPS states let us consider some examples of solutions to these equations. We will focus on the elegant example of the Calabi-Yau $K3 \times T^2$ and comment on other examples in section 3.6 below. Let us choose a and b cycles on T^2 so that we have an isomorphism

$$H^3(K3 \times T^2, \mathbb{Z}) \cong H^2(K3; \mathbb{Z}) \oplus H^2(K3; \mathbb{Z}) \tag{3.29}$$

Using (3.29) can take $\gamma = p \oplus q$, with $p, q \in H^2(K3; \mathbb{Z})$: It is easy to solve the equations:

$$2\mathrm{Im}\bar{C} \int_{a \times \gamma^I} dz \wedge \Omega^{2,0} = p^I \tag{3.30}$$

$$2\mathrm{Im}\bar{C} \int_{b \times \gamma_I} dz \wedge \Omega^{2,0} = q_I \tag{3.31}$$

and the answer is

$$\Omega^{3,0} = dz \wedge (q - \bar{\tau} p) \tag{3.32}$$

where dz is a holomorphic differential on T^2. By the Torelli theorem, the complex structure of the $K3$ surface is determined by $\Omega^{2,0} = (q - \bar{\tau} p)$. Now, note that

[6] Reference [66] attempts to make this statement a little more precise.

$$\int_S \Omega^{0,2} \wedge \Omega^{0,2} = 0 \Rightarrow p^2\tau^2 - 2p \cdot q\tau + q^2 = 0 \Rightarrow \tag{3.33}$$

$$\tau = \tau(p,q) := \frac{p \cdot q + \sqrt{D}}{p^2} \tag{3.34}$$

$$D = D_{p,q} := (p \cdot q)^2 - p^2 q^2 \tag{3.35}$$

Thus, we conclude that a regular attractor point exists for $D_{p,q} < 0$ and, for such charge vectors

$$\frac{A}{4\pi} = |Z_*|^2 = \sqrt{-D_{p,q}} = \sqrt{p^2q^2 - (p \cdot q)^2} \tag{3.36}$$

Attractive $K3$ Surfaces

Let us analyze the meaning of the above attractor points more closely. Let S be a K3 surface. We may then define its Neron-Severi lattice $NS(S) := \ker\{\sigma \to \int_\sigma \Omega^{2,0}\}$. The rank of the lattice $NS(S)$ is often denoted $\rho(S)$. We define the transcendental lattice $T_S := (NS(S))^\perp$. The generic K3 surface is not algebraic and hence $NS(S) = \{0\}$. for the generic algebraic $K3$, $NS(S) = H\mathbb{Z}$, and $\rho(S) = 1$. For the generic elliptically fibered $K3$, $NS(S) = B\mathbb{Z} \oplus F\mathbb{Z}$, and hence $\rho(S) = 2$. For the attractor points, $NS(S) = \langle p,q \rangle^\perp \subset H^2(K3;\mathbb{Z})$ has rank $\rho(S) = 20$ and

$$H^{2,0} \oplus H^{0,2} = T_S \otimes \mathbf{C} \tag{3.37}$$

These K surfaces are unfortunately called "singular K3 surfaces" in the literature, but they are definitely not singular. Sometimes they are called "exceptional K3 surfaces." We will refer to them as "attractive K3 surfaces," because they *are* rather attractive.

Rather amusingly, from (3.36) we see that the area of a unit cell in T_S is precisely the horizon area $A/(4\pi)$ of the corresponding black hole!

Attractive $K3$ surfaces & Quadratic Forms

There is a beautiful description of the set of attractive $K3$ surfaces in terms of binary quadratic forms. This is summarized by the theorem of Shioda and Inose [80]:

Theorem There is a 1-1 correspondence between attractive K3 surfaces S and $PSL(2,\mathbb{Z})$ equivalence classes of positive even binary quadratic forms.

In one direction the theorem is easy. Given a surface S we construct the quadratic form:

$$T_S = \langle t_1, t_2 \rangle_{\mathbb{Z}} \leftrightarrow \begin{pmatrix} t_1^2 & t_1 \cdot t_2 \\ t_1 \cdot t_2 & t_2^2 \end{pmatrix} \tag{3.38}$$

The converse is rather trickier. Given

$$Q = \begin{pmatrix} 2a & b \\ b & 2c \end{pmatrix} \qquad a, b, c \in \mathbb{Z} \tag{3.39}$$

we first consider the abelian variety $A_Q = E_{\tau_1} \times E_{\tau_2}$ where

$$\tau_1 = \frac{-b + \sqrt{D}}{2a} \qquad \tau_2 = \frac{b + \sqrt{D}}{2} = -c/\tau_1 \tag{3.40}$$

One's first inclination is to construct the associated Kummer variety, which is the resolution of $A_Q/\mathbb{Z}_2$. Such $K3$ surfaces are indeed attractive K3 surfaces, but do not encompass all such surfaces. Shioda and Inose introduce a clever construction involving a pencil of elliptic curves with E_8 singularities to construct a branched double cover Y_Q which is itself a $K3$ surface. It is these Y_Q which account for all attractive K3 surfaces and are in 1-1 correspondence with the quadratic forms.

Thanks to the Shioda-Inose theorem it is now trivial to describe the attractor points

Corollary. Suppose that $\langle p, q \rangle \subset H^2(K3; \mathbb{Z})$ is a *primitive sublattice.* Then the attractor variety $X_{p,q}$ determined by $\gamma = (p, q)$ is

$$E_{\tau(p,q)} \times Y_{2Q_{p,q}} \tag{3.41}$$

where $\tau(p, q)$ is given by

$$\tau(p, q) = \frac{p \cdot q + i\sqrt{-D}}{p^2} \tag{3.42}$$

and $Y_{Q_{p,q}}$ is the Shioda-Inose K3 surface associated to the even quadratic form:

$$2Q_{p,q} := \begin{pmatrix} p^2 & -p \cdot q \\ -p \cdot q & q^2 \end{pmatrix} \tag{3.43}$$

The variety is a double-cover of a Kummer surface constructed from

$$X_{p,q} = Y_{2Q_{p,q}} \times E_\tau \to Km\Big(E_{\tau(p,q)} \times E_{\tau'(p,q)}\Big) \times E_{\tau(p,q)} \tag{3.44}$$

with

$$\tau'(p, q) = \frac{-p \cdot q + i\sqrt{-D}}{2}. \tag{3.45}$$

3.5 U-duality and horizon area

We have now described the attractor varieties. They are beautiful and have the interesting arithmetic property that all their periods are valued in quadratic imaginary fields. We will see in a moment that there is much more nontrivial arithmetic associated to them. However, we would like to know whether this rich arithmetic structure has any physical significance. In this section we attempt to make a connection to physics.

In string string theory there are "duality groups." These are arithmetic groups which map two different charges with "isomorphic physics." It is thus a natural question to ask how U-duality acts on the attractor varieties. For $IIB/K3 \times T^2$ the U-duality group is

$$U = SL(2,\mathbb{Z}) \times O(22,6;\mathbb{Z}) \tag{3.46}$$

The pair of (Electric,Magnetic) charges (p,q), has $p,q \in II^{22,6}$ and forms a doublet under $SL(2,\mathbb{Z})$. In these lectures we are suppressing certain other fields in the supergravity, and hence we are restricting attention to $p,q \in H^2(K3,\mathbb{Z}) \cong II^{19,3} \subset II^{22,6}$, so the duality group should actually be considered to be $SL(2,\mathbb{Z}) \times O(19,3;\mathbb{Z})$.

Now, to a charge $\gamma = (p,q)$ we associate:

$$2Q_{p,q} := \begin{pmatrix} p^2 & -p\cdot q \\ -p\cdot q & q^2 \end{pmatrix} \tag{3.47}$$

This is manifestly T-duality invariant while under S-duality

$$Q_{p,q} \to Q_{p',q'} = m Q_{p,q} m^{tr} \qquad m \in SL(2,\mathbb{Z}) \tag{3.48}$$

Note that the near-horizon metric only depends on the discriminant:

$$\frac{A(\gamma)}{4\pi} = \sqrt{-D_{p,q}} \tag{3.49}$$

Thus, $A(\gamma)$ is invariant under $U(\mathbb{Z})$. Still, it might be that U-duality-inequivalent charges γ have the same $A(\gamma)$. Asking this question brings us to the topic of class numbers.

Class Numbers

The equivalence of integral binary quadratic forms:

$$m \begin{pmatrix} a & b/2 \\ b/2 & c \end{pmatrix} m^{tr} = \begin{pmatrix} a' & b'/2 \\ b'/2 & c' \end{pmatrix} \qquad m \in SL(2,\mathbb{Z}) \tag{3.50}$$

is one of the beautiful chapters of number theory. A major result of the efforts of Fermat, Euler, Lagrange, Legendre, and Gauss is a deep understanding of the nature of this equivalence. For a nice discussion of the subject see [62] or

[81]. (Reference [63] contains further references.) Let us summarize a few facts here.

Assume, for simplicity, that the quadratic form is primitive, that is, that g.c.d.$(a, b, c) = 1$. There are a finite number of *inequivalent* classes under $SL(2,\mathbb{Z})$. The number of classes is the *class number*, denoted $h(D)$, where

$$D = b^2 - 4ac \tag{3.51}$$

is the discriminant. We will be focussing on the case $D < 0$. It is a nontrivial fact that one can define the structure of an abelian group on the set of classes $C(D)$. When D is a *fundamental discriminant* then the class group $C(D)$ is isomorphic to the group of ideal classes of the quadratic imaginary field

$$K_D := \mathbb{Q}[i\sqrt{|D|}] := \{a + ib\sqrt{|D|} : a, b \in \mathbb{Q}\} \tag{3.52}$$

A "fundamental discriminant" is a D such that it is the field discriminant of a quadratic imaginary field. This turns out to mean that $D = 1\text{mod}4$ and is squarefree, or, $D = 0\text{mod}4$, $D/4 \neq 1\text{mod}4$, and $D/4$ is squarefree.

A convenient device for what follows is to associate to a quadratic form

$$Q = \begin{pmatrix} a & b/2 \\ b/2 & c \end{pmatrix} \tag{3.53}$$

a point $\tau \in \mathcal{H}$ via:

$$ax^2 + bxy + cy^2 = a|x - \tau y|^2 \tag{3.54}$$

that is,

$$\tau = \frac{-b + \sqrt{D}}{2a} \tag{3.55}$$

then $SL(2,\mathbb{Z})$ transformations (3.50) act on τ by fractional linear transformations, and hence the inequivalent classes may be labelled by points $\tau_i \in \mathcal{F}$:

Example: $D = -20$:

$$\begin{pmatrix} 1 & 0 \\ 0 & 5 \end{pmatrix} \qquad x^2 + 5y^2 \qquad \tau_1 = i\sqrt{5}$$

$$\begin{pmatrix} 2 & 1 \\ 1 & 3 \end{pmatrix} \qquad 2x^2 + 2xy + 3y^2 \qquad \tau_2 = \frac{-1 + i\sqrt{5}}{2}$$

The class group is $\mathbb{Z}_2$, $[\tau_1]$ is the identity element, so the class group has multiplication law:

$$[\tau_2] * [\tau_2] = [\tau_1]. \tag{3.56}$$

U-Duality vs. Area (or Entropy)

It follows immediately from the previous section that there can be U-duality inequivalent BPS black holes with the same horizon area A. More precisely, let $\mathcal{BH}(D)$ denote the number of U-inequivalent BPS black holes with $A = 4\pi\sqrt{-D}$. We would like to give a formula for this number.[7] Then, if D is square-free the associated forms must be primitive and $\mathcal{BH}(D) = h(D)$. More generally, since $h(D)$ counts the primitive quadratic forms of discriminant D we have

$$\mathcal{BH}(D) = \sum_m h(D/m^2) \tag{3.57}$$

The sum is over m such that $D/m^2 = 0, 1 \bmod 4$.

Now, the number of classes *grows* with $|D|$. More precisely, it follows from work of Landau, Siegel, and Brauer that $\forall \epsilon > 0, \exists C(\epsilon)$ with $h(D) > C(\epsilon)|D|^{1/2-\epsilon}$ Roughly speaking, we can say that at large entropy the number of U-duality inequivalent black holes with fixed area A grows like A. The U-duality inequivalent black holes are certainly physically inequivalent, nevertheless, the area is a fundamental attribute and the set of black holes with area A forms a distinguished class of solutions. It is interesting to ask if there is some larger "symmetry" which unifies these. We will give a tentative positive answer to this question in section 3.5.6.

Complex Multiplication

The attractor varieties are closely related to another beautiful mathematical theory, the theory of complex multiplication, which goes back to the 19th century mathematicians Abel, Gauss, Eisenstein, Kronecker, and Weber and continues as an active subject of research to this day. An excellent pedagogical reference for this material is [81]. Further references can be found in [63].

To introduce complex multiplication let us consider the elliptic curve E_τ. This is an abelian group and we can ask about its group of endomorphisms. Note that there is always a map $z \to nz$, for $n \in \mathbb{Z}$, because

[7] The discussion that follows assumes that a primitive lattice T defined by (a, b, c) has a unique embedding into $II^{19,3}$. Indeed, this was blithely asserted in [63], however further reflection shows that the statement is less than obvious. The Nikulin embedding theory characterizes the genus of the complementary lattice $T^\perp$ in $II^{19,3}$, and the embedding is specified by the isomorphism class of the isomorphism of dual quotient groups $T^*/T \to (T^\perp)^*/T^\perp$. If T^*/T is p-elementary then theorem 13, chapter 15 of [82] shows that the class of $T^\perp$ is unique. When T^*/T is not p-elementary there are further subtleties associated with the spinor genus of $T^\perp$. In addition, there can be distinct isomorphisms between the dual quotient groups. Clearly, this aspect of the counting of $\mathcal{BH}(D)$ needs further thought.

$$n \cdot (\mathbb{Z} + \tau\mathbb{Z}) \subset \mathbb{Z} + \tau\mathbb{Z}. \tag{3.58}$$

So $End(E_\tau)$ always trivially contains a copy of $\mathbb{Z}$. However, for special values of τ, namely those for which

$$a\tau^2 + b\tau + c = 0 \tag{3.59}$$

for some integers $a, b, c \in \mathbb{Z}$ the lattice has an *extra "symmetry"*, that is, $End(E_\tau)$ is strictly larger than $\mathbb{Z}$, because

$$\omega \cdot (\mathbb{Z} + \tau\mathbb{Z}) \subset \mathbb{Z} + \tau\mathbb{Z} \qquad \omega = \frac{D + \sqrt{D}}{2} \tag{3.60}$$

Here again $D = b^2 - 4ac$. We say that "E_τ has complex multiplication by $z \to \omega z$"

To see that E_τ has wonderful properties, we choose a Weierstrass model for E_τ

$$\begin{aligned} y^2 &= 4x^3 - c(x+1) \qquad c = \frac{27j}{j - (12)^3} \qquad j \neq 0, 1728 \\ y^2 &= x^3 + 1 \qquad j = 0 \\ y^2 &= x^3 + x \qquad j = 1728 \end{aligned} \tag{3.61}$$

and consider next some remarkable aspects of the j-function.

Complex multiplication and special values of $j(\tau)$

The first main theorem of complex multiplication states

Theorem Suppose τ satisfies the quadratic equation $a\tau^2 + b\tau + c = 0$ with $gcd(a, b, c) = 1$, and D is a fundamental discriminant. Then, i.) $j(\tau)$ is an algebraic integer of degree $h(D)$. ii.) If τ_i correspond to the distinct ideal classes in $\mathcal{O}(K_D)$, the minimal polynomial of $j(\tau_i)$ is

$$p(x) = \prod_{k=1}^{h(D)} (x - j(\tau_k)) \in \mathbb{Z}[x] \tag{3.62}$$

Moreover: $\widehat{K_D} := K_D(j(\tau_i))$ is Galois over K_D and *independent of* τ_i (it is a "ring class field").

Note that $\tau \to j(\tau)$ is a complicated transcendental function. Thus, the theorem of complex multiplication is truly remarkable.

Examples:

$$\begin{pmatrix}1&0\\0&1\end{pmatrix} \qquad j(i) = (12)^3 \qquad p(x) = x - 1728 \tag{3.63}$$

$$\begin{pmatrix}1&0\\0&2\end{pmatrix} \qquad j(i\sqrt{2}) = (20)^3 \qquad p(x) = x - 8000$$

$$\begin{pmatrix}1&0\\0&5\end{pmatrix} \qquad j(i\sqrt{5}) = (50 + 26\sqrt{5})^3$$

$$\begin{pmatrix}2&1\\1&3\end{pmatrix} \qquad j\left(\frac{1+i\sqrt{5}}{2}\right) = (50 - 26\sqrt{5})^3$$

$$p(x) = x^2 - 1264000\, x - 681472000$$

The Attractor Varieties are Arithmetic

For us, the main consequence of the first main theorem of complex multiplication is that the attractor varieties are *arithmetic varieties*. That is, they are defined by polynomial equations with algebraic numbers as coefficients.

Let us begin with the factor E_τ in the attractor variety. Here it follows from (3.61) and the above theorem that E_τ has a model defined over $\widehat{K_D} = K_D(j(\tau_i))$.

Now, let us turn to the $K3$ surface factor. The Shioda-Inose construction begins with the abelian surface $E_{\tau_1} \times E_{\tau_2}$ defined by (3.40). Now, $j(\tau_i/c)$ is arithmetic and hence the abelian surface is arithmetic. Moreover, forming the Kummer surface and taking the branched cover can all be done algebraically, but involves the coordinates of the torsion points of E_τ. Now we need the second theorem of complex multiplication:

Theorem Let $c = 27j/(j-1728)$

$$\begin{aligned} E_\tau &= \{z : z \sim z + \omega, z \sim z + \omega\tau\} \\ &\cong \{(x,y) : y^2 = 4x^3 - c(x+1)\} \end{aligned} \tag{3.64}$$

The torsion points $(x,y)_{a,b,N}$ corresponding to $z = \frac{a+b\tau}{N}\omega$ are arithmetic and generate finite abelian extensions of $\hat{K}_D$. Moreover

$$\hat{K}_{N,D} = K_D(j, x_{a,b,N}) \tag{3.65}$$

are "ring class fields."

Thus, the Shioda-Inose surface is an arithmetic surface and we arrive at the important conclusion: *The $K3 \times T^2$ attractor variety, $Y_{2Q_{p,q}} \times E_{\tau_{p,q}}$ is arithmetic, and is defined over a finite extension of $\widehat{K_D}$.* It would actually be useful to know more precisely which extensions the variety is defined over. This is an open problem (probably not too difficult).

$\mathrm{Gal}(\bar{\mathbb{Q}}/\mathbb{Q})$ action on the attractors

In the previous section we have seen that the attractor varieties are defined over finite extensions of $\hat{K}_D$. Therefore, $\mathrm{Gal}(\bar{\mathbb{Q}}/\mathbb{Q})$ acts on the complex structure moduli of attractors. What can we say about this orbit?

Here again we can use a result of "class field theory": $\widehat{K_D}$ is Galois over K_D, and $Gal(\widehat{K_D}/K_D)$ is in fact isomorphic to the class group $C(D)$. Indeed, the isomorphism $[\tau] \to \sigma_{[\tau]} \in Gal(\widehat{K_D}/K_D)$ satisfies the beautiful property that

$$[\tau] \to \sigma_{[\tau]} \in Gal(\widehat{K_D}/K_D) \tag{3.66}$$

is defined by

$$j([\bar{\tau}_i] * [\tau_j]) = \sigma_{[\tau_i]}(j[\tau_j]) \tag{3.67}$$

Example: Once again, let us examine our simple example of $D = -20$. Here $K_D = \mathbb{Q}(\sqrt{-5})$, and as we have seen

$$\begin{aligned} D = -20 \qquad \hat{K}_{D=-20} &= K_{-20}(\sqrt{5}) = \mathbb{Q}(\sqrt{-1}, \sqrt{-5}) \\ \langle \sigma \rangle &= \mathrm{Gal}(\widehat{K_D}/K_D) \cong \mathbb{Z}/2\mathbb{Z} \end{aligned} \tag{3.68}$$

In this case, (3.66) is verified by:

$$\begin{aligned} (50 - 26\sqrt{5})^3 &= j(\frac{1 + i\sqrt{5}}{2}) = j([\tau_2] * [\tau_1]) \\ = \sigma_{[\tau_2]}(j([\tau_1])) &= \sigma_{[\tau_2]}\left[j(i\sqrt{5})\right] = \sigma_{[\tau_2]}((50 + 26\sqrt{5})^3) \end{aligned} \tag{3.69}$$

Now, since $\mathrm{Gal}(\bar{\mathbb{Q}}/\mathbb{Q})$ permutes the different $j(\tau_i)$ invariants it extends the U-duality group and "unifies" the different attractor points at discriminant D. In this sense, it answers the question posed at the end of section 3.5.2. Because we have not been very precise about the field of definition of the attractor varieties we cannot be more precise about the full Galois orbit. This, again, is an interesting open problem.

But, the Galois group $\mathrm{Gal}(\bar{\mathbb{Q}}/\mathbb{Q})$ is not a symmetry of the BPS mass spectrum

The physical role (if any) of the Galois group action mentioned above remains to be clarified. We would like to stress one important point: The BPS mass spectrum at different attractor points related by the Galois group action are in general *different*, so the Galois action is not a symmetry in any ordinary sense.

A simple example of this is illustrated by the Calabi-Yau manifold $X = (S \times E)/\mathbb{Z}_2$, where S is the double cover of an Enrqiques surface. The BPS mass spectrum at an attractor point determined by $p_0, q_0 \in II^{2,10}$ and turns out to be

$$|Z(t_*(p_0, q_0); p, q)|^2 = \frac{1}{2|D_{p_0,q_0}|^{3/2}} |A - \tau(p_0, q_0)B|^2 \tag{3.70}$$

A, B are integers depending on p, q, p_0, q_0. Thus the BPS mass spectrum at the attractor point for $\gamma = p_0 \oplus q_0$ is completely determined by the norms of ideals in the ideal class corresponding to Q_{p_0,q_0}. At inequivalent τ_i the spectra are in general different.

There have been other attempts at finding a physical role for the Galois group in the present context. Some attempts involve the action on locations of D-branes [63; 83], and there are others [67; 68]. In a lecture at this workshop A. Connes made a very interesting suggestion of a relation of our discussion to his work with J.-B. Bost on arithmetic spontaneous symmetry breaking [84]. In this view the Galois group is a symmetry, but the symmetry is broken.

3.6 Attractor Points for Other Calabi-Yau Varieties

Let us briefly survey a few known results about attractor points for other Calabi-Yau varieties.

T^6

The story here is similar to the case of $K3 \times T^2$. For IIB/T^6 the U-duality group is $E_{7,7}(\mathbb{Z})$ [85]. The charge lattice is a module for $E_{7,7}(\mathbb{Z})$ of rank 56. The area of the black hole horizon is $A/4\pi = \sqrt{-D(\gamma)}$, with $D(\gamma) = -I_4(\gamma)$, where $I_4(\gamma)$ is Cartan's quartic invariant defining $E_7 \subset Sp(56)$ [86].

If we choose

$$\gamma \in H^3(T^6; \mathbb{Z}) \subset \mathbb{Z}^{56} \tag{3.71}$$

then an explicit computation, described in [63] shows that the attractor variety $\mathbf{C}^3/(\mathbb{Z}^3 + \tau\mathbb{Z}^3)$ is isogenous to $E_{\tau_0} \times E_{\tau_0} \times E_{\tau_0}$, where $\tau_0 = i\sqrt{I_4(\gamma)}$, and is therefore defined over a finite extension of $\mathbb{Q}[i\sqrt{I_4}]$.

Other Exact CY Attractors

Some examples of other exactly known attractors are

1. Orbifolds of T^6 and of $K3 \times T^2$.
2. The mirror of the Fermat point $2x_0^3 + x_1^6 + x_2^6 + x_3^6 + x_4^6 = 0$.
3. Consider the Calabi-Yau subvariety in $P^{1,1,2,2,2}[8]$ defined by

$$x_1^8 + x_2^8 + x_3^4 + x_4^4 + x_5^4 - 8\psi x_1 x_2 x_3 x_4 x_5 - 2\tilde{\phi} x_1^4 x_2^4 = 0 \tag{3.72}$$

From the formulae of Candelas et. al., in ref. [87] we can find exact attractors for $\psi = 0$, via the change of variables:

$$\tilde{\phi}^{-2} = \frac{16z(1-z)}{(1+4z-4z^2)^2} \qquad z = -\frac{\vartheta_2^4(\tau)}{\vartheta_4^4(\tau)} \tag{3.73}$$

The attractor points correspond to $\tau = a + bi \in \mathbb{Q}[i]$, $-1 < a < 1, b > 0$. In fact, the last two examples are $K3 \times T^2$ orbifolds, as was pointed out to me by E. Diaconescu and B. Florea.

4. Any rigid Calabi-Yau manifold is automatically an attractor variety. We will return to this in remark 5 in the next subsection.

Attractor Conjectures & Remarks

We will now state some conjectures. It is useful to draw the following distinction between attractor points. The attractor equation says that there is an integral vector

$$\gamma \in H^{3,0} \oplus H^{0,3} \tag{3.74}$$

It can happen that there is a rank 2 submodule $T_X \subset H^3(X;\mathbb{Z})$ with

$$H^{3,0} \oplus H^{0,3} = T_X \otimes \mathbf{C} \tag{3.75}$$

We call such a point an "attractor of rank 2." It is simultaneously an attractor point for two charges γ_1, γ_2 with $\langle\gamma_1, \gamma_2\rangle \neq 0$. If it is not of rank two we call it an "attractor of rank 1."

Based on the above examples one may jump to a rather optimistic conjecture which we call the *Strong Attractor Conjecture*: Suppose γ determines an attractor point $t_*(\gamma) \in \widetilde{\mathcal{M}}$. Then the flat coordinates of special geometry are valued in a number field K_γ, and X_γ is an arithmetic variety over some finite extension of K_γ. A more modest conjecture, the *Weak Attractor Conjecture* only asserts this for rank 2 attractor points.

Unfortunately, there has been very little progress on these conjectures since they were suggested in [63; 65]. Some salient points are the following:

1. All known exact attractor points are of rank two. Moreover, the evidence is also consistent with the conjecture that all rank 2 attractors are orbifolds of T^6 and $K3 \times T^2$. Since rigid Calabi-Yau manifolds are necessarily rank 2 attractors, this suggestion can perhaps be falsified by the interesting examples mentioned in [88].[8]
2. In the course of some discussions with E. Diaconescu and M. Nori, Nori was able to demonstrate that the Hodge conjecture implies that rank 2 attractors are indeed arithmetic. (Thus, one way to falsify the Hodge conjecture is to produce an example of a nonarithmetic rank two attractor.)

---

[8] In some unpublished work, R. Bell has checked that some of these examples are indeed arithmetic.

3. Attractor points of rank one are expected to be dense. The density can be proved in the limit of large complex structure [63]. On the other hand, attractor points of rank two are expected to be rare. Indeed, this issue can be addressed in a quantitative way using computers. Sadly, a search of some 50,000 attractor points in the moduli space of the mirror of the quintic, performed by F. Denef, revealed *no* convincing candidates for rank two attractors.[9]
4. On the positive side, we can say that should the attractor conjectures turn out to be true they might imply remarkable identities on trilogarithms and generalized hypergeometric functions. For an explanation of this, see section 9.3 of [63].
5. Finally, we would like to note that there is a notion of "modular Calabi-Yau variety" generalizing the notion of modular elliptic curve. The modular K3-surfaces over $\mathbb{Q}$ turn out to be attractor varieties. For a discussion of this see [88]. The known examples of modular Calabi-Yau varieties are rigid, and hence, automatically, are attractors. It would be quite fascininating, to put it mildly, if a relationship between attractors and modular Calabi-Yau varieties persisted in dimension 3.

3.7 Second avatar: RCFT and F-Theory

A second, very different, way attractive K3 surfaces are distinguished in physics is in the context of *F-theory.* We will now indicate how it is that *the compactification of the heterotic string to 8 dimensions on rational conformal field theories (RCFT's) are dual to the F-theory compactifications on attractive K3-surfaces.*

Recall the basic elements of F-theory/Heterotic duality:[10] The heterotic string on a torus T^2 is dual to a IIB F-theory compactification on a K3 surface S. If we fix a hyperbolic plane: $\langle e, e^* \rangle \subset H^2(S;\mathbb{Z})$, then $\langle e, e^* \rangle^\perp \cong II^{2,18}$, and this lattice is identified with the charge lattice in the Narain compactification of F-theory. The moduli space $Gr_+(2, II^{2,18} \otimes \mathbb{R})$ is interpreted in two ways. In IIB theory it is the space of positive definite planes $\Pi \subset II^{2,18} \otimes \mathbb{R}$, spanned by $Re(\Omega)$ and $Im(\Omega)$, which defines the complex structure of an elliptically fibered polarized K3-surface. In the heterotic theory is it the moduli space of Narain compactifications.

---

9 Briefly, Denef's method is the following. Given a complex structure, $Re(\Omega)$ and $Im(\Omega)$ determine a real two-dimensional vector space $V \subset H^4(X, \mathbb{R})$. Given a charge Q, Denef computes the attractor point numerically to high precision. Now, Q is an integral vector in V. Denef then constructs an orthogonal vector P in V using a Euclidean metric on $H^4(X, \mathbb{Z})$. If the components of P are rational then the complex structure point is a rank 2 attractor. Using the numerical value of the periods he examines the components of P and searches for rational P's using a continued fraction algorithm. (Thus, long continued fractions are considered irrational.) His computer then scans through a list of charges Q.

10 For more details see [89; 90; 91] .

RCFT's for the heterotic string

In the heterotic theory, the condition that the right-moving lattice is generated over $\mathbb{Q}$ (which corresponds to the $K3$ surface S being attractive) turns out to be equivalent to the condition that the compactification on T^2 is along a *rational conformal field theory.* One can go further, as shown in [63], section 10.3. Choosing decompactifications of the heterotic string to 9 and 10 dimensions is equivalent to choosing a realization of the lattice

$$\langle w_1, w_1^* \rangle \oplus \langle w_2, w_2^* \rangle \oplus (E_8(-1))^2 \cong II^{2,18} \tag{3.76}$$

where $\langle w_i, w_i^* \rangle$ are hyperbolic planes. Using this decomposition the moduli space can be realized as a tube domain in 18-dimensional complex Lorentzian space:

$$Gr_+(2, II^{2,18} \otimes \mathbb{R}) \cong \mathbb{R}^{1,17} + iC_+ = \{y = (T, U, \mathbf{A})\} \tag{3.77}$$

where C_+ is the forward lightcone in $\mathbb{R}^{1,17}$, U is the complex structure of T^2, T is the Kahler structure, and $\mathbf{A}$ encode the holonomy of flat $E_8 \times E_8$ gauge fields. Under the isomorphism (3.77) we identify

$$\Omega = y + w_1 - \frac{1}{2} y^2 w_1^* \tag{3.78}$$

The conditions for a rational conformal field theory imply that the heterotic theory is compactified on an elliptic curve of CM type with $(T, \mathbf{A})$ in the quadratic imaginary field defined by U. Indeed, the curve has complex multiplication by a rational integral multiple of $\bar{T}$.

There are further interesting relations under this duality, including relations between the Mordell-Weil group of the attractive elliptic K3 surface and the enhanced chiral algebra of the heterotic RCFT. This essentially follows from the fact that the projection of $p \in II^{2,18}$ onto the positive definite space:

$$p_R = e^{K/2} \int_p \Omega^{2,0} \tag{3.79}$$

in F-theory corresponds to "right-moving momentum" in Narain compactification.

The above duality realizes in part an old dream of Friedan & Shenker. Their idea was to approximate superconformal field theories on Calabi-Yau manifolds by rational conformal field theories. Generalizations of the relation between complex multiplication and rational conformal field theories on tori have been studied by K. Wendland in [92; 93]. A rather different relation between rational conformal field theories and complex multiplication has been suggested by S. Gukov and C. Vafa [83]. These last authors conjecture that the superconformal field theory with target space given by a K3 surface with complex multiplication will itself be rational.

Finally, we would like to mention the very elegant result of S. Hosono, B. Lian, K. Oguiso, and S.-T. Yau in [94], which may be phrased, roughly, as follows. Consider the map from moduli $(T, U, \mathbf{A} = 0)$ to the quadratic form characterizing the attractor point. The moduli T, U are valued in $\mathbb{Q}(\sqrt{D})$ and may therefore also be associated to quadratic forms. Reference [94] shows that the three quadratic forms are related by the Gauss product, and uses this to give a classification of $c = 2$ toroidal RCFT's.

Here is an (over)simplified version of the discussion in [94]. When $\mathbf{A} = 0$ we have

$$\Omega = w_1 - TUw_1^* + Tw_2 + Uw_2^* \tag{3.80}$$

A basis (over $\mathbb{R}$) for the plane Π is given by

$$\begin{aligned} \nu_1 &= w_1 + U\bar{U}\frac{T - \bar{T}}{U - \bar{U}}w_1^* + \frac{U\bar{T} - \bar{U}T}{U - \bar{U}}w_2 \\ \nu_2 &= \frac{\overline{TU} - TU}{U - \bar{U}}w_1^* + \frac{T - \bar{T}}{U - \bar{U}}w_2 + w_2^* \end{aligned} \tag{3.81}$$

while the orthogonal plane $\Pi^\perp$ in $II^{2,2} \otimes \mathbb{R}$ is spanned (over $\mathbb{R}$) by

$$\begin{aligned} \gamma_1 &= w_1 - U\bar{U}\frac{T - \bar{T}}{U - \bar{U}}w_1^* - \frac{\overline{TU} - TU}{U - \bar{U}}w_2 \\ \gamma_2 &= -\frac{U\bar{T} - \bar{U}T}{U - \bar{U}}w_1^* - \frac{T - \bar{T}}{U - \bar{U}}w_2 + w_2^* \end{aligned} \tag{3.82}$$

Note that these are rational vectors iff $U, T \in \mathbb{Q}[\sqrt{D}]$. In the latter case, by $SL(2, \mathbb{Z})$ transformations we can bring them to the "concordant" form[11]

$$\begin{aligned} U &= \frac{b + \sqrt{D}}{2a} \\ T &= \frac{b + \sqrt{D}}{2a'} = \frac{a}{a'}U \end{aligned} \tag{3.83}$$

in which case the basis vectors simplify to

$$\begin{aligned} \nu_1 &= w_1 + \frac{c}{a'}w_1^* \\ \nu_2 &= -\frac{b}{a'}w_1^* + \frac{a}{a'}w_2 + w_2^* \\ \gamma_1 &= w_1 - \frac{c}{a'}w_1^* + \frac{b}{a'}w_2 \\ \gamma_2 &= -\frac{a}{a'}w_2 + w_2^* \end{aligned} \tag{3.84}$$

[11] For concordant quadratic forms we further require $a|c$, but we do not use this condition in our discussion in sect. 3.8 below.

A straightforward computation shows that

$$(\nu_i \cdot \nu_j) = \frac{1}{a'} \begin{pmatrix} 2c & -b \\ -b & 2a \end{pmatrix} \tag{3.85}$$

$$(\gamma_i \cdot \gamma_j) = -\frac{1}{a'} \begin{pmatrix} 2c & -b \\ -b & 2a \end{pmatrix} \tag{3.86}$$

If T, U are associated with quadratic forms (a, b, c) and (a', b, c') then $t_1 = a'\nu_1, t_2 = a'\nu_2$ is an integral basis for Π, and from (3.85) we see that the quadratic form of this basis is the Gauss product of the quadratic forms associated to T, U.

Arithmetic properties of the K3 mirror map

The above relation of heterotic RCFT and attractive K3 surfaces raises interesting questions about the arithmetic properties of mirror maps. Recall that the j function itself can be viewed as a mirror map for 1-dimensional Calabi-Yau manifolds. It is natural to ask if the mirror maps of higher dimensional Calabi-Yau manifolds have arithmetical significance, perhaps playing the role of the transcendental functions sought for in Hilbert's 12th problem.

The next case to look at is 2-dimensions. In [95] Lian and Yau studied the mirror map for pencils of K3 surfaces and found, remarkably, the occurance of Thompson series. Hence the mirror map again has arithmetical properties. The perspective on F-theory we have discussed suggests a generalization. We may think of F-theory compactifications in terms of a Weierstrass model:

$$\begin{aligned} ZY^2 &= 4X^3 - f_8(s,t)XZ^2 - f_{12}(s,t)Z^3 \\ f_8(s,t) &= \alpha_{-4}s^8 + \cdots + \alpha_{+4}t^8 \\ f_{12}(s,t) &= \beta_{-6}s^{12} + \cdots + \beta_{+6}t^{12} \end{aligned} \tag{3.87}$$

In this description the moduli space is:

$$\mathcal{M}_{\text{algebraic}} = \Big[\{(\boldsymbol{\alpha}, \boldsymbol{\beta})\} - \mathcal{D} \Big] / GL(2, \mathbf{C}) \tag{3.88}$$

where $\mathcal{D}$ is the discriminant variety and the action of $GL(2, \mathbf{C})$ is induced by the action on s, t. The map $\Phi_F : y \rightarrow (\boldsymbol{\alpha}, \boldsymbol{\beta})$, is a map from flat coordinates to algebraic coordinates and in this sense it can be thought of as the mirror map. From the Shioda-Inose theorem and the theory of complex multiplication it is therefore natural to conjecture that *The map Φ_F behaves analogously to the elliptic functions in the theory of complex multiplication, i.e., $y^i \in K_D \rightarrow \alpha_i, \beta_i \in \hat{K}$ for some algebraic number field $\hat{K}$.*

In [63] some nontrivial checks on this conjecture were performed. The most comprehensive check is to consider the map Φ_F in the limit of stable degenerations ($T \rightarrow \infty$ in terms of the variables defined in (3.77).) In that case, one may use the results of Friedman, Morgan, and Witten [96; 97] to verify the statement.

3.8 Third avatar: Flux compactifications

There is a *third* manifestation of the attractor varieties. It is related to a topic of current interest in string compactification, namely, compactification with fluxes. The literature on this subject is somewhat vast. See, for examples, [98; 99; 100] for some recent papers with many references to other literature. It turns out that this subject is closely related to the attractor problem for Calabi-Yau *four-folds*.

We begin by considering compactification of type IIB string theory on a Calabi-Yau manifold X_3, now adding "fluxes" instead of wrapped branes, as we have been discussing thus far. In particular, if one considers the RR and NSNS 3-forms F and H, then they must be closed, by the Bianchi identity, and they must satisfy a quantization condition on their cohomology classes: $[F], [H] \in H^3(X_3, \mathbb{Z})$. In backgrounds with such fluxes the low energy supergravity develops a superpotential [101], and analysis of this superpotential shows that the supersymmetric minima with zero cosmological constant are characterized by complex structure and complex dilaton such that

$$G_{IIB} := [F] - \phi[H] \in H^{2,1}_{\text{primitive}} \tag{3.89}$$

for integral vectors F, H, where ϕ is the axiodil (a.k.a. complex dilaton). (This can also be shown by studying supersymmetry transformations [102] or by using the result of [103] applied to M-theory on $X \times T^2$.) Fluxes with

$$G_{IIB} := [F] - \phi[H] \in H^{2,1}_{\text{primitive}} \oplus H^{0,3} \tag{3.90}$$

can also in principle be used to obtain supersymmetric AdS compactifications with negative cosmological constant.[12]

Equation (3.89) is usually regarded as an equation on the complex structure of X_3 and the complex dilaton ϕ. For some classes of flux vectors F and H the solutions are isolated points in moduli space.[13] Thus, (3.89) is reminiscent of the attractor equations (as noted in [104; 105]). However, despite its similarity to the attractor equations, the condition (3.89) is in fact a very different kind of constraint on the Hodge structure of the Calabi-Yau manifold, since the left-hand side of (3.89) is complex and nonintegral.

Despite these distinctions the flux compactification problem is in fact related to the attractor problem, but for Calabi-Yau *four-folds* X_4. Consider a Calabi-Yau 4-fold with $\gamma \in H^4(X_4, \mathbb{Z})$. In analogy to section 3.3.3 above we seek to stationarize the normalized period:

[12] In our discussion we are suppressing some important physical points. Foremost amongst these is the fact that we need to consider an orientifold of the compactification described above in order to have $d = 4, \mathcal{N} = 1$ supersymmetry. The examples below can be orientifolded.

[13] There are also fluxes for which there are no solutions, and fluxes for which there are continuous families of solutions. A general class of examples of the latter type arise by embedding X in some ambient variety $\iota : X \hookrightarrow W$ and choosing F and H to be classes pulled back from W.

$$|Z(\gamma)|^2 = \frac{|\gamma \cdot \Omega|^2}{\Omega \cdot \bar{\Omega}}. \tag{3.91}$$

By exactly the same argument as in section 3.3.3 a stationary point is either a divisor where $Z(\gamma) = 0$ or, if $Z(\gamma) \neq 0$, a point where $\gamma^{1,3} = \gamma^{3,1} = 0$. An important distinction from the 3-fold case is that the Hessian at a critical point is not necessarily positive definite: The first line of (3.17) can be nonzero since γ can have a $(2,2)$ component which overlaps with the second derivatives of Ω.

In the physical interpretation of the 4-fold attractor problem we may identify $\gamma = [G]$ as the cohomology class of the G-flux of M-theory. These compactifications can be related to those defined by (3.89) in the case where X_4 is elliptically fibered, for then we may consider an associated F-theory compactification. In general, this requires the insertion of 7-branes in the base of the fibration, but when these coincide we can obtain the orientifold compactifications discussed above [106]. To specialize further, suppose $X_4 = X_3 \times T^2$. Then $G = Hd\sigma^1 + Fd\sigma^2$, with complex structure $dz = d\sigma_1 + \phi d\sigma_2$ on T^2. Then

$$G = \frac{1}{\phi - \bar{\phi}}\left((F - \bar{\phi}H)dz - (F - \phi H)d\bar{z}\right) = \frac{1}{\phi - \bar{\phi}}\left(G^*_{IIB}dz - G_{IIB}d\bar{z}\right) \tag{3.92}$$

so, in particular:

$$\begin{aligned} G^{1,3} &= \frac{1}{\phi - \bar{\phi}}\left((F - \bar{\phi}H)^{0,3}dz - (F - \phi H)^{1,2}d\bar{z}\right) \\ G^{0,4} &= -\frac{1}{\phi - \bar{\phi}}(F - \phi H)^{0,3}d\bar{z} \end{aligned} \tag{3.93}$$

and hence stationary points with $G^{1,3} = G^{0,4} = 0$ correspond to supersymmetric Minkowskian compactifications while those with $G^{0,4} \neq 0$ are related to more general AdS compactifications.

What can we say about exact solutions to the flux compactification problem? One remark is that any attractor point of rank 2 automatically gives a solution to (3.90), for some fluxes. After all, we can choose $[F], [H]$ in the lattice T_{X_3} in (3.75) and then choose ϕ so that $[F - \phi H] \in H^{0,3}(X_3)$. Thus, all our rank two attractor examples can be re-interpreted as flux compactifications. For example, using (3.32),(3.34),(3.35) we could take (an orientifold of) $X_3 = K3 \times T^2$ and

$$\begin{aligned} F &= p^2 dx \wedge q + 2p \cdot q dy \wedge q - q^2 dy \wedge p \\ H &= dy \wedge q + dx \wedge p \end{aligned} \tag{3.94}$$

with $\phi = p^2\tau$. Similarly, the example (3.72),(3.73) above provides a simple exact infinite family with $\phi = i$. For any rational numbers a, b, $-1 < a < 1, b > 0$ we have, from section 8.3.2 of [63],

$$\begin{aligned}\Omega_{a,b} &:= \gamma_1 + i\gamma_2 \\ \gamma_1 &= 2\alpha_0 - \alpha_1 + (a+1)\alpha_2 - (a+b-2)\beta^0 - 2(b+1)\beta^1 - 4\beta^2 \\ \gamma_2 &= \alpha_1 + (b-1)\alpha_2 - (b-a)\beta^0 - 2(1-a)\beta^1\end{aligned} \tag{3.95}$$

Here α^i, β_i is an integral symplectic basis. Thus, suitable integral multiples of γ_i will produce examples. For another recent discussion of exact examples see [107].

In a recent paper, Tripathy and Trivedi analyzed the conditions (3.89) for the case when the Calabi-Yau is T^6 or $K3 \times T^2$ [108]. Their discussion can be interpreted as follows: when the fluxes are such that the solutions admit isolated supersymmetric vacua in complex structure moduli space, those vacua turn out to be precisely attractor points!

With the benefit of hindsight we can easily describe all the solutions in [108] in terms of attractor points on $S \times T^2$ with S a $K3$ surface. Choosing a basis dx, dy of 1-forms on T^2 we decompose $F = \alpha_x dx + \alpha_y dy, H = \beta_x dx + \beta_y dy$, where $\alpha_x, \alpha_y, \beta_x, \beta_y \in \Lambda \cong II^{3,19}$. The condition (3.89) in this case can be equivalently written in terms of the projection of these vectors into the plane

$$\Pi = \langle Re\Omega, Im\Omega \rangle \subset \Lambda \otimes \mathbb{R} \tag{3.96}$$

and its orthogonal complement $\Pi^\perp \subset \Lambda \otimes \mathbb{R}$. The condition (3.89) is equivalent to the following six equations for the projection of the vectors into Π and $\Pi^\perp$:

$$\beta_x^\Pi = \frac{1}{(\tau-\bar\tau)(\phi-\bar\phi)}(\xi\Omega + \bar\xi\bar\Omega) \tag{3.97}$$

$$\alpha_x^\Pi = \frac{1}{(\tau-\bar\tau)(\phi-\bar\phi)}(\bar\phi\xi\Omega + \phi\bar\xi\bar\Omega) \tag{3.98}$$

$$\beta_y^\Pi = \frac{1}{(\tau-\bar\tau)(\phi-\bar\phi)}(\xi\bar\tau\Omega + \bar\xi\tau\bar\Omega) \tag{3.99}$$

$$\alpha_y^\Pi = \frac{1}{(\tau-\bar\tau)(\phi-\bar\phi)}(\bar\phi\xi\bar\tau\Omega + \phi\bar\xi\tau\bar\Omega) \tag{3.100}$$

$$\alpha_y^\perp = \frac{(\phi\bar\tau - \bar\phi\tau)}{(\phi-\bar\phi)}\alpha_x^\perp + \frac{\phi\bar\phi(\tau-\bar\tau)}{(\phi-\bar\phi)}\beta_x^\perp \tag{3.101}$$

$$\beta_y^\perp = -\frac{(\tau-\bar\tau)}{(\phi-\bar\phi)}\alpha_x^\perp + \frac{(\phi\tau - \bar\phi\bar\tau)}{(\phi-\bar\phi)}\beta_x^\perp \tag{3.102}$$

Here ξ is a complex number, and τ is the period of T^2. Note that $\alpha_x^\perp, \beta_x^\perp$ are unconstrained, except that the class G is primitive iff $\alpha_x^\perp, \beta_x^\perp$ are orthogonal to the Kahler class J. We will assume the class J is rational and hence the $K3$ surface is algebraic.

When expressed this way it is manifest that for any attractor point there is an infinite set of flux vectors associated to that point. For, if Y_Q is an attractive K3 surface associated to (a,b,c) then Π is rationally generated. Indeed, we may take $\Omega = t_2 - \omega t_1$ where t_1, t_2 is an oriented basis for Π and $\omega = (b+\sqrt{D})/2a$. If $\tau, \phi, \xi \in \mathbb{Q}(\sqrt{D})$, then all the vectors in (3.97),(3.98),(3.99),(3.100),(3.101),(3.102) are rational. The condition that $\alpha_x^\Pi + \alpha_x^\perp$, etc. lie in Λ reduces to simple Diophantine conditions on $\xi, \alpha_x^\perp, \beta_x^\perp$ with infinitely many solutions. A similar set of equations can be used to give the general solution to (3.90). In these more general solutions ϕ, τ and the attractor points can be associated with two distinct quadratic fields.

An even more explicit family of flux vacua can be obtained by combining the 4-fold viewpoint with the formulae (3.81) - (3.86) above. This family can be applied to the 4-folds of the type $S \times \tilde{S}$ where the surfaces $S, \tilde{S}$ can be taken to be T^4 or $K3$. Denote by T, U the moduli for the first factor, and by $\tilde{T}, \tilde{U}$ the moduli of the second factor. Similarly, a $\tilde{}$ denotes a quantity associated with the second factor. Choose 2×2 real matrices X, Y and write

$$G = \begin{pmatrix}\nu_1 & \nu_2\end{pmatrix} X \begin{pmatrix}\tilde{\nu}_1 \\ \tilde{\nu}_2\end{pmatrix} + \begin{pmatrix}\gamma_1 & \gamma_2\end{pmatrix} Y \begin{pmatrix}\tilde{\gamma}_1 \\ \tilde{\gamma}_2\end{pmatrix} \tag{3.103}$$

This is automatically of type

$$((0,2)+(2,0)) \otimes ((0,2)+(2,0)) + (2,2) = (4,0)+(2,2)+(0,4).$$

Now, we require G to be an *integral* vector. Define a 4×4 matrix of integers so that

$$G = \begin{pmatrix}w_1 & w_1^* & w_2 & w_2^*\end{pmatrix} N \begin{pmatrix}\tilde{w}_1 \\ \tilde{w}_1^* \\ \tilde{w}_2 \\ \tilde{w}_2^*\end{pmatrix} \tag{3.104}$$

$$\begin{aligned} &= N_{11} w_1 \otimes \tilde{w}_1 + N_{12} w_1 \otimes \tilde{w}_1^* + N_{13} w_1 \otimes \tilde{w}_2 \\ &\quad + N_{14} w_1 \otimes \tilde{w}_2^* + \cdots + N_{44} w_2^* \otimes \tilde{w}_2^* \end{aligned} \tag{3.105}$$

Now we have

$$N = M^{tr}(a, a', b, c) \begin{pmatrix} X & 0 \\ 0 & Y \end{pmatrix} M(\tilde{a}, \tilde{a}', \tilde{b}, \tilde{c}) \tag{3.106}$$

where it is useful to define the matrix

$$M(a, a', b, c) = \begin{pmatrix} 1 & c/a' & 0 & 0 \\ 0 & -b/a' & a/a' & 1 \\ 1 & -c/a' & b/a' & 0 \\ 0 & 0 & -a/a' & 1 \end{pmatrix} \tag{3.107}$$

so that

$$\begin{pmatrix} \nu_1 \\ \nu_2 \\ \gamma_1 \\ \gamma_2 \end{pmatrix} = M(a,a',b,c) \begin{pmatrix} w_1 \\ w_1^* \\ w_2 \\ w_2^* \end{pmatrix} \tag{3.108}$$

Now we see that for any pair of attractor points in the complex structure moduli space of $S \times \tilde{S}$, there are infinitely many flux vacua leading to those specified points. To prove this let us choose $T, U \in Q(\sqrt{D})$ and $\tilde{T}, \tilde{U} \in Q(\sqrt{\tilde{D}})$ to be concordant. Then if X, Y are integer matrices divisible by $a'\tilde{a}'$ the resulting matrix N is a matrix of integers. But, by construction, it leads to the specified flux vacuum. For special values of $T, U, \tilde{T}, \tilde{U}$ in fact the vacuum is not an isolated point. However, we expect that for generic $T, U \in \mathbb{Q}[\sqrt{D}]$ and $\tilde{T}, \tilde{U} \in \mathbb{Q}[\sqrt{\tilde{D}}]$ the vacuum will be isolated. (We did not prove this rigorously.)

It should be stressed that there is no reason in the above construction for the fields $\mathbb{Q}[\sqrt{D}]$ and $\mathbb{Q}[\sqrt{\tilde{D}}]$ to coincide. As we have mentioned, by including further quantum corrections to the flux potential one can associate an AdS vacuum to stationary points of (3.91) with $G^{4,0} \neq 0$. Moreover the scale of the cosmological constant is, roughly speaking, governed by the value of the normalized period (3.91) with $\gamma = G$. An easy computation shows that for the special vacua under consideration

$$|Z(G)|^2 = \frac{a\tilde{a}}{a'\tilde{a}'} \left| (x_{11}U - x_{21})\tilde{U} - (x_{12}U - x_{22}) \right|^2 \tag{3.109}$$

where x_{ij} are the matrix elements of X in (3.103). From this one learn that if one further imposes the condition that $G^{4,0} = 0$ then, for generic X, one finds that $U, \tilde{U}$ must be in the same quadratic field. Moreover, if U, $\tilde{U}$ do *not* generate the same field then the distribution of values of $|Z(G)|^2$, as G runs over the different fluxes, is dense in $\mathbb{R}$.

In physics, there is another constraint on the fluxes which severely cuts down the above plethora of supersymmetric vacua. In the M-theoretic version the net electric charge for the C-field must vanish on a compact space and therefore

$$\int_{X_4} \frac{1}{2} G^2 - \frac{\chi(X_4)}{24} + N_2 = 0 \tag{3.110}$$

where N_2 is the number of membranes, and, for supersymmetric vacua, is nonnegative. Thus $[G] \cdot [G]$ is bounded. Equivalently, in the IIB setup the Bianchi identity on the 5-form flux leads to a bound on [109]

$$N_f = \int_{X_3} F \wedge H = \frac{1}{\phi - \bar{\phi}} \int G_{IIB} \wedge G_{IIB}^* \tag{3.111}$$

As pointed out in [100] this leads to an important finiteness property: *The number of flux vectors leading to vacua in a compact region of moduli space is finite.* Following [100] let us prove this for the more general 4-fold problem. Let $\mathcal{K} \subset \mathcal{M}_{cplx}(X_4)$ be a compact region in the moduli space of complex structures of the elliptically fibered X_4. Consider $\mathcal{K} \times H^4(X_4; \mathbb{R})$. The subbundle of real vectors of type $H^{4,0} \oplus H^{2,2}_{primitive} \oplus H^{0,4}$ has a positive intersection product. With respect to a fixed basis on $H^4(X, \mathbb{R})$ the quadratic form is smoothly varying. Therefore, the set of real vectors satisfying $\frac{1}{2}G^2 \leq B$, for fixed bound B, is a compact set in $\mathcal{K} \times H^4(X_4; \mathbb{R})$ and hence projects to a compact set $\mathcal{U}$ in $H^4(X_4; \mathbb{R})$. Therefore, there can be at most a finite number of lattice vectors in $\mathcal{U}$. Note that it is essential to use the primitivity condition.

As an example of how the bound B imposes finiteness, consider the family (3.95), with $F = n\gamma_1$, $H = n\gamma_2$. Then $\int F \wedge H = 4n^2 b$. Since the denominators of a, b must divide n, the denominators of a, b are bounded when (3.111) is bounded. Thus, the bound on (3.111) cuts down (3.95) to a finite set of examples. (In fact, we may dispense with the cutoff $\mathcal{K}$ on the region in $\mathcal{M}_{cplx}$.)

It would be interesting, even in the simple explicit examples above, to give precise bounds for the number for flux vacua associated to a region $\mathcal{K}$ and bound B. This should be related to class numbers. For example, the solutions (3.94) have $N_f = 2|D|$, and hence there are $h(D)$ distinct such solutions. Unfortunately, the general relation appears to be complicated. For asymptotic estimates in the case of general CY compactification, under the assumption of uniform distribution, see [100; 110].

3.9 Conclusions

Complex multiplication is beautiful and profound. Moreover, as we have shown, arithmetic varieties related to number fields do seem to be naturally selected in supersymmetric black holes, F-theory, and flux compactifications. The main open question, as far as the author is concerned, is whether the arithmetic of these varieties has any important physical significance.

Acknowledgements: I would like to thank my collaborators on the work which was reviewed above, R. Dijkgraaf, J. Maldacena, S. Miller A. Strominger, and E. Verlinde. I also would like to thank F. Denef and E. Diaconescu for numerous detailed discussions on the subject of lecture 2, and N. Yui for some helpful correspondence. In addition I would like to thank B. Acharya, A. Connes, F. Denef, R. Donagi, M. Douglas, S. Kachru, J. Lagarias, J. Markloff, T. Pantev, K. Wendland, and D. Zagier for useful comments and discussions. I would also like to thank the Les Houches École de Physique for hospitality at the wonderful conference and B. Julia and P. Vanhove for the invitation to speak at the conference. Finally, this work is supported in part by DOE grant DE-FG02-96ER40949.

References

[1] D. Kutasov, J. Marklof, and G. Moore, “Melvin models and Diophantine Approximation,” Commun. Math. Phys. 256: 491-511, 2005 [arXiv:hep-th/0407150]

[2] R. Dijkgraaf, J. M. Maldacena, G. W. Moore and E. Verlinde, “A black hole farey tail,” arXiv:hep-th/0005003.

[3] Y. I. Manin and M. Marcolli, “Holography principle and arithmetic of algebraic curves,” Adv. Theor. Math. Phys. **5**, 617 (2002) [arXiv:hep-th/0201036].

[4] O. Aharony, S. S. Gubser, J. M. Maldacena, H. Ooguri and Y. Oz, “Large N field theories, string theory and gravity,” Phys. Rept. **323**, 183 (2000) [arXiv:hep-th/9905111].

[5] I. R. Klebanov, “TASI lectures: Introduction to the AdS/CFT correspondence,” arXiv:hep-th/0009139.

[6] K. Skenderis, “Lecture notes on holographic renormalization,” Class. Quant. Grav. **19**, 5849 (2002) [arXiv:hep-th/0209067].

[7] N. Seiberg and E. Witten, “The D1/D5 system and singular CFT,” JHEP **9904**, 017 (1999) [arXiv:hep-th/9903224].

[8] F. Larsen and E. J. Martinec, JHEP **9906**, 019 (1999) [arXiv:hep-th/9905064].

[9] F. Larsen and E. J. Martinec, JHEP **9911**, 002 (1999) [arXiv:hep-th/9909088].

[10] E. Martinec, Lectures given at the Komaba workshop, November 1999; notes available at http://theory.uchicago.edu/~ejm/japan99.ps

[11] N. Seiberg and A. Schwimmer, “Comments on the N=2,N=3,N=4 superconformal algebras in two dimensions,” Phys. Lett. **184B**(1987)191

[12] M. Eichler and D. Zagier, *The theory of Jacobi forms*, Birkhäuser 1985

[13] E. Witten, “Elliptic Genera and Quantum Field Theory,” Commun. Math. Phys. **109**(1987)525; “The index of the Dirac operator in loop space,” Proceedings of the conference on elliptic curves and modular forms in algebraic topology, Princeton NJ, 1986.

[14] G. Segal, “Elliptic cohomology,” Asterisque **161-162**(1988) exp. no. 695, 187-201

[15] O. Alvarez, T. P. Killingback, M. L. Mangano and P. Windey, “String Theory And Loop Space Index Theorems,” Commun. Math. Phys. **111**, 1 (1987).

[16] O. Alvarez, T. P. Killingback, M. L. Mangano and P. Windey, “The Dirac-Ramond Operator In String Theory And Loop Space Index Theorems,” UCB-PTH-87/11 *Invited talk presented at the Irvine Conf. on Non-Perturbative Methods in Physics, Irvine, Calif., Jan 5-9, 1987*

[17] R. Dijkgraaf, “Instanton strings and hyperKaehler geometry,” Nucl. Phys. B **543**, 545 (1999) [arXiv:hep-th/9810210].

[18] W. Lerche and N. P. Warner, ‘ ‘Index Theorems In N=2 Superconformal Theories,” Phys. Lett. B **205**, 471 (1988).

[19] W. Lerche, B. E. W. Nilsson, A. N. Schellekens and N. P. Warner, "Anomaly Cancelling Terms From The Elliptic Genus," Nucl. Phys. B **299**, 91 (1988).
[20] K. Pilch and N. P. Warner, "String Structures And The Index Of The Dirac-Ramond Operator On Orbifolds," Commun. Math. Phys. **115**, 191 (1988).
[21] K. Pilch, A. N. Schellekens and N. P. Warner, "Path Integral Calculation Of String Anomalies," Nucl. Phys. B **287**, 362 (1987).
[22] A. N. Schellekens and N. P. Warner, "Anomaly Cancellation And Self-dual Lattices," Phys. Lett. B **181**, 339 (1986).
[23] A. N. Schellekens and N. P. Warner, "Anomalies And Modular Invariance In String Theory," Phys. Lett. B **177**, 317 (1986).
[24] T. Kawai, Y. Yamada and S. K. Yang, Nucl. Phys. B **414** (1994) 191 [arXiv:hep-th/9306096].
[25] P. Windey, "The New Loop Space Index Theorems And String Theory," *Lectures given at 25th Ettore Majorana Summer School for Subnuclear Physics, Erice, Italy, Aug 6-14, 1987*
[26] R. Dijkgraaf, G. Moore, E. Verlinde and H. Verlinde, "Elliptic Genera of Symmetric Products and Second Quantized Strings," Commun.Math.Phys. 185 (1997) 197-209
[27] T. Kawai, "K3 surfaces, Igusa cusp form and string theory," hep-th/9710016
[28] J. A. Harvey and G. W. Moore, "Algebras, BPS States, and Strings," Nucl. Phys. B **463**, 315 (1996) [arXiv:hep-th/9510182].
[29] H. Rademacher, Topics in Analytic Number Theory
[30] H. Rademacher, *Lectures on Elementary Number Theory*, Robert E. Krieger Publishing Co. , 1964
[31] T. Apostol, *Modular Functions and Dirichlet Series in Number Theory*, Springer Verlag 1990
[32] A. Strominger and C. Vafa, "Microscopic Origin of the Bekenstein-Hawking Entropy," hep-th/9601029; Phys.Lett. B379 (1996) 99-104
[33] M. Bañados. C. Teitelboim, and J. Zanelli, "The Black Hole in Three Dimensional Space Time," hep-th/9204099; Phys.Rev.Lett. 69 (1992) 1849-1851
[34] S. Carlip, *Quantum gravity in 2+1 dimensions*, Cambridge University Press, 1998
[35] J. Maldacena and A. Strominger, "AdS_3 black holes and a stringy exclusion principle," hep-th/9804085
[36] J. de Boer, "Six-dimensional supergravity on $S^3 \times AdS_3$ and 2d conformal field theory," hep-th/9806104; "Large N Elliptic Genus and AdS/CFT Correspondence," hep-th/9812240
[37] E. Witten, "(2+1)-Dimensional Gravity As An Exactly Soluble System," Nucl. Phys. B **311**, 46 (1988).
[38] S. Deger, A. Kaya, E. Sezgin, and P. Sundell, "Spectrum of D=6, N=4b supergravity on $AdS_3 \times S^3$," hep-th/9804166

[39] H. Lu, C. N. Pope and E. Sezgin, "SU(2) reduction of six-dimensional (1,0) supergravity," arXiv:hep-th/0212323.
[40] G. Arutyunov, A. Pankiewicz and S. Theisen, "Cubic couplings in D = 6 N = 4b supergravity on AdS(3) x S(3)," Phys. Rev. D **63**, 044024 (2001) [arXiv:hep-th/0007061].
[41] M. Cvetić and F. Larsen, "Near Horizon Geometry of Rotating Black Holes in Five Dimensions," hep-th/9805097
[42] O. Lunin, J. Maldacena and L. Maoz, "Gravity solutions for the D1-D5 system with angular momentum," arXiv:hep-th/0212210.
[43] J.C. Breckenridge, D.A. Lowe, R.C. Myers, A.W. Peet, A. Strominger, C. Vafa, "Macroscopic and Microscopic Entropy of Near-Extremal Spinning Black Holes," hep-th/9603078; Phys.Lett. B381 (1996) 423-426
[44] M. Cvetic and D. Youm, "General Rotating Five Dimensional Black Holes of Toroidally Compactified Heterotic String," hep-th/9603100; Nucl.Phys. B476 (1996) 118-132
[45] A. Strominger, "Black hole entropy from near-horizon microstates," JHEP **9802**, 009 (1998) [arXiv:hep-th/9712251].
[46] T. Banks, "Supersymmetry, the cosmological constant and a theory of quantum gravity in our universe," arXiv:hep-th/0305206.
[47] T. Banks, "A critique of pure string theory: Heterodox opinions of diverse dimensions," arXiv:hep-th/0306074.
[48] E. Witten, "Anti- de Sitter Space and holography," hep-th/9802150; "Anti-de Sitter space, thermal phase transition, and confinement in gauge theories," hep-th/9803131
[49] J. M. Maldacena, "Eternal black holes in Anti-de-Sitter," arXiv:hep-th/0106112.
[50] V. Balasubramanian, A. Naqvi and J. Simon, "A multi-boundary AdS orbifold and DLCQ holography: A universal holographic description of extremal black hole horizons," arXiv:hep-th/0311237.
[51] J. Maldacena and L. Maoz, "Wormholes in AdS," arXiv:hep-th/0401024.
[52] E. J. Martinec and W. McElgin, "String theory on AdS orbifolds," JHEP **0204**, 029 (2002) [arXiv:hep-th/0106171].
[53] E. J. Martinec and W. McElgin, "Exciting AdS orbifolds," JHEP **0210**, 050 (2002) [arXiv:hep-th/0206175].
[54] G. T. Horowitz and D. Marolf, "A new approach to string cosmology," JHEP **9807**, 014 (1998) [arXiv:hep-th/9805207].
[55] H. Liu, G. Moore and N. Seiberg, "Strings in a time-dependent orbifold," JHEP **0206**, 045 (2002) [arXiv:hep-th/0204168].
[56] H. Liu, G. Moore and N. Seiberg, "Strings in time-dependent orbifolds," JHEP **0210**, 031 (2002) [arXiv:hep-th/0206182].
[57] H. Liu, G. Moore and N. Seiberg, "The challenging cosmic singularity," arXiv:gr-qc/0301001.
[58] L. Cornalba and M. S. Costa, "Time-dependent orbifolds and string cosmology," arXiv:hep-th/0310099.

[59] G. T. Horowitz and J. Polchinski, "Instability of spacelike and null orbifold singularities," Phys. Rev. D **66**, 103512 (2002) [arXiv:hep-th/0206228].
[60] P. Kraus, H. Ooguri and S. Shenker, "Inside the horizon with AdS/CFT," Phys. Rev. D **67**, 124022 (2003) [arXiv:hep-th/0212277].
[61] Y. Petridis and M. Skarsholm Risager, "Modular symbols have a normal distribution," preprint.
[62] C. Itzykson, J.-M. Luck, P. Moussa, and M. Waldschmidt, eds. *From Number Theory to Physics*, Springer Verlag, 1995
[63] G. W. Moore, "Arithmetic and attractors," arXiv:hep-th/9807087.
[64] H. Iwaniec, *Topics in Classical Automorphic Forms*, AMS Graduate Studies in Math. **17** 1997; *Introduction to the Spectral Theory of Automorphic Forms*, Revista Mathematica Iberoamericana, 1995
[65] G. W. Moore, "Attractors and arithmetic," arXiv:hep-th/9807056.
[66] S. D. Miller and G. W. Moore, "Landau-Siegel zeroes and black hole entropy," arXiv:hep-th/9903267.
[67] M. Lynker, V. Periwal and R. Schimmrigk, "Complex multiplication symmetry of black hole attractors," arXiv:hep-th/0303111.
[68] M. Lynker, V. Periwal and R. Schimmrigk, "Black hole attractor varieties and complex multiplication," arXiv:math.ag/0306135.
[69] M. Lynker, R. Schimmrigk and S. Stewart, "Complex Multiplication of Exactly Solvable Calabi-Yau Varieties," arXiv:hep-th/0312319.
[70] S. Ferrara, R. Kallosh, and A. Strominger, "N=2 Extremal Black Holes," hep-th/9508072
[71] A. Strominger, "Macroscopic Entropy of $N = 2$ Extremal Black Holes," Phys. Lett. B **383**, 39 (1996) [arXiv:hep-th/9602111].
[72] B. de Wit, P. G. Lauwers and A. Van Proeyen, "Lagrangians Of N=2 Supergravity - Matter Systems," Nucl. Phys. B **255**, 569 (1985).
[73] L. Andrianopoli, M. Bertolini, A. Ceresole, R. D'Auria, S. Ferrara, P. Fre and T. Magri, "N = 2 supergravity and N = 2 super Yang-Mills theory on general scalar manifolds: Symplectic covariance, gaugings and the momentum map," J. Geom. Phys. **23**, 111 (1997) [arXiv:hep-th/9605032].
[74] S. Ferrara and R. Kallosh, "Universality of Sypersymmetric Attractors," hep-th/9603090; "Supersymmetry and Attractors," hep-th/9602136; S. Ferrara, "Bertotti-Robinson Geometry and Supersymmetry," hep-th/9701163
[75] S. Ferrara, G. W. Gibbons and R. Kallosh, "Black holes and critical points in moduli space," Nucl. Phys. B **500**, 75 (1997) [arXiv:hep-th/9702103].
[76] F. Denef, "Supergravity flows and D-brane stability," JHEP **0008**, 050 (2000) [arXiv:hep-th/0005049].
[77] F. Denef, B. Greene and M. Raugas, "Split attractor flows and the spectrum of BPS D-branes on the quintic," JHEP **0105**, 012 (2001) [arXiv:hep-th/0101135].

[78] F. Denef, "Quantum quivers and Hall/hole halos," JHEP **0210**, 023 (2002) [arXiv:hep-th/0206072].
[79] B. Bates and F. Denef, "Exact solutions for supersymmetric stationary black hole composites," arXiv:hep-th/0304094.
[80] T. Shioda and H. Inose, "On singular K3 surfaces," in Complex analysis and algebraic geometry, Cambridge University Press, Cambridge, 1977
[81] D.A. Cox, *Primes of the form* $x^2 + ny^2$, John Wiley, 1989.
[82] J.H. Conway and N.J.A. Sloane, *Sphere Packings, Lattices, and Groups*, Springer Verlag, 1993
[83] S. Gukov and C. Vafa, "Rational conformal field theories and complex multiplication," arXiv:hep-th/0203213.
[84] A. Connes, *Noncommutative Geometry*, Academic Press (1994).
[85] C. M. Hull and P. K. Townsend, "Unity of superstring dualities," Nucl. Phys. B **438**, 109 (1995) [arXiv:hep-th/9410167].
[86] R. Kallosh and B. Kol, "E(7) Symmetric Area of the Black Hole Horizon," Phys. Rev. D **53**, 5344 (1996) [arXiv:hep-th/9602014].
[87] P. Candelas, X. De La Ossa, A. Font, S. Katz and D. R. Morrison, "Mirror symmetry for two parameter models. I," Nucl. Phys. B **416**, 481 (1994) [arXiv:hep-th/9308083].
[88] N. Yui, 'Update on the modularity of Calabi-Yau varieties," Fields Communication Series Vol. 38 (2003), pp. 307-362. American Math. Soc.
[89] C. Vafa, "Evidence for F-Theory," Nucl. Phys. B **469**, 403 (1996) [arXiv:hep-th/9602022].
[90] P. S. Aspinwall, "K3 surfaces and string duality," arXiv:hep-th/9611137.
[91] A. Clingher and J. W. Morgan, "Mathematics underlying the F-theory / heterotic string duality in eight dimensions," arXiv:math.ag/0308106.
[92] K. Wendland, "Moduli spaces of unitary conformal field theories," Ph. D. Thesis, University of Bonn, BONN-IR-2000-11
[93] K. Wendland, "On Superconformal Field Theories Associated to Very Attractive Quartics," arXiv:hep-th/0307066.
[94] S. Hosono, B. H. Lian, K. Oguiso and S. T. Yau, "Classification of c = 2 rational conformal field theories via the Gauss product," arXiv:hep-th/0211230.
[95] B. H. Lian and S. T. Yau, "Arithmetic properties of mirror map and quantum coupling," Commun. Math. Phys. **176**, 163 (1996) [arXiv:hep-th/9411234].
[96] R. Friedman, J. Morgan and E. Witten, "Vector bundles and F theory," Commun. Math. Phys. **187**, 679 (1997) [arXiv:hep-th/9701162].
[97] R. Friedman, J. W. Morgan and E. Witten, "Principal G-bundles over elliptic curves," Math. Res. Lett. **5**, 97 (1998) [arXiv:alg-geom/9707004].
[98] S. B. Giddings, S. Kachru and J. Polchinski, "Hierarchies from fluxes in string compactifications," Phys. Rev. D **66**, 106006 (2002) [arXiv:hep-th/0105097].
[99] S. Kachru, R. Kallosh, A. Linde and S. P. Trivedi, "De Sitter vacua in string theory," Phys. Rev. D **68**, 046005 (2003) [arXiv:hep-th/0301240].

[100] S. Ashok and M. R. Douglas, "Counting Flux Vacua," arXiv:hep-th/0307049.

[101] S. Gukov, C. Vafa and E. Witten, "CFT's from Calabi-Yau four-folds," Nucl. Phys. B **584**, 69 (2000) [Erratum-ibid. B **608**, 477 (2001)] [arXiv:hep-th/9906070].

[102] M. Grana and J. Polchinski, "Supersymmetric three-form flux perturbations on AdS(5)," Phys. Rev. D **63**, 026001 (2001) [arXiv:hep-th/0009211].

[103] K. Becker and M. Becker, "M-Theory on Eight-Manifolds," Nucl. Phys. B **477**, 155 (1996) [arXiv:hep-th/9605053].

[104] G. Curio, A. Klemm, B. Kors and D. Lust, "Fluxes in heterotic and type II string compactifications," Nucl. Phys. B **620**, 237 (2002) [arXiv:hep-th/0106155].

[105] G. Curio, A. Klemm, D. Lust and S. Theisen, "On the vacuum structure of type II string compactifications on Calabi-Yau spaces with H-fluxes," Nucl. Phys. B **609**, 3 (2001) [arXiv:hep-th/0012213].

[106] A. Sen, "Orientifold limit of F-theory vacua," Nucl. Phys. Proc. Suppl. **68**, 92 (1998) [Nucl. Phys. Proc. Suppl. **67**, 81 (1998)] [arXiv:hep-th/9709159].

[107] A. Giryavets, S. Kachru, P. K. Tripathy and S. P. Trivedi, "Flux compactifications on Calabi-Yau threefolds," arXiv:hep-th/0312104.

[108] P. K. Tripathy and S. P. Trivedi, "Compactification with flux on K3 and tori," JHEP **0303**, 028 (2003) [arXiv:hep-th/0301139].

[109] S. Kachru, M. B. Schulz and S. Trivedi, "Moduli stabilization from fluxes in a simple IIB orientifold," arXiv:hep-th/0201028.

[110] F. Denef and M. Douglas, to appear

Modular Curves, C*-algebras, and Chaotic Cosmology

Matilde Marcolli

Max–Planck Institut für Mathematik, Bonn, Germany
marcolli@mpim-bonn.mpg.de

Summary. We make some brief remarks on the relation of the mixmaster universe model of chaotic cosmology to the geometry of modular curves and to noncommutative geometry. We show that the full dynamics of the mixmaster universe is equivalent to the geodesic flow on the modular curve $X_{\Gamma_0(2)}$. We then consider a special class of solutions, with bounded number of cycles in each Kasner era, and describe their dynamical properties (invariant density, Lyapunov exponent, topological pressure). We relate these properties to the noncommutative geometry of a moduli space of such solutions, which is given by a Cuntz–Krieger C*-algebra.

1 Modular curves

Let G be a finite index subgroup of $\Gamma = \mathrm{PGL}(2,\mathbb{Z})$, and let X_G denote the quotient $X_G = G\backslash\mathbb{H}^2$, where $\mathbb{H}^2$ is the 2-dimensional real hyperbolic plane, namely the upper half plane $\{z \in \mathbb{C} : \Im z > 0\}$ with the metric $ds^2 = |dz|^2/(\Im z)^2$. Equivalently, we identify $\mathbb{H}^2$ with the Poincaré disk $\{z : |z| < 1\}$ with the metric $ds^2 = 4|dz|^2/(1-|z|^2)^2$.

Let $\mathbb{P}$ denote the coset space $\mathbb{P} = \Gamma/G$. We can write the quotient X_G equivalently as $X_G = \Gamma\backslash(\mathbb{H}^2 \times \mathbb{P})$. The quotient space X_G has the structure of a non-compact Riemann surface, which can be compactified by adding cusp points at infinity:

$$\bar{X}_G = G\backslash(\mathbb{H}^2 \cup \mathbb{P}^1(\mathbb{Q})) \simeq \Gamma\backslash\left((\mathbb{H}^2 \cup \mathbb{P}^1(\mathbb{Q})) \times \mathbb{P}\right). \tag{1.1}$$

In particular, we consider the congruence subgroups $G = \Gamma_0(p)$, with p a prime, given by matrices

$$g = \begin{pmatrix} a & b \\ c & d \end{pmatrix}$$

satisfying $c \equiv 0 \mod p$. In fact, for our purposes, we are especially interested in the case $p = 2$.

1.1 Shift operator and dynamics

If we consider the boundary $\mathbb{P}^1(\mathbb{R})$ of $\mathbb{H}^2$, the arguments given in [9] and [10] show that the quotient $\Gamma\backslash(\mathbb{P}^1(\mathbb{R}) \times \mathbb{P})$, better interpreted as a "noncommutative space", gives rise to a compactification of the modular curve X_G with a structure richer than the ordinary algebro-geometric compactification by cusp points.

In [9] this was described in terms of the following dynamical system, generalizing the classical Gauss shift of the continued fraction expansion:

$$T : [0,1] \times \mathbb{P} \to [0,1] \times \mathbb{P}$$

$$T(x,t) = \left(\frac{1}{x} - \left[\frac{1}{x}\right], \begin{pmatrix} -[1/x] & 1 \\ 1 & 0 \end{pmatrix} \cdot t\right). \tag{1.2}$$

In fact, the quotient space of $\mathbb{P}^1(\mathbb{R}) \times \mathbb{P}$ by the $\mathrm{PGL}(2,\mathbb{Z})$ can be identified with the space of orbits of the dynamical system T on $[0,1] \times \mathbb{P}$.

We use the notation $x = [k_1, k_2, \ldots, k_n, \ldots]$ for the continued fraction expansion of the point $x \in [0,1]$, and we denote by $p_n(x)/q_n(x)$ the convergents of the continued fraction, with $p_n(x)$ and $q_n(x)$ the successive numerators and denominators. It is then easy to verify that the shift T acts on x by shifting the continued fraction expansion, $T[k_1, k_2, \ldots, k_n, \ldots] = [k_2, k_3, \ldots, k_{n+1}, \ldots]$. The element $g_n(x)^{-1}$, with

$$g_n(x) = \begin{pmatrix} p_{n-1}(x) & p_n(x) \\ q_{n-1}(x) & q_n(x) \end{pmatrix} \in \Gamma,$$

acts on $[0,1] \times \mathbb{P}$ as T^n.

The Lyapunov exponent

$$\lambda(x) := \lim_{n\to\infty} \frac{1}{n} \log |(T^n)'(x)|$$
$$= 2 \lim_{n\to\infty} \frac{1}{n} \log q_n(x)$$

measures the exponential rate of divergence of nearby orbits, hence it provides a measure of how chaotic the dynamics is.

For the shift of the continued fraction expansion, the results of [14] show that $\lambda(x) = \pi^2/(6\log 2) = \lambda_0$ almost everywhere with respect to the Lebesgue measure on $[0,1]$ and counting measure on $\mathbb{P}$. On the other hand, the Lyapunov exponent takes all values $\lambda(x) \in [\lambda_0, \infty)$. The unit interval correspondingly splits as a union of T-invariant level sets of λ (Lyapunov spectrum) of varying Hausdorff dimension, plus an exceptional set where the sequence defining λ does not converge to a limit.

2 Mixmaster universe

An important problem in cosmology is understanding how anisotropy in the early universe affects the long time evolution of space-time. This problem is relevant to the study of the beginning of galaxy formation and in relating the anisotropy of the background radiation to the appearance of the universe today.

We follow [2] (*cf.* also [13]) for a brief summary of anisotropic and chaotic cosmology. The simplest significant cosmological model that presents strong anisotropic properties is given by the Kasner metric

$$ds^2 = -dt^2 + t^{2p_1}dx^2 + t^{2p_2}dy^2 + t^{2p_3}dz^2, \tag{2.1}$$

where the exponents p_i are constants satisfying $\sum p_i = 1 = \sum_i p_i^2$. Notice that, for $p_i = d\log g_{ii}/d\log g$, the first constraint $\sum_i p_i = 1$ is just the condition that $\log g_{ij} = 2\alpha\delta_{ij} + \beta_{ij}$ for a traceless β, while the second constraint $\sum_i p_i^2 = 1$ amounts to the condition that, in the Einstein equations written in terms of α and β_{ij},

$$\left(\frac{d\alpha}{dt}\right)^2 = \frac{8\pi}{3}\left(T^{00} + \frac{1}{16\pi}\left(\frac{d\beta_{ij}}{dt}\right)^2\right)$$

$$e^{-3\alpha}\frac{d}{dt}\left(e^{3\alpha}\frac{d\beta_{ij}}{dt}\right) = 8\pi\left(T_{ij} - \frac{1}{3}\delta_{ij}T_{kk}\right),$$

the term T^{00} is negligible with respect to the term $(d\beta_{ij}/dt)^2/16\pi$, which is the "effective energy density" of the anisotropic motion of empty space, contributing together with a matter term to the Hubble constant.

Around 1970, Belinsky, Khalatnikov, and Lifshitz introduced a cosmological model (*mixmaster universe*) where they allowed the exponents p_i of the Kasner metric to depend on a parameter u,

$$\begin{aligned} p_1 &= \tfrac{-u}{1+u+u^2} \\ p_2 &= \tfrac{1+u}{1+u+u^2} \\ p_3 &= \tfrac{u(1+u)}{1+u+u^2} \end{aligned} \tag{2.2}$$

Since for fixed u the model is given by a Kasner space-time, the behavior of this universe can be approximated for certain large intervals of time by a Kasner metric. In fact, the evolution is divided into Kasner eras and each era into cycles. During each era the mixmaster universe goes through a volume compression. Instead of resulting in a collapse, as with the Kasner metric, high negative curvature develops resulting in a bounce (transition to a new era) which starts again a behavior approximated by a Kasner metric, but with a different value of the parameter u. Within each era, most of the volume compression is due to the scale factors along one of the space axes, while the other scale factors alternate between phases of contraction and expansion. These alternating phases separate cycles within each era.

Namely, we are considering a metric generalizing the Kasner metric (2.1), where we still require $SO(3)$ symmetry on the space-like hypersurfaces, and the presence of a singularity at $t \to 0$. In terms of logarithmic time $d\Omega = -\frac{dt}{abc}$, the *mixmaster universe* model of Belinsky, Khalatnikov, and Lifshitz admits a discretization with the following properties:

1. The time evolution is divided in Kasner eras $[\Omega_n, \Omega_{n+1}]$, for $n \in \mathbb{Z}$. At the beginning of each era we have a corresponding discrete value of the parameter $u_n > 1$ in (2.2).
2. Each era, where the parameter u decreases with growing Ω, can be subdivided in cycles corresponding to the discrete steps u_n, $u_n - 1$, $u_n - 2$, etc. A change $u \to u - 1$ corresponds, after acting with the permutation (12)(3) on the space coordinates, to changing u to $-u$, hence replacing contraction with expansion and conversely. Within each cycle the space-time metric is approximated by the Kasner metric (2.1) with the exponents p_i in (2.2) with a fixed value of $u = u_n - k > 1$.
3. An era ends when, after a number of cycles, the parameter u_n falls in the range $0 < u_n < 1$. Then the bouncing is given by the transition $u \to 1/u$ which starts a new series of cycles with new Kasner parameters and a permutation (1)(23) of the space axis, in order to have again $p_1 < p_2 < p_3$ as in (2.2).

Thus, the transition formula relating the values u_n and u_{n+1} of two successive Kasner eras is

$$u_{n+1} = \frac{1}{u_n - [u_n]},$$

which is exactly the shift of the continued fraction expansion, $Tx = 1/x - [1/x]$, with $x_{n+1} = Tx_n$ and $u_n = 1/x_n$.

3 Geodesics and universes

The previous observation is the key to a geometric description of solutions of the mixmaster universe in terms of geodesics on a modular curve (Manin–Marcolli [9]):

Theorem 1 *Consider the modular curve* $X_{\Gamma_0(2)}$. *Each infinite geodesic* γ *on* $X_{\Gamma_0(2)}$ *not ending at cusps determines a mixmaster universe.*

Proof. An infinite geodesic on $X_{\Gamma_0(2)}$ is the image under the quotient map

$$\pi_\Gamma : \mathbb{H}^2 \times \mathbb{P} \to \Gamma \backslash (\mathbb{H}^2 \times \mathbb{P}) \cong X_G,$$

where $\Gamma = \mathrm{PGL}(2,\mathbb{Z})$, $G = \Gamma_0(2)$, and $\mathbb{P} = \Gamma/G \cong \mathbb{P}^1(\mathbb{F}_2) = \{0,1,\infty\}$, of an infinite geodesic on $\mathbb{H}^2 \times \mathbb{P}$ with ends on $\mathbb{P}^1(\mathbb{R}) \times \mathbb{P}$. We consider the elements of $\mathbb{P}^1(\mathbb{F}_2)$ as labels assigned to the three space axes, according to the identification

$$\begin{aligned} 0 &= [0:1] \mapsto z \\ \infty &= [1:0] \mapsto y \\ 1 &= [1:1] \mapsto x. \end{aligned} \tag{3.1}$$

Any geodesic not ending at cups can be coded in terms of data (ω^-, ω^+, s), where $(\omega^\pm, s)$ are the endpoints in $\mathbb{P}^1(\mathbb{R}) \times \{s\}$, $s \in \mathbb{P}$, with $\omega^- \in (-\infty, -1]$ and $\omega^+ \in [0,1]$. In terms of the continued fraction expansion, we can write

$$\begin{aligned} \omega^+ &= [k_0, k_1, \dots k_r, k_{r+1}, \dots] \\ \omega^- &= [k_{-1}; k_{-2}, \dots, k_{-n}, k_{-n-1}, \dots]. \end{aligned}$$

The shift acts on these data by

$$T(\omega^+, s) = \left(\frac{1}{\omega^+} - \left[\frac{1}{\omega^+} \right], \begin{pmatrix} -[1/\omega^+] & 1 \\ 1 & 0 \end{pmatrix} \cdot s \right)$$

$$T(\omega^-, s) = \left(\frac{1}{\omega^- + [1/\omega^+]}, \begin{pmatrix} -[1/\omega^+] & 1 \\ 1 & 0 \end{pmatrix} \cdot s \right).$$

Geodesics on $X_{\Gamma_0(2)}$ can be identified with the orbits of T on the set of data (ω, s).

The data (ω, s) determine a mixmaster universe, with the $k_n = [u_n] = [1/x_n]$ in the Kasner eras, and with the transition between subsequent Kasner eras given by $x_{n+1} = Tx_n \in [0,1]$ and by the permutation of axes induced by the transformation

$$\begin{pmatrix} -k_n & 1 \\ 1 & 0 \end{pmatrix}$$

acting on $\mathbb{P}^1(\mathbb{F}_2)$. It is easy to verify that, in fact, this acts as the permutation $0 \mapsto \infty$, $1 \mapsto 1$, $\infty \mapsto 0$, if k_n is even, and $0 \mapsto \infty$, $1 \mapsto 0$, $\infty \mapsto 1$ if k_n is odd, that is, after the identification (3.1), as the permutation (1)(23) of the space axes (x, y, z), if k_n is even, or as the product of the permutations (12)(3) and (1)(23) if k_n is odd. This is precisely what is obtained in the mixmaster universe model by the repeated series of cycles within a Kasner era followed by the transition to the next era.

Data (ω, s) and $T^m(\omega, s)$, $m \in \mathbb{Z}$, determine the same solution up to a different choice of the initial time.

There is an additional time-symmetry in this model of the evolution of mixmaster universes (*cf.* [2]). In fact, there is an additional parameter δ_n in the system, which measures the initial amplitude of each cycle. It is shown in [2] that this is governed by the evolution of a parameter

$$v_n = \frac{\delta_{n+1}(1+u_n)}{1-\delta_{n+1}}$$

which is subject to the transformation across cycles $v_{n+1} = [u_n] + v_n^{-1}$. By setting $y_n = v_n^{-1}$ we obtain

$$y_{n+1} = \frac{1}{(y_n + [1/x_n])},$$

hence we see that we can interpret the evolution determined by the data (ω^+, ω^-, s) with the shift T either as giving the complete evolution of the u-parameter towards and away from the cosmological singularity, or as giving the simultaneous evolution of the two parameters (u, v) while approaching the cosmological singularity.

This in turn determines the complete evolution of the parameters (u, δ, Ω), where Ω_n is the starting time of each cycle. For the explicit recursion $\Omega_{n+1} = \Omega_{n+1}(\Omega_n, x_n, y_n)$ see [2].

Notice that, unlike the description of the full mixmaster dynamics given, for instance, in [2], we *include* the alternation of the space axes at the end of cycles and eras as part of the dynamics, which is precisely what determines the choice of the congruence subgroup. This also introduces a slight modification of some of the invariants associated to the mixmaster dynamics. For instance, it is proved in [9] that there is a unique T–invariant measure on $[0,1] \times \mathbb{P}$, which is given by the Gauss density on $[0,1]$ and the counting measure δ on $\mathbb{P}$:

$$d\mu(x, s) = \frac{\delta(s)\, dx}{3\log(2)\,(1+x)}, \tag{3.2}$$

which reduces to the Gauss density for the shift of the continued fraction on $[0,1]$ when integrated in the $\mathbb{P}$ direction. In particular, as observed in [9], the form (3.2) of the invariant measure implies that the alternation of the space axes is uniform over the time evolution, namely the three axes provide the scale factor responsible for volume compression with equal frequencies.

4 Controlled pulse universes

The interpretation of solutions in terms of geodesics provides a natural way to single out and study certain special classes of solutions on the basis of their geometric properties. Physically, such special classes of solutions exhibit different behaviors approaching the cosmological singularity.

For instance, the data (ω^+, s) corresponding to an eventually periodic sequence $k_0k_1 \dots k_m \dots$ of some period $\overline{a_0 \dots a_\ell}$ correspond to those geodesics on $X_{\Gamma_0(2)}$ that asymptotically wind around the closed geodesic identified with the doubly infinite sequence $\dots a_0 \dots a_\ell a_0 \dots a_\ell \dots$. Physically, these universes exhibit a pattern of cycles that recurs periodically after a finite number of Kasner eras.

In the following we concentrate on another special class of solutions, which we call *controlled pulse universes.* These are the mixmaster universes for which there is a fixed upper bound N to the number of cycles in each Kasner era.

In terms of the continued fraction description, these solutions correspond to data (ω^+, s) with ω^+ in the Hensley Cantor set $E_N \subset [0,1]$. The set E_N is given by all points in $[0,1]$ with all digits in the continued fraction expansion bounded by N (*cf.* [6]). In more geometric terms, one considers geodesics on the modular curve $X_{\Gamma_0(2)}$ that wander only a finite distance into the cusps.

4.1 Dynamical properties

It is well known that a very effective technique for the study of dynamical properties such as topological pressure and invariant densities is given by transfer operator methods. These have already been applied successfully to the case of the mixmaster universe, *cf.* [11]. In our setting, for the full mixmaster dynamics that includes alternation of space axes, the Perron-Frobenius operator for the shift (1.2) is of the form

$$(\mathfrak{L}_\beta f)(x,s) = \sum_{k=1}^{\infty} \frac{1}{(x+k)^\beta} f\left(\frac{1}{x+k}, \begin{pmatrix} 0 & 1 \\ 1 & k \end{pmatrix} \cdot s\right).$$

This yields the density of the invariant measure (3.2) satisfying $\mathfrak{L}_2 f = f$. The top eigenvalue η_β of $\mathfrak{L}_\beta$ is related to the topological pressure by $\eta_\beta = \exp(P(\beta))$. This can be estimated numerically, using the technique of [1] and the integral kernel operator representation of §1.3 of [9].

We now restrict our attention to the case of controlled pulse universes. Since these form sets of measure zero in the measure (3.2), they support exceptional values of such dynamical invariants as Lyapunov exponent, topological pressure, entropy. In fact, for a fixed bound N on the number of cycles per era, we are considering the dynamical system (1.2)

$$T : E_N \times \mathbb{P} \to E_N \times \mathbb{P}.$$

For this map, the Perron-Frobenius operator is of the form

$$(\mathcal{L}_{\beta,N} f)(x,s) = \sum_{k=1}^{N} \frac{1}{(x+k)^{\beta}} f\left(\frac{1}{x+k}, \begin{pmatrix} 0 & 1 \\ 1 & k \end{pmatrix} \cdot s\right). \quad (4.1)$$

It is proved in [10] that this operator still has a unique invariant measure μ_N, whose density satisfies $\mathcal{L}_{2\dim_H(E_N),N} f = f$, with

$$\dim_H(E_N) = 1 - \frac{6}{\pi^2 N} - \frac{72 \log N}{\pi^4 N^2} + O(1/N^2)$$

the Hausdorff dimension of the Cantor set E_N. Moreover, the top eigenvalue η_β of $\mathcal{L}_{\beta,N}$ is related to the Lyapunov exponent by

$$\lambda(x) = 2 \frac{d}{d\beta} \eta_\beta |_{\beta = 2\dim_H(E_N)},$$

for μ_N-almost all $x \in E_N$, *cf.* [10].

5 Non-commutative spaces

A consequence of this characterization of the time evolution in terms of the dynamical system (1.2) is that we can study global properties of suitable *moduli spaces* of mixmaster universes. For instance, the moduli space for time evolutions of the u-parameter approaching the cosmological singularity as $\Omega \to \infty$ is given by the quotient of $[0,1] \times \mathbb{P}$ by the action of the shift T. Similarly, the moduli spaces that correspond to controlled pulse universes are the quotients of $E_N \times \mathbb{P}$ by the action of the shift T. It is easy to see that such quotients are not well behaved as a topological spaces, which makes it difficult to study their global properties in the context of classical geometry. However, non-commutative geometry in the sense of Connes [4] provides the correct framework for the study of such spaces. The occurrence in physics of non-commutative spaces as moduli spaces is not a new phenomenon. A well known example is the moduli space of Penrose tilings (*cf.* [4]), which plays an important role in the mathematical theory of quasi-crystals.

We consider here only the case of controlled pulse universes. In this case, the dynamical system T is a subshift of finite type which can be described by the Markov partition

$$\mathcal{A}_N = \{((k,t),(\ell,s)) | U_{k,t} \subset T(U_{\ell,s})\},$$

for $k, \ell \in \{1, \dots, N\}$, and $s, t \in \mathbb{P}$, with sets $U_{k,t} = U_k \times \{t\}$, where $U_k \subset E_N$ are the clopen subsets where the local inverses of T are defined,

$$U_k = \left[\frac{1}{k+1}, \frac{1}{k}\right] \cap E_N.$$

This Markov partition determines a matrix A_N, with entries $(A_N)_{kt,\ell s} = 1$ if $U_{k,t} \subset T(U_{\ell,s})$ and zero otherwise.

Lemma 2 *The* 3×3 *submatrices* $A_{k\ell} = (A_{(k,t),(\ell,s)})_{s,t \in \mathbb{P}}$ *of the matrix* A_N *are of the form*

$$A_{k\ell} = \begin{cases} M_1 = \begin{pmatrix} 0\,0\,1 \\ 0\,1\,0 \\ 1\,0\,0 \end{pmatrix} & \ell = 2m \\ M_2 = \begin{pmatrix} 0\,0\,1 \\ 1\,0\,0 \\ 0\,1\,0 \end{pmatrix} & \ell = 2m+1 \end{cases}$$

The matrix A_N *is irreducible and aperiodic.*

Proof. The condition $U_{k,t} \subset T(U_{\ell,s})$ is equivalently written as the condition that

$$\begin{pmatrix} 0 & 1 \\ 1 & \ell \end{pmatrix} \cdot s = t.$$

We then proceed as in the proof of Theorem 1 and notice that the transformation

$$\begin{pmatrix} 0 & 1 \\ 1 & \ell \end{pmatrix}$$

acts on $\mathbb{P}^1(\mathbb{F}_2)$, under the identification (3.1), as the permutation $0 \mapsto \infty$, $1 \mapsto 1$, $\infty \mapsto 0$, when ℓ is even, and $\infty \mapsto 0$, $0 \mapsto 1$, $1 \mapsto \infty$ if ℓ is odd.

Irreducibility of A_N means that the corresponding directed graph is strongly connected, namely any two vertices are connected by an oriented path of edges. Since the matrix A_N has the form

$$A_N = \begin{pmatrix} M_1 & M_1 & M_1 & \cdots & M_1 \\ M_2 & M_2 & M_2 & \cdots & M_2 \\ M_1 & M_1 & M_1 & \cdots & M_1 \\ \vdots & & & \cdots & \vdots \end{pmatrix},$$

irreducibility follows from the irreducibility of A_2, which corresponds to the directed graph illustrated in the Figure. This graph also shows that the matrix

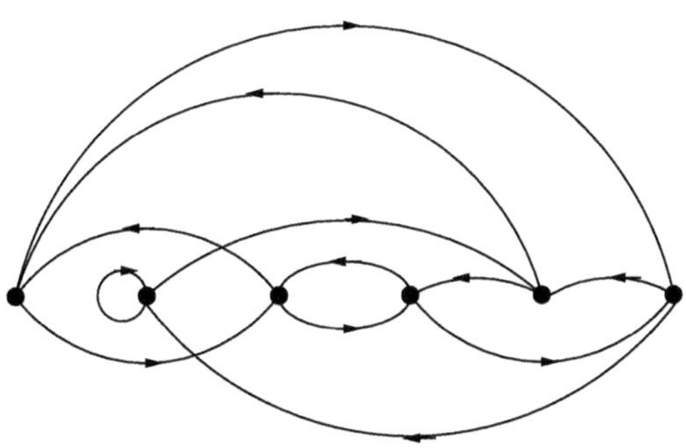

A_N is aperiodic. In fact, the period is defined as the gcd of the lengths of the closed directed paths and the matrix is called aperiodic when the period is equal to one.

As a non-commutative space associated to the Markov partition we consider the Cuntz–Krieger C*-algebra $\mathcal{O}_{A_N}$ (*cf.* [5]), which is the universal C*-algebra generated by partial isometries S_{kt} satisfying the relations

$$\sum_{(k,t)} S_{kt} S_{kt}^* = 1,$$

$$S_{\ell s}^* S_{\ell s} = \sum_{(k,t)} A_{(k,t),(\ell,s)} S_{kt} S_{kt}^*.$$

It is a well known fact that the structure of this C*-algebra reflect properties of the dynamics of the shift T. For example, one can recover the Bowen–Franks invariant of the dynamical system T from the K-theory of a Cuntz–Krieger C*-algebra $\mathcal{O}_A$ (*cf.* [5]). Moreover, in our set of examples, information on the dynamical properties of the shift T and the Perron–Frobenius operator (4.1) can be derived from the KMS states for the C^*-algebras $\mathcal{O}_{A_N}$ with respect to a natural one-parameter family of automorphisms.

5.1 KMS states

Recall that a state φ on a unital C^*-algebra $\mathcal{A}$ is a continuous linear functional $\varphi : \mathcal{A} \to \mathbb{C}$ satisfying $\varphi(a^* a) \geq 0$ and $\varphi(1) = 1$. Let σ_t be an action of $\mathbb{R}$ on $\mathcal{A}$ by automorphisms. A state φ satisfies the KMS condition at inverse temperature β if for any $a, b \in \mathcal{A}$ there exists a bounded holomorphic function $F_{a,b}$ continuous on $0 \leq Im(z) \leq \beta$, such that, for all $t \in \mathbb{R}$,

$$F_{a,b}(t) = \varphi(a\,\sigma_t(b)) \quad \text{and} \quad F_{a,b}(t+i\beta) = \varphi(\sigma_t(b\,)a) \tag{5.1}$$

Equivalently, the KMS condition (5.1) is expressed as the relation

$$\varphi(\sigma_t(a)\,b) = \varphi(b\,\sigma_{t+i\beta}(a)). \tag{5.2}$$

Consider now a Cuntz–Krieger C*-algebra $\mathcal{O}_A$. Any element in the $*$-algebra generated algebraically by the S_i can be written as a linear combination of monomials of the form $S_\mu S_\nu^*$, for multi-indices $\mu = (i_1, \ldots i_{|\mu|})$ and $\nu = (j_1, \ldots, j_{|\nu|})$. The subalgebra $\mathcal{F}_A$ is the AF-algebra generated by the elements of the form $S_\mu S_\nu^*$, for $|\mu| = |\nu|$. It is filtered by finite dimensional subalgebras $\mathcal{F}_k$, for $k \geq 0$, generated by the matrix units $E^i_{\mu,\nu} = S_\mu P_i S_\nu^*$, with $|\mu| = |\nu| = k$, where $P_i = S_i S_i^*$ are the range projections of the isometries S_i. The commutative algebra of functions on the Cantor set Λ_A of the subshift of finite type (Λ_A, T) associated to the Cuntz–Krieger algebra, is a maximal abelian subalgebra of $\mathcal{F}_A$, identified with the elements of the form $S_\mu S_\mu^*$ (*cf.* [5]).

In our case, one can consider a one-parameter family of automorphisms on $\mathcal{O}_{A_N}$ of the type considered in [7], with $\sigma_t^{u,h}(S_k) = \exp(it(u-h))\,S_k$, for $u = \log \eta_\beta = P(\beta)$, the topological pressure, *i.e.* the top eigenvalue of (4.1), and $h(x) = -\beta/2\,\log|T'(x)|$. Thus, for all $t \in \mathbb{R}$, the function $\exp(-it\,h)$ acts on the elements of $\mathcal{O}_{A_N}$ by multiplication by an element in $C(E_N \times \mathbb{P})$.

Then a KMS_1 state φ for this one-parameter family of automorphisms satisfies the relation (*cf.* [7] Lemma 7.3)

$$\sum_k \varphi(S_k^*\, e^h a\, S_k) = e^u\, \varphi(a),$$

for $a \in \mathcal{O}_{A_N}$. For all $a = f \in C(E_N \times \mathbb{P})$, we have $\sum_k S_k^*\, e^h f\, S_k = \mathcal{L}_h(f)$, where the Ruelle transfer operator

$$\mathcal{L}_h(f)(x,s) = \sum_{(y,r)\in T^{-1}(x,s)} \exp(h(y))\, f(y,r)$$

is in fact the Perron–Frobenius operator (4.1). In particular, the KMS condition implies that the state φ restricts to $C(E_N \times \mathbb{P})$ to a probability measure μ satisfying $\mathcal{L}_h^*\mu = e^u \mu$. For $u = \log \eta_\beta$, the existence and uniqueness of such measure can be derived from the properties of the operator (4.1), along the lines of [12] [9].

Theorem 3 *For* $\beta < 2\log r(A_N)/\log(N+1)$, *there exists a unique* KMS_1 *state for the one-parameter family of automorphisms* $\sigma_t^{P(\beta),-\beta/2\,\log|T'|}$ *on the algebra* $\mathcal{O}_{A_N}$. *This restricts to the subalgebra* $C(E_N \times \mathbb{P})$ *to* $f \mapsto \int f\,d\mu$ *with the probability measure satisfying* $\mathcal{L}_\beta^*\mu = \eta_\beta \mu$, *for* $\mathcal{L}_\beta$ *the Perron–Frobenius operator* (4.1).

Proof. Since by Lemma 2 the matrix A_N is irreducible and aperiodic, by Proposition 7.6 of [7], there is a surjective map of the set of KMS states to the set of probability measures satisfying $\mathcal{L}_h^*\mu = e^u\mu$. Uniqueness follows from Lemma 7.5 and Theorem 7.8 of [7], by showing that the estimate $var_0(h) < r(A_N)$ holds, where $r(A_N)$ is the spectral radius of the matrix A_N and $var_0(h) = \max h - \min h$ on $E_N \times \mathbb{P}$. This provides the range of values of β specified above, since on $E_N \times \mathbb{P}$ we have $var_0(-\beta/2\log|T'|) = \log(N+1)^{\beta/2}$. The KMS state φ is obtained as in [7], by defining inductively compatible states

$$\varphi_k(a) = e^{-u} \sum_j \varphi_{k-1}(S_j^* e^{h/2} a e^{h/2} S_j) \quad \text{for} \quad a \in \mathcal{F}_k.$$

References

[1] K. I. Babenko, *On a problem of Gauss.* Dokl. Akad. Nauk SSSR, Tom 238 (1978) No. 5, 1021–1024.

[2] J. D. Barrow. *Chaotic behaviour and the Einstein equations.* In: Classical General Relativity, eds. W. Bonnor et al., Cambridge Univ. Press, Cambridge, 1984, 25–41.
[3] V. Belinskii, I. M. Khalatnikov, E. M. Lifshitz. *Oscillatory approach to singular point in Relativistic cosmology.* Adv. Phys. 19 (1970), 525-551.
[4] A. Connes, *Noncommutative Geometry*, Academic Press, 1994.
[5] J. Cuntz, W. Krieger, *A class of C^*–algebras and topological Markov chains*, Invent. Math. 56 (1980) 251–268.
[6] D. Hensley, *Continued fraction Cantor sets, Hausdorff dimension, and functional analysis*, J. Number Theory 40 (1992) 336–358.
[7] D. Kerr, C. Pinzari, *Noncommutative pressure and the variational principle in Cuntz–Krieger–type C^*-algebras*, J.Funct.Anal. 188 (2002) 156–215.
[8] I. M. Khalatnikov, E. M. Lifshitz, K. M. Khanin, L. N. Schur, Ya. G. Sinai. *On the stochasticity in relativistic cosmology.* J. Stat. Phys., 38:1/2 (1985), 97–114.
[9] Yu.I. Manin, M. Marcolli, *Continued fractions, modular symbols, and noncommutative geometry*, Selecta Math. (New Ser.) Vol. 8 N.3 (2002) 475–520.
[10] M. Marcolli, *Limiting modular symbols and the Lyapunov spectrum*, J.Number Theory Vol.98 N.2 (2003) 348–376.
[11] D.H. Mayer, *Relaxation properties of the mixmaster universe*, Phys. Lett. A 121 (1987), no. 8-9, 390–394.
[12] D.H. Mayer, *Continued fractions and related transformations.* In: Ergodic Theory, Symbolic Dynamics and Hyperbolic Spaces, Eds. T. Bedford et al., Oxford University Press, Oxford 1991, pp. 175–222.
[13] C.W. Misner, K.S. Thorne, J.A. Wheeler, *Gravitation*, W H Freeman and Co. 1973.
[14] M. Pollicott, H. Weiss, *Multifractal analysis of Lyapunov exponent for continued fraction and Manneville-Pomeau transformations and applications to Diophantine approximation*, Comm. Math. Phys. 207 (1999), no. 1, 145–171.

Replicable Functions: An Introduction

John McKay[1] and Abdellah Sebbar[2]

[1] Department of Mathematics Concordia University 1455 de Maisonneuve Blvd. West, Montreal, Quebec H3G 1M8, Canada
mckay@cs.concordia.ca

[2] Department of Mathematics and Statistics, University of Ottawa. Ottawa, ON K1N 6N5, Canada
sebbar@mathstat.uottawa.ca

Summary. We survey the theory of replicable functions and its ramifications from number theory to physics .

1 Introduction

We survey the theory of replicable functions and matters of related interest. These functions were introduced in monstrous moonshine [4], characterizing the principal moduli attached to the conjugacy classes of the monster simple group, $\mathbb{M}$. It is not surprising that replicable functions, being related to moonshine and the monster, have a wide range of connections to other fields of mathematics and physics which remain to be fathomed. Indeed, moonshine has been described as 21st. century mathematics in the 20th. century. Having arrived, we can survey the past 25 years with some satisfaction but there is much remaining to be clarified and put into an appropriate context. The field is amazingly fertile: there are connections with several aspects of mathematical physics and number theory, and one finds classical and modern themes continually coming into play. We explain a few of these connections, some of which are presented here for the first time.

It is simplest to define replicable functions through the Faber polynomials to which the next section is devoted. We then provide examples related to classical themes such as Chebyshev polynomials and Hecke operators. Later sections will deal with the automorphic aspect of the replicable functions, links with the Schwarz derivative, the characterization of the monstrous moonshine functions, the exceptional affine correspondences, class numbers, and the soliton equations and their τ–function from the 2D Toda hierarchy.

2 Faber polynomials

The Faber polynomials [9] originated in approximation theory in 1903 and are central to the theory of replicable functions. We define them in a formal way, leaving complex analysis and Riemann mappings for later in section 3 and section 12.

Let f be a function given by the expansion

$$f(q) = \frac{1}{q} + \sum_{n=1}^{\infty} a_n q^n, \tag{2.1}$$

where we take $q = \exp(2\pi i z), z \in \mathfrak{H}$, the upper half–plane. Throughout, we interpret derivatives of f with respect to its argument. We initially assume that the coefficients $a_n \in \mathbb{C}$, and we choose the constant term to be zero. For each $n \in \mathbb{N}$, there exists a unique monic polynomial F_n such that

$$F_n(f(q)) = \frac{1}{q^n} + \mathrm{O}(q) \quad \text{as} \quad q \to 0.$$

In fact $F_n = F_{n,f}$ depends on the coefficients of f, but we denote it simply by F_n when there is no confusion. It can be shown that the Faber polynomials are given by the generating series

$$\frac{qf'(q)}{z - f(q)} = \sum_{n=0}^{\infty} F_n(z) q^n,$$

with $F_0(z) = 1$, $F_1(z) = z$, $F_2(z) = z^2 - 2a_1$, $F_3(z) = z^3 - 3a_1 z - 3a_2$, and more generally:

$$F_n(z) = \det(zI - A_n),$$

where

$$A_n = \begin{pmatrix} a_0 & 1 & & & & \\ 2a_1 & a_0 & 1 & & & \\ \vdots & \vdots & \vdots & & & \\ (n-2)a_{n-3} & a_{n-4} & a_{n-5} & \cdots & 1 & \\ (n-1)a_{n-2} & a_{n-3} & a_{n-4} & \cdots & a_0 & 1 \\ na_{n-1} & a_{n-2} & a_{n-3} & \cdots & a_1 & a_0 \end{pmatrix}.$$

It is useful to note that the Faber polynomials satisfy a Newton type of recurrence relation of the form

$$\text{for all } n \geq 1, \quad F_{n+1}(z) = zF_n(z) - \sum_{k=1}^{n-1} a_{n-k} F_k(z) - (n+1)a_n. \qquad (2.2)$$

3 Example 1: The case of the ellipse

In this and the next two sections we look at instances for which the Faber polynomials are related to classical objects. This makes it easier to compute them, as seen in section 6.

Let us recall the definition of the Chebyshev polynomials. For a positive integer n, and interval $[a, b]$, the nth. Chebyshev polynomial is the monic polynomial of degree n of least max norm as an element of the space of continuous functions on $[a, b]$. For the interval $[-1, 1]$, the unique solution is given by

$$\begin{aligned} P_n(z) &= 2^{-n} \left([z + (z^2 - 1)^{\frac{1}{2}}]^n + [z - (z^2 - 1)^{\frac{1}{2}}]^n \right) \\ &= 2^{1-n} \cos(n \arccos z). \end{aligned} \qquad (3.1)$$

The max norm of P_n is given by $||P_n|| = 2^{1-n}$. The general case $[a, b]$ is easily reduced to this particular case. The term Chebyshev polynomial is also given to the general class of solutions of similar extremal problems. Indeed, If E is a compact set in the complex plane, then there exists a polynomial of least norm, as a continuous function on the compact E, among all monic polynomials of degree n. The polynomial is unique if the set contains at least n points.

We initially assume $c \in \mathbb{R}$, $c \neq 0$. The simplest example of the series (2.1) is the function

$$f_c(q) = \frac{1}{q} + cq. \tag{3.2}$$

The image by f_c of the circle centred at 0 of radius $\alpha = |c|^{-\frac{1}{2}}$ is a real segment $[-\frac{2}{\alpha}, \frac{2}{\alpha}]$ for $c > 0$ or a purely imaginary vertical segment $[-\frac{2}{\alpha}i, \frac{2}{\alpha}i]$ for $c < 0$.

When $c > 0$ and $z = \frac{2}{\alpha}e^{i\theta}$, then $f_c(z) = \frac{2}{\alpha}\cos(\theta)$ and we find the Chebyshev polynomial for the interval $[-\frac{2}{\alpha}, \frac{2}{\alpha}]$ is given by

$$P_n(z) = \frac{2}{\alpha^n} \cos n \arccos \frac{\alpha}{2} z.$$

It follows that

$$P_n(f_c(q)) = \frac{1}{q^n} + c^n q^n.$$

It is easy to see that the same formula is valid for $c < 0$, hence the Faber polynomials and the Chebyshev polynomials coincide.

This identity is just the tip of the iceberg. Indeed, rather than taking the circle of radius α one could take a more uniform approach by considering the image by f_c of the unit circle U. The mapping f_c realizes the Riemann mapping from the exterior of U to the exterior of its image which is the ellipse

$$\frac{x^2}{(c+1)^2} + \frac{y^2}{(c-1)^2} = 1.$$

Here we take $c \neq \pm 1$. The transformation $z \mapsto (2c)^{-1/2} z$ sends the above ellipse onto the ellipse

$$\frac{4cx^2}{(c+1)^2} + \frac{4cy^2}{(c-1)^2} = 1$$

which has the property of having foci at $z = \pm 1$. It can be shown that for an ellipse having this property, the Chebyshev polynomial is given by (3.1), see Hille [11] page 267, thus we can recover the above results. This approach can be generalized to other Riemann mappings. For the degenerate cases $c = \pm 1$, the images of U by f_c are just the ordinary segments $[-2, 2]$ or $[-2i, 2i]$. As for $c = 0$, the image of U is simply U, and it is clear that both the Faber polynomials for f_0 and the Chebyshev polynomials for U are given by $F_n(z) = z^n$. Notice that cases $c = 0, -1, 1$ correspond respectively to f_c being exp, sin and cos. Although these "modular fictions" are the simplest of replicable functions, they find use by Takahashi [19] in topological Landau-Ginsburg field theory.

4 Example 2: Hecke operators

Let $f(z)$ be a modular form of weight k on $\mathrm{SL}_2(\mathbb{Z})$. The Hecke operators T_n, $n \geq 1$, act on f as

$$\text{for all } n \geq 1\,, \quad T_n(f)(z) \;=\; n^{k-1} \sum_{\substack{ad=n\\0\leq b<d}} d^{-k} f\left(\frac{az+b}{d}\right). \tag{4.1}$$

See the first five chapters of [20], and especially Zagier's article, for background details. When $k = 0$ and $f(z)$ is $j(z)$, the classical elliptic modular function, we have

$$\text{for all } n \geq 1\,, \quad T_n(j)(z) = \frac{1}{n} \sum_{\substack{ad=n\\0\leq b<d}} j\left(\frac{az+b}{d}\right). \tag{4.2}$$

The generators of $\mathrm{SL}_2(\mathbb{Z})$ permute the linear fractional transformations in the sum, hence $T_n(j)$ is invariant under $\mathrm{SL}_2(\mathbb{Z})$. Since it has no pole on the upper half–plane $\mathfrak{H}$, it follows that it is a polynomial in $j(z)$, see also Serre [18]. We find that

$$\text{for all } n \geq 1\,, \quad T_n(j)(q) \;=\; \frac{1}{q^n} \;+\; \mathrm{O}(q), \quad \text{as} \quad q \to 0.$$

and so $T_n(j) = \frac{1}{n}F_{n,j}(j)$. It is this example of the Hecke action on j that the notion of a replicable function encapsulates with greater generality.

5 Example 3: Moonshine and the Monster

Let $\mathbb{M}$ be the Monster sporadic simple group of order,

$$|\mathbb{M}| = 2^{46}3^{20}.5^9.7^6.11^2.13^3.17.19.23.29.31.41.47.59.71,$$

of which Ogg remarked [15] that the 15 prime divisors of $|\mathbb{M}|$ are exactly the supersingular primes – that is, those primes p for which – for all supersingular elliptic curves defined over the closure of $\mathbb{F}_p$ – we have $N_p = p + 1$ and the j–invariant lies in the base field, $\mathbb{F}_p$.

The central observation of monstrous moonshine [4] is that, to each conjugacy class of cyclic subgroups, $\langle g \rangle$ of $\mathbb{M}$, there corresponds an automorphic function,

$$f_g(q) \;=\; \frac{1}{q} + \sum_{n=1}^{\infty} a_n(g)q^n,$$

for some genus zero congruence group such that its (Fourier) coefficients are the rational integer traces of the infinitely many "head representations" $\{H_n\}$ of $\mathbb{M}$, thus

$$\text{for all } n \geq 1, \quad a_n(g) = Tr(H_n(g)).$$

For example, the automorphic function associated with the identity element is the classical elliptic modular function j. Here we take $j(q) = 1/q + \sum_{n=0}^{\infty} c_n q^n$, to have a "monstrous" expansion at ∞ as $j(q) = 1/q + 196884q + \cdots$, so that $c_0 = 0, c_1 = 196884, \ldots$ with a zero constant term as opposed to the "arithmetic" j–function for which $c_0 = 744$. There is also the "analytic" j–function which is $\frac{1}{1728}$ times the arithmetic j–function, and has critical values of $\{0, 1, \infty\}$. Despite these variations, there is a "natural" value of 24 for the constant value among the integer expansions. Henri Cohen points this out on page 222 [20], the reason being that Rademacher's convergent expansion for the coefficients, $c_n, n \geq 1$ produces the value of 24 at $n = 0$ [16]. See also [4] page 323.

There is a relationship between the subset of replicable functions known as monstrous moonshine functions, associated with the powers of an element $g \in \mathbb{M}$, which is as follows: Let f_{g^a} denote the automorphic function associated to the power g^a of g. For each $n \geq 1$, the sum

$$\sum_{\substack{ad=n \\ 0 \leq b < d}} f_{g^a}\left(\frac{az+b}{d}\right), \tag{5.1}$$

is in fact a polynomial in f_g. This polynomial is nothing else but the Faber polynomial F_n associated with f_g. When g is the identity element of $\mathbb{M}$, we recover (4.2):

$$\text{for all } n \geq 1, \quad F_n(j)(z) = \sum_{\substack{ad=n \\ 0 \leq b < d}} j\left(\frac{az+b}{d}\right).$$

6 Replicable functions

The functions in the previous sections are called replicable. We give a formal definition due to Norton, and an equivalent one in terms of a generalized Hecke operator:

For f, a function of the form (2.1),

$$f(q) = \frac{1}{q} + \sum_{n=1}^{\infty} a_n q^n,$$

we write its corresponding Faber polynomial, $F_n(f)$ of degree n, as

$$F_n(f(q)) = \frac{1}{q^n} + n \sum_{m=1}^{\infty} h_{m,n}\, q^m.$$

Clearly $h_{n,1} = a_n$, and, further, the double sequence $\{h_{m,n}\}$ is symmetric.

Definition 1. The function f is said to be replicable if $h_{m,n} = h_{r,s}$ whenever $\gcd(m,n) = \gcd(r,s)$ and $\operatorname{lcm}(m,n) = \operatorname{lcm}(r,s)$.

It follows immediately from this definition that the functions f_c of section 3 are replicable functions. It has been shown [6] that these are the only replicable functions with a finite number of nonzero $q-$coefficients.

To justify this terminology, we give an equivalent definition:

Definition 2. The function f is said to be replicable if for each positive integer n and each positive divisor a of n, there are functions $f^{(a)}$ of the form (2.1), called the replication powers of f, such that

$$\text{for all } n \geq 1\,, \quad F_n(f(q)) = \sum_{\substack{ad=n \\ 0\leq b<d}} f^{(a)}\left(\frac{az+b}{d}\right). \tag{6.1}$$

We refer to the right side of (6.1) as the action of a new generalized Hecke operator, $\widehat{T}_n$ and can show that these two definitions are equivalent. Moreover, the replication powers of f are given by:

$$f^{(k)}(q) = \frac{1}{q} + \sum_{i=1}^{\infty} a_i^{(k)} q^i,$$

where

$$a_i^{(k)} = k \sum_{d|k} \mu(d) h_{dki,k/d},$$

and μ is the Möbius function.

It follows immediately from the second definition that the examples of section 4 and 5 are replicable functions.

7 Automorphic aspects of replicable functions

Replicable functions have been extensively studied since the advent of moonshine. The monstrous moonshine functions associated to the conjugacy classes of the Monster are both replicable functions and automorphic functions for some genus zero congruence subgroups of $\mathrm{PSL}_2(\mathbb{R})$, and it is legitimate to ask whether all replicable functions are automorphic. In fact, Norton conjectured that the set of replicable functions f with integer coefficients coincides with the set of principal moduli for genus zero subgroups of $\mathrm{PSL}_2(\mathbb{R})$, having translations generated by $z \mapsto z+1$, and containing to finite index, the group, $\Gamma_0(N)$, of all upper triangular matrices mod some level, N. Later, Cummins and Norton [7] proved that all principal moduli, as above, with rational $q-$coefficients, are replicable. It was known that the number of replicable functions is finite, and Norton and others have computed a conjectural full list of over 600 replicable functions with rational integer coefficients which are principal moduli. A satisfactory proof of the completeness of the list remains to be found. Their determination is based on a remarkable result due to Norton which asserts that every replicable function is determined by 12 of its first 23 Fourier coefficients.

8 Links with the Schwarz derivative

The prototypical replicable function is the $j-$function, which replicates to itself. Dedekind, [8] defines the analytic $j-$function as a solution of a third order differential equation involving the Schwarz derivative which is an invariant differential operator for the action of $\mathrm{PGL}_2(\mathbb{C})$. It has the form

$$\{f,z\} = 2\left(\frac{f''}{f'}\right)' - \left(\frac{f''}{f'}\right)^2 .$$

The Schwarz derivative preserves the group invariance and raises the modular weight by 4. Now by definition, a principal modulus generates the field of meromorphic functions on its defining genus zero Riemann surface. Now $f' = \frac{df}{dz}$ has weight 2, and so we deduce the Schwarz equation, $\{f,z\} + R(f)f'^2 = 0$, with $R(f)$ a rational function of f, and $\{f,z\}$, an automorphic form everywhere holomorphic except at its elliptic fixed points where it has double poles. For Dedekind, $R(j) = \frac{36j^2-41j+32}{36(j(j-1))^2}$. This strange rational function of j is seen in a more familiar light when expanded as a partial fraction, thus:

$$R(j) = \frac{1-\frac{1}{3^2}}{j^2} + \frac{1-\frac{1}{2^2}}{(j-1)^2} - \frac{1-\frac{1}{3^2}-\frac{1}{2^2}}{j(j-1)}, \tag{8.1}$$

where the residues at the double poles give the ramification at the $n-1=2$ finite critical values, $j=0, j=1$. Finding the terms other than the double poles is the problem of the $n-3$ accessory parameters and is known to be hard in general but here for j, since there are only 3 critical values, there is no problem, however, for replicable functions, the largest number of critical values (including ∞) is $n=26$. As we remark in section 11, these critical values have the symmetry of a "generalized dihedral group" and this awakens memories of Poincaré's remark to the effect that "if one has sufficient symmetry, the accessory parameter problem may be solved". Effectively $R(f)$ describes the ramification occurring at intersections of consecutive arcs of a sequence of (possibly degenerate) circles centred on the real axis and it is these circles that bound a natural fundamental domain in $\mathfrak{H}$ which is completely determined once edge identifications are made. We see that solving the Schwarzian differential equation for f is equivalent to finding f from its natural fundamental domain.

The Schwarz derivative relates to the Faber polynomials when it exhibits the double sequence $\{h_{m,n}\}$ in an elegant way. Namely [14], we have the identity

$$\frac{1}{4\pi^2}\{f,z\} = 1 + 12 \sum_{m,n\geq 1} mn\, h_{m,n}\, q^{m+n}, \tag{8.2}$$

or in an alternative form:

$$\zeta(-1)\{f,q\} \;=\; \sum_{m,n\geq 1} mn\, h_{m,n}\, q^{m+n-2}. \tag{8.3}$$

As an illustration of our identity, we have:

$$\{\lambda, z\} \;=\; \pi^2\, E_4(z),$$

where λ is the classical level 2 modular elliptic function (principal modulus for $\Gamma(2)$), and E_4 is the weight 4 Eisenstein series. The coefficient 4 disappears because $\Gamma(2)$ has cusp width of 2 at ∞. On j, our identity is the differential limit derived from Borcherds' renowned product:

$$p(j(p) - j(q)) = \prod_{m\in\mathbb{N},n\in\mathbb{Z}} (1 - p^m q^n)^{c_{mn}}.$$

9 The characterization of monstrous moonshine

Recently [3], a purely group-theoretic characterization of the 171 replicable functions that occur in the Monster has been obtained. We first introduce some notation:

Let N be a positive integer and h be the largest integer such that $h^2 \mid N$ and $h \mid 24$ and set $N = nh$. Let $\Gamma_0(n|h)$ be the group of matrices of the form

$$\begin{pmatrix} a & b/h \\ cn & d \end{pmatrix}, \quad ad - bcn/h = 1.$$

The group $\Gamma_0(n|h)$ is conjugate to $\Gamma_0(n/h)$ by $z \mapsto hz$.

For each exact divisor e of N (we write $e \,||\, N$), the Atkin-Lehner involution W_e is the set of matrices $\begin{pmatrix} ae & b \\ cN & de \end{pmatrix}$ with determinant e.

Each W_e is a single coset of $\Gamma_0(N)$. The full normalizer of $\Gamma_0(N)$ in $\mathrm{PSL}_2(\mathbb{R})$ is obtained by adjoining to the group $\Gamma_0(n|h)$ its Atkin-Lehner involutions w_e which are the conjugates by $z \mapsto hz$ of the Atkin-Lehner involutions W_e of $\Gamma_0(n/h)$.

The set of the exact divisors of N, $\mathrm{Ex}(N)$, is a group of exponent 2, where the group operation is given by $e * f = ef/\gcd(e,f)^2$. For each subgroup $\langle e, f, g, \ldots \rangle$ of $\mathrm{Ex}(n/h)$, we use the notation $\Gamma_0(n|h) + e, f, g, \ldots$ for the extension of $\Gamma_0(n|h)$ by its Atkin-Lehner involutions $w_e, w_f, w_g, \ldots$. Each of these extended groups has a subgroup of index h, denoted by $\Gamma_0(n||h) + e, f, g, \ldots$ and is defined as the kernel of the homomorphism $\lambda : \Gamma_0(n|h) + e, f, g, \ldots \to \mathbb{C}^\times$ defined by:

1. $\lambda = 1$ for elements of $\Gamma_0(N)$,
2. $\lambda = 1$ for all Atkin-Lehner involutions of $\Gamma_0(N)$
3. $\lambda = \exp(-2\pi i/h)$ for cosets containing $z \mapsto z + 1/h$,
4. $\lambda = \exp(\pm 2\pi i/h)$ for cosets containing $z \mapsto 1/(nz+1)$, where the sign is $+$ if $-1/(Nz)$ is present and $-$ if not.

The main result of [3] is that a replicable function occurs in moonshine if and only if it is an automorphic function for a subgroup of $\mathrm{PSL}_2(\mathbb{R})$ which

1. is genus zero,
2. has the form $\Gamma_0(n||h) + e, f, g \cdots$,
3. its quotient by $\Gamma_0(nh)$ is a group of exponent 2.
4. each cusp can be mapped to ∞ by an element of $\mathrm{PSL}_2(\mathbb{R})$ which conjugates the group to one containing $\Gamma_0(nh)$.

10 Affine Dynkin diagrams and sporadic correspondences

There is a distinguished set of nine conjugacy classes of $\mathbb{M}$ in which the product of any pair of Fischer involutions lies. These classes are described in the Atlas [2] on page 230. By monstrous moonshine, see [10] for details, each class corresponds to a unique modular function and thus we have a replicable function attached to each node of the affine E_8 diagram. Here class names lie below the modular levels.

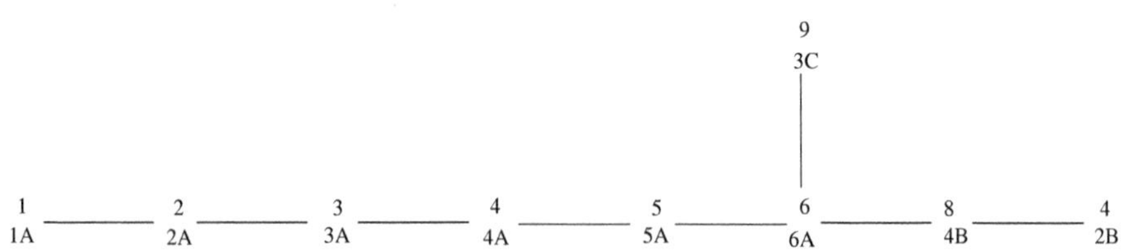

Connections between simple sporadic groups and Lie groups are ample motivation for investigating this. We have further similar relations existing between the central extensions $2 \cdot B$, and $3 \cdot F'_{24}$ but we now work modulo the centres.

An alternative approach is to fold the E_7 and E_6 Dynkin diagrams to form F_4 and G_2 diagrams making the correspondence direct.

It is noteworthy that the Schur multipliers of these three sporadic groups $\mathbb{M}, B$, and F'_{24} are the fundamental groups of type E_8, E_7, and E_6 respectively. The very existence of many sporadic groups is dependent on a larger than expected Schur multiplier in some (possibly non-sporadic) centralizer subgroup.

Although the geometry of the Weyl groups of type E_6 (the 27 lines on a cubic surface) and of type E_7 (the 28 bitangents on a quartic curve) are well studied, the same cannot be said for E_8 and the 120 tritangent planes of a sextic curve of genus 4. The correspondence appears not to extend beyond the three exceptionals and one may speculate that del Pezzo surfaces are involved.

We have the potential of finding an analogue of the operator $R\otimes$ which occurs in defining the classical McKay correspondence of [13]. This conjectured analogue would act on a replicable function identified with a Dynkin node and would generate the set of functions on adjacent nodes. Note that functions adjacent to a given node may have different modular levels from the function at the node. This suggests lifting the modular functions to Jacobi forms. Currently we have no interpretation of adjacency.

11 Class numbers

There are two notions of class number treated in this section. The first is part of classical number theory, the second is less studied and comes from finite group theory.

The study of the critical values of principal moduli has been initiated in [5]. These are the values of $f(z_i)$ such that $f'(z_i) = 0$. The interest here is in finding the field extension, $K = K_f$, of $\mathbb{Q}$, generated by these critical values. The finite critical values of f are the roots of $D(f)$ where $R(f) = N(f)/D(f)^2$ for the rational function $R(f)$ of the Schwarz equation. This is, in general, reducible over $\mathbb{Q}$. Examination of computations of Gal(K/$\mathbb{Q}$) suggests that it is of "generalized dihedral type" in that Gal(K/$\mathbb{Q}$) almost always has a cyclic subgroup of index two, thus generalizing what one might expect from Hilbert class fields.

Using Shimura reciprocity, the number fields generated by the values of principal moduli at their elliptic points have been determined in [5], and the ring class fields are identified for the principal moduli of $\Gamma_0(n)$ (n square-free) and its normal extension by the Fricke involution.

One more classical arena of number theory is suggested by the fact that when the $q-$coefficients of replicable functions are replaced by their signs in $\{0, 1, -1\}$, we find that they form an ultimately periodic sequence related to the modular level. Hardy's circle dissection method should prove itself capable of proving this observation.

We end with some recent speculations stimulated by reading the last section of Aspinwall, Katz and Morrison, [1] entitled "Numerical Oddities".

They consider an ellipticly fibred Calabi-Yau threefold, the elliptic fibration being $\pi : X \to \Sigma$ with a section. Let $\rho(\Sigma)$ be the Picard number of Σ. then anomaly cancellation leads to numerical values for $\rho(\Sigma)$. The extreme case of 24 point-like E_8 instantons on a binary icosahedral singularity in the heterotic string leads to $\rho(\Sigma) = 194$, a number recognizable as the class number (number of conjugacy classes) of the sporadic group, $\mathbb{M}$.

In [17], Miles Reid describes the Vafa, Hirzebruch-Höfer stringy Euler number $c_{string}(M, G)$, for a finite group G acting on a manifold M, and it turns out that this is the class number of G. (Recall $|\{(g,h) \in G \times G : gh = hg\}| = |G| \times$ the class number of G.) He goes on to conjecture the "physicist's Euler number conjecture" that in appropriate circumstances, c_{string} = Euler number of the minimal resolution of M/G, and continues: "If $M = \mathbb{C}^n$, then for any reasonable resolution of singularities $Y \to X = \mathbb{C}^n/G$, the cohomology is spanned by algebraic cycles, so that $c(Y)$ = the number of algebraic cycles of Y and further, it seems unlikely that we could prove the numerical $c(Y)$ = class number of G without setting up a bijection between the two sets."

It is significant that these facts were unknown to one of us (J.McK) at the time of his observation in April 2001. Further computations of Anca Degeratu and Katrin Wendland, aided by Harald Skarke, in the analogous situations of E_7, and E_6, also lead to class numbers, although not quite as expected!

A group class number is the dimension of the centre of its group algebra. It is unknown whether these are significant in physics, but, if so, it may be worth noting the values of the class numbers for the Mathieu groups on whose unique combinatorics the existence of the monster is based. We find that the class number of M_{24} and of $2.M_{12}$ is 26, and for both M_{11} and $M_{21} \cong \mathrm{PSL}_3(4)$ it is 10.

12 Solitons and the $\tau-$ function

In this section we proceed with a change of variables $z = 1/q$ so that our functions $w(z) = f(q)$ have the form

$$w(z) = z + \sum_{n=1}^{\infty} \frac{a_n}{z^n}.$$

More precisely we are interested in those functions which conformally map from the exterior of the unit disc U to the exterior of a closed analytic curve γ.

The Faber polynomials are defined as in section 2. Moreover, we have the integral representation

$$F_n(z) = \int_{|t|=1} \frac{t^n w'(t)}{w(t) - z} \, dt \, .$$

The conformal maps under study provide a solution to the dispersionless limit of the 2D Toda hierarchy [12] and it is natural to investigate the consequences of introducing the replication property in this context.

It is known in soliton theory that the τ–function represents solutions of integrable hierarchies. This τ–function depends on variables $\{t_1, t_2, \cdots\}$ which are moments coming from the expansion around the origin of the potential created in the interior of the curve γ when filled homogeneously by electric charge of density 1 . In fact, the moments determine uniquely the curve γ in our setting and thus determine $w(z)$.

The τ–function for the hierarchy in question satisfies the dispersionless Hirota equation which is shown to have the form [12]

$$\{w, z\} = 12 z^{-2} \sum_{m,n \geq 1} z^{-m-n} \frac{\partial \log \tau}{\partial t_m \partial t_n} .$$

This is exactly our formula (8.2) when $\{w, z\}$ replaces the Schwarz derivative with respect to the modular variable in $\mathfrak{H}$, recalling that $z = 1/q$ or simply (8.3). It follows that the $h_{m,n}$, which are used to define replicability of $w(z)$, are given by the second derivatives of $\log \tau$. In particular, the relation $h_{m,n} = h_{n,m}$ is simply the identity $\partial t_m \partial t_n \log \tau = \partial t_n \partial t_m \log \tau$. Also, the coefficients of $w(z)$ are given by $\partial t_n \partial t_1 \log \tau$. Moreover, the recurrence relations (2.2) provide an infinite number of relations among the second derivatives of $\log \tau$.

It is natural to ask what does it mean for a solution to soliton equations to be replicable? or in a geometric context, since the moments $\{t_1, t_2, \cdots\}$ provide local coordinates for the space of analytic curves γ, what role do the curves attached to replicable functions play in this space?

References

[1] Aspinwall, P.S., Katz, S., Morrison, D.R. Lie groups, Calabi-Yau manifolds and F-theory Adv. Theor. Math. Phys 4, 95–126, 2000.

[2] Conway, J. H., Curtis, R. T., Norton, S. P., Parker, R. A., Wilson, R. A., ATLAS of finite groups, Clarendon Press, Oxford, 1985.

[3] Conway, J.H., McKay, J., Sebbar, A., The discrete groups of moonshine, Proc. Amer. Math. Soc. 132, 2233–2240, 2004.

[4] Conway, J. H., Norton, S. P., Monstrous Moonshine, Bull. London Math. Soc. 11, 308–339, 1979.

[5] Cox, D., McKay, J., Stevenhagen, P., Principal moduli and their class fields. Bull. London Math. Soc. 36, 3–12, 2004.

[6] Cummins, C., Some comments on replicable functions. Modern trends in Lie algebra representation theory (Kingston, ON, 1993), 48–55, Queen's Papers in Pure and Appl. Math., 94, Queen's Univ., Kingston, ON, 1994.

[7] Cummins, C., Norton, S. P., Rational Hauptmoduls are replicable, Can. J. Math., 47, 1201–1218, 1995.

[8] Dedekind, R., Schreiben an Hern Borchardt Über die Theorie der elliptischen Modulfunktionen, Crelle, 83, 265-292, 1878.

[9] Faber, G., Über polynomische Entwicklungen, Math. Ann. 57, 389–408, 1903.

[10] Glauberman, G., Norton, S. P. On McKay's connection between the affine E_8 diagram and the Monster. Proceedings on Moonshine and Related Topics (Montréal), 37–42, 1999. CRM Proc. Lecture Notes, 30, Amer. Math. Soc., Providence, RI, 2001.

[11] Hille, E., Analytic function theory. Vol. II. Introduction to Higher Mathematics Ginn and Co., 1962.

[12] Kostov, I.K., Krichever, I., Mineev-Weinstein, M., Wiegmann, P. B., Zabrodin, A. The τ-function for analytic curves. Random matrix models and their applications, 285–299, Math. Sci. Res. Inst. Publ., 40, Cambridge Univ. Press, Cambridge, 2001.

[13] McKay, J. Graphs, singularities, and finite groups, in The Santa Cruz Conference on Finite Groups, Proc. Symp. Pure Math. 37, ed. by B. Cooperstein and G. Mason, AMS, Providence, 1980.

[14] McKay, J., Sebbar, A., Fuchsian groups, automorphic forms and Schwarzians, Math. Ann. 318, no. 2, 255–275, 2000.

[15] Ogg, A. P. Modular functions. The Santa Cruz Conference on Finite Groups (Univ. California, Santa Cruz, Calif., 1979), pp. 521–532, Proc. Sympos. Pure Math., 37, Amer. Math. Soc., Providence, R.I., 1980.

[16] Rademacher, H., The Fourier series and the functional equation of the absolute modular invariant $J(\tau)$, Am. J. Math, 61, 237–248, 1939.

[17] Reid, Miles. McKay correspondence, alg-geom/9702016.

[18] Serre, J-P., A Course in Arithmetic, Springer-Verlag, 1973.

[19] Takahashi, A. Primitive Forms, Topological LG models coupled to Gravity and Mirror Symmetry, preprint AG/9802059.

[20] From Number Theory to Physics. Papers from the Meeting on Number Theory and Physics held in Les Houches, March 7–16, 1989. Edited by M. Waldschmidt, P. Moussa, J. M. Luck and C. Itzykson. Springer-Verlag, Berlin, 1992.

Lectures on the Langlands Program and Conformal Field Theory

Edward Frenkel

Department of Mathematics, University of California, Berkeley, CA 94720, USA

Introduction

These lecture notes give an overview of recent results in geometric Langlands correspondence which may yield applications to quantum field theory. It has long been suspected that the Langlands duality should somehow be related to various dualities observed in quantum field theory and string theory. Indeed, both the Langlands correspondence and the dualities in physics have emerged as some sort of non-abelian Fourier transforms. Moreover, the so-called Langlands dual group introduced by R. Langlands in [1] that is essential in the formulation of the Langlands correspondence also plays a prominent role in the study of S-dualities in physics and was in fact also introduced by the physicists P. Goddard, J. Nuyts and D. Olive in the framework of four-dimensional gauge theory [2].

In recent lectures [3] E. Witten outlined a possible scenario of how the two dualities – the Langlands duality and the S-duality – could be related to each other. It is based on a dimensional reduction of a four-dimensional gauge theory to two dimensions and the analysis of what this reduction does to "D-branes". In particular, Witten argued that the t'Hooft operators of the four-dimensional gauge theory recently introduced by A. Kapustin [4] become, after the dimensional reduction, the Hecke operators that are essential ingredients of the Langlands correspondence. Thus, a t'Hooft "eigenbrane" of the gauge theory becomes after the reduction a Hecke "eigensheaf", an object of interest in the geometric Langlands correspondence. The work of Kapustin and Witten shows that the Langlands duality is indeed closely related to the S-duality of quantum field theory, and this opens up exciting possibilities for both subjects.

The goal of these notes is two-fold: first, it is to give a motivated introduction to the Langlands Program, including its geometric reformulation, addressed primarily to physicists. I have tried to make it as self-contained as possible, requiring very little mathematical background. The second goal is to describe the connections between the Langlands Program and two-dimensional conformal field theory that have been found in the last few years. These connections give us important insights into the physical implications of the Langlands duality.

The classical Langlands correspondence manifests a deep connection between number theory and representation theory. In particular, it relates subtle number theoretic data (such as the numbers of points of a mod p reduction of an elliptic curve defined by a cubic equation with integer coefficients) to more easily discernable data related to automorphic forms (such as the coefficients in the Fourier series expansion of a modular form on the upper half-plane). We will consider explicit examples of this relationship (having to do with the Shimura-Taniyama-Weil conjecture and Fermat's last theorem) in Part I of this survey. So the origin of the Langlands Program is in *number theory.* Establishing the Langlands correspondence in this context has proved to be extremely hard. But number fields have close relatives called *function fields*, the fields of functions on algebraic curves defined over a finite field. The Langlands correspondence has a counterpart for function fields, which is much better understood, and this will be the main subject of our interest in this survey.

Function fields are defined geometrically (via algebraic curves), so one can use geometric intuition and geometric technique to elucidate the meaning of the Langlands correspondence. This is actually the primary reason why the correspondence is easier to understand in the function field context than in the number field context. Even more ambitiously, one can now try to switch from curves defined over finite fields to curves defined over the complex field – that is to Riemann surfaces. This requires a reformulation, called the *geometric Langlands correspondence.* This reformulation effectively puts the Langlands correspondence in the realm of complex algebraic geometry.

Roughly speaking, the geometric Langlands correspondence predicts that to each rank n holomorphic vector bundle E with a holomorphic connection on a complex algebraic curve X one can attach an object called *Hecke eigensheaf* on the moduli space Bun_n of rank n holomorphic vector bundles on X:

$$\boxed{\begin{array}{c}\text{holomorphic rank } n \text{ bundles}\\ \text{with connection on } X\end{array}} \longrightarrow \boxed{\text{Hecke eigensheaves on } \mathrm{Bun}_n}$$

A Hecke eigensheaf is a $\mathcal{D}$-module on Bun_n satisfying a certain property that is determined by E. More generally, if G is a complex Lie group, and ${}^L G$ is the Langlands dual group, then to a holomorphic ${}^L G$-bundle with a holomorphic connection we should attach a Hecke eigensheaf on the moduli space Bun_G of holomorphic G-bundles on X:

$$\boxed{\begin{array}{c}\text{holomorphic } {}^L G\text{-bundles}\\ \text{with connection on } X\end{array}} \longrightarrow \boxed{\text{Hecke eigensheaves on } \mathrm{Bun}_G}$$

I will give precise definitions of these objects in Part II of this survey.

The main point is that we can use methods of two-dimensional *conformal field theory* to construct Hecke eigensheaves. Actually, the analogy between conformal field theory and the theory of automorphic representations was already observed a long time ago by E. Witten [5]. However, at that time the geometric Langlands correspondence had not yet been developed. As we will see, the geometric reformulation of the classical theory of automorphic representations will allow us to make the connection to conformal field theory more precise.

To explain how this works, let us recall that chiral correlation functions in a (rational) conformal field theory [6] may be interpreted as sections of a holomorphic vector bundle on the moduli space of curves, equipped with a projectively flat connection [7]. The connection comes from the Ward identities expressing the variation of correlation functions under deformations of the complex structure on the underlying Riemann surface via the insertion in the correlation function of the stress tensor, which generates the Virasoro algebra symmetry of the theory. These bundles with projectively flat connection have been studied in the framework of Segal's axioms of conformal field theory [8].

Likewise, if we have a rational conformal field theory with affine Lie algebra symmetry [9], such as a Wess-Zumino-Witten (WZW) model [10], then conformal blocks give rise to sections of a holomorphic vector bundle with a projectively flat connection on the moduli space of G-bundles on X. The projectively flat connection comes from the Ward identities corresponding to the affine Lie algebra symmetry, which are expressed via the insertions of the currents generating an affine Lie algebra, as I recall in Part III of this survey.

Now observe that the sheaf of holomorphic sections of a holomorphic vector bundle $\mathcal{E}$ over a manifold M with a holomorphic flat connection ∇ is the simplest example of a holonomic $\mathcal{D}$-*module* on M. Indeed, we can multiply a section ϕ of $\mathcal{E}$ over an open subset $U \subset M$ by any holomorphic function on U, and we can differentiate ϕ with respect to a holomorphic vector field ξ defined on U by using the connection operators: $\phi \mapsto \nabla_\xi \phi$. Therefore we obtain an action of the sheaf of holomorphic differential operators on the sheaf of holomorphic sections of our bundle $\mathcal{E}$. If ∇ is only projectively flat, then we obtain instead of a $\mathcal{D}$-module what is called a *twisted* $\mathcal{D}$-module. However, apart from bundles with a projectively flat connection, there exist other holonomic twisted $\mathcal{D}$-modules. For example, a (holonomic) system of differential equations on M defines a (holonomic) $\mathcal{D}$-module on M. If these equations have singularities on some divisors in M, then the sections of these $\mathcal{D}$-module will also have singularities along those divisors (and non-trivial monodromies around those divisors), unlike the sections of just a plain bundle with connection.

Applying the conformal blocks construction of conformal field theory, one obtains (twisted) $\mathcal{D}$-modules on the moduli spaces of curves and bundles. In some conformal field theories, such as the WZW models, these $\mathcal{D}$-module are bundles with projectively flat connections. But in other theories we obtain $\mathcal{D}$-modules that are more sophisticated: for example, they may correspond to differential equations with singularities along divisors, as we will see below. It turns out that the Hecke eigensheaves that we are looking for can be obtained this way. The fact that they do not correspond to bundles with projectively flat connection is perhaps the main reason why these $\mathcal{D}$-modules have, until now, not caught the attention of physicists.

There are at least two known scenarios in which the construction of conformal blocks gives rise to $\mathcal{D}$-modules on Bun_G that are (at least conjecturally) the Hecke eigensheaves whose existence is predicted by the geometric Langlands correspondence. Let us briefly describe these two scenarios.

In the first scenario we consider an affine Lie algebra at the critical level, $k = -h^\vee$, where $h^\vee$ is the dual Coxeter number. At the critical level the Segal-Sugawara current becomes commutative, and so we have a "conformal field theory" without a stress tensor. This may sound absurd to a physicist, but from the mathematical perspective this liability actually turns into an asset. Indeed, even though we do not have the Virasoro symmetry, we still have the affine Lie algebra symmetry, and so we can apply the conformal blocks construction to obtain a $\mathcal{D}$-module on the moduli space of G-bundles on a Riemann surface X (though we cannot vary the complex structure on X). Moreover, because the Segal-Sugawara current is now commutative, we can force it to be equal to any numeric (or, as a physicist would say, "c-number") projective connection on our curve X. So our "conformal field theory", and hence the corresponding $\mathcal{D}$-module, will depend on a continuous parameter: a projective connection on X.

In the case of the affine Lie algebra $\widehat{\mathfrak{sl}}_2$ the Segal-Sugawara field generates the center of the chiral algebra of level $k = -2$. For a general affine Lie algebra $\widehat{\mathfrak{g}}$, the center of the chiral algebra has $\ell = \operatorname{rank} \mathfrak{g}$ generating fields, and turns out to be canonically isomorphic to a classical limit of the $\mathcal{W}$-algebra asociated to the Langlands dual group ${}^L G$, as shown in [11; 12]. This isomorphism is obtained as a limit of a certain isomorphism of $\mathcal{W}$-algebras that naturally arises in the context of T-*duality* of free bosonic theories compactified on tori. I will recall this construction below. So from this point of view the appearance of the Langlands dual group is directly linked to the T-duality of bosonic sigma models.

The classical $\mathcal{W}$-algebra of ${}^L G$ is the algebra of functions on the space of gauge equivalence classes of connections on the circle introduced originally by V. Drinfeld and V. Sokolov [13] in their study of the generalized KdV hierarchies. The Drinfeld-Sokolov construction has been recast in a more geometric way by A. Beilinson and V. Drinfeld, who called these gauge equivalence classes ${}^L G$-*opers* [14]. For a general affine Lie algebra $\widehat{\mathfrak{g}}$ the procedure of equating the Segal-Sugawara current to a numeric projective connection becomes the procedure of equating the generating fields of the center to the components of a numeric ${}^L G$-oper E on X. Thus, we obtain a family of "conformal field theories" depending on ${}^L G$-opers on X, and we then take the corresponding $\mathcal{D}$-modules of conformal blocks on the moduli space Bun_G of G-bundles on X.

A marvelous result of A. Beilinson and V. Drinfeld [15] is that the $\mathcal{D}$-module corresponding to a ${}^L G$-oper E is nothing but the sought-after Hecke eigensheaf with "eigenvalue" E! Thus, "conformal field theory" of the critical level $k = -h^\vee$ solves the problem of constructing Hecke eigensheaves, at least for those ${}^L G$-bundles with connection which admit the structure of a ${}^L G$-oper (other flat ${}^L G$-bundles can be dealt with similarly). This is explained in Part III of this survey.

In the second scenario one considers a conformal field theory with affine Lie algebra symmetry of integral level k that is less than $-h^\vee$, so it is in some sense opposite to the traditional WZW model, where the level is a positive integer. In fact, theories with such values of level have been considered by physicists in the framework of the WZW models corresponding to non-compact Lie groups, such as $SL_2(\mathbb{R})$ (they have many similarities to the Liouville theory, as was pointed out already in [16]). Beilinson and Drinfeld have defined explicitly an extended chiral algebra in such a theory, which they called the *chiral Hecke algebra*. In addition to the action of an affine Lie algebra $\widehat{\mathfrak{g}}$, it carries an action of the Langlands dual group ${}^LG$ by symmetries. If G is abelian, then the chiral Hecke algebra is nothing but the chiral algebra of a free boson compactified on a torus. Using the ${}^LG$-symmetry, we can "twist" this extended chiral algebra by any ${}^LG$-bundle with connection E on our Riemann surface X, and so for each E we now obtain a particular chiral conformal field theory on X. Beilinson and Drinfeld have conjectured that the corresponding sheaf of conformal blocks on Bun_G is a Hecke eigensheaf with the "eigenvalue" E. I will not discuss this construction in detail in this survey referring the reader instead to [17], Sect. 4.9, and [18] where the abelian case is considered and the reviews in [19] and [20], Sect. 20.5.

These two examples show that the methods of two-dimensional conformal field theory are powerful and flexible enough to give us important examples of the geometric Langlands correspondence. This is the main message of this survey.

These notes are split into three parts: the classical Langlands Program, its geometric reformulation, and the conformal field theory approach to the geometric Langlands correspondence. They may be read independently from each other, so a reader who is primarily interested in the geometric side of the story may jump ahead to Part II, and a reader who wants to know what conformal field theory has to do with this subject may very well start with Part III and later go back to Parts I and II to read about the origins of the Langlands Program.

Here is a more detailed description of the material presented in various parts.

Part I gives an introduction to the classical Langlands correspondence. We start with some basic notions of number theory and then discuss the Langlands correspondence for number fields such as the field of rational numbers. I consider in detail a specific example which relates modular forms on the upper half-plane and two-dimensional representations of the Galois group coming from elliptic curves. This correspondence, known as the Shimura-Taniyama-Weil conjecture, is particularly important as it gives, among other things, the proof of Fermat's last theorem. It is also a good illustration for the key ingredients of the Langlands correspondence. Next, we switch from number fields to function fields undescoring the similarities and differences between the two cases. I formulate more precisely the Langlands correspondence for function fields, which has been proved by V. Drinfeld and L. Lafforgue.

Part II introduces the geometric reformulation of the Langlands correspondence. I tried to motivate every step of this reformulation and at the same time avoid the most difficult technical issues involved. In particular, I describe in detail the progression from functions to sheaves to perverse sheaves to $\mathcal{D}$-modules, as well as the link between automorphic representations and moduli spaces of bundles. I then formulate the geometric Langlands conjecture for GL_n (following Drinfeld and Laumon) and discuss it in great detail in the abelian case $n = 1$. This brings into the game some familiar geometric objects, such as the Jacobian, as well as the Fourier-Mukai transform. Next, we discuss the ingredients necessary for formulating the Langlands correspondence for arbitrary reductive groups. In particular, we discuss in detail the affine Grassmannian, the Satake correspondence and its geometric version. At the end of Part II we speculate about a possible non-abelian extension of the Fourier-Mukai transform and its "quantum" deformation.

Part III is devoted to the construction of Hecke eigensheaves in the framework of conformal field theory, following the work of Beilinson and Drinfeld [15]. I start by recalling the notions of conformal blocks and bundles of conformal blocks in conformal field theories with affine Lie algebra symmetry, first as bundles (or sheaves) over the moduli spaces of pointed Riemann surfaces and then over the moduli spaces of G-bundles. I discuss in detail the familiar example of the WZW models. Then I consider the center of the chiral algebra of an affine Lie algebra $\widehat{\mathfrak{g}}$ of critical level and its isomorphism with the classical $\mathcal{W}$-algebra associated to the Langlands dual group ${}^L G$ following [11; 12]. I explain how this isomorphism arises in the context of T-duality. We then use this isomorphism to construct representations of $\widehat{\mathfrak{g}}$ attached to geometric objects called opers. The sheaves of coinvariants corresponding to these representations are the sought-after Hecke eigensheaves. I also discuss the connection with the Hitchin system and a generalization to more general flat ${}^L G$-bundles, with and without ramification.

Even in a long survey it is impossible to cover all essential aspects of the Langlands Program. To get a broader picture, I recommend the interested reader to consult the informative reviews [21; 22; 23; 24]. My earlier review articles [25; 26] contain some of the material of the present notes in a more concise form as well as additional topics not covered here.

Acknowledgments. These notes grew out of the lectures that I gave at the Les Houches School "Number Theory and Physics" in March of 2003 and at the DARPA Workshop "Langlands Program and Physics" at the Institute for Advanced Study in March of 2004.

I thank the organizers of the Les Houches School, especially B. Julia, for the invitation and for encouraging me to write this review.

I am grateful to P. Goddard and E. Witten for their help in organizing the DARPA Workshop at the IAS. I thank DARPA for providing generous support which made this Workshop possible.

I have benefited from numerous discussions of the Langlands correspondence with A. Beilinson, D. Ben-Zvi, V. Drinfeld, B. Feigin, D. Gaitsgory, D. Kazhdan and K. Vilonen. I am grateful to all of them. I also thank K. Ribet and A.J. Tolland for their comments on the draft of this paper.

This work was partially supported by the DARPA grant HR0011-04-1-0031 and by the NSF grant DMS-0303529.

Part I. The origins of the Langlands Program

In the first part of this article I review the origins of the Langlands Program. We start by recalling some basic notions of number theory (Galois group, Frobenius elements, abelian class field theory). We then consider examples of the Langlands correspondence for the group GL_2 over the rational adèles. These examples relate in a surprising and non-trivial way modular forms on the upper half-plane and elliptic curves defined over rational numbers. Next, we recall the analogy between number fields and function fields. In the context of function fields the Langlands correspondence has been established in the works of V. Drinfeld and L. Lafforgue. We give a pricise formulation of their results.

1 The Langlands correspondence over number fields

1.1 Galois group

Let us start by recalling some notions from number theory. A *number field* is by definition a finite extension of the field $\mathbb{Q}$ of rational numbers, i.e., a field containing $\mathbb{Q}$ which is a finite-dimensional vector space over $\mathbb{Q}$. Such a field F is necessarily an algebraic extension of $\mathbb{Q}$, obtained by adjoining to $\mathbb{Q}$ roots of polynomials with coefficients in $\mathbb{Q}$. For example, the field

$$\mathbb{Q}(i) = \{a + bi | a \in \mathbb{Q}, b \in \mathbb{Q}\}$$

is obtained from $\mathbb{Q}$ by adjoining the roots of the polynomial $x^2 + 1$, denoted by i and $-i$. The coefficients of this polynomial are rational numbers, so the polynomial is *defined over* $\mathbb{Q}$, but its roots are not. Therefore adjoining them to $\mathbb{Q}$ we obtain a larger field, which has dimension 2 as a vector space over $\mathbb{Q}$.

More generally, adjoining to $\mathbb{Q}$ a primitive Nth root of unity ζ_N we obtain the Nth *cyclotomic field* $\mathbb{Q}(\zeta_N)$. Its dimension over $\mathbb{Q}$ is $\varphi(N)$, the Euler function of N: the number of integers between 1 and N such that $(m, N) = 1$ (this notation means that m is relatively prime to N). We can embed $\mathbb{Q}(\zeta_N)$ into $\mathbb{C}$ in such a way that $\zeta_N \mapsto e^{2\pi i/N}$, but this is not the only possible embedding of $\mathbb{Q}(\zeta_N)$ into $\mathbb{C}$; we could also send $\zeta_N \mapsto e^{2\pi i m/N}$, where $(m, N) = 1$.

Suppose now that F is a number field, and let K be its finite extension, i.e., another field containing F, which has finite dimension as a vector space over F. This dimension is called the *degree* of this extension and is denoted by $\deg_F K$. The group of all field automorphisms σ of K, preserving the field structures and such that $\sigma(x) = x$ for all $x \in F$, is called the *Galois group* of K/F and denoted by $\mathrm{Gal}(K/F)$. Note that if K' is an extension of K, then any field automorphism of K' will preserve K (although not pointwise), and so we have a natural homomorphism $\mathrm{Gal}(K'/F) \to \mathrm{Gal}(K/F)$. Its kernel is the normal subgroup of those elements that fix K pointwise, i.e., it is isomorphic to $\mathrm{Gal}(K'/K)$.

For example, the Galois group $\mathrm{Gal}(\mathbb{Q}(\zeta_N)/\mathbb{Q})$ is naturally identified with the group

$$(\mathbb{Z}/N\mathbb{Z})^\times = \{[n] \in \mathbb{Z}/N\mathbb{Z} \,|\, (n,N)=1\},$$

with respect to multiplication. The element $[n] \in (\mathbb{Z}/N\mathbb{Z})^\times$ gives rise to the automorphism of $\mathbb{Q}(\zeta_N)$ sending ζ_N to ζ_N^n, and hence ζ_N^m to ζ_N^{mn} for all m. If M divides N, then $\mathbb{Q}(\zeta_M)$ is contained in $\mathbb{Q}(\zeta_N)$, and the corresponding homomorphism of the Galois groups $\mathrm{Gal}(\mathbb{Q}(\zeta_N)/\mathbb{Q}) \to \mathrm{Gal}(\mathbb{Q}(\zeta_M)/\mathbb{Q})$ coincides, under the above identification, with the natural surjective homomorphism

$$p_{N,M} : (\mathbb{Z}/N\mathbb{Z})^\times \to (\mathbb{Z}/M\mathbb{Z})^\times,$$

sending $[n]$ to $[n]$ mod M.

The field obtained from F by adjoining the roots of all polynomials defined over F is called the *algebraic closure* of F and is denoted by $\overline{F}$. Its group of symmetries is the Galois group $\mathrm{Gal}(\overline{F}/F)$. Describing the structure of these Galois groups is one of the main questions of number theory.

1.2 Abelian class field theory

While at the moment we do not have a good description of the entire group $\mathrm{Gal}(\overline{F}/F)$, it has been known for some time what is the *maximal abelian quotient* of $\mathrm{Gal}(\overline{F}/F)$ (i.e., the quotient by the commutator subgroup). This quotient is naturally identified with the Galois group of the maximal abelian extension F^{ab} of F. By definition, F^{ab} is the largest of all subfields of $\overline{F}$ whose Galois group is abelian.

For $F = \mathbb{Q}$, the classical Kronecker-Weber theorem says that the maximal abelian extension $\mathbb{Q}^{\mathrm{ab}}$ is obtained by adjoining to $\mathbb{Q}$ all roots of unity. In other words, $\mathbb{Q}^{\mathrm{ab}}$ is the union of all cyclotomic fields $\mathbb{Q}(\zeta_N)$ (where $\mathbb{Q}(\zeta_M)$ is identified with the corresponding subfield of $\mathbb{Q}(\zeta_N)$ for M dividing N). Therefore we obtain that the Galois group $\mathrm{Gal}(\mathbb{Q}^{\mathrm{ab}}/\mathbb{Q})$ is isomorphic to the inverse limit of the groups $(\mathbb{Z}/N\mathbb{Z})^\times$ with respect to the system of surjections $p_{N,M} : (\mathbb{Z}/N\mathbb{Z})^\times \to (\mathbb{Z}/M\mathbb{Z})^\times$ for M dividing N:

$$\mathrm{Gal}(\mathbb{Q}^{\mathrm{ab}}/\mathbb{Q}) \simeq \varprojlim \, (\mathbb{Z}/N\mathbb{Z})^\times. \tag{1.1}$$

By definition, an element of this inverse limit is a collection $(x_N), N > 1$, of elements of $(\mathbb{Z}/N\mathbb{Z})^\times$ such that $p_{N,M}(x_N) = x_M$ for all pairs N, M such that M divides N.

This inverse limit may be described more concretely using the notion of *p-adic numbers.*

Recall (see, e.g., [27]) that if p is a prime, then a p-adic number is an infinite series of the form

$$a_k p^k + a_{k+1} p^{k+1} + a_{k+2} p^{k+2} + \dots, \tag{1.2}$$

where each a_k is an integer between 0 and $p-1$, and we choose $k \in \mathbb{Z}$ in such a way that $a_k \neq 0$. One defines addition and multiplication of such expressions by "carrying" the result of powerwise addition and multiplication to the next power. One checks that with respect to these operations the p-adic numbers form a field denoted by $\mathbb{Q}_p$ (for example, it is possible to find the inverse of each expression (1.2) by solving the obvious system of recurrence relations). It contains the subring $\mathbb{Z}_p$ of *p-adic integers* which consists of the above expressions with $k \geq 0$. It is clear that $\mathbb{Q}_p$ is the field of fractions of $\mathbb{Z}_p$.

Note that the subring of $\mathbb{Z}_p$ consisting of all finite series of the form (1.2) with $k \geq 0$ is just the ring of integers $\mathbb{Z}$. The resulting embedding $\mathbb{Z} \hookrightarrow \mathbb{Z}_p$ gives rise to the embedding $\mathbb{Q} \hookrightarrow \mathbb{Q}_p$.

It is important to observe that $\mathbb{Q}_p$ is in fact a *completion* of $\mathbb{Q}$. To see that, define a norm $|\cdot|_p$ on $\mathbb{Q}$ by the formula $|p^k a/b|_p = p^{-k}$, where a, b are integers relatively prime to p. With respect to this norm p^k becomes smaller and smaller as $k \to +\infty$ (in contrast to the usual norm where p^k becomes smaller as $k \to -\infty$). That is why the completion of $\mathbb{Q}$ with respect to this norm is the set of all infinite series of the form (1.2), going "in the wrong direction". This is precisely the field $\mathbb{Q}_p$. This norm extends uniquely to $\mathbb{Q}_p$, with the norm of the p-adic number (1.2) (with $a_k \neq 0$ as was our assumption) being equal to p^{-k}.

In fact, according to Ostrowski's theorem, any completion of $\mathbb{Q}$ is isomorphic to either $\mathbb{Q}_p$ or to the field $\mathbb{R}$ of real numbers.

Let $\widehat{\mathbb{Z}}$ be the inverse limit of the rings $\mathbb{Z}/N\mathbb{Z}$ with respect to the natural surjections $\mathbb{Z}/N\mathbb{Z} \to \mathbb{Z}/M\mathbb{Z}$ for M dividing N:

$$\widehat{\mathbb{Z}} = \varprojlim \mathbb{Z}/N\mathbb{Z}. \tag{1.3}$$

Now observe that if $N = \prod_p p^{m_p}$ is the prime factorization of N, then $\mathbb{Z}/N\mathbb{Z} \simeq \prod_p \mathbb{Z}/p^{m_p}\mathbb{Z}$. It follows that

$$\widehat{\mathbb{Z}} \simeq \prod_p \left(\varprojlim \mathbb{Z}/p^r\mathbb{Z} \right),$$

where the inverse limit in the brackets is taken with respect to the natural surjective homomorphisms $\mathbb{Z}/p^r\mathbb{Z} \to \mathbb{Z}/p^s\mathbb{Z}, r > s$. But this inverse limit is nothing but $\mathbb{Z}_p$! So we find that

$$\widehat{\mathbb{Z}} \simeq \prod_p \mathbb{Z}_p. \tag{1.4}$$

Note that $\widehat{\mathbb{Z}}$ defined above is actually a ring. The Kronecker-Weber theorem (1.1) implies that $\mathrm{Gal}(\mathbb{Q}^{\mathrm{ab}}/\mathbb{Q})$ is isomorphic to the multiplicative group $\widehat{\mathbb{Z}}^\times$ of invertible elements of the ring $\widehat{\mathbb{Z}}$. But we find from (1.4) that $\widehat{\mathbb{Z}}^\times$ is nothing but the direct product of the multiplicative groups $\mathbb{Z}_p^\times$ of the rings of p-adic integers where p runs over the set of all primes. We thus conclude that

$$\mathrm{Gal}(\mathbb{Q}^{\mathrm{ab}}/\mathbb{Q}) \simeq \widehat{\mathbb{Z}}^\times \simeq \prod_p \mathbb{Z}_p^\times.$$

An analogue of the Kronecker-Weber theorem describing the maximal abelian extension F^{ab} of an arbitrary number field F is unknown in general. But the *abelian class field theory* (ACFT – no pun intended!) describes its Galois group $\mathrm{Gal}(F^{\mathrm{ab}}/F)$, which is the maximal abelian quotient of $\mathrm{Gal}(\overline{F}/F)$. It states that $\mathrm{Gal}(F^{\mathrm{ab}}/F)$ is isomorphic to the group of connected components of the quotient $F^\times \backslash \mathbb{A}_F^\times$. Here $\mathbb{A}_F^\times$ is the multiplicative group of invertible elements in the ring $\mathbb{A}_F$ of *adèles* of F, which is a subring in the direct product of all completions of F.

We define the adèles first in the case when $F = \mathbb{Q}$. In this case, as we mentioned above, the completions of $\mathbb{Q}$ are the fields $\mathbb{Q}_p$ of p-adic numbers, where p runs over the set of all primes p, and the field $\mathbb{R}$ of real numbers. Hence the ring $\mathbb{A}_\mathbb{Q}$ is a subring of the direct product of the fields $\mathbb{Q}_p$. More precisely, elements of $\mathbb{A}_\mathbb{Q}$ are the collections $((f_p)_{p\in P}, f_\infty)$, where $f_p \in \mathbb{Q}_p$ and $f_\infty \in \mathbb{R}$, satisfying the condition that $f_p \in \mathbb{Z}_p$ for all but finitely many p's. It follows from the definition that

$$\mathbb{A}_\mathbb{Q} \simeq (\widehat{\mathbb{Z}} \otimes_\mathbb{Z} \mathbb{Q}) \times \mathbb{R}.$$

We give the ring $\widehat{\mathbb{Z}}$ defined by (1.3) the topology of direct product, $\mathbb{Q}$ the discrete topology and $\mathbb{R}$ its usual topology. This defines $\mathbb{A}_\mathbb{Q}$ the structure of topological ring on $\mathbb{A}_\mathbb{Q}$. Note that we have a diagonal embedding $\mathbb{Q} \hookrightarrow \mathbb{A}_\mathbb{Q}$ and the quotient

$$\mathbb{Q}\backslash\mathbb{A}_\mathbb{Q} \simeq \widehat{\mathbb{Z}} \times (\mathbb{R}/\mathbb{Z})$$

is compact. This is in fact the reason for the above condition that almost all f_p's belong to $\mathbb{Z}_p$. We also have the multiplicative group $\mathbb{A}_Q^\times$ of invertible adèles (also called idèles) and a natural diagonal embedding of groups $\mathbb{Q}^\times \hookrightarrow \mathbb{A}_\mathbb{Q}^\times$.

In the case when $F = \mathbb{Q}$, the statement of ACFT is that $\mathrm{Gal}(\mathbb{Q}^{\mathrm{ab}}/\mathbb{Q})$ is isomorphic to the group of connected components of the quotient $\mathbb{Q}^\times\backslash\mathbb{A}_\mathbb{Q}^\times$. It is not difficult to see that

$$\mathbb{Q}^\times\backslash\mathbb{A}_\mathbb{Q}^\times \simeq \prod_p \mathbb{Z}_p^\times \times \mathbb{R}_{>0}.$$

Hence the group of its connected components is isomorphic to $\prod_p \mathbb{Z}_p^\times$, in agreement with the Kronecker-Weber theorem.

For an arbitrary number field F one defines the ring $\mathbb{A}_F$ of adèles in a similar way. Like $\mathbb{Q}$, any number field F has non-archimedian completions parameterized by prime ideals in its *ring of integers* $\mathcal{O}_F$. By definition, $\mathcal{O}_F$ consists of all elements of F that are roots of monic polynomials with coefficients in F; monic means that the coefficient in front of the highest power is equal to 1. The corresponding norms on F are defined similarly to the p-adic norms, and the completions look like the fields of p-adic numbers (in fact, each of them is isomorphic to a finite extension of $\mathbb{Q}_p$ for some p). There are also archimedian completions, which are isomorphic to either $\mathbb{R}$ or $\mathbb{C}$, parameterized by the real and complex embeddings of F. The corresponding norms are obtained by taking the composition of an embedding of F into $\mathbb{R}$ or $\mathbb{C}$ and the standard norm on the latter.

We denote these completions by F_v, where v runs over the set of equivalence classes of norms on F. Each of the non-archimedian completions contains its own "ring of integers", denoted by $\mathcal{O}_v$, which is defined similarly to $\mathbb{Z}_p$. Now $\mathbb{A}_F$ is defined as the restricted product of all (non-isomorphic) completions. Restricted means that it consists of those collections of elements of F_v which belong to the ring of integers $\mathcal{O}_v \subset F_v$ for all but finitely many v's corresponding to the non-archimedian completions. The field F diagonally embeds into $\mathbb{A}_F$, and the multiplicative group $F^\times$ of F into the multiplicative group $\mathbb{A}_F^\times$ of invertible elements of $\mathbb{A}_F$. Hence the quotient $F^\times \backslash \mathbb{A}_F^\times$ is well-defined as an abelian group.

The statement of ACFT is now

$$\boxed{\begin{array}{c}\text{Galois group}\\ \mathrm{Gal}(F^{\mathrm{ab}}/F)\end{array}} \simeq \boxed{\begin{array}{c}\text{group of connected}\\ \text{components of } F^\times\backslash\mathbb{A}_F^\times\end{array}} \tag{1.5}$$

In addition, this isomorphism satisfies a very important property, which rigidifies it. In order to explain it, we need to introduce the Frobenius automorphisms, which we do in the next subsection.

1.3 Frobenius automorphisms

Let us look at the extensions of the finite field of p elements $\mathbb{F}_p$, where p is a prime. It is well-known that there is a unique, up to an isomorphism, extension of $\mathbb{F}_p$ of degree $n = 1, 2, \ldots$ (see, e.g., [27]). It then has $q = p^n$ elements and is denoted by $\mathbb{F}_q$. The Galois group $\mathrm{Gal}(\mathbb{F}_q/\mathbb{F}_p)$ is isomorphic to the cyclic group $\mathbb{Z}/n\mathbb{Z}$. A generator of this group is the *Frobenius automorphism*, which sends $x \in \mathbb{F}_q$ to $x^p \in \mathbb{F}_q$. It is clear from the binomial formula that this is indeed a field automorphism of $\mathbb{F}_q$. Moreover, $x^p = x$ for all $x \in \mathbb{F}_p$, so it preserves all elements of $\mathbb{F}_p$. It is also not difficult to show that this automorphism has order exactly n and that all automorphisms of $\mathbb{F}_q$ preserving $\mathbb{F}_p$ are its powers. Under the isomorphism $\mathrm{Gal}(\mathbb{F}_q/\mathbb{F}_p) \simeq \mathbb{Z}/n\mathbb{Z}$ the Frobenius automorphism goes to $1 \bmod n$.

Observe that the field $\mathbb{F}_q$ may be included as a subfield of $\mathbb{F}_{q'}$ whenever $q' = q^{n'}$. The algebraic closure $\overline{\mathbb{F}}_p$ of $\mathbb{F}_p$ is therefore the union of all fields $\mathbb{F}_q, q = p^n, n > 0$, with respect to this system of inclusions. Hence the Galois group $\mathrm{Gal}(\overline{\mathbb{F}}_p/\mathbb{F}_p)$ is the inverse limit of the cyclic groups $\mathbb{Z}/n\mathbb{Z}$ and hence is isomorphic to $\widehat{\mathbb{Z}}$ introduced in formula (1.3).

Likewise, the Galois group $\mathrm{Gal}(\mathbb{F}_{q'}/\mathbb{F}_q)$, where $q' = q^{n'}$, is isomorphic to the cyclic group $\mathbb{Z}/n'\mathbb{Z}$ generated by the automorphism $x \mapsto x^q$, and hence $\mathrm{Gal}(\overline{\mathbb{F}}_q/\mathbb{F}_q)$ is isomorphic to $\widehat{\mathbb{Z}}$ for any q that is a power of a prime. The group $\widehat{Z}$ has a preferred element which projects onto $1 \bmod n$ under the homomorphism $\widehat{\mathbb{Z}} \to \mathbb{Z}/n\mathbb{Z}$. Inside $\widehat{\mathbb{Z}}$ it generates the subgroup $\mathbb{Z} \subset \widehat{\mathbb{Z}}$, of which $\widehat{\mathbb{Z}}$ is a completion, and so it may be viewed as a topological generator of $\widehat{\mathbb{Z}}$. We will call it the Frobenius automorphism of $\overline{\mathbb{F}}_q$.

Now, the main object of our interest is the Galois group $\mathrm{Gal}(\overline{F}/F)$ for a number field F. Can relate this group to the Galois groups $\mathrm{Gal}(\overline{\mathbb{F}}_q/\mathbb{F}_q)$? It turns out that the answer is yes. In fact, by making this connection, we will effectively transport the Frobenius automorphisms to $\mathrm{Gal}(\overline{F}/F)$.

Let us first look at a finite extension K of a number field F. Let v be a prime ideal in the ring of integers $\mathcal{O}_F$. The ring of integers $\mathcal{O}_K$ contains $\mathcal{O}_F$ and hence v. The ideal (v) of $\mathcal{O}_K$ generated by v splits as a product of prime ideals of $\mathcal{O}_K$. Let us pick one of them and denote it by w. Note that the *residue field* $\mathcal{O}_F/v$ is a finite field, and hence isomorphic to $\mathbb{F}_q$, where q is a power of a prime. Likewise, $\mathcal{O}_K/w$ is a finite field isomorphic to $\mathbb{F}_{q'}$, where $q' = q^n$. Moreover, $\mathcal{O}_K/w$ is an extension of $\mathcal{O}_F/v$. The Galois group $\mathrm{Gal}(\mathcal{O}_K/w, \mathcal{O}_L/v)$ is thus isomorphic to $\mathbb{Z}/n\mathbb{Z}$.

Define the *decomposition group* D_w of w as the subgroup of the Galois group $\mathrm{Gal}(K/F)$ of those elements σ that preserve the ideal w, i.e., such that for any $x \in w$ we have $\sigma(x) \in w$. Since any element of $\mathrm{Gal}(K/F)$ preserves F, and hence the ideal v of F, we obtain a natural homomorphism $D_w \to \mathrm{Gal}(\mathcal{O}_K/w, \mathcal{O}_L/v)$. One can show that this homomorphism is surjective.

The *inertia group* I_w of w is by definition the kernel of this homomorphism. The extension K/F is called *unramified* at v if $I_w = \{1\}$. If this is the case, then we have

$$D_w \simeq \mathrm{Gal}(\mathcal{O}_K/w, \mathcal{O}_L/v) \simeq \mathbb{Z}/n\mathbb{Z}.$$

The Frobenius automorphism generating $\mathrm{Gal}(\mathcal{O}_K/w, \mathcal{O}_L/v)$ can therefore be considered as an element of D_w, denoted by $\mathrm{Fr}[w]$. If we replace w by another prime ideal of $\mathcal{O}_K$ that occurs in the decomposition of (v), then $D_{w'} = sD_w s^{-1}, I_{w'} = sI_w s^{-1}$ and $\mathrm{Fr}[w'] = s\,\mathrm{Fr}[w]s^{-1}$ for some $s \in \mathrm{Gal}(K/F)$. Therefore the *conjugacy class* of $\mathrm{Fr}[w]$ is a well-defined conjugacy class in $\mathrm{Gal}(K/F)$ which depends only on v, provided that $I_w = \{1\}$ (otherwise, for each choice of w we only get a coset in D_w/I_w). We will denote it by $\mathrm{Fr}(v)$.

The Frobenius conjugacy classes $\mathrm{Fr}(v)$ attached to the unramified prime ideals v in F contain important information about the extension K. For example, knowing the order of $\mathrm{Fr}(v)$ we can figure out how many primes occur in the prime decomposition of (v) in K. Namely, if $(v) = w_1 \dots w_g$ is the decomposition of (v) into prime ideals of K[1] and the order of the Frobenius class is f,[2] then $fg = \deg_F K$. The number g is an important number-theoretic characteristic, as one can see from the following example.

---

[1] each w_i will occur once if and only if K is unramified at v

[2] so that $\deg_{\mathcal{O}_F/v} \mathcal{O}_K/w = f$

Let $F = \mathbb{Q}$ and $K = \mathbb{Q}(\zeta_N)$, the cyclotomic field, which is an extension of degree $\varphi(N) = |(\mathbb{Z}/N\mathbb{Z})^\times|$ (the Euler function of N). The Galois group $\mathrm{Gal}(K/F)$ is isomorphic to $(\mathbb{Z}/N\mathbb{Z})^\times$ as we saw above. The ring of integers $\mathcal{O}_F$ of F is $\mathbb{Z}$ and $\mathcal{O}_K = \mathbb{Z}[\zeta_N]$. The prime ideals in $\mathbb{Z}$ are just prime numbers, and it is easy to see that $\mathbb{Q}(\zeta_N)$ is unramified at the prime ideal $p\mathbb{Z} \subset \mathbb{Z}$ if and only if p does not divide N. In that case we have $(p) = \mathcal{P}_1 \dots \mathcal{P}_r$, where the $\mathcal{P}_i$'s are prime ideals in $\mathbb{Z}[\zeta_N]$. The residue field corresponding to p is now $\mathbb{Z}/p\mathbb{Z} = \mathbb{F}_p$, and so the Frobenius automorphism corresponds to raising to the pth power. Therefore the Frobenius conjugacy class $\mathrm{Fr}(p)$ in $\mathrm{Gal}(K/F)$[3] acts on ζ_N by raising it to the pth power, $\zeta_N \mapsto \zeta_N^p$.

What this means is that under our identification of $\mathrm{Gal}(K/F)$ with $(\mathbb{Z}/N\mathbb{Z})^\times$ the Frobenius element $\mathrm{Fr}(p)$ corresponds to $p \bmod N$. Hence its order in $\mathrm{Gal}(K/F)$ is equal to the multiplicative order of p modulo N. Denote this order by d. Then the residue field of each of the prime ideals $\mathcal{P}_i$'s in $\mathbb{Z}[\zeta_N]$ is an extension of $\mathbb{F}_p$ of degree d, and so we find that p splits into exactly $r = \varphi(N)/d$ factors in $\mathbb{Z}[\zeta_N]$.

Consider for example the case when $N = 4$. Then $K = \mathbb{Q}(i)$ and $\mathcal{O}_K = \mathbb{Z}[i]$, the ring of Gauss integers. It is unramified at all odd primes. An odd prime p splits in $\mathbb{Z}[i]$ if and only if

$$p = (a + bi)(a - bi) = a^2 + b^2,$$

i.e., if p may be represented as the sum of squares of two integers.[4] The above formula now tells us that this representation is possible if and only if $p \equiv 1 \bmod 4$, which is the statement of one of Fermat's theorems (see [22] for more details). For example, 5 can be written as $1^2 + 2^2$, but 7 cannot be written as the sum of squares of two integers.

A statement like this is usually referred to as a *reciprocity law*, as it expresses a subtle arithmetic property of a prime p (in the case at hand, representability as the sum of two squares) in terms of a congruence condition on p.

1.4 Rigidifying ACFT

Now let us go back to the ACFT isomorphism (1.5). We wish to define a Frobenius conjugacy class $\mathrm{Fr}(p)$ in the Galois group of the maximal abelian extension $\mathbb{Q}^{\mathrm{ab}}$ of $\mathbb{Q}$. However, in order to avoid the ambiguities explained above, we can really define it in the Galois group of the maximal abelian extension unramified at p, $\mathbb{Q}^{\mathrm{ab},p}$. This Galois group is the quotient of $\mathrm{Gal}(\mathbb{Q}^{\mathrm{ab}}, \mathbb{Q})$ by the inertia subgroup I_p of p.[5] While $\mathbb{Q}^{\mathrm{ab}}$ is obtained by adjoining to $\mathbb{Q}$ all roots

[3] it is really an element of $\mathrm{Gal}(K/F)$ in this case, and not just a conjugacy class, because this group is abelian

[4] this follows from the fact that all ideals in $\mathbb{Z}[i]$ are principal ideals, which is not difficult to see directly

[5] in general, the inertia subgroup is defined only up to conjugation, but in the abelian Galois group such as $\mathrm{Gal}(\mathbb{Q}^{\mathrm{ab}}/\mathbb{Q})$ it is well-defined as a subgroup

of unity, $\mathbb{Q}^{\mathrm{ab},p}$ is obtained by adjoining all roots of unity of orders not divisible by p. So while $\mathrm{Gal}(\mathbb{Q}^{\mathrm{ab}}, \mathbb{Q})$ is isomorphic to $\prod_{p' \text{ prime}} \mathbb{Z}_{p'}^\times$, or the group of connected components of $\mathbb{Q}^\times \backslash \mathbb{A}_{\mathbb{Q}}^\times$, the Galois group of $\mathbb{Q}^{\mathrm{ab},p}$ is

$$\mathrm{Gal}(\mathbb{Q}^{\mathrm{ab},p}, \mathbb{Q}) \simeq \prod_{p' \neq p} \mathbb{Z}_{p'}^\times \simeq \left(\mathbb{Q}^\times \backslash \mathbb{A}_{\mathbb{Q}}^\times / \mathbb{Z}_p^\times\right)_{\text{c.c.}} \tag{1.6}$$

(the subscript indicates taking the group of connected components). In other words, the inertia subgroup I_p is isomorphic to $\mathbb{Z}_p^\times$.

The reciprocity laws discussed above may be reformulated in a very nice way, by saying that under the isomorphism (1.6) the *inverse* of $\mathrm{Fr}(p)$ goes to the double coset of the invertible adèle $(1, \ldots, 1, p, 1, \ldots) \in \mathbb{A}_{\mathbb{Q}}^\times$, where p is inserted in the factor $\mathbb{Q}_p^\times$, in the group $(\mathbb{Q}^\times \backslash \mathbb{A}_{\mathbb{Q}}^\times / \mathbb{Z}_p^\times)_{\text{c.c.}}$.[6] The inverse of $\mathrm{Fr}(p)$ is the *geometric* Frobenius automorphism, which we will denote by Fr_p (in what follows we will drop the adjective "geometric"). Thus, we have

$$\mathrm{Fr}_p \mapsto (1, \ldots, 1, p, 1, \ldots). \tag{1.7}$$

More generally, if F is a number field, then, according to the ACFT isomorphism (1.5), the Galois group of the maximal abelian extension F^{ab} of F is isomorphic to $F^\times \backslash \mathbb{A}_F^\times$. Then the analogue of the above statement is that the inertia subgroup I_v of a prime ideal v of $\mathcal{O}_F$ goes under this isomorphism to $\mathcal{O}_v^\times$, the multiplicative group of the completion of $\mathcal{O}_F$ at v. Thus, the Galois group of the maximal abelian extension unramified outside of v is isomorphic to $(F^\times \backslash \mathbb{A}_F^\times / \mathcal{O}_v^\times)_{\text{c.c.}}$, and under this isomorphism the Frobenius element Fr_v goes to the coset of the invertible adèle $(1, \ldots, 1, t_v, 1, \ldots)$, where t_v is any generator of the maximal ideal in $\mathcal{O}_v$ (this coset is independent of the choice of t_v).[7] According to the Chebotarev theorem, the Frobenius conjugacy classes generate a dense subset in the Galois group. Therefore this condition rigidifies the ACFT isomorphism, in the sense that there is a unique isomorphism that satisfies this condition.

One can think of this rigidity condition as encompassing all reciprocity laws that one can write for the *abelian extensions* of number fields.

1.5 Non-abelian generalization?

Having gotten an adèlic description of the abelian quotient of the Galois group of a number field, it is natural to ask what should be the next step. What about non-abelian extensions? The Galois group of the maximal abelian extension of F is the quotient of the absolute Galois group $\mathrm{Gal}(\overline{F}/F)$ by its first commutator subgroup. So, for example, we could inquire what is the quotient of $\mathrm{Gal}(\overline{F}/F)$ by the second commutator subgroup, and so on.

---

6 This normalization of the isomorphism (1.6) introduced by P. Deligne is convenient for the geometric reformulation that we will need

7 in the case when $F = \mathbb{Q}$, formula (1.7), we have chosen $t_v = p$ for $v = (p)$

We will pursue a different direction. Instead of talking about the structure of the Galois group itself, we will look at its finite-dimensional representations. Note that for any group G, the one-dimensional representations of G are the same as those of its maximal abelian quotient. Moreover, one can obtain complete information about the maximal abelian quotient of a group by considering its one-dimensional representations.

Therefore describing the maximal abelian quotient of $\mathrm{Gal}(\overline{F}/F)$ is equivalent to describing one-dimensional representations of $\mathrm{Gal}(\overline{F}/F)$. Thus, the above statement of the abelian class field theory may be reformulated as saying that one-dimensional representations of $\mathrm{Gal}(\overline{F}/F)$ are essentially in bijection with one-dimensional representations of the abelian group $F^\times \backslash \mathbb{A}_F^\times$.[8] The latter may also be viewed as representations of the group $\mathbb{A}_F^\times = GL_1(\mathbb{A}_F)$ which occur in the space of functions on the quotient $F^\times \backslash \mathbb{A}_F^\times = GL_1(F)\backslash GL_1(\mathbb{A}_F)$. Thus, schematically ACFT may be represented as follows:

1-dimensional representations of $\mathrm{Gal}(\overline{F}/F)$	$\longrightarrow$	representations of $GL_1(\mathbb{A}_F)$ in functions on $GL_1(F)\backslash GL_1(\mathbb{A}_F)$

A marvelous insight of Robert Langlands was to conjecture, in a letter to A. Weil [28] and in [1], that there exists a similar description of *n-dimensional representations* of $\mathrm{Gal}(\overline{F}/F)$. Namely, he proposed that those should be related to irreducible representations of the group $GL_n(\mathbb{A}_F)$ which occur in the space of functions on the quotient $GL_n(F)\backslash GL_n(\mathbb{A}_F)$. Such representations are called *automorphic*.[9] Schematically,

n-dimensional representations of $\mathrm{Gal}(\overline{F}/F)$	$\longrightarrow$	representations of $GL_n(\mathbb{A}_F)$ in functions on $GL_n(F)\backslash GL_n(\mathbb{A}_F)$

This relation and its generalizations are examples of what we now call the *Langlands correspondence*.

There are many reasons to believe that Langlands correspondence is a good way to tackle non-abelian Galois groups. First of all, according to the

[8] The word "essentially" is added because in the ACFT isomorphism (1.5) we have to take not the group $F^\times \backslash \mathbb{A}_F^\times$ itself, but the group of its connected components; this may be taken into account by imposing some restrictions on the one-dimensional representations of this group that we should consider.

[9] A precise definition of automorphic representation is subtle because of the presence of continuous spectrum in the appropriate space of functions on $GL_n(F)\backslash GL_n(\mathbb{A}_F)$; however, in what follows we will only consider those representations which are part of the discrete spectrum, so these difficulties will not arise.

"Tannakian philosophy", one can reconstruct a group from the category of its finite-dimensional representations, equipped with the structure of the tensor product. Therefore looking at the equivalence classes of n-dimensional representations of the Galois group may be viewed as a first step towards understanding its structure.

Perhaps, even more importantly, one finds many interesting representations of Galois groups in "nature". For example, the group $\mathrm{Gal}(\overline{\mathbb{Q}}/\mathbb{Q})$ will act on the geometric invariants (such as the étale cohomologies) of an algebraic variety defined over $\mathbb{Q}$. Thus, if we take an elliptic curve E over $\mathbb{Q}$, then we will obtain a two-dimensional Galois representation on its first étale cohomology. This representation contains a lot of important information about the curve E, such as the number of points of E over $\mathbb{Z}/p\mathbb{Z}$ for various primes p, as we will see below.

Recall that in the abelian case ACFT isomorphism (1.5) satisfied an important "rigidity" condition expressing the Frobenius element in the abelian Galois group as a certain explicit adèle (see formula (1.7)). The power of the Langlands correspondence is not just in the fact that we establish a correspondence between objects of different nature, but that this correspondence again should satisfy a rigidity condition similar to the one in the abelian case. We will see below that this rigidity condition implies that the intricate data on the Galois side, such as the number of points of $E(\mathbb{Z}/p\mathbb{Z})$, are translated into something more tractable on the automorphic side, such as the coefficients in the q-expansion of the modular forms that encapsulate automorphic representations of $GL_2(\mathbb{A}_{\mathbb{Q}})$.

So, roughly speaking, one asks that under the Langlands correspondence certain natural invariants attached to the Galois representations and to the automorphic representations be matched. These invariants are the *Frobenius conjugacy classes* on the Galois side and the *Hecke eigenvalues* on the automorphic side.

Let us explain this more precisely. We have already defined the Frobenius conjugacy classes. We just need to generalize this notion from finite extensions of F to the infinite extension $\overline{F}$. This is done as follows. For each prime ideal v in $\mathcal{O}_F$ we choose a compatible system $\overline{v}$ of prime ideals that appear in the factorization of v in all finite extensions of F. Such a system may be viewed as a prime ideal associated to v in the ring of integers of $\overline{F}$. Then we attach to $\overline{v}$ its stabilizer in $\mathrm{Gal}(\overline{F}/F)$, called the decomposition subgroup and denoted by $D_{\overline{v}}$. We have a natural homomorphism (actually, an isomorphism) $D_{\overline{v}} \to \mathrm{Gal}(\overline{F}_v, F_v)$. Recall that F_v is the non-archimedean completion of F corresponding to v, and $\overline{F}_v$ is realized here as the completion of $\overline{F}$ at $\overline{v}$. We denote by $\mathcal{O}_v$ the ring of integers of F_v, by $\mathfrak{m}_v$ the unique maximal ideal of $\mathcal{O}_v$, and by k_v the (finite) residue field $\mathcal{O}_F/v = \mathcal{O}_v/\mathfrak{m}_v$. The kernel of the composition

$$D_{\overline{v}} \to \mathrm{Gal}(\overline{F}_v, F_v) \to \mathrm{Gal}(\overline{k}_v/k_v)$$

is called the inertia subgroup $I_{\overline{v}}$ of $D_{\overline{v}}$. An n-dimensional representation $\sigma : \mathrm{Gal}(\overline{F}/F) \to GL_n$ is called unramified at v if $I_{\overline{v}} \subset \mathrm{Ker}\,\sigma$.

Suppose that σ is unramified at v. Let Fr_v be the geometric Frobenius automorphism in $\mathrm{Gal}(\overline{k}_v, k_v)$ (the inverse to the operator $x \mapsto x^{|k_v|}$ acting on $\overline{k}_v$). In this case $\sigma(\mathrm{Fr}_v)$ is a well-defined element of GL_n. If we replace $\overline{v}$ by another compatible system of ideals, then $\sigma(\mathrm{Fr}_v)$ will get conjugated in GL_n. So its conjugacy class is a well-defined conjugacy class in GL_n, which we call the Frobenius conjugacy class corresponding to v and σ.

This takes care of the Frobenius conjugacy classes. To explain what the Hecke eigenvalues are we need to look more closely at representations of the adèlic group $GL_n(\mathbb{A}_F)$, and we will do that below. For now, let us just say that like the Frobenius conjugacy classes, the Hecke eigenvalues also correspond to conjugacy classes in GL_n and are attached to all but finitely many prime ideals v of $\mathcal{O}_F$. As we will explain in the next section, in the case when $n = 2$ they are related to the eigenvalues of the classical Hecke operators acting on modular forms.

The matching condition alluded to above is then formulated as follows: if under the Langlands correspondence we have

$$\sigma \longrightarrow \pi,$$

where σ is an n-dimensional representation of $\mathrm{Gal}(\overline{F}/F)$ and π is an automorphic representation of $GL_n(\mathbb{A}_F)$, then the Frobenius conjugacy classes for σ should coincide with the Hecke eigenvalues for π for almost all prime ideals v (precisely those v at which both σ and π are unramified). In the abelian case, $n = 1$, this condition amounts precisely to the "rigidity" condition (1.7). In the next two sections we will see what this condition means in the non-abelian case $n = 2$ when σ comes from the first cohomology of an elliptic curve defined over $\mathbb{Q}$. It turns out that in this special case the Langlands correspondence becomes the statement of the Shimura-Taniyama-Weil conjecture which implies Fermat's last theorem.

1.6 Automorphic representations of $GL_2(\mathbb{A}_\mathbb{Q})$ and modular forms

In this subsection we discuss briefly cuspidal automorphic representations of $GL_2(\mathbb{A}) = GL_2(\mathbb{A}_\mathbb{Q})$ and how to relate them to classical modular forms on the upper half-plane. We will then consider the two-dimensional representations of $\mathrm{Gal}(\overline{\mathbb{Q}}/\mathbb{Q})$ arising from elliptic curves defined over $\mathbb{Q}$ and look at what the Langlands correspondence means for such representations. We refer the reader to [29; 30; 31; 32] for more details on this subject.

Roughly speaking, cuspidal automorphic representations of $GL_2(\mathbb{A})$ are those irreducible representations of this group which occur in the discrete spectrum of a certain space of functions on the quotient $GL_2(\mathbb{Q})\backslash GL_2(\mathbb{A})$. Strictly speaking, this is not correct because the representations that we consider do not carry the action of the factor $GL_2(\mathbb{R})$ of $GL_2(\mathbb{A})$, but only that of its Lie algebra $\mathfrak{gl}_2$. Let us give a more precise definition.

We start by introducing the maximal compact subgroup $K \subset GL_2(\mathbb{A})$ which is equal to $\prod_p GL_2(\mathbb{Z}_p) \times O_2$. Let $\mathfrak{z}$ be the center of the universal enveloping algebra of the (complexified) Lie algebra $\mathfrak{gl}_2$. Then $\mathfrak{z}$ is the polynomial algebra in the central element $I \in \mathfrak{gl}_2$ and the Casimir operator

$$C = \frac{1}{4}X_0^2 + \frac{1}{2}X_+X_- + \frac{1}{2}X_-X_+, \tag{1.8}$$

where

$$X_0 = \begin{pmatrix} 0 & i \\ -i & 0 \end{pmatrix}, \qquad X_\pm = \frac{1}{2}\begin{pmatrix} 1 & \mp i \\ \mp i & -1 \end{pmatrix}$$

are basis elements of $\mathfrak{sl}_2 \subset \mathfrak{gl}_2$.

Consider the space of functions of $GL_2(\mathbb{Q})\backslash GL_2(\mathbb{A})$ which are locally constant as functions on $GL_2(\mathbb{A}^{\mathrm{f}})$, where $\mathbb{A}^{\mathrm{f}} = \prod'_p \mathbb{Q}_p$, and smooth as functions on $GL_2(\mathbb{R})$. Such functions are called *smooth.* The group $GL_2(\mathbb{A})$ acts on this space by right translations:

$$(g \cdot f)(h) = f(hg), \qquad g \in GL_2(\mathbb{A}).$$

In particular, the subgroup $GL_2(\mathbb{R}) \subset GL_2(\mathbb{A})$, and hence its complexified Lie algebra $\mathfrak{gl}_2$ and the universal enveloping algebra of the latter also act.

The group $GL_2(\mathbb{A})$ has the center $Z(\mathbb{A}) \simeq \mathbb{A}^\times$ which consists of all diagonal matrices.

For a character $\chi : Z(\mathbb{A}) \to \mathbb{C}^\times$ and a complex number ρ let

$$\mathcal{C}_{\chi,\rho}(GL_2(\mathbb{Q})\backslash GL_2(\mathbb{A}))$$

be the space of smooth functions $f : GL_2(\mathbb{Q})\backslash GL_2(\mathbb{A}) \to \mathbb{C}$ satisfying the following additional requirements:

- (K-finiteness) the (right) translates of f under the action of elements of the compact subgroup K span a finite-dimensional vector space;
- (central character) $f(gz) = \chi(z)f(g)$ for all $g \in GL_2(\mathbb{A}), z \in Z(\mathbb{A})$, and $C \cdot f = \rho f$, where C is the Casimir element (1.8);
- (growth) f is bounded on $GL_n(\mathbb{A})$;
- (cuspidality) $\int_{\mathbb{Q}\backslash N\mathbb{A}} f\left(\begin{pmatrix} 1 & u \\ 0 & 1 \end{pmatrix} g\right) du = 0.$

The space $\mathcal{C}_{\chi,\rho}(GL_2(\mathbb{Q})\backslash GL_2(\mathbb{A}))$ is a representation of the group

$$GL_2(\mathbb{A}^{\mathrm{f}}) = \prod_{p\,\mathrm{prime}} {}' GL_2(\mathbb{Q}_p)$$

and the Lie algebra $\mathfrak{gl}_2$ (corresponding to the infinite place), whose actions commute with each other. In addition, the subgroup O_2 of $GL_2(\mathbb{R})$ acts on it, and the action of O_2 is compatible with the action of $\mathfrak{gl}_2$ making it into a module over the so-called Harish-Chandra pair $(\mathfrak{gl}_2, O_2)$.

It is known that $\mathcal{C}_{\chi,\rho}(GL_2(\mathbb{Q})\backslash GL_2(\mathbb{A}))$ is a direct sum of irreducible representations of $GL_2(\mathbb{A}^{\mathrm{f}}) \times \mathfrak{gl}_2$, each occurring with multiplicity one.[10] The irreducible representations occurring in these spaces (for different χ, ρ) are called the *cuspidal automorphic representations of* $GL_2(\mathbb{A})$.

We now explain how to attach to such a representation a modular form on the upper half-plane $\mathbb{H}_+$. First of all, an irreducible cuspidal automorphic representation π may be written as a *restricted* infinite tensor product

$$\pi = \bigotimes_{p\,\mathrm{prime}}{}' \pi_p \otimes \pi_\infty, \tag{1.9}$$

where π_p is an irreducible representation of $GL_2(\mathbb{Q}_p)$ and π_∞ is a $\mathfrak{gl}_2$-module. For all but finitely many primes p, the representation π_p is *unramified*, which means that it contains a non-zero vector invariant under the maximal compact subgroup $GL_2(\mathbb{Z}_p)$ of $GL_2(\mathbb{Q}_p)$. This vector is then unique up to a scalar. Let us choose $GL_2(\mathbb{Z}_p)$-invariant vectors v_p at all unramified primes p.

Then the vector space (1.9) is the restricted infinite tensor product in the sense that it consists of finite linear combinations of vectors of the form $\otimes_p w_p \otimes w_\infty$, where $w_p = v_p$ for all but finitely many prime numbers p (this is the meaning of the prime at the tensor product sign). It is clear from the definition of $\mathbb{A}^{\mathrm{f}} = \prod_p' \mathbb{Q}_p$ that the group $GL_2(\mathbb{A}^{\mathrm{f}})$ acts on it.

Suppose now that p is one of the primes at which π_p is ramified, so π_p does not contain $GL_2(\mathbb{Z}_p)$-invariant vectors. Then it contains vectors invariant under smaller compact subgroups of $GL_2(\mathbb{Z}_p)$.

Let us assume for simplicity that $\chi \equiv 1$. Then one shows that there is a unique, up to a scalar, non-zero vector in π_p invariant under the compact subgroup

$$K'_p = \left\{ \begin{pmatrix} a & b \\ c & d \end{pmatrix} \mid c \equiv 0 \bmod p^{n_p}\mathbb{Z}_p \right\}$$

for some positive integer n_p.[11] Let us choose such a vector v_p at all primes where π is ramified. In order to have uniform notation, we will set $n_p = 0$ at those primes at which π_p is unramified, so at such primes we have $K'_p = GL_2(\mathbb{Z}_p)$. Let $K' = \prod_p K'_p$.

Thus, we obtain that the space of K'-invariants in π is the subspace

$$\widetilde{\pi}_\infty = \otimes_p v_p \otimes \pi_\infty, \tag{1.10}$$

which carries an action of $(\mathfrak{gl}_2, O_2)$. This space of functions contains all the information about π because other elements of π may be obtained from it by right translates by elements of $GL_2(\mathbb{A})$. So far we have not used the fact that π

---

[10] the above cuspidality and central character conditions are essential in ensuring that irreducible representations occur in $\mathcal{C}_{\chi,\rho}(GL_2(\mathbb{Q})\backslash GL_2(\mathbb{A}))$ discretely.

[11] if we do not assume that $\chi \equiv 1$, then there is a unique, up to a scalar, vector invariant under the subgroup of elements as above satisfying the additional condition that $d \equiv \bmod p^{n_p}\mathbb{Z}_p$

is an automorphic representation, i.e., that it is realized in the space of smooth functions on $GL_2(\mathbb{A})$ left invariant under the subgroup $GL_2(\mathbb{Z})$. Taking this into account, we find that the space $\widetilde{\pi}_\infty$ of K'-invariant vectors in π is realized in the space of functions on the double quotient $GL_2(\mathbb{Q})\backslash GL_2(\mathbb{A})/K'$.

Next, we use the strong approximation theorem (see, e.g., [29]) to obtain the following useful statement. Let us set $N = \prod_p p^{n_p}$ and consider the subgroup

$$\Gamma_0(N) = \left\{ \begin{pmatrix} a & b \\ c & d \end{pmatrix} \mid c \equiv 0 \bmod N\mathbb{Z} \right\}$$

of $SL_2(\mathbb{Z})$. Then

$$GL_2(\mathbb{Q})\backslash GL_2(\mathbb{A})/K' \simeq \Gamma_0(N)\backslash GL_2^+(\mathbb{R}),$$

where $GL_2^+(\mathbb{R})$ consists of matrices with positive determinant.

Thus, the smooth functions on $GL_2(\mathbb{Q})\backslash GL_2(\mathbb{A})$ corresponding to vectors in the space $\widetilde{\pi}_\infty$ given by (1.10) are completely determined by their restrictions to the subgroup $GL_2^+(\mathbb{R})$ of $GL_2(\mathbb{R}) \subset GL_2(\mathbb{A})$. The central character condition implies that these functions are further determined by their restrictions to $SL_2(\mathbb{R})$. Thus, all information about π is contained in the space $\widetilde{\pi}_\infty$ realized in the space of smooth functions on $\Gamma_0(N)\backslash SL_2(\mathbb{R})$, where it forms a representation of the Lie algebra $\mathfrak{sl}_2$ on which the Casimir operator C of $U(\mathfrak{sl}_2)$ acts by multiplication by ρ.

At this point it is useful to recall that irreducible representations of $(\mathfrak{gl}_2(\mathbb{C}), O(2))$ fall into the following categories: principal series, discrete series, the limits of the discrete series and finite-dimensional representations (see [33]).

Consider the case when π_∞ is a representation of the discrete series of $(\mathfrak{gl}_2(\mathbb{C}), O(2))$. In this case $\rho = k(k-2)/4$, where k is an integer greater than 1. Then, as an $\mathfrak{sl}_2$-module, π_∞ is the direct sum of the irreducible Verma module of highest weight $-k$ and the irreducible Verma module with lowest weight k. The former is generated by a unique, up to a scalar, highest weight vector v_∞ such that

$$X_0 \cdot v_\infty = -k v_\infty, \qquad X_+ \cdot v_\infty = 0,$$

and the latter is generated by the lowest weight vector $\begin{pmatrix} 1 & 0 \\ 0 & -1 \end{pmatrix} \cdot v_\infty$.

Thus, the entire $\mathfrak{gl}_2(\mathbb{R})$-module π_∞ is generated by the vector v_∞, and so we focus on the function on $\Gamma_0(N)\backslash SL_2(\mathbb{R})$ corresponding to this vector. Let ϕ_π be the corresponding function on $SL_2(\mathbb{R})$. By construction, it satisfies

$$\phi_\pi(\gamma g) = \phi_\pi(g), \qquad \gamma \in \Gamma_0(N),$$

$$\phi_\pi\left(g\begin{pmatrix} \cos\theta & \sin\theta \\ -\sin\theta & \cos\theta \end{pmatrix}\right) = e^{ik\theta}\phi_\pi(g) \qquad 0 \leq \theta \leq 2\pi.$$

We assign to ϕ_π a function f_π on the upper half-plane

$$\mathbb{H} = \{\tau \in \mathbb{C} \mid \operatorname{Im} \tau > 0\}.$$

Recall that $\mathbb{H} \simeq SL_2(\mathbb{R})/SO_2$ under the correspondence

$$SL_2(\mathbb{R}) \ni g = \begin{pmatrix} a & b \\ c & d \end{pmatrix} \mapsto \frac{a+bi}{c+di} \in \mathbb{H}.$$

We define a function f_π on $SL_2(\mathbb{R})/SO_2$ by the formula

$$f_\pi(g) = \phi(g)(ci+d)^k.$$

When written as a function of τ, the function f satisfies the conditions[12]

$$f_\pi\left(\frac{a\tau+b}{c\tau+d}\right) = (c\tau+d)^k f_\pi(\tau), \qquad \begin{pmatrix} a & b \\ c & d \end{pmatrix} \in \Gamma_0(N).$$

In addition, the "highest weight condition" $X_+ \cdot v_\infty = 0$ is equivalent to f_π being a *holomorphic* function of τ. Such functions are called *modular forms of weight k and level N*.

Thus, we have attached to an automorphic representation π of $GL_2(\mathbb{A})$ a holomorphic modular form f_π of weight k and level N on the upper half-plane. We expand it in the Fourier series

$$f_\pi(q) = \sum_{n=0}^{\infty} a_n q^n, \qquad q = e^{2\pi i\tau}.$$

The cuspidality condition on π means that f_π vanishes at the cusps of the fundamental domain of the action of $\Gamma_0(N)$ on $\mathbb{H}$. Such modular forms are called cusp forms. In particular, it vanishes at $q=0$ which corresponds to the cusp $\tau = i\infty$, and so we have $a_0 = 0$. Further, it can shown that $a_1 \neq 0$, and we will normalize f_π by setting $a_1 = 1$.

The normalized modular cusp form $f_\pi(q)$ contains all the information about the automorphic representation π.[13] In particular, it "knows" about the Hecke eigenvalues of π.

Let us give the definition the Hecke operators. This is a local question that has to do with the local factor π_p in the decomposition (1.9) of π at a prime p, which is a representation of $GL_2(\mathbb{Q}_p)$. Suppose that π_p is unramified, i.e., it contains a unique, up to a scalar, vector v_p that is invariant under the

---

[12] In the case when k is odd, taking $-I_2 \in \Gamma_0(N)$ we obtain $f_\pi(\tau) = -f_\pi(\tau)$, hence this condition can only be satisfied by the zero function. To cure that, we should modify it by inserting in the right hand side the factor $\chi_N(d)$, where χ_N is a character $(\mathbb{Z}/N\mathbb{Z})^\times \to \mathbb{C}^\times$ such that $\chi_N(-1) = -1$. This character corresponds to the character χ in the definition of the space $\mathcal{C}_{\chi,\rho}(GL_2(\mathbb{Q})\backslash GL_2(\mathbb{A}))$. We have set $\chi \equiv 1$ because our main example is $k=2$ when this issue does not arise.

[13] Note that f_π corresponds to a unique, up to a scalar, "highest weight vector" in the representation π invariant under the compact subgroup K' and the Borel subalgebra of $\mathfrak{sl}_2$.

subgroup $GL_2(\mathbb{Z}_p)$. Then it is an eigenvector of the *spherical Hecke algebra* $\mathcal{H}_p$ which is the algebra of compactly supported $GL_2(\mathbb{Z}_p)$ bi-invariant functions on $GL_2(\mathbb{Q}_p)$, with respect to the convolution product. This algebra is isomorphic to the polynomial algebra in two generators $H_{1,p}$ and $H_{2,p}$, whose action on v_p is given by the formulas

$$H_{1,p} \cdot v_p = \int_{M_2^1(\mathbb{Z}_p)} \rho_p(g) \cdot v_p \, dg, \tag{1.11}$$

$$H_{2,p} \cdot v_p = \int_{M_2^2(\mathbb{Z}_p)} \rho_p(g) \cdot \rho_p \, dg, \tag{1.12}$$

where $\rho_p : GL_2(\mathbb{Z}_p) \to \operatorname{End} \pi_p$ is the representation homomorphism, $M_2^i(\mathbb{Z}_p)$, $i = 1, 2$, are the double cosets

$$M_2^1(\mathbb{Z}_p) = GL_2(\mathbb{Z}_p) \begin{pmatrix} p & 0 \\ 0 & 1 \end{pmatrix} GL_2(\mathbb{Z}_p), \quad M_2^2(\mathbb{Z}_p) = GL_2(\mathbb{Z}_p) \begin{pmatrix} p & 0 \\ 0 & p \end{pmatrix} GL_2(\mathbb{Z}_p)$$

in $GL_2(\mathbb{Q}_p)$, and we use the Haar measure on $GL_2(\mathbb{Q}_p)$ normalized so that the volume of the compact subgroup $GL_2(\mathbb{Z}_p)$ is equal to 1.

These cosets generalize the $\mathbb{Z}_p^\times$ coset of the element $p \in GL_1(Q_p) = \mathbb{Q}_p^\times$, and that is why the matching condition between the Hecke eigenvalues and the Frobenius eigenvalues that we discuss below generalizes the "rigidity" condition (1.7) of the ACFT isomorphism.

Since the integrals are over $GL_2(\mathbb{Z}_p)$-cosets, $H_{1,p} \cdot v_p$ and $H_{2,p} \cdot v_p$ are $GL_2(\mathbb{Z}_p)$-invariant vectors, hence proportional to v_p. Under our assumption that the center $Z(\mathbb{A})$ acts trivially on π ($\chi \equiv 1$) we have $H_2 \cdot v_p = v_p$. But the eigenvalue $h_{1,p}$ of $H_{1,p}$ on v_p is an important invariant of π_p. This invariant is defined for all primes p at which π is unramified (these are the primes that do not divide the level N introduced above). These are precisely the *Hecke eigenvalues* that we discussed before.

Since the modular cusp form f_π encapsulates all the information about the automorphic representation π, we should be able to read them off the form f_π. It turns out that the operators $H_{1,p}$ have a simple interpretation in terms of functions on the upper half-plane. Namely, they become the classical Hecke operators (see, e.g., [29] for an explicit formula). Thus, we obtain that f_π is necessarily an eigenfunction of the classical Hecke operators. Moreover, explicit calculation shows that if we normalize f_π as above, setting $a_1 = 1$, then the eigenvalue $h_{1,p}$ will be equal to the pth coefficient a_p in the q-expansion of f_π.

Let us summarize: to an irreducible cuspidal automorphic representation π (in the special case when $\chi \equiv 1$ and $\rho = k(k-2)/4$, where $k \in \mathbb{Z}_{>1}$) we have associated a modular cusp form f_π of weight k and level N on the upper half-plane which is an eigenfunction of the classical Hecke operators (corresponding to all primes that do not divide N) with the eigenvalues equal to the coefficients a_p in the q-expansion of f_π.

1.7 Elliptic curves and Galois representations

In the previous subsection we discussed some concrete examples of automorphic representations of $GL_2(\mathbb{A})$ that can be realized by classical modular cusp forms. Now we look at examples of the objects arising on the other side of the Langlands correspondence, namely, two-dimensional representations of the Galois group of $\mathbb{Q}$. Then we will see what matching their invariants means.

As we mentioned above, one can construct representations of the Galois group of $\mathbb{Q}$ by taking the étale cohomology of algebraic varieties defined over $\mathbb{Q}$. The simplest example of a two-dimensional representation is thus provided by the first étale cohomology of an elliptic curve defined over $\mathbb{Q}$, which (just as its topological counterpart) is two-dimensional.

A smooth elliptic curve over $\mathbb{Q}$ may concretely be defined by an equation

$$y^2 = x^3 + ax + b$$

where a, b are rational numbers such that $4a^3 + 27b^2 \neq 0$. More precisely, this equation defines an affine curve E'. The corresponding projective curve E is obtained by adding to E' a point at infinity; it is the curve in $\mathbb{P}^2$ defined by the corresponding homogeneous equation.

The first étale cohomology $H^1_{\text{ét}}(E_{\overline{\mathbb{Q}}}, \mathbb{Q}_\ell)$ of $E_{\overline{\mathbb{Q}}}$ with coefficients in $\mathbb{Q}_\ell$ is isomorphic to $\mathbb{Q}_\ell^2$. The definition of étale cohomology necessitates the choice of a prime ℓ, but as we will see below, important invariants of these representations, such as the Frobenius eigenvalues, are independent of ℓ. This space may be concretely realized as the dual of the Tate module of E, the inverse limit of the groups of points of order ℓ^n on E (with respect to the abelian group structure on E), tensored with $\mathbb{Q}_\ell$. Since E is defined over $\mathbb{Q}$, the Galois group $\text{Gal}(\overline{\mathbb{Q}}/\mathbb{Q})$ acts by symmetries on $H^1_{\text{ét}}(E_{\overline{\mathbb{Q}}}, \mathbb{Q}_\ell)$, and hence we obtain a two-dimensional representation $\sigma_{E,\ell} : \text{Gal}(\overline{\mathbb{Q}}/\mathbb{Q}) \to GL_2(\mathbb{Q}_\ell)$. This representation is continuous with respect to the Krull topology[14] on $\text{Gal}(\overline{\mathbb{Q}}/\mathbb{Q})$ and the usual ℓ-adic topology on $GL_2(\mathbb{Q}_\ell)$.

What information can we infer from this representation? As explained in Sect. 1.5, important invariants of Galois representations are the eigenvalues of the Frobenius conjugacy classes corresponding to the primes where the representation is unramified. In the case at hand, the representation is unramified at the primes of "good reduction", which do not divide an integer N_E, the conductor of E. These Frobenius eigenvalues have a nice interpretation. Namely, for $p \not| N_E$ we consider the sum of their inverses, which is the trace of $\sigma_E(\text{Fr}_p)$. One can show that it is equal to

$$\text{Tr}\, \sigma_E(\text{Fr}_p) = p + 1 - \#E(\mathbb{F}_p)$$

where $\#E(\mathbb{F}_p)$ is the number of points of E modulo p (see, [30; 32]). In particular, it is independent of ℓ.

---

[14] in this topology the base of open neighborhoods of the identity is formed by normal subgroups of finite index (i.e., such that the quotient is a finite group)

Under the Langlands correspondence, the representation σ_E of $\mathrm{Gal}(\overline{\mathbb{Q}}/\mathbb{Q})$ should correspond to a cuspidal automorphic representation $\pi(\sigma_E)$ of the group $GL_2(\mathbb{A})$. Moreover, as we discussed in Sect. 1.5, this correspondence should match the Frobenius eigenvalues of σ_E and the Hecke eigenvalues of $\pi(\sigma_E)$. Concretely, in the case at hand, the matching condition is that $\mathrm{Tr}\,\sigma_E(\mathrm{Fr}_p)$ should be equal to the eigenvalue $h_{1,p}$ of the Hecke operator $H_{1,p}$, at all primes p where σ_E and $\pi(\sigma_E)$ are unramified.

It is not difficult to see that for this to hold, $\pi(\sigma_E)$ must be a cuspidal automorphic representation of $GL_2(\mathbb{A})$ corresponding to a modular cusp form of weight $k = 2$. Therefore, if we believe in the Langlands correspondence, we arrive at the following startling conjecture: for each elliptic curve E over $\mathbb{Q}$ there should exist a modular cusp form $f_E(q) = \sum_{n=1}^{\infty} a_n q^n$ with $a_1 = 1$ and

$$a_p = p + 1 - \#E(\mathbb{F}_p) \tag{1.13}$$

for all but finitely many primes p! This is in fact the statement of the celebrated Shimura-Taniyama-Weil conjecture that has recently been proved by A. Wiles and others [35]. It implies Fermat's last theorem, see [32] and references therein.

In fact, the modular cusp form $f_E(q)$ is what is called a *newform* (this means that it does not come from a modular form whose level is a divisor of N_E). Moreover, the Galois representation σ_E and the automorphic representation π are unramified at exactly the same primes (namely, those which do not divide N_E), and formula (1.13) holds at all of those primes [34]. This way one obtains a bijection between isogeny classes of elliptic curves defined over $\mathbb{Q}$ with conductor N_E and newforms of weight 2 and level N_E with integer Fourier coefficients.

One obtains similar statements by analyzing from the point of view of the Langlands correspondence the Galois representations coming from other algebraic varieties, or more general motives.

2 From number fields to function fields

As we have seen in the previous section, even special cases of the Langlands correspondence lead to unexpected number theoretic consequences. However, proving these results is notoriously difficult. Some of the difficulties are related to the special role played by the archimedian completion $\mathbb{R}$ in the ring of adèles of $\mathbb{Q}$ (and similarly, by the archimedian completions of other number fields). Representation theory of the archimedian factor $GL_n(\mathbb{R})$ of the adèlic group $GL_n(\mathbb{A}_{\mathbb{Q}})$ is very different from that of the other, non-archimedian, factors $GL_2(\mathbb{Q}_p)$, and this leads to problems.

Fortunately, number fields have close cousins, called *function fields*, whose completions are all non-archimedian, so that the corresponding theory is more uniform. The function field version of the Langlands correspondence turned out to be easier to handle than the correspondence in the number field case. In fact, it is now a theorem! First, V. Drinfeld [36; 37] proved it in the 80's in the case of GL_2, and more recently L. Lafforgue [38] proved it for GL_n with an arbitrary n.

In this section we explain the analogy between number fields and function fields and formulate the Langlands correspondence for function fields.

2.1 Function fields

What do we mean by a function field? Let X be a smooth projective connected curve over a finite field $\mathbb{F}_q$. The field $\mathbb{F}_q(X)$ of ($\mathbb{F}_q$-valued) rational functions on X is called the function field of X. For example, suppose that $X = \mathbb{P}^1$. Then $\mathbb{F}_q(X)$ is just the field of rational functions in one variable. Its elements are fractions $P(t)/Q(t)$, where $P(t)$ and $Q(t) \neq 0$ are polynomials over $\mathbb{F}_q$ without common factors, with their usual operations of addition and multiplication. Explicitly, $P(t) = \sum_{n=0}^{N} p_n t^n, p_n \in \mathbb{F}_q$, and similarly for $Q(t)$.

A general projective curve X over $\mathbb{F}_q$ is defined by a system of algebraic equations in the projective space $\mathbb{P}^n$ over $\mathbb{F}_q$. For example, we can define an elliptic curve over $\mathbb{F}_q$ by a cubic equation

$$y^2 z = x^3 + axz^2 + bz^3, \qquad a, b, c \in \mathbb{F}_q, \tag{2.1}$$

written in homogeneous coordinates $(x : y : z)$ of $\mathbb{P}^2$.[15] What are the points of such a curve? Naively, these are the elements of the set $X(\mathbb{F}_q)$ of $\mathbb{F}_q$-solutions of the equations defining this curve. For example, in the case of the elliptic curve defined by the equation (2.1), this is the set of triples $(x, y, z) \in \mathbb{F}_q^3$ satisfying (2.1), with two such triples identified if they differ by an overall factor in $\mathbb{F}_q^\times$.

However, because the field $\mathbb{F}_q$ is not algebraically closed, we should also consider points with values in the algebraic extensions $\mathbb{F}_{q^n}$ of $\mathbb{F}_q$. The situation is similar to a more familiar situation of a curve defined over the field of real numbers $\mathbb{R}$. For example, consider the curve over $\mathbb{R}$ defined by the equation $x^2 + y^2 = -1$. This equation has no solutions in $\mathbb{R}$, so naively we may think that this curve is empty. However, from the algebraic point of view, we should think in terms of the *ring of functions* on this curve, which in this case is

[15] Elliptic curves over finite fields $\mathbb{F}_p$ have already made an appearance in the previous section. However, their role there was different: we had started with an elliptic curve E defined over $\mathbb{Z}$ and used it to define a representation of the Galois group $\mathrm{Gal}(\overline{\mathbb{Q}}/\mathbb{Q})$ in the first étale cohomology of E. We then related the trace of the Frobenius element Fr_p for a prime p on this representation to the number of $\mathbb{F}_p$-points of the elliptic curve over $\mathbb{F}_p$ obtained by reduction of E mod p. In contrast, in this section we use an elliptic curve, or a more general smooth projective curve X, over a field $\mathbb{F}_q$ that is *fixed* once and for all. This curve defines a function field $\mathbb{F}_q(X)$ that, as we argue in this section, should be viewed as analogous to the field $\mathbb{Q}$ of rational numbers, or a more general number field.

$\mathcal{R} = \mathbb{R}[x,y]/(x^2+y^2+1)$. Points of our curve are maximal ideals of the ring $\mathcal{R}$. The quotient $\mathcal{R}/I$ by such an ideal I is a field F called the residue field of this ideal. Thus, we have a surjective homomorphism $\mathcal{R} \to F$ whose kernel is I. The field F is necessarily a finite extension of $\mathbb{R}$, so it could be either $\mathbb{R}$ or $\mathbb{C}$. If it is $\mathbb{R}$, then we may think of the homomorphism $\mathcal{R} \to F$ as sending a function $f \in \mathcal{R}$ on our curve to its value $f(x)$ at some $\mathbb{R}$-point x of our curve. That's why maximal ideals of $\mathcal{R}$ with the residue field $\mathbb{R}$ are the same as $\mathbb{R}$-points of our curve. More generally, we will say that a maximal ideal I in $\mathcal{R}$ with the residue field $F = \mathcal{R}/I$ corresponds to an *F-point* of our curve. In the case at hand it turns out that there are no $\mathbb{R}$-points, but there are plenty of $\mathbb{C}$-points, namely, all pairs of complex numbers (x_0, y_0) satisfying $x_0^2 + y_0^2 = -1$. The corresponding homomorphism $\mathcal{R} \to \mathbb{C}$ sends the generators x and y of $\mathcal{R}$ to x_0 and $y_0 \in \mathbb{C}$.

If we have a curve defined over $\mathbb{F}_q$, then it has F-points, where F is a finite extension of $\mathbb{F}_q$, hence $F \simeq \mathbb{F}_{q^n}, n > 0$. An $\mathbb{F}_{q^n}$-point is defined as a maximal ideal of the ring of functions on an affine curve obtained by removing a point from our projective curve, with residue field $\mathbb{F}_{q^n}$. For example, in the case when the curve is $\mathbb{P}^1$, we can choose the $\mathbb{F}_q$-point ∞ as this point. Then we are left with the affine line $\mathbb{A}^1$, whose ring of functions is the ring $\mathbb{F}_q[t]$ of polynomials in the variable t. The F-points of the affine line are the maximal ideals of $\mathbb{F}_q[t]$ with residue field F. These are the same as the irreducible monic polynomials $A(t)$ with coefficients in $\mathbb{F}_q$. The corresponding residue field is the field obtained by adjoining to $\mathbb{F}_q$ the roots of $A(t)$. For instance, $\mathbb{F}_q$-points correspond to the polynomials $A(t) = t - a, a \in \mathbb{F}_q$. The set of points of the projective line is therefore the set of all points of $\mathbb{A}^1$ together with the $\mathbb{F}_q$-point ∞ that has been removed.[16]

It turns out that there are many similarities between function fields and number fields. To see that, let us look at the completions of a function field $\mathbb{F}_q(X)$. For example, suppose that $X = \mathbb{P}^1$. An example of a completion of the field $\mathbb{F}_q(\mathbb{P}^1)$ is the field $\mathbb{F}_q((t))$ of formal Laurent power series in the variable t. An element of this completion is a series of the form $\sum_{n \geq N} a_n t^n$, where $N \in \mathbb{Z}$ and each a_n is an element of $\mathbb{F}_q$. We have natural operations of addition and multiplication on such series making $\mathbb{F}_q((t))$ into a field. As we saw above, elements of $\mathbb{F}_q(\mathbb{P}^1)$ are rational functions $P(t)/Q(t)$, and such a rational function can be expanded in an obvious way in a formal power series in t. This defines an embedding of fields $\mathbb{F}_q(\mathbb{P}^1) \hookrightarrow \mathbb{F}_q((t))$, which makes $\mathbb{F}_q((t))$ into a completion of $\mathbb{F}_q(\mathbb{P}^1)$ with respect to the following norm: write

$$\frac{P(t)}{Q(t)} = t^n \frac{P_0(t)}{Q_0(t)}, \qquad n \in \mathbb{Z},$$

[16] In general, there is no preferred point in a given projective curve X, so it is useful instead to cover X by affine curves. Then the set of points of X is the union of the sets of points of those affine curves (each of them is defined as the set of maximal ideals of the corresponding ring of functions), with each point on the overlap counted only once.

where the polynomials $P_0(t)$ and $Q_0(t)$ have non-zero constant terms; then the norm of this fraction is equal to q^{-n}.

Now observe that the field $\mathbb{F}_p((t))$ looks very much like the field $\mathbb{Q}_p$ of p-adic numbers. There are important differences, of course: the addition and multiplication in $\mathbb{F}_p((t))$ are defined termwise, i.e., "without carry", whereas in $\mathbb{Q}_p$ they are defined "with carry". Thus, $\mathbb{F}_p((t))$ has characteristic p, whereas $\mathbb{Q}_p$ has characteristic 0. But there are also similarities: each has a ring of integers, $\mathbb{F}_p[[t]] \subset \mathbb{F}_p((t))$, the ring of formal Taylor series, and $\mathbb{Z}_p \subset \mathbb{Q}_p$, the ring of p-adic integers. These rings of integers are local (contain a unique maximal ideal) and the residue field (the quotient by the maximal ideal) is the finite field $\mathbb{F}_p$. Likewise, the field $\mathbb{F}_q((t))$, where $q = p^n$, looks like a degree n extension of $\mathbb{Q}_p$.

The above completion corresponds to the maximal ideal generated by $A(t) = t$ in the ring $\mathbb{F}_q[t]$ (note that $\mathbb{F}_q[t] \subset \mathbb{F}_q(\mathbb{P}^1)$ may be thought of as the analogue of $\mathbb{Z} \subset \mathbb{Q}$). Other completions of $\mathbb{F}_q(\mathbb{P}^1)$ correspond to other maximal ideals in $\mathbb{F}_q[t]$, which, as we saw above, are generated by irreducible monic polynomials $A(t)$ (those are the analogues of the ideals (p) generated by prime numbers p in $\mathbb{Z}$).[17] If the polynomial $A(t)$ has degree m, then the corresponding residue field is isomorphic to $\mathbb{F}_{q^m}$, and the corresponding completion is isomorphic to $\mathbb{F}_{q^m}((\widetilde{t}))$, where $\widetilde{t}$ is the "uniformizer", $\widetilde{t} = A(t)$. One can think of $\widetilde{t}$ as the local coordinate near the $\mathbb{F}_{q^m}$-point corresponding to $A(t)$, just like $t - a$ is the local coordinate near the $\mathbb{F}_q$-point a of $\mathbb{A}^1$.

For a general curve X, completions of $\mathbb{F}_q(X)$ are labeled by its points, and the completion corresponding to an $\mathbb{F}_{q^n}$-point x is isomorphic to $\mathbb{F}_{q^n}((t_x))$, where t_x is the "local coordinate" near x on X.

Thus, completions of a function field are labeled by points of X. The essential difference with the number field case is that all of these completions are non-archimedian[18]; there are no analogues of the archimedian completions $\mathbb{R}$ or $\mathbb{C}$ that we have in the case of number fields.

We are now ready to define for function fields the analogues of the objects involved in the Langlands correspondence: Galois representations and automorphic representations.

Before we get to that, we want to comment on why is it that we only consider curves and not higher dimensional varieties. The point is that while function fields of curves are very similar to number fields, the fields of functions on higher dimensional varieties have a very different structure. For example, if X is a smooth surface, then the completions of the field of rational functions on X are labeled by pairs: a point x of X and a germ of a curve passing through x. The corresponding complete field is isomorphic to the field of formal power series in two variables. At the moment no one knows how to formulate an analogue of the Langlands correspondence for the field of functions on an

---

[17] there is also a completion corresponding to the point ∞, which is isomorphic to $\mathbb{F}_q((t^{-1}))$

[18] i.e., correspond to non-archimedian norms $|\cdot|$ such that $|x + y| \leq \max(|x|, |y|)$

algebraic variety of dimension greater than one, and finding such a formulation is a very important open problem. There is an analogue of the abelian class field theory (see [39]), but not much is known beyond that.

In Part III of this paper we will argue that the Langlands correspondence for the function fields of curves – transported to the realm of complex curves – is closely related to the two-dimensional conformal field theory. The hope is, of course, that there is a similar connection between a higher dimensional Langlands correspondence and quantum field theories in dimensions greater than two (see, e.g., [40] for a discussion of this analogy).

2.2 Galois representations

Let X be a smooth connected projective curve over $k = \mathbb{F}_q$ and $F = k(X)$ the field of rational functions on X. Consider the Galois group $\mathrm{Gal}(\overline{F}/F)$. It is instructive to think of the Galois group of a function field as a kind of fundamental group of X. Indeed, if $Y \to X$ is a covering of X, then the field $k(Y)$ of rational functions on Y is an extension of the field $F = k(X)$ of rational functions on X, and the Galois group $\mathrm{Gal}(k(Y)/k(X))$ may be viewed as the group of "deck transformations" of the cover. If our cover is unramified, then this group may be identified with a quotient of the fundamental group of X. Otherwise, this group is isomorphic to a quotient of the fundamental group of X without the ramification points. The Galois group $\mathrm{Gal}(\overline{F}/F)$ itself may be viewed as the group of "deck transformations" of the maximal (ramified) cover of X.

Let x be a point of X with a residue field $k_x \simeq \mathbb{F}_{q_x}, q_x = q^{\deg x}$ which is a finite extension of k. We want to define the Frobenius conjugacy class associated to x by analogy with the number field case. To this end, let us pick a point $\overline{x}$ of this cover lying over a fixed point $x \in X$. The subgroup of $\mathrm{Gal}(\overline{F}/F)$ preserving $\overline{x}$ is the decomposition group of $\overline{x}$. If we make a different choice of $\overline{x}$, it gets conjugated in $\mathrm{Gal}(\overline{F}/F)$. Therefore we obtain a subgroup of $\mathrm{Gal}(\overline{F}/F)$ defined up to conjugation. We denote it by D_x. This group is in fact isomorphic to the Galois group $\mathrm{Gal}(\overline{F}_x/F_x)$, and we have a natural homomorphism $D_x \to \mathrm{Gal}(\overline{k}_x/k_x)$, whose kernel is called the inertia subgroup and is denoted by I_x.

As we saw in Sect. 1.3, the Galois group $\mathrm{Gal}(\overline{k}_x/k_x)$ has a very simple description: it contains the *geometric Frobenius element* Fr_x, which is the automorphism $y \mapsto y^{q_x}$ of $\overline{k}_x = \overline{\mathbb{F}}_{q_x}$, and $\mathrm{Gal}(\overline{k}_x/k_x)$ is the profinite completion of the group $\mathbb{Z}$ generated by this element.

A homomorphism σ from G_F to another group H is called *unramified* at x, if I_x lies in the kernel of σ (this condition is independent of the choice of $\overline{x}$). In this case Fr_x gives rise to a well-defined conjugacy class in H, denoted by $\sigma(\mathrm{Fr}_x)$.

On the one side of the Langlands correspondence for the function field F we will have n-dimensional representations of the Galois group $\mathrm{Gal}(\overline{F}/F)$. What kind of representations should we allow? The group $\mathrm{Gal}(\overline{F}/F)$ is a profinite group, equipped with the Krull topology in which the base of open neighborhoods of the identity is formed by normal subgroups of finite index. It is natural to consider representations which are continuous with respect to this topology. But a continuous finite-dimensional complex representation $\mathrm{Gal}(\overline{F}/F) \to GL_n(\mathbb{C})$ of a profinite group like $\mathrm{Gal}(\overline{F}/F)$ necessarily factors through a finite quotient of $\mathrm{Gal}(\overline{F}/F)$. To obtain a larger class of Galois representations we replace the field $\mathbb{C}$ with the field $\mathbb{Q}_\ell$ of ℓ-adic numbers, where ℓ is a prime that does not divide q.

We have already seen in Sect. 1.7 that Galois representations arising from étale cohomology are realized in vector spaces over $\mathbb{Q}_\ell$ rather than $\mathbb{C}$, so this comes as no surprise to us. To see how replacing $\mathbb{C}$ with $\mathbb{Q}_\ell$ helps we look at the following toy model.

Consider the additive group $\mathbb{Z}_p$ of p-adic integers. This is a profinite group, $\mathbb{Z}_p = \varprojlim \mathbb{Z}/p^n\mathbb{Z}$, with the topology in which the open neighborhoods of the zero element are $p^n\mathbb{Z}, n \geq 0$. Suppose that we have a one-dimensional continuous representation of $\mathbb{Z}_p$ over $\mathbb{C}$. This is the same as a continuous homomorphism $\sigma : \mathbb{Z}_p \to \mathbb{C}^\times$. We have $\sigma(0) = 1$. Therefore continuity requires that for any $\epsilon > 0$, there exists $n \in \mathbb{Z}_+$ such that $|\sigma(a)-1| < \epsilon$ for all $a \in p^n\mathbb{Z}_p$. In particular, taking $a = p^n$, we find that $\sigma(a) = \sigma(1)^{p^n}$. It is clear that the above continuity condition can be satisfied if and only if $\sigma(1)$ is a root of unity of order p^N for some $N \in \mathbb{Z}_+$. But then σ factors through the finite group $\mathbb{Z}_p/p^N\mathbb{Z}_p = \mathbb{Z}/p^N\mathbb{Z}$.

Now let us look at a one-dimensional continuous representation σ of $\mathbb{Z}_p$ over $\mathbb{Q}_\ell$ where ℓ is relatively prime to p. Given any ℓ-adic number μ such that $\mu - 1 \in \ell\mathbb{Z}_\ell$, we have $\mu^{p^n} - 1 \in \ell^{p^n}\mathbb{Z}_\ell$, and so $|\mu^{p^n} - 1|_\ell \leq p^{-n}$. This implies that for any such μ there exists a unique continuous homomorphism $\sigma : \mathbb{Z}_p \to \mathbb{Q}_\ell^\times$ such that $\sigma(1) = \mu$. Thus we obtain many representations that do not factor through a finite quotient of $\mathbb{Z}_p$. The conclusion is that the ℓ-adic topology in $\mathbb{Q}_\ell^\times$, and more generally, in $GL_n(\mathbb{Q}_\ell)$ is much better suited for the Krull topology on the Galois group $\mathrm{Gal}(\overline{F}/F)$.

So let us pick a prime ℓ relatively prime to q. By an n-dimensional *ℓ-adic representation* of $\mathrm{Gal}(\overline{F}/F)$ we will understand a continuous homomorphism $\sigma : \mathrm{Gal}(\overline{F}/F) \to GL_n(\overline{\mathbb{Q}}_\ell)$ which satisfies the following conditions:

- there exists a finite extension $E \subset \overline{\mathbb{Q}}_\ell$ of $\mathbb{Q}_\ell$ such that σ factors through a homomorphism $G_F \to GL_n(E)$, which is continuous with respect to the Krull topology on G_F and the ℓ-adic topology on $GL_n(E)$;
- it is unramified at all but finitely many points of X.

Let $\mathcal{G}_n$ be the set of equivalence classes of irreducible n-dimensional ℓ-adic representations of G_F such that the image of $\det(\sigma)$ is a finite group.

Given such a representation, we consider the collection of the Frobenius conjugacy classes $\{\sigma(\mathrm{Fr}_x)\}$ in $GL_n(\overline{\mathbb{Q}}_\ell)$ and the collection of their eigenvalues (defined up to permutation), which we denote by $\{(z_1(\sigma_x), \ldots, z_n(\sigma_x))\}$, for all $x \in X$ where σ is unramified. Chebotarev's density theorem implies the following remarkable result: if two ℓ-adic representations are such that their collections of the Frobenius conjugacy classes coincide for all but finitely many points $x \in X$, then these representations are equivalent.

2.3 Automorphic representations

On the other side of the Langlands correspondence we should consider automorphic representations of the adèlic group $GL_n(\mathbb{A})$.

Here $\mathbb{A} = \mathbb{A}_F$ is the ring of adèles of F, defined in the same way as in the number field case. For any closed point x of X, we denote by F_x the completion of F at x and by $\mathcal{O}_x$ its ring of integers. If we pick a rational function t_x on X which vanishes at x to order one, then we obtain isomorphisms $F_x \simeq k_x((t_x))$ and $\mathcal{O}_x \simeq k_x[[t_x]]$, where k_x is the residue field of x (the quotient of the local ring $\mathcal{O}_x$ by its maximal ideal). As already mentioned above, this field is a finite extension of the base field k and hence is isomorphic to $\mathbb{F}_{q_x}$, where $q_x = q^{\deg x}$. The ring $\mathbb{A}$ of adèles of F is by definition the *restricted* product of the fields F_x, where x runs over the set of all closed points of X. The word "restricted" means that we consider only the collections $(f_x)_{x \in X}$ of elements of F_x in which $f_x \in \mathcal{O}_x$ for all but finitely many x. The ring $\mathbb{A}$ contains the field F, which is embedded into $\mathbb{A}$ diagonally, by taking the expansions of rational functions on X at all points.

We want to define cuspidal automorphic representations of $GL_n(\mathbb{A})$ by analogy with the number field case (see Sect. 1.6). For that we need to introduce some notation.

Note that $GL_n(F)$ is naturally a subgroup of $GL_n(\mathbb{A})$. Let K be the maximal compact subgroup $K = \prod_{x \in X} GL_n(\mathcal{O}_x)$ of $GL_n(\mathbb{A})$. The group $GL_n(\mathbb{A})$ has the center $Z(\mathbb{A}) \simeq \mathbb{A}^\times$ which consists of the diagonal matrices.

Let $\chi : Z(\mathbb{A}) \to \mathbb{C}^\times$ be a character of $Z(\mathbb{A})$ which factors through a finite quotient of $Z(\mathbb{A})$. Denote by $\mathcal{C}_\chi(GL_n(F) \backslash GL_n(\mathbb{A}))$ the space of locally constant functions $f : GL_n(F) \backslash GL_n(\mathbb{A}) \to \mathbb{C}$ satisfying the following additional requirements (compare with the conditions in Sect. 1.6):

- (K-finiteness) the (right) translates of f under the action of elements of the compact subgroup K span a finite-dimensional vector space;
- (central character) $f(gz) = \chi(z) f(g)$ for all $g \in GL_n(\mathbb{A}), z \in Z(\mathbb{A})$;
- (cuspidality) let N_{n_1,n_2} be the unipotent radical of the standard parabolic subgroup P_{n_1,n_2} of GL_n corresponding to the partition $n = n_1 + n_2$ with $n_1, n_2 > 0$. Then

$$\int\limits_{N_{n_1,n_2}(F) \backslash N_{n_1,n_2}(\mathbb{A})} \varphi(ug) du = 0, \qquad \forall g \in GL_n(\mathbb{A}).$$

The group $GL_n(\mathbb{A})$ acts on $\mathcal{C}_\chi(GL_n(F) \backslash GL_n(\mathbb{A}))$ from the right: for

$$f \in \mathcal{C}_\chi(GL_n(F) \backslash GL_n(\mathbb{A})), \qquad g \in GL_n(\mathbb{A})$$

we have

$$(g \cdot f)(h) = f(hg), \qquad h \in GL_n(F)\backslash GL_n(\mathbb{A}). \tag{2.2}$$

Under this action $\mathcal{C}_\chi(GL_n(F)\backslash GL_n(\mathbb{A}))$ decomposes into a direct sum of irreducible representations. These representations are called *irreducible cuspidal automorphic representations* of $GL_n(\mathbb{A})$. A theorem due to I. Piatetski-Shapiro and J. Shalika says that each of them enters $\mathcal{C}_\chi(GL_n(F)\backslash GL_n(\mathbb{A}))$ with multiplicity one. We denote the set of equivalence classes of these representations by $\mathcal{A}_n$.

A couple of comments about the above conditions are in order. First, we comment on the cuspidality condition. Observe that if π_1 and π_2 are irreducible representations of $GL_{n_1}(\mathbb{A})$ and $GL_{n_2}(\mathbb{A})$, respectively, where $n_1 + n_2 = n$, then we may extend trivially the representation $\pi_1 \otimes \pi_2$ of $GL_{n_1} \times GL_{n_2}$ to the parabolic subgroup $P_{n_1,n_2}(\mathbb{A})$ and consider the induced representation of $GL_n(\mathbb{A})$. A theorem of R. Langlands says that an irreducible automorphic representation of $GL_n(\mathbb{A})$ is either cuspidal or is induced from cuspidal automorphic representations π_1 and π_2 of $GL_{n_1}(\mathbb{A})$ and $GL_{n_2}(\mathbb{A})$ (in that case it usually shows up in the continuous spectrum). So cuspidal automorphic representations are those which do not come from subgroups of GL_n of smaller rank.

The condition that the central character has finite order is imposed so as to match the condition on the Galois side that $\det \sigma$ has finite order. These conditions are introduced solely to avoid some inessential technical issues.

Now let π be an irreducible cuspidal automorphic representation of $GL_n(\mathbb{A})$. One can show that it decomposes into a tensor product

$$\pi = \bigotimes_{x \in X}{}' \, \pi_x,$$

where each π_x is an irreducible representation of $GL_n(F_x)$. Furthermore, there is a finite subset S of X such that each π_x with $x \in X\backslash S$ is *unramified*, i.e., contains a non-zero vector v_x stable under the maximal compact subgroup $GL_n(\mathcal{O}_x)$ of $GL_n(F_x)$. This vector is unique up to a scalar and we will fix it once and for all. The space $\bigotimes'_{x\in X} \pi_x$ is by definition the span of all vectors of the form $\bigotimes_{x\in X} w_x$, where $w_x \in \pi_x$ and $w_x = v_x$ for all but finitely many $x \in X\backslash S$. Therefore the action of $GL_n(\mathbb{A})$ on π is well-defined.

As in the number field case, we will now use an additional symmetry of unramified factors π_x, namely, the spherical Hecke algebra.

Let x be a point of X with residue field $\mathbb{F}_{q_x}$. By definition, $\mathcal{H}_x$ be the space of compactly supported functions on $GL_n(F_x)$ which are bi-invariant with respect to the subgroup $GL_n(\mathcal{O}_x)$. This is an algebra with respect to the convolution product

$$(f_1 \star f_2)(g) = \int_{GL_n(F_x)} f_1(gh^{-1}) f_2(h) \, dh, \tag{2.3}$$

where dh is the Haar measure on $GL_n(F_x)$ normalized in such a way that the volume of the subgroup $GL_n(\mathcal{O}_x)$ is equal to 1. It is called the *spherical Hecke algebra* corresponding to the point x.

The algebra $\mathcal{H}_x$ may be described quite explicitly. Let $H_{i,x}$ be the characteristic function of the $GL_n(\mathcal{O}_x)$ double coset

$$M_n^i(\mathcal{O}_x) = GL_n(\mathcal{O}_x) \cdot \mathrm{diag}(t_x, \ldots, t_x, 1, \ldots, 1) \cdot GL_n(\mathcal{O}_x) \subset GL_n(F_x) \quad (2.4)$$

of the diagonal matrix whose first i entries are equal to t_x, and the remaining $n-i$ entries are equal to 1. Note that this double coset does not depend on the choice of the coordinate t_x. Then $\mathcal{H}_x$ is the commutative algebra freely generated by $H_{1,x}, \ldots, H_{n-1,x}, H_{n,x}^{\pm 1}$:

$$\mathcal{H}_x \simeq \mathbb{C}[H_{1,x}, \ldots, H_{n-1,x}, H_{n,x}^{\pm 1}]. \quad (2.5)$$

Define an action of $f_x \in \mathcal{H}_x$ on $v \in \pi_x$ by the formula

$$f_x \star v = \int f_x(g)(g \cdot v) dg. \quad (2.6)$$

Since f_x is left $GL_n(\mathcal{O}_x)$-invariant, the result is again a $GL_n(\mathcal{O}_x)$-invariant vector. If π_x is irreducible, then the space of $GL_n(\mathcal{O}_x)$-invariant vectors in π_x is one-dimensional. Let $v_x \in \pi_x$ be a generator of this one-dimensional vector space. Then

$$f_x \star v_x = \phi(f_x) v_x$$

for some $\phi(f_x) \in \mathbb{C}$. Thus, we obtain a linear functional $\phi : \mathcal{H}_x \to \mathbb{C}$, and it is easy to see that it is actually a homomorphism.

In view of the isomorphism (2.5), a homomorphism $\mathcal{H}_x \to \mathbb{C}$ is completely determined by its values on $H_{1,x}, \ldots, H_{n-1,x}$, which could be arbitrary complex numbers, and its value on $H_{n,x}$, which has to be a non-zero complex number. These values are the eigenvalues on v_x of the operators (2.6) of the action of $f_x = H_{i,x}$. These operators are called the *Hecke operators*. It is convenient to package these eigenvalues as an n-tuple of *unordered* non-zero complex numbers $z_1, \ldots, z_n$, so that

$$H_{i,x} \star v_x = q_x^{i(n-i)/2} s_i(z_1, \ldots, z_n) v_x, \qquad i = 1, \ldots, n, \quad (2.7)$$

where s_i is the ith elementary symmetric polynomial.[19]

In other words, the above formulas may be used to identify

$$\mathcal{H}_x \simeq \mathbb{C}[z_1^{\pm 1}, \ldots, z_n^{\pm 1}]^{S_n}. \quad (2.8)$$

Note that the algebra of symmetric polynomials on the right hand side may be thought of as the algebra of characters of finite-dimensional representations of $GL_n(\mathbb{C})$, so that $H_{i,x}$ corresponds to $q_x^{i(n-i)/2}$ times the character of the

[19] the factor $q_x^{i(n-i)/2}$ is introduced so as to make nicer the formulation of Theorem 4

ith fundamental representation. From this point of view, $(z_1, \ldots, z_N)$ may be thought of as a semi-simple conjugacy class in $GL_n(\mathbb{C})$. This interpretation will become very useful later on (see Sect. 5.2).

So, using the spherical Hecke algebra, we attach to those factors π_x of π which are unramified a collection of n unordered non-zero complex numbers, which we will denote by $(z_1(\pi_x), \ldots, z_n(\pi_x))$. Thus, to each irreducible cuspidal automorphic representation π one associates a collection of unordered n-tuples of numbers

$$\{(z_1(\pi_x), \ldots, z_n(\pi_x))\}_{x \in X \backslash S}.$$

We call these numbers the *Hecke eigenvalues of* π. The strong multiplicity one theorem due to I. Piatetski-Shapiro says that this collection determines π up to an isomorphism.

2.4 The Langlands correspondence

Now we are ready to state the Langlands conjecture for GL_n in the function field case. It has been proved by Drinfeld [36; 37] for $n = 2$ and by Lafforgue [38] for $n > 2$.

Theorem 4 *There is a bijection between the sets $\mathcal{G}_n$ and $\mathcal{A}_n$ defined above which satisfies the following matching condition. If $\sigma \in \mathcal{G}_n$ corresponds to $\pi \in \mathcal{A}_n$, then the sets of points where they are unramified are the same, and for each x from this set we have*

$$(z_1(\sigma_x), \ldots, z_n(\sigma_x)) = (z_1(\pi_x), \ldots, z_n(\pi_x))$$

up to permutation.

In other words, if π and σ correspond to each other, then the Hecke eigenvalues of π coincide with the Frobenius eigenvalues of σ at all points where they are unramified. Schematically,

n-dimensional irreducible representations of $\mathrm{Gal}(\overline{F}/F)$	$\longleftrightarrow$	irreducible cuspidal automorphic representations of $GL_n(\mathbb{A}_F)$
σ	$\longleftrightarrow$	π
Frobenius eigenvalues $(z_1(\sigma_x), \ldots, z_n(\sigma_x))$	$\longleftrightarrow$	Hecke eigenvalues $(z_1(\pi_x), \ldots, z_n(\pi_x))$

The reader may have noticed a small problem in this formulation: while the numbers $z_i(\sigma_x)$ belong to $\overline{\mathbb{Q}}_\ell$, the numbers $z_i(\pi_x)$ are complex numbers. To make sense of the above equality, we must choose, once and for all, an isomorphism between $\overline{\mathbb{Q}}_\ell$ and $\mathbb{C}$, as abstract fields (not that such an isomorphism necessarily takes the subfield $\overline{\mathbb{Q}}$ of $\overline{\mathbb{Q}}_\ell$ to the corresponding subfield of $\mathbb{C}$). This is possible, as the fields $\overline{\mathbb{Q}}_\ell$ and $\mathbb{C}$ have the same cardinality. Of course, choosing such an isomorphism seems like a very unnatural thing to do, and having to do this leads to some initial discomfort. The saving grace is another theorem proved by Drinfeld and Lafforgue which says that the Hecke eigenvalues $z_i(\pi_x)$ of π are actually algebraic numbers, i.e., they belong to $\overline{\mathbb{Q}}$, which is also naturally a subfield of $\overline{\mathbb{Q}}_\ell$.[20] Thus, we do not need to choose an isomorphism $\mathbb{Q} \simeq \mathbb{C}$ after all.

What is remarkable about Theorem 4 is that it is such a "clean" statement: there is a *bijection* between the isomorphism classes of appropriately defined Galois representations and automorphic representations. Such a bijection is impossible in the number field case: we do not expect that all automorphic representations correspond to Galois representations. For example, in the case of $GL_2(\mathbb{A})$ there are automorphic representations whose factor at the archimedian place is a representation of the principal series of representations of $(\mathfrak{gl}_2, O_2)$[21]. But there aren't any two-dimensional Galois representations corresponding to them.

The situation in the function field case is so much nicer partly because the function field is defined geometrically (via algebraic curves), and this allows the usage of techniques and methods that are not yet available for number fields (surely, it also helps that F does not have any archimedian completions). It is natural to ask whether the Langlands correspondence could be formulated purely geometrically, for algebraic curves over an arbitrary field, not necessarily a finite field. We will discuss this in the next part of this survey.

---

[20] moreover, they prove that these numbers all have (complex) absolute value equal to 1, which gives the so-called Ramanujan-Petersson conjecture and Deligne purity conjecture

[21] these representations correspond to the so-called Maass forms on the upper half-plane

Part II. The geometric Langlands Program

The geometric reformulation of the Langlands conjecture allows one to state it for curves defined over an arbitrary field, not just over finite fields. For instance, it may be stated for complex curves, and in this setting one can apply methods of complex algebraic geometry which are unavailable over finite fields. Hopefully, this formulation will eventually help us understand better the general underlying patterns of the Langlands correspondence. In this section we will formulate the geometric Langlands conjecture for GL_n. In particular, we will explain how moduli spaces of rank n vector bundles on algebraic curves naturally come into play. We will then show how to use the geometry of the simplest of these moduli spaces, the Picard variety, to prove the geometric Langlands correspondence for GL_1, following P. Deligne. Next, we will generalize the geometric Langlands correspondence to the case of an arbitrary reductive group. We will also discuss the connection between this correspondence over the field of complex numbers and the Fourier-Mukai transform.

3 The geometric Langlands conjecture

What needs to be done to reformulate the Langlands conjecture geometrically? We have to express the two key notions used in the classical set-up: the Galois representations and the automorphic representations, geometrically, so that they make sense for a curve defined over, say, the field of complex numbers.

3.1 Galois representations as local systems

Let X be again a curve over a finite field k, and $F = k(X)$ the field of rational functions on X. As we indicated in Sect. 2.2, the Galois group $\mathrm{Gal}(\overline{F}/F)$ should be viewed as a kind of fundamental group, and so its representations unramified away from a finite set of points S should be viewed as local systems on $X \backslash S$.

The notion of a local system makes sense if X is defined over other fields. The main case of interest to us is when X is a smooth projective curve over $\mathbb{C}$, or equivalently, a compact Riemann surface. Then by a local system on X we understand a locally constant sheaf $\mathcal{F}$ of vector spaces on X, in the *analytic topology* of X in which the base of open neighborhoods of a point $x \in X$ is formed by small discs centered at x (defined with respect to a particular metric in the conformal class of X). This should be contrasted with the *Zariski topology* of X in which open neighborhoods of $x \in X$ are complements of finitely many points of X.

More concretely, for each open analytic subset U of X we have a $\mathbb{C}$-vector space $\mathcal{F}(U)$ of sections of $\mathcal{F}$ over U satisfying the usual compatibilities[22] and

[22] namely, we are given restriction maps $\mathcal{F}(U) \to \mathcal{F}(V)$ for all inclusions of open sets $V \hookrightarrow U$ such that if $U_\alpha, \alpha \in I$, are open subsets and we are given sections

for each point $x \in X$ there is an open neighborhood U_x such that the restriction of $\mathcal{F}$ to U_x is isomorphic to the constant sheaf.[23] These data may be expressed differently, by choosing a covering $\{U_\alpha\}$ of X by open subsets such that $\mathcal{F}|_{U_\alpha}$ is the constant sheaf $\mathbb{C}^n$. Then on overlaps $U_\alpha \cap U_\beta$ we have an identification of these sheaves, which is a *constant* element $g_{\alpha\beta}$ of $GL_n(\mathbb{C})$.[24]

A notion of a locally constant sheaf on X is equivalent to the notion of a homomorphism from the fundamental group $\pi_1(X, x_0)$ to $GL_n(\mathbb{C})$. Indeed, the structure of locally constant sheaf allows us to identify the fibers of such a sheaf at any two nearby points. Therefore, for any path in X starting at x_0 and ending at x_1 and a vector in the fiber $\mathcal{F}_{x_0}$ of our sheaf at x_0 we obtain a vector in the fiber $\mathcal{F}_{x_1}$ over x_1. This gives us a linear map $\mathcal{F}_{x_0} \to \mathcal{F}_{x_1}$. This map depends only on the homotopy class of the path. Now, given a locally constant sheaf $\mathcal{F}$, we choose a reference point $x_0 \in X$ and identify the fiber $\mathcal{F}_{x_0}$ with the vector space $\mathbb{C}^n$. Then we obtain a homomorphism $\pi_1(X, x_0) \to GL_n(\mathbb{C})$.

Conversely, given a homomorphism $\sigma : \pi_1(X, x_0) \to GL_n(\mathbb{C})$, consider the trivial local system $\widetilde{X} \times \mathbb{C}^n$ over the pointed universal cover $(\widetilde{X}, \widetilde{x}_0)$ of (X, x_0). The group $\pi_1(X, x_0)$ acts on $\widetilde{X}$. Define a local system on X as the quotient

$$\widetilde{X} \underset{\pi_1(X,x_0)}{\times} \mathbb{C}^n = \{(\widetilde{x}, v)\}/\{(\widetilde{x}, v) \sim (g\widetilde{x}, \sigma(g)v)\}_{g \in \pi_1(X,x_0)}.$$

There is yet another way to realize local systems which will be especially convenient for us: by defining a complex vector bundle on X equipped with a flat connection. A complex vector bundle $\mathcal{E}$ by itself does not give us a local system, because while $\mathcal{E}$ can be trivialized on sufficiently small open analytic subsets $U_\alpha \subset X$, the transition functions on the overlaps $U_\alpha \cap U_\beta$ will in general be non-constant functions $U_\alpha \cap U_\beta \to GL_n(\mathbb{C})$. To make them constant, we need an additional rigidity on $\mathcal{E}$ which would give us a *preferred* system of trivializations on each open subset such that on the overlaps they would differ only by *constant* transition functions. Such a system is provided by the data of a flat connection.

Recall that a *flat connection* on $\mathcal{E}$ is a system of operations ∇, defined for each open subset $U \subset X$ and compatible on overlaps,

$$\nabla : \mathrm{Vect}(U) \to \mathrm{End}(\Gamma(U, \mathcal{E})),$$

which assign to a vector field ξ on U a linear operator ∇_ξ on the space $\Gamma(U, \mathcal{E})$ of smooth sections of $\mathcal{E}$ on U. It must satisfy the Leibniz rule

$$\nabla_\xi(fs) = f\nabla_\xi(s) + (\xi \cdot f)s, \qquad f \in C^\infty(U), s \in \Gamma(U, \mathcal{E}), \tag{3.1}$$

$s_\alpha \in \mathcal{F}(U_\alpha)$ such that the restrictions of s_α and s_β to $U_\alpha \cap U_\beta$ coincide, then there exists a unique section of $\mathcal{F}$ over $\cup_\alpha U_\alpha$ whose restriction to each U_α is s_α

23 for which the space $\mathcal{F}(U)$ is a fixed vector space $\mathbb{C}^n$ and all restriction maps are isomorphisms

24 these elements must satisfy the cocycle condition $g_{\alpha\gamma} = g_{\alpha\beta}g_{\beta\gamma}$ on each triple intersection $U_\alpha \cap U_\beta \cap U_\gamma$

and also the conditions

$$\nabla_{f\xi} = f\nabla_\xi, \qquad [\nabla_\xi, \nabla_\eta] = \nabla_{[\xi,\eta]} \tag{3.2}$$

(the last condition is the flatness). Given a flat connection, the local horizontal sections (i.e., those annihilated by all ∇_ξ) provide us with the preferred systems of local trivializations (or equivalently, identifications of nearby fibers) that we were looking for.

Note that if X is a complex manifold, like it is in our case, then the connection has two parts: holomorphic and anti-holomorphic, which are defined with respect to the complex structure on X. The anti-holomorphic (or $(0,1)$) part of the connection consists of the operators ∇_ξ, where ξ runs over the anti-holomorphic vector fields on $U \subset X$. It gives us a holomorphic structure on $\mathcal{E}$: namely, we declare the holomorphic sections to be those which are annihilated by the anti-holomorphic part of the connection. Thus, a complex bundle $\mathcal{E}$ equipped with a flat connection ∇ automatically becomes a holomorphic bundle on X. Conversely, if $\mathcal{E}$ is already a holomorphic vector bundle on a complex manifold X, then to define a connection on $\mathcal{E}$ that is compatible with the holomorphic structure on $\mathcal{E}$ all we need to do is to define is a *holomorphic flat connection.* By definition, this is just a collection of operators ∇_ξ, where ξ runs over all holomorphic vector fields on $U \subset X$, satisfying conditions (3.1) and (3.2), where f is now a holomorphic function on U and s is a holomorphic section of $\mathcal{E}$ over U.

In particular, if X is a complex curve, then locally, with respect to a local holomorphic coordinate z on X and a local trivialization of $\mathcal{E}$, all we need to define is an operator $\nabla_{\partial/\partial z} = \dfrac{\partial}{\partial z} + A(z)$, where $A(z)$ is a matrix valued holomorphic function. These operators must satisfy the usual compatibility conditions on the overlaps. Because there is only one such operator on each open set, the resulting connection is automatically flat.

Given a vector bundle $\mathcal{E}$ with a flat connection ∇ on X (or equivalently, a holomorphic vector bundle on X with a holomorphic connection), we obtain a locally constant sheaf (i.e., a local system) on X as the sheaf of horizontal sections of $\mathcal{E}$ with respect to ∇. This construction in fact sets up an equivalence of the two categories if X is compact (for example, a smooth projective curve). This is called the *Riemann-Hilbert correspondence.*

More generally, in the Langlands correspondence we consider local systems defined on the non-compact curves $X\backslash S$, where X is a projective curve and S is a finite set. Such local systems are called *ramified* at the points of S. In this case the above equivalence of categories is valid only if we restrict ourselves to holomorphic bundles with holomorphic connections with regular singularities at the points of the set S (that means that the order of pole of the connection at a point in S is at most 1). However, in this paper (with the exception of Sect. 9.8) we will restrict ourselves to unramified local systems. In general, we expect that vector bundles on curves with connections that have singularities, regular or irregular, also play an important role in the geometric Langlands correspondence, see [41]; we discuss this in Sect. 9.8 below.

To summarize, we believe that we have found the right substitute for the (unramified) n-dimensional Galois representations in the case of a compact complex curve X: these are the rank n local systems on X, or equivalently, rank n holomorphic vector bundles on X with a holomorphic connection.

3.2 Adèles and vector bundles

Next, we wish to interpret geometrically the objects appearing on the other side of the Langlands correspondence, namely, the automorphic representations. This will turn out to be more tricky. The essential point here is the interpretation of automorphic representations in terms of the moduli spaces of rank n vector bundles.

For simplicity, we will restrict ourselves from now on to the irreducible automorphic representations of $GL_n(\mathbb{A})$ that are unramified at all points of X, in the sense explained in Sect. 2.3. Suppose that we are given such a representation π of $GL_n(\mathbb{A})$. Then the space of $GL_n(\mathcal{O})$-invariants in π, where $\mathcal{O} = \prod_{x \in X} \mathcal{O}_x$, is one-dimensional, spanned by the vector

$$v = \bigotimes_{x \in X} v_x \in \bigotimes_{x \in X}{}' \pi_x = \pi,$$

where v_x is defined in Sect. 2.3. Hence v gives rise to a $GL_n(\mathcal{O})$-invariant function on $GL_n(F)\backslash GL_n(\mathbb{A})$, or equivalently, a function f_π on the double quotient

$$GL_n(F)\backslash GL_n(\mathbb{A})/GL_n(\mathcal{O}).$$

By construction, this function is an eigenfunction of the spherical Hecke algebras $\mathcal{H}_x$ defined above for all $x \in X$, a property we will discuss in more detail later.

The function f_π completely determines the representation π because other vectors in π may be obtained as linear combinations of the right translates of f_π on $GL_n(F)\backslash GL_n(\mathbb{A})$. Hence instead of considering the set of equivalence classes of irreducible unramified cuspidal automorphic representations of $GL_n(\mathbb{A})$, one may consider the set of unramified automorphic functions on $GL_n(F)\backslash GL_n(\mathbb{A})/GL_n(\mathcal{O})$ associated to them (each defined up to multiplication by a non-zero scalar).[25]

The following key observation is due to A. Weil. Let X be a smooth projective curve over any field k and $F = k(X)$ the function field of X. We define the ring $\mathbb{A}$ of adèles and its subring $\mathcal{O}$ of integer adéles in the same way as in the case when $k = \mathbb{F}_q$. Then we have the following:

---

[25] note that this is analogous to replacing an automorphic representation of $GL_2(\mathbb{A}_{\mathbb{Q}})$ by the corresponding modular form, a procedure that we discussed in Sect. 1.6

Lemma 5 *There is a bijection between the set $GL_n(F)\backslash GL_n(\mathbb{A})/GL_n(\mathcal{O})$ and the set of isomorphism classes of rank n vector bundles on X.*

For simplicity, we consider this statement in the case when X is a complex curve (the proof in general is similar). We note that in the context of conformal field theory this statement has been discussed in [5], Sect. V.

We use the following observation: any rank n vector bundle $\mathcal{V}$ on X can be trivialized over the complement of finitely many points. This is equivalent to the existence of n meromorphic sections of $\mathcal{V}$ whose values are linearly independent away from finitely many points of X. These sections can be constructed as follows: choose a non-zero meromorphic section of $\mathcal{V}$. Then, over the complement of its zeros and poles, this section spans a line subbundle of $\mathcal{V}$. The quotient of $\mathcal{V}$ by this line subbundle is a vector bundle $\mathcal{V}'$ of rank $n-1$. It also has a non-zero meromorphic section. Lifting this section to a section of $\mathcal{V}$ in an arbitrary way, we obtain two sections of $\mathcal{V}$ which are linearly independent away from finitely many points of X. Continuing like this, we construct n meromorphic sections of $\mathcal{V}$ satisfying the above conditions.

Let $x_1, \ldots, x_N$ be the set of points such that $\mathcal{V}$ is trivialized over $X \backslash \{x_1, \ldots, x_N\}$. The bundle $\mathcal{V}$ can also be trivialized over the small discs D_{x_i} around those points. Thus, we consider the covering of X by the open subsets $X \backslash \{x_1, \ldots, x_N\}$ and $D_{x_i}, i = 1, \ldots, N$. The overlaps are the punctured discs $D^\times_{x_i}$, and our vector bundle is determined by the transition functions on the overlaps, which are GL_n-valued functions g_i on $D^\times_{x_i}, i = 1, \ldots, N$.

The difference between two trivializations of $\mathcal{V}$ on D_{x_i} amounts to a GL_n-valued function h_i on D_{x_i}. If we consider a new trivialization on D_{x_i} that differs from the old one by h_i, then the ith transition function g_i will get multiplied on the right by h_i: $g_i \mapsto g_i h_i|_{D^\times_{x_i}}$, whereas the other transition functions will remain the same. Likewise, the difference between two trivializations of $\mathcal{V}$ on $X \backslash \{x_1, \ldots, x_N\}$ amounts to a GL_n-valued function h on $X \backslash \{x_1, \ldots, x_N\}$. If we consider a new trivialization on $X \backslash \{x_1, \ldots, x_N\}$ that differs from the old one by h, then the ith transition function g_i will get multiplied on the left by h: $g_i \mapsto h|_{D^\times_{x_i}} g_i$ for all $i = 1, \ldots, N$.

We obtain that the set of isomorphism classes of rank n vector bundles on X which become trivial when restricted to $X \backslash \{x_1, \ldots, x_N\}$ is the same as the quotient

$$GL_n(X \backslash \{x_1, \ldots, x_N\} \backslash \prod_{i=1}^N GL_n(D^\times_{x_i}) / \prod_{i=1}^N GL_n(D_{x_i}). \tag{3.3}$$

Here for an open set U we denote by $GL_n(U)$ the group of GL_n-valued function on U, with pointwise multiplication.

If we replace each D_{x_i} by the formal disc at x_i, then $GL_n(D^\times_{x_i})$ will become $GL_n(F_x)$, where $F_x \simeq \mathbb{C}((t_x))$ is the algebra of formal Laurent series with respect to a local coordinate t_x at x, and $GL_n(D_{x_i})$ will become $GL_n(\mathcal{O}_x)$, where $\mathcal{O}_x \simeq \mathbb{C}[[t_x]]$ is the ring of formal Taylor series. Then, if we also allow the set $x_1, \ldots, x_N$ to be an arbitrary finite subset of X, we will obtain instead of (3.3) the double quotient

$$GL_n(F)\backslash \prod{}'_{x\in X} GL_n(F_x)/\prod_{x\in X} GL_n(\mathcal{O}_x),$$

where $F = \mathbb{C}(X)$ and the prime means the restricted product, defined as in Sect. 2.3.[26] But this is exactly the double quotient in the statement of the Lemma. This completes the proof.

3.3 From functions to sheaves

Thus, when X is a curve over $\mathbb{F}_q$, irreducible unramified automorphic representations π are encoded by the automorphic functions f_π, which are functions on $GL_n(F)\backslash GL_n(\mathbb{A})/GL_n(\mathcal{O})$. This double quotient makes perfect sense when X is defined over $\mathbb{C}$ and is in fact the set of isomorphism classes of rank n bundles on X. But what should replace the notion of an automorphic function f_π in this case? We will argue that the proper analogue is not a function, as one might naively expect, but a *sheaf* on the corresponding algebro-geometric object: the moduli stack Bun_n of rank n bundles on X.

This certainly requires a leap of faith. The key step is the Grothendieck *fonctions-faisceaux dictionary.* Let V be an algebraic variety over $\mathbb{F}_q$. Then, according to Grothendieck, the "correct" geometric counterpart of the notion of a ($\overline{\mathbb{Q}}_\ell$-valued) function on the set of $\mathbb{F}_q$-points of V is the notion of a *complex of ℓ-adic sheaves* on V. A precise definition of an ℓ-adic sheaf would take us too far afield. Let us just say that the simplest example of an ℓ-adic sheaf is an ℓ-adic local system, which is, roughly speaking, a locally constant $\overline{\mathbb{Q}}_\ell$-sheaf on V (in the étale topology).[27] For a general ℓ-adic sheaf there exists a stratification of V by locally closed subvarieties V_i such that the sheaves $\mathcal{F}|_{V_i}$ are locally constant.

The important property of the notion of an ℓ-adic sheaf $\mathcal{F}$ on V is that for any morphism $f : V' \to V$ from another variety V' to V the group of symmetries of this morphism will act on the pull-back of $\mathcal{F}$ to V'. In particular, let x be an $\mathbb{F}_q$-point of V and $\overline{x}$ the $\overline{\mathbb{F}}_q$-point corresponding to an inclusion $\mathbb{F}_q \hookrightarrow \overline{\mathbb{F}}_q$. Then the pull-back of $\mathcal{F}$ with respect to the composition $\overline{x} \to x \to V$ is a sheaf on $\overline{x}$, which is nothing but the fiber $\mathcal{F}_{\overline{x}}$ of $\mathcal{F}$ at $\overline{x}$, a $\overline{\mathbb{Q}}_\ell$-vector space. But the Galois group $\mathrm{Gal}(\overline{\mathbb{F}}_q/\mathbb{F}_q)$ is the symmetry of the map $\overline{x} \to x$, and therefore it acts on $\mathcal{F}_{\overline{x}}$. In particular, the (geometric) Frobenius element $\mathrm{Fr}_{\overline{x}}$, which is the generator of this group acts on $\mathcal{F}_{\overline{x}}$. Taking the trace of $\mathrm{Fr}_{\overline{x}}$ on $\mathcal{F}_{\overline{x}}$, we obtain a number $\mathrm{Tr}(\mathrm{Fr}_{\overline{x}}, \mathcal{F}_{\overline{x}}) \in \overline{\mathbb{Q}}_\ell$.

Hence we obtain a function $\mathbf{f}_{\mathcal{F}}$ on the set of $\mathbb{F}_q$-points of V, whose value at x is

$$\mathbf{f}_{\mathcal{F}}(x) = \mathrm{Tr}(\mathrm{Fr}_{\overline{x}}, \mathcal{F}_{\overline{x}}).$$

---

[26] the passage to the formal discs is justified by an analogue of the "strong approximation theorem" that was mentioned in Sect. 1.6

[27] The precise definition (see, e.g., [42; 43]) is more subtle: a typical example is a compatible system of locally constant $\mathbb{Z}/\ell^n\mathbb{Z}$-sheaves

More generally, if $\mathcal{K}$ is a complex of ℓ-adic sheaves, one defines a function $\mathtt{f}(\mathcal{K})$ on $V(\mathbb{F}_q)$ by taking the alternating sums of the traces of $\mathrm{Fr}_{\overline{x}}$ on the stalk cohomologies of $\mathcal{K}$ at $\overline{x}$:

$$\mathtt{f}_{\mathcal{K}}(x) = \sum_i (-1)^i \operatorname{Tr}(\mathrm{Fr}_{\overline{x}}, H^i_{\overline{x}}(\mathcal{K})).$$

The map $\mathcal{K} \to \mathtt{f}_{\mathcal{K}}$ intertwines the natural operations on complexes of sheaves with natural operations on functions (see [44], Sect. 1.2). For example, pull-back of a sheaf corresponds to the pull-back of a function, and push-forward of a sheaf with compact support corresponds to the fiberwise integration of a function.[28]

Thus, because of the existence of the Frobenius automorphism in the Galois group $\mathrm{Gal}(\overline{\mathbb{F}}_q/\mathbb{F}_q)$ (which is the group of symmetries of an $\mathbb{F}_q$-point) we can pass from ℓ-adic sheaves to functions on any algebraic variety over $\mathbb{F}_q$. This suggests that the proper geometrization of the notion of a function in this setting is the notion of ℓ-adic sheaf.

The passage from complexes of sheaves to functions is given by the alternating sum of cohomologies. Hence what matters is not $\mathcal{K}$ itself, but the corresponding object of the derived category of sheaves. However, the derived category is too big, and there are many objects of the derived category which are non-zero, but whose function is equal to zero. For example, consider a complex of the form $0 \to \mathcal{F} \to \mathcal{F} \to 0$ with the zero differential. It has non-zero cohomologies in degrees 0 and 1, and hence is a non-zero object of the derived category. But the function associated to it is identically zero. That is why it would be useful to identify a natural abelian category $\mathcal{C}$ in the derived category of ℓ-adic sheaves such that the map assigning to an object $\mathcal{K} \in \mathcal{C}$ the function $\mathtt{f}_{\mathcal{K}}$ gives rise to an *injective* map from the Grothendieck group of $\mathcal{C}$ to the space of functions on V.[29]

The naive category of ℓ-adic sheaves (included into the derived category as the subcategory whose objects are the complexes situated in cohomological degree 0) is not a good choice for various reasons; for instance, it is not stable under the Verdier duality. The correct choice turns out to be the abelian category of *perverse sheaves.*

What is a perverse sheaf? It is not really a sheaf, but a complex of ℓ-adic sheaves on V satisfying certain restrictions on the degrees of their non-zero stalk cohomologies (see [45; 46; 47; 48]).[30] Examples are ℓ-adic local systems on a smooth variety V, placed in cohomological degree equal to $-\dim V$. General perverse sheaves are "glued" from such local systems defined on the strata of a particular stratification $V = \bigcup_i V_i$ of V by locally closed subvarieties. Even though perverse sheaves are complexes of sheaves, they form an abelian

[28] this follows from the Grothendieck-Lefschetz trace formula

[29] more precisely, to do that we need to extend this function to the set of all $\mathbb{F}_{q_1}$-points of V, where $q_1 = q^m, m > 0$

[30] more precisely, a perverse sheaf is an object of the derived category of sheaves

subcategory inside the derived category of sheaves, so we can work with them like with ordinary sheaves. Unlike the ordinary sheaves though, the perverse sheaves have the following remarkable property: an irreducible perverse sheaf on a variety V is completely determined by its restriction to an arbitrary open dense subset (provided that this restriction is non-zero). For more on this, see Sect. 5.4.

Experience shows that many "interesting" functions on the set $V(\mathbb{F}_q)$ of points of an algebraic variety V over $\mathbb{F}_q$ are of the form $\mathbf{f}_{\mathcal{K}}$ for a perverse sheaf $\mathcal{K}$ on V. Unramified automorphic functions on $GL_n(F)\backslash GL_n(\mathbb{A})/GL_n(\mathcal{O})$ certainly qualify as "interesting" functions. Can we obtain them from perverse sheaves on some algebraic variety underlying the set $GL_n(F)\backslash GL_n(\mathbb{A})/GL_n(\mathcal{O})$?

In order to do that we need to interpret the set $GL_n(F)\backslash GL_n(\mathbb{A})/GL_n(\mathcal{O})$ as the set of $\mathbb{F}_q$-points of an algebraic variety over $\mathbb{F}_q$. Lemma 5 gives us a hint as to what this variety should be: the *moduli space* of rank n vector bundles on the curve X.

Unfortunately, for $n > 1$ there is no algebraic variety whose set of $\mathbb{F}_q$-points is the set of isomorphism classes of *all* rank n bundles on X.[31] The reason is that bundles have groups of automorphisms, which vary from bundle to bundle. So in order to define the structure of an algebraic variety we need to throw away the so-called unstable bundles, whose groups of automorphisms are too large, and glue together the so-called semi-stable bundles. Only the points corresponding to the so-called stable bundles will survive. But an automorphic function is a priori defined on the set of isomorphism classes of all bundles. Therefore we do not want to throw away any of them.[32]

The solution is to consider the *moduli stack* Bun_n of rank n bundles on X. It is not an algebraic variety, but it looks locally like the quotient of an algebraic variety by the action of an algebraic group (these actions are not free, and therefore the quotient is no longer an algebraic variety). For a nice introduction to algebraic stacks, see [49]. Examples of stacks familiar to physicists include the Deligne-Mumford stack of stable curves of a fixed genus and the moduli stacks of stable maps. In these cases the groups of automorphisms are actually *finite*, so these stacks may be viewed as orbifolds. The situation is more complicated for vector bundles, for which the groups of automorphisms are typically continuous. The corresponding moduli stacks are called Artin stacks. For example, even in the case of line bundles, each of them has a continuous groups of automorphisms, namely, the multiplicative group. What saves the day is the fact that the group of automorphisms is the *same* for all line bundles. This is not true for bundles of rank higher than 1.

31 for $n = 1$, the Picard variety of X may be viewed as the moduli space of line bundles

32 actually, one can show that each cuspidal automorphic function vanishes on a subset of unstable bundles (see [52], Lemma 6.11), and this opens up the possibility that somehow moduli spaces of semi-stable bundles would suffice

The technique developed in [50; 15] allows us to define sheaves on algebraic stacks and to operate with these sheaves in ways that we are accustomed to when working with algebraic varieties. So the moduli stack Bun_n will be sufficient for our purposes.

Thus, we have now identified the geometric objects which should replace unramified automorphic functions: these should be perverse sheaves on the moduli stack Bun_n of rank n bundles on our curve X. The concept of perverse sheaf makes perfect sense for varieties over $\mathbb{C}$ (see, e.g., [46; 47; 48]), and this allows us to formulate the geometric Langlands conjecture when X (and hence Bun_n) is defined over $\mathbb{C}$. But over the field of complex numbers there is one more reformulation that we can make, namely, we can to pass from perverse sheaves to $\mathcal{D}$-*modules*. We now briefly discuss this last reformulation.

3.4 From perverse sheaves to $\mathcal{D}$-modules

If V is a smooth complex algebraic variety, we can define the sheaf $\mathcal{D}_V$ of algebraic differential operators on V (in Zariski topology). The space of its sections on a Zariski open subset $U \subset V$ is the algebra $\mathcal{D}(U)$ of differential operators on U. For instance, if $U \simeq \mathbb{C}^n$, then this algebra is isomorphic to the Weyl algebra generated by coordinate functions $x_i, i = 1, \ldots, n$, and the vector fields $\partial/\partial x_i, i = 1, \ldots, n$. A (left) $\mathcal{D}$-module $\mathcal{F}$ on V is by definition a sheaf of (left) modules over the sheaf $\mathcal{D}_V$. This means that for each open subset $U \subset V$ we are given a module $\mathcal{F}(U)$ over $\mathcal{D}(U)$, and these modules satisfy the usual compatibilities.

The simplest example of a $\mathcal{D}_V$-module is the sheaf of holomorphic sections of a holomorphic vector bundle $\mathcal{E}$ on V equipped with a holomorphic (more precisely, algebraic) flat connection. Note that $\mathcal{D}(U)$ is generated by the algebra of holomorphic functions $\mathcal{O}(U)$ on U and the holomorphic vector fields on U. We define the action of the former on $\mathcal{E}(U)$ in the usual way, and the latter by means of the holomorphic connection. In the special case when $\mathcal{E}$ is the trivial bundle with the trivial connection, its sheaf of sections is the sheaf $\mathcal{O}_V$ of holomorphic functions on V.

Another class of examples is obtained as follows. Let $D_V = \Gamma(V, \mathcal{D}_V)$ be the algebra of global differential operators on V. Suppose that this algebra is commutative and is in fact isomorphic to the free polynomial algebra $D_V = \mathbb{C}[D_1, \ldots, D_N]$, where $D_1, \ldots, D_N$ are some global differential operators on V. We will see below examples of this situation. Let $\lambda : D_V \to \mathbb{C}$ be an algebra homomorphism, which is completely determined by its values on the operators D_i. Define the (left) $\mathcal{D}_V$-module Δ_λ by the formula

$$\Delta_\lambda = \mathcal{D}_V/(\mathcal{D}_V \cdot \operatorname{Ker} \lambda) = \mathcal{D}_V \underset{D_V}{\otimes} \mathbb{C}, \qquad (3.4)$$

where the action of D_V on $\mathbb{C}$ is via λ.

Now consider the system of differential equations

$$D_i f = \lambda(D_i) f, \qquad i = 1, \ldots, N. \tag{3.5}$$

Observe if f_0 is any function on V which is a solution of (3.5), then for any open subset U the restriction $f_0|_U$ is automatically annihilated by $\mathcal{D}(U) \cdot \operatorname{Ker} \lambda$. Therefore we have a natural $\mathcal{D}_V$-homomorphism from the $\mathcal{D}$-module Δ_λ defined by formula (3.4) to the sheaf of functions $\mathcal{O}_V$ sending $1 \in \Delta_\lambda$ to f_0. Conversely, since Δ_λ is generated by 1, any homomorphism $\Delta_\lambda \to \mathcal{O}_V$ is determined by the image of 1 and hence to be a solution f_0 of (3.5). In this sense, we may say that the $\mathcal{D}$-module Δ_λ represents the system of differential equations (3.5).

More generally, the f in the system (3.5) could be taking values in other spaces of functions, or distributions, etc. In other words, we could consider f as a section of some sheaf $\mathcal{F}$. This sheaf has to be a $\mathcal{D}_V$-module, for otherwise the system (3.5) would not make sense. But no matter what $\mathcal{F}$ is, an $\mathcal{F}$-valued solution f_0 of the system (3.5) is the same as a homomorphism $\Delta_\lambda \to \mathcal{F}$. Thus, Δ_λ is a the "universal $\mathcal{D}_V$-module" for the system (3.5). This $\mathcal{D}_V$-module is called *holonomic* if the system (3.5) is holonomic, i.e., if $N = \dim_{\mathbb{C}} V$. We will see various examples of such $\mathcal{D}$-modules below.

As we discussed above, the sheaf of horizontal sections of a holomorphic vector bundle $\mathcal{E}$ with a holomorphic flat connection on V is a locally constant sheaf (in the analytic, not Zariski, topology!), which becomes a perverse sheaf after the shift in cohomological degree by $\dim_{\mathbb{C}} V$. The corresponding functor from the category of bundles with flat connection on V to the category of locally constant sheaves on V may be extended to a functor from the category of holonomic $\mathcal{D}$-modules to the category of perverse sheaves.[33] This functor is called the Riemann-Hilbert correspondence. For instance, this functor assigns to a holonomic $\mathcal{D}$-module (3.4) on V the sheaf whose sections over an open analytic subset $U \subset V$ is the space of holomorphic functions on T that are solutions of the system (3.5) on U. In the next section we will see how this works in a toy model example.

3.5 Example: a $\mathcal{D}$-module on the line

Consider the differential equation $t\partial_t = \lambda f$ on $\mathbb{C}$. The corresponding $\mathcal{D}$-module is

$$\Delta_\lambda = \mathcal{D}/(\mathcal{D} \cdot (t\partial_t - \lambda)).$$

It is sufficient to describe its sections on $\mathbb{C}$ and on $\mathbb{C}^\times = \mathbb{C}\backslash\{0\}$. We have

$$\Gamma(\mathbb{C}, \Delta_\lambda) = \mathbb{C}[t, \partial_t]/\mathbb{C}[t, \partial_t] \cdot (t\partial_t - \lambda),$$

[33] A priori this functor sends a $\mathcal{D}$-module to an object of the derived category of sheaves, but one shows that it is actually an object of the *abelian* subcategory of perverse sheaves. This provides another explanation why the category of perverse sheaves is the "right" abelian subcategory of the derived category of sheaves (as opposed to the naive abelian subcategory of complexes concentrated in cohomological degree 0, for example).

so it is a space with the basis $\{t^n, \partial_t^m\}_{n>0,m\geq 0}$, and the action of $\mathbb{C}[t,\partial_t]$ is given by the formulas $\partial_t \cdot \partial_t^m = \partial_t^{m+1}, m \geq 0; \partial_t \cdot t^n = (n+\lambda)t^{n-1}, n > 0$, and $t \cdot t^n = t^{n+1}, n \geq 0; t \cdot \partial_t^m = (m-1+\lambda)\partial_t^{m-1}, m > 0$.

On the other hand,

$$\Gamma(\mathbb{C}^\times, \Delta_\lambda) = \mathbb{C}[t^{\pm 1}, \partial_t]/\mathbb{C}[t^{\pm 1}, \partial_t] \cdot (t\partial_t - \lambda),$$

and so it is isomorphic to $\mathbb{C}[t^{\pm 1}]$, but instead of the usual action of $\mathbb{C}[t^{\pm 1}, \partial_t]$ on $\mathbb{C}[t^{\pm 1}]$ we have the action given by the formulas $t \mapsto t, \partial_t \mapsto \partial_t - \lambda t^{-1}$. The restriction map $\Gamma(\mathbb{C}, \Delta_\lambda) \to \Gamma(\mathbb{C}^\times, \Delta_\lambda)$ sends $t^n \mapsto t^n, \partial_t^n \mapsto \lambda\partial_t^{m-1} \cdot t^{-1} = (-1)^{m-1}(m-1)!\lambda t^{-m}$.

Let $\mathcal{P}_\lambda$ be the perverse sheaf on $\mathbb{C}$ obtained from Δ_λ via the Riemann-Hilbert correspondence. What does it look like? It is easy to describe the restriction of $\mathcal{P}_\lambda$ to $\mathbb{C}^\times$. A general local analytic solution of the equation $t\partial_t = \lambda f$ on $\mathbb{C}^\times$ is $Ct^\lambda, C \in \mathbb{C}$. The restrictions of these functions to open analytic subsets of $\mathbb{C}^\times$ define a rank one local system on $\mathbb{C}^\times$. This local system $\mathcal{L}_\lambda$ is the restriction of the perverse sheaf $\mathcal{P}_\lambda$ to $\mathbb{C}^\times$.[34] But what about its restriction to $\mathbb{C}$? If λ is not a non-negative integer, there are no solutions of our equation on $\mathbb{C}$ (or on any open analytic subset of $\mathbb{C}$ containing 0). Therefore the space of sections of $\mathcal{P}_\lambda$ on $\mathbb{C}$ is 0. Thus, $\mathcal{P}_\lambda$ is the so-called "!-extension" of the local system $\mathcal{L}_\lambda$ on $\mathbb{C}^\times$, denoted by $j_!(\mathcal{L}_\lambda)$, where $j : \mathbb{C}^\times \hookrightarrow \mathbb{C}$.

But if $\lambda \in \mathbb{Z}_+$, then there is a solution on $\mathbb{C}$: $f = t^\lambda$, and so the space $\Gamma(\mathbb{C}, \mathcal{P}_\lambda)$ is one-dimensional. However, in this case there also appears the first cohomology $H^1(\mathbb{C}, \mathcal{P}_\lambda)$, which is also one-dimensional.

To see that, note that the Riemann-Hilbert correspondence is defined by the functor $\mathcal{F} \mapsto \mathrm{Sol}(\mathcal{F}) = \mathcal{H}om_{\mathcal{D}}(\mathcal{F}, \mathcal{O})$, which is not right exact. Its higher derived functors are given by the formula $\mathcal{F} \mapsto R\,\mathrm{Sol}(\mathcal{F}) = R\mathcal{H}om_{\mathcal{D}}(\mathcal{F}, \mathcal{O})$. Here we consider the derived $\mathcal{H}om$ functor in the analytic topology. The perverse sheaf $\mathcal{P}_\lambda$ attached to Δ_λ by the Riemann-Hilbert correspondence is therefore the complex $R\,\mathrm{Sol}(\Delta_\lambda)$. To compute it explicitly, we replace the $\mathcal{D}$-module Δ_λ by the free resolution $C^{-1} \to C^0$ with the terms $C^0 = C^{-1} = \mathcal{D}$ and the differential given by multiplication on the right by $t\partial_t - \lambda$. Then $R\,\mathrm{Sol}(\mathcal{F})$ is represented by the complex $\mathcal{O} \to \mathcal{O}$ (in degrees 0 and 1) with the differential $t\partial_t - \lambda$. In particular, its sections over $\mathbb{C}$ are represented by the complex $\mathbb{C}[t] \to \mathbb{C}[t]$ with the differential $t\partial_t - \lambda$. For $\lambda \in \mathbb{Z}_+$ this map has one-dimensional kernel and cokernel (spanned by t^λ), which means that $\Gamma(\mathbb{C}, \mathcal{P}_\lambda) = H^1(\mathbb{C}, \mathcal{P}) = \mathbb{C}$. Thus, $\mathcal{P}_\lambda$ is not a sheaf, but a complex of sheaves when $\lambda \in \mathbb{Z}_+$. Nevertheless, this complex is a perverse sheaf, i.e., it belongs to the abelian category of perverse sheaves in the corresponding derived category. This complex is called the *-extension of the constant sheaf $\underline{\mathbb{C}}$ on $\mathbb{C}^\times$, denoted by $j_*(\underline{\mathbb{C}})$.

[34] Note that the solutions Ct^λ are not algebraic functions for non-integer λ, and so it is very important that we consider the sheaf $\mathcal{P}_\lambda$ in the analytic, *not* Zariski, topology! However, the equation defining it, and hence the $\mathcal{D}$-module Δ_λ, are algebraic for all λ, so we may consider Δ_λ in either analytic or Zariski topology.

Thus, we see that if the monodromy of our local system $\mathcal{L}_\lambda$ on $\mathbb{C}^\times$ is non-trivial, then it has only one extension to $\mathbb{C}$, denoted above by $j_!(\mathcal{L}_\lambda)$. In this case the *-extension $j_*(\mathcal{L}_\lambda)$ is also well-defined, but it is equal to $j_!(\mathcal{L}_\lambda)$. Placed in cohomological degree -1, this sheaf becomes an irreducible perverse sheaf on $\mathbb{C}$.

On the other hand, for $\lambda \in \mathbb{Z}$ the local system $\mathcal{L}_\lambda$ on $\mathbb{C}^\times$ is trivial, i.e., $\mathcal{L}_\lambda \simeq \underline{\mathbb{C}}, \lambda \in \mathbb{Z}$. In this case we have two different extensions: $j_!(\underline{\mathbb{C}})$, which is realized as $\mathrm{Sol}(\Delta_\lambda)$ for $\lambda \in \mathbb{Z}_{<0}$, and $j_*(\underline{\mathbb{C}})$, which is realized as $\mathrm{Sol}(\Delta_\lambda)$ for $\lambda \in \mathbb{Z}_+$. Both of them are perverse sheaves on $\mathbb{C}$ (even though the latter is actually a complex of sheaves), if we shift their cohomological degrees by 1. But neither of them is an irreducible perverse sheaf. The irreducible perverse extension of the constant sheaf on $\mathbb{C}^\times$ is the constant sheaf on $\mathbb{C}$ (again, placed in cohomological degree -1). We have natural maps $j_!(\underline{\mathbb{C}}) \to \underline{\mathbb{C}} \to j_*(\underline{\mathbb{C}})$, so $\underline{\mathbb{C}}$ appears as an extension that is "intermediate" between the !- and the *-extensions. This is the reason why such sheaves are often called "intermediate extensions".

3.6 More on $\mathcal{D}$-modules

One of the lessons that we should learn from this elementary example is that when our differential equations (3.5) have regular singularities, as is the case for the equation $(t\partial_t - \lambda)f = 0$, the corresponding $\mathcal{D}$-module reflects these singularities. Namely, only its restriction to the complement of the singularity divisor is a vector bundle with a connection, but usually it is extended in a non-trivial way to this divisor. This will be one of the salient features of the Hecke eigensheaves that we will discuss below (in the non-abelian case).

The Riemann-Hilbert functor Sol sets up an equivalence between the category of holonomic $\mathcal{D}$-modules with *regular singularities* on V (such as the $\mathcal{D}$-module that we considered above) and the category of perverse sheaves on V. This equivalence is called the Riemann-Hilbert correspondence (see [46; 47; 48; 51]).[35] Therefore we may replace perverse sheaves on smooth algebraic varieties (or algebraic stacks, see [15]) over $\mathbb{C}$ by holonomic $\mathcal{D}$-modules with regular singularities.

Under this equivalence of categories natural operations (functors) on perverse sheaves, such as the standard operations of direct and inverse images, go to certain operations on $\mathcal{D}$-modules. We will not describe these operations here in detail referring the reader to [46; 47; 48; 51]). But one way to think about them which is consistent with the point of view presented above as as follows. If we think of a $\mathcal{D}$-module $\mathcal{F}$ as something that encodes a system of differential equations, then applying an operation to $\mathcal{F}$, such as the inverse or direct image, corresponds to applying the same type of operation (pull-back

[35] it is often more convenient to use the closely related (covariant) "de Rham functor" $\mathcal{F} \mapsto \omega_V \overset{L}{\underset{\mathcal{D}}{\otimes}} \mathcal{F}$

in the case of inverse image, an integral in the case of direct image) to the *solutions* of the system of differential equations encoded by $\mathcal{F}$. So the solutions of the system of differential equations encoded by the inverse or direct image of $\mathcal{F}$ are the pull-backs or the integrals of the solutions of the system encoded by $\mathcal{F}$, respectively.

The fact that natural operations on $\mathcal{D}$-modules correspond to natural operations on their solutions (which are functions) provides another point of view on the issue why, when moving from a finite field to $\mathbb{C}$, we decided to replace the notion of a function by the notion of a $\mathcal{D}$-module. We may think that there is actually a function, or perhaps a vector space of functions, lurking in the background, but these functions may be too complicated to write down - they may be multi-valued and have nasty singularities (for more on this, see Sect. 9.5). For all intents and purposes it might be better to write down the system of differential equations that these functions satisfy, i.e, consider the corresponding $\mathcal{D}$-module, instead.

Let us summarize: we have seen that an automorphic representation may be encapsulated by an automorphic function on the set of isomorphism classes of rank n vector bundles on the curve X. We then apply the following progression to the notion of "function"

$$\boxed{\text{functions}} \overset{\text{over } \mathbb{F}_q}{\Longrightarrow} \boxed{\ell\text{-adic sheaves}} \Longrightarrow \boxed{\text{perverse sheaves}} \overset{\text{over } \mathbb{C}}{\Longrightarrow} \boxed{\mathcal{D}\text{-modules}}$$

and end up with the notion of "$\mathcal{D}$-module" instead. This leads us to believe that the proper replacement for the notion of automorphic representation in the case of a curve X over $\mathbb{C}$ is the notion of $\mathcal{D}$-module on the moduli stack Bun_n of rank n vector bundles on X. In order to formulate precisely the geometric Langlands correspondence we need to figure out what properties these $\mathcal{D}$-modules should satisfy.

3.7 Hecke correspondences

The automorphic function on $GL_n(F)\backslash GL_n(\mathbb{A})/GL_n(\mathcal{O})$ associated to an irreducible unramified automorphic representation π had an important property: it was a Hecke eigenfunction.

In order to state the geometric Langlands correspondence in a meaningful way we need to formulate the Hecke eigenfunction condition in sheaf-theoretic terms. The key to this is the interpretation of the spherical Hecke algebras $\mathcal{H}_x$ in terms of the *Hecke correspondences.*

In what follows we will consider instead of vector bundles on X the corresponding sheaves of their holomorphic sections, which are locally free coherent sheaves of $\mathcal{O}_X$-modules, where $\mathcal{O}_X$ is the sheaf of holomorphic functions on X. By abuse of notation, we will use the same symbol for a vector bundle and for the sheaf of its sections.

We again let X be a smooth projective connected curve over a field k, which could be a finite field or $\mathbb{C}$.

By definition, the ith Hecke correspondence $\mathcal{H}ecke_i$ is the moduli space of quadruples

$$(\mathcal{M}, \mathcal{M}', x, \beta : \mathcal{M}' \hookrightarrow \mathcal{M}),$$

where $\mathcal{M}', \mathcal{M} \in \mathrm{Bun}_n$, $x \in X$, and β is sn embedding of the sheaves of sections[36] $\beta : \mathcal{M}' \hookrightarrow \mathcal{M}$ such that $\mathcal{M}/\mathcal{M}'$ is supported at x and is isomorphic to $\mathcal{O}_x^{\oplus i}$, the direct sum of i copies of the *skyscraper sheaf* $\mathcal{O}_x = \mathcal{O}_X/\mathcal{O}_X(-x)$.

We thus have a correspondence

$$\begin{array}{ccc} & \mathcal{H}ecke_i & \\ {}^{h^{\leftarrow}}\swarrow & & \searrow^{\mathrm{supp} \times h^{\rightarrow}} \\ \mathrm{Bun}_n & & X \times \mathrm{Bun}_n \end{array}$$

where $h^{\leftarrow}(x, \mathcal{M}, \mathcal{M}') = \mathcal{M}$, $h^{\rightarrow}(x, \mathcal{M}, \mathcal{M}') = \mathcal{M}'$, and $\mathrm{supp}(x, \mathcal{M}, \mathcal{M}') = x$.

Let $\mathcal{H}ecke_{i,x} = \mathrm{supp}^{-1}(x)$. This is a correspondence over $\mathrm{Bun}_n \times \mathrm{Bun}_n$:

$$\begin{array}{ccc} & \mathcal{H}ecke_{i,x} & \\ {}^{h^{\leftarrow}}\swarrow & & \searrow^{h^{\rightarrow}} \\ \mathrm{Bun}_n & & \mathrm{Bun}_n \end{array} \tag{3.6}$$

What does it look like? Consider the simplest case when $n = 2$ and $i = 1$. Then the points in the fiber of $\mathcal{H}ecke_{i,x}$ over a point $\mathcal{M}$ in the "left"Bun_n (which we view as the sheaf of sections of a rank two vector bundle on X) correspond to all locally free subsheaves $\mathcal{M}' \subset \mathcal{M}$ such that the quotient $\mathcal{M}/\mathcal{M}'$ is the skyscraper sheaf $\mathcal{O}_x$. Defining $\mathcal{M}'$ is the same as choosing a line $\mathcal{L}_x$ in the dual space $\mathcal{M}_x^*$ to the fiber of $\mathcal{M}$ at x (which is a two-dimensional vector space over k). The sections of the corresponding sheaf $\mathcal{M}'$ are just the sections of $\mathcal{M}$ which vanish along $\mathcal{L}_x$, i.e., such a section s (over an open set containing x) must satisfy $\langle v, s(x) \rangle = 0$ for any non-zero $v \in \mathcal{L}_x$.

Therefore the fiber of $\mathcal{H}ecke_{1,x}$ over $\mathcal{M}$ is isomorphic to the projectivization of the two-dimensional fiber $\mathcal{M}_x$ of $\mathcal{M}$ at x. Hence $\mathcal{H}ecke_{i,x}$ is a $\mathbb{P}^1_k$-fibration over over Bun_n. It is also easy to see that $\mathcal{H}ecke_{i,x}$ is a $\mathbb{P}^1_k$-fibration over the "right" Bun_n in the diagram (3.6) (whose points are labeled as $\mathcal{M}$).

Now it should be clear what $\mathcal{H}ecke_{i,x}$ looks like for general n and i: it is a fibration over both Bun_n's, with the fibers being isomorphic to the Grassmannian $\mathrm{Gr}(i, n)$ of i-dimensional subspaces in k^n.

To understand the connection with the classical Hecke operators $H_{i,x}$ introduced in Sect. 2.3, we set $k = \mathbb{F}_q$ and look at the sets of $\mathbb{F}_q$-points of the correspondence (3.6). Recall from Lemma 5 that the set of $\mathbb{F}_q$-points of Bun_n is $GL_n(F)\backslash GL_n(\mathbb{A})/GL_n(\mathcal{O})$. Therefore the correspondence $\mathcal{H}ecke_{i,x}(\mathbb{F}_q)$ defines an operator on the space of functions on $GL_n(F)\backslash GL_n(\mathbb{A})/GL_n(\mathcal{O})$

---

[36] this is the place where the difference between a vector bundle and its sheaf of sections is essential: an embedding of vector bundles of the same rank is necessarily an isomorphism, but an embedding of their sheaves of sections is not; their quotient can be a torsion sheaf on X

$$f \mapsto T_{i,x}(f) = h^{\rightarrow}_*(h^{\leftarrow *}(f)),$$

where $h^{\leftarrow *}$ is the operator of pull-back of a function under $h^{\leftarrow}$, and $h^{\rightarrow}_*$ is the operator of integration of a function along the fibers of $h^{\rightarrow}$.

Now observe that the set of points in the fiber of $h^{\rightarrow}$ over a point

$$(g_y)_{y \in X} \in GL_n(F)\backslash GL_n(\mathbb{A})/GL_n(\mathcal{O})$$

is the set of double cosets of the adèles whose components at each point $y \neq x$ is g_y (the same as before) and the component at x is of the form $g_x h_x$, where $h_x \in M_n^i(\mathcal{O}_x)$, and the set $M_n^i(\mathcal{O}_x)$ is defined by formula (2.4). This means that

$$T_{i,x}(f) = H_{i,x} \star f, \tag{3.7}$$

where $H_{i,x}$ is the characteristic function of $M_n^i(\mathcal{O}_x)$, which is a generator of the spherical Hecke algebra $\mathcal{H}_x$ introduced in Sect. 2.3. It acts on the space of functions on $GL_n(F)\backslash GL_n(\mathbb{A})$ according to formulas (2.2) and (2.6). Therefore we find that $T_{i,x}$ is precisely the ith Hecke operator given by formula (2.6) with $f_x = H_{i,x}$! Thus, we obtain an interpretation of the generators $H_{i,x}$ of the spherical Hecke algebra $\mathcal{H}_x$ in terms of Hecke correspondences.

By construction (see formula (2.7)), the automorphic function f_π on the double quotient $GL_n(F)\backslash GL_n(\mathbb{A})/GL_n(\mathcal{O})$ associated to an irreducible unramified automorphic representation π of $GL_n(\mathbb{A})$ satisfies

$$T_{i,x}(f_\pi) = f_\pi \star H_{i,x} = q_x^{i(n-i)/2} s_i(z_1(\sigma_x), \ldots, z_n(\sigma_x)) f_\pi.$$

This is the meaning of the classical Hecke condition.

Now it is clear how to define a geometric analogue of the Hecke condition (for an arbitrary k). This geometric Hecke property will comprise all points of the curve at once. Namely, we use the Hecke correspondences to define the *Hecke functors* H_i from the category of perverse sheaves on Bun_n to the derived category of sheaves on $X \times \mathrm{Bun}_n$ by the formula

$$\mathrm{H}_i(\mathcal{K}) = (\mathrm{supp} \times h^{\rightarrow})_* h^{\leftarrow *}(\mathcal{K}). \tag{3.8}$$

Note that when we write $(\mathrm{supp} \times h^{\rightarrow})_*$ we really mean the corresponding derived functor.

3.8 Hecke eigensheaves and the geometric Langlands conjecture

Now let E be a local system E of rank n on X. A perverse sheaf $\mathcal{K}$ on Bun_n is called a *Hecke eigensheaf with eigenvalue* E, if $\mathcal{K} \neq 0$ and we have the following isomorphisms:

$$\imath_i : \mathrm{H}_n^i(\mathcal{K}) \xrightarrow{\sim} \wedge^i E \boxtimes \mathcal{K}[-i(n-i)], \qquad i = 1, \ldots, n, \tag{3.9}$$

where $\wedge^i E$ is the ith exterior power of E. Here $[-i(n-i)]$ indicates the shift in cohomological degree to the right by $i(n-i)$, which is the complex dimension of the fibers of $h^{\rightarrow}$.

Let us see that this condition really corresponds to an old condition from Theorem 4 matching the Hecke and Frobenius eigenvalues. So let X be a curve over $\mathbb{F}_q$ and σ an n-dimensional unramified ℓ-adic representation of $\mathrm{Gal}(\overline{F}/F)$. Denote by E the corresponding ℓ-adic local system on X. Then it follows from the definitions that

$$\mathrm{Tr}(\mathrm{Fr}_{\overline{x}}, E_{\overline{x}}) = \mathrm{Tr}(\sigma(\mathrm{Fr}_x), \overline{\mathbb{Q}}_\ell^n) = \sum_{i=1}^{n} z_i(\sigma_x)$$

(see Sect. 2.2 for the definition of $z_i(\sigma_x)$), and so

$$\mathrm{Tr}(\mathrm{Fr}_{\overline{x}}, \wedge^i E_{\overline{x}}) = s_i(z_1(\sigma_x), \dots, z_n(\sigma_x)),$$

where s_i is the ith elementary symmetric polynomial.

Recall that the passage from complexes of sheaves to functions intertwined the operations of inverse and direct image on sheaves with the operations of pull-back and integration of functions. Therefore we find that the function $\mathtt{f}_q(\mathcal{K})$ on

$$GL_n(F)\backslash GL_n(\mathbb{A})/GL_n(\mathcal{O}) = \mathrm{Bun}_n(\mathbb{F}_q)$$

associated to a Hecke eigensheaf $\mathcal{K}$ satisfies

$$T_{i,x}(\mathtt{f}_{\mathcal{K}}) = q_x^{i(n-i)} s_i(z_1(\sigma_x), \dots, z_n(\sigma_x))\mathtt{f}_{\mathcal{K}}$$

(the q_x-factor comes from the cohomological degree shift). In other words, if $\mathcal{K}$ is a Hecke eigensheaf with eigenvalue E, then the function $\mathtt{f}_{\mathcal{K}}$ associated to it via the Grothendieck dictionary is a Hecke eigenfunction whose Hecke eigenvalues are equal to the Frobenius eigenvalues of σ, which is the condition of Theorem 4 (for an irreducible local system E).

The difference between the classical Hecke operators and their geometric counterparts is that the former are defined pointwise while the latter are defined globally on the curve X. In the classical setting therefore it was not clear whether for a given automorphic representation π one could always find a Galois representation (or an ℓ-adic local system) with the same Frobenius eigenvalues as the Hecke eigenvalues of π (part of Theorem 4 is the statement that there is always a unique one). In the geometric setting this question is mute, because the very notion of a Hecke eigensheaf presumes that we know what its eigenvalue E is. That is why the geometric Langlands correspondence in the geometric setting is a map in one direction: from local systems to Hecke eigensheaves.

We are now naturally led to the geometric Langlands conjecture for GL_n, whose formulation is due to Drinfeld and Laumon [54]. This statement makes sense when X is over $\mathbb{F}_q$ or over $\mathbb{C}$, and it is now a theorem in both cases. Note that Bun_n is a disjoint union of connected components Bun_n^d corresponding to vector bundles of degree d.

Theorem 6 *For each irreducible rank n local system E on X there exists a perverse sheaf* Aut_E *on* Bun_n *which is a Hecke eigensheaf with respect to E. Moreover,* Aut_E *is irreducible on each connected component* Bun_n^d,

irreducible rank n local systems on X	$\longrightarrow$	Hecke eigensheaves on Bun_n

$$E \longrightarrow \mathrm{Aut}_E$$

This theorem was proved by Deligne for GL_1 (we recall it in the next section) and by Drinfeld in the case of GL_2 [36] (see [25], Sect. 6, for a review). These works motivated the conjecture in the case of GL_n, which has been proved in [52; 53] (these works were also influenced by [54; 55]). In the case when X is over $\mathbb{C}$ we can replace "perverse sheaf" in the statement of Theorem 6 by "$\mathcal{D}$-module".[37]

The reader may be wondering what has become of the cuspidality condition, which was imposed in Sect. 2.3. It has a transparent geometric analogue (see [54; 52]). As shown in [52], the geometric cuspidality condition is automatically satisfied for the Hecke eigensheaves Aut_E associated in [52] to irreducible local systems E.

One cannot emphasize enough the importance of the fact that E is an *irreducible* rank n local system on X in the statement Theorem 6. It is only in this case that we expect the Hecke eigensheaf Aut_E to be as nice as described in the theorem. Moreover, in this case we expect that Aut_E is unique up to an isomorphism. If E is not irreducible, then the situation becomes more complicated. For example, Hecke eigensheaves corresponding to local systems that are direct sums of n rank 1 local systems – the so-called geometric Eisenstein series – have been constructed in [56; 57; 58]. The best case scenario is when these rank 1 local systems are pairwise non-isomorphic. The corresponding Hecke eigensheaf is a direct sum of infinitely many irreducible perverse sheaves on Bun_n, labeled by the lattice $\mathbb{Z}^n$. More general geometric Eisenstein series are complexes of perverse sheaves. Moreover, it is expected that in general there are several non-isomorphic Hecke eigensheaves corresponding to such a local system, so it is appropriate to talk not about a single Hecke eigensheaf Aut_E, but a *category* $\mathcal{A}ut_E$ of Hecke eigensheaves with eigenvalue E.

An object of $\mathcal{A}ut_E$ is by definition a collection $(\mathcal{K}, \imath_i)$, where $\mathcal{K}$ is a Hecke eigensheaf with eigenvalue E and $\imath_i$ are isomorphisms (3.9). In general, we should allow objects to be complexes (not necessarily perverse sheaves), but

[37] We remark that the proof of the geometric Langlands correspondence, Theorem 6, gives an alternative proof of the classical Langlands correspondence, Theorem 4, in the case when the Galois representation σ is unramified everywhere. A geometric version of the Langlands correspondence for general ramified local systems is much more complicated (see the discussion in Sect. 9.8).

in principle there are several candidates for $\mathcal{A}ut_E$ depending on what kind of complexes we allow (bounded, unbounded, etc.).

The group of automorphisms of E naturally acts on the category $\mathcal{A}ut_E$. Namely, to an automorphism g of E we assign the functor $\mathcal{A}ut_E \to \mathcal{A}ut_E$ sending $(\mathcal{F}, \{\imath_i\}_{\lambda \in P_+})$ to $\{g \circ \imath_i\}_{\lambda \in P_+})$. For example, in the case when E is the direct sum of rank 1 local systems that are pairwise non-isomorphic, the group of automorphisms of E is the n-dimensional torus. Its action on the geometric Eisenstein series sheaf constructed in [56; 58] amounts to a $\mathbb{Z}^n$-grading on this sheaf, which comes from the construction expressing it as a direct sum of irreducible objects labeled by $\mathbb{Z}^n$. For non-abelian groups of automorphisms the corresponding action will be more sophisticated.

This means that, contrary to our naive expectations, the most difficult rank n local system on X is the *trivial* local system E_0. Its group of automorphisms is GL_n which acts non-trivially on the corresponding category $\mathcal{A}ut_{E_0}$. Some interesting Hecke eigensheaves are unbounded complexes in this case, and a precise definition of the corresponding category that would include such complexes is an open problem [59]. Note that for $X = \mathbb{CP}^1$ the trivial local system is the only local system. The corresponding category $\mathcal{A}ut_{E_0}$ can probably be described rather explicitly. Some results in this direction are presented in [56], Sect. 5.

But is it possible to give an elementary example of a Hecke eigensheaf? For $n = 1$ these are rank one local systems on the Picard variety which will be discussed in the next section. They are rather easy to construct. Unfortunately, it seems that for $n > 1$ there are no elementary examples. We will discuss below the constructions of Hecke eigensheaves using conformal field theory methods, but these constructions are non-trivial.

However, there is one simple Hecke eigensheaf whose eigenvalue is not a local system on X, but a complex of local systems. This is the constant sheaf $\underline{\mathbb{C}}$ on Bun_n. Let us apply the Hecke functors H_i to the constant sheaf. By definition,

$$\mathrm{H}_i(\underline{\mathbb{C}}) = (\mathrm{supp} \times h^{\rightarrow})_* h^{\leftarrow *}(\underline{\mathbb{C}}) = (\mathrm{supp} \times h^{\rightarrow})_*(\underline{\mathbb{C}}).$$

As we explained above, the fibers of $\mathrm{supp} \times h^{\rightarrow}$ are isomorphic to $\mathrm{Gr}(i,n)$, and so $\mathrm{H}_i(\underline{\mathbb{C}})$ is the constant sheaf on Bun_n with the fiber being the cohomology $H^*(\mathrm{Gr}(i,n), \mathbb{C})$. Let us write

$$H^*(\mathrm{Gr}(i,n), \mathbb{C}) = \wedge^i(\mathbb{C}[0] \oplus \mathbb{C}[-2] \oplus \ldots \oplus \mathbb{C}[-2(n-1)])$$

(recall that $V[n]$ means V placed in cohomological degree $-n$). Thus, we find that

$$\mathrm{H}_i(\underline{\mathbb{C}}) \simeq \wedge^i E_0' \boxtimes \underline{\mathbb{C}}[-i(n-i)], \qquad i = 1, \ldots, n, \tag{3.10}$$

where

$$E_0' = \underline{\mathbb{C}}_X[-(n-1)] \oplus \underline{\mathbb{C}}_X[-(n-3)] \oplus \ldots \oplus \underline{\mathbb{C}}_X[(n-1)]$$

is a "complex of trivial local systems" on X. Remembering the cohomological degree shift in formula (3.9), we see that formula (3.10) may be interpreted as saying that the constant sheaf on Bun_n is a Hecke eigensheaf with eigenvalue E'_0.

The Hecke *eigenfunction* corresponding to the constant sheaf is the just the constant function on $GL_n(F)\backslash GL_n(\mathbb{A})/GL_n(\mathbb{O})$, which corresponds to the trivial one-dimensional representation of the adèlic group $GL_n(\mathbb{A})$. The fact that the "eigenvalue" E'_0 is not a local system, but a complex, indicates that something funny is going on with the trivial representation. In fact, it has to do with the so-called "Arthur's SL_2" part of the parameter of a general automorphic representation [60]. The precise meaning of this is beyond the scope of the present article, but the idea is as follows. Arthur has conjectured that if we want to consider unitary automorphic representations of $GL_n(\mathbb{A})$ that are not necessarily cuspidal, then the true parameters for those are n-dimensional representations not of $\mathrm{Gal}(\overline{F}/F)$, but of the product $\mathrm{Gal}(\overline{F}/F) \times SL_2$. The homomorphisms whose restriction to the SL_2 factor are trivial correspond to the so-called tempered representations. In the case of GL_n all cuspidal unitary representations are tempered, so the SL_2 factor does not play a role. But what about the trivial representation of $GL_n(\mathbb{A})$? It is unitary, but certainly not tempered (nor cuspidal). According to [60], the corresponding parameter is the the n-dimensional representation of $\mathrm{Gal}(\overline{F}/F) \times SL_2$, which is trivial on the first factor and is the irreducible representation of the second factor. One can argue that it is this non-triviality of the action of Arthur's SL_2 that is observed geometrically in the cohomological grading discussed above.

In any case, this is a useful example to consider.

4 Geometric abelian class field theory

In this section we discuss the geometric Langlands correspondence for $n = 1$, i.e., for rank one local systems. This is a particularly simple case, which is well understood. Still, it already contains the germs of some of the ideas and constructions that we will use for local systems of higher rank.

Note that because $\mathbb{CP}^1$ is simply-connected, there is only one (unramified) rank one local system on it, so the (unramified) geometric Langlands correspondence is vacuous in this case. Hence throughout this section we will assume that the genus of X is positive.

4.1 Deligne's proof

We present here Deligne's proof of the $n = 1$ case of Theorem 6, following [54; 56; 23]; it works when X is over $\mathbb{F}_q$ and over $\mathbb{C}$, but when X is over $\mathbb{C}$ there are additional simplifications which we will discuss below.

For $n = 1$ the moduli stack Bun_n is the Picard variety Pic of X classifying line bundles on X. Recall that Pic has components Pic_d labeled by the integer

d which corresponds to the degree of the line bundle. The degree zero component Pic_0 is the Jacobian variety Jac of X, which is a complex g-dimensional torus $H^1(X, \mathcal{O}_X)/H^1(X, \mathbb{Z})$.

Conjecture 6 means the following in this case: for each rank one local system E on X there exists a perverse sheaf (or a $\mathcal{D}$-module, when X is over $\mathbb{C}$) Aut_E on Pic which satisfies the following Hecke eigensheaf property:

$$h^{\leftarrow *}(\mathrm{Aut}_E) \simeq E \boxtimes \mathrm{Aut}_E, \tag{4.1}$$

where $h^{\leftarrow} : X \times \mathrm{Pic} \to \mathrm{Pic}$ is given by $(\mathcal{L}, x) \mapsto \mathcal{L}(x)$. In this case the maps $h^{\leftarrow}$ and $h^{\rightarrow}$ are one-to-one, and so the Hecke condition simplifies.

To construct Aut_E, consider the Abel-Jacobi map $\pi_d : S^d X \to \mathrm{Pic}_d$ sending the divisor D to the line bundle $\mathcal{O}_X(D)$.[38] If $d > 2g - 2$, then π_d is a projective bundle, with the fibers $\pi_d^{-1}(\mathcal{L}) = \mathbb{P}H^0(X, \mathcal{L})$ being projective spaces of dimension $d - g$. It is easy to construct a local system $E^{(d)}$ on $\bigcup_{d>2g-2} S^d X$ satisfying an analogue of the Hecke eigensheaf property

$$\widetilde{h}^{\leftarrow *}(E^{(d+1)}) \simeq E \boxtimes E^{(d)}, \tag{4.2}$$

where $\widetilde{h}^{\leftarrow} : S^d X \times X \to S^{d+1} X$ is given by $(D, x) \mapsto D + [x]$. Namely, let

$$\mathrm{sym}^d : X^n \to S^n X$$

be the symmetrization map and set

$$E^{(d)} = (\mathrm{sym}_*^d(E^{\boxtimes n}))^{S_d}.$$

So we have rank one local systems $E^{(d)}$ on $S^d X, d > 2g - 2$, which satisfy an analogue (4.2) of the Hecke eigensheaf property, and we need to prove that they descend to $\mathrm{Pic}_d, d > 2g - 2$, under the Abel-Jacobi maps π_d. In other words, we need to prove that the restriction of $E^{(d)}$ to each fiber of π_d is a constant sheaf. Since $E^{(d)}$ is a local system, these restrictions are locally constant. But the fibers of π_d are projective spaces, hence simply-connected. Therefore any locally constant sheaf along the fiber is constant! So there exists a local system Aut_E^d on Pic_d such that $E^{(d)} = \pi_d^*(\mathrm{Aut}_E^d)$. Formula (4.2) implies that the sheaves Aut_E^d form a Hecke eigensheaf on $\bigcup_{d>2g-2} \mathrm{Pic}_d$. We extend them by induction to the remaining components $\mathrm{Pic}_d, d \leq 2g-2$ by using the Hecke eigensheaf property (4.1).

To do that, let us observe that for for any $x \in X$ and $d > 2g - 1$ we have an isomorphism $\mathrm{Aut}_E^d \simeq E_x^* \otimes h_x^{\leftarrow *}(\mathrm{Aut}_E^d)$, where $h_x^{\leftarrow}(\mathcal{L}) = \mathcal{L}(x)$. This implies that for any N-tuple of points $(x_i), i = 1, \ldots, N$ and $d > 2g - 2 + N$ we have a canonical isomorphism

$$\mathrm{Aut}_E^d \simeq \bigotimes_{i=1}^{N} E_{x_i}^* \otimes (h_{x_1}^{\leftarrow *} \circ \ldots \circ h_{x_N}^{\leftarrow *}(\mathrm{Aut}_E^{d+N})), \tag{4.3}$$

[38] by definition, the sections of $\mathcal{O}_X(D)$ are meromorphic functions f on X such that for any $x \in X$ we have $-\mathrm{ord}_x f \leq D_x$, the coefficient of $[x]$ in D

and so in particular we have a compatible (i.e., transitive) system of canonical isomorphisms

$$\bigotimes_{i=1}^{N} E^*_{x_i} \otimes (h^{\leftarrow *}_{x_1} \dots h^{\leftarrow *}_{x_N}(\mathrm{Aut}^{d+N}_E)) \simeq \bigotimes_{i=1}^{N} E^*_{y_i} \otimes (h^{\leftarrow *}_{y_1} \circ \dots \circ h^{\leftarrow *}_{y_N}(\mathrm{Aut}^{d+N}_E)), \tag{4.4}$$

for any two N-tuples of points (x_i) and (y_i) of X and $d > 2g-2$.

We now define Aut^d_E on Pic_d with $d = 2g-1-N$ as the right hand side of formula (4.3) using any N-tuple of points $(x_i), i = 1, \dots, N$.[39] The resulting sheaf on Pic_d is independent of these choices. To see that, choose a point $x_0 \in X$ and using (4.3) with $d = 2g-1$ write

$$\mathrm{Aut}^{2g-1}_E = (E^*_{x_0})^{\otimes N} \otimes (h^{\leftarrow *}_{x_0} \circ \dots \circ h^{\leftarrow *}_{x_0}(\mathrm{Aut}^{2g-1+N}_E)).$$

Then the isomorphism (4.4) with $d = 2g-1-N$, which we want to establish, is just the isomorphism (4.4) with $d = 2g-1$, which we already know, to which we apply N times $h^{\leftarrow *}_{x_0}$ and tensor with $(E^*_{x_0})^{\otimes N}$ on both sides. In the same way we show that the resulting sheaves Aut^d_E on Pic_d with $d = 2g-1-N$ satisfy the Hecke property (4.1): it follows from the corresponding property of the sheaves Aut^d_E with $d > 2g-2$.

Thus, we obtain a Hecke eigensheaf on the entire Pic, and this completes Deligne's proof of the geometric Langlands conjecture for $n = 1$. It is useful to note that the sheaf Aut_E satisfies the following additional property that generalizes the Hecke eigensheaf property (4.1). Consider the natural morphism $m : \mathrm{Pic} \times \mathrm{Pic} \to \mathrm{Pic}$ taking $(\mathcal{L}, \mathcal{L}')$ to $\mathcal{L} \otimes \mathcal{L}'$. Then we have an isomorphism

$$m^*(\mathrm{Aut}_E) \simeq \mathrm{Aut}_E \boxtimes \mathrm{Aut}_E .$$

The important fact is that each Hecke eigensheaves Aut_E is the simplest possible perverse sheaf on Pic: namely, a rank one local system. When X is over $\mathbb{C}$, the $\mathcal{D}$-module corresponding to this local system is a rank one holomorphic vector bundle with a holomorphic connection on Pic. This will not be true when n, the rank of E, is greater than 1.

4.2 Functions vs. sheaves

Let us look more closely at the case when X is defined over a finite field. Then to the sheaf Aut_E we attach a function on $F^\times \backslash \mathbb{A}^\times / \mathcal{O}^\times$, which is the set of $\mathbb{F}_q$-points of Pic. This function is a Hecke eigenfunction f_σ with respect to a one-dimensional Galois representation σ corresponding to E, i.e., it satisfies the equation $f_\sigma(\mathcal{L}(x)) = \sigma(\mathrm{Fr}_x) f_\sigma(\mathcal{L})$ (since σ is one-dimensional, we do not need to take the trace). We could try to construct this function proceeding in

[39] we could use instead formula (4.3) with $d = d' - N$ with any $d' > 2g-2$

the same way as above. Namely, we define first a function f'_σ on the set of all divisors on X by the formula

$$f'_\sigma\left(\sum_i n_i[x_i]\right) = \prod_i \sigma(\mathrm{Fr}_{x_i})^{n_i}.$$

This function clearly satisfies an analogue of the Hecke eigenfunction condition. It remains to show that the function f'_σ descends to $\mathrm{Pic}(\mathbb{F}_q)$, namely, that if two divisors D and D' are rationally equivalent, then $f'_\sigma(D) = f'_\sigma(D')$. This is equivalent to the identity

$$\prod_i \sigma(\mathrm{Fr}_{x_i})^{n_i} = 1, \qquad \text{if} \quad \sum_i n_i[x_i] = (g),$$

where g is an arbitrary rational function on X. This identity is a non-trivial reciprocity law which has been proved in the abelian class field theory, by Lang and Rosenlicht (see [61]).

It is instructive to contrast this to Deligne's geometric proof reproduced above. When we replace functions by sheaves we can use additional information which is "invisible" at the level of functions, such as the fact that that the sheaf corresponding to the function f'_σ is locally constant and that the fibers of the Abel-Jacobi map are simply-connected. This is one of the main motivations for studying the Langlands correspondence in the geometric setting.

4.3 Another take for curves over $\mathbb{C}$

In the case when X is a complex curve, there is a more direct construction of the local system Aut^0_E on the Jacobian $\mathrm{Jac} = \mathrm{Pic}_0$. Namely, we observe that defining a rank one local system E on X is the same as defining a homomorphism $\pi_1(X, x_0) \to \mathbb{C}^\times$. But since $\mathbb{C}^\times$ is abelian, this homomorphism factors through the quotient of $\pi_1(X, x_0)$ by its commutator subgroup, which is isomorphic to $H_1(X, \mathbb{Z})$. However, it is know that the cup product on $H_1(X, \mathbb{Z})$ is a unimodular bilinear form, so we can identify $H_1(X, \mathbb{Z})$ with $H^1(X, \mathbb{Z})$. But $H^1(X, \mathbb{Z})$ is isomorphic to the fundamental group $\pi_1(\mathrm{Jac})$, because we can realize the Jacobian as the quotient $H^1(X, \mathcal{O}_X)/H^1(X, \mathbb{Z}) \simeq \mathbb{C}^g/H^1(X, \mathbb{Z})$. Thus, we obtain a homomorphism $\pi_1(\mathrm{Jac}) \to \mathbb{C}^\times$, which gives us a rank one local system E_{Jac} on Jac. We claim that this is Aut^0_E. We can then construct Aut^d_E recursively using formula (4.3).

It is not immediately clear why the sheaves $\mathrm{Aut}^d_E, d \neq 0$, constructed this way should satisfy the Hecke property (4.1) and why they do not depend on the choices of points on X, which is essentially an equivalent question. To see that, consider the map $j : X \to \mathrm{Jac}$ sending $x \in X$ to the line bundle $\mathcal{O}_X(x - x_0)$ for some fixed reference point $x_0 \in X$. In more concrete terms this map may be described as follows: choose a basis $\omega_1, \ldots, \omega_g$ of the space $H^0(X, \Omega)$ of holomorphic differentials on X. Then

$$j(x) = \left(\int_{x_0}^{x} \omega_1, \dots , \int_{x_0}^{x} \omega_g \right)$$

considered as a point in $\mathbb{C}^g/L \simeq \mathrm{Jac}$, where L is the lattice spanned by the integrals of ω_i's over the integer one-cycles in X.

It is clear from this construction that the homomorphism $H_1(X,\mathbb{Z}) \to H_1(\mathrm{Jac},\mathbb{Z})$, induced by the map j is an isomorphism. Viewing it as a homomorphism of the abelian quotients of the corresponding fundamental groups, we see that the pull-back of E_{Jac} to X under the map j has to be isomorphic to E.

More generally, the homomorphism $H_1(S^dX,\mathbb{Z}) \simeq H_1(X,\mathbb{Z}) \to H_1(\mathrm{Jac},\mathbb{Z})$ induced by the map $S^dX \to \mathrm{Jac}$ sending $(x_i), i = 1,\dots,d$ to the line bundle $\mathcal{O}_X(x_1 + \dots + x_d - dx_0)$ is also an isomorphism. This means that the pull-back of E_{Jac} to S^dX under this map is isomorphic to $E^{(d)}$, for any $d > 0$. Thus, we obtain a different proof of the fact that $E^{(d)}$ is constant along the fibers of the Abel-Jacobi map. By using an argument similar to the recursive algorithm discussed above that extended Aut_E to $\mathrm{Pic}_d, d \leq 2g-2$, we then identify E_{Jac} with Aut_E^0. In addition, we also identify the sheaves on the other components Pic_d obtained from E_{Jac} by applying formula (4.3), with Aut_E. The bonus of this argument is that we obtain another geometric insight (in the case when X is a complex curve) into why $E^{(d)}$ is constant along the fibers of the Abel-Jacobi map.

4.4 Connection to the Fourier-Mukai transform

As we saw at the end of the previous section, the construction of the Hecke eigensheaf Aut_E associated to a rank one local system E on a complex curve X (the case $n = 1$) is almost tautological: we use the fact that the fundamental group of Jac is the maximal abelian quotient of the fundamental group of X.

However, one can strengthen the statement of the geometric Langlands conjecture by interpreting it in the framework of the Fourier-Mukai transform. Let Loc_1 be the moduli space of rank one local systems on X. A local system is a pair $(\mathcal{F}, \nabla)$, where $\mathcal{F}$ is a holomorphic line bundle and ∇ is a holomorphic connection on $\mathcal{F}$. Since $\mathcal{F}$ supports a holomorphic (hence flat) connection, the first Chern class of $\mathcal{F}$, which is the degree of $\mathcal{F}$, has to vanish. Therefore $\mathcal{F}$ defines a point of $\mathrm{Pic}_0 = \mathrm{Jac}$. Thus, we obtain a natural map $p : \mathrm{Loc}_1 \to \mathrm{Jac}$ sending $(\mathcal{F}, \nabla)$ to $\mathcal{F}$. What are the fibers of this map?

The fiber of p over $\mathcal{F}$ is the space of holomorphic connections on $\mathcal{F}$. Given a connection ∇ on $\mathcal{F}$, any other connection can be written uniquely as $\nabla' = \nabla + \omega$, where ω is a holomorphic one-form on X. It is clear that any $\mathcal{F}$ supports a holomorphic connection. Therefore the fiber of p over $\mathcal{F}$ is an affine space over the vector space $H^0(X, \Omega)$ of holomorphic one-forms on X. Thus, Loc_1 is an affine bundle over Jac over the trivial vector bundle with the fiber $H^0(X,\Omega)$. This vector bundle is naturally identified with the cotangent bundle $T^*\mathrm{Jac}$. Indeed, the tangent space to Jac at a point corresponding to a line bundle $\mathcal{F}$ is the space of infinitesimal deformations of $\mathcal{F}$, which is $H^1(X, \operatorname{End}\mathcal{F}) = H^1(X, \mathcal{O}_X)$. Therefore its dual is isomorphic to $H^0(X, \Omega)$ by the Serre duality. Therefore Loc_1 is what is called the *twisted cotangent bundle* to Jac.

As we explained in the previous section, a holomorphic line bundle with a holomorphic connection on X is the same thing as a holomorphic line bundle with a flat holomorphic connection on Jac, $E = (\mathcal{F}, \nabla) \mapsto E_{\mathrm{Jac}} = \mathrm{Aut}^0_E$. Therefore Loc_1 may be interpreted as the moduli space of pairs $(\widetilde{\mathcal{F}}, \widetilde{\nabla})$, where $\widetilde{\mathcal{F}}$ is a holomorphic line bundle on Jac and $\widetilde{\nabla}$ is a flat holomorphic connection on $\widetilde{\mathcal{F}}$.

Now consider the product $\mathrm{Loc}_1 \times \mathrm{Jac}$. Over it we have the "universal flat holomorphic line bundle" $\mathcal{P}$, whose restriction to $(\widetilde{\mathcal{F}}, \widetilde{\nabla}) \times \mathrm{Jac}$ is the line bundle with connection $(\widetilde{\mathcal{F}}, \widetilde{\nabla})$ on Jac. It has a partial flat connection along Jac, i.e., we can differentiate its sections along Jac using $\widetilde{\nabla}$. Thus, we have the following diagram:

$$\begin{array}{ccccc} & & \mathcal{P} & & \\ & & \downarrow & & \\ & & \mathrm{Loc}_1 \times \mathrm{Jac} & & \\ & \overset{p_1}{\swarrow} & & \overset{p_2}{\searrow} & \\ \mathrm{Loc}_1 & & & & \mathrm{Jac} \end{array}$$

It enables us to define functors F and G between the (bounded) derived category
$D^b(\mathcal{O}_{\mathrm{Loc}_1}\text{-mod})$ of (coherent) $\mathcal{O}$-modules on Loc_1 and the derived category $D^b(\mathcal{D}_{\mathrm{Jac}}\text{-mod})$ of $\mathcal{D}$-modules on Jac:

$$F : \mathcal{M} \mapsto Rp_{1*}p_2^*(\mathcal{M} \otimes \mathcal{P}), \qquad G : \mathcal{K} \mapsto Rp_{2*}p_1^*(\mathcal{K} \otimes \mathcal{P}). \tag{4.5}$$

For example, let $E = (\mathcal{F}, \nabla)$ be a point of Loc_1 and consider the "skyscraper" sheaf $\mathcal{S}_E$ supported at this point. Then by definition $G(\mathcal{S}_E) = (\widetilde{\mathcal{F}}, \widetilde{\nabla})$, considered as a $\mathcal{D}$-module on Jac. So the simplest $\mathcal{O}$-modules on Loc_1, namely, the skyscraper sheaves supported at points, go to the simplest $\mathcal{D}$-modules on Jac, namely, flat line bundles, which are the (degree zero components of) the Hecke eigensheaves Aut_E.

We should compare this picture to the picture of Fourier transform. The Fourier transform sends the delta-functions $\delta_x, x \in \mathbb{R}$ (these are the analogues of the skyscraper sheaves) to the exponential functions $e^{ixy}, y \in \mathbb{R}$, which can be viewed as the simplest $\mathcal{D}$-modules on $\mathbb{R}$. Indeed, e^{ixy} is the solution of the differential equation $(\partial_y - ix)\Phi(y) = 0$, so it corresponds to the trivial line bundle on $\mathbb{R}$ with the connection $\nabla = \partial_y - ix$. Now, it is quite clear that a general function in x can be thought of as an integral, or superposition, of the delta-functions $\delta_x, x \in \mathbb{R}$. The main theorem of the Fourier analysis is that the Fourier transform is an isomorphism (of the appropriate function spaces). It may be viewed, loosely, as the statement that on the other side of the transform the exponential functions $e^{ixy}, x \in \mathbb{R}$, also form a good "basis" for functions. In other words, other functions can be written as Fourier integrals.

An analogous thing happens in our situation. It has been shown by G. Laumon [62] and M. Rothstein [63] that the functors F and G give rise to mutually inverse (up to a sign and cohomological shift) equivalences of derived categories

$$\boxed{\begin{array}{c}\text{derived category of}\\ \mathcal{O}\text{-modules on } \mathrm{Loc}_1\end{array}} \longleftrightarrow \boxed{\begin{array}{c}\text{derived category of}\\ \mathcal{D}\text{-modules on Jac}\end{array}} \tag{4.6}$$

$$\mathcal{S}_E \quad \longleftrightarrow \quad \mathrm{Aut}_E^0$$

Loosely speaking, this means that the Hecke eigensheaves Aut_E^0 on Jac form a "good basis" of the derived category on the right hand side of this diagram. In other words, any object of $D^b(\mathcal{D}_{\mathrm{Jac}}\text{-mod})$ may be represented as a "Fourier integral" of Hecke eigensheaves, just like any object of $D^b(\mathcal{O}_{\mathrm{Loc}_1}\text{-mod})$ may be thought of as an "integral" of the skyscraper sheaves $\mathcal{S}_E$.

This equivalence reveals the true meaning of the Hecke eigensheaves and identifies them as the building blocks of the derived category of $\mathcal{D}$-modules on Jac, just like the skyscraper sheaves are the building blocks of the derived category of $\mathcal{D}$-modules.

This is actually consistent with the picture emerging from the classical Langlands correspondence. In the classical Langlands correspondence (when X is a curve over $\mathbb{F}_q$) the Hecke eigenfunctions on $GL_n(F)\backslash GL_n(\mathbb{A})/GL_n(\mathcal{O})$ form a basis of the appropriate space of functions on $GL_n(F)\backslash GL_n(\mathbb{A})/GL_n(\mathcal{O})$.[40] That is why we should expect that the geometric objects that replace the Hecke eigenfunctions – namely, the Hecke eigensheaves on Bun_n – should give us a kind of "spectral decomposition" of the derived category of $\mathcal{D}$-modules on Bun_n^0. The Laumon-Rothstein theorem may be viewed a precise formulation of this statement.

The above equivalence is very closely related to the Fourier-Mukai transform. Let us recall that the Fourier-Mukai transform is an equivalence between the derived categories of coherent sheaves on an abelian variety A and its dual $A^\vee$, which is the moduli space of line bundles on A (and conversely, A is the moduli space of line bundles on $A^\vee$). Then we have the universal (also known as the Poincaré) line bundle $\mathcal{P}$ on $A^\vee \times A$ whose restriction to $a^\vee \times a$, where $a^\vee \in A^\vee$, is the line bundle $\mathcal{L}(a^\vee)$ corresponding to $a^\vee$ (and likewise for the restriction to $A^\vee \times a$). Then we have functors between the derived categories of coherent sheaves (of $\mathcal{O}$-modules) on A and $A^\vee$ defined in the same way as in formula (4.5), which set up an equivalence of categories, called the Fourier-Mukai transform.

Rothstein and Laumon have generalized the Fourier-Mukai transform by replacing $A^\vee$, which is the moduli space of line bundles on A, by $A^\natural$, the moduli space of *flat* line bundles on A. They showed that the corresponding functors

[40] actually, this is only true if one restricts to the cuspidal functions; but for $n = 1$ the cuspidality condition is vacuous

set up an equivalence between the derived category of coherent sheaves on $A^\natural$ and the derived category of $\mathcal{D}$-modules on A.

Now, if A is the Jacobian variety Jac of a complex curve X, then $A^\vee \simeq \text{Jac}$ and $A^\natural \simeq \text{Loc}_1$, so we obtain the equivalence discussed above.

A slightly disconcerting feature of this construction, as compared to the original Fourier-Mukai transform, is the apparent asymmetry between the two categories. But it turns out that this equivalence has a deformation in which this asymmetry disappears (see Sect. 6.3).

4.5 A special case of the Fourier-Mukai transform

Recall that the moduli space Loc_1 of flat line bundles on X fibers over $\text{Jac} = \text{Pic}_0$ with the fiber over $\mathcal{F} \in \text{Jac}$ being the space of all (holomorphic) connections on $\mathcal{F}$, which is an affine space over the space $H^0(X, \Omega)$ of holomorphic one-forms on X. In particular, the fiber $p^{-1}(\mathcal{F}_0)$ over the trivial line bundle $\mathcal{F}_0$ is just the space of holomorphic differentials on X, $H^0(X, \Omega)$. As we have seen above, each point of Loc_1 gives rise to a Hecke eigensheaf on Pic, which is a line bundle with holomorphic connection. Consider a point in the fiber over $\mathcal{F}_0$, i.e., a flat line bundle of the form $(\mathcal{F}_0, d + \omega)$. It turns out that in this case we can describe the corresponding Hecke eigen-line bundle quite explicitly.

We will describe its restriction to Jac. First of all, as a line bundle on Jac, it is trivial (as $\mathcal{F}_0$ is the trivial line bundle on X), so all we need to do is to specify a connection on the trivial bundle corresponding to $\omega \in H^0(X, \Omega)$. This connection is given by a holomorphic one-form on Jac, which we denote by $\widetilde{\omega}$. But now observe that that space of holomorphic one-forms on Jac is isomorphic to the space $H^0(X, \Omega)$ of holomorphic one-forms on X. Hence $\omega \in H^0(X, \Omega)$ gives rise to a holomorphic one-form on Jac, and this is the desired $\widetilde{\omega}$.

One can also say it slightly differently: observe that the tangent bundle to Jac is trivial, with the fiber isomorphic to the g-dimensional complex vector space $H^1(X, \mathcal{O}_X)$. Hence the Lie algebra of global vector fields on Jac is isomorphic to $H^1(X, \mathcal{O}_X)$, and it acts simply transitively on Jac. Therefore to define a connection on the trivial line bundle on Jac we need to attach to each $\xi \in H^1(X, \Omega)$ a holomorphic function f_ξ on Jac, which is necessarily constant as Jac is compact. The corresponding connection operators are then $\nabla_\xi = \xi + f_\xi$. This is the same as the datum of a linear functional $H^1(X, \mathcal{O}_X) \to \mathbb{C}$. Our $\omega \in H^0(X, \Omega)$ gives us just such a functional by the Serre duality.

We may also express the resulting $\mathcal{D}$-module on Jac in terms of the general construction outlined in Sect. 3.4 (which could be called "$\mathcal{D}$-modules as systems of differential equations"). Consider the algebra D_{Jac} of global differential operators on Jac. From the above description of the Lie algebra of global vector fields on Jac it follows that D_{Jac} is commutative and is isomorphic to $\mathrm{Sym}\, H^1(X, \mathcal{O}_X) = \mathrm{Fun}\, H^0(X, \Omega)$, by the Serre duality.[41] Therefore each point $\omega \in H^0(X, \Omega)$ gives rise to a homomorphism $\lambda_\omega : D_{\mathrm{Jac}} \to \mathbb{C}$. Define the $\mathcal{D}$-module $\mathrm{Aut}^0_{E_\omega}$ on Jac by the formula

$$\mathrm{Aut}^0_{E_\omega} = \mathcal{D}/\operatorname{Ker} \lambda_\omega, \tag{4.7}$$

where $\mathcal{D}$ is the sheaf of differential operators on Jac, considered as a (left) module over itself (compare with formula (3.4)). This is the holonomic $\mathcal{D}$-module on Jac that is the restriction of the Hecke eigensheaf corresponding to the trivial line bundle on X with the connection $d + \omega$.

The $\mathcal{D}$-module $\mathrm{Aut}^0_{E_\omega}$ represents the system of differential equations

$$D \cdot f = \lambda_\omega(D) f, \qquad D \in D_{\mathrm{Jac}} \tag{4.8}$$

(compare with (3.5)) in the sense that for any homomorphism from $\mathrm{Aut}^0_{E_\omega}$ to another $\mathcal{D}$-module $\mathcal{K}$ the image of $1 \in \mathrm{Aut}^0_{E_\omega}$ in $\mathcal{K}$ is (locally) a solution of the system (4.8). Of course, the equations (4.8) are just equivalent to the equations $(d + \widetilde{\omega}) f = 0$ on horizontal sections of the trivial line bundle on Jac with the connection $d + \widetilde{\omega}$.

The concept of Fourier-Mukai transform leads us to a slightly different perspective on the above construction. The point of the Fourier-Mukai transform was that not only do we have a correspondence between rank one vector bundles with a flat connection on Jac and points of Loc_1, but more general $\mathcal{D}$-modules on Jac correspond to $\mathcal{O}$-modules on Loc_1 other than the skyscraper sheaves.[42] One such $\mathcal{D}$-module is the sheaf $\mathcal{D}$ itself, considered as a (left) $\mathcal{D}$-module. What $\mathcal{O}$-module on Loc_1 corresponds to it? From the point of view of the above analysis, it is not surprising what the answer is: it is the $\mathcal{O}$-module $i_*(\mathcal{O}_{p^{-1}(\mathcal{F}_0)})$ (see [63]).

Here $\mathcal{O}_{p^{-1}(\mathcal{F}_0)})$ denotes the structure sheaf of the subspace of connections on the trivial line bundle $\mathcal{F}_0$ (which is the fiber over $\mathcal{F}_0$ under the projection $p : \mathrm{Loc}_1 \to \mathrm{Jac}$), and i is the inclusion $i : p^{-1}(\mathcal{F}_0) \hookrightarrow \mathrm{Loc}_1$.

This observation allows us to represent a special case of the Fourier-Mukai transform in more concrete terms. Namely, amongst all $\mathcal{O}$-modules on Loc_1 consider those that are supported on $p^{-1}(\mathcal{F}_0)$, in other words, the $\mathcal{O}$-modules of the form $\mathcal{M} = i_*(M)$, where M is an $\mathcal{O}$-module on $p^{-1}(\mathcal{F}_0)$, or equivalently, a $\mathrm{Fun}\, H^0(X, \Omega)$-module. Then the restriction of the Fourier-Mukai transform to the subcategory of these $\mathcal{O}$-modules is a functor from the category of $\mathrm{Fun}\, H^0(X, \Omega)$-modules to the category of $\mathcal{D}$-modules on Jac given by

$$M \mapsto G(M) = \mathcal{D} \underset{D_{\mathrm{Jac}}}{\otimes} M. \tag{4.9}$$

41 here and below for an affine algebraic variety V we denote by $\mathrm{Fun}\, V$ the algebra of polynomial functions on V

42 in general, objects of the derived category of $\mathcal{O}$-modules

Here we use the fact that Fun $H^0(X,\Omega) \simeq D_{\mathrm{Jac}}$. In particular, if we take as M the one-dimensional module corresponding to a homomorphism λ_ω as above, then $G(M) = \mathrm{Aut}^0_{E_\omega}$. Thus, we obtain a very explicit formula for the Fourier-Mukai functor restricted to the subcategory of $\mathcal{O}$-modules on Loc_1 supported on $H^0(X,\Omega) \subset \mathrm{Loc}_1$.

We will discuss in Sect. 6.3 and Sect. 9.5 a non-abelian generalization of this construction, due to Beilinson and Drinfeld, in which instead of the moduli space of line bundles on X we consider the moduli space of G-bundles, where G is a simple Lie group. We will see that the role of a trivial line bundle on X with a flat connection will be played by a flat ${}^L G$-bundle on X (where ${}^L G$ is the Langlands dual group to G introduced in the next section), with an additional structure of an *oper*. But first we need to understand how to formulate the geometric Langlands conjecture for general reductive algebraic groups.

5 From GL_n to other reductive groups

One adds a new dimension to the Langlands Program by considering arbitrary reductive groups instead of the group GL_n. This is when some of the most beautiful and mysterious aspects of the Program are revealed, such as the appearance of the Langlands dual group. In this section we will trace the appearance of the dual group in the classical context and then talk about its geometrization/categorification.

5.1 The spherical Hecke algebra for an arbitrary reductive group

Suppose we want to find an analogue of the Langlands correspondence from Theorem 4 where instead of automorphic representations of $GL_n(\mathbb{A})$ we consider automorphic representations of $G(\mathbb{A})$, where G is a connected reductive algebraic group over $\mathbb{F}_q$. To simplify our discussion, we will assume in what follows that G is also split over $\mathbb{F}_q$, which means that G contains a split torus T of maximal rank (isomorphic to the direct product of copies of the multiplicative group).[43]

We wish to relate those representations to some data corresponding to the Galois group $\mathrm{Gal}(\overline{F}/F)$, the way we did for GL_n. In the case of GL_n this relation satisfies an important compatibility condition that the Hecke eigenvalues of an automorphic representation coincide with the Frobenius eigenvalues of the corresponding Galois representation. Now we need to find an analogue of this compatibility condition for general reductive groups. The first step is to understand the structure of the proper analogue of the spherical Hecke algebra $\mathcal{H}_x$. For $G = GL_n$ we saw that this algebra is isomorphic to the algebra of

[43] since $\mathbb{F}_q$ is not algebraically closed, this is not necessarily the case; for example, the Lie group $SL_2(\mathbb{R})$ is split over $\mathbb{R}$, but SU_2 is not

symmetric Laurent polynomials in n variables. Now we need to give a similar description of the analogue of this algebra $\mathcal{H}_x$ for a general reductive group G.

So let G be a connected reductive group over a finite field k which is split over k, and T a split maximal torus in G. Then we attach to this torus two lattices, P and $\check{P}$, or characters and cocharacters, respectively. The elements of the former are homomorphisms $\mu : T(k) \to k^\times$, and the elements of the latter are homomorphisms $\check{\lambda} : k^\times \to T(k)$. Both are free abelian groups (lattices), with respect to natural operations, of rank equal to the dimension of T. Note that $T(k) \simeq k^\times \otimes_{\mathbb{Z}} \check{P}$. We have a pairing $\langle \cdot, \cdot \rangle : P \times \check{P} \to \mathbb{Z}$. The composition $\mu \circ \check{\lambda}$ is a homomorphism $k^\times \to k^\times$, which are classified by an integer ("winding number"), and $\langle \mu, \check{\lambda} \rangle$ is equal to this number.

The sets P and $\check{P}$ contain subsets Δ and $\Delta^\vee$ of roots and coroots of G, respectively (see, e.g., [65] for more details). Let now X be a smooth projective curve over $\mathbb{F}_q$ and let us pick a point $x \in X$. Assume for simplicity that its residue field is $\mathbb{F}_q$. To simplify notation we will omit the index x from our formulas in this section. Thus, we will write $\mathcal{H}, F, \mathcal{O}$ for $\mathcal{H}_x, F_x, \mathcal{O}_x$, etc. We have $F \simeq \mathbb{F}_q((t)), \mathcal{O} \simeq \mathbb{F}_q[[t]]$, where t is a uniformizer in $\mathcal{O}$.

The Hecke algebra $\mathcal{H} = \mathcal{H}(G(F), G(\mathcal{O}))$ is by definition the space of $\mathbb{C}$-valued compactly supported functions on $G(F)$ which are bi-invariant with respect to the maximal compact subgroup $G(\mathcal{O})$. It is equipped with the convolution product

$$(f_1 \star f_2)(g) = \int_{G(F)} f_1(gh^{-1}) f_2(h)\, dh, \tag{5.1}$$

where dh is the Haar measure on $G(F)$ normalized so that the volume of $G(\mathcal{O})$ is equal to 1.[44]

What is this algebra equal to? The Hecke algebra $\mathcal{H}(T(F), T(\mathcal{O}))$ of the torus T is easy to describe. For each $\check{\lambda} \in \check{P}$ we have an element $\check{\lambda}(t) \in T(F)$. For instance, if $G = GL_n$ and T is the group of diagonal matrices, then $P \simeq \check{P} \simeq \mathbb{Z}^n$. For $\check{\lambda} \in \mathbb{Z}^n$ the element $\check{\lambda}(t) = (\check{\lambda}_1, \dots, \check{\lambda}_n) \in T(F)$ is just the diagonal matrix $\operatorname{diag}(t^{\check{\lambda}_1}, \dots, t^{\check{\lambda}_n})$. Thus, we have (for GL_n and for a general group G)

$$T(\mathcal{O}) \backslash T(F) / T(\mathcal{O}) = T(F)/T(\mathcal{O}) = \{\check{\lambda}(t)\}_{\check{\lambda} \in \check{P}}.$$

[44] Let K be a compact subgroup of $G(F)$. Then one can define the Hecke algebra $\mathcal{H}(G(F), K)$ in a similar way. For example, $\mathcal{H}(G(F), I)$, where I is the Iwahori subgroup, is the famous *affine Hecke algebra*. The remarkable property of the spherical Hecke algebra $\mathcal{H}(G(F), G(\mathcal{O}))$ is that is is *commutative*, and so its irreducible representations are one-dimensional. This enables us to parameterize irreducible unramified representations by the characters of $\mathcal{H}(G(F), G(\mathcal{O}))$ (see Sect. 5.3). In general, the Hecke algebra $\mathcal{H}(G(F), K)$ is commutative if and only if K is a maximal compact subgroup of $G(F)$, such as $G(\mathcal{O})$. For more on this, see Sect. 9.7.

The convolution product is given by $\check{\lambda}(t) \star \check{\mu}(t) = (\check{\lambda} + \check{\mu})(t)$. In other words, $\mathcal{H}(T(F), T(\mathcal{O}))$ is isomorphic to the group algebra $\mathbb{C}[\check{P}]$ of $\check{P}$. This isomorphism takes $\check{\lambda}(t)$ to $e^{\check{\lambda}} \in \mathbb{C}[\check{P}]$.

Note that the algebra $\mathbb{C}[\check{P}]$ is naturally the complexified representation ring $\operatorname{Rep} \check{T}$ of the *dual* torus $\check{T}$, which is defined in such a way that its lattice of characters is $\check{P}$ and the lattice of cocharacters is P. Under the identification $\mathbb{C}[\check{P}] \simeq \operatorname{Rep} \check{T}$ an element $e^{\check{\lambda}} \in \mathbb{C}[\check{P}]$ is interpreted as the class of the one-dimensional representation of $\check{T}$ corresponding to $\check{\lambda} : \check{T}(\mathbb{F}_q) \to \mathbb{F}_q^\times$.

5.2 Satake isomorphism

We would like to generalize this description to the case of an arbitrary split reductive group G. First of all, let $\check{P}_+$ be the set of dominant integral weights of ${}^L G$ with respect to a Borel subgroup of ${}^L G$ that we fix once and for all. It is easy to see that the elements $\check{\lambda}(t)$, where $\check{\lambda} \in \check{P}_+$, are representatives of the double cosets of $G(F)$ with respect to $G(\mathcal{O})$. In other words,

$$G(\mathcal{O}) \backslash G(F) / G(\mathcal{O}) \simeq \check{P}_+.$$

Therefore $\mathcal{H}$ has a basis $\{c_{\check{\lambda}}\}_{\check{\lambda} \in P_+}$, where $c_{\check{\lambda}}$ is the characteristic function of the double coset $G(\mathcal{O})\check{\lambda}(t)G(\mathcal{O}) \subset G(F)$.

An element of $\mathcal{H}(G(F), G(\mathcal{O}))$ is a $G(\mathcal{O})$ bi-invariant function on $G(F)$ and it can be restricted to $T(F)$, which is automatically $T(\mathcal{O})$ bi-invariant. Thus, we obtain a linear map $\mathcal{H}(G(F), G(\mathcal{O})) \to \mathcal{H}(T(F), T(\mathcal{O}))$ which can be shown to be injective. Unfortunately, this restriction map is not compatible with the convolution product, and hence is not an algebra homomorphism.

However, I. Satake [64] has constructed a different map

$$\mathcal{H}(G(F), G(\mathcal{O})) \to \mathcal{H}(T(F), T(\mathcal{O})) \simeq \mathbb{C}[\check{P}]$$

which is an algebra homomorphism. Let N be a unipotent subgroup of G. For example, if $G = GL_n$ we may take as N the group of upper triangular matrices with 1's on the diagonal. Satake's homomorphism takes $f \in \mathcal{H}(G(F), G(\mathcal{O}))$ to

$$\widehat{f} = \sum_{\check{\lambda} \in \check{P}} \left(q^{\langle \rho, \check{\lambda} \rangle} \int_{N(F)} f(n \cdot \check{\lambda}(t)) dn \right) e^{\check{\lambda}} \quad \in \mathbb{C}[\check{P}].$$

Here and below we denote by ρ the half-sum of positive roots of G, and dn is the Haar measure on $N(F)$ normalized so that the volume of $N(\mathcal{O})$ is equal to 1. The fact that f is compactly supported implies that the sum in the right hand side is finite.

From this formula it is not at all obvious why this map should be a homomorphism of algebras. The proof is based on the usage of matrix elements of a particular class of induced representations of $G(F)$, called the principal series (see [64]).

The following result is referred to as the Satake isomorphism.

Theorem 7 *The algebra homomorphism $\mathcal{H} \to \mathbb{C}[\check{P}]$ is injective and its image is equal to the subalgebra $\mathbb{C}[\check{P}]^W$ of W-invariants, where W is the Weyl group of G.*

A crucial observation of R. Langlands [1] was that $\mathbb{C}[\check{P}]^W$ is nothing but the representation ring of a complex reductive group. But this group is not $G(\mathbb{C})$! The representation ring of $G(\mathbb{C})$ is $\mathbb{C}[P]^W$, not $\mathbb{C}[\check{P}]^W$. Rather, it is the representation ring of the so-called *Langlands dual group* of G, which is usually denoted by ${}^LG(\mathbb{C})$. By definition, ${}^LG(\mathbb{C})$ is the reductive group over $\mathbb{C}$ with a maximal torus ${}^LT(\mathbb{C})$ that is dual to T, so that the lattices of characters and cocharacters of ${}^LT(\mathbb{C})$ are those of T interchanged. The sets of roots and coroots of ${}^LG(\mathbb{C})$ are by definition those of G, but also interchanged. By the general classification of reductive groups over an algebraically closed field, this defines ${}^LG(C)$ uniquely up to an isomorphism (see [65]). For instance, the dual group of GL_n is again GL_n, SL_n is dual to PGL_n, SO_{2n+1} is dual to Sp_n, and SO_{2n} is self-dual.

At the level of Lie algebras, the Langlands duality changes the types of the simple factors of the Lie algebra of G by taking the transpose of the corresponding Cartan matrices. Thus, only the simple factors of types B and C are affected (they get interchanged). But the duality is more subtle at the level of Lie groups, as there is usually more than one Lie group attached to a given Lie algebra. For instance, if G is a connected simply-connected simple Lie group, such as SL_n, its Langlands dual group is a connected Lie group with the same Lie algebra, but it is of adjoint type (in this case, PGL_n).

Let $\operatorname{Rep} {}^LG$ be the Grothendieck ring of the category of finite-dimensional representations of ${}^LG(\mathbb{C})$. The lattice of characters of ${}^LG$ is $\check{P}$, and so we have the character homomorphism $\operatorname{Rep} {}^LG \to \mathbb{C}[\check{P}]$. It is injective and its image is equal to $\mathbb{C}[\check{P}]^W$. Therefore Theorem 7 may be interpreted as saying that $\mathcal{H} \simeq \operatorname{Rep} {}^LG(\mathbb{C})$. It follows then that the homomorphisms $\mathcal{H} \to \mathbb{C}$ are nothing but the semi-simple conjugacy classes of ${}^LG(\mathbb{C})$. Indeed, if γ is a semi-simple conjugacy class in ${}^LG(\mathbb{C})$, then we attach to it a one-dimensional representation of $\operatorname{Rep} {}^LG \simeq \mathcal{H}$ by the formula $[V] \mapsto \operatorname{Tr}(\gamma, V)$. This is the key step towards formulating the Langlands correspondence for arbitrary reductive groups. Let us summarize:

Theorem 8 *The spherical Hecke algebra $\mathcal{H}(G(F), G(\mathcal{O}))$ is isomorphic to the complexified representation ring $\operatorname{Rep} {}^LG(\mathbb{C})$ where ${}^LG(\mathbb{C})$ is the Langlands dual group to G. There is a bijection between $\operatorname{Spec} \mathcal{H}(G(F), G(\mathcal{O}))$, i.e., the set of homomorphisms $\mathcal{H}(G(F), G(\mathcal{O})) \to \mathbb{C}$, and the set of semi-simple conjugacy classes in ${}^LG(\mathbb{C})$.*

5.3 The Langlands correspondence for an arbitrary reductive group

Now we can formulate for an arbitrary reductive group G an analogue of the compatibility statement in the Langlands correspondence Theorem 4 for GL_n.

Namely, suppose that $\pi = \bigotimes'_{x \in X} \pi_x$ is a cuspidal automorphic representation of $G(\mathbb{A})$. For all but finitely many $x \in X$ the representation π_x of $G(F_x)$ is unramified, i.e., the space of $G(\mathcal{O}_x)$-invariants in π_x is non-zero. One shows that in this case the space of $G(\mathcal{O}_x)$-invariants is one-dimensional, generated by a non-zero vector v_x, and $\mathcal{H}_x$ acts on it by the formula

$$f_x \cdot v_x = \phi(f_x) v_x, \qquad f_x \in \mathcal{H}_x,$$

where ϕ is a homomorphism $\mathcal{H}_x \to \mathbb{C}$. By Theorem 8, ϕ corresponds to a semi-simple conjugacy class γ_x in ${}^L G(\mathbb{C})$. Thus, we attach to an automorphic representation a collection $\{\gamma_x\}$ of semi-simple conjugacy classes in ${}^L G(\mathbb{C})$ for almost all points of X.

For example, if $G = GL_n$, then a semi-simple conjugacy class γ_x in ${}^L GL_n(\mathbb{C}) = GL_n(\mathbb{C})$ is the same as an unordered n-tuple of non-zero complex numbers. In Sect. 2.3 we saw that such a collection $(z_1(\pi_x), \ldots, z_n(\pi_x))$ indeed encoded the eigenvalues of the Hecke operators. Now we see that for a general group G the eigenvalues of the Hecke algebra $\mathcal{H}_x$ are encoded by a semi-simple conjugacy class γ_x in the Langlands dual group ${}^L G(\mathbb{C})$. Therefore on the other side of the Langlands correspondence we need some sort of Galois data which would also involve such conjugacy classes. Up to now we have worked with complex valued functions on $G(F)$, but when trying to formulate the global Langlands correspondence, we should replace $\mathbb{C}$ by $\overline{\mathbb{Q}}_\ell$, and in particular, consider the Langlands dual group over $\overline{\mathbb{Q}}_\ell$, just as we did before for GL_n (see the discussion after Theorem 4).

One candidate for the Galois parameters of automorphic representations that immediately comes to mind is a homomorphism

$$\sigma : \mathrm{Gal}(\overline{F}/F) \to {}^L G(\mathbb{Q}_\ell),$$

which is almost everywhere unramified. Then we may attach to σ a collection of conjugacy classes $\{\sigma(\mathrm{Fr}_x)\}$ of ${}^L G(\mathbb{Q}_\ell)$ at almost all points $x \in X$, and those are precisely the parameters of the irreducible unramified representations of the local factors $G(F_x)$ of $G(\mathbb{A})$, by the Satake isomorphism. Thus, if σ is everywhere unramified, we obtain for each $x \in X$ an irreducible representation π_x of $G(F_x)$, and their restricted tensor product is an irreducible representation of $G(\mathbb{A})$ attached to σ, which we hope to be automorphic, in the appropriate sense.

So in the first approximation we may formulate the Langlands correspondence for general reductive groups as a correspondence between automorphic representations of $G(\mathbb{A})$ and Galois homomorphisms $\mathrm{Gal}(\overline{F}/F) \to {}^L G(\mathbb{Q}_\ell)$ which satisfies the following compatibility condition: if π corresponds to σ, then the ${}^L G$-conjugacy classes attached to π through the action of the Hecke algebra are the same as the Frobenius ${}^L G$-conjugacy classes attached to σ.

Unfortunately, the situation is not as clear-cut as in the case of GL_n because many of the results which facilitate the Langlands correspondence for GL_n are no longer true in general. For instance, it is not true in general that the collection of the Hecke conjugacy classes determines the automorphic representation uniquely or that the collection of the Frobenius conjugacy classes determines the Galois representation uniquely. For this reason one expects that to a Galois representation corresponds not a single automorphic representation but a finite set of those (an "L-packet" or an "A-packet"). Moreover, the multiplicities of automorphic representations in the space of functions on $G(F)\backslash G(\mathbb{A})$ can now be greater than 1, unlike the case of GL_n. Therefore even the statement of the Langlands conjecture becomes a much more subtle issue for a general reductive group (see [60]). However, the main idea appears to be correct: we expect that there is a relationship, still very mysterious, between automorphic representations of $G(\mathbb{A})$ and homomorphisms from the Galois group $\mathrm{Gal}(\overline{F}/F)$ to the Langlands dual group ${}^L G$.

We are not going to explore in this survey the subtle issues related to a more precise formulation of this relationship.[45] Rather, in the hope of gaining some insight into this mystery, we would like to formulate a geometric analogue of this relationship. The first step is to develop a geometric version of the Satake isomorphism.

5.4 Categorification of the spherical Hecke algebra

Let us look at the isomorphism of Theorem 7 more closely. It is useful to change our notation at this point and denote the weight lattice of ${}^L G$ by P (that used to be $\check{P}$ before) and the coweight lattice of ${}^L G$ by $\check{P}$ (that used to be P before). Accordingly, we will denote the weights of ${}^L G$ by λ, etc., and not $\check{\lambda}$, etc., as before. We will again suppress the subscript x in our notation.

As we saw in the previous section, the spherical Hecke algebra $\mathcal{H}$ has a basis $\{c_\lambda\}_{\lambda \in P_+}$, where c_λ is the characteristic function of the double coset $G(\mathcal{O})\lambda(t)G(\mathcal{O}) \subset G$. On the other hand, $\mathrm{Rep}\,{}^L G$ also has a basis labeled by the set P_+ of dominant weights of ${}^L G$. It consists of the classes $[V_\lambda]$, where V_λ is the irreducible representation with highest weight λ. However, under the Satake isomorphism these bases *do not* coincide! Instead, we have the following formula

$$H_\lambda = q^{-\langle \check{\rho}, \lambda \rangle} c_\lambda + \sum_{\mu \in P_+; \mu < \lambda} a_{\lambda\mu} c_\mu, \qquad a_{\lambda\mu} \in \mathbb{Z}_+[q], \tag{5.2}$$

[45] An even more general *functoriality principle* of R. Langlands asserts the existence of a relationship between automorphic representations of two adèlic groups $H(\mathbb{A})$ and $G(\mathbb{A})$, where G is split, but H is not necessarily split over F, for any given homomorphism $\mathrm{Gal}(\overline{F}/F) \ltimes {}^L H \to {}^L G$ (see the second reference in [21] for more details). The Langlands correspondence that we discuss in this survey is the special case of the functoriality principle, corresponding to $H = \{1\}$; in this case the above homomorphism becomes $\mathrm{Gal}(\overline{F}/F) \to {}^L G$

where H_λ is the image of $[V_\lambda]$ in $\mathcal{H}$ under the Satake isomorphism.[46] This formula, which looks perplexing at first glance, actually has a remarkable geometric explanation.

Let us consider $\mathcal{H}$ as the algebra of functions on the quotient $G(F)/G(\mathcal{O})$ which are left invariant with respect to $G(\mathcal{O})$. We have learned in Sect. 3.3 that "interesting" functions often have an interpretation as sheaves, via the Grothendieck fonctions-faisceaux dictionary. So it is natural to ask whether $G(F)/G(\mathcal{O})$ is the set of $\mathbb{F}_q$-points of an algebraic variety, and if so, whether H_λ is the function corresponding to a perverse sheaf on this variety. It turns out that this is indeed the case.

The quotient $G(F)/G(\mathcal{O})$ is the set of points of an ind-scheme Gr over $\mathbb{F}_q$ called the *affine Grassmannian* associated to G. Let $\mathcal{P}_{G(\mathcal{O})}$ be the category of $G(\mathcal{O})$-equivariant perverse sheaves on Gr. This means that the restriction of an objects of $\mathcal{P}_{G(\mathcal{O})}$ to each $G(\mathcal{O})$-orbit in Gr is locally constant. Because these orbits are actually simply-connected, these restrictions will then necessarily be constant. For each $\lambda \in P_+$ we have a finite-dimensional $G(\mathcal{O})$-orbit $\mathrm{Gr}_\lambda = G(\mathcal{O})\cdot\lambda(t)G(\mathcal{O})$ in Gr. Let $\overline{\mathrm{Gr}}_\lambda$ be its closure in Gr. This is a finite-dimensional algebraic variety, usually singular, and it is easy to see that it is stratified by the orbits Gr_μ, where $\mu \in P_+$ are such that $\mu \leq \lambda$ with respect to the usual ordering on the set of weights.

As we mentioned in Sect. 3.3, an irreducible perverse sheaf on a variety V is uniquely determined by its restriction to an open dense subset $U \subset V$, if it is non-zero (and in that case it is necessarily an irreducible perverse sheaf on U). Let us take $\overline{\mathrm{Gr}}_\lambda$ as V and Gr_λ as U. Then U is smooth and so the rank one constant sheaf on U, placed in cohomological degree $-\dim_{\mathbb{C}} U = -2\langle\check{\rho},\lambda\rangle$, is a perverse sheaf. Therefore there exists a unique, up to an isomorphism, irreducible perverse sheaf on $\overline{\mathrm{Gr}}_\lambda$ whose restriction to Gr_λ is this constant sheaf. The sheaf on $\overline{\mathrm{Gr}}_\lambda$ is called the *Goresky-MacPherson* or *intersection cohomology* sheaf on $\overline{\mathrm{Gr}}_\lambda$. We will denote it by IC_λ.

This is quite a remarkable complex of sheaves on $\overline{\mathrm{Gr}}_\lambda$. The cohomology of $\overline{\mathrm{Gr}}_\lambda$ with coefficients in IC_λ, the so-called *intersection cohomology* of $\overline{\mathrm{Gr}}_\lambda$, satisfies the Poincaré duality: $H^i(\overline{\mathrm{Gr}}_\lambda, \mathrm{IC}_\lambda) \simeq H^{-i}(\overline{\mathrm{Gr}}_\lambda, \mathrm{IC}_\lambda)$.[47] If $\overline{\mathrm{Gr}}_\lambda$ were a smooth variety, then IC_λ would be just the constant sheaf placed in cohomological degree $-\dim_{\mathbb{C}} \overline{\mathrm{Gr}}_\lambda$, and so its cohomology would just be the ordinary cohomology of $\overline{\mathrm{Gr}}_\lambda$, shifted by $\dim_{\mathbb{C}} \overline{\mathrm{Gr}}_\lambda$.

A beautiful result (due to Goresky and MacPherson when V is defined over a field of characteristic zero and to Beilinson, Bernstein and Deligne when V is defined over a finite field) is that a complex of sheaves satisfying the Poincaré duality property always exists on singular varieties, and it is unique (up to

[46] $\mu \leq \lambda$ means that $\lambda - \mu$ can be written as a linear combination of simple roots with non-negative integer coefficients

[47] the unusual normalization is due to the fact that we have shifted the cohomological degrees by $\dim_{\mathbb{C}} \overline{\mathrm{Gr}}_\lambda = \frac{1}{2}\dim_{\mathbb{R}} \overline{\mathrm{Gr}}_\lambda$

an isomorphism) if we require in addition that its restriction to any smooth open subset (such as Gr_λ in our case) is a rank one constant sheaf.

The perverse sheaves IC_λ are in fact all the irreducible objects of the category $\mathcal{P}_{G(\mathcal{O})}$, up to an isomorphism.[48]

Assigning to a perverse sheaf its "trace of Frobenius" function, as explained in Sect. 3.3, we obtain an identification between the Grothendieck group of $\mathcal{P}_{G(\mathcal{O})}$ and the algebra of $G(\mathcal{O})$-invariant functions on $G(F)/G(\mathcal{O})$, i.e., the spherical Hecke algebra $\mathcal{H}$. In that sense, $\mathcal{P}_{G(\mathcal{O})}$ is a *categorification* of the Hecke algebra. A remarkable fact is that the function H_λ in formula (5.2) is precisely equal to the function associated to the perverse sheaf IC_λ, up to a sign $(-1)^{2\langle\check{\rho},\lambda\rangle}$.

Now we can truly appreciate formula (5.2). Under the Satake isomorphism the classes of irreducible representations V_λ of ${}^LG$ do not go to the characteristic functions c_λ of the orbits, as one could naively expect. The reason is that those functions correspond to the constant sheaves on Gr_λ. The constant sheaf on Gr_λ (extended by zero to $\overline{\mathrm{Gr}}_\lambda$) is the wrong sheaf. The correct substitute for it, from the geometric perspective, is the irreducible perverse sheaf IC_λ. The corresponding function is then $(-1)^{2\langle\check{\rho},\lambda\rangle}H_\lambda$, where H_λ is given by formula (5.2), and this is precisely the function that corresponds to V_λ under the Satake correspondence.

The coefficients $a_{\lambda\mu}$ appearing in H_λ also have a transparent geometric meaning: they measure the dimensions of the stalk cohomologies of IC_λ at various strata $\mathrm{Gr}_\mu, \mu \leq \lambda$ that lie in the closure of Gr_λ; more precisely, $a_{\lambda\mu} = \sum_i a^{(i)}_{\lambda\mu} q^{i/2}$, where $a^{(i)}_{\lambda\mu}$ is the dimension of the ith stalk cohomology of IC_λ on Gr_λ.[49]

We have $H_\lambda = q^{-\langle\check{\rho},\lambda\rangle}c_\lambda$ only if the orbit Gr_λ is already closed. This is equivalent to the weight λ being *miniscule*, i.e., the only dominant integral weight occurring in the weight decomposition of V_λ is λ itself. This is a very rare occurrence. A notable exception is the case of $G = GL_n$, when all fundamental weights $\omega_i, i = 1, \ldots, n-1$, are miniscule. The corresponding $G(\mathcal{O})$-orbit is the (ordinary) Grassmannian $\mathrm{Gr}(i,n)$ of i-dimensional subspaces of the n-dimensional vector space. Whenever we have the equality $H_\lambda = q^{-\langle\check{\rho},\lambda\rangle}c_\lambda$ the definition of the Hecke operators, both at the level of functions and at the level of sheaves, simplifies dramatically.

5.5 Example: the affine Grassmannian of PGL_2

Let us look more closely at the affine Grassmannian $\mathrm{Gr} = PGL_2((t))/PGL_2[[t]]$ associated to $PGL_2(\mathbb{C})$. Since the fundamental group of PGL_2 is $\mathbb{Z}_2$, the

[48] in general, we would also have to include the perverse sheaves obtained by extensions of non-trivial (irreducible) local systems on the smooth strata, such as our Gr_λ; but since these strata are simply-connected in our case, there are no non-trivial local systems supported on them

[49] to achieve this, we need to restrict ourselves to the so-called pure perverse sheaves; otherwise, H_λ could in principle be multiplied by an arbitrary overall scalar

loop group $PGL_2((t))$ has two connected components, and so does its Grassmannian. We will denote them by $\mathrm{Gr}^{(0)}$ and $\mathrm{Gr}^{(1)}$. The component $\mathrm{Gr}^{(0)}$ is in fact isomorphic to the Grassmannian $SL_2((t))/SL_2[[t]]$ of SL_2.

The $PGL_2[[t]]$-orbits in Gr are parameterized by set of dominant integral weights of the dual group of PGL_2, which is SL_2. We identify it with the set $\mathbb{Z}_+$ of non-negative integers. The orbit Gr_n corresponding to $n \in \mathbb{Z}_n$ is equal to

$$\mathrm{Gr}_n = PGL_2[[t]] \begin{pmatrix} t^n & 0 \\ 0 & 1 \end{pmatrix} PGL_2[[t]].$$

It has complex dimension $2n$. If $n = 2k$ is even, then it belongs to $\mathrm{Gr}^{(0)} = \mathrm{Gr}_{SL_2}$ and may be realized as

$$\mathrm{Gr}_{2k} = SL_2[[t]] \begin{pmatrix} t^k & 0 \\ 0 & t^{-k} \end{pmatrix} SL_2[[t]].$$

The smallest of those is Gr_0, which is a point.

If n is odd, then Gr_n belongs to $\mathrm{Gr}^{(1)}$. The smallest is Gr_1, which is isomorphic to $\mathbb{CP}^1$.

The closure $\overline{\mathrm{Gr}}_n$ of Gr_n is the disjoint union of Gr_m, where $m \leq n$ and m has the same parity as n. The irreducible perverse sheaf IC_n is actually a constant sheaf in this case (placed in cohomological dimension $-2n$), even though $\overline{\mathrm{Gr}}_n$ is a singular algebraic variety. This variety has a nice description in terms of the $N((t))$-orbits in Gr (where N is the subgroup of upper triangular unipotent matrices). These are

$$S_m = N((t)) \begin{pmatrix} t^m & 0 \\ 0 & 1 \end{pmatrix} PGL_2[[t]], \qquad m \in \mathbb{Z}.$$

Then $\overline{\mathrm{Gr}}_n$ is the disjoint union of the intersections $\overline{\mathrm{Gr}}_n \cap S_m$ where $|m| \leq n$ and m has the same parity as n, and in this case

$$\overline{\mathrm{Gr}}_n \cap S_m = \left\{ \begin{pmatrix} 1 & \sum_{i=(n-m)/2}^{n-1} a_i t^i \\ 0 & 1 \end{pmatrix} \cdot \begin{pmatrix} t^n & 0 \\ 0 & 1 \end{pmatrix}, a_i \in \mathbb{C} \right\} \simeq \mathbb{C}^{(n+m)/2}$$

(otherwise $\overline{\mathrm{Gr}}_n \cap S_m = \emptyset$).

5.6 The geometric Satake equivalence

We have seen above that the Satake isomorphism may be interpreted as an isomorphism between the Grothendieck group of the category $\mathcal{P}_{G(\mathcal{O})}$ and the Grothendieck group of the category $\mathcal{R}ep\, {}^L G$ of finite-dimensional representations of the Langlands dual group ${}^L G$. Under this isomorphism the irreducible perverse sheaf IC_λ goes to the irreducible representation V_λ. This suggests that perhaps the Satake isomorphism may be elevated from the level of Grothendieck groups to the level of categories. This is indeed true.

In fact, it is possible to define the structure of tensor category on $\mathcal{P}_{G(\mathcal{O})}$ with the tensor product given by a convolution functor corresponding to the convolution product (5.1) at the level of functions. The definition of this tensor product, which is due to Beilinson and Drinfeld (see [66]), is reminiscent of the fusion product arising in conformal field theory. It uses a remarkable geometric object, the Beilinson-Drinfeld Grassmannian $\mathrm{Gr}^{(2)}$, which may be defined for any curve X. This $\mathrm{Gr}^{(2)}$ fibers over X^2, but its fiber over $(x, y) \in X^2$, where $x \neq y$, is isomorphic to $\mathrm{Gr} \times \mathrm{Gr}$, whereas the fiber over $(x, x) \in X^2$ is isomorphic to a single copy of Gr (see [20], Sect. 20.3, for a review of this construction). One can define in terms of $\mathrm{Gr}^{(2)}$ the other ingredients necessary for the structure of tensor category on $\mathcal{P}_{G(\mathcal{O})}$, namely, the commutativity and associativity constraints (see [66]).

Then we have the following beautiful result. It has been conjectured by V. Drinfeld and proved by I. Mirković and K. Vilonen [66] and V. Ginzburg [67] (some important results in this direction were obtained earlier by G. Lusztig [68]).

Theorem 9 *The tensor category $\mathcal{P}_{G(\mathcal{O})}$ is equivalent to the tensor category $\mathcal{R}ep\, {}^L G$.*

Moreover, the fiber functor from $\mathcal{P}_{G(\mathcal{O})}$ to the category of vector spaces, corresponding to the forgetful functor on $\mathcal{R}ep\, {}^L G$, is just the global cohomology functor $\mathcal{F} \mapsto \bigoplus_i H^i(\mathrm{Gr}, \mathcal{F})$.

The second assertion allows one to reconstruct the Langlands dual group ${}^L G$ by means of the standard Tannakian formalism.

For instance, let us consider the irreducible perverse sheaves IC_{ω_i} corresponding to the closed $GL_n(\mathcal{O})$-orbits Gr_{ω_i} in the Grassmannian, attached to the miniscule fundamental weights ω_i of the dual GL_n. As we saw above, Gr_{ω_i} is the Grassmannian $\mathrm{Gr}(i, n)$, and IC_{ω_i} is the constant sheaf on it placed in the cohomological degree $-\dim_{\mathbb{C}} \mathrm{Gr}(i, n) = -i(n-i)$. Therefore the fiber functor takes $\mathrm{IC}_{\omega_i})$ to $\bigoplus_i H^i(\mathrm{Gr}(i, n-i), \mathbb{C})$, which is isomorphic to $\wedge^i \mathbb{C}^n$. This space is indeed isomorphic to the ith fundamental representation V_{ω_i} of the dual GL_n.[50]

In particular, the Langlands dual group of GL_n can be *defined* as the group of automorphisms of the total cohomology space $H^*(\mathrm{Gr}_{\omega_1}, \mathbb{C})$ of $\mathrm{Gr}_{\omega_1} \simeq \mathbb{P}^{n-1}$, which is the projectivization of the n-dimensional defining representation of the original group GL_n. It just happens that the dual group is isomorphic to GL_n again, but this construction makes it clear that it is a *different* GL_n!

So we get a completely new perspective on the nature of the Langlands dual group (as compared to the Satake construction). This is a good illustration of why geometry is useful in the Langlands Program.

The above theorem should be viewed as a categorification of the Satake isomorphism of Theorem 7. We will now use it to define the notion of a

---

[50] note that this space comes with a cohomological gradation, which we have already encountered in Sect. 3.8

Hecke eigensheaf for an arbitrary reductive group and to formulate a geometric version of the Langlands correspondence.

6 The geometric Langlands conjecture over $\mathbb{C}$

From now on we will work exclusively with curves over $\mathbb{C}$, even though the definition of the Hecke eigensheaves, for example, can be made for curves over the finite field as well. In this section we will formulate the geometric Langlands conjecture for an arbitrary reductive group G over $\mathbb{C}$. Once we do that, we will be able to use methods of conformal field theory to try and establish this correspondence.

6.1 Hecke eigensheaves

Let us recall from the previous section that we have the affine Grassmannian Gr (over $\mathbb{C}$) and the category $\mathcal{P}_{G(\mathcal{O})}$ of $G(\mathcal{O})$-equivariant perverse sheaves (of $\mathbb{C}$-vector spaces) on Gr. This category is equivalent, as a tensor category, to the category of finite-dimensional representations of the Langlands dual group ${}^LG(\mathbb{C})$. Under this equivalence, the irreducible representation of ${}^LG$ with highest weight $\lambda \in P_+$ corresponds to the irreducible perverse sheaf IC_λ.

Now we can define the analogues of the GL_n Hecke functors introduced in Sect. 3.7 for a general reductive group G. Let Bun_G be the moduli stack of G-bundles on X. Consider the stack $\mathcal{H}ecke$ which classifies quadruples $(\mathcal{M}, \mathcal{M}', x, \beta)$, where $\mathcal{M}$ and $\mathcal{M}'$ are G-bundles on X, $x \in X$, and β is an isomorphism between the restrictions of $\mathcal{M}$ and $\mathcal{M}'$ to $X \backslash x$. We have natural morphisms

$$\begin{array}{ccccc} & & \mathcal{H}ecke & & \\ & \overset{h^{\leftarrow}}{\swarrow} & & \overset{h^{\rightarrow}}{\searrow} & \\ \mathrm{Bun}_G & & & & X \times \mathrm{Bun}_G \end{array}$$

where $h^{\leftarrow}(\mathcal{M}, \mathcal{M}', x, \beta) = \mathcal{M}$ and $h^{\rightarrow}(\mathcal{M}, \mathcal{M}', x, \beta) = (x, \mathcal{M}')$.

Note that the fiber of $\mathcal{H}ecke$ over $(x, \mathcal{M}')$ is the moduli space of pairs $(\mathcal{M}, \beta)$, where $\mathcal{M}$ is a G-bundles on X, and $\beta : \mathcal{M}'|_{X\backslash x} \overset{\sim}{\rightarrow} \mathcal{M}|_{X\backslash x}$. It is known that this moduli space is isomorphic to a twist of $\mathrm{Gr}_x = G(F_x)/G(\mathcal{O}_x)$ by the $G(\mathcal{O})_x$-torsor $\mathcal{M}'(\mathcal{O}_x)$ of sections of $\mathcal{M}'$ over $\operatorname{Spec} \mathcal{O}_x$:

$$(h^{\rightarrow})^{-1}(x, \mathcal{M}') = \mathcal{M}'(\mathcal{O}_x) \underset{G(\mathcal{O}_x)}{\times} \mathrm{Gr}_x \, .$$

Therefore we have a stratification of each fiber, and hence of the entire $\mathcal{H}ecke$, by the substacks $\mathcal{H}ecke_\lambda, \lambda \in P_+$, which correspond to the $G(\mathcal{O})$-orbits Gr_λ in Gr. Consider the irreducible perverse sheaf on $\mathcal{H}ecke$, which is the Goresky-MacPherson extension of the constant sheaf on $\mathcal{H}ecke_\lambda$. Its restriction to each fiber is isomorphic to IC_λ, and by abuse of notation we will denote this entire sheaf also by IC_λ.

Define the Hecke functor H_λ from the derived category of perverse sheaves on Bun_G to the derived category of perverse sheaves on $X \times \mathrm{Bun}_G$ by the formula

$$\mathrm{H}_\lambda(\mathcal{F}) = h^{\rightarrow}_*(h^{\leftarrow *}(\mathcal{F}) \otimes \mathrm{IC}_\lambda). \tag{6.1}$$

Let E be a ${}^LG$-local system on X. Then for each irreducible representation V_λ of ${}^LG$ we have a local system $V^E_\lambda = E \underset{{}^LG}{\times} V_\lambda$.

Now we define Hecke eigensheaves as follows. A perverse sheaf (or, more generally, a complex of sheaves) on Bun_G is a called a *Hecke eigensheaf with eigenvalue* E if we are given isomorphisms

$$\imath_\lambda : \mathrm{H}_\lambda(\mathcal{F}) \xrightarrow{\sim} V^E_\lambda \boxtimes \mathcal{F}, \qquad \lambda \in P_+, \tag{6.2}$$

which are compatible with the tensor product structure on the category of representations of ${}^LG$.

In the case when $G = GL_n$ this definition is equivalent to equations (3.9). This is because the fundamental representations $V_{\omega_i}, i = 1, \ldots, n-1$, and the one-dimensional determinant representation generate the tensor category of representations of GL_n. Hence it is sufficient to have the isomorphisms (6.2) just for those representations. These conditions are equivalent to the Hecke conditions (3.9).

Now we wish state the geometric Langlands conjecture which generalizes the geometric Langlands correspondence for $G = GL_n$ (see Theorem 6). One subtle point is what should take place of the irreducibility condition of a local system E for a general group G. As we saw in Sect. 3.8, this condition is very important. It seems that there is no consensus on this question at present, so in what follows we will use a provisional definition: ${}^LG$-local system is called irreducible if it cannot be reduced to a proper parabolic subgroup of ${}^LG$.

Conjecture 1 *Let E be an irreducible ${}^LG$-local system on X. Then there exists a non-zero Hecke eigensheaf* Aut_E *on* Bun_G *with the eigenvalue E whose restriction to each connected component of* Bun_G *is an irreducible perverse sheaf.*

$$\boxed{\begin{array}{c}\text{irreducible}\\ {}^LG\text{-local systems on } X\end{array}} \longrightarrow \boxed{\begin{array}{c}\text{Hecke eigensheaves}\\ \text{on } \mathrm{Bun}_G\end{array}}$$

$$E \longrightarrow \mathrm{Aut}_E$$

As explained in Sect. 3.4, when working over $\mathbb{C}$ we may switch from perverse sheaves to $\mathcal{D}$-*modules*, using the Riemann-Hilbert correspondence (see [46; 47; 48; 51]). Therefore we may replace in the above conjecture perverse sheaves by $\mathcal{D}$-modules. In what follows we will consider this $\mathcal{D}$-module version of the geometric Langlands conjecture.

The Hecke eigensheaves corresponding to a fixed ${}^L G$-local system E give rise to a category $\mathcal{A}ut_E$ whose objects are collections $(\mathcal{F}, \{\imath_\lambda\}_{\lambda \in P_+})$, where $\mathcal{F}$ is an object of the derived category of sheaves on Bun_G, and $\imath_\lambda$ are the isomorphisms entering the definition of Hecke eigensheaves (6.2) which are compatible with the tensor product structure on the category of representations of ${}^L G$. Just as in the case of $G = GL_n$ (see Sect. 3.8), it is important to realize that the structure of this category changes dramatically depending on whether E is irreducible (in the above sense) or not.

If E is irreducible, then we expect that this category contains a unique, up to an isomorphism, perverse sheaf (or a $\mathcal{D}$-module) that is irreducible on each component of Bun_G. But this is not true for a reducible local system: it may have non-isomorphic objects, and the objects may not be perverse sheaves, but complexes of perverse sheaves. For example, in [58] Hecke eigensheaves corresponding to ${}^L G$-local systems that are reducible to the maximal torus ${}^L T \subset {}^L G$ were constructed. These are the geometric Eisenstein series generalizing those discussed in Sect. 3.8. In the best case scenario these are direct sums of infinitely many irreducible perverse sheaves on Bun_G, but in general these are complicated *complexes* of perverse sheaves.

The group of automorphisms of E naturally acts on the category $\mathcal{A}ut_E$ as follows. Given an automorphism g of E, we obtain a compatible system of automorphisms of the local systems V_λ^E, which we also denote by g. The corresponding functor $\mathcal{A}ut_E \to \mathcal{A}ut_E$ sends $(\mathcal{F}, \{\imath_\lambda\}_{\lambda \in P_+})$ to $\{g \circ \imath_\lambda\}_{\lambda \in P_+})$. For a generic E the group of automorphisms is the center $Z({}^L G)$ of ${}^L G$, which is naturally identified with the group of characters of the fundamental group $\pi_1(G)$ of G. The latter group labels connected components of $\mathrm{Bun}_G = \bigcap_{\gamma \in \pi_1(G)} \mathrm{Bun}_G^\gamma$. So given $z \in Z({}^L G)$, we obtain a character $\chi_z : \pi_1(G) \to \mathbb{C}^\times$. The action of z on $\mathcal{A}ut_E$ then amounts to multiplying $\mathcal{F}|_{\mathrm{Bun}_G^\gamma}$ by $\chi_z(\gamma)$. On the other hand, the group of automorphisms of the trivial local system E_0 is ${}^L G$ itself, and the corresponding action of ${}^L G$ on the category $\mathcal{A}ut_{E_0}$ is more sophisticated.

As we discussed in the case of GL_n (see Sect. 3.8), we do not know any elementary examples of Hecke eigensheaves for reductive groups other than the tori. However, just as in the case of GL_n, the constant sheaf $\underline{\mathbb{C}}$ on Bun_G may be viewed as a Hecke eigensheaf, except that its eigenvalue is not a local system on X but a complex of local systems.

Indeed, by definition, for a dominant integral weight $\lambda \in P_+$ of ${}^L G$, $\mathrm{H}_\lambda(\underline{\mathbb{C}})$ is the constant sheaf on Bun_n with the fiber being the cohomology $\bigoplus_i H^i(\mathrm{Gr}_\lambda, \mathrm{IC}_\lambda)$, which is isomorphic to V_λ, according to Theorem 9, as a vector space. But it is "spread out" in cohomological degrees, and so one cannot say that $\underline{\mathbb{C}}$ is a Hecke eigensheaf with the eigenvalue being a local system on X. Rather, its "eigenvalue" is something like a complex of local systems. As in the case of GL_n discussed in Sect. 3.8, the non-triviality of cohomological grading fits nicely with the concept of Arthur's SL_2 (see [60]).

6.2 Non-abelian Fourier-Mukai transform?

In Sect. 4.4 we explained the connection between the geometric Langlands correspondence for the abelian group GL_1 and the Fourier-Mukai transform (4.6) (in the context of $\mathcal{D}$-modules, as proposed by Laumon and Rothstein). In fact, the Fourier-Mukai transform may be viewed as a stronger version of the geometric Langlands correspondence in the abelian case in that it assigns $\mathcal{D}$-modules (more precisely, objects of the corresponding derived category) not just to individual rank one local systems on X (viewed as skyscraper sheaves on the moduli space Loc_1 of such local systems), but also to more arbitrary $\mathcal{O}$-modules on Loc_1. Moreover, this assignment is an equivalence of derived categories, which may be viewed as a "spectral decomposition" of the derived category of $\mathcal{D}$-modules on Jac. It is therefore natural to look for a similar stronger version of the geometric Langlands correspondence for other reductive groups - a kind of non-abelian Fourier-Mukai transform. The discussion below follows the ideas of Beilinson and Drinfeld.

Naively, we expect a non-abelian Fourier-Mukai transform to be an equivalence of derived categories

$$\boxed{\begin{array}{c}\text{derived category of}\\ \mathcal{O}\text{-modules on } \mathrm{Loc}_{{}^L G}\end{array}} \longleftrightarrow \boxed{\begin{array}{c}\text{derived category of}\\ \mathcal{D}\text{-modules on } \mathrm{Bun}_G^\circ\end{array}} \tag{6.3}$$

where $\mathrm{Loc}_{{}^L G}$ is the moduli stack of ${}^L G$-local systems on X and Bun_G° is the connected component of Bun_G. This equivalence should send the skyscraper sheaf on $\mathrm{Loc}_{{}^L G}$ supported at the local system E to the restriction to Bun_G° of the Hecke eigensheaf Aut_E. If this were true, it would mean that Hecke eigensheaves provide a good "basis" in the category of $\mathcal{D}$-modules on Bun_G°, just as flat line bundles provide a good "basis" in the category of $\mathcal{D}$-modules on Jac.

Unfortunately, a precise formulation of such a correspondence, even as a conjecture, is not so clear because of various subtleties involved. One difficulty is the structure of $\mathrm{Loc}_{{}^L G}$. Unlike the case of ${}^L G = GL_1$, when all local systems have the same groups of automorphisms (namely, $\mathbb{C}^\times$), for a general group ${}^L G$ the groups of automorphisms are different for different local systems, and so $\mathrm{Loc}_{{}^L G}$ is a complicated stack. For example, if ${}^L G$ is a simple Lie group of adjoint type, then a generic local system has no automorphisms, while the group of automorphisms of the trivial local system E_0 is isomorphic to ${}^L G$. This has to be reflected somehow in the structure of the corresponding Hecke eigensheaves. For a generic local system E we expect that there is only one, up to an isomorphism, irreducible Hecke eigensheaf with the eigenvalue E, and the category $\mathcal{A}ut_E$ of Hecke eigensheaves with this eigenvalue is equivalent to the category of vector spaces. But the category $\mathcal{A}ut_{E_0}$ of Hecke eigensheaves with the eigenvalue E_0 is non-trivial, and it carries an action of the group ${}^L G$ of symmetries of E_0. Some examples of Hecke eigensheaves with eigenvalue

E_0 that have been constructed are unbounded complexes of perverse sheaves (i.e., their cohomological degrees are unbounded). The non-abelian Fourier-Mukai transform has to reflect both the stack structure of $\mathrm{Loc}_{{}^L G}$ and the complicated structure of the categories of Hecke eigensheaves such as these. In particular, it should presumably involve unbounded complexes and so the precise definition of the categories appearing in (6.3) is unclear [59].

We may choose a slightly different perspective on the equivalence of categories (6.3) and ask about the existence of an analogue of the Poincaré line bundle $\mathcal{P}$ (see Sect. 4.4) in the non-abelian case. This would be a "universal" Hecke eigensheaf $\mathcal{P}_G$ on $\mathrm{Loc}_{{}^L G} \times \mathrm{Bun}_G$ which comprises the Hecke eigensheaves for individual local systems. One can use such a sheaf as the "kernel" of the "integral transform" functors between the two categories (6.3), the way $\mathcal{P}$ was used in the abelian case. If Conjecture 1 were true, then it probably would not be difficult to construct such a sheaf on $\mathrm{Loc}^{\mathrm{irr}}_{{}^L G} \times \mathrm{Bun}_G$, where $\mathrm{Loc}^{\mathrm{irr}}_{{}^L G}$ is the locus of irreducible LG-local systems. The main problem is how to extend it to the entire $\mathrm{Loc}_{{}^L G} \times \mathrm{Bun}_G$ [59].

While it is not known whether a non-abelian Fourier-Mukai transform exists, A. Beilinson and V. Drinfeld have constructed an important special case of this transform. Let us assume that G is a connected and simply-connected simple Lie group. Then this transform may be viewed as a generalization of the construction in the abelian case that was presented in Sect. 4.5. Namely, it is a functor from the category of $\mathcal{O}$-modules supported on a certain affine subvariety $i : \mathrm{Op}_{{}^L G}(X) \hookrightarrow \mathrm{Loc}_{{}^L G}$, called the space of ${}^L\mathfrak{g}$-*opers* on X, to the category of $\mathcal{D}$-modules on Bun_G (in this case it has only one component). Actually, $\mathrm{Op}_{{}^L\mathfrak{g}}(X)$ may be identified with the fiber $p{-}1(\mathcal{F}_{{}^L G})$ of the forgetful map $p : \mathrm{Loc}_{{}^L G} \to \mathrm{Bun}_{{}^L G}$ over a particular ${}^L G$-bundle described in Sect. 8.3, which plays the role that the trivial line bundle plays in the abelian case. The locus of ${}^L\mathfrak{g}$-opers in $\mathrm{Loc}_{{}^L G}$ is particularly nice because local systems underlying opers are irreducible and their groups of automorphisms are trivial.

We will review the Beilinson-Drinfeld construction within the framework of two-dimensional conformal field theory in Sect. 8. Their results may be interpreted as saying that the non-abelian Fourier-Mukai transform sends the $\mathcal{O}$-module $i_*(\mathcal{O}_{\mathrm{Op}_{{}^L\mathfrak{g}}(X)})$ on $\mathrm{Loc}_{{}^L G}$ to the sheaf $\mathcal{D}$ of differential operators on Bun_G, considered as a left $\mathcal{D}$-module (see the end of Sect. 9.5).

In the next section we speculate about a possible two-parameter deformation of the naive non-abelian Fourier-Mukai transform, loosely viewed as an equivalence between the derived categories of $\mathcal{D}$-modules on Bun_G and $\mathcal{O}$-modules on $\mathrm{Loc}_{{}^L G}$.

6.3 A two-parameter deformation

This deformation is made possible by the realization that the above two categories are actually not that far away from each other. Indeed, first of all, observe that $\mathrm{Loc}_{{}^L G}$ is the twisted cotangent bundle to $\mathrm{Bun}^{\circ}_{{}^L G}$, a point that we already noted in the abelian case in Sect. 4.4. Indeed, a ${}^L G$-local system on X

is a pair $(\mathcal{F},\nabla)$, where $\mathcal{F}$ is a (holomorphic) ${}^L G$-bundle on X and ∇ is a (holomorphic) connection on $\mathcal{F}$. Thus, we have a forgetful map $\mathrm{Loc}_{{}^L G} \to \mathrm{Bun}^{\circ}_{{}^L G}$ taking $(\mathcal{F},\nabla)$ to $\mathcal{F}$. The fiber of this map over $\mathcal{F}$ is the space of all connections on $\mathcal{F}$, which is either empty or an affine space modeled on the vector space $H^0(X, {}^L\mathfrak{g}_{\mathcal{F}} \otimes \Omega)$, where $\mathfrak{g}_{\mathcal{F}} = \mathcal{F} \underset{G}{\times} {}^L\mathfrak{g}$. Indeed, we can add a one-form $\omega \in H^0(X, {}^L\mathfrak{g}_{\mathcal{F}} \otimes \Omega)$ to any given connection on $\mathcal{F}$, and all connections on $\mathcal{F}$ can be obtained this way.[51]

But now observe that $H^0(X, {}^L\mathfrak{g}_{\mathcal{F}} \otimes \Omega)$ is isomorphic to the cotangent space to $\mathcal{F}$ in $\mathrm{Bun}^{\circ}_{{}^L G}$. Indeed, the tangent space to $\mathcal{F}$ is the space of infinitesimal deformations of $\mathcal{F}$, which is $H^1(X, {}^L\mathfrak{g}_{\mathcal{F}})$. Therefore, by the Serre duality, the cotangent space is isomorphic to $H^0(X, {}^L\mathfrak{g}^*_{\mathcal{F}} \otimes \Omega)$. We may identify $\mathfrak{g}^*$ with $\mathfrak{g}$ using a non-degenerate inner product on $\mathfrak{g}$, and therefore identify $H^0(X, {}^L\mathfrak{g}^*_{\mathcal{F}} \otimes \Omega)$ with $H^0(X, {}^L\mathfrak{g}_{\mathcal{F}} \otimes \Omega)$. Thus, we find that $\mathrm{Loc}_{{}^L G}$ is an affine bundle over $\mathrm{Bun}^{\circ}_{{}^L G}$ which is modeled on the cotangent bundle $T^* \mathrm{Bun}^{\circ}_{{}^L G}$. Thus, if we denote the projections $T^* \mathrm{Bun}^{\circ}_{{}^L G} \to \mathrm{Bun}^{\circ}_{{}^L G}$ and $\mathrm{Loc}_{{}^L G} \to \mathrm{Bun}^{\circ}_{{}^L G}$ by $\check{p}$ and $\check{p}'$, respectively, then we see that the sheaf $\check{p}'_*(\mathcal{O}_{\mathrm{Loc}_{{}^L G}})$ on $\mathrm{Bun}^{\circ}_{{}^L G}$ locally looks like $\check{p}_*(\mathcal{O}_{T^* \mathrm{Bun}^{\circ}_{{}^L G}})$. Since the fibers of $\check{p}'_*$ are affine spaces, a sheaf of $\mathcal{O}_{\mathrm{Loc}_{{}^L G}}$-modules on $\mathrm{Loc}_{{}^L G}$ is the same as a sheaf of $\check{p}'_*(\mathcal{O}_{\mathrm{Loc}_{{}^L G}})$-modules on $\mathrm{Bun}^{\circ}_{{}^L G}$.

On the other hand, consider the corresponding map for the group G, $p : T^* \mathrm{Bun}^{\circ}_G \to \mathrm{Bun}^{\circ}_G$. The corresponding sheaf $p_*(\mathcal{O}_{T^* \mathrm{Bun}^{\circ}_G})$ is the sheaf of *symbols* of differential operators on Bun°_G. This means the following. The sheaf $\mathcal{D}_{\mathrm{Bun}^{\circ}_G}$ carries a filtration $\mathcal{D}_{\leq i}, i \geq 0$, by the subsheaves of differential operators of order less than or equal to i. The corresponding associated graded sheaf $\bigoplus_{i \geq 0} \mathcal{D}_{\leq (i+1)}/\mathcal{D}_{\leq i}$ is the sheaf of symbols of differential operators on Bun°_G, and it is canonically isomorphic to $p_*(\mathcal{O}_{T^* \mathrm{Bun}^{\circ}_G})$.

Thus, $\check{p}'_*(\mathcal{O}_{\mathrm{Loc}_{{}^L G}})$ is a commutative deformation of $\check{p}_*(\mathcal{O}_{T^* \mathrm{Bun}^{\circ}_{{}^L G}})$, while $\mathcal{D}_{\mathrm{Bun}^{\circ}_G}$ is a non-commutative deformation of $p_*(\mathcal{O}_{T^* \mathrm{Bun}^{\circ}_G})$. Moreover, one can include $\mathcal{D}_{\mathrm{Bun}^{\circ}_G}$ and $p'_*(\mathcal{O}_{\mathrm{Loc}_G})$, where $p' : \mathrm{Loc}_G \to \mathrm{Bun}^{\circ}_G$, into a two-parameter family of sheaves of associative algebras. This will enable us to speculate about a deformation of the non-abelian Fourier-Mukai transform which will make it look more "symmetric".

The construction of this two-parameter deformation is explained in [70] and is in fact applicable in a rather general situation. Here we will only consider the specific case of Bun°_G and $\mathrm{Bun}^{\circ}_{{}^L G}$ following [69].

Recall that we have used a non-degenerate invariant inner product $\check{\kappa}_0$ on ${}^L\mathfrak{g}$ in order to identify ${}^L\mathfrak{g}$ with ${}^L\mathfrak{g}^*$. This inner product automatically induces a non-degenerate invariant inner product κ_0 on $\mathfrak{g}$. This is because we can identify a Cartan subalgebra of $\mathfrak{g}$ with the dual of the Cartan subalgebra of ${}^L\mathfrak{g}$, and the invariant inner products are completely determined by their restrictions to the Cartan subalgebras. We will fix these inner products once

[51] These fibers could be empty; this is the case for GL_n bundles which are direct sums of subbundles of non-zero degrees, for example. Nevertheless, one can still view $\mathrm{Loc}_{{}^L G}$ as a twisted cotangent bundle to $\mathrm{Bun}^{\circ}_{{}^L G}$ in the appropriate sense. I thank D. Ben-Zvi for a discussion of this point.

and for all. Now, a suitable multiple $k\kappa_0$ of the inner product κ_0 induces, in the standard way, a line bundle on Bun_G° which we will denote by $\mathcal{L}^{\otimes k}$.[52] The meaning of this notation is that we would like to think of $\mathcal{L}$ as the line bundle corresponding to κ_0, even though it may not actually exist. But this will not be important to us, because we will not be interested in the line bundle itself, but in the sheaf of differential operators acting on the sections of this line bundle. The point is that if $\mathcal{L}'$ is an honest line bundle, one can make sense of the sheaf of differential operators acting on $\mathcal{L}'^{\otimes s}$ for any complex number s (see [70] and Sect. 7.4 below). This is an example of the sheaf of *twisted* differential operators on Bun_G°.

So we denote the sheaf of differential operators acting on $\mathcal{L}^{\otimes k}$, where $k \in \mathbb{C}$, by $\mathcal{D}(\mathcal{L}^{\otimes k})$. Thus, we now have a one-parameter family of sheaves of associative algebras depending on $k \in \mathbb{C}$. These sheaves are filtered by the subsheaves $\mathcal{D}_{\leq i}(\mathcal{L}^{\otimes k})$ of differential operators of order less than or equal to i. The first term of the filtration, $\mathcal{D}_{\leq 1}(\mathcal{L}^{\otimes k})$ is a Lie algebra (and a Lie algebroid), which is an extension

$$0 \to \mathcal{O}_{\mathrm{Bun}_G^\circ} \to \mathcal{D}_{\leq 1}(\mathcal{L}^{\otimes k}) \to \Theta_{\mathrm{Bun}_G^\circ} \to 0,$$

where $\Theta_{\mathrm{Bun}_G^\circ}$ is the tangent sheaf on Bun_G°. The sheaf $\mathcal{D}(\mathcal{L}^{\otimes k})$ itself is nothing but the quotient of the universal enveloping algebra sheaf of the Lie algebra sheaf $\mathcal{D}_{\leq 1}(\mathcal{L}^{\otimes k})$ by the relation identifying the unit with $1 \in \mathcal{O}_{\mathrm{Bun}_G^\circ}$.

We now introduce a second deformation parameter $\lambda \in \mathbb{C}$ as follows: let $\mathcal{D}^\lambda_{\leq 1}(\mathcal{L}^{\otimes k})$ be the Lie algebra $\mathcal{D}_{\leq 1}(\mathcal{L}^{\otimes k})$ in which the Lie bracket is equal to the Lie bracket on $\mathcal{D}_{\leq 1}(\mathcal{L}^{\otimes k})$ multiplied by λ. Then $\mathcal{D}^\lambda(\mathcal{L}^{\otimes k})$ is defined as the quotient of the universal enveloping algebra of $\mathcal{D}^\lambda_{\leq 1}(\mathcal{L}^{\otimes k})$ by the relation identifying the unit with $1 \in \mathcal{O}_{\mathrm{Bun}_G^\circ}$. This sheaf of algebras is isomorphic to $\mathcal{D}(\mathcal{L}^{\otimes k})$ for $\lambda \neq 0$, and $\mathcal{D}^0(\mathcal{L}^{\otimes k})$ is isomorphic to the sheaf of symbols $\check{p}_*(\mathcal{O}_{T^*\mathrm{Bun}_{^LG}^\circ})$.

Thus, we obtain a family of algebras parameterized by $\mathbb{C} \times \mathbb{C}$. We now further extend it to $\mathbb{CP}^1 \times \mathbb{C}$ by defining the limit as $k \to \infty$. In order to do this, we need to rescale the operators of order less than or equal to i by $\left(\frac{\lambda}{k}\right)^i$, so that the relations are well-defined in the limit $k \to \infty$. So we set

$$\mathcal{D}^{k,\lambda} = \bigoplus_{i \geq 0} \left(\frac{\lambda}{k}\right)^i \cdot \mathcal{D}^\lambda_{\leq i}(\mathcal{L}^{\otimes k}).$$

Then by definition

$$\mathcal{D}^{\infty,\lambda} = \mathcal{D}^{k,\lambda}/k^{-1} \cdot \mathcal{D}^{k,\lambda}.$$

Therefore we obtain a family of sheaves of algebras parameterized by $\mathbb{CP}^1 \times \mathbb{C}$.

Moreover, when $k = \infty$ the algebra becomes commutative, and we can actually identify it with $p'_*(\mathcal{O}_{\mathrm{Loc}_G^\lambda})$. Here Loc_G^λ is by definition the moduli space of pairs $(\mathcal{F}, \nabla_\lambda)$, where $\mathcal{F}$ is a holomorphic G-bundle on X and ∇_λ

[52] this will be recalled in Sect. 7.5

is a holomorphic λ-connection on $\mathcal{F}$. A λ-connection is defined in the same way as a connection, except that locally it looks like $\nabla_\lambda = \lambda d + \omega$. Thus, if $\lambda \neq 0$ a λ-connection is the same thing as a connection, and so $\mathrm{Loc}_G^\lambda \simeq \mathrm{Loc}_G$, whereas for $\lambda \neq 0$ a λ-connection is the same as a $\mathfrak{g}_{\mathcal{F}}$-valued one-form, and so $\mathrm{Loc}_G^0 \simeq T^* \mathrm{Bun}_G^\circ$.

Let us summarize: we have a nice family of sheaves $\mathcal{D}^{k,\lambda}$ of associative algebras on Bun_G° parameterized by $(k, \lambda) \in \mathbb{CP}^1 \times \mathbb{C}$. For $\lambda \neq 0$ and $k \neq \infty$ this is the sheaf of differential operators acting on $\mathcal{L}^{\otimes k}$. For $\lambda \neq 0$ and $k = \infty$ this is $p'_*(\mathcal{O}_{\mathrm{Loc}_G})$, and for $\lambda = 0$ and arbitrary k this is $p_*(\mathcal{O}_{T^* \mathrm{Bun}_G^\circ})$. Thus, $\mathcal{D}^{k,\lambda}$ "smoothly" interpolates between these three kinds of sheaves on Bun_G°.

Likewise, we have a sheaf of differential operators acting on the "line bundle" $\check{\mathcal{L}}^{\otimes \check{k}}$ (where $\check{\mathcal{L}}$ corresponds to the inner product $\check{\kappa}_0$) on $\mathrm{Bun}_{^LG}^\circ$, and we define in the same way the family of sheaves $\check{\mathcal{D}}^{\check{k},\check{\lambda}}$ of algebras on $\mathrm{Bun}_{^LG}^\circ$ parameterized by $(\check{k}, \check{\lambda}) \in \mathbb{CP}^1 \times \mathbb{C}$.

Now, as we explained above, the naive non-abelian Fourier-Mukai transform should be viewed as an equivalence between the derived categories of $\mathcal{D}^{0,1}$-modules on Bun_G° and $\check{\mathcal{D}}^{\infty,1}$-modules on $\mathrm{Bun}_{^LG}^\circ$. It is tempting to speculate that such an equivalence (if exists) may be extended to an equivalence[53]

$$\boxed{\begin{array}{c}\text{derived category of}\\ \check{\mathcal{D}}^{\check{k},\lambda}\text{-modules on } \mathrm{Bun}_{^LG}^\circ\end{array}} \longleftrightarrow \boxed{\begin{array}{c}\text{derived category of}\\ \mathcal{D}^{k,\lambda}\text{-modules on } \mathrm{Bun}_G^\circ\end{array}} \qquad k = \check{k}^{-1} \tag{6.4}$$

In fact, in the abelian case, where the Fourier-Mukai transform exists, such a deformation also exists and has been constructed in [71].

While the original Langlands correspondence (6.3) looks quite asymmetric: it relates flat ${}^LG$-bundles on X and $\mathcal{D}$-modules on Bun_G°, the Fourier-Mukai perspective allows us to think of it as a special case of a much more symmetric picture.

Another special case of this picture is $\lambda = 0$. In this case $\mathcal{D}^{k,\lambda} = p_*(\mathcal{O}_{T^* \mathrm{Bun}_G^\circ})$ and $\check{\mathcal{D}}^{k^{-1},\lambda} = \check{p}_*(\mathcal{O}_{T^* \mathrm{Bun}_{^LG}^\circ})$, so we are talking about the equivalence between the derived categories of $\mathcal{O}$-modules on the cotangent bundles $T^* \mathrm{Bun}_G^\circ$ and $T^* \mathrm{Bun}_{^LG}^\circ$. If G is abelian, this equivalence follows from the original Fourier-Mukai transform. For example, if $G = {}^LG = GL_1$, we have $T^* \mathrm{Bun}_G^\circ = T^* \mathrm{Bun}_{^LG}^\circ = \mathrm{Jac} \times H^0(X, \Omega)$, and we just apply the Fourier-Mukai transform along the first factor Jac.

The above decomposition of $T^* \mathrm{Bun}_G^\circ$ in the abelian case has an analogue in the non-abelian case as well: this is the Hitchin fibration $T^* \mathrm{Bun}_G^\circ \to H_G$, where H_G is a vector space (see Sect. 9.5). The generic fibers of this map are abelian varieties (generalized Prym varieties of the so-called spectral curves of X). We will discuss it in more detail in Sect. 9.5 below. The point is that

[53] as we will see in Sect. 8.6, there is a "quantum correction" to this equivalence: namely, k and $\check{k}$ should be shifted by the dual Coxeter numbers of G and ${}^LG$

there is an isomorphism of vector space $H_G \simeq H_{{}^LG}$. Roughly speaking, the corresponding equivalence of the categories of $\mathcal{O}$-modules on $T^* \operatorname{Bun}_G^\circ$ and $T^* \operatorname{Bun}_{{}^LG}^\circ$ should be achieved by applying a fiberwise Fourier-Mukai transform along the fibers of the Hitchin fibration. However, the singular fibers complicate matters (not to mention the "empty fibers"), and as far as we know, such an equivalence has not yet been established.[54]

6.4 $\mathcal{D}$-modules are D-branes?

Derived categories of coherent $\mathcal{O}$-modules on algebraic varieties have recently become staples of string theory, where objects of these categories are viewed as examples of "D-branes". Moreover, various equivalences involving these categories have been interpreted by physicists in terms of some sort of dualities of quantum field theories. For example, homological mirror symmetry proposed by Kontsevich has been interpreted as an equivalence of the categories of D-branes in two topological string theories, type A and type B, associated to a pair of mirror dual Calabi-Yau manifolds.

However, in the Langlands correspondence, and in particular in the Fourier-Mukai picture outlined in the previous section, we see the appearance of the categories of $\mathcal{D}$-modules instead of (or alongside) categories of $\mathcal{O}$-modules. Could $\mathcal{D}$-modules also be interpreted as D-branes of some kind? An affirmative answer to this question is an essential part of Witten's proposal [3] relating S-duality in four-dimensional gauge theories and the Langlands correspondence that was mentioned in the Introduction. Examples of "non-commutative" D-branes related to $\mathcal{D}$-modules have also been considered in [73], and in fact they are closely related to the deformed Fourier-Mukai equivalence in the abelian case that we mentioned above.

We close this section with the following remark. We have looked above at the cotangent bundle $T^* \operatorname{Bun}_G^\circ$ to $\operatorname{Bun}_G^\circ$ and the twisted cotangent bundle to Bun_G viewed as moduli space Loc_G of flat holomorphic bundles on X. Both are algebraic stacks. But they contain large open dense subsets which are algebraic varieties. For example, in the case when $G = GL_n$, these are the moduli space of stable Higgs pairs of rank n and degree 0 and the moduli space of irreducible rank flat vector bundles of rank n. Both are smooth (quasi-projective) algebraic varieties. Though they are different as algebraic (or complex) varieties, the underlying real manifolds are diffeomorphic to each other.[55] In fact, the underlying real manifold is hyperkähler, and the above two incarnations correspond to two particular choices of the complex structure. It is natural to ask what, if anything, this hyperkähler structure has to do with the Langlands correspondence, in which both of these algebraic varieties play such a prominent role. The answer to this question is presently unknown.

---

[54] These dual Hitchin fibrations (restricted to the open subsets of stable Higgs pairs in $T^* \operatorname{Bun}_G^\circ$ and $T^* \operatorname{Bun}_{{}^LG}^\circ$) have been shown by T. Hausel and M. Thaddeus [72] to be an example of the Strominger-Yau-Zaslow duality.

[55] this is the so-called non-abelian Hodge theory diffeomorphism [74]

Part III. Conformal field theory approach

We have now come to point where we can relate the geometric Langlands correspondence to two-dimensional conformal field theory and reveal some of the secrets of the Langlands correspondence. The reason why conformal field theory is useful in our enterprise is actually very simple: the problem that we are trying to solve is how to attach to a flat ${}^L G$-bundle E on X a $\mathcal{D}$-module Aut_E on the moduli stack Bun_G of G-bundles on X, which is a Hecke eigensheaf with the eigenvalue E. Setting the Hecke condition aside for a moment, we ask: how can we possibly construct $\mathcal{D}$-modules on Bun_G? The point is that conformal field theories with affine Lie algebra (or Kac-Moody) symmetry corresponding to the group G give us precisely what we need – $\mathcal{D}$-modules on Bun_G (more precisely, twisted $\mathcal{D}$-modules, as explained below). These $\mathcal{D}$-modules encode chiral correlation functions of the model and it turns out that Hecke eigensheaves may be obtained this way.

In this part of the survey I will recall this formalism and then apply it to a particular class of conformal field theories: namely, those where the affine Kac-Moody algebra has *critical level*. As the result we will obtain the Beilinson-Drinfeld construction [15] of Hecke eigensheaves on Bun_G associated to special ${}^L G$-local systems on X called *opers*. Moreover, we will see that the Hecke operators may be interpreted in terms of the insertion of certain vertex operators in the correlation functions of this conformal field theory.

7 Conformal field theory with Kac-Moody symmetry

The $\mathcal{D}$-modules on Bun_G arise in conformal field theories as the sheaves of *conformal blocks*, or the sheaves of *coinvariants* (the dual spaces to the spaces of conformal blocks), as I will now explain. Throughout Part III of these notes, unless specified otherwise, G will denote a connected simply-connected simple Lie group over $\mathbb{C}$.

7.1 Conformal blocks

The construction of the sheaves of conformal blocks (or coinvariants) is well-known in conformal field theory. For example, consider the *WZW model* [10] corresponding to a connected and simply-connected simple compact Lie group U and a positive integral level k. Let G be the corresponding complex Lie group and G its Lie algebra. The affine Kac-Moody algebra corresponding to $\mathfrak{g}$ is defined as the central extension

$$0 \to \mathbb{C}\mathbf{1} \to \widehat{\mathfrak{g}} \to \mathfrak{g} \otimes \mathbb{C}((t)) \to 0 \tag{7.1}$$

with the commutation relations

$$[A \otimes f(t), B \otimes g(t)] = [A, B] \otimes fg - \kappa_0(A, B) \int fdg \cdot \mathbf{1}. \tag{7.2}$$

Here κ_0 denotes a non-degenerate invariant inner product on $\mathfrak{g}$. It is unique up to a non-zero scalar, and we normalize it in the standard way so that the square of length of the maximal root is equal to 2 [94]. So, for instance, if $\mathfrak{g} = \mathfrak{sl}_N$, we have $\kappa_0(A, B) = \mathrm{Tr}_{\mathbb{C}^N}(AB)$. We will say that a representation M of $\widehat{\mathfrak{g}}$ has level $k \in \mathbb{C}$ if $\mathbf{1}$ acts on M by multiplication by k.

The Hilbert space of the WZW theory of level k is the direct sum [75]

$$\mathbf{H}_k = \bigoplus_{\lambda \in \widehat{P}^k_+} L_\lambda \otimes \overline{L}_\lambda,$$

Here L_λ and $\overline{L}_\lambda$ are two copies of the irreducible integrable representation of the corresponding affine Lie algebra $\widehat{\mathfrak{g}}$ of level k and highest weight λ, and the set $\widehat{P}^k_+$ labels the highest weights of level k (see [94]). Thus, $\mathbf{H}_k$ is a representation of the direct sum of two copies of $\widehat{\mathfrak{g}}$, corresponding to the chiral and anti-chiral symmetries of the theory.

Let X be a smooth projective curve X over $\mathbb{C}$ and $x_1, \ldots, x_n$ an $n$tuple of points of X with local coordinates $t_1, \ldots, t_n$. We attach to this points integrable representations $L_{\lambda_1}, \ldots, L_{\lambda_n}$ of $\widehat{\mathfrak{g}}$ of level k. The diagonal central extension of the direct sum $\bigoplus_{i=1}^n \mathfrak{g} \otimes \mathbb{C}((t_i))$ acts on the tensor product $\bigotimes_{i=1}^n L_{\lambda_i}$. Consider the Lie algebra

$$\mathfrak{g}_{\mathrm{out}} = \mathfrak{g} \otimes \mathbb{C}[X \backslash \{x_1, \ldots, x_n\}]$$

of $\mathfrak{g}$-valued meromorphic functions on X with poles allowed only at the points $x_1, \ldots, x_n$. We have an embedding

$$\mathfrak{g}_{\mathrm{out}} \hookrightarrow \bigoplus_{i=1}^n \mathfrak{g} \otimes \mathbb{C}((t_i)).$$

It follows from the above commutation relations in $\widehat{\mathfrak{g}}$ and the residue theorem that this embedding lifts to the diagonal central extension of $\bigoplus_{i=1}^n \mathfrak{g} \otimes \mathbb{C}((t_i))$. Hence the Lie algebra $\mathfrak{g}_{\mathrm{out}}$ acts on $\bigotimes_{i=1}^n L_{\lambda_i}$.

By definition, the corresponding space of *conformal blocks* is the space $C_{\mathfrak{g}}(L_{\lambda_1}, \ldots, \lambda_n)$ of linear functionals

$$\varphi : \bigotimes_{i=1}^n L_{\lambda_i} \to \mathbb{C}$$

invariant under $\mathfrak{g}_{\mathrm{out}}$, i.e., such that

$$\varphi(\eta \cdot v) = 0, \qquad \forall v \in \bigotimes_{i=1}^n L_{\lambda_i}, \quad \eta \in \mathfrak{g} \otimes \mathbb{C}[X \backslash \{x_1, \ldots, x_n\}]. \tag{7.3}$$

Its dual space

$$H_{\mathfrak{g}}(L_{\lambda_1}, \dots, \lambda_n) = \bigotimes_{i=1}^{n} L_{\lambda_i} / \mathfrak{g}_{\text{out}} \cdot \bigotimes_{i=1}^{n} L_{\lambda_i} \tag{7.4}$$

is called the *space of coinvariants.*

The relevance of the space of conformal blocks to the WZW model is well-known. Consider the states $\Phi_i = v_i \otimes \overline{v}_i \in L_{\lambda_i} \otimes \overline{L}_{\lambda_i} \subset \mathbf{H}$, and let $\Phi_i(x_i)$ be the corresponding operator of the WZW model inserted at the point $x_i \in X$. The correlation function $\langle \Phi_1(x_1) \dots \Phi(x_n) \rangle$ satisfies the equations (7.3) with respect to the action of $\mathfrak{g}_{\text{out}}$ on the left factors; these are precisely the chiral *Ward identities.* It also satisfies the anti-chiral Ward identities with respect to the action of $\mathfrak{g}_{\text{out}}$ on the right factors. The same property holds for other conformal field theories with chiral and anti-chiral symmetries of $\widehat{\mathfrak{g}}$ level k.

Thus, we see that a possible strategy to find the correlation functions in the WZW model, or a more general model with Kac-Moody symmetry [9], is to consider the vector space of *all* functionals on $\mathbf{H}^{\otimes n}$ which satisfy the identities (7.3) and their anti-chiral analogues. If we further restrict ourselves to the insertion of operators corresponding to $L_{\lambda_i} \otimes \overline{L}_{\lambda_i}$ at the point x_i, then we find that this space is just the tensor product of $C_{\mathfrak{g}}(L_{\lambda_1}, \dots, \lambda_n)$ and its complex conjugate space.

A collection of states $\Phi_i \in L_{\lambda_i} \otimes \overline{L}_{\lambda_i}$ then determines a vector ϕ in the dual vector space, which is the tensor product of the space of coinvariants $H_{\mathfrak{g}}(L_{\lambda_1}, \dots, \lambda_n)$ and its complex conjugate space. The corresponding correlation function $\langle \Phi_1(x_1) \dots \Phi(x_n) \rangle$ may be expressed as the square $\|\phi\|^2$ of length of ϕ with respect to a particular hermitean inner product on $H_{\mathfrak{g}}(L_{\lambda_1}, \dots, \lambda_n)$. Once we determine this inner product on the space of coinvariants, we find all correlation functions. In a rational conformal field theory, such as the WZW model, the spaces of conformal blocks are finite-dimensional, and so this really looks like a good strategy.

7.2 Sheaves of conformal blocks as $\mathfrak{D}$-modules on the moduli spaces of curves

In the above definition of conformal blocks the curve X as well as the points $x_1, \dots, x_n$ appear as parameters. The correlation functions of the model depend on these parameters. Hence we wish to consider the spaces of conformal blocks as these parameters vary along the appropriate moduli space $\mathfrak{M}_{g,n}$, the moduli space of n-pointed complex curves of genus g.[56] This way we obtain the holomorphic *vector bundles* of conformal blocks and coinvariants on $\mathfrak{M}_{g,n}$, which we denote by $\mathfrak{C}_{\mathfrak{g}}(L_{\lambda_1}, \dots, L_{\lambda_n})$ and $\Delta_{\mathfrak{g}}(L_{\lambda_1}, \dots, L_{\lambda_n})$, respectively.

A collection of states $\Phi_i \in L_{\lambda_i} \otimes \overline{L}_{\lambda_i}$ now determines a holomorphic section $\phi(X, (x_i))$ of the vector bundle $\Delta_{\mathfrak{g}}(L_{\lambda_1}, \dots, L_{\lambda_n})$. The correlation function

[56] and even more generally, its Deligne-Mumford compactification $\overline{\mathfrak{M}}_{g,n}$

$\langle \Phi_1(x_1) \ldots \Phi(x_n) \rangle$ with varying complex structure on X and varying points is the square $\|\phi(X,(x_i))\|^2$ of length of $\phi(X,(x_i))$ with respect to a "natural" hermitean inner product which is constructed in [76; 77] (see also [78]).[57] There is a unique unitary connection compatible with the holomorphic structure on $\Delta_{\mathfrak{g}}(L_{\lambda_1}, \ldots, L_{\lambda_n})$ and this hermitean metric. This connection is projectively flat.[58] It follows from the construction that the correlation functions, considered as sections of the bundle $\mathcal{C}_{\mathfrak{g}}(L_{\lambda_1}, \ldots, L_{\lambda_n}) \otimes \overline{\mathcal{C}}_{\mathfrak{g}}(L_{\lambda_1}, \ldots, L_{\lambda_n})$, are horizontal with respect to the dual connection acting along the first factor (and its complex conjugate acting along the second factor).

For a more general rational conformal field theory, we also have a holomorphic bundle of conformal blocks on $\mathfrak{M}_{g,n}$ (for each choice of an n-tuple of representations of the corresponding chiral algebra, assuming that the theory is "diagonal"), and it is expected to carry a hermitean metric, such that the corresponding unitary connection is projectively flat. As was first shown by D. Friedan and S. Shenker [7], the holomorphic part of this projectively flat connection comes from the insertion in the correlation functions of the stress tensor $T(z)$. Concretely, an infinitesimal deformation of the pointed curve $(X,(x_i))$ represented by a Beltrami differential μ, which is a $(-1,1)$-form on X with zeroes at the points of insertion. The variation of the (unnormalized) correlation function $\langle \Phi_1(x_1) \ldots \Phi(x_n) \rangle$ under this deformation is given by the formula

$$\delta_\mu \langle \Phi_1(x_1) \ldots \Phi(x_n) \rangle = \int_X \mu \langle T(z) \Phi_1(x_1) \ldots \Phi(x_n) \rangle . \tag{7.5}$$

The way it is written, this formula seems to define a holomorphic connection on the bundle of conformal blocks and at the same time it states that the correlation functions are horizontal sections with respect to this connection. However, there is a small caveat here: the right hand side of this formula is not well-defined, because $T(z)$ transforms not as a quadratic differential, but as a projective connection (with the Schwarzian derivative term proportional to the central change c of the model). Because of that, formula (7.5) only defines a *projectively* flat connection on the bundle of conformal blocks. The curvature of this connection is proportional to the curvature of the determinant line bundle on $\mathfrak{M}_{g,n}$, with the coefficient of proportionality being the central change c. This is, of course, just the usual statement of conformal anomaly.

Another way to define this connection is to use the "Virasoro uniformization" of the moduli space $\mathfrak{M}_{g,n}$ (see [20], Sect. 17.3, and references therein). Namely, we identify the tangent space to a point $(X,(x_i)$ of $\mathfrak{M}_{g,n}$ with the quotient

---

[57] for a given curve X, this inner product depends on the choice of a metric in the conformal class determined by the complex structure on X, and this is the source of the conformal anomaly of the correlation functions

[58] i.e., its curvature is proportional to the identity operator on the vector bundle; this curvature is due to the conformal anomaly

$$T_{(X,(x_i))}\mathfrak{M}_{g,n} = \Gamma(X\backslash\{x_1,\ldots,x_n\},\Theta_X)\backslash\bigoplus_{i=1}^n \mathbb{C}((t_i))\partial_{t_i}/\bigoplus_{i=1}^n \mathbb{C}[[t_i]]\partial_{t_i},$$

where Θ_X is the tangent sheaf of X. Let $\xi_i = f_i(t_i)\partial_{t_i} \in \mathbb{C}((t_i))\partial_{t_i}$ be a vector field on the punctured disc near x_i, and μ_i be the corresponding element of $T_{(X,(x_i))}\mathfrak{M}_{g,n}$, viewed as an infinitesimal deformation of $(X,(x_i))$. Then the variation of the correlation function under this deformation is given by the formula

$$\delta_{\mu_i}\langle\Phi_1(x_1)\ldots\Phi(x_n)\rangle = \left\langle\Phi_1(x_1)\ldots\int f_i(t_i)T(t_i)dt_i\cdot\Phi_i(x_i)\ldots\Phi(x_n)\right\rangle, \tag{7.6}$$

where the contour of integration is a small loop around the point x_i.

Here it is important to note that the invariance of the correlation function under $\mathfrak{g}_{\mathrm{out}}^{\mathcal{P}}$ (see formula (7.3)) implies its invariance under the Lie algebra $\Gamma(X\backslash\{x_1,\ldots,x_n\},\Theta_X)$, and so the above formula gives rise to a well-defined connection. This guarantees that the right hand side of formula (7.6) depends only on μ_i and not on ξ_i. Since $T(z)$ transforms as a projective connection on X, this connection is projectively flat (see [20], Ch. 17, for more details). This is the same connection as the one given by formula (7.5).

The projectively flat connection on the bundle of conformal blocks of the WZW theory has been constructed by various methods in [79; 80; 81; 82; 83].

For a general conformal field theory the notion of conformal blocks is spelled out in [20], Sect. 9.2. Consider the case of a rational conformal field theory. Then the chiral algebra A has finitely many isomorphism classes of irreducible modules (and the corresponding category is semi-simple). Given a collection $M_1,\ldots,M_n$ of irreducible modules over the chiral algebra, the corresponding space of conformal blocks $C_A(M_1,\ldots,M_n)$ is defined as the space of linear functionals on the tensor product $\bigotimes_{i=1}^n M_i$ which are invariant under the analogue of the Lie algebra $\mathfrak{g}_{\mathrm{out}}$ corresponding to *all* chiral fields in the chiral algebra A (in the sense of [20]).[59] This invariance condition corresponds to the Ward identities of the theory.

If A is generated by some fields $J^a(z)$ (as is the case in the WZW model), then it is sufficient to impose the Ward identities corresponding to those fields only. That is why in the case of WZW model we defined the space of conformal blocks as the space of $\mathfrak{g}_{\mathrm{out}}$-invariant functionals. These functionals automatically satisfy the Ward identities with respect to all other fields from the chiral algebra. For example, they satisfy the Ward identities for the stress tensor $T(z)$ (given by the Segal-Sugawara formula (8.3)), which we have used above in verifying that the connection defined by formula (7.6) is well-defined.

In a rational conformal field theory the spaces $C_A(M_1,\ldots,M_n)$ are expected to be finite-dimensional (see, e.g., [84]), and as we vary $(X,(x_i))$, they

[59] the spaces $C_A(M_1,\ldots,M_n)$ give rise to what is known as the modular functor of conformal field theory [8]

glue into a vector bundle $\mathcal{C}_A(M_1,\dots,M_n)$ on the moduli space $\mathfrak{M}_{g,n}$. It is equipped with a projectively flat connection defined as above (see [20] for more details). So the structure is very similar to that of the WZW models.

Let us summarize: the correlation functions in a rational conformal field theory are interpreted as the squares of holomorphic sections of a vector bundle (of coinvariants) on $\mathfrak{M}_{g,n}$, equipped with a projectively flat connection. The sheaf of sections of this bundle may be viewed as the simplest example of a twisted $\mathcal{D}$-module on $\mathfrak{M}_{g,n}$.[60]

If our conformal field theory is not rational, we can still define the spaces of conformal blocks $C_A(M_1,\dots,M_n)$ and coinvariants $H_A(M_1,\dots,M_n)$, but they may not be finite-dimensional. In the general case it is better to work with the spaces of coinvariants $H_A(M_1,\dots,M_n)$, because the quotient of $\bigotimes_{i=1}^n M_i$ (see formula (7.4)), it has discrete topology even if it is infinite-dimensional, unlike its dual space of conformal blocks. These spaces form a sheaf of coinvariants on $\mathfrak{M}_{g,n}$, which has the structure of a twisted $\mathcal{D}$-module, even though in general it is not a vector bundle. This is explained in detail in [20].

Thus, the chiral sector of conformal field theory may be viewed as a *factory for producing twisted $\mathcal{D}$-modules on the moduli spaces of pointed curves.* These are the $\mathcal{D}$-modules that physicists are usually concerned with.

But the point is that a very similar construction also gives us $\mathcal{D}$-modules on the moduli spaces of bundles Bun_G for conformal field theories with Kac-Moody symmetry corresponding to the group G.[61] So from this point of view, the chiral sector of conformal field theory with Kac-Moody symmetry is a *factory for producing twisted $\mathcal{D}$-modules on the moduli spaces of G-bundles.* Since our goal is to find some way to construct Hecke eigensheaves, which are $\mathcal{D}$-modules on Bun_G, it is natural to try to utilize the output of this factory.

7.3 Sheaves of conformal blocks on Bun_G

The construction of twisted $\mathcal{D}$-modules on Bun_G is completely analogous to the corresponding construction on $\mathfrak{M}_{g,n}$ outlined above. We now briefly recall it (see [9; 85; 87; 88; 89; 77; 20]).

Consider first the case of WZW model. Suppose we are given a G-bundle $\mathcal{P}$ on X. Let $\mathfrak{g}_{\mathcal{P}} = \mathcal{P} \underset{G}{\times} \mathfrak{g}$ be the associated vector bundle of Lie algebras on X. Define the Lie algebra

$$\mathfrak{g}_{\mathrm{out}}^{\mathcal{P}} = \Gamma(X \backslash \{x_1,\dots,x_n\}, \mathfrak{g}_{\mathcal{P}}). \tag{7.7}$$

Choosing local trivializations of $\mathcal{P}$ near the points x_i, we obtain an embedding of $\mathfrak{g}_{\mathrm{out}}^{\mathcal{P}}$ into $\bigoplus_{i=1}^n \mathfrak{g}\otimes\mathbb{C}((t_i))$ which, by residue theorem, lifts to its diagonal cen-

[60] it is a twisted $\mathcal{D}$-module because the connection is not flat, but only projectively flat

[61] and more generally, one can construct twisted $\mathcal{D}$-modules on the combined moduli spaces of curves and bundles

tral extension. Therefore we can define the space $C_{\mathfrak{g}}^{\mathcal{P}}(L_{\lambda_1}, \ldots, \lambda_n)$ of $\mathcal{P}$-twisted conformal blocks as the space of $\mathfrak{g}_{\mathrm{out}}^{\mathcal{P}}$-invariant functionals on $\bigotimes_{i=1}^n L_{\lambda_i}$.

These spaces now depend on $\mathcal{P}$. As we vary the G-bundle $\mathcal{P}$, these spaces combine into a vector bundle over Bun_G. We define a projectively flat connection on it in the same way as above. The idea is the same as in the case of the moduli space of curves: instead of $T(z)$ we use the action of the currents $J^a(z)$ of the chiral algebra associated to $\widehat{\mathfrak{g}}$, corresponding to a basis $\{J^a\}$ of $\mathfrak{g}$. Insertion of these currents into the correlation function gives us the variation of the correlation function under infinitesimal deformations of our bundles [9; 85; 87].

To implement this idea, we have to realize deformations of the G-bundle in terms of our theory. This can be done in several ways. One way is to consider the gauged WZW model, as explained in [76; 77; 78]. Then we couple the theory to a $(0,1)$-connection $A_{\overline{z}}d\overline{z}$ on the trivial bundle[62] on X into the action and consider the correlation function as a holomorphic function of $A_{\overline{z}}$. The caveat is that it is not invariant under the gauge transformations, but rather defines a section of a line bundle on the quotient of the space of all $(0,1)$-connections by the (complex group G-valued) gauge transformations. This space is precisely the moduli space of holomorphic structures on our (topologically trivial) G-bundle, and hence it is just our moduli space Bun_G. From this point of view, the projectively flat connection on the bundle of conformal blocks comes from the formula for the variation of the correlation function of the gauged WZW model under the action of infinitesimal gauge transformations on the space of anti-holomorphic connections. This is explained in detail in [77; 78].

For us it will be more convenient to define this connection from a slightly different point of view. Just as the moduli space of curves is (infinitesimally) uniformized by the Virasoro algebra, the moduli space Bun_G of G-bundles on X is locally (or infinitesimally) uniformized by the affine Kac-Moody algebra. In fact, it is uniformized even globally by the corresponding Lie group, as we will see presently. Using this uniformization, we will write the connection operators as in formula (7.6), except that we will replace the stress tensor $T(z)$ by the currents $J^a(z)$ of the affine Lie algebra. This derivation will be more convenient for us because it also works for general conformal field theories with Kac-Moody symmetry, not only for the WZW models.

In what follows we will restrict ourselves to the simplest case when there is only one insertion point $x \in X$. The case of an arbitrary number of insertions may be analyzed similarly. We will follow closely the discussion of [20], Ch. 18.

To explain the Kac-Moody uniformization of Bun_G, we recall the Weil realization of the set of $\mathbb{C}$-points of Bun_n (i.e., isomorphism classes of rank

[62] since we assumed our group G to be connected and simply-connected, any G-bundle on X is topologically trivial; for other groups one has to include non-trivial bundles as well, see [89]

n bundles on X) given in Lemma 5 of Sect. 3.2 as the double quotient $GL_n(F)\backslash GL_n(\mathbb{A})/GL_n(\mathcal{O})$. Likewise, for a general reductive group G the set of $\mathbb{C}$-points of Bun_G is realized as the double quotient $G(F)\backslash G(\mathbb{A})/G(\mathcal{O})$. The proof is the same as in Lemma 5: any G-bundle on X may be trivialized on the complement of finitely many points. It can also be trivialized on the formal discs around those points, and the corresponding transition functions give us an element of the adèlic group $G(\mathbb{A})$ defined up to the right action of $G(\mathcal{O})$ and left action of $G(F)$.

For a general reductive Lie group G and a general G-bundle $\mathcal{P}$ the restriction of $\mathcal{P}$ to the complement of a single point x in X may be non-trivial. But if G is a semi-simple Lie group, then it is trivial, according to a theorem of Harder. Hence we can trivialize $\mathcal{P}$ on $X\backslash x$ and on the disc around x. Therefore our G-bundle $\mathcal{P}$ may be represented by a single transition function on the punctured disc D_x around x. This transition function is an element of the loop group $G(\!(t)\!)$, where, as before, t is a local coordinate at x. If we change our trivialization on D_x, this function will get multiplied on the right by an element of $G[[t]]$, and if we change our trivialization on $X\backslash x$, it will get multiplied on the left by an element of $G_{\mathrm{out}} = \{(X\backslash x) \to G\}$.

Thus, we find that the set of isomorphism classes of G-bundles on X is in bijection with the double quotient $G_{\mathrm{out}}\backslash G(\!(t)\!)/G[[t]]$. This is a "one-point" version of the Weil type adèlic uniformization given in Lemma 5. Furthermore, it follows from the results of [90; 91] that this identification is not only an isomorphism of the sets of points, but we actually have an isomorphism of algebraic stacks

$$\mathrm{Bun}_G \simeq G_{\mathrm{out}}\backslash G(\!(t)\!)/G[[t]], \tag{7.8}$$

where G_{out} is the group of algebraic maps $X\backslash x \to G$.[63] This is what we mean by the global Kac-Moody uniformization of Bun_G.

The local (or infinitesimal) Kac-Moody uniformization of Bun_G is obtained from the global one. It is the statement that the tangent space $T_{\mathcal{P}}\,\mathrm{Bun}_G$ to the point of Bun_G corresponding to a G-bundle $\mathcal{P}$ is isomorphic to the double quotient $\mathfrak{g}^{\mathcal{P}}_{\mathrm{out}}\backslash\mathfrak{g}(\!(t)\!)/\mathfrak{g}[[t]]$. Thus, any element $\eta(t) = J^a\eta_a(t)$ of the loop algebra $\mathfrak{g}(\!(t)\!)$ gives rise to a tangent vector ν in $T_{\mathcal{P}}\,\mathrm{Bun}_G$. This is completely analogous to the Virasoro uniformization of the moduli spaces of curves considered above. The analogue of formula (7.6) for the variation of the one-point correlation function of our theory with respect to the infinitesimal deformation of the G-bundle $\mathcal{P}$ corresponding to ν is then

$$\delta_\nu \langle \Phi(x)\rangle = \left\langle \int \eta_a(t) J^a(t)dt \cdot \Phi(x)\right\rangle, \tag{7.9}$$

where the contour of integration is a small loop around the point x. The formula is well-defined because of the Ward identity expressing the invariance

[63] for this one needs to show that this uniformization is true for any family of G-bundles on X, and this is proved in [90; 91]

of the correlation function under the action of the Lie algebra $\mathfrak{g}_{\mathrm{out}}^{\mathcal{P}}$. This formula also has an obvious multi-point generalization.

Thus, we obtain a connection on the bundle of conformal blocks over Bun_G, or, more generally, the structure of a $\mathcal{D}$-module on the sheaf of conformal blocks,[64] and the correlation functions of our model are sections of this sheaf that are horizontal with respect to this connection. The conformal anomaly that we observed in the analysis of the sheaves of conformal blocks on the moduli spaces of curves has an analogue here as well: it is expressed in the fact that the above formulas do not define a flat connection on the sheaf of conformal blocks, but only a projectively flat connection (unless the level of $\widehat{\mathfrak{g}}$ is 0). In other words, we obtain the structure of a twisted $\mathcal{D}$-module. The basic reason for this is that we consider the spaces of conformal blocks for *projective* representations of the loop algebra $\mathfrak{g}((t))$, i.e., representations of its central extension $\widehat{\mathfrak{g}}$ of non-zero level k, as we will see in the next section.

In the rest of this section we describe this above construction of the $\mathcal{D}$-modules on Bun_G in more detail from the point of view of the mathematical theory of "localization functors".

7.4 Construction of twisted $\mathcal{D}$-modules

Let us consider a more general situation. Let $\mathfrak{k} \subset \mathfrak{g}$ be a pair consisting of a Lie algebra and its Lie subalgebra. Let K be the Lie group with the Lie algebra $\mathfrak{k}$. The pair $(\mathfrak{g}, K)$ is called a *Harish-Chandra pair.*[65] Let Z be a variety over $\mathbb{C}$. A $(\mathfrak{g}, K)$-*action* on Z is the data of an action of $\mathfrak{g}$ on Z (that is, a homomorphism α from $\mathfrak{g}$ to the tangent sheaf Θ_Z), together with an action of K on Z satisfying natural compatibility conditions. The homomorphism α gives rise to a homomorphism of $\mathcal{O}_Z$-modules

$$a : \mathfrak{g} \otimes_{\mathbb{C}} \mathcal{O}_Z \to \Theta_Z.$$

This map makes $\mathfrak{g} \otimes \mathcal{O}_Z$ into a *Lie algebroid* (see [70] and [20], Sect. A.3.2). The action is called *transitive* if the map a (the "anchor map") is surjective. In this case Θ_Z may be realized as the quotient $\mathfrak{g} \otimes \mathcal{O}_Z / \operatorname{Ker} a$.

For instance, let Z be the quotient $H \backslash G$, where G is a Lie group with the Lie algebra $\mathfrak{g}$ and H is a subgroup of G. Then G acts transitively on $H\backslash G$ on the right, and hence we obtain a transitive $(\mathfrak{g}, K)$-action on $H\backslash G$. Now let V be a $(\mathfrak{g}, K)$-module, which means that it is a representation of the Lie algebra $\mathfrak{g}$ and, moreover, the action of $\mathfrak{k}$ may be exponentiated to an action of K. Then the Lie algebroid $\mathfrak{g} \otimes \mathcal{O}_{H\backslash G}$ acts on the sheaf $V \otimes_{\mathbb{C}} \mathcal{O}_{H\backslash G}$ of sections of the trivial vector bundle on $H\backslash G$ with the fiber V.

---

64 as in the case of the moduli of curves, it is often more convenient to work with the sheaf of coinvariants instead

65 note that we have already encountered a Harish-Chandra pair $(\mathfrak{gl}_2, O_2)$ when discussing automorphic representations of $GL_2(\mathbb{A}_{\mathbb{Q}})$ in Sect. 1.6

The sheaf $V \otimes_{\mathbb{C}} \mathcal{O}_{H\backslash G}$ is naturally an $\mathcal{O}_{H\backslash G}$-module. Suppose we want to make $V \otimes_{\mathbb{C}} \mathcal{O}_{H\backslash G}$ into a $\mathcal{D}_{H\backslash G}$-module. Then we need to learn how to act on it by $\Theta_{H\backslash G}$. But we know that $\Theta_{H\backslash G} = \mathfrak{g} \otimes \mathcal{O}_{H\backslash G} \operatorname{Ker} a$. Therefore $\Theta_{H\backslash G}$ acts naturally on the quotient

$$\widetilde{\Delta}(V) = (V \otimes_{\mathbb{C}} \mathcal{O}_{H\backslash G}) / \operatorname{Ker} a \cdot (V \otimes_{\mathbb{C}} \mathcal{O}_{H\backslash G}).$$

Thus, $\widetilde{\Delta}(V)$ is a $\mathcal{D}_{H\backslash G}$-module. The fiber of $\widetilde{\Delta}(V)$ (considered as a $\mathcal{O}_{H\backslash G}$-module) at a point $p \in H\backslash G$ is the quotient $V/\operatorname{Stab}_p \cdot V$, where Stab_p is the stabilizer of $\mathfrak{g}$ at p. Thus, we may think of $\widetilde{\Delta}(V)$ as the *sheaf of coinvariants*: it glues together the spaces of coinvariants $V/\operatorname{Stab}_p \cdot V$ for all $p \in H\backslash G$.

The $\mathcal{D}_{H\backslash G}$-module $\widetilde{\Delta}(V)$ is the sheaf of sections of a vector bundle with a flat connection if and only if the spaces of coinvariants have the same dimension for all $p \in H\backslash G$. But different points have different stabilizers, and so the dimensions of these spaces may be different for different points p. So $\widetilde{\Delta}(V)$ can be a rather complicated $\mathcal{D}$-module in general.

By our assumption, the action of $\mathfrak{k}$ on V can be exponentiated to an action of the Lie group K. This means that the $\mathcal{D}$-module $\widetilde{\Delta}(V)$ is K-equivariant, in other words, it is the pull-back of a $\mathcal{D}$-module on the double quotient $H\backslash G/K$, which we denote by $\Delta(V)$. Thus, we have defined for any $(\mathfrak{g}, K)$-module V a $\mathcal{D}$-module of coinvariants $\Delta(V)$ on $H\backslash G/K$.

Now suppose that V is a projective representation of $\mathfrak{g}$, i.e., a representation of a central extension $\widehat{\mathfrak{g}}$ of $\mathfrak{g}$:

$$0 \to \mathbb{C}\mathbf{1} \to \widehat{\mathfrak{g}} \to \mathfrak{g} \to 0 \tag{7.10}$$

We will assume that it splits over $\mathfrak{k}$ and $\mathfrak{h}$. Then $(\widehat{\mathfrak{g}}, K)$ is also a Harish-Chandra pair which acts on $H\backslash G$ via the projection $\widehat{\mathfrak{g}} \to \mathfrak{g}$. But since the central element $\mathbf{1}$ is mapped to the zero vector field on $H\backslash G$, we obtain that if $\mathbf{1}$ acts as a non-zero scalar on V, the corresponding $\mathcal{D}$-module $\Delta(V)$ is equal to zero.

It is clear that what we should do in this case is to replace G by its central extension corresponding to $\widehat{\mathfrak{g}}$ and take into account the $\mathbb{C}^\times$-bundle $H\backslash\widehat{G}$ over $H\backslash G$.

This can be phrased as follows. Consider the $\mathcal{O}_{H\backslash G}$-extension

$$0 \to \mathcal{O}_{H\backslash G} \cdot \mathbf{1} \to \widehat{\mathfrak{g}} \otimes \mathcal{O}_{H\backslash G} \to \mathfrak{g} \otimes \mathcal{O}_{H\backslash G} \to 0 \tag{7.11}$$

obtained by taking the tensor product of (7.10) with $\mathcal{O}_{H\backslash G}$. By our assumption, the central extension (7.10) splits over the Lie algebra $\mathfrak{h}$. Therefore (7.11) splits over the kernel of the anchor map $a : \mathfrak{g} \otimes \mathcal{O}_{H\backslash G} \to \Theta_{H\backslash G}$. Therefore we have a Lie algebra embedding $\operatorname{Ker} a \hookrightarrow \widehat{\mathfrak{g}} \otimes \mathcal{O}_{H\backslash G}$. The quotient $\mathcal{T}$ of $\widehat{\mathfrak{g}} \otimes \mathcal{O}_{H\backslash G}$ by $\operatorname{Ker} a$ is now an extension

$$0 \to \mathcal{O}_{H\backslash G} \to \mathcal{T} \to \Theta_{H\backslash G} \to 0,$$

and it carries a natural Lie algebroid structure.

We now modify the above construction as follows: we take the coinvariants of $V \otimes \mathcal{O}_{H\backslash G}$ only with respect to $\operatorname{Ker} a \hookrightarrow \widehat{\mathfrak{g}} \otimes \mathcal{O}_{H\backslash G}$. Thus we define the sheaf

$$\widetilde{\Delta}(V) = \mathcal{O}_{H\backslash G} \otimes V / \operatorname{Ker} a \cdot (\mathcal{O}_{H\backslash G} \otimes V).$$

The sheaf $\widetilde{\Delta}(V)$ is an $\mathcal{O}_{H\backslash G}$-module whose fibers are the spaces of coinvariants as above. But it is no longer a $\mathcal{D}_{H\backslash G}$-module, since it carries an action of the Lie algebroid $\mathcal{T}$, not of $\Theta_{H\backslash G}$. But suppose that the central element $\mathbf{1}$ acts on V as the identity. Then the quotient of the enveloping algebra $U(\mathcal{T})$ of $\mathcal{T}$ by the relation identifying $1 \in \mathcal{O}_{H\backslash G} \subset \mathcal{T}$ with the unit element of $U(\mathcal{T})$ acts on $\widetilde{\Delta}(V)$. This quotient, which we denote by $\mathcal{D}'_{H\backslash G}$ is a sheaf of *twisted differential operators* on $H\backslash G$. Furthermore, the Lie algebroid $\mathcal{T}$ is identified with the subsheaf of differential operators of order less than or equal to 1 inside $\mathcal{D}'_{H\backslash G}$.

But what if $\mathbf{1}$ acts on V as $k \cdot \mathrm{Id}$, where $k \in \mathbb{C}$? Then on $\widetilde{\Delta}(V)$ we have an action of the quotient of the enveloping algebra $U(\mathcal{T})$ of $\mathcal{T}$ by the relation identifying $1 \in \mathcal{O}_{H\backslash G} \subset \mathcal{T}$ with k times the unit element of $U(\mathcal{T})$. We denote this quotient by $\widetilde{\mathcal{D}}'_k$. Suppose that the central extension (7.10) can be exponentiated to a central extension $\widehat{G}$ of the corresponding Lie group G. Then we obtain a $\mathbb{C}^\times$-bundle $H\backslash\widehat{G}$ over $H\backslash G$. Let $\widetilde{\mathcal{L}}$ be the corresponding line bundle. For integer values of k the sheaf $\widetilde{\mathcal{D}}'_k$ may be identified with the sheaf of differential operators acting on $\widetilde{\mathcal{L}}^{\otimes k}$. However, $\widetilde{\mathcal{D}}'_k$ is also well-defined for an arbitrary complex value of k, whereas $\mathcal{L}^{\otimes k}$ is not.

Finally, suppose that the action of the Lie subalgebra $\mathfrak{k} \subset \mathfrak{g}$ on V (it acts on V because we have assumed the central extension (7.10) to be split over it) exponentiates to an action of the corresponding Lie group K. Then the $\widetilde{\mathcal{D}}'_k$-module $\widetilde{\Delta}(V)$ is the pull-back of a sheaf $\Delta(V)$ on $H\backslash G/K$. This sheaf is a module over the sheaf $\mathcal{D}'_k$ of twisted differential operators on $H\backslash G/K$ that we can define using $\widetilde{\mathcal{D}}'_k$ (for instance, for integer values of k, $\mathcal{D}'_k$ is the sheaf of differential operators acting on $\mathcal{L}^{\otimes k}$, where $\mathcal{L}$ is the line bundle on $H\backslash G/K$ which is the quotient of $\widetilde{\mathcal{L}}$ by K).

As the result of this construction we obtain a localization functor

$$\Delta: \quad (\widehat{\mathfrak{g}}, K)\text{-mod}_k \quad \longrightarrow \quad \mathcal{D}'_k\text{-mod}$$

sending a $(\widehat{\mathfrak{g}}, K)$-module V of level k to the sheaf of coinvariants $\Delta(V)$.[66]

7.5 Twisted $\mathcal{D}$-modules on Bun_G

Let us now return to the subject of our interest: $\mathcal{D}$-modules on Bun_G obtained from conformal field theories with Kac-Moody symmetry. The point is that

[66] the reason for the terminology "localization functor" is explained in [20], Sect. 17.2.7

this is a special case of the above construction. Namely, we take the loop group $G((t))$ as G, G_{out} as H and $G[[t]]$ as K. Then the double quotient $H\backslash G/K$ is Bun_G according to the isomorphism (7.8).[67] In this case we find that the localization functor Δ sends a $(\widehat{\mathfrak{g}}, G[[t]])$-module V to a $\mathcal{D}'_k$-module $\Delta(V)$ on Bun_G.

The twisted $\mathcal{D}$-module $\Delta(V)$ is precisely the sheaf of coinvariants arising from conformal field theory! Indeed, in this case the stabilizer subalgebra $\text{Stab}_{\mathcal{P}}$, corresponding to a G-bundle $\mathcal{P}$ on X, is just the Lie algebra $\mathfrak{g}_{\text{out}}^{\mathcal{P}}$ defined by formula (7.7). Therefore the fiber of $\Delta(V)$ is the space of coinvariants $V/\mathfrak{g}_{\text{out}}^{\mathcal{P}} \cdot V$, i.e., the dual space to the space of conformal blocks on V.[68] Moreover, it is easy to see that the action of the Lie algebroid $\mathcal{T}$ is exactly the same as the one described in Sect. 7.3 (see formula (7.9)).

The idea that the sheaves of coinvariants arising in conformal field theory may be obtained via a localization functor goes back to [92; 93].

For integer values of k the sheaf $\mathcal{D}'_k$ is the sheaf of differential operators on a line bundle over Bun_G that is constructed in the following way. Note that the quotient $G((t))/G[[t]]$ appearing in formula (7.8) is the affine Grassmannian Gr that we discussed in Sect. 5.4. The loop group $G((t))$ has a universal central extension, the affine Kac-Moody group $\widehat{G}$. It contains $G[[t]]$ as a subgroup, and the quotient $\widehat{G}/G[[t]]$ is a $\mathbb{C}^\times$-bundle on the Grassmannian Gr. Let $\widetilde{\mathcal{L}}$ be the corresponding line bundle on Gr. The group $\widehat{G}$ acts on $\widetilde{\mathcal{L}}$, and in particular any subgroup of $\widehat{\mathfrak{g}}((t))$ on which the central extension is trivial also acts on $\widetilde{\mathcal{L}}$. The subgroup G_{out} is such a subgroup, hence it acts on $\widetilde{\mathcal{L}}$. Taking the quotient of $\mathcal{L}$ by G_{out}, we obtain a line bundle $\mathcal{L}$ on Bun_G (see (7.8)). This is the non-abelian version of the *theta line bundle*, the generator of the Picard group of Bun_G.[69] Then $\mathcal{D}'_k$ be the sheaf of differential operators acting on $\mathcal{L}^{\otimes k}$. The above general construction gives us a description of the sheaf $\mathcal{D}'_k$ in terms of the local Kac-Moody uniformization of Bun_G.

Again, we note that while $\mathcal{L}^{\otimes k}$ exists as a line bundle only for integer values of k, the sheaf $\mathcal{D}'_k$ is well-defined for an arbitrary complex k.

Up to now we have considered the case of one insertion point. It is easy to generalize this construction to the case of multiple insertion points. We then obtain a functor assigning to n-tuples of highest weight $\widehat{\mathfrak{g}}$-modules (inserted

[67] Bun_G is not an algebraic variety, but an algebraic stack, but it was shown in [15], Sect. 1, that the localization functor can be applied in this case as well

[68] Strictly speaking, this quotient is the true space of coinvariants of our conformal field theory only if the chiral algebra of our conformal field theory is generated by the affine Kac-Moody algebra, as in the case of WZW model. In general, we need to modify this construction and also take the quotient by the additional Ward identities corresponding to other fields in the chiral algebra (see [20], Ch. 17, for details).

[69] various integral powers of $\mathcal{L}$ may be constructed as determinant line bundles corresponding to representations of G, see [20], Sect. 18.1.2 and references therein for more details

at the points $x_1, \ldots, x_n$ of a curve X) to the moduli space of G-bundles on X with parabolic structures at the points $x_1, \ldots, x_n$ (see [20], Sect. 18.1.3).[70]

Thus, we see that the conformal field theory "factory" producing $\mathcal{D}$-modules on Bun_G is neatly expressed by the mathematical formalism of "localization functors" from representations of $\widehat{\mathfrak{g}}$ to $\mathcal{D}$-modules on Bun_G.

7.6 Example: the WZW $\mathcal{D}$-module

Let us see what the $\mathcal{D}$-modules of coinvariants look like in the most familiar case of the WZW model corresponding to a compact group U and a positive integer level k (we will be under the assumptions of Sect. 7.1). Let $L_{0,k}$ be the vacuum irreducible integrable representation of $\widehat{\mathfrak{g}}$ of level k (it has highest weight 0). Then the corresponding sheaf of coinvariants is just the $\mathcal{D}'_k$-module $\Delta(L_{0,k})$. Because $L_{0,k}$ is an integrable module, so not only the action of the Lie subalgebra $\mathfrak{g}[[t]]$ exponentiates, but the action of the entire Lie algebra $\widehat{\mathfrak{g}}$ exponentiates to an action of the corresponding group $\widehat{G}$, the space of coinvariants $L_{0,k}/\mathfrak{g}^{\mathcal{P}}_{\mathrm{out}}$ are isomorphic to each other for different bundles. Hence $\Delta(L_{0,k})$ is a vector bundle with a projectively flat connection in this case. We will consider the dual bundle of conformal blocks $\mathcal{C}_{\mathfrak{g}}(L_{0,k})$.

The fiber $C_{\mathfrak{g}}(L_{0,k})$ of this bundle at the trivial G-bundle is just the space of $\mathfrak{g}_{\mathrm{out}}$-invariant functionals on $L_{0,k}$. One can show that it coincides with the space of G_{out}-invariant functionals on $L_{0,k}$. By an analogue of the Borel-Weil-Bott theorem, the dual space to the vacuum representation $L_{0,k}$ is realized as the space of sections of a line bundle $\widetilde{\mathcal{L}}^{\otimes k}$ on the quotient LU/U, which is nothing but the affine Grassmannian $\mathrm{Gr} = G((t))/G[[t]]$ discussed above, where G is the complexification of U. Therefore the space of conformal blocks $C_{\mathfrak{g}}(L_{0,k})$ is the space of global sections of the corresponding line bundle $\mathcal{L}^{\otimes k}$ on Bun_G, realized as the quotient (7.8) of Gr. We obtain that the space of conformal blocks corresponding to the vacuum representation is realized as the space $\Gamma(\mathrm{Bun}_G, \mathcal{L}^{\otimes k})$ of global sections of $\mathcal{L}^{\otimes k}$ over Bun_G.

It is not hard to derive from this fact that the bundle $\mathcal{C}_{\mathfrak{g}}(L_{0,k})$ of conformal blocks over Bun_G is just the tensor product of the vector space $\Gamma(\mathrm{Bun}_G, \mathcal{L}^{\otimes k})$ and the line bundle $\mathcal{L}^{\otimes(-k)}$. Thus, the dual bundle $\Delta(L_{0,k})$ of coinvariants is $\Gamma(\mathrm{Bun}_G, \mathcal{L}^{\otimes k})^* \otimes \mathcal{L}^{\otimes k}$. It has a canonical section ϕ whose values are the projections of the vacuum vector in $L_{0,k}$ onto the spaces of coinvariants. This is the chiral partition function of the WZW model. The partition function is the square of length of this section $\|\phi\|^2$ with respect to a hermitean inner product on $\Delta(L_{0,k})$.

Since the bundle $\Delta(L_{0,k})$ of coinvariants in the WZW model is the tensor product $\mathcal{L}^{\otimes k} \otimes V$, where $\mathcal{L}$ is the determinant line bundle on Bun_G and V

---

[70] The reason for the appearance of parabolic structures (i.e., reductions of the fibers of the G-bundle at the marked points to a Borel subgroup B of G) is that a general highest weight module is not a $(\widehat{\mathfrak{g}}, G[[t]])$-module, but a $(\widehat{\mathfrak{g}}, I)$-module, where I is the Iwahori subgroup of $G((t))$, the preimage of B in $G[[t]]$ under the homomorphism $G[[t]] \to G$. For more on this, see Sect. 9.7.

is a vector space, we find that the dependence of $\Delta(L_{0,k})$ on the Bun_G moduli is only through the determinant line bundle $\mathcal{L}^{\otimes k}$. However, despite this decoupling, it is still very useful to take into account the dependence of the correlation functions in the WZW model on the moduli of bundles. More precisely, we should combine the above two constructions and consider the sheaf of coinvariants on the *combined* moduli space of curves and bundles. Then the variation along the moduli of curves is given in terms of the Segal-Sugawara stress tensor, which is quadratic in the Kac-Moody currents. Therefore we find that the correlation functions satisfy a non-abelian version of the heat equation. These are the Knizhnik-Zamolodchikov-Bernard equations [9; 87].[71] In addition, the bundle of conformal blocks over Bun_G may be used to define the hermitean inner product on the space of conformal blocks, see [77].

However, it would be misleading to think that $\mathcal{L}^{\otimes k} \otimes V$ is the only possible twisted $\mathcal{D}$-module that can arise from the data of a conformal field theory with Kac-Moody symmetry. There are more complicated examples of such $\mathcal{D}$-modules which arise from other (perhaps, more esoteric) conformal field theories, some of which we will consider in the next section. We believe that this is an important point that up to now has not been fully appreciated in the physics literature.

It is instructive to illustrate this by an analogy with the Borel-Weil-Bott theorem. This theorem says that an irreducible finite-dimensional representation of highest weight λ of a compact group U may be realized as the space of global holomorphic sections of a holomorphic line bundle $\mathcal{O}(\lambda)$ on the flag variety U/T, where T is the maximal torus of U. Any representation of U is a direct sum of such irreducible representations, so based on that, one may conclude that the only interesting twisted $\mathcal{D}$-modules on U/T are the sheaves of sections of the line bundles $\mathcal{O}(\lambda)$. But in fact, the space of global sections of *any* twisted $\mathcal{D}$-module on the flag variety has a natural structure of a representation of the corresponding (complexified) Lie algebra $\mathfrak{g}$. Moreover, according to a theorem of A. Beilinson and J. Bernstein, the category of $\mathcal{D}_{\mathcal{O}(\lambda)}$-modules corresponding to a non-degenerate weight λ is equivalent to the category of $\mathfrak{g}$-modules with a fixed central character determined by λ. So if one is interested in representations of the Lie algebra $\mathfrak{g}$, then there are a lot more interesting $\mathcal{D}$-modules to go around. For example, the Verma modules, with respect to a particular Borel subalgebra $\mathfrak{b} \subset \mathfrak{g}$ come from the $\mathcal{D}$-modules of "delta-functions" supported at the point of the flag variety stabilized by $\mathfrak{b}$.

Likewise, we have a Borel-Weil-Bott type theorem for the loop group LU of U: all irreducible representations of the central extension of LU of positive energy may be realized as the duals of the spaces of global holomorphic sections of line bundles on the quotient LU/T, which is the affine analogue of U/T. This quotient is isomorphic to the quotient $G((t))/I$, where I is the Iwahori subgroup. The vacuum irreducible representation of a given level k is

---

[71] for an interpretation of these equations in the framework of the above construction of twisted $\mathcal{D}$-modules see [69]

realized as the dual space to the space of sections of a line bundle $\widetilde{\mathcal{L}}^{\otimes k}$ on the smaller quotient $\mathrm{Gr} = LU/U$. This is the reason why the space of conformal blocks in the corresponding WZW theory (with one insertion) is the space of global sections of a line bundle on Bun_G, as we saw above.

But again, just as in the finite-dimensional case, it would be misleading to think that these line bundles on the affine Grassmannian and on Bun_G tell us the whose story about twisted $\mathcal{D}$-modules in this context. Indeed, the infinitesimal symmetries of our conformal field theories are generated by the corresponding Lie algebra, that is the affine Kac-Moody algebra $\widehat{\mathfrak{g}}$ (just as the Virasoro algebra generates the infinitesimal conformal transformations). The sheaves of coinvariants corresponding to representations of $\widehat{\mathfrak{g}}$ that are not necessarily integrable to the corresponding group $\widehat{G}$ (but only integrable to its subgroup $G[[t]]$) give rise to more sophisticated $\mathcal{D}$-modules on Bun_G, and this is one of the main points we wish to underscore in this survey. In the next section we will see that this way we can actually construct the sought-after Hecke eigensheaves.

8 Conformal field theory at the critical level

In this section we apply the construction of the sheaves of coinvariants from conformal field theory to a particular class of representations of the affine Kac-Moody algebra of *critical level*. The critical level is $k = -h^\vee$, where $h^\vee$ is the *dual Coxeter number* of $\mathfrak{g}$ (see [94]). Thus, we may think about these sheaves as encoding a chiral conformal field theory with Kac-Moody symmetry of critical level. This conformal field theory is peculiar because it lacks the stress tensor (the Segal-Sugawara current becomes commutative at $k = -h^\vee$). As bizarre as this may sound, this cannot prevent us from constructing the corresponding sheaves of coinvariants on Bun_G. Indeed, as we explained in the previous section, all we need to construct them is an action of $\widehat{\mathfrak{g}}$. The stress tensor (and the action of the Virasoro algebra it generates) is needed in order to construct sheaves of coinvariants on the moduli spaces of punctured curves (or on the combined moduli of curves and bundles), and this we will not be able to do. But the Hecke eigensheaves that we wish to construct in the geometric Langlands correspondence are supposed to live on Bun_G, so this will be sufficient for our purposes.[72]

Before explaining all of this, we wish to indicate a simple reason why one should expect Hecke eigensheaves to have something to do with the critical level. The Hecke eigensheaves that we will construct in this section, following Beilinson and Drinfeld, will be of the type discussed in Sect. 3.4: they will correspond to systems of differential equations on Bun_G obtained from a large algebra of global commuting differential operators on it. However, one can

---

[72] affine algebras at the critical level have also been considered recently by physicists, see [95; 96]

show that there are no global commuting differential operators on Bun_G, except for the constant functions. Hence we look at twisted global differential operators acting on the line bundle $\mathcal{L}^{\otimes k}$ introduced in the previous section. Suppose we find that for some value of k there is a large commutative algebra of differential operators acting on $\mathcal{L}^{\otimes k}$. Then the adjoint differential operators will be acting on the Serre dual line bundle $K \otimes \mathcal{L}^{\otimes(-k)}$, where K is the canonical line bundle. It is natural to guess that k should be such that the two line bundles are actually isomorphic to each other. But one can show that $K \simeq \mathcal{L}^{\otimes -2h^\vee}$. Therefore we find that if such global differential operators were to exist, they would most likely be found for $k = -h^\vee$, when $\mathcal{L}^{\otimes k} \simeq K^{1/2}$. This is indeed the case. In fact, these global commuting differential operators come from the Segal-Sugawara current and its higher order generalizations which at level $-h^\vee$ become commutative, and moreover central, in the chiral algebra generated by $\widehat{\mathfrak{g}}$, as we shall see presently.

8.1 The chiral algebra

We start with the description of the chiral vertex algebra associated to $\widehat{\mathfrak{g}}$ at the level $-h^\vee$. We recall that a representation of $\widehat{\mathfrak{g}}$ defined as the extension (7.1) with the commutation relations (7.2), where κ_0 is the standard normalized invariant inner product on $\mathfrak{g}$, is called a representation of level k if the central element $\mathbf{1}$ acts as k times the identity. Representation of $\widehat{\mathfrak{g}}$ of the critical level $-h^\vee$ may be described as representations of $\widehat{\mathfrak{g}}$ with the relations (7.2), where κ_0 is replaced by the critical inner product $-\frac{1}{2}\kappa_{\mathrm{Kil}}$, such that $\mathbf{1}$ acts as the identity. Here $\kappa_{\mathrm{Kil}}(A, B) = \mathrm{Tr}_{\mathfrak{g}}(\mathrm{ad}\, A\, \mathrm{ad}\, B)$ is the Killing form.

In conformal field theory we have state-field correspondence. So we may think of elements of chiral algebras in two different ways: as the space of states and the space of fields. In what follows we will freely switch between these two pictures.

Viewed as the space of states, the chiral algebra at level $k \in \mathbb{C}$ is just the vacuum Verma module

$$V_k(\mathfrak{g}) = \mathrm{Ind}_{\mathfrak{g}[[t]] \oplus \mathbb{C}K}^{\widehat{\mathfrak{g}}} \mathbb{C}_k = U(\widehat{\mathfrak{g}}) \underset{U(\mathfrak{g}[[t]] \oplus \mathbb{C}\mathbf{1})}{\otimes} \mathbb{C}_k,$$

where $\mathbb{C}_k$ is the one-dimensional representation of $\mathfrak{g}[[t]] \oplus \mathbb{C}\mathbf{1}$ on which $\mathfrak{g}[[t]]$ acts by 0 and $\mathbf{1}$ acts as multiplication by k. As a vector space,

$$V_k(\mathfrak{g}) \simeq U(\mathfrak{g} \otimes t^{-1}\mathbb{C}[t^{-1}]).$$

Let $\{J^a\}_{a=1,\ldots,\dim \mathfrak{g}}$ be a basis of $\mathfrak{g}$. For any $A \in \mathfrak{g}$ and $n \in \mathbb{Z}$, we denote $A_n = A \otimes t^n \in L\mathfrak{g}$. Then the elements $J_n^a, n \in \mathbb{Z}$, and $\mathbf{1}$ form a (topological) basis for $\widehat{\mathfrak{g}}$. The commutation relations read

$$[J_n^a, J_m^b] = [J^a, J^b]_{n+m} + n(J^a, J^b)\delta_{n,-m}\mathbf{1}. \tag{8.1}$$

Denote by v_k the vacuum vector in $V_k(\mathfrak{g})$, the image of $1 \otimes 1 \in U\widehat{\mathfrak{g}} \otimes \mathbb{C}_k$ in V_k. We define a $\mathbb{Z}$-grading on $\widehat{\mathfrak{g}}$ and on $V_k(\mathfrak{g})$ by the formula $\deg J^a_n = -n, \deg v_k = 0$. By the Poincaré-Birkhoff-Witt theorem, $V_k(\mathfrak{g})$ has a basis of lexicographically ordered monomials of the form

$$J^{a_1}_{n_1} \dots J^{a_m}_{n_m} v_k,$$

where $n_1 \leq n_2 \leq \dots \leq n_m < 0$, and if $n_i = n_{i+1}$, then $a_i \leq a_{i+1}$. Here is the picture of the first few "layers" (i.e., homogeneous components) of $V_k(\mathfrak{g})$:

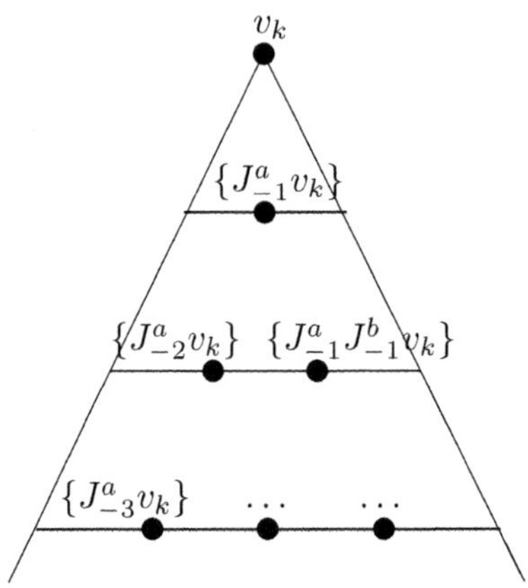

The state-field correspondence is given by the following assignment of fields to vectors in $V_k(\mathfrak{g})$:

$$v_k \mapsto \mathrm{Id},$$
$$J^a_{-1}v_k \mapsto J^a(z) = \sum_{n\in\mathbb{Z}} J^a_n z^{-n-1},$$

$$J^{a_1}_{n_1} \dots J^{a_m}_{n_m} v_k \mapsto \frac{1}{(-n_1-1)! \dots (-n_m-1)!} {:}\partial_z^{-n_1-1} J^{a_1}(z) \dots \partial_z^{-n_m-1} J^{a_m}(z){:}$$

(the normal ordering is understood as nested from right to left).

In addition, we have the translation operator ∂ on $V_k(\mathfrak{g})$, defined by the formulas $\partial v_k = 0$, $[\partial, J^a_n] = -nJ^a_{n-1}$. It is defined so that the field $(\partial A)(z)$ is $\partial_z A(z)$. These data combine into what mathematicians call the structure of a (chiral) vertex algebra. In particular, the space of fields is closed under the operator product expansion (OPE), see [20] for more details.

Let $\{J_a\}$ be the basis of $\mathfrak{g}$ dual to $\{J^a\}$ with respect to the inner product κ_0. Consider the following vector in $V_k(\mathfrak{g})$:

$$S = \frac{1}{2} J_{a,-1} J^a_{-1} v_k \tag{8.2}$$

(summation over repeating indices is understood). The corresponding field is the *Segal-Sugawara current*

$$S(z) = \frac{1}{2} {:}J_a(z) J^a(z){:} = \sum_{n \in \mathbb{Z}} S_n z^{-n-2}. \tag{8.3}$$

We have the following OPEs:

$$S(z) J^a(w) = (k + h^\vee) \frac{J^a(w)}{z - w} + \text{reg}.,$$
$$S(z) S(w) = (k + h^\vee) \left(\frac{k \dim \mathfrak{g}/2}{(z-w)^4} + \frac{2S(w)}{(z-w)^2} + \frac{\partial_w S(w)}{z-w} \right) + \text{reg}.,$$

which imply the following commutation relations:

$$[S_n, J^a_m] = -(k + h^\vee) m J^a_{n+m},$$
$$[S_n, S_m] = (k + h^\vee) \left((n-m) S_{n+m} + \frac{1}{12} k \dim \mathfrak{g} \, \delta_{n,-m} \right).$$

Thus, if $k \neq -h^\vee$, the second set of relations shows that the rescaled operators $L_n = (k+h)^{-1} S_n$ generate the Virasoro algebra with central charge $c_k = k \dim \mathfrak{g}/(k+h)$. The commutation relations

$$[L_n, J^a_m] = -m J^a_{n+m} \tag{8.4}$$

show that the action of this Virasoro algebra on $\widehat{\mathfrak{g}}$ coincides with the natural action of infinitesimal diffeomorphisms of the punctured disc.

But if $k = h^\vee$, then the operators S_n commute with $\widehat{\mathfrak{g}}$ and therefore belong to the center of the completed enveloping algebra of $\widehat{\mathfrak{g}}$ at $k = -h^\vee$. In fact, one can easily show that the chiral algebra at this level does not contain any elements which generate an action of the Virasoro algebra and have commutation relations (8.4) with $\widehat{\mathfrak{g}}$. In other words, the Lie algebra of infinitesimal diffeomorphisms of the punctured disc acting on $\widehat{\mathfrak{g}}$ cannot be realized as an "internal symmetry" of the chiral algebra $V_{-h^\vee}(\mathfrak{g})$. This is the reason why the level $k = -h^\vee$ is called the critical level.[73]

8.2 The center of the chiral algebra

It is natural to ask what is the center of the completed enveloping algebra of $\widehat{\mathfrak{g}}$ at level k. This may be reformulated as the question of finding the fields

[73] This terminology is somewhat unfortunate because of the allusion to the "critical central charge" $c = 26$ in string theory. In fact, the analogue of the critical central charge for $\widehat{\mathfrak{g}}$ is level $-2h^\vee$, because, as we noted above, it corresponds to the canonical line bundle on Bun_G, whereas the critical level $-h^\vee$ corresponds to the square root of the canonical line bundle.

in the chiral algebra $V_k(\mathfrak{g})$ which have *regular* OPEs with the currents $J^a(z)$. If this is the case, then the Fourier coefficients of these fields commute with $\widehat{\mathfrak{g}}$ and hence lie in the center of the enveloping algebra. Such fields are in one-to-one correspondence with the vectors in $V_k(\mathfrak{g})$ which are annihilated by the Lie subalgebra $\mathfrak{g}[[t]]$. We denote the subspace of $\mathfrak{g}[[t]]$-invariants in $V_k(\mathfrak{g})$ by $\mathfrak{z}_k(\mathfrak{g})$. This is a commutative chiral subalgebra of $V_k(\mathfrak{g})$, and hence it forms an ordinary commutative algebra. According to the above formulas, $S \in \mathfrak{z}_{-h^\vee}(\mathfrak{g})$. Since the translation operator T commutes with $\mathfrak{g}[[t]]$, we find that $\partial^m S = m! S_{-m-2} v_k, m \geq 0$ is also in $\mathfrak{z}_{-h^\vee}(\mathfrak{g})$. Therefore the commutative algebra $\mathbb{C}[\partial^m S]_{m \geq 0} = \mathbb{C}[S_n]_{n \leq -2}$ is a commutative chiral subalgebra of $\mathfrak{z}(\mathfrak{g})$.

Consider first the case when $\mathfrak{g} = \mathfrak{sl}_2$. In this case the critical level is $k = -2$.

Theorem 10 (1) $\mathfrak{z}_k(\mathfrak{sl}_2) = \mathbb{C} v_k$, *if* $k \neq -2$.
(2) $\mathfrak{z}_{-2}(\mathfrak{sl}_2) = \mathbb{C}[S_n]_{n \leq -2}$.

Thus, the center of $V_{-2}(\mathfrak{sl}_2)$ is generated by the Segal-Sugawara current $S(z)$ and its derivatives. In order to get a better understanding of the structure of the center, we need to understand how $S(z)$ transforms under coordinate changes. For $k \neq -2$, the stress tensor $T(z) = (k+2)^{-1} S(z)$ transforms in the usual way under the coordinate change $w = \varphi(z)$:

$$T(w) \mapsto T(\varphi(z))\varphi'(z)^2 - \frac{c_k}{12}\{\varphi, z\},$$

where

$$\{\varphi, z\} = \frac{\varphi'''}{\varphi'} - \frac{3}{2}\left(\frac{\varphi''}{\varphi'}\right)^2$$

is the Schwarzian derivative and $c_k = 3k/(k+2)$ is the central charge (see, e.g., [20], Sect. 8.2, for a derivation). This gives us the following transformation formula for $S(z)$ at $k = -2$:

$$S(w) \mapsto S(\varphi(z))\varphi'(z)^2 - \frac{1}{2}\{\varphi, z\}.$$

It coincides with the transformation formula for self-adjoint differential operators $\partial_z^2 - v(z)$ acting from $\Omega^{-1/2}$ to $\Omega^{3/2}$, where Ω is the canonical line bundle. Such operators are called *projective connections.*[74]

Thus, we find that while $S(z)$ has no intrinsic meaning, the second order operator $\partial_z^2 - S(z)$ acting from $\Omega^{-1/2}$ to $\Omega^{3/2}$ has intrinsic coordinate-independent meaning. Therefore the isomorphism of Theorem 10,(2) may be rephrased in a coordinate-independent fashion by saying that

$$\mathfrak{z}_{-2}(\mathfrak{sl}_2) \simeq \operatorname{Fun} \operatorname{Proj}(D), \tag{8.5}$$

[74] in order to define them, one needs to choose the square root of Ω, but the resulting space of projective connections is independent of this choice

where Fun Proj(D) is the algebra of polynomial functions on the space Proj(D) of projective connections on the (formal) disc D. If we choose a coordinate z on the disc, then we may identify Proj(D) with the space of operators $\partial_z^2 - v(z)$, where $v(z) = \sum_{n \leq -2} v_n z^{-n-2}$, and Fun Proj$(D)$ with $\mathbb{C}[v_n]_{n \leq -2}$. Then the isomorphism (8.5) sends $S_n \in \mathfrak{z}_{-2}(\mathfrak{sl}_2)$ to $v_n \in$ Fun Proj(D). But the important fact is that in the formulation (8.5) the isomorphism is coordinate-independent: if we choose a different coordinate w on D, then the generators of the two algebras will transform in the same way, and the isomorphism will stay the same.

We now look for a similar coordinate-independent realization of the center $\mathfrak{z}_{-h^\vee}(\mathfrak{g})$ of $V_{-h^\vee}(\mathfrak{g})$ for a general simple Lie algebra $\mathfrak{g}$.

It is instructive to look first at the center of the universal enveloping algebra $U(\mathfrak{g})$. It is a free polynomial algebra with generators P_i of degrees $d_i + 1, i = 1, \ldots, \ell = \operatorname{rank} \mathfrak{g}$, where $d_1, \ldots, d_\ell$ are called the exponents of $\mathfrak{g}$. In particular, $P_1 = \frac{1}{2} J_a J^a$. It is natural to try to imitate formula (8.3) for $S(z)$ by taking other generators $P_i, i > 1$, and replacing each J^a by $J^a(z)$. Unfortunately, the normal ordering that is necessary to regularize these fields distorts the commutation relation between them. We already see that for $S(z)$ where $h^\vee$ appears due to double contractions in the OPE. Thus, $S(z)$ becomes central not for $k = 0$, as one might expect, but for $k = -h^\vee$. For higher order fields the distortion is more severe, and because of that explicit formulas for higher order Segal-Sugawara currents are unknown in general.

However, if we consider the symbols instead, then normal ordering is not needed, and we indeed produce commuting "currents" $\overline{S}_i(z) = P_i(\overline{J}^a(z))$ in the Poisson version of the chiral algebra $V_k(\mathfrak{g})$ generated by the quasi-classical "fields" $\overline{J}^a(z)$. We then ask whether each $\bar{S}_i(z)$ can be quantized to give a field $S_i(z) \in V_{-h^\vee}(\mathfrak{g})$ which belongs to the center. The following generalization of Theorem 10 was obtained by B. Feigin and the author [11; 12] and gives the affirmative answer to this question.

Theorem 11 (1) $\mathfrak{z}_k(\mathfrak{g}) = \mathbb{C}v_k$, *if* $k \neq -h^\vee$.

(2) *There exist elements* $S_1, \ldots, S_\ell \in \mathfrak{z}(\mathfrak{g})$, *such that* $\deg S_i = d_i + 1$, *and* $\mathfrak{z}(\mathfrak{g}) \simeq \mathbb{C}[\partial^n S_i]_{i=1,\ldots,\ell; n \geq 0}$. *In particular,* S_1 *is the Segal-Sugawara element* (8.2).

As in the $\mathfrak{sl}_2$ case, we would like to give an intrinsic coordinate-independent interpretation of the isomorphism in part (2). It turns out that projective connections have analogues for arbitrary simple Lie algebras, called *opers*, and $\mathfrak{z}(\mathfrak{g})$ is isomorphic to the space of opers on the disc, associated to the *Langlands dual* Lie algebra ${}^L\mathfrak{g}$. It is this appearance of the Langlands dual Lie algebra that will ultimately allow us to make contact with the geometric Langlands correspondence.

8.3 Opers

But first we need to explain what opers are. In the case of $\mathfrak{sl}_2$ these are projective connections, i.e., second order operators of the form $\partial_t^2 - v(t)$ acting from $\Omega^{-1/2}$ to $\Omega^{3/2}$. This has an obvious generalization to the case of $\mathfrak{sl}_n$. An $\mathfrak{sl}_n$-oper on X is an nth order differential operator acting from $\Omega^{-(n-1)/2}$ to $\Omega^{(n+1)/2}$ whose principal symbol is equal to 1 and subprincipal symbol is equal to 0.[75] If we choose a coordinate z, we write this operator as

$$\partial_t^n - u_1(t)\partial_t^{n-2} + \ldots + u_{n-2}(t)\partial_t - (-1)^n u_{n-1}(t). \tag{8.6}$$

Such operators are familiar from the theory of n-KdV equations. In order to define similar soliton equations for other Lie algebras, V. Drinfeld and V. Sokolov [13] have introduced the analogues of operators (8.6) for a general simple Lie algebra $\mathfrak{g}$. Their idea was to replace the operator (8.6) by the first order matrix differential operator

$$\partial_t + \begin{pmatrix} 0 & u_1 & u_2 & \cdots & u_{n-1} \\ 1 & 0 & 0 & \cdots & 0 \\ 0 & 1 & 0 & \cdots & 0 \\ \vdots & \ddots & \ddots & \cdots & \vdots \\ 0 & 0 & \cdots & 1 & 0 \end{pmatrix}. \tag{8.7}$$

Now consider the space of more general operators of the form

$$\partial_t + \begin{pmatrix} * & * & * & \cdots & * \\ + & * & * & \cdots & * \\ 0 & + & * & \cdots & * \\ \vdots & \ddots & \ddots & \ddots & \vdots \\ 0 & 0 & \cdots & + & * \end{pmatrix} \tag{8.8}$$

where $*$ indicates an arbitrary function and $+$ indicates a nowhere vanishing function. The group of upper triangular matrices acts on this space by gauge transformations

$$\partial_t + A(t) \mapsto \partial_t + gA(t)g^{-1} - \partial_t g(t) \cdot g(t)^{-1}.$$

It is not difficult to show that this action is free and each orbit contains a unique operator of the form (8.7). Therefore the space of $\mathfrak{sl}_n$-opers may be identified with the space of equivalence classes of the space of operators of the form (8.8) with respect to the gauge action of the group of upper triangular matrices.

This definition has a straightforward generalization to an arbitrary simple Lie algebra $\mathfrak{g}$. We will work over the formal disc, so all functions that appear

[75] note that for these conditions to be coordinate-independent, this operator must act from $\Omega^{-(n-1)/2}$ to $\Omega^{(n+1)/2}$

in our formulas will be formal powers series in the variable t. But the same definition also works for any (analytic or Zariski) open subset on a smooth complex curve, equipped with a coordinate t.

Let $\mathfrak{g} = \mathfrak{n}_+ \oplus \mathfrak{h} \oplus \mathfrak{n}_-$ be the Cartan decomposition of $\mathfrak{g}$ and e_i, h_i and $f_i, i = 1, \ldots, \ell$, be the Chevalley generators of $\mathfrak{n}_+, \mathfrak{h}$ and $\mathfrak{n}_-$, respectively. We denote by $\mathfrak{b}_+$ the Borel subalgebra $\mathfrak{h} \oplus \mathfrak{n}_+$; it is the Lie algebra of upper triangular matrices in the case of $\mathfrak{sl}_n$. Then the analogue of the space of operators of the form (8.8) is the space of operators

$$\partial_t + \sum_{i-1}^{\ell} \psi_i(t) f_i + \mathbf{v}(t), \qquad \mathbf{v}(t) \in \mathfrak{b}_+, \tag{8.9}$$

where each $\psi_i(t)$ is a nowhere vanishing function. This space is preserved by the action of the group of B_+-valued gauge transformations, where B_+ is the Lie group corresponding to $\mathfrak{n}_+$.

Following [13], we define a $\mathfrak{g}$-oper (on the formal disc or on a coordinatized open subset of a general curve) as an equivalence class of operators of the form (8.9) with respect to the N_+-valued gauge transformations.

It is proved in [13] that these gauge transformations act freely. Moreover, one defines canonical representatives of each orbit as follows. Set

$$p_{-1} = \sum_{i=1}^{\ell} f_i \in \mathfrak{n}_-.$$

This element may be included into a unique $\mathfrak{sl}_2$ triple $\{p_{-1}, p_0, p_1\}$, where $p_0 \in \mathfrak{h}$ and $p_1 \in \mathfrak{n}_+$ satisfying the standard relations of $\mathfrak{sl}_2$:

$$[p_1, p_{-1}] = 2p_0, \qquad [p_0, p_{\pm 1}] = \pm p_{\pm 1}.$$

The element $\operatorname{ad} p_0$ determines the so-called principal grading on $\mathfrak{g}$, such that the e_i's have degree 1, and the f_i's have degree -1.

Let V_{can} be the subspace of $\operatorname{ad} p_1$-invariants in $\mathfrak{n}_+$. This space is ℓ-dimensional, and it has a decomposition into homogeneous subspaces

$$V_{\mathrm{can}} = \oplus_{i \in E} V_{\mathrm{can},i},$$

where the set E is precisely the set of exponents of $\mathfrak{g}$. For all $i \in E$ we have $\dim V_{\mathrm{can},i} = 1$, except when $\mathfrak{g} = \mathfrak{so}_{2n}$ and $i = 2n$, in which case it is equal to 2. In the former case we will choose a linear generator p_j of V_{can,d_j}, and in the latter case we will choose two linearly independent vectors in $V_{\mathrm{can},2n}$, denoted by p_n and p_{n+1} (in other words, we will set $d_n = d_{n+1} = 2n$).

In particular, $V_{\mathrm{can},1}$ is generated by p_1 and we will choose it as the corresponding generator. Then canonical representatives of the N_+ gauge orbits in the space of operators of the form (8.9) are the operators

$$\partial_t + p_{-1} + \sum_{j=1}^{\ell} v_j(t) \cdot p_j. \tag{8.10}$$

Thus, a $\mathfrak{g}$-oper is uniquely determined by a collection of ℓ functions $v_i(t), i = 1, \ldots, \ell$. However, these functions transform in a non-trivial way under changes of coordinates.

Namely, under a coordinate transformation $t = \varphi(s)$ the operator (8.10) becomes

$$\partial_s + \varphi'(s) \sum_{i=1}^{\ell} f_i + \varphi'(s) \sum_{j=1}^{\ell} v_j(\varphi(s)) \cdot p_j .$$

Now we apply a gauge transformation

$$g = \exp\left(\frac{1}{2}\frac{\varphi''}{\varphi'} \cdot p_1\right) \check{\rho}(\varphi') \tag{8.11}$$

to bring it back to the form

$$\partial_s + p_{-1} + \sum_{j=1}^{\ell} \overline{v}_j(s) \cdot p_j ,$$

where

$$\overline{v}(s) = v_1(\varphi(s)) \left(\varphi'(s)\right)^2 - \frac{1}{2}\{\varphi, s\},$$
$$\overline{v}_j(s) = v_j(\varphi(s)) \left(\varphi'(s)\right)^{d_j+1}, \qquad j > 1$$

(see [12]). Thus, we see that v_1 transforms as a projective connection, and $v_j, j > 1$, transforms as a $(d_j + 1)$-differential.

Denote by $\operatorname{Op}_{\mathfrak{g}}(D)$ the space of $\mathfrak{g}$-opers on the formal disc D. Then we have an isomorphism

$$\operatorname{Op}_{\mathfrak{g}}(D) \simeq \operatorname{Proj}(D) \times \bigoplus_{j=2}^{\ell} \Omega^{\otimes(d_j+1)}(D). \tag{8.12}$$

The drawback of the above definition of opers is that we can work with operators (8.9) only on open subsets of algebraic curves equipped with a coordinate t. It is desirable to have an alternative definition that does not use coordinates and hence makes sense on any curve. Such a definition has been given by Beilinson and Drinfeld (see [14] and [15], Sect. 3). The basic idea is that operators (8.9) may be viewed as connections on a G-bundle.[76] The fact that we consider gauge equivalence classes with respect to the gauge action of the subgroup B_+ means that this G-bundle comes with a reduction to B_+. However, we should also make sure that our connection has a special form as prescribed in formula (8.9).

So let G be the Lie group of adjoint type corresponding to $\mathfrak{g}$ (for example, for $\mathfrak{sl}_n$ it is PGL_n), and B_+ its Borel subgroup. A $\mathfrak{g}$-oper is by definition a

[76] as we discussed before, all of our bundles are holomorphic and all of our connections are holomorphic, hence automatically flat as they are defined on curves

triple $(\mathcal{F}, \nabla, \mathcal{F}_{B_+})$, where $\mathcal{F}$ is a principal G-bundle on X, ∇ is a connection on $\mathcal{F}$ and $\mathcal{F}_{B_+}$ is a B_+-reduction of $\mathcal{F}$, such that for any open subset U of X with a coordinate t and any trivialization of $\mathcal{F}_{B_+}$ on U the connection operator $\nabla_{\partial/\partial t}$ has the form (8.9). We denote the space of G-opers on X by $\mathrm{Op}_{\mathfrak{g}}(X)$.

The identification (8.12) is still valid for any smooth curve X:

$$\mathrm{Op}_{\mathfrak{g}}(X) \simeq \mathrm{Proj}(X) \times \bigoplus_{j=2}^{\ell} H^0(X, \Omega^{\otimes(d_j+1)}). \tag{8.13}$$

In particular, we find that if X is a compact curve of genus $g > 1$ then the dimension of $\mathrm{Op}_{\mathfrak{g}}(X)$ is equal to $\sum_{i=1}^{\ell}(2d_i + 1)(g-1) = \dim_{\mathbb{C}} G(g-1)$.

It turns out that if X is compact, then the above conditions completely determine the underlying G-bundle $\mathcal{F}$. Consider first the case when $G = PGL_2$. We will describe the PGL_2-bundle $\mathcal{F}$ as the projectivization of rank 2 degree 0 vector bundle $\mathcal{F}_0$ on X. Let us choose a square root $\Omega_X^{1/2}$ of the canonical line bundle Ω_X. Then there is a unique (up to an isomorphism) extension

$$0 \to \Omega_X^{1/2} \to \mathcal{F}_0 \to \Omega_X^{-1/2} \to 0.$$

This PGL_2-bundle $\mathcal{F}_{PGL_2}$ is the projectivization of this bundle, and it does not depend on the choice of $\Omega_X^{1/2}$. This bundle underlies all $\mathfrak{sl}_2$-opers on a compact curve X.

To define $\mathcal{F}$ for a general simple Lie group G of adjoint type, we use the $\mathfrak{sl}_2$ triple $\{p_{-1}, p_0, p_1\}$ defined above. It gives us an embedding $PGL_2 \to G$. Then $\mathcal{F}$ is the G-bundle induced from $\mathcal{F}_{PGL_2}$ under this embedding (note that this follows from formula (8.11)). We call this $\mathcal{F}$ the *oper G-bundle*. For $G = PGL_n$ it may be described as the projectivization of the rank n vector bundle on X obtained by taking successive non-trivial extensions of $\Omega_X^i, i = -(n-1)/2, -(n-3)/2, \ldots, (n-1)/2$. It has the dubious honor of being the most unstable indecomposable rank n bundle of degree 0.

One can show that *any* connection on the oper G-bundle $\mathcal{F}_G$ supports a unique structure of a G-oper. Thus, we obtain an identification between $\mathrm{Op}_{\mathfrak{g}}(X)$ and the space of all connections on the oper G-bundle, which is the fiber of the forgetful map $\mathrm{Loc}_G(X) \to \mathrm{Bun}_G$ over the oper G-bundle.

8.4 Back to the center

Using opers, we can reformulate Theorem 11 in a coordinate-independent fashion. From now on we will denote the center of $V_{-h^\vee}(\mathfrak{g})$ simply by $\mathfrak{z}(\mathfrak{g})$. Let ${}^L\mathfrak{g}$ be the Langlands dual Lie algebra to $\mathfrak{g}$. Recall that the Cartan matrix of ${}^L\mathfrak{g}$ is the transpose of that of $\mathfrak{g}$. The following result is proved by B. Feigin and the author [11; 12].

Theorem 12 *The center $\mathfrak{z}(\mathfrak{g})$ is canonically isomorphic to the algebra of ${}^L\mathfrak{g}$-opers on the formal disc D,* $\mathrm{Fun}\,\mathrm{Op}_{{}^L\mathfrak{g}}(D)$.

Theorem 11 follows from this because once we choose a coordinate t on the disc we can bring any ${}^L\mathfrak{g}$-oper to the canonical form (8.10), in which it determines ℓ formal power series

$$v_i(t) = \sum_{n \leq -d_i-1} v_{i,n} t^{-n-d_i-1}, \qquad i = 1, \ldots, \ell.$$

The shift of the labeling of the Fourier components by $d_i + 1$ is made so as to have $\deg v_{i,n} = -n$. Note that the exponents of $\mathfrak{g}$ and ${}^L\mathfrak{g}$ coincide. Then we obtain

$$\mathrm{Fun}\,\mathrm{Op}_{{}^L\mathfrak{g}}(D) = \mathbb{C}[v_{i,n_i}]_{i=1,\ldots,\ell; n_i \leq -d_i-1}.$$

Under the isomorphism of Theorem 12 the generator $v_{i,-d_i-1}$ goes to some $S_i \in \mathfrak{z}(\mathfrak{g})$ of degree d_i+1. This implies that v_{i,n_i} goes to $\frac{1}{(-n-d_i-1)!}\partial^{-n_i-d_i-1}S_i$, and so we recover the isomorphism of Theorem 11.

By construction, the Fourier coefficients $S_{i,n}$ of the fields $S_i(z) = \sum_{n\in\mathbb{Z}} S_{i,n} z^{-n-d_i-1}$ generating the center $\mathfrak{z}(\mathfrak{g})$ of the chiral algebra $V_{-h^\vee}(\mathfrak{g})$ are central elements of the completed enveloping algebra $\widetilde{U}_{-h^\vee}(\widehat{\mathfrak{g}})$ of $\widehat{\mathfrak{g}}$ at level $k = -h^\vee$. One can show that the center $Z(\widehat{\mathfrak{g}})$ of $\widetilde{U}_{-h^\vee}(\widehat{\mathfrak{g}})$ is topologically generated by these elements, and so we have

$$Z(\widehat{\mathfrak{g}}) \simeq \mathrm{Fun}\,\mathrm{Op}_{{}^L\mathfrak{g}}(D^\times) \tag{8.14}$$

(see [12] for more details). The isomorphism (8.14) is in fact not only an isomorphism of commutative algebras, but also of Poisson algebras, with the Poisson structures on both sides defined in the following way.

Let $\widetilde{U}_k(\widehat{\mathfrak{g}})$ be the completed enveloping algebra of $\widehat{\mathfrak{g}}$ at level k. Given two elements, $A, B \in Z(\widehat{\mathfrak{g}})$, we consider their arbitrary ϵ-deformations, $A(\epsilon), B(\epsilon) \in \widetilde{U}_{\kappa+\epsilon}(\widehat{\mathfrak{g}})$. Then the ϵ-expansion of the commutator $[A(\epsilon), B(\epsilon)]$ will not contain a constant term, and its ϵ-linear term, specialized at $\epsilon = 0$, will again be in $Z(\widehat{\mathfrak{g}})$ and will be independent of the deformations of A and B. Thus, we obtain a bilinear operation on $Z(\widehat{\mathfrak{g}})$, and one checks that it satisfies all properties of a Poisson bracket.

On the other hand, according to [13], the above definition of the space $\mathrm{Op}_{{}^L\mathfrak{g}}(D^\times)$ may be interpreted as the hamiltonian reduction of the space of all operators of the form $\partial_t + A(t), A(t) \in {}^L\mathfrak{g}((t))$. The latter space may be identified with a hyperplane in the dual space to the affine Lie algebra $\widehat{{}^L\mathfrak{g}}$, which consists of all linear functionals taking value 1 on the central element $\mathbf{1}$. It carries the Kirillov-Kostant Poisson structure, and may in fact be realized as the $k \to \infty$ quasi-classical limit of the completed enveloping algebra $\widetilde{U}_k(\widehat{\mathfrak{g}})$.

Applying the Drinfeld-Sokolov reduction, we obtain a Poisson structure on the algebra $\mathrm{Fun}\,\mathrm{Op}_{{}^L\mathfrak{g}}(D^\times)$ of functions on $\mathrm{Op}_{{}^L\mathfrak{g}}(D^\times)$. This Poisson algebra is called the *classical* $\mathcal{W}$-*algebra* associated to ${}^L\mathfrak{g}$. For example, in the case when $\mathfrak{g} = {}^L\mathfrak{g} = \mathfrak{sl}_n$, this Poisson structure is the (second) Adler-Gelfand-Dickey Poisson structure. Actually, it is included in a two-parameter family of Poisson structures on $\mathrm{Op}_{^L\mathfrak{g}}(D^\times)$ with respect to which the flows of the $^L\mathfrak{g}$-KdV hierarchy are hamiltonian, as shown in [13].

Now, the theorem of [11; 12] is that (8.14) is an isomorphism of *Poisson algebras*. As shown in [15], this determines it uniquely, up to an automorphism of the Dynkin diagram of $\mathfrak{g}$.[77]

How can the center of the chiral algebra $V_{-h^\vee}(\mathfrak{g})$ be identified with an the classical $\mathcal{W}$-algebra, and why does the Langlands dual Lie algebra appear here? To answer this question, we need to explain the main idea of the proof of Theorem 12 from [11; 12]. We will see that the crucial observation that leads to the appearance of the Langlands dual Lie algebra is closely related to the T-duality in free bosonic conformal field theory compactified on a torus.

8.5 Free field realization

The idea of the proof [11; 12] of Theorem 12 is to realize the center $\mathfrak{z}(\mathfrak{g})$ inside the Poisson version of the chiral algebra of free bosonic field with values in the dual space to the Cartan subalgebra $\mathfrak{h} \subset \mathfrak{g}$. For that we use the free field realization of $\widehat{\mathfrak{g}}$, which was constructed by M. Wakimoto [97] for $\mathfrak{g} = \mathfrak{sl}_2$ and by B. Feigin and the author [98] for an arbitrary simple Lie algebra $\mathfrak{g}$.

We first recall the free field realization in the case of $\mathfrak{sl}_2$. In his case we need a chiral bosonic $\beta\gamma$ system generated by the fields $\beta(z), \gamma(z)$ and a free chiral bosonic field $\phi(z)$. These fields have the following OPEs:

$$\begin{aligned} \beta(z)\gamma(w) &= -\frac{1}{z-w} + \text{reg.}, \\ \phi(z)\phi(w) &= -2\log(z-w) + \text{reg.} \end{aligned} \tag{8.15}$$

We have the following expansion of these fields:

$$\beta(z) = \sum_{n\in\mathbb{Z}} \beta_n z^{-n-1}, \quad \gamma(z) = \sum_{n\in\mathbb{Z}} \gamma_n z^{-n-1}, \quad \partial_z\phi(z) = \sum_{n\in\mathbb{Z}} b_n z^{-n-1}.$$

The Fourier coefficients satisfy the commutation relations

$$[\beta_n, \gamma_m] = -\delta_{n,-m}, \qquad [b_n, b_m] = -2n\delta_{n,-m}.$$

Let $\mathcal{F}$ be the chiral algebra of the $\beta\gamma$ system. Realized as the space of states, it is a Fock representation of the Heisenberg algebra generated by $\beta_n, \gamma_n, n \in \mathbb{Z}$, with the vacuum vector $|0\rangle$ annihilated by $\beta_n, n \geq 0, \gamma_m, m > 0$. The state-field correspondence is defined in such a way that $\beta_{-1}|0\rangle \mapsto \beta(z), \gamma_0|0\rangle \mapsto \gamma(z)$, etc.

[77] Likewise, both sides of the isomorphism of Theorem 12 are Poisson algebras in the category of chiral algebras, and this isomorphism preserves these structures. In particular, $\mathrm{Fun}\,\mathrm{Op}_{^L\mathfrak{g}}(D)$ is a quasi-classical limit of the $\mathcal{W}$-algebra associated to $^L\mathfrak{g}$ considered as a chiral algebra.

Let π_0 be the chiral algebra of the boson $\phi(z)$. It is the Fock representation of the Heisenberg algebra generated by $b_n, n \in \mathbb{Z}$, with the vacuum vector annihilated by $b_n, n \geq 0$. The state-field correspondence sends $b_{-1}|0\rangle \mapsto b(z)$, etc. We also denote by π_λ the Fock representation of this algebra with the highest weight vector $|\lambda\rangle$ such that $b_n|\lambda\rangle = 0, n > 0$ and $ib_0|\lambda\rangle = \lambda|\lambda\rangle$.

The Lie algebra $\mathfrak{sl}_2$ has the standard basis elements $J^\pm, J^0$ satisfying the relations

$$[J^+, J^-] = 2J^0, \qquad [J^0, J^\pm] = \pm J^\pm.$$

The free field realization of $\widehat{\mathfrak{sl}}_2$ at level $k \neq -2$ is a homomorphism (actually, injective) of chiral algebras $V_k(\mathfrak{sl}_2) \to \mathcal{F} \otimes \pi_0$. It is defined by the following maps of the generating fields of $V_k(\mathfrak{sl}_2)$:

$$\begin{aligned} J^+(z) &\mapsto \beta(z), \\ J^0(z) &\mapsto :\beta(z)\gamma(z): + \frac{\nu i}{2}\partial_z\phi(z), \\ J^-(z) &\mapsto -:\beta(z)\gamma(z)^2: - k\partial_z\gamma(z) - \nu i\gamma(z)\partial_z\phi(z), \end{aligned} \tag{8.16}$$

where $\nu = \sqrt{k+2}$. The origin of this free field realization is in the action of the Lie algebra $\mathfrak{sl}_2((t))$ on the loop space of $\mathbb{CP}^1$. This is discussed in detail in [20], Ch. 11-12. It is closely related to the sheaf of chiral differential operators introduced in [99] and [17], Sect. 2.9 (this is explained in [20], Sect. 18.5.7).[78]

We would like to use this free field realization at the critical level $k = -2$ (i.e., $\nu = 0$). Unfortunately, if we set $k = -2$ in the above formulas, the field $\phi(z)$ will completely decouple and we will be left with a homomorphism $V_{-2}(\mathfrak{g}) \to \mathcal{F}$. This homomorphism is not injective. In fact, its kernel contains $\mathfrak{z}(\mathfrak{sl}_2)$, and so it is not very useful for elucidating the structure of $\mathfrak{z}(\mathfrak{sl}_2)$.

The solution is to rescale $\partial_z\phi(z)$ and replace it by a new field

$$\widetilde{b}(z) = \nu i\partial_z\phi(z) = \sum_{n\in\mathbb{Z}} \widetilde{b}_n z^{-n-1}.$$

The above formulas will now depend on $\widetilde{b}(z)$ even when $k = -2$. But the chiral algebra π_0 will degenerate into a commutative chiral algebra $\widetilde{\pi}_0 = \mathbb{C}[\widetilde{b}_n]_{n<0}$ at $k = -2$. Thus, we obtain a rescaled version of the free field homomorphism: $V_{-2}(\mathfrak{sl}_2) \to \mathcal{F}\otimes\widetilde{\pi}_0$. This map is injective, and moreover, one can show that the image of the center $\mathfrak{z}(\mathfrak{sl}_2)$ of $V_{-2}(\mathfrak{sl}_2)$ is entirely contained in the commutative part $|0\rangle \otimes \widetilde{\pi}_0$ of $\mathcal{F} \otimes \widetilde{\pi}_0$. Thus, the rescaled free field realization at the critical level gives us an embedding $\mathfrak{z}(\mathfrak{sl}_2) \hookrightarrow \widetilde{\pi}_0$ of the center of $V_{-2}(\mathfrak{sl}_2)$ into a commutative degeneration of the chiral algebra of the free bosonic field.

It is easy to write explicit formulas for this embedding. Recall that $\mathfrak{z}(\mathfrak{sl}_2)$ is generated by the Sugawara current $S(z)$ given by formula (8.3), hence this

[78] see also [100; 101] for a recent discussion of the curved $\beta\gamma$ systems from the point of view of sigma models

embedding is determined by the image of $S(z)$ in $\widetilde{\pi}_0$. We find after a short calculation that

$$S(z) \mapsto \frac{1}{4}\widetilde{b}(z)^2 - \frac{1}{2}\partial_z \widetilde{b}(z). \tag{8.17}$$

This formula is known as the *Miura transformation.* In fact, $\widetilde{\pi}$ may be interpreted as the algebra Fun Conn(D) on the space Conn(D) of connections $\partial_z + u(z)$ on the line bundle $\Omega^{-1/2}$ on the disc D. The Miura transformation is a map Conn$(D) \to$ Proj(D) sending $\partial_z + b(z)$ to the projective connection

$$\partial_z^2 - v(z) - \left(\partial_z - \frac{1}{2}u(z)\right)\left(\partial_z + \frac{1}{2}u(z)\right).$$

Under the isomorphism between $\mathfrak{z}(\mathfrak{sl}_2)$ and Proj(D), this becomes formula (8.17).

However, for a general Lie algebra $\mathfrak{g}$ we do not know explicit formulas for the generators of $\mathfrak{z}(\mathfrak{g})$. Therefore we cannot rely on a formula like (8.17) to describe $\mathfrak{z}(\mathfrak{g})$ in general. So we seek a different strategy.

The idea is to characterize the image of $\mathfrak{z}(\mathfrak{sl}_2)$ in $\widetilde{\pi}_0$ as the kernel of a certain operator. This operator is actually defined not only for $k = -2$, but also for other values of k, and for $k \neq -2$ it is the residue of a standard vertex operator of the free field theory,

$$V_{-1/\nu}(z) = :e^{-\frac{i}{\nu}\phi(z)}: = T_{-1/\nu} \exp\left(\frac{1}{\nu}\sum_{n<0}\frac{ib_n}{n}z^{-n}\right)\exp\left(\frac{1}{\nu}\sum_{n>0}\frac{ib_n}{n}z^{-n}\right) \tag{8.18}$$

acting from π_0 to $\pi_{-1/\nu}$ (here $T_{-1/\nu}$ denotes the operator sending $|0\rangle$ to $|-1/\nu\rangle$ and commuting with $b_n, n \neq 0$).

So we consider the following *screening operator*:

$$\int V_{-1/\nu}(z)dz : \quad \pi_0 \to \pi_{-1/\nu}. \tag{8.19}$$

It diverges when $\nu \to 0$, which corresponds to $k \to -2$. But it can be regularized and becomes a well-defined operator $\widetilde{V}$ on $\widetilde{\pi}_0$. Moreover, the image of $\mathfrak{z}(\mathfrak{sl}_2)$ in $\widetilde{\pi}_0$ coincides with the kernel of $\widetilde{V}$ (see [11]).

The reason is the following. One checks explicitly that the operator

$$G = \int \beta(z)V_{-1/\nu}(z)dz$$

commutes with the $\widehat{\mathfrak{sl}}_2$ currents (8.16). This means that the image of $V_k(\mathfrak{g})$ in $\mathfrak{F} \otimes \pi_0$ is contained in the kernel of G (in fact, the image is equal to the kernel of G for irrational values of k). This remains true for the appropriately renormalized limit $\widetilde{G}$ of this operator at $k = -2$. But the image of $\mathfrak{z}(\mathfrak{sl}_2)$

belongs to the subspace $\widetilde{\pi}_0 \subset \mathcal{F} \otimes \widetilde{\pi}_0$. The restriction of $\widetilde{G}$ to $\widetilde{\pi}_0$ is equal to $\widetilde{V}$, and so we find that the image of $\mathfrak{z}(\mathfrak{sl}_2)$ in $\widetilde{\pi}_0$ belongs to the kernel of $\widetilde{V}$. One then checks that actually it is equal to the kernel of $\widetilde{V}$.

We will now use this realization of $\mathfrak{z}(\mathfrak{sl}_2)$ as $\mathrm{Ker}_{\widetilde{\pi}_0} \widetilde{V}$ to relate $\mathfrak{z}(\mathfrak{sl}_2)$ to $\mathrm{Fun}\,\mathrm{Proj}(D)$, which will appear as the quasi-classical limit of the Virasoro algebra.

For that we look at the kernel of $\int V_{-1/\nu}(z)dz$ for generic ν. It is a chiral subalgebra of the free bosonic chiral algebra π_0, which contains the stress tensor

$$T_\nu(z) = -\frac{1}{4}{:}(\partial_z \phi(z))^2{:} + \frac{1}{2}\left(\nu - \frac{1}{\nu}\right) i\partial_z^2 \phi(z) \tag{8.20}$$

generating the Virasoro algebra of central charge

$$c_\nu = 1 - 3(\nu - \frac{1}{\nu})^2 = 1 - 6(k+1)^2/(k+2).$$

The vertex operator $V_{-1/\nu}(z)$ has conformal dimension 1 with respect to $T_\nu(z)$, and this is the reason why $T_\nu(z)$ commutes with $\int V_{-1/\nu}(z)dz$.

The crucial observation is that there is *one more* vertex operator which has conformal dimension 1 with respect to $T_\nu(z)$, namely,[79]

$$V_\nu(z) = {:}e^{i\nu\phi(z)}{:}.$$

Now, if ν^2 is irrational, then the kernels of the operators $\int V_{-1/\nu}(z)dz$ and $\int V_\nu(z)dz$ in π_0 *coincide* and are equal to the chiral algebra generated by $T_\nu(z)$ [11]. Moreover, this duality remains true in the limit $\nu \to 0$. In this limit $\int V_{-1/\nu}(z)dz$ becomes our renormalized operator $\widetilde{V}$, whose kernel is $\mathfrak{z}(\mathfrak{sl}_2)$. On the other hand, the kernel of the $\nu \to 0$ limit of the operator $\int V_\nu(z)dz$ is nothing but the quasi-classical limit of the chiral Virasoro algebra generated by $\nu^2 T_\nu(z)$. This *classical Virasoro algebra* is nothing but the algebra $\mathrm{Fun}\,\mathrm{Proj}(D)$. This way we obtain the sought-after isomorphism $\mathfrak{z}(\mathfrak{sl}_2) \simeq \mathrm{Fun}\,\mathrm{Proj}(D)$.

8.6 T-duality and the appearance of the dual group

The crucial property that enabled us to make this identification is the fact that the kernels of two screening operators coincide (for irrational values of the parameter). This has a nice interpretation from the point of view of the T-duality. Consider the free bosonic theory compactified on the circle of radius

[79] The operators, $\int V_{-1/\nu}(z)dz$ and $\int V_\nu(z)dz$ were introduced by V. Dotsenko and V. Fateev and in their work [102] on the free field realization of the correlation functions in the minimal models, and the terminology "screening operators" originates from that work. The parameters ν and $-1/\nu$ correspond to α_+ and α_- of [102]

$1/\nu$ (here we assume that ν is real and positive). The Hilbert space of this theory is the following module over the tensor product of the chiral algebra π_0 and its anti-chiral counterpart $\overline{\pi}_0$:

$$\bigoplus_{n,m\in\mathbb{Z}} \pi_{n\nu-m/\nu} \otimes \overline{\pi}_{n\nu+m/\nu}.$$

We denote by $\phi(z,\overline{z})$ the "full" bosonic field (the sum of the chiral and anti-chiral components) and by $\widehat{\phi}(z,\overline{z})$ its T-dual field (the difference of the two components of $\phi(z,\overline{z})$). Then the "electric" vertex operator corresponding to unit momentum and zero winding ($n=1, m=0$) is

$$:e^{i\nu\phi(z,\overline{z})}: = V_\nu(z)\overline{V}_\nu(\overline{z}), \tag{8.21}$$

whereas the "magnetic" vertex operator corresponding to zero momentum and unit winding ($n=0, m=1$) is

$$:e^{\frac{i}{\nu}\widehat{\phi}(z,\overline{z})}: = V_{-1/\nu}(z)\overline{V}_{1/\nu}(\overline{z}). \tag{8.22}$$

The T-dual theory is, by definition, the same theory, but compactified on the circle of radius ν. The T-duality is the statement that the two theory, compactified on the circles of radii ν and $1/\nu$, are equivalent. Under T-duality the electric and magnetic vertex operators are interchanged (see, e.g., [103], Sect. 11.2, for more details).

Now consider the deformation of this free field theory by the magnetic vertex operator (8.22). This operator is marginal (has dimension $(1,1)$) with respect to the stress tensor $T_\nu(z)$ given by formula (8.20). According to the general prescription of [104], the chiral algebra of the deformed theory (in the first order of perturbation theory) is the kernel of the operator $\int V_\nu(z)dz$ on the chiral algebra of the free theory, which for irrational ν^2 is π_0. As we saw above, this chiral algebra is the Virasoro chiral algebra generated by $T_\nu(z)$.

On the other hand, consider the deformation of the T-dual theory by its magnetic operator. Under T-duality it becomes the electric vertex operator of the original theory which is given by formula (8.21). Therefore the corresponding chiral algebra is the kernel of the operator $\int V_{-1/\nu}(z)dz$ on π_0 (for irrational ν^2). The isomorphism between the kernels of the two operators obtained above means that the chiral algebras of the two deformed theories are the same. Thus, we obtain an interpretation of this isomorphism from the point of view of the T-duality. It is this duality which in the limit $\nu \to 0$ gives us an isomorphism of the center $\mathfrak{z}(\mathfrak{sl}_2)$ and the classical Virasoro algebra $\operatorname{Fun}\operatorname{Proj}(D)$.

We now generalize this duality to the case of an arbitrary simple Lie algebra $\mathfrak{g}$ following [11; 12]. We start again with the free field realization of $\widehat{\mathfrak{g}}$. It is now given in terms of the tensor product $\mathcal{F}_\mathfrak{g}$ of copies of the chiral $\beta\gamma$ system labeled by the positive roots of $\mathfrak{g}$ and the chiral algebra $\pi_0(\mathfrak{g})$ of the free bosonic field $\boldsymbol{\phi}(z)$ with values in the dual space $\mathfrak{h}^*$ to the Cartan subalgebra

$\mathfrak{h} \subset \mathfrak{g}$. More precisely, $\pi_0(\mathfrak{g})$ is generated by the fields $\check{\lambda} \cdot \phi(z)$ for $\check{\lambda} \in \mathfrak{h}$, which satisfy the following OPEs

$$\check{\lambda} \cdot \phi(z)\, \check{\mu} \cdot \phi(w) = -\kappa_0(\check{\lambda}, \check{\mu}) \log(z-w) + \text{reg}\,.$$

In particular, the Fourier coefficients of the fields $\check{\lambda} \cdot \partial_z \phi(z)$ generate the Heisenberg Lie algebra $\widehat{\mathfrak{h}}$ and π_0 is its irreducible Fock representation.

The free field realization of $\widehat{\mathfrak{g}}$ is an embedding of chiral algebras $V_k(\mathfrak{g}) \to \mathfrak{F}_{\mathfrak{g}} \otimes \pi_0(\mathfrak{g})$ defined in [98; 12]. This embedding comes from the action of $\mathfrak{g}((t))$ on the loop space of the flag manifold G/B and is closely related to the sheaf of chiral differential operators on the flag manifold (see [98; 12; 99] and [20], Sect. 18.5.7).

As in the case of $\mathfrak{sl}_2$, discussed above, in the limit $\nu \to 0$ the chiral algebra $\pi_0(\mathfrak{g})$ degenerates into a commutative chiral algebra $\widetilde{\pi}_0(\mathfrak{g})$ generated by the rescaled $\mathfrak{h}^*$-valued field $\widetilde{b}(z) = \nu i \partial_z \phi(z)$, where $\nu = \sqrt{k + h^\vee}$. The corresponding map $V_{-h^\vee}(\mathfrak{g}) \to \mathfrak{F}_{\mathfrak{g}} \otimes \pi_0(\mathfrak{g})$ is injective and the image of $\mathfrak{z}(\mathfrak{g})$ under this map in contained in $\pi_0(\mathfrak{g})$. Moreover, it is equal to the intersection of the kernels of the operators $\widetilde{V}_j, i = j, \dots, \ell$, which are obtained as the appropriately regularized limits of the screening operators as $\nu \to 0$. They are defined as follows. We identify $\mathfrak{h}^*$ with $\mathfrak{h}$ using the normalized inner product κ_0, so in particular the fields $\alpha_j \cdot \phi(z)$ make sense. Then the screening operators are the residues of the vertex operators, corresponding to the simple roots of $\mathfrak{g}$:

$$V_{-\alpha_j/\nu}(z) = {:}e^{-\frac{i}{\nu}\alpha_j \cdot \phi(z)}{:} \qquad j = 1, \dots, \ell. \tag{8.23}$$

These are the vertex operators operators of "magnetic" type. We also have a second set of screening operators corresponding to the vertex operators of "electric" type. These are labeled by the simple coroots of $\mathfrak{g}$:

$$V_{\nu\check{\alpha}_j}(z) = {:}e^{i\nu\check{\alpha}_j \cdot \phi(z)}{:} \qquad j = 1, \dots, \ell. \tag{8.24}$$

The operator $\int V_{-\alpha_j/\nu}(z)dz$ commutes with the bosonic fields orthogonal to α_j. Therefore its kernel is the tensor product of the kernel "along the α_j direction" and the chiral subalgebra of $\pi_0(\mathfrak{g})$ orthogonal to this direction. But the former may be found in the same way as in the case of $\mathfrak{sl}_2$. Thus, we obtain that for irrational ν^2 we have

$$\mathrm{Ker}_{\pi_0(\mathfrak{g})} \int V_{-\alpha_j/\nu}(z)dz = \mathrm{Ker}_{\pi_0(\mathfrak{g})} \int V_{\nu\check{\alpha}_j}(z)dz, \tag{8.25}$$

since $\langle \check{\alpha}_j, \alpha_j \rangle = 2$ as for $\mathfrak{sl}_2$ (see formula (8.15)).

Following [11] (see also [105] for $\mathfrak{g} = \mathfrak{sl}_n$), introduce the chiral $\mathcal{W}$-*algebra* $\mathcal{W}_k(\mathfrak{g})$ by the formula

$$\mathcal{W}_k(\mathfrak{g}) = \bigcap_{j=1,\dots,\ell} \mathrm{Ker}_{\pi_0(\mathfrak{g})} \int V_{-\alpha_j/\nu}(z)dz$$

for generic k, and then analytically continue to all $k \neq -h^\vee$.

Now let ${}^L\mathfrak{g}$ be the Langlands dual Lie algebra to $\mathfrak{g}$ and ${}^L\mathfrak{h}$ its Cartan subalgebra. Then we have the $\mathcal{W}$-algebra

$$\mathcal{W}_{\check{k}}({}^L\mathfrak{g}) = \bigcap_{j=1,\dots,\ell} \operatorname{Ker}_{\pi_0({}^L\mathfrak{g})} \int V_{-{}^L\alpha_j/\check{\nu}}(z)dz,$$

where $\check{\nu} = \sqrt{\check{k}+\check{h}^\vee}$, $\check{h}^\vee$ is the dual Coxeter number of ${}^L\mathfrak{g}$, and ${}^L\alpha_j$ is the jth simple root of ${}^L\mathfrak{g}$ realized as an element of ${}^L\mathfrak{h}$ using the normalized inner product $\check{\kappa}_0$.

We have a canonical identification $\mathfrak{h} = {}^L\mathfrak{h}^*$ sending $\check{\alpha}_j \mapsto {}^L\alpha_j$. However, under this identification the inner product κ_0 on $\mathfrak{h}$ corresponds not to the inner product $\check{\kappa}_0^{-1}$ on ${}^L\mathfrak{h}^*$ (the dual of the inner product $\check{\kappa}_0$ on ${}^L\mathfrak{h}$), but to $r^\vee\check{\kappa}_0^{-1}$, where $r^\vee$ is the *lacing number* of $\mathfrak{g}$ (it is equal to the maximal number of edges connecting two vertices of the Dynkin diagram of $\mathfrak{g}$, see [94]). This means that the isomorphism (8.25) may be rewritten as

$$\operatorname{Ker}_{\pi_0(\mathfrak{g})} \int V_{-\alpha_i/\nu}(z)dz \simeq \operatorname{Ker}_{\pi_0({}^L\mathfrak{g})} \int V_{-{}^L\alpha_i/\check{\nu}}(z)dz,$$

where $\check{\nu} = -(\sqrt{r^\vee}\nu)^{-1}$. Therefore we obtain the following duality isomorphism of $\mathcal{W}$-algebras [11]:[80]

$$\mathcal{W}_k(\mathfrak{g}) \simeq \mathcal{W}_{\check{k}}({}^L\mathfrak{g}), \qquad \text{if} \quad (k+h^\vee)r^\vee = (\check{k}+\check{h}^\vee)^{-1}. \tag{8.26}$$

In the limit $k \to -h^\vee, \check{k} \to \infty$ the $\mathcal{W}$-algebra $\mathcal{W}_k(\mathfrak{g})$ becomes the center $\mathfrak{z}(\mathfrak{g})$ of $V_{-h^\vee}(\mathfrak{g})$, whereas the $\mathcal{W}_{\check{k}}({}^L\mathfrak{g})$ degenerates into the quasi-classical version which is nothing but the algebra $\operatorname{Fun}\operatorname{Op}_{{}^L\mathfrak{g}}(D)$ of functions on the space of ${}^L\mathfrak{g}$-opers on the disc. Thus, we recover the isomorphism of Theorem 12 as the limit of the $\mathcal{W}$-algebra duality isomorphism (8.26).

This duality isomorphism may be interpreted in terms of the T-duality in the same way as in the case of $\mathfrak{sl}_2$. Namely, we consider the free bosonic field theory with the target $\mathfrak{h}^*_{\mathbb{R}}/\frac{1}{\nu}P$, where P is the weight lattice of $\mathfrak{g}$ and the metric induced by κ_0. Then the Hilbert space of the theory is a direct sum of tensor products of Fock representations over the lattice P and the dual lattice $\check{P}$ of coweights of $\mathfrak{g}$. The operators (8.23) appear as the chiral magnetic vertex operators corresponding to the simple roots, whereas the operators (8.24) are the chiral electric vertex operators corresponding to the simple coroots (considered as elements of $\check{P}$). The T-dual theory is the free bosonic theory with the target ${}^L\mathfrak{h}^*_{\mathbb{R}}/\sqrt{r^\vee}\nu\check{P}$ and the metric induced by $\check{\kappa}_0^{-1}$.

Under the T-duality the magnetic operators of the theory on ${}^L\mathfrak{h}^*_{\mathbb{R}}/\sqrt{r^\vee}\nu\check{P}$ become the electric operators of the theory on $\mathfrak{h}^*_{\mathbb{R}}/\frac{1}{\nu}P$. Therefore the isomorphism (8.26) means that the chiral algebras of the two T-dual theories deformed by the magnetic operators corresponding to simple roots of $\mathfrak{g}$ and

[80] a reformulation that does not use $r^\vee$ is given in [20], Sect. 15.4.7

${}^L\mathfrak{g}$ are isomorphic (for irrational ν^2). In the "infinite volume" limit one obtains the isomorphism of $\mathfrak{z}(\mathfrak{g})$ and $\operatorname{Fun}\operatorname{Op}_{^L\mathfrak{g}}(D)$.

Thus, we see that T-duality is ultimately responsible for the appearance of the Langlands dual Lie algebra in the description of the center at the critical level.

The existence of the duality (8.26) indicates that $\mathcal{W}$-algebras should play a prominent role in a deformation of the "non-abelian Fourier-Mukai transform" discussed in Sect. 6.3. It also shows that we need to make an adjustment to the formulation (6.4) and replace the relation $k = \check{k}^{-1}$ by the relation that appears in formula (8.26).[81]

9 Constructing Hecke eigensheaves

Having described the center of the chiral algebra $V_{-h^\vee}(\mathfrak{g})$ in terms of ${}^L\mathfrak{g}$-opers, we now set out to construct the corresponding twisted $\mathcal{D}$-modules on Bun_G, using the ${}^L\mathfrak{g}$-opers as parameters. We will see, following Beilinson and Drinfeld [15], that these $\mathcal{D}$-modules turn out to be the sought-after Hecke eigensheaves, whose eigenvalues are the global ${}^L\mathfrak{g}$-opers on our curve.

We are ready to apply the machinery of localization functors developed in Sect. 7.4 to representations of $\widehat{\mathfrak{g}}$ of critical level. So let X be a smooth projective curve over $\mathbb{C}$. Recall that for any $(\widehat{\mathfrak{g}}, G[[t]])$-module M of level k we construct a $\mathcal{D}'_k$-module $\Delta(M)$ on Bun_G, the moduli stack of G-bundles on X. As a warm-up, let us apply this construction to $M = V_k(\mathfrak{g})$, the vacuum module of level k introduced in Sect. 8.1. We claim that $\Delta(V_k(\mathfrak{g}))$ is the sheaf $\mathcal{D}'_k$ considered as a left module over itself.

In order to see that, we observe that $\Delta(M)$ may be defined as follows. In the notation of Sect. 7.4, we have a $\widetilde{\mathcal{D}}'_k$-module $\widetilde{\Delta}(M) = \widetilde{\mathcal{D}}'_k \underset{U_k(\widehat{\mathfrak{g}})}{\otimes} M$ on $G_{\mathrm{out}}\backslash G((t))$, and $\Delta(M) = (\pi_*(\widetilde{\Delta}(M)))^{G[[t]]}$, where π is the projection

$$G_{\mathrm{out}}\backslash G((t)) \to G_{\mathrm{out}}\backslash G((t))/G[[t]] = \operatorname{Bun}_G .$$

Now, since $V_k(\mathfrak{g}) = U_k(\widehat{\mathfrak{g}})/U_k(\widehat{\mathfrak{g}}) \cdot \mathfrak{g}[[t]]$, we obtain that $\widetilde{\Delta}(V_k(\mathfrak{g})) = \widetilde{\mathcal{D}}'_k/\widetilde{\mathcal{D}}'_k \cdot \mathfrak{g}[[t]]$ and so

$$\Delta(V_k(\mathfrak{g})) = \left(\pi_*(\widetilde{\mathcal{D}}'_k/\widetilde{\mathcal{D}}'_k \cdot \mathfrak{g}[[t]])\right)^{G[[t]]} = \mathcal{D}'_k.$$

Here we use the general fact that if Z is a variety with an action of a group K and $S = Z/K$, then

$$\mathcal{D}_S \simeq \left(\pi_*(\mathcal{D}_Z/\mathcal{D}_Z \cdot \mathfrak{k}\right)^K ,$$

where $\pi : Z \to S$ is the natural projection. The same is true for twisted $\mathcal{D}$-modules. Incidentally, this shows that the sheaf of differential operators on

[81] here we assume that G is a simple Lie group and the inner products κ_0 and $\check{\kappa}_0$ on $\mathfrak{g}$ and ${}^L\mathfrak{g}$ used in Sect. 6.3 are the standard normalized inner products

a quotient Z/K may be obtained via quantized hamiltonian reduction (also known as the "BRST reduction") of the sheaf of differential operators on Z. The corresponding quasi-classical statement is well-known: the algebras of symbols of differential operators on Z and S are the algebras of functions on the cotangent bundles T^*Z and T^*S, respectively, and the latter may be obtained from the former via the usual hamiltonian (or Poisson) reduction.

Thus, we see that the twisted $\mathcal{D}$-module corresponding to $V_k(\mathfrak{g})$ is the sheaf $\mathcal{D}'_k$. This $\mathcal{D}$-module is "too big". We obtain interesting $\mathcal{D}$-modules from quotients of $V_k(\mathfrak{g})$ by their "null-vectors". For example, if $k \in \mathbb{Z}_+$, then $V_k(\mathfrak{g})$ has as a quotient the vacuum integrable module $L_{0,k}$. The corresponding $\mathcal{D}'_k$-module is much smaller. As discussed in Sect. 7.6, it is isomorphic to $H^0(\mathrm{Bun}, \mathcal{L}^{\otimes k})^* \otimes \mathcal{L}^{\otimes k}$.

9.1 Representations parameterized by opers

Now consider the vacuum module of critical level $V_{-h^\vee}(\mathfrak{g})$. Each element A of the center $\mathfrak{z}(\mathfrak{g}) \subset V_{-h^\vee}(\mathfrak{g})$ gives rise to the non-trivial endomorphism of $V_{-h^\vee}(\mathfrak{g})$, commuting with $\widehat{\mathfrak{g}}$, sending the vacuum vector $v_{-h^\vee}$ to A. Conversely, any endomorphism of $V_{-h^\vee}(\mathfrak{g})$ that commutes with $\widehat{\mathfrak{g}}$ is uniquely determined by the image of $v_{-h^\vee}$. Since $v_{-h^\vee}$ is annihilated by $\mathfrak{g}[[t]]$, this image necessarily belongs to the space of $\mathfrak{g}[t]]$-invariants in $V_{-h^\vee}(\mathfrak{g})$ which is the space $\mathfrak{z}(\mathfrak{g})$. Thus, we obtain an identification $\mathfrak{z}(\mathfrak{g}) = \mathrm{End}_{\widehat{\mathfrak{g}}}(V_{-h^\vee}(\mathfrak{g}))$ which gives $\mathfrak{z}(\mathfrak{g})$ an algebra structure. This is a commutative algebra structure which coincides with the structure induced from the commutative chiral algebra structure on $\mathfrak{z}(\mathfrak{g})$.

Thus, we obtain from Theorem 12 that

$$\mathfrak{z}(\mathfrak{g}) = \mathrm{End}_{\widehat{\mathfrak{g}}}(V_{-h^\vee}(\mathfrak{g})) \simeq \mathrm{Fun}\,\mathrm{Op}_{^L\mathfrak{g}}(D). \tag{9.1}$$

Now each $^L\mathfrak{g}$-oper $\chi \in \mathrm{Op}_{^L\mathfrak{g}}(D)$ gives rise to an algebra homomorphism $\mathrm{Fun}\,\mathrm{Op}_{^L\mathfrak{g}}(D) \to \mathbb{C}$ taking a function f to its value $f(\chi)$ at χ. Hence we obtain an algebra homomorphism $\mathrm{End}_{\widehat{\mathfrak{g}}}(V_{-h^\vee}(\mathfrak{g})) \to \mathbb{C}$ which we denote by $\widetilde{\chi}$. We then set

$$V_\chi = V_{-h^\vee}(\mathfrak{g}) / \mathrm{Ker}\,\widetilde{\chi} \cdot V_{-h^\vee}(\mathfrak{g}). \tag{9.2}$$

For instance, if $\mathfrak{g} = \mathfrak{sl}_2$, then $\mathrm{Op}_{^L\mathfrak{g}}(D) = \mathrm{Proj}(D)$, hence χ is described by a second order operator $\partial_t^2 - v(t)$, where

$$v(t) = \sum_{n \le -2} v_n t^{-n-2}, \qquad v_n \in \mathbb{C}.$$

The algebra $\mathrm{End}_{\widehat{\mathfrak{g}}}(V_{-2}(\mathfrak{sl}_2))$ is the free polynomial algebra generated by $S_n, n \le -2$, where each S_n is the Segal-Sugawara operator given by formula (8.2), considered as an endomorphism of $V_{-2}(\mathfrak{sl}_2)$. The corresponding quotient V_χ is obtained by setting S_n equal to $v_n \in \mathbb{C}$ for all $n \le -2$ (note that $S_n \equiv 0$ on $V_{-2}(\mathfrak{sl}_2)$ for $n > -2$). We can also think about this as follows: the space of null-vectors in $V_{-2}(\mathfrak{sl}_2)$ is spanned by the monomials $S_{n_1} \dots S_{n_m} v_{-2}$, where $n_1 \leq \dots \leq n_m \leq -2$. We take the quotient of $V_{-2}(\mathfrak{g})$ by identifying each monomial of this form with a multiple of the vacuum vector $v_{n_1} \dots v_{n_m} v_k$ and taking into account all consequences of these identifications. This means, for instance, that the vector $J^a_{-1} S_{n_1} \dots S_{n_m} v_{-2}$ is identified with $v_{n_1} \dots v_{n_m} J^a_{-1} v_k$.

For example, if all v_n's are equal to zero, this means that we just mod out by the $\widehat{\mathfrak{sl}}_2$-submodule of $V_{-2}(\mathfrak{sl}_2)$ generated by all null-vectors. But the condition $v(t) = 0$ depends on the choice of coordinate t on the disc. As we have seen, $v(t)$ transforms as a projective connection. Therefore if we apply a general coordinate transformation, the new $v(t)$ will not be equal to zero. That is why there is no intrinsically defined "zero projective connection" on the disc D, and we are forced to consider *all* projective connections on D as the data for our quotients. Of course, these quotients will no longer be $\mathbb{Z}$-graded. But the $\mathbb{Z}$-grading has no intrinsic meaning either, because, as we have seen, the action of infinitesimal changes of coordinates (in particular, the vector field $-t\partial_t$) cannot be realized as an "internal symmetry" of $V_{-2}(\mathfrak{sl}_2)$.

Yet another way to think of the module V_χ is as follows. The Sugawara field $S(z)$ defined by formula (8.2) is now central, and so in particular it is regular at $z = 0$. Nothing can prevent us from setting it to be equal to a "c-number" power series $v(z) \in \mathbb{C}[[z]]$ as long as this $v(z)$ transforms in the same way as $S(z)$ under changes of coordinates, so as not to break any symmetries of our theory. Since $S(z)$ transforms as a projective connection, $v(z)$ has to be a c-number projective connection on D, and then we set $S(z) = v(z)$. Of course, we should also take into account all corollaries of this identification, so, for example, the field $\partial_z S(z)$ should be identified with $\partial_z v(z)$ and the field $A(z)S(z)$ should be identified with $A(z)v(z)$. This gives us a new chiral algebra. As an $\widehat{\mathfrak{sl}}_2$-module, this is precisely V_χ.

Though we will not use it in this paper, it is possible to realize the $\widehat{\mathfrak{sl}}_2$-modules V_χ in terms of the $\beta\gamma$-system introduced in Sect. 8.5. We have seen that at the critical level the bosonic system describing the free field realization of $\widehat{\mathfrak{g}}$ of level k becomes degenerate. Instead of the bosonic field $\partial_z \phi(z)$ we have the commutative field $\widetilde{b}(z)$ which appears as the limit of $\nu i \partial_z \phi(z)$ as $\nu = \sqrt{k+2} \to 0$. The corresponding commutative chiral algebra is $\widetilde{\pi}_0 \simeq \mathbb{C}[\widetilde{b}_n]_{n<0}$. Given a numeric series $u(z) = \sum_{n<0} u_n z^{-n-1} \in \mathbb{C}[[z]]$, we define a one-dimensional quotient of $\widetilde{\pi}_0$ by setting $\widetilde{b}_n = u_n, n < 0$. Then the free field realization (8.16) becomes

$$
\begin{aligned}
J^+(z) &\mapsto \beta(z), \\
J^0(z) &\mapsto {:}\beta(z)\gamma(z){:} + \frac{1}{2} u(z), \\
J^-(z) &\mapsto -{:}\beta(z)\gamma(z)^2{:} + 2\partial_z \gamma(z) - \gamma(z) u(z).
\end{aligned}
\tag{9.3}
$$

It realizes the chiral algebra of $\widehat{\mathfrak{sl}}_2$ of critical level in the chiral algebra $\mathcal{F}$ of the $\beta\gamma$ system (really, in the chiral differential operators of $\mathbb{CP}^1$), but this realization now depends on a parameter $u(z) \in \mathbb{C}[[z]]$.

It is tempting to set $u(z) = 0$. However, as we indicated in Sect. 8.5, $u(z)$ does not transform as function, but rather as a connection on the line bundle $\Omega^{-1/2}$ on the disc.[82] So there is no intrinsically defined "zero connection", just like there is no "zero projective connection", and we are forced to consider the realizations (9.3) for all possible connections $\partial_z + u(z)$ on $\Omega^{-1/2}$ (they are often referred to as "affine connections" or "affine structures", see [20], Sect. 8.1). If we fix such a connection, then in the realization (9.3) the current $S(z)$ will act as

$$S(z) \mapsto \frac{1}{4}u(z)^2 - \frac{1}{2}\partial_z u(z).$$

(see formula (8.17)). In other words, it acts via a character corresponding to the projective connection $\chi = \partial_z^2 - v(z)$, where $v(z)$ is given by the right hand side of this formula. Therefore the $\widehat{\mathfrak{sl}}_2$-module generated in the chiral algebra $\mathcal{F}$ of the $\beta\gamma$ system from the vacuum vector is precisely the module V_χ considered above (actually, it is equal to the space of global sections of the corresponding sheaf of chiral differential operators on $\mathbb{CP}^1$). This gives us a concrete realization of the modules V_χ in terms of free fields.

Now consider an arbitrary simple Lie algebra $\mathfrak{g}$. Then we have an action of the center $\mathfrak{z}(\mathfrak{g})$ on the module $V_{-h^\vee}(\mathfrak{g})$. The algebra $\mathfrak{z}(\mathfrak{g})$ is generated by the currents $S_i(z), i = 1, \ldots, \ell$. Therefore we wish to define a quotient of $V_{-h^\vee}(\mathfrak{g})$ by setting the generating field $S_i(z)$ to be equal to a numeric series $v_i(z) \in \mathbb{C}[[z]], i = 1, \ldots, \ell$. But since the $S_i(z)$'s are the components of an operator-valued ${}^L\mathfrak{g}$-oper on the disc, for this identification to be consistent and coordinate-independent, these $v_i(z)$'s have to be components of a numeric ${}^L\mathfrak{g}$-oper on the disc, as in formula (8.10). Therefore choosing such $v_i(z), i = 1, \ldots, \ell$, amounts to picking a ${}^L\mathfrak{g}$-oper χ on the disc. The resulting quotient is the $\widehat{\mathfrak{g}}$-module V_χ given by formula (9.2). These modules may also realized in terms of the $\beta\gamma$ system (see [12]).

It is instructive to think of the vacuum module $V_{-h^\vee}(\mathfrak{g})$ as a vector bundle over the infinite-dimensional affine space space $\mathrm{Op}_{^L\mathfrak{g}}(D)$. We know that the algebra of functions on $\mathrm{Op}_{^L\mathfrak{g}}(D)$ acts on $V_{-h^\vee}(\mathfrak{g})$, and we have the usual correspondence between modules over the algebra $\mathrm{Fun}\, Z$, where Z is an affine algebraic variety, and coherent sheaves over Z. In our case $V_{-h^\vee}(\mathfrak{g})$ is a free module over $\mathrm{Fun}\,\mathrm{Op}_{^L\mathfrak{g}}(D)$, and so the corresponding coherent sheaf is the sheaf of sections of a vector bundle on $\mathrm{Op}_{^L\mathfrak{g}}(D)$. From this point of view, V_χ is nothing but the fiber of this vector bundle at $\chi \in \mathrm{Op}_{^L\mathfrak{g}}(D)$. This more geometrically oriented point of view on $V_{-h^\vee}(\mathfrak{g})$ is useful because we can

---

[82] This is clear from the second formula in (9.3): the current $J^0(z)$ is a one-form, but the current $:\beta(z)\gamma(z):$ is anomalous. To compensate for this, we must make $u(z)$ transform with the opposite anomalous term, which precisely means that it should transform as a connection on $\Omega^{-1/2}$.

see more clearly various actions on $V_{-h^\vee}(\mathfrak{g})$. For example, the action of Lie algebra $\widehat{\mathfrak{g}}$ on $V_{-h^\vee}(\mathfrak{g})$ comes from its fiberwise action on this bundle. It is even more interesting to consider the Lie group $\operatorname{Aut}\mathcal{O}$ of automorphisms of $\mathbb{C}[[t]]$, which is the formal version of the group of diffeomorphisms of the disc. Its Lie algebra is $\operatorname{Der}\mathcal{O} = \mathbb{C}[[t]]\partial_t$

The group $\operatorname{Aut}\mathcal{O}$ acts naturally on $\mathfrak{g}((t))$ and hence on $\widehat{\mathfrak{g}}$. Moreover, it preserves the Lie subalgebra $\mathfrak{g}[[t]] \subset \widehat{\mathfrak{g}}$ and therefore acts on $V_{-h^\vee}(\mathfrak{g})$. What does its action on $V_{-h^\vee}(\mathfrak{g})$ look like when we realize $V_{-h^\vee}(\mathfrak{g})$ as a vector bundle over $\operatorname{Op}_{^L\mathfrak{g}}(D)$? In contrast to the $\widehat{\mathfrak{g}}$-action, the action of $\operatorname{Aut}\mathcal{O}$ does not preserve the fibers V_χ! Instead, it acts along the fibers *and* along the base of this bundle. The base is the space of ${}^L\mathfrak{g}$-opers on the disc D and $\operatorname{Aut}\mathcal{O}$ acts naturally on it by changes of coordinate (see Sect. 8.3). Thus, we encounter a new phenomenon that the action of the group of formal diffeomorphisms of the disc D does not preserve a given $\widehat{\mathfrak{g}}$-module V_χ. Instead, $\phi \in \operatorname{Aut}\mathcal{O}$ maps V_χ to another module $V_{\phi(\chi)}$.

Away from the critical level we take it for granted that on any (positive energy) $\widehat{\mathfrak{g}}$-module the action of $\widehat{\mathfrak{g}}$ automatically extends to an action of the semi-direct product of the Virasoro algebra and $\widehat{\mathfrak{g}}$. The action of the Lie subalgebra $\operatorname{Der}\mathcal{O}$ of the Virasoro algebra may then be exponentiated to an action of the group $\operatorname{Aut}\mathcal{O}$. The reason is that away from the critical level we have the Segal-Sugawara current (8.3) which defines the action of the Virasoro algebra. But at the critical level this is no longer the case. So while the Lie algebra $\operatorname{Der}\mathcal{O}$ and the group $\operatorname{Aut}\mathcal{O}$ still act by symmetries on $\widehat{\mathfrak{g}}$, these actions do not necessarily give rise to actions on any given $\widehat{\mathfrak{g}}$-module. This is the main difference between the categories of representations of $\widehat{\mathfrak{g}}$ at the critical level and away from it.

9.2 Twisted $\mathcal{D}$-modules attached to opers

Now to V_χ we wish associate a $\mathcal{D}'_{-h^\vee}$-module $\Delta(V_\chi)$ on Bun_G. What does this twisted $\mathcal{D}$-module look like?

At this point we need to modify slightly the construction of the localization functor Δ that we have used so far. In our construction we realized Bun_G as the double quotient (7.8). This realization depends on the choice of a point $x \in X$ and a local coordinate t at x. We now would like to rephrase this in a way that does not require us to choose t. Let F_x be the completion of the field F of rational functions on X at the point x, and let $\mathcal{O}_x \subset F_x$ be the corresponding completed local ring. If we choose a coordinate t at x, we may identify F_x with $\mathbb{C}((t))$ and $\mathcal{O}_x$ with $\mathbb{C}[[t]]$, but F_x and $\mathcal{O}_x$ are well-defined without any choices. So are the groups $G(\mathcal{O}_x) \subset G(F_x)$. Moreover, we have a natural embedding $\mathbb{C}[X\backslash x] \hookrightarrow F_x$ and hence the embedding $G_{\text{out}} = G(\mathbb{C}[X\backslash x]) \hookrightarrow G(F_x)$. We now realize Bun_G in a coordinate-independent way as

$$\operatorname{Bun}_G = G_{\text{out}}\backslash G(F_x)/G(\mathcal{O}_x). \tag{9.4}$$

With respect to this realization, the localization functor, which we will denote by Δ_x assigns twisted $\mathcal{D}$-modules on Bun_G to $(\widehat{\mathfrak{g}}_x, G(\mathcal{O}_x))$-modules. Here $\widehat{\mathfrak{g}}_x$ is the central extension of $\mathfrak{g}(F_x)$ defined as in Sect. 7.1. Note that the central extension is defined using the residue of one-form which is coordinate-independent operation. We define the $\widehat{\mathfrak{g}}_x$-module $V_k(\mathfrak{g})_x$ as $\mathrm{Ind}_{\mathfrak{g}(\mathcal{O}_x)\oplus\mathbb{C}\mathbf{1}}^{\widehat{\mathfrak{g}}_x} \mathbb{C}_k$ and $\mathfrak{z}(\mathfrak{g})_x$ as the algebra of $\widehat{\mathfrak{g}}_x$-endomorphisms of $V_{-h^\vee}(\mathfrak{g})_x$. As a vector space, it is identified with the subspace of $\mathfrak{g}(\mathcal{O}_x)$-invariants in $V_{-h^\vee}(\mathfrak{g})_x$. Now, since the isomorphism (9.1) is natural and coordinate-independent, we obtain from it a canonical isomorphism

$$\mathfrak{z}(\mathfrak{g})_x \simeq \mathrm{Fun}\,\mathrm{Op}_{^L\mathfrak{g}}(D_x), \tag{9.5}$$

where D_x is the formal disc at $x \in X$ (in the algebro-geometric jargon, $D_x = \mathrm{Spec}\,\mathcal{O}_x$). Therefore, as before, for any ${}^L\mathfrak{g}$-oper χ_x on D_x we have a homomorphism $\widetilde{\chi}_x : \mathfrak{z}(\mathfrak{g})_x \to \mathbb{C}$ and so we define a $\widehat{\mathfrak{g}}_x$ module

$$V_{\chi_x} = V_{-h^\vee}(\mathfrak{g})_x / \mathrm{Ker}\,\widetilde{\chi}_x \cdot V_{-h^\vee}(\mathfrak{g})_x.$$

We would like to understand the structure of the $\mathcal{D}'_{-h^\vee}$-module $\Delta_x(V_{\chi_x})$. This is the twisted $\mathcal{D}$-module on Bun_G encoding the spaces of conformal blocks of a "conformal field theory" of critical level associated to the ${}^L\mathfrak{g}$-oper χ_x.

Finally, all of our hard work will pay off: the $\mathcal{D}$-modules $\Delta_x(V_{\chi_x})$ turn out to be the sought-after Hecke eigensheaves! This is neatly summarized in the following theorem of A. Beilinson and V. Drinfeld, which shows that $\mathcal{D}$-modules of coinvariants coming from the general machinery of CFT indeed produce Hecke eigensheaves.

Before stating it, we need to make a few remarks. First of all, we recall that our assumption is that G is a connected and simply-connected simple Lie group, and so ${}^LG$ is a Lie group of adjoint type. Second, as we mentioned at the beginning of Sect. 8, the line bundle $\mathcal{L}^{\otimes(-h^\vee)}$ is isomorphic to the square root $K^{1/2}$ of the canonical line bundle on Bun_G. This square root exists and is unique under our assumption on G (see [15]). Thus, given a $\mathcal{D}'_{-h^\vee}$-module $\mathcal{F}$, the tensor product $\mathcal{F} \otimes_{\mathcal{O}} K^{-1/2}$ is an ordinary (untwisted) $\mathcal{D}$-module on Bun_G. Finally, as explained at the end of Sect. 8.3, $\mathrm{Op}_{^L\mathfrak{g}}(X)$ is naturally identified with the space of all connections on the oper bundle $\mathcal{F}_{^LG}$ on X. For a ${}^L\mathfrak{g}$-oper χ on X we denote by E_χ the corresponding ${}^LG$-bundle with connection.

Theorem 13 (1) *The $\mathcal{D}'_{-h^\vee}$-module $\Delta_x(V_{\chi_x})$ is non-zero if and only if there exists a global ${}^L\mathfrak{g}$-oper on X, $\chi \in \mathrm{Op}_{^L\mathfrak{g}}(X)$ such that $\chi_x \in \mathrm{Op}_{^L\mathfrak{g}}(D_x)$ is the restriction of χ to D_x.*

(2) *If this holds, $\Delta_x(V_{\chi_x})$ depends only on χ and is independent of x in the sense that for any other point $y \in X$, if $\chi_y = \chi|_{D_y}$, then $\Delta_x(V_{\chi_x}) \simeq \Delta_y(V_{\chi_y})$.*

(3) *For any $\chi \in \mathrm{Op}_{^L\mathfrak{g}}(X)$ the $\mathcal{D}$-module $\Delta_x(V_{\chi_x}) \otimes K^{-1/2}$ is holonomic and it is a Hecke eigensheaf with the eigenvalue E_χ.*

Thus, for a ${}^L G$-local system E on X that admits the structure of an oper χ, we now have a Hecke eigensheaf Aut_E whose existence was predicted in Conjecture 1: namely, $\mathrm{Aut}_E = \Delta_x(V_{\chi_x}) \otimes K^{-1/2}$.

In the rest of this section we will give an informal explanation of this beautiful result and discuss its generalizations.

9.3 How do conformal blocks know about the global curve?

We start with the first statement of Theorem 13. Let us show that if χ_x does not extend to a regular oper χ defined globally on the entire curve X, then $\Delta_x(V_{\chi_x}) = 0$. For that it is sufficient to show that all fibers of $\Delta_x(V_{\chi_x})$ are zero. But these fibers are just the spaces of coinvariants $V_{\chi_x}/\mathfrak{g}_{\mathrm{out}}^{\mathcal{P}} \cdot V_{\chi_x}$, where $\mathfrak{g}_{\mathrm{out}}^{\mathcal{P}} = \Gamma(X\backslash x, \mathcal{P} \underset{G}{\times} \mathfrak{g})$. The key to proving that these spaces are all equal to zero unless χ_x extends globally lies in the fact that chiral correlation functions are global objects.

To explain what we mean by this, let us look at the case when $\mathcal{P}$ is the trivial G-bundle. Then the space of coinvariants is $H_{\mathfrak{g}}(V_{\chi_x}) = V_{\chi_x}/\mathfrak{g}_{\mathrm{out}}$. Let φ be an element of the corresponding space of conformal blocks, which we interpret as a linear functional on the space $H_{\mathfrak{g}}(V_{\chi_x})$. Then φ satisfies the Ward identity

$$\varphi\left(\eta \cdot v\right) = 0, \qquad \forall v \in V_{\chi_x}, \quad \eta \in \mathfrak{g}_{\mathrm{out}}. \tag{9.6}$$

Now observe that if we choose a local coordinate z at x, and write $\eta = \eta_a(z) J^a$ near x, then

$$\varphi\left(\eta \cdot v\right) = \int \eta_a(z) \varphi(J^a(z) \cdot v) dz, \tag{9.7}$$

where the contour of integration is a small loop around the point x.

Consider the expression $\varphi(J^a(z) \cdot v)dz$. Transformation properties of the current $J^a(z)$ imply that this is an intrinsically defined (i.e, coordinate-independent) meromorphic one-form $\omega^a(v)$ on the punctured disc $D_x^\times$ at x. The right hand side of (9.7) is just the residue of the one-form $\omega^a(v)\eta_a$ at x. Therefore the Ward identities (9.6) assert that the residue of $\omega^a(v)\eta_a$ for *any* $\eta_a \in \mathbb{C}[X\backslash x]$ is equal to zero. By (the strong version of) the residue theorem, this is equivalent to saying that $\omega^a(v)$, which is *a priori* a one-form defined on $D_x^\times$ actually extends *holomorphically* to a one-form on $X\backslash x$ (see [20], Sect. 9.2.9). In general, this one-form will have a pole at x (which corresponds to $z = 0$) which is determined by the vector v. But if we choose as v the vacuum vector $v_{-h^\vee}$ such that $J^a(z)v_{-h^\vee}$ is regular, then we find that this one-form $\varphi(J^a(z) \cdot v_{-h^\vee})dz$ is actually regular everywhere on X.

This one-form is actually nothing but the chiral one-point function corresponding to φ and the insertion of the current $J^a(z)dz$.[83] Is is usually denoted

[83] this notation only makes sense on an open subset of X where the coordinate z is well-defined, but the one-form is defined everywhere on X

by physicists as $\langle J^a(z)\rangle_\varphi dz$ (we use the subscript φ to indicate which conformal block we are using to compute this correlation function). It is of course a well-known fact that in a conformal field theory with Kac-Moody symmetry this one-point function is a holomorphic one-form on X, and we have just sketched a derivation of this fact from the Ward identities.

Now the point is that the same holomorphy property is satisfied by *any* current of any chiral algebra in place of $J^a(z)$. For example, consider the stress tensor $T(z)$ in a conformal field theory with central charge c (see [20], Sect. 9.2). If $c = 0$, then $T(z)$ transforms as an operator-valued quadratic differential, and so the corresponding one-point function $\langle T(z)\rangle_\varphi (dz)^2$, which is *a priori* defined only on D_x, is in fact the restriction to D_x of a holomorphic (c-number) quadratic differential on the entire curve X, for any conformal block φ of the theory. If $c \neq 0$, then, as we discussed above, the intrinsic object is the operator-valued projective connection $\partial_z^2 - \frac{6}{c}T(z)$. Hence we find that for a conformal block φ normalized so that its value on the vacuum vector is 1 (such φ can always be found if the space of conformal blocks is non-zero) the expression $\partial_z^2 - \frac{6}{c}\langle T(z)\rangle_\varphi$, which is *a priori* a projective connection on D_x, is the restriction of a holomorphic projective connection on the entire X.

Now let us consider the Segal-Sugawara current $S(z)$, which is a certain degeneration of the stress tensor of the chiral algebra $V_k(\mathfrak{g})$ as $k \to -h^\vee$. We have seen that $\partial_z^2 - S(z)$ transforms as a projective connection on $D_x^\times$. Suppose that the space of conformal blocks $C_\mathfrak{g}(V_{\chi_x})$ is non-zero and let φ be a non-zero element of $C_\mathfrak{g}(V_{\chi_x})$. Then there exists a vector $A \in V_{\chi_x}$ such that $\varphi(A) = 1$. Since $S(z)$ is central, $S(z)v$ is regular at $z = 0$ for any $A \in V_{\chi_x}$. Therefore we have a projective connection on the disc D_x (with a local coordinate z)

$$\partial_z^2 - \varphi(S(z) \cdot A) = \partial_z^2 - \langle S(z)A(x)\rangle_\varphi,$$

and, as before, this projective connection is necessarily the restriction of a holomorphic projective connection on the *entire* X.[84]

Suppose that $\mathfrak{g} = \mathfrak{sl}_2$. Then by definition of V_{χ_x}, where χ_x is a (c-number) projective connection $\partial_z^2 - v(z)$ on D_x, $S(z)$ acts on V_{χ_x} by multiplication by $v(z)$. Therefore if the space of conformal blocks $C_{\mathfrak{sl}_2}(V_{\chi_x})$ is non-zero and we choose $\varphi \in C_{\mathfrak{sl}_2}(V_{\chi_x})$ as above, then

$$\partial_z^2 - \varphi(S(z) \cdot A) = \partial_z^2 - \varphi(v(z)A) = \partial_z^2 - v(z),$$

and so we find that $\partial_z^2 - v(z)$ extends to a projective connection on X. Therefore the space of conformal blocks $C_{\mathfrak{sl}_2}(V_{\chi_x})$, or equivalently, the space of coinvariants, is non-zero only if the parameter of the module V_{χ_x} extends from the disc D_x to the entire curve X. The argument is exactly the same for a general G-bundle $\mathcal{P}$ on X. The point is that $S(z)$ commutes with the

[84] Strictly speaking, to be able to say that we need to prove that the Ward identities (9.6) for the currents $J^a(z)$ automatically imply the Ward identities for all other currents of $V_{-h^\vee}(\mathfrak{g})$, such as $S(z)$. This follows from the results of [20], Sect. 9.3.

$\widehat{\mathfrak{g}}$, and therefore twisting by a G-bundle does not affect it. We conclude that for $\mathfrak{g} = \mathfrak{sl}_2$ we have $\Delta_x(V_{\chi_x}) = 0$ unless the projective connection χ_x extends globally.

Likewise, for a general $\mathfrak{g}$ we have an operator-valued ${}^L\mathfrak{g}$-oper on the disc D_x, which is written as

$$\partial_z + p_{-1} + \sum_{i=1}^{\ell} S_i(z) p_i$$

in terms of the coordinate z. By definition, it acts on the $\widehat{\mathfrak{g}}_x$-module V_{χ_x} as the numeric ${}^L\mathfrak{g}$-oper χ_x given by the formula

$$\partial_z + p_{-1} + \sum_{i=1}^{\ell} v_i(z) p_i, \qquad v_i(z) \in \mathbb{C}[[z]]$$

in terms of the coordinate z. If $\varphi \in C^{\mathcal{P}}_{\mathfrak{g}}(V_{\chi_x})$ is a non-zero conformal block and $A \in V_{\chi_x}$ is such that $\varphi(A) = 1$, then in the same way as above it follows from the Ward identities that the ${}^L\mathfrak{g}$-oper

$$\partial_z + p_{-1} + \sum_{i=1}^{\ell} \varphi(S_i(z) \cdot A) p_i$$

extends from D_x to the curve X. But this oper on D_x is nothing but χ_x! Therefore, if the space of conformal blocks $C^{\mathcal{P}}_{\mathfrak{g}}(V_{\chi_x})$ is non-zero, then χ_x extends to X.

Thus, we obtain the "only if" part of Theorem 13,(1). The "if" part will follows from the explicit construction of $\Delta_x(V_{\chi_x})$ in the case when χ_x does extend to X, obtained from the quantization of the Hitchin system (see Sect. 9.5 below).

9.4 The Hecke property

We discuss next parts (2) and (3) of Theorem 13. In particular, we will see that the Hecke operators correspond to the insertion in the correlation function of certain vertex operators. We will assume throughout this section that we are given a ${}^L\mathfrak{g}$-oper defined globally on the curve X, and χ_x is its restriction to the disc D_x.

Up to now, in constructing the localization functor, we have used the realization of Bun_G as the double quotient (9.4). This realization utilizes a single point of X. However, we know from the Weil construction (see Lemma 5) that actually we can utilize all points of X instead. In other words, we have an isomorphism

$$\mathrm{Bun}_G \simeq G(F) \backslash G(\mathbb{A}) / G(\mathcal{O}),$$

which is actually how Bun_G appeared in the theory of automorphic representations in the first place. (Here we use our standard notation that F is the field of rational functions on X, $\mathbb{A} = \prod'_{x \in X} F_x$ and $\mathcal{O} = \prod_{x \in X} \mathcal{O}_x$.) This allows us to construct sheaves of coinvariants by utilizing all points of X. We just insert the vacuum representation of our chiral algebra (or its quotient) at all points of X other than the finitely many points with non-trivial insertions. The analogy with automorphic representations has in fact been used by E. Witten [5] in his adèlic formulation of conformal field theory.

More precisely, we define a localization functor assigning to a collection $(M_x)_{x \in X}$ of $(\widehat{\mathfrak{g}}_x, G(\mathcal{O}_x))$-modules of level k a $\mathcal{D}'_k$-module $\Delta_X((M_x)_{x \in X})$ on Bun_G. This functor is well-defined if M_x is the quotient of the vacuum module $V_k(\mathfrak{g})_x$ for $x \in X \backslash S$, where S is a finite subset of X. If we set $M_x = V_k(\mathfrak{g})_x$ for all $x \in X \backslash S$, then this $\mathcal{D}'_k$-module may be constructed by utilizing the set of points S as follows. We realize Bun_G as the double quotient

$$\mathrm{Bun}_G \simeq G_{\mathrm{out}} \backslash \prod_{x \in S} G(F_x) / \prod_{x \in S} G(\mathcal{O}_x),$$

where $G_{\mathrm{out}} = G(\mathbb{C}[X \backslash S])$. We then have the localization functor

$$(M_x)_{x \in S} \mapsto \Delta_S((M_x)_{x \in S}).$$

If we have $M_x = V_k(\mathfrak{g})_x$ for all $x \in X \backslash S$, then we have an isomorphism

$$\Delta_X((M_x)_{x \in X}) \simeq \Delta_S((M_x)_{x \in S}).$$

Likewise, we have

$$\Delta_{S \cup y}((M_x)_{x \in S}, V_k(\mathfrak{g})_y) \simeq \Delta_S((M_x)_{x \in S}). \tag{9.8}$$

In other words, inserting the vacuum module at additional points does not change the sheaf of coinvariants.

We apply this in our setting. Let us take $S = \{x\}$ and set $M_x = V_{\chi_x}$ and $M_y = V_{-h^\vee}(\mathfrak{g})_y$ for all $y \neq x$. Then we have

$$\Delta_X(V_{\chi_x}, (V_{-h^\vee}(\mathfrak{g})_y)_{y \in X \backslash x}) \simeq \Delta_x(V_{\chi_x}).$$

Using the Ward identities from the previous section, it is not difficult to show that the $\mathcal{D}$-module in the left hand side will remain the same if we replace each $V_{-h^\vee}(\mathfrak{g})_y$ by its quotient V_{χ_y} where $\chi_y = \chi|_{D_y}$. Thus, we find that

$$\Delta_x(V_{\chi_x}) \simeq \Delta_X((V_{\chi_y})_{y \in X}).$$

The object on the right hand side of this formula does not depend on x, but only on χ. This proves independence of $\Delta_x(V_{\chi_x})$ from the point $x \in X$ stated in part (2) of Theorem 13.

We use a similar idea to show the Hecke property stated in part (3) of Theorem 13. Recall the definition of the Hecke functors from Sect. 6.1. We need to show the existence of a compatible collection of isomorphisms

$$\imath_\lambda : \mathrm{H}_\lambda(\Delta_x(V_{\chi_x})) \xrightarrow{\sim} V_\lambda^{E_\chi} \boxtimes \Delta_x(V_{\chi_x}), \qquad \lambda \in P_+, \tag{9.9}$$

where H_λ are the Hecke functors defined in formula (6.1). This property will then imply the Hecke property of the untwisted $\mathcal{D}$-module $\Delta_x(V_{\chi_x}) \otimes K^{-1/2}$.

Let us simplify this problem and consider the Hecke property for a fixed point $y \in X$. Then we consider the correspondence

$$\begin{array}{ccccc} & & \mathcal{H}ecke_y & & \\ & \overset{h_y^{\leftarrow}}{\swarrow} & & \overset{h_y^{\rightarrow}}{\searrow} & \\ \mathrm{Bun}_G & & & & \mathrm{Bun}_G \end{array}$$

where $\mathcal{H}ecke_y$ classifies triples $(\mathcal{M}, \mathcal{M}', \beta)$, where $\mathcal{M}$ and $\mathcal{M}'$ are G-bundles on X and β is an isomorphism between the restrictions of $\mathcal{M}$ and $\mathcal{M}'$ to $X \backslash y$. As explained in Sect. 6.1, the fibers of $h_y^{\rightarrow}$ are isomorphic to the Grassmannian $\mathrm{Gr}_y = G(F_y)/G(\mathcal{O}_y)$ and hence we have the irreducible $\mathcal{D}$-modules IC_λ on $\mathcal{H}ecke_y$. This allows us to define the Hecke functors H_y on the derived category of twisted $\mathcal{D}$-modules on Bun_G by the formula

$$\mathrm{H}_{\lambda,y}(\mathcal{F}) = h_{y*}^{\rightarrow}(h_y^{\leftarrow *}(\mathcal{F}) \otimes \mathrm{IC}_\lambda).$$

The functors H_λ are obtained by "gluing" together $\mathrm{H}_{\lambda,y}$ for $y \in X$.

Now the specialization of the Hecke property (9.9) to $y \in X$ amounts to the existence of a compatible collection of isomorphisms

$$\imath_\lambda : \mathrm{H}_{\lambda,y}(\Delta_x(V_{\chi_x})) \xrightarrow{\sim} V_\lambda \otimes_{\mathbb{C}} \Delta_x(V_{\chi_x}), \qquad \lambda \in P_+, \tag{9.10}$$

where V_λ is the irreducible representation of ${}^L G$ of highest weight λ. We will now explain how Beilinson and Drinfeld derive (9.9). Let us consider a "two-point" realization of the localization functor, namely, we choose as our set of points $S \subset X$ the set $\{x, y\}$ where $x \neq y$. Applying the isomorphism (9.8) in this case, we find that

$$\Delta_x(V_{\chi_x}) \simeq \Delta_{x,y}(V_{\chi_x}, V_{-h^\vee}(\mathfrak{g})_y). \tag{9.11}$$

Consider the Grassmannian Gr_y. Choosing a coordinate t at y, we identify it with $\mathrm{Gr} = G((t))/G[[t]]$. Recall that we have a line bundle $\widetilde{\mathcal{L}}^{\otimes(-h^\vee)}$ on Gr. Let again IC_λ be the irreducible $\mathcal{D}$-module on Gr corresponding to the $G[[t]]$-orbit Gr_λ. The tensor product $\mathrm{IC}_\lambda \otimes \widetilde{\mathcal{L}}^{\otimes(-h^\vee)}$ is a $\mathcal{D}_{-h^\vee}$-module on Gr, where $\mathcal{D}_{-h^\vee}$ is the sheaf of differential operators acting on $\widetilde{\mathcal{L}}^{\otimes(-h^\vee)}$. By construction, the Lie algebra $\widehat{\mathfrak{g}}$ maps to $\mathcal{D}_{-h^\vee}$ in such a way that the central element $\mathbf{1}$ is mapped to $-h^\vee$. Therefore the space of global sections $\Gamma(\mathrm{Gr}, \mathrm{IC}_\lambda \otimes \widetilde{\mathcal{L}}^{\otimes(-h^\vee)})$ is a $\widehat{\mathfrak{g}}$-module of the critical level, which we denote by W_λ.

For example, if $\lambda = 0$, then the corresponding $G[[t]]$-orbit consists of one point of Gr, the image of $1 \in G((t))$. It is easy to see that the corresponding

$\widehat{\mathfrak{g}}$-module W_0 is nothing but the vacuum module $V_{-h^\vee}(\mathfrak{g})$. What is much more surprising is that for any $\lambda \in P_+$ there is an isomorphism[85]

$$W_\lambda \simeq V_\lambda \otimes_{\mathbb{C}} V_{-h^\vee}(\mathfrak{g}) \tag{9.12}$$

and in addition

$$H^i(\mathrm{Gr}, \mathrm{IC}_\lambda \otimes \widetilde{\mathfrak{L}}^{\otimes(-h^\vee)}) = 0 \qquad i > 0. \tag{9.13}$$

The unexpected isomorphism (9.12), proved by Beilinson and Drinfeld, is the key to establishing the Hecke property of the sheaves $\Delta_x(V_{\chi_x})$.

Indeed, it follows from the definitions that the cohomological components of the image of the Hecke functor $\mathrm{H}_{\lambda,y}$ are

$$R^i\,\mathrm{H}_{\lambda,y}(\Delta_{x,y}(V_{\chi_x}, V_{-h^\vee}(\mathfrak{g})_y)) \simeq \Delta_{x,y}(V_{\chi_x}, H^i(\mathrm{Gr}, \mathrm{IC}_\lambda \otimes \widetilde{\mathfrak{L}}^{\otimes(-h^\vee)})). \tag{9.14}$$

In other words, applying the Hecke correspondence $\mathrm{H}_{\lambda,y}$ at the point y to the sheaf of coinvariants corresponding to the insertion of V_{χ_x} at the point $x \in X$ is again a sheaf of coinvariants, but corresponding to the insertion of V_{χ_x} at the point $x \in X$ and the insertion of $H^i(\mathrm{Gr}, \mathrm{IC}_\lambda \otimes \widetilde{\mathfrak{L}}^{\otimes(-h^\vee)})$ at the point $y \in X$. Thus, from the point of view of conformal field theory the Hecke functors at y correspond simply to the insertion in the correlation function of particular vertex operators at the point y. These vertex operators come from the $\widehat{\mathfrak{g}}$-module $W_\lambda = \Gamma(\mathrm{Gr}, \mathrm{IC}_\lambda \otimes \widetilde{\mathfrak{L}}^{\otimes(-h^\vee)})$ (in view of (9.13)).

The identification (9.14), together with (9.12), (9.13) and (9.11), imply the Hecke property (9.10).

How does one prove (9.12)? The proof in [15] is based on the usage of the "renormalized enveloping algebra" $U^\natural$ at the critical level. To illustrate the construction of $U^\natural$, consider the Segal-Sugawara operators S_n as elements of the completed enveloping algebra $\widetilde{U}_{-h^\vee}(\widehat{\mathfrak{g}})$ at the critical level. The homomorphism of Lie algebras $\widehat{\mathfrak{g}} \to D_{-h^\vee}$, where $D_{-h^\vee}$ is the algebra of global differential operators acting on $\widetilde{\mathfrak{L}}^{\otimes(-h^\vee)}$, gives rise to a homomorphism of algebras $\widetilde{U}_{-h^\vee}(\widehat{\mathfrak{g}}) \to D_{-h^\vee}$. It is not difficult to see that under this homomorphism $S_n, n > -2$, go to 0. On the other hand, away from the critical level S_n goes to a non-zero differential operator corresponding to the action of the vector field $-(k+h^\vee)t^n\partial_t$. The limit of this differential operator divided by $k+h^\vee$ as $k \to -h^\vee$ is well-defined in $D_{-h^\vee}$. Hence we try to adjoin to $\widetilde{U}_{-h^\vee}(\widehat{\mathfrak{g}})$ the elements $\overline{L}_n = \lim\limits_{k \to -h^\vee} \frac{1}{k+h^\vee} S_n, n > -2$.

It turns out that this can be done not only for the Segal-Sugawara operators but also for the "positive modes" of the other generating fields $S_i(z)$ of the center $\mathfrak{z}(\mathfrak{g})$. The result is the associative algebra $U^\natural$ equipped with an injective homomorphism $U^\natural \to D_{-h^\vee}$. It follows that $U^\natural$ acts on any $\widehat{\mathfrak{g}}$-module of the form $\Gamma(\mathrm{Gr}, \mathcal{F})$, where $\mathcal{F}$ is a $\mathcal{D}_{-h^\vee}$-module on Gr, in particular, it acts on

[85] as a $\widehat{\mathfrak{g}}$-module, the object on the right hand side is just the direct sum of $\dim V_\lambda$ copies of $V_{-h^\vee}(\mathfrak{g})$

W_λ. Using this action and the fact that $V_{-h^\vee}(\mathfrak{g})$ is an irreducible $U^\natural$-module, Beilinson and Drinfeld prove that W_λ is isomorphic to a direct sum of copies of $V_{-h^\vee}(\mathfrak{g})$.[86] The Tannakian formalism and the Satake equivalence (see Theorem 9) then imply the Hecke property (9.12). A small modification of this argument gives the full Hecke property (9.9).

9.5 Quantization of the Hitchin system

As the result of Theorem 13 we now have at our disposal the Hecke eigensheaves Aut_E on Bun_G associated to the ${}^L G$-local systems on X admitting an oper structure (such a structure, if exists, is unique). What do these $\mathcal{D}$-modules on Bun_G look like?

Beilinson and Drinfeld have given a beautiful realization of these $\mathcal{D}$-modules as the $\mathcal{D}$-modules associated to systems of differential equations on Bun_G (along the lines of Sect. 3.4). These $\mathcal{D}$-modules can be viewed as generalizations of the Hecke eigensheaves constructed in Sect. 4.5 in the abelian case. In the abelian case the role of the oper bundle on X is played by the trivial line bundle, and so abelian analogues of opers are connections on the trivial line bundle. For such rank one local systems the construction of the Hecke eigensheaves can be phrased in particularly simple terms. This is the construction which Beilinson and Drinfeld have generalized to the non-abelian case.

Namely, let $D'_{-h^\vee} = \Gamma(\mathrm{Bun}_G, \mathcal{D}'_{-h^\vee})$ be the algebra of global differential operators on the line bundle $K^{1/2} = \mathcal{L}^{\otimes(-h^\vee)}$ over Bun_G. Beilinson and Drinfeld show that

$$\mathrm{Fun}\,\mathrm{Op}_{{}^L\mathfrak{g}}(X) \xrightarrow{\simeq} D'_{-h^\vee}. \tag{9.15}$$

To prove this identification, they first construct the desired map. This is done as follows. Consider the completed universal enveloping algebra $\widetilde{U}_{-h^\vee}(\widehat{\mathfrak{g}})$. As discussed above, the action of $\widehat{\mathfrak{g}}$ on the line bundle $\widetilde{\mathcal{L}}^{\otimes(-h^\vee)}$ on Gr gives rise to a homomorphism of algebras $\widetilde{U}_{-h^\vee}(\widehat{\mathfrak{g}}) \to D_{-h^\vee}$, where $D_{-h^\vee}$ is the algebra of global differential operators on $\widetilde{\mathcal{L}}^{\otimes(-h^\vee)}$. In particular, the center $Z(\widehat{\mathfrak{g}})$ maps to $D_{-h^\vee}$. As we discussed above, the "positive modes" from $Z(\widehat{\mathfrak{g}})$ go to zero. In other words, the map $Z(\widehat{\mathfrak{g}}) \to \mathcal{D}_{-h^\vee}$ factors through $Z(\widehat{\mathfrak{g}}) \twoheadrightarrow \mathfrak{z}(\mathfrak{g}) \to \mathcal{D}_{-h^\vee}$. But central elements commute with the action of G_{out} and hence descend to global differential operators on the line bundle $\mathcal{L}^{\otimes(-h^\vee)}$ on Bun_G. Hence we obtain a map

$$\mathrm{Op}_{{}^L\mathfrak{g}}(D_x) \to D'_{-h^\vee}.$$

Finally, we use an argument similar to the one outlined in Sect. 9.3 to show that this map factors as follows:

[86] as for the vanishing of higher cohomologies, expressed by formula (9.13), we note that according to [106] the functor of global sections on the category of all critically twisted $\mathcal{D}$-modules is exact (so all higher cohomologies are identically zero)

$$\mathrm{Op}_{^L\mathfrak{g}}(D_x) \twoheadrightarrow \mathrm{Op}_{^L\mathfrak{g}}(X) \to D'_{-h^\vee}.$$

Thus we obtain the desired homomorphism (9.15).

To show that it is actually an isomorphism, Beilinson and Drinfeld recast it as a quantization of the Hitchin integrable system on the cotangent bundle $T^* \mathrm{Bun}_G$. Let us recall the definition of the Hitchin system.

Observe that the tangent space to Bun_G at $\mathcal{P} \in \mathrm{Bun}_G$ is isomorphic to $H^1(X, \mathfrak{g}_{\mathcal{P}})$, where $\mathfrak{g}_{\mathcal{P}} = \mathcal{P} \underset{G}{\times} \mathfrak{g}$. Hence the cotangent space at $\mathcal{P}$ is isomorphic to $H^0(X, \mathfrak{g}^*_{\mathcal{P}} \otimes \Omega)$ by the Serre duality. We construct the Hitchin map $p : T^* \mathrm{Bun}_G \to H_G$, where H_G is the *Hitchin space*

$$H_G(X) = \bigoplus_{i=1}^{\ell} H^0(X, \Omega^{\otimes(d_i+1)}).$$

Recall that the algebra of invariant functions on $\mathfrak{g}^*$ is isomorphic to the graded polynomial algebra $\mathbb{C}[P_1, \dots, P_\ell]$, where $\deg P_i = d_i + 1$. For $\eta \in H^0(X, \mathfrak{g}^*_{\mathcal{P}} \otimes \Omega)$, $P_i(\eta)$ is well-defined as an element of $H^0(X, \Omega^{\otimes(d_i+1)})$.

By definition, the Hitchin map p takes $(\mathcal{P}, \eta) \in T^* \mathrm{Bun}_G$, where $\eta \in H^0(X, \mathfrak{g}^*_{\mathcal{P}} \otimes \Omega)$ to $(P_1(\eta), \dots, P_\ell(\eta)) \in H_G$. It has been proved in [107; 82] that over an open dense subset of H_G the morphism p is smooth and its fibers are proper. Therefore we obtain an isomorphism

$$\mathrm{Fun}\, T^* \mathrm{Bun}_G \simeq \mathrm{Fun}\, H_G. \tag{9.16}$$

Now observe that both $\mathrm{Fun}\,\mathrm{Op}_{^L\mathfrak{g}}(X)$ and $D'_{-h^\vee}$ are filtered algebras. The filtration on $\mathrm{Fun}\,\mathrm{Op}_{^L\mathfrak{g}}(X)$ comes from its realization given in formula (8.13). Since $\mathrm{Proj}(X)$ is an affine space over $H^0(X, \Omega^{\otimes 2})$, we find that $\mathrm{Op}_{^L\mathfrak{g}}(X)$ is an affine space modeled precisely on the Hitchin space H_G. Therefore the associated graded algebra of $\mathrm{Fun}\,\mathrm{Op}_{^L\mathfrak{g}}(X)$ is $\mathrm{Fun}\, H_G$. The filtration on $D'_{-h^\vee}$ is the usual filtration by the order of differential operator. It is easy to show that the homomorphism (9.15) preserves filtrations. Therefore it induces a map from $\mathrm{Fun}\, H_G$ the algebra of symbols, which is $\mathrm{Fun}\, T^* \mathrm{Bun}_G$. It follows from the description given in Sect. 8.2 of the symbols of the central elements that we used to construct (9.15) that this map is just the Hitchin isomorphism (9.16). This immediately implies that the map (9.15) is also an isomorphism.

More concretely, let $\overline{D}_1, \dots, \overline{D}_N$, where $N = \sum_{i=1}^{\ell}(2d_i + 1)(g-1) = \dim G(g-1)$ (for $g > 1$), be a set of generators of the algebra of functions on $T^* \mathrm{Bun}_G$ which according to (9.16) is isomorphic to $\mathrm{Fun}\, H_G$. As shown in [107], the functions $\overline{D}_i$ commute with each other with respect to the natural Poisson structure on $T^* \mathrm{Bun}_G$ (so that p gives rise to an algebraic completely integrable system). According to the above discussion, each of these functions can be "quantized", i.e., there exists a global differential operator D_i on the line bundle $K^{1/2}$ on Bun_G, whose symbol is $\overline{D}_i$. Moreover, the algebra $D'_{-h^\vee}$ of global differential operators acting on $K^{1/2}$ is a free polynomial algebra in $D_i, i = 1, \dots, N$.

Now, given an ${}^L\mathfrak{g}$-oper χ on X, we have a homomorphism $\operatorname{Fun}\operatorname{Op}_{{}^LG}(X) \to \mathbb{C}$ and hence a homomorphism $\widetilde{\chi} : D'_{-h^\vee} \to \mathbb{C}$. As in Sect. 3.4, we assign to it a $\mathcal{D}'_{-h^\vee}$-module

$$\Delta_{\widetilde{\chi}} = D'_{-h^\vee} / \operatorname{Ker}\widetilde{\chi} \cdot D'_{-h^\vee}$$

This $\mathcal{D}$-module "represents" the system of differential equations

$$D_i f = \widetilde{\chi}(D_i) f, \qquad i = 1, \ldots , N. \tag{9.17}$$

in the sense explained in Sect. 3.4 (compare with formulas (3.4) and (3.5)). The simplest examples of these systems in genus 0 and 1 are closely related to the Gaudin and Calogero systems, respectively (see [25] for more details).

The claim is that $\Delta_{\widetilde{\chi}}$ is precisely the $\mathcal{D}'_{-h^\vee}$-module $\Delta_x(V_{\chi_x})$ constructed above by means of the localization functor (for any choice of $x \in X$). Thus, we obtain a more concrete realization of the Hecke eigensheaf $\Delta_x(V_{\chi_x})$ as the $\mathcal{D}$-module representing a system of differential equations (9.17). Moreover, since $\dim \operatorname{Bun}_G = \dim G(g-1) = N$, we find that this Hecke eigensheaf is *holonomic*, so in particular it corresponds to a perverse sheaf on Bun_G under the Riemann-Hilbert correspondence (see Sect. 3.4).

It is important to note that the system (9.17) has singularities. We have analyzed a toy example of a system of differential equations with singularities in Sect. 3.5 and we saw that solutions of such systems in general have monodromies around the singular locus. This is precisely what happens here. In fact, one finds from the construction that the "singular support" of the $\mathcal{D}$-module $\Delta_{\widetilde{\chi}}$ is equal to the zero locus $p^{-1}(0)$ of the Hitchin map p, which is called the *global nilpotent cone* [54; 108; 56; 15]. This means, roughly, that the singular locus of the system (9.17) is the subset of Bun_G that consists of those bundles $\mathcal{P}$ which admit a Higgs field $\eta \in H^0(X, \mathfrak{g}^*_{\mathcal{M}} \otimes \Omega)$ that is everywhere nilpotent. For $G = GL_n$ Drinfeld called the G-bundles in the complement of this locus "very stable" (see [108]). Thus, over the open subset of Bun_G of "very stable" G-bundles the system (9.17) describes a vector bundle (whose rank is as predicted in [56], Sect. 6) with a projectively flat connection. But horizontal sections of this connection have non-trivial monodromies around the singular locus.[87] These horizontal sections may be viewed as the "automorphic functions" on Bun_G corresponding to the oper χ. However, since they are multivalued and transcendental, we find it more convenient to describe the algebraic system of differential equations that these functions satisfy rather then the functions themselves. This system is nothing but the $\mathcal{D}$-module $\Delta_{\widetilde{\chi}}$.

From the point of view of the conformal field theory definition of $\Delta_{\widetilde{\chi}}$, as the sheaf of coinvariants $\Delta_x(V_{\chi_x})$, the singular locus in Bun_G is distinguished by the property that the dimensions of the fibers of $\Delta_x(V_{\chi_x})$ drop along this locus. As we saw above, these fibers are just the spaces of coinvariants $H_{\mathcal{P}}(V_{\chi_x})$. Thus, from this point of view the non-trivial nature of the $\mathcal{D}$-module $\Delta_{\widetilde{\chi}}$ is explained by fact that the dimension of the space of coinvariants (or,

[87] conjecturally, the connection has regular singularities on the singular locus

equivalently, conformal blocks) depends on the underlying G-bundle $\mathcal{P}$. This is the main difference between conformal field theory at the critical level that gives us Hecke eigensheaves and the more traditional rational conformal field theories with Kac-Moody symmetry, such as the WZW models discussed in Sect. 7.6, for which the dimension of the spaces of conformal blocks is constant over the entire moduli space Bun_G. The reason is that the $\widehat{\mathfrak{g}}$-modules that we use in WZW models are integrable, i.e., may be exponentiated to the Kac-Moody group $\widehat{G}$, whereas the $\widehat{\mathfrak{g}}$-modules of critical level that we used may only be exponentiated to its subgroup $G[[t]]$.

The assignment $\chi \in \mathrm{Op}_{^L\mathfrak{g}}(X) \mapsto \Delta_{\widetilde{\chi}}$ extends to a functor from the category of modules over $\mathrm{Fun}\,\mathrm{Op}_{^L\mathfrak{g}}(X)$ to the category of $\mathcal{D}'_{-h^\vee}$-modules on Bun_G:

$$M \mapsto \mathcal{D}_{-h^\vee} \underset{D'_{-h^\vee}}{\otimes} M.$$

Here we use the isomorphism (9.15). This functor is a non-abelian analogue of the functor (4.9) which was the special case of the abelian Fourier-Mukai transform. Therefore we may think of it as a special case of a non-abelian generalization of the Fourier-Mukai transform discussed in Sect. 6.2 (twisted by $K^{1/2}$ along Bun_G).

9.6 Generalization to other local systems

Theorem 13 gives us an explicit construction of Hecke eigensheaves on Bun_G as the sheaves of coinvariants corresponding to a "conformal field theory" at the critical level. The caveat is that these Hecke eigensheaves are assigned to ^LG-local systems of special kind, namely, $^L\mathfrak{g}$-opers on the curve X. Those form a half-dimensional subspace in the moduli stack $\mathrm{Loc}_{^LG}$ of all ^LG-local systems on X, namely, the space of all connections on a particular ^LG-bundle. Thus, this construction establishes the geometric Langlands correspondence only partially. What about other ^LG-local systems?

It turns out that the construction can be generalized to accommodate other local systems, with the downside being that this generalization introduces some unwanted parameters (basically, certain divisors on X) into the picture and so at the end of the day one needs to check that the resulting Hecke eigensheaf is independent of those parameters. In what follows we briefly describe this construction, following Beilinson and Drinfeld (unpublished). We recall that throughout this section we are under assumption that G is a connected and simply-connected ie group and so ^LG is a group of adjoint type.

From the point of view of conformal field theory this generalization is a very natural one: we simply consider sheaves of coinvariants with insertions of more general vertex operators which are labeled by finite-dimensional representations of $\mathfrak{g}$.

Let $(\mathcal{F}, \nabla)$ be a general flat ^LG-bundle on a smooth projective complex curve X (equivalently, a ^LG-local system on X). In Sect. 8.3 we introduced the oper bundle $\mathcal{F}_{^LG}$ on X. The space $\mathrm{Op}_{^LG}(X)$ is identified with the (affine) space of all connections on $\mathcal{F}_{^LG}$, and for such pairs $(\mathcal{F}_{^LG}, \nabla)$ the construction presented above gives us the desired Hecke eigensheaf with the eigenvalue $(\mathcal{F}_{^LG}, \nabla)$.

Now suppose that we have an arbitrary ^LG-bundle $\mathcal{F}$ on X with a connection ∇. This connection does not admit a reduction $\mathcal{F}_{^LB_+}$ to the Borel subalgebra $^LB_+ \subset {}^LG$ on X that satisfies the oper condition formulated in Sect. 8.3. But one can find such a reduction on the complement to a finite subset S of X. Moreover, it turns out that the degeneration of the oper condition at each point of S corresponds to a dominant integral weight of $\mathfrak{g}$.

To explain this, recall that $\mathcal{F}$ may be trivialized over $X\backslash x$. Let us choose such a trivialization. Then a $^LB_+$-reduction of $\mathcal{F}|_{X\backslash x}$ is the same as a map $(X\backslash x) \to {}^LG/{}^LB_+$. A reduction will satisfy the oper condition if its differential with respect to ∇ takes values in an open dense subset of a certain ℓ-dimensional distribution in the tangent bundle to $^LG/{}^LB_+$ (see, e.g., [109]). Such a reduction can certainly be found for the restriction of $(\mathcal{F}, \nabla)$ to the formal disc at any point $y \in X\backslash x$. This implies that we can find such a reduction on the complement of finitely many points in $X\backslash x$.

For example, if $G = SL_2$, then $^LG/{}^LB_+ \simeq \mathbb{CP}^1$. Suppose that $(\mathcal{F}, \nabla)$ is the trivial local system on $X\backslash x$. Then a $^LB_+$-reduction is just a map $(X\backslash x) \to \mathbb{CP}^1$, i.e., a meromorphic function, and the oper condition means that its differential is nowhere vanishing. Clearly, any meromorphic function on X satisfies this condition away from finitely many points of X.

Thus, we obtain a $^LB_+$-reduction of $\mathcal{F}$ away from a finite subset S of X, which satisfies the oper condition. Since the flag manifold $^LG/{}^LB_+$ is proper, this reduction extends to the entire X. On the disc D_x near a point $x \in S$ the connection ∇ will have the form

$$\nabla = \partial_t + \sum_{i=1}^{\ell} \psi_i(t) f_i + \mathbf{v}(t), \qquad \mathbf{v}(t) \in {}^l\mathfrak{b}_+[[t]], \tag{9.18}$$

where

$$\psi_i(t) = t^{\langle \alpha_i, \check{\lambda} \rangle}(\kappa_i + t(\dots)) \in \mathbb{C}[[t]], \qquad \kappa_i \neq 0,$$

and $\check{\lambda}$ is a dominant integral weight of $\mathfrak{g}$ (we denote them this way to distinguish them from the weights of $^L\mathfrak{g}$). The quotient of the space of operators (9.18) by the gauge action of $^LB_+[[t]]$ is the space $\mathrm{Op}_{^L\mathfrak{g}}(D_x)_{\check{\lambda}}$ of opers on D_x with degeneration of type $\check{\lambda}$ at x. They were introduced by Beilinson and Drinfeld (see [110], Sect. 2.3, and [41]). Opers from $\mathrm{Op}_{^L\mathfrak{g}}(D_x)_{\check{\lambda}}$ may be viewed as $^L\mathfrak{g}$-opers on the punctured disc $D_x^\times$. When brought to the canonical form (8.13), they will acquire poles at $t = 0$. But these singularities are the artifact of a particular gauge, as the connection (9.18) is clearly regular at $t = 0$. In particular, it has trivial monodromy around x.

For example, for $\mathfrak{g} = \mathfrak{sl}_2$, viewing $\check{\lambda}$ as a non-negative integer, the space $\mathrm{Op}_{\mathfrak{sl}_2}(D_x)_{\check{\lambda}}$ is the space of projective connections on $D_x^\times$ of them form

$$\partial_t^2 - \frac{\check{\lambda}(\check{\lambda}+2)}{4}t^{-2} - \sum_{n\leq -1} v_n t^{-n-1} \tag{9.19}$$

The triviality of monodromy imposes a polynomial equation on the coefficients v_n (see [25], Sect. 3.9).

Thus, we now have a ${}^L B_+$-reduction on $\mathcal{F}$ such that the restriction of $(\mathcal{F}, \nabla)$ to $X \backslash S$, where $S = \{x_1, \ldots, x_n\}$ satisfies the oper condition, and the restriction of this oper to $D_{x_i}^\times$ is $\chi_{x_i} \in \mathrm{Op}_{{}^L\mathfrak{g}}(D_{x_i})_{\check{\lambda}_i}$ for all $i = 1, \ldots, n$. Now we wish to attach to $(\mathcal{F}, \nabla)$ a $\mathcal{D}'_{-h^\vee}$-module on Bun_G. This is done as follows.

Let $L_{\check{\lambda}}$ be the irreducible finite-dimensional representation of $\mathfrak{g}$ of highest weight $\check{\lambda}$. Consider the corresponding induced $\widehat{\mathfrak{g}}_x$-module of critical level

$$\mathbb{L}_{\check{\lambda},x} = \mathrm{Ind}_{\mathfrak{g}(\mathcal{O}_x)\oplus\mathbb{C}\mathbf{1}}^{\widehat{\mathfrak{g}}_x} L_{\check{\lambda}},$$

where $\mathbf{1}$ acts on $L_{\check{\lambda}}$ by multiplication by $-h^\vee$. Note that $\mathbb{L}_{0,x} = V_{-h^\vee}(\mathfrak{g})_x$. Let $\mathfrak{z}(\mathfrak{g})_{\check{\lambda},x}$ be the algebra of endomorphisms of $\mathbb{L}_{\check{\lambda},x}$ which commute with $\widehat{\mathfrak{g}}_x$. We have the following description of $\mathfrak{z}(\mathfrak{g})_{\check{\lambda},x}$ which generalizes (9.5):

$$\mathfrak{z}(\mathfrak{g})_{\check{\lambda},x} \simeq \mathrm{Op}_{{}^L\mathfrak{g}}(D_x)_{\check{\lambda}} \tag{9.20}$$

(see [109; 110] for more details).

For example, for $\mathfrak{g} = \mathfrak{sl}_2$ the operator S_0 acts on $\mathbb{L}_{\check{\lambda},x}$ by multiplication by $\check{\lambda}(\check{\lambda}+2)/4$. This is the reason why the most singular coefficient in the projective connection (9.19) is equal to $\check{\lambda}(\check{\lambda}+2)/4$.

It is now clear what we should do: the restriction of $(\mathcal{F}, \nabla)$ to $D_{x_i}^\times$ defines $\chi_{x_i} \in \mathrm{Op}_{{}^L\mathfrak{g}}(D_{x_i})_{\check{\lambda}_i}$, which in turn gives rise to a homomorphism $\widetilde{\chi}_{x_i} : \mathfrak{z}(\mathfrak{g})_{\check{\lambda},x_i} \to \mathbb{C}$, for all $i = 1, \ldots, n$. We then define $\widehat{\mathfrak{g}}_{x_i}$-modules

$$\mathbb{L}_{\check{\lambda},\chi_{x_i}} = \mathbb{L}_{\check{\lambda},x_i} / \operatorname{Ker} \widetilde{\chi}_{x_i} \cdot \mathbb{L}_{\check{\lambda},x_i}, \qquad i = 1, \ldots, n.$$

Finally, we define the corresponding $\mathcal{D}'_{-h^\vee}$-module on Bun_G as $\Delta_S((\mathbb{L}_{\check{\lambda}_i,\chi_{x_i}})_{i=1,\ldots,n})$, where Δ_S is the multi-point version of the localization functor introduced in Sect. 9.4. In words, this is the sheaf of coinvariants corresponding to the insertion of the modules $\mathbb{L}_{\check{\lambda},x_i}$ at the points $x_i, i = 1, \ldots, n$.

According to Beilinson and Drinfeld, we then have an analogue of Theorem 13,(3): the $\mathcal{D}'_{-h^\vee}$-module $\Delta_S((\mathbb{L}_{\check{\lambda}_i,\chi_{x_i}})_{i=1,\ldots,n}) \otimes K^{-1/2}$ is a Hecke eigensheaf with the eigenvalue being the original local system $(\mathcal{F}, \nabla)$. Thus, we construct Hecke eigensheaves for arbitrary ${}^L G$-local systems on X, by realizing them as opers with singularities.

The drawback of this construction is that *a priori* it depends on the choice of the Borel reduction $\mathcal{F}_{{}^L B_+}$ satisfying the oper condition away from finitely many points of X. A general local system admits many such reductions (unlike connections on the oper bundle $\mathcal{F}_{{}^L G}$, which admit a unique reduction that satisfies the oper condition everywhere). We expect that for a fixed $(\mathcal{F}, \nabla)$ all of the resulting $\mathcal{D}'_{-h^\vee}$-modules on Bun_G are isomorphic to each other, but this has not been proved so far.

9.7 Ramification and parabolic structures

Up to now we have exclusively considered Hecke eigensheaves on Bun_G with the eigenvalues being *unramified* ${}^LG$-local systems on X. One may wonder whether the conformal field theory approach that we have used to construct the Hecke eigensheaves might be pushed further to help us understand what the geometric Langlands correspondence should look like for ${}^LG$-local systems that are ramified at finitely many points of X. This is indeed the case as we will now explain, following the ideas of [41].

Let us first revisit the classical setting of the Langlands correspondence. Recall that a representation π_x of $G(F_x)$ is called unramified if it contains a vector invariant under the subgroup $G(\mathcal{O}_x)$. The spherical Hecke algebra $\mathcal{H}(G(F_x), G(\mathcal{O}_x))$ acts on the space of $G(\mathcal{O}_x)$-invariant vectors in π_x. The important fact is that $\mathcal{H}(G(F_x), G(\mathcal{O}_x))$ is a *commutative* algebra. Therefore its irreducible representations are one-dimensional. That is why an irreducible unramified representation has a one-dimensional space of $G(\mathcal{O}_x)$-invariants which affords an irreducible representation of $\mathcal{H}(G(F_x), G(\mathcal{O}_x))$, or equivalently, a homomorphism $\mathcal{H}(G(F_x), G(\mathcal{O}_x)) \to \mathbb{C}$. Such homomorphisms are referred to as *characters* of $\mathcal{H}(G(F_x), G(\mathcal{O}_x))$. According to Theorem 8, these characters are parameterized semi-simple conjugacy classes in ${}^LG$. As the result, we obtain the Satake correspondence which sets up a bijection between irreducible unramified representations of $G(F_x)$ and semi-simple conjugacy classes in ${}^LG$ for each $x \in X$.

Now, given a collection $(\gamma_x)_{x\in X}$ of semi-simple conjugacy classes in ${}^LG$, we obtain a collection of irreducible unramified representations π_x of $G(F_x)$ for all $x \in X$. Taking their tensor product, we obtain an irreducible unramified representation $\pi = \bigotimes'_{x\in X} \pi_x$ of the adèlic group $G(\mathbb{A})$. We then ask whether this representation is automorphic, i.e., whether it occurs in the appropriate space of functions on the quotient $G(F)\backslash G(\mathbb{A})$ (on which $G(\mathbb{A})$ acts from the right). The Langlands conjecture predicts (roughly) that this happens when the conjugacy classes γ_x are the images of the Frobenius conjugacy classes Fr_x in the Galois group $\mathrm{Gal}(\overline{F}/F)$, under an unramified homomorphism $\mathrm{Gal}(\overline{F}/F) \to {}^LG$. Suppose that this is the case. Then π is realized in functions on $G(F)\backslash G(\mathbb{A})$. But π contains a unique, up to a scalar, *spherical vector* that is invariant under $G(\mathcal{O}) = \prod_{x\in X} G(\mathcal{O}_x)$. The spherical vector gives rise to a function f_π on

$$G(F)\backslash G(\mathbb{A})/G(\mathcal{O}), \tag{9.21}$$

which is a Hecke eigenfunction. This function contains all information about π and so we replace π by f_π. We then realize that (9.21) is the set of points of Bun_G. This allows us to reformulate the Langlands correspondence geometrically by replacing f_π with a Hecke eigensheaf on Bun_G.

This is what happens for the unramified homomorphisms $\sigma : \mathrm{Gal}(\overline{F}/F) \to {}^LG$. Now suppose that we are given a homomorphism σ that is ramified at finitely many points $y_1, \ldots, y_n$ of X. Suppose that $G = GL_n$ and σ is irreducible, in which case the Langlands correspondence is proved for unramified as well as ramified Galois representations (see Theorem 4). Then to such σ we can also attach an automorphic representation $\bigotimes'_{x \in X} \pi_x$, where π_x is still unramified for $x \in X \backslash \{y_1, \ldots, y_n\}$, but is *not* unramified at $y_1, \ldots, y_n$, i.e., the space of $G(\mathcal{O}_{y_i})$-invariant vectors in π_{y_i} is zero. What is this π_{y_i}?

The equivalence class of each π_x is determined by the *local Langlands correspondence*, which, roughly speaking, relates equivalence classes of n-dimensional representations of the local Galois group $\mathrm{Gal}(\overline{F}_x/F_x)$ and equivalence classes of irreducible *admissible* representations of $G(F_x)$.[88] The point is that the local Galois group $\mathrm{Gal}(\overline{F}_x/F_x)$ may be realized as a subgroup of the global one $\mathrm{Gal}(\overline{F}/F)$, up to conjugation, and so a representation σ of $\mathrm{Gal}(\overline{F}/F)$ gives rise to an equivalence class of representations σ_x of $\mathrm{Gal}(\overline{F}_x/F_x)$. To this σ_x the local Langlands correspondence attaches a admissible irreducible representation π_x of $G(F_x)$. Schematically, this is represented by the following diagram:

$$\sigma \overset{\text{global}}{\longleftrightarrow} \pi = \bigotimes_{x \in X}{}' \pi_x$$

$$\sigma_x \overset{\text{local}}{\longleftrightarrow} \pi_x.$$

So π_{y_i} is a bona fide irreducible representation of $G(F_{y_i})$ attached to σ_{y_i}. But because σ_{y_i} is ramified as a representation of the local Galois group $\mathrm{Gal}(\overline{F}_{y_i}/F_{y_i})$, we find that π_{y_i} has no no-zero $G(\mathcal{O}_{y_i})$-invariant vectors. Therefore our representation π does not have a spherical vector. Hence we cannot attach to π a function on $G(F)\backslash G(\mathbb{A})/G(\mathcal{O})$ as we did before. What should we do?

Suppose for simplicity that σ is ramified at a single point $y \in X$. The irreducible representation π_y attached to y is ramified, but it is still *admissible*, in the sense that the subspace of K-invariants in π_y is finite-dimensional for any open compact subgroup K. An example of such a subgroup is the maximal compact subgroup $G(\mathcal{O}_y)$, but by our assumption $\pi_y^{G(\mathcal{O}_y)} = 0$. Another example is the Iwahori subgroup I_y: the preimage of a Borel subgroup $B \subset G$ in $G(\mathcal{O}_y)$ under the homomorphism $G(\mathcal{O}_y) \to G$. Suppose that the subspace of invariant vectors under the Iwahori subgroup I_y in π_y is non-zero. Such π_y correspond to the so-called tamely ramified representations of the local Galois group $\mathrm{Gal}(\overline{F}_y/F_y)$. Consider the space $\pi_y^{I_y}$ of I_y-invariant vectors in π_y, necessarily finite-dimensional as π_y is admissible. This space carries the action of the *affine Hecke algebra* $\mathcal{H}(G(F_y), I_y)$ of I_y bi-invariant compactly supported functions on $G(F_y)$, and because π_y is irreducible, the $\mathcal{H}(G(F_y), I_y)$-module $\pi_y^{I_y}$ is also irreducible.

[88] this generalizes the Satake correspondence which deals with unramified Galois representations; these are parameterized by semi-simple conjugacy classes in ${}^L G = GL_n$ and to each of them corresponds an unramified irreducible representation of $G(F_x)$

The problem is that $\mathcal{H}(G(F_y), I_y)$ is *non-commutative*, and so its representations generically have dimension greater than 1.[89]

If π is automorphic, then the finite-dimensional space $\pi_y^{I_y}$, tensored with the one-dimensional space of $\prod_{x \neq y} G(\mathcal{O}_x)$-invariants in $\bigotimes_{x \neq y} \pi_x$ embeds into the space of functions on the double quotient

$$G(F)\backslash G(\mathbb{A})/I_y \times \prod_{x \neq y} G(\mathcal{O}_x). \tag{9.22}$$

This space consists of eigenfunctions with respect to the (commutative) spherical Hecke algebras $\mathcal{H}(G(F_x), G(\mathcal{O}_x))$ for $x \neq y$ (with eigenvalues determined by the Satake correspondence), and it carries an action of the (non-commutative) affine Hecke algebra $\mathcal{H}(G(F_y), I_y)$. In other words, there is not a unique (up to a scalar) automorphic function associated to π, but there is a whole finite-dimensional vector space of such functions, and it is realized not on the double quotient (9.21), but on (9.22).

In the geometric setting we start with an unramified ${}^L G$-local system E on X. The idea then is to replace a single spherical function f_π on (9.21) corresponding to an unramified Galois representation σ by a single irreducible (on each component) perverse Hecke eigensheaf on Bun_G with eigenvalue E. Since f_π was unique up to a scalar, our expectation is that such Hecke eigensheaf is also unique, up to isomorphism. Thus, we expect that the category of Hecke eigensheaves whose eigenvalue is an irreducible unramified local system which admits no automorphisms is equivalent to the category of vector spaces.

Now we are ready to consider the ramified case in the geometric setting. The analogue of a Galois representation tamely ramified at a point $y \in X$ in the context of complex curves is a local system $E = (\mathcal{F}, \nabla)$, where $\mathcal{F}$ a ${}^L G$-bundle $\mathcal{F}$ on X with a connection ∇ that has regular singularity at y and unipotent monodromy around y. What should the geometric Langlands correspondence attach to such E? It is clear that we need to find a replacement for the finite-dimensional representation of $\mathcal{H}(G(F_y), I_y)$ realized in the space of functions on (9.22). While (9.21) is the set of points of the moduli stack Bun_G of G-bundles, the double quotient (9.22) is the set of points of the moduli space $\mathrm{Bun}_{G,y}$ of G-bundles with the *parabolic structure* at y; this is a reduction of the fiber of the G-bundle at y to $B \subset G$. Therefore a proper replacement is the *category* of Hecke eigensheaves on $\mathrm{Bun}_{G,y}$. Since our ${}^L G$-local system E is now ramified at the point y, the definition of the Hecke functors and Hecke property given in Sect. 6.1 should be modified to account for this fact. Namely, the Hecke functors are now defined using the Hecke correspondences over $X \backslash y$ (and not over X as before), and the Hecke condition (6.2) now involves not E, but $E|_{X \backslash y}$ which is unramified.

[89] in the case of GL_n, for any irreducible smooth representation π_y of $GL_n(F_y)$ there exists a particular open compact subgroup K such that $\dim \pi_i^K = 1$, but the significance of this fact for the geometric theory is presently unknown

We expect that there are as many irreducible Hecke eigensheaves on $\mathrm{Bun}_{G,y}$ with the eigenvalue $E|_{X\backslash y}$ as the dimension of the corresponding representation of $\mathcal{H}(G(F_y), I_y)$ arising in the classical context. So we no longer speak of a particular irreducible Hecke eigensheaf (as we did in the unramified case), but of a category $\mathcal{A}ut_E$ of such sheaves. This category may be viewed as a "categorification" of the corresponding representation of the affine Hecke algebra $\mathcal{H}(G(F_y), I_y)$.

In fact, just like the spherical Hecke algebra, the affine Hecke algebra has a categorical version (discussed in Sect. 5.4), namely, the derived category of I_y-equivariant perverse sheaves (or $\mathcal{D}$-modules) on the affine flag variety $G(F_y)/I_y$. This category, which we denote by $\mathcal{P}_{I_y}$, is equipped with a convolution tensor product which is a categorical version of the convolution product of I_y bi-invariant functions on $G(F_y)$. However, in contrast to the categorification $\mathcal{P}_{G(\mathcal{O})}$ of the spherical Hecke algebra (see Sect. 5.4), this convolution product is not exact, so we are forced to work with the derived category $D^b(\mathcal{P}_{I_y})$. Nevertheless, this category "acts", in the appropriate sense, on the derived category of the category of Hecke eigensheaves $\mathcal{A}ut_E$. It is this "action" that replaces the action of the affine Hecke algebra on the corresponding space of functions on (9.22).

Finally, we want to mention one special case when the representation of the affine Hecke algebra on $\pi_y^{I_y}$ is one-dimensional. In the geometric setting this corresponds to connections that have regular singularity at y with the monodromy being in the regular unipotent conjugacy class in ${}^L G$. We expect that there is a unique irreducible Hecke eigensheaf whose eigenvalue is a local system of this type.[90] For $G = GL_n$ these eigensheaves have been constructed in [111; 112].

9.8 Hecke eigensheaves for ramified local systems

All this fits very nicely in the formalism of localization functors at the critical level. We explain this briefly following [41] where we refer the reader for more details.

Let us revisit once again how it worked in the unramified case. Suppose first that E is an unramified ${}^L G$-local system that admits the structure of a ${}^L\mathfrak{g}$-oper χ on X without singularities. Let χ_y be the restriction of this oper to the disc D_y. According to the isomorphism (9.5), we may view χ_y as a character of $\mathfrak{z}(\mathfrak{g})_y$ and hence of the center $Z(\widehat{\mathfrak{g}})_y$ of the completed enveloping algebra of $\widehat{\mathfrak{g}}_y$ a the critical level. Let $\mathcal{C}_{G(\mathcal{O}_y),\chi_y}$ be the category of $(\widehat{\mathfrak{g}}_y, G(\mathcal{O}_y))$-modules such that $Z(\widehat{\mathfrak{g}})_y$ acts according to the character χ_y. Then the localization functor Δ_y may be viewed as a functor from the category $\mathcal{C}_{G(\mathcal{O}_y),\chi_y}$ to the category of Hecke eigensheaves on Bun_G with the eigenvalue E.

---

[90] however, we expect that this eigensheaf has non-trivial self-extensions, so the corresponding category is non-trivial

In fact, it follows from the results of [106] that $\mathcal{C}_{G(\mathcal{O}_y),\chi_y}$ is equivalent to the category of vector spaces. It has a unique up to isomorphism irreducible object, namely, the $\widehat{\mathfrak{g}}_y$-module V_{χ_y}, and all other objects are isomorphic to the direct sum of copies of V_{χ_y}. The localization functor sends this module to the Hecke eigensheaf $\Delta_y(V_{\chi_y})$, discussed extensively above. Moreover, we expect that Δ_y sets up an equivalence between the categories $\mathcal{C}_{G(\mathcal{O}_y),\chi_y}$ and $\mathcal{A}ut_E$.

More generally, in Sect. 9.6 we discussed the case when E is unramified and is represented by a ${}^L\mathfrak{g}$-oper χ with degenerations of types $\check{\lambda}_i$ at points $x_i, i = 1, \ldots, n$, but with trivial monodromy around those points. Then we also have a localization functor from the cartesian product of the categories $\mathcal{C}_{G(\mathcal{O}_{x_i}),\chi_{x_i}}$ to the category $\mathcal{A}ut_E$ of Hecke eigensheaves on Bun_G with eigenvalue E. In this case we expect (although this has not been proved yet) that $\mathcal{C}_{G(\mathcal{O}_{x_i}),\chi_{x_i}}$ is again equivalent to the category of vector spaces, with the unique up to isomorphism irreducible object being the $\widehat{\mathfrak{g}}_{x_i}$-module $\mathbb{L}_{\check{\lambda}_i,\chi_{x_i}}$. We also expect that the localization functor $\Delta_{\{x_1,\ldots,x_n\}}$ sets up an equivalence between the cartesian product of the categories $\mathcal{C}_{G(\mathcal{O}_{x_i}),\chi_{x_i}}$ and $\mathcal{A}ut_E$ when E is generic.

Now we consider the Iwahori case. Then instead of unramified ${}^LG$-local systems on X we consider pairs $(\mathcal{F}, \nabla)$, where $\mathcal{F}$ is a ${}^LG$-bundle and ∇ is a connection with regular singularity at $y \in X$ and unipotent monodromy around y. Suppose that this local system may be represented by a ${}^L\mathfrak{g}$-oper χ on $X \backslash y$ whose restriction χ_y to the punctured disc $D_y^\times$ belongs to the space $\mathrm{nOp}_{{}^L\mathfrak{g}}(D_y)$ of *nilpotent* ${}^L\mathfrak{g}$*-opers* introduced in [41].

The moduli space $\mathrm{Bun}_{G,y}$ has a realization utilizing only the point y:

$$\mathrm{Bun}_{G,y} = G_{\mathrm{out}} \backslash G(F_y)/I_y.$$

Therefore the formalism developed in Sect. 7.5 may be applied and it gives us a localization functor Δ_{I_y} from the category $(\widehat{\mathfrak{g}}_y, I_y)$-modules of critical level to the category of $\mathcal{D}^{I_y}_{-h^\vee}$-modules, where $\mathcal{D}^{I_y}_{-h^\vee}$ is the sheaf of differential operators acting on the appropriate critical line bundle on $\mathrm{Bun}_{G,y}$.[91] Here, as before, by a $(\widehat{\mathfrak{g}}_y, I_y)$-module we understand a $\widehat{\mathfrak{g}}_y$-module on which the action of the Iwahori Lie algebra exponentiates to the action of the Iwahori group. For instance, any $\widehat{\mathfrak{g}}_y$-module generated by a highest weight vector corresponding to an integral weight (not necessarily dominant), such as a Verma module, is a $(\widehat{\mathfrak{g}}_y, I_y)$-module. Thus, we see that the category of $(\widehat{\mathfrak{g}}_y, I_y)$-modules is much larger than that of $(\widehat{\mathfrak{g}}_y, G(\mathcal{O}_y))$-modules.

Let $\mathcal{C}_{I_y,\chi_y}$ be the category $(\widehat{\mathfrak{g}}_y, I_y)$-modules on which the center $Z(\widehat{\mathfrak{g}})_y$ acts according to the character $\chi_y \in \mathrm{nOp}_{{}^L\mathfrak{g}}(D_y)$ introduced above.[92] One shows,

[91] actually, there are now many such line bundles - they are parameterized by integral weights of G, but since at the end of the day we are going to "untwist" our $\mathcal{D}$-modules anyway, we will ignore this issue

[92] recall that $Z(\widehat{\mathfrak{g}})_y$ is isomorphic to $\mathrm{Fun}\,\mathrm{Op}_{{}^L\mathfrak{g}}(D_y^\times)$, so any $\chi_y \in \mathrm{nOp}_{{}^L\mathfrak{g}}(D_y) \subset \mathrm{Op}_{{}^L\mathfrak{g}}(D_y^\times)$ determines a character of $Z(\widehat{\mathfrak{g}}_y)$

in the same way as in the unramified case, that for any object M of this category the corresponding $\mathcal{D}^{I_y}_{-h^\vee}$-module on $\mathrm{Bun}_{G,y}$ is a Hecke eigensheaf with eigenvalue E. Thus, we obtain a functor from $\mathcal{C}_{I_y,\chi_y}$ to $\mathcal{A}ut_E$, and we expect that it is an equivalence of categories (see [41]).

This construction may be generalized to allow singularities of this type at finitely many points $y_1, \ldots, y_n$. The corresponding Hecke eigensheaves are then $\mathcal{D}$-modules on the moduli space of G-bundles on X with parabolic structures at $y_1, \ldots, y_n$. Non-trivial examples of these Hecke eigensheaves arise already in genus zero. These sheaves were constructed explicitly in [25] (see also [110; 109]), and they are closely related to the Gaudin integrable system (see [113] for a similar analysis in genus one).

In the language of conformal field theory this construction may be summarized as follows: we realize Hecke eigensheaves corresponding to local systems with ramification by considering chiral correlation functions at the critical level with the insertion at the ramification points of "vertex operators" corresponding to some representations of $\widehat{\mathfrak{g}}$. The type of ramification has to do with the type of highest weight condition that these vertex operators satisfy: no ramification means that they are annihilated by $\mathfrak{g}[[t]]$ (or, at least, $\mathfrak{g}[[t]]$ acts on them through a finite-dimensional representation), "tame" ramification, in the sense described above, means that they are highest weight vectors of $\widehat{\mathfrak{g}}_y$ in the usual sense, and so on. The idea of inserting vertex operators at the points of ramification of our local system is of course very natural from the point of view of CFT. For local systems with irregular singularities we should presumably insert vertex operators corresponding to even more complicated representations of $\widehat{\mathfrak{g}}_y$.

What can we learn from this story?

The first lesson is that in the context of general local systems the geometric Langlands correspondence is inherently categorical: we are dealing not with individual Hecke eigensheaves, but with categories of Hecke eigensheaves on moduli spaces of G-bundles on X with parabolic structures (or more general "level structures"). The second lesson is that the emphasis now shifts to the study of local categories of $\widehat{\mathfrak{g}}_y$-modules, such as the categories $(\widehat{\mathfrak{g}}_y, G(\mathcal{O}_y))$ and $\mathcal{C}_{I_y,\chi_y}$. The localization functor gives us a direct link between these local categories and the global categories of Hecke eigensheaves, and we can infer a lot of information about the global categories by studying the local ones. This is a new phenomenon which does not have an analogue in the classical Langlands correspondence.

This point of view actually changes our whole perspective on representation theory of the affine Kac-Moody algebra $\widehat{\mathfrak{g}}$. Initially, it would be quite tempting for us to believe that $\widehat{\mathfrak{g}}$ should be viewed as a kind of a replacement for the local group $G(F)$, where $F = \mathbb{F}_q((t))$, in the sense that in the geometric situation representations of $G(F)$ should be replaced by representations of $\widehat{\mathfrak{g}}$. Then the tensor product of representations π_x of $G(F_x)$ over $x \in X$ (or a subset of X) should be replaced by the tensor product of representations of $\widehat{\mathfrak{g}}_x$, and so on. But now we see that a single representation of $G(F)$ should be replaced in the geometric context by a whole *category* of representations of $\widehat{\mathfrak{g}}$. So a particular representation of $\widehat{\mathfrak{g}}$, such as a module V_χ considered above, which is an object of such a category, corresponds not to a representation of $G(F)$, but to a *vector* in such a representation. For instance, V_χ corresponds to the spherical vector as we have seen above. Likewise, the category $\mathcal{C}_{I_y,\chi_y}$ appears to be the correct replacement for the vector subspace of I_y-invariants in a representation π_y of $G(F_y)$.

In retrospect, this does not look so outlandish, because the category of $\widehat{\mathfrak{g}}$-modules itself may be viewed as a "representation" of the loop group $G((t))$. Indeed, we have the adjoint action of the group $G((t))$ on $\widehat{\mathfrak{g}}$, and this action gives rise to an "action" of $G((t))$ on the category of $\widehat{\mathfrak{g}}$-modules. So it is the loop group $G((t))$ that replaces $G(F)$ in the geometric context, while the affine Kac-Moody algebra $\widehat{\mathfrak{g}}$ of critical level appears as a tool for building categories equipped with an action of $G((t))$! This point of view has been developed in [41], where various conjectures and results concerning these categories may be found. Thus, representation theory of affine Kac-Moody algebras and conformal field theory give us a rare glimpse into the magic world of geometric Langlands correspondence.

References

[1] R.P. Langlands, *Problems in the theory of automorphic forms*, in Lect. Notes in Math. **170**, pp. 18–61, Springer Verlag, 1970.

[2] P. Goddard, J. Nuyts and D. Olive, *Gauge Theories and Magnetic Change*, Nuclear Phys. **B125** (1977) 1–28.

[3] E. Witten, Talk at the DARPA Workshop on the Langlands Program and Physics, IAS, March 2004;
Gauge theory and the geometric Langlands Program, notes of a talk at the Third Simons Workshop, SUNY at Stony Brook, August 2005, available at http://insti.physics.sunysb.edu/itp/conf/ simonswork3/talks/Witten.pdf

[4] A. Kapustin, *Wilson-'t Hooft operators in four-dimensional gauge theories and S-duality*, Preprint hep-th/0501015.

[5] E. Witten, *Quantum field theory, Grassmannians, and algebraic curves*, Comm. Math. Phys. **113** (1988) 529–600.

[6] A. Belavin, A. Polyakov and A. Zamolodchikov, *Infinite conformal symmetries in two–dimensional quantum field theory*, Nucl. Phys. **B241** (1984) 333–380.

[7] D. Friedan and S. Shenker, *The analytic geometry of two-dimensional conformal field theory*, Nucl. Phys. **B281** (1987) 509–545.

[8] G. Segal, *The definition of conformal field theory*, in *Topology, geometry and quantum field theory*, pp. 421–577, London Math. Soc. Lecture Note Ser. **308**, Cambridge University Press, 2004.

[9] V. Knizhnik and A. Zamolodchikov, *Current algebra and Wess–Zumino model in two dimensions*, Nucl. Phys. **B247** (1984) 83–103.

[10] E. Witten, *Non-abelian bosonization in two dimensions*, Comm. Math. Phys. **92** (1984) 455–472.

[11] B. Feigin and E. Frenkel, *Affine Kac-Moody algebras at the critical level and Gelfand-Dikii algebras*, Int. J. Mod. Phys. **A7**, Suppl. 1A (1992) 197–215.

[12] E. Frenkel, *Wakimoto modules, opers and the center at the critical level*, Adv. Math. **195** (2005) 297–404 (math.QA/0210029).

[13] V. Drinfeld and V. Sokolov, *Lie algebras and KdV type equations*, J. Sov. Math. **30** (1985) 1975–2036.

[14] A. Beilinson and V. Drinfeld, *Opers*, Preprint math.AG/0501398.

[15] A. Beilinson and V. Drinfeld, *Quantization of Hitchin's integrable system and Hecke eigensheaves*, available at http://www.math.uchicago.edu/∼arinkin/langlands

[16] A. Polyakov and P. Wiegmann, *Goldstone fields in two dimensions with mutivalued actions*, Phys. Lett. **141B** (1984) 223–228.

[17] A. Beilinson and V. Drinfeld, *Chiral algebras*, American Mathematical Society Colloquium Publications **51**, AMS, 2004.

[18] A. Beilinson, *Langlands parameters for Heisenberg modules*, Preprint math.QA/0204020.

[19] D. Gaitsgory, *Notes on 2D conformal field theory and string theory*, in *Quantum fields and strings: a course for mathematicians*, Vol. 2, pp. 1017–1089, AMS, 1999.

[20] E. Frenkel and D. Ben-Zvi, *Vertex Algebras and Algebraic Curves*, Mathematical Surveys and Monographs **88**, Second Edition, AMS, 2004.

[21] J. Arthur, *Automorphic representations and number theory* in Seminar on Harmonic Analysis (Montreal, 1980), pp. 3–51, CMS Conf. Proc. **1**, AMS, 1981.
J. Arthur, *The principle of functoriality*, Bull. AMS **40** (2002) 39–53.
A. Borel, *Automorphic L–functions*, in *Automorphic Forms, Representations and L–functions*, Part 2, Proc. of Symp. in Pure Math. **33**, pp. 27–61, AMS, 1979.
A.W. Knapp, *Introduction to the Langlands program*, in Representation theory and automorphic forms (Edinburgh, 1996), pp. 245–302, Proc. Symp. Pure Math. **61**, AMS, 1997.
M.R. Murty, *A motivated introduction to the Langlands program*, in Advances in number theory (Kingston, ON, 1991), pp. 37–66, Oxford Univ. Press, 1993.

[22] S. Gelbart, *An elementary introduction to the Langlands program*, Bull. Amer. Math. Soc. **10** (1984) 177–219.

[23] G. Laumon, *Travaux de Frenkel, Gaitsgory et Vilonen sur la correspondance de Drinfeld-Langland*, Séminaire Bourbaki, Exp. No. 906 (math.AG/0207078).

[24] J. Bernstein and S. Gelbart, eds., *An Introduction to the Langlands Program*, Birkhäuser, 2004.

[25] E. Frenkel, *Affine algebras, Langlands duality and Bethe ansatz*, in Proceedings of the International Congress of Mathematical Physics, Paris, 1994, ed. D. Iagolnitzer, pp. 606–642, International Press, 1995 (q-alg/9506003).

[26] E. Frenkel, *Recent Advances in the Langlands Program*, Bull. Amer. Math. Soc. **41** (2004) 151–184 (math.AG/0303074).

[27] N. Koblitz, *p-adic numbers, p-adic analysis, and zeta-functions*, Graduate Texts in Mathematics **58**, Springer-Verlag, 1977.

[28] R. Langlands, Letter to A. Weil, January 1967, available at http://www.sunsite.ubc.ca/ DigitalMathArchive/Langlands/functoriality.html #weil1967

[29] S. Kudla, *From modular forms to automorphic representations*, in [24], pp. 133–152.

[30] E. de Shalit, *L–functions of elliptic curves and modular forms*, in [24], pp. 89–108.

[31] R. Taylor, *Galois representations*, available at http://abel.math.harvard.edu/~rtaylor

[32] K. Ribet, *Galois representations and modular forms*, Bull. AMS **32** (1995) 375–402.

[33] D. Bump, *Automorphic Forms and Representations*, Cambridge Studies in Advanced Mathematics **55**, Cambridge University Press, 2004.

[34] H. Carayol, *Sur les représentations ℓ-adiques associées aux formes modulaires de Hilbert*, Ann. Sci. École Norm. Sup. (4) **19** (1986) 409–468.

[35] A. Wiles, *Modular elliptic curves and Fermat's last theorem*, Ann. of Math. (2) **141** (1995) 443–551.
R. Taylor and A. Wiles, *Ring-theoretic properties of certain Hecke algebras*, Ann. of Math. (2) **141** (1995) 553–572.
C. Breuil, B. Conrad, F. Diamond and R. Taylor, *On the modularity of elliptic curves over* $\mathbf{Q}$*: wild 3-adic exercises*, J. Amer. Math. Soc. **14** (2001) 843–939.

[36] V.G. Drinfeld, *Two-dimensional ℓ–adic representations of the fundamental group of a curve over a finite field and automorphic forms on $GL(2)$*, Amer. J. Math. **105** (1983) 85–114.

[37] V.G. Drinfeld, *Langlands conjecture for $GL(2)$ over function field*, Proc. of Int. Congress of Math. (Helsinki, 1978), pp. 565–574; *Moduli varieties of F–sheaves*, Funct. Anal. Appl. **21** (1987) 107–122; *The proof of Petersson's conjecture for $GL(2)$ over a global field of characteristic p*, Funct. Anal. Appl. **22** (1988) 28–43.

[38] L. Lafforgue, *Chtoucas de Drinfeld et correspondance de Langlands*, Invent. Math. **147** (2002) 1–241.

[39] A.N. Parshin, *Abelian coverings of arithmetic schemes*, Sov. Math. Dokl. **19** (1978) 1438–1442.

K. Kato, *A generalization of local class field theory by using K–groups*, J. Fac. Sci. Univ . Tokyo, Sec. 1A **26** (1979) 303–376.

[40] M. Kapranov, *Analogies between the Langlands correspondence and topological quantum field theory*, in *Functional analysis on the eve of 21st century*, S. Gindikin, J. Lepowsky, R. Wilson (eds.), vol. 1, Progress in Math. **131**, p. 119–151, Birkhäuser, 1995.

[41] E. Frenkel and D. Gaitsgory, *Local geometric Langlands correspondence and affine Kac-Moody algebras*, Preprint math.RT/0508382.

[42] J.S. Milne, *Étale cohomology*, Princeton University Press, 1980.

[43] E. Freitag, R. Kiehl, *Etale Cohomology and the Weil conjecture*, Springer, 1988.

[44] G. Laumon, *Transformation de Fourier, constantes d'équations fonctionelles et conjecture de Weil*, Publ. IHES **65** (1987) 131–210.

[45] A. Beilinson, J. Bernstein, P. Deligne, *Faisceaux pervers*, Astérisque **100** (1982).

[46] M. Kashiwara and P. Schapira, *Sheaves on Manifolds*, Springer, 1990.

[47] S.I. Gelfand and Yu.I. Manin, *Homological Algebra*, Encyclopedia of Mathematical Sciences **38**, Springer, 1994.

[48] J. Bernstein, *Algebraic theory of D–modules*, available at http://www.math.uchicago.edu/∼arinkin/ langlands

[49] Ch. Sorger, *Lectures on moduli of principal G–bundles over algebraic curves*, in *School on algebraic geometry* (Trieste, 1999), ICTP Lecture Notes **1**, ICTP, Trieste, pp. 1–57, available at http://www.ictp.trieste.it/∼pub_off/lectures

[50] G. Laumon, L. Moret-Bailly, *Champs algébriques*, Springer-Verlag, 2000.

[51] A. Borel, e.a., *Algebraic D–modules*, Academic Press, 1987.

[52] E. Frenkel, D. Gaitsgory and K. Vilonen, *On the geometric Langlands conjecture*, Journal of AMS **15** (2001) 367–417.

[53] D. Gaitsgory, *On a vanishing conjecture appearing in the geometric Langlands correspondence*, Ann. Math. **160** (2004) 617–682.

[54] G. Laumon, *Correspondance de Langlands géométrique pour les corps de fonctions*, Duke Math. J. **54** (1987) 309-359.

[55] G. Laumon, *Faisceaux automorphes pour GL_n: la première construction de Drinfeld*, Preprint alg-geom/9511004.

[56] G. Laumon, *Faisceaux automorphes liés aux séries d'Eisenstein*, in *Automorphic forms, Shimura varieties, and L-functions*, Vol. I (Ann Arbor, MI, 1988), pp. 227–281, Perspect. Math. **10**, Academic Press, 1990.

[57] D. Gaitsgory, *Automorphic sheaves and Eisenstein series*, Ph.D. thesis, 1997.

[58] A. Braverman and D. Gaitsgory, *Geometric Eisenstein series*, Invent. Math. **150** (2002) 287–384.

[59] V. Drinfeld, Talk at the DARPA Workshop, November 2003, notes available at http://math.northwestern.edu/langlands/Meetings/03_Chgo/Drinfeld_I

[60] J. Arthur, *Unipotent automorphic representations: conjectures*, Asterisque **171-172** (1989) 13–71.
[61] J.-P. Serre, *Algebraic Groups and Class Fields*, Springer, 1988.
[62] G. Laumon, *Transformation de Fourier généralisée*, Preprint alg-geom/9603004.
[63] M. Rothstein, *Connections on the total Picard sheaf and the KP hierarchy*, Acta Applicandae Mathematicae **42** (1996) 297–308.
[64] I. Satake, *Theory of spherical functions on reductive algebraic groups over p–adic fields*, IHES Publ. Math. **18** (1963) 5–69.
[65] T.A. Springer, *Reductive groups*, in Automorphic forms, representations and L–functions, Proc. Symp. Pure Math. **33**, Part 1, pp. 3–27, AMS, 1979.
[66] I. Mirković, K. Vilonen, *Geometric Langlands duality and representations of algebraic groups over commutative rings*, Preprint math.RT/0401222.
[67] V. Ginzburg, *Perverse sheaves on a loop group and Langlands duality*, Preprint alg-geom/9511007.
[68] G. Lusztig, *Singularities, character formulas, and a q–analogue of weight multiplicities*, Astérisque **101** (1983) 208–229.
[69] D. Ben-Zvi and E. Frenkel, *Geometric Realization of the Segal-Sugawara Construction*, in *Topology, geometry and quantum field theory*, pp. 46–97, London Math. Soc. Lecture Note Ser. **308**, Cambridge University Press, 2004 (math.AG/0301206).
[70] A. Beilinson and J. Bernstein, *A proof of Jantzen conjectures*, Advances in Soviet Mathematics **16**, Part 1, pp. 1–50, AMS, 1993.
[71] A. Polishchuk and M. Rothstein, *Fourier transform for D-algebras*, Duke Math. J. **109** (2001) 123–146.
[72] T. Hausel and M. Thaddeus, *Mirror symmetry, Langlands duality, and the Hitchin system*, Invent. Math. **153** (2003) 197–229.
[73] A. Kapustin, *Topological strings on noncommutative manifolds*, Preprint hep-th/0310057.
[74] N. Hitchin, *The self-duality equations on a Riemann surfaces*, Proc. London Math. Soc. **55** (1987) 59–126.
C. Simpson, *Constructing variations of Hodge structure using Yang-Mills theory and applications to uniformization*, J. of AMS **1** (1988) 867–918; *Non-abelian Hodge theory*, Proceedings of ICM 1990, Kyoto, pp. 198–230, Springer, 1991.
[75] G. Felder, K. Gawedzki and A. Kupiainen, *Spectra of Wess-Zumino-Witten models with arbitrary simple groups*, Comm. Math. Phys. **117** (1988) 127–158.
[76] K. Gawedzki and A. Kupiainen, *Coset construction from functional integrals*, Nucl. Phys. **B320** (1989) 625–668.
K. Gawedzki, *Quadrature of conformal field theories*, Nucl. Phys. **B328** (1989) 733–752.

[77] K. Gawedzki, *Lectures on conformal field theory*, in *Quantum fields and strings: a course for mathematicians*, Vol. 2, pp. 727–805, AMS, 1999.

[78] E. Witten, *On holomorphic factorization of WZW and coset models*, Comm. Math. Phys. **144** (1992) 189–212.

[79] A. Tsuchiya, K. Ueno, and Y. Yamada, *Conformal field theory on universal family of stable curves with gauge symmetries*, in *Integrable systems in quantum field theory and statistical mechanics*, pp. 459–566, Adv. Stud. Pure Math. **19**, Academic Press, Boston, 1989.

[80] N. Hitchin, *Projective connections and geometric quantizations*, Comm. Math. Phys. **131** (1990) 347–380.

[81] S. Axelrod, S. Della Pietra and E. Witten, *Geometric quantization of Chern–Simons gauge theory*, J. Diff. Geom. **33** (1991) 787–902.

[82] G. Faltings, *Stable G–bundles and projective connections*, J. Alg. Geom. **2** (1993) 507–568.

[83] A. Beilinson and D. Kazhdan, *Flat projective connections*, unpublished manuscript.

[84] K. Nagatomo and A. Tsuchiya, *Conformal field theories associated to regular chiral vertex operator algebras. I. Theories over the projective line*, Duke Math. J. **128** (2005) 393–471.

[85] T. Eguchi and H. Ooguri, *Conformal and current algebras on a general Riemann surface*, Nucl. Phys. **B282** (1987) 308–328.

[86] E. Witten, *Quantum field theory and the Jones polynomial*, Comm.Math.Phys.**121** (1989) 351–399.

[87] D. Bernard, *On the Wess-Zumino-Witten models on Riemann surfaces*, Nuclear Phys. **B309** (1988) 145–174.

[88] G. Felder, *The KZB equations on Riemann surfaces*, in *Symmétries quantiques* (Les Houches, 1995), pp. 687–725, North-Holland, 1998 (hep-th/9609153).

[89] K. Hori, *Global aspects of gauged Wess-Zumino-Witten models*, Comm. Math. Phys. **182** (1996) 1–32.

[90] A. Beauville and Y. Laszlo, *Un lemme de descente*, C.R. Acad. Sci. Paris, Sér. I Math. **320** (1995) 335–340.

[91] V. Drinfeld and C. Simpson, *B–structures on G–bundles and local triviality*, Math. Res. Lett. **2** (1995) 823–829.

[92] A. Beilinson and V. Schechtman, *Determinant bundles and Virasoro algebras*, Comm. Math. Phys. **118** (1988) 651–701.

[93] A. Beilinson, B. Feigin and B. Mazur, *Introduction to algebraic field theory on curves*, unpublished manuscript.

[94] V. Kac, *Infinite-dimensional Lie Algebras*, Third Edition. Cambridge University Press, 1990.

[95] U. Lindström and M. Zabzine, *Tensionless Strings, WZW Models at Critical Level and Massless Higher Spin Fields*, Phys. Lett. **B584** (2004) 178–185.

[96] I. Bakas and C. Sourdis, *On the tensionless limit of gauged WZW models*, JHEP **0406** (2004) 049; *Aspects of WZW models at critical level*, Fortsch. Phys. **53** (2005) 409–417.

[97] M. Wakimoto, *Fock representations of affine Lie algebra* $A_1^{(1)}$, Comm. Math. Phys. **104** (1986) 605–609.

[98] B. Feigin and E. Frenkel, *A family of representations of affine Lie algebras*, Russ. Math. Surv. **43** (1988) no. 5, 221–222; *Affine Kac-Moody Algebras and semi-infinite flag manifolds*, Comm. Math. Phys. **128** (1990) 161–189.

[99] A. Malikov, V. Schechtman and A. Vaintrob, *Chiral de Rham complex*, Comm. Math. Phys. **204** (1999) 439–473.

[100] E. Witten, *Two-Dimensional Models With (0,2) Supersymmetry: Perturbative Aspects*, Preprint hep-th/0504078.

[101] N. Nekrasov, *Lectures on curved beta-gamma systems, pure spinors, and anomalies*, Preprint hep-th/0511008.

[102] Vl.S. Dotsenko and V.A. Fateev, *Conformal algebra and multipoint correlation functions in 2D statistical models*, Nucl. Phys. **B240** (1984) 312–348.

[103] C. Vafa and E. Zaslow, eds., *Mirror symmetry*, Clay Mathematics Monographs, vol. 1, AMS 2004.

[104] A. Zamolodchikov, *Integrable field theory from conformal field theory*, in Integrable systems in quantum field theory and statistical mechanics, pp. 641–674, Adv. Stud. Pure Math. **19**, Academic Press, 1989.

[105] V. Fateev and S. Lykyanov, *The models of two-dimensional conformal quantum field theory with* Z_n *symmetry*, Int. J. Mod. Phys. **A3** (1988) 507–520.

[106] E. Frenkel and D. Gaitsgory, *D-modules on the affine Grassmannian and representations of affine Kac-Moody algebras*, Duke Math. J. **125** (2004) 279–327.

[107] N. Hitchin, *Stable bundles and integrable systems*, Duke Math. J. **54** (1987) 91–114.

[108] G. Laumon, *Un analogue global du cône nilpotent*, Duke Math. J. **57** (1988) 647–671.

[109] E. Frenkel, *Gaudin model and opers*, in Infinite Dimensional Algebras and Quantum Integrable Systems, eds. P. Kulish, e.a., Progress in Math. **237**, pp. 1–60, Birkhäuser, 2005 (math.QA/0407524).

[110] E. Frenkel, *Opers on the projective line, flag manifolds and Bethe Ansatz*, Mosc. Math. J. **4** (2004) 655–705 (math.QA/0308269).

[111] V.G. Drinfeld, *Two-dimensional* ℓ*-adic representations of the Galois group of a global field of characteristic* p *and automorphic forms on* $GL(2)$, J. Sov. Math. **36** (1987) 93–105.

[112] J. Heinloth, *Coherent sheaves with parabolic structure and construction of Hecke eigensheaves for some ramified local systems*, Ann. Inst. Fourier (Grenoble) **54** (2004) 2235–2325.
[113] B. Enriquez, B. Feigin and V. Rubtsov, *Separation of variables for Gaudin-Calogero systems*, Compositio Math. **110** (1998) 1–16.

Part III

Hopf Algebras and Renormalization

A Primer of Hopf Algebras

Pierre Cartier

Institut Mathématique de Jussieu/CNRS, 175 rue du Chevaleret, F-75013 Paris
cartier@ihes.fr

Summary. In this paper, we review a number of basic results about so-called Hopf algebras. We begin by giving a historical account of the results obtained in the 1930's and 1940's about the topology of Lie groups and compact symmetric spaces. The climax is provided by the structure theorems due to Hopf, Samelson, Leray and Borel. The main part of this paper is a thorough analysis of the relations between Hopf algebras and Lie groups (or algebraic groups). We emphasize especially the category of unipotent (and prounipotent) algebraic groups, in connection with Milnor-Moore's theorem. These methods are a powerful tool to show that some algebras are free polynomial rings. The last part is an introduction to the combinatorial aspects of polylogarithm functions and the corresponding multiple zeta values.

1 Introduction

1.1. After the pioneer work of Connes and Kreimer[1], Hopf algebras have become an established tool in perturbative quantum field theory. The notion of Hopf algebra emerged slowly from the work of the topologists in the 1940's dealing with the cohomology of compact Lie groups and their homogeneous spaces. To fit the needs of topology, severe restrictions were put on these Hopf algebras, namely existence of a grading, (graded) commutativity, etc... The theory culminated with the structure theorems of Hopf, Samelson, Borel obtained between 1940 and 1950. The first part of this paper is devoted to a description of these results in a historical perspective.

1.2. In 1955, prompted by the work of J. Dieudonné on formal Lie groups [34], I extended the notion of Hopf algebra, by removing the previous restrictions[2]. Lie theory has just been extended by C. Chevalley [25] to the case of algebraic groups, but the correspondence between Lie groups and Lie algebras is invalid in the algebraic geometry of characteristic $p \neq 0$. In order to bypass this difficulty, Hopf algebras were introduced in algebraic geometry by Cartier, Gabriel, Manin, Lazard, Grothendieck and Demazure, ... with great success[3]. Here Hopf algebras play a dual role: first the (left) invariant differential operators on an algebraic group form a cocommutative Hopf algebra, which coincides with the enveloping algebra of the Lie algebra in characteristic 0, but not in characteristic p. Second: the regular functions on an affine algebraic group, under ordinary multiplication, form a commutative Hopf algebra. Our second part will be devoted to an analysis of the relations between groups and Hopf algebras.

1.3. The previous situation is typical of a general phenomenon of *duality between algebras*. In the simplest case, let G be a finite group. If k is any field, let kG be the group algebra of G: it is a vector space over k, with G as a

[1] See [26] in this volume.
[2] See my seminar [16], where the notions of coalgebra and comodule are introduced.
[3] The theory of Dieudonné modules is still today an active field of research, together with formal groups and p-divisible groups (work of Fontaine, Messing, Zink...).

basis, and the multiplication in G is extended to kG by linearity. Let also k^G be the set of all maps from G to k; with the pointwise operations of addition and multiplication k^G is a commutative algebra, while kG is commutative if, and only if, G is a commutative group. Moreover, there is a natural duality between the vector spaces kG and k^G given by

$$\left\langle \sum_{g \in G} a_g \cdot g, f \right\rangle = \sum_{g \in G} a_g \, f(g)$$

for $\sum a_g \cdot g$ in kG and f in k^G. Other instances involve the homology $H_\bullet(G; \mathbb{Q})$ of a compact Lie group G, with the Pontrjagin product, in duality with the cohomology $H^\bullet(G; \mathbb{Q})$ with the cup-product[4]. More examples:

- a locally compact group G, where the algebra $L^1(G)$ of integrable functions with the convolution product is in duality with the algebra $L^\infty(G)$ of bounded measurable functions, with pointwise multiplication;
- when G is a Lie group, one can replace $L^1(G)$ by the convolution algebra $C_c^{-\infty}(G)$ of distributions with compact support, and $L^\infty(G)$ by the algebra $C^\infty(G)$ of smooth functions.

Notice that, in all these examples, at least one of the two algebras in duality is (graded) commutative. A long series of structure theorems is summarized in the theorem of Cartier-Gabriel on the one hand, and the theorems of Milnor-Moore and Quillen on the other hand[5]. Until the advent of *quantum groups*, only sporadic examples were known where both algebras in duality are non-commutative, but the situation is now radically different. Unfortunately, no general structure theorem is known, even in the finite-dimensional case.

1.4. A related duality is *Pontrjagin duality* for commutative locally compact groups. Let G be such a group and $\hat{G}$ its Pontrjagin dual. If $\langle x, \hat{x} \rangle$ describes the pairing between G and $\hat{G}$, we can put in duality the convolution algebras $L^1(G)$ and $L^1(\hat{G})$ by

$$\langle f, \hat{f} \rangle = \int_G \int_{\hat{G}} f(x) \, \hat{f}(\hat{x}) \, \langle x, \hat{x} \rangle \, dx \, d\hat{x}$$

for f in $L^1(G)$ and $\hat{f}$ in $L^1(\hat{G})$. Equivalently the Fourier transformation $\mathcal{F}$ maps $L^1(G)$ into $L^\infty(\hat{G})$ and $L^1(\hat{G})$ into $L^\infty(G)$, exchanging the convolution product with the pointwise product $\mathcal{F}(f * g) = \mathcal{F}f \cdot \mathcal{F}g$. Notice that in this case the two sides $L^1(G)$ and $L^\infty(G)$ of the Hopf algebra attached to G are commutative algebras. When G is commutative and compact, its character group $\hat{G}$ is commutative and discrete. The elements of $\hat{G}$ correspond to continuous one-dimensional linear representations of G, and $\hat{G}$ is a basis of the

[4] Here, both algebras are finite-dimensional and graded-commutative.

[5] See subsection 3.8.

vector space $R_c(G)$ of continuous representative functions[6] on G. This algebra $R_c(G)$ is a subalgebra of the algebra $L^\infty(G)$ with pointwise multiplication. In this case, Pontrjagin duality theorem, which asserts that if $\hat{G}$ is the dual of G, then G is the dual of $\hat{G}$, amounts to the identification of G with the (real) *spectrum* of $R_c(G)$, that is the set of algebra homomorphisms from $R_c(G)$ to $\mathbb{C}$ compatible with the operation of complex conjugation.

1.5. Assume now that G is a *compact topological group*, not necessarily commutative. We can still introduce the ring $R_c(G)$ of continuous representative functions, and *Tannaka-Krein duality theorem* asserts that here also we recover G as the real spectrum of $R_c(G)$.

In order to describe $R_c(G)$ as a Hopf algebra, duality of vector spaces is not the most convenient way. It is better to introduce the *coproduct*, a map

$$\Delta : R_c(G) \to R_c(G) \otimes R_c(G)$$

which is an algebra homomorphism and corresponds to the product in the group via the equivalence

$$\Delta f = \sum_i f_i' \otimes f_i'' \Leftrightarrow f(g'g'') = \sum_i f_i'(g')\, f_i''(g'')$$

for f in $R_c(G)$ and g', g'' in G.

In the early 1960's, Tannaka-Krein duality was understood as meaning that a compact Lie group G is in an intrinsic way a *real algebraic group*, or rather the set $\Gamma(\mathbb{R})$ of the real points of such an algebraic group Γ. The complex points of Γ form the group $\Gamma(\mathbb{C})$, a complex reductive group of which G is a maximal compact subgroup (see [24], [72]).

1.6. It was later realized that the following notions:

- a group Γ together with a ring of representative functions, and the corresponding algebraic envelope,
- a commutative Hopf algebra,
- an affine group scheme,

are more or less equivalent. This was fully developed by A. Grothendieck and M. Demazure [31] (see also J.-P. Serre [72]).

The next step was the concept of a *Tannakian category*, as introduced by A. Grothendieck and N. Saavedra [69]. One of the formulations of the Tannaka-Krein duality for compact groups deals not with the representative ring, but the linear representations themselves. One of the best expositions is contained in the book [24] by C. Chevalley. An analogous theorem about semisimple *Lie algebras* was proved by Harish-Chandra [44]. The treatment of these two cases (compact Lie groups/semisimple Lie algebras) depends

[6] That is, the coefficients of the *continuous* linear representations of G in finite-dimensional vector spaces.

heavily on the *semisimplicity* of the representations. P. Cartier [14] was able to reformulate the problem without the assumption of semisimplicity, and to extend the Tannaka-Krein duality to an arbitrary algebraic linear group.

What Grothendieck understood is the following: if we start from a group (or Lie algebra) we have at our disposal various categories of representations. But, in many situations of interest in number theory and algebraic geometry, what is given is a certain category $\mathcal{C}$ and we want to create a group G such that $\mathcal{C}$ be equivalent to a category of representations of G. A similar idea occurs in physics, where the classification schemes of elementary particles rest on representations of a group to be discovered (like the isotopic spin group $SU(2)$ responsible for the pair $n-p$ of nucleons[7]).

If we relax some commutativity assumptions, we have to replace "group" (or "Lie algebra") by "Hopf algebra". One can thus give an axiomatic characterization of the category of representations of a Hopf algebra, and this is one of the most fruitful ways to deal with quantum groups.

1.7. G.C. Rota, in his lifelong effort to create a structural science of *combinatorics* recognised early that the pair product/coproduct for Hopf algebras corresponds to the use of the pair

assemble/disassemble

in combinatorics. Hopf algebras are now an established tool in this field. To quote a few applications:

- construction of free Lie algebras, and by duality of the shuffle product;
- graphical tensor calculus *à la* Penrose;
- trees and composition of operations;
- Young tableaus and the combinatorics of the symmetric groups and their representations;
- symmetric functions, noncommutative symmetric functions, quasi-symmetric functions;
- Faa di Bruno formula.

These methods have been applied to problems in topology (fundamental group of a space), number theory (symmetries of polylogarithms and multizeta numbers), and more importantly, via the notion of a Feynman diagram, to problems in quantum field theory (the work of Connes and Kreimer). In our third part, we shall review some of these developments.

1.8. The main emphasis of this book is about the mathematical methods at the interface of theoretical physics and number theory. Accordingly, our choice of topics is somewhat biased. We left aside a number of interesting subjects, most notably:

---

[7] For the foundations of this method, see the work of Doplicher and Roberts [35; 36].

- finite-dimensional Hopf algebras, especially semisimple and cosemisimple ones;
- algebraic groups and formal groups in characteristic $p \neq 0$ (see [16; 18]);
- quantum groups and integrable systems, that is Hopf algebras which are neither commutative, nor cocommutative.

Acknowledgments. These notes represent an expanded and improved version of the lectures I gave at les Houches meeting. Meanwhile, I lectured at various places (Chicago (University of Illinois), Tucson, Nagoya, Banff, Bertinoro, Bures-sur-Yvette) on this subject matter. I thank these institutions for inviting me to deliver these lectures, and the audiences for their warm response, and especially Victor Kac for providing me with a copy of his notes. I thank also my colleagues of the editorial board for keeping their faith and exerting sufficient pressure on me to write my contribution. Many special thanks for my typist, Cécile Cheikhchoukh, who kept as usual her smile despite the pressure of time.

2 Hopf algebras and topology of groups and *H*-spaces

2.1 Invariant differential forms on Lie groups

The theory of Lie groups had remained largely local from its inception with Lie until 1925, when H. Weyl [73] succeeded in deriving the characters of the semi-simple complex Lie groups using his "unitarian trick". One of the tools of H. Weyl was the theorem that the universal covering of a compact semi-simple Lie group is itself compact. Almost immediately, E. Cartan [11] determined explicitly the simply connected compact Lie groups, and from then on, the distinction between local and global properties of a Lie group has remained well established. The work of E. Cartan is summarized in his booklet [13] entitled "La théorie des groupes finis et continus et l'*Analysis situs*" (published in 1930).

The first results pertained to the *homotopy* of groups:

- for a compact semi-simple Lie group G, $\pi_1(G)$ is finite and $\pi_2(G) = 0$;
- any semi-simple connected Lie group is homeomorphic to the product of a compact semi-simple Lie group and a Euclidean space.

But, from 1926 on, E. Cartan was interested in the Betti numbers of such a group, or what is the same, the *homology* of the group. He came to this subject as an application of his theory of symmetric Riemannian spaces. A Riemannian space X is called symmetric[8] if it is connected and if, for any point a in X, there exists an isometry leaving a fixed and transforming any

[8] An equivalent definition is that the covariant derivative of the Riemann curvature tensor, namely the five indices tensor $R^i_{jk\ell;m}$, vanishes everywhere.

oriented geodesic through a into the same geodesic with the opposite orientation. Assuming that X is compact, it is a homogeneous space $X = G/H$, where G is a compact Lie group and H a closed subgroup. In his fundamental paper [12], E. Cartan proved the following result:

Let $\mathcal{A}^p(X)$ denote the space of exterior differential forms of degree p on X, $\mathcal{Z}^p(X)$ the subspace of forms ω such that $d\omega = 0$, and $\mathcal{B}^p(X)$ the subspace of forms of type $\omega = d\varphi$ with φ in $\mathcal{A}^{p-1}(X)$. Moreover, let $\mathcal{I}^p(X)$ denote the finite-dimensional space consisting of the G-invariant forms on X. Then $\mathcal{Z}^p(X)$ is the direct sum of $\mathcal{B}^p(X)$ and $\mathcal{I}^p(X)$. We get therefore a natural isomorphism of $\mathcal{I}^p(X)$ with the so-called de Rham cohomology group $H^p_{DR}(X) = \mathcal{Z}^p(X)/\mathcal{B}^p(X)$.

Moreover, E. Cartan gave an algebraic method to determine $\mathcal{I}^p(X)$, by describing an isomorphism of this space with the H-invariants in $\Lambda^p(\mathfrak{g}/\mathfrak{h})^*$ (where $\mathfrak{g}$, resp. $\mathfrak{h}$ is the Lie algebra of G resp. H).

We use the following notations:

- the Betti number $b_p(X)$ is the dimension of $H^p_{DR}(X)$ (or $\mathcal{I}^p(X)$);
- the Poincaré polynomial is

$$P(X,t) = \sum_{p \geq 0} b_p(X)\, t^p \,. \tag{2.1}$$

E. Cartan noticed that an important class of symmetric Riemannian spaces consists of the connected compact Lie groups. If K is such a group, with Lie algebra $\mathfrak{k}$, the adjoint representation of K in $\mathfrak{k}$ leaves invariant a positive definite quadratic form q (since K is compact). Considering $\mathfrak{k}$ as the tangent space at the unit e of K, there exists a Riemannian metric on K, invariant under left and right translations, and inducing q on $T_e\, K$. The symmetry s_a around the point a is given by $s_a(g) = a\, g^{-1}\, a$, and the geodesics through e are the one-parameter subgroups of K. Finally if $G = K \times K$ and H is the diagonal subgroup of $K \times K$, then G operates on K by $(g, g') \cdot x = g\, x\, {g'}^{-1}$ and K is identified to G/H. Hence $\mathcal{I}^p(K)$ is the space of exterior differential forms of degree p, invariant under left and right translations, hence it is isomorphic to the space $(\Lambda^p\, \mathfrak{k}^*)^K$ of invariants in $\Lambda^p\, \mathfrak{k}^*$ under the adjoint group.

Calculating the Poincaré polynomial $P(K,t)$ remained a challenge for 30 years. E. Cartan guessed correctly

$$P(SU(n),t) = (t^3+1)(t^5+1)\dots(t^{2n-1}+1) \tag{2.2}$$

$$P(SO(2n+1),t) = (t^3+1)(t^7+1)\dots(t^{4n-1}+1) \tag{2.3}$$

as early as 1929, and obtained partial general results like $P(K,1) = 2^\ell$ where ℓ is the *rank*[9] of K; moreover $P(K,t)$ is divisible by $(t^3+1)(t+1)^{\ell-1}$. When $\ell = 2$, E. Cartan obtained the Poincaré polynomial in the form $(t^3+1)(t^{r-3}+1)$ if K is of dimension r. This settles the case of G_2. In 1935, R. Brauer [10] proved the results (2.2) and (2.3) as well as the following formulas

$$P(Sp(2n),t) = (t^3+1)(t^7+1)\dots(t^{4n-1}+1) \tag{2.4}$$

$$P(SO(2n),t) = (t^3+1)(t^7+1)\dots(t^{4n-5}+1)(t^{2n-1}+1)\,. \tag{2.5}$$

The case of the exceptional simple groups F_4, E_6, E_7, E_8 eluded all efforts until A. Borel and C. Chevalley [5] settled definitely the question in 1955. It is now known that to each compact Lie group K of rank ℓ is associated a sequence of integers $m_1 \leq m_2 \leq \dots \leq m_\ell$ such that $m_1 \geq 0$ and

$$P(K,t) = \prod_{i=1}^{\ell} (t^{2m_i+1}+1)\,. \tag{2.6}$$

The *exponents* $m_1, \dots, m_\ell$ have a wealth of properties[10] for which we refer the reader to N. Bourbaki [7].

Here we sketch R. Brauer's proof[11] for the case of $SU(n)$, or rather $U(n)$. The complexified Lie algebra of $U(n)$ is the algebra $\mathfrak{gl}_n(\mathbb{C})$ of complex $n \times n$ matrices, with the bracket $[A,B] = AB - BA$. Introduce the multilinear forms T_p on $\mathfrak{gl}_n(\mathbb{C})$ by

$$T_p(A_1, \dots, A_p) = \mathrm{Tr}(A_1 \dots A_p)\,. \tag{2.7}$$

By the fundamental theorem of invariant theory[12], any multilinear form on $\mathfrak{gl}_n(\mathbb{C})$ invariant under the group $U(n)$ (or the group $GL(n,\mathbb{C})$) is obtained

[9] In a compact Lie group K, the maximal connected closed commutative subgroups are all of the same dimension ℓ, the *rank* of K, and are isomorphic to the torus $\mathbb{T}^\ell = \mathbb{R}^\ell/\mathbb{Z}^\ell$. For instance, among the classical groups, $SU(n+1)$, $SO(2n)$, $SO(2n+1)$ and $Sp(2n)$ are all of rank n.

[10] For instance, the dimension of K is $\ell + 2\sum_{i=1}^{\ell} m_i$, the order of the Weyl group W is $|W| = \prod_{i=1}^{\ell}(m_i+1)$, the invariants of the adjoint group in the symmetric algebra $S(\mathfrak{k})$ form a polynomial algebra with generators of degrees $m_1+1, \dots, m_\ell+1$. Similarly the invariants of the adjoint group in the exterior algebra $\Lambda(\mathfrak{k})$ form an exterior algebra with generators of degrees $2m_1+1, \dots, 2m_\ell+1$.

[11] See a detailed exposition in H. Weyl [74], sections 7.11 and 8.16. It was noticed by Hodge that $\mathcal{I}^p(X)$, for a compact Riemannian symmetric space X, is also the space of harmonic forms of degree p. This fact prompted Hodge to give in Chapter V of his book [45] a detailed account of the Betti numbers of the classical compact Lie groups.

[12] See theorem (2.6.A) on page 45 in H. Weyl's book [74].

from $T_1, T_2, \ldots$ by tensor multiplication and symmetrization. Hence any invariant antisymmetric multilinear form is a linear combination of forms obtained from a product $T_{p_1} \otimes \ldots \otimes T_{p_r}$ by complete antisymmetrization. If we denote by Ω_p the complete antisymmetrization of T_p, the previous form is $\Omega_{p_1} \wedge \ldots \wedge \Omega_{p_r}$. Some remarks are in order:

- if p is even, T_p is invariant under the cyclic permutation γ_p of $1, \ldots, p$, but γ_p has signature -1; hence by antisymmetrization $\Omega_p = 0$ for p even;
- by invariant theory, Ω_p for $p > 2n$ is decomposable as a product of forms of degree $\leq 2n-1$;
- the exterior product $\Omega_{p_1} \wedge \ldots \wedge \Omega_{p_r}$ is antisymmetric in $p_1, \ldots, p_r$.

It follows that the algebra $\mathcal{T}^\bullet(U(n)) = \bigoplus_{p \geq 0} \mathcal{T}^p(U(n))$ possesses a basis of the form

$$\Omega_{p_1} \wedge \ldots \wedge \Omega_{p_r}\,, \quad 1 \leq p_1 < \cdots < p_r < 2n\,, \quad p_i \text{ odd.}$$

Hence it is an exterior algebra with generators $\Omega_1, \Omega_3, \ldots, \Omega_{2n-1}$. To go from $U(n)$ to $SU(n)$, omit Ω_1. Then, remark that if $\mathcal{T}^\bullet(X)$ is an exterior algebra with generators of degrees $2m_i + 1$ for $1 \leq i \leq \ell$, the corresponding Poincaré polynomial is $\prod_{i=1}^{\ell}(t^{2m_i+1} + 1)$. Done!

On the matrix group $U(n)$ introduce the complex coordinates g_{jk} by $g = (g_{jk})$, and the differentials $dg = (dg_{jk})$. The Maurer-Cartan forms are given by

$$dg_{jk} = \sum_m g_{jm}\,\omega_{mk} \tag{2.8}$$

or, in matrix form, by $\Omega = g^{-1}\,dg$. Introducing the exterior product of matrices of differential forms by

$$(A \wedge B)_{jk} = \sum_m a_{jm} \wedge b_{mk}\,, \tag{2.9}$$

then we can write

$$\Omega_p = \operatorname{Tr}(\underbrace{\Omega \wedge \ldots \wedge \Omega}_{p\,\text{factors}}) = \sum_{i_1 \ldots i_p} \omega_{i_1 i_2} \wedge \omega_{i_2 i_3} \wedge \ldots \wedge \omega_{i_p i_1}\,. \tag{2.10}$$

Since $\bar{\omega}_{jk} = -\omega_{kj}$, it follows that the differential forms $i^m\,\Omega_{2m-1}$ (for $m = 1, \ldots, n$) are *real*.

2.2 de Rham's theorem

In the memoir [12] already cited, E. Cartan tried to connect his results about the invariant differential forms in $\mathcal{T}^p(X)$ to the Betti numbers as defined in

Analysis Situs by H. Poincaré [61]. In section IV of [12], E. Cartan states three theorems, and calls "very desirable" a proof of these theorems. He remarks in a footnote that they have just been proved by G. de Rham. Indeed it is the subject matter of de Rham's thesis [33], defended and published in 1931. As mentioned by E. Cartan, similar results were already stated (without proof and in an imprecise form) by H. Poincaré.

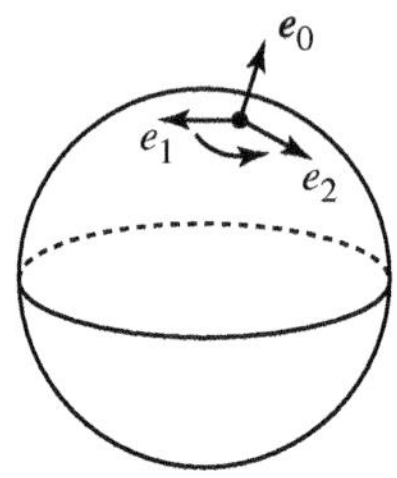

Fig. 1. e_0, e_1, e_2 positively oriented on V in $\mathbb{R}^3$, V the ball, bV the sphere, e_1, e_2 positively oriented on bV.

We need a few definitions. Let X be a smooth compact manifold (without boundary) of dimension n. We consider closed submanifolds V of dimension p in X, with a boundary denoted by bV. An orientation of V and an orientation of bV are compatible if, for every positively oriented frame $e_1, \ldots, e_{p-1}$ for bV at a point x of bV, and a vector e_0 pointing to the outside of V, the frame $e_0, e_1, \ldots, e_{p-1}$ is positively oriented for V. *Stokes formula* states that $\int_{bV} \varphi$ is equal to $\int_V d\varphi$ for every differential form φ in $\mathcal{A}^{p-1}(X)$. In particular, if V is a cycle (that is $bV = 0$) then the *period* $\int_V \omega$ of a form ω in $\mathcal{A}^p(X)$ is 0 if ω is a coboundary, that is $\omega = d\varphi$ for some φ in $\mathcal{A}^{p-1}(X)$.

de Rham's first theorem is a converse statement:

A. *If ω belongs to $\mathcal{A}^p(X)$, and is not a coboundary, then at least one period $\int_V \omega$ is not zero.*

As before, define the kernel $\mathcal{Z}^p(X)$ of the map $d : \mathcal{A}^p(X) \to \mathcal{A}^{p+1}(X)$ and the image $\mathcal{B}^p(X) = d\mathcal{A}^{p-1}(X)$. Since $dd = 0$, $\mathcal{B}^p(X)$ is included in $\mathcal{Z}^p(X)$ and we are entitled to introduce the de Rham cohomology group

$$H^p_{DR}(X) = \mathcal{Z}^p(X)/\mathcal{B}^p(X)\,.$$

It is a vector space over the real field $\mathbb{R}$, of finite dimension $b_p(X)$. According to Stokes theorem, for each submanifold V of X, without boundary, there is a linear form I_V on $H^p_{DR}(X)$, mapping the coset $\omega + \mathcal{B}^p(X)$ to $\int_V \omega$. According to theorem **A.**, the linear forms I_V span the space $H_p^{DR}(X)$ dual to $H^p_{DR}(X)$ (the so-called de Rham homology group). More precisely

B. *The forms I_V form a lattice $H_p^{DR}(X)_{\mathbb{Z}}$ in $H_p^{DR}(X)$.*

By duality, the cohomology classes $\omega + \mathcal{B}^p(X)$ of the closed forms with integral periods form a lattice $H^p_{DR}(X)_{\mathbb{Z}}$ in $H^p_{DR}(X)$.

We give now a topological description of these lattices. Let A be a commutative ring; in our applications A will be $\mathbb{Z}$, $\mathbb{Z}/n\mathbb{Z}$, $\mathbb{Q}$, $\mathbb{R}$ or $\mathbb{C}$. Denote by $C_p(A)$ the free A-module with basis $[V]$ indexed by the (oriented[13]) closed connected submanifolds V of dimension p. There is an A-linear map

$$b : C_p(A) \to C_{p-1}(A)$$

mapping $[V]$ to $[bV]$ for any V. Since $bb = 0$, we define $H_p(X;A)$ as the

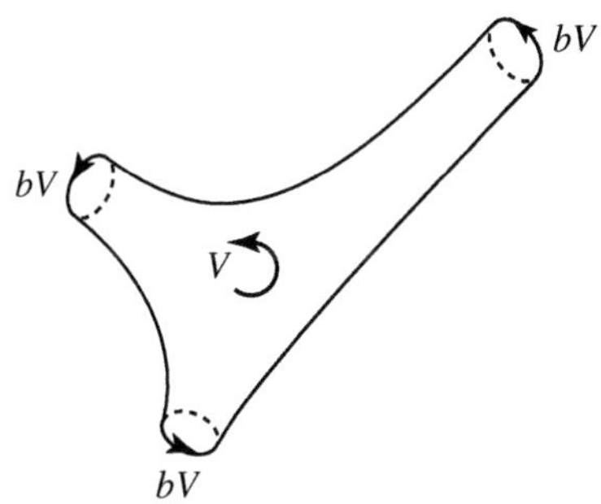

Fig. 2.

quotient of the kernel of $b : C_p(A) \to C_{p-1}(A)$ by the image of $b : C_{p+1}(A) \to C_p(A)$. By duality, $C^p(A)$ is the A-module dual to $C_p(A)$, and $\delta : C^p(A) \to C^{p+1}(A)$ is the transpose of $b : C_{p+1}(A) \to C_p(A)$. Since $\delta\delta = 0$, we can define the cohomology groups $H^p(X;A)$. Since X is compact, it can be shown that both $H_p(X;A)$ and $H^p(X;A)$ are *finitely generated A-modules.*

Here is the third statement:

C. *Let T_p be the torsion subgroup of the finitely generated $\mathbb{Z}$-module $H_p(X;\mathbb{Z})$. Then $H_p^{DR}(X)_{\mathbb{Z}}$ is isomorphic to $H_p(X;\mathbb{Z})/T_p$. A similar statement holds for $H^p_{DR}(X)_{\mathbb{Z}}$ and $H^p(X;\mathbb{Z})$. Hence, the Betti number $b_p(X)$ is the rank of the $\mathbb{Z}$-module $H_p(X;\mathbb{Z})$ and also of $H^p(X;\mathbb{Z})$.*

If the ring A has no torsion as a $\mathbb{Z}$-module (which holds for A equal to $\mathbb{Q}$, $\mathbb{R}$ or $\mathbb{C}$), we have isomorphisms

$$H_p(X;A) \cong H_p(X;\mathbb{Z}) \otimes_{\mathbb{Z}} A\,, \tag{2.11}$$

[13] If $\bar{V}$ is V with the reversed orientation, we impose the relation $[\bar{V}] = -[V]$: notice the integration formula $\int_{\bar{V}} \omega = -\int_V \omega$ for any p-form ω. The boundary bV is not necessarily connected (see fig. 2). If $B_1, \dots, B_r$ are its components, with matching orientations, we make the convention $[bV] = [B_1] + \cdots + [B_r]$.

$$H^p(X;A) \cong H^p(X;\mathbb{Z}) \otimes_{\mathbb{Z}} A\,. \tag{2.12}$$

Using Theorem **C.**, we get isomorphisms

$$H_p(X;\mathbb{R}) \cong H_p^{DR}(X), \quad H^p(X;\mathbb{R}) \cong H^p_{DR}(X)\,; \tag{2.13}$$

moreover, we can identify $H^p(X;\mathbb{Q})$ with the $\mathbb{Q}$-subspace of $H^p_{DR}(X)$ consisting of cohomology classes of p-forms ω all of whose periods are rational. The de Rham isomorphisms

$$H^p_{DR}(X) \cong H^p(X;\mathbb{R}) \cong H^p(X;\mathbb{Q}) \otimes_{\mathbb{Q}} \mathbb{R}$$

are a major piece in describing *Hodge structures.*

To complete the general picture, we have to introduce products in cohomology. The exterior product of forms satisfies the Leibniz rule

$$d(\alpha \wedge \beta) = d\alpha \wedge \beta + (-1)^{\deg \alpha}\, \alpha \wedge d\beta\,, \tag{2.14}$$

hence[14] $\mathcal{Z}^\bullet(X)$ is a subalgebra of $\mathcal{A}^\bullet(X)$, and $\mathcal{B}^\bullet(X)$ an ideal in $\mathcal{Z}^\bullet(X)$; the quotient space $H^\bullet_{DR}(X) = \mathcal{Z}^\bullet(X)/\mathcal{B}^\bullet(X)$ inherits a product from the exterior product in $\mathcal{A}^\bullet(X)$. Topologists have defined a so-called *cup-product* in $H^\bullet(X;A)$, and the de Rham isomorphism is compatible with the products. Here is a corollary:

D. *If α, β are closed forms with integral (rational) periods, the closed form $\alpha \wedge \beta$ has integral (rational) periods.*

The next statement is known as *Poincaré duality*:

E. *Given any topological cycle V of dimension p in X, there exists a closed form ω_V of degree $n-p$ with integral periods such that*

$$\int_V \varphi = \int_X \omega_V \wedge \varphi \tag{2.15}$$

for any closed p-form φ.

The map $V \mapsto \omega_V$ extends to an isomorphism of $H_p^{DR}(X)$ with $H^{n-p}_{DR}(X)$, which is compatible with the lattices $H_p^{DR}(X)_{\mathbb{Z}}$ and $H^{n-p}_{DR}(X)_{\mathbb{Z}}$, hence it defines an isomorphism[15]

$$H_p(X;\mathbb{Q}) \cong H^{n-p}(X;\mathbb{Q})$$

[14] We follow the standard practice, that is $\mathcal{Z}^\bullet(X)$ is the direct sum of the spaces $\mathcal{Z}^p(X)$ and similarly in other cases.

[15] This isomorphism depends on the choice of an orientation of X; going to the opposite orientation multiplies it by -1.

known as *Poincaré isomorphism.* The cup-product on the right-hand side defines a product $(V,W) \mapsto V \cdot W$ from[16] $H_p \otimes H_q$ to H_{p+q-n}, called *intersection product* [61]. Here is a geometric description: after replacing V (resp. W) by a cycle V' homologous to V (resp. W' homologous to W) we can assume that V' and W' are *transverse*[17] to each other everywhere. Then the intersection $V' \cap W'$ is a cycle of dimension $p+q-n$ whose class in H_{p+q-n} depends only on the classes of V in H_p and W in H_q. In the case $p=0$, a 0-cycle z is a linear combination $m_1 \cdot x_1 + \cdots + m_r \cdot x_r$ of points; the degree $\deg(z)$ is $m_1+\cdots+m_r$. The Poincaré isomorphism $H_0(X;\mathbb{Q}) \cong H^n(X;\mathbb{Q})$ satisfies the property

$$\deg(V) = \int_X \omega_V \tag{2.16}$$

for any 0-cycle V. As a corollary, we get

$$\deg(V \cdot W) = \int_X \omega_V \wedge \omega_W \tag{2.17}$$

for any two cycles of complementary dimension.

2.3 The theorems of Hopf and Samelson

Between 1935 and 1950, a number of results about the topology of compact Lie groups and their homogeneous spaces were obtained. We mention the contributions of Ehresmann, Hopf, Stiefel, de Siebenthal, Samelson, Leray, Hirsch, Borel,... They used alternatively methods from differential geometry (through de Rham's theorems) and from topology.

Formula (2.6) for the Poincaré polynomial is "explained" by the fact that the cohomology $H^\bullet(K;\mathbb{Q})$ of a compact Lie group K is an *exterior algebra* with generators of degrees $2m_1+1, \ldots, 2m_\ell+1$. Hence we get an isomorphism

$$H^\bullet(K;\mathbb{Q}) \cong H^\bullet(S^{2m_1+1} \times \ldots \times S^{2m_\ell+1};\mathbb{Q}). \tag{2.18}$$

The same statement is valid for $\mathbb{Q}$ replaced by any $\mathbb{Q}$-algebra (for instance $\mathbb{R}$ or $\mathbb{C}$), but it is not true for the cohomology with integral coefficients: it was quite complicated to obtain the torsion of the groups $H^p(K;\mathbb{Z})$, an achievement due essentially to A. Borel [3].

It is well-known that $SU(2)$ is homeomorphic to S^3, that $U(1)$ is homeomorphic to S^1, hence $U(2)$ is homeomorphic to $S^1 \times S^3$ [*Hint*: use the decomposition

[16] Here H_p is an abbreviation for $H_p(X;\mathbb{Q})$.

[17] Transversality means that at each point x in $V' \cap W'$ we can select a coordinate system $(x^1, \ldots, x^n)$ such that V' is given by equations $x^1 = \ldots = x^r = 0$ and W' by $x^{r+1} = \ldots = x^{r+s} = 0$. Hence $\dim_x V' = n-r =: p$, $\dim_x W' = n-s =: q$ and $\dim_x(V' \cap W') = n-r-s = p+q-n$.

$$g = \begin{pmatrix} 1 & 0 \\ 0 & e^{i\theta} \end{pmatrix} \begin{pmatrix} x+iy & z+it \\ -z+it & x-iy \end{pmatrix} \tag{2.19}$$

with $x^2+y^2+z^2+t^2=1$]. In general $U(n)$ and $S^1 \times S^3 \times \cdots \times S^{2n-1}$ have the same cohomology in any coefficients, but they are not homeomorphic for $n \geq 3$. Nevertheless, $U(n)$ can be considered as a principal fibre bundle with group $U(n-1)$ and a base space $U(n)/U(n-1)$ homeomorphic to S^{2n-1}. Using results of Leray proved around 1948, one can show that the spaces $U(n)$ and $U(n-1) \times S^{2n-1}$ have the same cohomology, hence by induction on n the statement that $U(n)$ and $S^1 \times S^3 \times \cdots \times S^{2n-1}$ have the same cohomology. Similar geometric arguments, using Grassmannians, Stiefel manifolds,... have been used by Ch. Ehresmann [40] for the other classical groups. The first general proof that (for any connected compact Lie group K) *the cohomology* $H^\bullet(K;\mathbb{Q})$ *is an exterior algebra with generators of odd degree* was given by H. Hopf [47] in 1941. Meanwhile, partial results were obtained by L. Pontrjagin [63].

We have noticed that for any compact manifold X, *the cup-product* in cohomology maps $H^p \otimes H^q$ into H^{p+q}, where $H^p := H^p(X;\mathbb{Q})$. If X and Y are compact manifolds, and f is a continuous map from X to Y, there is a map f^* going backwards (the "Umkehrungs-Homomorphisms" of Hopf) from $H^\bullet(Y;\mathbb{Q})$ into $H^\bullet(X;\mathbb{Q})$ and *respecting the grading and the cup-product.* For homology, there is a natural map f_* from $H_\bullet(X;\mathbb{Q})$ to $H_\bullet(Y,\mathbb{Q})$, dual to f^* in the natural duality between homology and cohomology. We have remarked that, using Poincaré's duality isomorphism

$$H_p(X;\mathbb{Q}) \cong H^{n-p}(X;\mathbb{Q})$$

(where n is the dimension of X), one can define the *intersection product* mapping $H_p \otimes H_q$ into H_{p+q-n}. In general, the *map f_* from $H_\bullet(X;\mathbb{Q})$ to $H_\bullet(Y;\mathbb{Q})$ respects the grading, but not the intersection product*[18].

What Pontrjagin noticed is that when the manifold X is a compact Lie group K, there is another product in $H_\bullet(K;\mathbb{Q})$ (now called Pontrjagin's product) mapping $H_p \otimes H_q$ into H_{p+q}. It is defined as follows: the multiplication in K is a continuous map $m : K \times K \to K$ inducing a linear map for the homology groups (with rational coefficients)

$$m_* : H_\bullet(K \times K) \to H_\bullet(K)\,.$$

Since $H_\bullet(K \times K)$ is isomorphic to $H_\bullet(K) \otimes H_\bullet(K)$ by Künneth theorem, we can view m_* as a multiplication in homology, mapping $H_p(K) \otimes H_q(K)$ into

[18] Here is a simple counterexample. Assume that Y is a real projective space of dimension 3, X is a plane in Y, and $f : X \to Y$ the inclusion map. If L and L' are lines in X, their intersections $L \cdot L'$ in X is a point (of dimension 0). But their images in Y have a homological intersection product which is 0, because it is allowed to move L in Y to another line L_1 not meeting L'.

$H_{p+q}(K)$. Hence both $H_\bullet(K;\mathbb{Q})$ and $H^\bullet(K;\mathbb{Q})$ are graded, finite-dimensional algebras, in duality. H. Samelson proved in [70] the conjecture made by Hopf at the end of his paper [47] that both $H_\bullet(K;\mathbb{Q})$ and $H^\bullet(K;\mathbb{Q})$ *are exterior algebras with generators of odd degree.* In particular, they are both graded-commutative[19]. It is a generic feature that the cohomology groups of a compact space X with arbitrary coefficients form a graded-commutative algebra for the cup-product. But for the Pontrjagin product in homology, there are exceptions, for instance $H_\bullet(\mathrm{Spin}(n);\mathbb{Z}/2\mathbb{Z})$ for infinitely many values of n (see A. Borel [3]).

In his 1941 paper [47], H. Hopf considered a more general situation. He called[20] H space any topological space X endowed with a continuous multiplication $m : X \times X \to X$ for which there exist two points a, b such that the maps $x \mapsto m(a,x)$ and $x \mapsto m(x,b)$ are homotopic[21] to the identity map of X. Using the induced map in cohomology and Künneth theorem, one obtains an algebra homomorphism

$$m^* : H^\bullet(X) \to H^\bullet(X \times X) = H^\bullet(X) \otimes_k H^\bullet(X)$$

where the cohomology is taken with coefficients in any field k. Assuming X to be a compact manifold, the k-algebra $H^\bullet(X)$ is finite-dimensional, and in duality with the space $H_\bullet(X)$ of homology. The multiplication in X defines a Pontrjagin product in $H_\bullet(X)$ as above. By duality[22], the maps

$$m^* : H^\bullet(X) \to H^\bullet(X) \otimes H^\bullet(X)$$

$$m_* : H_\bullet(X) \otimes H_\bullet(X) \to H_\bullet(X)$$

are transpose of each other. So the consideration of the Pontrjagin product in $H_\bullet(X)$, or of the coproduct m^* in $H^\bullet(X)$, are equivalent. Notice that the product m in the H-space X is neither assumed to be associative nor commutative (even up to homotopy).

The really new idea was the introduction of the coproduct m^*. The existence of this coproduct implies that $H^\bullet(K;\mathbb{Q})$ is an exterior algebra in a number of

[19] This means that any two homogeneous elements a and b commute $ab = ba$, unless both are of odd degree and we have then $ab = -ba$

[20] His terminology is "Γ-Mannigfaltigkeit", where Γ is supposed to remind of G in "Group", and where the german "Mannigfaltigkeit" is usually translated as "manifold" in english. The standard terminology H-space is supposed to be a reminder of H(opf).

[21] It is enough to assume that they are homotopy equivalences.

[22] We put $H_\bullet \otimes H_\bullet$ and $H^\bullet \otimes H^\bullet$ in duality in such a way that

$$\langle a \otimes b, \alpha \otimes \beta \rangle = (-1)^{|b|\,|\alpha|} \langle a, \alpha \rangle \langle b, \beta \rangle$$

for a, b, α, β homogeneous. In general $|x|$ is the degree of a homogeneous element x. The sign is dictated by *Koszul's sign rule*: when you interchange homogeneous elements x, y, put a sign $(-1)^{|x|\,|y|}$.

generators $c_1, \ldots, c_\lambda$ of odd degree. Hence if X is a compact H-space, it has the same cohomology as a product of spheres of odd dimension $S^{p_1} \times \cdots \times S^{p_\lambda}$. As proved by Hopf, there is no restriction on the sequence of odd dimensions $p_1, \ldots, p_\lambda$. The Poincaré polynomial is given by

$$P(X,t) = \prod_{i=1}^{\lambda} (1 + t^{p_i})$$

and in particular the sum $P(X,1) = \sum_{p \geq 0} b_p(X)$ of the Betti numbers is equal to 2^λ. To recover E. Cartan's result $P(K,1) = 2^\ell$ (see [12]), we have to prove $\ell = \lambda$. This is done by Hopf in another paper [48] in 1941, as follows. Let K be a compact connected Lie group of dimension d; for any integer $m \geq 1$, let Ψ_m be the (contravariant) action on $H^\bullet(K;\mathbb{Q})$ of the map $g \mapsto g^m$ from K to K. This operator can be defined entirely in terms of the cup-product and the coproduct m^* in $H^\bullet(K;\mathbb{Q})$, that is in terms of the Hopf algebra $H^\bullet(K;\mathbb{Q})$ (see the proof of Theorem 3.8.1). It is easy to check that Ψ_m multiplies by m every primitive element in $H^\bullet(K;\mathbb{Q})$. According to Hopf [47] and Samelson [70], the algebra $H^\bullet(K;\mathbb{Q})$ is an exterior algebra generated by primitive elements $c_1, \ldots, c_\lambda$ of respective degree $p_1, \ldots, p_\lambda$. Then $p_1 + \cdots + p_\lambda$ is the dimension d of K, and $c = c_1 \ldots c_\lambda$ lies in $H^d(K;\mathbb{Q})$. The map Ψ_m respects the cup-product and multiply $c_1, \ldots, c_\lambda$ by m. Hence $\Psi_m(c) = m^\lambda c$. This means that the degree of the map $g \mapsto g^m$ from K to K is m^λ. But according to the classical topological results obtained in the 1930's by Hopf and others, this means that the equation $g^m = g_0$ has m^λ solutions g for a generic g_0. Using the known structure theorems for Lie groups, if g_0 lies in a maximal torus $T \subset K$, of dimension ℓ, the m-th roots of g_0 are in T for a generic g_0, but in a torus of dimension ℓ, each generic element has m^ℓ m-th roots. that is $m^\lambda = m^\ell$ for $m \geq 1$, hence $\ell = \lambda$.

Hopf was especially proud that his proofs were general and didn't depend on the classification of simple Lie groups. More than once, results about Lie groups have been obtained by checking through the list of simple Lie groups, and the search for a "general" proof has been a strong incentive.

2.4 Structure theorems for some Hopf algebras I

Let us summarize the properties of the cohomology $A^\bullet = H^\bullet(X;k)$ of a connected H-space X with coefficients in a field k.

(I) The space $A^\bullet$ is graded $A^\bullet = \bigoplus_{n \geq 0} A^n$, and connected $A^0 = k$.

(II) $A^\bullet$ is a graded-commutative algebra, that is there is given a multiplication $m : A^\bullet \otimes A^\bullet \to A^\bullet$ with the following properties[23]

[23] We write $a \cdot b$ for $m(a \otimes b)$ and $|a|$ for the degree of a.

$$
\begin{aligned}
|a \cdot b| &= |a| + |b| && \text{(homogeneity)}\\
(a \cdot b) \cdot c &= a \cdot (b \cdot c) && \text{(associativity)}\\
b \cdot a &= (-1)^{|a|\,|b|}\, a \cdot b && \text{(graded commutativity)},
\end{aligned}
$$

for homogeneous elements a, b, c.

(III) There exists an element 1 in A^0 such that $1 \cdot a = a \cdot 1 = a$ for any a in $A^\bullet$ (unit).

(IV) There is a coproduct $\Delta : A^\bullet \to A^\bullet \otimes A^\bullet$, which is a homomorphism of graded algebras, such that $\Delta(a) - a \otimes 1 - 1 \otimes a$ belongs to $A_+ \otimes A_+$ for any a in A_+. Here we denote by A_+ the augmentation ideal $\bigoplus_{n \geq 1} A^n$ of $A^\bullet$.

Hopf's Theorem. (Algebraic version.) *Assume moreover that the field k is of characteristic* 0, *and that $A^\bullet$ is finite-dimensional. Then $A^\bullet$ is an exterior algebra generated by homogeneous elements of odd degree.*

Here is a sketch of the proof. It is quite close to the original proof by Hopf, except for the introduction of the filtration $(B_p)_{p \geq 0}$ and the associated graded algebra C. The idea of a filtration was introduced only later by J. Leray [52].

A. Besides the augmentation ideal $B_1 = A_+$, introduce the ideals $B_2 = A_+ \cdot A_+$, $B_3 = A_+ \cdot B_2$, $B_4 = A_+ \cdot B_3$ etc. We have a decreasing sequence

$$A^\bullet = B_0 \supset B_1 \supset B_2 \supset \dots$$

with intersection 0 since B_p is contained in $\bigoplus_{i \geq p} A^i$. We can form the corresponding (bi)graded[24] algebra

$$C = \bigoplus_{p \geq 0} B_p / B_{p+1} \,.$$

It is associative and graded-commutative (with respect to the second degree q in $C^{p,q}$). But now it is generated by B_1/B_2 that is $C^{1,\bullet} = \bigoplus_{q \geq 0} C^{1,q}$.

B. The coproduct $\Delta : A^\bullet \to A^\bullet \otimes A^\bullet$ maps B_p in $\sum_{i=0}^{p} B_i \otimes B_{p-i}$. Hence the filtration $(B_p)_{p \geq 0}$ is compatible with the coproduct Δ and since $C^{p,\bullet} = B_p/B_{p+1}$, Δ induces an algebra homomorphism $\delta : C \to C \otimes C$. The assumption

[24] Each B_p is a graded subspace of $A^\bullet$, i.e. $B_p = \bigoplus_{q \geq 0} (B_p \cap A^q)$. Hence $C = \bigoplus_{p,q \geq 0} C^{p,q}$ with

$$C^{p,q} = (B_p \cap A^q)/(B_{p+1} \cap A^q) \,.$$

$\Delta(a) - a \otimes 1 - 1 \otimes a$ in $A_+ \otimes A_+$ for any a in A_+ amounts to say that any element in $C^{1,\bullet}$ is *primitive*, that is

$$\delta(x) = x \otimes 1 + 1 \otimes x\,. \tag{2.20}$$

C. Changing slightly the notation, we consider an algebra $D^\bullet$ satisfying the assumptions (I) to (IV) and the extra property that $D^\bullet$ as an algebra is generated by the space $P^\bullet$ of primitive elements. First we prove that $P^\bullet$ has no homogeneous element of even degree. Indeed let x be such an element of degree $2m$. In $D^\bullet \otimes D^\bullet$ we have

$$\Delta(x^p) = x^p \otimes 1 + 1 \otimes x^p + \sum_{i=1}^{p-1} \binom{p}{i}\, x^i \otimes x^{p-i}\,. \tag{2.21}$$

Since $D^\bullet$ is finite-dimensional, we can select p large enough so that $x^p = 0$. Hence we get $\Delta(x^p) = 0$ but in the decomposition (2.21), the various terms belong to different homogeneous components since $x^i \otimes x^{p-i}$ is in $D^{2mi} \otimes D^{2m(p-i)}$. They are all 0, and in particular $px \otimes x^{p-1} = 0$. We are in characteristic 0 hence $x \otimes x^{p-1} = 0$ in $D^{2m} \otimes D^{2m(p-1)}$ and this is possible only if $x = 0$.

D. By the previous result, $P^\bullet$ possesses a basis $(t_i)_{1 \leq i \leq r}$ consisting of homogeneous elements of odd degree. To show that $D^\bullet$ is the exterior algebra built on $P^\bullet$, we have to prove the following lemma:

Lemma 2.4.1. *If $t_1, \dots, t_r$ are linearly independent homogeneous primitive elements of odd degree, the products*

$$t_{i_1} \dots t_{i_s}$$

for $1 \leq i_1 < \dots < i_s \leq r$ are linearly independent.

Proof by induction on r. A relation between these elements can be written in the form $a + b\,t_r = 0$ where a, b depend on $t_1, \dots, t_{r-1}$ only. Apply Δ to this identity to derive $\Delta(a) + \Delta(b)\,(t_r \otimes 1 + 1 \otimes t_r) = 0$ and select the term of the form $u \otimes t_r$. It vanishes hence $b = 0$, hence $a = 0$ and by the induction hypothesis a linear combination of monomials in $t_1, \dots, t_{r-1}$ vanishes iff all coefficients are 0.

E. We know already that the algebra C in subsection **B.** is an exterior algebra over primitive elements of odd degrees. Lift the generators from $C^{1,\bullet}$ to B_1 to obtain independent generators of $A^\bullet$ as an exterior algebra.

2.5 Structure theorems for some Hopf algebras II

We shall relax the hypotheses in Hopf's theorem. Instead of assuming $A^\bullet$ to be finite-dimensional, we suppose that each component A^n is finite-dimensional.

A. *Suppose that the field k is of characteristic 0. Then $A^\bullet$ is a free graded-commutative algebra.*

More precisely, $A^\bullet$ is isomorphic to the tensor product of a symmetric algebra $S(V^\bullet)$ generated by a graded vector space $V^\bullet = \bigoplus_{n\geq 1} V^{2n}$ entirely in even degrees, and an exterior algebra $\Lambda(W^\bullet)$ where $W^\bullet = \bigoplus_{n\geq 0} W^{2n+1}$ is entirely in odd degrees.

B. *Assume that the field k is perfect of characteristic p different from 0 and 2. Then $A^\bullet$ is isomorphic to $S(V^\bullet) \otimes \Lambda(W^\bullet) \otimes B^\bullet$, where $B^\bullet$ is generated by elements $u_1, u_2, \ldots$ of even degree subjected to relations of the form $u_i^{p^{m(i)}} = 0$ for $m(i) \geq 1$.*

Equivalently, the algebra $A^\bullet$ is isomorphic to a tensor product of a family (finite or infinite) of elementary algebras of the form $k[x]$, $\Lambda(\xi)$, $k[u]/(u^{p^m})$ with x, u of even degree and ξ of odd degree.

C. *Assume that the field k is perfect of characteristic 2. Then $A^\bullet$ is isomorphic to a tensor product of algebras of the type $k[x]$ or $k[x]/(x^{2^m})$ with x homogeneous.*

All the previous results were obtained by Borel in his thesis [1].

We conclude this section by quoting the results of Samelson [70] in an algebraic version. We assume that the field k is of characteristic 0, and that each vector space A^n is finite-dimensional. We introduce the vector space A_n dual to A^n and the graded dual $A_\bullet = \bigoplus_{n\geq 0} A_n$ of $A^\bullet$. Reasoning as in subsection 2.3, we dualize the coproduct

$$\Delta : A^\bullet \to A^\bullet \otimes A^\bullet$$

to a multiplication

$$\tilde{m} : A_\bullet \otimes A_\bullet \to A_\bullet \, .$$

D. *The following conditions are equivalent:*

(i) *The algebra $A^\bullet$ is generated by the subspace $P^\bullet$ of primitive elements.*
(ii) *With the multiplication $\tilde{m}$, the algebra $A_\bullet$ is associative and graded-commutative.*

The situation is now completely self-dual. The multiplication

$$m : A^\bullet \otimes A^\bullet \to A^\bullet$$

dualizes to a coproduct

$$\tilde{\Delta} : A_\bullet \to A_\bullet \otimes A_\bullet\,.$$

Denote by $P_\bullet$ the space of primitive elements in $A_\bullet$, that is the solutions of the equation $\tilde{\Delta}(x) = x \otimes 1 + 1 \otimes x$. Then there is a natural duality between $P_\bullet$ and $P^\bullet$ and more precisely between the homogeneous components P_n and P^n. Moreover $A^\bullet$ is the free graded-commutative algebra over $P^\bullet$ and similarly for $A_\bullet$ and $P_\bullet$.

In a topological application, we consider a compact Lie group K, and define

$$A^\bullet = H^\bullet(K;k)\,,\ A_\bullet = H_\bullet(K;k)$$

with the cup-product in cohomology, and the Pontrjagin product in homology. The field k is of characteristic 0, for instance $k = \mathbb{Q}, \mathbb{R}$ or $\mathbb{C}$. *Then both algebras $H^\bullet(K;k)$ and $H_\bullet(K;k)$ are exterior algebras with generators of odd degree.* Such results don't hold for general H-spaces. In a group, the multiplication is associative, hence the Pontrjagin product is associative. Dually, the coproduct

$$m^* : H^\bullet(K;k) \to H^\bullet(K;k) \otimes H^\bullet(K;k)$$

is coassociative (see subsection 3.5). Hence while results **A.**, **B.**, **C.** by Borel are valid for the cohomology of an arbitrary H-space, result **D.** by Samelson requires associativity of the H-space.

3 Hopf algebras in group theory

3.1 Representative functions on a group

Let G be a group and let k be a field. A *representation* π of G is a group homomorphism $\pi : G \to GL(V)$ where $GL(V)$ is the group of invertible linear maps in a finite-dimensional (complex) vector space V over k. We usually denote by V_π the space V corresponding to a representation π. Given a basis $(e_i)_{1 \leq i \leq d(\pi)}$ of the space V_π, we can represent the operator $\pi(g)$ by the corresponding matrix $(u_{ij,\pi}(g))$. To π is associated a vector space $\mathcal{C}(\pi)$ of functions on G with values in k, the *space of coefficients*, with the following equivalent definitions:

- it is generated by the functions $u_{ij,\pi}$ for $1 \leq i \leq d(\pi)$, $1 \leq j \leq d(\pi)$;
- it is generated by the *coefficients*

$$c_{v,v^*,\pi} : g \mapsto \langle v^*, \pi(g) \cdot v \rangle$$

  for v in V_π, v^* in the dual V_π^* of V_π;

- it consists of the functions

$$c_{A,\pi} : g \mapsto \mathrm{Tr}\,(A \cdot \pi(g))$$

for A running over the space $\mathrm{End}\,(V_\pi)$ of linear operators in V_π.

The union $R(G)$ of the spaces $\mathcal{C}(\pi)$ for π running over the class of representations of G is called the *representative space*. Its elements u are characterized by the following set of equivalent properties:

- the space generated by the left translates

$$L_{g'}u : g \mapsto u({g'}^{-1}g)$$

of u (for g' in G) is finite-dimensional;
- similarly for the right translates

$$R_{g'}u : g \mapsto u(gg')\,;$$

- there exists finitely many functions u'_i, u''_i on G ($1 \leq i \leq N$) such that

$$u(g'g'') = \sum_{i=1}^{N} u'_i(g')\, u''_i(g'')\,. \tag{3.22}$$

An equivalent form of (3.22) is as follows: let us define

$$\Delta u : (g', g'') \mapsto u(g'g'')$$

for any function u on G, and identify $R(G) \otimes R(G)$ to a space of functions on $G \times G$, $u' \otimes u''$ being identified to the function $(g', g'') \mapsto u'(g')\, u''(g'')$. The rule of multiplication for matrices and the definition of a representation $\pi(g'g'') = \pi(g') \cdot \pi(g'')$ imply

$$\Delta\, u_{ij,\pi} = \sum_k u_{ik,\pi} \otimes u_{kj,\pi}\,. \tag{3.23}$$

Moreover, for u_i in $\mathcal{C}(\pi_i)$, the sum $u_1 + u_2$ is a coefficient of $\pi_1 \oplus \pi_2$ (direct sum) and $u_1 u_2$ a coefficient of $\pi_1 \otimes \pi_2$ (tensor product). We have proved the following lemma:

Lemma 3.1.1. *For any group G, the set $R(G)$ of representative functions on G is an algebra of functions for the pointwise operations and Δ is a homomorphism of algebras*

$$\Delta : R(G) \to R(G) \otimes R(G)\,.$$

Furthermore, there exist two algebra homomorphisms

$$S : R(G) \to R(G)\,, \quad \varepsilon : R(G) \to k$$

defined by

$$Su(g) = u(g^{-1}), \quad \varepsilon\, u = u(1). \tag{3.24}$$

The maps Δ, S, ε are called, respectively, the coproduct, the antipodism[25] and the counit.

3.2 Relations with algebraic groups

Let G be a subgroup of the group $GL(d,k)$ of matrices. We say that G is an algebraic group if there exists a family (P_α) of polynomials in d^2 variables γ_{ij} with coefficients in k such that a matrix $g = (g_{ij})$ in $GL(d,k)$ belongs to G iff the equations $P_\alpha(\ldots g_{ij}\ldots) = 0$ hold. The *coordinate ring* $\mathcal{O}(G)$ of G consists of rational functions on G regular at every point of G, namely the functions of the form

$$u(g) = P(\ldots g_{ij}\ldots)/(\det g)^N, \tag{3.25}$$

where P is a polynomial, and $N \geq 0$ an integer. The multiplication rule $\det(g'g'') = \det(g')\det(g'')$ implies that such a function u is in $R(G)$ and Cramer's rule for the inversion of matrices implies that Su is in $\mathcal{O}(G)$ for any u in $\mathcal{O}(G)$. Hence:

Lemma 3.2.1. *Let G be an algebraic subgroup of $GL(d,k)$. Then $\mathcal{O}(G)$ is a subalgebra of $R(G)$, generated by a finite number of elements*[26]*. Furthermore Δ maps $\mathcal{O}(G)$ into $\mathcal{O}(G) \otimes \mathcal{O}(G)$ and S maps $\mathcal{O}(G)$ into $\mathcal{O}(G)$. Finally, G is the spectrum of $\mathcal{O}(G)$, that is every algebra homomorphism $\varphi : \mathcal{O}(G) \to k$ corresponds to a unique element g of G such that φ is equal to $\delta_g : u \mapsto u(g)$.*

This lemma provides an intrinsic definition of an algebraic group as a pair $(G, \mathcal{O}(G))$ where $\mathcal{O}(G)$ satisfies the above properties. We give a short dictionary:

(i) If $(G, \mathcal{O}(G))$ and $(G', \mathcal{O}(G'))$ are algebraic groups, the homomorphisms of algebraic groups $\varphi : G \to G'$ are the group homomorphisms such that $\varphi^*(u') := u' \circ \varphi$ is in $\mathcal{O}(G)$ for every u' in $\mathcal{O}(G')$.

(ii) The product $G \times G'$ is in a natural way an algebraic group such that $\mathcal{O}(G\times G') = \mathcal{O}(G)\otimes\mathcal{O}(G')$ (with the identification $(u\otimes u')(g,g') = u(g)\, u'(g')$).

(iii) A linear representation $u : G \to GL(n,k)$ is algebraic if and only if $u = (u_{ij})$ with elements u_{ij} in $\mathcal{O}(G)$ such that

[25] The existence of the antipodism reflects the existence, for any representation π of the *contragredient* representation acting on V_π^* by $\pi^\vee(g) = {}^t\pi(g^{-1})$.

[26] Namely the coordinates g_{ij} and the inverse $1/\det g$ of the determinant.

$$\Delta u_{ij} = \sum_{k=1}^{n} u_{ik} \otimes u_{kj} \,. \tag{3.26}$$

More intrinsically, if $V = V_\pi$ is the space of a representation π of G, then V is a *comodule* over the *coalgebra* $\mathcal{O}(G)$, that is there exists a map $\Pi : V \to \mathcal{O}(G) \otimes V$ given by

$$\Pi(e_j) = \sum_{i=1}^{d(\pi)} u_{ij,\pi} \otimes e_i \tag{3.27}$$

for any basis (e_i) of V and satisfying the rules[27]

$$(\Delta \otimes 1_V) \circ \Pi = (1_{\mathcal{O}(G)} \otimes \Pi) \circ \Pi \,, \tag{3.28}$$

$$\pi(g) = (\delta_g \otimes 1_V) \circ \Pi \,. \tag{3.29}$$

3.3 Representations of compact groups

The purpose of this subsection is to show that any compact Lie group G is an algebraic group in a canonical sense. Here are the main steps in the proof:

(A) *Schur's orthogonality relations.*
(B) *Peter-Weyl's theorem.*
(C) *Existence of a faithful linear representation.*
(D) *Algebraicity of a compact linear group.*
(E) *Complex envelope of a compact Lie group.*

We shall consider only continuous complex representations of G. The corresponding representative algebra $R_c(G)$ consists of the complex representative functions which are continuous. We introduce in G a Haar measure m, that is a Borel measure which is both left and right-invariant:

$$m(gB) = m(Bg) = m(B) \tag{3.30}$$

for any Borel subset B of G and any g in G. We normalize m by $m(G) = 1$, and denote by $\int_G f(g)\,dg$ the corresponding integral. In the space $L^2(G)$ of square-integrable functions, we consider the scalar product

$$\langle f \mid f' \rangle = \int_G \overline{f(g)}\, f'(g)\, dg \,; \tag{3.31}$$

hence $L^2(G)$ is a (separable) Hilbert space.

Let $\pi : G \to GL(V)$ be a (continuous) representation of G. Let Φ be any positive-definite hermitian form on $V_\pi = V$ and define

---

[27] In any vector space W, we denote by λ_W the multiplication by the number λ acting in W.

$$\langle v \mid v' \rangle = \int_G \Phi(\pi(g) \cdot v, \pi(g) \cdot v')\, dg \tag{3.32}$$

for v, v' in V_π. This is a hermitian scalar product on V_π, invariant under G. Hence the representation π is *semisimple*, that is V_π is a direct sum $V_1 \oplus \cdots \oplus V_r$ of subspaces of V_π invariant under G, such that π induces an *irreducible* (or *simple*) representation π_i of G in the space V_i. Hence the vector space $\mathcal{C}(\pi)$ is the sum $\mathcal{C}(\pi_1) + \cdots + \mathcal{C}(\pi_r)$.

(A) *Schur's orthogonality relations.*

They can be given three equivalent formulations (π is an irreducible representation):

- the functions $d(\pi)^{1/2}\, u_{ij,\pi}$ form an orthonormal basis of the subspace[28] $\mathcal{C}(\pi)$ of $L^2(G)$;
- given vectors $v_1, \ldots, v_4$ in V_π, we have

$$\int_G \overline{\langle v_1 \,|\pi(g)|\, v_2 \rangle}\, \langle v_3 \,|\pi(g)|\, v_4 \rangle\, dg = d(\pi)^{-1}\, \overline{\langle v_1 \mid v_3 \rangle}\, \langle v_2 \mid v_4 \rangle\,; \tag{3.33}$$

- given two linear operators A, B in V_π, we have

$$\langle c_{A,\pi} \mid c_{B,\pi} \rangle = d(\pi)^{-1}\, \mathrm{Tr}(A^* B)\,. \tag{3.34}$$

The (classical) proof runs as follows. Let L be any operator in V_π. Then $L^\natural = \int_G \pi(g) \cdot L \cdot \pi(g^{-1})\, dg$ commutes to $\pi(G)$, hence by Schur's lemma, it is a scalar c_V. But obviously $\mathrm{Tr}(L^\natural) = \mathrm{Tr}(L)$, hence $c = \mathrm{Tr}(L)/d(\pi)$ and

$$L^\natural = d(\pi)^{-1}\, \mathrm{Tr}(L) \cdot 1_V\,. \tag{3.35}$$

Multiplying by an operator M in V_π and taking the trace, we get

$$\int_G \mathrm{Tr}(\pi(g)\, L\, \pi(g^{-1})\, M)\, dg = d(\pi)^{-1}\, \mathrm{Tr}(L)\, \mathrm{Tr}(M)\,. \tag{3.36}$$

Formula (3.33) is the particular case[29]

$$L = |v_4\rangle\langle v_2|\,, \quad M = |v_1\rangle\langle v_3| \tag{3.37}$$

of (3.36), since $\langle v \,|\pi(g^{-1})|\, v' \rangle = \overline{\langle v' \,|\pi(g)|\, v \rangle}$ by the unitarity of the operator $\pi(g)$. Specializing $v_1, \ldots, v_4$ to basis vectors e_i, we derive the orthonormality of the functions $d(\pi)^{1/2}\, u_{ij,\pi}$. Notice also that (3.34) reduces to (3.33) for

$$A = |v_2\rangle\langle v_1|\,, \quad B = |v_4\rangle\langle v_3| \tag{3.38}$$

---

[28] The functions in $\mathcal{C}(\pi)$ being continuous, and G being compact, we have the inclusion $\mathcal{C}(\pi) \subset L^2(G)$.

[29] Here we use the *bra-ket notation*, hence L is the operator $v \mapsto \langle v_2 \mid v \rangle \cdot v_4$.

and the general case follows by linearity.

Let now π and π' be two irreducible (continuous) non isomorphic representations of G. If $L : V_\pi \to V_{\pi'}$ is any linear operator define

$$L^\natural = \int_G \pi'(g) \cdot L \cdot \pi(g)^{-1}\, dg\,. \tag{3.39}$$

An easy calculation gives the *intertwining property*

$$\pi'(g)\, L^\natural = L^\natural\, \pi(g) \quad \text{for } g \text{ in } G. \tag{3.40}$$

Since π and π' are non isomorphic, we obtain $L^\natural = 0$ by Schur's lemma. Hence $\langle v' \,|L^\natural|\, v\rangle = 0$ for v in V_π and $v' \in V_{\pi'}$ and specializing to $L = |w'\rangle\langle w|$, we obtain the orthogonality relation

$$\int_G \overline{\langle v\,|\pi(g)|\, w\rangle}\, \langle v' \,|\pi'(g)|\, w'\rangle\, dg = 0\,. \tag{3.41}$$

That is *the spaces* $\mathcal{C}(\pi)$ *and* $\mathcal{C}(\pi')$ *are orthogonal in* $L^2(G)$.

(B) *Peter-Weyl's theorem.*

We consider a collection $\hat{G}$ of irreducible (continuous) representations of G, such that every irreducible representation of G is isomorphic to one, and only one, member of $\hat{G}$. We keep the previous notations V_π, $d(\pi)$, $\mathcal{C}(\pi), \ldots$

Theorem of Peter-Weyl. *The family of functions* $d(\pi)^{1/2}\, u_{ij,\pi}$ *for* π *in* $\hat{G}$, $1 \le i \le d(\pi)$, $1 \le j \le d(\pi)$ *is an orthonormal basis of the Hilbert space* $L^2(G)$.

From the results in (A), we know already that the functions $d(\pi)^{1/2}\, u_{ij,\pi}$ form an orthonormal system and an algebraic basis of the vector space $R_c(G)$ of (continuous) representative functions. It suffices therefore to prove that $R_c(G)$ is a dense subspace of $L^2(G)$. Here is a simple proof[30].

For any continuous function f on G, define the convolution operator R_f in $L^2(G)$ by

$$(R_f\, \varphi)(g') = \int_G \varphi(g)\, f(g^{-1}\, g')\, dg\,. \tag{3.42}$$

This is an integral operator with a kernel $f(g^{-1}\, g')$ which is continuous on the compact space $G \times G$, hence in $L^2(G \times G)$. The operator R_f is therefore a *Hilbert-Schmidt operator*. By an elementary proof ([9], chapter 5), there exists an orthonormal basis (φ_n) in $L^2(G)$ such that the functions $R_f\, \varphi_n$ are mutually orthogonal. If we set $\lambda_n = \langle R_f\, \varphi_n \mid R_f\, \varphi_n\rangle$, it follows that $\lambda_n \ge 0$, $\sum_n \lambda_n < +\infty$ (since R_f is Hilbert-Schmidt) and[31]

[30] All known proofs [24], [55] rely on the theory of integral equations. Ours uses only the elementary properties of Hilbert-Schmidt operators.

[31] We denote by T^* the adjoint of any bounded linear operator T in $L^2(G)$.

$$R_f^* \, R_f \, \varphi_n = \lambda_n \, \varphi_n \, . \tag{3.43}$$

From the relation $\sum_n \lambda_n < +\infty$, it follows that for each $\lambda \neq 0$ the space $C_{\lambda,f}$ of solutions of the equation

$$R_f^* \, R_f \, \varphi = \lambda \, \varphi \tag{3.44}$$

is finite-dimensional. It is invariant under the left translations L_g since R_f commutes to L_g, and $R_f^* \, R_f$ transforms square-integrable functions into continuous functions by well-known properties of convolution. Hence $C_{\lambda,f}$ is a subspace of $R_c(G)$. If $I(f) := \operatorname{Im} R_f^* \, R_f$ is the range of the operator $R_f^* \, R_f$, it suffices to prove that the union of the ranges $I(f)$ for f continuous is dense in $L^2(G)$. Choose a sequence (f_n) of continuous functions approximating[32] the Dirac "function" $\delta(g)$. Then for every continuous function φ in G, we have

$$\varphi = \lim_{n \to \infty} R_{f_n}^* \, R_{f_n} \, \varphi \tag{3.45}$$

uniformly on G, hence in $L^2(G)$. Moreover, the continuous functions are dense in $L^2(G)$. Q.E.D.

(C) *Existence of a faithful linear representation.*

Let $\mathfrak{g}$ be the Lie algebra of G, and $\exp : \mathfrak{g} \to G$ the exponential map. It is known that there exists a convex symmetric open set U in $\mathfrak{g}$ (containing 0) such that $\exp|_U$ is a homeomorphism of U onto an open subset V of G. Let $U_1 = \frac{1}{2} U$ and $V_1 = \exp(U_1)$. I claim that V_1 *contains no subgroup H of G, except $H = \{1\}$*. Indeed, for $h \in H$, $h \neq 1$ we can write $h = \exp x$, with $x \in U_1$, $x \neq 0$, hence $h^2 = \exp 2x$ belongs to V but not to V_1, hence not to H.

Since the Hilbert space $L^2(G)$ is separable, it follows from Peter-Weyl's theorem that we can enumerate $\hat{G}$ as a sequence $(\pi_n)_{n \geq 1}$. Denote by G_n the closed subgroup of G consisting of the elements g such that $\pi_1(g) = 1$, $\pi_2(g) = 1, \ldots, \pi_n(g) = 1$. Denote by H the intersection of the decreasing sequence $(G_n)_{n \geq 1}$. For h in H, it follows from Peter-Weyl's theorem that the left translation L_h in $L^2(G)$ is the identity, hence for any continuous function f on G, we have

$$f(h) = L_{h^{-1}} \, f(1) = f(1) \, , \tag{3.46}$$

hence $h = 1$ since the continuous functions on a compact space separate the points.

Hence $\bigcap_{n \geq 1} G_n = \{1\}$ and since V_1 is a neighborhood of 1, it follows from the compactness of G that V_1 contains one of the subgroups G_n, hence $G_n = \{1\}$

[32] That is, each f_n is continuous, non negative, normalized $\int_G f_n(g) \, dg = 1$, and there exists a basis (V_n) of the neighborhoods of 1 in G, such that f_n vanishes outside V_n.

for some n by the first part of this proof. Otherwise stated, $\pi := \pi_1 \oplus \cdots \oplus \pi_n$ is a faithful representation.

(D) *Algebraicity of a compact linear group.*

Lemma 3.3.1. *Let $m \geq 1$ be an integer, and $K \subset GL(m, \mathbb{R})$ a compact subgroup. Then K is a real algebraic subgroup.*

Indeed, let g be a matrix[33] in $M_m(\mathbb{R})$, not in K. The closed subsets K and Kg of $M_m(\mathbb{R})$ are disjoint, hence there exists a continuous function φ on $K \cup Kg$ taking the value 0 on K and 1 on Kg. By Weierstrass' approximation theorem, we find a real polynomial in m^2 variables such that $|\varphi - P| \leq \frac{1}{4}$ on $K \cup Kg$. Average P:

$$P^\natural(h) = \int_K P(kh)\, dk\,. \tag{3.47}$$

Then $P^\natural$ is an invariant polynomial hence take constant values a on K, b on Kg. From $|\varphi - P| \leq \frac{1}{4}$ one derives $|a| \leq \frac{1}{4}$, $|1 - b| \leq \frac{1}{4}$, hence $b \neq a$. The polynomial $P^\natural - a$ is identically 0 on K, and takes a non zero value at g. *Conclusion*: K is a real algebraic submanifold of the space $M_m(\mathbb{R})$ of square real matrices of order m.

(E) *Complex envelope of a compact Lie group.*

We can repeat for the real representations of G what was said for the complex representations: direct sum, tensor product, orthogonality, semisimplicity. For any complex representative function u, its complex conjugate $\bar{u}$ is a representative function, hence also the real and imaginary part of u. That is

$$R_c(G) = R_{c,\mathrm{real}}(G) \oplus i\, R_{c,\mathrm{real}}(G) \tag{3.48}$$

where $R_{c,\mathrm{real}}(G)$ is the set of continuous representative functions which take real values only. Moreover $R_{c,\mathrm{real}}(G)$ is the orthogonal direct sum $\bigoplus_\pi \mathcal{C}(\pi)_\mathbb{R}$ extended over all irreducible real representations π of G, where $\mathcal{C}(\pi)_\mathbb{R}$ is the real vector space generated by the coefficients π_{ij} for π given in matrix form

$$\pi = (\pi_{ij}) : G \to GL(m, \mathbb{R})\,.$$

Since any complex vector space of dimension n can be considered as a real vector space of dimension $m = 2n$, and since G admits a faithful complex representation, we can select a faithful real representation ρ given in matrix form

$$\rho = (\rho_{ij}) : G \to GL(m; \mathbb{R})\,.$$

---

[33] We denote by $M_m(\mathbb{R})$ the space of square matrices of size $m \times m$, with real entries.

Theorem 3.3.1. (i) *Any irreducible real representation π of G is isomorphic to a subrepresentation of some $\rho^{\otimes N}$ with $N \geq 0$.*

(ii) *The algebra $R_{c,\mathrm{real}}(G)$ is generated by the functions ρ_{ij} for $1 \leq i \leq m$, $1 \leq j \leq m$.*

(iii) *The space G is the real spectrum*[34] *of the algebra $R_{c,\mathrm{real}}(G)$.*

Let I be the set of irreducible real representations π of G which are contained in some tensor representation $\rho^{\otimes N}$. Then, by the semisimplicity of real representations of G, the subalgebra of $R_{c,\mathrm{real}}(G)$ generated by $\mathcal{C}(\rho)_{\mathbb{R}}$ is the direct sum $A = \bigoplus_{\pi \in I} \mathcal{C}(\pi)_{\mathbb{R}}$. Since the continuous real functions ρ_{ij} on G separate the points, it follows from the Weierstrass-Stone theorem that A is dense in the Banach space $C^0(G;\mathbb{R})$ of real continuous functions on G, with the supremum norm. Hence

$$A \subset R_{c,\mathrm{real}}(G) \subset C^0(G;\mathbb{R})\,.$$

If there existed an irreducible real representation σ not in I, then $\mathcal{C}(\sigma)_{\mathbb{R}}$ would be orthogonal to A in $L^2(G;\mathbb{R})$ by Schur's orthogonality relations. But A is dense in the Banach space $C^0(G;\mathbb{R})$, continuously and densely embedded in the Hilbert space $L^2(G;\mathbb{R})$, and its orthogonal complement reduces therefore to 0. Contradiction! This proves (i) and (ii).

The set $\Gamma = \rho(G)$ is real algebraic in the space $M_m(\mathbb{R})$, (by (D)), hence it is the real spectrum of the algebra $\mathcal{O}(\Gamma)$ generated by the coordinate functions on Γ. The bijection $\rho : G \to \Gamma$ transforms $R_{c,\mathrm{real}}(G)$ into $\mathcal{O}(\Gamma)$ by (ii), hence G is the real spectrum of $R_{c,\mathrm{real}}(G)$. Q.E.D.

Let $G(\mathbb{C})$ be the complex spectrum of the algebra $R_c(G)$. By the previous theorem and (3.48), the complex algebra $R_c(G)$ is generated by the ρ_{ij}'s. Furthermore as above, we show that ρ extends to an isomorphism $\rho_{\mathbb{C}}$ of $G(\mathbb{C})$ onto the smallest complex algebraic subgroup of $GL(m,\mathbb{C})$ containing $\rho(G) \subset GL(m,\mathbb{R})$. Hence $G(\mathbb{C})$ is a complex algebraic group, and there is an involution r in $G(\mathbb{C})$ with the following properties:

(i) *G is the set of fixed points of r in $G(\mathbb{C})$.*
(ii) *For u in $R_c(G)$ and g in $G(\mathbb{C})$, one has*

$$u(r(g)) = \overline{\bar{u}(g)} \tag{3.49}$$

and in particular $u(r(g)) = \overline{u(g)}$ for u in $R_{c,\mathrm{real}}(G)$.

The group $G(\mathbb{C})$ is called the *complex envelope of G*. For instance if $G = U(n)$, then $G(\mathbb{C}) = GL(n,\mathbb{C})$ with the natural inclusion $U(n) \subset GL(n,\mathbb{C})$ and $r(g) = (g^*)^{-1}$.

[34] That is, for every algebra homomorphism $\varphi : R_{c,\mathrm{real}}(G) \to \mathbb{R}$ there exists a unique point g in G such that $\varphi(u) = u(g)$ for every u in $R_{c,\mathrm{real}}(G)$.

3.4 Categories of representations

We come back to the situation of subsection 3.1. We consider an "abstract" group G and the algebra $R(G)$ of representative functions on G together with the mappings Δ, S, ε.

Let L be a sub-Hopf-algebra of $R(G)$, that is a subalgebra such that $\Delta(L) \subset L \otimes L$, and $S(L) = L$. Denote by $\mathcal{C}_L$ the class of representations π of G such that $\mathcal{C}(\pi) \subset L$. We state the main properties:

(i) *If π_1 and π_2 are in the class $\mathcal{C}_L$, so are the direct sum $\pi_1 \oplus \pi_2$ and the tensor product $\pi_1 \otimes \pi_2$.*

(ii) *For any π in $\mathcal{C}_L$, every subrepresentation π' of π, as well as the quotient representation π/π' (in $V_\pi/V_{\pi'}$) are in $\mathcal{C}_L$.*

(iii) *For any representation π in $\mathcal{C}_L$, the contragredient representation*[35] *$\pi^\vee$ is in $\mathcal{C}_L$; the unit representation $\mathbf{1}$ is in $\mathcal{C}_L$.*

(iv) *L is the union of the spaces $\mathcal{C}(\pi)$ for π running over $\mathcal{C}_L$.*

Hints of proof:

- For (i), use the relations

$$\mathcal{C}(\pi_1 \oplus \pi_2) = \mathcal{C}(\pi_1) + \mathcal{C}(\pi_2)\,, \ \ \mathcal{C}(\pi_1 \otimes \pi_2) = \mathcal{C}(\pi_1)\,\mathcal{C}(\pi_2)\,.$$

- For (ii) use the relations

$$\mathcal{C}(\pi') \subset \mathcal{C}(\pi)\,, \ \ \mathcal{C}(\pi/\pi') \subset \mathcal{C}(\pi)\,.$$

- For (iii) use the relations

$$\mathcal{C}(\pi^\vee) = S(\mathcal{C}(\pi))\,, \ \ \mathcal{C}(\mathbf{1}) = \mathbb{C}\,.$$

- To prove (iv), let u in L. By definition of a representative function, the vector space V generated by the right translates of u is finite-dimensional, and the operators R_g define a representation ρ in V. Since u is in V, it remains to prove $V = \mathcal{C}(\rho)$. We leave it as an exercise for the reader.

Conversely, let $\mathcal{C}$ be a class of representations of G satisfying the properties analogous to (i) to (iii) above. Then the union L of the spaces $\mathcal{C}(\pi)$ for π running over $\mathcal{C}$ is a sub-Hopf-algebra of $R(G)$. In order to prove that $\mathcal{C}$ is the class $\mathcal{C}_L$ corresponding to L, one needs to prove the following lemma:

Lemma 3.4.1. *If π and π' are representations of G such that $\mathcal{C}(\pi) \subset \mathcal{C}(\pi')$, then π is isomorphic to a subquotient of ${\pi'}^N$ for some integer $N \geq 0$.*

---

[35] The contragredient $\pi^\vee$ of π acts on the dual V_π^* of V_π in such a way that

$$\langle \pi^\vee(g) \cdot v^*, v \rangle = \langle v^*, \pi(g^{-1}) \cdot v \rangle$$

for v in V_π, v^* in V_π^* and g in G. Equivalently $\pi^\vee(g) = {}^t\pi(g)^{-1}$.

Proof left to the reader (see [72], page 47).

Consider again a sub-Hopf-algebra L of $R(G)$. Let G_L be the spectrum of L, that is the set of algebra homomorphisms from L to k. For g, g' in G_L, the map

$$g \cdot g' := (g \otimes g') \circ \Delta \tag{3.50}$$

is again in G_L, as well as $g \circ S$. It is easy to check that we define a multiplication in G_L which makes it a group, with $g \circ S$ as inverse of g, and $\varepsilon|_L$ as unit element. Furthermore, there is a group homomorphism

$$\delta : G \to G_L$$

transforming any g in G into the map $u \mapsto u(g)$ from L to k. The group G_L is called the *envelope of* G corresponding to the Hopf-algebra $L \subset R(G)$, or equivalently to the class $\mathcal{C}_L$ of representations of G corresponding to L.

We reformulate these constructions in terms of categories. Given two representations π, π' of G, let $\mathrm{Hom}(\pi, \pi')$ be the space of all linear operators $T : V_\pi \to V_{\pi'}$ such that $\pi'(g)\, T = T\, \pi(g)$ for all g in G ("intertwining operators"). With the obvious definition for the composition of intertwining operators, the *class* $\mathcal{C}_L$ *is a category.* Furthermore, one defines a functor Φ from $\mathcal{C}_L$ to the category Vect_k of finite-dimensional vector spaces over k: namely $\Phi(\pi) = V_\pi$ for π in $\mathcal{C}_L$ and $\Phi(T) = T$ for T in $\mathrm{Hom}(\pi, \pi')$. This functor is called the *forgetful functor.* Finally, the group $\mathrm{Aut}(\Phi)$ of automorphisms of the functor Φ consists of the families $g = (g_\pi)_{\pi \in \mathcal{C}_L}$ such that $g_\pi \in GL(V_\pi)$ and

$$g_{\pi'}\, T = T\, g_\pi \tag{3.51}$$

for π, π' in $\mathcal{C}_L$ and T in $\mathrm{Hom}(\pi, \pi')$. Hence $\mathrm{Aut}(\Phi)$ is a subgroup of $\prod\limits_{\pi \in \mathcal{C}_L} GL(V_\pi)$.

With these definitions, one can identify G_L with the subgroup of $\mathrm{Aut}(\Phi)$ consisting of the elements $g = (g_\pi)$ satisfying the equivalent requirements:

(i) *For any* π *in* $\mathcal{C}_L$*, the operator* g_π *in* V_π *belongs to the smallest algebraic subgroup of* $GL(V_\pi)$ *containing the image* $\pi(G)$ *of the representation* π.

(ii) *For* π, π' *in* $\mathcal{C}_L$*, the operator* $g_{\pi \otimes \pi'}$ *in* $V_{\pi \otimes \pi'} = V_\pi \otimes V_{\pi'}$ *is equal to* $g_\pi \otimes g_{\pi'}$.

Examples. 1) Let G be an algebraic group, and $\mathcal{O}(G)$ its coordinate ring. For $L = \mathcal{O}(G)$, the class $\mathcal{C}_L$ of representations of G coincides with its class of representations as an algebraic group. In this case $\delta : G \to G_{\mathcal{O}(G)}$ is an isomorphism.

2) Let G be a compact Lie group and $L = R_c(G)$. Then the class $\mathcal{C}_L$ consists of the continuous complex representations of G, and G_L is the complex envelope $G(\mathbb{C})$ of G defined in subsection 3.3(E). Using the semisimplicity of

the representations of G, we can reformulate the definition of $G_L = G(\mathbb{C})$: it is the subgroup of the product $\prod_{\pi \text{ irred.}} GL(V_\pi)$ consisting of the families $g = (g_\pi)$ such that $g_{\pi_1} \otimes g_{\pi_2} \otimes g_{\pi_3}$ fixes any element of $V_{\pi_1} \otimes V_{\pi_2} \otimes V_{\pi_3}$ which is invariant under G (for π_1, π_2, π_3 irreducible). In the embedding $\delta : G \to G(\mathbb{C})$, G is identified with the subgroup of $G(\mathbb{C}) \subset \prod_{\pi \text{ irred.}} GL(V_\pi)$ where each component g_π is a unitary operator in V_π. In this way, we recover the classical Tannaka-Krein duality theorem for compact Lie groups.

3) Let Γ be a discrete finitely generated group, and let $\mathcal{C}$ be the class of its unipotent representations over the field $\mathbb{Q}$ of rational numbers (see subsection 3.9). Then the corresponding envelope is called the unipotent (or Malcev) completion of Γ. This construction has been extensively used when Γ is the fundamental group of a manifold [21; 29].

Remark 3.4.1. If $\mathcal{C}$ is any k-linear category with an internal tensor product, and $\Phi : \mathcal{C} \to \mathrm{Vect}_k$ a functor respecting the tensor products, one can define the group $\mathrm{Aut}(\Phi)$ as above, and the subgroup $\mathrm{Aut}^{\otimes}(\Phi)$ of the elements $g = (g_\pi)$ of $\mathrm{Aut}(\Phi)$ satisfying the condition (ii) above. It can be shown that $\Gamma = \mathrm{Aut}^{\otimes}(\Phi)$ is the spectrum of a Hopf algebra L of representative functions on Γ; there is a natural functor from $\mathcal{C}$ to $\mathcal{C}_L$. Grothendieck, Saavedra [69] and Deligne [30] have given conditions ensuring the equivalence of $\mathcal{C}$ and $\mathcal{C}_L$ ("Tannakian categories").

3.5 Hopf algebras and duality

(A) We give at last the axiomatic description of a Hopf algebra. Take for instance a *finite group* G and a field k, and introduce the group algebra kG in duality with the space k^G of all maps from G to k (see subsection 1.3). The coproduct in kG is given by

$$\Delta\left(\sum_{g \in G} a_g \cdot g\right) = \sum_{g \in G} a_g \cdot (g \otimes g) \tag{3.52}$$

and the bilinear multiplication by

$$m(g \otimes g') = g \cdot g' . \tag{3.53}$$

Hence we have maps (for $A = kG$)

$$\Delta : A \to A \otimes A\,, \quad m : A \otimes A \to A$$

which satisfy the following properties:

Associativity[36] *of* $m : m \circ (m \otimes 1_A) = m \circ (1_A \otimes m)$.

[36] In terms of elements this is the law $(a_1 a_2)\, a_3 = a_1 (a_2\, a_3)$.

Coassociativity of $\Delta : (\Delta \otimes 1_A) \circ \Delta = (1_A \otimes \Delta) \circ \Delta$.

Compatibility of m *and* Δ*: the following diagram is commutative*

$$\begin{array}{ccccc} A^{\otimes 2} & \xrightarrow{m} & A & \xrightarrow{\Delta} & A^{\otimes 2} \\ \big\downarrow{\scriptstyle \Delta^{\otimes 2}} & & & & \big\uparrow{\scriptstyle m^{\otimes 2}} \\ A^{\otimes 4} & & \xrightarrow{\sigma_{23}} & & A^{\otimes 4}, \end{array}$$

where $A^{\otimes 2} = A \otimes A$ and σ_{23} is the exchange of the factors A_2 and A_3 in the tensor product $A^{\otimes 4} = A_1 \otimes A_2 \otimes A_3 \otimes A_4$ (where each A_i is equal to A).

Furthermore the linear maps $S : A \to A$ and $\varepsilon : A \to k$ characterized by $S(g) = g^{-1}$, $\varepsilon(g) = 1$ satisfy the rules

$$m \circ (S \otimes 1_A) \circ \Delta = m \circ (1_A \otimes S) \circ \Delta = \eta \circ \varepsilon\,, \tag{3.54}$$

$$(\varepsilon \otimes 1_A) \circ \Delta = (1_A \otimes \varepsilon) \circ \Delta = 1_A\,, \tag{3.55}$$

and are uniquely characterized by these rules. We have introduced the map $\eta : k \to A$ given by $\eta(\lambda) = \lambda \cdot 1$ satisfying the rule[37]

$$m \circ (\eta \otimes 1_A) = m \circ (1_A \otimes \eta) = 1_A\,. \tag{3.56}$$

All these properties give the *axioms of a Hopf algebra* over the field k.

A word about terminology[38]. The map m is called the product, and η the unit map. An *algebra* is a triple (A, m, η) satisfying the condition of associativity for m and relation (3.56) for η, hence an algebra (A, m, η) is *associative and unital.* A *coalgebra* is a triple (A, Δ, ε) where Δ is called the coproduct and ε the counit. They have to satisfy the coassociativity for Δ and relation (3.55) for ε, hence a coalgebra is *coassociative and counital.* A *bialgebra* is a system $(A, m, \eta, \Delta, \varepsilon)$ where in addition of the previous properties, the compatibility of m and Δ holds. Finally a map S satisfying (3.54) is an *antipodism* for the bialgebra, and a *Hopf algebra* is a bialgebra with antipodism.

(B) When A is finite-dimensional, we can identify $A^* \otimes A^*$ to the dual of $A \otimes A$. Then the maps $\Delta, m, S, \varepsilon, \eta$ dualize to linear maps

$$\Delta^* = {}^t m\,, \quad m^* = {}^t\Delta\,, \quad S^* = {}^t S\,, \quad \varepsilon^* = {}^t\eta\,, \quad \eta^* = {}^t\varepsilon$$

by taking transposes. One checks that the axioms of a Hopf algebra are *self-dual,* hence $(A^*, m^*, \Delta^*, S^*, \varepsilon^*, \eta^*)$ is another Hopf algebra, the *dual* of $(A, m, \Delta, S, \varepsilon, \eta)$. In our example, where $A = kG$, $A^* = k^G$, the multiplication in k^G is the pointwise multiplication, and the coproduct is given by

[37] In terms of elements it means $1 \cdot a = a \cdot 1 = a$.

[38] Bourbaki, and after him Dieudonné and Serre, say "cogebra" for "coalgebra" and "bigebra" for "bialgebra".

$\Delta^* u(g,g') = u(gg')$. Since G is finite, every function on G is a representative function, hence A^* is the Hopf algebra $R(G)$ introduced in subsection 3.1.

In general, if (A, Δ, ε) is any coalgebra, we can dualize the coproduct in A to a product in the dual A^* given by

$$f \cdot f' = (f \otimes f') \circ \Delta . \tag{3.57}$$

The product in A^* is associative[39], and ε acts as a unit

$$\varepsilon \cdot f = f \cdot \varepsilon = f . \tag{3.58}$$

Hence, the *dual of a coalgebra is an algebra.*

The duality for algebras is more subtle. Let (A, m, η) be an algebra, and define the subspace $R(A)$ of the dual A^* by the following characterization:

An element f of A^* is in $R(A)$ iff there exists a left (right, two-sided) *ideal I in A such that $f(I) = 0$ and A/I is finite-dimensional.*

Equivalently $f \circ m : A^{\otimes 2} \to A \to k$ should be decomposable, that is there exist elements f_i', f_i'' in A^* such that

$$f(a'a'') = \sum_{i=1}^{N} f_i'(a')\, f_i''(a'') \tag{3.59}$$

for any pair of elements a', a'' of A. We can then select the elements f_i', f_i'' in $R(A)$ and define a coproduct in $R(A)$ by

$$\Delta(f) = \sum_{i=1}^{N} f_i' \otimes f_i'' . \tag{3.60}$$

Then $R(A)$ with the coproduct Δ, and the counit ε defined by $\varepsilon(f) = f(1)$, is a coalgebra, *the reduced dual of A.*

If $(A, m, \Delta, S, \varepsilon, \eta)$ is a Hopf algebra, the reduced dual $R(A)$ of the algebra (A, m, η) is a subalgebra of the algebra A^* dual to the coalgebra (A, Δ, ε). With these definitions, $R(A)$ is a Hopf algebra, the *reduced dual of the Hopf algebra A.*

Examples. 1) If A is finite-dimensional, $R(A)$ is equal to A^*, and the reduced dual Hopf algebra $R(A)$ coincides with the dual Hopf algebra A^*. In this case, the dual of A^* as a Hopf algebra is again A, but $R(R(A))$ is different from A for a general Hopf algebra A.

2) Suppose A is the group algebra kG with the coproduct (3.52). We don't assume that the group G is finite. Then $R(A)$ coincides with the algebra

[39] This condition is equivalent to the coassociativity of Δ.

$R(G)$ of representative functions, with the structure of Hopf algebra defined in subsection 3.1 (see Lemma 3.1.1).

Remark 3.5.1. If (C, Δ, ε) is a coalgebra, its (full) dual C^* becomes an algebra for the product defined by (3.57). It can be shown (see [34], Chapter I) that the functor $C \mapsto C^*$ defines an equivalence of the category of coalgebras with the category of so-called *linearly compact algebras.* Hence, if $(A, m, \Delta, S, \varepsilon, \eta)$ is a Hopf algebra, the full dual A^* is a linearly compact algebra, and the multiplication $m : A \otimes A \to A$ dualizes to a coproduct $m^* : A^* \to A^* \hat{\otimes} A^*$, where $\hat{\otimes}$ denotes the completed tensor product in the category of linearly compact algebras.

3.6 Connection with Lie algebras

Another important example of a Hopf algebra is provided by the *enveloping algebra* $U(\mathfrak{g})$ of a Lie algebra $\mathfrak{g}$ over the field k. This is an associative unital algebra over k, containing $\mathfrak{g}$ as a subspace with the following properties:

- *as an algebra,* $U(\mathfrak{g})$ *is generated by* $\mathfrak{g}$*;*
- *for* a, b *in* $\mathfrak{g}$*, the bracket in* $\mathfrak{g}$ *is given by* $[a, b] = ab - ba$*;*
- *if* A *is any associative unital algebra, and* $\rho : \mathfrak{g} \to A$ *any linear map such that* $\rho([a, b]) = \rho(a)\,\rho(b) - \rho(b)\,\rho(a)$*, then* ρ *extends to a homomorphism of algebras* $\bar{\rho} : U(\mathfrak{g}) \to A$ *(in a unique way since* $\mathfrak{g}$ *generates* $U(\mathfrak{g})$*).*

In particular, taking for A the algebra of linear operators acting on a vector space V, we see that representations of the Lie algebra $\mathfrak{g}$ and representations of the associative algebra $U(\mathfrak{g})$ coincide.

One defines a linear map $\delta : \mathfrak{g} \to U(\mathfrak{g}) \otimes U(\mathfrak{g})$ by

$$\delta(x) = x \otimes 1 + 1 \otimes x\,. \tag{3.61}$$

It is easily checked that δ maps $[x, y]$ to $\delta(x)\,\delta(y) - \delta(y)\,\delta(x)$, hence δ extends to an algebra homomorphism Δ from $U(\mathfrak{g})$ to $U(\mathfrak{g}) \otimes U(\mathfrak{g})$. There exists also a homomorphism S from $U(\mathfrak{g})$ to $U(\mathfrak{g})^{\mathrm{op}}$ with the opposite multiplication mapping x to $-x$ for every x in $\mathfrak{g}$, and a homomorphism $\varepsilon : U(\mathfrak{g}) \to k$ vanishing identically on $\mathfrak{g}$ (this follows from the universal property of $U(\mathfrak{g})$). Then $U(\mathfrak{g})$ *with all its structure, is a Hopf algebra.*

Theorem 3.6.1. *Suppose that the field* k *is of characteristic* 0*. Then the Lie algebra* $\mathfrak{g}$ *can be recovered as the set of primitive elements in the Hopf algebra* $U(\mathfrak{g})$*, that is the solutions of the equation* $\Delta(x) = x \otimes 1 + 1 \otimes x$*.*

By (3.61), every element in $\mathfrak{g}$ is primitive. To prove the converse, assume for simplicity that the vector space $\mathfrak{g}$ has a finite basis $(x_1, \ldots, x_N)$. According to the Poincaré-Birkhoff-Witt theorem, the elements

$$Z_\alpha = \prod_{i=1}^{N} x_i^{\alpha_i}/\alpha_i\,! \tag{3.62}$$

for $\alpha = (\alpha_1, \dots, \alpha_N)$ in $\mathbb{Z}_+^N$ form a basis of $U(\mathfrak{g})$. The coproduct satisfies

$$\Delta(Z_\alpha) = \sum_{\beta+\gamma=\alpha} Z_\beta \otimes Z_\gamma\,, \tag{3.63}$$

sum extended over all decompositions $\alpha = \beta + \gamma$ where β and γ are in $\mathbb{Z}_+^N$ and the sum is a vector sum. Let $u = \sum_\alpha c_\alpha Z_\alpha$ in $U(\mathfrak{g})$. We calculate

$$\Delta(u) - u \otimes 1 - 1 \otimes u = -c_0 \cdot 1 + \sum_{\substack{\beta\neq 0\\ \gamma\neq 0}} c_{\beta+\gamma}\, Z_\beta \otimes Z_\gamma\,;$$

if u is primitive we have therefore $c_0 = 0$ and $c_{\beta+\gamma} = 0$ for $\beta, \gamma \neq 0$. This leaves only the terms $c_\alpha Z_\alpha$ where $\alpha_1 + \cdots + \alpha_N = 1$, that is a linear combination of $x_1, \dots, x_N$. Hence u is in $\mathfrak{g}$. Q.E.D.

Remark 3.6.1. Let A be a Hopf algebra with the coproduct Δ. If π_i is a linear representation of A in a space V_i (for $i = 1, 2$), then we can define a representation $\pi_1 \otimes \pi_2$ of A in the space $V_1 \otimes V_2$ by

$$(\pi_1 \otimes \pi_2)(a) = \sum_i \pi_1(a_{i,1}) \otimes \pi_2(a_{i,2}) \tag{3.64}$$

if $\Delta(a) = \sum_i a_{i,1} \otimes a_{i,2}$. If A is of the form kG for a group G, or $U(\mathfrak{g})$ for a Lie algebra $\mathfrak{g}$, we recover the well-known constructions of the tensor product of two representations of a group or a Lie algebra. Similarly, the antipodism S gives a definition of the contragredient representation, and the counit ε that of the unit representation (in both cases, G or $\mathfrak{g}$).

3.7 A geometrical interpretation

We shall now discuss a theorem of L. Schwartz about Lie groups, which is an elaboration of old results of H. Poincaré [62]. See also [43].

Let G be a Lie group. We denote by $C^\infty(G)$ the algebra of real-valued smooth functions on G, with pointwise multiplication. The multiplication in G corresponds to a comultiplication

$$\Delta : C^\infty(G) \to C^\infty(G \times G)$$

given by

$$(\Delta u)(g_1, g_2) = u(g_1\, g_2)\,. \tag{3.65}$$

The algebra $C^\infty(G \times G)$ is bigger than the algebraic tensor product $C^\infty(G) \otimes C^\infty(G)$, but continuity properties enable us to dualize the coproduct Δ to a product (convolution) on a suitable dual of $C^\infty(G)$.

If we endow $C^\infty(G)$ with the topology of uniform convergence of all derivatives on all compact subsets of G, the dual is the space $C_c^{-\infty}(G)$ of *distributions on* G with compact support[40]. Let T_1 and T_2 be two such distributions. For a given element g_2 of G, the right-translate $R_{g_2}u : g_1 \mapsto u(g_1 \, g_2)$ is in $C^\infty(G)$; it can therefore be coupled to T_1, giving rise to a smooth function $v : g_2 \mapsto \langle T_1, R_{g_2}u \rangle$. We can then couple T_2 to v and define the distribution $T_1 * T_2$ by

$$\langle T_1 * T_2, u \rangle = \langle T_2, v \rangle . \tag{3.66}$$

Using the notation of an integral, the right-hand side can be written as

$$\int_G T_2(g_2) \, dg_2 \int T_1(g_1) \, u(g_1 \, g_2) \, dg_1 . \tag{3.67}$$

With this definition of the convolution product, one gets an algebra $C_c^{-\infty}(G)$.

Theorem 3.7.1. (L. Schwartz) *Let G be a Lie group. The distributions supported by the unit 1 of G form a subalgebra $C_{\{1\}}^{-\infty}(G)$ of $C_c^{-\infty}(G)$ which is isomorphic to the enveloping algebra $U(\mathfrak{g})$ of the Lie algebra $\mathfrak{g}$ of the Lie group G.*

Proof. It is a folklore theorem in mathematical physics that any generalized function (distribution) which vanishes outside a point is a sum of higher-order derivatives of a Dirac δ-function.

More precisely, choose a coordinate system $(u^1, \dots, u^N)$ on G centered at the unit 1 of G. Use the standard notations (where $\alpha = (\alpha_1, \dots, \alpha_N)$ belongs to $\mathbb{Z}_+^N$ as in the Theorem 3.6.1):

$$\partial_j = \partial / \partial \, u^j \, , \quad u^\alpha = \prod_{j=1}^N u_j^{\alpha_j} \, , \quad \partial^\alpha = \prod_{j=1}^N (\partial_j)^{\alpha_j}$$

and $\alpha! = \prod_{j=1}^N \alpha_j!$. If we set

$$\langle Z_\alpha, f \rangle = (\partial^\alpha f)(1)/\alpha! \, , \tag{3.68}$$

[40] If T is a distribution on a manifold M, *its support* $\mathrm{Supp}(T)$ is the smallest closed subset F of M such that T vanishes identically on the open subset $U = M \backslash F$. This last condition means $\langle T, f \rangle = 0$ if f is a smooth function vanishing off a compact subset F_1 of M contained in U.

the distributions Z_α form an algebraic basis of the vector space $C := C^{-\infty}_{\{1\}}G$ of distributions supported by 1.

We proceed to compute the convolution $Z_\alpha * Z_\beta$. For this purpose, express analytically the multiplication in the group G by power series $\varphi^j(\boldsymbol{x}, \boldsymbol{y}) = \varphi^j(x^1, \dots, x^N; y_1, \dots, y^N)$ (for $1 \leq j \leq N$) giving the coordinates of the product $z = x \cdot y$ of a point x with coordinates $x^1, \dots, x^N$ and a point y with coordinates $y^1, \dots, y^N$. Since $\langle Z_\alpha, f \rangle$ is by definition the coefficient of the monomial u^α in the Taylor expansion of f around 1, to calculate $\langle Z_\alpha * Z_\beta, f \rangle$ we have to take the coefficient of $x^\alpha y^\beta$ in the Taylor expansion of

$$f(x \cdot y) = f(\varphi^1(\boldsymbol{x}, \boldsymbol{y}), \dots, \varphi^N(\boldsymbol{x}, \boldsymbol{y}))\,.$$

If we develop $\varphi^\gamma(\boldsymbol{x}, \boldsymbol{y}) = \prod_{j=1}^{N} \varphi^j(\boldsymbol{x}, \boldsymbol{y})^{\gamma_j}$ in a Taylor series

$$\varphi^\gamma(\boldsymbol{x}, \boldsymbol{y}) \cong \sum_{\alpha,\beta} c^\gamma_{\alpha\beta}\, x^\alpha\, y^\beta\,, \tag{3.69}$$

an easy duality argument gives the answer

$$Z_\alpha * Z_\beta = \sum_\gamma c^\gamma_{\alpha\beta}\, Z_\gamma\,. \tag{3.70}$$

In the vector space $C = C^{-\infty}_{\{1\}}(G)$ we introduce a filtration $C_0 \subset C_1 \subset C_2 \subset \dots \subset C_p \subset \dots$, where C_p consists of the distributions T such that $\langle T, f \rangle = 0$ when f vanishes at 1 of order $\geq p+1$. Defining the order

$$|\alpha| = \alpha_1 + \dots + \alpha_N \tag{3.71}$$

of an index vector $\alpha = (\alpha_1, \dots, \alpha_N)$, the Z_α's with $|\alpha| \leq p$ form a basis of C_p. Moreover, since each series $\varphi^j(\boldsymbol{x}, \boldsymbol{y})$ is without constant term, the series $\varphi^\gamma(\boldsymbol{x}, \boldsymbol{y})$ begins with terms of order $|\gamma|$, hence by (3.69) we get

$$c^\gamma_{\alpha\beta} = 0 \qquad \text{for } |\alpha| + |\beta| < |\gamma|\,, \tag{3.72}$$

hence $Z_\alpha * Z_\beta$ belongs to $C_{|\alpha|+|\beta|}$ and we conclude

$$C_p * C_q \subset C_{p+q}\,. \tag{3.73}$$

Since 1 is a unit of the group G, that is $1 \cdot g = g \cdot 1 = g$ for any g in G, we get $\varphi^j(\boldsymbol{x}, \boldsymbol{0}) = \varphi^j(\boldsymbol{0}, \boldsymbol{x}) = x^j$, hence $\varphi^j(\boldsymbol{x}, \boldsymbol{y}) - x^j - y^j$ is a sum of terms of order ≥ 2. It follows that $\varphi^\gamma(\boldsymbol{x}, \boldsymbol{y}) - (\boldsymbol{x} + \boldsymbol{y})^\gamma$ is of order $> |\gamma|$ and by a reasoning similar to the one above, we derive the congruence

$$\alpha!\, Z_\alpha * \beta!\, Z_\beta \equiv (\alpha + \beta)!\, Z_{\alpha+\beta} \mod C_{|\alpha|+|\beta|-1}\,. \tag{3.74}$$

The distributions D_j defined by $\langle D_j, f \rangle = (\partial_j f)(1)$ (for $1 \leq j \leq N$) form a basis of the Lie algebra $\mathfrak{g}$ of G. If we denote by D^α the convolution

$\underbrace{D_1 * \ldots * D_1}_{\alpha_1} * \ldots * \underbrace{D_N * \ldots * D_N}_{\alpha_N}$, an inductive argument based on (3.74) gives the congruence

$$\alpha!\, Z_\alpha \equiv D^\alpha \mod C_{|\alpha|-1} \tag{3.75}$$

and since the elements Z_α form a basis of C, so do the elements D^α.

Let now $U(\mathfrak{g})$ be the enveloping algebra of $\mathfrak{g}$. By its universal property[41] there exists an algebra homomorphism $\Phi : U(\mathfrak{g}) \to C$ inducing the identity on $\mathfrak{g}$. Hence Φ maps the product $\bar{D}^\alpha = \prod_{j=1}^{N} (D_j)^{\alpha_j}$ calculated in $U(\mathfrak{g})$ to the product D^α calculated in C. Since $[D_j, D_k] = D_j D_k - D_k D_j$ is a sum of terms of degree 1, a standard argument shows that the elements $\bar{D}^\alpha$ generate the vector space $U(\mathfrak{g})$, while the elements D^α form a basis of C. Since Φ maps $\bar{D}^\alpha$ to D^α, we conclude:

- Φ is an isomorphism of $U(\mathfrak{g})$ onto $C = C^{-\infty}_{\{1\}}(G)$;
- the elements $\bar{D}^\alpha$ form a basis of $U(\mathfrak{g})$ (theorem of Poincaré-Birkhoff-Witt).

Q.E.D.

Remark 3.7.1. The previous proof rests on the examination of the power series $\varphi^j(\boldsymbol{x}, \boldsymbol{y})$ representing the product in the group. These power series satisfy the identities

$$\begin{aligned} \varphi(\varphi(\boldsymbol{x}, \boldsymbol{y}), \boldsymbol{z}) &= \varphi(\boldsymbol{x}, \varphi(\boldsymbol{y}, \boldsymbol{z}))\,, && \text{(associativity)} \\ \varphi(\boldsymbol{x}, \boldsymbol{0}) &= \varphi(\boldsymbol{0}, \boldsymbol{x}) = \boldsymbol{x}\,. && \text{(unit)} \end{aligned}$$

A *formal group* over a field k is a collection of formal power series satisfying these identities. Let $\mathcal{O}$ be the ring of formal power series $k[[x^1, \ldots, x^N]]$, and let Z_α be the linear form on $\mathcal{O}$ associating to a series f the coefficient of the monomial x^α in f. The Z_α's form a basis for an algebra C, where the multiplication is defined by (3.69) and (3.70). We can introduce the filtration $C_0 \subset C_1 \subset C_2 \subset \ldots \subset C_p \subset \ldots$ as above and prove the formulas (3.72) to (3.75). *If the field k is of characteristic* 0, we can repeat the previous argument and construct an isomorphism $\Phi : U(\mathfrak{g}) \to C$. If the field k is of characteristic $p \neq 0$, the situation is more involved. Nevertheless, the multiplication in $\mathcal{O} = k[[\boldsymbol{x}]]$ dualizes to a coproduct $\Delta : C \to C \otimes C$ such that

$$\Delta(Z_\alpha) = \sum_{\beta+\gamma=\alpha} Z_\beta \otimes Z_\gamma\,. \tag{3.76}$$

---

[41] Here we use the possibility of defining the Lie bracket in $\mathfrak{g}$ by $[X, Y] = X * Y - Y * X$, after identifying $\mathfrak{g}$ with the set of distributions X of the form $\sum_{j=1}^{N} c_j D_j$, that is $X \in C_1$ and $\langle X, 1\rangle = 0$.

Then C is a Hopf algebra which encodes the formal group in an invariant way [34].

Remark 3.7.2. The restricted dual of the algebra $C^\infty(G)$ is the space $H(G) = C^{-\infty}_{\text{finite}}(G)$ of distributions with a finite support in G. Hence $H(G)$ is a coalgebra. It is immediate that $H(G)$ is stable under the convolution product of distributions, hence is a Hopf algebra. According to the previous theorem, $U(\mathfrak{g})$ is a sub-Hopf-algebra of $H(G)$. Furthermore, for every element g of G, the distribution δ_g is defined by $\langle \delta_g, f\rangle = f(g)$ for any function f in $C^\infty(G)$. It satisfies the convolution equation $\delta_g * \delta_{g'} = \delta_{gg'}$ and the coproduct rule $\Delta(\delta_g) = \delta_g \otimes \delta_g$. Hence the group algebra $\mathbb{R}G$ associated to G considered as a discrete group is a sub-Hopf-algebra of $H(G)$. As an algebra, $H(G)$ is the twisted tensor product $G \ltimes U(\mathfrak{g})$ where G acts on $\mathfrak{g}$ by the adjoint representation (see subsection 3.8(B)).

Remark 3.7.3. Let k be an algebraically closed field of arbitrary characteristic. As in subsection 3.2, we can define an algebraic group over k as a pair $(G, \mathcal{O}(G))$ where $\mathcal{O}(G)$ is an algebra of representative functions on G with values in k satisfying the conditions stated in Lemma 3.2.1. Let $H(G)$ be the reduced dual Hopf algebra of $\mathcal{O}(G)$. It can be shown that $H(G)$ is a twisted tensor product $G \ltimes U(G)$ where $U(G)$ consists of the linear forms on $\mathcal{O}(G)$ vanishing on some power $\mathfrak{m}^N$ of the maximal ideal $\mathfrak{m}$ corresponding to the unit element of G ($\mathfrak{m}$ is the kernel of the counit $\varepsilon : \mathcal{O}(G) \to k$). If k is of characteristic 0, $U(G)$ is again the enveloping algebra of the Lie algebra $\mathfrak{g}$ of G. For the case of characteristic $p \neq 0$, we refer the reader to Cartier [18] or Demazure-Gabriel [32].

3.8 General structure theorems for Hopf algebras

(A) *The theorem of Cartier* [16].

Let $(A, m, \Delta, S, \varepsilon, \eta)$ be a Hopf algebra over a field k of characteristic 0. We define $\bar{A}$ as the kernel of the counit ε, and the *reduced coproduct* as the mapping $\bar{\Delta} : \bar{A} \to \bar{A} \otimes \bar{A}$ defined by

$$\bar{\Delta}(x) = \Delta(x) - x \otimes 1 - 1 \otimes x \qquad (x \text{ in } \bar{A}) . \tag{3.77}$$

We iterate $\bar{\Delta}$ as follows (in general $\bar{\Delta}_n$ maps $\bar{A}$ into $\bar{A}^{\otimes n}$):

$$\begin{aligned}
&\bar{\Delta}_0 = 0\\
&\bar{\Delta}_1 = 1_{\bar{A}}\\
&\bar{\Delta}_2 = \bar{\Delta}\\
&\cdots\cdots\\
&\bar{\Delta}_{n+1} = (\bar{\Delta} \otimes \overbrace{1_{\bar{A}} \otimes \ldots \otimes 1_{\bar{A}}}^{n-1}) \circ \bar{\Delta}_n \text{ for } n \geq 2.
\end{aligned} \tag{3.78}$$

Let $\bar{C}_n \subset \bar{A}$ be the kernel of $\bar{\Delta}_{n+1}$ (in particular $\bar{C}_0 = \{0\}$). Then the filtration

$$\bar{C}_0 \subset \bar{C}_1 \subset \bar{C}_2 \subset \ldots \subset \bar{C}_n \subset \bar{C}_{n+1} \subset \ldots$$

satisfies the rules

$$\bar{C}_p \cdot \bar{C}_q \subset \bar{C}_{p+q}\,, \; \Delta(\bar{C}_n) \subset \sum_{p+q=n} \bar{C}_p \otimes \bar{C}_q\,. \tag{3.79}$$

We say that the coproduct Δ is *conilpotent* if $\bar{A}$ is the union of the $\bar{C}_n$, that is for every x in $\bar{A}$, there exists an integer $n \geq 0$ with $\bar{\Delta}^n(x) = 0$.

Theorem 3.8.1. *Let A be a Hopf algebra over a field k of characteristic* 0. *Assume that the coproduct Δ is cocommutative*[42] *and conilpotent. Then $\mathfrak{g} = \bar{C}_1$ is a Lie algebra and the inclusion of $\mathfrak{g}$ into A extends to an isomorphism of Hopf algebras $\Phi : U(\mathfrak{g}) \to A$.*

Proof.[43] a) By definition, $\mathfrak{g} = \bar{C}_1$ consists of the elements x in A such that $\varepsilon(x) = 0$, $\Delta(x) = x \otimes 1 + 1 \otimes x$, the so-called *primitive* elements in A. For x, y in $\mathfrak{g}$, it is obvious that $[x, y] = xy - yx$ is in $\mathfrak{g}$, hence $\mathfrak{g}$ is a Lie algebra. By the universal property of the enveloping algebra $U(\mathfrak{g})$, there is an algebra homomorphism $\Phi : U(\mathfrak{g}) \to A$ extending the identity on $\mathfrak{g}$. In subsection 3.6 we defined a coproduct $\Delta_{\mathfrak{g}}$ on $U(\mathfrak{g})$ characterized by the fact that $\mathfrak{g}$ embedded in $U(\mathfrak{g})$ consists of the primitive elements. It is then easily checked that Φ is a homomorphism of Hopf algebras, that is the following identities hold

$$(\Phi \otimes \Phi) \circ \Delta_{\mathfrak{g}} = \Delta \circ \Phi\,, \; \varepsilon \circ \Phi = \varepsilon_{\mathfrak{g}}\,, \tag{3.80}$$

where $\varepsilon_{\mathfrak{g}}$ is the counit of $U(\mathfrak{g})$.

We shall associate to $\mathfrak{g}$ a certain coalgebra $\Gamma(\mathfrak{g})$ and construct a commutative diagram of coalgebras, namely

(D)

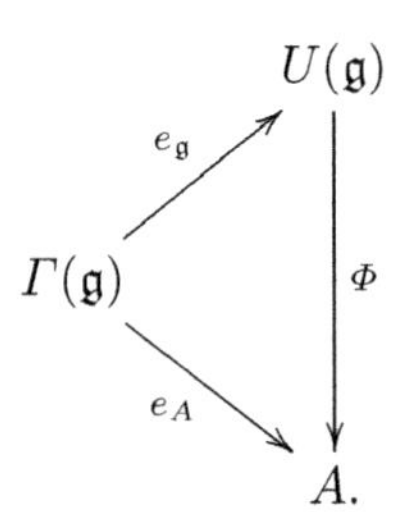

Then we shall prove that e_A is an isomorphism of coalgebras. The Hopf algebra $U(\mathfrak{g})$ shares with A the properties that the coproduct is cocommutative and

[42] This means $\sigma \circ \Delta = \Delta$ where σ is the automorphism of $A \otimes A$ defined by $\sigma(a \otimes b) = b \otimes a$.

[43] Our method of proof follows closely Patras [60].

conilpotent. Hence $e_{\mathfrak{g}}$ is also an isomorphism[44]. The previous diagram then shows that Φ is an isomorphism of coalgebras, and since it was defined as a homomorphism of algebras, it is an isomorphism of Hopf algebras.

b) In general let V be a vector space (not necessarily finite-dimensional). We denote by $T^n(V)$ (or $V^{\otimes n}$) the tensor product of n copies of V (for $n \geq 0$), and by $T(V)$ the direct sum $\bigoplus_{n\geq 0} T^n(V)$. We denote by $[v_1|\ldots|v_n]$ the tensor product of a set of vectors $v_1, \ldots, v_n$ in V. We define a coproduct Δ_T in $T(V)$ by

$$\Delta_T[v_1|\ldots|v_n] = 1 \otimes [v_1|\ldots|v_n] + [v_1|\ldots|v_n] \otimes 1 + \sum_{p=1}^{n-1} [v_1|\ldots|v_p] \otimes [v_{p+1}|\ldots|v_n] . \tag{3.81}$$

Let $\Gamma^n(V) \subset T^n(V)$ be the set of tensors invariant under the natural action of the symmetric group S_n. For any v in V, put

$$\gamma_n(v) = \underbrace{[v|\ldots|v]}_{n\,\text{factors}} . \tag{3.82}$$

The standard polarization process shows that $\Gamma^n(V)$ is generated by the tensors $\gamma_n(v)$. For example, when $n = 2$, using a basis (e_α) of V, we see that the elements

$$[e_\alpha|e_\alpha] = \gamma_2(e_\alpha), \quad [e_\alpha|e_\beta] + [e_\beta|e_\alpha] = \gamma_2(e_\alpha + e_\beta) - \gamma_2(e_\alpha) - \gamma_2(e_\beta)$$

(for $\alpha < \beta$) form a basis of $\Gamma^2(V)$. I claim that the direct sum $\Gamma(V) := \bigoplus_{n\geq 0} \Gamma^n(V)$ *is a subcoalgebra of* $T(V)$. Indeed, with the convention $\gamma_0(v) = 1$, formula (3.81) implies

$$\Delta_T(\gamma_n(v)) = \sum_{p=0}^{n} \gamma_p(v) \otimes \gamma_{n-p}(v) . \tag{3.83}$$

c) I claim that there exists[45] a linear map $e_A : \Gamma(\mathfrak{g}) \to A$ such that

$$e_A(\gamma_n(x)) = x^n/n! \tag{3.84}$$

for x in $\mathfrak{g}$, $n \geq 0$. Indeed since $\mathfrak{g}$ is a vector subspace of the algebra A, there exists, by the universal property of tensor algebras, a unique linear map E_A from $T(\mathfrak{g})$ to A mapping $[x_1|\ldots|x_n]$ to $\frac{1}{n!}\, x_1 \ldots x_n$. Then we define e_A as the restriction of E_A to $\Gamma(\mathfrak{g}) \subset T(\mathfrak{g})$. By a similar construction, we define a map

[44] This follows also from the Poincaré-Birkhoff-Witt theorem. Our method of proof gives a proof for this theorem provided we know that any Lie algebra embeds into its enveloping algebra.

[45] This map is unique since the elements $\gamma_n(x)$ generate the vector space $\Gamma(\mathfrak{g})$.

$$e_{\mathfrak{g}} : \Gamma(\mathfrak{g}) \to U(\mathfrak{g})$$

such that $e_{\mathfrak{g}}(\gamma_n(x)) = x^n/n!$ for x in $\mathfrak{g}$, $n \geq 0$. Since Φ is a homomorphism of algebras it maps $x^n/n!$ calculated in $U(\mathfrak{g})$ to $x^n/n!$ calculated in A. The commutativity of the diagram (D), namely $e_A = \Phi \circ e_{\mathfrak{g}}$, follows immediately. Moreover, for x in $\mathfrak{g}$, we have $\Delta(x) = x \otimes 1 + 1 \otimes x$, hence

$$\Delta(x^n/n!) = (x \otimes 1 + 1 \otimes x)^n/n! = \sum_{p=0}^{n} \frac{x^p}{p!} \otimes \frac{x^{n-p}}{(n-p)!} \tag{3.85}$$

by the binomial theorem. Comparing with (3.83), we conclude that e_A (and similarly $e_{\mathfrak{g}}$) respects the coproducts $\Delta_\Gamma = \Delta_T \mid_{\Gamma(\mathfrak{g})}$ in $\Gamma(\mathfrak{g})$ and $\Delta_A = \Delta$ in A.

d) We introduce now a collection of operators Ψ_n (for $n \geq 1$) in A, reminiscent of the Adams operators in topology[46]. Consider the set E of linear maps in A. We denote by $u \circ v$ (or simply uv) the composition of operators, and introduce another product $u * v$ by the formula

$$u * v = m_A \circ (u \otimes v) \circ \Delta_A \,, \tag{3.86}$$

where m_A is the product and Δ_A the coproduct in A. This product is associative, and the map $\iota = \eta \circ \varepsilon$ given by $\iota(x) = \varepsilon(x) \cdot 1$ is a unit

$$\iota * u = u * \iota = u \,. \tag{3.87}$$

Denoting by I the identity map in A, we define

$$\Psi_n = \underbrace{I * I * \ldots * I}_{n \text{ factors}} \quad (\text{for } n \geq 1) \,. \tag{3.88}$$

We leave it as an exercise for the reader to check the formulas[47]

$$(\Psi_m \otimes \Psi_m) \circ \Delta_A = \Delta_A \circ \Psi_m \,, \tag{3.89}$$

$$\Psi_m \circ \Psi_n = \Psi_{mn} \,, \tag{3.90}$$

while the formula

[46] To explain the meaning of Ψ_n, consider the example of the Hopf algebra kG associated to a finite group (subsection 3.5). Then

$$\Psi_n \left(\sum_{g \in G} a_g \cdot g \right) = \sum_{g \in G} a_g \cdot g^n \,.$$

[47] *Hint:* prove (3.89) by induction on m, using the cocommutativity of Δ_A and $\Psi_{m+1} = m_A \circ (I \otimes \Psi_m) \circ \Delta_A$. Then derive (3.90) by induction on m, using (3.89).

$$\Psi_m * \Psi_n = \Psi_{m+n} \tag{3.91}$$

follows from the definition (3.88).

So far we didn't use the fact that Δ_A is conilpotent. Write $I = \iota + J$, that is J is the projection on $\bar{A}$ in the decomposition $A = k \cdot 1 \oplus \bar{A}$. From the binomial formula one derives

$$\Psi_n = I^{*n} = (\iota + J)^{*n} = \sum_{p=0}^{n} \binom{n}{p} J^{*p} . \tag{3.92}$$

But J^{*p} annihilates $k \cdot 1$ for $p > 0$ and coincides on $\bar{A}$ with $m_p \circ (\bar{\Delta}_A)_p$ where m_p maps $\bar{a}_1 \otimes \ldots \otimes \bar{a}_p$ in $A^{\otimes p}$ to $\bar{a}_1 \ldots \bar{a}_p$ (product in A). Since Δ_A is conilpotent, for any given x in $\bar{A}$, there exists an integer $P \geq 0$ depending on x such that $J^{*p}(x) = 0$ for $p > P$. Hence $\Psi_n(x) = \sum\limits_{p=0}^{P} \binom{n}{p} J^{*p}(x)$ can be written as a polynomial in n (*at the cost of introducing denominators*), and there are operators π_p $(p \geq 0)$ in A such that

$$\Psi_n(x) = \sum_{p \geq 0} n^p \, \pi_p(x) \tag{3.93}$$

for x in A, $n \geq 1$, and $\pi_p(x) = 0$ for $p > P$.

e) From the relations (3.90) and (3.93), it is easy to derive that the subspace $\pi_p(A)$ consists of the elements a in A such that $\Psi_n(a) = n^p a$ for all $n \geq 1$, and that A is the direct sum of the subspaces $\pi_p(A)$.

To conclude the proof of the theorem, it remains to establish that e_A induces an isomorphism of $\Gamma^p(\mathfrak{g})$ to $\pi_p(A)$ for any integer $p \geq 0$.

To prove that e_A maps $\Gamma^p(\mathfrak{g})$ into $\pi_p(A)$, it is enough to prove that x^p belongs to $\pi_p(A)$ for any primitive element x in $\mathfrak{g}$. Introduce the power series $e^{tx} = \sum\limits_{p \geq 0} t^p x^p / p!$ in the ring $A[[t]]$. Then e^{tx} is group-like, that is

$$\Delta_A(e^{tx}) = e^{tx} \otimes e^{tx} . \tag{3.94}$$

From the inductive definition

$$\Psi_{n+1} = m_A \circ (I \otimes \Psi_n) \circ \Delta_A , \tag{3.95}$$

one derives $\Psi_n(e^{tx}) = (e^{tx})^n = e^{tnx}$, that is

$$\Psi_n \left(\sum_{p \geq 0} \frac{t^p}{p!} x^p \right) = \sum_{p \geq 0} \frac{t^p}{p!} (nx)^p \tag{3.96}$$

and finally $\Psi_n(x^p) = n^p x^p$, that is $x^p \in \pi_p(A)$.

From the relations (3.93) and (3.91), one derives

$$\pi_p * \pi_q = \frac{(p+q)!}{p!\,q!}\,\pi_{p+q} \tag{3.97}$$

by the binomial formula, hence $\pi_p = \frac{1}{p!}\,\pi_1^{*p}$ for any $p \geq 0$. Moreover, from (3.93) and (3.89), one concludes

$$\Delta_A(\pi_m(A)) \subset \bigoplus_{i=0}^{m} \pi_i(A) \otimes \pi_{m-i}(A) \tag{3.98}$$

for $m \geq 0$. Hence $\pi_1(A) = \mathfrak{g}$ and $(\bar{\Delta}_A)_p$ maps $\pi_p(A)$ into $\pi_1(A)^{\otimes p} = \mathfrak{g}^{\otimes p}$. Since Δ_A is cocommutative, the image of $\pi_p(A)$ by $(\bar{\Delta}_A)_p$ consists of symmetric tensors, that is

$$(\bar{\Delta}_A)_p\,(\pi_p(A)) \subset \Gamma^p(\mathfrak{g})\,.$$

Since e_A maps $\gamma_p(x)$ into $x^p/p!$, the relation $\pi_p = \frac{1}{p!}\,\pi_1^{*p}$ together with the definition of the $*$-product by (3.86) shows that e_A and $(\bar{\Delta}_A)_p$ induce inverse maps

$$\Gamma^p(\mathfrak{g}) \underset{(\bar{\Delta}_A)_p}{\overset{e_A}{\rightleftarrows}} \pi_p(A)\,.$$

Q.E.D.

As a corollary, let us describe the structure of the dual algebra of a Hopf algebra A, with a cocommutative and conilpotent coproduct. For simplicity, assume that the Lie algebra $\mathfrak{g} = \bar{C}_1$ of primitive elements is finite-dimensional. Then each subcoalgebra $C_n = k \cdot 1 \oplus \bar{C}_n$ is finite-dimensional. In the dual algebra A^*, the set $\mathfrak{m}$ of linear forms f on A with $\langle f, 1\rangle = 0$ is the unique maximal ideal, and the ideal $\mathfrak{m}^n$ is the orthogonal of C_{n-1}. Then A^* is a noetherian complete local ring, that is it is isomorphic to a quotient $k[[x_1, \ldots, x_n]]/J$ of a power series ring. When the field k is a characteristic 0, it follows from Theorem 3.8.1 that A^* is isomorphic to a power series ring: if $D_1, \ldots, D_n$ is a basis of $\mathfrak{g}$ the mapping associating to f in A^* the power series

$$F(x_1, \ldots, x_n) := \left\langle f, \prod_{i=1}^{n} \exp x_i\, D_i \right\rangle$$

is an isomorphism of A^* to $k[[x_1, \ldots, x_n]]$. When the field k is of characteristic $p \neq 0$ and perfect, it has been shown in [16] and [34], Chap. II, 2, that A^* is isomorphic to an algebra of the form

$$k[[x_1, \ldots, x_n]]/(x_1^{p^{m_1}}, \ldots, x_r^{p^{m_r}})$$

for $0 \leq r \leq n$ and $m_1 \geq 0, \ldots, m_r \geq 0$. This should be compared to theorems **A.**, **B.** and **C.** by Borel, described in subsection 2.5.

(B) *The decomposition theorem of Cartier-Gabriel* [34].

Let again A be a Hopf algebra. We assume that the ground field k is *algebraically closed of characteristic* 0 and that its coproduct $\Delta = \Delta_A$ is cocommutative. We shall give a complete structure theorem for A.

Let again $\mathfrak{g}$ be the set of primitive elements, that is the elements x in A such that

$$\Delta(x) = x \otimes 1 + 1 \otimes x\,, \qquad \varepsilon(x) = 0\,. \tag{3.99}$$

Then $\mathfrak{g}$ is a Lie algebra for the bracket $[x, y] = xy - yx$, and we can introduce its enveloping algebra $U(\mathfrak{g})$ viewed as a Hopf algebra (see subsection 3.6).

Let Γ be the set of group-like elements, that is the elements g in A such that

$$\Delta(g) = g \otimes g\,, \qquad \varepsilon(g) = 1\,. \tag{3.100}$$

For the multiplication in A, the elements of Γ form a group, where the inverse of g is $S(g)$ (here S is the antipodism in A). We can introduce the group algebra $k\Gamma$ viewed as a Hopf algebra (see beginning of subsection 3.5).

Furthermore for x in $\mathfrak{g}$ and g in Γ, it is obvious that ${}^g x := g\,x\,g^{-1}$ belongs to $\mathfrak{g}$. Hence the group Γ acts on the Lie algebra $\mathfrak{g}$ and therefore on its enveloping algebra $U(\mathfrak{g})$. We define the twisted tensor product $\Gamma \ltimes U(\mathfrak{g})$ as the tensor product $U(\mathfrak{g}) \otimes k\Gamma$ with the multiplication given by

$$(u \otimes g) \cdot (u' \otimes g') = u \cdot {}^g u' \otimes gg'\,. \tag{3.101}$$

There is a natural coproduct, which together with this product gives the definition of the Hopf algebra $\Gamma \ltimes U(\mathfrak{g})$.

Theorem 3.8.2. (Cartier-Gabriel) *Assume that the field k is algebraically closed of characteristic* 0 *and that A is a cocommutative Hopf algebra. Let $\mathfrak{g}$ be the space of primitive elements, and Γ the group of group-like elements in A. Then there is an isomorphism of $\Gamma \ltimes U(\mathfrak{g})$ onto A, as Hopf algebras, inducing the identity on Γ and on $\mathfrak{g}$.*

Proof. a) Define the reduced coproduct $\bar{\Delta}$, the iterates $\bar{\Delta}_p$ and the filtration (C_p) as in the beginning of subsection 3.8(A). Define $\bar{A}_1 = \bigcup_{p \geq 0} C_p$ and $A_1 = \bar{A}_1 + k \cdot 1$. Then A_1 is, according to the properties quoted there, a sub-Hopf-algebra. It is clear that the coproduct of A_1 is cocommutative and conilpotent. According to Theorem 3.8.1, we can identify A_1 with $U(\mathfrak{g})$. If we set $A_g := A_1 \cdot g$ for g in Γ, Theorem 8.3.2 amounts to assert that A is the direct sum of the subspaces A_g for g in Γ.

b) Let g in Γ. Since $\Delta(g) = g \otimes g$, and $\varepsilon(g) = 1$, then $A = \bar{A} \oplus k \cdot g$ where $\bar{A}$ is again the kernel of ε. Define a new reduced coproduct $\bar{\Delta}(g)$ in $\bar{A}$ by

$$\bar{\Delta}(g)(x) := \Delta(x) - x \otimes g - g \otimes x \qquad (x \text{ in } \bar{A})\,, \tag{3.102}$$

mapping $\bar{A}$ into $\bar{A}^{\otimes 2}$. Iterate $\bar{\Delta}(g)$ in a sequence of maps $\bar{\Delta}(g)_p : \bar{A} \to \bar{A}^{\otimes p}$. From the easy relation

$$\bar{\Delta}(g)_p\,(xg) = \bar{\Delta}_p(x) \cdot (\underbrace{g \otimes \ldots \otimes g}_{p}), \tag{3.103}$$

it follows that $\bar{A}_1 \cdot g$ is the union of the kernels of the maps $\bar{\Delta}(g)_p$.

c) **Lemma 3.8.1.** *The coalgebra A is the union of its finite-dimensional sub-coalgebras.*

Indeed, introduce a basis (e^α) of A, and define operators φ_α, ψ_α in A by

$$\Delta(x) = \sum_\alpha \varphi_\alpha(x) \otimes e^\alpha = \sum_\alpha e^\alpha \otimes \psi_\alpha(x) \tag{3.104}$$

for x in A.

From the coassociativity of Δ, one derives the relations

$$\varphi_\alpha\,\varphi_\beta = \sum_\gamma c_{\alpha\beta}^\gamma\,\varphi_\gamma \tag{3.105}$$

$$\psi_\alpha\,\psi_\beta = \sum_\gamma c_{\beta\alpha}^\gamma\,\psi_\gamma \tag{3.106}$$

$$\varphi_\alpha\,\psi_\beta = \psi_\beta\,\varphi_\alpha \tag{3.107}$$

with the constants $c_{\alpha\beta}^\gamma$ defined by

$$\Delta(e^\gamma) = \sum_{\alpha,\beta} c_{\alpha\beta}^\gamma\, e^\alpha \otimes e^\beta\,. \tag{3.108}$$

For any x in A, the family of indices α such that $\varphi_\alpha(x) \neq 0$ or $\psi_\alpha(x) \neq 0$ is finite, hence for any given x_0 in A, the *subspace C of A generated by the elements $\varphi_\alpha(\psi_\beta(x_0))$ is finite-dimensional.* By the property of the counit, we get

$$x_0 = \sum_{\alpha,\beta} \varphi_\alpha(\psi_\beta(x_0))\,\varepsilon(e^\alpha)\,\varepsilon(e^\beta) \tag{3.109}$$

hence x_0 belongs to C. Obviously, C is stable under the operators φ_α and ψ_α, hence by (3.104) one gets

$$\Delta(C) \subset (C \otimes A) \cap (A \otimes C) = C \otimes C$$

and *C is a sub-coalgebra of A.*

d) Choose C as above, and introduce the dual algebra C^*. It is a commutative finite-dimensional algebra over the algebraically closed field k. By a standard structure theorem, it is a direct product

$$C^* = E_1 \times \ldots \times E_r \,, \tag{3.110}$$

where E_i possesses a unique maximal ideal $\mathfrak{m}_i$, such that $E_i/\mathfrak{m}_i$ is isomorphic to k, and $\mathfrak{m}_i$ is nilpotent: $\mathfrak{m}_i^N = 0$ for some large N. The algebra homomorphisms from C^* to k correspond to the group-like elements in C.

By duality, the decomposition (3.110) corresponds to a direct sum decomposition $C = C_1 \oplus \ldots \oplus C_r$ where each C_i contains a unique element g_i in Γ. Furthermore, from the nilpotency of $\mathfrak{m}_i$, it follows that $C_i \cap \bar{A}$ is annihilated by $\bar{\Delta}(g_i)_N$ for large N, hence $C_i \subset A_{g_i}$ and

$$C = \bigoplus_{i=1}^{r} (C \cap A_{g_i}) \,. \tag{3.111}$$

Since A is the union of such coalgebras C, the previous relation entails $A = \bigoplus_{g\in\Gamma} A_g$, hence the theorem of Cartier-Gabriel.

Q.E.D.

When the field k is algebraically closed of characteristic $p \neq 0$, the previous proof works almost unchanged, and the result is that the cocommutative Hopf algebra A is the semidirect product $\Gamma \ltimes A_1$ where Γ is a group acting on a Hopf algebra A_1 with conilpotent coproduct. The only difference lies in the structure of A_1. We refer the reader to Dieudonné [34], Chapter II: in section II,1 there is a proof of the decomposition theorem and in section II,2 the structure of a Hopf algebra with conilpotent coproduct is discussed. See also [18] and [32].

(C) *The theorem of Milnor-Moore.*

The results of this subsection are dual of those of the previous one and concern Hopf algebras which are commutative as algebras.

Theorem 3.8.3. *Let* $A = \bigoplus_{n\geq 0} A_n$ *be a graded Hopf algebra*[48] *over a field* k *of characteristic* 0. *Assume:*

(M_1) A *is* connected, *that is* $A_0 = k \cdot 1$.

(M_2) *The product in* A *is commutative.*

Then A *is a free commutative algebra* (a polynomial algebra) *generated by homogeneous elements.*

[48] That is, the product m_A maps $A_p \otimes A_q$ into A_{p+q}, and the coproduct Δ_A maps A_n into $\bigotimes_{p+q=n} A_p \otimes A_q$. It follows that ε annihilates A_n for $n \geq 1$, and that the antipodism S is homogeneous $S(A_n) = A_n$ for $n \geq 0$.

A proof can be given which is a dual version of the proof of Theorem 3.8.1. Again, introduce operators Ψ_n in A by the recursion $\Psi_1 = 1_A$ and

$$\Psi_{n+1} = m_A \circ (1_A \otimes \Psi_n) \circ \Delta_A . \tag{3.112}$$

They are endomorphisms of the algebra A and there exists a direct sum decomposition $A = \bigoplus_{p \geq 0} \pi_p(A)$ such that $\Psi_n(a) = n^p \, a$ for a in $\pi_p(A)$ and any $n \geq 1$. The formula $\pi_p(A) \cdot \pi_q(A) \subset \pi_{p+q}(A)$ follows from $\Psi_n(ab) = \Psi_n(a) \, \Psi_n(b)$ and since A is a commutative algebra, there is a well-defined algebra homomorphism[49]

$$\Theta : \mathrm{Sym}\,(\pi_1(A)) \to A$$

mapping $\mathrm{Sym}^p(\pi_1(A))$ into $\pi_p(A)$. Denote by Θ_p the restriction of Θ to $\mathrm{Sym}^p(\pi_1(A))$. An inverse map Λ_p to Θ_p can be defined as the composition of the iterated coproduct $\bar{\Delta}_p$ which maps $\pi_p(A)$ to $\pi_1(A)^{\otimes p}$ with the natural projection of $\pi_1(A)^{\otimes p}$ to $\mathrm{Sym}^p(\pi_1(A))$. Hence Θ is an isomorphism of algebras.

We sketch another proof which makes Theorem 3.8.3 a corollary of Theorem 3.8.1, under the supplementary assumption (valid in most of the applications):

(M_3) *Each A_n is a finite-dimensional vector space.*

Let B_n be the dual of A_n and let $B = \bigoplus_{n \geq 0} B_n$. The product $m_A : A \otimes A \to A$ dualizes to a coproduct $\Delta_B : B \to B \otimes B$, and similarly the coproduct $\Delta_A : A \to A \otimes A$ dualizes to a product $m_B : B \otimes B \to B$. Since m_A is commutative, Δ_B is cocommutative. Moreover the reduced coproduct $\bar{\Delta}_B$ maps B_n (for $n \geq 1$) into $\sum_{i,j} B_i \otimes B_j$ where i, j runs over the decompositions[50]

$$i \geq 1 , \quad j \geq 1 , \quad i + j = n .$$

Hence $(\bar{\Delta}_B)_p$ maps B_n into the direct sum of the spaces $B_{n_1} \otimes \ldots \otimes B_{n_p}$ where

$$n_1 \geq 1, \ldots , n_p \geq 1 , \quad n_1 + \ldots + n_p = n .$$

It follows $(\bar{\Delta}_B)_p(B_n) = \{0\}$ for $p > n$, hence *the coproduct Δ_B is conilpotent.*

Let $\mathfrak{g}$ be the Lie algebra of primitive elements in the Hopf algebra B. It is graded $\mathfrak{g} = \bigoplus_{p \geq 1} \mathfrak{g}_p$ and $[\mathfrak{g}_p, \mathfrak{g}_q] \subset \mathfrak{g}_{p+q}$. From (the proof of) Theorem 3.8.1, we deduce a natural isomorphism of coalgebras $e_B : \Gamma(\mathfrak{g}) \to B$. By the assumption ($M_3$), we can identify A_n to the dual of B_n, hence the algebra A to the

[49] For any vector space V, we denote by $\mathrm{Sym}\,(V)$ the *symmetric algebra* built over V, that is the free commutative algebra generated by V. If (e^α) is a basis of V, then $\mathrm{Sym}\,(V)$ is the polynomial algebra in variables u^α corresponding to e^α.

[50] Use here the connectedness of A (cf. (M_1)).

graded dual[51] of the coalgebra B. We leave it to the reader to check that the graded dual of the coalgebra $\Gamma(\mathfrak{g})$ is the symmetric algebra $\mathrm{Sym}(\mathfrak{g}^\vee)$, where $\mathfrak{g}^\vee$ is the graded dual of $\mathfrak{g}$. The dual of $e_B : \Gamma(\mathfrak{g}) \to B$ is then an isomorphism of algebras

$$\Theta : \mathrm{Sym}(\mathfrak{g}^\vee) \to A \,.$$

Notice also the isomorphism of Hopf algebras

$$\Phi : U(\mathfrak{g}) \to B$$

where the Hopf algebra B is the graded dual of A. Q.E.D.

Remark 3.8.1. By the connectedness assumption (M_1), the kernel of the counit $\varepsilon : A \to k$ is $A^+ = \bigoplus_{n \geq 1} A_n$. From the existence of the isomorphism Θ, one derives that $\mathfrak{g}$ as a graded vector space is the graded dual of $A^+/A^+ \cdot A^+$.

Remark 3.8.2. The complete form of Milnor-Moore's theorem (cf. Theorem 3.8.3) deals with a combination of symmetric and exterior algebras, and implies the theorems of Hopf and Samelson, proved in subsections 2.4 and 2.5. Instead of assuming that A is a commutative algebra, we have to assume that it is "graded-commutative", that is

$$a_q \cdot a_p = (-1)^{pq} \, a_p \cdot a_q \tag{3.113}$$

for a_p in A_p and a_q in A_q.

The graded dual $\mathfrak{g}$ of $A^+/A^+ \cdot A^+$ is then a super Lie algebra (or graded Lie algebra), and A as an algebra is the free graded-commutative algebra generated by $A^+/A^+ \cdot A^+$.

Remark 3.8.3. In Theorem 3.8.3, assume that the product m_A is commutative and the coproduct Δ_A is cocommutative. Then the corresponding Lie algebra $\mathfrak{g}$ is commutative $[x, y] = 0$, and $U(\mathfrak{g}) = \mathrm{Sym}(\mathfrak{g})$. It follows easily that A as an algebra is the free commutative algebra $\mathrm{Sym}(P)$ built over the space P of primitive elements in A. A similar result holds in the case where A is graded-commutative, and graded-cocommutative (see subsection 2.5).

3.9 Application to prounipotent groups

In this subsection, we assume that k *is a field of characteristic* 0.

(A) *Unipotent algebraic groups.*

[51] The graded dual of a graded vector space $V = \bigoplus_n V_n$ is $W = \bigoplus_n W_n$ where W_n is the dual of V_n.

An algebraic group G over k is called *unipotent* if it is *geometrically connected*[52] (as an algebraic variety) and its Lie algebra $\mathfrak{g}$ is nilpotent[53]. A typical example is the group $T_n(k)$ of strict triangular matrices $g = (g_{ij})$ with entries in k, where $g_{ii} = 1$ and $g_{ij} = 0$ for $i > j$. We depict these matrices for $n = 4$

$$g = \begin{pmatrix} 1 & g_{12} & g_{13} & g_{14} \\ 0 & 1 & g_{23} & g_{24} \\ 0 & 0 & 1 & g_{34} \\ 0 & 0 & 0 & 1 \end{pmatrix} .$$

The corresponding Lie algebra $\mathfrak{t}_n(k)$ consists of the matrices $x = (x_{ij})$ with $x_{ij} = 0$ for $i \geq j$, example

$$x = \begin{pmatrix} 0 & x_{12} & x_{13} & x_{14} \\ 0 & 0 & x_{23} & x_{24} \\ 0 & 0 & 0 & x_{34} \\ 0 & 0 & 0 & 0 \end{pmatrix} .$$

The product of n matrices in $\mathfrak{t}_n(k)$ is always 0, and $T_n(k)$ is the set of matrices $I_n + x$, with x in $\mathfrak{t}_n(k)$ (and I_n the unit matrix in $M_n(k)$). Hence we get inverse maps

$$T_n(k) \underset{\exp}{\overset{\log}{\rightleftarrows}} \mathfrak{t}_n(k) ,$$

where log, and exp, are truncated series

$$\log(I_n + x) = x - \frac{x^2}{2} + \cdots + (-1)^{n-1}\, x^{n-1}/(n-1) , \tag{3.114}$$

$$\exp x = I_n + x + \frac{x^2}{2!} + \cdots + \frac{x^{n-1}}{(n-1)!} . \tag{3.115}$$

Hence log and exp are inverse polynomial maps. Moreover, by the Baker-Campbell-Hausdorff formula, the product in $T_n(k)$ is given by

$$\exp x \cdot \exp y = \exp \sum_{i=1}^{n-1} H_i(x,y) , \tag{3.116}$$

where $H_i(x,y)$ is made of iterated Lie brackets of order $i-1$, for instance

$$\begin{aligned} H_1(x,y) &= x + y \\ H_2(x,y) &= \frac{1}{2}\,[x,y] \\ H_3(x,y) &= \frac{1}{12}\,[x,[x,y]] + \frac{1}{12}\,[y,[y,x]] . \end{aligned}$$

[52] An algebraic variety X over a field k is called geometrically connected if it is connected and remains connected over any field extension of k.

[53] That is, the adjoint map $\operatorname{ad} x : y \mapsto [x,y]$ in $\mathfrak{g}$ is nilpotent for any x in $\mathfrak{g}$.

From these properties, it follows that the exponential map from $\mathfrak{t}_n(k)$ to $T_n(k)$ maps the Lie subalgebras $\mathfrak{g}$ of $\mathfrak{t}_n(k)$ to the algebraic subgroups G of $T_n(k)$. In this situation, the representative functions in $\mathcal{O}(G)$ correspond to the polynomial functions of $\mathfrak{g}$, hence $\mathcal{O}(G)$ is a polynomial algebra.

Let now G be any unipotent group, with the nilpotent Lie algebra $\mathfrak{g}$. According to the classical theorems of Ado and Engel, $\mathfrak{g}$ is isomorphic to a Lie subalgebra of $\mathfrak{t}_n(k)$ for some $n \geq 1$. It follows that *the exponential map is an isomorphism of $\mathfrak{g}$ with G as algebraic varieties, and as above, $\mathcal{O}(G)$ is a polynomial algebra.*

(B) *Infinite triangular matrices.*

We consider now the group $T_\infty(k)$ of infinite triangular matrices $g = (g_{ij})_{i\geq 1, j\geq 1}$ with $g_{ii} = 1$ and $g_{ij} = 0$ for $i > j$. Notice that the product of two such matrices g and h is defined by $(g \cdot h)_{im} = \sum_{j=i}^{m} g_{ij}\, h_{jm}$ for $i \leq m$, *a finite sum*!! For such a matrix g denote by $\tau_N(g)$ its truncation: the finite matrix $(g_{ij})_{\substack{1\leq i\leq N\\ 1\leq j\leq N}}$. An infinite matrix appears therefore as a tower of matrices

$$\tau_1(g)\,,\ \tau_2(g), \ldots, \tau_N(g)\,,\ \tau_{N+1}(g), \ldots$$

that is $T_\infty(k)$ is the inverse limit of the tower of groups

$$T_1(k) \longleftarrow T_2(k) \longleftarrow \cdots \longleftarrow T_N(k) \overset{\tau_N}{\longleftarrow} T_{N+1}(k) \longleftarrow \ .$$

By duality, one gets a sequence of embeddings for the rings of representative functions

$$\mathcal{O}(T_1(k)) \hookrightarrow \mathcal{O}(T_2(k)) \hookrightarrow \ldots$$

whose union we denote $\mathcal{O}(T_\infty(k))$. Hence *a representative function on $T_\infty(k)$ is a function which can be expressed as a polynomial in a finite number of entries.*

A subgroup G of $T_\infty(k)$ is called (pro)algebraic if there exists a collection of representative functions P_α in $\mathcal{O}(T_\infty(k))$ such that

$$g \in G \Leftrightarrow P_\alpha(g) = 0 \quad \text{for all } \alpha\,,$$

for any g in $T_\infty(k)$. We denote by $\mathcal{O}(G)$ the algebra of functions on G obtained by restricting functions in $\mathcal{O}(T_\infty(k))$ from $T_\infty(k)$ to G. It is tautological that $\mathcal{O}(G)$ is a Hopf algebra, and that G is its spectrum[54]. A vector subspace V of $\mathfrak{t}_\infty(k)$ will be called *linearly closed* if it is given by a family of linear equations of the form $\sum_{\substack{1\leq i\leq N\\ 1\leq j\leq N}} \lambda_{ij}\, x_{ji} = 0$ (with a suitable finite $N \geq 1$ depending on the

[54] Here the spectrum is relative to the field k, that is for any algebra homomorphism $\varphi : \mathcal{O}(G) \to k$, there exists a unique element g in G such that $\varphi(u) = u(g)$ for every u in $\mathcal{O}(G)$.

equation). Notice also, that for any matrix $x = (x_{ij})$ in $\mathfrak{t}_\infty(k)$, its powers satisfy $(x^N)_{ij} = 0$ for $N \geq \max(i, j)$, hence one can define the inverse maps

$$T_\infty(k) \underset{\exp}{\overset{\log}{\rightleftarrows}} \mathfrak{t}_\infty(k) .$$

The calculation of any entry of $\log(I + x)$ or $\exp x$ for a given x in $\mathfrak{t}_\infty(k)$ requires a finite amount of algebraic operations.

From the results of subsection 3.9(A), one derives a bijective correspondence between the proalgebraic subgroups G of $T_\infty(k)$ and the linearly closed Lie subalgebras $\mathfrak{g}$ of $\mathfrak{t}_\infty(k)$. Moreover, if $J \subset \mathcal{O}(G)$ is the kernel of the counit, then $\mathfrak{g}$ is naturally the dual of[55] $J/J \cdot J =: L$. Finally, the exponential map $\exp : \mathfrak{g} \to G$ transforms $\mathcal{O}(G)$ into the polynomial functions on $\mathfrak{g}$ coming from the duality between $\mathfrak{g}$ and L, hence an isomorphism of algebras

$$\Theta : \mathrm{Sym}(L) \to \mathcal{O}(G) .$$

If G is as before, let $G_N := \tau_N(G)$ be the truncation of G. Then G_N is an algebraic subgroup of $T_N(k)$, a unipotent algebraic group, and G can be recovered as the inverse limit (also called projective limit) $\varprojlim G_N$ of the tower

$$G_1 \leftarrow G_2 \leftarrow \cdots \leftarrow G_N \leftarrow G_{N+1} \leftarrow \cdots$$

It is therefore called a *prounipotent group.*

(C) *Unipotent groups and Hopf algebras.*

Let G be a group. We say that a representation $\pi : G \to GL(V)$ (where V is a vector space of finite dimension n over the field k) is *unipotent* if, after the choice of a suitable basis of V, the image $\pi(G)$ is a subgroup of the triangular group $T_n(k)$. More intrinsically, there should exist a sequence $\{0\} = V_0 \subset V_1 \subset \cdots \subset V_{n-1} \subset V_n = V$ of subspaces of V, with $\dim V_i = i$ and $(\pi(g) - 1)\, V_i \subset V_{i-1}$ for g in G and $1 \leq i \leq n$. The class of unipotent representations of G is stable under direct sum, tensor products, contragredient, subrepresentations and quotient representations.

Assume now that G is an algebraic unipotent group. By the results of subsection 3.9(A), there exists an embedding of G into some triangular group $T_n(k)$, hence a faithful unipotent representation π. Since the determinant of any element in $T_n(k)$ is 1, the coordinate ring of G is generated by the coefficients of π, and according to the previous remarks, any algebraic linear representation of the group G is unipotent.

Let f be a function in the coordinate ring of G. Then f is a coefficient of some unipotent representation $\pi : G \to GL(V)$; if n is the dimension of V,

[55] Hence L is a Lie coalgebra, whose dual $\mathfrak{g}$ is a Lie algebra. The structure map of a Lie coalgebra L is a linear map $\delta : L \to \Lambda^2 L$ which dualizes to the bracket $\Lambda^2\mathfrak{g} \to \mathfrak{g}$.

the existence of the flag $(V_i)_{0\leq i\leq n}$ as above shows that $\prod_{i=1}^{n}(\pi(g_i)-1)=0$ as an operator on V, hence[56], for any system $g_1,\dots,g_n$ of elements of G,

$$\left\langle f, \prod_{i=1}^{n}(g_i-1)\right\rangle = 0\,. \tag{3.117}$$

A quick calculation describes the iterated coproducts $\bar{\Delta}_p$ in $\mathcal{O}(G)$, namely

$$(\bar{\Delta}_p f)(g_1,\dots,g_p) = \left\langle f, \prod_{i=1}^{p}(g_i-1)\right\rangle \tag{3.118}$$

when $\varepsilon(f)=f(1)$ is 0. Hence the coproduct Δ in $\mathcal{O}(G)$ is conilpotent. Notice that $\mathcal{O}(G)$ is a Hopf algebra, and that as an algebra it is commutative and finitely generated.

The converse was essentially proved by Quillen [65], and generalizes Milnor-Moore theorem.

Theorem 3.9.1. *Let A be a Hopf algebra over a field k of characteristic* 0 *satisfying the following properties:*

(Q1) *The multiplication m_A is commutative.*

(Q2) *The coproduct Δ_A is conilpotent.*

Then, as an algebra, A is a free commutative algebra.

The proof is more or less the first proof of Milnor-Moore theorem. One defines again the Adams operators Ψ_n by the induction

$$\Psi_{n+1} = m_A \circ (1_A \otimes \Psi_n) \circ \Delta_A\,. \tag{3.119}$$

The commutativity of m_A suffices to show that Ψ_n is an algebra homomorphism

$$\Psi_n \circ m_A = m_A \circ (\Psi_n \otimes \Psi_n) \tag{3.120}$$

satisfying $\Psi_m \circ \Psi_n = \Psi_{mn}$. The formula

$$\Psi_m * \Psi_n = \Psi_{m+n} \tag{3.121}$$

is tautological. Furthermore, since Δ_A is conilpotent one sees that for any given x in A, and p large enough, one gets $J^{*p}(x)=0$ (where $J(x)=x-\varepsilon(x)\cdot 1$). This implies the "spectral theorem"

[56] To calculate this, expand the product and use linearity, as for instance in

$$\langle f,(g_1-1)(g_2-1)\rangle = \langle f, g_1\,g_2-g_1-g_2+1\rangle = f(g_1\,g_2)-f(g_1)-f(g_2)+f(1)\,.$$

$$\Psi_n(x) = \sum_{p \geq 0} n^p \, \pi_p(x) \tag{3.122}$$

where $\pi_p(x) = 0$ for given x and $p \geq P(x)$. We leave the rest of the proof to the reader (see first proof of Milnor-Moore theorem). Q.E.D.

If A is graded and connected, with a coproduct $\Delta = \Delta_A$ satisfying $\Delta(A_n) \subset \bigoplus_{p+q=n} A_p \otimes A_q$, one gets

$$\bar{\Delta}_p(A_n) \subset \oplus A_{n_1} \otimes \ldots \otimes A_{n_p} \tag{3.123}$$

with $n_1 \geq 1, \ldots, n_p \geq 1, n_1 + \cdots + n_p = n$, hence $\bar{\Delta}_p(A_n) = 0$ for $p > n$. Hence Δ_A is conilpotent and Milnor-Moore theorem is a corollary of Theorem 3.9.1.

As a consequence of Theorem 3.9.1, *the unipotent groups correspond to the Hopf algebras satisfying* (Q1) *and* (Q2) *and finitely generated as algebras.* For the prounipotent groups, replace the last condition by the assumption that the linear dimension of A is countable[57].

Remark 3.9.1. Let A be a Hopf algebra satisfying (Q1) and (Q2). Let A^* be the full dual of the vector space A. It is an algebra with multiplication dual to the coproduct Δ_A. The spectrum G of A is a subset of A^*, and a group under the multiplication of A^*. Similarly, the set $\mathfrak{g}$ of linear forms f on A satisfying

$$f(1) = 0\,, \quad f(xy) = \varepsilon(x)\, f(y) + f(x)\, \varepsilon(y) \tag{3.124}$$

for x, y in A is a Lie algebra for the bracket $[f, g] = fg - gf$ induced by the multiplication in A^*. From the conilpotency of Δ_A follows that any series $\sum_{n \geq 0} c_n \langle f^n, x \rangle$ (with c_n in k, x in A, f in A^* with $f(1) = 0$) has only finitely many nonzero terms. Hence for any f in $\mathfrak{g}$, the exponential $\exp f = \sum_{n \geq 0} f^n / n!$ is defined. Furthermore, the map $f \mapsto \exp f$ is a bijection from $\mathfrak{g}$ to G. This remark gives a concrete description of the exponential map for unipotent (or prounipotent) groups.

4 Applications of Hopf algebras to combinatorics

In this section, we give a sample of the applications of Hopf algebras to various problems in combinatorics, having in mind mainly the relations with the polylogarithms.

[57] *Hint*: By Lemma 3.8.1, A is the union of an increasing sequence $C_1 \subset C_2 \subset \ldots$ of finite-dimensional coalgebras. The algebra H_r generated by C_r is a Hopf algebra corresponding to a unipotent group G_r, and $A = \mathcal{O}(G)$ where $G = \varprojlim G_r$.

4.1 Symmetric functions and invariant theory

(A) *The Hopf algebra of the symmetric groups.*

We denote by S_n the group consisting of the $n!$ permutations of the set $\{1, 2, \dots, n\}$. By convention $S_0 = S_1 = \{1\}$. For σ in S_n and τ in S_m, denote by $\sigma \times \tau$ the permutation ρ in S_{n+m} such that

$$\begin{cases} \rho(i) = \sigma(i) & \text{for } 1 \leq i \leq n \\ \rho(n+j) = n + \tau(j) & \text{for } 1 \leq j \leq m\,. \end{cases}$$

The mapping $(\sigma, \tau) \mapsto \sigma \times \tau$ gives an identification of $S_n \times S_m$ with a subgroup of S_{n+m}.

Let k be a field of characteristic 0. We denote by Ch_n the vector space consisting of the functions $f : S_n \to k$ such that $f(\sigma\tau) = f(\tau\sigma)$ for σ, τ in S_n (central functions). On Ch_n, we define a scalar product by

$$\langle f \mid g \rangle = \frac{1}{n!} \sum_{\sigma \in S_n} f(\sigma)\, g(\sigma^{-1})\,. \tag{4.125}$$

It is known that the irreducible characters[58] of the finite group S_n form an orthonormal basis of Ch_n. We identify Ch_0 to k, but not Ch_1.

If $n = p + q$, with $p \geq 0$, $q \geq 0$, the vector space $\mathrm{Ch}_p \otimes \mathrm{Ch}_q$ can be identified with the space of functions f on the subgroup $S_p \times S_q$ of S_n satisfying $f(\alpha\beta) = f(\beta\alpha)$ for α, β in $S_p \times S_q$. We have therefore a restriction map

$$\Delta_{p,q} : \mathrm{Ch}_n \to \mathrm{Ch}_p \otimes \mathrm{Ch}_q$$

and taking direct sums a map Δ_n from Ch_n to $\bigoplus_{p+q=n} \mathrm{Ch}_p \otimes \mathrm{Ch}_q$. Defining $\mathrm{Ch}_\bullet = \bigoplus_{n \geq 0} \mathrm{Ch}_n$, the collection of maps Δ_n defines a map

$$\Delta : \mathrm{Ch}_\bullet \to \mathrm{Ch}_\bullet \otimes \mathrm{Ch}_\bullet\,.$$

Define also $\varepsilon : \mathrm{Ch}_\bullet \to k$ by $\varepsilon(1) = 1$, and $\varepsilon|_{\mathrm{Ch}_n} = 0$ for $n > 0$. Then $\mathrm{Ch}_\bullet$ is a coalgebra, with coproduct Δ and counit ε.

Using the scalar products, $\Delta_{p,q}$ has an adjoint

$$m_{p,q} : \mathrm{Ch}_p \otimes \mathrm{Ch}_q \to \mathrm{Ch}_{p+q}\,.$$

Explicitly, if u is in $\mathrm{Ch}_p \otimes \mathrm{Ch}_q$, it is a function on $S_p \times S_q$ that we extend to S_{p+q} as a function $u^0 : S_{p+q} \to k$ which vanishes outside $S_p \times S_q$. Then

$$m_{p,q}\, u(\sigma) = \frac{1}{n!} \sum_{\tau \in S_n} u^0(\tau\sigma\tau^{-1})\,. \tag{4.126}$$

[58] We remind the reader that these characters take their values in the field $\mathbb{Q}$ of rational numbers, and $\mathbb{Q}$ is a subfield of k.

Collecting the maps $m_{p,q}$ we define a multiplication

$$m : \mathrm{Ch}_\bullet \otimes \mathrm{Ch}_\bullet \to \mathrm{Ch}_\bullet$$

with the element 1 of Ch_0 as a unit.

With these definitions, $\mathrm{Ch}_\bullet$ is a graded Hopf algebra which is both commutative and cocommutative. According to Milnor-Moore's theorem, $\mathrm{Ch}_\bullet$ is therefore a polynomial algebra in a family of primitive generators. We proceed to an explicit description.

(B) *Three families of generators.*

For each $n \geq 0$, denote by σ_n the function on S_n which is identically 1. In particular $\sigma_0 = 1$, and $\mathrm{Ch}_1 = k \cdot \sigma_1$. It can be shown that $\mathrm{Ch}_\bullet$ *is a polynomial algebra in the generators* $\sigma_1, \sigma_2, \ldots$ and a trivial calculation gives the coproduct

$$\Delta(\sigma_n) = \sum_{p=0}^{n} \sigma_p \otimes \sigma_{n-p} \,. \tag{4.127}$$

Similarly, let $\lambda_n : S_n \to k$ be the signature map. In particular $\lambda_0 = 1$ and $\lambda_1 = \sigma_1$. Again, $\mathrm{Ch}_\bullet$ *is a polynomial algebra in the generators* $\lambda_1, \lambda_2, \ldots$ and

$$\Delta(\lambda_n) = \sum_{p=0}^{n} \lambda_p \otimes \lambda_{n-p} \,. \tag{4.128}$$

The two families are connected by the relations

$$\sum_{p=0}^{n} (-1)^p \, \lambda_p \, \sigma_{n-p} = 0 \qquad \text{for } n \geq 1 \,. \tag{4.129}$$

A few consequences:

$$\begin{aligned} \sigma_1 &= \lambda_1 & \lambda_1 &= \sigma_1 \\ \sigma_2 &= \lambda_1^2 - \lambda_2 & \lambda_2 &= \sigma_1^2 - \sigma_2 \\ \sigma_3 &= \lambda_3 - 2\,\lambda_1\,\lambda_2 + \lambda_1^3 & \lambda_3 &= \sigma_3 - 2\,\sigma_1\,\sigma_2 + \sigma_1^3 \,. \end{aligned}$$

A third family $(\psi_n)_{n \geq 1}$ is defined by the recursion relations (Newton's relations) for $n \geq 2$

$$\psi_n = \lambda_1\,\psi_{n-1} - \lambda_2\,\psi_{n-2} + \lambda_3\,\psi_{n-3} - \ldots + (-1)^n\,\lambda_{n-1}\,\psi_1 + n(-1)^{n-1}\,\lambda_n \tag{4.130}$$

with the initial condition $\psi_1 = \lambda_1$. They can be solved by

$$\begin{aligned} \psi_1 &= \lambda_1 \\ \psi_2 &= \lambda_1^2 - 2\,\lambda_2 \\ \psi_3 &= \lambda_1^3 - 3\,\lambda_1\,\lambda_2 + 3\,\lambda_3 \,. \end{aligned}$$

Hence $\mathrm{Ch}_\bullet$ *is a polynomial algebra in the generators* $\psi_1, \psi_2, \ldots$

To compute the coproduct, it is convenient to introduce generating series

$$\lambda(t) = \sum_{n\geq 0} \lambda_n\, t^n\,, \quad \sigma(t) = \sum_{n\geq 0} \sigma_n\, t^n\,, \quad \psi(t) = \sum_{n\geq 1} \psi_n\, t^n\,.$$

Then formula (4.129) is equivalent to

$$\sigma(t)\,\lambda(-t) = 1 \tag{4.131}$$

and Newton's relations (4.130) are equivalent to

$$\lambda(t)\,\psi(-t) + t\,\lambda'(t) = 0\,, \tag{4.132}$$

where $\lambda'(t)$ is the derivative of $\lambda(t)$ with respect to t. Differentiating (4.131), we transform (4.132) into

$$\sigma(t)\,\psi(t) - t\,\sigma'(t) = 0\,, \tag{4.133}$$

or taking the coefficients of t^n,

$$\psi_n = -(\sigma_1\,\psi_{n-1} + \sigma_2\,\psi_{n-2} + \cdots + \sigma_{n-1}\,\psi_1) + n\,\sigma_n\,. \tag{4.134}$$

This can be solved

$$\begin{aligned}\psi_1 &= \sigma_1\\ \psi_2 &= -\sigma_1^2 + 2\,\sigma_2\\ \psi_3 &= \sigma_1^3 - 3\,\sigma_1\,\sigma_2 + 3\,\sigma_3\,.\end{aligned}$$

We translate the relations (4.127) and (4.128) as

$$\Delta(\sigma(t)) = \sigma(t) \otimes \sigma(t) \tag{4.135}$$

$$\Delta(\lambda(t)) = \lambda(t) \otimes \lambda(t)\,. \tag{4.136}$$

Taking logarithmic derivatives and using (4.133) into the form[59] $\psi(t) = t\frac{d}{dt}\log\sigma(t)$, we derive

$$\Delta(\psi(t)) = \psi(t) \otimes 1 + 1 \otimes \psi(t)\,. \tag{4.137}$$

Otherwise stated, *the* ψ_n*'s are primitive generators of the Hopf algebra* $\mathrm{Ch}_\bullet$.

(C) *Invariants.*

---

[59] Equivalent to

$$1 + \sum_{n\geq 1} \sigma_n\, t^n = \exp \sum_{n\geq 1} \psi_n\, t^n / n\,.$$

It is then easy to give an explicit formula for the σ_n's in terms of the ψ_n's.

Let V be a vector space of finite dimension n over the field k of characteristic 0. The group $GL(V)$ of automorphisms of V is the complement in the algebra End (V) (viewed as a vector space of dimension n^2 over k) of the algebraic subvariety defined by $\det u = 0$. The regular functions on the algebraic group $GL(V)$ are then of the form $F(g) = P(g)/(\det g)^N$ where P is a polynomial function[60] on End(V) and N a nonnegative integer. We are interested in the *central functions* F, that is the functions F on $GL(V)$ satisfying $F(g_1\, g_2) = F(g_2\, g_1)$. Since

$$\det(g_1\, g_2) = (\det g_1) \cdot (\det g_2) = \det(g_2\, g_1)\,,$$

we consider only the case where F is a polynomial.

If F is a polynomial on End(V), homogeneous of degree d, there exists by polarization a unique symmetric multilinear form $\Phi(u_1, \ldots, u_d)$ on End(V) such that $F(u) = \Phi(u, \ldots, u)$. Furthermore, Φ is of the form

$$\Phi(u_1, \ldots, u_d) = \mathrm{Tr}\,(A \cdot (u_1 \otimes \cdots \otimes u_d))\,, \tag{4.138}$$

where A is an operator acting on $V^{\otimes d}$. On the tensor space $V^{\otimes d}$, there are two actions of groups:

- the group $GL(V)$ acts by $g \mapsto g \otimes \cdots \otimes g$ (d factors);
- the symmetric group S_d acts by $\sigma \mapsto T_\sigma$ where

$$T_\sigma(v_1 \otimes \cdots \otimes v_d) = v_{\sigma^{-1}(1)} \otimes \ldots \otimes v_{\sigma^{-1}(d)}\,. \tag{4.139}$$

Hence the function F on $GL(V)$ defined by

$$F(g) = \mathrm{Tr}(A \cdot (\underbrace{g \otimes \cdots \otimes g}_{d})) \tag{4.140}$$

is central iff A commutes to the action of the group $GL(V)$, and by *Schur-Weyl duality*, A is a linear combination of operators T_σ. Moreover the multilinear form Φ being symmetric one has $A\,T_\sigma = T_\sigma\, A$ for all σ in S_d. Conclusion:

The central function F on $GL(V)$ is given by

$$F(g) = \frac{1}{d!} \sum_{\sigma \in S_d} \mathrm{Tr}(T_\sigma \cdot (g \otimes \cdots \otimes g)) \cdot f(\sigma) \tag{4.141}$$

for a suitable function f in Ch_d.

We have defined an algebra homomorphism

$$T_V : \mathrm{Ch}_\bullet \to \mathcal{O}_Z(GL(V))\,,$$

[60] That is a polynomial in the entries g_{ij} of the matrix representing g in any given basis of V.

where $\mathcal{O}_Z(GL(V))$ denotes the ring of regular central functions on $GL(V)$. We have the formulas

$$T_V(\lambda_d)(g) = \mathrm{Tr}(\Lambda^d\, g)\,, \tag{4.142}$$

$$T_V(\sigma_d)(g) = \mathrm{Tr}(S^d\, g)\,, \tag{4.143}$$

$$T_V(\psi_d)(g) = \mathrm{Tr}(g^d)\,. \tag{4.144}$$

Here $\Lambda^d\, g$ (resp. $S^d\, g$) means the natural action of $g \in GL(V)$ on the exterior power $\Lambda^d(V)$ (resp. the symmetric power $\mathrm{Sym}^d(V)$). Furthermore, g^d is the power of g in $GL(V)$.

Remark 4.1.1. From (4.144), one derives an explicit formula for ψ_d in Ch_d, namely

$$\psi_d/d = \sum_{\gamma\,\text{cycle}} \gamma\,, \tag{4.145}$$

where the sum runs over the one-cycle permutations γ.

Remark 4.1.2. Since $\Lambda^d(V) = \{0\}$ for $d > n$, we have $T_V(\lambda_d) = 0$ for $d > n$. Recall that $\mathrm{Ch}_\bullet$ is a polynomial algebra in $\lambda_1, \lambda_2, \ldots$; the kernel of T_V is then the ideal generated by $\lambda_{n+1}, \lambda_{n+2}, \ldots$ Moreover $\mathcal{O}_Z(GL(V))$ is the polynomial ring

$$k\,[T_V(\lambda_1), \ldots, T_V(\lambda_{n-1}), T_V(\lambda_n), T_V(\lambda_n)^{-1}]\,.$$

(D) *Relation with symmetric functions* [20].

Choose a basis $(e_1, \ldots, e_n)$ in V to represent operators in V by matrices, and consider the "generic" diagonal matrix $D_n = \mathrm{diag}(x_1, \ldots, x_n)$ in $\mathrm{End}(V)$, where $x_1, \ldots, x_n$ are indeterminates. Since the eigenvalues of a matrix are defined up to a permutation, and u and gug^{-1} have the same eigenvalues for g in $GL(V)$, the map $F \mapsto F(D_n)$ is an *isomorphism of the ring of central polynomial functions on* $\mathrm{End}(V)$ *to the ring of symmetric polynomials in* $x_1, \ldots, x_n$. In this isomorphism $T_V(\lambda_d)$ goes into the *elementary symmetric function*

$$e_d(x_1, \ldots, x_n) = \sum_{1 \le i_1 < \ldots < i_d \le n} x_{i_1} \ldots x_{i_d}\,, \tag{4.146}$$

$T_V(\sigma_d)$ goes into the *complete monomial function*

$$h_d(x_1, \ldots, x_n) = \sum_{\alpha_1 + \cdots + \alpha_n = d} x_1^{\alpha_1} \ldots x_n^{\alpha_n}\,, \tag{4.147}$$

and $T_V(\psi_d)$ into the *power sum*

$$\psi_d(x_1, \ldots, x_n) = x_1^d + \cdots + x_n^d \,. \tag{4.148}$$

All relations derived in subsection 4.1(A) remain valid, but working in a space of finite dimension n, or with a fixed number of variables, imposes $e_{n+1} = e_{n+2} = \cdots = 0$. At the level of the algebra $\mathrm{Ch}_\bullet$, no such restriction occurs.

(E) *Interpretation of the coproduct.*

Denote by X an alphabet $x_1, \ldots, x_n$, similarly by Y the alphabet $y_1, \ldots, y_m$ and by $X+Y$ the combined alphabet $x_1, \ldots, x_n, y_1, \ldots, y_m$. Then

$$e_r(X+Y) = \sum_{p+q=r} e_p(X)\, e_q(Y) \,, \tag{4.149}$$

$$h_r(X+Y) = \sum_{p+q=r} h_p(X)\, h_q(Y) \,, \tag{4.150}$$

$$\psi_r(X+Y) = \psi_r(X) + \psi_r(Y) \,. \tag{4.151}$$

Alternatively, by omitting T_V in notations like $T_V(\lambda_d)(g)$, one gets

$$\lambda_r(g \oplus g') = \sum_{p+q=r} \lambda_p(g)\, \lambda_q(g') \,, \tag{4.152}$$

$$\sigma_r(g \oplus g') = \sum_{p+q=r} \sigma_p(g)\, \sigma_q(g') \,, \tag{4.153}$$

$$\psi_r(g \oplus g') = \psi_r(g) + \psi_r(g') \,. \tag{4.154}$$

Here g acts on V, g' on V' and $g \oplus g'$ is the direct sum acting on $V \oplus V'$. For tensor products, one has

$$\psi_r(g \otimes g') = \psi_r(g)\, \psi_r(g') \,,$$

or in terms of alphabets

$$\psi_r(X \cdot Y) = \psi_r(X) \cdot \psi_r(Y)$$

where $X \cdot Y$ consists of the products $x_i \cdot y_j$. It is a notoriously difficult problem to calculate $\lambda_d(g \otimes g')$ and $\sigma_d(g \otimes g')$. The usual procedure is to go back to the ring $\mathrm{Ch}_\bullet$ and to use the transformation formulas $\lambda \leftrightarrow \psi$ or $\sigma \leftrightarrow \psi$ (see subsection 4.1(B)).

(F) *Noncommutative symmetric functions.*

In subsection 4.1(A) we described the structure of the Hopf algebra $\mathrm{Ch}_\bullet$. This can be reformulated as follows: let C be the coalgebra with a basis

$(\lambda_n)_{n\geq 0}$, counit ε given by $\varepsilon(\lambda_0) = 1$, $\varepsilon(\lambda_n) = 0$ for $n > 0$, coproduct given by (4.128). Let $\bar{C}$ be the kernel of $\varepsilon : C \to k$, and $A = \mathrm{Sym}(\bar{C})$ the free commutative algebra over $\bar{C}$. We embed $C = \bar{C} \oplus k \cdot \lambda_0$ into A by identifying λ_0 with $1 \in A$. The universal property of the algebra A enables us to extend the map $\Delta : C \to C \otimes C$ to an algebra homomorphism $\Delta_A : A \to A \otimes A$. The coassociativity is proved by noticing that $(\Delta_A \otimes 1_A) \circ \Delta_A$ and $(1_A \otimes \Delta_A) \circ \Delta_A$ are algebra homomorphisms from A to $A^{\otimes 3}$ which coincide on the set C of generators of A, hence are equal. Similarly, the cocommutativity of C implies that of A.

We can repeat this construction by replacing the symmetric algebra $\mathrm{Sym}(\bar{C})$ by the tensor algebra $T(\bar{C})$. We obtain a graded Hopf algebra $\mathrm{NC}_\bullet$ which is *cocommutative*. It is described as the algebra of noncommutative polynomials in the generators $\Lambda_1, \Lambda_2, \Lambda_3, \ldots$ satisfying the coproduct relation

$$\Delta(\Lambda_n) = \sum_{p=0}^{n} \Lambda_p \otimes \Lambda_{n-p}\,, \tag{4.155}$$

with the convention $\Lambda_0 = 1$. We introduce the generating series $\Lambda(t) = \sum_{n\geq 0} \Lambda_n\, t^n$ and reformulate the previous relation as

$$\Delta(\Lambda(t)) = \Lambda(t) \otimes \Lambda(t)\,. \tag{4.156}$$

By inversion, we define the generating series $\Sigma(t) = \sum_{n\geq 0} \Sigma_n\, t^n$ such that $\Sigma(t)\, \Lambda(-t) = 1$. It is group-like as $\Lambda(t)$ hence the coproduct

$$\Delta(\Sigma_n) = \sum_{p=0}^{n} \Sigma_p \otimes \Sigma_{n-p}\,. \tag{4.157}$$

We can also define primitive elements $\Psi_1, \Psi_2, \ldots$ in $\mathrm{NC}_\bullet$ by their generating series

$$\Psi(t) = t\, \Sigma'(t)\, \Sigma(t)^{-1}\,. \tag{4.158}$$

The algebra $\mathrm{NC}_\bullet$ *is the algebra of noncommutative polynomials in each of the families* $(\Lambda_n)_{n\geq 1}$, $(\Sigma_n)_{n\geq 1}$ *and* $(\Psi_n)_{n\geq 1}$. *The Lie algebra of primitive elements in the Hopf algebra* $\mathrm{NC}_\bullet$ *is generated by the elements* Ψ_n, *and coincides with the free Lie algebra generated by these elements (see subsection* 4.2*).*

We can call $\mathrm{Ch}_\bullet$ the algebra of symmetric functions (in an indeterminate number of variables, see subsection 4.1(D)). It is customary to call $\mathrm{NC}_\bullet$ the *Hopf algebra of noncommutative symmetric functions.* There is a unique homomorphism π of Hopf algebras from $\mathrm{NC}_\bullet$ to $\mathrm{Ch}_\bullet$ mapping Λ_n to λ_n, Σ_n to σ_n, Ψ_n to ψ_n. Since each of these elements is of degree n, the map π from $\mathrm{NC}_\bullet$ to $\mathrm{Ch}_\bullet$ respects the grading.

(G) *Quasi-symmetric functions.*

The algebra (graded) dual to the coalgebra C is the polynomial algebra $\Gamma = k[z]$ in one variable, the basis $(\lambda_n)_{n\geq 0}$ of C being dual to the basis $(z^n)_{n\geq 0}$ in $k[z]$. This remark gives us a more natural description of C as the (graded) dual of Γ. Define $\bar{\Gamma} \subset \Gamma$ as the set of polynomials without constant term, and consider the tensor module $T(\bar{\Gamma}) = \bigoplus_{m\geq 0} \bar{\Gamma}^{\otimes m}$. We use the notation $[\gamma_1|\dots|\gamma_m]$ to denote the tensor product $\gamma_1\otimes\cdots\otimes\gamma_m$ in $T(\bar{\Gamma})$, for the elements γ_i of $\bar{\Gamma}$. We view $T(\bar{\Gamma})$ as a coalgebra, where the coproduct is obtained by *deconcatenation*

$$\begin{aligned} \Delta[\gamma_1|\dots|\gamma_m] &= 1\otimes[\gamma_1|\dots|\gamma_m] \\ &+ \sum_{i=1}^{m-1} [\gamma_1|\dots|\gamma_i]\otimes[\gamma_{i+1}|\dots|\gamma_m] + [\gamma_1|\dots|\gamma_m]\otimes 1\,. \end{aligned} \tag{4.159}$$

We embed $\Gamma = \bar{\Gamma}\oplus k\cdot 1$ into $T(\bar{\Gamma})$ by identifying 1 in Γ with the unit $[\,] \in \bar{\Gamma}^{\otimes 0}$. By dualizing the methods of the previous subsection, one shows that there is a unique multiplication[61] in $T(\bar{\Gamma})$ inducing the given multiplication in Γ, and such that Δ be an algebra homomorphism from $T(\bar{\Gamma})$ to $T(\bar{\Gamma})\otimes T(\bar{\Gamma})$. Hence we have constructed a commutative graded Hopf algebra.

It is customary to denote this Hopf algebra by $\mathrm{QSym}_\bullet$, and to call it *the algebra of quasi-shuffles*, or *quasi-symmetric functions.* We explain this terminology. By construction, the symbols

$$Z(n_1,\dots,n_r) = [z^{n_1}|\dots|z^{n^r}] \tag{4.160}$$

for $r\geq 0$, $n_1\geq 1,\dots,n_r\geq 1$ form a basis of $\mathrm{QSym}_\bullet$. Explicitly, the product of such symbols is given by the *rule of quasi-shuffles*:

- consider two sequences $n_1,\dots,n_r$ and $m_1,\dots,m_s$;
- in all possible ways insert zeroes in these sequences to get two sequences

  $$\nu = (\nu_1,\dots,\nu_p) \qquad \text{and} \qquad \mu = (\mu_1,\dots,\mu_p)$$

  of the same length, by excluding the cases where $\mu_i = \nu_i = 0$ for some i between 1 and p;
- for such a combination, introduce the element $Z(\nu_1+\mu_1,\dots,\nu_p+\mu_p)$ and take the sum of all these elements as the product of $Z(n_1,\dots,n_r)$ and $Z(m_1,\dots,m_s)$.

We describe the algorithm in an example: to multiply $Z(3)$ with $Z(1,2)$

$$\begin{array}{ccc} \begin{cases}\nu = 30\\ \mu = 12\end{cases} & \begin{cases}\nu = 03\\ \mu = 12\end{cases} & \begin{cases}\nu = 300\\ \mu = 012\end{cases} \\ \hline Z(3+1,0+2) & Z(0+1,3+2) & Z(3+0,0+1,0+2) \end{array}$$

[61] For details about this construction, see Loday [53].

$$\begin{cases} \nu = 030 \\ \mu = 102 \end{cases} \qquad\qquad \begin{cases} \nu = 003 \\ \mu = 120 \end{cases}$$

$$\overline{Z(0+1,3+0,0+2)} \qquad \overline{Z(0+1,0+2,3+0)}$$

hence the result

$$Z(3) \cdot Z(1,2) = Z(4,2) + Z(1,5) + Z(3,1,2) + Z(1,3,2) + Z(1,2,3)\,.$$

The sequences $(3,1,2), (1,3,2)$ and $(1,2,3)$ are obtained by shuffling the sequences $(1,2)$ and (3) (see subsection 4.2). The other terms are obtained by partial addition, so the terminology[62] "quasi-shuffles".

The interpretation as *quasi-symmetric functions* requires an infinite sequence of commutative variables $x_1, x_2, \ldots$. The symbol $Z(n_1, \ldots, n_r)$ is then interpreted as the formal power series

$$\sum_{1 \leq k_1 < \ldots < k_r} x_{k_1}^{n_1} \ldots x_{k_r}^{n_r} = z(n_1, \ldots, n_r)\,. \tag{4.161}$$

It is easily checked that the series $z(n_1, \ldots, n_r)$ multiply according to the rule of quasi-shuffles, and are linearly independent.

Recall that $\mathrm{Ch}_\bullet$ is self-dual. Furthermore, there is a duality between $\mathrm{NC}_\bullet$ and $\mathrm{QSym}_\bullet$ such that the monomial basis $(\Lambda_{n_1} \ldots \Lambda_{n_r})$ of $\mathrm{NC}_\bullet$ is dual to the basis $(Z(n_1, \ldots, n_r))$ of $\mathrm{QSym}_\bullet$. The transpose of the projection $\pi : \mathrm{NC}_\bullet \to \mathrm{Ch}_\bullet$ is an embedding into $\mathrm{QSym}_\bullet$ of $\mathrm{Ch}_\bullet$ viewed as the algebra of symmetric functions in $x_1, x_2, \ldots$, generated by the elements $z(\underbrace{1, \ldots, 1}_{r}) = e_r$.

4.2 Free Lie algebras and shuffle products

Let X be a finite alphabet $\{x_i | i \in I\}$. A *word* is an ordered sequence $w = x_{i_1} \ldots x_{i_\ell}$ of elements taken from X, with repetition allowed. We include the empty word $\emptyset$ (or 1). We use the *concatenation* product $w \cdot w'$ and denote by X^* the set of all words. We take X^* as a basis of the vector space $k\langle X \rangle$ of noncommutative polynomials. The *concatenation of words* defines by linearity a multiplication on $k\langle X \rangle$.

It is an exercise in universal algebra that the free associative algebra $k\langle X \rangle$ is the enveloping algebra $U(\mathrm{Lie}(X))$ of the free Lie algebra $\mathrm{Lie}(X)$ on X. By Theorem 3.6.1, we can therefore identify $\mathrm{Lie}(X)$ to the Lie algebra of primitive elements in $k\langle X \rangle$, where the coproduct Δ is the unique homomorphism of algebras from $k\langle X \rangle$ to $k\langle X \rangle \otimes k\langle X \rangle$ mapping x_i to $x_i \otimes 1 + 1 \otimes x_i$ for any i ("*Friedrichs criterion*"). This result provides us with a workable construction of $\mathrm{Lie}(X)$.

[62] Other denomination: "stuffles". See also [19] for another interpretation of quasi-shuffles.

To dualize, introduce another alphabet $\Xi = \{\xi_i | i \in I\}$ in a bijective correspondence with X. The basis X^* of $k\langle X\rangle$ and the basis Ξ^* of $k\langle \Xi\rangle$ are both indexed by the same set I^* of finite sequences in I, and we define a duality between $k\langle X\rangle$ and $k\langle \Xi\rangle$ by putting these two basis in duality. More precisely, we define a grading in $k\langle X\rangle$ and in $k\langle \Xi\rangle$ by giving degree ℓ to both $x_{i_1}\dots x_{i_\ell}$ and $\xi_{i_1}\dots\xi_{i_\ell}$. Then $k\langle \Xi\rangle$ is the graded dual of $k\langle X\rangle$, and conversely.

The product in $k\langle X\rangle$ dualizes to a coproduct in $k\langle \Xi\rangle$ which uses *deconcatenation*, namely[63]

$$\begin{aligned}\Delta(\xi_{i_1}\dots\xi_{i_\ell}\rangle &= \xi_{i_1}\dots\xi_{i_\ell}\otimes 1 + 1\otimes\xi_{i_1}\dots\xi_{i_\ell} \\ &\quad + \sum_{j=1}^{\ell-1}\xi_{i_1}\dots\xi_{i_j}\otimes\xi_{i_{j+1}}\dots\xi_{i_\ell}\,. \end{aligned}\tag{4.162}$$

To compute the product in $k\langle \Xi\rangle$ we need the coproduct in $k\langle X\rangle$. For any $i \in I$, put

$$x_i^{(1)} = x_i \otimes 1\,, \qquad x_i^{(2)} = 1\otimes x_i\,. \tag{4.163}$$

Then $\Delta(x_i) = x_i^{(1)} + x_i^{(2)}$, hence for any word $w = x_{i_1}\dots x_{i_\ell}$ we get

$$\begin{aligned}\Delta(w) &= \Delta(x_{i_1})\dots\Delta(x_{i_\ell}) = (x_{i_1}^{(1)} + x_{i_1}^{(2)})\dots(x_{i_\ell}^{(1)} + x_{i_\ell}^{(2)}) \\ &= \sum_{\alpha_1\dots\alpha_\ell} x_{i_1}^{(\alpha_1)}\dots x_{i_\ell}^{(\alpha_\ell)}\,.\end{aligned}\tag{4.164}$$

The sum is extended over the 2^ℓ sequences $(\alpha_1,\dots,\alpha_\ell)$ made of 1's and 2's. Otherwise stated

$$\Delta(w) = \sum w^{(1)}\otimes w^{(2)}\,, \tag{4.165}$$

where $w^{(1)}$ runs over the 2^ℓ subwords of w (obtained by erasing some letters) and $w^{(2)}$ the complement of $w^{(1)}$ in w. For instance

$$\Delta(x_1\,x_2) = x_1\,x_2\otimes 1 + x_1\otimes x_2 + x_2\otimes x_1 + 1\otimes x_1\,x_2\,. \tag{4.166}$$

By duality, the product of $u = \xi_{i_1}\dots\xi_{i_\ell}$ and $v = \xi_{j_1}\dots\xi_{j_m}$ is the sum $u ⧢ v$ of all words of length $\ell + m$ in Ξ^* containing u as a subword, with v as the complementary subword. This product is called "shuffle product" because of the analogy with the shuffling of card decks. It was introduced by Eilenberg and MacLane in the 1940's in their work on homotopy. We give two examples:

$$\xi_1 ⧢ \xi_2 = \xi_1\,\xi_2 + \xi_2\,\xi_1\,, \tag{4.167}$$

$$\xi_1 ⧢ \xi_2\,\xi_3 = \xi_1\,\xi_2\,\xi_3 + \xi_2\,\xi_1\,\xi_3 + \xi_2\,\xi_3\,\xi_1\,. \tag{4.168}$$

63 Compare with formulas (3.81) and (4.159).

Notice that $k\langle\Xi\rangle$ with the shuffle product and the deconcatenation coproduct is a commutative graded Hopf algebra. Hence, by Milnor-Moore theorem, as an algebra, it is a polynomial algebra. A classical theorem by Radford gives an explicit construction[64] of a set of generators. Take any linear ordering on I, and order the words in Ξ according to the lexicographic ordering $u \prec u$. By cyclic permutations, a word w of length ℓ generates ℓ words $w(1), \dots, w(\ell)$, with $w(1) = w$. A *Lyndon word* is a word w such that $w(1), \dots, w(\ell)$ are all distinct and $w \prec w(j)$ for $j = 2, \dots, \ell$. For instance $\xi_1\,\xi_2$ is a Lyndon word, but not $\xi_2\,\xi_1$, similarly $\xi_1\,\xi_2\,\xi_3$ and $\xi_1\,\xi_3\,\xi_2$ are Lyndon words, but the 4 others permutations of ξ_1, ξ_2, ξ_3 are not.

Radford's theorem. *The shuffle algebra $k\langle\Xi\rangle$ is a polynomial algebra in the Lyndon words as generators.*

4.3 Application I: free groups

We consider a free group F_n on a set of n generators $g_1, \dots, g_n$. We want to *describe the envelope of F_n corresponding to the class of its unipotent representations* (see subsection 3.4).

Let $\pi : F_n \to GL(V)$ be a unipotent representation. It is completely characterized by the operators $\gamma_i = \pi(g_i)$ in V (for $i = 1, \dots, n$). Hence γ_i is unipotent (that is, $\gamma_i - 1$ is nilpotent) and there exists a unique nilpotent operator u_i in V such that $\gamma_i = \exp u_i$. By choosing a suitable basis $(e_1, \dots, e_d)$ of V, we can assume that the u_i are matrices in $\mathfrak{t}_d(k)$, hence $u_{i_1} \dots u_{i_d} = 0$ for any sequence $(i_1, \dots, i_d)$ of indices.

Conversely, consider a vector space V of dimension d and operators $u_1, \dots, u_n$ such that $u_{i_1} \dots u_{i_p} = 0$ for some p. In particular $u_i^p = 0$ for all i, and we can define the exponential $\gamma_i = \exp u_i$. Define subspaces $V_0, V_1, V_2 \dots$ of V by $V_0 = V$ and the inductive rule

$$V_{r+1} = \sum_{i=1}^{n} u_i(V_r) \,. \tag{4.169}$$

By our assumption on $u_1, \dots, u_n$, we obtain $V_p = \{0\}$. It is easy to check that the spaces V_r decrease

$$V = V_0 \supset V_1 \supset V_2 \supset \dots \supset V_{p-1} \supset V_p = \{0\} \,,$$

and since each u_i maps V_r into V_{r+1}, so does $\gamma_i - 1 = \exp u_i - 1$. Hence we get a unipotent representation π of F_n, mapping g_i to γ_i.

Putting $X = \{x_1, \dots, x_n\}$ and $\Xi = \{\xi_1, \dots, \xi_n\}$, we conclude that the unipotent representations of F_n correspond to the representations of the algebra $k\langle X\rangle$ which annihilate one of the two-sided ideals

[64] See the book of Reutenauer [66] for details.

$$J_r = \bigoplus_{s \geq r} k\langle X \rangle_s$$

($k\langle X \rangle_s$ is the component of degree s in $k\langle X \rangle$). Using the duality between $k\langle X \rangle$ and $k\langle \Xi \rangle$, the algebra of representative functions on F_n corresponding to the unipotent representations can be identified to $k\langle \Xi \rangle$. We leave it to the reader to check that both the product and the coproduct are the correct ones.

To the graded commutative Hopf algebra $k\langle \Xi \rangle$ corresponds a prounipotent group Φ_n, the sought-for prounipotent envelope of F_n. Explicitly, the points of Φ_n with coefficients in k correspond to the algebra homomorphisms $k\langle \Xi \rangle \to k$; they can be interpreted as noncommutative formal power series $g = \sum_{m \geq 0} g_m$ in $k\langle\langle X \rangle\rangle$, with g_m in $k\langle X \rangle_m$, satisfying the coproduct rule

$$\Delta(g_m) = \sum_{r+s=m} g_r \otimes g_s \,, \tag{4.170}$$

or in a shorthand notation $\Delta(g) = g \otimes g$. The multiplication is inherited from the one in $k\langle\langle X \rangle\rangle$, that is the product of $g = \sum_{r \geq 0} g_r$ by $h = \sum_{s \geq 0} h_s$ is given by the Cauchy rule

$$(gh)_m = \sum_{r+s=m} g_r \, h_s \,. \tag{4.171}$$

The group Φ_n consists also of the exponentials

$$g = \exp(p_1 + p_2 + \cdots) \,, \tag{4.172}$$

where p_r is primitive of degree r, that is an element of degree r in the free Lie algebra $\mathrm{Lie}(X)$. Otherwise stated, *the Lie algebra of Φ_n is the completion of* $\mathrm{Lie}(X)$ *with respect to its grading.*

Finally, the map $\delta : F_n \to \Phi_n$ defined in subsection 3.4 maps g_i to $\exp x_i$.

4.4 Application II: multiple zeta values

We recall the definition of Riemann's zeta function

$$\zeta(s) = \sum_{k \geq 1} k^{-s} \,, \tag{4.173}$$

where the series converges absolutely for complex values of s such that $\mathrm{Re}\, s > 1$. It is well-known that $(s-1)\,\zeta(s)$ extends to an entire function, giving a meaning to $\zeta(0), \zeta(-1), \zeta(-2), \ldots$ It is known that these numbers are rational, and that the function $\zeta(s)$ satisfies the symmetry rule $\xi(s) = \xi(1-s)$ with $\xi(s) = \pi^{-s/2}\,\Gamma\left(\frac{s}{2}\right)\zeta(s)$. As a corollary, $\zeta(2k)/\pi^{2k}$ is a rational number for $k = 1, 2, \ldots$. Very little is known about the arithmetic nature of the numbers $\zeta(3), \zeta(5), \zeta(7), \ldots$. The famous theorem of Apéry (1979) asserts that $\zeta(3)$

is irrational, and it is generally believed (as part of a general array of conjectures by Grothendieck, Drinfeld, Zagier, Kontsevich, Goncharov,. . .) that *the numbers* $\zeta(3), \zeta(5), \ldots$ *are transcendental and algebraically independent over the field* $\mathbb{Q}$ *of rational numbers.*

Zagier introduced a class of numbers, known as *Euler-Zagier sums* or *multiple zeta values* (MZV). Here is the definition

$$\zeta(k_1, \ldots, k_r) = \sum_{1 \leq n_1 < \cdots < n_r} n_1^{-k_1} \ldots n_r^{-k_r}, \tag{4.174}$$

the series being convergent if $k_r \geq 2$. It is just the specialization of the quasi-symmetric function $z(k_1, \ldots, k_r)$ obtained by putting $x_n = 1/n$ for $n = 1, 2, \ldots$. Since the quasi-symmetric functions multiply according to the quasi-shuffle rule, so do the MZV. From the example described in subsection 4.1(G) we derive

$$\zeta(3)\,\zeta(1,2) = \zeta(4,2) + \zeta(1,5) + \zeta(3,1,2) + \zeta(1,3,2) + \zeta(1,2,3). \tag{4.175}$$

In general

$$\zeta(a)\,\zeta(b) = \zeta(a+b) + \zeta(a,b) + \zeta(b,a) \tag{4.176}$$

and the previous example generalizes to

$$\zeta(c)\,\zeta(a,b) = \zeta(a+c,b) + \zeta(a,b+c) + \zeta(c,a,b) + \zeta(a,c,b) + \zeta(a,b,c). \tag{4.177}$$

If we exploit the duality between $\mathrm{NC}_\bullet$ and $\mathrm{QSym}_\bullet$, we obtain the following result:

It is possible, in a unique way, to regularize the divergent series $\zeta(k_1, \ldots, k_r)$ *when* $k_r = 1$, *in such a way that* $\zeta_*(1) = 0$ *and that the regularized values*[65] $\zeta_*(k_1, \ldots, k_r)$ *and their generating series*

$$Z_* = \sum_{k_1, \ldots, k_r} \zeta_*(k_1, \ldots, k_r)\, y_{k_1} \cdots y_{k_r} \tag{4.178}$$

in the noncommutative variables $y_1, y_2, \ldots$ *satisfy*

$$\Delta_*(Z_*) = Z_* \otimes Z_*, \tag{4.179}$$

as a consequence of the coproduct rule $\Delta_*(y_k) = y_k \otimes 1 + 1 \otimes y_k + \sum_{j=1}^{k-1} y_j \otimes y_{k-j}$.

Remark 4.5.1. It is possible to give a direct proof of the quasi-shuffle rule by simple manipulations of series. For instance, by definition

[65] Of course, for $k_r \geq 2$, the convergent series $\zeta(k_1, \ldots, k_r)$ is equal to its regularized version $\zeta_*(k_1, \ldots, k_r)$.

$$\zeta(a)\,\zeta(b) = \sum_{m,n} m^{-a}\,n^{-b}\,, \tag{4.180}$$

where the summation is over all pairs m, n of integers with $m \geq 1$, $n \geq 1$. The summation can be split into three parts:

- if $m = n$, we get $\sum m^{-a-b} = \zeta(a+b)$,
- if $m < n$, we get $\zeta(a,b)$ by definition,
- if $m > n$, we get $\zeta(b,a)$ by symmetry.

Hence (4.176) follows.

4.5 Application III: multiple polylogarithms

The values $\zeta(k)$ for $k = 2, 3, \ldots$ are special values of functions $Li_k(z)$ known as polylogarithm functions[66]. Here is the definition (for $k \geq 0$)

$$Li_k(z) = \sum_{n \geq 1} z^n / n^k\,. \tag{4.181}$$

The series converges for $|z| < 1$, and one can continue analytically $Li_k(z)$ to the cut plane $\mathbb{C} \backslash [1, \infty[$. For instance

$$Li_0(z) = \frac{z}{1-z}\,, \qquad Li_1(z) = -\log(1-z)\,. \tag{4.182}$$

These functions are specified by the initial value $Li_k(0) = 0$ and the differential equations

$$d\,Li_k(z) = \omega_0(z)\,Li_{k-1}(z) \quad \text{for} \quad k \geq 1 \tag{4.183}$$

and in particular $(k = 1)$

$$d\,Li_1(z) = \omega_1(z)\,. \tag{4.184}$$

The differential forms are given by

$$\omega_0(z) = dz/z\,,\ \omega_1(z) = dz/(1-z)\,. \tag{4.185}$$

We give two integral representations for $Li_k(z)$. First

$$Li_k(z) = \int_{[0,1]^k} z\,d^k x/(1 - z\,x_1 \ldots x_k)\,, \tag{4.186}$$

where each variable $x_1, \ldots, x_k$ runs over the closed interval $[0,1]$ and $d^k x = dx_1 \ldots dx_k$. To prove (4.186), expand the geometric series $1/(1-a) = \sum\limits_{n \geq 1} a^{n-1}$

[66] The case of $Li_2(z)$ was known to Euler (1739).

and integrate term by term by using $\int_0^1 x^{n-1}\,dx = 1/n$. Putting $z = 1$, we find (for $k \geq 2$)

$$\zeta(k) = Li_k(1) = \int_{[0,1]^k} \frac{d^k x}{1 - x_1 \ldots x_k} \,. \tag{4.187}$$

The second integral representation comes from the differential equations (4.183) and (4.184). Indeed

$$Li_1(z) = \int_0^z \omega_1(t_1)$$
$$Li_2(z) = \int_0^z \omega_0(t_2)\, Li_1(t_2) = \int_0^z \omega_0(t_2) \int_0^{t_2} \omega_1(t_1)\,,$$

and iterating we get

$$Li_k(z) = \int_{\Delta_k(z)} \omega_1(t_1)\,\omega_0(t_2)\ldots\omega_0(t_k)\,, \tag{4.188}$$

where the domain of integration $\Delta_k(z)$ consists of systems of points $t_1, \ldots, t_k$ along the oriented straight line[67] $\overrightarrow{0z}$ such that $0 < t_1 < t_2 < \cdots < t_k < z$. As a corollary ($z = 1$):

$$\zeta(k) = \int_{\Delta_k} \omega_1(t_1)\,\omega_0(t_2)\ldots\omega_0(t_k) \tag{4.189}$$

where Δ_k is the simplex $\{0 < t_1 < t_2 < \cdots < t_k\}$ in $\mathbb{R}^k$.

Exercise 4.5.1. Deduce (4.188) from (4.186) by a change of variables of integration.

To take care of the MZV's, introduce the *multiple polylogarithms* in one variable z

$$Li_{n_1,\ldots,n_r}(z) = \sum z^{k_r}/(k_1^{n_1}\ldots k_r^{n_r})\,, \tag{4.190}$$

with the summation restricted by $1 \leq k_1 < \ldots < k_r$. Special value for $z = 1$, and $n_r \geq 2$

$$\zeta(n_1, \ldots, n_r) = Li_{n_1,\ldots,n_r}(1)\,. \tag{4.191}$$

By computing first the differential equations satisfied by these functions, we end up with an integral representation

$$Li_{n_1,\ldots,n_r}(z) = \int_{\Delta_p(z)} \omega_{\varepsilon_1}(t_1)\ldots\omega_{\varepsilon_p}(t_p) \tag{4.192}$$

with the following definitions:

[67] For z in the cut plane $\mathbb{C}\backslash[1,\infty[$, the segment $[0,z]$ does not contain the singularity $t = 1$ of $\omega_1(t)$ and since $\omega_1(t_1)$ is regular for $t_1 = 0$, the previous integral makes sense and gives the analytic continuation of $Li_k(z)$.

- $p = n_1 + \cdots + n_r$ is the *weight*;
- the sequence $\varepsilon = (\varepsilon_1, \ldots, \varepsilon_p)$ consists of 0 and 1 according to the rule

$$1\underbrace{0\ldots0}_{n_1-1}\;1\underbrace{0\ldots0}_{n_2-1}\;1\ldots1\;\underbrace{0\ldots0}_{n_r-1}\,.$$

This is any sequence beginning with 1, and the case $n_r \geq 2$ corresponds to the case where the sequence ε ends with 0.

Exercise 4.5.2. Check that the condition $\varepsilon_1 = 1$ corresponds to the convergence of the integral around 0, and $\varepsilon_p = 0$ (when $z = 1$) guarantees the convergence around 1.

The meaning of the previous encoding

$$n_1, \ldots, n_r \leftrightarrow \varepsilon_1, \ldots, \varepsilon_p$$

is the following: introduce the generating series

$$Li(z) = \sum_{n_1, \ldots, n_r} Li_{n_1, \ldots, n_r}(z)\, y_{n_1} \cdots y_{n_r} \tag{4.193}$$

in the noncommutative variables $y_1, y_2, \ldots$ Introduce other noncommutative variables x_0, x_1. If we make the substitution $y_k = x_1\, x_0^{k-1}$, then

$$y_{n_1} \cdots y_{n_k} = x_{\varepsilon_1} \cdots x_{\varepsilon_p}\,. \tag{4.194}$$

This defines an embedding of the algebra $k\langle Y\rangle$ into the algebra $k\langle X\rangle$ for the two alphabets

$$Y = \{y_1, y_2, \ldots\}\,, \quad X = \{x_0, x_1\}\,.$$

In $k\langle Y\rangle$, we use the coproduct Δ_* defined by[68]

$$\Delta_*(y_k) = y_k \otimes 1 + 1 \otimes y_k + \sum_{j=1}^{k-1} y_j \otimes y_{k-j}\,, \tag{4.195}$$

while in $k\langle X\rangle$ we use the coproduct given by

$$\Delta_{\sqcup\!\sqcup}(x_0) = x_0 \otimes 1 + 1 \otimes x_0\,, \quad \Delta_{\sqcup\!\sqcup}(x_1) = x_1 \otimes 1 + 1 \otimes x_1\,. \tag{4.196}$$

They don't match!

The differential equations satisfied by the functions $Li_{n_1, \ldots, n_r}(z)$ are encoded in the following

$$dLi(z) = Li(z)\, \Omega(z) \tag{4.197}$$

$$\Omega(z) = x_0\, \omega_0(z) + x_1\, \omega_1(z) \tag{4.198}$$

[68] See subsection 4.1(F).

with

$$\omega_0(z) = dz/z\,, \quad \omega_1(z) = dz/(1-z) \tag{4.199}$$

as before. The initial conditions are given by $Li_{n_1,\dots,n_r}(0) = 0$ for $r \geq 1$, hence $Li(0) = Li_\emptyset(0) \cdot 1 = 1$ since $Li_\emptyset(z) = 1$ by convention. The differential form $\omega_0(z)$ has a pole at $z = 0$, hence the differential equation (4.197) is singular at $z = 0$, and we cannot use directly the initial condition $Li(0) = 1$. To bypass this difficulty, choose a small real parameter $\varepsilon > 0$, and denote by $U_\varepsilon(z)$ the solution of the differential equation

$$dU_\varepsilon(z) = U_\varepsilon(z)\,\Omega(z)\,, \quad U_\varepsilon(\varepsilon) - 1\,. \tag{4.200}$$

Then

$$Li(z) = \lim_{\varepsilon \to 0} \exp(-x_0 \log \varepsilon) \cdot U_\varepsilon(z)\,. \tag{4.201}$$

We are now in a position to compute the product of multiple polylogarithms. Indeed, introduce the free group F_2 in two generators g_0, g_1, and its unipotent envelope Φ_2 realized as a multiplicative group of noncommutative series in $k\langle\langle x_0, x_1\rangle\rangle$. Embed F_2 into Φ_2 by the rule $g_0 = \exp x_0$, $g_1 = \exp x_1$ (see subsection 4.3). Topologically, we interpret F_2 as the fundamental group of $\mathbb{C}\backslash\{0,1\}$ based at ε, and g_i as the class of a loop around $i \in \{0,1\}$ in counterclockwise way. The Lie algebra $\mathfrak{f}_2$ of the prounipotent group Φ_2 consists of the Lie series in x_0, x_1 and since the differential form $\Omega(z)$ takes its values in $\mathfrak{f}_2$, the solution of the differential equation (4.200) takes its values in the group Φ_2, and by the limiting procedure (4.201) so does $Li(z)$. We have proved the formula

$$\Delta_{\sqcup\!\sqcup}(Li(z)) = Li(z) \otimes Li(z)\,. \tag{4.202}$$

This gives the following rule for the multiplication of two multiple polylogarithm functions $Li_{n_1,\dots,n_r}(z)$ and $Li_{m_1,\dots,m_s}(z)$:

- encode

$$n_1, \dots, n_r \leftrightarrow \varepsilon_1, \dots, \varepsilon_p$$
$$m_1, \dots, m_s \leftrightarrow \eta_1, \dots, \eta_q$$

  by sequences of 0's and 1's;
- take any shuffle of $\varepsilon_1, \dots, \varepsilon_p$ with $\eta_1, \dots, \eta_q$, namely $\theta_1, \dots, \theta_{p+q}$ and decode $\theta_1, \dots, \theta_{p+q}$ to $r_1, \dots, r_t$;
- take the sum of the $\frac{(p+q)!}{p!\,q!}$ functions of the form $Li_{r_1,\dots,r_t}(z)$ corresponding to the various shuffles.

We want now to compute the product of two MZV's, namely $\zeta(n_1, \dots, n_r)$ and $\zeta(m_1, \dots, m_s)$. When $n_r \geq 2$, we have $\zeta(n_1, \dots, n_r) = Li_{n_1,\dots,n_r}(1)$ but

$Li_{n_1,\dots,n_r}(z)$ diverges at $z=1$ when $n_r=1$. By using the differential equation (4.197), it can be shown that the following limit exists

$$Z_{\sqcup\sqcup} = \lim_{\varepsilon\to 0} Li(1-\varepsilon)\exp(x_1\log\varepsilon)\,. \tag{4.203}$$

If we develop this series as

$$Z_{\sqcup\sqcup} = \sum_{n_1,\dots,n_r} \zeta_{\sqcup\sqcup}(n_1,\dots,n_r)\, y_{n_1}\cdots y_{n_r}\,, \tag{4.204}$$

we obtain $\zeta_{\sqcup\sqcup}(n_1,\dots,n_r) = \zeta(n_1,\dots,n_r)$ when $n_r \geq 2$, together with regularized values $\zeta_{\sqcup\sqcup}(n_1,\dots,n_{r-1},1)$. By a limiting process, one derives the equation

$$\Delta_{\sqcup\sqcup}(Z_{\sqcup\sqcup}) = Z_{\sqcup\sqcup}\otimes Z_{\sqcup\sqcup} \tag{4.205}$$

from (4.202). We leave it to the reader to explicit the shuffle rule for multiplying MZV's.

Remark 4.5.1. The shuffle rule and the quasi-shuffle rule give two multiplication formulas for ordinary MZV's. For instance

$$\zeta(2)\,\zeta(3) = \zeta(5)+\zeta(2,3)+\zeta(3,2) \tag{4.206}$$

by the quasi-shuffle rule, and

$$\zeta(2)\,\zeta(3) = 3\,\zeta(2,3)+6\,\zeta(1,4)+\zeta(3,2) \tag{4.207}$$

by the shuffle rule. By elimination, we deduce a linear relation

$$\zeta(5) = 2\,\zeta(2,3)+6\,\zeta(1,4)\,. \tag{4.208}$$

But in general, the two regularizations $\zeta_*(n_1,\dots,n_r)$ and $\zeta_{\sqcup\sqcup}(n_1,\dots,n_r)$ differ when $n_r=1$. We refer the reader to our presentation in [22] for more details and precise conjectures about the linear relations satisfied by the MZV's.

Remark 4.5.2. From equation (4.192), one derives the integral relation

$$\zeta(n_1,\dots,n_r) = \int_{\Delta_p} \omega_{\varepsilon_1}(t_1)\dots\omega_{\varepsilon_p}(t_p) \tag{4.209}$$

with the encoding $n_1,\dots,n_r \leftrightarrow \varepsilon_1,\dots,\varepsilon_p$ (hence $p = n_1+\ldots+n_r$ is the weight) and the domain of integration

$$\Delta_p = \{0<t_1<\cdots<t_p<1\}\subset \mathbb{R}^p\,.$$

When multiplying $\zeta(n_1,\dots,n_r)$ with $\zeta(m_1,\dots,m_s)$ we encounter an integral over $\Delta_p\times\Delta_q$. This product of simplices can be subdivided into a collection of $\frac{(p+q)!}{p!\,q!}$ simplices corresponding to the various shuffles of $\{1,\dots,p\}$ with $\{1,\dots,q\}$, that is the permutations σ in S_{p+q} such that $\sigma(1)<\ldots<\sigma(p)$ and $\sigma(p+1)<\ldots<\sigma(p+q)$. Hence a product integral over $\Delta_p\times\Delta_q$ can be decomposed as a sum of $\frac{(p+q)!}{p!\,q!}$ integrals over Δ_{p+q}. This method gives another proof of the shuffle product formula for MZV's.

4.6 Composition of series [27]

The composition of series gives another example of a prounipotent group. We consider formal transformations of the form[69]

$$\varphi(x) = x + a_1\, x^2 + a_2\, x^3 + \cdots + a_i\, x^{i+1} + \cdots\,, \tag{4.210}$$

that is transformations defined around 0 by their Taylor series with $\varphi(0) = 0$, $\varphi'(0) = 1$. Under composition, they form a group $\mathrm{Comp}(\mathbb{C})$, and we proceed to interpret it as an algebraic group of infinite triangular matrices.

Given $\varphi(x)$ as above, develop

$$\varphi(x)^i = \sum_{j\geq 1} a_{ij}(\varphi)\, x^j\,, \tag{4.211}$$

for $i \geq 1$, and denote by $A(\varphi)$ the infinite matrix $(a_{ij}(\varphi))_{i\geq 1, j\geq 1}$. Since $\varphi(x)$ begins with x, then $\varphi(x)^i$ begins with x^i. Hence $a_{ii}(\varphi) = 1$ and $a_{ij}(\varphi) = 0$ for $j < i$: *the matrix $A(\varphi)$ belongs to $T_\infty(\mathbb{C})$*. Furthermore, since $(\varphi \circ \psi)^i = \varphi^i \circ \psi$, we have $A(\varphi \circ \psi) = A(\varphi)\, A(\psi)$. Moreover, $a_{1,j+1}(\varphi)$ is the coefficient $a_j(\varphi)$ of x^{j+1} in $\varphi(x)$, hence the map $\varphi \mapsto A(\varphi)$ is a faithful representation A of the group $\mathrm{Comp}(\mathbb{C})$ into $T_\infty(\mathbb{C})$. By expanding $\varphi(x)^i$ by the multinomial theorem, we obtain the following expression for the $a_{ij}(\varphi) = a_{ij}$ in terms of the parameters a_i

$$a_{ij} = \sum (i!/n_0!)(a_1^{n_1}/n_1!)(a_2^{n_2}/n_2!)\ldots(a_{j-1}^{n_{j-1}}/n_{j-1}!) \tag{4.212}$$

where the summation extends over all system of indices $n_0, n_1, \ldots, n_{j-1}$, where each n_k is a nonnegative integer and

$$\begin{cases} n_0 + \cdots + n_{j-1} = i\,, & (4.213)\\ 1\cdot n_0 + 2\cdot n_1 + \ldots + j\cdot n_{j-1} = j\,. & (4.214)\end{cases}$$

Since $a_1 = a_{12}$, $a_2 = a_{13}$, $a_3 = a_{14}, \ldots$ the formulas (4.212) to (4.214) give an explicit set of algebraic equations for the subgroup $A(\mathrm{Comp}(\mathbb{C}))$ of $T_\infty(\mathbb{C})$. The group $\mathrm{Comp}(\mathbb{C})$ is a proalgebraic group with $\mathcal{O}(\mathrm{Comp})$ equal to the polynomial ring $\mathbb{C}\,[a_1, a_2, \ldots]$. For the group $T_\infty(\mathbb{C})$, the coproduct in $\mathcal{O}(T_\infty)$ is given by $\Delta(a_{ij}) = \sum\limits_{i\leq k\leq j} a_{ik} \otimes a_{kj}$. Hence the coproduct in $\mathcal{O}(\mathrm{Comp})$ is given by

$$\Delta(a_i) = 1 \otimes a_i + \sum_{j=1}^{i-1} a_j \otimes a_{j+1,i+1} + a_i \otimes 1\,, \tag{4.215}$$

---

[69] The coefficients a_i in the series $\varphi(x)$ are supposed to be complex numbers, but they might be taken from an arbitrary field k of characteristic 0.

where we use the rule (4.212) to define the elements $a_{j+1,i+1}$ in $\mathbb{C}[a_1, a_2, \ldots]$. This formula can easily be translated in *Faa di Bruno's formula* giving the higher derivatives of $f(g(x))$.

Exercise 4.6.1. Prove directly the coassociativity of the coproduct defined by (4.212) and (4.215)!

Remark 4.6.1. If we give degree i to a_i, it follows from (4.212), (4.213) and (4.214) that a_{ij} is homogeneous of degree $j - i$. Hence the coproduct given by (4.215) is homogeneous and $\mathcal{O}(\mathrm{Comp})$ is a graded Hopf algebra. Here is an explanation. We denote by $\mathbb{G}_m(\mathbb{C})$ the group $GL_1(\mathbb{C})$, that is the nonzero complex numbers under multiplication, with the coordinate ring $\mathcal{O}(\mathbb{G}_m) = \mathbb{C}[t, t^{-1}]$. It acts by scaling $H_t(x) = tx$, and the corresponding matrix $A(H_t)$ is the diagonal matrix M_t with entries $t, t^2, \ldots$. For t in $\mathbb{G}_m(\mathbb{C})$ and φ in $\mathrm{Comp}(\mathbb{C})$, the transformation $H_t^{-1} \circ \varphi \circ H_t$ is given by $t^{-1}\,\varphi(tx) = x + t\,a_1\,x^2 + t^2\,a_2\,x^3 + \cdots$ and this scaling property (a_i going into $t^i\,a_i$) explains why we give the degree i to a_i. Furthermore, in matrix terms, $M_t^{-1} A\, M_t$ has entries a_{ij} of A multiplied by t^{j-i}, hence the degree $j - i$ to a_{ij}!

To conclude, let us consider the Lie algebra $\mathfrak{comp}$ of the proalgebraic group $\mathrm{Comp}(\mathbb{C})$. In $\mathcal{O}(\mathrm{Comp})$ the kernel of the counit $\varepsilon : \mathcal{O}(\mathrm{Comp}) \to \mathbb{C}$ is the ideal J generated by $a_1, a_2, \ldots$, hence the vector space J/J^2 has a basis consisting of the cosets $\bar{a}_i = a_i + J$ for $i \geq 1$. The dual of J/J^2 can be identified with $\mathfrak{comp}$ and consists of the infinite series $u_1 D_1 + u_2 D_2 + \cdots$ where $\langle D_i, \bar{a}_j \rangle = \delta_{ij}$.

To compute the bracket in $\mathfrak{comp}$, consider the reduced coproduct $\bar{\Delta}$ defined by $\bar{\Delta}(x) = \Delta(x) - x \otimes 1 - 1 \otimes x$ for x in J, mapping J into $J \otimes J$. If σ exchanges the factors in $J \otimes J$, then $\bar{\Delta} - \sigma \circ \bar{\Delta}$ defines by factoring $\mod J^2$ a map δ from $L := J/J^2$ to $\Lambda^2 L$. Hence L is a Lie coalgebra and $\mathfrak{comp}$ is the dual Lie algebra of L. Explicitly, to compute $\delta(\bar{a}_i)$, keep in $\Delta(a_i)$ the bilinear terms in a_k's and replaces a_k by $\bar{a}_k$. We obtain a map δ_1 from L to $L \otimes L$, and δ is the antisymmetrisation of δ_1. We quote the result

$$\delta_1(\bar{a}_i) = \sum_{j=1}^{i-1} (j+1)\, \bar{a}_j \otimes \bar{a}_{i-j} \tag{4.216}$$

hence

$$\delta(\bar{a}_i) = \sum_{j=1}^{i-1} (2j-1)\, \bar{a}_j \otimes \bar{a}_{i-j}\,. \tag{4.217}$$

Dually, δ_1 defines a product in $\mathfrak{comp}$, defined by

$$D_j * D_k = (j+1)\, D_{j+k} \tag{4.218}$$

and the bracket, defined by $[D, D'] = D * D' - D' * D$, is dual to δ and is given explicitly by

$$[D_j, D_k] = (j-k)\, D_{j+k}\,. \tag{4.219}$$

Remark 4.6.2. D_j corresponds to the differential operator $-x^{j+1}\,\frac{d}{dx}$ and the bracket is the Lie bracket of first order differential operators.

Exercise 4.6.2. Give the matrix representation of D_i.

For a general algebraic group (or Hopf algebra), the operation $D * D'$ has no interesting, nor intrinsic, properties. The feature here is that in the coproduct (4.215), for the generators a_i of $\mathcal{O}(\mathrm{Comp})$, one has

$$\Delta(a_i) = 1 \otimes a_i + \sum_j a_j \otimes u_{ji}$$

where u_{ji} belongs to $\mathcal{O}(\mathrm{Comp})$ (linearity on the left). The $*$-product then satisfies the four-term identity

$$D * (D' * D'') - (D * D') * D'' = D * (D'' * D') - (D * D'') * D'$$

due to Vinberg. *From Vinberg's identity, one derives easily Jacobi identity for the bracket* $[D, D'] = D * D' - D' * D$. *Notice that Vinberg's identity is a weakening of the associativity for the* $*$*-product.*

4.7 Concluding remarks

To deal with the composition of functions in the many variables case, one needs graphical methods based on trees. The corresponding methods have been developed by Loday and Ronco [54; 67]. There exists a similar presentation of Connes-Kreimer Hopf algebra of Feynman diagrams interpreted in terms of composition of nonlinear transformations of Lagrangians (see a forthcoming paper [23]).

References

[1] A. Borel, Sur l'homologie et la cohomologie des groupes de Lie compacts connexes, *Amer. J. Math.* **76** (1954), 273-342. Reprinted in *Œuvres, Collected Papers*, vol. 1, pp. 322-391, Springer, Berlin (1983).

[2] A. Borel, Topology of Lie groups and characteristic classes, *Bull. Am. Math. Soc.* **61** (1955), 397-432. Reprinted in *Œuvres, Collected Papers*, vol. 1, pp. 402-437, Springer, Berlin (1983).

[3] A. Borel, Sur la torsion des groupes de Lie, *J. Math. Pures Appl.* **35** (1955), 127-139. Reprinted in *Œuvres, Collected Papers*, vol. 1, pp. 477-489, Springer, Berlin (1983).

[4] A. Borel, *Linear algebraic groups*, 2nd edition, Springer, Berlin (1982).

[5] A. Borel (and C. Chevalley), The Betti numbers of the exceptional groups, *Mem. Amer. Math. Soc.* **14** (1955), 1-9. Reprinted in *Œuvres, Collected Papers*, vol. 1, pp. 451-459, Springer, Berlin (1983).

[6] N. Bourbaki, *Groupes et algèbres de Lie*, Chap. 1, and Chap. 2, 3, Hermann, Paris (1971 and 1972).

[7] N. Bourbaki, *Groupes et algèbres de Lie*, Chap. 4, 5 et 6, Masson, Paris (1981).

[8] N. Bourbaki, *Algèbre*, Chap. 1, 2 et 3, Hermann, Paris (1970).

[9] N. Bourbaki, *Espaces vectoriels topologiques*, Chap. 1 à 5, Masson, Paris (1981).

[10] R. Brauer, Sur les invariants intégraux des variétés des groupes de Lie simples clos, *C.R. Acad. Sci. Paris* **201** (1935), 419-421.

[11] E. Cartan, La géométrie des groupes simples, *Annali di Mat.* **4** (1927), 209-256. Reprinted in *Œuvres Complètes*, Part I, vol. 2, pp. 793-840, Gauthier-Villars, Paris (1952).

[12] E. Cartan, Sur les invariants intégraux de certains espaces homogènes clos et les propriétés topologiques de ces espaces, *Ann. Soc. Pol. Math.* **8** (1929), 181-225. Reprinted in *Œuvres Complètes*, Part I, vol. 2, pp. 1081-1126, Gauthier-Villars, Paris (1952).

[13] E. Cartan, La théorie des groupes finis et continus et l'*Analysis Situs*, *Mém. Sci. Math.*, Vol. 42, Gauthier-Villars, Paris (1930). Reprinted in *Œuvres Complètes*, Part I, vol. 2, pp. 1165-1226, Gauthier-Villars, Paris (1952).

[14] P. Cartier, Dualité de Tannaka des groupes et algèbres de Lie, *C.R. Acad. Sci. Paris* **242** (1956), 322-325.

[15] P. Cartier, Théorie différentielle des groupes algébriques, *C.R. Acad. Sci. Paris* **244** (1957), 540-542.

[16] P. Cartier, *Hyperalgèbres et groupes de Lie formels*, Institut Henri Poincaré, Paris (1957).

[17] P. Cartier, Isogénies des variétés de groupes, *Bull. Soc. Math. France* **87** (1959), 191-220.

[18] P. Cartier, Groupes algébriques et groupes formels, *in "Colloque sur la théorie des groupes algébriques"* (Bruxelles, 1962), pp. 87-111, Gauthier-Villars, Paris (1962).

[19] P. Cartier, On the structure of free Baxter algebras, *Adv. Math.* **9** (1972), 253-265.

[20] P. Cartier, La théorie classique et moderne des fonctions symétriques, *Astérisque* **105–106** (1983), 1-23.

[21] P. Cartier, Jacobiennes généralisées, monodromie unipotente et intégrales itérées, *Astérisque* **161–162** (1988), 31-52.

[22] P. Cartier, Fonctions polylogarithmes, nombres polyzêtas et groupes pro-unipotents, *Astérisque* **282** (2002), 137-173.

[23] P. Cartier and V. Féray, Nonlinear transformations in Lagrangians and Connes-Kreimer Hopf algebra, in preparation.

[24] C. Chevalley, *Theory of Lie groups*, Princeton Univ. Press, Princeton (1946).

[25] C. Chevalley, *Théorie des groupes de Lie*, tome II: *Groupes algébriques*, Hermann, Paris (1951).

[26] A. Connes and M. Marcolli, Renormalization, the Riemann-Hilbert correspondence, and motivic Galois theory, in this volume, pages 617-714.

[27] A. Connes and H. Moscovici, Hopf algebras, cyclic cohomology and the transverse index theorem, *Comm. Math. Phys.* **198** (1998), 199-246.

[28] A. Connes and H. Moscovici, Modular Hecke algebras and their Hopf symmetry, *Moscow Math. J.* **4** (2004), 67-109.

[29] P. Deligne, Le groupe fondamental de la droite projective moins trois points, *in "Galois groups over* $\mathbb{Q}$*"* (edited by Y. Ihara, K. Ribet and J.-P. Serre), pp. 79-297, Springer, Berlin (1989).

[30] P. Deligne, Catégories tannakiennes, *in "The Grothendieck Festschrift"* (edited by P. Cartier and *al.*), vol. II, pp. 111-195, Birkhäuser, Boston (1990).

[31] M. Demazure and A. Grothendieck, *Schémas en groupes*, 3 vol., Springer, Berlin (1970).

[32] M. Demazure and P. Gabriel, *Introduction to algebraic geometry and algebraic groups*, North Holland, Amsterdam (1980).

[33] G. de Rham, Sur l'*Analysis Situs* des variétés à n dimensions, *J. Math. Pures Appl.* **10** (1931), 115-200.

[34] J. Dieudonné, *Introduction to the theory of formal groups*, Marcel Dekker, New York (1973).

[35] S. Doplicher and J.E. Roberts, Endomorphisms of C^*-algebras, cross products and duality for compact groups, *Ann. of Math.* **130** (1989), 75-119.

[36] S. Doplicher and J.E. Roberts, A new duality theory for compact groups, *Invent. Math.* **98** (1989), 157-218.

[37] Ch. Ehresmann, Sur la topologie de certains espaces homogènes, *Ann. of Math.* **35** (1934), 396-443. Reprinted in *Charles Ehresmann: œuvres complètes et commentées*, Vol. I, pp. 6-53, Amiens (1984).

[38] Ch. Ehresmann, Sur la topologie de certaines variétés algébriques réelles, *J. Math. Pures Appl.* **16** (1937), 69-100. Reprinted in *Charles Ehresmann: œuvres complètes et commentées*, Vol. I, pp. 55-86, Amiens (1984).

[39] Ch. Ehresmann, Sur la variété des génératrices planes d'une quadrique réelle et sur la topologie du groupe orthogonal à n variables, *C.R. Acad. Sci. Paris* **208** (1939), 321-323. Reprinted in *Charles Ehresmann: œuvres complètes et commentées*, Vol. I, pp. 304-306, Amiens (1984).

[40] Ch. Ehresmann, Sur la topologie des groupes simples clos, *C.R. Acad. Sci. Paris* **208** (1939), 1263-1265. Reprinted in *Charles Ehresmann: œuvres complètes et commentées*, Vol. I, pp. 307-309, Amiens (1984).

[41] I.M. Gelfand, D. Krob, A. Lascoux, B. Leclerc, V.S. Retakh and J.-Y. Thibon, Noncommutative symmetric functions, *Adv. Math.* **112** (1995), 218-348.

[42] F. Goichot, Un théorème de Milnor-Moore pour les algèbres de Leibniz, *in "Dialgebras and related operads"*, pp. 111-133, Springer, Berlin (2001).

[43] P.P. Grivel, Une histoire du théorème de Poincaré-Birkhoff-Witt, *Expo. Math.* **22** (2004), 145-184.

[44] Harish-Chandra, Lie algebras and the Tannaka duality theorem, *Ann. of Math.* **51** (1950), 299-330. Reprinted in *Collected Papers*, vol. I, pp. 259-290, Springer, Berlin (1984).

[45] W.V.D. Hodge, *The theory and applications of harmonic integrals* (2nd edition), Cambridge University Press, Cambridge (1952).

[46] M. Hoffman, Quasi-shuffle products, *J. Alg. Combinat.* **11** (2000), 46-68.

[47] H. Hopf, Über die Topologie der Gruppen-Mannigfaltigkeiten und ihrer Verallgemeinerungen, *Ann. of Math.* **42** (1941), 22-52. Reprinted in *Selecta Heinz Hopf*, pp. 119-151, Springer, Berlin (1964).

[48] H. Hopf, Über den Rang geschlossener Liescher Gruppen, *Comm. Math. Helv.* **13** (1940-1), 119-143. Reprinted in *Selecta Heinz Hopf*, pp. 152-174, Springer, Berlin (1964).

[49] H. Hopf and H. Samelson, Ein Satz über die Wirkungsräume geschlossener Liescher Gruppen, *Comm. Math. Helv.* **13** (1940-1), 240-251.

[50] D. Krob, B. Leclerc and J.-Y. Thibon, Noncommutative symmetric functions, II: transformations of alphabets, *J. Algebra Comput.* **7** (1997), 181-264.

[51] J. Leray, Sur l'homologie des groupes de Lie, des espaces homogènes et des espaces fibrés principaux, *in "Colloque de Topologie Algébrique"*, Bruxelles (1950), pp. 101-115. Reprinted in *Œuvres scientifiques*, vol. I, pp. 447-461, Springer, Berlin (1998).

[52] J. Leray, L'anneau spectral et l'anneau filtré d'homologie d'un espace localement compact et d'une application continue, *J. Math. Pures Appl.* **29** (1950), 1-139. Reprinted in *Œuvres scientifiques*, vol. I, pp. 261-401, Springer, Berlin (1998).

[53] J.-L. Loday, On the algebra of quasi-shuffles, to appear.

[54] J.-L. Loday and M. Ronco, Hopf algebra of the planar binary trees, *Adv. Math.* **139** (1998), 293-309.

[55] L. Loomis, *An introduction to abstract harmonic analysis*, van Nostrand C°, Princeton (1953).

[56] M. Lothaire, *Algebraic combinatorics on words*, Cambridge Univ. Press, Cambridge (2002).

[57] I.G. MacDonald, *Symmetric functions and Hall polynomials* (2nd edition), Oxford Univ. Press, New York (1995).
[58] C. Malvenuto and C. Reutenauer, Duality between quasi-symmetric functions and the Solomon descent algebra, *J. Algebra* **177** (1995), 967-982.
[59] J.W. Milnor and J.C. Moore, On the structure of Hopf algebras, *Ann. of Math.* **81** (1965), 211-264.
[60] F. Patras, L'algèbre des descentes d'une bigèbre graduée, *J. Algebra* **170** (1994), 547-566.
[61] H. Poincaré, Analysis Situs, *Journ. Ecole Polyt.* **1** (1895), 1-121. Reprinted in *Œuvres*, vol. VI, pp. 193-288, Gauthier-Villars, Paris (1953).
[62] H. Poincaré, Sur les groupes continus, *Camb. Phil. Trans.* **18** (1899), 220-255. Reprinted in *Œuvres*, vol. III, pp. 173-212, Gauthier-Villars, Paris (1965).
[63] L.S. Pontrjagin, Homologies in compact Lie groups (in Russian), *Math. Sbornik* **6** (1939), 389-422.
[64] L.S. Pontrjagin, Über die topologische Struktur der Lie'schen Gruppen, *Comm. Math. Helv.* **13** (1940-1), 227-238.
[65] D. Quillen, Rational homotopy theory, *Ann. of Math.* **90** (1969), 205-295.
[66] C. Reutenauer, *Free Lie algebras*, Oxford Univ. Press, New York (1993).
[67] M. Ronco, A Milnor-Moore theorem for dendriform Hopf algebras, *C.R. Acad. Sci. Paris* (série I) **332** (2000), 109-114.
[68] M. Ronco, Eulerian idempotents and Milnor-Moore theorem for certain non-commutative Hopf algebras, *J. Algebra* **254** (2002), 152-172.
[69] N. Saavedra, *Catégories tannakiennes*, Springer, Berlin (1972).
[70] H. Samelson, Beiträge zur Topologie der Gruppen-Mannigfaltigkeiten, *Ann. of Math.* **42** (1941), 1091-1137.
[71] H. Samelson, Topology of Lie groups, *Bull. Am. Math. Soc.* **58** (1952), 2-37.
[72] J.-P. Serre, Gèbres, *Enseignement Math.* **39** (1993), 33-85. Reprinted in *Œuvres, Collected Papers*, vol. IV, pp. 272-324, Springer, Berlin (2000).
[73] H. Weyl, Theorie der Darstellung kontinuierlichen halb-einfacher Gruppen durch lineare Transformationen, I, II, III, *Math. Zeit.* **23** (1925), 271-309; **24** (1926), 328-376 and 377-395. Reprinted in *Gesammelte Abhandlungen*, Band II, pp. 543-647, Springer, Berlin (1968).
[74] H. Weyl, *The classical groups* (2nd edition), Princeton University Press, Princeton (1946).

Renormalization, the Riemann–Hilbert Correspondence, and Motivic Galois Theory

Alain Connes[1] and Matilde Marcolli[2]

[1] Collège de France
3, rue Ulm
F-75005 Paris and I.H.E.S.
35 route de Chartres
F-91440 Bures-sur-Yvette France
connes@ihes.fr

[2] Max–Planck Institut für Mathematik
Vivatsgasse 7
D-53111 Bonn Germany
marcolli@mpim-bonn.mpg.de

1 Introduction

We give here a comprehensive treatment of the mathematical theory of perturbative renormalization (in the minimal subtraction scheme with dimensional regularization), in the framework of the Riemann–Hilbert correspondence and motivic Galois theory. We give a detailed overview of the work of Connes–Kreimer [31], [32]. We also cover some background material on affine group schemes, Tannakian categories, the Riemann–Hilbert problem in the regular singular and irregular case, and a brief introduction to motives and motivic Galois theory. We then give a complete account of our results on renormalization and motivic Galois theory announced in [35].

Our main goal is to show how the divergences of quantum field theory, which may at first appear as the undesired effect of a mathematically ill-formulated theory, in fact reveal the presence of a very rich deeper mathematical structure, which manifests itself through the action of a hidden "cosmic Galois group"[3], which is of an arithmetic nature, related to motivic Galois theory.

[3] The idea of a "cosmic Galois group" underlying perturbative renormalization was proposed by Cartier in [15].

Historically, perturbative renormalization has always appeared as one of the most elaborate recipes created by modern physics, capable of producing numerical quantities of great physical relevance out of a priori meaningless mathematical expressions. In this respect, it is fascinating for mathematicians and physicists alike. The depth of its origin in quantum field theory and the precision with which it is confirmed by experiments undoubtedly make it into one of the jewels of modern theoretical physics.

For a mathematician in quest of "meaning" rather than heavy formalism, the attempts to cast the perturbative renormalization technique in a conceptual framework were so far falling short of accounting for the main computational aspects, used for instance in QED. These have to do with the subtleties involved in the subtraction of infinities in the evaluation of Feynman graphs and do not fall under the range of "asymptotically free theories" for which constructive quantum field theory can provide a mathematically satisfactory formulation.

The situation recently changed through the work of Connes–Kreimer ([29], [30], [31], [32]), where the conceptual meaning of the detailed computational devices used in perturbative renormalization is analysed. Their work shows that the recursive procedure used by physicists is in fact identical to a mathematical method of extraction of finite values known as the Birkhoff decomposition, applied to a loop $\gamma(z)$ with values in a complex pro-unipotent Lie group G.

This result, and the close relation between the Birkhoff factorization of loops and the Riemann–Hilbert problem, suggested the existence of a geometric interpretation of perturbative renormalization in terms of the Riemann–Hilbert correspondence. Our main result in this paper is to identify explicitly the Riemann–Hilbert correspondence underlying perturbative renormalization in the minimal subtraction scheme with dimensional regularization.

Performing the Birkhoff (or Wiener-Hopf) decomposition of a loop $\gamma(z) \in G$ consists of describing it as a product

$$\gamma(z) = \gamma_-(z)^{-1}\,\gamma_+(z) \qquad z \in C\,, \tag{1.1}$$

of boundary values of holomorphic maps (which we still denote by the same symbol)

$$\gamma_\pm : C_\pm \to G\,. \tag{1.2}$$

defined on the connected components $C_\pm$ of the complement of the curve C in the Riemann sphere $\mathbb{P}^1(\mathbb{C})$.

The geometric meaning of this decomposition, for instance when $G = \mathrm{GL}_n(\mathbb{C})$, comes directly from the theory of holomorphic bundles with structure group G on the Riemann sphere $\mathbb{P}^1(\mathbb{C})$. The loop $\gamma(z)$ describes the clutching data to construct the bundle from its local trivialization and the Birkhoff decomposition provides a global trivialization of this bundle. While in the case of $\mathrm{GL}_n(\mathbb{C})$ the existence of a Birkhoff decomposition may be obstructed

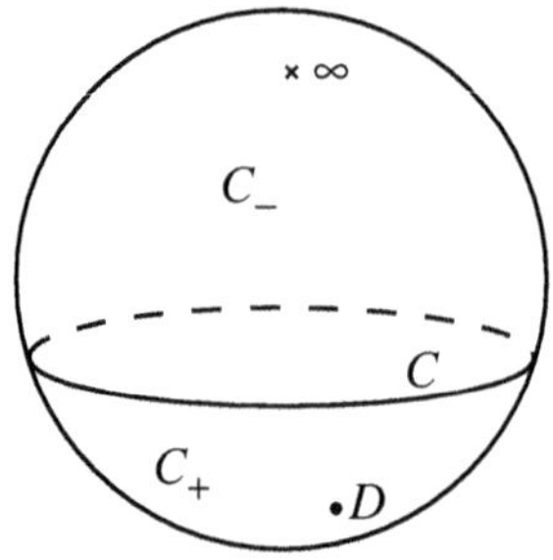

Fig. 1. Birkhoff Decomposition

by the non-triviality of the bundle, in the case of a pro-unipotent complex Lie group G, as considered in the CK theory of renormalization, it is always possible to obtain a factorization (1.1).

In perturbative renormalization the points of $\mathbb{P}^1(\mathbb{C})$ are "complex dimensions", among which the dimension D of the relevant space-time is a preferred point. The little devil that conspires to make things interesting makes it impossible to just evaluate the relevant physical observables at the point D, by letting them diverge precisely at that point. One can nevertheless encode all the evaluations at points $z \neq D$ in the form of a loop $\gamma(z)$ with values in the group G. The perturbative renormalization technique then acquires the following general meaning: while $\gamma(D)$ is meaningless, the physical quantities are in fact obtained by evaluating $\gamma_+(D)$, where γ_+ is the term that is holomorphic at D for the Birkhoff decomposition relative to an infinitesimal circle with center D.

Thus, renormalization appears as a special case of a general principle of extraction of finite results from divergent expressions based on the Birkhoff decomposition.

The nature of the group G involved in perturbative renormalization was clarified in several steps in the work of Connes–Kreimer (CK). The first was Kreimer's discovery [80] of a Hopf algebra structure underlying the recursive formulae of [7], [72], [112]. The resulting Hopf algebra of rooted trees depends on the physical theory $\mathcal{T}$ through the use of suitably decorated trees. The next important ingredient was the similarity between the Hopf algebra of rooted trees of [80] and the Hopf algebra governing the symmetry of transverse geometry in codimension one of [39], which was observed already in [29]. The particular features of a given physical theory were then better encoded by a Hopf algebra defined in [31] directly in terms of Feynman graphs. This Hopf algebra of Feynman graphs depends on the theory $\mathcal{T}$ by construction. It determines G as the associated affine group scheme, which is referred to as *diffeographisms* of the theory, $G = \mathrm{Difg}(\mathcal{T})$. Through the Milnor-Moore theorem [93], the Hopf algebra of Feynman graphs determines a Lie algebra, whose corresponding infinite dimensional pro-unipotent Lie group is given by the complex points $G(\mathbb{C})$ of the affine group scheme of diffeographisms.

This group is related to the formal group of Taylor expansions of diffeomorphisms. It is this infinitesimal feature of the expansion that accounts for the "perturbative" aspects inherent to the computations of Quantum Field Theory. The next step in the CK theory of renormalization is the construction of an action of $\mathrm{Difg}(\mathcal{T})$ on the coupling constants of the physical theory, which shows a close relation between $\mathrm{Difg}(\mathcal{T})$ and the group of diffeomorphisms of the space of Lagrangians.

In particular, this allows one to lift the renormalization group to a one parameter subgroup of Difg, defined intrinsically from the independence of the term $\gamma_-(z)$ in the Birkhoff decomposition from the choice of an additional mass scale μ. It also shows that the polar expansions of the divergences are entirely determined by their residues (a strong form of the 't Hooft relations), through the scattering formula of [32]

$$\gamma_-(z) = \lim_{t\to\infty} e^{-t\left(\frac{\beta}{z}+Z_0\right)}\, e^{tZ_0}\,. \tag{1.3}$$

After a brief review of perturbative renormalization in QFT (§2), we give in Sections 4, 5, 6, 10, and in part of Section 9, a detailed account of the main results mentioned above of the CK theory of perturbative renormalization and its formulation in terms of Birkhoff decomposition. This overview of the work of Connes–Kreimer is partly based on an English translation of [24] [25].

The starting point for our interpretation of renormalization as a Riemann–Hilbert correspondence is presented in Sections 8 and 9. It consists of rewriting the scattering formula (1.3) in terms of the time ordered exponential of physicists (also known as *expansional* in mathematical terminology), as

$$\gamma_-(z) = \mathrm{T}e^{-\frac{1}{z}\int_0^\infty \theta_{-t}(\beta)\,dt}, \tag{1.4}$$

where θ_t is the one-parameter group of automorphisms implementing the grading by loop number on the Hopf algebra of Feynman graphs. We exploit the more suggestive form (1.4) to clarify the relation between the Birkhoff decomposition used in [31] and a form of the Riemann-Hilbert correspondence.

In general terms, as we recall briefly in Section 11, the Riemann–Hilbert correspondence is an equivalence between a class of singular differential systems and representation theoretic data. The classical example is that of regular singular differential systems and their monodromy representation.

In our case, the geometric problem underlying perturbative renormalization consists of the classification of *"equisingular"* G-valued flat connections on the total space B of a principal $\mathbb{G}_m$-bundle over an infinitesimal punctured disk Δ^*. An equisingular connection is a $\mathbb{G}_m$-invariant G-valued connection, singular on the fiber over zero, and satisfying the following property: the equivalence class of the singularity of the pullback of the connection by a section of the principal $\mathbb{G}_m$-bundle only depends on the value of the section at the origin.

The physical significance of this geometric setting is the following. The expression (1.4) in expansional form can be recognized as the solution of a differential system

$$\gamma^{-1}\, d\gamma = \omega. \tag{1.5}$$

This identifies a class of connections naturally associated to the differential of the regularized quantum field theory, viewed as a function of the complexified dimension. The base Δ^* is the space of complexified dimensions around the critical dimension D. The fibers of the principal $\mathbb{G}_m$-bundle B describe the arbitrariness in the normalization of integration in complexified dimension $z \in \Delta^*$, in the Dim-Reg regularization procedure. The $\mathbb{G}_m$-action corresponds to the rescaling of the normalization factor of integration in complexified dimension z, which can be described in terms of the scaling $\hbar\, \partial/\partial\hbar$ on the expansion in powers of $\hbar$. The group defining G-valued connections is $G = \mathrm{Difg}(\mathcal{T})$. The physics input that the counterterms are independent of the additional choice of a unit of mass translates, in geometric terms, into the notion of equisingularity for the connections associated to the differential systems (1.5).

On the other side of our Riemann–Hilbert correspondence, the representation theoretic setting equivalent to the classification of equisingular flat connections is provided by finite dimensional linear representations of a universal group U^*, unambiguously defined independently of the physical theory. Our main result is the explicit description of U^* as the semi-direct product by its grading of the graded pro-unipotent Lie group U whose Lie algebra is the free graded Lie algebra

$$\mathcal{F}(1,2,3,\cdots)_\bullet$$

generated by elements e_{-n} of degree n, $n > 0$. As an affine group scheme, U^* is identified uniquely via the formalism of Tannakian categories. Namely, equisingular flat connections on finite dimensional vector bundles can be can be organized into a Tannakian category with a natural fiber functor to the category of vector spaces. This category is equivalent to the category of finite dimensional representations of the affine group scheme U^*. These main results are presented in detail in Sections 12, 13, and 16.

This identifies a new level at which Hopf algebra structures enter the theory of perturbative renormalization, after Kreimer's Hopf algebra of rooted trees and the CK Hopf algebra of Feynman graphs. Namely, the Hopf algebra associated to the affine group scheme U^* is universal with respect to the set of physical theories. The "motivic Galois group" U acts on the set of dimensionless coupling constants of physical theories, through the map $U^* \to \mathrm{Difg}^*$ to the group of diffeographisms of a given theory, which in turns maps to formal diffeomorphisms as shown in [32]. Here Difg^* is the semi-direct product of Difg by the action of the grading θ_t, as in [32].

We then construct in Section 14 a specific universal singular frame on principal U-bundles over B. We show that, when using in this frame the dimensional regularization technique of QFT, all divergences disappear and one obtains a finite theory which only depends upon the choice of a local trivialization for the principal $\mathbb{G}_m$-bundle B and produces the physical theory in the minimal subtraction scheme.

The coefficients of the universal singular frame, written out in the expansional form, are the same as those appearing in the local index formula of Connes–Moscovici [38]. This leads to the very interesting question of the explicit relation to noncommutative geometry and the local index formula.

In particular, the coefficients of the universal singular frame are rational numbers. This means that we can view equisingular flat connections on finite dimensional vector bundles as endowed with arithmetic structure. Thus, the Tannakian category of flat equisingular bundles can be defined over any field of characteristic zero. Its properties are very reminiscent of the formalism of mixed Tate motives (which we recall briefly in Section 15).

In fact, group schemes closely related to U^* appear in motivic Galois theory. For instance, U^* is abstractly (but non-canonically) isomorphic to the motivic Galois group $G_{\mathcal{M}_T}(\mathcal{O})$ ([47], [66]) of the scheme $S_4 = \mathrm{Spec}(\mathcal{O})$ of 4-cyclotomic integers, $\mathcal{O} = \mathbb{Z}[i][\frac{1}{2}]$.

The existence of a universal pro-unipotent group U underlying the theory of perturbative renormalization, canonically defined and independent of the physical theory, confirms a suggestion made by Cartier in [15], that in the Connes–Kreimer theory of perturbative renormalization one should find a hidden "cosmic Galois group" closely related in structure to the Grothendieck–Teichmüller group. The question of relations between the work of Connes–Kreimer, motivic Galois theory, and deformation quantization was further emphasized by Kontsevich in [77], as well as the conjecture of an action of a motivic Galois group on the coupling constants of physical theories. At the level of the Hopf algebra of rooted trees, relations between renormalization and motivic Galois theory were also investigated by Goncharov in [67].

Our result on the "cosmic motivic Galois group" U also shows that the renormalization group appears as a canonical one parameter subgroup $\mathbb{G}_a \subset U$. Thus, this realizes the hope formulated in [24] of relating concretely the renormalization group to a Galois group.

As we discuss in Section 17, the group U presents similarities with the exponential torus part of the wild fundamental group, in the sense of Differential Galois Theory (*cf.* [89], [103]). The latter is a modern form of the "theory of ambiguity" that Galois had in mind and takes a very concrete form in the work of Ramis [105]. The "wild fundamental group" is the natural object that replaces the usual fundamental group in extending the Riemann–Hilbert correspondence to the irregular case (*cf.* [89]). At the formal level, in addition to the monodromy representation (which is trivial in the case of the equisingular connections), it comprises the exponential torus, while in the non-formal case additional generators are present that account for the Stokes phenomena in the resummation of divergent series. The Stokes part of the wild fundamental group (*cf.* [89]) in fact appears when taking into account the presence of non-perturbative effects. We formulate some questions related to extending the CK theory of perturbative renormalization to the nonperturbative case.

We also bring further evidence for the interpretation of the renormalization group in terms of a theory of ambiguity. Indeed, one aspect of QFT that appears intriguing to the novice is the fact that many quantities called "constants", such as the fine structure constant in QED, are only nominally constant, while in fact they depend on a scale parameter μ. Such examples are abundant, as most of the relevant physical quantities, including the coupling "constants", share this implicit dependence on the scale μ. Thus, one is really dealing with functions $g(\mu)$ instead of scalars. This suggests the idea that a suitable "unramified" extension K of the field $\mathbb{C}$ of complex numbers might play a role in QFT as a natural extension of the "field of constants" to a field containing functions whose basic behaviour is dictated by the renormalization group equations. The group of automorphisms of the resulting field, generated by $\mu\partial/\partial\mu$, is the group of ambiguity of the physical theory and it should appear as the Galois group of the unramified extension. Here the beta function of renormalization can be seen as logarithm of the monodromy in a regular-singular local Riemann–Hilbert problem associated to this scaling action as in [42]. The true constants are then the fixed points of this group, which form the field $\mathbb{C}$ of complex numbers, but a mathematically rigorous formulation of QFT may require extending the field of scalars first, instead of proving existence "over $\mathbb{C}$".

This leads naturally to a different set of questions, related to the geometry of arithmetic varieties at the infinite primes, and a possible Galois interpretation of the connected component of the identity in the idèle class group in class field theory (*cf.* [23], [41]). This set of questions will be dealt with in [37].

Acknowledgements. We are very grateful to Jean–Pierre Ramis for many useful comments on an early draft of this paper, for the kind invitation to Toulouse, and for the many stimulating discussions we had there with him, Frédéric Fauvet, and Laurent Stolovitch. We thank Frédéric Menous and Giorgio Parisi for some useful correspondence. Many thanks go to Dirk Kreimer, whose joint work with AC on perturbative renormalization is a main topic of this Chapter.

2 Renormalization in Quantum Field Theory

The physical motivation behind the renormalization technique is quite clear and goes back to the concept of effective mass and to the work of Green in nineteenth century hydrodynamics [68]. To appreciate it, one should [4] dive under water with a ping-pong ball and start applying Newton's law,

[4] See the QFT course by Sidney Coleman.

$$F = m\,a \tag{2.1}$$

to compute the initial acceleration of the ball B when we let it loose (at zero speed relative to the still water). If one naively applies (2.1), one finds an unrealistic initial acceleration of about $11.4\,g$. [5] In fact, if one performs the experiment, one finds an initial acceleration of about $1.6\,g$. As explained by Green in [68], due to the interaction of B with the surrounding field of water, the inertial mass m involved in (2.1) is not the bare mass m_0 of B, but it is modified to

$$m = m_0 + \tfrac{1}{2}\,M \tag{2.2}$$

where M is the mass of the water occupied by B. It follows for instance that the initial acceleration a of B is given, using the Archimedean law, by

$$-(M - m_0)\,g = \left(m_0 + \tfrac{1}{2}\,M\right)a \tag{2.3}$$

and is always of magnitude less than $2g$.

The additional inertial mass $\delta\,m = m - m_0$ is due to the interaction of B with the surrounding field of water and if this interaction could not be turned off (which is the case if we deal with an electron instead of a ping-pong ball) there would be no way to measure the bare mass m_0.

The analogy between hydrodynamics and electromagnetism led, through the work of Thomson, Lorentz, Kramers, etc. (*cf.* [49]), to the crucial distinction between the bare parameters, such as m_0, which enter the field theoretic equations, and the observed parameters, such as the inertial mass m.

Around 1947, motivated by the experimental findings of spectroscopy of the fine structure of spectra, physicists were able to exploit the above distinction between these two notions of mass (bare and observed), and similar distinctions for the charge and field strength, in order to eliminate the unwanted infinities which plagued the computations of QFT, due to the pointwise nature of the electron. We refer to [49] for an excellent historical account of that period.

2.1 Basic formulas of QFT

A quantum field theory in $D = 4$ dimensions is given by a classical action functional

$$S\,(A) = \int \mathcal{L}\,(A)\,d^4x, \tag{2.4}$$

where A is a classical field and the Lagrangian is of the form

---

[5] The ping-pong ball weights $m_0 = 2,7$ grams and its diameter is 4 cm so that $M = 33,5$ grams.

$$\mathcal{L}(A) = \frac{1}{2}(\partial A)^2 - \frac{m^2}{2}A^2 - \mathcal{L}_{\rm int}(A), \tag{2.5}$$

with $(\partial A)^2 = (\partial_0 A)^2 - \sum_{\mu\neq 0}(\partial_\mu A)^2$. The term $\mathcal{L}_{\rm int}(A)$ is usually a polynomial in A.

The basic transition from "classical field theory" to "quantum field theory" replaces the classical notion of probabilities by *probability amplitudes* and asserts that the probability amplitude of a classical field configuration A is given by the formula of Dirac and Feynman

$$e^{i\frac{S(A)}{\hbar}}, \tag{2.6}$$

where $S(A)$ is the classical action (2.4) and $\hbar$ is the unit of action, so that $iS(A)/\hbar$ is a dimensionless quantity.

Thus, one can *define* the quantum expectation value of a classical observable (*i.e.* of a function $\mathcal{O}$ of the classical fields) by the expression

$$\langle\mathcal{O}\rangle = \mathcal{N}\int \mathcal{O}(A)\, e^{i\frac{S(A)}{\hbar}}\, D[A], \tag{2.7}$$

where $\mathcal{N}$ is a normalization factor. The (Feynman) integral has only formal meaning, but this suffices in the case where the space of classical fields A is a linear space in order to define without difficulty the terms in the perturbative expansion, which make the renormalization problem manifest.

One way to describe the quantum fields $\phi(x)$ is by means of the time ordered Green's functions

$$G_N(x_1,\dots,x_N) = \langle 0\,|T\,\phi(x_1)\dots\phi(x_N)|\,0\,\rangle, \tag{2.8}$$

where the time ordering symbol T means that the $\phi(x_j)$'s are written in order of increasing time from right to left. If one could ignore the renormalization problem, the Green's functions would then be computed as

$$G_N(x_1,\dots,x_N) = \mathcal{N}\int e^{i\frac{S(A)}{\hbar}}\, A(x_1)\dots A(x_N)\,[dA], \tag{2.9}$$

where the factor $\mathcal{N}$ ensures the normalization of the vacuum state

$$\langle\, 0\mid 0\,\rangle = 1\,. \tag{2.10}$$

If one could ignore renormalization, the functional integral (2.9) would be easy to compute in perturbation theory, *i.e.* by treating the term $\mathcal{L}_{\rm int}$ in (2.5) as a perturbation of

$$\mathcal{L}_0(A) = \frac{1}{2}(\partial A)^2 - \frac{m^2}{2}A^2\,. \tag{2.11}$$

The action functional correspondingly splits as the sum of two terms

$$S(A) = S_0(A) + S_{\rm int}(A), \tag{2.12}$$

where the free action S_0 generates a Gaussian measure

$$\exp\left(i\, S_0(A)\right) [dA] = d\mu,$$

where we have set $\hbar = 1$.

The series expansion of the Green's functions is then of the form

$$G_N(x_1, \ldots, x_N) = \left(\sum_{n=0}^{\infty} i^n/n! \int A(x_1) \ldots A(x_N) \, (S_{\rm int}(A))^n \, d\mu\right)$$
$$\left(\sum_{n=0}^{\infty} i^n/n! \int S_{\rm int}(A)^n \, d\mu\right)^{-1}.$$

2.2 Feynman diagrams

The various terms

$$\int A(x_1) \ldots A(x_N) \, (S_{\rm int}(A))^n \, d\mu \tag{2.13}$$

of this expansion are integrals of polynomials under a Gaussian measure $d\mu$. When these are computed using integration by parts, the process generates a large number of terms $U(\Gamma)$. The combinatorial data labelling each of these terms are encoded in the Feynman graph Γ, which determines the terms that appear in the calculation of the corresponding numerical value $U(\Gamma)$, obtained as a multiple integral in a finite number of space-time variables. The $U(\Gamma)$ is called the unrenormalized value of the graph Γ.

One can simplify the combinatorics of the graphs involved in these calculations, by introducing a suitable generating function. The generating function for the Green's functions is given by the Fourier transform

$$Z(J) = \mathcal{N} \int \exp\left(i \frac{S(A) + \langle J, A\rangle}{\hbar}\right) [dA] \tag{2.14}$$

$$= \sum_{N=0}^{\infty} \frac{i^N}{N!} \int J(x_1) \ldots J(x_N) \, G_N(x_1, ..x_N) \, dx_1..dx_N,$$

where the *source* J is an element of the dual of the linear space of classical fields A.

The zoology of the diagrams involved in the perturbative expansion is substantially simplified by first passing to the logarithm of $Z(J)$ which is the generating function for *connected* Green's functions G_c,

$$iW(J) = \mathrm{Log}(Z(J)) = \sum_{N=0}^{\infty} \frac{i^N}{N!} \int J(x_1) \dots J(x_N) G_{N,c}(x_1, ..x_N) dx_1 .. dx_N . \tag{2.15}$$

At the formal combinatorial level, while the original sum (2.14) is on all graphs (including non-connected ones), taking the log in the expression (2.15) for $W(J)$ has the effect of dropping all disconnected graphs, while the normalization factor $\mathcal{N}$ in (2.14) eliminates all the "vacuum bubbles", that is, all the graphs that do not have external legs. Moreover, the number L of loops in a connected graph determines the power $\hbar^{L-1}$ of the unit of action that multiplies the corresponding term, so that (2.15) has the form of a semiclassical expansion.

The next step in simplifying the combinatorics of graphs consists of passing to the *effective action* $S_{eff}(A)$. By definition, $S_{eff}(A)$ is the Legendre transform of $W(J)$.

The effective action gives the quantum corrections of the original action. By its definition as a Legendre transform, one can see that the calculation obtained by applying the stationary phase method to $S_{eff}(A)$ yields the same result as the full calculation of the integrals with respect to the original action $S(A)$. Thus the knowledge of the effective action, viewed as a non-linear functional of classical fields, is an essential step in the understanding of a given Quantum Field Theory.

Exactly as above, the effective action admits a formal expansion in terms of graphs. In terms of the combinatorics of graphs, passing from $S(A)$ to the effective action $S_{eff}(A)$ has the effect of dropping all graphs of the form

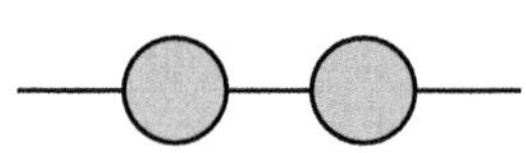

that can be disconnected by removal of one edge. In the figure, the shaded areas are a shorthand notation for an arbitrary graph with the specified external legs structure. The graphs that remain in this process are called *one particle irreducible* (1PI) graphs. They are by definition graphs that cannot be disconnected by removing a single edge.

The contribution of a 1PI graph Γ to the non-linear functional $S_{eff}(A)$ can be spelled out very concretely as follows. If N is the number of external legs of Γ, at the formal level (ignoring the divergences) we have

$$\Gamma(A) = \frac{1}{N!} \int_{\sum p_j = 0} \hat{A}(p_1) \cdots \hat{A}(p_N)\, U(\Gamma(p_1, \dots, p_N))\, dp_1 \cdots dp_N .$$

Here $\hat{A}$ is the Fourier transform of A and the *unrenormalized* value

$$U(\Gamma(p_1, \ldots, p_N))$$

of the graph is defined by applying simple rules (the Feynman rules) which assign to each *internal* line in the graph a propagator *i.e.* a term of the form

$$\frac{1}{k^2 - m^2} \tag{2.16}$$

where k is the momentum flowing through that line. The propagators for external lines are eliminated for 1PI graphs.

There is nothing mysterious in the appearance of the propagator (2.16), which has the role of the inverse of the quadratic form S_0 and comes from the rule of integration by parts

$$\int f(A) \langle J, A\rangle \exp(i S_0(A)) [dA] = \int \partial_X f(A) \exp(i S_0(A)) [dA] \tag{2.17}$$

provided that

$$-i \partial_X S_0(A) = \langle J, A\rangle .$$

One then has to integrate over all momenta k that are left after imposing the law of conservation of momentum at each vertex, *i.e.* the fact that the sum of ingoing momenta vanishes. The number of remaining integration variables is exactly the loop number L of the graph.

As we shall see shortly, the integrals obtained this way are in general divergent, but by proceeding at the formal level we can write the effective action as a formal series of the form

$$S_{eff}(A) = S_0(A) - \sum_{\Gamma \in 1PI} \frac{\Gamma(A)}{S(\Gamma)}, \tag{2.18}$$

where the factor $S(\Gamma)$ is the order of the symmetry group of the graph. This accounts for repetitions as usual in combinatorics.

Summarizing, we have the following situation. The basic unknown in a given Quantum Field Theory is the effective action, which is a non-linear functional of classical fields and contains all quantum corrections to the classical action. Once known, one can obtain from it the Green's functions from tree level calculations (applying the stationary phase approximation). The formal series expansion of the effective action is given in terms of polynomials in the classical fields, but the coefficients of these polynomials are given by divergent integrals.

2.3 Divergences and subdivergences

As a rule, the unrenormalized values $U(\Gamma(p_1, \ldots, p_N))$ are given by divergent integrals, whose computation is governed by Feynman rules. The simplest of such integrals (with the corresponding graph) is of the form (up to powers of 2π and of the coupling constant g and after a Wick rotation to Euclidean variables),

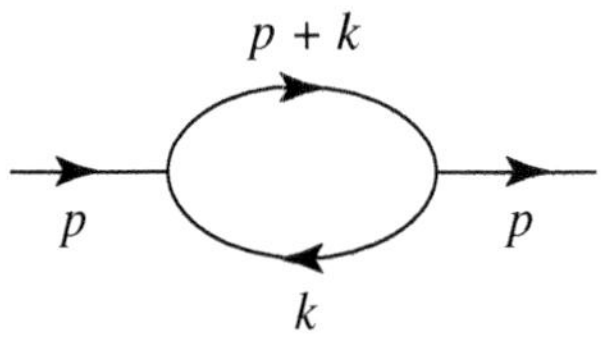

$$= \int \frac{1}{k^2 + m^2} \frac{1}{((p+k)^2 + m^2)} d^D k. \quad (2.19)$$

The integral is divergent in dimension $D = 4$. In general, the most serious divergences in the expression of the unrenormalized values $U(\Gamma)$ appear when the domain of integration involves arbitrarily large momenta (ultraviolet). Equivalently, when one attempts to integrate in coordinate space, one confronts divergences along diagonals, reflecting the fact that products of field operators are defined only on the configuration space of distinct spacetime points.

The renormalization techniques starts with the introduction of a regularization procedure, for instance by imposing a cut-off Λ in momentum space, which restricts the corresponding domain of integration. This gives finite integrals, which continue to diverge as $\Lambda \to \infty$. One can then introduce a dependence on Λ in the terms of the Lagrangian, using the unobservability of the bare parameters, such as the bare mass m_0. By adjusting the dependence of the bare parameters on the cut-off Λ, term by term in the perturbative expansion, it is possible, for a large class of theories called renormalizable, to eliminate the unwanted ultraviolet divergences.

This procedure that cancels divergences by correcting the *bare* parameters (masses, coupling constants, etc.) can be illustrated in the specific example of the ϕ^3 theory with Lagrangian

$$\frac{1}{2}(\partial_\mu \phi)^2 - \frac{m^2}{2}\phi^2 - \frac{g}{6}\phi^3, \quad (2.20)$$

which is sufficiently generic. The Lagrangian will now depend on the cutoff in the form

$$\frac{1}{2}(\partial_\mu \phi)^2(1 - \delta Z(\Lambda)) - \left(\frac{m^2 + \delta m^2(\Lambda)}{2}\right)\phi^2 - \frac{g + \delta g(\Lambda)}{6}\phi^3. \quad (2.21)$$

Terms such as $\delta g(\Lambda)$ are called "counterterms". They do not have any limit as $\Lambda \to \infty$.

In the special case of asymptotically free theories, the explicit form of the dependence of the bare constants on the regularization parameter Λ made it possible in important cases (*cf.* [60], [58]) to develop successfully a constructive field theory, [62].

In the procedure of perturbative renormalization, one introduces a counterterm $C(\Gamma)$ in the initial Lagrangian $\mathcal{L}$ every time one encounters a divergent 1PI diagram, so as to cancel the divergence. In the case of *renormalizable* theories, all the necessary counterterms $C(\Gamma)$ can be obtained from the terms of the Lagrangian $\mathcal{L}$, just using the fact that the numerical parameters appearing in the expression of $\mathcal{L}$ are not observable, unlike the actual physical quantities which have to be finite.

The cutoff procedure is very clumsy in practice, since, for instance, it necessarily breaks Lorentz invariance. A more efficient procedure of regularization is called Dim-Reg. It consists in writing the integrals to be performed in dimension D and to "integrate in dimension $D - z$ instead of D", where now $D - z \in \mathbb{C}$ (dimensional regularization).

This makes sense, since in integral dimension the Gaussian integrals are given by simple functions (2.23) which continue to make sense at non-integral points, and provide a working definition of "Gaussian integral in dimension $D - z$".

More precisely, one first passes to the *Schwinger parameters.* In the case of the graph (2.19) this corresponds to writing

$$\frac{1}{k^2+m^2}\,\frac{1}{(p+k)^2+m^2} = \int_{s>0\,t>0} e^{-s(k^2+m^2)-t((p+k)^2+m^2)}\,ds\,dt \tag{2.22}$$

Next, after diagonalizing the quadratic form in the exponential, the Gaussian integral in dimension D takes the form

$$\int e^{-\lambda\, k^2}\, d^D k \;=\; \pi^{D/2}\,\lambda^{-D/2}\,. \tag{2.23}$$

This provides the unrenormalized value of the graph (2.19) in dimension D as

$$\int_0^1\int_0^\infty e^{-(y(x-x^2)p^2+y\,m^2)}\int e^{-y\,k^2}\,d^D k\; y\,dy\,dx \tag{2.24}$$

$$= \pi^{D/2}\int_0^1\int_0^\infty e^{-(y(x-x^2)p^2+y\,m^2)}\,y^{-D/2}\,y\,dy\,dx$$

$$= \pi^{D/2}\,\Gamma(2-D/2)\int_0^1 ((x-x^2)p^2+m^2)^{D/2-2}\,dx.$$

The remaining integral can be computed in terms of hypergeometric functions, but here the essential point is the presence of singularities of the Γ function at the points $D \in 4 + 2\mathbb{N}$, such that the coefficient of the pole is a polynomial in p and the Fourier transform is a *local* term.

These properties are not sufficient for a theory to be renormalizable. For instance at $D = 8$ the coefficient of pole is of degree 4 and the theory is not renormalizable. At $D = 6$ on the other hand the pole coefficient has degree 2 and there are terms in the original Lagrangian $\mathcal{L}$ that can be used to eliminate the divergence by introducing suitable counterterms $\delta Z(z)$ and $\delta m^2(z)$.

The procedure illustrated above works fine as long as the graph does not contain subdivergences. In such cases the counter terms are local in the sence that they appear as residues. In other words, one only gets simple poles in z.

The problem becomes far more complicated when one considers diagrams that possess non-trivial subdivergences. In this case the procedure no longer consists of a simple subtraction and becomes very involved, due to the following reasons:

i) The divergences of $U(\Gamma)$ are no longer given by local terms.
ii) The previous corrections (those for the subdivergences) have to be taken into account in a coherent way.

The problem of non-local terms appears when there are poles of order > 1 in the dimensional regularization. This produces as a coefficient of the term in $1/z$ derivatives in D of expressions such as

$$\int_0^1 ((x-x^2)p^2 + m^2)^{D/2-2}\, dx$$

which are no longer polynomial in p, even for integer values of $D/2-2$, but involve terms such as $\log(p^2+4m^2)$.

The second problem is the source of the main calculational complication of the subtraction procedure, namely accounting for subdiagrams which are already divergent.

The two problems in fact compensate and can be treated simultaneously, provided one uses the precise combinatorial recipe, due to Bogoliubov–Parasiuk, Hepp and Zimmermann ([8], [7], [72], [112]).

This is of an inductive nature. Given a graph Γ, one first "prepares" Γ, by replacing the unrenormalized value $U(\Gamma)$ by the formal expression

$$\overline{R}(\Gamma) = U(\Gamma) + \sum_{\gamma\subset\Gamma} C(\gamma)U(\Gamma/\gamma), \tag{2.25}$$

where γ varies among all divergent subgraphs. One then shows that the divergences of the prepared graph are now local terms which, for renormalisable theories, are already present in the original Lagrangian $\mathcal{L}$. This provides a way to define inductively the counterterm $C(\Gamma)$ as

$$C(\Gamma) = -T(\overline{R}(\Gamma)) = -T\left(U(\Gamma) + \sum_{\gamma\subset\Gamma} C(\gamma)U(\Gamma/\gamma)\right), \tag{2.26}$$

where the operation T is the projection on the pole part of the Laurent series, applied here in the parameter z of DimReg. The renormalized value of the graph is given by

$$R(\Gamma) = \overline{R}(\Gamma) + C(\Gamma) = U(\Gamma) + C(\Gamma) + \sum_{\gamma\subset\Gamma} C(\gamma)U(\Gamma/\gamma). \tag{2.27}$$

3 Affine group schemes

In this section we recall some aspects of the general formalism of affine group schemes and Tannakian categories, which we will need to use later. A complete treatment of affine group schemes and Tannakian categories can be found in SGA 3 [48] and in Deligne's [46]. A brief account of the formalism of affine group schemes in the context of differential Galois theory can be found in [103].

Let $\mathcal{H}$ be a commutative Hopf algebra over a field k (which we assume of characteristic zero, though the formalism of affine group schemes extends to positive characteristic). Thus, $\mathcal{H}$ is a commutative algebra over k, endowed with a (not necessarily commutative) coproduct $\Delta : \mathcal{H} \to \mathcal{H} \otimes_k \mathcal{H}$, a counit $\varepsilon : \mathcal{H} \to k$, which are k-algebra morphisms and an antipode $S : \mathcal{H} \to \mathcal{H}$ which is a k-algebra antihomomorphism, satisfying the co-rules

$$
\begin{aligned}
&(\Delta \otimes id)\Delta = (id \otimes \Delta)\Delta && : \mathcal{H} \to \mathcal{H} \otimes_k \mathcal{H} \otimes_k \mathcal{H}, \\
&(id \otimes \varepsilon)\Delta = id = (\varepsilon \otimes id)\Delta && : \mathcal{H} \to \mathcal{H}, \\
&m(id \otimes S)\Delta = m(S \otimes id)\Delta = 1\,\varepsilon && : \mathcal{H} \to \mathcal{H},
\end{aligned}
\tag{3.1}
$$

where we use m to denote the multiplication in $\mathcal{H}$.

Affine group schemes are the geometric counterpart of Hopf algebras, in the following sense. One lets $G = \operatorname{Spec}\mathcal{H}$ be the set of prime ideals of the commutative k-algebra $\mathcal{H}$, with the Zariski topology and the structure sheaf. Here notice that the Zariski topology by itself is too coarse to fully recover the "algebra of coordinates" $\mathcal{H}$ from the topological space $\operatorname{Spec}(\mathcal{H})$, while it is recovered as global sections of the "sheaf of functions" on $\operatorname{Spec}(\mathcal{H})$.

The co-rules (3.1) translate on $G = \operatorname{Spec}(\mathcal{H})$ to give a product operation, a unit, and an inverse, satisfying the axioms of a group. The scheme $G = \operatorname{Spec}(\mathcal{H})$ endowed with this group structure is called an affine group scheme.

One can view such G as a functor that associates to any unital commutative algebra A over k a group $G(A)$, whose elements are the k-algebra homomorphisms

$$\phi : \mathcal{H} \to A\,, \quad \phi(XY) = \phi(X)\phi(Y)\,, \quad \forall X, Y \in \mathcal{H}\,, \quad \phi(1) = 1\,.$$

The product in $G(A)$ is given as the dual of the coproduct, by

$$\phi_1 \star \phi_2(X) = \langle \phi_1 \otimes \phi_2\,,\ \Delta(X)\rangle\,. \tag{3.2}$$

This defines a group structure on $G(A)$. The resulting covariant functor

$$A \to G(A)$$

from commutative algebras to groups is representable (in fact by $\mathcal{H}$). Conversely any covariant representable functor from the category of commutative algebras over k to groups, is defined by an affine group scheme G, uniquely determined up to canonical isomorphism.

We mention some basic examples of affine group schemes.

The additive group $G = \mathbb{G}_a$: this corresponds to the Hopf algebra $\mathcal{H} = k[t]$ with coproduct $\Delta(t) = t \otimes 1 + 1 \otimes t$.

The affine group scheme $G = \mathrm{GL}_n$: this corresponds to the Hopf algebra

$$\mathcal{H} = k[x_{i,j}, t]_{i,j=1,\dots,n} / \det(x_{i,j})t - 1,$$

with coproduct $\Delta(x_{i,j}) = \sum_k x_{i,k} \otimes x_{k,j}$.

The latter example is quite general in the following sense. If $\mathcal{H}$ is finitely generated as an algebra over k, then the corresponding affine group scheme G is a linear algebraic group over k, and can be embedded as a Zariski closed subset in some GL_n.

In the most general case, one can find a collection $\mathcal{H}_i \subset \mathcal{H}$ of finitely generated algebras over k such that $\Delta(\mathcal{H}_i) \subset \mathcal{H}_i \otimes \mathcal{H}_i$, $S(\mathcal{H}_i) \subset \mathcal{H}_i$, for all i, and such that, for all i, j there exists a k with $\mathcal{H}_i \cup \mathcal{H}_j \subset \mathcal{H}_k$, and $\mathcal{H} = \cup_i \mathcal{H}_i$.

In this case, we have linear algebraic groups $G_i = \mathrm{Spec}(\mathcal{H}_i)$ such that

$$G = \varprojlim{}_i G_i. \tag{3.3}$$

Thus, in general, an affine group scheme is a projective limit of linear algebraic groups.

3.1 Tannakian categories

It is natural to consider representations of an affine group scheme G. A finite dimensional k-vector space V is a G-module if there is a morphism of affine group schemes $G \to \mathrm{GL}(V)$. This means that we obtain, functorially, representations $G(A) \to \mathrm{Aut}_A(V \otimes_k A)$, for commutative k-algebras A. One can then consider the category Rep_G of finite dimensional linear representations of an affine group scheme G.

We recall the notion of a Tannakian category. The main point of this formal approach is that, when such a category is considered over a base scheme $\mathcal{S} = \mathrm{Spec}(k)$ (a point), it turns out to be the category Rep_G for a uniquely determined affine group scheme G. (The case of a more general scheme $\mathcal{S}$ corresponds to extending the above notions to groupoids, *cf.* [46]).

An abelian category is a category to which the tools of homological algebra apply, that is, a category where the sets of morphisms are abelian groups, there are products and coproducts, kernels and cokernels always exist and satisfy the same basic rules as in the category of modules over a ring.

A tensor category over a field k of characteristic zero is a k-linear abelian category $\mathbb{T}$ endowed with a tensor functor $\otimes : \mathbb{T} \times \mathbb{T} \to \mathbb{T}$ satisfying associativity and commutativity (given by functorial isomorphisms) and with a unit object. Moreover, for each object X there exists an object $X^\vee$ and maps

$e : X \otimes X^{\vee} \to 1$ and $\delta : 1 \to X \otimes X^{\vee}$, such that the composites $(e \otimes 1) \circ (1 \otimes \delta)$ and $(1 \otimes e) \circ (\delta \otimes 1)$ are the identity. There is also an identification $k \simeq \mathrm{End}(1)$.

A Tannakian category $\mathbb{T}$ over k is a tensor category endowed with a fiber functor over a scheme $\mathcal{S}$. That means a functor ω from $\mathbb{T}$ to finite rank locally free sheaves over $\mathcal{S}$ satisfying $\omega(X) \otimes \omega(Y) \simeq \omega(X \otimes Y)$ compatibly with associativity commutativity and unit. In the case where the base scheme is a point $\mathcal{S} = \mathrm{Spec}(k)$, the fiber functor maps to the category $\mathcal{V}_k$ of finite dimensional k-vector spaces.

The category Rep_G of finite dimensional linear representations of an affine group scheme is a Tannakian category, with an exact faithful fiber functor to $\mathcal{V}_k$ (a neutral Tannakian category). What is remarkable is that the converse also holds, namely, if $\mathbb{T}$ is a neutral Tannakian category, then it is equivalent to the category Rep_G for a uniquely determined affine group scheme G, which is obtained as automorphisms of the fiber functor.

Thus, a neutral Tannakian category is indeed a more geometric notion than might at first appear from the axiomatic definition, namely it is just the category of finite dimensional linear representations of an affine group scheme.

This means, for instance, that when one considers only finite dimensional linear representations of a group (these also form a neutral Tannakian category), one can as well replace the given group by its "algebraic hull", which is the affine group scheme underlying the neutral Tannakian category.

3.2 The Lie algebra and the Milnor-Moore theorem

Let G be an affine group scheme over a field k of characteristic zero. The Lie algebra $\mathfrak{g}(k) = \mathrm{Lie}\, G(k)$ is given by the set of linear maps $L : \mathcal{H} \to k$ satisfying

$$L(X\,Y) = L(X)\,\varepsilon(Y) + \varepsilon(X)\,L(Y)\,, \quad \forall X\,, Y \in \mathcal{H}\,, \tag{3.4}$$

where ε is the augmentation of $\mathcal{H}$, playing the role of the unit in the dual algebra.

Notice that the above formulation is equivalent to defining the Lie algebra $\mathfrak{g}(k)$ in terms of left invariant derivations on $\mathcal{H}$, namely linear maps $D : \mathcal{H} \to \mathcal{H}$ satisfying $D(XY) = XD(Y) + D(X)Y$ and $\Delta D = (id \otimes D)\Delta$, which expresses the left invariance in Hopf algebra terms. The isomorphism between the two constructions is easily obtained as

$$D \mapsto L = \varepsilon\, D\,, \qquad L \mapsto D = (id \otimes L)\Delta.$$

Thus, in terms of left invariant derivations, the Lie bracket is just $[D_1, D_2] = D_1 D_2 - D_2 D_1$.

The above extends to a covariant functor $\mathfrak{g} = \mathrm{Lie}\; G$,

$$A \to \mathfrak{g}(A)\,, \tag{3.5}$$

from commutative k-algebras to Lie algebras, where $\mathfrak{g}(A)$ is the Lie algebra of linear maps $L : \mathcal{H} \to A$ satisfying (3.4).

In general, the Lie algebra $\mathrm{Lie}\, G$ of an affine group scheme does not contain enough information to recover its algebra of coordinates $\mathcal{H}$. However, under suitable hypothesis, one can in fact recover the Hopf algebra from the Lie algebra.

In fact, assume that $\mathcal{H}$ is a connected graded Hopf algebra, namely $\mathcal{H} = \oplus_{n\geq 0}\mathcal{H}_n$, with $\mathcal{H}_0 = k$, with commutative multiplication. Let $\mathcal{L}$ be the Lie algebra of primitive elements of the dual $\mathcal{H}^\vee$. We assume that $\mathcal{H}$ is, in each degree, a finite dimensional vector space. Then, by (the dual of) the Milnor–Moore theorem [93], we have a canonical isomorphism of Hopf algebras

$$\mathcal{H} \simeq U(\mathcal{L})^\vee, \tag{3.6}$$

where $U(\mathcal{L})$ is the universal enveloping algebra of $\mathcal{L}$. Moreover, $\mathcal{L} = \mathrm{Lie}\; G(k)$.

As above, we consider a Hopf algebra $\mathcal{H}$ endowed with an integral positive grading. We assume that it is connected, so that all elements of the augmentation ideal have strictly positive degree. We let Y be the generator of the grading so that for $X \in \mathcal{H}$ homogeneous of degree n one has $Y(X) = n\,X$.

Let $\mathbb{G}_m$ be the multiplicative group, namely the affine group scheme with Hopf algebra $k[t, t^{-1}]$ and coproduct $\Delta(t) = t \otimes t$.

Since the grading is integral, we can define, for $u \in \mathbb{G}_m$, an action u^Y on $\mathcal{H}$ (or on its dual) by

$$u^Y(X) = u^n\, X\,, \quad \forall X \in \mathcal{H}\,, \quad \mathrm{degree}\, X = n\,. \tag{3.7}$$

We can then form the semidirect product

$$G^* = G \rtimes \mathbb{G}_m. \tag{3.8}$$

This is also an affine group scheme, and one has a natural morphism of group schemes

$$G^* \to \mathbb{G}_m\,.$$

The Lie algebra of G^* has an additional generator such that

$$[Z_0, X] = Y(X) \qquad \forall\, X \in \mathrm{Lie}\; G\,. \tag{3.9}$$

4 The Hopf algebra of Feynman graphs and diffeographisms

In '97, Dirk Kreimer got the remarkable idea (see [80]) to encode the substraction procedure by a Hopf algebra. His algebra of rooted trees was then refined in [31] to a Hopf algebra $\mathcal{H}$ directly defined in terms of graphs.

The result is that one can associate to any renormalizable theory $\mathcal{T}$ a Hopf algebra $\mathcal{H} = \mathcal{H}(\mathcal{T})$ over $\mathbb{C}$, where the coproduct reflects the structure of the preparation formula (2.25). We discuss this explicitly for the case of $\mathcal{T} = \phi^3_6$, the theory ϕ^3 in dimension $D = 6$, which is notationally simple and at the same time sufficiently generic to illustrate all the main aspects of the general case.

In this case, the graphs have three kinds of vertices, which correspond to the three terms in the Lagrangian (2.20):

- Three legs vertex 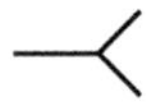 associated to the ϕ^3 term in the Lagrangian
- Two legs vertex 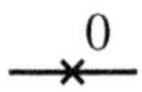 associated to the term ϕ^2.
- Two legs vertex 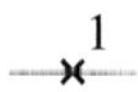 associated to the term $(\partial\,\phi)^2$.

The rule is that the number of edges at a vertex equals the degree of the corresponding monomial in the Lagrangian. Each edge either connects two vertices (internal line) or a single vertex (external line). In the case of a massless theory the term ϕ^2 is absent and so is the corresponding type of vertex.

As we discussed in the previous section, the value $U(\Gamma(p_1, \ldots, p_N))$ depends on the datum of the *incoming* momenta

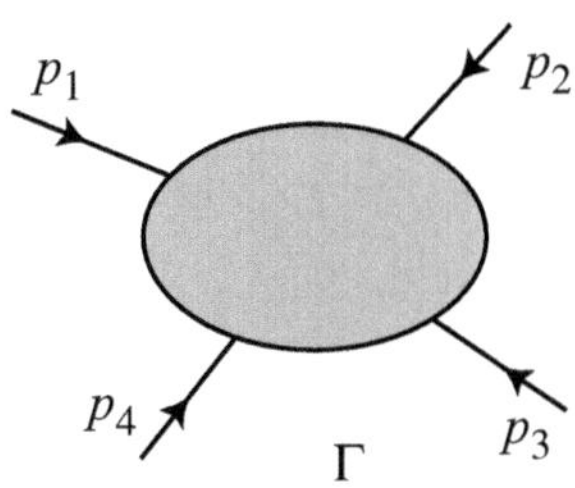

attached to the external edges of the graph Γ, subject to the conservation law

$$\sum p_i = 0.$$

As an algebra, the Hopf algebra $\mathcal{H}$ is the free commutative algebra generated by the $\Gamma(p_1, \ldots, p_N)$ with Γ running over 1PI graphs. It is convenient to encode the external datum of the momenta in the form of a distribution $\sigma : C^\infty(E_\Gamma) \to \mathbb{C}$ on the space of C^∞-functions on

$$E_\Gamma = \left\{ (p_i)_{i=1,\ldots,N} \; ; \; \sum p_i = 0 \right\}. \tag{4.1}$$

where the set $\{1, \ldots, N\}$ of indices is the set of external legs of Γ. Thus, the algebra $\mathcal{H}$ is identified with the symmetric algebra on a linear space that is the direct sum of spaces of distributions $C_c^{-\infty}(E_\Gamma)$, that is,

$$\mathcal{H} = S(C_c^{-\infty}(\cup E_\Gamma)). \tag{4.2}$$

In particular, we introduce the notation $\Gamma_{(0)}$ for graphs with at least three external legs to mean Γ with the external structure given by the distribution σ that is a Dirac mass at $0 \in E_\Gamma$,

$$\Gamma_{(0)} = (\Gamma(p))_{p=0} \tag{4.3}$$

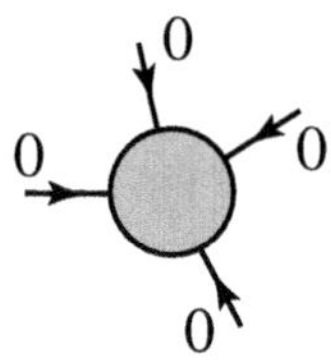

For self energy graphs, *i.e.* graphs Γ with just two external lines, we use the two external structures σ_j such that

$$\Gamma_{(0)} = m^{-2}\,(\Gamma(p))_{p=0}\,, \qquad \Gamma_{(1)} = \left(\frac{\partial}{\partial\, p^2}\,\Gamma(p)\right)_{p=0}. \tag{4.4}$$

There is a lot of freedom in the choice of the external structures σ_j, the only important property being

$$\sigma_0\,(a\,m^2 + b\,p^2) = a \;,\; \sigma_1\,(a\,m^2 + b\,p^2) = b\,. \tag{4.5}$$

In the case of a massless theory, one does not take $p^2 = 0$ to avoid a possible pole at $p = 0$ due to infrared divergences. It is however easy to adapt the above discussion to that situation.

In order to define the coproduct

$$\Delta : \mathcal{H} \to \mathcal{H} \otimes \mathcal{H} \tag{4.6}$$

it is enough to specify it on 1PI graphs. One sets

$$\Delta\Gamma = \Gamma \otimes 1 + 1 \otimes \Gamma + \sum_{\gamma \subset \Gamma} \gamma_{(i)} \otimes \Gamma/\gamma_{(i)}. \tag{4.7}$$

Here γ is a non-trivial (non empty as well as its complement) subset $\gamma \subset \tilde{\Gamma}$ of the graph $\tilde{\Gamma}$ formed by the internal edges of Γ. The connected components γ' of γ are 1PI graphs with the property that the set $\epsilon(\gamma')$ of egdes of Γ that meet γ' without being edges of γ' consists of two or three elements (*cf.* [31]). One denotes by $\gamma'_{(i)}$ the graph that has γ' as set of internal edges and $\epsilon(\gamma')$ as external edges. The index i can take the values 0 or 1 in the case of two external edges and 0 in the case of three. We assign to $\gamma'_{(i)}$ the external structure of momenta given by the distribution σ_i for two external edges and (4.3) in the case of three. The summation in (4.7) is over all multi-indices i attached to the connected components of γ. In (4.7) $\gamma_{(i)}$ denotes the product of the graphs $\gamma'_{(i)}$ associated to the connected components of γ. The graph $\Gamma/\gamma_{(i)}$ is obtained by replacing each $\gamma'_{(i)}$ by a corresponding vertex of type (i). One can check that $\Gamma/\gamma_{(i)}$ is a 1PI graph.

Notice that, even if the γ' are disjoint by construction, the graphs $\gamma'_{(i)}$ need not be, as they may have external edges in common, as one can see in the example of the graph

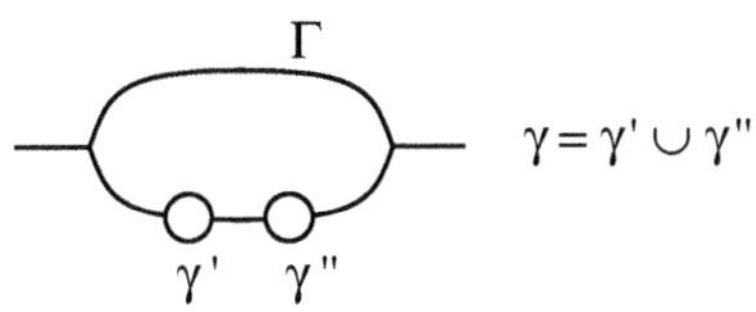

for which the external structure of $\Gamma/\gamma_{(i)}$ is identical to that of Γ.

An interesting property of the coproduct Δ of (4.7) is a "linearity on the right", which means the following ([31]):

Proposition 14 *Let $\mathcal{H}_1$ be the linear subspace of $\mathcal{H}$ generated by 1 and the 1PI graphs, then for all $\Gamma \in \mathcal{H}_1$ the coproduct satisfies*

$$\Delta(\Gamma) \in \mathcal{H} \otimes \mathcal{H}_1 \,.$$

This properties reveals the similarity between Δ and the coproduct defined by composition of formal series. One can see this property illustrated in the following explicit examples taken from [31]:

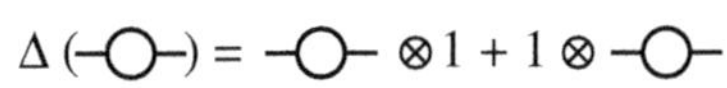

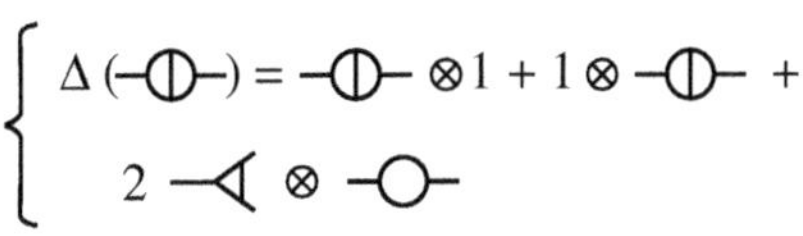

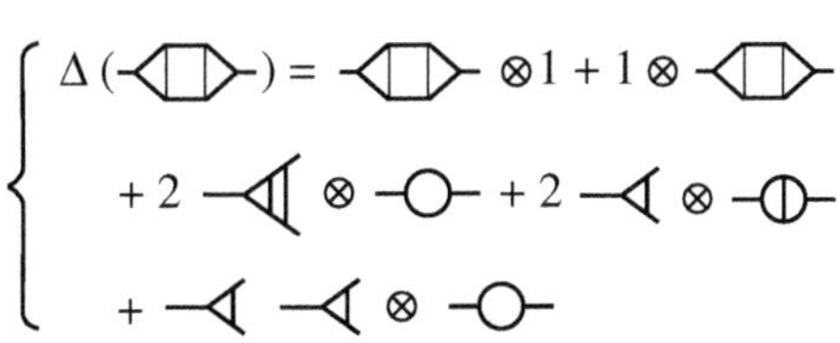

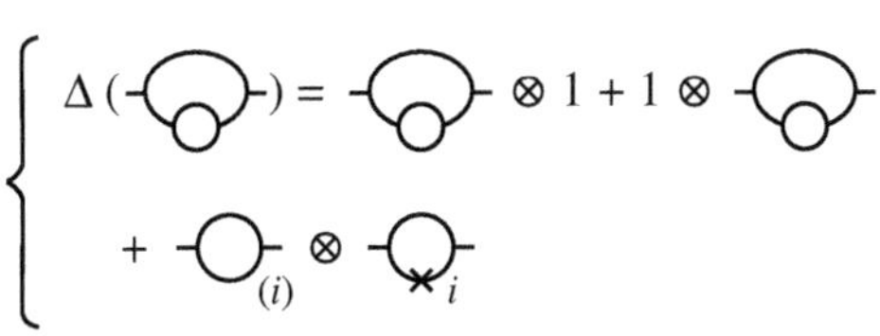

The coproduct Δ defined by (4.7) for 1PI graphs extends uniquely to a homomorphism from $\mathcal{H}$ to $\mathcal{H} \otimes \mathcal{H}$. The main result then is the following ([80], [31]):

Theorem 15 *The pair* $(\mathcal{H}, \Delta)$ *is a Hopf algebra.*

This Hopf algebra defines an affine group scheme G canonically associated to the quantum field theory according to the general formalism of section 3. We refer to G as the group of *diffeographisms* of the theory

$$G = \mathrm{Difg}(\mathcal{T})\,. \tag{4.8}$$

We have illustrated the construction in the specific case of the ϕ^3 theory in dimension 6, namely for $G = \mathrm{Difg}(\phi^3_6)$.

The presence of the external structure of graphs plays only a minor role in the coproduct except for the explicit external structures σ_j used for internal graphs. We shall now see that this corresponds to a simple decomposition at the level of the associated Lie algebras.

5 The Lie algebra of graphs

The next main step in the CK theory of perturbative renormalization ([31]) is the analysis of the Hopf algebra $\mathcal{H}$ of graphs of [31] through the Milnor-Moore theorem (*cf.* [93]). This allows one to view $\mathcal{H}$ as the dual of the enveloping algebra of a graded Lie algebra, with a linear basis given by 1PI graphs. The Lie bracket between two graphs is obtained by insertion of one graph in the other. We recall here the structure of this Lie algebra.

The Hopf algebra $\mathcal{H}$ admits several natural choices of grading. To define a grading it suffices to assign the degree of 1PI graphs together with the rule

$$\deg\left(\Gamma_1 \ldots \Gamma_e\right) = \sum \deg\left(\Gamma_j\right)\,, \quad \deg\left(1\right) = 0. \tag{5.1}$$

One then has to check that, for any admissible subgraph γ,

$$\deg\left(\gamma\right) + \deg\left(\Gamma/\gamma\right) = \deg\left(\Gamma\right). \tag{5.2}$$

The two simplest choices of grading are

$$I\left(\Gamma\right) = \text{number of internal edges of } \Gamma \tag{5.3}$$

and

$$v\left(\Gamma\right) = V\left(\Gamma\right) - 1 = \text{number of vertices of } \Gamma - 1\,, \tag{5.4}$$

as well as the "loop number" which is the difference

$$L = I - v = I - V + 1. \tag{5.5}$$

The recipe of the Milnor-Moore theorem (*cf.* [93]) applied to the bigraded Hopf algebra $\mathcal{H}$ gives a Lie algebra structure on the linear space

$$L = \bigoplus_{\Gamma} C^{\infty}(E_{\Gamma}) \tag{5.6}$$

where $C^{\infty}(E_{\Gamma})$ denotes the space of smooth functions on E_{Γ} as in (4.1), and the direct sum is taken over 1PI graphs Γ.

For $X \in L$ let Z_X be the linear form on $\mathcal{H}$ given, on monomials Γ, by

$$\langle \Gamma, Z_X \rangle = \langle \sigma_{\Gamma}, X_{\Gamma} \rangle, \tag{5.7}$$

when Γ is connected and 1PI, and

$$\langle \Gamma, Z_X \rangle = 0 \tag{5.8}$$

otherwise. Namely, for a connected 1PI graph (5.7) is the evaluation of the external structure σ_{Γ} on the component X_{Γ} of X.

By construction, Z_X is an infinitesimal character of $\mathcal{H}$, *i.e.* a linear map $Z : \mathcal{H} \to \mathbb{C}$ such that

$$Z(xy) = Z(x)\,\varepsilon(y) + \varepsilon(x)\,Z(y)\,, \quad \forall x, y \in \mathcal{H} \tag{5.9}$$

where ε is the augmentation.

The same holds for the commutators

$$[Z_{X_1}, Z_{X_2}] = Z_{X_1}\,Z_{X_2} - Z_{X_2}\,Z_{X_1}, \tag{5.10}$$

where the product is obtained by transposing the coproduct of $\mathcal{H}$, *i.e.*

$$\langle Z_1\,Z_2, \Gamma \rangle = \langle Z_1 \otimes Z_2, \Delta\,\Gamma \rangle\,. \tag{5.11}$$

Let Γ_j, for $j = 1, 2$, be 1PI graphs, and let $\varphi_j \in C^{\infty}(E_{\Gamma_j})$ be the corresponding test functions. For $i \in \{0, 1\}$, let $n_i\,(\Gamma_1, \Gamma_2; \Gamma)$ be the number of subgraphs of Γ isomorphic to Γ_1 and such that

$$\Gamma/\Gamma_{1(i)} \simeq \Gamma_2\,, \tag{5.12}$$

with the notation $\Gamma_{(i)}$, for $i \in \{0, 1\}$, as in (4.3) and (4.4).

One then has the following ([31]):

Lemma 16 *Let (Γ, φ) be an element of L, with $\varphi \in C^\infty(E_\Gamma)$. The Lie bracket of (Γ_1, φ_1) with (Γ_2, φ_2) is then given by the formula*

$$\sum_{\Gamma, i} \sigma_i(\varphi_1)\, n_i(\Gamma_1, \Gamma_2; \Gamma)\, (\Gamma, \varphi_2) - \sigma_i(\varphi_2)\, n_i(\Gamma_2, \Gamma_1; \Gamma)\, (\Gamma, \varphi_1). \tag{5.13}$$

where σ_i is as in (4.4) for two external edges and (4.3) in the case of three.

The main result on the structure of the Lie algebra is the following ([31]):

Theorem 17 *The Lie algebra L is the semi-direct product of an abelian Lie algebra L_{ab} with L' where L' admits a canonical linear basis indexed by graphs with*

$$[\Gamma, \Gamma'] = \sum_v \Gamma \circ_v \Gamma' - \sum_{v'} \Gamma' \circ_{v'} \Gamma$$

where $\Gamma \circ_v \Gamma'$ is obtained by inserting Γ' in Γ at v.

The corresponding Lie group $G(\mathbb{C})$ is the group of characters of the Hopf algebra $\mathcal{H}$, *i.e.* the set of complex points of the corresponding affine group scheme $G = \mathrm{Difg}(\mathcal{T})$.

We see from the structure of the Lie algebra that the group scheme $\mathrm{Difg}(\mathcal{T})$ is a semi-direct product,

$$\mathrm{Difg} = \mathrm{Difg}_{\mathrm{ab}} \rtimes \mathrm{Difg}'$$

of an abelian group $\mathrm{Difg}_{\mathrm{ab}}$ by the group scheme Difg' associated to the Hopf subalgebra $\mathcal{H}'$ constructed on 1PI graphs with two or three external legs and fixed external structure. Passing from Difg' to Difg is a trivial step and we shall thus restrict our attention to the group Difg' in the sequel.

The Hopf algebra $\mathcal{H}'$ of coordinates on Difg' is now finite dimensional in each degree for the grading given by the loop number, so that all technical problems associated to dualities of infinite dimensional linear spaces disappear in that context. In particular the Milnor-Moore theorem applies and shows that $\mathcal{H}'$ is the dual of the enveloping algebra of L'. The conceptual structure of Difg' is that of a graded affine group scheme (*cf.* Section 3). Its complex points form a pro-unipotent Lie group, intimately related to the group of formal diffeomorphisms of the dimensionless coupling constants of the physical theory, as we shall recall in Section 10.

6 Birkhoff decomposition and renormalization

With the setting described in the previous sections, the main subsequent conceptual breakthrough in the CK theory of renormalization [31] consisted of the discovery that formulas identical to equations (2.25), (2.26), (2.27) occur in the Birkhoff decomposition of loops, for an arbitrary graded complex pro-unipotent Lie group G.

This unveils a neat and simple conceptual picture underlying the seemingly complicated combinatorics of the Bogoliubov–Parasiuk–Hepp–Zimmermann procedure, and shows that it is a special case of a general mathematical method of extraction of finite values given by the Birkhoff decomposition.

We first recall some general facts about the Birkhoff decomposition and then describe the specific case of interest, for the setting of renormalization.

The Birkhoff decomposition of loops is a factorization of the form

$$\gamma(z) = \gamma_-(z)^{-1}\, \gamma_+(z) \qquad z \in C\,, \tag{6.1}$$

where $C \subset \mathbb{P}^1(\mathbb{C})$ is a smooth simple curve, C_- denotes the component of the complement of C containing $\infty \notin C$ and C_+ the other component. Both γ and $\gamma_\pm$ are loops with values in a complex Lie group G

$$\gamma(z) \in G \qquad \forall\, z \in \mathbb{C} \tag{6.2}$$

and $\gamma_\pm$ are boundary values of holomorphic maps (which we still denote by the same symbol)

$$\gamma_\pm : C_\pm \to G\,. \tag{6.3}$$

The normalization condition $\gamma_-(\infty) = 1$ ensures that, if it exists, the decomposition (6.1) is unique (under suitable regularity conditions). When the loop $\gamma : C \to G$ extends to a holomorphic loop $\gamma_+ : C_+ \to G$, the Birkhoff decomposition is given by $\gamma_+ = \gamma$, with $\gamma_- = 1$.

In general, for $z_0 \in C_+$, the evaluation

$$\gamma \to \gamma_+(z_0) \in G \tag{6.4}$$

is a natural principle to extract a finite value from the singular expression $\gamma(z_0)$. This extraction of finite values is a multiplicative removal of the pole part for a meromorphic loop γ when we let C be an *infinitesimal* circle centered at z_0.

This procedure is closely related to the classification of holomorphic vector bundles on the Riemann sphere $\mathbb{P}^1(\mathbb{C})$ (*cf.* [70]). In fact, consider as above a curve $C \subset \mathbb{P}^1(\mathbb{C})$. Let us assume for simplicity that $C = \{z : |z| = 1\}$, so that

$$C_- = \{z : |z| > 1\} \quad \text{and} \quad C_+ = \{z : |z| < 1\}.$$

We consider the Lie group $G = \mathrm{GL}_n(\mathbb{C})$. In this case, any loop $\gamma : C \to G$ can be decomposed as a product

$$\gamma(z) = \gamma_-(z)^{-1}\, \lambda(z)\, \gamma_+(z), \tag{6.5}$$

where $\gamma_\pm$ are boundary values of holomorphic maps (6.3) and λ is a homomorphism of S^1 into the subgroup of diagonal matrices in $\mathrm{GL}_n(\mathbb{C})$,

$$\lambda(z) = \begin{pmatrix} z^{k_1} & & & \\ & z^{k_2} & & \\ & & \ddots & \\ & & & z^{k_n} \end{pmatrix}, \tag{6.6}$$

for integers k_i. There is a dense open subset Ω of the identity component of the loop group $\mathcal{L}G$ for which the Birkhoff factorization (6.5) is of the form (6.1), namely where $\lambda = 1$. Then (6.1) gives an isomorphism between $\mathcal{L}_1^- \times \mathcal{L}^+$ and $\Omega \subset LG$, where

$$\mathcal{L}^\pm = \{\gamma \in \mathcal{L}G : \gamma \text{ extends to a holomorphic function on } C_\pm\}$$

and $\mathcal{L}_1^- = \{\gamma \in \mathcal{L}^- : \gamma(\infty) = 1\}$ (see *e.g.* [101]).

Let $U_\pm$ be the open sets in $\mathbb{P}^1(\mathbb{C})$

$$U_+ = \mathbb{P}^1(\mathbb{C}) \smallsetminus \{\infty\} \quad U_- = \mathbb{P}^1(\mathbb{C}) \smallsetminus \{0\}.$$

Gluing together trivial line bundles on $U_\pm$ via the transition function on $U_+ \cap U_-$ that multiplies by z^k, yields a holomorphic line bundle L^k on $\mathbb{P}^1(\mathbb{C})$. Similarly, a holomorphic vector bundle E is obtained by gluing trivial vector bundles on $U_\pm$ via a transition function that is a holomorphic function

$$\gamma : U_+ \cap U_- \to G.$$

Equivalently,

$$E = (U_+ \times \mathbb{C}^n) \cup_\gamma (U_- \times \mathbb{C}^n). \tag{6.7}$$

The Birkhoff factorization (6.5) for γ then gives the Birkhoff–Grothendieck decomposition of E as

$$E = L^{k_1} \oplus \ldots \oplus L^{k_n}. \tag{6.8}$$

The existence of a Birkhoff decomposition of the form (6.1) is then clearly equivalent to the vanishing of the Chern numbers

$$c_1\left(L^{k_i}\right) = 0 \tag{6.9}$$

of the holomorphic line bundles in the Birkhoff–Grothendieck decomposition (6.8), *i.e.* to the condition $k_i = 0$ for $i = 1, \ldots, n$.

The above discussion for $G = \mathrm{GL}_n(\mathbb{C})$ extends to arbitrary complex Lie groups. When G is a simply connected nilpotent complex Lie group, the existence (and uniqueness) of the Birkhoff decomposition (6.1) is valid for any γ.

We now describe explicitly the Birkhoff decomposition with respect to an infinitesimal circle centered at z_0, and express the result in algebraic terms using the standard translation from the geometric to the algebraic language.

Here we consider a graded connected commutative Hopf algebra $\mathcal{H}$ over $\mathbb{C}$ and we let $G = \mathrm{Spec}(\mathcal{H})$ be the associated affine group scheme as described in Section 3. This is, by definition, the set of prime ideals of $\mathcal{H}$ with the Zariski topology and a structure sheaf. What matters for us is the corresponding covariant functor from commutative algebras A over $\mathbb{C}$ to groups, given by the set of algebra homomorphisms,

$$G(A) = \mathrm{Hom}(\mathcal{H}, A) \tag{6.10}$$

where the group structure on $G(A)$ is dual to the coproduct *i.e.* is given by

$$\phi_1 \star \phi_2(h) = \langle \phi_1 \otimes \phi_2, \Delta(h) \rangle$$

By construction G appears in this way as a representable covariant functor from the category of commutative $\mathbb{C}$-algebras to groups.

In the physics framework we are interested in the evaluation of loops at a specific complex number say $z_0 = 0$. We let $K = \mathbb{C}(\{z\})$ (also denoted by $\mathbb{C}\{z\}[z^{-1}]$) be the field of convergent Laurent series, with arbitrary radius of convergence. We denote by $\mathcal{O} = \mathbb{C}\{z\}$ be the ring of convergent power series, and $\mathcal{Q} = z^{-1}\,\mathbb{C}([z^{-1}])$, with $\tilde{\mathcal{Q}} = \mathbb{C}([z^{-1}])$ the corresponding unital ring.

Let us first recall the standard dictionary from the geometric to the algebraic language, summarized by the following diagram.

Loops $\gamma : C \to G$	$G(K) = \{$ homomorphisms $\phi : \mathcal{H} \to K\}$
Loops $\gamma : P_1(\mathbb{C}) \backslash \{z_0\} \to G$	$G(\tilde{\mathcal{Q}}) = \{\phi\,, \phi(\mathcal{H}) \subset \tilde{\mathcal{Q}}\}$
$\gamma(z_0)$ is finite	$G(\mathcal{O}) = \{\phi\,, \phi(\mathcal{H}) \subset \mathcal{O}\}$
$\gamma(z) = \gamma_1(z)\,\gamma_2(z)\ \forall z \in C$	$\phi = \phi_1 \star \phi_2$
$z \mapsto \gamma(z)^{-1}$	$\phi \circ S$

(6.11)

For loops $\gamma : P_1(\mathbb{C}) \backslash \{z_0\} \to G$ the normalization condition $\gamma(\infty) = 1$ translates algebraically into the condition

$$\varepsilon_- \circ \phi = \varepsilon$$

where ε_- is the augmentation in the ring $\tilde{\mathcal{Q}}$ and ε the augmentation in $\mathcal{H}$.

As a preparation to the main result of [31] on renormalization and the Birkhoff decomposition, we reproduce in full the proof given in [31] of the following basic algebraic fact, where the Hopf algebra $\mathcal{H}$ is graded in positive degree and connected (the scalars are the only elements of degree 0).

Theorem 18 *Let $\phi : \mathcal{H} \to K$ be an algebra homomorphism. The Birkhoff decomposition of the corresponding loop is obtained recursively from the equalities*

$$\phi_-(X) = -T\left(\phi(X) + \sum \phi_-(X')\phi(X'')\right) \tag{6.12}$$

and

$$\phi_+(X) = \phi(X) + \phi_-(X) + \sum \phi_-(X')\phi(X''). \tag{6.13}$$

Here T is, as in (2.26), the operator of projection on the pole part, *i.e.* the projection on the augmentation ideal of $\tilde{\mathcal{Q}}$, parallel to $\mathcal{O}$. Also X' and X'' denote the terms of lower degree that appear in the coproduct

$$\Delta(X) = X \otimes 1 + 1 \otimes X + \sum X' \otimes X'',$$

for $X \in \mathcal{H}$.

To prove that the Birkhoff decomposition corresponds to the expressions (6.12) and (6.13), one proceeds by defining inductively a homomorphism $\phi_- : \mathcal{H} \to K$ by (6.12). One then shows by induction that it is multiplicative.

Explicitly, let $\widetilde{\mathcal{H}} = \ker \varepsilon$ be the augmentation ideal. For $X, Y \in \widetilde{\mathcal{H}}$, one has

$$\begin{aligned} \Delta(XY) = XY \otimes 1 + 1 \otimes XY + X \otimes Y + Y \otimes X + XY' \otimes Y'' + \\ Y' \otimes XY'' + X'Y \otimes X'' + X' \otimes X''Y + X'Y' \otimes X''Y''. \end{aligned} \tag{6.14}$$

We then get

$$\begin{aligned} \phi_-(XY) = -T(\phi(XY)) - T(\phi_-(X)\,\phi(Y) + \phi_-(Y)\,\phi(X) + \\ \phi_-(XY')\,\phi(Y'') + \phi_-(Y')\,\phi(XY'') + \phi_-(X'Y)\,\phi(X'') \\ + \phi_-(X')\,\phi(X''Y) + \phi_-(X'Y')\,\phi(X''Y'')). \end{aligned} \tag{6.15}$$

Now ϕ is a homomorphism and we can assume that we have shown ϕ_- to be multiplicative, $\phi_-(AB) = \phi_-(A)\,\phi_-(B)$, for $\deg A + \deg B < \deg X + \deg Y$. This allows us to rewrite (6.15) as

$$\begin{aligned} \phi_-(XY) = -T(\phi(X)\,\phi(Y) + \phi_-(X)\,\phi(Y) + \phi_-(Y)\,\phi(X) \\ + \phi_-(X)\,\phi_-(Y')\,\phi(Y'') + \phi_-(Y')\,\phi(X)\,\phi(Y'') + \phi_-(X')\,\phi_-(Y)\,\phi(X'') \\ + \phi_-(X')\,\phi(X'')\,\phi(Y) + \phi_-(X')\,\phi_-(Y')\,\phi(X'')\,\phi(Y'')). \end{aligned} \tag{6.16}$$

Let us now compute $\phi_-(X)\,\phi_-(Y)$ using the multiplicativity constraint fulfilled by T in the form

$$T(x)\,T(y) = -T(xy) + T(T(x)\,y) + T(x\,T(y))\,. \tag{6.17}$$

We thus get

$$\begin{aligned}\phi_-(X)\,\phi_-(Y) &= -T((\phi(X) + \phi_-(X')\,\phi(X''))\,(\phi(Y) + \\ \phi_-(Y')\,\phi(Y'')) &+ T(T(\phi(X) + \phi_-(X')\,\phi(X''))\,(\phi(Y) + \\ \phi_-(Y')\,\phi(Y'')) + T((\phi(X) &+ \phi_-(X')\,\phi(X''))\,T(\phi(Y) + \phi_-(Y')\,\phi(Y'')))\,,\end{aligned} \tag{6.18}$$

by applying (6.17) to $x = \phi(X) + \phi_-(X')\,\phi(X'')$, $y = \phi(Y) + \phi_-(Y')\,\phi(Y'')$. Since $T(x) = -\phi_-(X)$, $T(y) = -\phi_-(Y)$, we can rewrite (6.18) as

$$\begin{aligned}\phi_-(X)\,\phi_-(Y) &= -T(\phi(X)\,\phi(Y) + \phi_-(X')\,\phi(X'')\,\phi(Y) \\ &+ \phi(X)\,\phi_-(Y')\,\phi(Y'') + \phi_-(X')\,\phi(X'')\,\phi_-(Y')\,\phi(Y'')) \\ -T(\phi_-(X)(\phi(Y) &+ \phi_-(Y')\,\phi(Y'')) - T((\phi(X) + \phi_-(X')\,\phi(X''))\,\phi_-(Y))\,.\end{aligned} \tag{6.19}$$

We now compare (6.16) with (6.19). Both of them contain 8 terms of the form $-T(a)$ and one checks that they correspond pairwise. This yields the multiplicativity of ϕ_- and hence the validity of (6.12).

We then define ϕ_+ by (6.13). Since ϕ_- is multiplicative, so is ϕ_+. It remains to check that ϕ_- is an element in $G(\mathcal{Q})$, while ϕ_+ is in $G(\mathcal{O})$. This is clear for ϕ_- by construction, since it is a pure polar part. In the case of ϕ_+ the result follows, since we have

$$\phi_+(X) = \phi(X) + \sum \phi_-(X')\phi(X'') - T\left(\phi(X) + \sum \phi_-(X')\phi(X'')\right). \tag{6.20}$$

□

Then the key observation in the CK theory ([31]) is that the formulae (6.12) (6.13) are in fact identical to the formulae (2.25), (2.26), (2.27) that govern the combinatorics of renormalization, for $G = \mathrm{Difg}$, upon setting $\phi = U$, $\phi_- = C$, and $\phi_+ = R$.

Thus, given a renormalisable theory $\mathcal{T}$ in D dimensions, the unrenormalised theory gives (using DimReg) a loop $\gamma(z)$ of elements of the group $\mathrm{Difg}(\mathcal{T})$, associated to the theory (see also Section 7 for more details).

The parameter z of the loop $\gamma\,(z)$ is a complex variable and $\gamma\,(z)$ is meromorphic for $d = D - z$ in a neighborhood of D (*i.e.* defines a corresponding homomorphism from $\mathcal{H}$ to germs of meromorphic functions at D).

The main result of [31] is that the renormalised theory is given by the evaluation at $d = D$ (*i.e.* $z = 0$) of the non-singular part γ_+ of the Birkhoff decomposition of γ,

$$\gamma(z) = \gamma_-(z)^{-1}\,\gamma_+(z).$$

The precise form of the loop γ (depending on a mass parameter μ) will be discussed below in Section 7.

We then have the following statement ([31]):

Theorem 19 *The following properties hold:*

1. *There exists a unique meromorphic map* $\gamma(z) \in \mathrm{Difg}(\mathcal{T})$, *for* $z \in \mathbb{C}$ *with* $D - z \neq D$, *whose* Γ*-coordinates are given by* $U(\Gamma)_{d=D-z}$.
2. *The renormalized value of a physical observable* O *is obtained by replacing* $\gamma(0)$ *in the perturbative expansion of* O *by* $\gamma_+(0)$, *where*

$$\gamma(z) = \gamma_-(z)^{-1}\,\gamma_+(z)$$

is the Birkhoff decomposition of the loop $\gamma(z)$ *around an infinitesimal circle centered at* $d = D$ *(i.e.* $z = 0$*).*

In other words, the renormalized theory is just the evaluation at the integer dimension $d = D$ of space-time of the holomorphic part γ_+ of the Birkhoff decomposition of γ. This shows that renormalization is a special case of the general recipe of *multiplicative* extraction of finite value given by the Birkhoff decomposition.

Another remarkable fact in this result is that the same infinite series yields simultaneously the unrenormalized effective action, the counterterms, and the renormalized effective action, corresponding to γ, γ_-, and γ_+, respectively.

7 Unit of Mass

In order to perform the extraction of pole part T it is necessary to be a bit more careful than we were so far in our description of dimensional regularization. In fact, when integrating in dimension $d = D - z$, and comparing the values obtained for different values of z, it is necessary to respect physical dimensions (dimensionality). The general principle is to only apply the operator T of extraction of the pole part to expressions of a fixed dimensionality, which is independent of z.

This requires the introduction of an arbitrary unit of mass (or momentum) μ, to be able to replace in the integration $d^{D-z}k$ by $\mu^z\, d^{D-z}k$ which is now of a fixed dimensionality (*i.e.* mass^D).

Thus, the loop $\gamma(z)$ depends on the arbitrary choice of μ. We shall now describe in more details the Feynman rules in $d = (D - z)$-dimensions for φ_6^3 (so that $D = 6$) and exhibit this μ-dependence. By definition $\gamma_\mu(z)$ is obtained by applying dimensional regularization (Dim-Reg) in the evaluation of the bare values of Feynman graphs Γ, and the Feynman rules associate an integral

$$U_\Gamma(p_1,\ldots,p_N) = \int d^{D-z}k_1\ldots d^{D-z}k_L\; I_\Gamma(p_1,\ldots,p_N,k_1,\ldots,k_L) \quad (7.1)$$

to every graph Γ, with L the loop number (5.5). We shall formulate them in Euclidean space-time to eliminate irrelevant singularities on the mass shell and powers of $i=\sqrt{-1}$. In order to write these rules directly in $d = D - z$ space-time dimensions, one uses the unit of mass μ and replaces the coupling constant g which appears in the Lagrangian as the coefficient of $\varphi^3/3!$ by $\mu^{3-d/2}\,g$. The effect then is that g is dimensionless for any value of d since the dimension of the field φ is $\frac{d}{2}-1$ in a d-dimensional space-time.
The integrand $I_\Gamma(p_1,\ldots,p_N,k_1,\ldots,k_L)$ contains L internal momenta k_j, where L is the loop number of the graph Γ, and is obtained from the following rules,

- Assign a factor $\frac{1}{k^2+m^2}$ to each internal line.
- Assign a momentum conservation rule to each vertex.
- Assign a factor $\mu^{3-d/2}\,g$ to each 3-point vertex.
- Assign a factor m^2 to each 2-point $\text{vertex}_{(0)}$.
- Assign a factor p^2 to each 2-point $\text{vertex}_{(1)}$.

The 2-point $\text{vertex}_{(0)}$ does not appear in the case of a massless theory, and in that case one can in fact ignore all two point vertices.
There is, moreover, an overall normalization factor $(2\pi)^{-dL}$ where L is the loop number of the graph, *i.e.* the number of internal momenta.

For instance, for the one-loop graph of (2.19), (2.24), the unrenormalized value is, up to a multiplicative constant,

$$U_\Gamma(p) = (4\pi\mu^2)^{3-d/2}\,g^2\,\Gamma(2-d/2)\int_0^1 (p^2(x-x^2)+m^2)^{d/2-2}\,dx.$$

Let us now define precisely the character $\gamma_\mu(z)$ of $\mathcal{H}$ given by the unrenormalized value of the graphs in Dim-Reg in dimension $d = D - z$.

Since $\gamma_\mu(z)$ is a character, it is entirely specified by its value on 1PI graphs. If we let σ be the external structure of the graph Γ we would like to define $\gamma_\mu(z)\,(\Gamma_\sigma)$ simply by evaluating σ on the test function $U_\Gamma(p_1,\ldots,p_N)$, but we need to fulfill two requirements. First we want this evaluation $\langle\sigma, U_\Gamma\rangle$ to be a pure number, *i.e.* to be a dimensionless quantity. To achieve this we simply multiply $\langle\sigma, U_\Gamma\rangle$ by the appropriate power of μ to make it dimensionless.
The second requirement is to ensure that $\gamma_\mu(z)\,(\Gamma_\sigma)$ is a monomial of the correct power of the dimensionless coupling constant g, corresponding to the *order* of the graph. This is defined as $V_3-(N-2)$, where V_3 is the number of 3-point vertices. The order defines a grading of $\mathcal{H}$. To the purpose of fulfilling this requirement, for a graph with N external legs, it suffices to divide by g^{N-2}, where g is the coupling constant.

Thus, we let

$$\gamma_\mu(z)\,(\Gamma_\sigma) = g^{(2-N)}\,\mu^{-B}\,\langle\sigma, U_\Gamma\rangle \tag{7.2}$$

where $B = B\,(d)$ is the dimension of $\langle\sigma, U_\Gamma\rangle$.
Using the Feynman rules this dimension is easy to compute and one gets [31]

$$B = \left(1 - \frac{N}{2}\right) d + N + \dim\sigma\,. \tag{7.3}$$

Let $\gamma_\mu(z)$ be the character of $\mathcal{H}'$ obtained by (7.2). We first need to see the exact μ dependence of this loop. We consider the grading of $\mathcal{H}'$ and G' given by the loop number of a graph,

$$L(\Gamma) = I - V + 1 = \text{loop number of } \Gamma, \tag{7.4}$$

where I is the number of internal lines and V the number of vertices and let

$$\theta_t \in \operatorname{Aut} G'\;, \quad t \in \mathbb{R}\,, \tag{7.5}$$

be the corresponding one parameter group of automorphisms.

Proposition 20 *The loop $\gamma_\mu(z)$ fulfills*

$$\gamma_{e^t\mu}(z) = \theta_{tz}(\gamma_\mu(z)) \qquad \forall\, t \in \mathbb{R}\,,\; z = D - d \tag{7.6}$$

The simple idea is that each of the L internal integration variables $d^{D-z}k$ is responsible for a factor of μ^z by the alteration

$$d^{D-z}k \mapsto \mu^z\, d^{D-z}k.$$

Let us check that this fits with the above conventions. Since we are on $\mathcal{H}'$ we only deal with 1PI graphs with two or three external legs and fixed external structure. For $N = 2$ external legs the dimension B of $\langle\sigma, U_\Gamma\rangle$ is equal to 0 since the dimension of the external structures σ_j of (4.4) is -2. Thus, by the Feynman rules, at $D = 6$, with $d = 6 - z$, the μ dependence is given by

$$\mu^{\frac{z}{2}V_3}$$

where V_3 is the number of 3-point vertices of Γ. One checks that for such graphs $\frac{1}{2}\,V_3 = L$ is the loop number as required. Similarly if $N = 3$ the dimension B of $\langle\sigma, U_\Gamma\rangle$ is equal to $\left(1 - \frac{3}{2}\right) d + 3$, $d = 6 - z$ so that the μ-dependence is,

$$\mu^{\frac{z}{2}V_3}\,\mu^{-z/2}\,.$$

But for such graphs $V_3 = 2L + 1$ and we get μ^{zL} as required.

We now reformulate a well known result, the fact that counterterms, once appropriately normalized, are independent of m^2 and μ^2,

We have ([32]):

Proposition 21 *The negative part γ_{μ^-} in the Birkhoff decomposition*

$$\gamma_\mu(z) = \gamma_{\mu^-}(z)^{-1}\, \gamma_{\mu^+}(z) \tag{7.7}$$

satisfies

$$\frac{\partial}{\partial\mu}\, \gamma_{\mu^-}(z) = 0\,. \tag{7.8}$$

Proof. By Theorem 18 and the identification $\gamma = U$, $\gamma_- = C$, $\gamma_+ = R$, this amounts to the fact that the counterterms do not depend on the choice of μ (*cf.* [20] 7.1.4 p. 170). Indeed the dependence in m^2 has in the minimal subtraction scheme the same origin as the dependence in p^2 and we have chosen the external structure of graphs so that no m^2 dependence is left. But then, since the parameter μ^2 has nontrivial dimensionality (mass^2), it cannot be involved any longer. □

8 Expansional

Let $\mathcal{H}$ be a Hopf algebra over $\mathbb{C}$ and $G = \operatorname{Spec}\mathcal{H}$ the corresponding affine group scheme.

Given a differential field $K \supset \mathbb{C}$ with differentiation $f \mapsto f' = \delta(f)$, let us describe at the Hopf algebra level the logarithmic derivative

$$D(g) = g^{-1}\, g' \in \mathfrak{g}(K)\,, \quad \forall g \in G(K)\,.$$

Given $g \in G(K)$ one lets $g' = \delta(g)$ be the linear map from $\mathcal{H}$ to K defined by

$$g'(X) = \delta(g(X))\,, \quad \forall X \in \mathcal{H}\,.$$

One then defines $D(g)$ as the linear map from $\mathcal{H}$ to K

$$D(g) = g^{-1} \star g'\,. \tag{8.1}$$

One checks that

$$\langle D(g), X\,Y\rangle = \langle D(g), X\rangle\, \varepsilon(Y) + \varepsilon(X)\, \langle D(g), Y\rangle\,, \quad \forall X, Y \in \mathcal{H}\,,$$

so that $D(g) \in \mathfrak{g}(K)$.

In order to write down explicit solutions of G-valued differential equations we shall use the "expansional", which is the mathematical formulation of the "time ordered exponential" of physicists. In the mathematical setting, the time ordered exponential can be formulated in terms of the formalism of Chen's iterated integrals (*cf.* [18] [19]). A mathematical formulation of the time ordered exponential as expansional in the operator algebra setting was given by Araki in [2].

Given a $\mathfrak{g}(\mathbb{C})$-valued smooth function $\alpha(t)$ where $t \in [a, b] \subset \mathbb{R}$ is a real parameter, one defines the time ordered exponential or expansional by the equality (*cf.* [2])

$$\mathrm{T}e^{\int_a^b \alpha(t)\, dt} = 1 + \sum_1^\infty \int_{a \leq s_1 \leq \cdots \leq s_n \leq b} \alpha(s_1) \cdots \alpha(s_n) \prod ds_j \,, \tag{8.2}$$

where the product is the product in $\mathcal{H}^*$ and $1 \in \mathcal{H}^*$ is the unit given by the augmentation ε. One has the following result, which in particular shows how the expansional only depends on the one form $\alpha(t)dt$.

Proposition 22 *The expansional satisfies the following properties:*

1. *When paired with any $X \in \mathcal{H}$ the sum (8.2) is finite and the obtained linear form defines an element of $G(\mathbb{C})$.*
2. *The expansional (8.2) is the value $g(b)$ at b of the unique solution $g(t) \in G(\mathbb{C})$ which takes the value $g(a) = 1$ at $x = a$ for the differential equation*

$$dg(t) = g(t)\, \alpha(t)\, dt \,. \tag{8.3}$$

Proof. The elements $\alpha(t) \in \mathfrak{g}$ viewed as linear forms on $\mathcal{H}$ vanish on any element of degree 0. Thus for $X \in \mathcal{H}$ of degree n, one has

$$\langle \alpha(s_1) \cdots \alpha(s_m),\, X \rangle = 0 \,, \quad \forall m > n \,,$$

so that the sum $g(b)$ given by (8.2) is finite.

Let us show that it fulfills (8.3) *i.e.* that with X as above, one has

$$\partial_b \langle g(b), X \rangle = \langle g(b)\, \alpha(b), X \rangle \,.$$

Indeed, differentiating in b amounts to fix the last variable s_n to $s_n = b$.

One can then show that $g(b) \in G(\mathbb{C})$, *i.e.* that

$$\langle g(b), X\, Y \rangle = \langle g(b), X \rangle \, \langle g(b), Y \rangle \,, \quad \forall X, Y \in \mathcal{H} \,,$$

for homogeneous elements, by induction on the sum of their degrees. Indeed, one has, with the notation

$$\Delta(X) = X_{(1)} \otimes X_{(2)} = X \otimes 1 + 1 \otimes X + \sum X' \otimes X''$$

where only terms of lower degree appear in the last sum,

$$\partial_b \langle g(b), X\, Y \rangle = \langle g(b)\, \alpha(b), X\, Y \rangle = \langle g(b) \otimes \alpha(b), \Delta X\, \Delta Y \rangle \,.$$

Using the derivation property of $\alpha(b)$ one gets,

$$\partial_b \langle g(b), X\, Y \rangle = \langle g(b), X_{(1)}\, Y \rangle \, \langle \alpha(b), X_{(2)} \rangle + \langle g(b), X\, Y_{(1)} \rangle \, \langle \alpha(b), Y_{(2)} \rangle$$

and the induction hypothesis applies to get

$$\partial_b\left(\langle g(b), X\,Y\rangle - \langle g(b), X\rangle\,\langle g(b), Y\rangle\right) = 0\,.$$

Since $g(a) = 1$ is a character one thus gets $g(b) \in G(\mathbb{C})$.

We already proved 2) so that the proof is complete. □

The main properties of the expansional in our context are summarized in the following result.

Proposition 23 *1) One has*

$$\mathrm{T}e^{\int_a^c \alpha(t)\,dt} = \mathrm{T}e^{\int_a^b \alpha(t)\,dt}\,\mathrm{T}e^{\int_b^c \alpha(t)\,dt} \tag{8.4}$$

2) Let $\Omega \subset \mathbb{R}^2$ be an open set and $\omega = \alpha(s,t)ds + \beta(s,t)dt$, $(s,t) \in \Omega$ be a flat $\mathfrak{g}(\mathbb{C})$-valued connection i.e. such that

$$\partial_s\,\beta - \partial_t\,\alpha + [\alpha,\,\beta] = 0$$

then $\mathrm{T}e^{\int_0^1 \gamma^*\omega}$ only depends on the homotopy class of the path γ, $\gamma(0) = a$, $\gamma(1) = b$.

Proof. 1) Consider both sides as $G(\mathbb{C})$-valued functions of c. They both fulfill equation (8.3) and agree for $c = b$ and are therefore equal.

2) One can for instance use the existence of enough finite dimensional representations of G to separate the elements of $G(\mathbb{C})$, but it is also an exercise to give a direct argument. □

Let K be the field $\mathbb{C}(\{z\})$ of convergent Laurent series in z. Let us define the monodromy of an element $\omega \in \mathfrak{g}(K)$. As explained above we can write G as the projective limit of linear algebraic groups G_i with finitely generated Hopf algebras $\mathcal{H}_i \subset \mathcal{H}$ and can assume in fact that each $\mathcal{H}_i$ is globally invariant under the grading Y.

Let us first work with G_i *i.e.* assume that $\mathcal{H}$ is finitely generated. Then the element $\omega \in \mathfrak{g}(K)$ is specified by finitely many elements of K and thus there exists $\rho > 0$ such that all elements of K which are involved converge in the punctured disk Δ^* with radius ρ. Let then $z_0 \in \Delta^*$ be a base point, and define the monodromy by

$$M = \mathrm{T}e^{\int_0^1 \gamma^*\omega}\,, \tag{8.5}$$

where γ is a path in the class of the generator of $\pi_1(\Delta^*, z_0)$. By proposition 23 and the flatness of the connection ω, viewed as a connection in two real variables, it only depends on the homotopy class of γ.

By construction the conjugacy class of M does not depend on the choice of the base point. When passing to the projective limit one has to take care of the change of base point, but the condition of *trivial monodromy*,

$$M = 1\,,$$

is well defined at the level of the projective limit G of the groups G_i.

One then has,

Proposition 24 *Let $\omega \in \mathfrak{g}(K)$ have trivial monodromy. Then there exists a solution $g \in G(K)$ of the equation*

$$D(g) = \omega \,. \tag{8.6}$$

Proof. We view as above G as the projective limit of the G_i and treat the case of G_i first. With the above notations we let

$$g(z) = \mathbf{T}e^{\int_{z_0}^{z} \omega}\,, \tag{8.7}$$

independently of the path in Δ^* from z_0 to z. One needs to show that for any $X \in \mathcal{H}$ the evaluation

$$h(z) = \langle g(z), X \rangle$$

is a convergent Laurent series in Δ^*, *i.e.* that $h \in K$. It follows, from the same property for $\omega(z)$ and the finiteness (proposition 22) of the number of non-zero terms in the pairing with X of the infinite sum (8.2) defining $g(z)$, that $z^N h(z)$ is bounded for N large enough. Moreover, by proposition 22, one has $\bar{\partial} h = 0$, which gives $h \in K$.

Finally, the second part of Proposition 22 shows that one gets a solution of (8.6). To pass to the projective limit one constructs by induction a projective system of solutions $g_i \in G_i(K)$ modifying the solution in $G_{i+1}(K)$ by left multiplication by an element of $G_{i+1}(\mathbb{C})$ so that it projects on g_i. □

The simplest example shows that the condition of triviality of the monodromy is not superfluous. For instance, let $\mathbb{G}_a$ be the additive group, *i.e.* the group scheme with Hopf algebra the algebra $\mathbb{C}[X]$ of polynomials in one variable X and coproduct given by,

$$\Delta X = X \otimes 1 + 1 \otimes X \,.$$

Then, with K the field $\mathbb{C}(\{z\})$ of convergent Laurent series in z, one has $\mathbb{G}_a(K) = K$ and the logarithmic derivative D (8.1) is just given by $D(f) = f'$ for $f \in K$. The residue of $\omega \in K$ is then a non-trivial obstruction to the existence of solutions of $D(f) = \omega$.

9 Renormalization group

Another result of the CK theory of renormalization in [32] shows that the renormalization group appears in a conceptual manner from the geometric point of view described in Section 6. It is shown in [32] that the mathematical formalism recalled here in the previous section provides a way to lift the usual notions of β-function and renormalization group from the space of coupling constants of the theory $\mathcal{T}$ to the group $\mathrm{Difg}'(\mathcal{T})$.

The principle at work can be summarized as

$$\text{Divergence} \Longrightarrow \text{Ambiguity}. \tag{9.1}$$

Let us explain in what sense it is the *divergence* of the theory that generates the renormalization group as a group of ambiguity. As we saw in the previous section, the regularization process requires the introduction of an arbitrary unit of mass μ. The way the theory (when viewed as an element of the group $\mathrm{Difg}'(\mathcal{T})$ by evaluation of the positive part of the Birkhoff decomposition at $z = 0$) depends on the choice of μ is through the grading rescaled by $z = D - d$ (*cf.* Proposition 20). If the resulting expressions in z were regular at $z = 0$, this dependence would disappear at $z = 0$. As we shall see below, this dependence will in fact still be present and generate a one parameter subgroup $F_t = e^{t\beta}$ of $\mathrm{Difg}'(\mathcal{T})$ as a group of ambiguity of the physical theory.

After recalling the results of [32] we shall go further and improve on the scattering formula (Theorem 28) and give an explicit formula (Theorem 31) for the families $\gamma_\mu(z)$ of $\mathrm{Difg}'(\mathcal{T})$-valued loops which fulfill the properties proved in Propositions 20 and 21, in the context of quantum field theory, namely

$$\gamma_{e^t \mu}(z) = \theta_{tz}(\gamma_\mu(z)) \qquad \forall t \in \mathbb{R}\,, \tag{9.2}$$

and

$$\frac{\partial}{\partial \mu} \gamma_{\mu^-}(z) = 0\,. \tag{9.3}$$

where γ_{μ^-} is the negative piece of the Birkhoff decomposition of γ_μ.

The discussion which follows will be quite general, the framework is given by a complex graded pro-unipotent Lie group $G(\mathbb{C})$, which we can think of as the complex points of an affine group scheme G and is identified with $\mathrm{Difg}'(\mathcal{T})$ in the context above. We let $\mathrm{Lie}\, G(\mathbb{C})$ be its Lie algebra and we let θ_t be the one parameter group of automorphisms implementing the grading Y.

We then consider the Lie group given by the semidirect product

$$G(\mathbb{C}) \rtimes_\theta \mathbb{R} \tag{9.4}$$

of $G(\mathbb{C})$ by the action of the grading θ_t. The Lie algebra of (9.4) has an additional generator satisfying

$$[Z_0, X] = Y(X) \qquad \forall\, X \in \mathrm{Lie}\, G(\mathbb{C})\,. \tag{9.5}$$

Let then $\gamma_\mu(z)$ be a family of $G(\mathbb{C})$-valued loops which fulfill (9.2) and (9.3). Since γ_{μ^-} is independent of μ we denote it simply by γ_-. One has the following which we recall from [32]:

Lemma 25

$$\gamma_-(z)\,\theta_{tz}(\gamma_-(z)^{-1}) \text{ is regular at } z=0\,. \tag{9.6}$$

Moreover, the limit

$$F_t = \lim_{z\to 0} \gamma_-(z)\,\theta_{tz}(\gamma_-(z)^{-1}) \tag{9.7}$$

defines a 1-parameter group, which depends polynomially on t when evaluated on an element $x \in \mathcal{H}$.

Proof. Notice first that both $\gamma_-(z)\,\gamma_\mu(z)$ and $y(z) = \gamma_-(z)\,\theta_{-tz}(\gamma_\mu(z))$ are regular at $z=0$, as well as $\theta_{tz}(y(z)) = \theta_{tz}(\gamma_-(z))\,\gamma_\mu(z)$, so that the ratio $\gamma_-(z)\,\theta_{tz}(\gamma_-(z)^{-1})$ is regular at $z=0$.

We know thus that, for any $t \in \mathbb{R}$, the limit

$$\lim_{z\to 0} \langle \gamma_-(z)\,\theta_{tz}(\gamma_-(z)^{-1}), x\rangle \tag{9.8}$$

exists, for any $x \in \mathcal{H}$. We let the grading θ_t act by automorphisms of both $\mathcal{H}$ and the dual algebra $\mathcal{H}^*$ so that

$$\langle \theta_t(u), x\rangle = \langle u, \theta_t(x)\rangle\,, \quad \forall x \in \mathcal{H}\,, u \in \mathcal{H}^*\,.$$

We then have

$$\langle \gamma_-(z)\,\theta_{tz}(\gamma_-(z)^{-1}), x\rangle = \langle \gamma_-(z)^{-1} \otimes \gamma_-(z)^{-1}, (S\otimes\theta_{tz})\,\Delta x\rangle\,, \tag{9.9}$$

so that, writing the coproduct $\Delta x = \sum x_{(1)} \otimes x_{(2)}$ as a sum of homogeneous elements, we express (9.9) as a sum of terms

$$\langle \gamma_-(z)^{-1}, S\,x_{(1)}\rangle\,\langle \gamma_-(z)^{-1}, \theta_{tz}\,x_{(2)}\rangle = P_1\left(\frac{1}{z}\right)\,e^{ktz}\,P_2\left(\frac{1}{z}\right), \tag{9.10}$$

for polynomials P_1, P_2.

The existence of the limit (9.8) means that the sum (9.9) of these terms is holomorphic at $z=0$. Replacing the exponentials e^{ktz} by their Taylor expansion at $z=0$ shows that the value of (9.9) at $z=0$,

$$\langle F_t, x\rangle = \lim_{z\to 0} \langle \gamma_-(z)\,\theta_{tz}(\gamma_-(z)^{-1}), x\rangle\,,$$

is a polynomial in t.

Let us check that F_t is a one parameter subgroup

$$F_t \in G(\mathbb{C}) \quad \forall t \in \mathbb{R}, \qquad \text{with} \qquad F_{s+t} = F_s\,F_t \quad \forall s,t \in \mathbb{R}. \tag{9.11}$$

In fact, first notice that the group $G(\mathbb{C})$ is a topological group for the topology of simple convergence, *i.e.* that

$$\gamma_n \to \gamma \quad \text{iff} \quad \langle \gamma_n, x\rangle \to \langle \gamma, x\rangle \qquad \forall\, x \in \mathcal{H}\,. \tag{9.12}$$

Moreover, using the first part of Lemma 25, one gets

$$\theta_{t_1 z}(\gamma_-(z)\,\theta_{t_2 z}(\gamma_-(z)^{-1})) \to F_{t_2} \qquad \text{when } z \to 0\,. \tag{9.13}$$

We then have

$$F_{t_1+t_2} = \lim_{z\to 0} \gamma_-(z)\,\theta_{(t_1+t_2)z}\,(\gamma_-(z)^{-1})$$
$$= \lim_{z\to 0} \gamma_-(z)\,\theta_{t_1 z}(\gamma_-(z)^{-1})\,\theta_{t_1 z}(\gamma_-(z)\,\theta_{t_2 z}(\gamma_-(z)^{-1})) = F_{t_1}\,F_{t_2}.$$

□

As shown in [32] and recalled below (*cf.* Lemma 27) the generator $\beta = \left(\frac{d}{dt}\,F_t\right)_{t=0}$ of this one parameter group is related to the *residue* of γ,

$$\mathrm{Res}_{z=0}\gamma = -\left(\frac{\partial}{\partial u}\,\gamma_-\left(\frac{1}{u}\right)\right)_{u=0}, \tag{9.14}$$

by the simple equation

$$\beta = Y\,\mathrm{Res}\,\gamma\,, \tag{9.15}$$

where $Y = \left(\frac{d}{dt}\,\theta_t\right)_{t=0}$ is the grading.

When applied to the finite renormalized theory, the one parameter group (9.11) acts as the *renormalization group*, rescaling the unit of mass μ. One has (see [32]):

Proposition 26 *The finite value $\gamma_\mu^+(0)$ of the Birkhoff decomposition satisfies*

$$\gamma_{e^t\mu}^+(0) = F_t\,\gamma_\mu^+(0)\,, \quad \forall t \in \mathbb{R}. \tag{9.16}$$

Indeed $\gamma_\mu^+(0)$ is the regular value of $\gamma_-(z)\,\gamma_\mu(z)$ at $z = 0$ and $\gamma_{e^t\mu}^+(0)$ that of $\gamma_-(z)\,\theta_{tz}(\gamma_\mu(z))$ or equivalently of $\theta_{-tz}(\gamma_-(z))\,\gamma_\mu(z)$ at $z = 0$. But the ratio

$$\theta_{-tz}(\gamma_-(z))\,\gamma_-(z)^{-1} \to F_t$$

when $z \to 0$, whence the result. □

In terms of the infinitesimal generator β, equation (9.16) can be rephrased as the equation

$$\mu\frac{\partial}{\partial\mu}\,\gamma_\mu^+(0) = \beta\,\gamma_\mu^+(0)\,. \tag{9.17}$$

Notice that, for a loop $\gamma_\mu(z)$ regular at $z = 0$ and fulfilling (9.2), the value $\gamma_\mu(0)$ is independent of μ, hence the presence of the divergence is the real source of the ambiguity manifest in the renormalization group equation (9.17), as claimed in (9.1).

We now take the key step in the characterization of loops fulfilling (9.2) and (9.3) and reproduce in full the following argument from [32]. Let $\mathcal{H}^*$ denote the linear dual of $\mathcal{H}$.

Lemma 27 *Let $z \to \gamma_-(z) \in G(\mathbb{C})$ satisfy (9.6) with*

$$\gamma_-(z)^{-1} = 1 + \sum_{n=1}^{\infty} \frac{d_n}{z^n}, \tag{9.18}$$

where we have $d_n \in \mathcal{H}^*$. One then has

$$Y\, d_{n+1} = d_n\, \beta \qquad \forall n \geq 1\,,\ Y(d_1) = \beta\,.$$

Proof. Let $x \in \mathcal{H}$ and let us show that

$$\langle \beta, x\rangle = \lim_{z\to 0} z\langle \gamma_-(z)^{-1} \otimes \gamma_-(z)^{-1}, (S\otimes Y)\,\Delta(x)\rangle\,.$$

We know by (9.7) and (9.9) that when $z \to 0$,

$$\langle \gamma_-(z)^{-1} \otimes \gamma_-(z)^{-1}, (S\otimes \theta_{tz})\,\Delta(x)\rangle \to \langle F_t, x\rangle, \tag{9.19}$$

where the left hand side is, by (9.10), a finite sum $S = \sum P_k(z^{-1})\, e^{ktz}$ for polynomials P_k. Let N be the maximal degree of the P_k, the regularity of S at $z = 0$ is unaltered if one replaces the e^{ktz} by their Taylor expansion to order N in z. The obtained expression is a polynomial in t with coefficients which are Laurent polynomials in z. Since the regularity at $z = 0$ holds for all values of t these coefficients are all regular at $z = 0$ *i.e.* they are polynomials in z. Thus the left hand side of (9.19) is a uniform family of holomorphic functions of t in, say, $|t| \leq 1$, and its derivative $\partial_t S$ at $t = 0$ converges to $\partial_t\langle F_t, x\rangle$ when $z \to 0$,

$$z\,\langle \gamma_-(z)^{-1} \otimes \gamma_-(z)^{-1}, (S\otimes Y)\,\Delta(x)\rangle \to \langle \beta, x\rangle.$$

Now the function $z \to z\,\langle \gamma_-(z)^{-1} \otimes \gamma_-(z)^{-1}, (S\otimes Y)\,\Delta x\rangle$ is holomorphic for $z \in \mathbb{C}\backslash\{0\}$ and also at $z = \infty \in P_1(\mathbb{C})$, since $\gamma_-(\infty) = 1$ so that $Y(\gamma_-(\infty)) = 0$. Moreover, by the above it is also holomorphic at $z = 0$ and is therefore a constant, which gives

$$\langle \gamma_-(z)^{-1} \otimes \gamma_-(z)^{-1}, (S\otimes Y)\,\Delta(x)\rangle = \frac{1}{z}\,\langle \beta, x\rangle\,.$$

Using the product in $\mathcal{H}^*$, this means that

$$\gamma_-(z)\, Y(\gamma_-(z)^{-1}) = \frac{1}{z}\,\beta\,.$$

Multiplying by $\gamma_-(z)^{-1}$ on the left, we get

$$Y(\gamma_-(z)^{-1}) = \frac{1}{z}\,\gamma_-(z)^{-1}\,\beta\,.$$

One has $Y(\gamma_-(z)^{-1}) = \sum_{n=1}^{\infty} \frac{Y(d_n)}{z^n}$ and $\frac{1}{z}\,\gamma_-(z)^{-1}\,\beta = \frac{1}{z}\,\beta + \sum_{n=1}^{\infty} \frac{1}{z^{n+1}}\, d_n\,\beta$ which gives the desired equality. □

In particular we get $Y(d_1) = \beta$ and, since d_1 is the residue $\operatorname{Res}\varphi$, this shows that β is uniquely determined by the residue of $\gamma_-(z)^{-1}$.

The following result (*cf.* [32]) shows that the higher pole structure of the divergences is uniquely determined by their residue and can be seen as a strong form of the t'Hooft-Gross relations [73], [69].

Theorem 28 *The negative part $\gamma_-(z)$ of the Birkhoff decomposition is completely determined by the residue, through the scattering formula*

$$\gamma_-(z) = \lim_{t\to\infty} e^{-t\left(\frac{\beta}{z}+Z_0\right)}\, e^{tZ_0}\,. \tag{9.20}$$

Both factors in the right hand side belong to the semi-direct product (9.4), while the ratio (9.20) belongs to $G(\mathbb{C})$.

We reproduce here the proof of Theorem 28 given in [32].

Proof. We endow $\mathcal{H}^*$ with the topology of simple convergence on $\mathcal{H}$. Let us first show, using Lemma 27, that the coefficients d_n of (9.18) are given by iterated integrals of the form

$$d_n = \int_{s_1\geq s_2\geq\cdots\geq s_n\geq 0} \theta_{-s_1}(\beta)\,\theta_{-s_2}(\beta)\ldots\theta_{-s_n}(\beta)\,\Pi\, ds_i\,. \tag{9.21}$$

For $n = 1$, this just means that

$$d_1 = \int_0^\infty \theta_{-s}(\beta)\, ds\,,$$

which follows from $\beta = Y(d_1)$ and the equality

$$Y^{-1}(x) = \int_0^\infty \theta_{-s}(x)\, ds \qquad \forall x\in\mathcal{H}\,,\ \epsilon(x) = 0\,. \tag{9.22}$$

We see from (9.22) that, for $\alpha, \alpha' \in \mathcal{H}^*$ such that

$$Y(\alpha) = \alpha'\,,\ \langle\alpha, 1\rangle = \langle\alpha', 1\rangle = 0,$$

one has

$$\alpha = \int_0^\infty \theta_{-s}(\alpha')\, ds\,.$$

Combining this equality with Lemma 27 and the fact that $\theta_s \in \operatorname{Aut}\mathcal{H}^*$ is an automorphism, gives an inductive proof of (9.21). The meaning of this formula should be clear: we pair both sides with $x\in\mathcal{H}$, and let

$$\Delta^{(n-1)}\, x = \sum x_{(1)}\otimes x_{(2)}\otimes\cdots\otimes x_{(n)}\,.$$

Then the right hand side of (9.21) is just

$$\int_{s_1\geq\cdots\geq s_n\geq 0} \langle\beta\otimes\cdots\otimes\beta\,,\ \theta_{-s_1}(x_{(1)})\otimes\theta_{-s_2}(x_{(2)})\cdots\otimes\theta_{-s_n}(x_{(n)})\rangle\,\Pi\, ds_i \tag{9.23}$$

and the convergence of the multiple integral is exponential, since

$$\langle \beta, \theta_{-s}(x_{(i)}) \rangle = O\left(e^{-s}\right) \qquad \text{for} \quad s \to +\infty \,.$$

We see, moreover, that, if x is homogeneous of degree $\deg(x)$ and if $n > \deg(x)$, then at least one of the $x_{(i)}$ has degree 0, so that $\langle \beta, \theta_{-s}(x_{(i)}) \rangle = 0$ and (9.23) gives 0. This shows that the pairing of $\gamma_-(z)^{-1}$ with $x \in \mathcal{H}$ only involves finitely many non zero terms in the formula

$$\langle \gamma_-(z)^{-1}, x \rangle = \varepsilon(x) + \sum_{n=1}^{\infty} \frac{1}{z^n} \, \langle d_n, x \rangle \,.$$

Thus to get formula (9.20), we dont need to worry about possible convergence problems of the series in n. The proof of (9.20) involves the expansional formula (*cf.* [2])

$$e^{(A+B)} = \sum_{n=0}^{\infty} \int_{\sum u_j = 1,\, u_j \geq 0} e^{u_0 A} \, B e^{u_1 A} \ldots B e^{u_n A} \, \Pi \, du_j .$$

We apply this with $A = tZ_0$, $B = t\beta$, $t > 0$ and get

$$e^{t(\beta + Z_0)} = \sum_{n=0}^{\infty} \int_{\sum v_j = t,\, v_j \geq 0} e^{v_0 Z_0} \, \beta e^{v_1 Z_0} \, \beta \ldots \beta e^{v_n Z_0} \, \Pi \, dv_j \,.$$

Thus, with $s_1 = t - v_0$, $s_1 - s_2 = v_1, \ldots, s_{n-1} - s_n = v_{n-1}$, $s_n = v_n$ and replacing β by $\frac{1}{z}\,\beta$, we obtain

$$e^{t(\beta/z + Z_0)} = \sum_{n=0}^{\infty} \frac{1}{z^n} \int_{t \geq s_1 \geq s_2 \geq \cdots \geq s_n \geq 0} e^{tZ_0} \, \theta_{-s_1}(\beta) \ldots \theta_{-s_n}(\beta) \, \Pi \, ds_i .$$

Multiplying by e^{-tZ_0} on the left and using (9.23), we obtain

$$\gamma_-(z)^{-1} = \lim_{t \to \infty} \, e^{-tZ_0} \, e^{t(\beta/z + Z_0)} \,.$$

□

One inconvenient of formula (9.20) is that it hides the geometric reason for the convergence of the right hand side when $t \to \infty$. This convergence is in fact related to the role of the horocycle foliation as the stable foliation of the geodesic flow. The simplest non-trivial case, which illustrates an interesting analogy between the renormalization group and the horocycle flow, was analyzed in [42].

This suggests to use the formalism developed in section 8 and express directly the negative part $\gamma_-(z)$ of the Birkhoff decomposition as an expansional using (9.18) combined with the iterated integral expression (9.21). This also amounts in fact to analyze the convergence of

$$X(t) = e^{-t(\frac{\beta}{z}+Z_0)}\, e^{tZ_0} \in G(\mathbb{C}) \rtimes_\theta \mathbb{R}$$

in the following manner.

By construction, $X(t)$ fulfills a simple differential equation as follows.

Lemma 29 *Let* $X(t) = e^{-t(\frac{\beta}{z}+Z_0)}\, e^{tZ_0}$. *Then, for all* t,

$$X(t)^{-1} dX(t) = -\frac{1}{z}\theta_{-t}(\beta)\, dt$$

Proof. One has $X(t) = e^{tA}\, e^{tB}$ so that

$$dX(t) = (e^{tA}\, A\, e^{tB} + e^{tA}\, B\, e^{tB})dt$$

One has $A + B = -(\frac{\beta}{z} + Z_0) + Z_0 = -\frac{\beta}{z}$ and

$$e^{tA}\,(-\frac{\beta}{z})\, e^{tB} = e^{tA}\, e^{tB}(-\frac{1}{z}\theta_{-t}(\beta))$$

which gives the result. □

With the notations of section 8 we can thus rewrite Theorem 28 in the following form.

Corollary 30 *The negative part* $\gamma_-(z)$ *of the Birkhoff decomposition is given by*

$$\gamma_-(z) = \mathbf{T}e^{-\frac{1}{z}\int_0^\infty \theta_{-t}(\beta)\, dt} \tag{9.24}$$

This formulation is very suggestive of:

- The convergence of the ordered product.
- The value of the residue.
- The special case when β is an eigenvector for the grading.
- The regularity in $\frac{1}{z}$.

We now show that we obtain the general solution to equations (9.2) and (9.3). For any loop $\gamma_{\mathrm{reg}}(z)$ which is regular at $z = 0$ one obtains an easy solution by setting $\gamma_\mu(z) = \theta_{z \log \mu}(\gamma_{\mathrm{reg}}(z))$. The following result shows that the most general solution depends in fact of an additional parameter β in the Lie algebra of $G(\mathbb{C})$.

Theorem 31 *Let $\gamma_\mu(z)$ be a family of $G(\mathbb{C})$-valued loops fulfilling (9.2) and (9.3). Then there exists a unique $\beta \in \mathrm{Lie}\, G(\mathbb{C})$ and a loop $\gamma_{\mathrm{reg}}(z)$ regular at $z=0$ such that*

$$\gamma_\mu(z) = \mathbf{T}e^{-\frac{1}{z}\int_\infty^{-z\log\mu} \theta_{-t}(\beta)\, dt}\, \theta_{z\log\mu}(\gamma_{\mathrm{reg}}(z)). \tag{9.25}$$

Conversely, for any β and regular loop $\gamma_{\mathrm{reg}}(z)$ the expression (9.25) gives a solution to equations (9.2) and (9.3).

The Birkhoff decomposition of the loop $\gamma_\mu(z)$ is given by

$$\begin{aligned} \gamma_\mu^+(z) &= \mathbf{T}e^{-\frac{1}{z}\int_0^{-z\log\mu} \theta_{-t}(\beta)\, dt}\, \theta_{z\log\mu}(\gamma_{\mathrm{reg}}(z)), \\ \gamma_\mu^-(z) &= \mathbf{T}e^{-\frac{1}{z}\int_0^\infty \theta_{-t}(\beta)\, dt}. \end{aligned} \tag{9.26}$$

Proof. Let $\gamma_\mu(z)$ be a family of $G(\mathbb{C})$-valued loops fulfilling (9.2) and (9.3). Consider the loops $\alpha_\mu(z)$ given by

$$\alpha_\mu(z) = \theta_{sz}(\gamma_-(z)^{-1}), \quad s = \log\mu$$

which fulfill (9.2) by construction so that $\alpha_{e^s\mu}(z) = \theta_{sz}(\alpha_\mu(z))$. The ratio $\alpha_\mu(z)^{-1}\gamma_\mu(z)$ still fulfills (9.2) and is moreover regular at $z=0$. Thus there is a unique loop $\gamma_{\mathrm{reg}}(z)$ regular at $z=0$ such that

$$\alpha_\mu(z)^{-1}\gamma_\mu(z) = \theta_{z\log\mu}(\gamma_{\mathrm{reg}}(z)).$$

We can thus assume that $\gamma_\mu(z) = \alpha_\mu(z)$. By corollary 30, applying θ_{sz} to both sides and using Proposition 23 to change variables in the integral, one gets

$$\gamma_\mu(z)^{-1} = \mathbf{T}e^{-\frac{1}{z}\int_{-sz}^\infty \theta_{-t}(\beta)\, dt} \tag{9.27}$$

and this proves the first statement of the theorem using the appropriate notation for the inverse.

again assume $\gamma_{\mathrm{reg}}(z) = 1$ and let $\gamma_\mu(z)$ be given by (9.27). Note that the basic properties of the time ordered exponential, Proposition (23), show that

$$\gamma_\mu(z)^{-1} = \mathbf{T}e^{-\frac{1}{z}\int_{-sz}^0 \theta_{-t}(\beta)\, dt}\, \mathbf{T}e^{-\frac{1}{z}\int_0^\infty \theta_{-t}(\beta)\, dt} \tag{9.28}$$

so that

$$\gamma_\mu(z)^{-1} = \mathbf{T}e^{-\frac{1}{z}\int_{-sz}^0 \theta_{-t}(\beta)\, dt}\, \gamma_-(z) \tag{9.29}$$

where $\gamma_-(z)$ is a regular function of $1/z$.

By Proposition (23) one then obtains

$$\mathrm{Te}^{-\frac{1}{z}\int_{-sz}^{0}\theta_{-t}(\beta)\,dt}\,\mathrm{Te}^{-\frac{1}{z}\int_{0}^{-sz}\theta_{-t}(\beta)\,dt}=1 \tag{9.30}$$

We thus get

$$\gamma_{\mu}^{+}(z)=\mathrm{Te}^{-\frac{1}{z}\int_{0}^{-sz}\theta_{-t}(\beta)\,dt}$$

Indeed taking the inverse of both sides in (9.29), it is enough to check the regularity of the given expression for $\gamma_{\mu}^{+}(z)$ at $z=0$. One has in fact

$$\lim_{z\to 0}\mathrm{Te}^{-\frac{1}{z}\int_{0}^{-sz}\theta_{-t}(\beta)\,dt}=e^{s\beta}. \tag{9.31}$$

□

In the physics context, in order to preserve the homogeneity of the dimensionful variable μ, it is better to replace everywhere μ by μ/λ in the right hand side of the formulae of Theorem 31, where λ is an arbitrarily chosen unit.

10 Diffeographisms and diffeomorphisms

Up to what we described in Section 9, perturbative renormalization is formulated in terms of the group $G=\mathrm{Difg}(\mathcal{T})$, whose construction is still based on the Feynman graphs of the theory $\mathcal{T}$. This does not completely clarify the nature of the renormalization process.

Two successive steps provide a solution to this problem. The first, which we discuss in this section, is part of the CK theory and consists of the relation established in [32] between the group $\mathrm{Difg}(\mathcal{T})$ and the group of formal diffeomorphisms. The other will be the main result of the following sections, namely the construction of a universal affine group scheme U, independent of the physical theory, that maps to each particular $G=\mathrm{Difg}(\mathcal{T})$ and suffices to achieve the renormalization of the theory in the minimal subtraction scheme.

The extreme complexity of the computations required for the tranverse index formula for foliations led to the introduction (Connes–Moscovici [39]) of the Hopf algebra of transverse geometry. This is neither commutative nor cocommutative, but is intimately related to the group of formal diffeomorphisms, whose Lie algebra appears from the Milnor-Moore theorem (*cf.* [93]) applied to a large commutative subalgebra. A motivation for the CK work on renormalization was in fact, since the beginning, the appearance of intriguing similarities between the Kreimer Hopf algebra of rooted trees in [80] and the Hopf algebra of transverse geometry introduced in [39].

Consider the group of formal diffeomorphisms φ of $\mathbb{C}$ tangent to the identity, *i.e.* satisfying

$$\varphi(0)=0\,,\quad \varphi'(0)=\mathrm{id}\,. \tag{10.1}$$

Let $\mathcal{H}_{\rm diff}$ denote its Hopf algebra of coordinates. This has generators a_n satisfying

$$\varphi(x) = x + \sum_{n \geq 2} a_n(\varphi)\, x^n . \tag{10.2}$$

The coproduct in $\mathcal{H}_{\rm diff}$ is defined by

$$\langle \Delta a_n \,,\, \varphi_1 \otimes \varphi_2 \rangle = a_n(\varphi_2 \circ \varphi_1). \tag{10.3}$$

We describe then the result of [32], specializing to the massless case and again taking $\mathcal{T} = \varphi^3_6$, the φ^3 theory with $D = 6$, as a sufficiently general illustrative example. When, by rescaling the field, one rewrites the term of (2.21) with the change of variable

$$\frac{1}{2}(\partial_\mu \phi)^2 (1 - \delta Z) \quad \rightsquigarrow \quad \frac{1}{2}(\partial_\mu \tilde{\phi})^2,$$

one obtains a corresponding formula for the effective coupling constant, of the form

$$g_{\rm eff} = \left(g + \sum g^{2\ell+1} \frac{\Gamma}{S(\Gamma)} \right) \left(1 - \sum g^{2\ell} \frac{\Gamma}{S(\Gamma)} \right)^{-3/2}, \tag{10.4}$$

thought of as a power series (in g) of elements of the Hopf algebra $\mathcal{H} = \mathcal{H}(\varphi^3_6)$. Here both $g\, Z_1 = g + \delta g$ and the field strength renormalization Z_3 are thought of as power series (in g) of elements of the Hopf algebra $\mathcal{H}$.

Then one has the following result ([32]):

Theorem 32 *The expression* (10.4) *defines a Hopf algebra homomorphism*

$$\Phi : \mathcal{H}_{\rm diff} \stackrel{g_{\rm eff}}{\longrightarrow} \mathcal{H} \,, \tag{10.5}$$

from the Hopf algebra $\mathcal{H}_{\rm diff}$ *of coordinates on the group of formal diffeomorphisms of* $\mathbb{C}$ *satisfying* (10.1) *to the CK Hopf algebra* $\mathcal{H}$ *of the massless theory.*

The Hopf algebra homomorphism (10.5) is obtained by considering the formal series (10.4) expressing the effective coupling constant

$$g_{\rm eff}(g) = g + \sum_{n \geq 2} \alpha_n\, g^n \qquad \alpha_n \in \mathcal{H}, \tag{10.6}$$

where all the coefficients $\alpha_{2n} = 0$ and the α_{2n+1} are finite linear combinations of products of graphs, so that

$$\alpha_{2n+1} \in \mathcal{H} \quad \forall n \geq 1.$$

The homomorphism (10.5) at the level of Hopf algebras, and the corresponding group homomorphism (10.8) from G to the group of formal diffeomorphisms Diff($\mathbb{C}$), are obtained then by assigning

$$\Phi(a_n) = \alpha_n . \tag{10.7}$$

The transposed group homomorphism

$$\mathrm{Difg}(\varphi_6^3) \xrightarrow{\rho} \mathrm{Diff}(\mathbb{C}) \tag{10.8}$$

lands in the subgroup of *odd* formal diffeomorphisms,

$$\varphi(-x) = -\varphi(x) \qquad \forall\, x \,. \tag{10.9}$$

The physical significance of (10.5) is transparent: it defines a natural action of $\mathrm{Difg}(\varphi_6^3)$ by (formal) diffeomorphisms on the coupling constant. The image under ρ of $\beta = Y\,\mathrm{Res}\,\gamma$ is the usual β-function of the coupling constant g.

The Birkhoff decomposition can then be formulated *directly* in the group of formal diffeomorphisms of the space of coupling constants.

The result can be stated as follows ([32]):

Theorem 33 *Let the unrenormalized effective coupling constant $g_{\mathrm{eff}}(z)$ be viewed as a formal power series in g and let*

$$g_{\mathrm{eff}}(z) = g_{\mathrm{eff}_+}(z)\,(g_{\mathrm{eff}_-}(z))^{-1} \tag{10.10}$$

be its (opposite) Birkhoff decomposition in the group of formal diffeomorphisms. Then the loop $g_{\mathrm{eff}_-}(z)$ is the bare coupling constant and $g_{\mathrm{eff}_+}(0)$ is the renormalized effective coupling.

This result is now, in its statement, no longer depending upon our group Difg or the Hopf algebra $\mathcal{H}$, though of course the proof makes heavy use of the above ingredients. It is a challenge to physicists to find a direct proof of this result.

11 Riemann–Hilbert problem

Before we present our main result formulating perturbative renormalization as a Riemann–Hilbert correspondence, we recall in this section several standard facts about the Riemann–Hilbert problem, both in the regular singular case and in the irregular singular case. This will prepare the ground for our understanding of renormalization and of the renormalization group in these terms.

In its original formulation, Hilbert's 21st problem is a reconstruction problem for differential equations from the data of their monodromy representation. Namely, the problem asks whether there always exists a linear differential equation of Fuchsian type on $\mathbb{P}^1(\mathbb{C})$ with specified singular points and specified monodromy.

More precisely, consider an algebraic linear ordinary differential equation, in the form of a system of rank n

$$\frac{d}{dz}f(z) + A(z)f(z) = 0 \tag{11.1}$$

on some open set $U = \mathbb{P}^1(\mathbb{C}) \smallsetminus \{a_1, \dots a_r\}$, where $A(z)$ is an $n \times n$ matrix of rational functions on U. In particular, this includes the case of a linear scalar nth order differential equation.

The system (11.1) is Fuchsian if $A(z)$ has a pole at a_i of order at most one, for all the points $\{a_1, \dots a_r\}$. Assuming that all $a_i \neq \infty$, this means a system (11.1) with

$$A(z) = \sum_{i=1}^{r} \frac{A_i}{z - a_i}, \tag{11.2}$$

where the complex matrices A_i satisfy the additional condition

$$\sum_{i=1}^{r} A_i = 0$$

to avoid singularities at infinity.

The space $\mathcal{S}$ of germs of holomorphic solutions of (11.1) at a point $z_0 \in U$ is an n-dimensional complex vector space. Moreover, given any element $\ell \in \pi_1(U, z_0)$, analytic continuation along a loop representing the homotopy class ℓ defines a linear automorphism of $\mathcal{S}$, which only depends on the homotopy class ℓ. This defines the *monodromy representation* $\rho : \pi_1(U, z_0) \to \mathrm{Aut}(\mathcal{S})$ of the differential system (11.1).

The Hilbert 21st problem then asks whether any finite dimensional complex linear representation of $\pi_1(U, z_0)$ is the monodromy representation of a differential system (11.1) with Fuchsian singularities at the points of $\mathbb{P}^1(\mathbb{C}) \smallsetminus U$.

11.1 Regular-singular case

Although the problem in this form was solved *negatively* by Bolibruch in 1989 (cf. [1]), the original formulation of the Riemann–Hilbert problem was also given in terms of a different but sufficiently close condition on the differential equation (11.1), with which the problem does admit a positive answer, not just in the case of the projective line, but in much greater generality. It is sufficient to relax the Fuchsian condition on (11.1) to the notion of *regular singular points*. The regularity condition at a singular point $a_i \in \mathbb{P}^1(\mathbb{C})$ is a growth condition on the solutions, namely all solutions in any strict angular sector centered at a_i have at most polynomial growth in $1/|z - a_i|$. The system (11.1) is regular singular if every $a_i \in \mathbb{P}^1(\mathbb{C}) \smallsetminus U$ is a regular singular point.

An order n differential equation written in the form

$$\delta^n f + \sum_{k<n} a_k \, \delta^k f = 0$$

where $\delta = z \frac{d}{dz}$, is regular singular at 0 iff all the functions $a_k(z)$ are regular at $z = 0$ (*Fuchs criterion*).

For example, the two singular points $x = \pm \Lambda$ of the prolate spheroidal wave equation

$$(\frac{d}{dx} (x^2 - \Lambda^2) \frac{d}{dx} + \Lambda^2 x^2) f = 0$$

are regular singular since one can write the equation in the variable $z = x - \Lambda$ in the form

$$\delta^2 f + \frac{z}{z + 2\Lambda} \, \delta f + \Lambda^2 \, \frac{z\,(\Lambda + z)^2}{z + 2\Lambda} \, f = 0 \, .$$

Though for scalar equations the Fuchsian and regular singular conditions are equivalent, the Fuchsian condition is in general a stronger requirement than the regular singular.

In connection with the theory of renormalization, we look more closely at the regular singular Riemann–Hilbert problem on $\mathbb{P}^1(\mathbb{C})$. In this particular case, the solution to the problem is given by Plemelj's theorem (*cf.* [1] §3). The argument first produces a system with the assigned monodromy on U, where in principle an analytic solution has no constraint on the behavior at the singularities. Then, one restricts to a *local problem* in small punctured disks Δ^* around the singularities, for which a system exists with the prescribed behavior of solutions at the origin. The global trivialization of the holomorphic bundle on U determined by the monodromy datum yields the patching of these local problems that produces a global solution with the correct growth condition at the singularities.

More precisely (*cf. e.g.* [1] §3), we denote by $\tilde{U}$ the universal cover of U, with projection $p(\tilde{z}) = z$ and group of deck transformation $\Gamma \simeq \pi_1(U, x_0)$. For $G = \mathrm{GL}_n(\mathbb{C})$, and a given monodromy representation $\rho : \Gamma \to G$, one considers the principal G-bundle P over U,

$$P = \tilde{U} \times G / \sim \qquad (\tilde{z}, g) \sim (\ell \tilde{z}, \rho(\ell) g), \quad \forall \ell \in \Gamma. \tag{11.3}$$

Consider the global section

$$\xi : \tilde{U} \to P, \qquad \xi(\tilde{z}) = (\tilde{z}, 1) / \sim \tag{11.4}$$

of the pullback of P to $\tilde{U}$. This satisfies

$$\xi(\tilde{z}) = \xi(\ell \, \tilde{z}) \, \rho(\ell), \qquad \forall \ell \in \Gamma.$$

As a holomorphic bundle P admits a global trivialization on U, which is given by a global holomorphic section γ_U. Thus, we can write $\xi(\tilde{z}) = \gamma_U(z)\sigma(\tilde{z})$, for some holomorphic map $\sigma : \tilde{U} \to G$, so that we have

$$\sigma(\tilde{z}) = \gamma_U(z)^{-1}\,\xi(\tilde{z}). \tag{11.5}$$

This is the matrix of solutions to a differential system (11.1) with specified monodromy, where

$$A(\tilde{z}) = -\frac{d\sigma(\tilde{z})}{dz}\,\sigma(\tilde{z})^{-1} \tag{11.6}$$

satisfies $A(\tilde{z}) = A(\ell\tilde{z})$ for all $\ell \in \Gamma$, hence it defines the $A(z)$ on U as in (11.1). The prescription (11.6) gives the flat connection on P expressed in the trivialization given by γ_U. Due to the arbitrariness in the choice of the section γ_U, the differential system defined this way does not have any restriction on the behavior at the singularities. One can correct for that by looking at the local Riemann–Hilbert problem near the singular points and using the Birkhoff decomposition of loops.

11.2 Local Riemann–Hilbert problem and Birkhoff decomposition

Consider a small disk Δ around a singular point, say $z = 0$, and let $\Delta^* = \Delta \smallsetminus \{0\}$. Let V be a connected component of the preimage $p^{-1}(\Delta^*)$ in $\tilde{U}$. Let ℓ be the element of Γ obtained by lifting to V the canonical generator of the fundamental group $\mathbb{Z}$ of Δ^*. One has $\ell V = V$ and one can identify the restriction of p to V with the universal cover $(\log r, \theta) \to re^{i\theta}$ of Δ^*. Let then $\rho(\ell) \in G = \mathrm{GL}_n(\mathbb{C})$ be the monodromy. Let η be such that

$$\exp(2\pi i\,\eta) = \rho(\ell). \tag{11.7}$$

Consider

$$\gamma_\Delta(\tilde{z}) = \exp(\eta\,\log r)\;\exp(\eta\,i\theta)\,, \tag{11.8}$$

as a map from V to $G = \mathrm{GL}_n(\mathbb{C})$. Then with the above notations the ratio $\sigma(\tilde{z})\gamma_\Delta(\tilde{z})^{-1}$ drops down to a holomorphic map from Δ^* to $G = \mathrm{GL}_n(\mathbb{C})$. This gives a G-valued loop $\gamma(z)$ defined on Δ^*. This loop will have a factorization of the form (6.5), with a possibly nontrivial diagonal term (6.6). We can use the negative part γ^-, which is holomorphic away from 0, to correct the local frame γ_U so that the singularity of (11.6) at 0 is now a regular singularity, while the behaviour at the other singularities has been unaltered.

When there are several singular points, we consider a small disk Δ_i around each a_i, for $\mathbb{P}^1(\mathbb{C}) \smallsetminus U = \{a_1, \ldots, a_n\}$. The process described above can be applied repeatedly to each singular point, as the negative parts γ_i^- are regular away from a_i. Thus, the solution of the Riemann–Hilbert problem is given by (11.5) with a new frame which is γ_U corrected by the product of the γ_i^-. Then (11.6) has the right behavior at the singularity.

The trivial principal G bundle on each Δ_i can be patched to the bundle P on U to give a holomorphic principal G-bundle $\mathcal{P}$ on $\mathbb{P}^1(\mathbb{C})$, with transition functions given by the loops γ_i with values in G. The bundle $\mathcal{P}$ admits a global meromorphic section. If it is holomorphically trivial (this case corresponds to the Fuchsian Riemann–Hilbert problem), then it admits a global holomorphic section, while when $\mathcal{P}$ is not holomorphically trivial, the Birkhoff decompositions only determine a meromorphic section and this yields a regular singular equation (11.6).

This procedure explains the relation between the Birkhoff decomposition and the classical (regular-singular) Riemann–Hilbert problem, namely, the negative part of the Birkhoff decomposition can be used to correct the behavior of solutions near the singularities, without introducing further singularities elsewhere. We'll see, however, that in the case of renormalization, one has to consider a more general case of the Riemann–Hilbert problem, which is no longer regular-singular.

11.3 Geometric formulation

In the regular singular version, the Riemann-Hilbert problem can be formulated in a more intrinsic form, for U a punctured Riemann surface or more generally a smooth quasi-projective variety over $\mathbb{C}$. The data of the differential system (11.1) are expressed as a pair (M, ∇) of a locally free coherent sheaf on U with a connection

$$\nabla : M \to M \otimes \Omega^1_{U/\mathbb{C}}. \tag{11.9}$$

In the case of $U \subset \mathbb{P}^1(\mathbb{C})$, this is equivalent to the previous formulation with $M \cong \mathcal{O}_U^n$ and

$$\nabla f = df + A(z) f dz. \tag{11.10}$$

The condition of regular singularities becomes the request that there exists an algebraic extension $(\bar{M}, \bar{\nabla})$ of the data (M, ∇) to a smooth projective variety X, where U embeds as a Zariski open set, with $X \setminus U$ a union of divisors D with normal crossing, so that the extended connection $\bar{\nabla}$ has log singularities,

$$\bar{\nabla} : \bar{M} \to \bar{M} \otimes \Omega^1_{X/\mathbb{C}}(\log D). \tag{11.11}$$

In Deligne's work [44] in 1970, the geometric point of view in terms of the data (M, ∇), was used to extend to higher dimensions the type of argument above based on solving the local Riemann–Hilbert problem around the divisor of the prescribed singularities and patching it to the analytic solution on the complement (*cf.* the survey given in [75]). From a finite dimensional complex linear representation of the fundamental group one obtains a local system L on U. This determines a unique analytic solution (M, ∇) on U, which in principle has no constraint on the behavior at the singularities. However, by restricting to a *local problem* in small polydisks around the singularities divisor, one can show that (M,∇) does extend to a $(\bar{M},\bar{\nabla})$ with the desired property. The patching problem becomes more complicated in higher dimension because one can move along components of the divisor. The *Riemann–Hilbert correspondence*, that is, the correspondence constructed this way between finite dimensional complex linear representations of the fundamental group and algebraic linear differential systems with regular singularities, is in fact an equivalence of categories. This categorical viewpoint leads to far reaching generalizations of the Riemann–Hilbert correspondence (*cf.* [88] and *e.g.* the surveys [85] and [61] §8), formulated as an equivalence of derived categories between regular holonomic $\mathfrak{D}$-modules and perverse sheaves.

In any case, the basic philosophy underlying Riemann–Hilbert can be summarized as follows. Just like the index theorem describes a correspondence between certain topological and analytic data, the Riemann–Hilbert correspondence consists of an explicit equivalence between suitable classes of analytic data (differential systems, $\mathfrak{D}$-modules) and representation theoretic or algebro-geometric data (monodromy, perverse sheaves), and it appears naturally in a variety of contexts[6].

11.4 Irregular case

The next aspect of the Riemann–Hilbert problem, which is relevant to the theory of renormalization is what happens to the Riemann–Hilbert correspondence when one drops the regular singular condition. In this case, it is immediately clear by looking at very simple examples that finite dimensional complex linear representations of the fundamental group no longer suffice to distinguish equations whose solutions can have very different analytic behavior at the singularities but equal monodromy.

For example, consider the differential equation

$$\delta f + \frac{1}{z} f = 0, \tag{11.12}$$

with the usual notation $\delta = z\frac{d}{dz}$. The Fuchs criterion immediately shows that it is not regular-singular. It is also not hard to see that the equation has trivial monodromy, which shows that the monodromy is no longer sufficient to determine the system in the irregular case. The equation (11.12) has differential Galois group $\mathbb{C}^*$ [7].

Differential equations of the form (11.1) satisfying the regular singular conditions are extremely special. For instance, in terms of the Newton polygon of the equation, the singular point is regular if the polygon has only one side with zero slope and is irregular otherwise (*cf.* Figure 2).

There are different possible approaches to the irregular Riemann–Hilbert correspondence. The setting that is closest to what is needed in the theory

[6] Grothendieck refers to Riemann–Hilbert as *le théorème du bon Dieu*.

[7] See below in this section for a discussion of the differential Galois group.

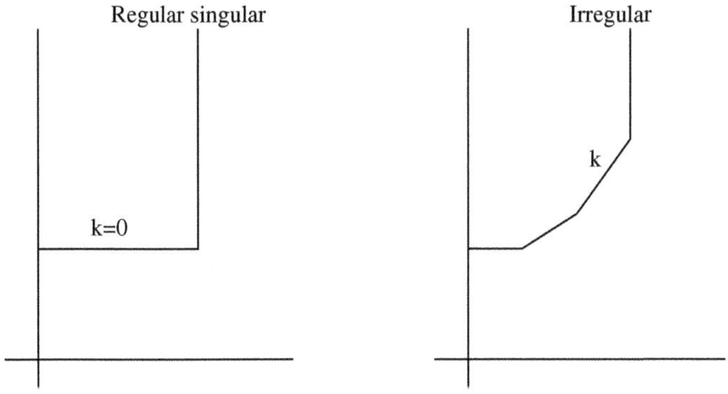

Fig. 2. Newton polygons

of renormalization was developed by Martinet and Ramis [89], by replacing the fundamental group with a *wild fundamental group*, which arises from the asymptotic theory of divergent series and differential Galois theory. In the representation datum of the Riemann–Hilbert correspondence, in addition to the monodromy, this group contains at the formal level (perturbative) an exponential torus related to differential Galois theory (*cf.* [102] §3 and [103]). Moreover, at the non-formal level, which we discuss in Section 17, it also incorporates the Stokes' phenomena related to resummation of divergent series (*cf.* [89]).

As in the case of the usual Riemann–Hilbert correspondence of [44], the problem can be first reduced to a local problem on a punctured disk and then patched to yield the global case. In particular, for the purpose of renormalization, we are only interested in the *local* version of the irregular Riemann–Hilbert correspondence, in a small punctured disk Δ^* in the complex plane around a singularity $z = 0$.

At the formal level, one is working over the differential field of formal complex Laurent series $\mathbb{C}((z)) = \mathbb{C}[[z]][z^{-1}]$, with differentiation $\delta = z\frac{d}{dz}$, while at the non-formal level one considers the subfield $\mathbb{C}(\{z\})$ of convergent Laurent series and implements methods of resummation of divergent solutions of (11.1), with

$$A \in \mathrm{End}(n, \mathbb{C}(\{z\})). \tag{11.13}$$

For the purpose of the application to the theory of renormalization that we present in the following sections, the structure of the wild fundamental group of [89] is best understood in terms of differential Galois theory (*cf.* [103]). In this setting, one works over a differential field (K, δ), such that the field of constants $k = \mathrm{Ker}(\delta)$ is an algebraically closed field of characteristic zero. Given a differential system $\delta f = Af$, its Picard–Vessiot ring is a K-algebra with a differentiation extending δ. As a differential algebra it is simple and is generated over K by the entries and the inverse determinant of a fundamental matrix for the equation $\delta f = Af$. The differential Galois group of the differential system is given by the automorphisms of the Picard–Vessiot ring commuting with δ.

The set of all possible such differential systems (differential modules over K) has the structure of a neutral Tannakian category (*cf.* Section 3.1), hence it can be identified with the category of finite dimensional linear representations of a unique affine group scheme over the field k. Any subcategory $\mathbb{T}$ that inherits the structure of a neutral Tannakian category in turn corresponds to an affine group scheme $G_{\mathbb{T}}$, that is the corresponding universal differential Galois group and can be realized as automorphisms of the universal Picard–Vessiot ring $R_{\mathbb{T}}$. This is generated over K by the entries and inverse determinants of the fundamental matrices of all the differential systems considered in the category $\mathbb{T}$.

In these terms, one can recast the original regular–singular case described above. The subcategory of differential modules over $\mathbb{C}((z))$ given by regular–singular differential systems is a neutral Tannakian category and the corresponding affine group scheme is the algebraic hull of $\mathbb{Z}$, generated by the formal monodromy γ. The latter can be seen as an automorphism of the universal Picard–Vessiot ring acting by

$$\gamma\, Z^a = \exp(2\pi i a)\, Z^a\,, \qquad \gamma\, L = L + 2\pi i,$$

where the universal Picard–Vessiot ring of the regular-singular case is generated by $\{Z^a\}_{a\in\mathbb{C}}$ and L, with relations dictated by the fact that, in angular sectors, these formal generators can be thought of, respectively, as the powers z^a and the function $\log(z)$ (*cf.* [103], [102]).

In the irregular case, when one considers any differential system $\delta f = Af$ with arbitrary degree of irregularity, the universal Picard–Vessiot ring is generated by elements $\{Z^a\}_{a\in\mathbb{C}}$ and L as before and by additional elements $\{E(q)\}_{q\in\mathcal{E}}$, where

$$\mathcal{E} = \cup_{\nu\in\mathbb{N}^\times}\, \mathcal{E}_\nu, \quad \text{for} \quad \mathcal{E}_\nu = z^{-1/\nu}\mathbb{C}[z^{-1/\nu}]. \tag{11.14}$$

These additional generators correspond, in local sectors, to functions of the form $\exp(\int q\, \frac{dz}{z})$ and satisfy corresponding relations $E(q_1+q_2) = E(q_1)E(q_2)$ and $\delta E(q) = qE(q)$.

When looking at a specific differential system (11.1), instead of the universal case, the decsription above of the Picard–Vessiot ring corresponds to the fact that such system always admits a formal fundamental solution of the form

$$\hat{F}(x) = \hat{H}(u)u^{\nu\ell}e^{Q(1/u)}, \tag{11.15}$$

with $u^\nu = z$, for some $\nu \in \mathbb{N}^\times$, with

$$\ell \in \mathrm{End}(n,\mathbb{C}), \qquad \hat{H} \in \mathrm{GL}(n, \mathbb{C}((u))\,),$$

and with Q a diagonal matrix with entries $\{q_1, \dots, q_n\}$ in $u^{-1}\mathbb{C}[u^{-1}]$, satisfying $[e^{2\pi i \nu L}, Q] = 0$ (*cf.* [89]).

In the universal case described above, with arbitrary degrees of irregularity in the differential systems, the corresponding universal differential Galois group $\mathcal{G}$ is described by a split exact sequence (*cf.* [103]),

$$1 \to \mathcal{T} \to \mathcal{G} \to \bar{\mathbb{Z}} \to 1, \tag{11.16}$$

where $\bar{\mathbb{Z}}$ denotes the algebraic hull of $\mathbb{Z}$ generated by the formal monodromy γ and $\mathcal{T} = \mathrm{Hom}(\mathcal{E}, \mathbb{C}^*)$ is the Ramis exponential torus.

Now the action of the formal monodromy as an automorphism of the universal Picard–Vessiot ring is the same as before on the Z^a and L, and is given by

$$\gamma\, E(q) = E(\gamma q), \tag{11.17}$$

where the action on $\mathcal{E}$ is determined by the action of $\mathbb{Z}/\nu\mathbb{Z}$ on $\mathcal{E}_\nu$ by

$$\gamma : q\left(z^{-1/\nu}\right) \mapsto q\left(\exp\left(\frac{-2\pi i}{\nu}\right) z^{-1/\nu}\right). \tag{11.18}$$

The exponential torus, on the other hand, acts by automorphisms of the universal Picard–Vessiot ring by $\tau\, Z^a = Z^a$, $\tau\, L = L$ and $\tau\, E(q) = \tau(q) E(q)$. The formal monodromy acts on the exponential torus by $(\gamma\tau)(q) = \tau(\gamma q)$.

Thus, at the formal level, the local Riemann–Hilbert correspondence is extended beyond the regular-singular case, as a classification of differential systems with aribirary degree of irregularity at $z = 0$ in terms of finite dimensional linear representations of the group $\mathcal{G}$. The wild fundamental group of Ramis [89] further extends this irregular Riemann–Hilbert correspondence to the non-formal setting by incorporating in the group further generators corresponding to the Stokes' phenomena. We shall discuss this case in Section 17, in relation to nonperturbative effects in renormalization.

12 Local equivalence of meromorphic connections

We have seen in Section 9 that loops $\gamma_\mu(z)$ satisfying the conditions

$$\gamma_{e^t\mu}(z) = \theta_{tz}(\gamma_\mu(z)) \qquad \forall t \in \mathbb{R} \quad \text{and} \quad \frac{\partial}{\partial \mu}\gamma_{\mu^-}(z) = 0$$

can be characterized (Theorem 31) in expansional form

$$\gamma_\mu(z) = \mathrm{T}e^{-\frac{1}{z}\int_\infty^{-z\log\mu} \theta_{-t}(\beta)\, dt}\; \theta_{z\log\mu}(\gamma_{\mathrm{reg}}(z)),$$

hence as solutions of certain differential equations (Proposition 22). In this section and the following, we examine more closely the resulting class of differential equations. Rephrased in geometric terms, loops $\gamma_\mu(z)$ satisfying the conditions above correspond to equivalence classes of flat equisingular G-valued connections on a principal $\mathbb{C}^*$ bundle B^* over a punctured disk Δ^*. The equisingularity condition (defined below in Section 13) expresses geometrically the condition that $\partial_\mu \gamma_{\mu^-}(z) = 0$. We will then provide, in Section 16, the representation theoretic datum of the Riemann–Hilbert correspondence for this class of differential systems. Similarly to what we recalled in the previous section, this will be obtained in the form of an affine group scheme of a Tannakian category of flat equisingular bundles. Since we show in Theorem 35 below that flat equisingular connections on B^* have trivial monodromy, it is not surprising that the affine group scheme we will obtain in Section 16 will resemble most the Ramis exponential torus described in the previous section.

We take the same notations as in Section 8 and let G be a graded affine group scheme with positive integral grading Y. We consider the local behavior of solutions of G-differential systems near $z = 0$ and work locally, *i.e.* over an infinitesimal punctured disk Δ^* centered at $z = 0$ and with convergent Laurent series.

As above, we let K be the field $\mathbb{C}(\{z\})$ of convergent Laurent series in z and $O \subset K$ the subring of series without a pole at 0. The field K is a differential field and we let Ω^1 be the 1-forms on K with

$$d : K \to \Omega^1$$

the differential. One has $df = \frac{df}{dz}\, dz$.

A connection on the trivial G-principal bundle $P = \Delta^* \times G$ is specified by the restriction of the connection form to $\Delta^* \times 1$ *i.e.* by a $\mathfrak{g}$-valued 1-form ω on Δ^*

We let $\Omega^1(\mathfrak{g})$ denote $\mathfrak{g}$-valued 1-forms on Δ^*. Every element of $\Omega^1(\mathfrak{g})$ is of the form $A\, dz$ with $A \in \mathfrak{g}(K)$.

As in section 8 we consider the operator

$$D : G(K) \to \Omega^1(\mathfrak{g}) \quad Df = f^{-1}\, df\,.$$

It satisfies

$$D(fh) = Dh + h^{-1}\, Df\, h. \tag{12.1}$$

The differential equations we are looking at are then of the form

$$Df = \omega \tag{12.2}$$

where $\omega \in \Omega^1(\mathfrak{g})$ specifies the connection on the trivial G-principal bundle.

The local singular behavior of solutions is the same in the classes of connections under the following equivalence relation:

Definition 12.1 *We say that two connections ω and ω' are equivalent iff*

$$\omega' = Dh + h^{-1}\omega\, h, \tag{12.3}$$

for $h \in G(O)$ a G-valued map regular in Δ.

We say that two sections $f, g \in G(K)$ have the same singularity iff $f^{-1}\, g \in G(O)$.

By proposition 24 the triviality of the monodromy: $M = 1$, is a well defined condition which ensures the existence of solutions $f \in G(K)$ for the equation

$$Df = \omega \tag{12.4}$$

A solution f of (12.4) defines a G-valued loop. By our assumptions on G, any $f \in G(K)$ has a unique Birkhoff decomposition of the form

$$f = f_-^{-1} f_+ , \tag{12.5}$$

where

$$f_+ \in G(O) , \quad f_- \in G(\mathcal{Q})$$

where $O \subset K$ is the subalgebra of regular functions and $\mathcal{Q} = z^{-1}\,\mathbb{C}([z^{-1}])$. Since $\mathcal{Q}$ is not unital one needs to be more precise in defining $G(\mathcal{Q})$. Let $\tilde{\mathcal{Q}} = \mathbb{C}([z^{-1}])$ and ε_1 its augmentation. Then $G(\mathcal{Q})$ is the subgroup of $G(\tilde{\mathcal{Q}})$ of homomorphisms $\phi : \mathcal{H} \to \tilde{\mathcal{Q}}$ such that $\varepsilon_1 \circ \phi = \varepsilon$ where ε is the augmentation of $\mathcal{H}$.

Proposition 34 *Two connections ω and ω' with trivial monodromy are equivalent iff there exists solutions f^{ω} of $Df = \omega$ and $f^{\omega'}$ of $Df = \omega'$ with the same negative pieces of the Birkhoff decompositions,*

$$f_-^{\omega} = f_-^{\omega'} .$$

Two sections $f, g \in G(K)$ have the same singularity iff their Birkhoff decompositions have the same negative pieces.

Proof. Let us show that ω is equivalent to $D((f_-^{\omega})^{-1})$. One has $f^{\omega} = (f_-^{\omega})^{-1} f_+^{\omega}$, hence the product rule (12.1) gives the required equivalence since $f_+^{\omega} \in G(O)$. This shows that if $f_-^{\omega} = f_-^{\omega'}$ for some solutions then ω and ω' are equivalent. Conversely by proposition 24 there exists a solution $f^{\omega} \in G(K)$ of $Df = \omega$. Let then $h \in G(O)$ a G-valued map regular in Δ such that (12.3) holds. Then the section $f^{\omega'} = f^{\omega}\, h \in G(K)$ fulfills $Df^{\omega'} = \omega'$ and one has by construction

$$(f_-^{\omega})^{-1} = (f_-^{\omega'})^{-1} ,$$

since $h \in G(O)$. The second statement follows from the equality $g = f\,h$ with $f^{-1}\, g = h \in G(O)$. □

Our notion of equivalence in Definition 12.1 is simply a change of local holomorphic frame, *i.e.* by an element $h \in G(O)$ (rather than by $h \in G(K)$). This is quite natural in our context, in view of the result of Proposition 34 above, that relates it to the negative part of the Birkhoff decomposition.

13 Classification of equisingular flat connections

At the geometric level we consider a $\mathbb{G}_m$-principal bundle

$$\mathbb{G}_m \to B \to \Delta\,, \tag{13.1}$$

over an infinitesimal disk Δ. We let

$$b \mapsto w(b) \quad \forall w \in \mathbb{C}^*\,,$$

be the action of $\mathbb{G}_m$ and $\pi : B \to \Delta$ be the projection,

$$V = \pi^{-1}(\{0\}) \subset B$$

be the fiber over $0 \in \Delta$ where we fix a base point $y_0 \in V$. Finally we let $B^* \subset B$ be the complement of V.

With G as above and Y its grading we let the group $\mathbb{G}_m$ act on the total space of the trivial G-principal bundle $P = B \times G$ as follows

$$u(b,g) = \;(u(b), u^Y(g)) \quad \forall u \in \mathbb{C}^*\,, \tag{13.2}$$

where u^Y makes sense since the grading Y is integer valued.

We shall say that a section γ of P is $\mathbb{G}_m$-invariant iff

$$\gamma(z, uv) = \; u^Y \gamma(z,v) \quad \forall u \in \mathbb{C}^* \tag{13.3}$$

similarly we shall say that a connection is invariant iff the $\mathfrak{g}$- valued 1-form ω fulfills

$$\omega(z, uv) = \; u^Y \omega(z,v) \quad \forall u \in \mathbb{C}^* \tag{13.4}$$

All these notions can be given geometric meaning in terms of $\mathbb{G}_m$-equivariant bundles at the expanse of using the group $G^* \;= G \rtimes \mathbb{G}_m$ but we shall not develop this point here.

We let $P^* = B^* \times G$ be the restriction to B^* of the bundle P.

Definition 13.1 *We say that a flat connection ω on P^* is* equisingular *iff ω is $\mathbb{G}_m$-invariant and for any solution γ, $D\gamma = \omega$ the restrictions of γ to sections $\sigma : \Delta \to B$ with $\sigma(0) = y_0$ have the same singularity.*

Also as above we consider the operator

$$Df = f^{-1}\, df\,.$$

The operator D satisfies

$$D(fh) = Dh + h^{-1}\, Df\, h. \tag{13.5}$$

Definition 13.2 *We say that two connections ω and ω' on P^* are equivalent iff*

$$\omega' = Dh + h^{-1}\omega h,$$

for a G-valued $\mathbb{G}_m$-invariant map h regular in B.

We are now ready to prove the main step which will allow us to formulate renormalization as a Riemann-Hilbert correspondence. For the statement we choose a non-canonical regular section

$$\sigma : \Delta \to B\,, \quad \sigma(0) = y_0\,,$$

and we shall show later that the following correspondence between flat equisingular G-connections and the Lie algebra $\mathfrak{g}$ is in fact independent of the choice of σ. To lighten notations we use σ to trivialize the bundle B which we identify with $\Delta \times \mathbb{C}^*$.

Theorem 35 *Let ω be a flat equisingular G-connection. There exists a unique element $\beta \in \mathfrak{g}$ of the Lie algebra of G such that ω is equivalent to the flat equisingular connection $D\gamma$ associated to the following section*

$$\gamma(z,v) = \mathrm{T}e^{-\frac{1}{z}\int_0^v u^Y(\beta)\,\frac{du}{u}} \in G\,, \tag{13.6}$$

where the integral is performed on the straight path $u = tv$, $t \in [0,1]$.

Proof. The proof consists of two main steps. We first prove the vanishing of the two monodromies of the connection corresponding to the two generators of the fundamental group of B^*. This implies the existence of a solution of the equation $D\gamma = \omega$. We then show that the equisingularity condition allows us to apply Theorem 31 to the restriction of γ to a section of the bundle B over Δ.

We encode as above a connection on P^* in terms of $\mathfrak{g}$-valued 1-forms on B^* and we use the trivialization σ to write it as

$$\omega = A\,dz + B\,\frac{dv}{v}$$

in which both A and B are $\mathfrak{g}$-valued functions $A(z,v)$ and $B(z,v)$ and $\frac{dv}{v}$ is the fundamental 1-form of the principal bundle B.

Let $\omega = A\,dz + B\,\frac{dv}{v}$ be an invariant connection. One has

$$\omega(z, u\,v) = u^Y\left(\omega(z,v)\right),$$

which shows that the coefficients of ω are determined by their restriction to the section $v = 1$. Thus one has

$$\omega(z,u) = u^Y(a)\,dz + u^Y(b)\,\frac{du}{u}$$

for suitable elements $a, b \in \mathfrak{g}(K)$.

The flatness of the connection means that

$$\frac{db}{dz} - Y(a) + [a,b] = 0 \tag{13.7}$$

The positivity of the integral grading Y shows that the connection ω extends to a flat connection on the product $\Delta^* \times \mathbb{C}$. Moreover its restriction to $\Delta^* \times \{0\}$ is equal to 0 since $u^Y(a) = 0$ for $u = 0$. This suffices to show that the two generators of $\pi_1(B^*) = \mathbb{Z}^2$ give a trivial monodromy. Indeed the generator corresponding to a fixed value of $z_0 \in \Delta^*$ has trivial monodromy since the connection ω extends to $z_0 \times \mathbb{C}$ which is simply connected. The other generator corresponds to a fixed value of u which one can choose as $u = 0$, and since the restriction of the connection to $\Delta^* \times \{0\}$ is equal to 0 the monodromy vanishes also. One can then explicitely write down a solution of the differential system

$$D\gamma = \omega \tag{13.8}$$

as in Proposition 24, with a base point of the form $(z_0, 0) \in \Delta^* \times \{0\}$. Taking a path in $\Delta^* \times \{0\}$ from $(z_0, 0)$ to $(z, 0)$ and then the straight path (z, tv), $t \in [0,1]$ gives the solution (using Proposition 23) in the form

$$\gamma(z,v) = \mathrm{T}e^{\int_0^v u^Y(b(z))\,\frac{du}{u}}\,, \tag{13.9}$$

where the integral is performed on the straight path $u = tv$, $t \in [0,1]$.

This gives an invariant loop γ of the form

$$\gamma(z,u) = u^Y \gamma(z) \tag{13.10}$$

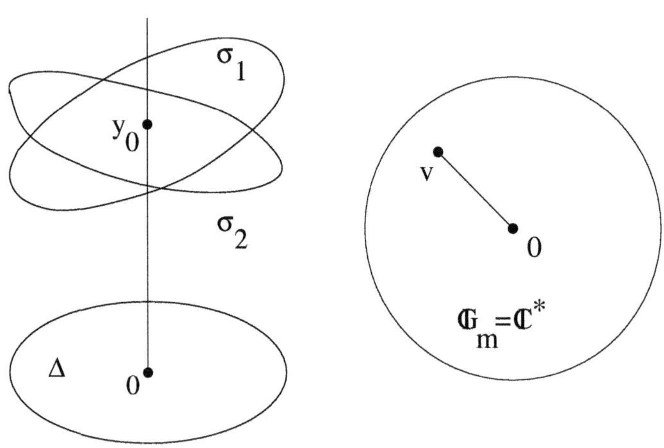

Fig. 3. Equisingular condition and the path of integration

such that

$$\gamma(z)^{-1} d\gamma(z) = a\, dz\,, \qquad \gamma(z)^{-1} Y \gamma(z) = b\,. \tag{13.11}$$

By hypothesis ω is equisingular and thus the restrictions $\gamma_s(z)$ of $\gamma(z,u) = u^Y \gamma(z)$ to the lines $\Delta_s = \{(z, e^{sz});\, z \in \Delta^*\}$ have the same singularity. By proposition 34 we get that the negative parts of the Birkhoff decomposition of the loops $\gamma_s(z) = \theta_{sz}\gamma(z)$ are independent of the parameter s.

Thus by the results of section 9.24, there exists an element $\beta \in \mathfrak{g}$ and a regular loop $\gamma_{\text{reg}}(z)$ such that

$$\gamma(z,1) = \mathrm{Te}^{-\frac{1}{z}\int_{\infty}^{0} \theta_{-t}(\beta)\, dt}\, \gamma_{\text{reg}}(z)\,. \tag{13.12}$$

Thus up to equivalence, (using the regular loop $u^Y(\gamma_{\text{reg}}(z))$ to perform the equivalence) we see that the solution is given by

$$\gamma(z,u) = u^Y\left(\mathrm{Te}^{-\frac{1}{z}\int_{\infty}^{0} \theta_{-t}(\beta)\, dt}\right)\,, \tag{13.13}$$

which only depends upon $\beta \in \mathfrak{g}$. Since u^Y is an automorphism one can in fact rewrite (13.13) as

$$\gamma(z,v) = \mathrm{Te}^{-\frac{1}{z}\int_{0}^{v} u^Y(\beta)\, \frac{du}{u}}\,, \tag{13.14}$$

where the integral is performed on the straight path $u = tv$, $t \in [0,1]$.

We next need to understand in what way the class of the solution (13.13) depends upon $\beta \in \mathfrak{g}$. An equivalence between two equisingular flat connections is given by an invariant regular section $h(z,u)$. The invariance condition (13.3) shows that $h(z,u) = u^Y h(z,1)$ extends to the product $\Delta^* \times \mathbb{C}$ with the value 1 on $\Delta^* \times \{0\}$. Thus it generates a relation between invariant solutions of the form

$$\gamma_2(z,u) = \gamma_1(z,u)\, h(z,u)$$

with h regular. This follows because γ_j and h are all equal to 1 on $\Delta^* \times \{0\}$. Thus the negative pieces of the Birkhoff decomposition of both

$$\gamma_j(z,1) = \mathrm{Te}^{-\frac{1}{z}\int_{\infty}^{0} \theta_{-t}(\beta_j)\, dt}\,,$$

have to be the same which gives $\beta_1 = \beta_2$ using the equality of residues at $z = 0$.

Finally we need to show that for any $\beta \in \mathfrak{g}$ the connection $\omega = D\gamma$ with γ given by (13.6) is equisingular. The invariance of ω follows from the invariance of the section γ. Let then $v(z) \in \mathbb{C}^*$ be a regular function with $v(0) = 1$ and consider the section $v(z)\sigma(z)$ instead of $\sigma(z)$. The restriction of γ to this new section is now given by

$$\gamma_v(z) = \mathrm{T}e^{-\frac{1}{z}\int_0^{v(z)} u^Y(\beta)\frac{du}{u}} \in G\,. \tag{13.15}$$

We claim that the Birkhoff decomposition of γ_v is given (up to taking the inverse of the first term) by,

$$\gamma_v(z) = \mathrm{T}e^{-\frac{1}{z}\int_0^{1} u^Y(\beta)\frac{du}{u}}\ \mathrm{T}e^{-\frac{1}{z}\int_1^{v(z)} u^Y(\beta)\frac{du}{u}}\,. \tag{13.16}$$

Indeed the first term in the product is a regular function of z^{-1} and gives a polynomial in z^{-1} when paired with any element of $\mathcal{H}$. The second term is a regular function of z using the Taylor expansion of $v(z)$ at $z = 0$, ($v(0) = 1$). Finally any other solution γ' of the equation $D\gamma = \omega$ is of the form $\gamma' = g\gamma$ for some $g \in G(\mathbb{C})$ so that its restrictions to sections have the same singularity. □

In fact the above formula (13.16) for changing the choice of the section shows that the following holds.

Theorem 36 *The above correspondence between flat equisingular G-connections and elements $\beta \in \mathfrak{g}$ of the Lie algebra of G is independent of the choice of the local regular section $\sigma : \Delta \to B$, $\sigma(0) = y_0$.*

Given two choices $\sigma_2 = \alpha\,\sigma_1$ of local sections $\sigma_j(0) = y_0$, the regular values $\gamma_{\rm reg}(y_0)_j$ of solutions of the above differential system in the corresponding singular frames are related by

$$\gamma_{\rm reg}(y_0)_2 = e^{-s\,\beta}\gamma_{\rm reg}(y_0)_1$$

where

$$s = \Big(\frac{d\alpha(z)}{dz}\Big)_{z=0}\,.$$

It is this second statement that controls the ambiguity inherent to the renormalization group in the physics context, where there is no prefered choice of local regular section σ. In that context, the group is $G = \mathrm{Difg}(\mathcal{T})$, and the principal bundle B over an infinitesimal disk centered at the critical dimension D admits as fiber the set of all possible normalizations for the integration in dimension $D - z$.

Moreover, in the physics context, the choice of the base point in the fiber V over the critical dimension D corresponds to a choice of the Planck constant. The choice of the section σ (up to order one) corresponds to the choice of a "unit of mass".

14 The universal singular frame

In order to reformulate the results of section 13 as a Riemann-Hilbert correspondence, we begin to analyze the representation theoretic datum associated to the equivalence classes of equisingular flat connections. In Theorem 37 below, we classify them in terms of homomorphisms from a group U^* to G^*.

In Section (16) we will then show how to replace homomorphisms $U^* \to G^*$ by finite dimensional linear representations of U^*, which will give us the final form of the Riemann-Hilbert correspondence.

Since we need to get both Z_0 and β in the range at the Lie algebra level, it is natural to first think about the free Lie algebra generated by Z_0 and β. It is important, though, to keep track of the positivity and integrality of the grading so that the formulae of the previous sections make sense. These properties of integrality and positivity allow one to write β as an infinite formal sum

$$\beta - \sum_1^\infty \beta_n , \tag{14.1}$$

where, for each n, β_n is homogeneous of degree n for the grading, *i.e.* $Y(\beta_n) = n\beta_n$.

Assigning β and the action of the grading on it is the same as giving a collection of homogeneous elements β_n that fulfill no restriction besides $Y(\beta_n) = n\beta_n$. In particular, there is no condition on their Lie brackets. Thus, these data are the same as giving a homomorphism from the following affine group scheme U to G.

At the Lie algebra level U comes from the free graded Lie algebra

$$\mathcal{F}(1, 2, 3, \cdots)_\bullet$$

generated by elements e_{-n} of degree n, $n > 0$. At the Hopf algebra level we thus take the graded dual of the enveloping algebra $\mathcal{U}(\mathcal{F})$ so that

$$\mathcal{H}_u = \mathcal{U}(\mathcal{F}(1, 2, 3, \cdots)_\bullet)^\vee \tag{14.2}$$

As is well known, as an algebra $\mathcal{H}_u$ is isomorphic to the linear space of noncommutative polynomials in variables f_n, $n \in \mathbb{N}_{>0}$ with the product given by the shuffle.

It defines by construction a pro-unipotent affine group scheme U which is graded in positive degree. This allows one to construct the semi-direct product U^* of U by the grading as an affine group scheme with a natural morphism: $U^* \to \mathbb{G}_m$, where $\mathbb{G}_m$ is the multiplicative group.

Thus, we can reformulate the main theorem of section 13 as follows

Theorem 37 *Let G be a positively graded pro-unipotent Lie group.*

There exists a canonical bijection between equivalence classes of flat equisingular G-connections and graded representations

$$\rho : U \to G$$

of U in G.

The compatibility with the grading means that ρ extends to an homomorphism

$$\rho^* : U^* \to G^*$$

which is the identity on $\mathbb{G}_m$.

The group U^* plays in the formal theory of equisingular connections the same role as the Ramis exponential torus in the context of differential Galois theory.

The equality

$$e = \sum_1^\infty e_{-n}, \tag{14.3}$$

defines an element of the Lie algebra of U. As U is by construction a pro-unipotent affine group scheme we can lift e to a morphism

$$\mathbf{rg} : \mathbb{G}_a \to U, \tag{14.4}$$

of affine group schemes from the additive group $\mathbb{G}_a$ to U.

It is this morphism **rg** that represents the renormalization group in our context. The corresponding ambiguity is generated as explained above in Theorem 36 by the absence of a canonical trivialization for the $\mathbb{G}_m$-bundle corresponding to integration in dimension $D - z$.

The formulae above make sense in the universal case where $G^* = U^*$ and allow one to define the universal singular frame by the equality

$$\gamma_U(z, v) = \mathrm{T}e^{-\frac{1}{z}\int_0^v u^{Y}(e)\frac{du}{u}} \in U . \tag{14.5}$$

The frame (14.5) is easily computed in terms of iterated integrals and one obtains the following result.

Proposition 38 *The universal singular frame is given by*

$$\gamma_U(-z, v) = \sum_{n\geq 0} \sum_{k_j>0} \frac{e(-k_1)e(-k_2)\cdots e(-k_n)}{k_1\,(k_1+k_2)\cdots(k_1+k_2+\cdots+k_n)}\, v^{\sum k_j}\, z^{-n}. \tag{14.6}$$

Proof. Using (14.3) and (8.2) we get, for the coefficient of

$$e(-k_1)e(-k_2)\cdots e(-k_n)$$

the expression

$$v^{\sum k_j}\, z^{-n} \int_{0\leq s_1\leq\cdots\leq s_n\leq 1} s_1^{k_1-1}\cdots s_n^{k_n-1} \prod ds_j\,,$$

which gives the desired result. □

The same expression appears in the local index formula of [38], where the renormalization group idea is used in the case of higher poles in the dimension spectrum.

Once one uses this universal singular frame in the dimensional regularization technique, all divergences disappear and one obtains a finite theory which depends only upon the choice of local trivialization of the $\mathbb{G}_m$-principal bundle B, whose base Δ is the space of complexified dimensions around the critical dimension D, and whose fibers correspond to normalization of the integral in complex dimensions.

Namely, one can apply the Birkhoff decomposition to γ_U in the pro-unipotent Lie group $U(\mathbb{C})$. For a given physical theory $\mathcal{T}$, the resulting γ_U^+ and γ_U^- respectively map, via the representation $\rho : U \to G = \mathrm{Difg}(\mathcal{T})$, to the renormalized values and the countertems in the minimal subtraction scheme.

15 Mixed Tate motives

In this section we recall some aspects and ideas from the theory of motives that will be useful in interpreting the results of the following Section 16 in terms of motivic Galois theory. The brief exposition given here of some aspects of the theory of mixed Tate motives, is derived mostly from Deligne–Goncharov [47]. The relation to the setting of renormalization described above will be the subject of the next section.

The purpose of the theory of motives, initiated by Grothendieck, is to develop a unified setting underlying different cohomological theories (Betti, de Rham, étale, ℓ-adic, crystalline), by constructing an abelian tensor category that provides a "linearization" of the category of algebraic varieties. For smooth projective varieties a category of motives (pure motives) is constructed, with morphisms defined using algebraic correspondences between smooth projective varieties, considered modulo equivalence (*e.g.* numerical equivalence). The fact that this category has the desired properties depends upon the still unproven standard conjectures of Grothendieck.

For more general (non-closed) varieties, the construction of a category of motives (mixed motives) remains a difficult task. Such category of mixed motives over a field (or more generally over a scheme $\mathcal{S}$) should be an abelian tensor category, with the following properties (*cf. e.g.* [86]). There will be a functor (natural in $\mathcal{S}$) that assigns to each smooth $\mathcal{S}$-scheme X its motive $M(X)$, with Künneth isomorphisms $M(X) \otimes M(Y) \to M(X \times_{\mathcal{S}} Y)$. The category will contain Tate objects $\mathbb{Z}(n)$, for $n \in \mathbb{Z}$, where $\mathbb{Z}(0)$ is the unit for $\otimes$ and $\mathbb{Z}(n) \otimes \mathbb{Z}(m) \cong \mathbb{Z}(n+m)$. The Ext functors in the category of mixed motives define a "motivic cohomology"

$$H^m_{mot}(X, \mathbb{Z}(n)) := \mathrm{Ext}^m(\mathbb{Z}(0), M(X) \otimes \mathbb{Z}(n)).$$

This will come endowed with Chern classes $c^{n,m} : K_{2n-m}(X) \to H^m_{mot}(X, \mathbb{Z}(n))$ from algebraic K-theory that determine natural isomorphisms $\mathrm{Gr}^{\gamma}_n K_{2n-m}(X) \otimes$

$\mathbb{Q} \cong H^m_{mot}(X, \mathbb{Z}(n)) \otimes \mathbb{Q}$, where on the left hand side there is the weight n eigenspace of the Adams operations. The motivic cohomology will be universal with respect to all cohomology theories satisfying certain natural properties (Bloch–Ogus axioms). Namely, for any such cohomology $H^*(\cdot, \Gamma(*))$ there will be a natural transformation $H^*_{mot}(\cdot, \mathbb{Z}(*)) \to H^*(\cdot, \Gamma(*))$. Moreover, to a map of schemes $f : \mathcal{S}_1 \to \mathcal{S}_2$ there will correspond functors f^*, f_*, $f^!$, $f_!$, behaving like the corresponding functors of sheaves.

Though, at present, there is not yet a general construction of such a category of mixed motives, there are constructions of a triangulated tensor category $DM(\mathcal{S})$, which has the right properties to be the bounded derived category of the category of mixed motives. The constructions of $DM(\mathcal{S})$ due to Levine [86] and Voevodsky [109] are known to be equivalent ([86], VI 2.5.5). The triangulated category of *mixed Tate motives* $DMT(\mathcal{S})$ is then defined as the full triangulated subcategory of $DM(\mathcal{S})$ generated by the Tate objects. One can then hope to find a method that will reconstruct the category knowing only the derived category. We mention briefly what can be achieved along these lines.

Recall that a triangulated category $\mathcal{D}$ is an additive category with an automorphism T and a family of distinguished triangles $X \to Y \to Z \to T(X)$, satisfying suitable axioms (which we do not recall here). A t-structure consists of two full subcategories $\mathcal{D}^{\leq 0}$ and $\mathcal{D}^{\geq 0}$ with the properties: $\mathcal{D}^{\leq -1} \subset \mathcal{D}^{\leq 0}$ and $\mathcal{D}^{\geq 1} \subset \mathcal{D}^{\geq 0}$; for all $X \in \mathcal{D}^{\leq 0}$ and all $Y \in \mathcal{D}^{\geq 1}$ one has $\mathrm{Hom}_{\mathcal{D}}(X, Y) = 0$; for all $Y \in \mathcal{D}$ there exists a distinguished triangle as above with $X \in \mathcal{D}^{\leq 0}$ and $Z \in \mathcal{D}^{\geq 1}$. Here we used the notation $\mathcal{D}^{\geq n} = \mathcal{D}^{\geq 0}[-n]$ and $\mathcal{D}^{\leq n} = \mathcal{D}^{\leq 0}[-n]$, with $X[n] = T^n(X)$ and $f[n] = T^n(f)$. The heart of the t-structure is the full subcategory $\mathcal{D}^0 = \mathcal{D}^{\leq 0} \cap \mathcal{D}^{\geq 0}$. It is an abelian category.

Thus, given a construction of the triangulated category $DMT(\mathcal{S})$ of mixed Tate motives, one can try to obtain from it, at least rationally, a category $MT(\mathcal{S})$ of mixed Tate motives, as the heart of a t-structure on $DMT(\mathcal{S})_{\mathbb{Q}} = DMT(\mathcal{S}) \otimes \mathbb{Q}$. It is possible to define such a t-structure when the Beilinson–Soulé vanishing conjecture holds, namely when

$$\mathrm{Hom}^j(\mathbb{Q}(0), \mathbb{Q}(n)) = 0, \qquad \text{for } n > 0, j \leq 0. \tag{15.1}$$

where $\mathrm{Hom}^j(M, N) = \mathrm{Hom}(M, N[j])$ and $\mathbb{Q}(n)$ is the image in $DMT(\mathcal{S})_{\mathbb{Q}}$ of the Tate object $\mathbb{Z}(n)$ of $DMT(\mathcal{S})$.

The conjecture (15.1) holds in the case of a number field $\mathbb{K}$, by results of Borel [9] and Beilinson [3]. Thus, in this case it is possible to extract from $DMT(\mathbb{K})_{\mathbb{Q}}$ a Tannakian category $MT(\mathbb{K})$ of mixed Tate motives over $\mathbb{K}$. For a number field $\mathbb{K}$ one has

$$\mathrm{Ext}^1(\mathbb{Q}(0), \mathbb{Q}(n)) = K_{2n-1}(\mathbb{K}) \otimes \mathbb{Q} \tag{15.2}$$

and $\mathrm{Ext}^2(\mathbb{Q}(0), \mathbb{Q}(n)) = 0$.

The category $MT(\mathbb{K})$ has a fiber functor $\omega : MT(\mathbb{K}) \to \mathrm{Vect}$, with $M \mapsto \omega(M) = \oplus_n \omega_n(M)$ where

$$\omega_n(M) = \mathrm{Hom}(\mathbb{Q}(n), \mathrm{Gr}^w_{-2n}(M)), \tag{15.3}$$

with $\mathrm{Gr}^w_{-2n}(M) = W_{-2n}(M)/W_{-2(n+1)}(M)$ the graded structure associated to the finite increasing weight filtration $W_\bullet$.

If S is a set of finite places of $\mathbb{K}$, it is possible to define the category of mixed Tate motives $MT(\mathcal{O}_S)$ over the set of S-integers $\mathcal{O}_S$ of $\mathbb{K}$ as mixed Tate motives over $\mathbb{K}$ that are unramified at each finite place $v \notin S$. The condition of being unramified can be checked in the ℓ-adic realization (*cf.* [47] Prop. 1.7). For $MT(\mathcal{O}_S)$ we have

$$\mathrm{Ext}^1(\mathbb{Q}(0), \mathbb{Q}(n)) = \begin{cases} K_{2n-1}(\mathbb{K}) \otimes \mathbb{Q} & n \geq 2 \\ \mathcal{O}_S^* \otimes \mathbb{Q} & n = 1 \\ 0 & n \leq 0. \end{cases} \tag{15.4}$$

and $\mathrm{Ext}^2(\mathbb{Q}(0), \mathbb{Q}(n)) = 0$. In fact, the difference between (15.4) in $MT(\mathcal{O}_S)$ and (15.2) in $MT(\mathbb{K})$ is the $\mathrm{Ext}^1(\mathbb{Q}(0), \mathbb{Q}(1))$ which is finite dimensional in the case (15.4) of S-integers and infinite dimensional in the case (15.2) of $\mathbb{K}$.

The category $MT(\mathcal{O}_S)$ is a Tannakian category, hence there exists a corresponding group scheme $G_\omega = G_\omega \langle MT(\mathcal{O}_S)\rangle$, given by the automorphisms of the fiber functor ω. This functor determines an equivalence of categories between $MT(\mathcal{O}_S)$ and finite dimensional linear representations of G_ω. The action of G_ω on $\omega(M)$ is functorial in M and is compatible with the weight filtration. The action on $\omega(\mathbb{Q}(1)) = \mathbb{Q}$ defines a morphism $G_\omega \to \mathbb{G}_m$ and a decomposition

$$G_\omega = U_\omega \rtimes \mathbb{G}_m, \tag{15.5}$$

as a semidirect product, for a unipotent affine group scheme U_ω. The $\mathbb{G}_m$ action compatible with the weight filtration determines a positive integer grading on the Lie algebra $\mathrm{Lie}(U_\omega)$. The functor ω gives an equivalence of categories between $MT(\mathcal{O}_S)$ and the category of finite dimensional graded vector spaces with an action of $\mathrm{Lie}(U_\omega)$ compatible with the grading.

The fact that $\mathrm{Ext}^2(\mathbb{Q}(0), \mathbb{Q}(n) = 0$ shows that $\mathrm{Lie}(U_\omega)$ is freely generated by a set of homogeneous generators in degree n identified with a basis of the dual of $\mathrm{Ext}^1(\mathbb{Q}(0), \mathbb{Q}(n))$ (*cf.* Prop. 2.3 of [47]). There is however no canonical identification between $\mathrm{Lie}(U_\omega)$ and the free Lie algebra generated by the graded vector space $\oplus \mathrm{Ext}^1(\mathbb{Q}(0), \mathbb{Q}(n))^\vee$.

A Tannakian category $\mathbb{T}$ has a canonical affine $\mathbb{T}$-group scheme (*cf.* [46] and also Section 15.2 below), which one calls the fundamental group $\pi(\mathbb{T})$. The morphism $G_\omega \to \mathbb{G}_m$ that gives the decomposition (15.5) is the ω-realization of a homomorphism

$$\pi(MT(\mathcal{O}_S)) \to \mathbb{G}_m \tag{15.6}$$

given by the action of $\pi(MT(\mathcal{O}_S))$ on $\mathbb{Q}(1)$, and the group U_ω is the ω-realization of the kernel U of (15.6).

We mention, in particular, the following case ([47], [66]), which will be relevant in our context of renormalization.

Proposition 39 *Consider the case of the scheme $\mathcal{S}_N = \mathcal{O}[1/N]$ for $\mathbb{K} = \mathbb{Q}(\zeta_N)$ the cyclotomic field of level N. For $N = 3$ or 4, the Lie algebra* $\mathrm{Lie}(U_\omega)$ *is (noncanonically) isomorphic to the free Lie algebra with one generator in each degree n.*

15.1 Motives and noncommutative geometry: analogies

There is an intriguing analogy between these motivic constructions and those of KK-theory and cyclic cohomology in noncommutative geometry.

Indeed the basic steps in the construction of the category $DM(\mathcal{S})$ parallel the basic steps in the construction of the Kasparov bivariant theory KK. The basic ingredients are the same, namely the correspondences which, in both cases, have a finiteness property "on one side". One then passes in both cases to complexes. In the case of KK this is achieved by simply taking formal finite differences of "infinite" correspondences. Moreover, the basic equivalence relations between these "cycles" includes homotopy in very much the same way as in the theory of motives (*cf. e.g.* p.7 of [47]). Also as in the theory of motives one obtains an additive category which can be viewed as a "linearization" of the category of algebras. Finally, one should note, in the case of KK, that a slight improvement (concerning exactness) and a great technical simplification are obtained if one considers "deformations" rather than correspondences as the basic "cycles" of the theory, as is achieved in E-theory.

Next, when instead of working over $\mathbb{Z}$ one considers the category $DM(k)_{\mathbb{Q}}$ obtained by tensorization by $\mathbb{Q}$, one can pursue the analogy much further and make contact with cyclic cohomology, where also one works rationally, with a similar role of filtrations. There also the obtained "linearization" of the category of algebras is fairly explicit and simple in noncommutative geometry. The obtained category is just the category of Λ-modules, based on the cyclic category Λ. One obtains a functor $A \to A^\natural$, which allows one to treat algebras as objects in an abelian category, where many tools such as the bifunctors $\mathrm{Ext}^n(X, Y)$ are readily available. The key ingredient is the *cyclic category.* It is a small category which has the same classifying space as the compact group $U(1)$ (*cf.* [21]).

Finally, it is noteworthy that algebraic K-theory and regulators already appeared in the context of quantum field theory and noncommutative geometry in [28].

15.2 Motivic fundamental groupoid

Grothendieck initiated the field of "anabelian algebraic geometry" meant primarily as the study of the action of absolute Galois groups like $\mathrm{Gal}(\bar{\mathbb{Q}}/\mathbb{Q})$

on the profinite fundamental group of algebraic varieties (*cf.* [71]). The most celebrated example is the projective line minus three points. In this case, a finite cover of $\mathbb{P}^1 \smallsetminus \{0,1,\infty\}$ defines an algebraic curve. If the projective line is considered over $\mathbb{Q}$, and so are the ramification points, the curve obtained this way is defined over $\bar{\mathbb{Q}}$, hence the absolute Galois group $\mathrm{Gal}(\bar{\mathbb{Q}}/\mathbb{Q})$ acts. Bielyi's theorem shows that, in fact, all algebraic curves defined over $\bar{\mathbb{Q}}$ arise as coverings of the projective line ramified only over the points $\{0,1,\infty\}$. This has the effect of realizing the absolute Galois group as a subgroup of outer automorphisms of the profinite fundamental group of the projective line minus three points. Motivated by Grothendieck's "esquisse d'un programme" [71], Drinfel'd introduced in the context of transformations of structures of quasi-triangular quasi-Hopf algebras [50] a Grothendieck–Teichmüller group GT, which is a pro-unipotent version of the group of automorphisms of the fundamental group of $\mathbb{P}^1 \smallsetminus \{0,1,\infty\}$, with an injective homomorphism $\mathrm{Gal}(\bar{\mathbb{Q}}/\mathbb{Q}) \to GT$.

Deligne introduced in [45] a notion of "motivic fundamental group" in the context of mixed motives. Like Grothendieck's theory of motives provides a cohomology theory that lies behind all the known realizations, the notion of motivic fundamental group lies behind all notions of fundamental group developed in the algebro-geometric context. For instance, the motivic fundamental group has as Betti realization a pro-unipotent algebraic envelope of the nilpotent quotient of the classical fundamental group, and as de Rham realization a unipotent affine group scheme whose finite-dimensional representations classify vector bundles with nilpotent integrable connections. In the case of $\mathbb{P}^1 \smallsetminus \{0,1,\infty\}$, the motivic fundamental group is an iterated extension of Tate motives.

For $\mathbb{K}$ a number field, X the complement of a finite set of rational points on a projective line over $\mathbb{K}$, and $x, y \in X(\mathbb{K})$, Deligne constructed in §13 of [45] motivic path spaces $P_{y,x}$ and motivic fundamental groups $\pi_1^{mot}(X,x) = P_{x,x}$. One has $\pi_1^{mot}(\mathbb{G}_m, x) = \mathbb{Q}(1)$ as well as local monodromies $\mathbb{Q}(1) \to \pi_1^{mot}(X,x)$. More generally, the motivic path spaces can be defined for a class of unirational arithmetic varieties over a number field, [45], §13.

Given an embedding $\sigma : \mathbb{K} \hookrightarrow \mathbb{C}$, the corresponding realization of $\pi_1^{mot}(X,x)$ is the algebraic pro-unipotent envelope of the fundamental group $\pi_1(X(\mathbb{C}),x)$, namely the spectrum of the commutative Hopf algebra

$$\operatorname{colim}\ \left(\mathbb{Q}\left[\pi_1(X(\mathbb{C}),x)\right]/J^N\right)^\vee, \tag{15.7}$$

where J is the augmentation ideal of $\mathbb{Q}[\pi_1(X(\mathbb{C}),x)]$.

We recall the notion of Ind-objects, which allows one to enrich an abelian category by adding inductive limits. If $\mathcal{C}$ is an abelian category, and $\mathcal{C}^\vee$ denotes the category of contravariant functors of $\mathcal{C}$ to Sets, then $\mathrm{Ind}(\mathcal{C})$ is defined as the full subcategory of $\mathcal{C}^\vee$ whose objects are functors of the form $X \mapsto \varinjlim \mathrm{Hom}_{\mathcal{C}}(X, X_\alpha)$, for $\{X_\alpha\}$ a directed system in $\mathcal{C}$.

One can use the notion above to define "commutative algebras" in the context of Tannakian categories. In fact, given a Tannakian category $\mathbb{T}$, one defines a commutative algebra with unit as an object A of $\mathrm{Ind}(\mathbb{T})$ with a product $A \otimes A \to A$ and a unit $1 \to A$ satisfying the usual axioms. The category of affine $\mathbb{T}$-schemes is dual to that of commutative algebras with unit, with $\mathrm{Spec}(A)$ denoting the affine $\mathbb{T}$-scheme associated to A (*cf.* [45], [46]). The motivic path spaces constructed in [45] are affine $MT(\mathbb{K})$-schemes, $P_{y,x} = \mathrm{Spec}(A_{y,x})$. The $P_{y,x}$ form a groupoid with respect to composition of paths

$$P_{z,y} \times P_{y,x} \to P_{z,x}. \tag{15.8}$$

In the following we consider the case of

$$X = \mathbb{P}^1 \smallsetminus V, \quad \text{where} \quad V = \{0, \infty\} \cup \mu_N, \tag{15.9}$$

with μ_N the set of Nth roots of unity. The $P_{y,x}$ are unramified outside of the set of places of $\mathbb{K}$ over a prime dividing N (*cf.* Proposition 4.17 of [47]). Thus, they can be regarded as $MT(\mathcal{O}[1/N])$-schemes.

For such $X = \mathbb{P}^1 \smallsetminus V$, one first extends the fundamental groupoid to base points in V using "tangent directions". One then restricts the resulting groupoid to points in V. One obtains this way the system of $MT(\mathcal{O}[1/N])$-schemes $P_{y,x}$, for $x, y \in V$, with the composition law (15.8), the local monodromies $\mathbb{Q}(1) \to P_{x,x}$ and equivariance under the action of the dihedral group $\mu_N \rtimes \mathbb{Z}/2$ (or of a larger symmetry group for $N = 1, 2, 4$).

One then considers the ω-realization $\omega(P_{y,x})$. There are canonical paths $\gamma_{xy} \in \omega(P_{x,y})$ associated to pairs of points $x, y \in V$ such that $\gamma_{xy} \circ \gamma_{yz} = \gamma_{xz}$. This gives an explicit equivalence (analogous to a Morita equivalence) between the groupoid $\omega(P)$ and a pro-unipotent affine group scheme Π. This is described as

$$\Pi = \varprojlim \exp(\mathcal{L}/\deg \geq n), \tag{15.10}$$

where $\mathcal{L}$ is the graded Lie algebra freely generated by degree one elements e_0, e_ζ for $\zeta \in \mu_N$.

Thus, after applying the fiber functor ω, the properties of the system of the $P_{y,x}$ translate to the data of the vector space $\mathbb{Q} = \omega(\mathbb{Q}(1))$, a copy of the group Π for each pair $x, y \in V$, the group law of Π determined by the groupoid law (15.8), the local monodromies given by Lie algebra morphisms

$$\mathbb{Q} \to \mathrm{Lie}(\Pi), \qquad 1 \mapsto e_x, \quad x \in V,$$

and group homomorphisms $\alpha : \Pi \to \Pi$ for $\alpha \in \mu_N \rtimes \mathbb{Z}/2$, given at the Lie algebra level by

$$\alpha : \mathrm{Lie}(\Pi) \to \mathrm{Lie}(\Pi) \qquad \alpha : e_x \mapsto e_{\alpha x}.$$

One restricts the above data to $V \smallsetminus \{\infty\}$. The structure obtained this way has a group scheme of automorphisms H_ω. Its action on $\mathbb{Q} = \omega(\mathbb{Q}(1))$ determines a semidirect product decomposition

$$H_\omega = V_\omega \rtimes \mathbb{G}_m, \tag{15.11}$$

as in (15.5). Using the image of the straight path γ_{01} under the action of the automorphisms, one can identify $\mathrm{Lie}(V_\omega)$ and $\mathrm{Lie}(\Pi)$ at the level of vector spaces (Proposition 5.11, [47]), while the Lie bracket on $\mathrm{Lie}(V_\omega)$ defines a new bracket on $\mathrm{Lie}(\Pi)$ described explicitly in Prop.5.13 of [47].

We can then consider the G_ω action on the $\omega(P_{y,x})$. This action does depend on x, y. In particular, for the pair $0, 1$, one obtains this way a homomorphism

$$G_\omega = U_\omega \rtimes \mathbb{G}_m \longrightarrow H_\omega = V_\omega \rtimes \mathbb{G}_m, \tag{15.12}$$

compatible with the semidirect product decomposition given by the $\mathbb{G}_m$-actions.

Little is known explicitly about the image of $\mathrm{Lie}(U_\omega)$ in $\mathrm{Lie}(V_\omega)$. Only in the case of $N = 2, 3, 4$ the map $U_\omega \to V_\omega$ is known to be injective and the dimension of the graded pieces of the image of $\mathrm{Lie}(U_\omega)$ in $\mathrm{Lie}(V_\omega)$ is then known (Theorem 5.23 and Corollary 5.25 of [47], *cf.* also Proposition 39 in Section 15 above).

The groups H_ω and V_ω are ω-realizations of $MT(\mathcal{O}[1/N])$-group schemes H and V, as in the case of U_ω and U, where V is the kernel of the morphism $H \to \mathbb{G}_m$ determined by the action of H on $\mathbb{Q}(1)$.

15.3 Expansional and multiple polylogarithms

Passing to complex coefficients (*i.e.* using the Lie algebra $\mathbb{C}\langle\langle e_0, e_\zeta\rangle\rangle$), the multiple polylogarithms at roots of unity appear as coefficients of an expansional taken with respect to the path γ_{01} in $X = \mathbb{P}^1 \backslash \{0, \mu_N, \infty\}$ and the universal flat connection on X given below in (15.14). We briefly recall here this well known fact (*cf.* §5.16 and Prop. 5.17 of [47] and §2.2 of [104]).

The multiple polylogarithms are defined for $k_i \in \mathbb{Z}_{>0}$, $0 < |z_i| \le 1$, by the expression

$$\mathrm{Li}_{k_1,\dots,k_m}(z_1, z_2, \dots, z_m) = \sum_{0<n_1<n_2<\cdots<n_m} \frac{z_1^{n_1} z_2^{n_2} \cdots z_m^{n_m}}{n_1^{k_1} n_2^{k_2} \cdots n_m^{k_m}} \tag{15.13}$$

which converges for $(k_m, |z_m|) \neq (1, 1)$.

Kontsevich's formula for multiple zeta values as iterated integrals was generalized by Goncharov to multiple polylogarithms using the connection

$$\alpha(z) dz = \sum_{a \in \mu_N \cup \{0\}} \frac{dz}{z - a} \, e_a. \tag{15.14}$$

It is possible to give meaning to the expansional

$$\gamma = \mathrm{T} e^{\int_0^1 \alpha(\mathbf{z})\, \mathbf{dz}}, \tag{15.15}$$

using a simple regularization at 0 and 1 (*cf.* [47]) by dropping the logarithmic terms $(\log \epsilon)^k$, $(\log \eta)^k$ in the expansion of

$$\gamma = \mathbf{T} e^{\int_\epsilon^{1-\eta} \alpha(\mathbf{z})\, \mathbf{dz}}.$$

when $\epsilon \to 0$ and $\eta \to 0$.

Proposition 40 *For $k_i > 0$, the coefficient of $e_{\zeta_1} e_0^{k_1-1} e_{\zeta_2} e_0^{k_2-1} \dots e_{\zeta_m} e_0^{k_m-1}$ in the expansional* (15.15) *is given by*

$$(-1)^m \operatorname{Li}_{k_1,\dots,k_m}(z_1, z_2, \dots, z_m)$$

where the roots of unity z_j are given by $z_j = \zeta_j^{-1} \zeta_{j+1}$, for $j < m$ and $z_m = \zeta_m^{-1}$.

Racinet used this iterated integral description to study the shuffle relations for values of multiple polylogarithms at roots of unity [104].

16 The "cosmic Galois group" of renormalization as a motivic Galois group

In this section we construct a category of equivalence classes of equisingular flat vector bundles. This allows us to reformulate the Riemann–Hilbert correspondence underlying perturbative renormalization in terms of finite dimensional linear representations of the "cosmic Galois group", that is, the group scheme U^* introduced in Section 14 above. The relation to the formulation given in the Section 14 consists of passing to finite dimensional representations of the group G^*. In fact, since G^* is an affine group scheme, there are enough such representations, and they are specified (*cf.* [47]) by assigning the data of

- A graded vector space $E = \oplus_{n\in\mathbb{Z}} E_n$,,
- A graded representation π of G in E.

Notice that a graded representation of G in E can equivalently be described as a graded representation of $\mathfrak{g}$ in E. Moreover, since the Lie algebra $\mathfrak{g}$ is positively graded, both representations are compatible with the *weight* filtration given by

$$W^{-n}(E) = \oplus_{m\geq n} E_m \,. \tag{16.1}$$

At the group level, the corresponding representation in the associated graded

$$Gr_n^W = W^{-n}(E)/W^{-n-1}(E)\,.$$

is the identity.

We now consider equisingular flat bundles, defined as follows.

Definition 16.1 *Let (E, W) be a filtered vector bundle with a given trivialization of the associated graded $Gr^W(E)$.*

1. *A W-connection on E is a connection ∇ on E, which is compatible with the filtration (i.e. restricts to all $W^k(E)$) and induces the trivial connection on the associated graded $Gr^W(E)$.*
2. *Two W-connections on E are W-equivalent iff there exists an automorphism of E preserving the filtration, inducing the identity on $Gr^W(E)$, and conjugating the connections.*

Let B be the principal $\mathbb{G}_m$-bundle considered in Section 13. The above definition 16.1 is extended to the relative case of the pair (B, B^*). Namely, (E, W) makes sense on B, the connection ∇ is defined on B^* and the automorphism implementing the equivalence extends to B.

We define a category $\mathcal{E}$ of equisingular flat bundles. The *objects* of $\mathcal{E}$ are the equivalence classes of pairs

$$\Theta = (E, \nabla),$$

where

- E is a $\mathbb{Z}$-graded finite dimensional vector space.
- ∇ is an equisingular flat W-connection on B^*, defined on the $\mathbb{G}_m$-equivariant filtered vector bundle $(\tilde{E}, W)$ induced by E with its weight filtration (16.1).

By construction $\tilde{E}$ is the trivial bundle $B \times E$ endowed with the action of $\mathbb{G}_m$ given by the grading. The trivialization of the associated graded $Gr^W(\tilde{E})$ is simply given by the identification with the trivial bundle with fiber E. The equisingularity of ∇ here means that the corresponding connection for the group of triangular matrices (*cf.* (16.3) below) is equisingular in the sense of Definition 13.1. Equivalently it means that for any fundamental system of solutions of $\nabla\xi = 0$ the associated isomorphism between restrictions of E to sections $\sigma : \Delta \to B$ with $\sigma(0) = y_0$ is regular on Δ.

We refer to such pairs $\Theta = (E, \nabla)$ as *flat equisingular bundles.* We only retain the datum of the W-equivalence class of the connection ∇ on B as explained above.

Given two flat equisingular bundles Θ, Θ' we define the *morphisms*

$$T \in \mathrm{Hom}(\Theta, \Theta')$$

in the category $\mathcal{E}$ as linear maps $T : E \to E'$, compatible with the grading, fulfilling the condition that the following W-connections ∇_j, $j = 1, 2$, on $\tilde{E}' \oplus \tilde{E}$ are W-equivalent (on B),

$$\nabla_1 = \begin{bmatrix} \nabla' & T\nabla - \nabla' T \\ 0 & \nabla \end{bmatrix} \sim \nabla_2 = \begin{bmatrix} \nabla' & 0 \\ 0 & \nabla \end{bmatrix}. \tag{16.2}$$

Notice that this is well defined, since condition (16.2) is independent of the choice of representatives for the connections ∇ and ∇'. The condition (16.2) is obtained by conjugating ∇_2 by the unipotent matrix

$$\begin{bmatrix} 1 & T \\ 0 & 1 \end{bmatrix}.$$

In all the above we worked over $\mathbb{C}$, with convergent Laurent series. However, much of it can be rephrased with formal Laurent series. Since the universal singular frame is given in rational terms by proposition 38, the results of this section hold over any field k of characteristic zero and in particular over $\mathbb{Q}$.

For $\Theta = (E, \nabla)$, we set $\omega(\Theta) = E$ and we view ω as a functor from the category of equisingular flat bundles to the category of vector spaces. We then have the following result.

Theorem 41 *Let $\mathcal{E}$ be the category of equisingular flat bundles defined above, over a field k of characteristic zero.*

1. *$\mathcal{E}$ is a Tannakian category.*
2. *The functor ω is a fiber functor.*
3. *$\mathcal{E}$ is equivalent to the category of finite dimensional representations of U^*.*

Proof. Let E be a finite dimensional graded vector space over k. We consider the unipotent algebraic group G such that $G(k)$ consists of endomorphisms $S \in \mathrm{End}(E)$ satisfying the conditions

$$S\, W_{-n}(E) \subset W_{-n}(E), \tag{16.3}$$

where $W_\cdot(E)$ is the weight filtration, and

$$S|_{Gr_n} = 1, \tag{16.4}$$

where Gr_n denote the associated graded.

The group G can be identified with the unipotent group of upper triangular matrices. Its Lie algebra is then identified with strictly upper triangular matrices.

The following is a direct translation between W-connections and G-valued connections.

Proposition 42 *Let (E, ∇) be an object in $\mathcal{E}$.*

1. *∇ defines an equisingular G-valued connection, for G as above.*
2. *All equisingular G-valued connections are obtained this way.*
3. *This bijection preserves equivalence.*

In fact, since W-connections are compatible with the filtration and trivial on the associated graded, they are obtained by adding a $Lie(G)$-valued 1-form to the trivial connection. Similarly, W-equivalence is given by the equivalence as in Definition 13.2.

Lemma 43 *Let $\Theta = (E, \nabla)$ be an object in $\mathcal{E}$. Then there exists a unique representation $\rho = \rho_\Theta$ of U^* in E, such that the restriction to $\mathbb{G}_m \subset U^*$ is the grading and*

$$D\rho(\gamma_U) \simeq \nabla, \tag{16.5}$$

where γ_U is the universal singular frame. Given a representation ρ of U^* in E, there exists a ∇, unique up to equivalence, such that (E, ∇) is an object in $\mathcal{E}$ and ∇ satisfies (16.5).

Proof of Lemma. Let G be as above. By Proposition 42 we view ∇ as a G-valued connection. By applying Theorem 37 we get a unique element $\beta \in \mathrm{Lie}(G)$ such that equation (16.5) holds. For the second statement, notice that (8.1) gives a rational expression for the operator D. This, together with the fact that the coefficients of the universal singular frame are rational, implies that we obtain a rational ∇. □

Lemma 44 *Let (E, ∇) be an object in $\mathcal{E}$.*

1. *For any $S \in \mathrm{Aut}(E)$ compatible with the grading, $S \nabla S^{-1}$ is an equisingular connection.*
2. $\rho_{(E, S\nabla S^{-1})} = S\, \rho_{(E,\nabla)}\, S^{-1}$.
3. $S \nabla S^{-1} \sim \nabla \Leftrightarrow [\rho_{(E,\nabla)}, S] = 0$.

Proof of Lemma. The equisingular condition is satisfied, since the $\mathbb{G}_m$-invariance follows by compatibility with the grading and restriction to sections satisfies

$$\sigma^*(S \nabla S^{-1}) = S\, \sigma^*(\nabla)\, S^{-1}.$$

The second statement follows by compatibility of S with the grading. In fact, we have

$$S\ \mathrm{Te}^{-\frac{1}{\mathbf{z}} \int_0^{\mathbf{v}} \mathbf{u}^{\mathbf{Y}}(\beta) \frac{\mathbf{du}}{\mathbf{u}}}\ S^{-1} = \mathrm{Te}^{-\frac{1}{\mathbf{z}} \int_0^{\mathbf{v}} \mathbf{u}^{\mathbf{Y}}(\mathbf{S}\beta\mathbf{S}^{-1}) \frac{\mathbf{du}}{\mathbf{u}}}.$$

The third statement follows immediately from the second, since equivalence corresponds to having the same β, by Theorem 35. □

Proposition 45 *Let $\Theta = (E, \nabla)$ and $\Theta' = (E', \nabla')$ be objects of $\mathcal{E}$. Let $T : E \to E'$ be a linear map compatible with the grading. Then the following two conditions are equivalent.*

1. *$T \in \mathrm{Hom}(\Theta, \Theta')$;*
2. *$T\, \rho_\Theta = \rho_{\Theta'}\, T$.*

Proof of Proposition. Let

$$S = \begin{pmatrix} 1 & T \\ 0 & 1 \end{pmatrix}.$$

By construction, S is an automorphism of $E' \oplus E$, compatible with the grading. By (3) of the previous Lemma, we have

$$S\begin{pmatrix}\nabla' & 0\\ 0 & \nabla\end{pmatrix}S^{-1}\sim\begin{pmatrix}\nabla' & 0\\ 0 & \nabla\end{pmatrix}$$

if and only if

$$\begin{pmatrix}\beta' & 0\\ 0 & \beta\end{pmatrix}S=S\begin{pmatrix}\beta' & 0\\ 0 & \beta\end{pmatrix}.$$

This holds if and only if $\beta' T = T\beta$. □

Finally, we check that the tensor product structures are compatible. We have

$$(E,\nabla)\otimes(E',\nabla')=(E\otimes E',\nabla\otimes 1+1\otimes\nabla').$$

The equisingularity of the resulting connection comes from the functoriality of the construction.

We check that the functor $\rho\mapsto D\rho(\gamma_U)$ constructed above, from the category of representations of U^* to $\mathcal{E}$, is compatible with tensor products. This follows by the explicit formula

$$\mathrm{T}e^{-\frac{1}{z}\int_0^v u^Y(\beta\otimes 1+1\otimes\beta')\frac{du}{u}}=\mathrm{T}e^{-\frac{1}{z}\int_0^v u^Y(\beta)\frac{du}{u}}\otimes\mathrm{T}e^{-\frac{1}{z}\int_0^v u^Y(\beta')\frac{du}{u}}.$$

On morphisms, it is sufficient to check the compatibility on $1\otimes T$ and $T\otimes 1$.

We have shown that the tensor category $\mathcal{E}$ is equivalent to the category of finite dimensional representations of U^*. The first two statements of the Theorem then follow from the third (*cf.* [46]).□

For each integer $n\in\mathbb{Z}$, we then define an object $\mathbb{Q}(n)$ in the category $\mathcal{E}$ of equisingular flat bundles as the trivial bundle given by a one-dimensional $\mathbb{Q}$-vector space placed in degree n, endowed with the trivial connection on the associated bundle over B.

For any flat equisingular bundle Θ let

$$\omega_n(\Theta)=\mathrm{Hom}(\mathbb{Q}(n),\mathrm{Gr}^W_{-n}(\Theta)),$$

and notice that $\omega=\oplus\omega_n$.

The group U^* can be regarded as a motivic Galois group. One has, for instance, the following identification ([66], [47], *cf.* also Proposition 39 in Section 15 above).

Proposition 46 *There is a (non-canonical) isomorphism*

$$U^*\sim G_{\mathcal{M}_T}(\mathcal{O}). \tag{16.6}$$

of the affine group scheme U^* with the motivic Galois group $G_{\mathcal{M}_T}(\mathcal{O})$ of the scheme S_4 of 4-cyclotomic integers.

It is important here to stress the fact (*cf.* the "mise en garde" of [47]) that there is so far no "canonical" choice of a free basis in the Lie algebra of the above motivic Galois group so that the above isomorphism still requires making a large number of non-canonical choices. In particular it is premature to assert that the above category of equisingular flat bundles is directly related to the category of 4-cyclotomic Tate motives. The isomorphism (16.6) does not determine the scheme S_4 uniquely. In fact, a similar isomorphism holds with S_3 the scheme of 3-cyclotomic integers.

On the other hand, when considering the category $\mathcal{M}_T$ in relation to physics, inverting the prime 2 is relevant to the definition of geometry in terms of K-homology, which is at the center stage in noncommutative geometry. We recall, in that respect, that it is only after inverting the prime 2 that (in sufficiently high dimension) a manifold structure on a simply connected homotopy type is determined by the K-homology fundamental class.

Moreover, passing from $\mathbb{Q}$ to a field with a complex place, such as the above cyclotomic fields k, allows for the existence of non-trivial regulators for all algebraic K-theory groups $K_{2n-1}(k)$. It is noteworthy also that algebraic K-theory and regulators already appeared in the context of quantum field theory and NCG in [28]. The appearance of multiple polylogarithms in the coefficients of divergences in QFT, discovered by Broadhurst and Kreimer ([11], [12]), as well as recent considerations of Kreimer on analogies between residues of quantum fields and variations of mixed Hodge–Tate structures associated to polylogarithms (*cf.* [81]), suggest the existence for the above category of equisingular flat bundles of suitable Hodge-Tate realizations given by a specific choice of Quantum Field Theory.

17 The wild fundamental group

We return here to the general discussion of the Riemann–Hilbert correspondence in the irregular case, which we began in Section 11.4.

The universal differential Galois group $\mathcal{G}$ of (11.16) governs the irregular Riemann–Hilbert correspondence at the formal level, namely over the differential field $\mathbb{C}((z))$ of formal Laurent series. In general, when passing to the non-formal level, over convergent Laurent series $\mathbb{C}(\{z\})$, the corresponding universal differential Galois group acquires additional generators, which depend upon resummation of divergent series and are related to the Stokes phenomenon (see *e.g.* the last section of [103] for a brief overview).

At first, it may then seem surprising that, in the Riemann–Hilbert correspondence underlying perturbative renormalization that we derived in Sections 14 and 16, we found the same affine group scheme U^*, regardless of whether we work over $\mathbb{C}((z))$ or over $\mathbb{C}(\{z\})$. This is, in fact, not quite so strange. There are known classes of equations (*cf. e.g.* Proposition 3.40 of [102]) for which the differential Galois group is the same over $\mathbb{C}((z))$ and over $\mathbb{C}(\{z\})$. Moreover, in our particular case, it is not hard to understand the conceptual reason why this should be the case. It can be traced to the result of Proposition 22, which shows that, due to the pro-unipotent nature of the group G, the expansional formula is in fact algebraic. Thus, when considering differential systems with G-valued connections, one can pass from the formal to the non-formal case (*cf.* also Proposition 24).

This means that the Stokes part of Ramis' wild fundamental group will only appear, in the context of renormalization, when one incorporates non-perturbative effects. In fact, in the non-perturbative setting, the group $G = \mathrm{Difg}(\mathcal{T})$ of diffeographisms, or rather its image in the group of formal diffeomorphisms as discussed in Section 10, gets upgraded to actual diffeomorphisms analytic in sectors. In this section we discuss briefly some issues related to the wild fundamental group and the non-perturbative effects.

The aspect of the Riemann–Hilbert problem, which is relevant to the non-perturbative case, is related to methods of "summation" of divergent series modulo functions with exponential decrease of a certain order, namely Borel summability, or more generally multisummability (a good reference is *e.g.* [105].)

In this case, the local wild fundamental group is obtained via the following procedure (*cf.* [89]). The way to pass from formal to actual solutions consists of applying a suitable process of summability to formal solutions (11.15).

The method of Borel summability is derived from the well known fact that, if a formal series

$$\hat{f}(z) = \sum_{n=0}^{\infty} f_n \, z^n \tag{17.1}$$

is convergent on some disk, with $f(z) = S\hat{f}(z)$ the sum of the series (17.1) defining a holomorphic function, then the formal Borel transform

$$\hat{B}\hat{f}(w) = \sum_{n=1}^{\infty} \frac{f_n}{(n-1)!} w^n \tag{17.2}$$

has infinite radius of convergence and the sum $b(w) := S\hat{B}\hat{f}(w)$ has the property that its Laplace transform recovers the original function f,

$$f(z) = \mathfrak{L}(b)(z) = \int_0^{\infty} b(w) \, e^{-w/z} \, dw, \tag{17.3}$$

that is, $S\hat{f}(z) = (\mathfrak{L} \circ S \circ \hat{B})\hat{f}(z)$. The advantage of this procedure is that it continues to make sense for a class of (Borel summable) divergent series, for which a "sum" can be defined by the procedure

$$f(z) := (\mathfrak{L} \circ S \circ \hat{B})\hat{f}(z). \tag{17.4}$$

Very useful generalizations of (17.4) include replacing integration along the positive real axis in (17.3) with another oriented half line h in $\mathbb{C}$,

$$\mathfrak{L}_h\,(b)(z) = \int_h b(w)\, e^{-w/z}\, dw,$$

as well as a more refined notion of Borel summability that involves ramification

$$\rho_k(f)\,(z) = f(z^{1/k}), \tag{17.5}$$

with $\hat{B}_k = \rho_k^{-1}\,\hat{B}\,\rho_k$ and $\mathfrak{L}_{k,h} = \rho_k^{-1}\,\mathfrak{L}_{h^k}\,\rho_k$, with corresponding summation operators $S_h := \mathfrak{L}_h \circ S \circ \hat{B}$ and $S_{k,h} := \mathfrak{L}_{k,h} \circ S \circ \hat{B}_k$. A formal series (17.1) is Borel k-summable in the direction h if $\hat{B}_k \hat{f}$ is a convergent series such that $S\hat{B}_k\hat{f}$ can be continued analytically on an angular sector at the origin bisected by h to a holomorphic function exponentially of order at most k.

The condition of k-summability can be more conveniently expressed in terms of an estimate on the remainder of the series

$$\left| f(x) - \sum_{n<N} a_n x^n \right| \leq c\, A^n \Gamma(1 + N/k)\, |x|^n, \tag{17.6}$$

on sectors of opening at least π/k. This corresponds to the case where the Newton polygon has one edge of slope k.

There are formal series that fail to be Borel k-summable for any $k > 0$. Typically the lack of summability arises from the fact that the formal series is a combination of parts that are summable, but for different values of k (*cf.* [105]). This is taken care of by a suitable notion of *multisummability* that involves iterating the Borel summation process. This way, one can sum a formal series $\hat{f}$ that is $(k_1, \dots, k_r)$-multisummable in the direction h by

$$f(x) := S_{k_1,\dots,k_r;h}\,\hat{f}, \tag{17.7}$$

with the summation operator

$$S_{k_1,\dots,k_r;h} = \mathfrak{L}_{\kappa_1,d} \cdots \mathfrak{L}_{\kappa_r,d} S \hat{B}_{\kappa_r} \cdots \hat{B}_{\kappa_1}, \tag{17.8}$$

for $1/k_i = 1/\kappa_1 + \cdots + 1/\kappa_i$ and $i = 1, \dots, r$.

Actual solutions of a differential system (11.1) with (11.13) can then be obtained from formal solutions of the form (11.15), in the form

$$F_h(x) = H_d(u) u^{\nu L} e^{Q(1/u)}, \tag{17.9}$$

with $u^\nu = z$, for some $\nu \in \mathbb{N}^\times$, by applying summation operators $S_{k_1,\dots,k_r;h}$ to $\hat{H}$, indexed by the positive slopes $k_1 > k_2 > \dots > k_r > 0$ of the Newton polygon of the equation, and with the half line h varying among all but a finite number of directions in $\mathbb{C}$. The singular directions are the jumps between different determinations on angular sectors, and correspond to the Stokes phenomenon. This further contributes to the divergence/ambiguity principle already illustrated in (9.1).

We have corresponding summation operators

$$f_\epsilon^\pm(x) = S_{k_1,\dots,k_r;h_\epsilon^\pm}\,\hat{f}(x), \tag{17.10}$$

along directions $h_\epsilon^\pm$ close to h, and a corresponding Stokes operator

$$\mathrm{St}_h = (S^+_{k_1,\dots,k_r;h})^{-1}\, S^-_{k_1,\dots,k_r;h}\,.$$

These operators can be interpreted as monodromies associated to the singular directions. They are unipotent, hence they admit a logarithm. These $\log \mathrm{St}_h$ are related to Ecalle's alien derivations (*cf.* *e.g.* [14], [55]).

The wild fundamental group (*cf.* [89]) is then obtained by considering a semidirect product of an affine group scheme $\mathcal{N}$, which contains the affine group scheme generated by the Stokes operators St_h, by the affine group scheme $\mathcal{G}$ of the formal case,

$$\pi_1^{wild}(\Delta^*) = \mathcal{N} \rtimes \mathcal{G}. \tag{17.11}$$

At the Lie algebra level, one considers a free Lie algebra $\mathcal{R}$ (the "resurgent Lie algebra") generated by symbols $\delta_{(q,h)}$ with $q \in \mathcal{E}$ and $h \in \mathbb{R}$ such that re^{ih} is a direction of maximal decrease of $\exp(\int q \frac{dz}{z})$ (these correspond to the alien derivations). There are compatible actions of the exponential torus $\mathcal{T}$ and of the formal monodromy γ on $\mathcal{R}$ by

$$\begin{aligned} \tau \exp(\delta_{(q,h)})\tau^{-1} &= \exp(\tau(q)\delta_{(q,h)}), \\ \gamma \exp(\delta_{(q,h)})\gamma^{-1} &= \exp(\delta_{(q,h-2\pi i)}). \end{aligned} \tag{17.12}$$

The Lie algebra $\mathrm{Lie}\,\mathcal{N}$ is isomorphic to a certain completion of $\mathcal{R}$ as a projective limit (*cf.* Theorem 6.3 of [103]).

The structure (17.11) of the wild fundamental group reflects the fact that, while the algebraic hull $\bar{\mathbb{Z}}$ corresponds to the formal monodromy along a nontrivial loop in an infinitesimal punctured disk around the origin, due to the presence of singularities that accumulate at the origin, when considering Borel transforms, the monodromy along a loop in a finite disk also picks up monodromies around all the singular points near the origin. The logarithms of these monodromies correspond to the alien derivations.

The main result of [89] on the wild Riemann–Hilbert correspondence is that again there is an equivalence of categories, this time between germs of meromorphic connections at the origin (without the regular singular assumption) and finite dimensional linear representations of the wild fundamental group (17.11).

Even though we have seen in Section 16 that only an analog of the exponential torus part of the wild fundamental group appears in the Riemann–Hilbert correspondence underlying perturbative renormalization, still the Stokes part will play a role when non-perturbative effects are taken into account. In fact, already in its simplest form (17.4), the method of Borel summation is well known in QFT, as a method for evaluating divergent formal series $\hat{f}(g)$ in the coupling constants. In certain theories (super-renormalizable $g\phi^4$ and Yukawa theories) the formal series $\hat{f}(g)$ has the property that its formal Borel transform $\hat{B}\hat{f}(g)$ is convergent, while in more general situations one may have to use other k-summabilities or multisummability. Already in the cases with $\hat{B}\hat{f}(g)$ convergent, however, one can see that $\hat{f}(g)$ need not be Borel summable in the direction $h = [0, \infty)$, due to the fact that the function $S\hat{B}\hat{f}(g)$ acquires singularities on the positive real axis. Such singularities reflect the presence of *nonperturbative effects*, for instance in the presence of tunneling between different vacua, or when the perturbative vacuum is really a metastable state (*cf. e.g.* [96]).

In many cases of physical interest (*cf. e.g.* [96]–[99]), singularities in the Borel plane appear along the positive real axis, namely $h = \mathbb{R}_+$ is a Stokes line. For physical reasons one wants a summation method that yields a real valued sum, hence it is necessary to sum "through" the infinitely near singularities on the real line. In the linear case, by the method of Martinet–Ramis [89], one can sum along directions near the Stokes line, and correct the result using the square root of the Stokes operator. In the nonlinear case, however, the procedure of summing along Stokes directions becomes much more delicate (*cf. e.g.* [43]).

In the setting of renormalization, in addition to the perturbative case analyzed in CK [29]–[32], there are two possible ways to proceed, in order to account for the nonperturbative effects and still obtain a geometric description for the nonperturbative theory. These are illustrated in the diagram:

$$\begin{array}{ccc} \text{Unrenormalized perturbative} & \xrightarrow{g_{\text{eff}}(z)} & \text{Unrenormalized nonperturbative} \\ \Big\downarrow \text{Birkhoff} & & \Big\downarrow \text{Birkhoff} \\ \text{Renormalized perturbative} & \xrightarrow{g^+_{\text{eff}}(0)} & \text{Renormalized nonperturbative} \end{array} \qquad (17.13)$$

On the left hand side, the vertical arrow corresponds to the result of CK expressing perturbative renormalization in terms of the Birkhoff decomposition (10.10), where $g^+_{\text{eff}}(0)$ is the effective coupling of the renormalized perturbative theory. The bottom horizontal arrow introduces the nonperturbative effects by applying Borel summation techniques to the formal series $g^+_{\text{eff}}(0)$. On the other hand, the upper horizontal arrow corresponds to applying a suitable process of summability to the unrenormalized effective coupling constant $g_{\text{eff}}(z)$, viewed as a power series in g, hence replacing formal diffeomorphisms by germs of actual diffeomorphisms analytic in sectors. The right vertical arrow then yields the renormalized nonperturbative theory by applying a Birkhoff decomposition in the group of germs of analytic diffeomorphisms. This type of Birkhoff decomposition was investigated by Menous [92], who proved its existence in the non-formal case for several classes of diffeomorphisms, relevant to nonperturbative renormalization.

18 Questions and directions

In this section we discuss some possible further directions that complement and continue along the lines of the results presented in this paper. Some of these questions lead naturally to other topics, like noncommutative geometry at the archimedean primes, which will be treated elsewhere. Other questions are more closely related to the issue of renormalization, like incorporating non-perturbative effects, or the crucial question of the relation to noncommutative geometry via the local index formula, which leads to the idea of an underlying renormalization of the geometry by effect of the divergences of quantum field theory.

18.1 Renormalization of geometries

In this paper we have shown that there is a universal affine group scheme U^*, the "cosmic Galois group", that maps to the group of diffeographisms $\mathrm{Difg}(\mathcal{T})$ of a given physical theory $\mathcal{T}$, hence acting on the set of physical constants, with the renormalization group action determined by a canonical one-parameter subgroup of U^*. We illustrated explicitly how all this happens in the sufficiently generic case of $\mathcal{T} = \phi^3_6$, the ϕ^3 theory in dimension $D = 6$.

Some delicate issues arise, however, when one wishes to apply a similar setting to gauge theories. First of all a gauge theory may appear to be non-renormalizable, unless one handles the gauge degrees of freedom by passing to a suitable BRS cohomology. This means that a reformulation of the main result is needed, where the Hopf algebra of the theory is replaced by a suitable cohomological version.

Another important point in trying to extend our results to a gauge theoretic setting, regards the chiral case, where one faces the technical issue of how to treat the γ_5 within the dimensional regularization and minimal subtraction scheme. In fact, in dimension $D = 4$, the symbol γ_5 indicates the product

$$\gamma_5 = i\gamma^0\gamma^1\gamma^2\gamma^3, \tag{18.1}$$

where the γ^μ satisfy the Clifford relations

$$\{\gamma^\mu, \gamma^\nu\} = 2g^{\mu\nu}\, I, \quad \text{with} \quad \mathrm{Tr}(I) = 4, \tag{18.2}$$

and γ_5 anticommutes with them,

$$\{\gamma_5, \gamma^\mu\} = 0. \tag{18.3}$$

It is well known that, when one complexifies the dimension around a critical dimension D, the naive prescription which formally sets γ_5 to still anticommute with symbols γ^μ while keeping the cyclicity of the trace is not consistent and produces contradictions ([20], §13.2). Even the very optimistic but unproven claim that the ambiguities introduced by this naive prescription should be always proportional to the coefficient of the chiral gauge anomaly would restrict the validity of the naive approach to theories with cancellation of anomalies.

There are better strategies that allow one to handle the γ_5 within the Dim-Reg scheme (see [87] for a recent detailed treatment of this issue). One approach (*cf.* Collins [20] §4.6 and §13) consists of providing an explicit construction of an infinite family of gamma matrices γ^μ, $\mu \in \mathbb{N}$, satisfying (18.2). These are given by infinite rank matrices. The definition of γ_5, for complex dimension $d \neq 4$, is then still given through the product (18.1) of the first four gamma matrices. Up to dropping the anticommutativity relation (18.3) (*cf.* 't Hooft–Veltman [74]) it can be shown that this definition is consistent, though not fully Lorentz invariant, due to the preferred choice of these spacetime dimensions. The Breitenlohner–Maison approach (*cf.* [10], [87]) does not give an explicit expression for the gamma matrices in complexified dimension, but defines them (and the γ_5 given by (18.1)) through their formal properties. Finally D. Kreimer in [79] produces a scheme in which γ_5 still anticommutes with γ^μ but the trace is no longer cyclic. His scheme is presumably equivalent to the BM-scheme (*cf.* [79] section 5).

The issue of treating the gamma matrices in the Dim-Reg and minimal subtraction scheme is also related to the important question of the relation between our results on perturbative renormalization and noncommutative geometry, especially through the local index formula.

The explicit computation in Proposition 38 of the coefficients of the universal singular frame is a concrete starting point for understanding this relation. The next necessary step is how to include the Dirac operator, hence the problem of the gamma matrices. In this respect, it should also be mentioned that the local index formula of [38] is closely related to anomalies (*cf. e.g.* [100]). From a more conceptual standpoint, the connection to the local index formula seems to suggest that the procedure of renormalization in quantum field theory should in fact be thought of as a "renormalization of the geometry". The formulation of Riemannian spin geometry in the setting of noncommutative geometry, in fact, has already built in the possibility of considering a geometric space at dimensions that are complex numbers rather than integers. This is seen through the dimension spectrum, which is the set of points in the complex plane at which a space manifests itself with a nontrivial geometry. There are examples where the dimension spectrum contains points off the real lines (*e.g.* the case of Cantor sets), but here one is rather looking for something like a deformation of the geometry in a small neighborhood of a point of the dimension spectrum, which would reflect the Dim-Reg procedure.

The possibility of recasting the Dim-Reg procedure in such setting is intriguing, due to the possibility of extending the results to curved spacetimes as well as to actual noncommutative spaces, such as those underlying a geometric interpretation of the Standard Model ([22], [17]).

There is another, completely different, source of inspiration for the idea of deforming geometric spaces to complex dimension. In arithmetic geometry, the Beilinson conjectures relate the values and orders of vanishing at integer points of the motivic L-functions of algebraic varieties to periods, namely numbers obtained by integration of algebraic differential forms on algebraic varieties (*cf. e.g.* [78]). It is at least extremely suggestive to imagine that the values at non-integer points may correspond to a dimensional regularization of algebraic varieties and periods.

18.2 Nonperturbative effects

In the passage from the perturbative to the nonperturbative theory described by the two horizontal arrows of diagram (17.13), it is crucial to understand the Stokes' phenomena associated to the formal series $g_{\mathrm{eff}}(g,z)$ and $g^{+}_{\mathrm{eff}}(g,0)$. In particular, it is possible to apply Ecalle's "alien calculus" to the formal diffeomorphisms

$$g_{\mathrm{eff}}(g,z) = \left(g + \sum g^{2\ell+1} \frac{U(\Gamma)}{S(\Gamma)} \right) \left(1 - \sum g^{2\ell} \frac{U(\Gamma)}{S(\Gamma)} \right)^{-3/2} .$$

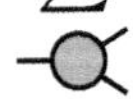

There is, in fact, a way of constructing a set of invariants $\{A_\omega(z)\}$ of the formal diffeomorphism $g_{\mathrm{eff}}(\cdot,z)$ up to conjugacy by analytic diffeomorphisms tangent to the identity. This can be achieved by considering a formal solution of the difference equation

$$x_z(u+1) = g_{\mathrm{eff}}(x_z(u),z), \tag{18.4}$$

defined after a change of variables $u \sim 1/g$. Equation (18.4) has the effect of conjugating g_{eff} to a homographic transformation. The solution x_z satisfies the *bridge equation* (*cf.* [55] [57])

$$\dot{\Delta}_\omega x_z = A_\omega(z)\, \partial_u\, x_z, \tag{18.5}$$

which relates alien derivations $\dot{\Delta}_\omega$ and ordinary derivatives and provides the invariants $\{A_\omega(z)\}$, where ω parameterizes the Stokes directions. Via the analysis of the bridge equation (18.5), one can investigate the persistence at $z=0$ of Stokes' phenomena induced by $z \neq 0$ (*cf.* [57]), similarly to what happens already at the perturbative level in the case of the renormalization group $F_t = \exp(t\beta)$ at $z=0$, induced via the limit formula (9.7) by "instantonic effects" (*cf.* (9.20)) at $z \neq 0$. In this respect, Frédéric Fauvet noticed a formal analogy between the bridge equation (18.5) and the action on (10.4) of the derivations ∂_Γ, for Γ a 1PI graph with two or three external legs, given by

$$\partial_\Gamma\, g_{\mathrm{eff}} = \rho_\Gamma\, g^{2\ell+1} \frac{\partial}{\partial g}\, g_{\mathrm{eff}},$$

where $\rho_\Gamma = 3/2$ for 2-point graphs, $\rho_\Gamma = 1$ for 3-point graphs and $\ell = L(\Gamma)$ is the loop number (*cf.* [32] eq.(34)).

Moreover, if the formal series $g_{\text{eff}}(g,z)$ is multisummable, for some multi-index $(k_1,\dots,k_r)$ with $k_1>\cdots>k_r>0$, then the corresponding sums (17.7) are defined for almost all the directions h in the plane of the complexified coupling constant. At the critical directions there are corresponding Stokes operators St_h

$$\mathrm{St}_h(z) : g_{\text{eff}}(g,z) \mapsto \sigma_h(g,z)\, g_{\text{eff}}(g,z).$$

These can be used to obtain representations ρ_z of (a suitable completion of) the wild fundamental group $\pi_1^{wild}(\Delta^*)$ in the group of analytic diffeomorphisms tangent to the identity. Under the wild Riemann–Hilbert correspondence, these data acquire a geometric interpretation in the form of a nonlinear principal bundle over the open set $\mathbb{C}^*$ in the plane of the complexified coupling constant, with local trivializations over sectors and transition functions given by the $\sigma_h(g,z)$, with a meromorphic connection locally of the form $\sigma_h^{-1}\,A\,\sigma_h+\sigma_h^{-1}\,d\sigma_h$. This should be understood as a microbundle connection. In fact, in passing from the case of finite dimensional linear representations to local diffeomorphisms, it is necessary to work with a suitable completion of the wild fundamental group, corresponding to the fact that there are infinitely many alien derivations in a direction h.

18.3 The field of physical constants

The computations ordinarily performed by physicists show that many of the "constants" that occur in quantum field theory, such as the coupling constants g of the fundamental interactions (electromagnetic, weak and strong), are in fact not at all "constant". They really depend on the energy scale μ at which the experiments are realized and are therefore functions $g(\mu)$. Thus, high energy physics implicitly extends the "field of constants", passing from the field of scalars $\mathbb{C}$ to a field of functions containing the $g(\mu)$. The generator of the renormalization group is simply $\mu\,\partial/\partial\mu$.

It is well known to physicists that the renormalization group plays the role of a group of ambiguity. One cannot distinguish between two physical theories that belong to the same orbit of this group. In this paper we have given a precise mathematical content to a Galois interpretation of the renormalization group via the canonical homomorphism (14.4). The fixed points of the renormalization group are ordinary scalars, but it can very well be that quantum physics conspires to prevent us from hoping to obtain a theory that includes all of particle physics and is constructed as a fixed point of the renormalization group. Strong interactions are asymptotically free and one can analyse them at very high energy using fixed points of the renormalization group, but the presence of the electrodynamical sector shows that it is hopeless to stick to the fixed points to describe a theory that includes all observed forces. The problem is the same in the infrared, where the role of strong and weak interactions is reversed.

One can describe the simpler case of the elliptic function field K_q in the same form, as a field of functions $g(\mu)$ with a scaling action generated by

$\mu\,\partial/\partial\mu$. This is achieved by passing to loxodromic functions, that is, setting $\mu = e^{2\pi i z}$, so that the first periodicity (that in $z \mapsto z+1$) is automatic and the second is written as $g(q\,\mu) = g(\mu)$. The group of automorphisms of an elliptic curve is then also generated by $\mu\,\partial/\partial\mu$.

In this setup, the equation $\mu\,\partial_\mu\, f = \beta\, f$, relating the scaling of the mass parameter μ to the beta function (*cf.* (9.17)), can be seen as a regular singular Riemann–Hilbert problem on a punctured disk Δ^*, with β the generator of the local monodromy $\rho(\ell) = \exp(2\pi i\,\ell\beta)$. This interpretation of β as log of the monodromy appears in [42] in the context of arithmetic geometry [31], [41].

The field K_q of elliptic functions plays an important role in the recent work of Connes–Dubois Violette on noncommutative spherical manifolds ([26] [27]). There the Sklyanin algebra (*cf.* [107]) appeared as solutions in dimension three of a classification problem formulated in [34]. The *regular* representation of such algebra generates a von Neumann algebra, direct integral of approximately finite type II_1 factors, all isomorphic to the hyperfinite factor R. The corresponding homomorphisms of the Sklyanin algebra to the factor R miraculously factorizes through the crossed product of the field K_q of elliptic functions, where the module $q = e^{2\pi i\tau}$ is real, by the automorphism of translation by a real number (in general irrational). One obtains this way the factor R as a crossed product of the field K_q by a subgroup of the Galois group. The results of [36] on the quantum statistical mechanics of 2-dimensional $\mathbb{Q}$-lattices suggests that an analogous construction for the type III_1 case should be possible using the to modular field.

This type of results are related to the question of an interpretation of arithmetic geometry at the archimedean places in terms of noncommutative geometry, which will be treated in [37]. In fact, it was shown in [23] that the classification of approximately finite factors provides a nontrivial Brauer theory for central simple algebras over $\mathbb{C}$. This provides an analog, in the archimedean case, of the module of central simple algebras over a nonarchimedean local field. In Brauer theory the relation to the Galois group is obtained via the construction of central simple algebras as crossed products of a field by a group of automorphisms. Thus, finding natural examples of constructions of factors as crossed product of a field F, which is a transcendental extension of $\mathbb{C}$, by a group of automorphisms is the next step in this direction.

18.4 Birkhoff decomposition and integrable systems

The Birkhoff decomposition of loops with values in a complex Lie group G is closely related to the geometric theory of solitons developed by Drinfel'd and Sokolov (*cf. e.g.* [51]) and to the corresponding hierarchies of integrable systems.

This naturally poses the question of whether there may be interesting connections between the mathematical formulation of perturbative renormalization in terms of Birkhoff decomposition of [32] and integrable systems. Some results in this direction were obtained in [106].

In the Drinfel'd–Sokolov approach, one assigns to a pair $(\mathfrak{g}, X)$ of a simple Lie algebra $\mathfrak{g} = Lie\, G$ and an element in a Cartan subalgebra $\mathfrak{h}$ a hierarchy of integrable systems parameterized by data (Y, k), with $Y \in \mathfrak{h}$ and $k \in \mathbb{N}$. These have the form of a Lax equation $U_t - V_x + [U, V] = 0$, which can be seen as the vanishing curvature condition for a connection

$$\nabla = \left(\frac{\partial}{\partial x} - U(x, t; z), \frac{\partial}{\partial t} - V(x, t; z) \right). \tag{18.6}$$

This geometic formulation in terms of connections proves to be a convenient point of view. In fact, it immediately shows that the system has a large group of symmetries given by gauge transformations $U \mapsto \gamma^{-1} U \gamma + \gamma^{-1} \partial_x \gamma$ and $V \mapsto \gamma^{-1} V \gamma + \gamma^{-1} \partial_t \gamma$. The system associated to the data (Y, k) is specified by a "bare" potential

$$\nabla_0 = \left(\frac{\partial}{\partial x} - X\, z, \frac{\partial}{\partial t} - \tilde{X}\, z^k \right), \tag{18.7}$$

with $[X, \tilde{X}] = 0$ so that ∇_0 is flat, and solutions are then obtained by acting on ∇_0 with the "dressing" action of the loop group $\mathcal{L}G$ by gauge transformations preserving the type of singularities of ∇_0. This is done by the Zakharov–Shabat method [111]. Namely, one first looks for functions $(x, t) \mapsto \gamma_{(x,t)}(z)$, where $\gamma_{(x,t)} \in \mathcal{L}G$, such that $\gamma^{-1} \nabla_0 \gamma = \nabla_0$. One sees that these will be of the form

$$\gamma_{(x,t)}(z) = \exp(x X z + t \tilde{X} z^k)\, \gamma(z)\, \exp(-x X z - t \tilde{X} z^k), \tag{18.8}$$

where $\gamma(z)$ is a G-valued loop. If γ is contained in the "big cell" where one has Birkhoff decomposition $\gamma(z) = \gamma^-(z)^{-1} \gamma^+(z)$, one obtains a corresponding Birkhoff decomposition for $\gamma_{(x,t)}$ and a connection

$$\nabla = \gamma^-_{(x,t)}(z)^{-1}\, \nabla_0\, \gamma^-_{(x,t)}(z) = \gamma^+_{(x,t)}(z)\, \nabla_0\, \gamma^+_{(x,t)}(z)^{-1}, \tag{18.9}$$

which has again the same type of singularities as ∇_0. The new local gauge potentials are of the form $U = Xz + u(x, t)$ and $V = \tilde{X} z^k + \sum_{i=1}^{k-1} v_i(x, t) z^i$. Here $u(x, t)$ is $u = [X, \mathrm{Res}\gamma]$. For $u(x, t) = \sum_\alpha u_\alpha(x, t)\, e_\alpha$, where $\mathfrak{g} = \oplus_\alpha \mathbb{C} e_\alpha \oplus \mathfrak{h}$, one obtains nonlinear soliton equations $\partial_t u_\alpha = F_\alpha(u_\beta)$ by expressing the $v_i(x, t)$ as some universal local expressions in the u_α.

Even though the Lie algebra of renormalization does not fit directly into this general setup, this setting suggests the possibility of considering similar connections (recall, for instance, that $[Z_0, \mathrm{Res}\gamma] = Y \mathrm{Res}\gamma = \beta$), and working with the doubly infinite Lie algebra of insertion and elimination defined in [33], with the Birkhoff decomposition provided by renormalization.

19 Further developments

The presence of subtle algebraic structures related to the calculation of Feynman diagrams is acquiring an increasingly important role in experimental physics. In fact, it is well known that the standard model of elementary particle physics gives extremely accurate predictions, which have been tested experimentally to a high order of precision. This means that, in order to investigate the existence of new physics, within the energy range currently available to experimental technology, it is important to stretch the computational power of the theoretical prediction to higher loop perturbative corrections, in the hope to detect discrepancies from the observed data large enough to justify the introduction of physics beyond the standard model. The huge number of terms involved in any such calculation requires developing an effective computational way of handling them. This requires the development of efficient algorithms for the expansion of higher transcendental functions to a very high order. The interesting fact is that abstract algebraic and number theoretic objects – Hopf algebras, Euler–Zagier sums, multiple polylogarithms – appear very naturally in this context.

Much work has been done recently by physicists (*cf.* the work of Moch, Uwer, and Weinzierl [94], [110]) in developing such algorithms for nested sums based on Hopf algebras. They produce explicit recursive algorithms treating expansions of nested finite or infinite sums involving ratios of Gamma functions and Z–sums, which naturally generalize multiple polylogarithms [64], Euler–Zagier sums, and multiple ζ-values. Such sums typically arise in the calculation of multi-scale multi-loop integrals. The algorithms are designed to recursively reduce the Z-sums involved to simpler ones with lower weight or depth, and are based on the fact that Z-sums form a Hopf algebra, whose co-algebra structure is the same as that of the CK Hopf algebra. Other interesting explicit algorithmic calculations of QFT based on the CK Hopf algebra of Feynman graphs can be found in the work of Bierenbaum, Kreckel, and Kreimer [6]. Hopf algebra structures based on rooted trees, that encode the combinatorics of Epstein–Glaser renormalization were developed by Bergbauer and Kreimer [5].

Kreimer developed an approach to the Dyson–Schwinger equation via a method of factorization in primitive graphs based on the Hochschild cohomology of the CK Hopf algebras of Feynman graphs ([82], [83], [81], *cf.* also [13]).

Work of Ebrahimi-Fard, Guo, and Kreimer ([52], [53], [54]) recasts the Birkhoff decomposition that appears in the CK theory of perturbative renormalization in terms of the formalism of Rota–Baxter relations. Berg and Cartier [4] related the Lie algebra of Feynman graphs to a matrix Lie algebra and the insertion product to a Ihara bracket. Using the fact that the Lie algebra of Feynman graphs has two natural representations (by creating or eliminating subgraphs) as derivations on the Hopf algebra of Feynman graphs, Connes and Kreimer introduced in [33] a larger Lie algebra of derivations which accounts for both operations. Work of Mencattini and Kreimer further relates this Lie algebra (in the ladder case) to a classical infinite dimensional Lie algebra.

Connections between the operadic formalism and the CK Hopf algebra have been considered by van der Laan and Moerdijk [84], [95]. The CK Hopf algebra also appears in relation to a conjecture of Deligne on the existence of an action of a chain model of the little disks operad on the Hochschild cochains of an associative algebra (*cf.* Kaufmann [76]).

References

[1] D.V. Anosov, A.A. Bolibruch, *The Riemann–Hilbert problem*, Aspects of Mathematics Vol. 22, Vieweg, 1994.
[2] H. Araki, *Expansional in Banach algebras*, Ann. Sci. École Norm. Sup. (4) 6 (1973), 67–84.
[3] A.A. Beilinson, *Higher regulators and values of L-functions*, (Russian) Current problems in mathematics, Vol. 24, 181–238, Moscow, 1984.
[4] M. Berg, P. Cartier, *Representations of the renormalization group as matrix Lie algebra*, preprint hep-th/0105315.
[5] C. Bergbauer, D. Kreimer, *The Hopf algebra of rooted trees in Epstein-Glaser renormalization*, preprint hep-th/0403207.
[6] I. Bierenbaum, R. Kreckel, D. Kreimer, *On the invariance of residues of Feynman graphs*, J. Math. Phys. 43 (2002), no. 10, 4721–4740.
[7] N.N. Bogoliubov, O. Parasiuk, *On the multiplication of the causal function in the quantum theory of fields*, Acta Math. 97, (1957), 227–266.
[8] N.N. Bogoliubov and D.V. Shirkov, *Introduction to the theory of quantized fields*, 3rd ed., Wiley 1980.
[9] A. Borel, *Cohomologie de* SL_n *et valeurs de fonctions zeta aux points entiers*, Ann. Scuola Norm. Sup. Pisa Cl. Sci., Vol. 4 (1977) N. 4, 613–636.
[10] P. Breitenlohner, D. Maison, *Dimensional renormalization and the action principle.* Comm. Math. Phys. Vol. 52 (1977), N. 1, 11–38.
[11] D.J. Broadhurst *On the enumeration of irreducible k-fold Euler sums and their roles in knot theory and field theory.* hep-th/9604128.
[12] D.J. Broadhurst, D. Kreimer *Association of multiple zeta values with positive knots via Feynman diagrams up to 9 loops.* hep-th/9609128.
[13] D.J.Broadhurst, D.Kreimer, *Exact solutions of Dyson-Schwinger equations for iterated one-loop integrals and propagator-coupling duality*, Nucl.Phys. B600 (2001) 403-422.
[14] B. Candelpergher, J.C. Nosmas, F. Pham, *Premiers pas en calcul étranger*, Annales Inst. Fourier, Vol. 43 (1993) 201–224.

[15] P. Cartier, *A mad day's work: from Grothendieck to Connes and Kontsevich. The evolution of concepts of space and symmetry*, Bull. Amer. Math. Soc. (N.S.) 38 (2001), no. 4, 389–408.

[16] P. Cartier, *Fonctions polylogarithmes, nombres polyzêtas et groupes pro-unipotents.* Séminaire Bourbaki, Vol. 2000/2001. Astérisque No. 282 (2002), Exp. No. 885, viii, 137–173.

[17] A.H. Chamseddine, A. Connes, *The spectral action principle.* Comm. Math. Phys. Vol. 186 (1997), N. 3, 731–750.

[18] K.T. Chen, *Iterated integrals and exponential homomorphisms*, Proc. London Math. Soc. Vol. 3 N. 4 (1954), 502–512.

[19] K.T. Chen, *Iterated integrals of differential forms and loop space homology.* Ann. of Math. (2) 97 (1973), 217–246.

[20] J. Collins, *Renormalization*, Cambridge Monographs in Math. Physics, Cambridge University Press, 1984.

[21] A. Connes, *Cohomologie cyclique et foncteurs* Ext^n, C. R. Acad. Sci. Paris Sér. I Math. 296 (1983), no. 23, 953–958.

[22] A. Connes, *Gravity coupled with matter and the foundation of noncommutative geometry.* Comm. Math. Phys. Vol. 182 (1996), N. 1, 155–176.

[23] A. Connes, *Noncommutative Geometry and the Riemann Zeta Function*, Mathematics: Frontiers and perspectives, IMU 2000 volume.

[24] A. Connes, *Symetries Galoisiennes et Renormalisation*, in "Poincaré Seminar 2002: Vacuum Energy-Renormalization", Progress in Mathematical Physics, V. 30, Birkhauser 2003.

[25] A. Connes, *Renormalisation ct ambigüïté Galoisienne*, preprint 2004.

[26] A. Connes, M. Dubois-Violette, *Noncommutative finite-dimensional manifolds. I. spherical manifolds and related examples*, Comm. Math. Phys. 230 (2002), no. 3, 539–579.

[27] A. Connes, M. Dubois-Violette, *Moduli space and structure of noncommutative 3-spheres*, preprint arXiv math.QA/0308275.

[28] A. Connes and M. Karoubi, *Caractère multiplicatif d'un module de Fredholm*, K-Theory 2 (1988), no. 3, 431–463.

[29] A. Connes and D. Kreimer, *Hopf algebras, Renormalization and Noncommutative Geometry.* Commun. Math. Phys., 199 (1998), no. 1, 203–242.

[30] A. Connes and D. Kreimer, *Renormalization in quantum field theory and the Riemann-Hilbert problem.* J. High Energy Phys. (1999) no. 9, Paper 24, 8 pp. (electronic).

[31] A. Connes and D. Kreimer, *Renormalization in quantum field theory and the Riemann-Hilbert problem. I. The Hopf algebra structure of graphs and the main theorem.* Comm. Math. Phys. 210 (2000), no. 1, 249–273.

[32] A. Connes and D. Kreimer, *Renormalization in quantum field theory and the Riemann-Hilbert problem. II. The β-function, diffeomorphisms and the renormalization group.* Comm. Math. Phys. 216 (2001), no. 1, 215–241.

[33] A. Connes, D. Kreimer, *Insertion and Elimination: the doubly infinite Lie algebra of Feynman graphs*, Ann. Henri Poincaré, Vol. 3 (2002), no. 3, 411–433.

[34] A. Connes, G. Landi, *Noncommutative manifolds, the instanton algebra and isospectral deformations*, Comm. Math. Phys. 221 (2001), no. 1, 141–159.

[35] A. Connes, M. Marcolli, *Renormalization and motivic Galois theory*, to appear in IMRN.

[36] A. Connes, M. Marcolli, *From Physics to Number Theory via Noncommutative Geometry, Part I: Quantum Statistical Mechanics of $\mathbb{Q}$-lattices*, preprint math.NT/0404128.

[37] A. Connes, M. Marcolli, *From Physics to Number Theory via Noncommutative Geometry, Part III*, in preparation.

[38] A. Connes, H. Moscovici, *The local index formula in noncommutative geometry*, GAFA, Vol. 5 (1995), 174–243.

[39] A. Connes, H. Moscovici, *Hopf algebras, cyclic cohomology and the transverse index theorem*, Comm. Math. Phys. **198**, (1998) 199–246.

[40] C. Consani, *Double complexes and Euler L-factors*, Compositio Math. 111 (1998), 323–358.

[41] C. Consani, M. Marcolli, *Noncommutative geometry, dynamics, and ∞-adic Arakelov geometry*, to appear in Selecta Mathematica.

[42] C. Consani, M. Marcolli, *Archimedean cohomology revisited*, preprint math.AG/0407480.

[43] O. Costin, *On Borel summation and Stokes phenomena for rank*-1 *nonlinear systems of ordinary differential equations*, Duke Math. J. 93 (1998), no. 2, 289–344.

[44] P. Deligne, *Equations differentielles à points singuliers réguliers*, Lecture Notes in Mathematics 163, Springer 1970.

[45] P. Deligne, *Le groupe fondamental de la droite projective moins trois points*, in "Galois group over $\mathbb{Q}$" MSRI Publications Vol. 16, pp. 79–313, Springer Verlag, 1989.

[46] P. Deligne, *Catégories tannakiennes*, in "Grothendieck Festschrift" Vol. 2, pp. 111–195, Progress in Mathematics Vol. 87, Birkhäuser, 1990.

[47] P. Deligne, A.B. Goncharov *Groupes fondamentaux motiviques de Tate mixte.*

[48] M. Demazure, A. Grothendieck, et al. *Séminaire Géometrie Algébrique: Schémas en Groupes*, Lecture Notes in Mathematics, Vol. 151, 152, 153. Springer, 1970.

[49] M. Dresden, *Renormalization in historical perspective - The first stage*, In: Renormalization, ed. L. Brown, Springer-Verlag, New York, Berlin, Heidelberg 1994.

[50] V. Drinfel'd, *On quasitriangular quasi-Hopf algebras and on a group that is closely connected with* $\mathrm{Gal}(\overline{Q}/Q)$. Algebra i Analiz 2 (1990), no. 4, 149–181; English translation in Leningrad Math. J. 2 (1991), no. 4, 829–860.

[51] V.G. Drinfel'd, V.V. Sokolov, *Lie algebras and equations of Korteweg-de Vries type*, J. Soviet Math. Vol. 30 (1985) 1975–2036.
[52] K. Ebrahimi-Fard, L. Guo, D. Kreimer, *Spitzer's Identity and the Algebraic Birkhoff Decomposition in pQFT*, preprint hep-th/0407082.
[53] K. Ebrahimi-Fard, L. Guo, D. Kreimer, *Integrable Renormalization II: the general case*, preprint hep-th/0403118.
[54] K. Ebrahimi-Fard, L. Guo, D. Kreimer, *Integrable Renormalization I: the ladder case*, preprint hep-th/0403118.
[55] J. Ecalle, *Iteration and analytic classification of local diffeomorphisms of* $\mathbb{C}^\nu$, in "Iteration theory and its functional equations" (Lochau, 1984), 41–48, Lecture Notes in Math. Vol. 1163, Springer, 1985.
[56] H. Epstein and V. Glaser, *The role of locality in perturbation theory*, Ann. Inst. H. Poincaré, 19 (1973) 211–295.
[57] F. Fauvet, *Résurgence et bifurcations dans des familles à un paramètre*, C.R. Acad. Sci. Paris, Vol. 315 (1992) 1283–1286.
[58] J. Feldman, J. Magnen, V. Rivasseau, R. Seneor, *Massive Gross-Neveu model: a rigorous perturbative construction*, Phys. Rev. Lett. Vol. 54 (1985).
[59] E. Frenkel, *Recent advances in the Langlands program*, preprint arXiv math.AG/0303074.
[60] K. Gawedzki, A. Kupiainen, *Exact renormalization of the Gross-Neveu model of quantum fields*, Phys. Rev. Lett. Vol. 54 (1985).
[61] S.I. Gelfand, Yu.I. Manin, *Homological algebra*, Encyclopaedia of Mathematical Sciences, Vol. 38, Springer, 1994.
[62] J. Glimm, A. Jaffe, *Quantum Physics*, Springer Verlag, 1987.
[63] A. Goncharov, *Polylogarithms in arithmetic and geometry*, Proc. of ICM-94 (Zürich), Vol. 1,2 374–387, Birkhäuser 1995.
[64] A. Goncharov, *Multiple polylogarithms, cyclotomy and modular complexes.* Math. Res. Lett. 5 (1998), no. 4, 497–516.
[65] A. Goncharov, *Multiple ζ-values, Galois groups, and geometry of modular varieties.* European Congress of Mathematics, Vol. I (Barcelona, 2000), 361–392, Progr. Math., 201, Birkh"user, Basel, 2001.
[66] A. Goncharov, *Multiple polylogarithms and mixed Tate motives.* 2001.
[67] A. Goncharov, *Galois symmetries of fundamental groupoids and noncommutative geometry*, math.AG/0208144. To appear in Duke Math. J.
[68] G. Green, *Researches on the Vibrations of Pendulums in Fluid Media*, Royal Society of Edinburgh Transactions (1836) p 315-324.
[69] D. Gross, *Applications of the renormalization group to high energy physics*, Les Houches 1975, Proceedings, Methods In Field Theory, Amsterdam, (1976), 141–250.
[70] A. Grothendieck, *Sur la classification des fibrés holomorphes sur la sphère de Riemann*, Amer. J. Math. Vol. 79 (1957) 121–138.

[71] A. Grothendieck, *Esquisse d'un programme*, 1984 manuscript, reproduced in "Geometric Galois actions, 1", 5–48, Cambridge Univ. Press, 1997.
[72] K. Hepp, *Proof of the Bogoliubov-Parasiuk theorem on renormalization*, Comm. Math. Phys. 2, (1966), 301–326.
[73] G. 't Hooft, *Dimensional regularization and the renormalization group*, Nuclear Physics B, 61 (1973) 455-468.
[74] G. 't Hooft, M. Veltman, *Regularization and renormalization of gauge fields* Nuclear Physics B, Vol. 44, N. 1 (1972), 189–213.
[75] N. Katz, *An overview of Deligne's work on Hilbert's twenty-first problem*, Proceedings Symp. Pure Math. Vol. 28 (1976) 537–557.
[76] R. Kaufmann, *On Spineless Cacti, Deligne's Conjecture and Connes–Kreimer's Hopf Algebra*, arXiv:math.QA/0308005.
[77] M. Kontsevich, *Operads and motives in deformation quantization*, Lett. Math. Phys. 48 (1999), no. 1, 35–72.
[78] M. Kontsevich, D. Zagier, *Periods*, in "Mathematics unlimited—2001 and beyond", pp. 771–808, Springer, 2001.
[79] D. Kreimer, *The role of γ_5 in Dimensional Regularization*, hep-ph/9401354.
[80] D. Kreimer, *On the Hopf algebra structure of perturbative Quantum Field Theory*, Adv. Theor. Math. Phys. 2 (1998), no. 2, 303–334.
[81] D. Kreimer, *The residues of quantum field theory - numbers we should know*, hep-th/0404090.
[82] D. Kreimer, *New mathematical structures in renormalizable quantum field theories*, Ann. Physics 303 (2003), no. 1, 179–202.
[83] D. Kreimer, *Factorization in quantum field theory: an exercise in Hopf algebras and local singularities*, hep-th/0306020.
[84] P. van der Laan, *Operads and the Hopf algebras of renormalisation*, arXiv:math-ph/0311013.
[85] Lê Dũng Tráng and Z. Mebkhout, *Introduction to linear differential systems* in "Singularities, Part 2 (Arcata, Calif., 1981)" Proc. Sympos. Pure Math., Vol. 40, pp. 31–63 AMS 1983.
[86] M. Levine, *Mixed motives*, Math. Surveys and Monographs, Vol. 57, AMS, 1998.
[87] C.P. Martín, D. Sánchez-Ruiz, *Action principles, restoration of BRS symmetry and the renormalization group equation for chiral non-Abelian gauge theories in dimensional renormalization with a non-anticommuting γ_5*, Nucl.Phys. B572 (2000) 387-477.
[88] Z. Mebkhout, *Sur le problème de Hilbert-Riemann* C. R. Acad. Sci. Paris Sér. A-B 290 (1980), no. 9, A415–A417
[89] J. Martinet, J.P. Ramis, *Elementary acceleration and multisummability, I*, Ann. Inst. Henri Poincaré, Vol. 54 (1991) 331–401.
[90] I. Mencattini, D. Kreimer, *Insertion and elimination Lie algebra: the ladder case*, Lett. Math. Phys. 67 (2004), no. 1, 61–74.

[91] I. Mencattini, D. Kreimer, *The Structure of the Ladder Insertion-Elimination Lie algebra*, preprint math-ph/0408053.

[92] F. Menous, *On the stability of some groups of formal diffeomorphisms by the Birkhoff decomposition*, preprint 2004.

[93] J. Milnor, J. Moore, *On the structure of Hopf algebras*, Ann. Math. (2) Vol. 81 (1965) 211–264.

[94] S. Moch, P. Uwer, S. Weinzierl, *Nested sums, expansion of transcendental functions, and multiscale multiloop integrals.* J. Math. Phys. 43 (2002), no. 6, 3363–3386.

[95] I. Moerdijk, *On the Connes-Kreimer construction of Hopf algebras*, in " Homotopy methods in algebraic topology" (Boulder, CO, 1999), 311–321, Contemp. Math., 271, Amer. Math. Soc. 2001.

[96] G. Parisi, *The physical basis of the asymptotic estimates in perturbation theory*, in "Hadronic Structure and Lepton-Hadron Interactions" Cargese Summer Institute 1977. Plenum. 1979, pp.665–685.

[97] G. Parisi, *On infrared divergences*, Nuclear Physics B, Vol. 150B, no.1, 2 April 1979, 163–172.

[98] G. Parisi, *The Borel transform and the renormalization group*, Physics Reports, Vol. 49, no.2, Jan. 1979, 215–219.

[99] G. Parisi, *Summing large perturbative corrections in QCD*, Physics Letters B, Vol. 90, no.3, 25 Feb. 1980, 295–296.

[100] S. Paycha, *Weighted trace cochains; a geometric setup for anomalies*, preprint 2004.

[101] A. Pressley, G. Segal, *Loop groups*, Oxford Univ. Press, 1986.

[102] M. van der Put, M. Singer, *Galois theory of linear differential equations*, Springer 2002.

[103] M. van der Put, *Differential Galois Theory, Universal Rings and Universal groups*, in "Differential Algebra and Related topics", Editors Li Guo, Phyllis Cassidy, William F. Keigher, William Sitt. World Scientific 2002.

[104] G. Racinet, *Doubles mélanges des polylogarithmes multiples aux racines de l'unité*, Publ. Math. Inst. Hautes Études Sci. No. 95 (2002), 185–231.

[105] J.P. Ramis, *Séries divergentes et théories asymptotiques.* Bull. Soc. Math. France, 121(Panoramas et Syntheses, suppl.) 74, 1993.

[106] M. Sakakibara, *On the differential equations of the characters for the renormalization group.* Modern Phys. Lett. A Vol. 19 (2004), N. 19, 1453–1456.

[107] E.K. Sklyanin, *Some algebraic structures connected with the Yang-Baxter equation*, Func. Anal. Appl. 16, (1982), 263–270.

[108] J. Steenbrink, *Limits of Hodge structures.* Invent. Math. 31 (1976), 229–257.

[109] V. Voevodsky, *Triangulated categories of motives over a field* in "Cycles, transfer and motivic homology theories, pp. 188–238, Annals of Mathematical Studies, Vol. 143, Princeton, 2000.

[110] S. Weinzierl, *Hopf algebra structures in particle physics*, arXiv:hep-th/0310124.
[111] V.E. Zakharov, A.B. Shabat, *Integration of nonlinear equations of mathematical physics by the method of inverse scattering, II*, Funct. Anal. Vol. 13 (1979) 166–174.
[112] W. Zimmermann, *Convergence of Bogoliubov's method of renormalization in momentum space*, Comm. Math. Phys. 15, (1969), 208–234.

Factorization in Quantum Field Theory: An Exercise in Hopf Algebras and Local Singularities

Dirk Kreimer

C.N.R.S. at Institut des Hautes Études Scientifiques
35 rte. de Chartres, F91440 Bures-sur-Yvette
kreimer@ihes.fr

Summary. I discuss the role of Hochschild cohomology in Quantum Field Theory with particular emphasis on Dyson–Schwinger equations.

1 Introduction

This paper provides a designated introduction to the Hopf algebra approach to renormalization having a specific goal in mind: to connect this approach in perturbative quantum field theory with non-perturbative aspects, in particular with Dyson–Schwinger equations (DSEs) and with the renormalization group (RG), with particular emphasis given to a proof of renormalizability based on the Hochschild cohomology of the Hopf algebra behind a perturbative expansion, see [1].

To achieve this goal we will consider a Hopf algebra of decorated rooted trees. In parallel work, we have started to treat the Feynman graph algebras of quantum electrodynamics, non-abelian gauge theories and the full Standard Model along similar lines [2; 3].

There are various reasons for starting with decorated rooted trees. One is that Hopf algebra structures of such rooted trees play a prominent role also in the study of polylogarithms [4; 5; 6; 7] and quite generally in the analytic study of functions which appear in high-energy physics [8; 9]. Furthermore, the Hopf algebras of graphs and decorated rooted trees are intimately related. Indeed, resolving overlapping divergences into non-overlapping sectors furnishes a homomorphism from the Feynman graph Hopf algebras to Hopf algebras of decorated rooted trees [10; 11; 12; 13]. Thus the study of decorated rooted trees is by no means a severe restriction of the problem, but allows for the introduction of simplified models which still capture the crucial features of the renormalization problem in a pedagogical manner.[1]

In particular we are interested to understand how the structure maps of a Hopf algebra allow to illuminate the structure of quantum field theory. We will first review the transition from unrenormalized to renormalized amplitudes [10; 16; 17; 20; 12; 21] and investigate how the Hochschild cohomology of the Hopf algebra of a perturbative expansion directly leads to a renormalization proof.

We then study Dyson–Schwinger equations for rooted trees and show again how the Hochschild cohomology explains the form invariance of these equations under the transition from the unrenormalized to the renormalized equations. For the Hopf algebras apparent in a perturbative expansion, this transition is equivalent to the transition from the action to the bare action, as the study of Dyson–Schwinger equations is equivalent to the study of the corresponding generating functionals [22; 23].

We then show how the structure of these equations leads to a combinatorial factorization into primitives of the Hopf algebra. While this is easy to achieve for the examples studied here, it is subtly related to the Ward–Takahashi and Slavnov–Taylor identities in the case of abelian and non-abelian quantum gauge field theories. Here is not the space to provide a detailed discussion of factorization in these theories, but at the end of the paper we comment on recent results concerning the relation between factorization and gauge symmetry. Indeed, the combinatorial factorization establishes a com-

---

[1] Furthermore, the structure of the Dyson–Schwinger equations in gauge theories eliminates overlapping divergences altogether upon use of gauge invariance [14; 15].

mutative associative product $\vee$ from one-particle irreducible (1PI) graphs to 1PI graphs in the Hopf algebra of 1PI graphs. In general, this product is non-integral [18]:

$$\Gamma_1 \vee \Gamma_2 = 0 \not\Rightarrow \Gamma_1 = 0 \text{ or } \Gamma_2 = 0, \tag{1.1}$$

but the failure can be attributed to the one-loop graphs generated from a single closed fermion loop with a suitable number of external background gauge fields coupled. This fermion determinant is indeed a natural starting point in for an understanding of gauge symmetries based on an investigation of the structure of the ring of graph insertions.

Having a commutative ring at hand of 1PI graphs, or, here, of decorated rooted trees, we can ask how the evaluation of a product of 1PI graphs, or trees, compares with the product of the evaluations. In answering this question, it seems to me, serious progress can be made in our understanding of field theory. Indeed, the integrals which appear in Dyson–Schwinger equations or in the perturbative expansion of field theory are of a distinguished kind: they provide a class of functions which is self-similar under the required integrations. The asymptotics of the integral can be predicted from the asymptotics of the integrand, as already stressed by previous authors [24]. It is this self-similarity which makes the Dyson–Schwinger equations consistent with the renormalization group. Again, a detailed study has to be given elsewhere but a few comments are scattered in the present paper.

We will now outline this program in some detail, and then first turn to a rich class of toy models to exhibit many of the involved concepts. This serves as a training ground for our ideas. As announced, these toy models are based on a Hopf algebra of decorated rooted trees, with only symbolically specified decorations. We provide toy Feynman rules which suffer from short distance singularities. Each genuine quantum field theory is distinguished from this toy case by the mere fact that the calculation of the decorations is analytically harder than what confronts the reader later on. Any perturbative quantum field theory (pQFT) provides a Hopf algebra structure isomorphic to the models below, for a suitably defined set of decorations, through its skeleton graphs.

Unfortunately, the calculation of higher loop order skeletons is beyond the present analytical skill. Most fascinatingly though, up to six loops, they provide multiple zeta values galore [25], a main subject of our school [8; 9; 7; 5]. At higher loops, they might even provide periods outside this class, an open research question in its own right [26].

Nevertheless, there is still much to be learned about how the underlying skeleton diagrams combine in quantum field theory. Ultimately, we claim that the Hopf- and Lie algebra structures of 1PI graphs are sufficiently strong to reduce quantum field theory to a purely analytical challenge: the explanation of relations between two-particle irreducible (2PI) graphs which will necessitate the considerations of higher Legendre transforms. This is not the purpose of the present paper, but a clear task for the future: while the renormalization problem of 1PI graphs is captured by the algebraic structures of 1PI graphs, the analytic challenge is not: Rosner's cancellation of transcendentals in the β function of quenched QED [27; 15], Cvitanovic's observation of hints towards non-combinatorial growth of perturbative QED [28] and the observation of (modified) four term relations between graphs [29] all establish relations between 2PI skeleton graphs which are primitives in the Hopf algebra of 1PI graphs. In this sense, the considerations started in this paper aim to emphasize where the true problem of QFT lies: in the understanding of the analytic relations between renormalization primitive graphs. The factorizations into Hopf algebra primitives of the perturbation expansion studied here generalizes the shuffle identity on generalized polylogarithms, which comes, for the latter, from studying the very simple integral representations as iterated integrals. A second source of relations comes from studying the sum representations. The corresponding relations between Feynman diagrams have not yet been found, but the above quoted results are, to my mind, a strong hint towards their existence. Alas, the lack of understanding of these relations is the major conceptual challenge which stops us from understanding QFT in four dimensions. All else is taken care of by the algebraic structures of 1PI graphs.

The Hopf algebra of decorated rooted trees is an adequate training ground for QFT, where the focus is on the understanding of the renormalization problem and the factorization of 1PI graphs into graphs which are primitive with respect to the Hopf algebra coproduct.

Hence the program which we want to carry out in the following consists of a series of steps which can be set up in any QFT, while in this paper we will utilize the fact that they can be set up in a much wider context. When one considers DSE, one usually obtains them as the quantum equations of motion of some Lagrangian field theory using some generating functional technology in the path integral. Now observe that the DSEs for 1PI Green functions can all be written in the form

$$\Gamma^{\underline{n}} = 1 + \sum_{\substack{\gamma \in H_L^{[1]} \\ \mathrm{res}(\gamma)=\underline{n}}} \frac{\alpha^{|\gamma|}}{\mathrm{Sym}(\gamma)} B_+^{\gamma}(X_{\mathfrak{R}}^{\gamma}), \tag{1.2}$$

where the B_+^{γ} are Hochschild closed one-cocycles of the Hopf algebra of Feynman graphs indexed by Hopf algebra primitives γ with external legs $\underline{n}$, and $X_{\mathfrak{R}}^{\gamma}$ is a monomial in superficially divergent Green functions which dress the internal vertices and edges of γ. We quote this result from [2; 3] to which we refer the reader for details. It allows to obtain the quantum equations of motion, the DSEs for 1PI Green functions, without any reference to actions, Lagrangians or path integrals, but merely from the representation theory of the Poincaré group for free fields.

Motivated by this fact we will from now on call any equation of the form

$$X = 1 + \alpha B_+(X^k), \tag{1.3}$$

with B_+ a closed Hochschild one-cocycle, a combinatorial Dyson–Schwinger equation.

Thus in this paper we choose as a first Hopf algebra to study the one of decorated rooted trees, without specifying a particular QFT. The decorations play the role of the skeleton diagrams γ above, indexing the set of closed Hochschild one-cocycles and the primitives of the Hopf algebra.

In general, this motivates an approach to quantum field theory which is utterly based on the Hopf and Lie algebra structures of graphs. Let us discuss the steps which we would have to follow in such an approach.

1.1 Determination of H

The first step aims at finding the Hopf algebra suitable for the description of a chosen QFT. For such a QFT consider the set of Feynman graphs corresponding to its perturbative expansion close to its free Gaussian functional integral. Identify the one-particle irreducible (1PI) diagrams. Identify all vertices and propagators in them and define a pre-Lie product on 1PI graphs by using the possibility to replace a local vertex by a vertex correction graph, or, for internal edges, by replacing a free propagator by a self-energy. For any local QFT this defines a pre-Lie algebra of graph insertions [13]. For a renormalizable theory, the corresponding Lie algebra will be non-trivial for only a finite number of types of 1PI graphs (self-energies, vertex-corrections) corresponding to the superficially divergent graphs, while the superficially convergent ones provide a semi-direct product with a trivial abelian factor [20].

The combinatorial graded pre-Lie algebra so obtained [13] provides not only a Lie-algebra $\mathfrak{L}$, but a commutative graded Hopf algebra H as the dual of its universal enveloping algebra $\mathcal{U}(\mathfrak{L})$, which is not cocommutative if $\mathfrak{L}$ was non-abelian. Dually one hence obtains a commutative but non-cocommutative Hopf algebra H which underlies the forest formula of renormalization [10; 11; 16; 20].

1.2 Character of H

For a so-determined Hopf algebra $H = H(m, E, \bar{e}, \Delta, S)$, a Hopf algebra with multiplication m, unit e with unit map $E : \mathbb{Q} \to H$, $q \to qe$, with counit $\bar{e}$, coproduct Δ and antipode S, $S^2 = e$, we immediately have at our disposal the group of characters $G = G(H)$ which are multiplicative maps from H to some target ring V. This group contains a distinguished element: the Feynman rules φ are indeed a very special character in G. They will typically suffer from short-distance singularities, and the character φ will correspondingly reflect these singularities. This can happen in various ways depending on the chosen target space V. We will here typically take V to be the ring of Laurent polynomials in some indeterminate z with poles of finite orders for each finite Hopf algebra element, and design Feynman rules so as to reproduce all salient features of QFT.

As $\varphi : H \to V$, with V a ring, with multiplication m_V, we can introduce the group law

$$\varphi * \psi = m_V \circ (\varphi \otimes \psi) \circ \Delta\,, \tag{1.4}$$

and use it to define a new character

$$S_R^\phi * \phi \in G\,, \tag{1.5}$$

where $S_R^\phi \in G$ twists $\phi \circ S$ and furnishes the counterterm of $\phi(\Gamma)$, $\forall \Gamma \in H$, while $S_R^\phi * \phi(\Gamma)$ corresponds to the renormalized contribution of Γ [10; 16; 11; 20]. S_R^ϕ depends on the Feynman rules $\phi:\ H \to V$ and the chosen renormalization scheme $R:\ V \to V$. It is given by

$$S_R^\phi = -R\left[m_V \circ (S_R^\phi \otimes \phi) \circ (\mathrm{id}_H \otimes P) \circ \Delta\right]\,, \tag{1.6}$$

where R is supposed to be a Rota-Baxter operator in V, and the projector into the augmentation ideal $P: H \to H$ is given by $P = \mathrm{id} - E \circ \bar{e}$.

The $\bar{R}$ operation of Bogoliubov is then given by

$$\bar{\phi} := \left[m_V \circ (S_R^\phi \otimes \phi) \circ (\mathrm{id}_H \otimes P) \circ \Delta\right]\,, \tag{1.7}$$

and

$$S_R^\phi \star \phi \equiv m_V \circ (S_R^\phi \otimes \phi) \circ \Delta = \bar{\phi} + S_R^\phi = (\mathrm{id}_H - R)(\bar{\phi}) \tag{1.8}$$

is the renormalized contribution. Note that this second step has been established for all perturbative quantum field theories combining the results of [10; 11; 12; 13; 20]. These papers are rather abstract and will be complemented by explicit formulas for the practitioner of gauge theories in forthcoming work.

1.3 Locality from H

The third step aims to show that locality of counterterms is utterly determined by the Hochschild cohomology of Hopf algebras. Again, we can dispense of the existence of an underlying Lagrangian and derive this crucial feature from the Hochschild cohomology of H. This cohomology is universally described in [20], see also [19]. What we are considering are spaces $\mathcal{H}^{(n)}$ of maps from the Hopf algebra into its own n-fold tensor product,

$$\mathcal{H}^{(n)} \ni \psi \Leftrightarrow \psi : H \to H^{\otimes n} \tag{1.9}$$

and an operator

$$b:\ \mathcal{H}^{(n)} \to \mathcal{H}^{(n+1)} \tag{1.10}$$

which squares to zero: $b^2 = 0$. We have for $\psi \in \mathcal{H}^{(1)}$

$$(b\psi)(a) = \psi(a) \otimes e - \Delta(\psi(a)) + (\mathrm{id}_H \otimes \psi)\Delta(a) \tag{1.11}$$

and in general

$$(b\psi)(a) = (-1)^{n+1}\psi(a) \otimes e + \sum_{j=1}^{n}(-1)^j \Delta_{(j)} (\psi(a)) + (\mathrm{id} \otimes \psi)\Delta(a), \quad (1.12)$$

where $\Delta_{(j)} : H^{\otimes n} \to H^{\otimes n+1}$ applies the coproduct in the j-th slot of $\psi(a) \in H^{\otimes n}$.

For all the Hopf algebras considered here and in future work on QFT, the Hochschild cohomology is rather simple: it is trivial in degree $n > 1$, so that the only non-trivial elements in the cohomology are the maps from $H \to H$ which fulfill the above equation and are non-exact. In QFT these maps are given by maps B_+^γ, indexed by primitive graphs γ, an easy consequence of [20; 19] extensively used in recent work [2; 3].

Locality of counterterms and finiteness of renormalized quantities follow from the Hochschild properties of H: the Feynman graph is in the image of a closed Hochschild one cocycle B_+^γ, $b\,B_+^\gamma = 0$, i.e.

$$\Delta \circ B_+^\gamma(X) = B_+^\gamma(X) \otimes e + (\mathrm{id} \otimes B_+^\gamma) \circ \Delta(X)\,, \quad (1.13)$$

and this equation suffices to prove the above properties by a recursion over the augmentation degree of H. This is a new result: it is the underlying Hochschild cohomology of the Hopf algebra H of the perturbative expansion which allows to provide renormalization by local counterterms. The Feynman graph case has been studied in [3] in complete analogy, and we will study the result in detail for rooted tree algebras below. This result is again valid due to the benign properties of Feynman integrals: we urgently need Weinberg's asymptotic theorem which ensures that an integrand, overall convergent by power-counting and free of subdivergences, can actually be integrated [24].

1.4 Combinatorial DSEs from Hochschild cohomology

Having understood the mechanism which achieves locality step by step in the perturbative expansion, one can ask for more: how does this mechanism fare in the quantum equations of motion? So we next turn to the Dyson–Schwinger equations.

As mentioned before, they typically are of the form

$$\Gamma^{\underline{n}} = 1 + \sum_{\substack{\gamma \in H_L^{[1]} \\ \mathrm{res}(\gamma)=\underline{n}}} \frac{\alpha^{|\gamma|}}{\mathrm{Sym}(\gamma)} B_+^\gamma(X_{\mathcal{R}}^\gamma) = 1 + \sum_{\substack{\Gamma \in H_L \\ \mathrm{res}(\Gamma)=\underline{n}}} \frac{\alpha^{|\Gamma|}\Gamma}{\mathrm{Sym}(\Gamma)}\,, \quad (1.14)$$

where the first sum is over a finite (or countable) set of Hopf algebra primitives γ,

$$\Delta(\gamma) = \gamma \otimes e + e \otimes \gamma, \quad (1.15)$$

indexing the closed Hochschild one-cocycles B_+^γ above, while the second sum is over all one-particle irreducible graphs contributing to the desired Green function, all weighted by their symmetry factors. The equation above for $\Gamma^{\underline{n}}$ is non-trivial and needs proof [2; 3]. To be more precise, if we define B_+^γ such that the equation is true, we have to show that it gives rise to a Hochschild one-cocycle: $bB_+^\gamma = 0$. This can be proven in analogy with the rooted tree case. Here, $\Gamma^{\underline{n}}$ is to be regarded as a formal series

$$\Gamma^{\underline{n}} = 1 + \sum_{k\geq 1} c_k^{\underline{n}} \alpha^k, \; c_k^{\underline{n}} \in H. \tag{1.16}$$

Typically, this is all summarized in graphical form as in Fig. (1), which gives the DSE for the unrenormalized Green functions of massless QED as an example, in analogy to the non-abelian case [3], (restricting ourselves to the set of superficially divergent Green functions, ie. $\underline{n} \in \mathcal{R}_{\mathrm{QED}} \equiv \{ \prec, \blacktriangleright, \sim \}$). In our terminology this QED system reads for renormalized functions:

$$\Gamma_R^{\prec} = Z^{\prec} + \sum_{\substack{\gamma\in H_L^{[1]}\\ \mathrm{res}(\gamma)=\prec}} \frac{\alpha^{|\gamma|}}{\mathrm{Sym}(\gamma)} B_+^\gamma \left([\Gamma_R^{\prec}]^{n^\gamma_{\prec}} / [\Gamma_R^{\blacktriangleright}]^{n^\gamma_{\blacktriangleright}} / [\Gamma_R^{\sim}]^{n^\gamma_{\sim}} \right)$$

$$\Gamma_R^{\blacktriangleright} = Z^{\blacktriangleright} + \sum_{\substack{\gamma\in H_L^{[1]}\\ \mathrm{res}(\gamma)=\blacktriangleright}} \frac{\alpha^{|\gamma|}}{\mathrm{Sym}(\gamma)} B_+^\gamma \left([\Gamma_R^{\prec}]^{n^\gamma_{\prec}} / [\Gamma_R^{\blacktriangleright}]^{n^\gamma_{\blacktriangleright}} / [\Gamma_R^{\sim}]^{n^\gamma_{\sim}} \right)$$

$$\Gamma_R^{\sim} = Z^{\sim} + \sum_{\substack{\gamma\in H_L^{[1]}\\ \mathrm{res}(\gamma)=\sim}} \frac{\alpha^{|\gamma|}}{\mathrm{Sym}(\gamma)} B_+^\gamma \left([\Gamma_R^{\prec}]^{n^\gamma_{\prec}} / [\Gamma_R^{\blacktriangleright}]^{n^\gamma_{\blacktriangleright}} / [\Gamma_R^{\sim}]^{n^\gamma_{\sim}} \right)$$

where the integers

$$n^\gamma_{\prec}, \; n^\gamma_{\blacktriangleright}, \; n^\gamma_{\sim}$$

count the numbers of internal vertices, fermion lines and photon lines in γ, and the B_+^γ operator inserts the corresponding Green functions into γ, corresponding to the blobs in figure (1). The unrenormalized equations are obtained by omitting the subscript R at $\Gamma_R^{\cdots}$ and setting $Z^{\cdots}$ to unity. The usual integral equations are obtained by evaluation both sides of the system by the Feynman rules.[2] The form invariance in the transition from the unrenormalized to the renormalized Green functions directly follows from the fact that the equation for the series $\Gamma^{\underline{n}}$ is in its non-trivial part in the image of closed Hochschild one-cocycles B_+^γ. It is this fact which ensures that a local Z-factor is sufficient to render the theory finite. The fact that the rhs of a DSE is

[2] The system is redundant, as we made no use of the Ward identity. Also, the unrenormalized system is normalized so that the rhs starts with unity, implying an expansion of inverse propagators in the external momentum up to their superficial degree of divergence. This creates their skeleton diagrams [14; 15].

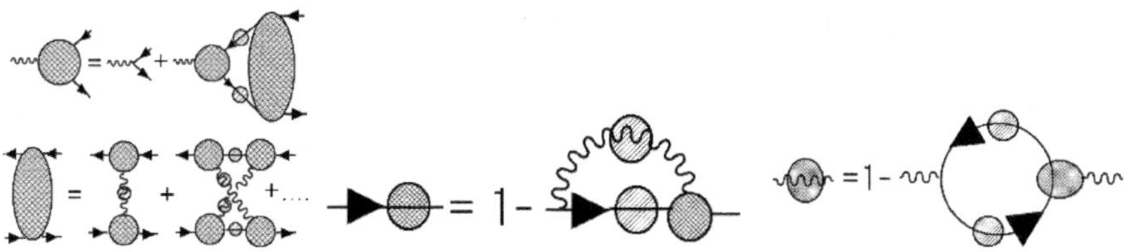

Fig. 1. The Dyson Schwinger equation for the QED vertex and inverse propagator functions. Expanding the e^+e^- scattering kernel, and closing it by a 1PI vertex function, gives the terms generated by the B_+^γ operator: Replacing each blob by a bare vertex or propagator gives the primitive graphs γ for the vertex function. Solving that DSE for the bare vertex and inserting it into the equation for the inverse propagator function gives their skeletons by standard methods [14; 15].

Hochschild closed ensures the form invariance of the quantum equations of motion in the transition from the unrenormalized to the renormalized Green functions, as indeed in the renormalized system the Hochschild closed one-cocycle acts only on renormalized functions. We will exemplify this for rooted trees below.

1.5 Factorization

Such systems of DSEs can be factorized. The factorization is based on a commutative associative product on one-particle irreducible (1PI) graphs in the Hopf algebra, which maps 1PI graphs to 1PI graphs. We will do this below with considerable ease for the corresponding product on rooted trees. For Feynman graphs, one confronts the problem that the product can be non-integral [18]. A detailed discussion of the relation of this failure to the requirements of identities between Green functions in the case of gauge theories has been started in [3], a short discussion appended at the end of this paper.

1.6 Analytic factorization and the RG

In the final step, we pose the question: how relates the evaluation of the product to a product of the evaluations?

That can be carried out in earnest only in the context of a true QFT - there is no exact RG equation available for our toy model of decorated rooted trees. So we will not carry out this step here, but only include in the discussion at the end of the paper an argument why a RG equation is needed for this step.

2 Locality and Hochschild cohomology

The first result we want to exhibit in some detail is the close connection between the Hochschild cohomology of a Hopf algebra and the possibility to obtain local counterterms.

We will first study the familiar Hopf algebra of non-planar decorated rooted trees. We will invent toy Feynman rules for it such that we have a non-trivial renormalization problem. Then we will show how the structure maps of the Hopf algebra precisely allow to construct local counterterms and finite renormalized amplitudes thanks to the fact that each non-trivial Hopf algebra element is in the image of a closed Hochschild one-cocycle.

2.1 The Hopf algebra of decorated rooted trees

To study the connection between renormalization and Hochschild cohomology in a most comprehensive manner we thus introduce the Hopf algebra of decorated rooted trees. Let Dec be a (countable) set of decorations, and $H = H(\mathrm{Dec})$ be the Hopf algebra of decorated rooted trees (non-planar). For any such tree T we let $T^{[0]}$ be the set of its vertices and $T^{[1]}$ be the set of its edges. To each vertex $v \in T^{[0]}$ there is assigned a decoration $\mathrm{dec}(v) \in \mathrm{Dec}$.

For T_1, T_2 in H, we let their disjoint union be the product, we write e for the unit element in H, and define the counit by

$$\bar{e}(e) = 1\,, \quad \bar{e}(X) = 0 \text{ else.} \tag{2.1}$$

We write $P : H \to H, P = \mathrm{id}_H - E \circ \bar{e}$ for the projection into the augmentation ideal of H.

The coproduct is given by

$$\Delta[e] = e \otimes e\,,\ \Delta[T_1 \dots T_k] = \Delta[T_1] \dots \Delta[T_k]\,, \tag{2.2}$$

$$\Delta[T] = T \otimes e + e \otimes T + \sum_{\substack{\text{adm}\\ \text{cuts}\\ C}} P^C(T) \otimes R^C(T)\,, \tag{2.3}$$

as in [20]. The introduction of decorations does not require any changes, apart from the fact that the operators B_+ are now indexed by the decorations. We have, as $T = B_+^c(X)$, for some $X \in H$ and $c \in \mathrm{Dec}$,

$$\Delta[T] = T \otimes e + [\mathrm{id} \otimes B_+^c]\, \Delta[X]\,. \tag{2.4}$$

The antipode is given by $S(e) = e$ and

$$S[B_+^c(X)] = -B_+^c(X) - m \circ [S \circ P \otimes B_+^c] \circ \Delta[X]\,.. \tag{2.5}$$

A distinguished role is played by the primitive elements $\bullet c$, $\forall c \in \mathrm{Dec}$, with

$$\Delta(\bullet c) = \bullet c \otimes e + e \otimes \bullet c.. \tag{2.6}$$

Let now G be the group of characters of H, $\varphi \in G \Leftrightarrow \varphi : H \to V$, $\varphi(T_1 T_2) = \varphi(T_1)\,\varphi(T_2)$, with V a suitable ring. Feynman rules provide such characters for the Hopf algebras of QFT, and we will now provide a character for the Hopf algebra of rooted trees which mimics the renormalization problem faithfully.

2.2 The toy Feynman rule

We choose V to be the ring of Laurent series with poles of finite order. To understand the mechanism of renormalization in an analytically simple case we define toy Feynman rules using dimensional regularization,

$$\phi(B_+^c[X])\left\{\frac{q^2}{\mu^2};z\right\} = [\mu^2]^{z\frac{|c|}{2}} \int \frac{f_c(|y|)\phi\,(X)\left\{\frac{y^2}{\mu^2};z\right\}}{y^2+q^2}\,[y^2]^{-z(\frac{|c|}{2}-1)} d^D y\,, \tag{2.7}$$

for some functions $f_c(y)$ which turn to a constant for $|y| \to \infty$. In the following, we assume that f_c is simply a constant, in which case the above Feynman rules are elementary to compute. In the above, $\phi\,(T)$ is a function of a dimensionless variable q^2/μ^2 and the regularization parameter $z = (2 - D)/2$.

Furthermore

$$\phi[X_1\, X_2] = \phi(X_1)\,\phi(X_2) \tag{2.8}$$

as part of the definition and therefore $\phi[e] = 1$. Hence, indeed, $\phi \in G$. We also provided for each decoration c an integer degree $|c| \geq 1$, which resembles the loop number of skeleton diagrams.

The sole purpose of this choice of $\phi \in G$ for the Feynman rules is to provide a simple character which suffers from short-distance singularities in quite the same way as genuine Feynman diagrams do, without confronting the reader with overly hard analytic challenges at this moment. Note that, $\forall\, c \in \mathrm{Dec}$,

$$\phi(\bullet c) = f_c \left[\frac{q^2}{\mu^2}\right]^{\frac{-z|c|}{2}} \pi^{D/2}\,\frac{\Gamma(1+|c|z)}{|c|z}\,,$$

exhibiting the obvious pole at $D = 2$.

Using

$$\int d^D y\, \frac{[y^2]^{-u}}{y^2+q^2} = \pi^{D/2}\,[q^2]^{-z-u}\,\frac{\Gamma(-u+D/2)\,\Gamma(1+u-D/2)}{\Gamma(D/2)}\,, \tag{2.9}$$

evaluations of decorated rooted trees are indeed elementary. The reader can convince himself that the degree of the highest order pole of $\phi(T)$ equals the augmentation degree $\mathrm{aug}(T)$ of T, which, for a single tree, is the number of vertices, see (2.18) below.

Having defined the character ϕ, we note that, for $T = B_+^c(X)$

$$\phi \circ S[B_+^c(X)] = -\phi(T) - m \circ [\phi \circ S \circ P \otimes \phi \circ B_+^c] \circ \Delta[X] . \tag{2.10}$$

We then twist $\phi \circ S \in G$ to $S_R^\phi \in G$ by

$$S_R^\phi(T) := -R[\phi(T) + m \circ (S_R^\phi \circ P \otimes \phi \circ B_+^c)\, \Delta[X]] , \tag{2.11}$$

$$=: -R[\bar{\phi}_R(T)] \tag{2.12}$$

where the renormalization scheme $R : V \to V$ is a Rota–Baxter map and hence fulfills $R[ab] + R[a]\, R[b] = R[R(a)b] + R[aR(b)]$, which suffices [16] to guarantee that $S_R^\phi \in G$, as it guarantees that $S_R^\phi \circ m_H = m_V \circ (S_R^\phi \otimes S_R^\phi)$.

Set

$$G \ni \phi_R(T) \equiv S_R^\phi * \phi(T) \equiv m \circ (S_R^\phi \otimes \phi) \circ \Delta[T] . \tag{2.13}$$

Furthermore, assume that R is chosen such that

$$\lim_{z \to 0} \; (\phi(X) - R[\phi(X)]) \quad \text{exists} \; \forall \, X \in H . \tag{2.14}$$

2.3 Renormalizability and Hochschild Cohomology

We now can prove renormalization for the Hopf algebra H and the toy Feynman rules ϕ in a manner which allows for a straightforward generalization to QFT, thanks to Weinberg's asymptotic theorem [24].

Theorem 1. *i)* $\lim_{z \to 0} \; \phi_R(T) \left\{ \frac{q^2}{\mu^2}; z \right\}$ *exists and is a polynomial in* $\log \frac{q^2}{\mu^2}$ *("finiteness")*
ii) $\lim_{z \to 0} \frac{\partial}{\partial \log q^2/\mu^2} \bar{\phi}_R(T) \left\{ \frac{q^2}{\mu^2}; z \right\}$ *exists ("local counterterms").*

To prove this theorem, we use that B_+^c is a Hochschild closed one-cocycle $\forall \, c \in \mathrm{Dec}$.

Proof. For us, Hochschild closedness just states [20] that

$$\Delta \circ B_+^c(X) = B_+^c(X) \otimes e + (\mathrm{id} \otimes B_+^c)\, \Delta(X) \; \Leftrightarrow \; b\, B_+^c = 0 . \tag{2.15}$$

We want to prove the theorem in a way which goes through unmodified in the context of genuine field theories. That essentially demands that we only use Hopf algebra properties which are true regardless of the chosen character representing the Feynman rules. To this end we introduce the augmentation degree. Let P be the projection into the augmentation ideal, as before.

Define, $\forall k \geq 2$,

$$\mathcal{P}^k : H \to \underbrace{H \otimes \ldots \otimes H}_{k \text{ copies}} \tag{2.16}$$

by

$$[P \otimes \ldots \otimes P] \circ \Delta^{k-1}\,,\ \mathcal{P}^1 := P\,,\ \mathcal{P}^0 := \mathrm{id}\,. \tag{2.17}$$

For every element X in H, there exists a largest integer k such that $\mathcal{P}^k(X) \neq 0$, $\mathcal{P}^{k+1}(X) = 0$. We set

$$\mathrm{aug}\,[X] = k. \tag{2.18}$$

(This degree is called bi-degree in [30].) We prove the theorem by induction over this augmentation degree. It suffices to prove it for trees $T \in H_L$.
Start of the induction: $\mathrm{aug}(T) = 1$.
Then, $T = \bullet c$ for some $c \in \mathrm{Dec}$. Indeed

$$\mathcal{P}^1(\bullet c) \neq 0\,,\ \mathcal{P}^2(T) = (P \otimes P)[\bullet c \otimes e + e \otimes \bullet c] = 0\,. \tag{2.19}$$

$$S_R^\phi(\bullet c) = -R[\phi(\bullet c)]\,, \tag{2.20}$$

and

$$S_R^\phi * \phi(\bullet c) = \phi(\bullet c) - R[\phi(\bullet c)]\,, \tag{2.21}$$

which is finite by assumption (2.14). Furthermore, $\lim_{z\to 0} \partial/\partial \log(q^2/\mu^2)\phi(\bullet c)$ exists $\forall c$, so we obtain a start of the induction. Note that this uses Weinberg's asymptotic theorem.
Induction: Now, assume that $\forall T$ up to $\mathrm{aug}\,(T) = k$, we have that

$$\lim_{z\to 0} \frac{\partial}{\partial \log \frac{q^2}{\mu^2}}\, \bar{\phi}(T) \tag{2.22}$$

exists, and $S_R^\phi * \phi(T)$ is a finite polynomial in $\log \frac{q^2}{\mu^2}$ at $z = 0$. We want to prove the corresponding properties for T with $\mathrm{aug}\,(T) = k + 1$.

So, consider T with $\mathrm{aug}\,(T) = k + 1$. Necessarily (each T is in the image of some B_+^c), $T = B_+^c(X)$ for some $c \in \mathrm{Dec}$ and $X \in H$. Then, from

$$\Delta \circ B_+^c(X) = B_+^c(X) \otimes e + (\mathrm{id} \otimes B_+^c)\, \Delta[X]\,, \tag{2.23}$$

indeed the very fact that B_+^c is Hochschild closed, we get

$$\begin{aligned} S_R^\phi\left(B_+^c[X]\right)\left\{\frac{q^2}{\mu^2}; z\right\} &= -R\Bigg[\int \frac{(y^2)^{-(\frac{|c|}{2}-1)z} d^D y}{[\mu^2]^{-\frac{|c|}{2}z}} \frac{f_c}{y^2+q^2}\, \phi(X)\left\{\frac{y^2}{\mu^2}; z\right\} \\ &+ \sum \int \frac{(y^2)^{-(\frac{|c|}{2}-1)z} d^D y}{[\mu^2]^{-\frac{|c|}{2}z}} \frac{f_c}{y^2+q^2}\, S_R^\phi(X')\, \phi(X'')\left\{\frac{y^2}{\mu^2}; z\right\}\Bigg]\,, \end{aligned} \tag{2.24}$$

where we abbreviated $\Delta[X] = \sum X' \otimes X''$, and the above can be written, using the definition (2.11) of S_R^ϕ, as

$$S_R^\phi\left(B_+^c[X]\right)\left\{\frac{q^2}{\mu^2};z\right\} =$$
$$-R\left[\int\frac{(y^2)^{-(\frac{|c|}{2}-1)z}d^Dy}{[\mu^2]^{-\frac{|c|}{2}z}}\frac{f_c}{y^2+q^2}S_R^\phi*\phi(X)\left\{\frac{y^2}{\mu^2};z\right\}\right]. \qquad (2.25)$$

This is the crucial step: the counterterm is obtained by replacing the subdivergences in $\phi(B_+^c(X))$ by their renormalized evaluation $S_R^\phi\star\phi(X)$, thanks to the fact that $bB_+^c=0$.

Now use that aug $[X]=k$, and that X is a product $X\equiv\prod_i\tilde{T}_i$ say, so that

$$S_R^\phi*\phi(X)=\prod_i S_R^\phi*\phi(\tilde{T}_i)\,. \qquad (2.26)$$

We can apply the assumption of the induction to $S_R^\phi*\phi(X)$. Hence there exists an integer r_X such that

$$S_R^\phi*\phi(X)\left\{\frac{y^2}{\mu^2};z\right\}=\sum_{j=0}^{r_X}c_j(z)[\log(y^2/\mu^2)]^j \qquad (2.27)$$

for some coefficient functions $c_j(z)$ which are regular at $z=0$.

A simple derivative with respect to $\log\frac{q^2}{\mu^2}$ shows that $\bar{\phi}_R(T)$ has a limit when $z\to 0$ which proves locality of S_R^ϕ. Here, we use that our integrands belong to the class of functions analyzed in [24]. The needed results for $S_R^\phi*\phi(T)$ follow similarly. □

We encourage the reader to go through these steps for a rooted tree with augmentation degree three say, or to study it for some simple Feynman graphs.

3 DSEs and factorization

We start by considering combinatorial DSEs. Those we define to be equations which define formal series over Hopf algebra elements. As before, we consider a Hopf algebra of decorated rooted trees, with the corresponding investigation of DSEs in the Hopf algebra of graphs to found in [2; 3].

3.1 The general structure of DSEs

In analogy to the situation in QFT, our toy DSE considered here is of the form

$$X=1+\sum_{c\in S\subseteq \mathrm{Dec}}\alpha^{|c|-1}B_+^c[X^{|c|}], \qquad (3.1)$$

where $\forall\ c \in \mathrm{Dec}$, $|c|$ is an integer chosen ≥ 2, and the above is a series in α with coefficients in $H \equiv H(S)$. Note that every non-trivial term on the rhs is in the image of a closed Hochschild one-cocycle B_+^c. The above becomes a series,

$$X = 1 + \sum_{k=2}^{\infty} c_k \alpha^{k-1},\ c_k \in H, \tag{3.2}$$

such that c_k is a weighted sum of all decorated trees with weight k. Here, the weight $|T|$ of a rooted tree T is defined as the sum of the weights of its decorations:

$$|T| := \sum_{v \in T^{[0]}} |\mathrm{dec}(v)|. \tag{3.3}$$

This is typical for a Dyson–Schwinger equation, emphasizing the dual role of the Hochschild one-cocycles B_+^c: their Hochschild closedness guarantees locality of counterterms, and they define quantum equations of motion at the same time. In the above, α plays the role corresponding to a coupling constant and provides a suitable grading of trees by their weight.

Let us now assign to a given unordered set $I \subset \mathrm{Dec}$ of decorations the linear combination of rooted trees

$$\underline{T}(I) := \sum_{\substack{T \in H \\ I = \bigcup_{v \in T^{[0]}} \mathrm{dec}(v)}} \frac{\alpha^{|T|-1} c_T}{\mathrm{sym}(T)} T. \tag{3.4}$$

Here, the symmetry factor of a tree T [16] is the rank of its automorphism group, for example

sym(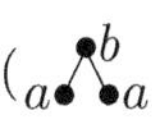) = 2, sym(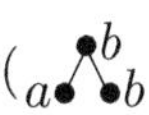) = 1. (3.5)

To define c_T, let for each vertex v in a rooted tree f_v be the number of outgoing edges as in [16]. Then

$$c_T := \prod_{v \in T^{[0]}} \frac{|\mathrm{dec}(v)|!}{(|\mathrm{dec}(v)| - f_v)!}. \tag{3.6}$$

If a tree T appears in such a sum, we write $T \in \underline{T}(I)$. It is then easy to see that for such a linear combination $\underline{T}(I)$ of rooted trees we can recover I from $\wp^{\mathrm{aug}(T)}(T)$. For two sets $I_{1,2}$ we then define

$$\underline{T}(I_1) \vee \underline{T}(I_2) := \underline{T}(I_1 \cup I_2). \tag{3.7}$$

Theorem 2. *For the DSE above, we have*

i) $X = 1 + \sum_{T \in H(S)} \alpha^{|T|-1} \frac{c_T}{\mathrm{sym}(T)} T$, *ii)* $\Delta(c_k) = \sum_{i=0}^{k} \mathrm{Pol}_i \otimes c_{k-i}$, *where* Pol_i *is a degree* i *polynomial in the* c_j. *Thus, these coefficients* c_j *form a closed subcoalgebra.*

iii) $X = \prod_{c\in S}^{\vee} \frac{1}{1-\alpha^{|c|-1}\underline{T}(c)}$. *The solution factorizes in terms of geometric series with respect to the product* $\vee$.

This theorem is a special case of a corresponding result for Feynman graphs [2]. The proof proceeds by induction over the augmentation degree. The factorization in the third assertion is a triviality thanks to the definition of $\underline{T}$. It only becomes interesting in the QFT case where the pre-Lie product of graphs is degenerate [18].

3.2 Example

To have a concrete example at hand, we focus on the equation:

$$X = 1 + \alpha B_+^a(X^2) + \alpha^2 B_+^b(X^3), \tag{3.8}$$

where we have chosen $|a| = 2$ and $|b| = 3$. For the first few terms the expansions of X reads

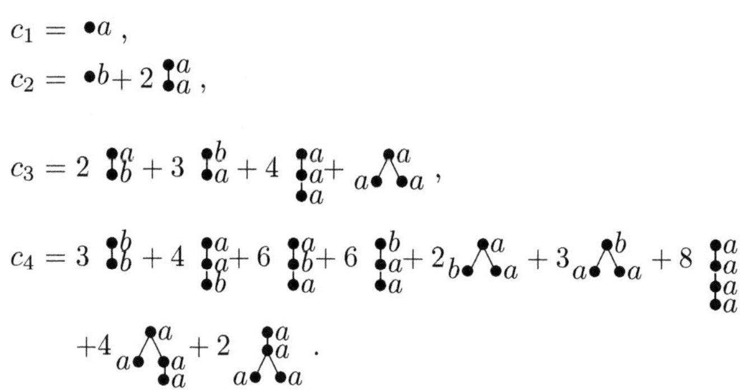

(3.9)
(3.10)
(3.11)
(3.12)

As rooted trees, we have non-planar decorated rooted trees, with vertex fertility bounded by three in this example. In general, in the Hopf algebra of decorated rooted trees, the trees with vertex fertility $\leq k$, always form a sub Hopf algebra.

Let us calculate the coproducts of c_i, $i = 1, \ldots 4$ say, to check the second assertion of the theorem. We confirm

$$\Delta(c_1) = c_1 \otimes e + e \otimes c_1, \tag{3.13}$$
$$\Delta(c_2) = c_2 \otimes e + e \otimes c_2 + 2c_1 \otimes c_1, \tag{3.14}$$
$$\Delta(c_3) = c_3 \otimes e + e \otimes c_3 + 3c_1 \otimes c_2 + [2c_2 + c_1c_1] \otimes c_1, \tag{3.15}$$
$$\Delta(c_4) = c_4 \otimes e + e \otimes c_4 + 4c_1 \otimes c_3 + [3c_2 + 3c_1c_1] \otimes c_2 + [2c_3 + 2c_1c_2] \otimes c_1. \tag{3.16}$$

3.3 Analytic Factorization

The crucial question now is what has the evaluation of all the terms in X as given by (3.1),

$$\phi(X)\left\{\frac{q^2}{\mu^2};z\right\}=1+\sum_{T\in H(S)}\frac{c_T\alpha^{|T|-1}}{\mathrm{sym}(T)}\phi(T)\left\{\frac{q^2}{\mu^2};z\right\}, \tag{3.17}$$

to do with

$$\prod_{c\in S}\frac{1}{1-\alpha^{|c|-1}\phi(\bullet c)\left\{\frac{y^2}{\mu^2};z\right\}}? \tag{3.18}$$

If the evaluation of a tree would decompose into the evaluation of its decorations, we could expect a factorization of the form

$$\phi\left(\underline{T}(I)\right)=N_I\prod_{c\in I}\phi(\bullet c), \tag{3.19}$$

where N_I is the integer $\sum_{T\in\underline{T}(I)}c_T$. It is easy to see that the highest order pole terms at each order of α in the unrenormalized DSE are in accordance with such a factorization [32], but that we do not get a factorization for the non-leading terms.

From the definition (2.7) for our toy model Feynman rule ϕ we can write the DSE for the unrenormalized toy Green function $\phi(X)$ as

$$\phi(X)\left\{\frac{q^2}{\mu^2};\alpha;z\right\}=1+\sum_{c\in S}\alpha^{|c|-1}\int d^Dy\frac{[y^2]^{z(\frac{|c|}{2}-1)}f_c}{y^2+q^2}\phi(X)^{|c|}\left\{\frac{y^2}{\mu^2};\alpha\right\}. \tag{3.20}$$

As the B_+^c in (3.1) are Hochschild closed, the corresponding renormalized DSE is indeed of the same form

$$\phi_R(X)\left\{\frac{q^2}{\mu^2};\alpha;z\right\}=Z_X+\sum_{c\in S}\alpha^{|c|-1}\int d^Dy\frac{[y^2]^{z(\frac{|c|}{2}-1)}f_c}{y^2+q^2}\phi_R(X)^{|c|}\left\{\frac{y^2}{\mu^2};\alpha\right\}, \tag{3.21}$$

where $Z_X=S_R^\phi(X)$.

Now assume we would have some "RG-type" information about the asymptotic behaviour of $\phi_R(X)$, for example

$$\phi_R(X)\left\{\frac{q^2}{\mu^2};\alpha\right\}=F(X)(\alpha)\left[\frac{q^2}{\mu^2}\right]^{-\gamma(\alpha)}, \tag{3.22}$$

consistent with the renormalized DSE. Then, our toy model would regulate itself, as

$$\phi_R(X)\left\{\frac{q^2}{\mu^2};\alpha\right\} = [\mu^2]^{\gamma(\alpha)} \sum_{c\in S} \alpha^{|c|-1} \times \int d^2y \frac{[y^2]^{(|c|-1)\gamma(\alpha)} f_c}{y^2+q^2} \left[\phi_R(X)\left\{\frac{y^2}{\mu^2},\alpha\right\}\right]^{|c|} \tag{3.23}$$

$$= [\mu^2]^{\gamma(\alpha)} \sum_{c\in S} \alpha^{|c|-1} \left[F(X)(\alpha)\right]^{|c|} \int d^2y \frac{[y^2]^{-\gamma(\alpha)} f_c}{y^2+q^2}\,, \tag{3.24}$$

with no need for a regulator, as long as we assume that $\gamma(\alpha)$ serves that purpose, possibly by means of analytic continuation.

Then, we would be in much better shape: the "toy anomalous dimension" $\gamma(\alpha)$ could be defined from the study of scaling in the complex Lie algebra $\mathfrak{L}$ underlying the dual of $H(S)$ [31] while $F(X)(\alpha)$ could be recursively determined at $q^2 = \mu^2$ from Feynman rules which imply factorization for a tree $T = B_+(U)$ as

$$\phi_R(B_+^c(U))\left\{\frac{q^2}{\mu^2};\alpha\right\} = \phi_R(\bullet c)\left\{\frac{q^2}{\mu^2};\alpha\right\} \phi(U)\left\{1;\alpha\right\}, \tag{3.25}$$

by (3.24).

Alas, we do not have a renormalization group at our disposal here. But in QFT we do. While it might not tell us that we have scaling [33], it will indeed give us information about the asymptotic behaviour, which combines with the present analysis of DSEs in a profitable manner: what is needed is information how the asymptotic behaviour of the integrand which corresponds to B_+^c under the Feynman rules relates to the asymptotic behaviour of the integral. See [34] for first results. This is indeed just what field theory provides. For example in [2] we then indeed set out to combine the DSEs and the RG so as to achieve a factorization in terms of Hopf algebra primitives, using the Hochschild closedness of suitable B_+^γ operators, the RG, as well as a dedicated choice of Hopf algebra primitives so as to isolate all short-distance singularities in Green functions which depend only on a single scale. As it will turn out, this makes the Riemann–Hilbert approach of [12; 31] much more powerful.

3.4 Remarks

Let us understand how the above theorem fares in the context of QFT. Consider all 1PI graphs together with their canonical Hopf- and Lie algebra structures of 1PI graphs. The set of primitive graphs is then well-defined. We use it to form a set of equations

$$\Gamma^{\underline{n}} = 1 + \sum_{\substack{\gamma\in H_L^{[1]}\\ \mathrm{res}(\gamma)=\underline{n}}} \frac{g^{|\gamma|-1}}{\mathrm{Sym}(\gamma)} B_+^\gamma(X_{\mathfrak{R}}^\gamma). \tag{3.26}$$

These equations define 1PI Green functions, in a normalization such that its tree level value is unity, recursively, via insertion of such Green functions (combined in a monomial $X_{\mathcal{R}}^{\gamma}$) into prime graphs γ, graphs which are themselves free of subgraphs which are superficially divergent. They define formal series in graphs such that the evaluation by the Feynman rules delivers the usual quantum equations of motion, the DSEs. This gives us an independent way to find such equations of motion: the above equation can be described as a canonical problem in Hochschild cohomology, without any reference to the underlying physics. Investigating these equations from that viewpoint has many interesting consequences [2; 3; 21] which generalize the toy analysis in this talk:

1. The $\Gamma^{\underline{n}}$ are determined as the sum over all 1PI graphs with the right weights so as to determine the 1PI Green functions of the theory:
$$\Gamma^{\underline{n}} = 1 + \sum_{\substack{\Gamma \in H_L \\ \mathrm{res}(\gamma)=\underline{n}}} \frac{g^{|\Gamma|}}{\mathrm{Sym}(\Gamma)} \Gamma, \tag{3.27}$$
where the sum is over all 1PI graphs Γ with external legs ("residue") $\underline{n}$.
2. The maps B_+^{γ} are suitably defined so that they are Hochschild closed for a sub Hopf algebra of saturated sums of graphs $\Sigma_\Gamma = \sum_i \gamma_i \star X_i$ which contain all maximal forests:
$$\sum_i B_+^{\gamma_i}(X_i) = \sum_i B_+^{\gamma_i}(X_i) \otimes e + \sum_i (\mathrm{id} \otimes B_+^{\gamma_i}) \Delta(X_i) \,. \tag{3.28}$$
3. This delivers a general proof of locality of counterterms and finiteness of renormalized Green functions by induction over the augmentation degree precisely as before, and similarly to coordinate space renormalization [35]:
$$\sum_i S_R^{\phi}(B_+^{\gamma_i}(X_i)) = (\mathrm{id} - R) \sum_i \int D(\gamma)(S_R^{\phi} \star \phi(X_i)),$$
so that the R-bar operation and the counterterm are obtained by replacing the divergent subgraphs by their renormalized contribution.
4. The terms of a given order in a 1PI Green functions form a closed Hopf subalgebra:
$$\Gamma^{\underline{m}} =: 1 + \sum_k c_k^{\underline{m}} g^k \Rightarrow \Delta(c_k^{\underline{m}}) = \sum_{j=0}^{k} \mathrm{Pol}_j^{\underline{m}} \otimes c_{k-j}^{\underline{m}} \,, \tag{3.29}$$
where the $\mathrm{Pol}_j^{\underline{m}}$ are monomials in the $c_j^{\underline{n}}$ of degree j, where $\underline{n} \in \mathcal{R}$. Thus, the space of polynomials in the $c_k^{\underline{m}}$ is a closed Hopf sub(co)algebra of H. This is a subtle surprise: to get this result, it is necessary and sufficient to impose relations between Hopf algebra elements:

$$\forall \gamma_1, \gamma_2 \in c_1^n,\ X_{\mathfrak{R}}^{\gamma_1} = X_{\mathfrak{R}}^{\gamma_2}. \tag{3.30}$$

These relations turn out to be good old friends, reflecting the quantum gauge symmetries of the theory: they describe the kernel of the characters $\phi, S_R^\phi, S_R^\phi \star \phi$, and translate to the Slavnov–Taylor identities

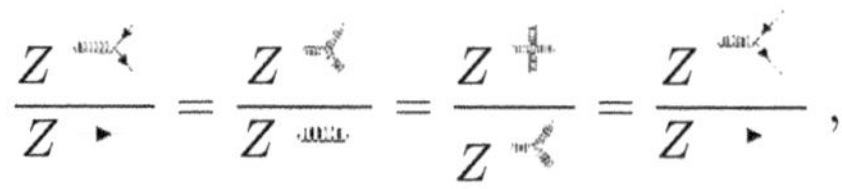

(3.31)

where $Z^{\cdots} = S_R^\phi(\Gamma^{\cdots})$.

5. The effective action, as a sum over all 1PI Green functions, factorizes uniquely into prime graphs with respect to a commutative associative product on 1PI graphs $\vee$:

$$S_{eff}^{\Gamma} = \sum_{\underline{m}} \Gamma^{\underline{m}} = \prod_{\gamma \in H_L^{[1]}}^{\vee} \frac{1}{1 - g^{|\gamma|-1}\underline{\Gamma}(\gamma)}. \tag{3.32}$$

   Integrality of this product again relates back to relations between graphs which correspond to Ward identities.

We invite the reader to participate in the still exciting endeavour to understand the structure of renormalizable quantum field theories in four dimensions.

Acknowledgments

It is a pleasure to thank participants and organizers of our school for a wonderful (and everywhere dense) atmosphere. Thanks to K. Ebrahimi-Fard for proofreading the ms. This work was supported in parts by NSF grant DMS-0205977 at the Center for Mathematical Physics at Boston University.

References

[1] Kreimer, D.: New mathematical structures in renormalizable quantum field theories. Annals Phys. **303** (2003) 179 [Erratumibid. **305** (2003) 79] [arXiv:hep-th/0211136].

[2] C. Bergbauer and D. Kreimer, Hopf Algebras in Renormalization Theory: Locality and DysonSchwinger Equations from Hochschild Cohomology, in IRMA lectures in Mathematics and Theoretical Physics Vol. 10, Physics and Number Theory, European Mathematical Society, Eds. V. Turaev, L. Nyssen.

[3] Kreimer, D.: Anatomy of a gauge theory, preprint hep-th/0509135, Annals of Physics (2006), e-published, paper version in press.

[4] Gangl, H, Goncharov, A.B., Levin, A.: Multiple logarithms, algebraic cycles and trees. Frontiers in Number Theory, Physics, and Geometry II, pp. 759–774.
[5] Cartier, P: A primer of hopf algebras. Frontiers in Number Theory, Physics, and Geometry II, pp. 537–616.
[6] Goncharov, A.: Galois symmetries of fundamental groupoids and noncommutative geometry. IHES/M/02/56, `www.ihes.fr`.
[7] Zagier, D.: Polylogarithms. Lectures at this school.
[8] Bern, Z.: Perturbative calculations in gauge and gravity theories. Talk at this school.
[9] Weinzierl, S.: Algebraic algorithms in perturbative calculations. Frontiers in Number Theory, Physics, and Geometry II, pp. 737–758, [arXiv:hep-th/0305260].
[10] Kreimer, D.: On the Hopf algebra structure of perturbative quantum field theories. Adv. Theor. Math. Phys. **2** (1998) 303 [arXiv:q-alg/9707029].
[11] Kreimer, D.: On overlapping divergences. Commun. Math. Phys. **204** (1999) 669 [arXiv:hep-th/9810022].
[12] Connes, A., Kreimer, D.: Renormalization in quantum field theory and the Riemann-Hilbert problem. I: The Hopf algebra structure of graphs and the main theorem. Commun. Math. Phys. **210** (2000) 249 [arXiv:hep-th/9912092].
[13] Connes, A., Kreimer, D.: Insertion and elimination: The doubly infinite Lie algebra of Feynman graphs. Annales Henri Poincare **3** (2002) 411 [arXiv:hep-th/0201157].
[14] Johnson, K., R. Willey, R., and Baker, M.: Vacuum Polarization In Quantum Electrodynamics. Phys. Rev. **163** (1967) 1699.
[15] Broadhurst, D.J., Delbourgo, R., Kreimer, D.: Unknotting the polarized vacuum of quenched QED. Phys. Lett. B **366** (1996) 421 [arXiv:hep-ph/9509296].
[16] Kreimer, D.: Chen's iterated integral represents the operator product expansion. Adv. Theor. Math. Phys. **3** (1999) 627 [arXiv:hep-th/9901099].
[17] Broadhurst, D.J., Kreimer, D.: Renormalization automated by Hopf algebra. J. Symb. Comput. **27** (1999) 581 [arXiv:hep-th/9810087].
[18] Kreimer, D.: Unique factorization in perturbative QFT. Nucl. Phys. Proc. Suppl. **116** (2003) 392 [arXiv:hep-ph/0211188].
[19] Foissy, L.: Les algèbres des Hopf des arbres enracinés décorées. [arXiv:math. QA/0105212].
[20] Connes, A., Kreimer, D.: Hopf algebras, renormalization and noncommutative geometry. Commun. Math. Phys. **199** (1998) 203 [arXiv:hep-th/9808042].
[21] Broadhurst, D.J., Kreimer, D.: Exact solutions of Dyson-Schwinger equations for iterated one-loop integrals and propagator-coupling duality. Nucl. Phys. B **600** (2001) 403 [arXiv:hep-th/0012146].
[22] Rivers, R.J.: Path integrals methods in quantum field theory. CUP, Cambridge (1987).

[23] Cvitanovic, P.: Field Theory. RX-1012 (NORDITA) (http://www.cns.gatech.edu/FieldTheory/).
[24] Weinberg, S.: High-Energy Behavior In Quantum Field Theory. Phys. Rev. **118** (1960) 838.
[25] Kreimer, D.: Knots And Feynman Diagrams. CUP, Cambridge (2000).
[26] Belkale P., Brosnan, P.: Matroids, Motives and a conjecture of Kontsevich. Duke Math. J. **116** (2002) 147 [arXiv:math.AG/0012198].
[27] Rosner, J.L.: Sixth Order Contribution to Z_3 in Finite Quantum Electrodynamics. Phys. Rev. Lett. **17** (1966) 1190.
[28] Cvitanovic, P.: Asymptotic Estimates And Gauge Invariance. Nucl. Phys. B **127** (1977) 176.
[29] Broadhurst, D.J., Kreimer, D.: Feynman diagrams as a weight system: Four-loop test of a four-term relation. Phys. Lett. B **426** (1998) 339 [arXiv:hep-th/9612011].
[30] Broadhurst, D.J., Kreimer, D.: Towards cohomology of renormalization: Bigrading the combinatorial Hopf algebra of rooted trees. Commun. Math. Phys. **215** (2000) 217 [arXiv:hep-th/0001202].
[31] Connes, A., Kreimer, D.: Renormalization in quantum field theory and the Riemann-Hilbert problem. II: The beta-function, diffeomorphisms and the renormalization group. Commun. Math. Phys. **216** (2001) 215 [arXiv:hep-th/0003188].
[32] Kreimer, D., Delbourgo, R.: Using the Hopf algebra structure of QFT in calculations. Phys. Rev. D **60** (1999) 105025 [arXiv:hep-th/9903249].
[33] Coleman, S.: Aspects of Symmetry, Lect. 3: Dilatations. Cambridge University Press, Cambridge (1985).
[34] Kreimer, D.: The residues of quantum field theory: Numbers we should know, in Proc. Arithmetic and Number Theory in Noncommutative Geometry, Bonn August 2003, Consani, K., Marcolli, M., eds., Max Planck Monographs, Vieweg, to appear. arXiv:hep-th/0404090.
[35] Bergbauer, C., Kreimer, D.: The Hopf algebra of rooted trees in Epstein-Glaser renormalization, Annales Henri Poincare **6** (2005) 343 [arXiv:hep-th/0403207].

Algebraic Algorithms in Perturbative Calculations

Stefan Weinzierl

Dipartimento di Fisica, Università di Parma, INFN Gruppo Collegato di Parma, 43100 Parma, Italy
stefanw@fis.unipr.it

Summary. I discuss algorithms for the evaluation of Feynman integrals. These algorithms are based on Hopf algebras and evaluate the Feynman integral to (multiple) polylogarithms.

1 Introduction

Multiple polylogarithms are an object of interest not only for mathematicians, but also for physicists in the domain of particle physics. Here, I will discuss how they occur in the calculation of Feynman loop integrals. The evaluation of these integrals is an essential part to obtain precise theoretical predictions on quantities, which can be observed in experiment. These predictions have a direct impact on searches for signals of "new physics".

Due to the complexity of these calculations, computer algebra plays an essential part. This in turn requires that methods developed to evaluate Feynman loop integrals are suitable for an implementation on a computer. The focus for the practitioner shifts therefore from the calculation of a particular integral to the development of algorithms for a class of integrals. This shift is accompanied by a movement from concrete analytical methods towards abstract algebraic algorithms. In this article I review some algebraic techniques to solve Feynman loop integrals.

In the next section I show briefly why loop corrections are needed for today's experiments and how Feynman loop integrals arise in a pratical context. Sect. 3 introduces the algebraic tools: A particular form of nested sums, which form a Hopf algebra and which admits as additional structure a conjugation and a convolution product. In Sect. 4 I show how these tools are used for the solution of a simple one-loop integral. Special cases of the nested sums are multiple polylogarithms, which are discussed in Sect. 5. These multiple polylogarithms admit a second Hopf algebra structure. In Sect. 6 I discuss how the antipode of the Hopf algebra can be used to simplify expressions.

2 Phenomenology

Phenomenology is the part of theoretical particle physics, which is most closely related to experiments. The standard experiment in particle physics accelerates two particles, brings them into collision and observes the outcome. Examples for such experiments are Tevatron at Fermilab in Chicago, HERA at DESY in Hamburg or LEP and the forthcoming LHC at CERN in Geneva. Quite often a bunch of particles moving in one direction is observed. This is called a (hadronic) jet and the direction of movement follows closely the direction of the initial QCD partons (e.g. quarks and gluons), which where created immediately after the collision. The observed events can be classified according to their experimental signature, like the number of jets seen within one event. Interesting questions related to these events are for example: How often do we observe events with two or three jets ? What is the angular distribution of these multi-jet events ? What is the value for specific observables like the thrust, defined by

$$T = \max_{\mathbf{n}} \frac{\sum\limits_i |\mathbf{p}_i \cdot \mathbf{n}|}{\sum\limits_i |\mathbf{p}_i|}, \tag{2.1}$$

which maximizes the total longitudinal momentum of all final state particles p_i along a unit vector $\mathbf{n}$? There are many more interesting observables, and theoreticians in phenomenology try to provide predictions for those. Obviously, it is desirable not to start a new calculation for each observable, but to have a generic program, which provides predictions for a wide class of observables. This forces us to work with fully differential quantities. This leaves in the main part of the calculation many kinematical invariants, which cannot be integrated out. As a general rule, the higher the number of jets is in an event, the more complicated it is to obtain a theoretical prediction, since the number of independent kinematical invariants increases.

By comparing the measurements with theoretical predictions one can deduce information on the original scattering process. By counting the number of events with a particular signature one may discover new effects and new particles. However, it quite often occurs that hypothetical new particles lead to the same signature in the detector as well known processes within the Standard Model of particle physics. To distinguish if a small measured excess in one observable is due to "new physics" or only due to known physics requires precise theoretical prediction from theory. In the case where the expected events due to "new physics" are only a fraction of the events from Standard Model physics, it is most important to have a small theoretical uncertainty for the Standard Model background processes. To give a simple example, if the number of events due to "new physics" is about 1% of the number of events for background processes within the Standard Model, then we need a theoretical prediction of the background with a precision better than 1%. At the energies where the experiments are done, all coupling constants are small and perturbation theory in the coupling constants is the standard procedure to obtain theoretical predictions. Therefore to reduce the theoretical uncertainty on a prediction requires us to calculate higher orders in perturbation theory. In phenomenology we are now moving towards fully differential next-to-next-to-leading calculations, e.g. predictions which include the first three orders in the perturbative expansion. An essential ingredient of higher order contribu-

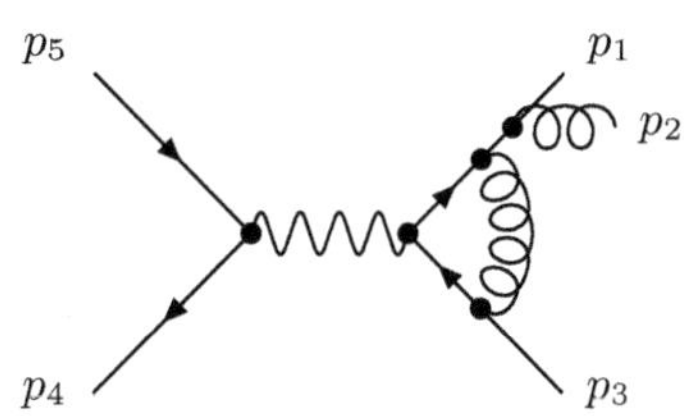

Fig. 1. A one-loop Feynman diagram contributing to the process $e^+e^- \to qg\bar{q}$.

tions are loop amplitudes. Fig. 1 shows a Feynman diagram contributing to the one-loop corrections for the process $e^+e^- \to qg\bar{q}$. From the Feynman rules one obtains for this diagram (ignoring coupling and colour prefactors):

$$-\bar{v}(p_4)\gamma^\mu v(p_5)\frac{1}{p_{123}^2}\int \frac{d^{4-2\varepsilon}k_1}{(2\pi)^{4-2\varepsilon}}\frac{1}{k_2^2}\bar{u}(p_1)\not{\varepsilon}(p_2)\frac{\not{p}_{12}}{p_{12}^2}\gamma_\nu\frac{\not{k}_1}{k_1^2}\gamma_\mu\frac{\not{k}_3}{k_3^2}\gamma^\nu u(p_3). \quad (2.2)$$

Here, $p_{12} = p_1 + p_2$, $p_{123} = p_1 + p_2 + p_3$, $k_2 = k_1 - p_{12}$, $k_3 = k_2 - p_3$. Further $\not{\varepsilon}(p_2) = \gamma_\tau \varepsilon^\tau(p_2)$, where $\varepsilon^\tau(p_2)$ is the polarization vector of the outgoing gluon. All external momenta are assumed to be massless: $p_i^2 = 0$ for $i = 1..5$. Dimensional regularization is used to regulate both ultraviolet and infrared divergences. In (2.2) the loop integral to be calculated reads

$$\int \frac{d^{4-2\varepsilon}k_1}{(2\pi)^{4-2\varepsilon}} \frac{k_1^\rho k_3^\sigma}{k_1^2 k_2^2 k_3^2}. \tag{2.3}$$

This loop integral contains the loop momentum k_1 in the numerator. The further steps to evaluate this integral are now:

Step 1 Eliminate powers of the loop momentum in the numerator.
Step 2 Convert the integral into an infinite sum.
Step 3 Expand the sum into a Laurent series in ε.

The first two steps are rather easy to perform and convert the original integral to a more convenient form. The essential part is step 3. It should be noted that the integral in (2.3) is rather simple and can be evaluated by other means. However, I would like to discuss methods which generalize to higher loops and this particular integral should be viewed as a pedagogical example.

To eliminate powers of the loop momentum in the numerator one can trade the loop momentum in the numerator for scalar integrals (e.g. numerator = 1) with higher powers of the propagators and shifted dimensions [1; 2]:

$$\int \frac{d^{2m-2\varepsilon}k_1}{(2\pi)^{2m-2\varepsilon}} \frac{1}{\left(k_1^2\right)^{\nu_1}\left(k_2^2\right)^{\nu_2}\left(k_3^2\right)^{\nu_3}}. \tag{2.4}$$

This algorithm introduces temporarily Schwinger parameters together with raising and lowering operators and expresses one integral of type (2.3) in terms of several integrals of type (2.4).

In the second step an integral of type (2.4) is now converted into an infinite sum. Introducing Feynman parameters, performing the momentum integration and then the integration over the Feynman parameters one obtains

$$\begin{aligned}
&\int \frac{d^{2m-2\varepsilon}k_1}{i\pi^{m-\varepsilon}} \frac{1}{(-k_1^2)^{\nu_1}} \frac{1}{(-k_2^2)^{\nu_2}} \frac{1}{(-k_3^2)^{\nu_3}} \\
&= \left(-p_{123}^2\right)^{m-\varepsilon-\nu_{123}} \frac{\Gamma(\nu_{123}-m+\varepsilon)}{\Gamma(\nu_1)\Gamma(\nu_2)\Gamma(\nu_3)} \int\limits_0^1 da\, a^{\nu_2-1}(1-a)^{\nu_3-1} \\
&\quad \times \int\limits_0^1 db\, b^{m-\varepsilon-\nu_{23}-1}(1-b)^{m-\varepsilon-\nu_1-1} \left[1-a\,(1-x)\right]^{m-\varepsilon-\nu_{123}} \\
&= \left(-p_{123}^2\right)^{m-\varepsilon-\nu_{123}} \frac{1}{\Gamma(\nu_1)\Gamma(\nu_2)} \frac{\Gamma(m-\varepsilon-\nu_1)\Gamma(m-\varepsilon-\nu_{23})}{\Gamma(2m-2\varepsilon-\nu_{123})} \\
&\quad \times \sum_{n=0}^{\infty} \frac{\Gamma(n+\nu_2)\Gamma(n-m+\varepsilon+\nu_{123})}{\Gamma(n+1)\Gamma(n+\nu_{23})} (1-x)^n,
\end{aligned} \tag{2.5}$$

where $x = p_{12}^2/p_{123}^2$, $\nu_{23} = \nu_2 + \nu_3$ and $\nu_{123} = \nu_1 + \nu_2 + \nu_3$. To arrive at the last line of (2.5) one expands $\left[1-a\,(1-x)\right]^{m-\varepsilon-\nu_{123}}$ according to

$$(1-z)^{-c} = \frac{1}{\Gamma(c)} \sum_{n=0}^{\infty} \frac{\Gamma(n+c)}{\Gamma(n+1)} z^n. \tag{2.6}$$

Then all Feynman parameter integrals are of the form

$$\int_0^1 da\, a^{\mu-1}(1-a)^{\nu-1} = \frac{\Gamma(\mu)\Gamma(\nu)}{\Gamma(\mu+\nu)}. \tag{2.7}$$

The infinite sum in the last line of (2.5) is a hypergeometric function, where the small parameter ε occurs in the Gamma-functions.

More complicated loop integrals yield additional classes of infinite sums. The following types of infinite sums occur:

Type A:

$$\sum_{i=0}^{\infty} \frac{\Gamma(i+a_1)}{\Gamma(i+a_1')} \cdots \frac{\Gamma(i+a_k)}{\Gamma(i+a_k')} x^i \tag{2.8}$$

Up to prefactors the hypergeometric functions ${}_{J+1}F_J$ fall into this class. The example discussed above is also contained in this class.

Type B:

$$\sum_{i=0}^{\infty} \sum_{j=0}^{\infty} \frac{\Gamma(i+a_1)}{\Gamma(i+a_1')} \cdots \frac{\Gamma(i+a_k)}{\Gamma(i+a_k')} \frac{\Gamma(j+b_1)}{\Gamma(j+b_1')} \cdots \frac{\Gamma(j+b_l)}{\Gamma(j+b_l')}$$
$$\times \frac{\Gamma(i+j+c_1)}{\Gamma(i+j+c_1')} \cdots \frac{\Gamma(i+j+c_m)}{\Gamma(i+j+c_m')} x^i y^j \tag{2.9}$$

An example for a function of this type is given by the first Appell function F_1.

Type C:

$$\sum_{i=0}^{\infty} \sum_{j=0}^{\infty} \binom{i+j}{j} \frac{\Gamma(i+a_1)}{\Gamma(i+a_1')} \cdots \frac{\Gamma(i+a_k)}{\Gamma(i+a_k')}$$
$$\times \frac{\Gamma(i+j+c_1)}{\Gamma(i+j+c_1')} \cdots \frac{\Gamma(i+j+c_m)}{\Gamma(i+j+c_m')} x^i y^j \tag{2.10}$$

Here, an example is given by the Kampé de Fériet function S_1.

Type D:

$$\sum_{i=0}^{\infty} \sum_{j=0}^{\infty} \binom{i+j}{j} \frac{\Gamma(i+a_1)}{\Gamma(i+a_1')} \cdots \frac{\Gamma(i+a_k)}{\Gamma(i+a_k')} \frac{\Gamma(j+b_1)}{\Gamma(j+b_1')} \cdots \frac{\Gamma(j+b_l)}{\Gamma(j+b_l')}$$
$$\times \frac{\Gamma(i+j+c_1)}{\Gamma(i+j+c_1')} \cdots \frac{\Gamma(i+j+c_m)}{\Gamma(i+j+c_m')} x^i y^j \tag{2.11}$$

An example for a function of this type is the second Appell function F_2.

Here, all a_n, a'_n, b_n, b'_n, c_n and c'_n are of the form "integer + const $\cdot \varepsilon$". The task is now to expand these functions systematically into a Laurent series in ε, such that the resulting algorithms are suitable for an implementation into a symbolic computer algebra program. Due to the large size of intermediate expressions which occur in perturbative calculations, computer algebra systems like FORM [3] or GiNaC [4], which can handle large amounts of data are used. An implementation of the algorithms reviewed below can be found in [5].

3 Nested Sums

In this section I review the underlying mathematical structure for the systematic expansion of the functions in (2.8)-(2.11). I discuss properties of particular forms of nested sums, which are called Z-sums and show that they form a Hopf algebra. This Hopf algebra admits as additional structures a conjugation and a convolution product. This summary is based on [6], where additional information can be found. Z-sums are defined by

$$Z(n; m_1, \dots, m_k; x_1, \dots, x_k) = \sum_{n \geq i_1 > i_2 > \dots > i_k > 0} \frac{x_1^{i_1}}{{i_1}^{m_1}} \cdots \frac{x_k^{i_k}}{{i_k}^{m_k}}. \tag{3.1}$$

k is called the depth of the Z-sum and $w = m_1 + \dots + m_k$ is called the weight. If the sums go to Infinity ($n = \infty$) the Z-sums are multiple polylogarithms [23]:

$$Z(\infty; m_1, \dots, m_k; x_1, \dots, x_k) = \mathrm{Li}_{m_k, \dots, m_1}(x_k, \dots, x_1). \tag{3.2}$$

For $x_1 = \dots = x_k = 1$ the definition reduces to the Euler-Zagier sums [7; 8]:

$$Z(n; m_1, \dots, m_k; 1, \dots, 1) = Z_{m_1, \dots, m_k}(n). \tag{3.3}$$

For $n = \infty$ and $x_1 = \dots = x_k = 1$ the sum is a multiple ζ-value [9]:

$$Z(\infty; m_1, \dots, m_k; 1, \dots, 1) = \zeta(m_k, \dots, m_1). \tag{3.4}$$

The multiple polylogarithms contain as the notation already suggests as subsets the classical polylogarithms $\mathrm{Li}_n(x)$ [10], as well as Nielsen's generalized polylogarithms [11]

$$S_{n,p}(x) = \mathrm{Li}_{1,\dots,1,n+1}(\underbrace{1, \dots, 1}_{p-1}, x), \tag{3.5}$$

and the harmonic polylogarithms [12]

$$H_{m_1, \dots, m_k}(x) = \mathrm{Li}_{m_k, \dots, m_1}(\underbrace{1, \dots, 1}_{k-1}, x). \tag{3.6}$$

The usefulness of the Z-sums lies in the fact, that they interpolate between multiple polylogarithms and Euler-Zagier sums.

In addition to Z-sums, it is sometimes useful to introduce as well S-sums. S-sums are defined by

$$S(n; m_1, \ldots, m_k; x_1, \ldots, x_k) = \sum_{n \geq i_1 \geq i_2 \geq \ldots \geq i_k \geq 1} \frac{x_1^{i_1}}{{i_1}^{m_1}} \ldots \frac{x_k^{i_k}}{{i_k}^{m_k}}. \tag{3.7}$$

The S-sums reduce for $x_1 = \cdots = x_k = 1$ (and positive m_i) to harmonic sums [13]:

$$S(n; m_1, \ldots, m_k; 1, \ldots, 1) = S_{m_1, \ldots, m_k}(n). \tag{3.8}$$

The S-sums are closely related to the Z-sums, the difference being the upper summation boundary for the nested sums: $(i-1)$ for Z-sums, i for S-sums. The introduction of S-sums is redundant, since S-sums can be expressed in terms of Z-sums and vice versa. It is however convenient to introduce both Z-sums and S-sums, since some properties are more naturally expressed in terms of Z-sums while others are more naturally expressed in terms of S-sums. An algorithm for the conversion from Z-sums to S-sums and vice versa can be found in [6].

The Z-sums form an algebra. The unit element in the algebra is given by the empty sum

$$e = Z(n). \tag{3.9}$$

The empty sum $Z(n)$ equals 1 for non-negative integer n. Before I discuss the multiplication rule, let me note that the basic building blocks of Z-sums are expressions of the form

$$\frac{x_j^n}{n^{m_j}}, \tag{3.10}$$

which will be called "letters". For fixed n, one can multiply two letters with the same n:

$$\frac{x_1^n}{n^{m_1}} \cdot \frac{x_2^n}{n^{m_2}} = \frac{(x_1 x_2)^n}{n^{m_1+m_2}}, \tag{3.11}$$

e.g. the x_j's are multiplied and the degrees are added. Let us call the set of all letters the alphabet A. As a short-hand notation I will in the following denote a letter just by $X_j = x_j^n / n^{m_j}$. A word is an ordered sequence of letters, e.g.

$$W = X_1, X_2, \cdots, X_k. \tag{3.12}$$

The word of length zero is denoted by e. The Z-sums defined in (3.1) are therefore completely specified by the upper summation limit n and a word W. A quasi-shuffle algebra $\mathcal{A}$ on the vectorspace of words is defined by [14]

$$
\begin{aligned}
e \circ W &= W \circ e = W, \\
(X_1, W_1) \circ (X_2, W_2) &= X_1, (W_1 \circ (X_2, W_2)) + X_2, ((X_1, W_1) \circ W_2) \\
&\quad + (X_1 \cdot X_2), (W_1 \circ W_2).
\end{aligned} \tag{3.13}
$$

Note that "$\cdot$" denotes multiplication of letters as defined in eq. (3.11), whereas "$\circ$" denotes the product in the algebra $\mathcal{A}$, recursively defined in eq. (3.13). This defines a quasi-shuffle product for Z-sums. The recursive definition in (3.13) translates for Z-sums into

$$
\begin{aligned}
& Z_{m_1,\dots,m_k}(n) \times Z_{m_1',\dots,m_l'}(n) \\
&= \sum_{i_1=1}^{n} \frac{1}{i_1^{m_1}} Z_{m_2,\dots,m_k}(i_1-1) Z_{m_1',\dots,m_l'}(i_1-1) \\
&\quad + \sum_{i_2=1}^{n} \frac{1}{i_2^{m_1'}} Z_{m_1,\dots,m_k}(i_2-1) Z_{m_2',\dots,m_l'}(i_2-1) \\
&\quad + \sum_{i=1}^{n} \frac{1}{i^{m_1+m_1'}} Z_{m_2,\dots,m_k}(i-1) Z_{m_2',\dots,m_l'}(i-1).
\end{aligned} \tag{3.14}
$$

The proof that Z-sums obey the quasi-shuffle algebra is sketched in Fig. 2.

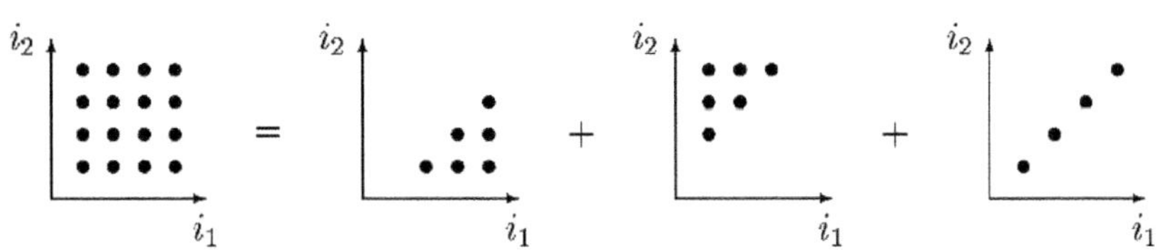

Fig. 2. Sketch of the proof for the multiplication of Z-sums. The sum over the square is replaced by the sum over the three regions on the r.h.s.

The outermost sums of the Z-sums on the l.h.s of (3.14) are split into the three regions indicated in Fig. 2. A simple example for the multiplication of two Z-sums is

$$
\begin{aligned}
& Z(n; m_1; x_1) Z(n; m_1; x_2) = \\
&\quad Z(n; m_1, m_2; x_1, x_2) + Z(n; m_2, m_1; x_2, x_1) + Z(n; m_1 + m_2; x_1 x_2).
\end{aligned} \tag{3.15}
$$

The quasi-shuffle algebra $\mathcal{A}$ is isomorphic to the free polynomial algebra on the Lyndon words. If one introduces a lexicographic ordering on the letters of the alphabet A, a Lyndon word is defined by the property

$$
W < V \tag{3.16}
$$

for any subwords U and V such that $W = U, V$. Here U, V means just concatenation of U and V.

The Z-sums form actual a Hopf algebra. It is convenient to phrase the coalgebra structure in terms of rooted trees. Z-sums can be represented as rooted trees without any sidebranchings. As a concrete example the pictorial representation of a sum of depth three reads:

$$Z(n; m_1, m_2, m_3; x_1, x_2, x_3) = \sum_{i_1=1}^{n} \sum_{i_2=1}^{i_1-1} \sum_{i_3=1}^{i_2-1} \frac{x_1^{i_1}}{i_1^{m_1}} \frac{x_2^{i_2}}{i_2^{m_2}} \frac{x_3^{i_3}}{i_3^{m_3}} =$$

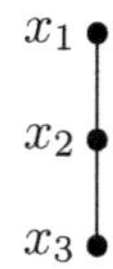

(3.17)

The outermost sum corresponds to the root. By convention, the root is always drawn on the top. Trees with sidebranchings are given by nested sums with more than one subsum, for example:

$$\sum_{i=1}^{n} \frac{x_1^i}{i^{m_1}} Z(i-1; m_2, x_2) Z(i-1; m_3; x_3) =$$

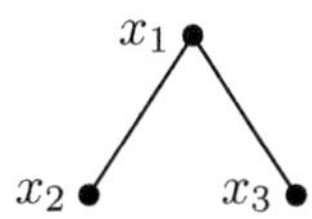

(3.18)

Of course, due to the multiplication formula, trees with sidebranchings can always be reduced to trees without any sidebranchings. The coalgebra structure is now formulated in terms of rooted trees. I first introduce some notation how to manipulate rooted trees, following the notation of Kreimer and Connes [15; 16]. An elementary cut of a rooted tree is a cut at a single chosen edge. An admissible cut is any assignment of elementary cuts to a rooted tree such that any path from any vertex of the tree to the root has at most one elementary cut. An admissible cut maps a tree t to a monomial in trees $t_1 \circ \cdots \circ t_{k+1}$. Note that precisely one of these subtrees t_j will contain the root of t. Denote this distinguished tree by $R^C(t)$, and the monomial delivered by the k other factors by $P^C(t)$. The counit $\bar{e}$ is given by

$$\begin{aligned} \bar{e}(e) &= 1, \\ \bar{e}(t) &= 0, \quad t \neq e. \end{aligned} \tag{3.19}$$

The coproduct Δ is defined by the equations

$$\begin{aligned} \Delta(e) &= e \otimes e, \\ \Delta(t) &= e \otimes t + t \otimes e + \sum_{\text{adm. cuts } C \text{ of } t} P^C(t) \otimes R^C(t), \\ \Delta(t_1 \circ \cdots \circ t_k) &= \Delta(t_1)(\circ \otimes \circ) \cdots (\circ \otimes \circ)\Delta(t_k). \end{aligned} \tag{3.20}$$

The antipode $\mathcal{S}$ is given by

$$
\begin{aligned}
\mathcal{S}(e) &= e, \\
\mathcal{S}(t) &= -t - \sum_{\text{adm. cuts } C \text{ of } t} \mathcal{S}\left(P^C(t)\right) \circ R^C(t), \\
\mathcal{S}(t_1 \circ \cdots \circ t_k) &= \mathcal{S}(t_1) \circ \cdots \circ \mathcal{S}(t_k).
\end{aligned}
\tag{3.21}
$$

Since the multiplication in the algebra is commutative the antipode satisfies

$$
\mathcal{S}^2 = \text{id}. \tag{3.22}
$$

Let me give some examples for the coproduct and the antipode for Z-sums:

$$
\begin{aligned}
\Delta Z(n; m_1; x_1) &= e \otimes Z(n; m_1; x_1) + Z(n; m_1; x_1) \otimes e, \\
\Delta Z(n; m_1, m_2; x_1, x_2) &= e \otimes Z(n; m_1, m_2; x_1, x_2) + Z(n; m_1, m_2; x_1, x_2) \otimes e \\
&\quad + Z(n; m_2; x_2) \otimes Z(n; m_1; x_1),
\end{aligned}
\tag{3.23}
$$

$$
\begin{aligned}
\mathcal{S}Z(n; m_1; x_1) &= -Z(n; m_1; x_1), \\
\mathcal{S}Z(n; m_1, m_2; x_1, x_2) &= Z(n; m_2, m_1; x_2, x_1) + Z(n; m_1 + m_2; x_1 x_2).
\end{aligned}
\tag{3.24}
$$

The Hopf algebra of nested sums has additional structures if we allow expressions of the form

$$
\frac{x_0^n}{n^{m_0}} Z(n; m_1, \ldots, m_k; x_1, \ldots, x_k), \tag{3.25}
$$

e.g. Z-sums multiplied by a letter. Then the following convolution product

$$
\sum_{i=1}^{n-1} \frac{x^i}{i^m} Z(i-1; \cdots) \frac{y^{n-i}}{(n-i)^{m'}} Z(n-i-1; \cdots) \tag{3.26}
$$

can again be expressed in terms of expressions of the form (3.25). An example is

$$
\begin{aligned}
&\sum_{i=1}^{n-1} \frac{x^i}{i} Z_1(i-1) \frac{y^{n-i}}{(n-i)} Z_1(n-i-1) = \\
&\frac{x^n}{n} \left[Z\left(n-1; 1,1,1; \frac{y}{x}, \frac{x}{y}, \frac{y}{x}\right) + Z\left(n-1; 1,1,1; \frac{y}{x}, 1, \frac{x}{y}\right) \right. \\
&\left. + Z\left(n-1; 1,1,1; 1, \frac{y}{x}, 1\right)\right] + (x \leftrightarrow y).
\end{aligned}
\tag{3.27}
$$

In addition there is a conjugation, e.g. sums of the form

$$
-\sum_{i=1}^{n} \binom{n}{i} (-1)^i \frac{x^i}{i^m} S(i; \cdots) \tag{3.28}
$$

can also be reduced to terms of the form (3.25). Although one can easily convert between the notations for S-sums and Z-sums, expressions involving a conjugation tend to be shorter when expressed in terms of S-sums. The name conjugation stems from the following fact: To any function $f(n)$ of an integer variable n one can define a conjugated function $C \circ f(n)$ as the following sum

$$C \circ f(n) = \sum_{i=1}^{n} \binom{n}{i} (-1)^i f(i). \tag{3.29}$$

Then conjugation satisfies the following two properties:

$$\begin{aligned} C \circ 1 &= 1, \\ C \circ C \circ f(n) &= f(n). \end{aligned} \tag{3.30}$$

An example for a sum involving a conjugation is

$$\begin{aligned} -\sum_{i=1}^{n} \binom{n}{i} (-1)^i \frac{x^i}{i} S_1(i) = \\ S\left(n; 1, 1; 1-x, \frac{1}{1-x}\right) - S\left(n; 1, 1; 1-x, 1\right). \end{aligned} \tag{3.31}$$

Finally there is the combination of conjugation and convolution, e.g. sums of the form

$$-\sum_{i=1}^{n-1} \binom{n}{i} (-1)^i \frac{x^i}{i^m} S(i; \dots) \frac{y^{n-i}}{(n-i)^{m'}} S(n-i; \dots) \tag{3.32}$$

can also be reduced to terms of the form (3.25). An example is given by

$$\begin{aligned} &-\sum_{i=1}^{n-1} \binom{n}{i} (-1)^i S(i; 1; x) S(n-i; 1; y) = \\ &\frac{1}{n} \left\{ S(n; 1; y) + (1-x)^n \left[S\left(n; 1; \frac{1}{1-\frac{1}{x}}\right) - S\left(n; 1; \frac{1-\frac{y}{x}}{1-\frac{1}{x}}\right) \right] \right\} \\ &+ \frac{(-1)^n}{n} \left\{ S(n; 1; x) + (1-y)^n \left[S\left(n; 1; \frac{1}{1-\frac{1}{y}}\right) - S\left(n; 1; \frac{1-\frac{x}{y}}{1-\frac{1}{y}}\right) \right] \right\}. \end{aligned} \tag{3.33}$$

4 Expansion of hypergeometric functions

In this section I discuss how the algebraic tools introduced in the previous section can be used to solve the problems outlined at the end of Sect. 2. First I give some motivation for the introduction of Z-sums: The essential point is that Z-sums interpolate between multiple polylogarithms and Euler-Zagier-sums, such that the interpolation is compatible with the algebra structure.

On the one hand, we expect multiple polylogarithm to appear in the Laurent expansion of the transcendental functions (2.8)-(2.11), a fact which is confirmed a posteriori. Therefore it is important that multiple polylogarithms are contained in the class of Z-sums. On the other the expansion parameter ε occurs in the functions (2.8)-(2.11) inside the arguments of Gamma-functions. The basic formula for the expansion of Gamma-functions reads

$$\Gamma(n+\varepsilon) = \Gamma(1+\varepsilon)\Gamma(n)\left[1+\varepsilon Z_1(n-1)+\varepsilon^2 Z_{11}(n-1) \right. \\ \left. +\varepsilon^3 Z_{111}(n-1)+\dots+\varepsilon^{n-1} Z_{11\dots1}(n-1)\right], \tag{4.1}$$

containing Euler-Zagier sums for finite n. As a simple example I discuss the expansion of

$$\sum_{i=0}^{\infty} \frac{\Gamma(i+a_1+t_1\varepsilon)\Gamma(i+a_2+t_2\varepsilon)}{\Gamma(i+1)\Gamma(i+a_3+t_3\varepsilon)} x^i \tag{4.2}$$

into a Laurent series in ε. Here a_1, a_2 and a_3 are assumed to be integers. Up to prefactors the expression in (4.2) is a hypergeometric function ${}_2F_1$. Using $\Gamma(x+1) = x\Gamma(x)$, partial fractioning and an adjustment of the summation index one can transform (4.2) into terms of the form

$$\sum_{i=1}^{\infty} \frac{\Gamma(i+t_1\varepsilon)\Gamma(i+t_2\varepsilon)}{\Gamma(i)\Gamma(i+t_3\varepsilon)} \frac{x^i}{i^m}, \tag{4.3}$$

where m is an integer. Now using (4.1) one obtains

$$\Gamma(1+\varepsilon) \sum_{i=1}^{\infty} \frac{(1+\varepsilon t_1 Z_1(i-1)+\dots)(1+\varepsilon t_2 Z_1(i-1)+\dots)}{(1+\varepsilon t_3 Z_1(i-1)+\dots)} \frac{x^i}{i^m}. \tag{4.4}$$

Inverting the power series in the denominator and truncating in ε one obtains in each order in ε terms of the form

$$\sum_{i=1}^{\infty} \frac{x^i}{i^m} Z_{m_1\dots m_k}(i-1) Z_{m_1'\dots m_l'}(i-1) Z_{m_1''\dots m_n''}(i-1) \tag{4.5}$$

Using the quasi-shuffle product for Z-sums the three Euler-Zagier sums can be reduced to single Euler-Zagier sums and one finally arrives at terms of the form

$$\sum_{i=1}^{\infty} \frac{x^i}{i^m} Z_{m_1\dots m_k}(i-1), \tag{4.6}$$

which are harmonic polylogarithms $H_{m,m_1,\dots,m_k}(x)$. This completes the algorithm for the expansion in ε for sums of the form (2.8). Since the one-loop integral discussed in (2.5) is a special case of (2.8), this algorithm also applies to the integral (2.5). In addition, this algorithm shows that in the expansion of hypergeometric functions ${}_{J+1}F_J(a_1, \dots, a_{J+1}; b_1, \dots, b_J; x)$ around integer values of the parameters a_k and b_l only harmonic polylogarithms appear in the result.

The algorithm for the expansion of sums of type (2.8) used the multiplication formula for Z-sums to pass from (4.5) to (4.6). To expand double sums of type (2.9) one needs in addition the convolution product (3.26). To expand sums of type (2.10) the conjugation (3.28) is needed. Finally, for sums of type (2.11) the combination of conjugation and convolution as in (3.32) is required. More details can be found in [6].

Let me come back to the example of the one-loop Feynman integral discussed in Sect. 2. For $\nu_1 = \nu_2 = \nu_3 = 1$ and $m = 2$ in (2.5) one obtains:

$$\int \frac{d^{4-2\varepsilon}k_1}{i\pi^{2-\varepsilon}} \frac{1}{(-k_1^2)} \frac{1}{(-k_2^2)} \frac{1}{(-k_3^2)}$$
$$= \frac{\Gamma(-\varepsilon)\Gamma(1-\varepsilon)\Gamma(1+\varepsilon)}{\Gamma(1-2\varepsilon)} \frac{\left(-p_{123}^2\right)^{-1-\varepsilon}}{1-x} \sum_{n=1}^{\infty} \varepsilon^{n-1} H_{\underbrace{1,\dots,1}_{n}}(1-x). \tag{4.7}$$

Here, all harmonic polylogarithms can be expressed in terms of Nielsen polylogarithms, which in turn simplify to powers of the standard logarithm:

$$H_{\underbrace{1,\dots,1}_{n}}(1-x) = S_{0,n}(1-x) = \frac{(-1)^n}{n!} \left(\ln x\right)^n. \tag{4.8}$$

This particular example is very simple and one recovers the well-known all-order result

$$\frac{\Gamma(1-\varepsilon)^2\Gamma(1+\varepsilon)}{\Gamma(1-2\varepsilon)} \frac{\left(-p_{123}^2\right)^{-1-\varepsilon}}{\varepsilon^2} \frac{1-x^{-\varepsilon}}{1-x}, \tag{4.9}$$

which (for this simple example) can also be obtained by direct integration.

5 Multiple polylogarithms

The multiple polylogarithms are special cases of Z-sums. They are obtained from Z-sums by taking the outermost sum to infinity:

$$Z(\infty; m_1, \dots, m_k; x_1, \dots, x_k) = \mathrm{Li}_{m_k,\dots,m_1}(x_k, \dots, x_1). \tag{5.1}$$

The reversed order of the arguments and indices on the r.h.s. follows the notation of Goncharov [23]. They have been studied extensively in the literature by physicists [12; 13], [17]-[21] and mathematicians [9],[22]-[32]. Here I summarize the most important properties. Being special cases of Z-sums they obey the quasi-shuffle Hopf algebra for Z-sums. Multiple polylogarithms have been defined in this article via the sum representation (3.2). In addition, they admit an integral representation. From this integral representation a second algebra structure arises, which turns out to be a shuffle Hopf algebra. To discuss this second Hopf algebra it is convenient to introduce for $z_k \neq 0$ the following functions

$$G(z_1, \dots, z_k; y) = \int\limits_0^y \frac{dt_1}{t_1 - z_1} \int\limits_0^{t_1} \frac{dt_2}{t_2 - z_2} \cdots \int\limits_0^{t_{k-1}} \frac{dt_k}{t_k - z_k}. \tag{5.2}$$

In this definition one variable is redundant due to the following scaling relation:

$$G(z_1, \dots, z_k; y) = G(xz_1, \cdots, xz_k; xy) \tag{5.3}$$

If one further defines

$$g(z; y) = \frac{1}{y - z}, \tag{5.4}$$

then one has

$$\frac{d}{dy} G(z_1, \dots, z_k; y) = g(z_1; y) G(z_2, \dots, z_k; y) \tag{5.5}$$

and

$$G(z_1, z_2, \dots, z_k; y) = \int\limits_0^y dt \; g(z_1; t) G(z_2, \dots, z_k; t). \tag{5.6}$$

One can slightly enlarge the set and define $G(0, \dots, 0; y)$ with k zeros for z_1 to z_k to be

$$G(0, \dots, 0; y) = \frac{1}{k!} \left(\ln y\right)^k. \tag{5.7}$$

This permits us to allow trailing zeros in the sequence $(z_1, \dots, z_k)$ by defining the function G with trailing zeros via (5.6) and (5.7). To relate the multiple polylogarithms to the functions G it is convenient to introduce the following short-hand notation:

$$G_{m_1, \dots, m_k}(z_1, \dots, z_k; y) = G(\underbrace{0, \dots, 0}_{m_1 - 1}, z_1, \dots, z_{k-1}, \underbrace{0 \cdots, 0}_{m_k - 1}, z_k; y) \tag{5.8}$$

Here, all z_j for $j = 1, \dots, k$ are assumed to be non-zero. One then finds

$$\text{Li}_{m_k, \dots, m_1}(x_k, \dots, x_1) = (-1)^k G_{m_1, \dots, m_k}\left(\frac{1}{x_1}, \frac{1}{x_1 x_2}, \cdots, \frac{1}{x_1 \cdots x_k}; 1\right). \tag{5.9}$$

The inverse formula reads

$$G_{m_1,\dots,m_k}(z_1,\dots,z_k;y) = (-1)^k \, \mathrm{Li}_{m_k,\dots,m_1}\left(\frac{z_{k-1}}{z_k},\dots,\frac{z_1}{z_2},\frac{y}{z_1}\right). \quad (5.10)$$

Eq. (5.9) together with (5.8) and (5.2) defines an integral representation for the multiple polylogarithms. To make this more explicit I first introduce some notation for iterated integrals

$$\int\limits_0^\Lambda \frac{dt}{t-a_n}\circ\dots\circ\frac{dt}{t-a_1} = \int\limits_0^\Lambda \frac{dt_n}{t_n-a_n}\int\limits_0^{t_n}\frac{dt_{n-1}}{t_{n-1}-a_{n-1}}\times\dots\times\int\limits_0^{t_2}\frac{dt_1}{t_1-a_1} \quad (5.11)$$

and the short hand notation:

$$\int\limits_0^\Lambda \left(\frac{dt}{t}\circ\right)^m \frac{dt}{t-a} = \int\limits_0^\Lambda \underbrace{\frac{dt}{t}\circ\dots\frac{dt}{t}}_{m \text{ times}}\circ\frac{dt}{t-a}. \quad (5.12)$$

The integral representation for $\mathrm{Li}_{m_k,\dots,m_1}(x_k,\dots,x_1)$ reads then

$$\mathrm{Li}_{m_k,\dots,m_1}(x_k,\dots,x_1) = (-1)^k \int\limits_0^1 \left(\frac{dt}{t}\circ\right)^{m_1-1}\frac{dt}{t-b_1}$$
$$\circ\left(\frac{dt}{t}\circ\right)^{m_2-1}\frac{dt}{t-b_2}\circ\dots\circ\left(\frac{dt}{t}\circ\right)^{m_k-1}\frac{dt}{t-b_k}, \quad (5.13)$$

where the b_j's are related to the x_j's

$$b_j = \frac{1}{x_1 x_2 \cdots x_j}. \quad (5.14)$$

From the iterated integral representation (5.2) a second algebra structure for the functions $G(z_1,\dots,z_k;y)$ (and through (5.9) also for the multiple polylogarithms) is obtained as follows: We take the z_j's as letters and call a sequence of ordered letters $w = z_1,\dots,z_k$ a word. Then the function $G(z_1,\dots,z_k;y)$ is uniquely specified by the word $w = z_1,\dots,z_k$ and the variable y. The neutral element e is given by the empty word, equivalent to

$$G(;y) = 1. \quad (5.15)$$

A shuffle algebra on the vector space of words is defined by

$$e\circ w = w\circ e = w,$$
$$(z_1,w_1)\circ(z_2,w_2) = z_1,(w_1\circ(z_2,w_2)) + z_2,((z_1,w_1)\circ w_2). \quad (5.16)$$

Note that this definition is very similar to the definition of the quasi-shuffle algebra (3.13), except that the third term in (3.13) is missing. In fact, a shuffle algebra is a special case of a quasi-shuffle algebra, where the product of two letters is degenerate: $X_1 \cdot X_2 = 0$ for all letters X_1 and X_2 in the notation of Sect. 3. The definition of the shuffle product (5.16) translates into the following recursive definition of the product of two G-functions:

$$G(z_1, \dots, z_k; y) \times G(z_{k+1}, \dots, z_n; y) = \tag{5.17}$$

$$\int_0^y \frac{dt}{t - z_1} G(z_2, \dots, z_k; t) G(z_{k+1}, \dots, z_n; t)$$

$$+ \int_0^y \frac{dt}{t - z_{k+1}} G(z_1, \dots, z_k; t) G(z_{k+2}, \dots, z_n; t) \tag{5.18}$$

For the discussion of the coalgebra part for the functions $G(z_1, \dots, z_k; y)$ we may proceed as in Sect. 3 and associate to any function $G(z_1, \dots, z_k; y)$ a rooted tree without sidebranchings as in the following example:

$$G(z_1, z_2, z_3; y) =$$ 

(5.19)

The outermost integration (involving z_1) corresponds to the root. The formulae for the coproduct (3.20) and the antipode (3.21) apply then also to the functions $G(z_1, \dots, z_k; y)$.

A shuffle algebra is simpler than a quasi-shuffle algebra and one finds for a shuffle algebra besides the recursive definitions of the product, the coproduct and the antipode also closed formulae for these operations. For the product one has

$$G(z_1, \dots, z_k; y)\, G(z_{k+1}, \dots, z_{k+l}; y) = \sum_{shuffle} G\left(z_{\sigma(1)}, \cdots, z_{\sigma(k+l)}; y\right), \tag{5.20}$$

where the sum is over all permutations which preserve the relative order of the strings $z_1, \dots, z_k$ and $z_{k+1}, \dots, z_{k+l}$. This explains the name "shuffle product". For the coproduct one has

$$\Delta G(z_1, \dots, z_k; y) = \sum_{j=0}^{k} G(z_1, \dots, z_j; y) \otimes G(z_{j+1}, \dots, z_k; y) \tag{5.21}$$

and for the antipode one finds

$$\mathcal{S} G(z_1, \dots, z_k; y) = (-1)^k G(z_k, \dots, z_1; y). \tag{5.22}$$

The shuffle multiplication is commutative and the antipode satisfies therefore

$$\mathcal{S}^2 = \text{id}. \tag{5.23}$$

From (5.22) this is evident.

6 The antipode and integration-by-parts

Integration-by-parts has always been a powerful tool for calculations in particle physics. By using integration-by-parts one may obtain an identity between various G-functions. The starting point is as follows:

$$\begin{aligned}
G(z_1,\dots,z_k;y) &= \int_0^y dt \left(\frac{\partial}{\partial t} G(z_1;t)\right) G(z_2,\dots,z_k;y) \\
&= G(z_1;y)G(z_2,\dots,z_k;y) - \int_0^y dt\, G(z_1;t)g(z_2;t)G(z_3,\dots,z_k;y) \\
&= G(z_1;y)G(z_2,\dots,z_k;y) - \int_0^y dt \left(\frac{\partial}{\partial t} G(z_2,z_1;t)\right) G(z_3,\dots,z_k;y).
\end{aligned} \tag{6.1}$$

Repeating this procedure one arrives at the following integration-by-parts identity:

$$\begin{aligned}
&G(z_1,\dots,z_k;y) + (-1)^k G(z_k,\dots,z_1;y) \\
&= G(z_1;y)G(z_2,\dots,z_k;y) - G(z_2,z_1;y)G(z_3,\dots,z_k;y) + \cdots \\
&\quad -(-1)^{k-1} G(z_{k-1},\dots z_1;y)G(z_k;y),
\end{aligned} \tag{6.2}$$

which relates the combination $G(z_1,\dots,z_k;y) + (-1)^k G(z_k,\dots,z_1;y)$ to G-functions of lower depth. This relation is useful in simplifying expressions. Eq. (6.2) can also be derived in a different way. In a Hopf algebra we have for any non-trivial element w the following relation involving the antipode:

$$\sum_{(w)} w^{(1)} \cdot \mathcal{S}(w^{(2)}) = 0. \tag{6.3}$$

Here Sweedler's notation has been used. Sweedler's notation writes the coproduct of an element w as

$$\Delta(w) = \sum_{(w)} w^{(1)} \otimes w^{(2)}. \tag{6.4}$$

Working out the relation (6.3) for the shuffle algebra of the functions $G(z_1,\dots, z_k;y)$, we recover (6.2).

We may now proceed and check if (6.3) provides also a non-trivial relation for the quasi-shuffle algebra of Z-sums. This requires first some notation: A composition of a positive integer k is a sequence $I = (i_1, \dots, i_l)$ of positive integers such that $i_1 + \cdots i_l = k$. The set of all composition of k is denoted by $\mathcal{C}(k)$. Compositions act on Z-sums as

$$\begin{aligned}
&(i_1, \dots, i_l) \circ Z(n; m_1, \dots, m_k; x_1, \dots, x_k) \\
&= Z(n; m_1 + \dots + m_{i_1}, m_{i_1+1} + \dots + m_{i_1+i_2}, \dots, m_{i_1+\dots+i_{l-1}+1} + \dots \\
&\quad + m_{i_1+\dots+i_l}; x_1 \cdots x_{i_1}, x_{i_1+1} \cdots x_{i_1+i_2}, \dots, \\
&\quad x_{i_1+\dots+i_{l-1}+1} \cdots x_{i_1+\dots+i_l}),
\end{aligned} \tag{6.5}$$

e.g. the first i_1 letters of the Z-sum are combined into one new letter, the next i_2 letters are combined into the second new letter, etc.. With this notation for compositions one obtains the following closed formula for the antipode in the quasi-shuffle algebra:

$$\begin{aligned}
&\mathcal{S} Z(n; m_1, \dots, m_k; x_1, \dots, x_k) \\
&= (-1)^k \sum_{I \in \mathcal{C}(k)} I \circ Z(n; m_k, \dots, m_1; x_k, \dots, x_1)
\end{aligned} \tag{6.6}$$

From (6.3) we then obtain

$$\begin{aligned}
&Z(n; m_1, \dots, m_k; x_1, \dots, x_k) + (-1)^k Z(n; m_k, \dots, m_1; x_k, \dots, x_1) \\
&= - \sum_{adm.\ cuts} P^C(Z(n; m_1, \dots, m_k; x_1, \dots, x_k)) \\
&\quad \cdot \mathcal{S}\left(R^C(Z(n; m_1, \dots, m_k; x_1, \dots, x_k))\right) \\
&\quad -(-1)^k \sum_{I \in \mathcal{C}(k) \backslash (1,1,\dots,1)} I \circ Z(n; m_k, \dots, m_1; x_k, \dots, x_1).
\end{aligned} \tag{6.7}$$

Again, the combination $Z(n; m_1, \dots, m_k; x_1, \dots, x_k) + (-1)^k Z(n; m_k, \dots, m_1; x_k, \dots, x_1)$ reduces to Z-sums of lower depth, similar to (6.2). We therefore obtained an "integration-by-parts" identity for objects, which don't have an integral representation. We first observed, that for the G-functions, which have an integral representation, the integration-by-parts identities are equal to the identities obtained from the antipode. After this abstraction towards an algebraic formulation, one can translate these relations to cases, which only have the appropriate algebra structure, but not necessarily a concrete integral representation. As an example we have

$$\begin{aligned}
&Z(n; m_1, m_2, m_3; x_1, x_2, x_3) - Z(n; m_3, m_2, m_1; x_3, x_2, x_1) = \\
&Z(n; m_1; x_1) Z(n; m_2, m_3; x_2, x_3) - Z(n; m_2, m_1; x_2, x_1) Z(n; m_3; x_3) \\
&- Z(n; m_1 + m_2; x_1 x_2) Z(n; m_3; x_3) + Z(n; m_2 + m_3, m_1; x_2 x_3, x_1) \\
&+ Z(n; m_3, m_1 + m_2; x_3, x_1 x_2) + Z(n; m_1 + m_2 + m_3; x_1 x_2 x_3),
\end{aligned} \tag{6.8}$$

which expresses the combination of the two Z-sums of depth 3 as Z-sums of lower depth. The analog example for the shuffle algebra of the G-function reads:

$$G(z_1, z_2, z_3; y) - G(z_3, z_2, z_1; y) = G(z_1; y)G(z_2, z_3; y) - G(z_2, z_1; y)G(z_3; y). \tag{6.9}$$

Multiple polylogarithms obey both the quasi-shuffle algebra and the shuffle algebra. Therefore we have for multiple polylogarithms two relations, which are in general independent.

7 Summary

In this article I discussed the mathematics underlying the calculation of Feynman loop integrals. The algorithms are based on Z-sums, which form a Hopf algebra with a quasi-shuffle product. This algebra has as additional structure a conjugation and a convolution product. In the final results multiple polylogarithms appear. Multiple polylogarithms obey apart from the quasi-shuffle algebra a second Hopf algebra. This additional Hopf algebra has a shuffle product.

A Notations and conventions

There are several notations for the multiple polylogarithms. I briefly summarize them here. In this article multiple polylogarithms are defined via the sum representation

$$\mathrm{Li}_{m_k,\dots,m_1}(x_k,\dots,x_1) = Z(\infty; m_1,\dots,m_k; x_1,\dots,x_k). \tag{A.1}$$

The reversed order of the arguments and indices for $\mathrm{Li}_{m_k,\dots,m_1}(x_k,\dots,x_1)$ follows the notation of Goncharov [23]. Gehrmann and Remiddi [18; 19; 20] use the notation $G(z_1,\dots,z_k;y)$ and $G_{m_1,\dots,m_k}(z'_1,\dots,z'_k;y)$. The relation with the notation above is

$$\mathrm{Li}_{m_k,\dots,m_1}(x_k,\dots,x_1) = (-1)^k G_{m_1,\dots,m_k}(b_1, b_2, \cdots, b_k; 1), \tag{A.2}$$

where

$$b_j = \frac{1}{x_1 x_2 \cdots x_j}. \tag{A.3}$$

Borwein, Bradley, Broadhurst and Lisonek [9] denote multiple polylogarithms as

$$\lambda\begin{pmatrix} m_1,\dots,m_k \\ b_1,\dots,b_k \end{pmatrix} = \mathrm{Li}_{m_k,\dots,m_1}(x_k,\dots,x_1) \tag{A.4}$$

In the French literature [29; 30] harmonic polylogarithms are often denoted as

$$\mathrm{Li}_{m_1,\ldots,m_k}(x) = H_{m_1,\ldots,m_k}(x) \tag{A.5}$$

and referred to as "multiple polylogarithms of a single variable". Note the order of the indices for $\mathrm{Li}_{m_1,\ldots,m_k}(x)$ in (A.5).

References

[1] O. V. Tarasov, Phys. Rev. **D54**, 6479 (1996), hep-th/9606018.
[2] O. V. Tarasov, Nucl. Phys. **B502**, 455 (1997), hep-ph/9703319.
[3] J. A. M. Vermaseren, math-ph/0010025.
[4] C. Bauer, A. Frink, and R. Kreckel, J. Symbolic Computation **33**, 1 (2002), cs.sc/0004015.
[5] S. Weinzierl, Comput. Phys. Commun. **145**, 357 (2002), math-ph/0201011.
[6] S. Moch, P. Uwer, and S. Weinzierl, J. Math. Phys. **43**, 3363 (2002), hep-ph/0110083.
[7] L. Euler, Novi Comm. Acad. Sci. Petropol. **20**, 140 (1775).
[8] D. Zagier, First European Congress of Mathematics, Vol. II, Birkhauser, Boston, 497 (1994).
[9] J. M. Borwein, D. M. Bradley, D. J. Broadhurst and P. Lisonek, Trans. Amer. Math. Soc. **353:3**, 907 (2001), math.CA/9910045.
[10] L. Lewin, "Polylogarithms and associated functions", (North Holland, Amsterdam, 1981).
[11] N. Nielsen, Nova Acta Leopoldina (Halle) **90**, 123 (1909).
[12] E. Remiddi and J. A. M. Vermaseren, Int. J. Mod. Phys. **A15**, 725 (2000), hep-ph/9905237.
[13] J. A. M. Vermaseren, Int. J. Mod. Phys. **A14**, 2037 (1999), hep-ph/9806280.
[14] M. E. Hoffman, J. Algebraic Combin. **11**, 49 (2000), math.QA/9907173.
[15] D. Kreimer, Adv. Theor. Math. Phys. **2**, 303 (1998), q-alg/9707029.
[16] A. Connes and D. Kreimer, Commun. Math. Phys. **199**, 203 (1998), hep-th/9808042.
[17] T. Gehrmann and E. Remiddi, Nucl. Phys. **B601**, 248 (2001), hep-ph/0008287.
[18] T. Gehrmann and E. Remiddi, Comput. Phys. Commun. **141**, 296 (2001), hep-ph/0107173.
[19] T. Gehrmann and E. Remiddi, Comput. Phys. Commun. **144**, 200 (2002), hep-ph/0111255.
[20] T. Gehrmann and E. Remiddi, Nucl. Phys. **B640**, 379 (2002), hep-ph/0207020.
[21] S. Moch, P. Uwer, and S. Weinzierl, Phys. Rev. **D66**, 114001 (2002), hep-ph/0207043.

[22] R. M. Hain, alg-geom/9202022.
[23] A. B. Goncharov, Math. Res. Lett. **5**, 497 (1998).
[24] A. B. Goncharov, math.AG/0103059.
[25] A. B. Goncharov, math.AG/0207036.
[26] A. B. Goncharov, math.AG/0208144.
[27] P. Elbaz-Vincent and H. Gangl, Comp. Math. **130**, 161 (2002), math.KT/0008089.
[28] H. Gangl, math.KT/0207222.
[29] H. M. Minh, M. Petitot and J. van der Hoeven, Discrete Math. **225:1-3**, 217 (2000).
[30] P. Cartier, Séminaire Bourbaki , 885 (2001), in french.
[31] J. Ecalle, Preprint Orsay 2002-23, (2002), in french with additional grammatical inventions, http://www.math.u-psud.fr/~biblio/ppo/2002/ppo2002-23.html.
[32] G. Racinet, math.QA/0202142, in french.

Multiple Logarithms, Algebraic Cycles and Trees

H. Gangl[1], A.B. Goncharov[2], and A. Levin[3]

[1] Department of Mathematical Sciences, University of Durham, South Rd, DH1 3LE Durham, UK
[2] Brown University, Box 1917, Providence, RI 02912, USA
[3] Institute of Oceanology, Moscow, Russia

Summary. This is a short exposition—mostly by way of the toy models "double logarithm" and "triple logarithm"—which should serve as an introduction to the article [3] in which we establish a connection between multiple polylogarithms, rooted trees and algebraic cycles.

1 Introduction

The multiple polylogarithm functions were defined in [5] by the power series

$$Li_{n_1,\dots,n_m}(z_1,\dots,z_m) = \sum_{0<k_1<\cdots<k_m} \frac{z_1^{k_1}}{k_1^{n_1}}\frac{z_2^{k_2}}{k_2^{n_2}}\cdots\frac{z_m^{k_m}}{k_m^{n_m}} \qquad (z_i \in \mathbb{C}, |z_i| < 1)\,.$$

They admit an analytic continuation to a Zariski open subset of $\mathbb{C}^m$. Putting $m = 1$ in this definition, we recover the classical polylogarithm function. Putting $n_1 = \cdots = n_m = 1$, we get the *multiple logarithm* function.

Let x_i be complex numbers. Recall that an iterated integral is defined as

$$I(x_0; x_1, \ldots, x_m; x_{m+1}) = \int_{\Delta_\gamma} \frac{dt_1}{t_1 - x_1} \wedge \cdots \wedge \frac{dt_m}{t_m - x_m}, \qquad (1.1)$$

where γ is a path from x_0 to x_{m+1} in $\mathbb{C} - \{x_1, \cdots, x_m\}$, and the cycle of integration Δ_γ consists of all m-tuples of points $(\gamma(t_1), \cdots, \gamma(t_m))$ with $t_i \leqslant t_j$ for $i < j$.

Multiple polylogarithms can be written as iterated integrals (cf. loc.cit.). In particular, the iterated integral representation of the multiple logarithm function is given as

$$Li_{1,\ldots,1}(z_1, \ldots, z_m) = (-1)^m I(0; x_1, \ldots, x_m; 1), \qquad (1.2)$$

where we set

$$x_1 := (z_1 \cdots z_m)^{-1}, \quad x_2 := (z_2 \cdots z_m)^{-1}, \quad \ldots, \quad x_m := z_m^{-1}. \qquad (1.3)$$

Observe that in (1.3) the parameters $x_1, \ldots, x_m$ are non-zero. Many properties of the iterated integrals will change if we put some of the x_i's equal to zero, which is why the study of multiple polylogarithms cannot be directly reduced to investigating multiple logarithms only.

Notation: We will use the notation $I_{1,\ldots,1}(x_1, \ldots, x_m)$ for $I(0; x_1, \ldots, x_m; 1)$ in order to emphasize that the x_i are non-zero.

In the paper [1], Bloch and Kříž defined an algebraic cycle realization of the classical polylogarithm functions. The goal of our project [3] was to develop a similar construction for multiple polylogarithms. In this paper we explain how to do this in the case of multiple logarithms, with special emphasis on the toy examples of the double and triple logarithm.

The structure of the paper is as follows. Let F be a field. In Section 2 we recall Bloch's differential graded algebra $\mathcal{Z}^\bullet(F, \bullet)$ of cubical algebraic cycles. In Section 3 we define, for a set R, another differential graded algebra $\mathcal{T}^\bullet_\bullet(R)$, built from R-decorated rooted forests. A very similar differential graded algebra, for non-rooted forests, was introduced in [7].

In Section 4 we relate these two DGA's in the case when $R = F^\times$. More precisely, we define a subalgebra $\widetilde{\mathcal{T}}^\bullet_\bullet(F^\times)$ of $\mathcal{T}^\bullet_\bullet(F^\times)$ by imposing some explicit genericity condition on the decoration. Then we construct a map of graded Hopf algebras

$$\varphi : \widetilde{\mathcal{T}}^\bullet_\bullet(F^\times) \longrightarrow \mathcal{Z}^\bullet(F, \bullet).$$

In Section 5 we introduce the second important ingredient of our construction: given a collection of elements $x_1, \ldots, x_m \in F^\times$, we define an element

$$\tau(x_1, \ldots, x_m) \in \mathcal{T}^\bullet_\bullet(F^\times).$$

Under certain explicit conditions on the x_i's, it belongs to $\widetilde{\mathcal{T}}^\bullet_\bullet(F^\times)$. Then the algebraic cycle $\varphi\tau(x_1, \ldots, x_m)$ corresponds to the multiple logarithm (1.2).

In Section 6, using ideas from [1] concerning the Hodge realization for $\mathcal{Z}^\bullet(\mathbb{C}, \bullet)$, we show by way of example how to get the original multivalued analytic functions (1.2) from the constructed cycles.

Acknowledgement. This work has been done while we enjoyed the hospitality of the MPI (Bonn). We are grateful to the MPI for providing ideal working conditions and support. A.G. was supported by the NSF grant DMS-0099390. A.L. was partially supported by the grant RFFI 04-01-00642.

2 Cubical algebraic cycles

Let F be a field. Following [2], we define the algebraic 1-cube $\square_F$ as a pair

$$\square_F = \Big(\mathbb{P}^1_F \setminus \{1\} \simeq \mathbb{A}^1_F\,, (0) - (\infty)\Big).$$

Here we consider the standard coordinate z on the projective line $\mathbb{P}^1_F$ and remove from it the point 1. Furthermore, $(0) - (\infty)$ denotes the divisor defined by the two points 0 and ∞. The algebraic n-cube is defined by setting $\square^n_F = (\square_F)^n$.

Bloch defined the cycle groups

$$\mathcal{C}^p(F, n) = \mathbb{Z}\Big[\{\text{admissible closed irreducible subvarieties over } F, \\ \text{of codimension } p \text{ in } \square^n_F\}\Big]\,.$$

Here a cycle is called **admissible** if it intersects all the faces (of any codimension) of $\square^n_F$ properly, i.e., in codimension p or not at all. Consider the semidirect product of the symmetric group S_n and the group $(\mathbb{Z}/2\mathbb{Z})^n$, acting by permuting and inverting the coordinates in $\square^n_F$. Let ε_n be the sign representation of this group. The group $\mathcal{Z}^p(F, n)$ is defined as the coinvariants of this group acting on $\mathcal{C}^p(F, n) \otimes \varepsilon_n$. Bloch showed that these groups, for a fixed p, form a complex

$$\cdots \to \mathcal{Z}^p(F, n) \xrightarrow{\partial} \mathcal{Z}^p(F, n-1) \to \cdots$$

where the differential ∂ is given by

$$\partial = \sum_{i=1}^{n} (-1)^{i-1}(\partial^i_0 - \partial^i_\infty)$$

and ∂^i_ε denotes the operator which is given by the intersection with the coordinate hyperplane $\{z_i = \varepsilon\}$, $\varepsilon \in \{0, \infty\}$.

The concatenation of coordinates, followed by taking the corresponding coinvariants, provides a product on algebraic cycles, and together with the above one gets

Proposition 2.1 *(Bloch) The algebraic cycle groups $\mathcal{Z}^p(F,n)$ associated to a given field F provide a differential graded algebra $\mathcal{Z}^\bullet(F,\bullet) = \sum_{p,n} \mathcal{Z}^p(F,n)$.*

Example 2.2 *For any element a in F, one can associate such a cubical algebraic cycle corresponding to the dilogarithm $Li_2(a)$. This cycle has been given by Totaro as the image of the map*

$$\varphi_a : \mathbb{P}^1_F \to \left(\mathbb{P}^1_F\right)^3, \qquad t \mapsto \left(t, 1-t, 1-\frac{a}{t}\right),$$

restricted to the algebraic cube $\square^3_F$: we write

$$C_a := \left[t, 1-t, 1-\frac{a}{t}\right] := \mathit{coinvariants}(\varphi_a(\mathbb{P}^1_F) \cap \square^3_F).$$

The cycle C_a belongs to the group $\mathcal{Z}^2(F,3)$. One has

$$\partial C_a = [a, 1-a] \in \square^2_F$$

(only ∂^3_0 gives a non-empty contribution). The same computation shows that C_a is in fact admissible. Observe the apparent similarity with the formula $d\,Li_2(a) = -\log(1-a)\,d\log(a)$ for the differential of the dilogarithm.

Example 2.3 *Recall (cf. [6]) that the double logarithm is defined via the power series*

$$Li_{1,1}(x,y) = \sum_{0<m<n} \frac{x^m}{m}\frac{y^n}{n} \qquad (|x|, |y| < 1,\ x, y \in \mathbb{C}).$$

Its differential is computed as follows

$$\begin{aligned} d\,Li_{1,1}(x,y) &= \sum_{0<m<n} x^{m-1}\frac{y^n}{n}\,dx + \sum_{0<m<n} \frac{x^m}{m} y^{n-1}\,dy \\ &= \sum_{n>0} \frac{1-x^{n-1}}{1-x}\frac{y^n}{n}\,dx + \sum_{0<m} \frac{x^m}{m}\frac{y^m dy}{1-y} \\ &= Li_1(y)\frac{dx}{1-x} - Li_1(xy)\frac{dx}{x(1-x)} + Li_1(xy)\frac{dy}{1-y} \\ &= Li_1(y)\,d\,Li_1(x) - Li_1(xy)\,d\,Li_1\left(\frac{1}{x}\right) + Li_1(xy)\,d\,Li_1(y)\,. \quad (2.1) \end{aligned}$$

The cycle

$$C_{a,b} := \left[1 - t, 1 - \frac{ab}{t}, 1 - \frac{b}{t}\right] \in \mathcal{Z}^2(F, 3) \tag{2.2}$$

will play the role of the double logarithm $Li_{1,1}(a, b)$ among the algebraic cycles. Its boundary is readily evaluated as

$$\partial C_{a,b} = \underbrace{[1 - ab, 1 - b]}_{\textit{from } z_1=0} - \underbrace{\left[1 - ab, 1 - \frac{1}{a}\right]}_{\textit{from } z_2=0} + \underbrace{[1 - b, 1 - a]}_{\textit{from } z_3=0} \in \mathcal{Z}^2(F, 2) \tag{2.3}$$

whose individual terms are already very reminiscent of the three terms in (2.1).

Observe that, setting $x_1 = (ab)^{-1}$, $x_2 = b^{-1}$, we can rewrite $C_{a,b}$ as

$$Z_{x_1,x_2} := \left[1 - \frac{1}{u}, 1 - \frac{u}{x_1}, 1 - \frac{u}{x_2}\right],$$

whose constants x_1, x_2 are chosen to match the iterated integral form $I_{1,1}(x_1, x_2)$ of $Li_{1,1}(a, b)$. In the following, we will deal with cycles in the $Z_{\dots}$-form. (Note that the change of variable $t = u^{-1}$ does not change the cycle.)

Below we will explain how to generalize this definition for the case of multiple logarithms.

3 The differential graded algebra of *R*-deco forests

In this paper a *plane tree* is a finite tree whose internal vertices are of valency $\geqslant 3$, and where at each vertex a cyclic ordering of the incident edges is given. We assume that all the other vertices are of valency 1, and call them *external* vertices. A plane tree is *planted* if it has a distinguished external vertex of valency 1, called its *root*. A *forest* is a disjoint union of trees.

3.1 The orientation torsor

Recall that a *torsor* under a group G is a set on which G acts freely transitively.

Let S be a finite (non-empty) set. We impose on the set of orderings of S an equivalence relation, given by even permutations of the elements. The equivalence classes form a 2-element set Or_S. It has an obvious $\mathbb{Z}/2\mathbb{Z}$-torsor structure and is called the *orientation torsor of S*.

Definition 3.1 *Let F be a plane forest. The* **orientation torsor of** F *is the orientation torsor of the set of its edges.*

Observe that once we have chosen an edge ordering in a plane tree T, e.g., by fixing a root, there is a canonical orientation on T.

3.2 The algebra of R-deco forests

Definition 3.2 *Let R be a set. An R-**deco tree** is a planted plane tree with a map, called R-**decoration**, from its external vertices to R. An R-**deco forest** is a disjoint union of R-deco trees.*

Remark 3.3 *1. There is an obvious induced direction for each edge in an R-deco tree, away from the root.*
2. There is an ordering of the edges, starting from the root edge, which is induced by the cyclic ordering of edges at internal vertices.

Our convention for drawing the trees is that the cyclic ordering of edges around internal vertices is displayed in counterclockwise direction.

Example 3.4 *We draw an R-deco tree T with root vertex decorated by $x_4 \in R$; its other external vertices are decorated by $x_1, x_2, x_3 \in R$. The above-mentioned ordering of the edges e_i coincides with the natural ordering of their indices, while the direction of the edges (away from the root) is indicated by small arrows along the edges.*

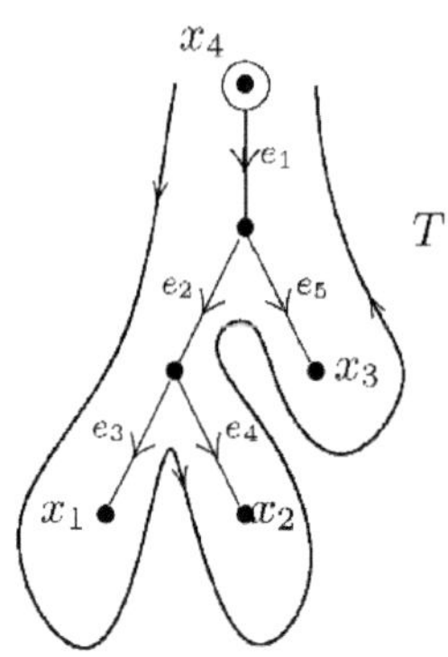

Fig. 1: An R-deco tree T with root vertex decorated by x_4.

Definition 3.5 *For a set R, the $\mathbb{Q}$-vector space $\mathcal{T}_\bullet(R)$ is generated by the elements (F, ω), where F is an R-deco forest and ω an orientation on it, subject to the relation $(F, -\omega) = -(F, \omega)$.*

We define the *grading* of an R-deco tree T by

$$e(T) = \#\{\text{edges of } T\}$$

and extend it to forests by linearity: $e(F_1 \sqcup F_2) := e(F_1) + e(F_2)$. (Here $\sqcup$ denotes the disjoint union.) It provides the vector space $\mathcal{T}_\bullet(R)$ with a natural grading.

We define an algebra structure $\star$ on $\mathcal{T}_\bullet(R)$ by setting

$$(F_1, \omega_1) \star (F_2, \omega_2) := (F_1 \sqcup F_2, \omega_1 \otimes \omega_2).$$

It makes $\mathcal{T}_\bullet(R)$ into a graded commutative algebra, called *the R-deco forest algebra $\mathcal{T}_\bullet(R)$*.

Let $V_\bullet(R)$ be the graded $\mathbb{Q}$-vector space with basis given by R-deco trees, with the above grading.

Lemma 3.6 *The algebra $\mathcal{T}_\bullet(R)$ is the free graded commutative algebra generated by the graded vector space $V_\bullet(R)$.*

So the basis elements of $V_\bullet(R)$ commute in the R-deco forest algebra via the rule

$$(T_1, \omega_1) \star (T_2, \omega_2) = (-1)^{e(T_1)e(T_2)}(T_2, \omega_2) \star (T_1, \omega_1).$$

3.3 The differential

A differential on $\mathcal{T}_\bullet(R)$ is a map

$$d : \mathcal{T}_\bullet(R) \longrightarrow \mathcal{T}_{\bullet-1}(R)$$

satisfying $d^2 = 0$ and the Leibniz rule. Since, by Lemma 3.6, $\mathcal{T}_\bullet(R)$ is a free graded commutative algebra, it is sufficient to define it on the algebra generators, that is on the elements (T, ω), where T is an R-deco tree and ω is an orientation of T.

The terms in the differential of a tree T arise by contracting an edge of T— they fall into two types, according to whether the edge is internal or external. We will need the notion of a splitting.

Definition 3.7 *A* **splitting** *of a tree T at an internal vertex v is the disjoint union of the trees which arise as $T_i \cup v$ where the T_i are the connected components of $T \setminus v$.*

Further structures on T, e.g. a decoration at v, planarity of T or an ordering of its edges, are inherited for each $T_i \cup v$. Also, if T has a root r, v plays the role of the root for all $T_i \cup v$ which do not contain r.

Definition 3.8 *Let e be an edge of a tree T. The* **contraction** *of T along e, denoted T/e, is given as follows:*

1. *If e is an internal edge, then T/e is again a tree: it is the same tree as T except that e is contracted and the two incident vertices of e are identified to a single vertex.*
2. *If e is an external edge, then T/e is obtained as follows: first we contract the edge e to a vertex w and then we perform a splitting at w.*

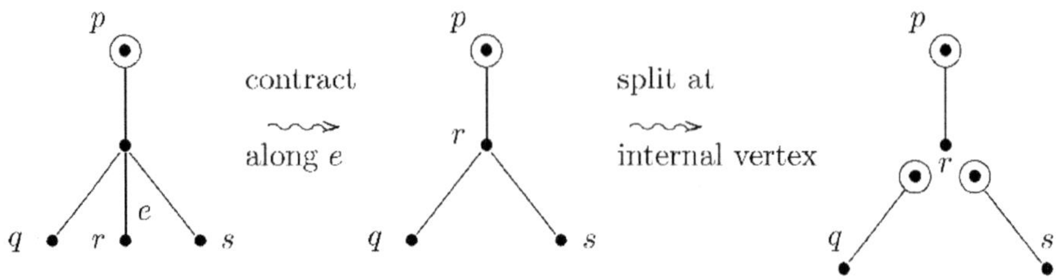

Fig. 2: Contracting a leaf.

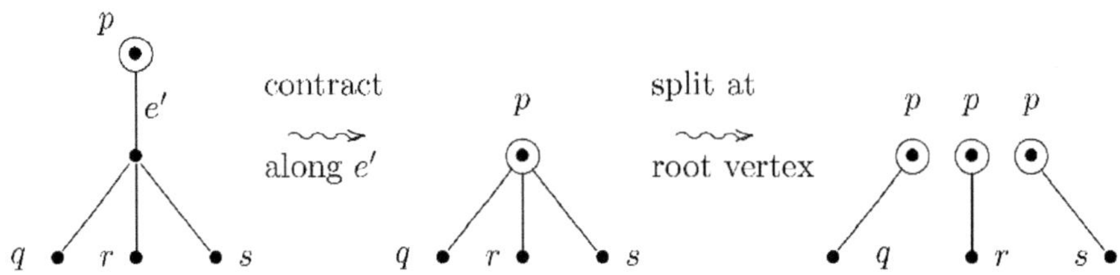

Fig. 3: Contracting the root edge.

Two typical examples are given above: in Figure 2 we contract a *leaf*, i.e. an external vertex which is not the root vertex, and in Figure 3 the root vertex is contracted.

Let S be a finite set and Or_S the orientation torsor of S. We present its elements as $s_1 \wedge \cdots \wedge s_n$, where $n = |S|$, with the relation $s_{\pi(1)} \wedge \cdots \wedge s_{\pi(n)} = \mathrm{sgn}(\pi)\big(s_1 \wedge \cdots \wedge s_n\big)$ for any permutation π on n letters.

Now given an element $s \in S$ and $\omega \in \mathrm{Or}_S$, we define an element $i_s\omega \in \mathrm{Or}_{S\setminus\{s\}}$ as follows:

$$i_s\omega := s_2 \wedge \cdots \wedge s_n \quad \text{if } \omega = s \wedge s_2 \wedge \cdots \wedge s_n\,.$$

Definition 3.9 *Let T be a finite tree with set of edges E, and let ω be an orientation of T. The* **differential** *on (T,ω) is defined as*

$$d : (T,\omega) \mapsto \sum_{e\in E} (T/e, i_e\omega)\,.$$

Example 3.10 *The simplest non-trivial example for the differential of an $F^\times$-deco tree, where $F^\times$ is the multiplicative group of a field F, can be seen on a tree with one internal vertex, as given in Figure 4. Here we choose the $F^\times$-decoration (x_1, x_2) with $x_1, x_2 \in F^\times$ for the leaves and the decoration 1 for the root.*
(For the drawings, we use the canonical ordering of edges for $F^\times$-deco trees and the induced ordering for forests which arise from a splitting. The ordering of the forest encodes its orientation, i.e. the choice of an element in the orientation torsor.)

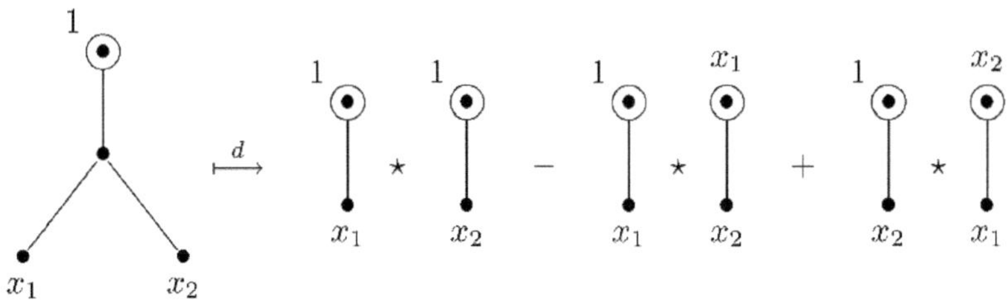

Fig. 4: The differential on a tree with one internal vertex.

Remark 3.11 *There is a $\mathbb{Z}$-bigrading on $\mathcal{T}_\bullet(R)$ given by the groups*

$$\mathcal{T}_n^p(R) = \mathbb{Z}[\{R\text{-deco forests with } n \text{ edges and } p \text{ external non-root vertices}\}].$$

It will correspond below to the bigrading on the cycle groups $\mathcal{Z}^p(F,n)$.

For a set R, put

$$\mathcal{T}^\bullet_\bullet(R) := \bigoplus_{p\geqslant 0} \bigoplus_{0\leqslant n\leqslant p} \mathcal{T}_n^p(R).$$

With the above definitions, we have:

Proposition 3.12 *$(\mathcal{T}^\bullet_\bullet(R), d)$ is a bigraded, differential graded algebra.*

4 Mapping forests to algebraic cycles

In the special case where $R = F^\times$, the multiplicative group of a field F, we can establish the connection between the two differential graded algebras above, and Theorem 4.2 below gives the main result of this paper.

It turns out that the admissibility condition on algebraic cycles mentioned above forces us to restrict to a subalgebra of $\mathcal{T}^\bullet$, which we now describe.

Definition 4.1 *We call an R-deco tree* **generic** *if all the individual decorations of external vertices are different.*

We denote the subalgebra of $\mathcal{T}^\bullet_\bullet(R)$ generated by generic R-deco trees by $\widetilde{\mathcal{T}}^\bullet_\bullet(R)$.

One of our key results is the following statement:

Theorem 4.2 *For a field F, there is a natural map of differential graded algebras*

$$\widetilde{\mathcal{T}}^\bullet_\bullet(F^\times) \to \mathcal{Z}^\bullet(F,\bullet).$$

It is given by the map in Definition 4.3 below.

Definition 4.3 *The* **forest cycling map** *for a field F is the map φ from $\mathcal{T}_{\bullet}^{\bullet}(F^{\times})$ to (not necessarily admissible) cubical algebraic cycles over F given on generators, i.e. $F^{\times}$-deco trees (T,ω), as follows:*

1. *to each internal vertex v of T we associate a decoration consisting of an independent ("parametrizing") variable;*
2. *to each edge with (internal or external) vertices v and w equipped with respective decorations y_v and y_w (variables or constants) we associate the expression $[1 - y_w/y_v]$ as a parametrized coordinate in $\mathbb{P}^1_F$;*
3. *choosing an ordering of edges of T corresponding to ω, we concatenate all the respective coordinates produced in the previous step.*

This somewhat lengthy description is easily understood by looking at an example. We will denote the concatenation product for algebraic cycles by $*$, and we encode the expression $1 - \frac{x}{y}$, for x, y in a field, by the following picture

Example 4.4 *Let us consider the forest cycling map φ for the following R-deco tree (T,ω), where the orientation ω is given by $e_1 \wedge e_2 \wedge e_3$ (we leave out the arrows since the edges are understood to be directed away from the root):*

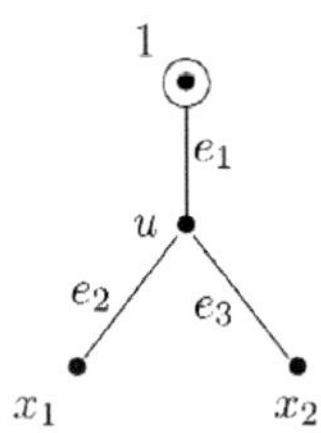

$$\overset{(2)}{\longmapsto} \left[1 - \frac{1}{u}\right] * \left[1 - \frac{u}{x_1}\right] * \left[1 - \frac{u}{x_2}\right] = \left[1 - \frac{1}{u}, 1 - \frac{u}{x_1}, 1 - \frac{u}{x_2}\right].$$

Fig. 5: The forest cycling map on a tree with one internal vertex.

This cycle, as already mentioned, corresponds to the double logarithm $I_{1,1}(x_1, x_2)$, as we will see in Section 6.

Lemma 4.5 *Each generic $F^{\times}$-deco tree maps to an admissible cycle in $\mathcal{Z}^{\bullet}(F, \bullet)$.*

For a proof, we refer to [3]; the main idea is that at each internal vertex we have at least one incoming and one outgoing edge, which implies that their respective coordinates in the associated cycle cover up for each other.

5 The algebraic cycle corresponding to the multiple logarithm

Definition 5.1 *Let $\{x_1, \ldots, x_m\}$ be a collection of distinct elements of $F^\times \setminus \{1\}$. Then $\tau(x_1, \ldots, x_m)$ is the sum of all trivalent $F^\times$-deco trees with m leaves whose $F^\times$-decoration is given by $(x_1, x_2, \ldots, x_{m-1}, x_m)$, while the root is decorated by 1.*

Recall that the number of such trees is given by the Catalan number $\frac{1}{m}\binom{2(m-1)}{m-1}$.

Combining Definition 5.1 with the forest cycling map φ, we get the cycles corresponding to the multiple logarithms. For $m = 2$, the tree $\tau(x_1, x_2)$ is given by the tree on the left of Figure 5.

Example 5.2 *The simplest example where the sum of trees consists of more than a single term appears when $m = 3$:*

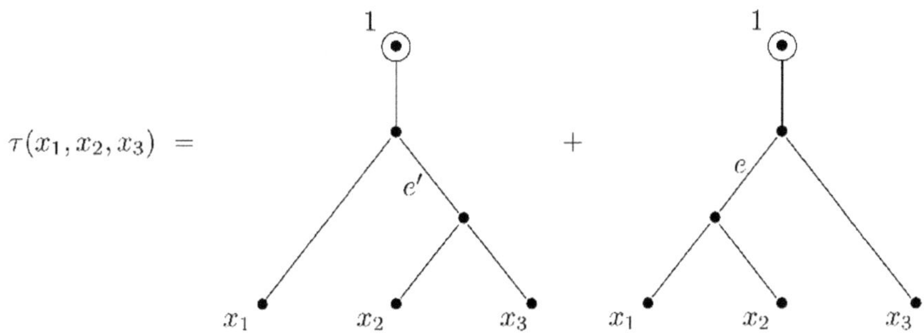

Fig. 6: The sum of trees corresponding to the triple logarithm $I_{1,1,1}(x_1, x_2, x_3)$.

Applying φ, we get the following cycle corresponding to the triple logarithm $I_{1,1,1}(x_1, x_2, x_3)$:

$$
\begin{aligned}
Z_{x_1,x_2,x_3} &= \left[1 - \frac{1}{t}, 1 - \frac{t}{x_1}, 1 - \frac{t}{u}, 1 - \frac{u}{x_2}, 1 - \frac{u}{x_3}\right] \\
&+ \left[1 - \frac{1}{t}, 1 - \frac{t}{u}, 1 - \frac{u}{x_1}, 1 - \frac{u}{x_2}, 1 - \frac{t}{x_3}\right].
\end{aligned}
$$

Here we have two parametrizing variables, t and u, and $Z_{x_1,x_2,x_3} \in \mathcal{Z}^3(F, 5)$.

Example 5.3 *In Figure 7, we give the sum of $F^\times$-deco trees associated to the weight 4 multiple logarithm $I_{1,1,1,1}(x_1, x_2, x_3, x_4)$.*

One of the crucial properties of the elements $\tau(x_1, \cdots, x_m)$ is that the contributions of internal edges to the differential of $\tau(x_1, \cdots, x_m)$ cancel pairwise. This property ensures, cf. [3], that one can build from $\tau(x_1, \cdots, x_m)$ an

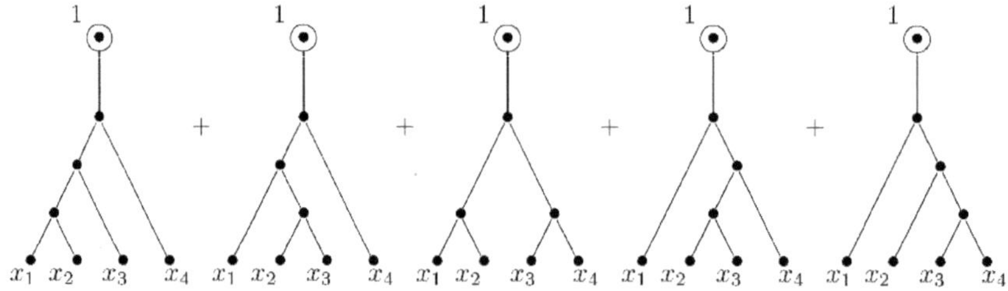

Fig. 7: The sum of 5 trees corresponding to the multiple 4-logarithm.

element in the Hopf algebra χ_{Mot} of [1]. Here is how the cancellations take place for $m = 3$ (cf. Fig. 6). The terms in $d\tau(x_1, x_2, x_3)$ coming from contracting the *internal* edges e and e' cancel each other: e is the third one in the (canonical counterclockwise) ordering of edges in the first tree, while e' is the second edge in the second tree, so the corresponding signs in the differential are opposite. This means that each term of $d\tau(x_1, x_2, x_3)$ is decomposable (in fact, since $\tau(x_1, x_2, x_3)$ consists of trivalent trees, each such term is a product of precisely two trees).

6 Associating integrals to the multiple logarithm cycles

So far we have not given a reason why we can consider the cycles associated to certain trees as "avatars" of multiple logarithms. In this section, we indicate how we can associate an integral to the cycles Z_{x_1,x_2} and Z_{x_1,x_2,x_3} which is nothing else than (the negative of) the integral presentation for the double and triple logarithm, respectively.

Following Bloch and Kříž, we embed the algebraic cycles into a larger set-up of "hybrid" cycles which have both algebraic and topological coordinates as well as both types of differentials, and then apply the bar construction. We only consider "topological" variables $s_i \in [0, 1] \subset \mathbb{R}$ subject to the condition $s_i \leqslant s_j$ if $i < j$, and taking the topological boundary δ for a cycle with topological dimension r amounts to taking the formal alternating sum over the subvarieties where either $s_1 = 0$ or $s_k = s_{k+1}$ for some $r = 1, \ldots, r-1$ or $s_r = 1$.

Example 6.1 *1. In order to bound Z_{x_1,x_2}, consider the algebraic-topological cycle parametrized by $t \in \mathbb{P}^1_F$ and $s_1 \in \mathbb{R}$, $0 \leqslant s_1 \leqslant 1$, as*

$$\left[1 - \frac{s_1}{t}, 1 - \frac{t}{x_1}, 1 - \frac{t}{x_2}\right],$$

whose topological boundary terms are obtained by putting $s_1 = 0$ (which produces the empty cycle) or by $s_1 = 1$ which yields Z_{x_1,x_2}. Its algebraic boundary is given by

$$\left[1-\frac{s_1}{x_1},1-\frac{s_1}{x_2}\right]-\left[1-\frac{s_1}{x_1},1-\frac{x_1}{x_2}\right]+\left[1-\frac{s_1}{x_2},1-\frac{x_2}{x_1}\right], \quad 0\leqslant s_1\leqslant 1,$$

where the last two terms are "negligible" for the following.

2. *Consider the topological cycle parametrized by* $0\leqslant s_1\leqslant s_2\leqslant 1$*,* $s_i\in\mathbb{R}$*, as*

$$\left[1-\frac{s_1}{x_1},1-\frac{s_2}{x_2}\right],$$

whose boundary terms arise from setting $s_1=0$*,* $s_1=s_2$ *or* $s_2=1$*, giving the empty cycle,* $[1-\frac{s_1}{x_1},1-\frac{s_1}{x_2}]$ *or* $[1-\frac{s_1}{x_1},1-\frac{1}{x_2}]$*, respectively.*

What we are after is a cycle η in this larger (algebraic-topological) cycle complex which bounds the cycle Z_{x_1,x_2}, i.e., such that $Z_{x_1,x_2}=(\partial+\delta)\eta$, since the "bounding process" will give rise to a purely topological cycle against which we can then integrate the standard volume form $(2\pi i)^{-r}\frac{dz_1}{z_1}\wedge\cdots\wedge\frac{dz_r}{z_r}$ (here $r=2$), z_i being a coordinate on the ith cube $\square_{\mathbb{R}}$.

In fact, working modulo "negligible" terms like $[1-\frac{s_1}{x_1},1-\frac{1}{x_2}]$ above we get that the full differential $D=\partial+\delta$ on the algebraic-topological cycle groups gives

$$-Z_{x_1,x_2}=D\Big([1-\frac{s_1}{t},1-\frac{t}{x_1},1-\frac{t}{x_2}]+[1-\frac{s_1}{x_1},1-\frac{s_2}{x_2}]\Big) \tag{6.1}$$

(two of the boundary terms cancel) and we associate to Z_{x_1,x_2} the integral

$$\frac{1}{(2\pi i)^2}\int_{\substack{[1-\frac{s_1}{x_1},1-\frac{s_2}{x_2}]\\ 0\leqslant s_1\leqslant s_2\leqslant 1}}\frac{dz_1}{z_1}\wedge\frac{dz_2}{z_2}=\frac{1}{(2\pi i)^2}\int_{0\leqslant s_1\leqslant s_2\leqslant 1}\frac{d(1-\frac{s_1}{x_1})}{1-\frac{s_1}{x_1}}\wedge\frac{d(1-\frac{s_2}{x_2})}{1-\frac{s_2}{x_2}}$$

$$=\frac{1}{(2\pi i)^2}\int_{0\leqslant s_1\leqslant s_2\leqslant 1}\frac{ds_1}{s_1-x_1}\wedge\frac{ds_2}{s_2-x_2}. \tag{6.2}$$

Therefore we see that the cycle $-Z_{x_1,x_2}$ corresponds—in a rather precise way—to the iterated integral $I_{1,1}(x_1,x_2)$.

Note that the three "negligible" terms encountered above can also be covered as part of a boundary if we introduce, following [1], yet another differential $\overline{d}$ (coming from the well-known bar construction), and in the ensuing tricomplex all the terms above are taken care of. With the usual bar notation $|$ for a certain tensor product, the full cycle is given by

$$[1-\frac{s_1}{t},1-\frac{t}{x_1},1-\frac{t}{x_2}]+[1-\frac{s_1}{x_1},1-\frac{s_2}{x_2}]$$
$$+\Big([1-\frac{s_1}{x_1}\;|1-\frac{1}{x_2}]-[1-\frac{s_1}{x_1}|\;1-\frac{x_1}{x_2}]+[1-\frac{s_1}{x_2}\;|1-\frac{x_2}{x_1}]\Big),$$

and its image under the boundary $\partial+\delta+\overline{d}$ is precisely the "bar version" of $-Z_{x_1,x_2}$, given by $-Z_{x_1,x_2}-\big([1-\frac{1}{x_1}\mid 1-\frac{1}{x_2}]-[1-\frac{1}{x_1}\mid 1-\frac{x_1}{x_2}]+[1-\frac{1}{x_2}\mid 1-\frac{x_2}{x_1}]\big)$. For details, we refer to [3].

6.1 The integral associated to the triple logarithm

In a similar fashion as for Z_{x_1,x_2}, we can find a bounding cycle γ in the larger algebraic-topological groups. We picture the see-saw-like process with the main terms (all terms which do not appear in the diagram are "topologically decomposable" and therefore negligible for the final integral). In the cycles below, we have $t, u \in \mathbb{P}^1_F$, $(t,u) \neq (0,0)$, and the range of the parameters $0 \leqslant s_i \leqslant 1$ is given via the inequalities $s_i \leqslant s_j$ for $i < j$.

$$\left[1-\frac{1}{t}, 1-\frac{t}{x_1}, 1-\frac{t}{u}, 1-\frac{u}{x_2}, 1-\frac{u}{x_3}\right] + \left[1-\frac{1}{t}, 1-\frac{t}{u}, 1-\frac{u}{x_1}, 1-\frac{u}{x_2}, 1-\frac{t}{x_3}\right]$$

$$\nwarrow -\delta$$

$$\left[1-\frac{s_1}{t}, 1-\frac{t}{x_1}, 1-\frac{t}{u}, 1-\frac{u}{x_2}, 1-\frac{u}{x_3}\right] + \left[1-\frac{s_1}{t}, 1-\frac{t}{u}, 1-\frac{u}{x_1}, 1-\frac{u}{x_2}, 1-\frac{t}{x_3}\right]$$

$$\swarrow \partial$$

$$\left[1-\frac{s_1}{x_1}, 1-\frac{s_1}{u}, 1-\frac{u}{x_2}, 1-\frac{u}{x_3}\right] + \left[1-\frac{s_1}{u}, 1-\frac{u}{x_1}, 1-\frac{u}{x_2}, 1-\frac{s_1}{x_3}\right]$$

$$\nwarrow -\delta$$

$$\left[1-\frac{s_1}{x_1}, 1-\frac{s_3}{u}, 1-\frac{u}{x_2}, 1-\frac{u}{x_3}\right] + \left[1-\frac{s_1}{u}, 1-\frac{u}{x_1}, 1-\frac{u}{x_2}, 1-\frac{s_3}{x_3}\right]$$

$$\swarrow \partial$$

$$-\left[1-\frac{s_1}{x_1}, 1-\frac{s_3}{x_2}, 1-\frac{s_3}{x_3}\right] + \left[1-\frac{s_1}{x_1}, 1-\frac{s_1}{x_2}, 1-\frac{s_3}{x_3}\right]$$

$$\nwarrow -\delta$$

$$\left[1-\frac{s_1}{x_1}, 1-\frac{s_2}{x_2}, 1-\frac{s_3}{x_3}\right]$$

Fig. 8. A see-saw procedure to find the integral for the triple logarithm cycle.

The explanation of this diagram is as follows: the first two lines give the algebraic cycles for Z_{x_1,x_2,x_3}; they are the images (modulo decomposable cycles) under δ of the algebraic-topological cycles shown in the next two lines (a real parameter s_1 enters). If we apply the full differential $D = \partial + \delta$ to the latter two cycles we obtain two new irreducible cycles, listed in the following two lines. Again we can bound the latter (under δ) by two algebraic-topological cycles (a new parameter s_3 enters, and we have $0 \leqslant s_1 \leqslant s_3 \leqslant 1$; note that only the δ-boundaries from putting $s_1 = s_3$ are indecomposable). In the same fashion we consider the ∂-boundaries of the latter, winding up with $\gamma_{1,3} = -[1 - \frac{s_1}{x_1}, 1 - \frac{s_3}{x_2}, 1 - \frac{s_3}{x_3}] + [1 - \frac{s_1}{x_1}, 1 - \frac{s_1}{x_2}, 1 - \frac{s_3}{x_3}]$, $0 \leqslant s_1 \leqslant s_3 \leqslant 1$ (note that the signs are opposite). In the final step, we see that the indecomposable part of the δ-boundary of the purely topological cycle $[1 - \frac{s_1}{x_1}, 1 - \frac{s_2}{x_2}, 1 - \frac{s_3}{x_3}]$ $(0 \leqslant s_1 \leqslant s_2 \leqslant s_3 \leqslant 1)$ is precisely the above cycle $\gamma_{1,3}$. Therefore the sum over the five cycles on the right hand side of the picture bounds $-Z_{x_1,x_2,x_3}$, and the only cycle which gives a non-trivial integral against the standard volume form $(2\pi i)^{-3} \frac{dz_1}{z_1} \wedge \frac{dz_2}{z_2} \wedge \frac{dz_3}{z_3}$ is the purely topological one, providing the integral

$$\frac{1}{(2\pi i)^3} \int\limits_{0 \leqslant s_1 \leqslant s_2 \leqslant s_3 \leqslant 1} \frac{ds_1}{s_1 - x_1} \wedge \frac{ds_2}{s_2 - x_2} \wedge \frac{ds_3}{s_3 - x_3},$$

which is nothing else—up to normalizing by $(2\pi i)^{-3}$—than $I_{1,1,1}(x_1, x_2, x_3)$.

7 Outlook

We can also describe multiple *poly*logarithms $Li_{k_1,\ldots,k_n}(z_1, \ldots, z_n)$ in a similar fashion, but we need to introduce trees with two different kinds of external edges, and an accordingly modified forest cycling map gives us the associated algebraic cycles. Moreover, a general construction in [1] based on the bar construction applies to both DGA's, providing in particular a Hopf algebra structure on the R-deco forests, and φ furthermore induces a morphism of Hopf algebras. Details for this, as well as the connection to the "motivic world", are given in [3].

References

[1] **Bloch, S., Kříž, I.** *Mixed Tate motives.* Ann. of Math. (2) 140 (1994), no. 3, 557–605.

[2] **Bloch, S.** *Lectures on mixed motives.* Algebraic geometry—Santa Cruz 1995, 329–359, Proc. Sympos. Pure Math., 62, Part 1, Amer. Math. Soc., Providence, RI, 1997.

[3] **Gangl, H.; Goncharov, A.B.; Levin, A.** *Multiple polylogarithms, polygons, trees and algebraic cycles.* [arXiv:math.NT/0508066].

[4] **Gangl, H.; Müller-Stach, S.** *Polylogarithmic identities in cubical higher Chow groups.* Algebraic K-theory (Seattle, WA, 1997), 25–40, Proc. Sympos. Pure Math., 67, Amer. Math. Soc., Providence, RI, 1999.

[5] **Goncharov, A.B.** *Polylogarithms in arithmetic and geometry.* Proceedings of the International Congress of Mathematicians, Vol. 1 (Zürich, 1994), 374–387, Birkhäuser, Basel, 1995.

[6] **Goncharov, A.B.** *The double logarithm and Manin's complex for modular curves.* Math. Res. Lett. 4 (1997), no. 5, 617–636.

[7] **Goncharov, A.B.** *Galois groups, geometry of modular varieties and graphs.* Talk at the Arbeitstagung Bonn, 1999. Available under http://www.mpim-bonn.mpg.de/html/preprints/preprints.html.

[8] **Goncharov, A.B.** *Multiple ζ-values, Galois groups, and geometry of modular varieties.* European Congress of Mathematics, Vol. I (Barcelona, 2000), 361–392, Progr. Math., 201, Birkhäuser, Basel, 2001.

Part IV

Appendices

A

List of Participants

List of Participants of the school *Frontiers in Number Theory, Physics and Geometry* held in Les Houches, March 9 - 21 2003 The affiliations of the participants are the one at the time of the school or the one known at the time the book is in press.

Abou Zeid Mohab	(Theory Group, The Blackett Laboratory, Imperial College London, UK)
Berman David	(Department of Applied Mathematics, Cambridge University, UK)
Bern Zvi	(UCLA, USA)
Beukers Frits	(University of Utrecht, The Netherlands)
Bogomolny Eugene	(LPTMS, Orsay, France)
Bohigas Oriol	(LPTMS, Orsay, France)
Bondal Alexei	(Steklov Math. Institute, Moscow, Russia & Université Paris 6, France)
Bonechi Francesco	(INFN, sezione di Firenze, Italy)
Brasselet Jean-Paul	(IML - CNRS, France)
Braun Volker	(Laboratoire de Physique théorique ENS, Paris, France)
Candelas Philip	(Oxford University, UK)
Cantini Luigi	(Scuola Normale Superiore Pisa, Italy)
Cartier Pierre	(Institut Mathématique de Jussieu, CNRS, France)
Connes Alain	(Collège de France, IHES, France)
Conrey Brian	(American Institute of Mathematics, USA)
Conway John	(Princeton University, USA)
Cristadoro Giampaolo	(Dipartimento di Scienze, Univeristà dell'Insubria, sede di Como, Italy)
Cvitanovic Predrag	(Georgia Tech. University, USA)
DeWitt Bryce	(University of Texas, USA)
DeWitt-Morette Cécile	(University of Texas, USA & CA Les Houches)
Dijkgraaf Robbert	(Amsterdam University, The Netherlands)
Di Vecchia Paolo	(Nordita, Danemark)
Elbau Peter	(ETH Zurich, Switzerland)
Frenkel Edward	(University of California, Berkeley, USA)
Fucito Francesco	(INFN sez. Roma 2, Italy)

Gangl Herbert	(Max-Planck-Institut für Mathematik, Bonn, Germany)
Gentile Guido	(Università di Roma III, Italy)
Grange Pascal	(CPHT, École polytechnique, Palaiseau, France)
Gutkin Boris	(SPhT, CEA-Saclay, France)
Harrison Jonathan	(University of Ulm, Germany)
Henry Pierre	(Queen Mary College, University of London, UK)
Julia Bernard	(Laboratoire de Physique théorique ENS - CNRS, Paris, France)
Kaste Peter	(CPHT, École Polytechnique, Palaiseau, France)
Kreimer Dirk	(CNRS-IHES, France)
Kremnizer Kobi	(Tel-Aviv University, Israel)
Lagarias Jeffrey	(AT&T Labs-Research, USA)
Leboeuf Patricio	(LPTMS, Université de Paris XI, Orsay, France)
Marcolli Matilde	(Max Planck Institute for Mathematics, Germany)
Marklof Jens	(School of Mathematics, University of Bristol, UK)
Marmi Stefano	(Scuola Normale Superiore, Pisa, Italy)
Mastrolia Pierpaolo	(Università di Bologna, Italy & Universitaet Karlsruhe, Germany)
Mckay John	(Concordia University, USA)
Moore Gregory	(Rutgers University, USA)
Moussa Pierre	(CEA-Service de Physique Théorique de Saclay, France)
Nahm Werner	(DIAS, Dublin, Ireland & Bonn University, Germany)
Nikeghbali Ashkan	(Laboratoire de probabilité et modèles aléatoires Paris 6, France)
Pakis Stathis	(Queen Mary College, University of London, UK)
Pal Ambrus	(Centre de Recherche Mathématique, Montreal, Quebec)
Paugam Frederic	(IRMAR-Université Rennes 1, France)
Paulot Louis	(Laboratoire de Physique théorique ENS, Paris, France)
Pioline Boris	(LPTHE, Paris, France)
Pollicott Mark	(Manchester University, UK)
Ramachandran Niranjan	(University of Maryland, College Park, USA & MPIM, Bonn, Germany)
Roggenkamp Daniel	(Physikalisches Institut der Universitaet Bonn, Germany)

Schafer-Nameki Sakura	(DAMTP, University of Cambridge, UK)
Scheidegger Emanuel	(Institut fuer theoretische Physik der TU Wien, Austrria)
Soulé Christophe	(CNRS and IHES, France)
Then Holger	(Abteilung Theoretische Physik, Universitaet Ulm, Germany)
Todorov Ivan	(Bulgarian Academy of Sciences, Bulgaria)
Vanhove Pierre	(CEA-Service de Physique Théorique de Saclay, France)
Vasserot Eric	(Université de Cergy-Pontoise, France)
Vershik Anatoly	(St. Petersburg Department of Steklov Mathematical institute, Russia)
Voiculescu Dan-Virgil	(Dept. Math. UC Berkeley, USA)
Voros André	(CEA-Service de Physique Théorique de Saclay, France)
Waldschmidt Michel	(Institut de Mathématiques, Paris 6, France)
Weinzierl Stefan	(Dipartimento di Fisica, Universita di Parma, Italy)
Wendland Katrin	(Mathematics Institute, University of Warwick, UK)
Yao Yi-Jun	(CMAT, École Polytechnique, Palaiseau, France)
Yoccoz Jean-Christophe	(Collège de France, Paris, France)
Zabrodin Anton	(ITEP, Moscow, Russia)
Zabzine Maxim	(INFN section of Florence, Italy)
Zagier Don	(MPIM Bonn, Germany)
Zorich Anton	(Université de Rennes, France & Moscow Independent University, Russia)

Index

Q

R

S

GPSR Compliance

The European Union's (EU) General Product Safety Regulation (GPSR) is a set of rules that requires consumer products to be safe and our obligations to ensure this.

If you have any concerns about our products, you can contact us on ProductSafety@springernature.com

In case Publisher is established outside the EU, the EU authorized representative is:

Springer Nature Customer Service Center GmbH
Europaplatz 3
69115 Heidelberg, Germany

Batch number: 10682069

Printed by Printforce, the Netherlands